Junk-Herzka

Der Bauratgeber

Handbuch für das gesamte Baugewerbe und seine Grenzgebiete

Neunte, vollständig neubearbeitete und wesentlich ergänzte Auflage

Herausgegeben unter Mitwirkung hervorragender Fachleute aus der Praxis
von
Ing. **Leopold Herzka,** Wien

Mit zahlreichen Tabellen und
724 Abbildungen im Text

Wien
Verlag von Julius Springer
1931

Softcover reprint of the hardcover 9th edition 1931

ISBN-13: 978-3-7091-9746-2 e-ISBN-13: 978-3-7091-9993-0
DOI: 10.1007/ 978-3-7091-9993-0

Vorwort zur neunten Auflage

Als ich vor knapp drei Jahren (August 1927) die achte Auflage des im Jahre 1879 vom Baurat D. V. Junk begründeten „Wiener Bauratgebers" nach einer vollständigen und durchgreifenden Umarbeitung als „Der Bauratgeber" der Fachwelt übergab, glaubte ich, mit vollstem Recht behaupten zu dürfen, im Verein mit meinen Mitarbeitern alles unternommen und getan zu haben, nicht allein um den guten Ruf des durch mehr als vier Dezennien in der Bauwelt bewährten Buches zu erhalten, sondern um darüber hinaus dieses in einer den geänderten Verhältnissen entsprechenden, nach Inhalt und Form der Darstellung zeitgemäßeren Neuauflage auszugestalten. Die Erfassung und systematische Eingliederung der zahllosen bau- und materialtechnischen Errungenschaften, die das neuzeitliche Bauen vornehmlich in der Richtung einer verbesserten Baustofferzeugung, der bauwirtschaftlich zutreffenderen Verwendung der einzelnen Erzeugnisse und einer rationellen Betriebsführung kennzeichnen, die Zergliederung und Verarbeitung der mannigfachen Erfahrungswerte und ihre übersichtliche tabellarische Einordnung zum Zwecke einer einfachen und sicheren, dabei aber einwandfreien, von Ort und Zeit tunlichst unabhängigen Kostenermittlung, all dies war nur darum in weitestem Umfange geglückt, weil anerkannte Fachleute der werktätigen Praxis mir als willige und unermüdliche Mitarbeiter und selbstlose Berater zur Verfügung standen. Und die erfreuliche Tatsache, daß „Der Bauratgeber" nach verhältnismäßig kurzer Zeit vergriffen ist, darf als günstiges Zeichen dafür gelten, daß das schwierige Arbeitsprogramm in durchaus befriedigender Weise bewältigt wurde. Und doch mag zugestanden werden, daß ich das Junksche Werk in seiner neuen Fassung mit einem gewissen Bangen der Fachwelt übergab. Es war immerhin ein Wagnis, den Adern eines sonst gesunden, aber doch veralteten und gealterten Organismus — ohne Gefahr für seinen Bestand — neuen Stoff in größerer Menge einzupflanzen. Daß er es mit Nutzen vertragen hat, mag jedenfalls als zwingender Beweis für seine gut fundierte Veranlagung gewertet werden, und der so geglückte Versuch als Ansporn dienen, die mit sichtbarem Erfolg angewendete Verjüngungsmethode weiter zu entwickeln.

Denn es ist nicht zu leugnen, daß der nach etwa zwölf Jahren erfolgten Neuauflage trotz sorgfältigster Vorbereitung des Arbeitsprogrammes, trotz der aufopfernden und verständnisvollen Mithilfe meiner Mitarbeiter gewisse Mängel anhaften blieben, die bei einem Neuwerk, das nicht ein eng begrenztes, in sich abgeschlossenes Wissensgebiet behandelt, sondern das den Zweck verfolgt, das weitverzweigte Tätigkeitsgebiet der vorwärtsstürmenden Bauentwicklung lückenlos einzufangen, nur schwer auf den ersten Zugriff vermieden werden konnten.

Die zahlreichen wertvollen Fingerzeige, die aus den im übrigen durchaus günstigen Kritiken über die achte Auflage herausgelesen werden konnten, und die vielfachen Aussprachen mit meinen Mitarbeitern, sowie schließlich die stete Verfolgung der neuaufscheinenden Probleme im Bauwesen haben mir klar den Weg vorgezeichnet, wie nunmehr manches zu ändern ist, und namentlich welche Lücken auszufüllen sind, um das ursprünglich wohl nur als Kalkulationsbehelf gedacht gewesene Junksche Werk noch über den bereits im Bauratgeber der Neuauflage abgesteckten Rahmen hinaus zu einem wirklich brauchbaren und verläßlichen Handbuch im besten Sinne des Wortes ausgestalten zu können. Bei dieser Gelegenheit möchte ich es nicht unterlassen, Herrn Dr. Ing. Viktor Mautner für die wertvollen Ratschläge zu danken, die er mir, gestützt auf seine reichen, praktischen Erfahrungen, im Interesse des angestrebten Ausbaues der Neuauflage gegeben hat.

Nach vorstehendem ist es eigentlich selbstverständlich, daß alle Abschnitte der achten Auflage einer sorgfältigen Durchsicht unterzogen wurden, vielfach eine Kürzung, in den meisten Fällen aber eine wesentliche Ergänzung erfuhren, und daß es mehrfach notwendig wurde, mancherlei Umstellungen im Interesse einer systematischen Stoffeinteilung durchzuführen.

Vor allem wurde der maßgebende Abschnitt „Baumeisterarbeiten" (Kempler-Schmahl) erweitert und für alle Herstellungen mittlere Preisansätze angegeben, die jedoch getrennt nach Material und Lohn angesetzt erscheinen. Durch diese Scheidung ist es jederzeit möglich, Lohnerhöhungen beliebigen Grades ohne Schwierigkeit zu berücksichtigen. Durch diese Ergänzung glaube ich vielfachen Wünschen aus der Praxis, namentlich aus den Kreisen der Hausverwalter und der Verwaltungsbeamten, entsprochen zu haben.

Den „Baumeisterarbeiten" wurde ein besonderer Artikel: „Erd- und Felsarbeiten" (Dr. Ing. V. Mautner) vorangestellt, der entsprechend der stets wachsenden Bedeutung, die diesem Sonderbetätigungsgebiete zukommt, so namentlich bei Einrichtung von Großbaustellen, eine ebenso sorgfältige wie gründliche Bearbeitung erhielt, wobei aber in konsequenter Übereinstimmung mit der Darstellungsweise der achten Auflage an dem anerkannten Prinzip der Preiszergliederung festgehalten wurde. Es darf gesagt werden, daß es dem seit Jahren in der Praxis stehenden Verfasser in vorbildlicher Weise gelungen ist, das umfangreiche und nicht leicht zu sichtende Erfahrungsmaterial auf einem verhältnismäßig engen Raum unterzubringen, ohne hierdurch die Übersichtlichkeit des vielgestaltigen Stoffes und die Brauchbarkeit der zahlreichen Tabellen zu beeinträchtigen. Die zahlreichen, an geeigneter Stelle eingestreuten Musterbeispiele dienen zur Erläuterung für den Gebrauch der Tabellenwerte.

In den vollständig neu bearbeiteten „Grundlagen zur Kostenermittlung von Beton- und Eisenbetonarbeiten" (W. Hoffmann) ist es dem Verfasser gelungen, für seine reichen, in langjähriger werktätiger Übung gesammelten Erfahrungen eine nach Form und Inhalt außerordentlich günstige Gliederung und Darstellung zu finden. Selbstredend wurde auf die jüngsten Ergebnisse der Versuchsforschung gebührend Rücksicht genommen; ebenso fanden die in den bezüglichen Normen festgelegten Grundsätze und Richtlinien vollste Berücksichtigung. Die Anwendung der einzelnen Tabellen wird an einem vorsichtig gewählten Beispiel eingehend erläutert. Eine besondere Note erhält der Hoffmannsche Beitrag dadurch, daß hier ein Fachmann — der als langjähriger Leiter eines großen Unternehmens am besten zu würdigen weiß, welche große volkswirtschaftliche Bedeutung einer einwandfreien Kalkulation der Beton- und Eisenbetonherstellungen beizumessen ist, — die mancherseits mit Unrecht ängstlich gehüteten, sogenannten „Geschäftsgeheimnisse" der kalkulierenden Technikerschaft selbstlos zur Verfügung stellt.

Das Kapitel „Der Straßenbau" (Senatsrat a. D. Kosetschek) erstreckt sich auf alle Teile dieses in den letzten Jahren zu allergrößter Bedeutung gelangten Gebietes des Bauwesens. Dem Verfasser ist es geglückt, unter Mitwirkung anerkannter Fachleute und führender Straßenbaufirmen, sich ein ungemein reichhaltiges Kalkulationsmaterial zu verschaffen, und zwar sowohl für die üblichen wie namentlich auch für die zahlreichen neuzeitlichen Straßenbauweisen. Daß sich die verschiedenen Firmen zu dieser ungemein wertvollen Gemeinschaftsarbeit zusammengeschlossen haben, darf unstreitig auf die große Wertschätzung zurückgeführt werden, deren sich der Verfasser als Straßenbaufachmann allseits erfreut.

Die Erkenntnis, daß das Bauen nur bei einer rationellen Führung des Betriebes wirtschaftlich möglich ist, hat mich veranlaßt, dem Bauratgeber einen eigenen orientierenden Abschnitt „Wissenschaftliche Arbeitsverfahren im Bauwesen" (Dr. Ing. Abeles) einzugliedern. Darin werden die wichtigsten für eine Betriebsverbesserung in Frage kommenden Momente dargelegt und jene Versuchsergebnisse angeführt, deren Kenntnis zur Gewinnung brauchbarer Grundlagen für eine rationelle Betriebsführung unerläßlich sind. An Hand von Beispielen werden die großen wirtschaftlichen Vorteile der rationalisierten Arbeitsmethoden aufgezeigt.

Der Abschnitt „Normung im Bauwesen" (Ettel) enthält ein Verzeichnis sämtlicher in Österreich, Deutschland und in der Tschechoslowakei aufgestellten Baunormen; ich glaube, daß diese erstmalig durchgeführte Gegenüberstellung vielfach erwünschte Vergleichsmöglichkeiten bieten wird. Auszugsweise sind diesem Abschnitte die Normen über Belastungen im Hochbau und über Beanspruchungen des Mauerwerkes, des Holzes und des Stahles angeschlossen.

Die Tatsache, daß in den letzten Jahren dem Problem der Bodenbelastungen durch theoretische Studien und darauf gestützt, durch richtig vorbereitete Versuchsforschung erfolgreich nähergetreten wurde, die Erdbaumechanik sich nunmehr zu einem der bedeutendsten technischen Wissenszweige entwickelt hat, an welcher Entwicklung richtunggebend Terzaghi beteiligt ist, war Grund genug, dem „Bauratgeber" einen darauf bezüglichen Abschnitt einzugliedern. Min.-Rat i. R. Ing. Max Singer, der sich seit Jahren mit diesen Problemen gleichfalls erfolgreich befaßt, hat es übernommen, unter dem Titel: „Untersuchung und Belastung des Baugrundes" das Wesentlichste aus dem Gebiete der Bodenuntersuchungen zusammenzufassen und namentlich die vielen neuen Gesichtspunkte, Grund- und Merksätze scharf herauszuarbeiten, deren Kenntnis für den modernen Bautechniker unbedingt notwendig ist. Eine Anzahl überaus wertvoller Daten, so im besonderen auch solche über die zulässige Inanspruchnahme des Baugrundes und über das Maß von Gebäudesetzungen dürfte in vielen Fällen der Praxis mit Nutzen Verwendung finden. Daß nach dem Vorgesagten dieser Abschnitt vielfach lehrhaften Charakter trägt, ist im Hinblick auf die verhältnismäßig noch junge Wissenschaft der Erdbaumechanik mehr als erwünscht.

Zahlreichen Wünschen entsprechend wurden auch noch die Abschnitte „Vermessung und Absteckung im Hochbau" (Dr. Ing. K. Lederberger) und „Probebelastungen von Eisenbetontragwerken im Hochbau" (Dr. Ing. V. Mautner) der Neuauflage einverleibt. Die Darstellung ist kurz, klar und übersichtlich gehalten. Man ist daher ohne weiteres in der Lage, sich in den bezüglichen Grenz- bzw. Teilgebieten ausreichend rasch und sicher zu orientieren.

Der Reihe nach sei noch auf folgende wichtige Neueinschaltungen hingewiesen: „Zeitaufwand für Abbruch- und Stemmarbeiten" (Tabelle), „Keramische Ausstattung", „Größenangaben für sparsamen Wohnhausbau" (Tabelle), „Bewertungstabelle für annähernde Schätzungskosten von Gebäuden" und endlich „Die Gebäudevorschätzung für Feuerversicherungen".

Trotz der umfangreichen Inhaltsvermehrung ist es mir gelungen, den Umfang des Buches nur ganz unwesentlich zu überschreiten, was mir z. T. durch kürzere und straffere Fassung einzelner Abschnitte möglich wurde. So wurde der Abschnitt „Werkzeuge und Maschinen" auf etwa ein Drittel des früheren Umfanges eingeengt und beschränkt sich gemäß dem neuen Titel „Maschinen und Werkzeuge der Baustelle" (Brenner-Wiesner) auf solche Angaben, die vollkommen ausreichen, um sich über das Wesen und die Wirkung der für einen neuzeitlichen Baubetrieb in Betracht kommenden, maschinellen Einrichtungen ausreichend zu informieren, bzw. um jene Hilfsmittel kennenzulernen, die für die betriebstechnische Einrichtung einer gut geleiteten Baustelle unentbehrlich sind. Für eine eingehende und erschöpfende Darstellung eines so wichtigen und umfangreichen Wissensgebietes, wie es der Maschinenbau ist, würde der zur Verfügung stehende Raum auch nicht annähernd ausgereicht haben. In allen Fällen, die eine eingehende sachliche Information erfordern, wird es stets notwendig sein, Spezialisten zu Rate zu ziehen.

Im Abschnitt „Elektrotechnik" (Dr. techn. Defris) sind die theoretischen Erörterungen fast zur Gänze fallen gelassen worden; dafür konnte der praktische Teil über Installationen so weit ausgebaut werden, daß Bauausführende und Bauauftraggeber ohne Schwierigkeit sich darin zurechtfinden, d. h. sich mit den zur Beurteilung solcher Arbeiten erforderlichen technischen Kenntnissen vertraut machen, bzw. sich über die maßgebenden Preisgrundlagen orientieren können.

Die „Zusammenstellung der Gesetze, Verordnungen usw." wurde ausgeschieden, einerseits weil deren Inhalt nur für einen begrenzten Leserkreis von Interesse ist, dann aber, weil diese Zusammenstellung inzwischen in erweitertem Umfang als Sonderheft erschienen ist[1]).

Ich darf wohl behaupten, daß „Der Bauratgeber" in der vorliegenden Fassung den ursprünglich vorgesehenen Rahmen des Wiener Bauratgebers gesprengt, eine nach jeder Richtung hin befriedigende inhaltliche Verbreiterung und Vertiefung erhalten, vor allem aber seinen mehr lokalen Charakter vollständig abgestreift hat. „Der Bauratgeber" soll nicht nur als Kalkulationsbehelf dienen, sondern muß titelgemäß in der Lage sein, den Ratsuchenden über alle Fragen, die das Bauen als Ganzes betreffen, Aufschluß zu geben; er hat aber auch — und

---

[1]) Ilkow: Technische Gesetze. Ein Schlagwortverzeichnis der in Österreich geltenden technischen Gesetze und Verordnungen des Bundes und des Landes. Wien. Julius Springer, 1928.

dieses Ziel glaube ich nunmehr erreicht zu haben — Anregung zu geben für die Weiterentwicklung rationeller Betriebsführung im Interesse der dann geld- und zeitwirtschaftlich günstiger arbeitenden Bauindustrie. Trotzdem möchte ich mich mit dem Erreichten nicht zufrieden geben und erbitte mir von den Fachkollegen Anregungen und zweckdienliche Mitteilungen für die weitere Ausgestaltung einer künftigen Neuauflage.

Ich übergebe die Neubearbeitung des „Bauratgebers“ mit dem Wunsche der Fachwelt, es möge mir gelungen sein, hierdurch für das Baugewerbe einen tragfähigen Untergrund für seine längst erstrebte Festigung und Beruhigung vorbereitet zu haben.

Der Verlag hat weder Mühe noch Kosten gescheut, um die Gebrauchsfähigkeit des Werkes durch vorzüglichen Druck und durch klare und scharfe Wiedergabe der Abbildungen zu erhöhen. Dafür gebührt ihm besonders Lob.

Wien, im November 1930.

Herzka

Inhaltsverzeichnis

Allgemeines

Bearbeitet von Ing. L. Herzka

Maße und Gewichte — Die Münzeinheiten einiger Staaten — Spezifische Gewichte verschiedener Stoffe — Angaben aus der Mechanik — Statistische Angaben aus der Wärme- und Energiewirtschaft — Wasserbedarf — Dachneigungen — Lotrechte Gesamtdachlasten aus Eigengewicht, Schnee und Wind in kg/m² Grundriß — Bestimmung der Schleppbahnrentabilität — Durchschnittsgewicht von Fahrzeugen — Straßenneigungen — Überhöhungen bei Straßenkurven — Mathematik

Aus der Festigkeitslehre und Baustatik

Von Oberbaurat Ing. Dr. Josef Schreier

Allgemeines — Zur Berechnung von Stahlkonstruktionen — Zur Berechnung von Mauerwerkskonstruktionen — Beton- und Eisenbetontragwerke

Normung im Bauwesen

Bearbeitet von Ing. R. Ettel

Verzeichnis der Normenblätter in Österreich, Deutschland, Tschechoslowakei — Belastungen im Hochbau — Beanspruchung des Mauerwerkes — Beanspruchung des Holzes im Hochbau — Stahlbeanspruchungen im Hochbau

Wissenschaftliche Arbeitsverfahren im Bauwesen

Von Zivilingenieur Dr. Paul Abeles, beratender Ingenieur, Wien

Einleitung — Die Rationalisierungsbestrebungen — Der Mensch als Leistungsfaktor — Regelung des Betriebes — Betriebsverbesserungen — Zweckmäßige Verwendung der Maschinen

Allgemeines

Bearbeitet von Ing. L. Herzka

Maße und Gewichte

Das metrische Maß und Gewicht sind seit 1. Januar 1876 gesetzlich und daher ausschließlich anzuwenden, hingegen der Gebrauch der alten Wiener Maße und Gewichte — mit Ausnahme der „Seemeile“ und „Schiffstonne“ im Schiffahrtsverkehr — untersagt.

Im nachstehenden sind die gesetzlichen Maße und Gewichte und zum Vergleich die alten Wiener Maße und Gewichte angeführt.

Metermaß

Einheit für das Längen-, Flächen- und Körpermaß ist das Meter bzw. Quadrat- und Kubikmeter, für das Bodenflächenmaß das Ar, für Hohlmaße das Liter.

Die gesetzlichen Maße sind fett gedruckt; die abgekürzte Schreibweise ist in () beigesetzt. Die mit * bezeichneten Reduktionszahlen sind im Gesetz ausdrücklich angeführt.

Längenmaße	Flächenmaße	Körpermaße
1 **Meter** (m)	1 **Quadratmeter** (m^2 oder qm)	1 **Kubikmeter**
= 10 dm	= 100 dm^2	(m^3 oder kbm)
= 100 cm	= 10000 cm^2	= 1000 l
= 1000 mm	*= 0,278036 □Klafter	= 10 hl
= 0,001 km	*= 10,00931 □Fuß	*= 0,146606 Kubikklafter
= 0,0001 mam	1 **Quadratdezimeter**	*= 31,66695 Kubikfuß
*= 0,5272916 Wr. Klafter	(dm^2 oder qdm)	1 **Kubikzentimeter**
*= 3‘ 1‘ 11,58“	= 0,01 m^2	(dm^3 oder kbdm)
= 3,16375 Wr. Fuß	= 100 cm^2	= 1 l
= 37,965 Wr. Zoll	= 0,1000931 □Fuß	= 0,001 m^3
*= 1,286077 Wr. Ellen	= 14,4134 □Zoll	= 1000 cm^3
1 **Dezimeter** (dm)	1 **Quadratzentimeter**	= 0,031667 oder nahe
= 0,1 m	(cm^2 oder qcm)	$^1/_{32}$ Kubikfuß
= 10 cm	= 0,01 dm^2	= 54,7206 Kubikzoll
= 100 mm	= 100 mm^2	1 **Kubikzentimeter**
1 **Zentimeter** (cm)	= 0,144134 □Zoll	(cm^3 oder kbcm)
= 0,01 m	= nahe $^1/_7$ □Zoll	= 1000 mm^3
= 0,1 dm	= 20,7553 □Linien	= 0,0547206 Kubikzoll
= 10 mm	1 **Quadratmillimeter**	= 94,577 Kubiklinien
= 0,37965 Wr. Zoll	(mm^2 oder qmm)	1 **Kubikmillimeter**
= 4,5558 Wr. Linien	= 0,01 cm^2	(mm^3 oder kbmm)
*= 0,094912 Faust	= 0,207553 □Linien	= 0,01 cm^3
1 **Millimeter** (mm)	= nahe $^1/_5$ □Linien	= 0,094577 oder nahe
= 0,001 m	1 **Quadratkilometer**	0,1 Kubiklinien
= 0,01 dm	(km^2 oder qkm)	1 **Liter** (l)
= 0,1 cm	= 0,01 mam^2	= 1,00 dm^3
= 0,45558 Wr. Linien	= 100 ha	= 0,01 hl
1 **Kilometer**	= 173,7727 n.-ö. Joch	= 10 dl
= 1000 m	1 **Quadratmyriameter**	= 100 cl
= 0,1 mam	(mam^2 oder qmam)	= 0,7068515 Wr. Maß
*= 0,131823 österr. Meilen	= 100 km^2	= 2,8274 Wr. Seidel
= 527,2916 Wr. Klafter	= 10000 ha	*= 0,01626365 Wr. Metzen
= 3163,75 Wr. Fuß	*= 1,737727 ö. □Meilen	= 0,2602184 Maßel

Längenmaße	Flächenmaße	Kubikmaße
1 **Myriameter** (mam) = 10000 m = 10 km *= 1,318229 österr. Meilen	1 **Ar** (a) = 100 m² = 0,01 ha *= 27,80364 □Klafter = 1000,931 □Fuß	1 **Deziliter** (dl) = 0,1 l = 0,1 dm³
	1 **Hektar** (ha) = 100 a = 0,01 km² *= 1,737727 n.-ö. Joch	1 **Zentiliter** (cl) = 0,01 l
		1 **Hektoliter** (hl) = 100 l = 0,1 m³ *= 1,767129 Wr. Eimer *= 1,626365 Wr. Metzen

Zu den Abkürzungen wird in Schrift und Druck die „lateinische Schrift“ derart angewendet, daß die Zeichen in derselben Zeile in gleicher Höhe mit den Zahlen und bei Dezimalen erst nach der letzten Dezimalstelle ohne Punkt beigesetzt werden.

Als Urmaß gilt derjenige Glasstab, welcher sich im Besitz der Regierung befindet und in der Achse seiner sphärischen Enden gemessen, bei der Temperatur des schmelzenden Eises, mit gleich 999,99764 mm des im französischen Staatsarchiv zu Paris deponierten Mètre prototype gefunden worden ist.

Alte Wiener Maße

Längenmaße	Flächenmaße	Kubikmaße
1 **Wiener Klafter** = 6 Wr. Fuß = 72 Wr. Zoll *= 1,896484 Meter	1 □ **Klafter** = 36 □Fuß *= 3,596652 m²	1 **Kubikklafter** = 216 Kubikfuß *= 6,820992 m³
1 **Wiener Fuß** = 12 Wr. Zoll = 144 Wr. Linien *= 0,316081 Meter = 31,6081 Zentimeter = 316,081 Millimeter	1 □**Fuß** = 144 □Zoll *= 0,099907 m² = nahe 0,1 m² = 9,9907 dm² = nahe 10 dm² = 999,07 cm² = nahe 1000 cm²	1 **Kubikfuß** = 1728 Kubikzoll *= 0,03157867 m³ = nahe $^1/_{32}$ m³ = 31,57867 Liter
1 **Wiener Zoll** = 12 Wr. Linien = 2,63401 Zentimeter = 26,3401 Millimeter	1□**Zoll** = 144 □Linien = 0,06938 dm² = 6,938 cm² = nahe 7 cm² = 693,8 mm²	1 **Kubikzoll** = 1728 Kubiklinien = 18,275 cm³
1 **Wiener Linie** = 12 Punkte = 2,195 Millimeter	1 □**Linie** = 0,04815 cm² = nahe $^1/_{20}$ cm² = 4,815 mm² = nahe 5 mm²	1 **Kubiklinie** = 10,57 mm³ = 0,01057 cm³
1 **Wiener Elle** = 2,46 Fuß = 29 Zoll 6¼ Linien *= 0,777558 Meter	1 **n.-ö. Joch** = 1600 □Klafter *= 57,54642 Ar *= 0,5754642 Hektar	1 **Schachtrute** = 100 Kubikfuß = 3,157867 m³
1 **Faust** (Pferdemeter) = 4 Wr. Zoll *= 10,53602 Zentimeter	1 **österr.** □**Meile** = 16000000 □Klafter = 10000 n.-ö. Joch = 57,54642 □Kilometer *= 0,5754642 mam²	1 **Wiener Metzen** = 16 Maßel = 1,947 Kubikfuß *= 0,6148682 Hektoliter *= 61,48682 Liter
1 **österr. Postmeile** = 4000 Wr. Klafter = 7585,936 Meter *= 7,585936 Kilometer	1 **geogr.** □**Meile** = 0,953 österr. □Meile = 54,86 □Kilometer	1 **Maßel** = 3,842926 Liter
1 **österr. Seemeile** = $^1/_{60}$ Äquatorialgrad = ¼ geogr. Meile = 976,4 Wr. Klafter = 1,8517 Kilometer		1 **Eimer** = 40 Maß = 1,792 Kubikfuß *= 0,56589 Hektoliter = 56,589 Liter
		1 **Maß** = 4 Seidel *= 1,414724 Liter
		1 **Seidel** = 0,353681 Liter

Gewichte und Vergleich der metrischen Gewichte mit den alten Wiener und Zollgewichten

a) Metrische Gewichte

1 Tonne (t)
*= 1000 Kilogramm
*= 1785,523 Wr. Pfund
= 17,85523 Wr. Zentner
= 20 Zollzentner

1 metrischer Zentner (q)
*= 100 Kilogramm
= 178,552 Wr. Pfund
= 2 Zollzentner

1 Kilogramm (kg)
= 100 Dekagramm
= 1000 Gramm
= 0,001 Tonnen
*= 1,785523 Wr. Pfund
*= 1 Pfund 25,137 Lot
*= 2 Zollpfund
*= 3,56928 Wr. Mark Silbergewicht
*= 2,380697 Apothekerpfd.

1 Dekagramm (dkg)
*= 0,01 Kilogramm
= 10 Gramm
= 0,01785523 Wr. Pfund
= 0,2 Zollpfund
*= 0,571367 Wr. Lot
= 0,6 Postlot
= 2,28547 Quentchen

1 Gramm (g)
*= 0,001 Kilogramm
= 0,1 Dekagramm

1 Gramm (g)
= 10 Dezigramm
= 100 Zentigramm
= 1000 Milligramm
= 0,228547 Quentchen
*= 0,06 Postlot
*= 0,286459 Dukaten Goldgewicht
*= 4,855099 Wr. Karat

1 Dezigramm (dg)
= 0,1 Gramm
*= 0,0001 Kilogramm

1 Zentigramm (cg)
= 0,01 Gramm
*= 0,00001 Kilogramm

1 Milligramm (mg)
= 0,001 Gramm
*= 0,000001 Kilogramm

b) Alte Wiener Gewichte

1 Wiener Zentner
= 100 Wr. Pfund
= 112,012 Zollpfunde
= 1,12012 Zollzentner
*= 56,006 Kilogramm
= 0,056006 Tonnen (metr.)

1 Wiener Pfund
= 32 Wr. Lot
= 33,6 Postlot
*= 0,56006 Kilogramm

1 Wiener Lot
= 4 Quentchen
= 1,0501122 Postlot
*= 1,750187 Dekagramm

1 Wiener Quentchen
*= 4,37547 Gramm

1 Wiener Karat
*= 0,205969 Gramm

1 Wiener Mark Silbergewicht
*= 0,280668 Kilogramm

1 Dukaten Goldgewicht
*= 3,490896 Gramm

1 Apotherkerpfund
*= 0,420045 Kilogramm

1 österr. Schiffstonne
= 20 Zentner

c) Zollgewichte

1 Zollzentner
*= 50 Kilogramm
= $^1/_{20}$ Tonne
= 100 Zollpfund
= 0,89276 Wr. Zentner

1 Zollpfund
*= 0,5 Kilogramm
= 30 Postlot

1 Postlot (Zollot)
= 0,9523 Wr. Lot
*= 16,666667 Gramm

Die Einheit des Gewichtes ist das Kilogramm, gleich dem Gewicht eines Kubikdezimeters destillierten Wassers im luftleeren Raume bei der Temperatur von +4 Grad des hundertteiligen Thermometers.

Als Urgewicht gilt das im Besitz der Regierung befindliche Kilogramm aus Bergkristall, welches im luftleeren Raume mit gleich 999997,8 Milligramm des in dem französischen Staatsarchiv zu Paris aufbewahrten „Kilogramme prototype“ gefunden worden ist.

Maße und Gewichte anderer Staaten und Länder

Die Meter-Konvention vom 20. Mai 1875, welche die Einführung eines einheitlichen Maß- und Gewichtssystems bezweckt, hat die Geltung und den Gebrauch der Landesmaße nicht überall aufgehoben; so in England, Nordamerika und Rußland. Nordamerika hat das englische System.

Englisches Maßsystem

Längenmaße

1 engl. Zoll
= 25,4 mm

1 engl. Fuß
= 12 engl. Zoll
= 0,3048 m

1 Yard
= 3 engl. Fuß
= 36 engl. Zoll
= 0,9144 m

1 Fathom
= 2 Yard
= 6 engl. Fuß

1 Fathom
= 72 engl. Zoll
= 1,8288 m

1 Rod (Rute) (pole, perch)
= 5½ Yard
= 16½ engl. Fuß
= 5,029 m

1 Chain
= 100 Links
= 22 Yards
= 20,117 m

1 Statute mile (Meile)
= 8 Furlongs
= 80 Chains
= 320 Rod
= 1609,315 m

1 Nautical mile (Seemeile)
= 6080 engl. Fuß
= 1853,150 m

Flächenmaße

1 Qu. Zoll
= 6,451 cm²

1 Qu. Fuß
= 0,0929 m²

1 Qu. Yard
= 0,836 m²

1 Acre
= 160 Qu. Rod
= 4840 Qu. Yard
= 0,40467 ha

1 Yard of Land
= 30 Acres
= 12,140 ha

1 Hide of Land
= 100 Acres
= 40,467 ha

1 Mile of Land
= 640 Acres
= 2,59 km²

Körpermaße

1 Kub. Fuß
= 0,0283 m³

1 Imperial Gallon
= 4 Quarts
= 8 Pints
= 277,27 engl. Kub. Zoll
= 4,5435 l

1 Imperial Quarter
= 8 Bushels
= 64 Gallons
= 290,78 l

1 Last
= 10 Quarters
= 80 Bushels
= 320 Peks
= 640 Gallons
= 29,0789 hl

1 Barrel
= 2 Kilderkin
= 4 Firkin
= 1,635 hl

1 Anker
= 0,45435 hl

1 Tun
= 2 Pipes
= 4 Hogsheads
= 11,45 hl

1 Pipe
= 7 Rundlets
= 126 Gallons
= 504 Quarts
= 1008 Pints

1 Pipe
= 4032 Gills
= 5,725 hl

1 Kub. Yard
= 0,7645 m³

1 Reg.-Ton
= 2,83 m³

1 Schiffston
= 1,189 m³

Gewichtsmaße

1 Pound
Handels- oder Avoirdupois-Gewicht
= 16 Ounces
= 256 Drames
= 453,598 g

1 Hundredweight (ctw)
(engl. Zentner)
= 4 Quarters
= 112 Pound
= 50,802 kg

1 Ton (Tonne)
= 20 Hundredweights
= 80 Quarters
= 224 Pound
= 1016,047 kg

1 Schiffston
= 2000 Pound
= 907,19 kg

1 Imperial Troy-Pound
= 12 Ounces
= 373,24 g

Russisches Maßsystem

Längenmaße

1 Fuß
= 1 engl. Fuß
= 0,3048 m

1 Arschin (Elle)
= 28 engl. Zoll
= 0,711 m

1 Saschehn
= 3 Arschin
= 7 engl. Fuß
= 2,133 m

1 Werst
= 500 Saschehn
= 3500 Fuß
= 1066,781 m

1 Meile
= 10 Werst
= 10,6678 km

Flächenmaße

1 Dessatin
= 1,0925 ha

1 Quadratsaschehn
= 4,5521 m²

1 Quadratwerst
= 1,138 km²

Körpermaße

1 Tschetwert
= 8 Tschetwerik
= 64 Garnez
= 2,099 hl

1 Wedro
= 100 Tscharka
= 12,299 l

1 Botschka
= 40 Wedro
= 4,9195 hl

1 Kubiksaschehn
= 9,7123 m³

Gewichtsmaße

1 Pud
= 40 Pfund
= 1280 Lot
= 16,3805 kg

1 Pfund
= 32 Lot
= 0,409531 kg

1 Berkowitz
= 10 Pud
= 400 Pfund
= 163,8048 kg

1 Tonne
= 12 Berkowitz
= 1965,66 kg

Die Münzeinheiten einiger Staaten

Ihr ungefährer Wert in Schilling, Mark und Schweizer Franken am 1. Juni 1929, ohne Rücksicht auf Kursschwankungen; die Wertangaben verstehen sich für je 100 Einheiten der fremden Währung; nur bei England für 1 Pfund, bei der U. S. S. R. für ein Tscherwonetz

Staat	Münzeinheit	deren Wert in		
		ö. S	Mark	Frk.
Belgien	1 Belga = 5 francs à 100 Centimes	98,88	58,61	72,17
Bulgarien	1 Leva à 100 Stotinki	5,145	3,05	3,765
Dänemark	1 Krona à 100 Öre	189,60	112,32	138,40
Danzig	1 Gulden à 100 Pfennig	138,00	81,50	100,70
Deutschland	1 Mark à 100 Pfennig	169,60	—	123,80
England	1 Pfund à 20 Shilling à 12 Pence à 4 Farthing	34,51	20,46	25,20
Estland	1 Krone à 100 Öre	190,00	112,60	138,70
Finnland	1 Finmark à 100 Penni	17,90	10,61	13,07
Frankreich	1 Franc à 100 Centimes	27,83	16,47	20,31
Griechenland	1 Drachme à 100 Lepta	9,20	5,45	6,715
Italien	1 Lira à 100 Centesimi	37,255	22,10	27,20
Japan	1 Yen à 100 Sen	311,00	184,50	227,00
Jugoslawien	1 Dinar à 100 Para	12,505	7,415	9,13
Lettland	1 Lat à 100 Centimes	137,00	81,20	100,00
Litauen	1 Litas à 100 Centas	71,00	42,10	51,80
Niederlande	1 Gulden à 100 Cents	286,00	169,50	207,30
Norwegen	1 Krona à 100 Öre	189,70	112,40	138,50
Polen	1 Złoty à 100 Groschen	79,79	46,53	58,25
Portugal	1 Escudo à 100 Centavos	31,60	18,73	23,05
Rumänien	1 Lei à 100 Bani	4,22	2,50	3,08
Schweden	1 Krona à 100 Öre	190,00	112,60	138,70
Schweiz	1 Franken à 100 Rappen	137,00	81,20	—
Spanien	1 Peseta à 100 Centesimos	100,00	59,28	137,00
Tschechoslowakei	1 Krone à 100 Heller	21,08	12,50	15,39
Türkei	1 Pfund à 100 Piaster à 40 Para	346,00	205,00	252,50
Ungarn	1 Pengő à 100 Fillér	124,00	73,50	90,50
Union der sozialistischen Sowjetrepubliken	1 Tscherwonetz = 10 Goldrubel à 100 Kopeken	36,60	21,70	26,10
		nur für Goldmünzen		
Vereinigte Staaten	1 Dollar à 100 Cents	710,00	421,00	518,00

Spezifische Gewichte verschiedener Stoffe[1])

(Wasser 1,00)

Die Zahlen geben gleichzeitig das absolute Gewicht in kg je dm³ oder t je m³ an

a) Feste Körper

Namen des Körpers	Spezifisches Gewicht	Namen des Körpers	Spezifisches Gewicht
Äpfel und Birnen, gelagert	0,35	Dachschiefer	2,76
Alabaster	2,71	Diamant	3,51
Alaun	1,7 —2,0	Dolomit	2,90
Alaunschiefer	2,34—2,59		
Aluminium	2,58	Eis, 0°	0,92
„ gehämmert	2,75	Eisen, chemisch rein	7,88
Aluminiumbronze	7,7	Eisendraht	7,6 — 7,5
Amalgam, natürlich	13,75	Eisenerz	7,1 — 7,75
Anthrazit	1,4 —1,7	Eisenglanz	5,23— 3,8
Antimon	6,65—6,72	Eisenvitriol	1,9
Antimonglanz	4,6 —4,7	Elfenbein	1,87
Argentan	8,4 —8,7	Erbsen, geschüttet	0,85
Arsenik	5,67—5,96	Erdkobalt	2,25
Arsenikkies	6,1		
Asbest	2,2 —2,8	Fahlerz	4,36— 5,36
Asbestpappe	1,2	Feldspat	2,54
Asphalt (Erdpech)	1,1 —1,5	Fette	0,93
Asphaltkitt	1,64	Feuerstein	2,6 — 2,75
		Flußspat	3,15
Baumwolle, lufttrocken	1,47—1,50	Formsand, geschüttet	1,20
Bergkristall	2,65	„ gestampft	1,65
Bergteer	1,13	Franzosenholz (Guajak)	1,33
Bimsstein, natürlich	0,37—0,91		
„ Wiener	2,2 —2,5	Galmei	4,1 — 4,5
Bitterkalk	2,88	Gerste	0,62— 0,70
Bittersalz	1,75	Getreide, geschüttet	0,51— 0,66
Bleidraht	11,4	Gips, gebrannt	1,81
Bleiglätte	9,3 —9,5	„ gegossen, trocken	0,97
Bleiglanz	7,4 —7,6	„ gesiebt	1,25
Bleioxyd-Schwefelsäure	6,5	Gipsmehl	1,36
Bleispat	6,45	Gipsspat	2,31
Bleiweiß	2,4	Glaubersalz	1,47
Bleizucker	2,55	Glimmer	2,78— 3,15
Blende	4,03	Glockenmetall	8,81
Brauneisenstein	3,7 —3,95	Gneis	2,4 — 2,7
Braunstein	3,70—4,60	Gold, gediegen	19,3
Bronze	8,3	„ gegossen	19,28
Bücher, geschlichtet	0,84	„ gehämmert	19,33—19,6
Buntkupfererze	5,0	Golddraht	19,36
		Granat, edler	4,03
		„ gem.	3,71
Chilesalpeter	2,26	Graphit	1,9 — 2,3
„ geschüttet	1,00	Gras und Klee, gelagert	0,35
Chlorbaryum	2,83	Grieß, geschüttet	0,66
Chlorkalzium	2,22	Grünspan	1,91
Chrom	5,9	Grünstein	2,89
Chromeisenstein	4,35	Guajak (Franzosenholz)	1,33

[1]) Siehe auch: Belastungen im Hochbau S. 105.

Namen des Körpers	Spezifisches Gewicht
Gummiarabikum	1,33
Gummielastikum	1,81
Guttapercha	0,98
Hafer, geschüttet	0,43—0,54
Harz, Fichten-	1,07
Holz:	
Ahorn, frisch gefällt	0,89
,, lufttrocken	0,76
Akazie, frisch gefällt	0,85
,, lufttrocken	0,73
Apfelbaum, wild, frisch gefällt	0,92
Apfelbaum, wild, lufttrocken	0,603
Birke, frisch gefällt	0,89
,, lufttrocken	0,72
Birne, wild, frisch gefällt	1,09
,, ,, lufttrocken	1,25
Buche, frisch gefällt	0,95
Buchsbaum, lufttrocken	0,94
Ebenholz, frisch gefällt	1,21
,, lufttrocken	1,19
Eiche, frisch gefällt	1,03
Erle, frisch gefällt	0,82
,, lufttrocken	0,55
Esche, frisch gefällt	0,85
,, lufttrocken	0,79
Faulbaum, frisch gefällt	0,879
,, lufttrocken	0,586
Fichte, frisch gefällt	0,87
Kastanie, frisch gefällt	0,90
,, lufttrocken	0,58
Kiefer, Föhre, frisch gefällt	0,9
Kirsche, frisch gefällt	1,041
,, Vogel-, lufttrocken	0,853
Kork, trocken	0,24
Lärche, frisch gefällt	0,92
Linde, lufttrocken	0,79
Mahagoni, ,,	0,75
Nußbaum, ,,	0,66
Pappel, ,,	0,39
Pflaumenbaum, trocken	0,79
Pock (Guajak), lufttrocken	1,26
Tanne, frisch gefällt	0,87
Ulme, frisch gefällt	0,94
,, lufttrocken	0,67
Weide, frisch gefällt	0,85
,, lufttrocken	0,49
Zeder	0,57

Namen des Körpers	Spezifisches Gewicht
Holzkohle von Eichenholz	0,56
,, ,, Nadelholz und Buchenholz	0,3
Hornblende	3,17
Hülsenfrüchte, gelagert, im Mittel	0,85
Indigo	0,77
Jaspis	2,66
Jod	4,95
Jodkalium	3,07
Jodsilber	5,61
Kadmium	8,69
,, gegossen	8,6
,, gehämmert	8,69
Kalium	0,87
Kalk, gebrannt, geschüttet	0,9 —1,3
,, gelöscht	1,15—1,25
Kalkspat	2,71
Kalkstein, dicht	2,7
Kalktuff	2,39
Kalomel	7,18
Kalziumkarbid	2,26
Kanonenmetall	8,79
Kaolin	2,2
Kartoffeln	0,59—0,70
Kautschuk	0,93
Kieselerde	2,66
Kieselstein	2,5
Kleesamen	0,82
Kleie, geschüttet	0,44—0,60
Knochen	1,66
Kobalt, gegossen	8,71
,, gehämmert	9,15
Kobaltglanz	6,3
Kochsalz	2,16
Kopal	1,1
Korkholz	0,24
Kreide	1,9 —2,7
Kunstsandstein	2,1
Kupferblech	8,88
Kupferdraht	8,8 —9,0
Kupfererz, rotes	5,9
Kupferglanz	5,7
Kupferkies	4,10—4,3
Kupfervitriol	2,2
Laub, geschüttet	0,60
Lava	2,85
Leder	0,86—1,02
Leim	1,27
Linoleum in Rollen	1,15—1,30
Lötzinn	8,9

Namen des Körpers	Spezifisches Gewicht	Namen des Körpers	Spezifisches Gewicht
Magnalium	2,4 —2,6	Pottasche	2,26
Magnesia	2,24	Preßkohle	1,25
Magneteisenstein	5,1		
Magnetkies	4,54—4,64	Quarz	2,66
Malachit	3,46	Quarzsand, frisch	1,95
Mangan	7,51	„ trocken	1,63
Marmor,		Quecksilber	14,2
ägypt., grüner	2,67		
grüner	2,7	Raseneisenstein	2,75
italien., weißer	2,72	Roggen in Masse	0,68—0,79
„ schwarzer	2,71	Roteisenstein	4,9
schles., weißer	2,65	Rotkupfererz	5,65
Mastix	1,05	Rüben, geschüttet	0,57—0,65
Meerschaum	1,3		
Mehl, lose	0,4 —0,5	Sägespäne, festgedrückt	0,30
„ in Säcken	0,7 —0,8	Salmiak	1,46
Mennige	8,6 —9,1	Salpeter	1,95
Mergel	2,5	Sandstein	2,35
Messing, gegossen	8,15	Schamottestein	1,85
„ gehämmert	8,52	Schiefer	2,67—2,74
Messingblech	8,57	Schießpulver, gestampft	1,75
Messingdraht, geglüht	8,43	„ locker	0,9
„ ungeglüht	8,74	Schlacke	2,5 —3,0
Milchzucker	1,54	Schmirgel	4,0
Molybdän	8,05	Schnee, gestampft	0,80
Mühlsteinquarz	2,5	„ locker	0,125
		Schwefel, natürlich	2,07
Natrium	0,97	„ rein	1,38
Neusilber	8,56	Schwefelblumen	2,09
Nickel, gegossen	8,28	Schwefelkies	4,9 —5,2
„ gehämmert	8,67	Schwefelzinn	5,27
		Schwerspat	4,45
Ocker	3,5	Selen	4,31
Onyx	2,73	Serpentin	2,64
Opal	1,91	Silber, gegossen	10,48
		„ gehämmert	10,62
Packfong (Neusilber)	8,4 —8,7	„ gewalzt	10,55
Palladium	11,3	Silberdraht	10,48
Papier	0,7 —1,15	Silberglanz	7,05
Paraffin	0,87—0,91	Silberhornerz	6,7
Pech	1,07	Smaragd	2,77
Pechblende	6,65	Soda, geglüht	2,5
Pechstein	2,21	„ kristallisch	1,45
Pflanzenfaser	1,5	Spateisenstein	3,75
Phosphor, gelb	1,83	Speckstein	2,6
„ rot	2,19	Stärkemehl	1,53
Phosphormetall	2,34	Stearin	0,97
Platin, gegossen	20,15	Steinsalz	2,28
„ gehämmert	21,31	Stroh, gepreßt	0,14
„ geprägt	21,35	Strontium	4,5
„ gewalzt	21,6	Syenit	2,7
Platindraht	21,4		
Platinerz	16,0	Talk	0,95
Porzellan	2,15—2,3	Talkerde	2,35

Namen des Körpers	Spezifisches Gewicht	Namen des Körpers	Spezifisches Gewicht
Talkschiefer	2,74	Wasserglas	1,25
Tellur	6,11	Weißmetall	7,1
Titan	5,3	Weizen, geschüttet	0,7 —0,8
Titaneisen	4,75	Wicken	0,82
Ton, frisch	2,5	Wismut	9,822
„ trocken	1,8	Wolfram	17,6
Tonerde, rein	2,1		
„ trocken	1,5	Zement	3,13—3,25
Tonschiefer	2,82	„ eingerüttelt	1,61—2,05
Topas	3,52	„ lose eingelaufen	0,98—1,32
Torf	0,64—0,84	Zink, gegossen	6,9
Torfstreu, gepreßt	0,21—0,23	„ gehämmert	7,31
Trachit	2,6 —2,8	„ gewalzt	7,2
Tragant	1,32	Zinkblende	3,9 —4,2
Traß, gemahlen	0,95	Zinkdraht	7,14
Tripel	1,6	Zinkoxyd	5,5
Tuffstein	1,3.	Zinkspat	4,44
Turmalin	3,15	Zinkvitriol	1,9
		Zinn, gegossen	7,29
Umbra	2,2	„ gewalzt	7,39
Uran	9,0	Zinnober	8,1
		Zinnstein	6,3
Wachs	0,97	Zucker, weiß	1,61
Walkerde	1,75		

b) Tropfbarflüssige Körper

Namen des Körpers	Spezifisches Gewicht	Namen des Körpers	Spezifisches Gewicht
Äther, bei 20° C	0,736	Flußsäure, bei 0° C	1,061
Aldehyd	0,79	Fuselöl, bei 0° C	0,83
Alkohol, absolut., bei 20° C	0,789		
Ammoniak, flüssig, bei 0° C	0,875	Glyzerin, bei 0° C	1,26
		Holzgeist	0,8
Baumöl, bei 12° C	0,919		
Benzin	0,68—0,7	Kalilauge	1,1 —1,7
Benzol, bei 0° C	0,9	Kochsalzlauge, gesättigt	1,208
Bier	1,015—1,034	Kreosot, bei 0° C	1,037
Blausäure, bei 0° C	0,705		
Brom, bei 0° C	2,966	Leinöl, bei 12° C	0,94
Chlorwasserstoffsäure, konzentriert	1,208	Milch	1,03
		Mohnöl, bei 0° C	0,924
Essig, destillierter	1,009		
„ Wein-	1,011	Natronlauge, Soda	1,15—1,17

Namen des Körpers	Spezifisches Gewicht	Namen des Körpers	Spezifisches Gewicht
Ölstoff, bei 0° C	0,913	Spiritus	0,81—0,86
Olivenöl, bei 15° C	0,918	Stearinsäure	0,854
		Steinkohlenteeröl	0,744
Petroleum	0,8	„ rektifiziert	0,91
		Steinöl	0,8
Quecksilber, bei 0° C	13,598		
		Teer, Teeröl	1,2
Rapsöl	0,914	Terpentinöl	0,82
		„ gereinigt	0,87
Salpetersäure, bei 12° C	1,522	Tran	0,93
Salzsäure, bei 15° C	1,192		
Schwefeläther, bei 0° C	0,715		
Schwefelkohlenstoff, bei 0° C	1,272	Wasser, bei 4° C	1,0
Schwefelsäure, englische	1,83	Wein	0,99—1,00
Seewasser	1,03	Zitronensäure, bei 0° C	0,852

c) Gasförmige Körper

Bei 0° C und 760 mm Druck

Das spezifische Gewicht der atmosphärischen Luft, das in Hinsicht auf Wasser = 0,0012934 ist, = 1 gesetzt

Namen des Körpers	Mittleres spezifisches Gewicht	Gewicht je 1 m³ in kg	Namen des Körpers	Mittleres spezifisches Gewicht	Gewicht je 1 m³ in kg
Ätherdampf	2,586	3,344	Kohlenwasserstoffgas, ölbildend	0,985	1,274
Alkoholdampf	1,613	2,086			
Ammoniakgas	0,589	0,758			
Arsenikdämpfe	10,58	13,684	Phosphorwasserstoffgas	1,214	1,57
Atmosphärische Luft	1,0	1,293			
Bromdampf	5,54	7,164	Quecksilberdampf	6,976	9,023
Chlorgas	2,47	3,156	Sauerstoffgas	1,106	1,43
Chlorwasserstoff	1,247	1,615	Schwefeldampf	6,617	8,56
Grubengas	0,559	0,721	Schwefelkohlenstoff	2,644	3,42
Holzgeistdampf	1,12	1,45	Schwefelwasserstoffgas	1,177	1,517
			Steinkohlengas	0,34—0,45	0,439—0,581
Joddampf	8,716	11,27	Stickstoffgas	0,972	1,26
Jodwasserstoff	4,443	5,75			
			Terpentinölgas	4,763	6,16
Kohlenoxydgas	0,967	1,246			
Kohlensäure	1,53	1,979	Wasserdampf von 100° C	0,456	0,623
Kohlenwasserstoffgas, Grubengas	0,56	0,725	Wasserstoffgas	0,069	0,089

Angaben aus der Mechanik

Einheit der Geschwindigkeit: m/sek oder km/St., der **Beschleunigung:** m/sek².

Erdbeschleunigung: $g = 9{,}81$ m/sek².

Geschwindigkeit: $v = g \cdot t = \sqrt{2gh}$.

Fallhöhe: $h = \frac{gt^2}{2} = \frac{v^2}{2g}$; Fallzeit $t = \frac{v}{g} = \sqrt{\frac{2h}{g}}$.

Tabelle einiger mittlerer Geschwindigkeiten

Gegenstand	Für eine Sek/m	Für eine St./km	Gegenstand	Für eine Sekunde
Fußgänger	1,4	5	Artilleriegeschosse	350 m
Pferd im Schritt	1,0	3,6	Umdrehungsgeschwindigkeit der Erde am Äquator	448 m
„ „ Galopp	4,5	16		
Frachtwagen	0,8	3	Fortschreitende Bewegung der Erde	29,4 km
Postwagen	3,0	10		
Maximalgeschwindigkeit auf Hauptbahnen: Güterzüge	12	45	Lichtgeschwindigkeit	300000 km
Personenzüge	17	60	Elektrischer Strom in der Telegraphenleitung	12000 km
Eilzüge	25	90	Schallgeschwindigkeit in der	
Flußdampfer: Talfahrt	4,2	15	Luft bei 0°	332,5 m
Bergfahrt	2,5	9	„ 200°	344,4 m
Ozeandampfer	11,6	41,7	Wind	3—7 m
Flugzeuge bis	55,5	200	Sturm	18—40 m

Einheit der Kraft in der Technik ist das kg.

„ „ **Masse,** da $m = \frac{P}{g} = \frac{\text{Kraft}}{\text{Erdbeschleunigung}}$, ist kgsek²/m.

Physikal. Maßsystem: Masseneinheit 1 g, Krafteinheit: 1 Dyn = 1 g cm/sek² = = 0,000001019 kg.

Einheiten der Leistung in der Technik sind: mkg/sek, 1 Pferdestärke (PS) = = 75 mkg/sek, 1 Voltampere = 1 Watt = 0,1019 mkg/sek, 1 PS = 736 Watt = 0,73546 Kilowatt (kWh).

Motor	Gewicht in kg	Art der Arbeit	Vorteilhafteste Kraft in kg	Vorteilhafteste Geschwindigkeit v in mm	Arbeit je 8 Stunden in Kilogrammmetern	Pferdestärken
Mensch	70	ohne Maschine	12 (5)	0,8	—	—
		am Hebel	15 (6)	1,1	—	—
		im Taglohn	—	—	138 000	1/15
		im Akkord	—	—	200 000	1/10
Pferd	300	ohne Maschine	56	1,3	2 100 000	1
		am Göpel	44	0,9	1 140 000	—
Ochse	280	ohne Maschine	60	0,8	1 400 000	2/3
		am Göpel	65	0,6	1 120 000	—

Reibung. Die Reibung R ist dem Drucke N senkrecht zur Reibungsfläche proportional.

$$R = \mu N$$

μ = Reibungszahl. (Über μ siehe Statik S. 79.)

Temperaturskala und Wärmeeinheit (Reichsgesetz vom 7. August 1924): Die gesetzliche Temperaturskala ist die thermodynamische Skala mit der Maßgabe, daß die normale Schmelztemperatur des Eises mit 0° und die normale Siedetemperatur des Wassers mit 100° bezeichnet werden.

Temperaturskalen:

	° Celsius	° Reaumur	° Fahrenheit
Siedepunkt des Wassers	100	80	212
Gefrierpunkt „ „	0	0	32

$$1^0\,C = 0{,}8^0\,R = 1{,}8^0\,F$$

Die absolute Temperatur beträgt: $T^0\,C = (t + 270)^0\,C$.

Die gesetzlichen **Einheiten** für die Messung von **Wärmemengen** sind die Kilokalorie (kcal) und die Kilowattstunde (kWh).

Die **Kilokalorie** ist die Wärmeeinheit (WE), durch die 1 kg Wasser bei Atmosphärendruck von 14,5° auf 15,5° C erwärmt wird.

Die **Kilowattstunde** ist gleichwertig dem Tausendfachen der Wärmemenge, die ein Gleichstrom von 1 gesetzlichen Ampere in einem Widerstande von 1 gesetzlichen Ohm während 1 Stunde entwickelt und ist 860 kcal gleich zu erachten.

Spezifische Wärmemenge ist die Wärmemenge in WE, die notwendig ist, um 1 kg einer Substanz um 1° C zu erwärmen.

Lichtstärke. Die von einer Lichtquelle in der Sekunde ausgehende Lichtmenge (Lichtstrom) wird in **Lumen** (Lm) gemessen. Eine Lichtquelle von der Stärke einer **Hefnerkerze** (HK), der eine mittlere räumliche Lichtstärke = 1 entspricht, sendet 12,56 Lm aus.

Wärmeleitfähigkeit einiger Stoffe

(das ist diejenige Wärmemenge, welche in einer Stunde durch eine Platte von 1 m² Querschnitt und 1 m Dicke durchfließt, wenn zwischen den Endflächen der Platte ein Temperaturgefälle von 1° C besteht)

Aluminium	173
Blei	29
Eisen und Stahl:	
Flußeisen	43
Gußeisen	54
Stahl	47
Kupfer	320
Messing	50—100
Rotguß	58
Zink	95
Zinn	54
Asbest	0,13—0,2
Asphalt	0,6
Beton 1:4	0,65
„ 1:12	0,70
Bruchsteinmauerwerk	1,3—2,1
Eis	1,5
Gips	0,32
Glas	0,75
Holz: Eiche, quer	0,18
„ längs	0,31
Holz: Kiefer, quer	0,11
„ längs	0,30
Hohlziegelmauerwerk	0,28
Kalkstein	0,81
Linoleum	0,16
Kalk	0,26
Kork	0,26
Sandstein	1,4
Sägemehl	0,06
Sägespäne, gepreßt	0,04
Schiefer	0,3—1,3
Ton, feuerfest	0,72
Verputz	0,70
Wasser	0,52
Zement	0,76
Ziegel	0,44
Ziegelmauerwerk	0,36
Luft in lotrechten Schichten bei	
einer Schichtendicke von 1 cm	0,02
bei einer Schichtendicke von 10 cm	0,07

Statistische Angaben aus der Wärme- und Energiewirtschaft

Zur Erzeugung einer Kilowattstunde (kWh) sind erforderlich:

1,2 kg Steinkohle (7000 WE je kg).
1 m^3 Gas (5000 WE je m^3).
0,35 kg Braunkohlenteeröl zu 10000 WE je kg.
130 l/sek Wasser bei 1 m Gefälle.

Leistung einer Kilowattstunde:

Versorgt eine Bogenlampe von 2000 HK rund 2 Stunden lang mit Strom.
Erzeugt im Motor 1 PS eine Stunde lang.
Bringt siebenmal je 1 l Wasser zum Kochen.
Läßt eine Glühbirne von 25 HK 40 Stunden lang brennen.
„ „ „ „ 50 HK 20 „ „ „
Läßt einen Tramwaywagen rund 1,5 km weit fahren.

Zur Erzeugung von 1 m^3 Gas sind notwendig:

3,3 kg Steinkohle; außerdem werden hierbei gewonnen: 2,3 kg Gaskoks und 0,15 kg Teer.

Leistung von 1 m^3 Gas:

Erzeugt 2 PS eine Stunde lang.
Liefert ein Bad von 150 l Wasser mit einer Temperatur von 35° C.
Versorgt eine Lampe von 50 HK 20 Stunden lang.
Bringt 25 mal je 2 l Wasser zum Kochen.
Hält einen ungefähr 100 m^3 großen Raum eine Stunde lang auf 20° C.

Für die Erzeugung von 100000 WE (Wärmeeinheiten) werden benötigt:

40	kg	Steinkohlenhaldenstaub	à 2500 WE	je kg
27	„	Hartholz (lufttrocken)	„ 3700 „	„ „
13	„	Holzkohle	„ 7700 „	„ „
25	„	Torf (lufttrocken)	„ 4000 „	„ „
12	„	Anthrazit	„ 7900 „	„ „
14	„	Steinfettkohle	„ 7000 „	„ „
21	„	Braunkohlenbriketts	„ 4800 „	„ „
14	„	Zechenkoks	„ 7000 „	„ „
15	„	Gaskoks	„ 6800 „	„ „
11	l	Petroleum	„ 10 000 „	je Liter

Kohleverbrauch in Kilogramm für die Herstellung von:

1 kg Romanzement	0,16 bis 0,24	kg Kohle	zu 7000 WE je kg	
1 „ Portlandzement	0,35 „ 0,45	„ „	„ 7000 „	
1 „ Kalk	0,25	„ „		
1 „ Kupfer	0,4	„ „	oder 0,5 kWh	
1 „ Roheisen	1,0	„ Koks	„ 2,5 kWh + 0,3 kg Koks	
1 „ Stahl	0,4	„ Kohle	„ 1,5 kWh	
1 „ Gummi	16,11	„ „		
1 „ Leim	3,2	„		
1 „ Garn	2,5 bis 3,0	„ „	„ 2,4 kWh + 0,6 kg Kohle	
1 „ Papier	0,7 „ 0,8	„ „	„ 0,44 kWh + 0,42 „ „	
1 „ Leder	3,4	„ „	„ 0,7 kWh + 2,7 „ „	
1 „ Eis	0,05	„ „		
1 „ Zucker	1,0 bis 1,5	„ „		
1 „ Mehl (Walzmühle)	0,12 „ 0,15	„ „	„ 0,2 kWh	
1 „ Grieß „	0,12 „ 0,15	„ „	„ 0,2 kWh	
1 l Bier	0,18	„ „	„ 0,03 kWh + 0,15 kg Kohle	
1 l Spiritus	1,50	„ „		
1 Stück Mauerziegel	0,15	„ „		
1/5 m^2 = 2,25 kg Glas	11 bis 12	„ „		

Für eine Schnellzugslokomotive bei Zurücklegung von 1000 km 13000 kg Kohle.

Für eine Schnellzugslokomotive bei Zurücklegung von 1000 km je Person 22 kg Kohle.

Für eine Badeanstalt je Besucher 5 bis 8 kg Kohle.

Wärmedurchgang von Wänden verschiedener Bauweisen im Verhältnis zu einer 1½ Stein starken (deutsches Format), beiderseits verputzten Ziegelmauer[1]):

1½ Stein starkes Ziegelmauerwerk	Wärmedurchgang	100
1 „ „ „	„	130
1½ „ „ Kalksandsteinmauerwerk	„	121
1 „ „ rheinisches Schwemmsteinmauerwerk	„	68
1 „ „ Münchener Löschsteinmauerwerk	„	53
Hohlmauerwerk aus Ziegelsteinen mit einer Luftschichte	„	97
„ „ „ gefüllt mit Isoliermitteln	„	68 bis 74
Ziegelmauerwerk, 1 Stein stark, innen verkleidet mit einem Isolierstoff beliebiger Art		68 „ 74
Fachwerk mit ½ Stein starken Ziegelausmauerung, innen verkleidet mit einem Isolierstoff		78 „ 87
Barackenwand, außen Schalung mit Deckleisten, Dachpappelage, Torfmullfüllung, innen Gipsdielenverkleidung		39
Bohlenwand aus 3 cm starken Bohlen mit innerem Verputz, auf Holzstäben und Dachpappezwischenlage		100

Die angegebenen Daten sind Wandtafeln der Ausstellung für Wasserstraßen- und Energiewirtschaft in München 1921 entnommen.

Wasserbedarf[2])

Für gewöhnliche Verhältnisse in Städten genügen je Kopf und Tag (24 Stunden) im Jahresdurchschnitt 100 Liter Wasser.

Sind alle Wasserbedürfnisse einer Ortschaft bekannt oder lassen sie sich einschätzen, so kann der gesamte Bedarf aus nachstehenden Werten ermittelt werden:

a) Hausgebrauch bei Bezahlung des Wassers auf Grund von Messungen:

1. Gebrauchswasser in Wohnhäusern, zum Trinken, Reinigen, Kochen und zur Wäsche, für den Kopf der Bewohner im Tage	20 bis 30 l
2. Abortspülung, einmalige	5 bis 6 l
Pissoirspülung, aussetzend, je Stand in der Stunde	30 l
„ fortwährend, für den laufenden Meter Spülrohr in der Stunde	200 l
3. Bäder: ein Wannenbad 350 l, Brause	20 bis 30 l
4. Garten- oder Hofbegießung an einem trockenen Tage, für den Quadratmeter	1,5 l
5. Ein Pferd tränken und reinigen, ohne Stallreinigung, im Tage	50 l
6. Desgleichen ein Stück Großvieh	50 l
7. „ „ „ Kleinvieh	10 l
8. Einen Wagen reinigen	200 l

Wird das abgegebene Wasser nicht durch Wassermesser kontrolliert, so steigt der Verbrauch auf das Doppelte und höher.

[1]) Siehe auch Gesundheitstechnik, Abschnitt D.

[2]) Entnommen: Bleich-Melan: „Taschenbuch für Ingenieure und Architekten, Verlag Springer. Wien. 1926.

b) Öffentliche Anstalten:

1.	Schulen, für den Schüler und Schultag	2 l
2.	Kasernen, für den Mann und Verpflegstag	20 l
	Für ein Pferd	40 l
3.	Kranken- und Versorgungshäuser, für den Kopf und Verpflegstag	100 bis 150 l
4.	Gasthöfe, für den Kopf und Verpflegstag, ohne Aufzüge oder Wassermotoren	100 l
5.	Badeanstalten, für das abgegebene Bad	500 l
6.	Waschanstalten, für 100 kg Wäsche	400 l
7.	Schlachthäuser, Gesamtverbrauch im Jahre für das Stück geschlachteten Viehes	300 bis 400 l
8.	Markthallen, für den Quadratmeter und den Markttag	5 l
9.	Eichamt, Gesamtverbrauch für 1 m^3 geeichten Hohlgefäßes	1100 l
10.	Bahnhöfe, Speisewasser für eine Lokomotive je Tag	6000 bis 8000 l

c) Gemeindezwecke:

1.	Straßenbespritzung, für den Quadratmeter, einmalige Bespritzung	1 bis 1,5 l
2.	Öffentliche Gartenanlagen, für den Quadratmeter, einmalige Bespritzung	1,5 l
3.	Öffentliche Ventilbrunnen, im Tage	3000 l
4.	Öffentliche Pissoirs, bei intermittierender Spülung, für den Stand in der Stunde 60 l; bei fortwährender Spülung, für den laufenden Meter Spülrohr in der Stunde	200 l

d) Gewerbe und Industrie:

1.	Brauereien, Gesamtverbrauch im Jahre für den Hektoliter gebrauten Bieres, ohne Eisbereitung	500 l
2.	Zur Verwandlung von 1 kg Wolle in Tuch (Dampfmaschine, Wollwäsche, Walkerei, Rauherei, Spülen der farbigen Ware), nach Beissel	1000 l
3.	Dampfmaschine, für die Pferdekraft in der Stunde	30 l

Dachneigungen

Sie sind von der Art des Eindeckungsmaterials und von den örtlichen Schneeverhältnissen abhängig. Das Dach kann um so flacher sein, je fugenloser die Deckung ist. Bei großen Schneemengen (im Gebirge) sind steile Dächer zu empfehlen, um ein Abgleiten des Schnees zu ermöglichen. Wenn nicht architektonische Rücksichten maßgebend, möglichst flache Dächer mit möglichst fugenloser Deckung!

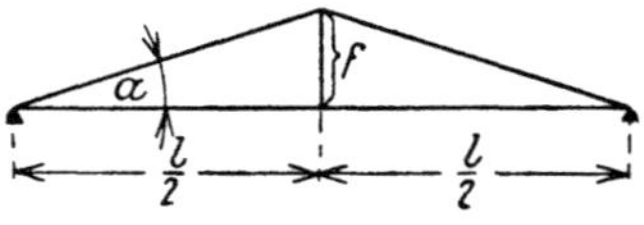

Erfahrungsgemäß richtige Dachneigungen für die gebräuchlichen Dachdeckungsmaterialien[1]):

Art der Dachdeckung	Dachneigung tg α		Neigungswinkel α°		Art der Dachdeckung	Dachneigung tg α		Neigungswinkel α°	
	von	bis	von	bis		von	bis	von	bis
Asphaltdach	1:30	1:12	$1\,^8/_9$	$4^3/_4$	Schieferdach, englisch	1:2,5 (mindestens)	—	$21^3/_4$	—
Bleiblechdach	1:1,75	und flacher	$29^3/_4$	und weniger					
Stahlblechdach	1:3	1:5	$18^1/_2$	$11^1/_4$	Schindeldach	1:1,5	—	$33^2/_3$	—
Eternitdach	1:3,5	1:1	15	45	Strohdach	1:1	3:2,5	40	$50^1/_6$
Glasdach	1:3,5	1:1	15	45	Wellblechdach	1:1,5	1:1,25	$33^2/_3$	$38^2/_3$
Holzzementdach	1:12,5	1:10	$4^1/_2$	$5^2/_3$	Ziegeldächer, doppelte	1:2,5	1:1,5	$21^3/_4$	$33^2/_3$
Kiespappedach, doppellagig	1:7,5	—	$7^1/_2$	—	„ einfache	1:1,5	1:1	$33^2/_3$	45
Kupferblechdach	1:12,5	1:10	$4^1/_2$	$5^2/_3$	Falzziegeldach	1:3	1:1,5	$18^1/_2$	$33^2/_3$
Pappedach	1:10	1:5	$5^2/_3$	$11^1/_4$	Kronendach	1:2,5	1:1,5	$21^3/_4$	$33^2/_3$
Rohrdach	1:1	3:2,5	40	$50^1/_6$	Pfannendach	1:1,25	1:1	$38^2/_3$	45
Schieferdach	1:2	1:1,5	$26^1/_2$	$33^2/_3$	Zinkblechdach	1:17,5	1:5	$7^1/_2$	$11^1/_4$

[1]) Aus Bronneck: Holz im Hochbau. Verlag Julius Springer. Wien. 1927.

Lotrechte Gesamtdachlasten aus Eigengewicht, Schnee und Wind in kg/m² Grundriß (nach Saliger)

Dachneigung	10°	15°	20°	25°	30°	35°	40°	45°
Einfaches Ziegeldach	—	—	—	253	264	277	290	306
„ „ in Mörtel	—	—	—	264	275	289	303	320
Doppeltes Ziegeldach	—	—	—	275	287	301	316	335
Kronendach	—	—	—	286	299	314	329	349
Falzziegeldach	—	—	—	242	252	265	277	292
Mönch- oder Nonnendach	—	—	—	280	293	307	323	342
Engl. Schieferdach	—	—	204	220	229	240	251	264
„ „ auf Schalung	—	—	215	231	241	252	264	278
Deutsches „	—	—	225	242	252	265	277	292
Zinkdach	170	185	199	214	223	234	244	257
Wellblechdach	154	169	183	198	206	216	225	235
Einfaches Pappedach	164	179	193	209	218	228	—	—
Eisenbetondach	312	330	358	369	385	405	427	455
Holzzementdach	312	—	—	—	—	—	—	—
Glasdach, 5 mm	—	169	183	198	206	216	225	235
„ 6 „	—	174	188	203	212	222	231	242

Für überschlägige Berechnungen darf die Größe der Eigenlast gesetzt werden:

Pfetten aus Stahl	7 bis 15 kg/m²	Dachfläche
Freitragende Holzbinder, 10 bis 18 m Stützweite	20 „ 40 „	„
Stahlfachwerksbinder „ 18 „ „	15 „	„
Größere Dachbinder	20 bis 25 „	„
Schwere „	25 „ 40 „	„

Bestimmung der Schleppbahnrentabilität

Bezeichnungen:

L = Länge der Schleppbahn in Kilometer von der Fabrik zur Station,
l = „ des Fahrweges „ „ „ „ „ „ „
K = Fuhrwerkskosten für eine Tonne und Kilometer,
B = Baukosten der Schleppbahn, exklusive Grundeinlösung,
p = Zinsfuß,
E = Erhaltungskosten der Schleppbahn für ein Jahr und Kilometer,
Z = Schleppbahngebühr für einen Waggon (= 10 Tonnen),
Q = Jahresgewichtsumsatz an Gütern auf der Schleppbahn in Tonnen,
a = jährliche Abschreibung.

Unter der Annahme einer zehnjährigen Amortisation berechnet sich die erforderliche Mindestfracht Q aus:

$$\frac{B p}{100} + E L + a + Q \cdot \frac{Z}{10} \lesseqgtr K l Q$$

mit:

$$Q \gtreqless \frac{0{,}01\, B \cdot p + E L + a}{K l - 0{,}1\, Z}.$$

Beispiel: $L = 0{,}8$ km, $l = 1{,}0$ km, $K = 1{,}25$ S, $B = 48000$ S, $p = 10\%$, $E = 1800$ S, $Z = 3{,}0$ S, $a = 2400$ S.

Die erforderliche Mindestfracht folgt daher aus obiger Gleichung mit:

$$Q = 8840 \text{ Tonnen} = 884 \text{ Waggons.}$$

Durchschnittsgewichte von Fahrzeugen in Tonnen

Fahrrad	0,09 bis 0,10
Motorrad	0,11
Personenauto	1,65
Motorkleinlastwagen (gedeckt)	2,45
Motoromnibus	6,10
Motorlastwagen (gummibereift)	6,10
Motoranhänger „	5,10
Motorlastwagen (stahlbereift)	10,20
Motoranhänger „	5,10
Traktoren (leicht)	5,10
Traktorenanhänger	5,10
Zugmaschinen	12,20
Anhänger für Zugmaschinen	8,20
Einspännige Fahrzeuge (leicht)	0,41
Zwei- oder mehrspännige Fahrzeuge (leicht)	0,61
Einspännige Fahrzeuge (schwer)	1,30
Zwei- oder mehrspännige Fahrzeuge (schwer)	2,60
Möbelwagen	2,20
Omnibusse für zwei oder mehrere Pferde	3,10

Die **Spurweite** der Wagen, gemessen zwischen den inneren Radreifenkanten der Räder einer Achse, schwankt zwischen 1,1 bis 1,5 m; häufige Spur 1,35 m.

Breite der Wagen samt Ladung 1,6 bis 3,5 m, **Länge** ohne Deichsel 2,4 bis 6,0 m, **Höhe** der beladenen Wagen 1,6 bis 4,0 m.

Über Abmessungen von Kraftwagen siehe „Garagenbau".

Straßenneigungen (Längsgefälle)[1] in Promille

Wichtige Straßen des Flachlandes	von	20	bis	25	bis höchstens 25 bis 35.
„ „ „ Hügellandes	„	25	„	35	„ „ 35 „ 50.
„ „ „ Gebirgslandes	„	35	„	50	„ „ 50 „ 65.
Alpenstraßen	„	70	„	80	„ „ 100.
Feld- und Waldwege	„	100	„	120	„ „ 150.
Güterwege (Alp- oder Weidewege)	„	130	„	160	„ „ 250.
Verbindungsstraßen	„	60	„	70.	

Schleif- oder Schlittenwege zur Talförderung von Langholz 170 bis 250.
In Wendepunkten oder Kehren von 25 bis höchstens 40.

Überhöhungen bei Straßenkurven

Die Überhöhung h in m ist aus $h = \frac{l \cdot v^2}{g \cdot R}$ zu bestimmen; darin ist: l = Straßenbreite in m, R = Radius der Kurve in m, v = Geschwindigkeit des Fahrzeuges in m/sek und $g = 9{,}81$ m/sek (Erdbeschleunigung).

[1]) Nach Bleich-Melan: Taschenbuch für Ingenieure und Architekten. Wien: Julius Springer. 1926.

Mathematik

Einige Zahlenwerte für π

Größe	Zahlenwert	Größe	Zahlenwert	Größe	Zahlenwert
π	3,1 415 927	$\frac{\pi}{180}$	0,01 745	$\frac{\pi}{\sqrt{2}}$	2,221 492
$\frac{\pi}{4}$	0,7 853 982	$\frac{\pi}{360}$	0,0 087 266	$\frac{1}{\sqrt{\pi}}$	0,5642
π^2	9,8 696 047	$\sqrt{\pi}$	1,7 724 539	$\sqrt{2\pi}$	2,506 628
$\frac{1}{\pi}$	0,318 310	$\frac{\pi^2}{4}$	2,4 674 011	$\sqrt{\frac{\pi}{2}}$	1,253 314
$\frac{1}{\pi^2}$	0,101 321	$\pi\sqrt{2}$	4,4 428 829		

Quadrat- und Kubikwurzeln einiger Brüche

n	$\sqrt{n}$	$\sqrt[3]{n}$	n	$\sqrt{n}$	$\sqrt[3]{n}$	n	$\sqrt{n}$	$\sqrt[3]{n}$	n	$\sqrt{n}$	$\sqrt[3]{n}$
0,01	0,1000	0,2154	0,20	0,4472	0,5848	$^2/_3$	0,8165	0,8736	$^6/_7$	0,9258	0,9499
0,02	0,1414	0,2714	0,25	0,5000	0,6300	$^1/_4$	0,5000	0,6300	$^1/_8$	0,3536	0,5000
0,03	0,1732	0,3107	0,30	0,5477	0,6694	$^3/_4$	0,8660	0,9086	$^3/_8$	0,6124	0,7211
0,04	0,2000	0,3420	0,40	0,6325	0,7368	$^1/_6$	0,4083	0,5503	$^5/_8$	0,7906	0,8550
0,05	0,2236	0,3684	0,50	0,7071	0,7937	$^5/_6$	0,9129	0,9410	$^7/_8$	0,9354	0,9565
0,06	0,2449	0,3915	0,60	0,7746	0,8434	$^1/_7$	0,3780	0,5228	$^1/_9$	0,3333	0,4808
0,07	0,2646	0,4121	0,70	0,8367	0,8879	$^2/_7$	0,5345	0,6586	$^2/_9$	0,4714	0,6057
0,08	0,2828	0,4309	0,80	0,8944	0,9283	$^3/_7$	0,6547	0,7540	$^4/_9$	0,6667	0,7631
0,09	0,3000	0,4481	0,90	0,9487	0,9655	$^4/_7$	0,7559	0,8298	$^5/_9$	0,7454	0,8221
0,10	0,3162	0,4642	$^1/_3$	0,5774	0,6934	$^5/_7$	0,8452	0,8939	$^7/_9$	0,8819	0,9296

In der Mathematik gebräuchliche Zeichen

Man schreibt	$=$	$>$	$<$	$+$	$-$	$\cdot$	$:$	$\backsim$	∞
statt	gleich	größer als	kleiner als	plus (mehr)	minus (weniger)	mal	durch	ähnlich	unendlich
Man schreibt	$\doteq$	$\cong$	$\parallel$	⋕	$\perp$	Σ	$\int$	$\sphericalangle$	
statt	nahezu gleich	kongruent	parallel	gleich u. parallel	rechtwinklig zu	Summe von	Integral	Winkel	

Griechisches Alphabet

$A\,\alpha$	$B\,\beta$	$\Gamma\,\gamma$	$\Delta\,\delta$	$E\,\varepsilon$	$Z\,\zeta$	$H\,\eta$	$\Theta\,\vartheta$
Alpha	Beta	Gamma	Delta	Epsilon	Zeta	Eta	Theta
$I\,\iota$	$K\,\varkappa$	$\Lambda\,\lambda$	$M\,\mu$	$N\,\nu$	$\Xi\,\xi$	$O\,o$	$\Pi\,\pi$
Iota	Kappa	Lambda	My	Ny	Xi	Omikron	Pi
$P\,\varrho$	$\Sigma\,\sigma$	$T\,\tau$	$\Upsilon\,\upsilon$	$\Phi\,\varphi$	$X\,\chi$	$\Psi\,\psi$	$\Omega\,\omega$
Rho	Sigma	Tau	Ypsilon	Phi	Chi	Psi	Omega

Zahlen zur Umwandlung von Bogenmaß in Gradmaß und umgekehrt

arc 1°	= 0,0174532925	log arc 1°	= 0,2418774—2
arc 1′	= 0,0002908882	log arc 1′	= 0,4637261—4
arc 1″	= 0,0000048481	log arc 1″	= 0,6855749—6

Arithmetik

Potenzen:

$$(-a)^{2n} = +a^{2n};\quad (-a)^{2n+1} = -a^{2n+1};\quad a^m \cdot a^n = a^{m+n};\quad a^m : a^n = a^{m-n};$$

$$a^m \cdot b^m = (ab)^m;\quad a^m : b^m = \left(\frac{a}{b}\right)^m;\quad \frac{1}{a^m} = a^{-m};\quad (a^m)^n = a^{mn};\quad \frac{a^{n+1}}{a^n} = a;\quad \frac{a^n}{a^{n-1}} = a;$$

$$a^2 - b^2 = (a+b)\,(a-b);\quad (a \pm b)^2 = a^2 \pm 2ab + b^2;$$

$$a^3 \pm b^3 = (a \pm b)\,(a^2 \pm ab + b^2);\quad (a \pm b)^3 = a^3 \pm 3a^2 b + 3ab^2 \pm b^3;$$

$$(a+b+c)^2 = a^2 + 2ab + b^2 + 2ac + 2bc + c^2.$$

Wurzeln: $\sqrt[n]{a^n} = a;\quad \sqrt[n]{a^{mn}} = a^m;\quad \sqrt[n]{ab} = \sqrt[n]{a} \cdot \sqrt[n]{b};\quad \sqrt[n]{\frac{a}{b}} = \frac{\sqrt[n]{a}}{\sqrt[n]{b}};$

$$\sqrt[n]{\frac{1}{a}} = \frac{1}{\sqrt[n]{a}} = a^{-\frac{1}{n}};\quad \sqrt[n]{a^m} = a^{\frac{m}{n}};\quad \sqrt[m]{\sqrt[n]{a}} = \sqrt[n]{\sqrt[m]{a}} = \sqrt[mn]{a};$$

$$\sqrt{a^2} = \pm a;\quad \sqrt{(a+b)^2} = \pm (a+b).$$

Logarithmen: Ist $\overset{b}{\log}\, a = c$, so ist $b^c = a$. Für $b > 1$ ist $\overset{b}{\log}\, o = -\infty$;

$$\overset{b}{\log}\, b = 1;\quad \overset{b}{\log}\,(ac) = \overset{b}{\log}\, a + \overset{b}{\log}\, c;\quad \overset{b}{\log}\,\frac{a}{c} = \overset{b}{\log}\, a - \overset{b}{\log}\, c;$$

$$\overset{b}{\log}\,(a)^n = n\,\overset{b}{\log}\, a;\quad \overset{b}{\log}\,\sqrt[n]{a} = \frac{1}{n}\,\overset{b}{\log}\, a.$$

Die Grundzahl der gemeinen oder Briggschen Logarithmen ist 10; statt $\overset{10}{\log}\, a$ schreibt man $\log a$; die Grundzahl der natürlichen Logarithmen ist

$$e = 2{,}718281828459\ldots,$$

wofür man $\ln a$ statt $\log a$ schreibt.

Gleichungen zweiten Grades:

$$x^2 + px + q = 0,\qquad x = -\frac{p}{2} \pm \sqrt{\frac{p^2}{4} - q};$$

$$ax^2 + bx + c = 0,\qquad x = \frac{-b \pm \sqrt{b^2 - 4ac}}{2a}.$$

Sind x_1, x_2 die beiden Wurzeln einer Gleichung zweiten Grades, so ist

$$x_1 + x_2 = -p \text{ und } x_1 x_2 = q.$$

Gleichungen dritten Grades:

$$z^3 + az^2 + bz + c = 0.$$

Führt man $z = x - \frac{a}{3}$ ein, so erhält man die reduzierte Form

$$x^3 - 3px - 2q = 0;$$

hierbei ist:

$$3p = \frac{a^2}{3} - b, \qquad 2q = \frac{ab}{3} - c - \frac{2}{27}a^3.$$

α) $p^3 < q^2$. Eine Lösung ist reell, die beiden andern konjugiert komplex. Man benütze die Cardanische Formel:

$$u = \sqrt[3]{q + \sqrt{q^2 - p^3}}, \qquad v = \sqrt[3]{q - \sqrt{q^2 - p^3}}.$$

$$x_1 = u + v, \qquad x_{23} = -\frac{1}{2}(u+v) \pm \frac{i}{2}\sqrt{3}\,(u-v).$$

β) $p^3 > q^2$. Alle drei Lösungen sind reell:

Die Auflösung geschieht mittels Kreisfunktionen

$$\cos 3\varphi = \frac{q}{p\sqrt{p}};$$

$$x_1 = 2\sqrt{p}\cos\varphi, \qquad x_2 = 2\sqrt{p}\cos(\varphi + 120^0), \qquad x_3 = 2\sqrt{p}\cos(\varphi + 240^0),$$

γ) $p^3 = q^2$

$$x_1 = 2\sqrt{p}, \qquad x_2 = x_3 = -\sqrt{p}.$$

Beispiele:

1. $x^3 + 9x - 26 = 0$: $\quad p = -3, \quad q = 13, \quad$ also $p^3 < q^2$

$$\sqrt{q^2 - p^3} = 14, \qquad u = \sqrt[3]{13 + 14} = 3, \qquad v = \sqrt[3]{13 - 14} = -1;$$

daher

$$x_1 = 2, \qquad x_{23} = -\frac{1}{2}\cdot 2 \pm \frac{i}{2}\sqrt{3}\cdot 4 = -1 \pm 2i\sqrt{3}.$$

2. $x^3 - 15x + 6 = 0$: $\quad p = 5, \quad q = -3, \quad$ also $p^3 > q^2$.

$$\cos 3\varphi = \frac{-3}{5\sqrt{5}} = -0{,}268328, \qquad 3\varphi = 105^0 33' 53'', \qquad \varphi = 35^0 11' 18''$$

$$x_1 = 2\sqrt{p}\cdot\cos\ 35^0 11' 18'' = +3{,}6549,$$
$$x_2 = 2\sqrt{p}\cdot\cos 155^0 11' 18'' = -4{,}0593,$$
$$x_3 = 2\sqrt{p}\cdot\cos 275^0 11' 18'' = -0{,}4044.$$

Zeichnerisches Verfahren zur Auswertung von Gleichungen. Der Verlauf der Gleichung $y = f(x)$ sei in Abb. 1 dargestellt. Durch Versuch wurden die Wurzeln x_1 und x_2 gefunden, denen die Werte y_1 und y_2 zukommen. Durch gradlinige Zwischenschaltung (Interpolation) findet man aus

$$x_3 = x_1 + \frac{x_2 - x_1}{y_1 - y_2}\,y_1$$

schon einen genaueren Wurzelwert x_3, dem ein y_3 entspricht; man wählt nun x_4, berechnet y_4 und gewinnt aus obiger Gleichung die fast schon ausreichend genaue Wurzel; dieses Verfahren kann weiter fortgesetzt werden.

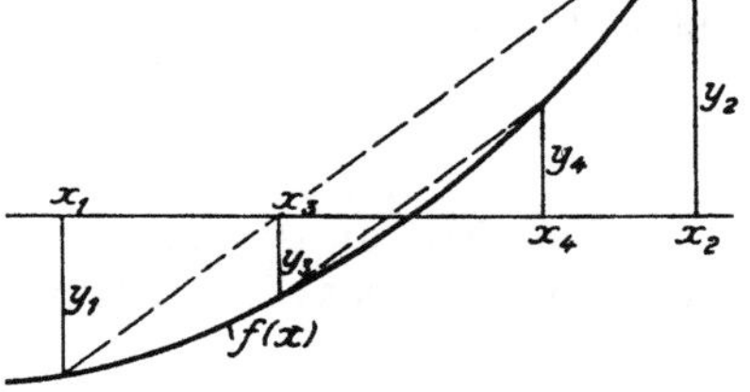

Abb. 1

Beispiel:

$$y = x^3 - 3\,x^2 + 4\,x - 10;$$

$x_1 = 2 \ldots\ldots y_1 = -6,$
$x_2 = 3 \ldots\ldots y_2 = +2,$
$x_3 = 2{,}75 \ldots y_3 = -0{,}891,$
$x_4 = 2{,}90 \ldots y_4 = +0{,}759,$

$$x_3 = 2 + \frac{3-2}{-6-2} \cdot (-6) = 2{,}75,$$

$$x_5 = 2{,}75 + \frac{2{,}9 - 2{,}75}{-0{,}891 - 0{,}759} \cdot (-0{,}891) \doteq 2{,}831.$$

Der genaue Wert ist $x = 2{,}833$.

Arithmetische Reihe:

$$S = a + (a+b) + (a+2\,b) + (a+3b) + \ldots .[a + (n-1)b] = \left[a + \frac{(n-1)\,b}{2}\right] n.$$

Geometrische Reihe:

$$S = a + a\,q + a\,q^2 + a\,q^3 + \ldots a q^{n-1} = \frac{a\,(q^{n-1})}{q-1}.$$

Binomische Reihe:

$$(a \pm b)^n = a^n \pm n\,a^{n-1}\,b + \frac{n\,(n-1)}{1 \cdot 2}\,a^{n-2} b^2 \pm \frac{n\,(n-1)\,(n-2)}{1 \cdot 2 \cdot 3}\,a^{n-3}\,b^3 + \ldots$$

Zinseszins- und Rentenrechnung

Ist K das Anlagekapital, p % der Zinsfuß, so ist der Endwert K_n des Kapitals nach n Jahren mit $q = 1 + \frac{p}{100}$.

$$K_n = K\,q^n, \tag{1}$$

wenn die Zinsen am Ende eines jeden Jahres zum Kapital geschlagen werden.

Bei halbjährigem Zinszuschlag mit $q = \left(1 + \frac{p}{200}\right)$ ist

$$K_n = K\,q^{2n}. \tag{2}$$

Wird am Ende eines jeden Jahres ein Betrag k eingezahlt, so ist der Endwert nach n Jahren

$$S_n = k\,\frac{(q^n - 1)}{q-1}. \tag{3}$$

Wird dieser Betrag k zu Anfang eines jeden Jahres eingezahlt, so ist die Endsumme am Ende des $n$ten Jahres

$$S_n = k\,\frac{q\,(q^n - 1)}{q-1}. \tag{4}$$

Tilgung, Amortisation. Ist ein Betrag K, der mit p % verzinst wird, in n Jahren zu tilgen, so beträgt die jährliche Zahlung k

$$k = K\,\frac{q^n\,(q-1)}{q^n - 1}. \tag{5}$$

Abschreibung. Ist der Anschaffungswert A in n Jahren abzuschreiben, so beträgt die jährliche Abschreibung a

$$a = A\,\frac{q-1}{q^n - 1}.$$

Trigonometrie

Geometrische Definition (Abb. 2).

$$\sin\alpha = \frac{a}{c},\qquad \cos\alpha = \frac{b}{c},\qquad \operatorname{tg}\alpha = \frac{a}{b},$$

$$\operatorname{cotg}\alpha = \frac{b}{a},\qquad \operatorname{cosec}\alpha = \frac{1}{\sin\alpha},\qquad \sec\alpha = \frac{1}{\cos\alpha}.$$

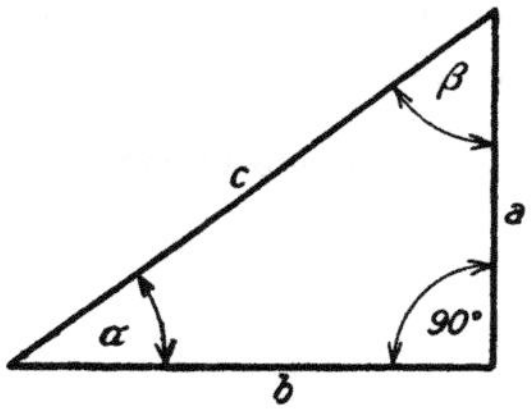

Abb. 2

Beziehungen zwischen Komplement- und Supplementwinkeln (Abb. 3)

$\varphi =$	$90 \pm \alpha$	$180 \pm \alpha$	$270 \pm \alpha$	$(n \cdot 360 \pm \alpha)$ oder $\pm \alpha$
$\sin\varphi$	$\cos\alpha$	$\mp \sin\alpha$	$-\cos\alpha$	$\pm \sin\alpha$
$\cos\varphi$	$\mp \sin\alpha$	$-\cos\alpha$	$\pm \sin\alpha$	$+\cos\alpha$
$\operatorname{tg}\varphi$	$\mp \operatorname{cotg}\alpha$	$\pm \operatorname{tg}\alpha$	$\mp \operatorname{cotg}\alpha$	$\pm \operatorname{tg}\alpha$
$\operatorname{cotg}\varphi$	$\mp \operatorname{tg}\alpha$	$\pm \operatorname{cotg}\alpha$	$\mp \operatorname{tg}\alpha$	$\pm \operatorname{cotg}\alpha$

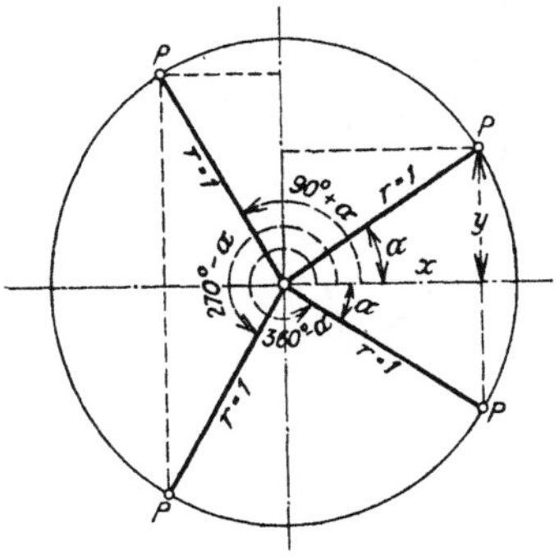

Abb. 3

Grundbeziehungen:

$$\sin(-\alpha) = -\sin\alpha,\qquad \cos(-\alpha) = \cos\alpha,$$

$$\operatorname{tg}(-\alpha) = -\operatorname{tg}\alpha,\qquad \operatorname{cotg}(-\alpha) = -\operatorname{cotg}\alpha,$$

$$\sin^2\alpha + \cos^2\alpha = 1,\qquad \operatorname{tg}\alpha = \frac{\sin\alpha}{\cos\alpha},\qquad \operatorname{tg}\alpha\cdot\operatorname{cotg}\alpha = 1.$$

Beziehungen zwischen den Funktionen zweier Winkel und Funktionen mehrfacher Winkel.

$$\sin(\alpha \pm \beta) = \sin\alpha\cos\beta \pm \cos\alpha\sin\beta,$$

$$\cos(\alpha \pm \beta) = \cos\alpha\cos\beta \mp \sin\alpha\sin\beta,$$

$$\operatorname{tg}(\alpha \pm \beta) = (\operatorname{tg}\alpha \pm \operatorname{tg}\beta) : (1 \mp \operatorname{tg}\alpha\cdot\operatorname{tg}\beta),$$

$$\operatorname{cotg}(\alpha \pm \beta) = (\operatorname{cotg}\alpha\cdot\operatorname{cotg}\beta \mp 1) : (\operatorname{cotg}\beta \pm \operatorname{cotg}\alpha).$$

$$\sin 2\alpha = 2\sin\alpha\cdot\cos\alpha = \frac{2}{\operatorname{cotg}\alpha + \operatorname{tg}\alpha},$$

$$\cos 2\alpha = \cos^2\alpha - \sin^2\alpha = 1 - 2\sin^2\alpha = 2\cos^2\alpha - 1,$$

$$\operatorname{tg} 2\alpha = \frac{2\operatorname{tg}\alpha}{1 - \operatorname{tg}^2\alpha} = \frac{2}{\operatorname{cotg}\alpha - \operatorname{tg}\alpha},$$

$$\operatorname{cotg} 2\alpha = \frac{\operatorname{cotg}^2\alpha - 1}{2\operatorname{cotg}\alpha} = \frac{\operatorname{cotg}\alpha - \operatorname{tg}\alpha}{2}.$$

$$\sin\alpha + \sin\beta = 2\sin\frac{\alpha+\beta}{2}\cdot\cos\frac{\alpha-\beta}{2},\qquad \cos\alpha + \cos\beta = 2\cos\frac{\alpha+\beta}{2}\cdot\cos\frac{\alpha-\beta}{2},$$

$$\sin\alpha + \sin\beta = 2\cos\frac{\alpha+\beta}{2}\cdot\sin\frac{\alpha-\beta}{2},\qquad \cos\alpha - \cos\beta = -2\sin\frac{\alpha+\beta}{2}\cdot\sin\frac{\alpha-\beta}{2}.$$

$$1 + \cos 2\alpha = 2\cos^2\alpha,\quad 1 + \cos\alpha = 2\cos^2\frac{\alpha}{2},\quad \frac{1 - \cos 2\alpha}{1 + \cos 2\alpha} = \operatorname{tg}^2\alpha,\quad \frac{1 - \cos\alpha}{1 + \cos\alpha} = \operatorname{tg}^2\frac{\alpha}{2},$$

$$1 - \cos 2\alpha = 2\sin^2\alpha,\quad 1 - \cos\alpha = 2\sin^2\frac{\alpha}{2},\quad 1 + \operatorname{tg}^2\alpha = \frac{1}{\cos^2\alpha},\quad 1 + \operatorname{cotg}^2\alpha = \frac{1}{\sin^2\alpha}.$$

$\sin\alpha\cos\beta = \frac{1}{2}[\sin(\alpha+\beta)+\sin(\alpha-\beta)]$, $\sin\alpha\sin\beta = \frac{1}{2}[\cos(\alpha-\beta)-\cos(\alpha+\beta)]$,

$\cos\alpha\sin\beta = \frac{1}{2}[\sin(\alpha+\beta)-\sin(\alpha-\beta)]$, $\cos\alpha\cos\beta = \frac{1}{2}[\cos(\alpha-\beta)+\cos(\alpha+\beta)]$.

Das schiefwinklige Dreieck, Abb. 4. Formeln:

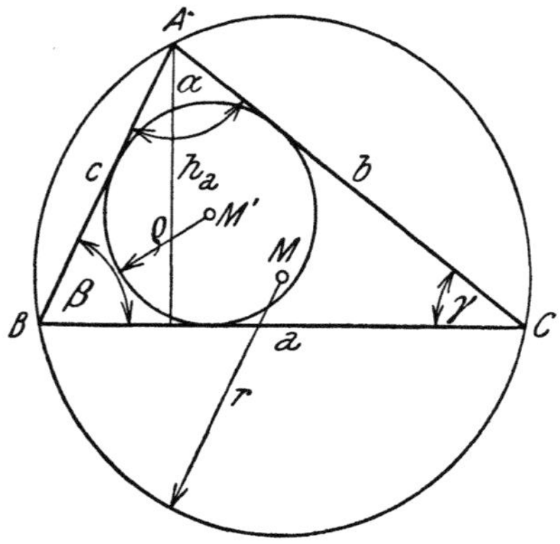

Abb. 4

Sinussatz:

$$\frac{a}{\sin\alpha} = \frac{b}{\sin\beta} = \frac{c}{\sin\gamma} = 2\,r.$$

Projektionssatz:

$$a = b\cos\gamma + c\cos\beta,$$
$$b = c\cos\alpha + a\cos\gamma,$$
$$c = b\cos\alpha + a\cos\beta.$$

Cosinussatz:

$$a^2 = b^2 + c^2 - 2\,b\,c\cos\alpha =$$
$$= (b+c)^2 - 4\,b\,c\cos^2\frac{\alpha}{2} =$$
$$= (b-c)^2 + 4\,b\,c\sin^2\frac{\alpha}{2}.$$

Tangentensatz:

$$(a+b):(a-b) = \operatorname{tg}\frac{\alpha+\beta}{2} : \operatorname{tg}\frac{\alpha-\beta}{2}.$$

Mollweidesche Gleichungen:

$$(b+c)\sin\frac{\alpha}{2} = a\cos\frac{\beta-\gamma}{2}, \quad (b-c)\cos\frac{\alpha}{2} = a\sin\frac{\beta-\gamma}{2}.$$

Halbwinkelsätze:

$$\sin\frac{\alpha}{2} = \sqrt{\frac{(s-b)(s-c)}{b\cdot c}}, \qquad \cos\frac{\alpha}{2} = \sqrt{\frac{s(s-a)}{b\cdot c}},$$

$$\operatorname{tg}\frac{\alpha}{2} = \sqrt{\frac{(s-b)(s-c)}{s(s-a)}}, \qquad s = \tfrac{1}{2}(a+b+c).$$

Innerer Halbmesser ϱ, äußerer Halbmesser r:

$$\varrho = \sqrt{\frac{(s-a)(s-b)(s-c)}{s}} = (s-a)\operatorname{tg}\frac{\alpha}{2} = (s-b)\operatorname{tg}\frac{\beta}{2} = (s-c)\operatorname{tg}\frac{\gamma}{2}.$$

Grundaufgaben.

1. Gegeben eine Seite a und die anliegenden Winkel β, γ:

$$b = \frac{a\sin\beta}{\sin\alpha}, \qquad c = \frac{a\sin\gamma}{\sin\alpha}, \qquad \alpha = 180^0 - \beta - \gamma.$$

2. Gegeben zwei Seiten a, b und der eingeschlossene Winkel γ:

a) $c = \sqrt{a^2+b^2-2\,a\,b\cos\gamma}$, $\quad \sin\alpha = a\,\frac{\sin\gamma}{c}$, $\quad \sin\beta = b\,\frac{\sin\gamma}{c}$,

b) $\frac{\alpha+\beta}{2} = 90 - \frac{\gamma}{2}$, $\quad \operatorname{tg}\frac{\alpha-\beta}{2} = \frac{a-b}{a+b}\operatorname{tg}\frac{\alpha+\beta}{2}$, $\quad c = \frac{a\sin\gamma}{\sin\alpha} = \frac{b\sin\gamma}{\sin\beta}$.

3. Gegeben zwei Seiten a, b und der Gegenwinkel β:

α) $b > a : \alpha < 90^0$, $\quad \sin\alpha = \frac{a\sin\beta}{b}$, $\quad c = \frac{b\sin\gamma}{\sin\beta} = \frac{a\sin\gamma}{\sin\alpha}$, $\quad \gamma = 180^0 - \alpha - \beta$.

Es besteht nur eine Lösung.

β) $b<a$: Aus $\sin\alpha=\frac{a\sin\beta}{b}$ entstehen für α zwei Werte, der eine $<90^0$, der andere $>90^0$. Im übrigen wie vor. Ist $a\sin\beta>b$, so besteht überhaupt keine Lösung.

4. Gegeben die drei Seiten a, b, c; $\left\{s=\frac{1}{2}(a+b+c)\right\}$:

a) $\cos\alpha=\frac{b^2+c^2-a^2}{2bc}$, $\sin\beta=\frac{b\sin\alpha}{a}$, $\gamma=180^0-\alpha-\beta$,

b) $\cos\frac{\alpha}{2}=\sqrt{\frac{s(s-a)}{bc}}$, $\cos\frac{\beta}{2}=\sqrt{\frac{s(s-b)}{ac}}$, $\gamma=180^0-\alpha-\beta$.

Ebene Figuren und Körper

Dreieck (Abb 4): Fläche: $F=\frac{1}{2}a\,h_a=\frac{1}{2}a\,b\sin\gamma=\frac{a^2\sin\beta\cdot\sin\gamma}{2\sin\alpha}=$

$$=\sqrt{s(s-a)(s-b)(s-c)}=2r^2\sin\alpha\sin\beta\sin\gamma=\frac{abc}{4r}.$$

Der Schwerpunkt liegt im Drittel der Höhe.

Trapez (Abb. 5): $F=\frac{a+b}{2}h$.

Schwerpunktsabstand: $x=\frac{h}{3}\frac{a+2b}{a+b}$;

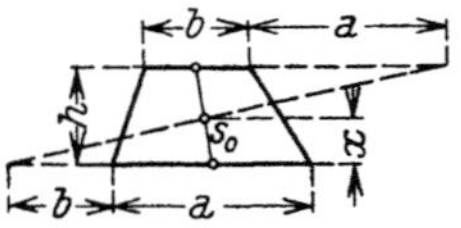

Abb. 5
Schwerpunktsbestimmung

Regelmäßige Vielecke. Ist a die Seite eines regelmäßigen n-Eckes, R der Halbmesser des umschriebenen, r jener des eingeschriebenen Kreises, F der Flächeninhalt des n-Eckes, so ist:

$$a=2R\sin\frac{180}{n}=2r\,\mathrm{tg}\frac{180}{n},$$

$$F=\frac{1}{2}r\,a\,n=\frac{1}{4}n\,a^2\,\mathrm{cotg}\frac{180}{n}=$$

$$=\frac{1}{2}n\,R^2\sin\frac{360}{n}.$$

Tabelle über regelmäßige Vielecke

n	F		R	a
3	0,4330 a^2	1,2990 R^2	0,5774 a	1,7321 R
4	1,0000 a^2	2,0000 R^2	0,7071 a	1,4142 R
5	1,7205 a^2	2,3776 R^2	0,8507 a	1,1756 R
6	2,5981 a^2	2,5981 R^2	1,0000 a	1,0000 R
7	3,6339 a^2	2,7364 R^2	1,1524 a	0,8678 R
8	4,8284 a^2	2,8284 R^2	1,3066 a	0,7654 R
9	6,1818 a^2	2,8925 R^2	1,4619 a	0,6840 R
10	7,6942 a^2	2,9389 R^2	1,6180 a	0,6180 R
12	11,1962 a^2	3,0000 R^2	1,9319 a	0,5176 R

Kreis: Halbmesser r, Durchmesser D;

Fläche: $F=\frac{D^2\pi}{4}=r^2\pi$; Umfang $U=D\pi$.

Kreisring: Äußerer Durchmesser D, innerer Durchmesser d; „ Halbmesser R, „ Halbmesser r — Wandstärke: $s=\frac{D-d}{2}$;

mittlerer Durchmesser: $D_m=\frac{D+d}{2}$;

Fläche: $F=\frac{D^2-d^2}{4}\pi=(R^2-r^2)\pi=D_m\cdot s\cdot\pi$.

Kreisausschnitt (Abb. 6): $F = \frac{b\,r}{2} = \frac{\varphi}{360} r^2 \pi$;

$$\text{Schwerpunkt: } x = \frac{2}{3} r \frac{s}{b} = \frac{2}{3} \sin\alpha \frac{180}{\alpha^0 \pi} = \frac{r^2 s}{3F};$$

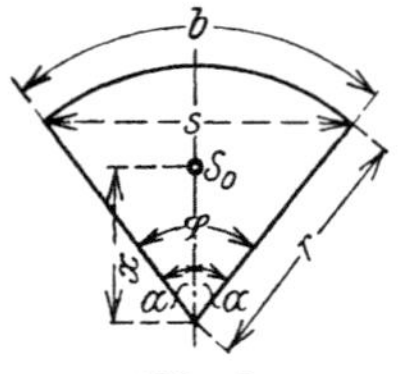

Abb. 6

Schwerpunktslage für die Sonderfälle:

Sechstelkreis	Viertelkreis	Halbkreis
$x = \frac{2r}{\pi} = 0{,}6366\,r$	$x = \frac{4\sqrt{2}}{3}\frac{r}{\pi} = 0{,}6002\,r$	$x = \frac{4}{3}\frac{r}{\pi} = 0{,}4244\,r$

$b = \text{Bogenlänge} = r\pi \frac{\varphi^0}{180}$; $\varphi^0 = \text{Zentriwinkel}$.

Kreisabschnitt (Abb. 7): $F = \frac{r^2}{2}\left(\frac{\varphi^0 \pi}{180} - \sin\varphi\right) = \frac{r(b-s) + s\,h}{2}$;

$$\text{Schwerpunkt: } x = \frac{s^3}{12F} = \frac{2}{3}\frac{r^3 \sin^3\alpha}{F} = \frac{4}{3}\frac{r\sin^3\alpha}{\frac{\alpha^0}{90}\pi - \sin 2\alpha},$$

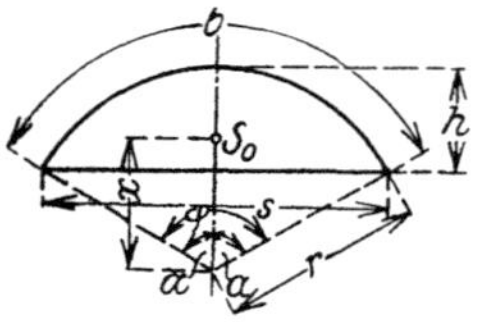

Abb. 7

$$r = \frac{s^2}{8h} + \frac{h}{2};\quad b = \frac{r\pi\varphi^0}{180} = \text{Bogenlänge} = 0{,}01745\,r\,\varphi,$$

$$s = 2r\sin\frac{\varphi}{2} = 2\sqrt{h(2r-h)} = \text{Sehnenlänge},$$

$$h = r - r\cos\frac{\varphi}{2} = \text{Bogenhöhe}.$$

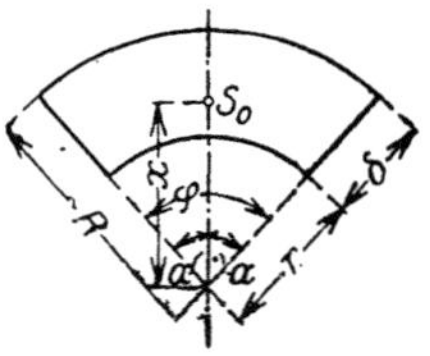

Abb. 8

Kreisringstück gleicher Dicke (Abb. 8):

$$F = \frac{\varphi^0\pi}{360}(R^2 - r^2) = \frac{\varphi^0 \pi}{180} R_m \delta,\quad R_m = \frac{R+r}{2} = \text{mittlerer Halbmesser};$$

$$\text{Schwerpunkt: } x = \frac{2}{3}\frac{R^3 - r^3}{R^2 - r^2}\sin\alpha\frac{180^0}{\alpha^0\pi}.$$

Kreisringstück ungleicher Dicke (Gewölbe, Abb. 9):

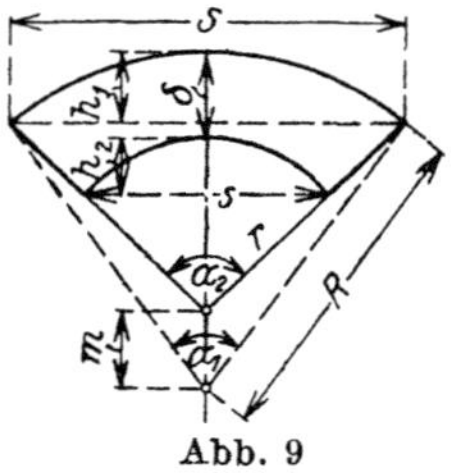

Abb. 9

$$\text{Fläche: } F = \frac{R^2\pi\alpha_1}{360} - \frac{r^2\pi\alpha_2}{360} - \frac{m\,S}{2},$$

$$r = \frac{s^2}{8h_2} + \frac{h_2}{2};\quad R = \frac{S^2}{8h_1} + \frac{h_1}{2},$$

$$\sin\frac{\alpha_2}{2} = \frac{s}{2r};\quad \sin\frac{\alpha_1}{2} = \frac{S}{2R},$$

$$S = 2\sqrt{h_1(2R - h_1)};\quad s = \sqrt{h_2(2r - h_2)},$$

$$h_1 = R - R\cos\frac{\alpha_1}{2};\quad h_2 = r - r\cos\frac{\alpha_2}{2}.$$

Parabel (Abb. 10)

$F = \frac{2}{3} s\,h$, Umfang $U \doteq s\left[1 + \frac{8}{3}\left(\frac{h}{s}\right)^2 - \frac{32}{5}\left(\frac{h}{s}\right)^4\right]$, wenn $\frac{h}{s}$ nicht zu groß ist.

Parabelteil (Abb. 11)

Fläche $A\,C\,D = \frac{2}{3}\,a \cdot b$; Schwerpunktsabstände für S_1: $x_1 = \frac{3}{5}\,a$; $y_1 = \frac{3}{8}\,b$.

„ $A\,B\,C = \frac{1}{3}\,a \cdot b$; „ „ S_2: $x_2 = \frac{3}{10}\,a$; $y_2 = \frac{3}{4}\,b$.

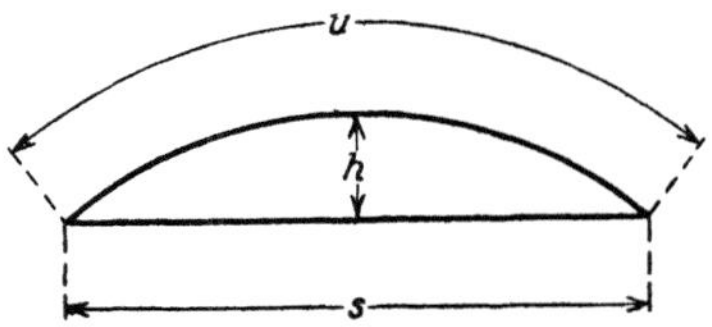

Abb. 10

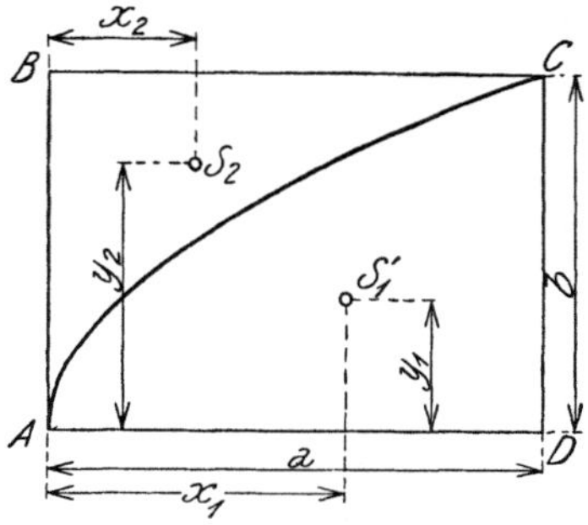

Abb. 11

Sinuslinie (Abb. 10)

$$F = \frac{2}{\pi}\,s\,h, \quad U \cong s\left[1 + \frac{\pi^2}{4}\left(\frac{h}{s}\right)^2 - \frac{\pi^4}{8}\left(\frac{h}{s}\right)^4\right]$$

für kleine Werte von $\frac{h}{s}$.

Ellipse (Abb. 15). Halbachsen a und b: $F = a\,b\,\pi$;
Umfang U: Es gilt:

$b : a$	0,1	0,2	0,3	0,4	0,5	0,6	0,7	0,8	0,9
$U : a$	4,0640	4,2020	4,3860	4,6026	4,8442	5,1054	5,3824	5,6723	5,9732.

Beliebige Fläche (Abb. 12). Simpsonsche Regel.

Die Fläche wird in eine beliebige gerade Anzahl gleicher Teile x geteilt und auf deren Teilpunkten die Ordinaten y_1 bis y_n errichtet. Es ist dann

$$F = \frac{x}{3}(y_1 + 4\,y_2 + 2\,y_3 + 4\,y_4 + 2\,y_5 + \ldots y_n).$$

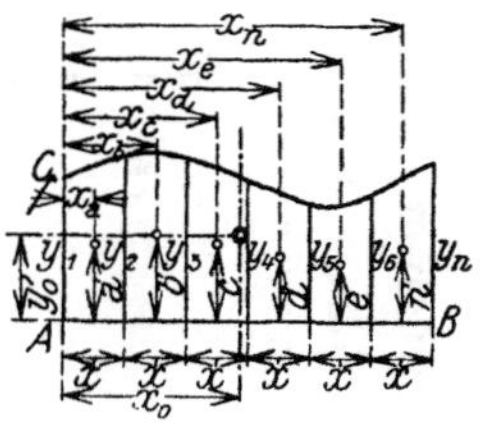

Abb. 12

Schwerpunktsermittlung. Die Fläche wird in einzelne Teilflächen zerlegt, deren Schwerpunktslagen bekannt sind. Dann wählt man zwei beliebige, senkrecht aufeinanderstehende Achsen ($A\,C$ und $A\,B$).

Der Abstand des Gesamtschwerpunktes ist, wenn $f_a, f_b, f_c \ldots$ die einzelnen Flächeninhalte, $a, b, c \ldots n$; $x_a, x_b, x_c \ldots x_n$ die zugehörenden Schwerpunktsabstände sind:

$$x_0 = \frac{f_a\,x_a + f_b\,x_b + \ldots f_n\,x_n}{F}; \quad y_0 = \frac{f_a\,a + f_b\,b + \ldots f_n\,n}{F};$$

$$F = f_a + f_b + \ldots f_n.$$

Inhalte, Oberflächen, Schwerpunkte und sonstige Angaben für die Berechnung von Körpern

V = Inhalt; O = Oberfläche; M = Mantelfläche; G = Grundfläche. s = Schwerpunktsabstand von der Grundfläche.

Würfel

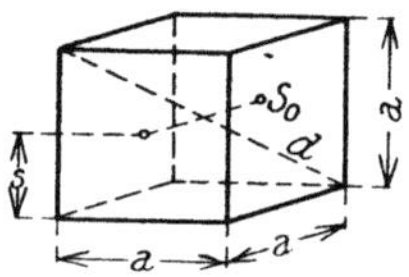

$V = a^3$
$O = 6a^2$
$M = 4a^2$
$s = \frac{a}{2}$
$d = a\sqrt{3} = 1{,}7321\,a$

Prisma mit regelmäßiger Vieleck-Grundfläche:
G = Grundfläche
a = Seitenlänge
n = Seitenanzahl
h = Höhe

$V = Gh$
$O = 2G + nha$
$M = nha$
$s = \frac{h}{2}$

Obelisk (Fundament)

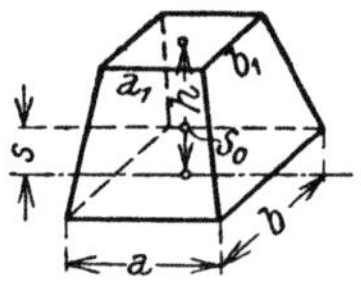

$G = a \cdot b;\ a_1 = m \cdot a,\ b_1 = n \cdot b$
$V = \frac{G\,h}{6}(m + n + 2\,[1 + m \cdot n])$
$s = \frac{h}{2}\left(1 - \frac{1 - m \cdot n}{2\,(1 + m \cdot n) + m + n}\right)$

Abgestumpfte Pyramide

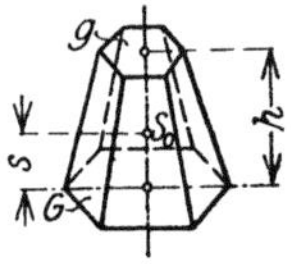

G = Grundfläche, g = Kopffläche
h = Höhe, $x = \left(\frac{g}{G}\right)$

Inhalt:
$V = \frac{h}{3}(G + \sqrt{Gg} + g) =$
$= \frac{G\,h}{3}(1 + \sqrt{x} + x) = \frac{G\,h}{3} \cdot C_v$

Schwerpunktsabstand s:
$s = \frac{h}{4} \cdot \frac{G + 2\sqrt{Gg} + 3g}{G + \sqrt{Gg} + g} =$
$= \frac{h}{4}\left[2 - \frac{1 - x}{1 + \sqrt{x} + x}\right] = \frac{h}{4} \cdot C_s$

Über C_v und C_s siehe Tabelle, S. 30

Pyramide

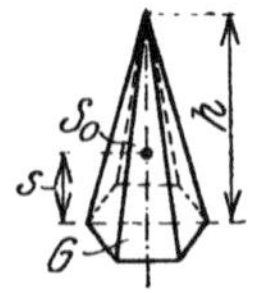

$V = \frac{G\,h}{3}$
$s = \frac{h}{4}$

Zylinder

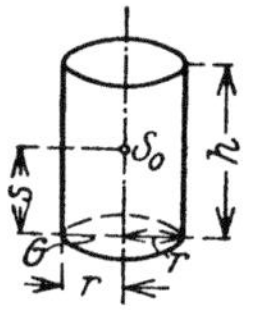

$V = r^2 \pi h = G \cdot h$
$O = 2 \pi r (r + h)$
$M = 2 \pi r h$
$s = \frac{h}{2}$

Abgestumpfter Zylinder

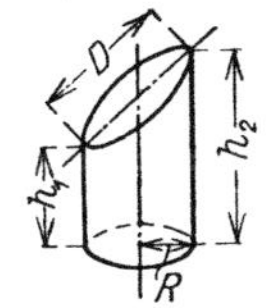

$$V = R^2 \pi \frac{h_1 + h_2}{2}$$
$$M = R\pi (h_1 + h_2)$$
$$D = \sqrt{4R^2 + (h_2 - h_1)^2}$$

Abgestumpfter Kreiskegel

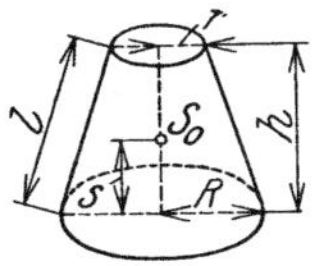

Abgestumpfter Kreiskegel

$G = R^2\pi$; $r = R \cdot m$;
$\psi = 1 + m + m^2$

$$V = \frac{G\,h}{3}(1 + m + m^2) = \frac{G\,h}{3}\psi$$
$$s = \frac{h}{4}\left(2 - \frac{1 - m^2}{\psi}\right)$$
$$M = R \cdot \pi \cdot l\,(1 + m)$$
$$l = \sqrt{R^2(1 - m)^2 + h^2}$$

Kreiskegel

$r = o$; $m = o$;
$\psi = 1$

$$V = \frac{G\,h}{3}$$
$$s = \frac{h}{4}$$
$$M = R\pi l$$
$$l = \sqrt{R^2 + h^2}$$

Faß. Beide Bodenhalbmesser r, Mitten-, Spundhalbmesser R, Länge (Höhe) h;
bei Annahme parabolischer Dauben ist genau:

$$V = 0{,}837758 \cdot h\,(2R^2 + Rr + 0{,}75\,r^2)$$

bei Annahme kreisförmiger Dauben ist angenähert:

$$V = 1{,}0472 \cdot h\,(2R^2 + r^2)$$

Kugel

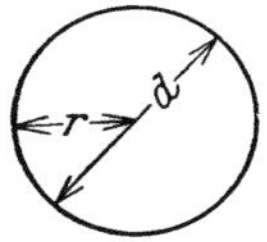

$$V = \frac{4\pi r^3}{3} = 4{,}188790205\,r^3$$
$$= \frac{\pi d^3}{6} = 0{,}523598776\,d^3$$
$$O = 4\pi r^2 = \pi d^2$$
$$r = \sqrt[3]{\frac{3V}{4\pi}} = 0{,}620351\sqrt[3]{V}$$

Kugelabschnitt (Kugelkalotte)

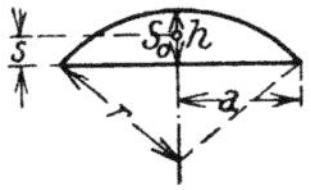

$$V = \frac{\pi h}{6}(3a^2 + h^2)$$
$$= \frac{\pi h^2}{3}(3r - h)$$
$$M = 2\pi r h = \pi(a^2 + h^2)$$
$$a^2 = h(2r - h)$$
$$s = \frac{3}{4}\,\frac{(2r - h)^2}{3r - h}$$

Kugelausschnitt

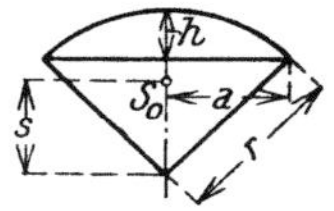

$$V = \frac{2\pi r^2 h}{3}$$
$$= 2{,}0943951024\,r^2 h$$
$$O = \pi r(2h + a)$$
$$s = \frac{3}{8}(2r - h)$$

Kugelzone

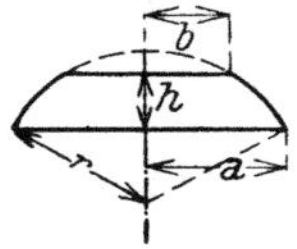

$$V = \frac{\pi h}{6}(3a^2 + 3b^2 + h^2)$$
$$M = 2\pi r h$$
$$r^2 = a^2 + \left(\frac{a^2 - b^2 - h^2}{2h}\right)^2$$

Zylindrischer Ring

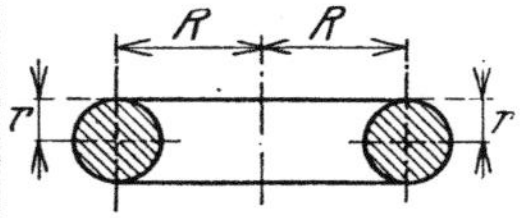

$$V = 2\pi^2 R r^2 = 19{,}739\,R r^2$$
$$O = 4\pi^2 R r = 39{,}478\,R r$$

Tabelle der C_v und C_s für abgestumpfte Pyramiden (nach Herzka)

x	C_v	C_s	x	C_v	C_s	x	C_v	C_s	x	C_v	C_s	x	C_v	C_s
0,01	1,110	1,109	0,21	1,668	1,526	0,41	2,050	1,712	0,61	2,391	1,837	0,81	2,710	1,930
2	1,161	1,156	2	1,689	1,538	2	2,068	1,720	2	2,407	1,842	2	2,726	1,934
3	1,203	1,193	3	1,710	1,550	3	2,086	1,727	3	2,424	1,847	3	2,741	1,938
4	1,240	1,226	4	1,730	1,561	4	2,103	1,734	4	2,440	1,853	4	2,757	1,942
5	1,274	1,254	5	1,750	1,572	5	2,121	1,741	5	2,456	1,858	5	2,772	1,946
6	1,305	1,280	6	1,770	1,582	6	2,138	1,748	6	2,472	1,862	6	2,787	1,950
7	1,335	1,303	7	1,790	1,592	7	2,156	1,754	7	2,489	1,867	7	2,803	1,954
8	1,363	1,325	8	1,809	1,602	8	2,173	1,761	8	2,505	1,873	8	2,818	1,958
9	1,390	1,345	9	1,829	1,611	9	2,190	1,767	9	2,521	1,877	9	2,833	1,961
0,10	1,416	1,364	0,30	1,848	1,621	0,50	2,207	1,773	0,70	2,537	1,882	0,90	2,849	1,965
1	1,442	1,382	1	1,867	1,630	1	2,225	1,780	1	2,553	1,887	1	2,864	1,969
2	1,466	1,400	2	1,886	1,640	2	2,242	1,786	2	2,569	1,891	2	2,879	1,972
3	1,491	1,416	3	1,905	1,648	3	2,258	1,792	3	2,584	1,896	3	2,894	1,976
4	1,514	1,432	4	1,923	1,657	4	2,275	1,798	4	2,600	1,900	4	2,910	1,980
5	1,537	1,447	5	1,942	1,665	5	2,292	1,803	5	2,616	1,904	5	2,925	1,983
6	1,560	1,462	6	1,960	1,673	6	2,308	1,809	6	2,632	1,909	6	2,940	1,987
7	1,582	1,476	7	1,978	1,681	7	2,325	1,816	7	2,648	1,913	7	2,955	1,990
8	1,604	1,489	8	1,996	1,690	8	2,342	1,821	8	2,663	1,918	8	2,970	1,993
9	1,626	1,501	9	2,015	1,697	9	2,358	1,826	9	2,679	1,922	9	2,985	1,997
0,20	1,647	1,514	0,40	2,033	1,705	0,60	2,375	1,832	0,80	2,694	1,926	1,00	3,000	2,000

Die vorstehende Tabelle gilt auch für abgestumpfte Kreiskegel mit

$$G = R^2\pi,\quad g = r^2\pi,\quad x = \left(\frac{r}{R}\right)^2.$$

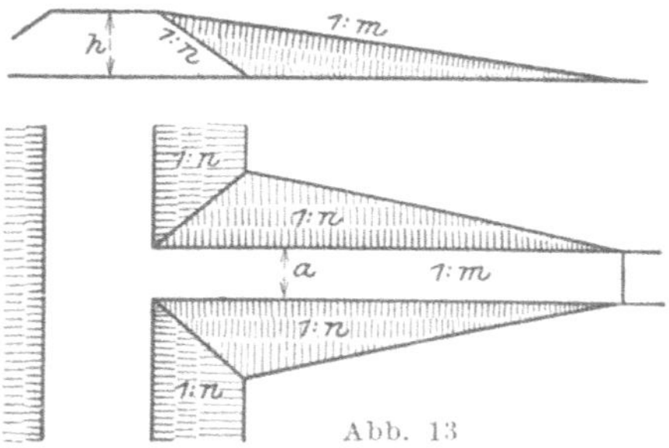

Abb. 13

Rampe (Abb. 13):

$$V = \frac{1}{6}h^2\left\{3a + 2nh\frac{m-n}{m}\right\}(m-n).$$

Bei Anlehnung der Rampe an eine lotrechte Mauer ($n = 0$):

$$V = \frac{1}{6}h^2(3a + 2hn)\,m.$$

Gewölbe.

a) Kappengewölbe. Spannweite (Lichtweite) $2s$, Halbmesser der inneren Leibung r, Stärke δ, Stich f, Länge des Gewölbes l.

$$V = \frac{\varphi^0\pi}{180}\left(r + \frac{\delta}{2}\right)\delta\cdot l,\ \text{wenn}\ \sin = \frac{\varphi}{2} = \frac{s}{r}$$

oder angenähert: $V = 2\,\delta\, l\cdot\sqrt{s^2 + \frac{4}{3}f^2}.$

b) Kreuzgewölbe. Grundriß $2S\cdot 2s$. Bezeichnungen wie unter a) mit $2S$ statt l, für die Kappe über $2s$;

$2S$, R, $\varDelta$, F, $2s$, ψ für die Kappe über $2S$.

$$V = \frac{\varphi^0\cdot\pi}{180}\left(r + \frac{\delta}{2}\right)\delta\cdot S + \frac{\psi^0\cdot\pi}{180}\left(R + \frac{\varDelta}{2}\right)\varDelta\cdot s,$$

$$\text{wenn}\ \sin\frac{\varphi}{2} = \frac{s}{r},\quad \sin\frac{\psi}{2} = \frac{S}{R}$$

oder angenähert: $V = \delta\cdot S\sqrt{s^2 + \frac{4}{3}f^2} + \varDelta\cdot s\cdot\sqrt{S^2 + \frac{4}{3}F^2}.$

Konstruktionen

Konstruktion der Zahl π. Der Umfang eines rechtwinkligen Dreieckes, dessen Seiten $a = 1{,}2$, $b = 0{,}6$ und $c = 1{,}3416 = \sqrt{a^2 + b^2}$ ergibt sich mit:

$$\pi \doteq 3{,}1416.$$

Parabelkonstruktion (Abb. 14). Man verbinde O mit 1, ziehe beliebig $\overline{O\,2}$, $\overline{22'} // \overline{11}$, $\overline{p\,2'} // \overline{O\,m}$; p ist ein Parabelpunkt.

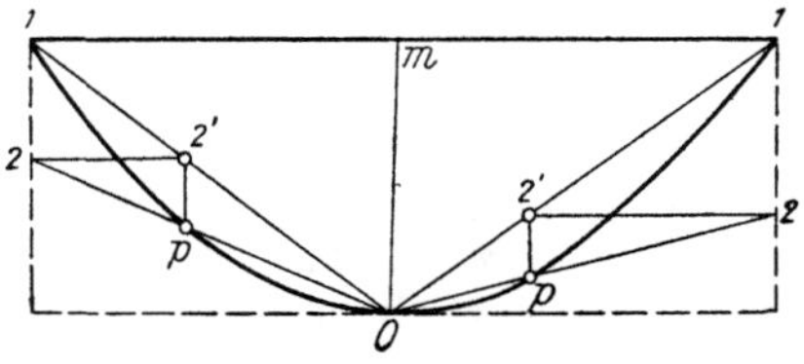

Abb. 14

Ellipsenkonstruktion (Abb. 15) aus den Halbachsen a und b.

Schwanenhals (Abb. 16) (zweimittiger Korbbogen); Bogenanfang 1, Bogenende 2; $1 - 1' // 2 - 2'$; $1 - 1' \perp A\,1$; aus dem Mittelpunkt M drei Kreise zeichnen, von denen zwei die Parallelen berühren, der dritte durch 1 und 2 geht; jeder Punkt p auf diesem dritten Kreise ist einem Korbbogen gemeinsam; die Tangente an dem innersten Kreis schneidet in O_1 und O_2 die Mittelpunkte der beiden Kreisteile mit den Halbmessern $r_1 = \overline{1\,O_1} = \overline{p\,O_1}$ und $r_2 = \overline{2\,O_2} = \overline{p\,O_2}$ heraus; die Berührende t—t an dem Mittelkreis ist es auch für den Korbbogen. (Nach Herzka: Zeitschr. des österr. Ing.- und Arch.-Ver., 1903.)

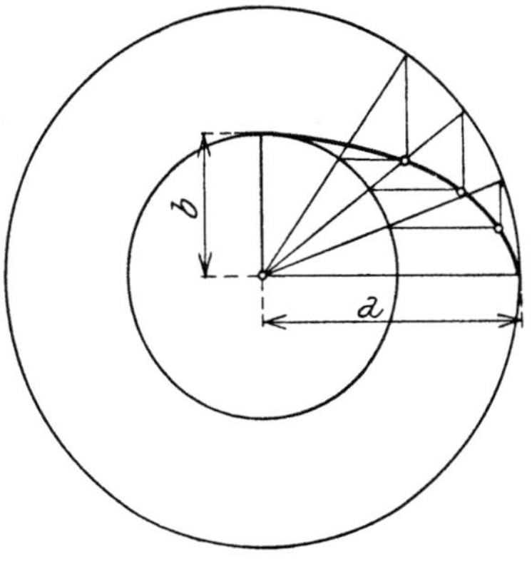

Abb. 15

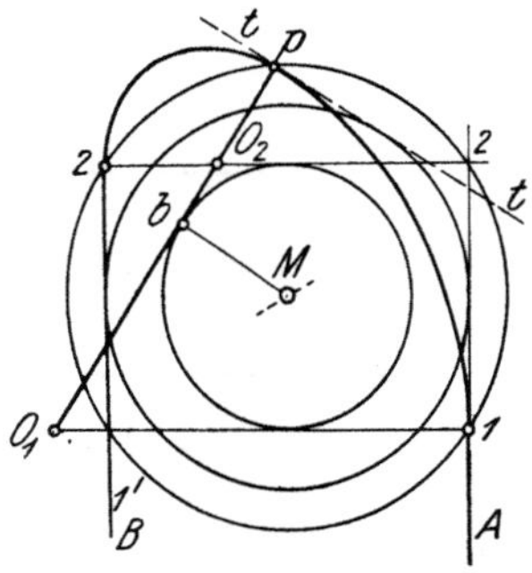

Abb. 16

Aus der Festigkeitslehre und Baustatik

Von Oberbaurat Ing. Dr. Josef Schreier

A. Allgemeines

I. Normalspannungen

Wirkt normal zum Querschnitt eines festgehaltenen Körpers im Querschnittsschwerpunkt eine Kraft P (Zug bzw. Druck), so ist die Inanspruchnahme über den Querschnitt gleichmäßig verteilt und beträgt $\sigma = \frac{P}{F} \frac{\text{kg}}{\text{cm}^2}$, wenn P in kg und F, der Flächeninhalt des Querschnittes, in cm^2 ausgedrückt werden. Ist der Körper stabförmig und von der Länge l[1]), so entsteht bei Wirkung einer mit der Stablängsachse zusammenfallenden Kraft P eine Längenänderung (Verlängerung bzw. Verkürzung): $\Delta l = \frac{l\,\sigma}{E}$ (Hookesches Gesetz), wobei E $\left(\text{in } \frac{\text{kg}}{\text{cm}^2}\right)$ das

[1]) Bei Druckstäben an gewisse Grenzen gebunden (siehe Knickung).

Elastizitätsmaß bedeutet, das bei den meisten Baustoffen innerhalb einer bestimmten Spannungsgrenze als unveränderlich betrachtet werden kann (siehe Tabelle 1).

$$\frac{1}{E} = \alpha \left(\text{in} \frac{\text{cm}^2}{\text{kg}}\right) \text{ ist die Dehnzahl; daher auch } \Delta l = \alpha\, l\, \sigma^{1)}.$$

$$\frac{\Delta l}{l} = \varepsilon \text{ heißt spezifische Dehnung.}$$

Das Hookesche Gesetz gilt nur bis zu einer gewissen Grenze σ_P (Proportionalitätsgrenze); bei weiterer Spannungszunahme wird schließlich die Fließgrenze σ_S (bei Zug Streckgrenze, bei Druck Quetsch- oder Stauchgrenze genannt) überschritten, oberhalb welcher eine auffallend rasche und bleibende Längenänderung eintritt. Meistens liegt zwischen σ_P und σ_S die Elastizitätsgrenze σ_E als Grenze jener Spannungen, bei deren Nachlassen die stattgefundenen Längenänderungen wieder fast vollständig verschwinden. Wird σ_S überschritten, so tritt oft nach Erreichung eines Höchstwertes σ_B unter Nachlassen der Kraftwirkung der Bruch bei der Spannung σ_B' (Bruchgrenze) ein. Von der Höchstspannung σ_B, der uneigentlichen Bruchfestigkeit, ausgehend, wird bei n-facher Sicherheit die sogenannte (größte) zulässige Inanspruchnahme bestimmt: ... $\sigma_{zul} = \frac{\sigma_B}{n}$.

Tabelle 1. Mittlere Festigkeitswerte und zulässige Beanspruchungen von Baustoffen

a) Stahl und Eisen

Baustoff	E (kg/cm²)	σ_P (kg/cm²)	σ_S (kg/cm²)	Bruchfestigkeit (kg/cm²)	Zulässige Inanspruchnahmen²) kg/cm²: Zug, Druck, Biegung	Abscherung
Schweißeisen	2 000 000	1500	2000	3600	1000	750
Flußeisen	2 150 000	2000	2700	4000	1200, ausn. bis 1600	1000
Flußstahl	2 200 000	> 3000	—	>5000	1500	—
Stahlguß	2 150 000	> 2500	—	>5000	1200	—
Gußeisen	∽ 1 000 000	—	—	1800 Zug 7000 Druck	300 Biegung 1000 Druck	200

b) Holz

Baustoff	E (kg/cm²)	Biegung σ_P (kg/cm²)	Bruchfestigkeit kg/cm²: Zug // Faser	Druck // Faser	Biegung	Schub // Faser	Zulässige Inanspruchnahmen³) kg/cm²: Zug bzw Biegung	Druck	Abscherung // Faser	Abscherung ⊥ Faser
Eiche	105 000	220	850	400	620	75	120	90	15	80
Kiefer	100 000	200	840	270	500	60	100	60	12	50
Fichte	100 000	200	670	260	560	65	90	60	12-	50
Tanne	100 000	200	675	310	600	60	90	60	12	50

1) Ähnlich folgt für Längenänderungen infolge Wärmeänderung um Δt^0 Celsius mit der Wärmeausdehnungszahl α_t (siehe Tabelle 2) ... $\Delta l_t = \alpha_t \cdot l \cdot \Delta t$.

2) Näheres siehe ÖNORM B 2104.

3) Näheres siehe ÖNORM B 2103.

c) Steine, Mauerwerk und Baugrund

Baustoff	E	Druckfestigkeit[1])	Zulässige Druckbeanspruchung[2])
	kg/cm²		
Basalt	300000	1000—3000	bis 75
Granit	300000	800—2000	„ 60
Kalkstein	—	200—1800	„ 45
Sandstein	—	200—1500	„ 40
Tuff	—	200—1200	„ 30
Beton	100000—300000	50—300	10—70
Ziegel	—	120 u. mehr	—

Baustoff	E	Druckfestigkeit[1])	Zulässige Druckbeanspruchung[2])
	kg/cm²		
Klinker	—	300—900	—
Ziegelmauern in Kalkmört.	25000	20—30	bis 7
Ziegelmauern in Zementmörtel	50000	40—60	„ 12
Klinkerpfeiler	80000	80—120	„ 30
Fester Felsgrd.	—	—	5—10 und mehr

[1]) Die Zugfestigkeit der natürlichen Bausteine beträgt nach Bauschinger im Mittel $^1/_{26}$ ihrer Druckfestigkeit.
[2]) Näheres siehe ÖNORM B 2102.

Tabelle 2. Wärmeausdehnungszahlen α_t einiger Baustoffe

Bei 1⁰ Erwärmung dehnt sich ein Stab von der Länge 1 aus um folgende Längen in Millionstel:

Porzellan	3
Holz, Längsrichtung	3 bis 9
Glas	6 „ 9
Kalkstein	8
Stahl	11
Zement und Beton	10 „ 12,5
Nickel	13
Kupfer	17
Bronze	18
Messing	19
Aluminium, Zinn	23
Blei, Zink	29

II. Scher- (Schub-) Spannungen

Fällt die im Querschnittsschwerpunkt angreifende Kraft Q kg in die Querschnittsfläche und wirkt ebenso in der dicht benachbarten parallelen Querschnittsfläche eine gleiche entgegengesetzte Kraft, so entstehen in jeder der beiden Flächen vom Inhalt F cm² gleichförmig verteilte Scherbeanspruchungen $\tau = \frac{Q}{F}$ (in kg/cm²).

Sind jedoch die Querschnitte, in denen die Kräfte Q wirken, nicht unmittelbar nebeneinander, dann kommen zugleich Biegungsspannungen vor, und tritt die größte Scher- (richtiger Schub-) Beanspruchung in der neutralen Achse (siehe Biegung) auf, wobei mit der in der Nullinie vorhandenen Querschnittsbreite $b \ldots \tau_{max} = \frac{Q\,S}{b\,J}$ wird, wenn das auf die Nullinie NN bezogene Flächenmoment des oberhalb derselben gelegenen Querschnittsteiles S (in cm³) und das ebenso auf NN bezogene Trägheitsmoment des ganzen Querschnittes J (in cm⁴) ist. Es gilt: für den rechteckigen Querschnitt (Breite b, Höhe h)... $\tau_{max} = \frac{3}{2}\,\frac{Q}{b\,h}$,

„ „ Kreis (Halbmesser r)...... $\tau_{max} = \frac{4}{3}\,\frac{Q}{r^2 \pi}$,

„ „ Kreisring (äußerer Halbmesser R, innerer Halbmesser r, wenn $\delta = R - r$ verhältnismäßig gering gegen r ist): $\tau_{max} = \frac{2\,Q}{\pi \delta\,(R + r)}$.

Ist τ_B die Bruchinanspruchnahme bei Scherung, so wird bei n-facher Sicherheit die (größte) zulässige Scherbeanspruchung $\tau_{zul} = \frac{\tau_B}{n}$.

III. Torsions- (Verwindungs-) Spannungen

sind eine besondere Form der Schubbeanspruchungen, die in einem an einer Endfläche festgehaltenen Stabe durch ein Kräftepaar vom Moment M_d hervorgerufen werden, wenn letzteres in einer zur Stabachse senkrechten Ebene wirkt.

Als größte Torsionsbeanspruchung ergibt sich $\tau_{max} = \frac{M_d}{W_d}$, wobei W_d das sogenannte Torsionswiderstandsmoment darstellt. Dieses nimmt für nachbenannte Querschnitte folgende Werte an:

Querschnittform	Abmessungen	Torsionswiderstandsmoment $W_d =$	Die größte Torsionsbeanspruchung tritt auf
Kreisquerschnitt	Durchmesser d	$\frac{\pi}{16} d^3$	am Umfang
Kreisringquerschnitt	Außendurchmesser D Innendurchmesser d	$\frac{\pi}{16} \frac{D^4 - d^4}{D}$	am Umfang
Quadratquerschnitt	Seitenlänge a	$\frac{a^3}{4{,}81}$	in den Seitenmitten

Auf Verdrehung und Biegung gleichzeitig beansprucht sind Balkon- und Erkerträger. Liegt beispielsweise ein solcher in Form eines Halbringes vom Mittellinienradius r (in m) vor, und ist dieser aus einem I-Träger vom Widerstandsmoment W gebildet, so ergibt sich bei gleichförmig verteilter Belastung desselben mit p kg/m angenähert die größte Inanspruchnahme, welche an den beiden Einspannungsstellen des Trägers auftritt: $\sigma = 112 \frac{pr^2}{W}$ kg/cm².

IV. Knickspannungen

Ist die Länge l_0 (in cm) eines durch Druck achsrecht beanspruchten Stabes im Vergleich zu seinem Querschnitt groß, so liegt der Fall der Beanspruchung auf Knickung vor. Bezeichnet F (in cm²) die volle Querschnittsfläche, J (in cm⁴) das bezügliche kleinste axiale Trägheitsmoment und E (in kg/cm²) das Elastizitätsmaß, so ist

a) nach Euler

bei Einführung von $\pi^2 \doteq 10$ in die Euler-Formel im Falle n-facher Sicherheit die **zulässige** Stabbelastung P (in kg) mit Rücksicht auf Knickung aus nachstehender Tafel zu entnehmen:

1. Ein Ende eingespannt, das andere frei

Abb. 1

$$P = \frac{2{,}5\,E\,J}{n\,l_0^2}$$

2. Beide Enden frei und in der ursprünglichen Achse geführt

Abb. 2

$$P = \frac{10\,E\,J}{n\,l_0^2}$$

3. Ein Ende eingespannt, das andere frei in der Achse geführt

Abb. 3

$$P = \frac{20\,E\,J}{n\,l_0^2}$$

4. Beide Enden eingespannt

Abb. 4

$$P = \frac{40\,E\,J}{n\,l_0^2}.$$

Als Sicherheitsbeizahl kann gesetzt werden: bei Gußeisen $n=8$, bei Schweiß- wie Flußeisen und Flußstahl $n=5$, bei Holz $n=10$.

Bei Berechnungen auf Grund der Eulerschen Formeln ist stets zu untersuchen, ob die zulässige Druckspannung $\sigma_{zul}=\frac{P}{F_n}$ nicht überschritten wird, wobei F_n die nutzbare Querschnittsfläche darstellt.

Erforderliche Trägheitsmomente in cm⁴ für Druckstäbe aus verschiedenen Baustoffen und für die Stabkraft $P=1$ t

Berechnung nach Euler, Befestigungsfall 2

Knicklänge l_0 in m	Gußeisen	Schweißeisen	Flußstahl	Kiefernholz
	Sicherheitsgrad $n=$			
	8	5	5	10
1,00	8,00	2,500	2,380	100,00
1,10	9,68	3,025	2,880	121,00
1 20	11,52	3,600	3,427	144,00
1,30	13,52	4,225	4,022	169,00
1,40	15,68	4,900	4,665	196,00
1,50	18,00	5,625	5,355	225,00
1,60	20,48	6,400	6,093	256,00
1,70	23,12	7,225	6,878	289,00
1,80	25,92	8,100	7,711	324,00
1,90	28,88	9,025	8,592	361,00
2,00	32,00	10,000	9,520	400,00
2,10	35,28	11,025	10,496	441,00
2,20	38,72	12,100	11,519	484,00
2,30	42,32	13,225	12,590	529,00
2,40	46,08	14,400	13,709	576,00
2,50	50,00	15,625	14,875	625,00
2,60	54,08	16,900	16,089	676,00
2,70	58,32	18,225	17,350	729,00
2,80	62,72	19,600	18,659	784,00
2,90	67,28	21,025	20,016	841,00
3,00	72,00	22,500	21,420	900,00
3,10	76,88	24,025	22,872	961,00
3,20	81,92	25,600	24,371	1024,00
3,30	87,12	27,225	25,918	1089,00
3,40	92,48	28,900	27,513	1156,00
3,50	98,00	30,625	29,155	1225,00
3,60	103,68	32,400	30,845	1296,00
3,70	109,52	34,225	32,582	1369,00
3,80	115,52	36,100	34,367	1444,00
3,90	121,68	38,025	36,200	1521,00
4,00	128,00	40,000	38,080	1600,00

Beispiel: Säule aus Flußstahl mit $n=5$. $P=44{,}52$ t, $l_0=3{,}90$ m

Wie groß ist das erforderliche Trägheitsmoment?

$J_{erf}=44{,}52\cdot 36{,}200=\infty 1611{,}6$ cm⁴.

b) Nach Tetmajer:

Bezeichnet l die freie Knicklänge, J das der Knickrichtung entsprechende Trägheitsmoment in cm^4 und F die Fläche in cm^2, beides für den vollen Querschnitt, $i=\sqrt{\frac{J}{F}}$ den bezüglichen Trägheitshalbmesser, so kann je nach der Schlankheit $\lambda=\frac{l}{i}$ die ein Ausknicken herbeiführende spezifische Belastung (Knickfestigkeit) σ_k, nebst den Knickzahlen ω, aus folgender Tabelle im allgemeinen entnommen werden:

Knickformeln

Post	Baustoff		Festigkeit σ_d in kg/cm²	$\lambda=\frac{l}{i}$ von	$\lambda=\frac{l}{i}$ bis	Knickfestigkeit in kg/cm² $\sigma_k=$	Zulässige Inanspruchnahme σ_{zul} in kg/cm² auf:	Knickzahl ω[1])
1[2])	Stahlsorte: St 00,11	Stauchgrenze σ_d	1800	—	108	$2500-9{,}19\lambda$	Zug (bei $n=2{,}5$ facher Sicherheit) 1200	$\omega=\frac{n\,\sigma_{zu}}{\sigma_k}$
				> 108	—	$\frac{20730000}{\lambda^2}$		
	St 37,11		2400	—	105	$3100-11{,}4\lambda$	1400	
	St 37,12		2400	> 105	—	$\frac{20730000}{\lambda^2}$		
	St 48,12		3120	—	90	$3820-14{,}05\lambda$	1820	
				> 90	—	$\frac{20730000}{\lambda^2}$		
	St 55,12		3600	—	83	$4300-15{,}81\lambda$	2100	
				> 83	—	$\frac{20730000}{\lambda^2}$		
2	Mannesmann-Stahlrohre	Zugfestigkeit	5500 bis 6500	—	82	$3350-4{,}3\lambda$	Zug ($n=4$) 1375	$\omega=\frac{n\,\sigma_{zul}}{\sigma_k}$
				> 82	—	$\frac{20234000}{\lambda^2}$		
3	(Siemens-Martin-stahl nach Kármán)	Druckfestigkeit σ_d	6800	10	91	$3840-13{,}6\lambda$	Druck (nach den bezüglichen Bestimmungen)	$\omega=\frac{n\,\sigma_{zul}}{\sigma_k}=\frac{\sigma_d}{\sigma_k}$
				> 91		$\frac{21420000}{\lambda^2}$		
4[2])	Schweißeisen		3500	10	112	$3030-12{,}9\lambda$		
				> 112		$\frac{19740000}{\lambda^2}$		
5[2])	Graues Gußeisen		8000	10	80	$7760-120\lambda+0{,}53\lambda^2$		
				> 80		$\frac{9870000}{\lambda^2}$		
6[2])	Nadelholz		280	10	100	$293-1{,}94\lambda$		
				> 100		$\frac{987000}{\lambda^2}$		

[1]) Ausgewertet in den nachfolgenden Tabellen.
[2]) Laut ÖNORM, B 1002.

Die erforderliche Knicksicherheit des mit S kg belasteten Druckstabes ist gewährleistet, wenn die mit $\omega=\frac{n\,\sigma_{zul}}{\sigma_k}$ vervielfachte Schwerpunktsspannung $\frac{S}{F}$ die zulässige Inanspruchnahme σ_{zul} bei den unter 1 genannten Stahlsorten auf Zug, bei den sonst angeführten Baustoffen auf Druck nicht überschreitet.

Anstatt der „Knickzahl“ ω kann die „Abminderungszahl“ $\eta = \frac{1}{\omega}$ verwendet werden, um aus der vollen Querschnittsfläche F eine verringerte $F_k = \eta F$ zu ermitteln, womit sich eine Durchschnittsspannung $\frac{S}{F_k}$ ergibt, die nicht größer als die zulässige Inanspruchnahme sein darf.

1. Holzstreben

α) Runde Balken (*d* Durchmesser)		β) Rechteckige Balken (*a* kleinere Seite)	
$\frac{l}{d}$	ω	$\frac{l}{a}$	ω
10	1,30	10	1,24
15	1,59	15	1,46
20	2,03	20	1,77
25	2,83	25	2,24
30	4,08	30	3,07
35	5,56	35	4,18
40	7,26	40	5,44
45	9,19	45	6,90

2. Gußeiserne Säulen / 3. Säulen und Streben aus Schweißeisen

$\lambda = \frac{l}{i}$	2. Gußeiserne Säulen ω	3. Säulen und Streben aus Schweißeisen ω
10	1,21	1,21
20	1,44	1,26
30	1,72	1,32
40	2,10	1,39
50	2,59	1,47
60	3,24	1,55
70	4,09	1,65
80	5,15	1,75
90	6,56	1,87
100	8,10	2,01
110	9,81	2,17
120	11,67	2,55
130	13,70	3,00
140	15,89	3,48
150	18,24	3,99
160	20,75	4,54
170	—	5,12
180	—	5,75
190	—	6,40
200	—	7,09

4. Säulen und Streben aus Flußstahl

$\lambda = \frac{l}{i}$	ω für Stahlsorte			
	St 00,11	St 37,11 St 37,12	St 48,12	St 55,12
10	1,25	1,17	1,24	1,27
15	1,27	1,19	1,26	1,29
20	1,30	1,22	1,29	1,32
25	1,32	1,24	1,31	1,34
30	1,35	1,27	1,34	1,37
35	1,38	1,30	1,37	1,40
40	1,41	1,32	1,40	1,43
45	1,44	1,35	1,43	1,46
50	1,47	1,38	1,46	1,50
55	1,50	1,42	1,49	1,53
60	1,54	1,45	1,53	1,57
65	1,58	1,48	1,57	1,60
70	1,62	1,52	1,60	1,64
75	1,66	1,56	1,64	1,69
80	1,70	1,60	1,69	1,73
85	1,75	1,64	1,73	1,83
90	1,79	1,69	1,78	2,05
95	1,84	1,74	1,98	2,29
100	1,90	1,79	2,19	2,53
105	1,95	1,84	2,42	2,79
110	2,04		2,66	3,06
115	2,23		2,90	3,55
120	2,43		3,16	3,65
125	2,64		3,43	3,69
130	2,85		3,71	4,28
135	3,08		4,00	4,62
140	3,31		4,30	4,96
145	3,55		4,61	5,32
150	3,80		4,94	5,70
155	4,06		5,27	6,08
160	4,32		5,62	6,48
165	4,60		5,98	6,89
170	4,88		6,34	7,32
175	5,17		6,72	7,76
180	5,47		7,11	8,21
185	5,78		7,51	8,67
190	6,10		7,92	9,14
195	6,42		8,35	9,63
200	6,75		8,78	10,13

5. Quadratische Holzsäulen

Abmessungen in cm	F cm²	i cm	Zulässige Druckbelastung quadratischer Holzsäulen in Tonnen nach Tetmajer für $\sigma_{zul}=80$ kg/cm² bei einer Knicklänge l in cm																					
			100	120	140	160	180	200	220	240	260	280	300	320	340	360	380	400	450	500	550	600	650	700
7/7	49	2,02	2,76	2,49	2,22	1,95	1,68	1,41	1,17	0,98	0,84	0,72	0,63	0,55	0,49	0,44	0,39	—	—	—	—	—	—	—
8/8	64	2,31	3,82	3,52	3,21	2,90	2,59	2,29	1,98	1,67	1,42	1,23	1,07	0,94	0,83	0,74	0,67	0,60	—	—	—	—	—	—
9/9	81	2,60	5,05	4,71	4,36	4,02	3,67	3,33	2,98	2,63	2,29	1,97	1,71	1,51	1,33	1,19	1,07	0,96	0,76	0,62	—	—	—	—
10/10	100	2,89	6,45	6,07	5,68	5,30	4,92	4,53	4,15	3,76	3,38	3,00	2,61	2,30	2,03	1,81	1,63	1,47	1,16	0,94	0,78	—	—	—
12/12	144	3,46	9,75	9,29	8,83	8,37	7,91	7,45	6,99	6,52	6,06	5,60	5,14	4,68	4,22	3,76	3,38	3,05	2,41	1,95	1,61	1,35	1,15	—
13/13	169	3,75	11,7	11,2	10,7	10,2	9,65	9,16	8,66	8,16	7,66	7,16	6,66	6,16	5,66	5,16	4,65	4,20	3,31	2,69	2,22	1,87	1,59	1,37
14/14	196	4,04	13,7	13,2	12,6	12,1	11,6	11,0	10,5	9,96	9,42	8,88	8,34	7,81	7,27	6,73	6,19	5,66	4,46	3,61	2,99	2,51	2,14	1,84
15/15	225	4,33	16,0	15,4	14,8	14,2	13,7	13,1	12,5	11,9	11,3	10,8	10,2	9,62	9,04	8,47	7,89	7,32	5,88	4,76	3,93	3,31	2,82	2,43
16/16	256	4,62	18,4	17,7	17,1	16,5	15,9	15,3	14,7	14,1	13,4	12,8	12,2	11,6	11,0	10,4	9,76	9,14	7,61	6,16	5,09	4,28	3,65	3,14
18/18	324	5,20	23,7	23,0	22,3	21,6	20,9	20,2	19,5	18,8	18,1	17,4	16,8	16,1	15,4	14,7	14,0	13,3	11,6	9,84	8,16	6,85	5,84	5,04
20/20	400	5,77	29,6	28,9	28,1	27,3	26,6	25,8	25,0	24,3	23,5	22,7	22,0	21,2	20,4	19,7	18,9	18,1	16,2	14,3	12,4	10,4	8,90	7,67
22/22	484	6,35	36,3	35,4	34,6	33,8	32,9	32,1	31,2	30,4	29,5	28,7	27,8	27,0	26,2	25,3	24,5	23,6	21,5	19,4	17,3	15,2	13,0	11,2
24/24	576	6,93	43,6	42,7	41,8	40,8	39,9	39,0	38,1	37,2	36,2	35,3	34,4	33,5	32,6	31,6	30 7	29,8	27,5	25,2	22,9	20,6	18,3	15,9
26/26	676	7,51	51,6	50,6	49,6	48,6	47,6	46,6	45,6	44,6	43,6	42,6	41,6	40,6	39,6	38,6	37,6	36,6	34,1	31,6	29,1	26,6	24,1	21,6
28/28	784	8,08	60,3	59,2	58,1	57,0	56,0	54,9	53,8	52,7	51,7	50,6	49,5	48,4	47,4	46,3	45,2	44,1	41,4	38,7	36,1	33,4	30,7	28,0
30/30	900	8,66	69,6	68,4	67,3	66,1	65,0	63,8	62,7	61,5	60,4	59,2	58,1	56,9	55,8	54,6	53,5	52,3	49,4	46,5	43,7	40,8	37,9	35,0

6. Runde Holzsäulen

Querschnittsdurchmesser in cm	F cm	i cm	Zulässige Druckbelastung runder Holzsäulen in Tonnen nach Tetmajer für $\sigma_{zul}=80$ kg/cm² bei einer Knicklänge l in cm											
			150	200	250	300	350	400	450	500	550	600	650	700
15	177	3,75	10,9	9,57	8,26	6,96	5,65	4,38	3,46	2,80	2,32	1,95	1,66	1,43
16	201	4,00	12,7	11,3	9,87	8,48	7,08	5,69	4,48	3,63	2,99	2,52	2,15	1,85
18	254	4,50	16,6	15,0	13,5	11,9	10,3	8,76	7,20	5,81	4,80	4,04	3,44	2,97
20	314	5,00	21,1	19,3	17,6	15,9	14,1	12,4	10,6	8,89	7,32	6,15	5,24	4,52
22	380	5,50	26,1	24,2	22,2	20,3	18,4	16,5	14,6	12,7	10,7	9,01	7,68	6,62
24	452	6,00	31,6	29,5	27,4	25,3	23,2	21,2	19,1	17,0	14,9	12,8	10,9	9,37
26	531	6,50	37,7	35,4	33,1	30,9	28,6	26,3	24,1	21,8	19,5	17,3	15,0	12,9
28	616	7,00	44,2	41,8	39,4	36,9	34,5	32,0	29,6	27,2	24,7	22,3	19,9	17,4
30	707	7,50	51,3	48,8	46,1	43,5	40,9	38,3	35,7	33,1	30,4	27,8	25,2	22,6

7. Tragfähigkeit gußeiserner Säulen in kg bei zehnfacher Sicherheit nach Tetmajer

Äußerer Durchmesser	Wandstärke	Trägheitsmoment	Trägheitsradius	Querschnittsfläche	bei einer Höhe in m von										Gewicht des schlichten Säulenschaftes
mm		cm^4	cm	cm^2	2,0	2,5	3,0	3,5	4,0	4,5	5,0	5,5	6,0	6,5	je m in kg
100	12	327,11	2,89	33,175	6 930	4 680	3 220	2 390	—	—	—	—	—	—	25
	15	373,01	3,05	40,055	8 690	5 890	4 090	3 000	—	—	—	—	—	—	30
	18	408,52	2,97	46,370	9 640	6 450	4 500	3 290	—	—	—	—	—	—	34
120	12	600,95	3,84	40,715	12 010	8 920	6 600	4 850	3 710	—	—	—	—	—	30
	15	640,05	3,60	49,480	13 510	9 800	7 130	5 200	3 960	—	—	—	—	—	37
	18	773,48	3,66	57,679	16 090	11 770	8 480	6 230	4 790	—	—	—	—	—	43
140	15	1 167,04	4,45	58,906	20 260	15 850	12 190	9 420	7 190	5 710	—	—	—	—	44
	20	1 394,86	4,30	75,398	25 030	15 380	14 850	11 230	8 600	6 790	—	—	—	—	57
	25	1 563,67	4,60	90,321	29 080	22 220	16 800	12 550	9 660	7 590	—	—	—	—	67
160	15	1 843,94	5,20	68,330	26 850	22 000	17 770	14 210	11 410	8 950	7 310	—	—	—	51
	20	2 199,10	5,00	87,965	33 510	27 180	21 730	17 240	13 630	10 730	8 710	—	—	—	65
	25	2 498,28	4,85	106,029	39 340	31 600	25 020	19 720	15 370	12 190	9 860	—	—	—	78
180	15	2 667,93	5,86	77,754	33 280	27 990	23 400	19 280	15 860	12 980	10 570	8 710	—	—	58
	20	3 267,23	5,68	100,531	42 320	35 190	29 150	23 930	19 500	15 880	12 770	10 560	—	—	74
	25	3 750,98	5,55	121,737	50 160	41 760	34 330	27 800	22 640	18 260	14 850	12 300	—	—	90
200	15	3 754,12	6,56	87,179	40 020	34 520	29 470	25 020	21 010	17 610	14 730	12 210	10 290	—	65
	20	4 636,95	6,40	113,097	51 230	43 880	37 320	31 440	26 350	21 940	18 320	15 150	12 670	—	84
	25	5 368,89	6,25	137,444	61 300	51 370	44 260	37 110	30 920	25 700	21 300	17 460	14 710	—	102
220	15	5 101,86	7,27	96,604	—	—	35 840	31 010	26 660	22 800	19 420	16 620	14 010	11 880	71
	20	6 345,97	7,01	125,664	—	—	45 740	39 460	33 800	28 780	24 380	20 730	17 470	14 820	93
	25	7 399,13	6,95	153,154	—	—	54 680	46 870	39 970	33 840	28 640	24 200	20 220	17 310	113
240	15	6 739,4	7,97	106,028	—	—	42 310	37 220	32 550	28 310	24 600	21 210	18 340	15 690	78
	20	8 431,97	7,75	138,230	—	—	54 050	47 270	41 190	35 660	30 690	26 400	22 810	19 350	102
	25	9 888,82	7,65	168,860	—	—	65 350	57 070	49 480	42 890	36 810	31 580	27 190	23 130	125
260	15	8 695,03	8,67	115,453	—	—	48 950	43 640	38 680	34 170	30 020	26 320	22 980	20 090	85
	20	10 932,66	8,51	150,796	—	—	63 180	56 100	49 610	43 730	38 300	33 480	29 100	25 480	112
	25	12 885,09	8,36	184,568	—	—	76 610	67 550	59 620	51 310	45 770	39 870	34 700	30 080	137
	30	14 577,66	8,20	216,770	—	—	88 440	78 040	68 720	60 050	52 240	45 520	39 450	34 250	160
280	20	13 885,73	9,22	163,363	—	—	72 210	64 860	57 990	51 620	45 910	40 680	35 780	31 530	121
	25	16 435,06	9,06	200,276	—	—	87 520	78 510	70 100	62 290	55 080	48 670	42 860	37 650	148
	30	18 672,70	8,90	235,619	—	—	101 790	90 950	81 050	71 860	63 380	55 840	49 010	42 880	174
	35	20 625,13	8,76	269,391	—	—	115 030	102 640	91 320	80 550	71 120	62 230	54 690	47 680	199
300	20	17 328,89	9,92	175,929	—	—	81 100	73 710	66 500	59 990	53 830	48 200	42 930	38 180	130
	25	20 585,86	9,76	215,984	—	—	98 700	89 420	80 560	72 350	64 800	57 880	51 620	45 790	160
	30	23 474,58	9,60	254,469	—	—	115 270	104 080	93 640	83 970	75 070	66 930	60 560	52 420	188
	35	26 023,91	9,45	291,382	—	—	130 540	117 720	114 580	94 700	84 210	74 890	66 440	58 570	216

Für l ist nur dann die ganze Länge l_0 des gedrückten Stabes einzuführen, wenn die sonst festgehaltenen Enden eine drehbare Bewegung zulassen, wie dies bei nicht eingespannten Säulen der Fall ist (Abb. 2). Erscheint die Säule am Fuße eingespannt und ist das obere Ende waagrecht verschiebbar und drehbar, so gilt $l = 2\,l_0$ (Abb. 1). Im Falle vollständiger Einspannung vom Säulenkopf wie -fuß (Abb. 4) gilt $l = 0{,}6\,l_0$, bei teilweiser Einspannung $l = 0{,}75\,l_0$ bis $0{,}8\,l$. Wenn laut Abb. 3 das eine Ende eingespannt, das andere unverschiebbar, aber drehbar ist, wird $l = 08\,l_0$ gesetzt.

Näheres über Knicklängen siehe „Berechnung gedrückter Tragwerksteile mit Rücksicht auf Knickung" ÖNORM B 1002.

Beispiele:

1. Holzständer 25/30 für P = 30 t Belastung, $l_0 = 6{,}25$ m lang. Knicklänge $l = 0{,}8\,l_0 = 0{,}8 \cdot 625 = 500$ cm, $a = 25$ cm, $h = 30$ cm, $\frac{l}{a} = \frac{500}{25} = 20$, hierzu aus Tafel 1 β): $\omega = 1{,}77$; daher Inanspruchnahme mit Rücksicht auf Knickung:

$$\sigma = \frac{\omega\, P}{a\, h} = \frac{1{,}77 \cdot 30000}{25 \cdot 30} = 70{,}8 \text{ kg/cm}^2.$$

2. Runde Holzsäule ⦰ 30 cm, $l_0 = 6{,}25$ m lang. $l = 0{,}8\,l_0 = 0{,}8 \cdot 625 = 500$ cm. Laut Tafel 6: $P = 33100$ kg Tragfähigkeit.

3. Gußeisensäule von $D = 220$ mm Außendurchmesser und 20 mm Wandstärke, $l_0 = 6{,}25$ m, $l = 0{,}8 \cdot 625 = 500$ cm. Laut Tafel 7: $P = 24380$ kg Tragfähigkeit.

4. Flußstahlständer][2 [ÖNORM Nr. 30 für P = 80 t Belastung, $l_0 = 2{,}90$ m hoch mit Kopf- und Fußeinspannung, daher $l = 0{,}75 \cdot 290 = 217$ cm. Laut Tafel *h*) für 1 [-Eisen, S. 65, $F = 58{,}8$ cm², $i_x = 11{,}55$, $i_y = 0{,}29$ cm und

$$i_y = \sqrt{\frac{J_y}{F}},\ i_1 = \sqrt{\frac{J_1}{F}} = \sqrt{\frac{J_y + Fe^2}{F}} = \sqrt{i_y{}^2 + e^2} = \sqrt{2{,}90^2 + 2{,}70^2} = 3{,}96 \text{ cm} = i_{min},$$

$$\frac{l}{i_1} = \frac{217}{3{,}96} = 54{,}7.$$

Laut Tafel 4 (durch Zwischenschaltung) $\omega = 1{,}528$; daher Inanspruchnahme mit Rücksicht auf Knickung:

$$\sigma = \frac{\omega\, P}{2\,F} = \frac{1{,}528 \cdot 80000}{2 \cdot 58{,}8} = 1004 \text{ kg/cm}^2.$$

8. Tragfähigkeit von Bausäulen aus nahtlos gewalzten Mannesmann-Stahlrohren

Mannesmann-Röhren-Werke A. G., Komotau

Bausäulen laut Abbildung werden aus einem Material mit einer Festigkeit von 55 bis 65 kg/mm² und einer Minimaldehnung von 15% hergestellt. Spezifisches Gewicht 7,85. Die Knickbeanspruchung wurde laut Post 2 vorstehender Knickformeltafel berechnet.

Die Knicklänge kann mit Rücksicht auf die Art der beiderseitigen Lagerung mit 0,75 H angenommen werden.

Die folgenden Tabellen sind für vierfache Sicherheit berechnet.

Beispiele:

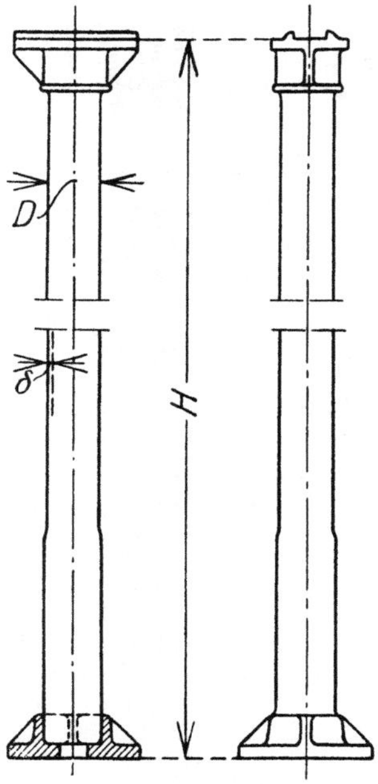

1. Säulenlänge: $H = l_0 = 400$ cm, Knicklänge: $l = 0{,}75 .\ l_0 = 300$ cm,

$D = 121$ mm, $\delta = 5$ mm, $F = 18{,}22\ \text{cm}^2$, $J = 307{,}05\ \text{cm}^4$,

$$i = \sqrt{\frac{J}{F}} = 4{,}11\ \text{cm}, \lambda = \left(\frac{l}{i}\right) = 73{,}0 < 82;\ \text{daher:}$$

$$\sigma_k = 3350 - 4{,}3\,\lambda = 3036\ \text{kg/cm}^2.$$

Tragfähigkeit bei vierfacher Sicherheit:

$$P = \frac{F \cdot \sigma_k}{4} = 1385\ \text{kg}.$$

2. Die Tabellen können auch benützt werden, um die Abmessungen bei gegebener Last für eine andere Sicherheit zu bestimmen.

Säulenlänge: $H = l_0 = 350$ cm, Knicklänge $l = 0{,}75 \cdot 350 = 2625$ cm.

Auflast: $P = 20{,}0^t$, Abmessungen für fünffache Sicherheit?

$$P = \frac{F \cdot \sigma_k}{5} = 20000\ \text{kg};$$

bei vierfacher Sicherheit und gleichem Querschnitt kann die Säule tragen:

$$P_1 = \frac{F \cdot \sigma_k}{4} = P \cdot \frac{5}{4} = 25000\ \text{kg}.$$

Aus den Tabellen entnimmt man: $D = 178$ mm, $\delta = 6$ mm, $G = 25{,}45$ kg/m oder $D = 191$ mm, $\delta = 5{,}5$ mm, $G = 25{,}16$ kg/m.

Die gußeiserne Armatur, bestehend aus Kopf und Fuß, ist mit folgenden Gewichten anzunehmen:

Rohrdurchmesser in mm	102 bis 165,	165 bis 305
Armatur in kg	24 „ 53,	53 „ 179

Zwischenliegende Werte können nach dem Rohrdurchmesser geradlinig interpoliert werden. Schmiedeeiserne Armaturen sind leichter und werden nur über Wunsch geliefert.

Äußerer Durchmesser D (mm)	Wandstärke δ (mm)	Fläche des Rohrquerschnittes F cm²	Trägheitsmoment J cm⁴	Widerstandsmoment W cm³	Gewicht G kg/m	Tragfähigkeit in Tonnen bei vierfacher Sicherheit und einer Säulenhöhe in Metern						
						3,0	3,5	4,0	4,5	5,0	5,5	6,0
102	4	12,32	148,09	29,0	9,668	9,45	8,35	8,35	6,65	5,35	4,45	3,70
	4,5	13,78	164,14	32,2	10,821	10,60	10,45	9,20	7,30	5,90	4,85	4,10
	5	15,24	179,68	35,4	11,961	11,70	11,55	10,05	7,90	6,40	5,30	4,45
	5,5	16,67	194,72	38,1	13,089	12,80	12,60	10,90	8,55	6,95	5,75	4,85

Äußerer Durchmesser D (mm)	Wandstärke δ (mm)	Fläche des Rohrquerschnittes F cm²	Trägheitsmoment J cm⁴	Widerstandsmoment W cm³	Gewicht G kg/m	Tragfähigkeit in Tonnen bei vierfacher Sicherheit und einer Säulenhöhe in Metern						
						3,0	3,5	4,0	4,5	5,0	5,5	6,0
108	4	13,07	177,00	32,8	10,259	10,05	9,95	9,75	7,85	6,40	5,25	4,45
	4,5	14,63	196,30	36,4	11,486	11,25	11,15	10,90	8,70	7,05	5,85	4,90
	5	16,18	215,00	39,8	12,701	12,45	12,30	12,05	9,55	7,80	6,40	5,40
	5,5	17,71	233,00	43,2	13,903	13,65	13,50	13,15	10,45	8,45	7,00	5,85
114	4	13,82	210,00	36,7	10,851	10,70	10,55	10,40	9,35	7,55	6,25	5,25
	4,5	15,48	232,00	40,8	12,152	12,00	11,85	11,65	10,30	8,35	6,90	5,80
	5	17,12	254,81	44,7	13,440	13,30	13,10	12,90	11,25	9,10	7,55	6,35
	5,5	18,75	277,00	48,5	14,716	14,55	14,35	14,15	12,30	9,95	8,25	6,95
121	4	14,70	252,00	41,6	11,541	11,45	11,30	11,15	10,95	9,05	7,45	6,30
	4,5	16,47	280,00	46,3	12,928	12,80	12,70	12,50	12,25	10,05	8,30	7,00
	5	18,22	307,05	50,7	14,303	14,20	14,05	13,85	13,55	11,05	9,10	7,65
	5,5	19,96	334,00	55,2	15,666	15,55	15,35	15,15	14,85	12,00	9,95	8,35
127	4	15,46	292,61	46,0	12,134	12,05	11,95	11,80	11,65	10,60	8,75	7,35
	4,5	17,32	325,29	51,0	13,595	13,55	13,40	13,20	13,05	11,70	9,65	8,10
	5	19,16	357,14	56,2	15,044	14,95	14,80	14,60	14,45	12,80	10,60	8,90
	5,5	20,99	388,19	61,1	16,481	16,40	16,20	16,00	15,85	14,00	11,55	9,70
133	4,5	18,17	375,00	56,4	14,261	14,25	14,10	13,90	13,75	13,45	11,10	9,35
	5	20,11	412,40	62,0	15,784	15,75	15,60	15,40	15,20	14,80	12,25	10,30
	5,5	22,03	448,50	67,5	17,294	17,25	17,10	16,85	16,70	16,15	13,35	11,20
	6	23,94	483,72	72,7	18,793	18,75	18,60	18,30	18,10	17,40	14,40	12,05
140	4,5	19,16	440,12	63,0	15,038	15,05	14,95	14,75	14,60	14,45	13,10	11,00
	5	21,21	483,76	69,0	16,647	16,65	16,50	16,35	16,15	16,00	14,40	12,10
	5,5	23,24	526,40	75,2	18,244	18,25	18,10	17,90	17,70	17,50	15,65	13,20
	6	25,26	568,06	81,1	19,828	19,85	19,70	19,45	19,25	19,05	16,85	14,15
146	4,5	20,00	501,16	68,7	15,703	15,80	15,60	15,45	15,30	15,15	14,85	12,55
	5	22,15	551,10	75,5	17,386	17,50	17,30	17,10	16,95	16,75	16,40	13,80
	5,5	24,28	600,00	82,2	19,057	19,15	18,95	18,75	18,55	18,40	17,85	15,00
	6	26,39	647,00	88,8	20,715	20,80	20,60	20,40	20,20	20,00	19,25	16,20
152	4,5	20,85	568	74,7	16,369	16,50	16,35	16,20	16,00	15,85	15,70	14,20
	5	23,09	624	82,0	18,126	18,30	18,10	17,90	17,75	17,55	17,35	15,60
	5,5	25,31	680	89,5	19,871	20,05	19,85	19,65	19,45	19,25	19,05	17,00
	6	27,52	734	96,6	21,603	21,80	21,60	21,35	21,15	20,90	20,70	18,35
159	4,5	21,84	652	82,0	17,146	17,30	17,20	17,00	16,80	16,65	16,55	16,25
	5	24,19	718	90,0	18,989	19,20	19,05	18,85	18,65	18,45	18,30	17,90
	5,5	26,52	782	98,5	20,820	21,05	20,85	20,65	20,40	20,20	20,05	19,50
	6	28,84	845	106,0	22,639	22,85	22,70	22,45	22,20	22,00	21,85	21,10
165	4,5	22,69	731	88,6	17,812	18,00	17,85	17,70	17,55	17,45	17,25	17,05
	5	25,13	805	97,5	19,730	19,95	19,80	19,65	19,40	19,30	19,10	18,90
	5,5	27,56	877	106,4	21,635	21,90	21,70	21,50	21,30	21,15	20,95	20,70
	6	29,97	948	115,0	23,528	23,80	23,60	23,40	23,15	23,00	22,80	22,55
171	4,5	23,54	816	95,4	18,478	18,75	18,55	18,45	18,25	18,15	17,95	17,75
	5	26,08	899	105,1	20,469	20,80	20,60	20,40	20,25	20,10	19,85	19,65
	5,5	28,60	980	114,6	22,448	22,80	22,55	22,40	22,20	22,00	21,80	21,55
	6	31,10	1060	124,0	24,415	24,80	24,55	24,35	24,15	23,95	23,70	23,45

Äußerer Durchmesser D mm	Wandstärke δ mm	Fläche des Rohrquerschnittes F cm²	Trägheitsmoment J cm⁴	Widerstandsmoment W cm³	Gewicht G kg/m	Tragfähigkeit in Tonnen bei vierfacher Sicherheit und einer Säulenhöhe in Metern 3,0	3,5	4,0	4,5	5,0	5,5	6,0
178	5	27,18	1016	114,0	21,332	21,65	21,55	21,30	21,15	20,95	20,80	20,55
	5,5	29,81	1110	125,0	23,397	23,75	23,60	23,35	23,20	23,00	22,80	22,55
	6	32,42	1200	135,0	25,450	25,85	25,70	25,40	25,25	25,00	24,80	24,55
	6,5	35,02	1289	145,0	27,491	27,90	27,75	27,45	27,30	27,00	26,80	26,50
191	5,5	32,05	1380	145,0	25,161	25,65	25,45	25,30	25,05	24,85	24,70	24,40
	6	34,87	1493	156,0	27,375	27,90	27,70	27,50	27,25	27,05	26,85	26,55
	6,5	37,68	1605	168,0	29,576	30,15	29,90	29,75	29,45	29,25	29,00	28,70
	7	40,46	1715	180,0	31,765	32,35	32,10	31,90	31,65	31,40	31,15	30,85
203	5,5	34,13	1665	164,0	26,788	27,40	27,20	27,00	26,80	26,60	26,40	26,20
	6	37,13	1803	178,0	29,149	29,80	29,60	29,40	29,20	29,00	28,70	28,50
	6,5	40,13	1939	191,0	31,498	32,20	32,00	31,80	31,50	31,30	31,00	30,80
	7	43,10	2072	204,0	33,835	34,60	34,40	34,10	33,90	33,60	33,30	33,10
216	6	39,58	2184	202,0	31,073	31,90	31,70	31,40	31,20	31,00	30,80	30.60
	6,5	42,78	2349	218,0	33,583	34,40	34,20	34,00	33,80	33,50	33,30	33,10
	7	45,96	2512	233,0	36,079	37,00	36,80	36,50	36,30	36,00	35,80	35,50
	7,5	49,13	2673	248,0	38,564	39,50	39,30	39,00	38,80	38,50	38,30	38,00
229	6,5	45,44	2814	246,0	35,667	36,70	36,40	36,20	36,00	35,80	35,50	35,30
	7	48,82	3010	263,0	38,324	39,40	39,20	38,90	38,70	38,40	38,10	37,90
	7,5	52,19	3204	280,0	40,969	42,20	41,90	41,60	41,30	41,10	40,80	40,50
	8	55,54	3395	297,0	43,601	44,90	44,50	44,30	44,00	43,70	43,40	34,10
241	6,5	47,89	3294	273,0	37,590	38,70	38,40	38,30	38,00	37,80	37,50	37,30
	7	51,46	3525	293,0	40,396	41,60	41,30	41,10	40,90	40,60	40,30	40,10
	7,5	55,02	3753	311,0	43,189	44,50	44,10	44,00	43,70	43,40	43,10	42,90
	8	58,56	3979	330,0	45,969	47,30	47,00	46,80	46,50	46,20	45,90	45,60
254	6,5	50,54	3873	305,0	39,674	41,00	40,70	40,40	40,20	40,00	39,80	39,50
	7	54,32	4146	326,0	42,640	44,10	43,70	43,50	43,20	43,00	42,70	42,50
	7,5	58,08	4415	348,0	45,593	47,10	46,80	46,50	46,20	46,00	45,70	45,40
	8	61,83	4682	369,0	48,534	50,10	49,80	49,50	49,20	48,90	48,70	48,40
267	7	57.18	4833	362,0	44,884	46,40	46,00	45,90	45,60	45,40	45,10	44,80
	7,5	61,14	5151	386,0	47,997	49,60	49,20	49,00	48,70	48,50	48,20	47,90
	8	65,09	5463	409,0	51,098	52,80	52,40	52,20	51,90	51,70	51,40	51,00
	8,5	69,03	5772	432,0	54,187	56,00	55,60	55,40	55,00	54,80	54,50	54,10
279	7,5	63,97	5899	423,0	50,217	52,00	51,70	51,50	51,20	50,80	50,70	50,30
	8	66,11	6258	449,0	53,466	53,70	53,40	53,20	52,90	52,50	52,40	52,00
	8,5	72,23	6613	474,0	56,703	58,70	58,40	58,10	57,80	57,40	57,20	56,80
	9	76,34	6964	499,0	59,928	62,10	61,60	61,50	61,10	60,60	60,50	60,10
292	7,5	67,03	6787	465,0	52,622	54,50	54,20	54,00	53,80	53,40	53,10	52,90
	8	71,38	7202	493,0	56,031	58,00	57,70	57,50	57,20	56,90	56,50	56,30
	8,5	75,71	7613	521,0	59,428	61,60	61,20	60,90	60,70	60,30	60,00	59,70
	9	80,02	8019	549,0	62,813	65,10	64,70	64,40	64,20	63,80	63,40	63,10
305	7,5	70,10	7760	509,0	55,026	57,00	56,90	56,60	56,20	56,10	55,70	55,50
	8	74,65	8236	540,0	58,595	60,70	60,50	60,30	59,90	59,70	59,30	59,10
	8,5	79,18	8708	571,0	62,153	64,40	64,20	64,00	63,50	63,30	62,90	62,70
	9	83,69	9174	602,0	65,698	68,00	67,90	67,60	67,10	67,00	66,40	66,30

V. Biegungsspannungen

a) Reine Biegung

Voraussetzungen: Die Lasten und Auflagerkräfte, Abb. 17, S. 49, wirken in einer Ebene, die mit einer Hauptachse Y des zu untersuchenden Trägerquerschnittes (z. B. Querschnitt Abb. 5) zusammenfällt, und seien zur Balkenachse normal. Das Trägheitsmoment J sei auf eine zur Y-Achse winkelrechte X-Achse bezogen. Von dieser habe die oberste Randfaser I den Abstand e_1, die unterste II den Abstand e_2. Im Querschnitt trete ein Biegungsmoment M und eine Querkraft R auf, beide herrührend von sämtlichen Kräften (Auflagergegendruck und Belastungen) einerseits vom Querschnitt (z. B. links, wobei M im Uhrzeigersinn drehend und R aufwärtsgerichtet als positiv gewertet werden).

Mit den Widerstandsmomenten (-Modulen) $W_1 = \frac{J}{e_1}$ und $W_2 = \frac{J}{e_2}$ ergibt sich als größte Randspannung die Inanspruchnahme oben $\sigma_1 = -\frac{M}{W_1}$, unten $\sigma_2 = \frac{M}{W_2}$.

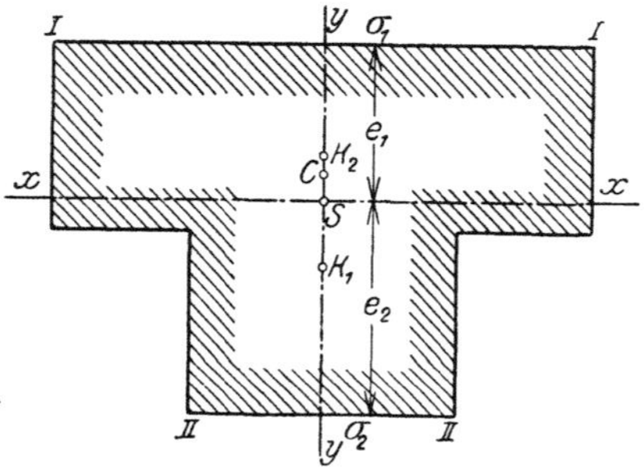

Abb. 5

Bei positivem M ist also oben Druck-, unten Zugspannung. Diese sollen die zulässige Inanspruchnahme auf Druck bzw. Zug (siehe Tabelle 1) nicht überschreiten; zugleich empfiehlt es sich, die Durchbiegung des Trägers unterhalb des Wertes von 1 bis 1,5‰ der Trägerstützweite zu halten.

Fällt die Ebene der Kräfte nicht in die Y-Achse des Querschnittes, sondern schließt mit dieser den Winkel φ ein, so ergeben sich, wenn M das Moment dieser Kräfte bezüglich des Querschnittes ist, bei einfachen wie auch genieteten I- und ⊏-Profilen sowie bei Rechtecksquerschnitten mit den Widerstandsmomenten W_x bezüglich der X- und W_y bezüglich der Y-Achse die größten Inanspruchnahmen an den Eckpunkten $\sigma_{max} = -\sigma_{min} = \frac{M \cos\varphi}{W_x} + \frac{M \sin\varphi}{W_y}$.

Trägheits- und Widerstandsmomente sowie Trägheitshalbmesser

(Längen in cm, J in cm⁴ und W in cm³)

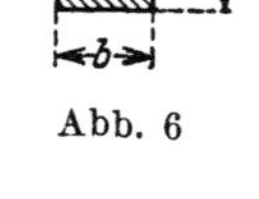

Abb. 6

$J_x = \frac{1}{12} b h^3$;

$W_y = \frac{1}{6} b h^2$;

$i_x = 0{,}2887\, h$.

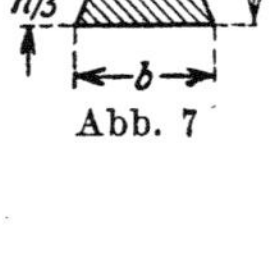

Abb. 7

$J_x = \frac{1}{36} b h^3$;

$W_x^o = \frac{1}{24} b h^2$; $W_x^u = \frac{1}{12} b h^2$;

$i_x = 0{,}2357\, h$.

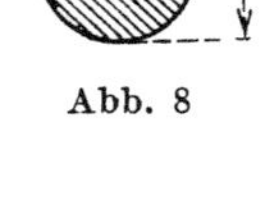

Abb. 8

$J_x = \frac{\pi d^4}{64}$;

$W_x = \frac{\pi d^3}{32} \backsim 0{,}1\, d^3$;

$i_x = \frac{d}{4}$.

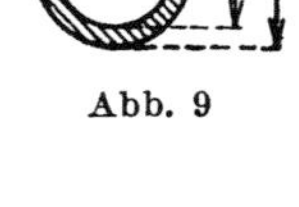

Abb. 9

$J_x = \frac{\pi}{64}(D^4 - d^4)$;

$W_x = \frac{\pi}{32}\,\frac{D^4 - d^4}{D}$;

$i_x = \frac{1}{4}\sqrt{D^2 + d^2}$.

$J_x = \frac{h^4}{12}$; $W_x = 0,1179\,h^3$: $J_x = 0,0781$; $W_{max} = 0,1242\,h^3$.

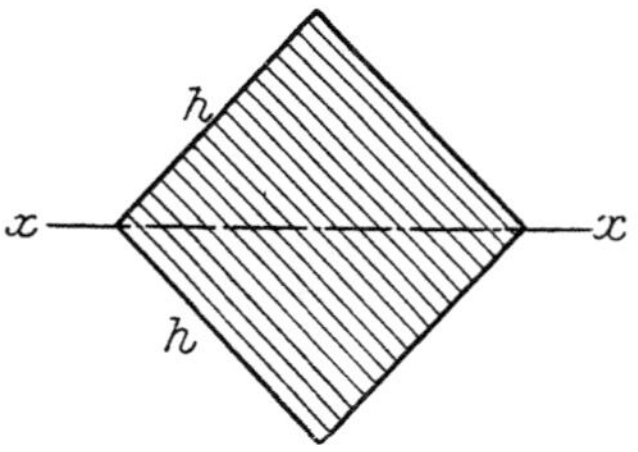

Abb. 10

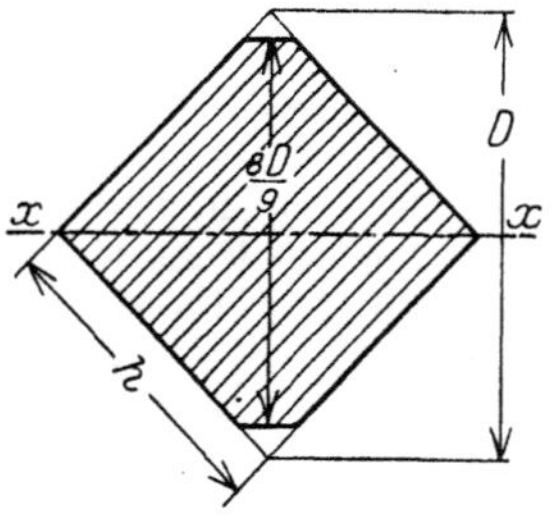

Abb. 11

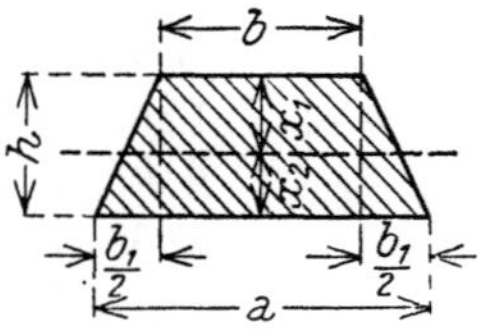

Abb. 12

Zu Abb. 12

$$J_x = \frac{h^3}{36}\,\frac{6\,b^2 + 6\,bb_1 + b_1^2}{2\,b + b_1} = \frac{a\,h^3}{36}\left\{\left(1+\frac{b}{a}\right) + \frac{2\,\frac{b}{a}}{\left(1+\frac{b}{a}\right)}\right\},$$

$$W_1 = \frac{ah^2}{12}\left\{\left(2+\frac{b}{a}\right) - \frac{3}{\left(2+\frac{b}{a}\right)}\right\} = \frac{a\,h^2}{12}\,C,$$

$$W_2 = W_1\,\frac{2+\frac{b}{a}}{1+2\,\frac{b}{a}}.$$

C ist für verschiedene Werte $\frac{b}{a}$ der Tabelle zu entnehmen (nach Herzka)

$\frac{b}{a}$	C	$\frac{b}{a}$	C	$\frac{b}{a}$	C	$\frac{b}{a}$	C	$\frac{b}{a}$	C
0,01	0,5175	0,21	0,8525	0,41	1,1652	0,61	1,4606	0,81	1,7424
0,02	0,5349	0,22	0,8687	0,42	1,1804	0,62	1,4750	0,82	1,7562
0,03	0,5522	0,23	0,8847	0,43	1,1955	0,63	1,4893	0,83	1,7700
0,04	0,5694	0,24	0,9007	0,44	1,2105	0,64	1,5036	0,84	1,7837
0,05	0,5866	0,25	0,9167	0,45	1,2255	0,65	1,5179	0,85	1,7974
0,06	0,6037	0,26	0,9326	0,46	1,2405	0,66	1,5322	0,86	1,8111
0,07	0,6207	0,27	0,9484	0,47	1,2554	0,67	1,5464	0,87	1,8248
0,08	0,6377	0,28	0,9642	0,48	1,2703	0,68	1,5606	0,88	1,8384
0,09	0,6546	0,29	0,9800	0,49	1,2852	0,69	1,5748	0,89	1,8520
0,10	0,6714	0,30	0,9957	0,50	1,3000	0,70	1,5889	0,90	1,8655
0,11	0,6882	0,31	1,0113	0,51	1,3148	0,71	1,6030	0,91	1,8790
0,12	0,7049	0,32	1,0269	0,52	1,3296	0,72	1,6171	0,92	1,8925
0,13	0,7215	0,33	1,0425	0,53	1,3443	0,73	1,6311	0,93	1,9060
0,14	0,7381	0,34	1,0580	0,54	1,3589	0,74	1,6451	0,94	1,9195
0,15	0,7547	0,35	1,0734	0,55	1,3735	0,75	1,6591	0,95	1,9331
0,16	0,7712	0,36	1,0888	0,56	1,3881	0,76	1,6731	0,96	1,9465
0,17	0,7875	0,37	1,1042	0,57	1,4027	0,77	1,6870	0,97	1,9599
0,18	0,8039	0,38	1,1195	0,58	1,4172	0,78	1,7009	0,98	1,9733
0,19	0,8201	0,39	1,1348	0,59	1,4317	0,79	1,7148	0,99	1,9867
0,20	0,8364	0,40	1,1500	0,60	1,4462	0,80	1,7286	1,00	2,0000

Die Formel für W_1 (bzw. W_2) gilt, ebenso wie die Tabelle, ganz allgemein auch für unsymmetrische Trapeze

Trägheitsmomente *J* und Widerstandsmomente *W* kreisförmiger Querschnitte

Durchmesser d	$J = \frac{\pi \cdot d^4}{64}$	$W = \frac{\pi \cdot d^3}{32}$	Durchmesser d	$J = \frac{\pi \cdot d^4}{64}$	$W = \frac{\pi \cdot d^3}{32}$	Durchmesser d	$J = \frac{\pi \cdot d^4}{64}$	$W = \frac{\pi \cdot d^3}{32}$
1	0,0491	0,0982	36	82448	4580	71	1247393	35138
2	0,7854	0,7854	37	91998	4973	72	1319167	36644
3	3,976	2,651	38	102354	5387	73	1393995	38192
4	12,57	6,283	39	113561	5824	74	1471693	39783
5	30,68	12,27	40	125664	6283	75	1553156	41417
6	63,62	21,21	41	138709	6766	76	1637662	43096
7	117,9	33,67	42	152745	7274	77	1725571	44820
8	201,1	50,27	43	167820	7806	78	1816972	46589
9	322,1	71,57	44	183984	8363	79	1911967	48404
10	490,9	98,17	45	201289	8946	80	2010619	50265
11	718,7	130,7	46	219787	9556	81	2113051	52174
12	1018	169,6	47	239531	10193	82	2219347	54130
13	1402	215,7	48	260576	10857	83	2329605	56135
14	1886	269,4	49	282979	11550	84	2443920	58189
15	2485	331,3	50	306796	12272	85	2562392	60292
16	3217	402,1	51	332086	13023	86	2685120	62445
17	4100	482,3	52	358908	13804	87	2812205	64648
18	5153	572,6	53	387323	14616	88	2943748	66903
19	6397	673,4	54	417393	15459	89	3079853	69210
20	7854	785,4	55	449180	16334	90	3220623	71569
21	9547	909,2	56	482750	17241	91	3366165	73982
22	11499	1045	57	518166	18181	92	3516586	76448
23	13737	1194	58	555497	19155	93	3671992	78968
24	19286	1357	59	594810	20163	94	3832492	81542
25	19175	1534	60	636172	21206	95	3998198	84173
26	22432	1726	61	679651	22284	96	4169220	86859
27	26087	1932	62	725332	23398	97	4345671	89601
28	30172	2155	63	773272	24548	98	4527664	92401
29	34719	2394	64	823550	25736	99	4715315	95259
30	39761	2651	65	876240	26961	100	4908738	98175
31	45333	2925	66	931420	28225			
32	51472	3217	67	989166	29527			
33	58214	3528	68	1049556	30869			
34	65597	3859	69	1112660	32251			
35	73662	4205	70	1178588	33674			

Tragfähigkeit hochkantig gestellter rechteckiger Holzbalken[1])

Querschnitt cm	Widerstandsmoment cm^3	Zulässige gleichförmig verteilte Gesamtbelastung $P = pl$ in t von Holzbalken einschließlich Eigengewicht bei $\sigma_{zul} = 80$ kg/cm² und einer Stützweite l in cm							
		300	350	400	450	500	550	600	650
10/10	166,67	0,356	0,307	0,267	0,237	0,213	0,194	0,178	0,164
9/12	216,00	0,461	0,395	0,346	0,307	0,276	0,251	0,230	0,213
12/12	288,00	0,614	0,527	0,461	0,410	0,369	0,335	0,307	0,283
10/13	281,67	0,601	0,515	0,451	0,401	0,361	0,328	0,301	0,278
13/13	366,17	0,781	0,670	0,586	0,521	0,469	0,426	0,391	0,360

[1]) Die in Balkenmitte angreifende Einzellast P' in Tonnen, welche einschließlich des Balkengewichtes bei l cm Stützweite die Inanspruchnahme von 80 kg/cm² angenähert hervorruft, wird gefunden, indem man den Tabellenwert P halbiert.

Querschnitt cm	Widerstandsmoment cm^3	Zulässige gleichförmig verteilte Gesamtbelastung $P = pl$ in t von Holzbalken einschließlich Eigengewicht bei $\sigma_{zul} = 80$ kg/cm² und einer Stützweite l in cm							
		300	350	400	450	500	550	600	650
10/15	375,00	0,800	0,686	0,600	0,533	0,480	0,436	0,400	0,369
12/16	512,00	1,092	0,936	0,819	0,728	0,655	0,596	0,546	0,504
13/16	554,67	1,183	1,014	0,887	0,789	0,710	0,645	0,592	0,546
16/16	682,67	1,456	1,248	1,092	0,971	0,874	0,794	0,728	0,672
13/18	702,00	1,497	1,284	1,123	0,998	0,899	0,817	0,749	0,691
16/18	864,00	1,843	1,580	1,382	1,229	1,106	1,005	0,922	0,850
18/18	972,00	2,073	1,777	1,555	1,382	1,244	1,131	1,037	0,957
15/21	1102,5	2,352	2,016	1,764	1,568	1,411	1,283	1,176	1,085
18/21	1323,0	2,822	2,419	2,117	1,881	1,693	1,539	1,411	1,302
16/24	1536,0	3,276	2,809	2,458	2,184	1,966	1,787	1,639	1,512
18/24	1728,0	3,686	3,160	2,765	2,457	2,212	2,011	1,884	1,701
20/24	1920,0	4,096	3,511	3,072	2,730	2,458	2,234	2,048	1,890
24/24	2304,0	4,915	4,213	3,686	2,376	2,949	2,681	2,458	2,268
18/26	2028,0	4,326	3,708	3,245	2,884	2,596	2,360	2,164	1,996
20/26	2253,3	4,807	4,120	3,605	3,204	2,884	2,622	2,404	2,220
26/26	2929,3	6,249	5,356	4,687	4,166	3,750	3,408	3,125	2,883
20/28	2613,3	5,574	4,778	4,181	3,716	3,345	3,041	2,788	2,572
24/28	3136,0	6,690	5,735	5,018	4,460	4,014	3,649	3,346	3,087
28/28	3658,7	7,804	6,690	5,854	5,203	4,683	4,257	3,903	3,601
20/30	3000,0	6,399	5,485	4,800	4,266	3,840	3,491	3,201	2,953
24/30	3600,0	7,679	6,583	5,760	5,119	4,608	4,189	3,841	3,544
28/30	4200,0	8,959	7,680	6,720	5,973	5,376	4,887	4,481	4,134
30/30	4500,0	9,599	8,228	7,200	6,399	5,760	5,236	4,801	4,429

b) Der Kern des Querschnittes

Der Querschnitt sei symmetrisch und es wirke normal zu diesem eine Kraft N in der Symmetrieachse YY (Abb. 5, S. 44). Trägt man vom Schwerpunkt S aus auf SY gegen den Rand I zu die Strecke $\overline{SK_2} = \frac{W_2}{F}$, desgleichen nach der entgegengesetzten Seite $\overline{SK_1} = \frac{W_1}{F}$ auf, so erhält man hiermit die Kernweite $\overline{K_1K_2}$.

1. *N* sei eine Druckkraft: α) liegt der Angriffspunkt C innerhalb der Kernweite, so ist im ganzen Querschnitt Druckbeanspruchung; β) liegt C zwischen K_1 und dem Rande II, so weist dieser Druck, die Gegenseite bei I Zug auf; γ) ist C zwischen K_2 und dem Rande I, so erhält dieser Druck-, der Rand II Zugspannung.

2. *N* sei eine Zugkraft: für Angriff laut 1α) über den ganzen Querschnitt Zugspannungen, laut 1β) bei II Zug-, bei I Druckspannung, laut 1γ) bei I Zug- und bei II Druckbeanspruchung.

Soll Mauerwerk keine Zugspannungen aufnehmen, so muß die Druckkraft innerhalb der Kerngrenzen angreifen. Fällt ihr Angriffspunkt in den Kernrand, so kommt im Querschnittsrand jenseits von S die Randspannung Null zustande. Daselbst tritt Fugenklaffen auf, wenn der Angriffspunkt den Kernrand überschreitet und das Mauerwerk nicht zugaufnahmsfähig ist.

c) Beanspruchung durch eine Längskraft und durch Biegung

Tritt zu dem vorbeschriebenen Belastungsfall der Biegung mit dem Moment M (kgcm) noch eine Belastung durch eine Kraft N (kg) in der Stabachse, so werden mit dem nutzbaren Querschnitt F (cm^2) des Stabes die Randinanspruchnahmen ($\mathrm{kg/cm}^2$) (z. B. Abb. 13), $\sigma_1 = -\frac{M}{W_1} \pm \frac{N}{F}$ bzw. $\sigma_2 = \frac{M}{W_2} \pm \frac{N}{F}$, worin das obere Vorzeichen für eine Zugkraft N, das untere für eine Druckkraft N gilt.

d) Belastung durch eine ausmittige (exzentrische) Längskraft

Es sei die Querschnittsfläche (Abb. 5, S. 44) mit dem Schwerpunkt S symmetrisch bezüglich der Achse SY, und liege der Angriffspunkt C der Längskraft N in dieser und dem Rande I zugewandt, wobei $SC = c$ (cm).

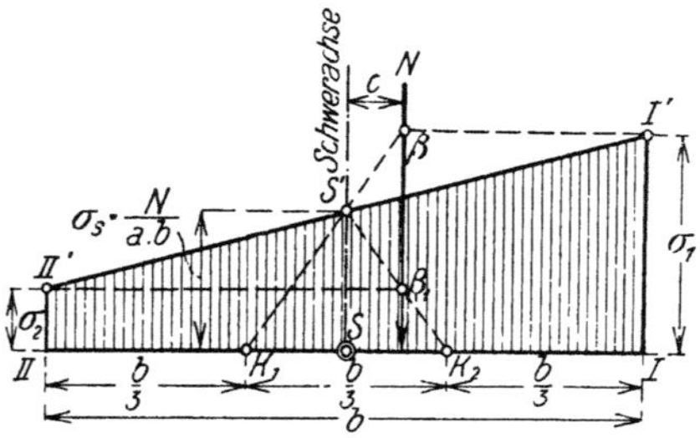

Abb. 13

Es tritt die größte Inanspruchnahme im Rande I, die kleinste im Rande II auf, und zwar

$$\left.\begin{aligned}\sigma_1 &= N\left(\frac{1}{F} + \frac{c}{W_1}\right)\\ \sigma_2 &= N\left(\frac{1}{F} - \frac{c}{W_2}\right)\end{aligned}\right\}\ldots.(\mathrm{I})$$

Ist N eine Druckkraft, so bedeuten σ_1 und σ_2 (wenn positiv) Druckspannungen; ist N eine Zugkraft, dann sind die Randspannungen, falls sie positive Werte aufweisen, Zugbeanspruchungen.

Bei rechteckigem Querschnitt ergeben sich folgende Fälle (Abb. 13 bis 15), wenn N die in der Rechtecksymmetrale angreifende Normalkraft, wobei (in Zentimeter gemessen) a die Fugenlänge, b die Fugenbreite und c der Kraftabstand von der Mitte S ist.

1. Die Normalkraft N liegt innerhalb des Kernquerschnittes $\left(c < \frac{b}{6}\right)$ (Abb. 13).

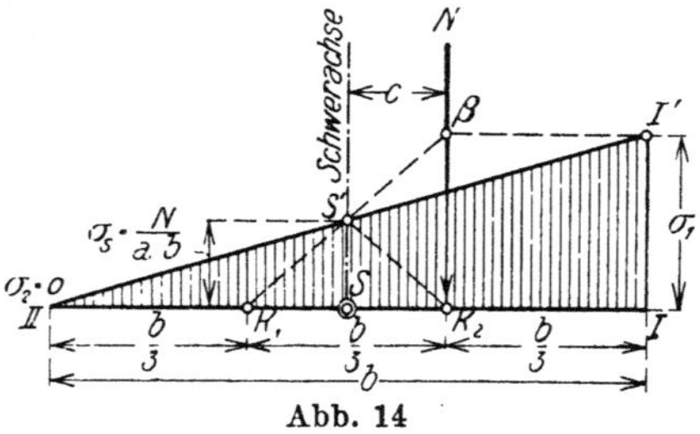

Abb. 14

Es treten nur Spannungen gleichen Vorzeichens auf.

$$\sigma_1 = \frac{N}{a\,b}\left(1 + \frac{6\,c}{b}\right), \qquad \sigma_2 = \frac{N}{a\,b}\left(1 - \frac{6\,c}{b}\right).$$

2. Die Normalkraft N liegt auf der Kerngrenze $\left(c = \frac{b}{6}\right)$ (Abb. 14).

Eine Kantenpressung wird Null.

$$\sigma_1 = \frac{2\,N}{a\,b}, \qquad \sigma_2 = 0.$$

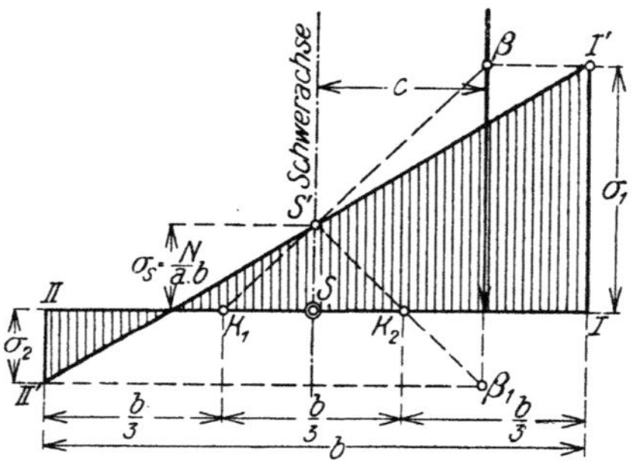

Abb. 15

3. Die Normalkraft N liegt außerhalb des Kernquerschnittes $\left(c > \frac{b}{6}\right)$ (Abb. 15).

Es treten Spannungen ungleichen Vorzeichens auf.

$$\sigma_1 = \frac{N}{a\,b}\left(1 + \frac{6\,c}{b}\right), \qquad \sigma_2 = \frac{N}{a\,b}\left(1 - \frac{6\,c}{b}\right).$$

Druck- bzw. Zugspannung wie oben laut Formel (I).

Zeichnerische Bestimmung der Kantenpressungen.

Auf der Schwerachse S (Abb. 13 bis 15) trägt man die mittlere Spannung $\sigma_s = \frac{N}{a\,b} = \overline{SS'}$ auf, zieht aus den Kernpunkten K_1 und K_2 Verbindungsstrahlen durch S' bis zum Schnitt β und β_1 mit der Normalkraftlinie N. Die Abschnitte auf dieser Kraftlinie, von der Fugenachse aus gemessen, ergeben die Kantenpressungen σ_1 bzw σ_2. Zur Darstellung der Spannungsverteilung ziehe man $\beta\,I'$ und $\beta_1\,II' // I\,II$ und verbinde I' mit II'. Diese Verbindungslinie muß durch S' gehen.

4. Der Baustoff ist nur gegen Druck (nicht gegen Zug) widerstandsfähig. Diese Annahme wird der Sicherheit wegen bei gewöhnlichem Mauerwerk oder auch minder gutem Beton gemacht, bei dem keine Zugübertragung durch den Mörtel, sondern ein Klaffen der Fugen bzw. ein Auftreten von Rissen zu erwarten ist, wenn seitliche Kräfte (Winddruck, Erddruck, Gewölbelast od. dgl.) wirken.

Greift nun (Abb. 16) die Kraft N außerhalb des mittleren Drittels der Mauerbreite b im Abstand z von der nächsten Kante I an, so verteilt sich der Druck auf die Breite $3\,z = \overline{I\,III}$ und ist die Kantenpressung in kg/cm²

$$\sigma_{max} = \frac{2\,N}{3\,a\,z} \quad \ldots \quad \text{(II)}$$

wenn a wie z in cm und N in kg eingesetzt werden.

Trägt man σ_{max} bei I auf einer Normalen $I\,I'$ auf, so daß $\overline{I\,I'} = \sigma_{max}$, und verbindet man I' mit III, so stellt das hierdurch begrenzte Dreieck die Spannungsverteilung dar.

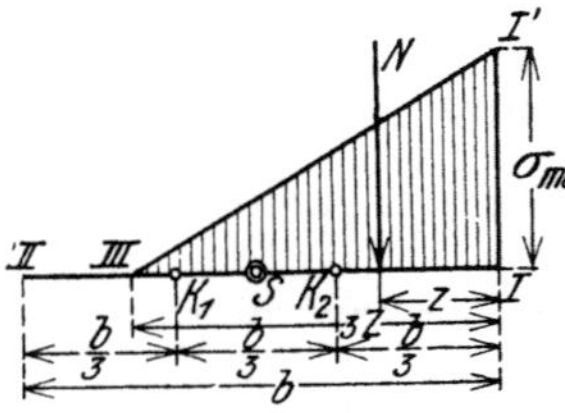

Abb. 16

e) Träger auf zwei Stützen

Die Auflagerdrücke für eine gegebene Laststellung sind (Abb. 17):

$$A = \frac{1}{l}\,(P_1 b_1 + P_2 b_2 + P_3 b_3 \ldots), \qquad B = P_1 + P_2 + P_3 + \ldots - A.$$

Der gefährliche Querschnitt — er sei (im allgemeinen) unter P_m — ist dann derjenige, für den die Querkraft R Null ist, für den also

$$R = A - (P_1 + P_2 + \ldots) = 0$$

bzw. R das Vorzeichen wechselt, so zwar daß z. B.

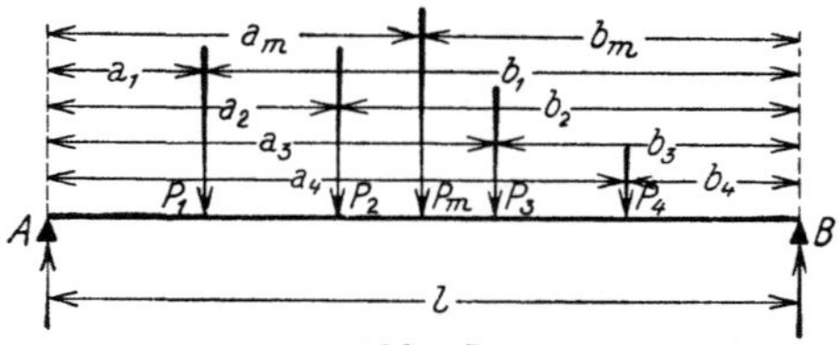

Abb. 17

$$R = A - (P_1 + P_2 + \ldots + P_{m-1}) > 0$$
$$R = A - (P_1 + P_2 + \ldots\ldots P_m) < 0.$$

Ist der gefährliche Querschnitt bestimmt, so ist das größte Moment

$$M_{max} = A\,a_m - P_1\,(a_m - a_1) - P_2\,(a_m - a_2) - \ldots\ldots P_{m-1}\,(a_m - a_{m-1}),$$

und ergibt sich bei einer zulässigen Beanspruchung σ_{zul} das erforderliche Widerstandsmoment W_x des Trägers mit: $W_x = \frac{M_{max}}{\sigma_{zul}}$.

Bei einer beweglichen Gruppe von Lasten stelle man zur Ermittlung der ungünstigsten Wirkung zunächst die Gruppe mit der letzten Last über B und bestimme jenes $b = b_m$, welches dem Werte $\xi = \frac{A\,l}{P_1 + P_2 + P_3 + \ldots}$ am nächsten liegt.

Ist $\triangle = \frac{b_m - \xi}{2}$ positiv (negativ), so verschiebt man die Lastengruppe so lange, bis P_m (zu b_m gehörig) um $\triangle$ von der Trägermitte links (rechts) absteht. Zu den neuen Werten von a und b ergibt sich wie oben M_{max} und W_x. Wenn bei genannter Verschiebung durch Hinzukommen oder Abwandern von Lasten im Trägerfeld eine andere Gruppierung eintritt, ist für letztere die Untersuchung zu wiederholen.

f) Einfeldriger Krangleisträger

Zwei gleichgroße Lasten P (Abb 17) im unveränderlichen Abstand a bewegen sich auf einem Träger von der Stützweite l. Dann ist, wenn $c = \frac{l}{2} - \frac{a}{4}$,

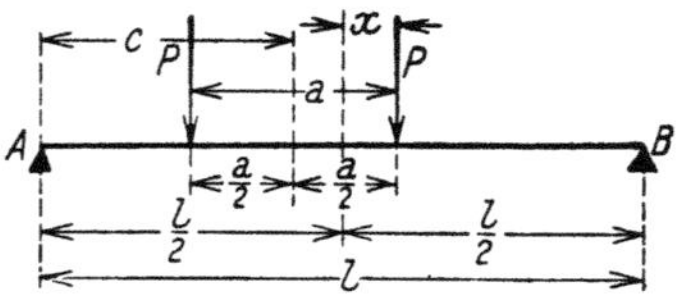

Abb. 18

$$M_{max} = \frac{2\,P\,c^2}{l}.$$

Auflagerdruck $A = P\,\frac{2\,l + a}{2\,l}$, $B = 2\,P - A$.

Diese Formeln gelten nur, falls beide Lasten P auf der Länge l stehen. Ist $a \geq 0{,}5857\,l$, so bringt eine einzige, in der Mitte des Trägers stehende Last ein größeres Moment, und zwar $M_{max} = \frac{P\,l}{4}$ hervor.

g) Auflagerdrücke, Momente, Durchbiegungen usw. für verschiedene Belastungsfälle

Belastungsfall	Auflagerdrücke	Biegungsmomente	Größte Durchbiegung	Gefährd. Querschnitt
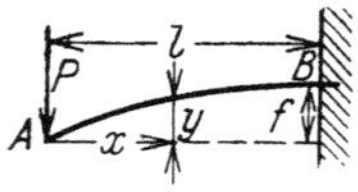	$B = P$	$M_x = P \cdot x$ $M_{max} = P \cdot l$	$f = \frac{P\,l^3}{8\,E\,J}$	bei B
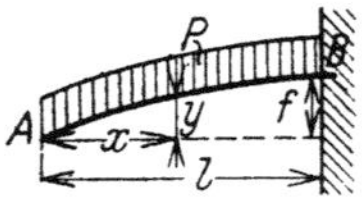	$B = P$	$M_x = \frac{P \cdot x^2}{2\,l}$ $M_{max} = \frac{P \cdot l}{2}$	$f = \frac{P\,l^3}{8\,E\,J}$	bei B
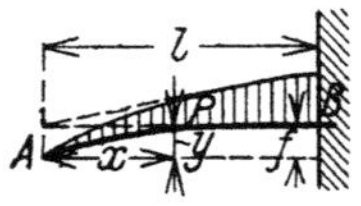	$B = P$	$M_x = \frac{P \cdot x^3}{3\,l^2}$ $M_{max} = \frac{P \cdot l}{3}$	$f = \frac{P \cdot l^3}{15\,E\,J}$	bei B
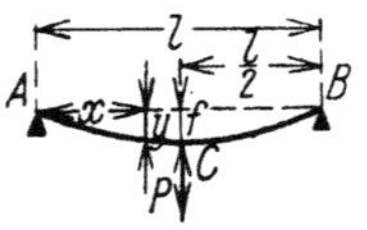	$A = B =$ $= \frac{P}{2}$	$M_x = \frac{P \cdot x}{2}$ $M_{max} = \frac{P \cdot l}{4}$	$f = \frac{P\,l^3}{48\,E\,J}$	in der Mitte
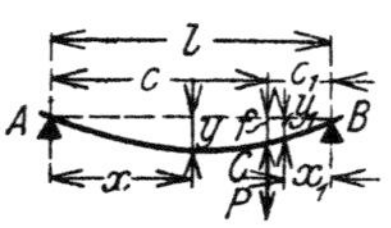	$A = \frac{P \cdot c_1}{l}$ $B = \frac{P \cdot c}{l}$	für AC: $M_x = \frac{P \cdot c_1\,x}{l}$ für BC: $M_x = \frac{P \cdot c \cdot x}{l}$ $M_{max} = \frac{P \cdot c \cdot c_1}{l}$	$f = \frac{P}{3\,E\,J} \cdot \frac{c^2 \cdot c_1^2}{l}$ f_{max} bei $x = c\sqrt{\frac{1}{3} + \frac{2}{3}\,\frac{c_1}{c}}$, wenn $c > c_1$	bei C

Belastungsfall	Auflagerdrücke	Biegungsmomente	Größte Durchbiegung	Gefährd. Querschnitt
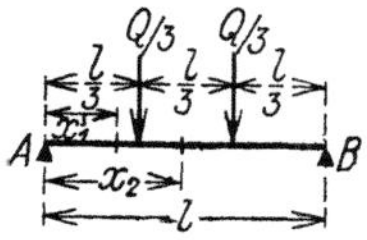	Bei diesen drei Fällen ist die Gesamtlast für ein Feld $Q = b \cdot l \cdot q$, $A = B = Q/_2$	$M_{max} = \frac{Q \cdot l}{9}$	$f = \frac{23\,Q\,l^3}{1944\,E\,J}$	im mittleren $l/_3$
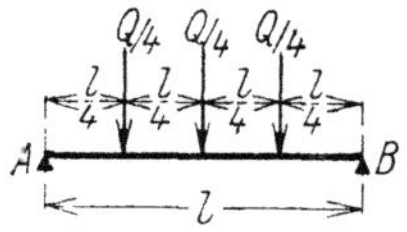		$M_{max} = \frac{Q \cdot l}{8}$	$f = \frac{19\,Q\,l^3}{1536\,E\,J}$	in der Mitte
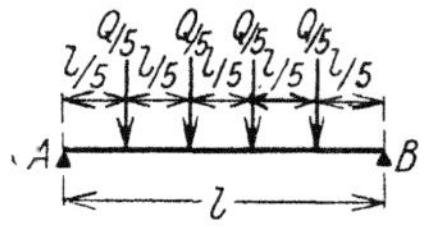		$M_{max} = \frac{3\,Q\,l}{25}$	$f = \frac{63\,Q\,l^3}{5000\,E\,J}$	im mittleren $l/_5$
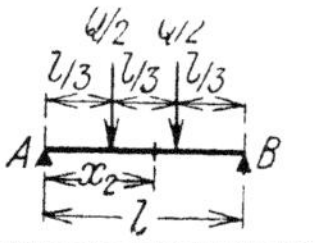	$A = B = \frac{Q}{2}$	$M_{max} = \frac{Q \cdot l}{6}$	$f = \frac{23\,Q\,l^3}{1296\,E\,J}$	im mittleren $l/_3$
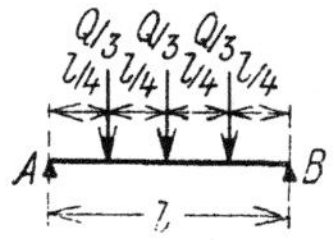	$A = B = \frac{Q}{2}$	$M_{max} = \frac{Q \cdot l}{6}$	$f = \frac{19\,Q\,l^3}{1152\,E\,J}$	in der Mitte
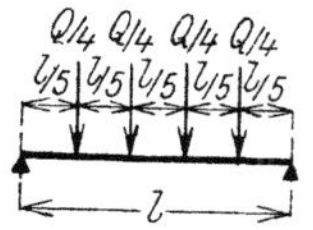	$A = B = \frac{Q}{2}$	$M_{max} = \frac{3\,Q\,l}{20}$	$f = \frac{63\,Q\,l^3}{4000\,E\,J}$	im mittleren $l/_5$
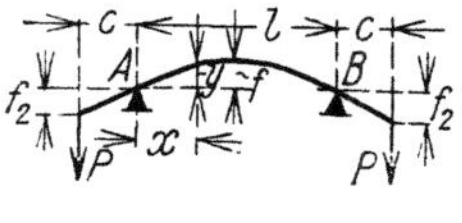	$A = B = P$	Für A und B: $M = P \cdot c$	$f = \frac{P\,l^2 \cdot c}{8\,E\,J}$ $f_2 = \frac{P\,c^2}{E\,J}\left[\frac{c}{3} + \frac{l}{2}\right]$	in den Punkten A und B
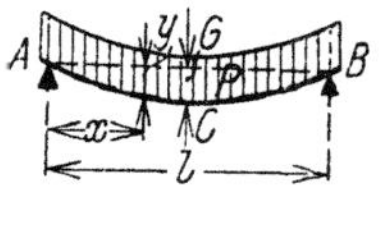	$A = B = \frac{P}{2}$	$M_x = \frac{P \cdot x}{2}\left(1 - \frac{x}{l}\right)$ $M_{max} = \frac{P \cdot l}{8}$	$f = \frac{5\,P\,l^3}{384\,E\,J}$	in der Mitte
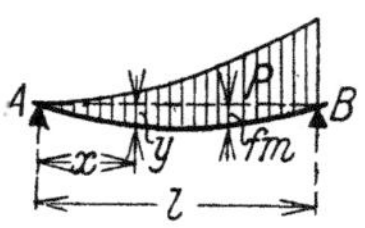	$A = \frac{1}{3}\,P$ $B = \frac{2}{3}\,P$	$M_x = \frac{P \cdot x}{3}\left(1 - \frac{x^2}{l^2}\right)$ $M_{max} = \frac{2}{9\sqrt{3}}\,P \cdot l = 0{,}128\,P \cdot l$	$f_{max} = \frac{0{,}01304\,P\,l^3}{E\,J}$ bei $x = 0{,}5193\,l$	bei $x = 0{,}5774\,l$

Belastungsfall	Auflagerdrücke	Biegungsmomente	Größte Durchbiegung	Gefährd. Querschnitt
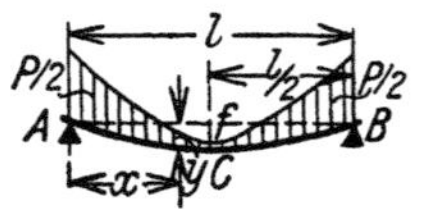	$A = B = \frac{P}{2}$	$M_x = P \cdot x \left(\frac{1}{2} - \frac{x}{l} + \frac{2x^2}{l^2}\right)$ $M_{max} = \frac{P \cdot l}{12}$	$f = \frac{3\,P\,l^3}{320\,E\,J}$	in der Mitte
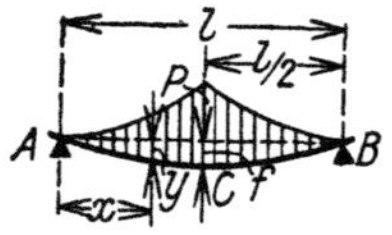	$A = B = \frac{P}{2}$	$M_x = P \cdot x \left(\frac{1}{2} - \frac{2x^2}{3\,l^2}\right)$ $M_{max} = \frac{P \cdot l}{6}$	$f = \frac{P\,l^3}{60\,E\,J}$	in der Mitte
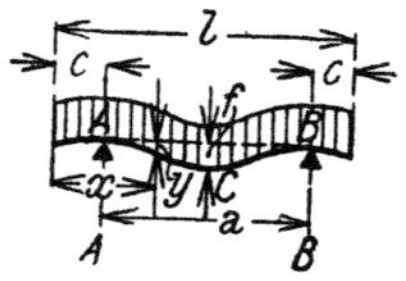	$A = B = \frac{P}{2}$	$M_x = -\frac{P\,x}{2}\left(\frac{x}{l} - 1 + \frac{c}{x}\right)$ $M_A = M_B = -\frac{P\,c^2}{2\,l}$ $M_c = -\frac{P \cdot l}{4}\left(-\frac{1}{2} + \frac{2\,c}{l}\right)$	$f = \frac{P\,l^3}{24\,E\,J}\left[\frac{5}{16} - \frac{5}{2}\frac{c}{l} + 6\frac{c^2}{l^2} - 4\frac{c^3}{l^3} - \frac{c^4}{l^4}\right]$	bei A, B oder C
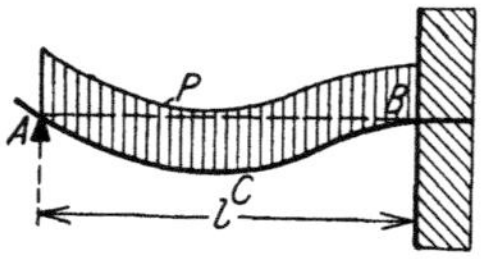	$A = \frac{3}{8}P$ $B = \frac{5}{8}P$	$M_x = \frac{P\,x}{2}\left(\frac{3}{4} - \frac{x}{l}\right)$ $M_{max} = M_B = -\frac{P\,l}{8}$ $M_C = \frac{9}{128}P\,l$ } Größtes positives Moment	$f_{max} = \frac{P\,l^3}{192\,E\,J}$ für $x =$ $= \frac{l}{16}(1 + \sqrt{33})$	bei B
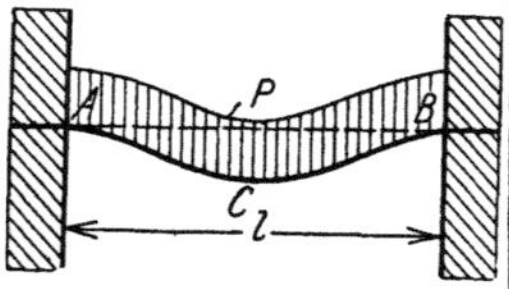	$A = B = \frac{P}{2}$	$M_x = -\frac{Pl}{2}\left(\frac{1}{6} - \frac{x}{l} + \frac{a^2}{l^2}\right)$ $M_A = M_B = -\frac{P\,l}{12}$ $M_C = +\frac{P\,l}{24}$	$f = \frac{P\,l^3}{384\,E\,J}$	bei A und B
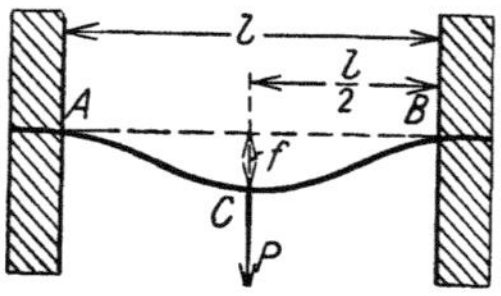	$A = B = \frac{P}{2}$	$M_x = \frac{P\,l}{2}\left(\frac{x}{l} - \frac{1}{4}\right)$ $M_A = M_B = -\frac{P\,l}{8}$ $M_C = +\frac{P\,l}{8}$	$f = \frac{P\,l^3}{192\,E\,J}$	bei A, B und C
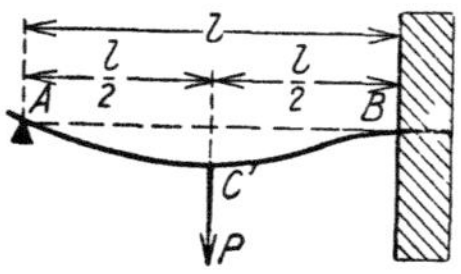	$A = \frac{5\,P}{16}$ $B = \frac{11\,P}{16}$	$M_C = +\frac{5\,P\,l}{32}$ $M_{max} = M_B = -\frac{3\,P\,l}{16}$	$f_{max} = \sqrt{\frac{1}{5}}\,\frac{P\,l^3}{48\,E\,J}$ für $x = 0{,}447\,l$	bei B

Auflagerdrücke und Biegungsmomente für besondere Trägerbelastungsfälle

Belastungsfall	Auflagerdrücke	Biegungsmomente
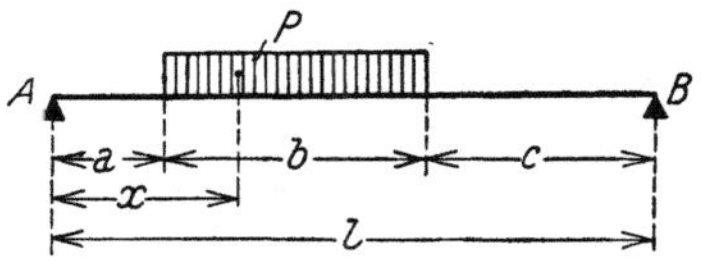	$A = \frac{P(2c+b)}{2l}$ $B = \frac{P(2a+b)}{2l}$ Für $a = c$ ist $A = B = \frac{P}{2}$	$M_x = A x - \frac{P(x-a)^2}{2b}$ M_{max} für $x = a - \frac{Ab}{P}$ Für $a = c$ ist: $M_{max} = M_{Mitte} =$ $= \frac{Al}{2} P - P\frac{b}{8} = \frac{P}{4}\left(l - \frac{b}{2}\right)$
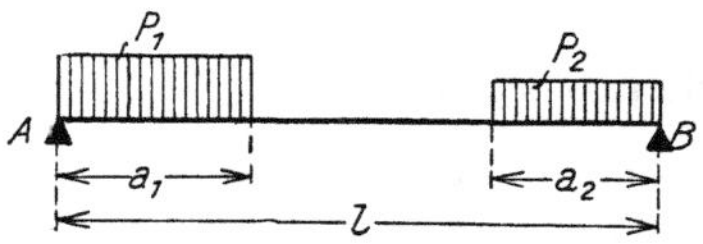	$A = \frac{P_1(2l-a_1) + P_2 a_2}{2l}$ $B = \frac{P_2(2l-a_2) + P_1 a_1}{2l}$	für $A < P_1$ $M = \frac{A^2 a_1}{2 P_1}$ für $B < P_2$ $M = \frac{B^2 a_2}{2 P_2}$

1. Einfach unterspannter Träger (Dreieckhäng-[spreng-]werk)

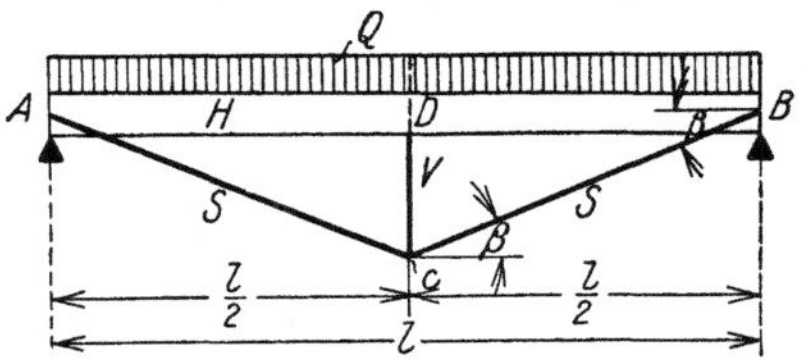

Stabkräfte:

$$V = -\frac{5Q}{8}.\ S = +\frac{5Q}{16\sin\beta},\ H = -\frac{5Q}{16\,\mathrm{tg}\,\beta}$$

2. Doppelt unterspannter Träger (Trapezhäng-[spreng-[werk)

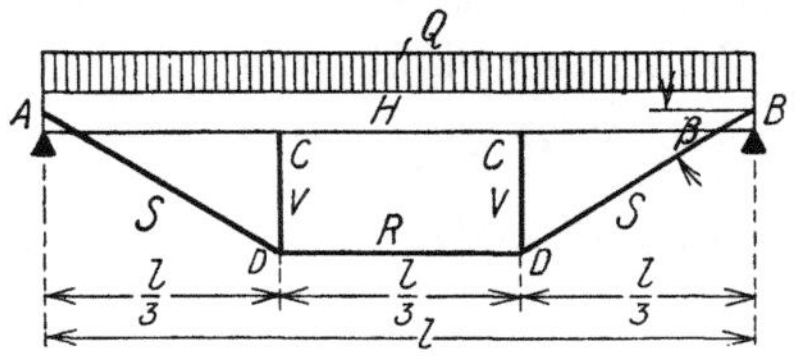

Stabkräfte:

$$V = -\frac{11Q}{30} \qquad H = -\frac{11Q}{30\,\mathrm{tg}\,\beta}$$

$$S = \frac{11Q}{30\sin\beta} \qquad R = +\frac{11Q}{30\,\mathrm{tg}\,\beta}$$

Der über die ganze Länge gleich starke Obergurt ist auf Druck und Biegung zu berechnen:

F = Querschnitt des Gurtes in cm², W = Widerstandsmoment des Gurtquerschnittes in cm³.

Gurtinanspruchnahme:

1. beim einfach unterspannten Träger

$$\sigma = \frac{5Q}{16F\,\mathrm{tg}\,\beta} + \frac{Ql}{32W}.$$

2. beim doppelt unterspannten Träger

$$\sigma = \frac{11Q}{30F\,\mathrm{tg}\,\beta} + \frac{Ql}{90W}.$$

h) Träger auf mehreren Stützen

Gehen Träger ungestoßen oder biegungssicher gestoßen über mehrere Felder durch, so bezeichnet man sie als Durchlaufträger (kontinuierliche Träger) (Abb. 19).

1. Stützenmomente

Es sei jedes Feld (Abb. 19) mit einer gleichförmig verteilten Last g sowie mit den Lasten P, P', $P''\ldots$, deren Abstände von der linken Feldstütze x, x', $x''\ldots$ betrage, belastet. Letztere, durch die Feldlänge dividiert, ergeben $\frac{x}{l}=\xi$, $\frac{x'}{l}=\xi'$,

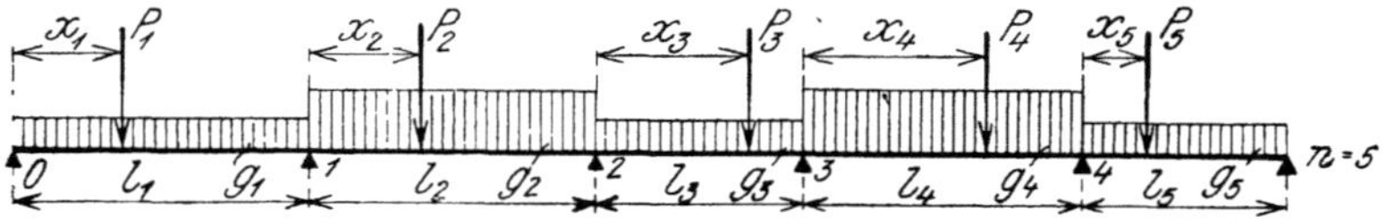

Abb. 19

$\frac{x''}{l}=\xi''\ldots$ zu denen, ganz allgemein, in der nachstehenden Tafel die bezüglichen Werte v und w gehören (allenfalls geradlinig zwischenzuschalten).

$\xi=0$	0,1	0,2	0,3	0,4	0,5	0,6	0,7	0,8	0,9	0,0
$v=0$	0,099	0,192	0,273	0,336	0,375	0,384	0,357	0,288	0,171	0
$w=0$	0,171	0,288	0,357	0,384	0,375	0,366	0,273	0,192	0,099	0

Zur Bestimmung der über den Stützpunkten 0, 1, 2, ... n auftretenden Momente M_0, M_1, $M_2,\ldots$ dienen $(n-1)$ (nach Clapeyron benannte) Gleichungen, die, unter der Voraussetzung, daß sämtliche Stützpunkte in einer Geraden liegen und der Trägerquerschnitt gleichbleibend ist, lauten:

$$\left.\begin{aligned}
&M_0\,l_1+2\,M_1\,(l_1+l_2)+M_2\,l_2=\\
&=-\frac{1}{4}(g_1\,l_1^3+g_2\,l_2^3)-l_1^2\,(P_1 v_1+P_1' v_1'+P_1'' v_1''+\ldots)-l_2^2\,(P_2 w_2+P_2' w_2'+\\
&\qquad+P_2'' w_2''+\ldots)\\
&M_1\,l_2+2\,M_2\,(l_2+l_3)+M_3\,l_3=\\
&=-\frac{1}{4}(g_2 l_2^3+g_3 l_3^3)-l_2^2\,(P_2 v_2+P_2' v'_2+P_2'' v_2''+\ldots)-l_3^2\,(P_3 w_3+P_3' w_3'+\\
&\qquad+P_3'' w_3''+\ldots)
\end{aligned}\right\}\text{(I)}$$

usw., wobei jede nachfolgende Gleichung aus der vorhergehenden durch Erhöhung sämtlicher Zeiger um 1 gewonnen wird. M_0 und M_n sind gewöhnlich gleich Null zu setzen.

2. Feldmomente, Querkräfte und Stützendrucke

Man denke sich den Durchlaufträger bei jeder Zwischenstütze durchschnitten. Das Feld l_k weise dann im Abstand x von der Stütze $k-1$ die Querkraft Q^0_k und das Moment M^0_k auf, welchen Größen beim Durchlaufträger Q_{xk} und M_{xk} entsprechen. Der Stützpunkt k erhält von den getrennten Nachbarfeldern l_k und l_{k+1} die bezüglichen Auflagerdrücke B^0_k und A^0_{k+1}.

Mit den unter (I) gefundenen Stützmomenten bildet man:

$$\left.\begin{aligned}
&\eta_k=\frac{M_k-M_{k-1}}{l_k}\\
\text{sowie}\quad&\eta_{k+1}=\frac{M_{k+1}-M_k}{l_{k+1}}
\end{aligned}\right\}\qquad\text{(II)}$$

und ergibt sich für das Feld l_k das Moment

$$M_{xk} = M^0{}_k + M_{k-1} + x\eta_k \tag{III}$$

die Querkraft $$Q_{xk} = Q^0{}_k + \eta_k \tag{IV}$$

und der Stützendruck in K:

$$T_k = A^0{}_{k+1} + B^0{}_k - \eta_k + \eta_{k+1} \tag{V}$$

Beispiel (Abb. 20)

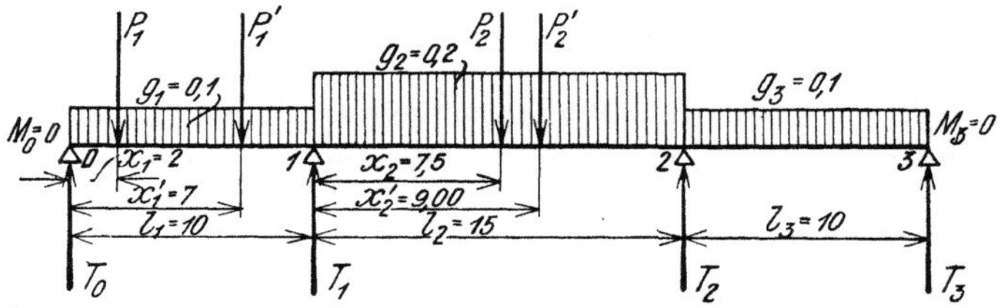

Abb. 20

$l_1 = l_3 = 10$ m, $l_2 = 15$ m, $g_1 = g_3 = 0{,}1$ tm, $g_2 = 0{,}2$ tm.

Einzellasten:	$P_1 = 0{,}4$,	$P_1' = 0{,}6$,	$P_2 = 0{,}8$,	$P_2' = 0{,}7$ t
mit den bezüglichen:	$x_1 = 2$,	$x'_1 = 7$,	$x_2 = 7{,}5$,	$x'_2 = 9$ m
daher $\xi = \frac{x}{l}$,	$\xi_1 = 0{,}2$,	$\xi'_1 = 0{,}7$,	$\xi_2 = 0{,}5$,	$\xi'_2 = 0{,}6$
und laut Tabelle:	$v_1 = 0{,}192$,	$v'_1 = 0{,}357$,	$v_2 = 0{,}375$,	$v'_2 = 0{,}384$
			$w_2 = 0{,}375$	$w'_2 = 0{,}336$

Daher laut Gleichung (I) mit $M_0 = M_3 = 0$

$$M_0 \cdot 10 + 2\,M_1(10+15) + M_2 \cdot 15 = -\frac{1}{4}(0{,}1\cdot 10^3 + 0{,}2\cdot 15^3) - 10^2(0{,}4\cdot 0{,}192 + 0{,}6\cdot 0{,}357) -$$
$$- 15^2\,(0{,}8\cdot 0{,}375 + 0{,}7\cdot 0{,}336)$$

$$M_1 \cdot 15 + 2\,M_2\,(15+10) + M_3 10 = -\frac{1}{4}(0{,}2\cdot 15^3 + 0{,}1\cdot 10^3) - 15^2\,(0{,}8\cdot 0{,}375 + 0{,}7\cdot 0{,}384)$$

oder $50\,M_1 + 15\,M_2 = -343{,}27$
und $15\,M_1 + 50\,M_2 = -321{,}73$,
woraus $M_1 = -5{,}423$ tm und $M_2 = -4{,}808$ tm.

Laut Gleichung (II) ist $\eta_1 = \frac{M_1 - M_0}{l_1} = \frac{-5{,}423 - 0}{10} = -0{,}5423$ tm,

$$\eta_2 = \frac{M_2 - M_1}{l_2} = \frac{-4{,}808 + 5{,}423}{15} = 0{,}041 \text{ tm}.$$

Bei einer gesamten Feldlast R und den Stützendrücken A^0 und B^0 für den frei aufliegenden Träger ergibt sich in t, im

1. Feld:	2. Feld:	3. Feld:
$R_1 = 0{,}1\cdot 10 + 0{,}4 + 0{,}6 = 2{,}0$	$R_2 = 0{,}2\cdot 15 + 0{,}8 + 0{,}7 = 4{,}5$	$R_3 = 0{,}1\cdot 10 = 1$
$B^0{}_1 = \frac{0{,}1\cdot 10}{2} + \frac{0{,}4\cdot 2 + 0{,}6\cdot 7}{10} = 1{,}0$	$B^0{}_2 = \frac{0{,}2\cdot 15}{2} + \frac{0{,}8\cdot 15 + 0{,}7\cdot 9}{15} = 2{,}32$	$B^0{}_3 = \frac{R_3}{2} = 0{,}5$
$A^0{}_1 = R_1 - B^0{}_1 = 2{,}0 - 1{,}0 = 1{,}0$	$A^0{}_2 = R_2 - B^0{}_2 = 4{,}5 - 2{,}32 = 2{,}18$	$A^0{}_3 = \frac{R_3}{2} = 0{,}5$

Feldmoment M_{x2} des Feldes l_2 (also $k=2$) im Querschnitt C für $x = 7{,}5$ m.

Wegen $M^0{}_2 - A^0{}_2\,x - g_2\,\frac{x^2}{2} = \left(2{,}18 - 0{,}2\,\frac{7{,}5}{2}\right) 7{,}5 = 10{,}725$ tm ist laut Gleichung (III mit $k = 2$ $\quad M_{x2} = M_2{}^0 + M_1 + x\eta_2 = 10{,}725 - 5{,}423 + 7{,}5\cdot 0{,}041 = 5{,}610$ tm.

Querkraft Q_{x_2} desselben Querschnittes C wegen

$$Q_2{}^0 = A_2{}^0 - g_2 x = 2{,}18 - 0{,}2 \cdot 7{,}5 = 0{,}680 \text{ t}$$

laut Gleichung (IV) mit $k = 2$ $\quad Q_{x_2} = Q_2{}^0 + \eta_2 = 0{,}68 + 0{,}041 = 0{,}721$ t.

Stützendruck T_1 laut Gleichung (V) mit $k = 1$

$$T_1 = A_2{}^0 + B_1{}^0 - \eta_1 + \eta_2 = 2{,}18 + 1{,}0 + 0{,}5423 + 0{,}041 = 3{,}77 \text{ t.}$$

3. Momente und Stützendrücke für durchlaufende Träger auf gleich hohen und gleich weit voneinander entfernten Stützen

α) Bei gleichmäßig verteilter Belastung

Werte	Anzahl der Stützen			
	3	4	5	6
T_0 T_1 T_2	$0{,}3750\,ql$ $1{,}2500\,ql$	$0{,}4000\,ql$ $1{,}1000\,ql$	$0{,}3929\,ql$ $1{,}1428\,ql$ $0{,}9286\,ql$	$0{,}3947\,ql$ $1{,}1317\,ql$ $0{,}9736\,ql$
M_1 M_2	$0{,}1250\,ql^2$	$0{,}1000\,ql^2$	$0{,}1071\,ql^2$ $0{,}0714\,ql^2$	$0{,}1053\,ql^2$ $0{,}0789\,ql^2$
M_{1max} M_{2max} M_{3max}	$0{,}0703\,ql^2$	$0{,}0800\,ql^2$ $0{,}0250\,ql^2$	$0{,}0772\,ql^2$ $0{,}0364\,ql^2$	$0{,}0779\,ql^2$ $0{,}0332\,ql^2$ $0{,}0461\,ql^2$

Hierbei bezeichnen:
T_0, T_1, ... die Gesamtstützendrücke,
M_1, M_2, ... die (negativen) Momente über den Stützen,
M_{1max}, M_{2max} . . . . . die größten Momente in den einzelnen Feldern,
l die überall gleich großen Stützweiten,
q die gleichmäßig verteilte Belastung für die Längeneinheit.

In bezug auf die Trägermitte ist alles symmetrisch; die Angaben sind daher nur bis zur Mitte durchgeführt.

β) Für gleich große und gleich weit voneinander entfernte Einzellasten

Träger auf 3 Stützen

Belastungsfälle	Momente			Auflagerdrücke	
	(+) M_{1max}	(+) M_{2max}	(—) M	A	B
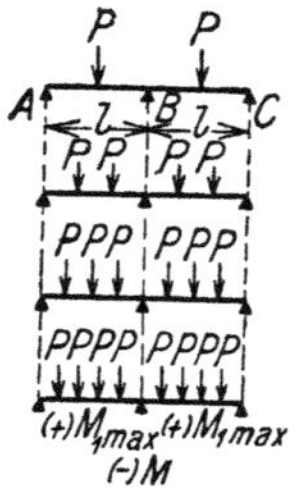	$0{,}156\,P \cdot l$	—	$0{,}188\,P \cdot l$	$0{,}312\,P$	$1{,}376\,P$
	$0{,}222\,P \cdot l$	—	$0{,}333\,P \cdot l$	$0{,}667\,P$	$2{,}667\,P$
	$0{,}270\,P \cdot l$	—	$0{,}460\,P \cdot l$	$1{,}040\,P$	$3{,}920\,P$
	$0{,}360\,P \cdot l$	—	$0{,}600\,P \cdot l$	$1{,}400\,P$	$1{,}400\,P$

Träger auf 4 Stützen

Belastungsfälle	Momente			Auflagerdrücke	
	(+) M_{1max}	(+) M_{2max}	(—) M	A	B
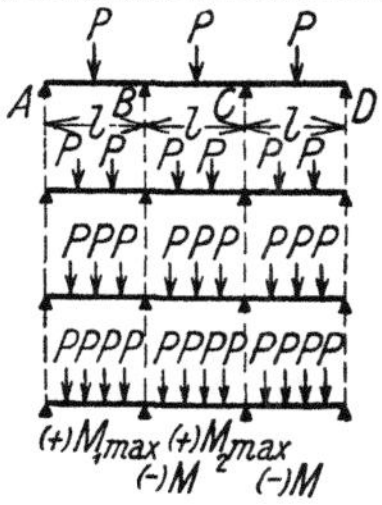	0,175 $P \cdot l$	0,100 $P \cdot l$	0,150 $P \cdot l$	0,350 P	1,150 P
	0,245 $P \cdot l$	0,067 $P \cdot l$	0,267 $P \cdot l$	0,734 P	2,270 P
	0,317 $P \cdot l$	0,125 $P \cdot l$	0,375 $P \cdot l$	1,125 P	3,375 P
	0,410 $P \cdot l$	0,122 $P \cdot l$	0,478 $P \cdot l$	1,520 P	4,480 P

i) Ausführungsarten von Gelenkträgern

Die beigeschriebenen Momentengleichungen und Werte für den Kragarm a gelten nur, wenn gleichmäßig verteilte Gesamtbelastungen in Frage kommen, wobei die Gelenkanordnung derart erfolgt, daß die Absolutwerte der Momente an den Stützen sowie in den Feldern einander alle möglichst gleich werden.

1. Zwei Felder (Abb. 21):

$$a = 0{,}1716\, l,$$
$$M_1 = M_2 = M_3 = 0{,}0858\, q\, l^2.$$

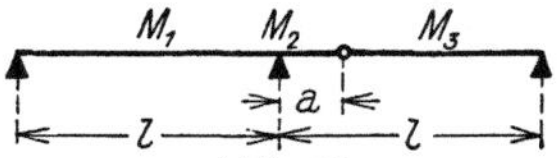

Abb. 21

2 α) Drei Felder (Abb. 22):

$$a = 0{,}125\, l = \frac{l}{8},$$
$$M_1 = 0{,}0957\, l^2.$$
$$M_2 = M_3 = 0{,}0625\, q\, l^2 = \frac{q\, l^2}{16}.$$

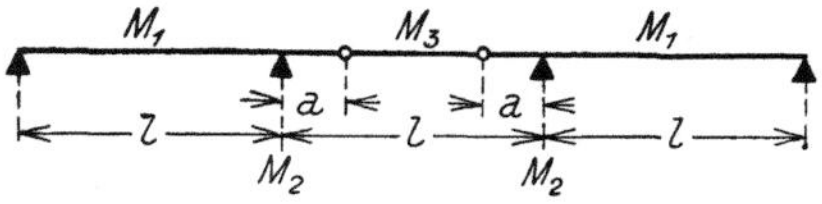

Abb. 22

2 β) Drei Felder (Abb. 23):

$$a = 0{,}22\, l,$$
$$M_1 = M_2 = 0{,}0858\, q\, l^2.$$
$$M_3 = q \frac{(l - 2\, a)^2}{8} = 0{,}0392\, q\, l^2.$$

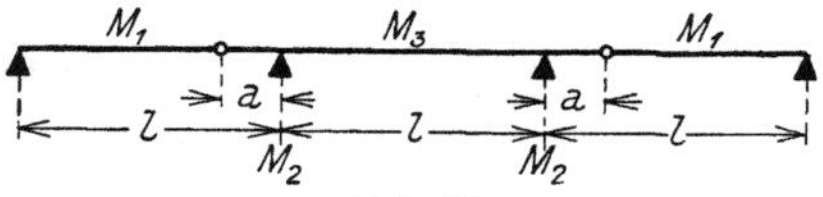

Abb. 23

3. Vier Felder (Abb. 24):

$$a_1 = 0{,}2035\, l,$$
$$a_2 = 0{,}157\, l,$$
$$a_3 = 0{,}125\, l,$$
$$M_1 = M_2 = 0{,}0858\, q\, l^2,$$
$$M_3 = 0{,}05111\, q\, l^2,$$
$$M_4 = M_5 = M_6 = 0{,}0625\, q\, l^2 = q\, \frac{l^2}{16},$$
$$M_7 = 0{,}0957\, q\, l^2.$$

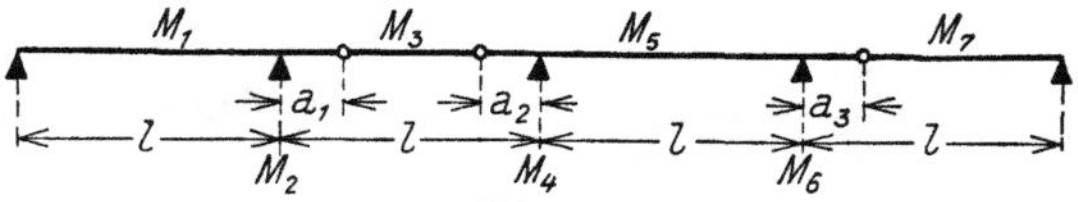

Abb. 24

Soll $M_1 = M_2 = M_6 = M_7 = 0{,}0858\, q\, l^2$,
so muß sein $a_3 = 0{,}1716\, l$
und wird $M_5 = 0{,}05111\, q\, l^2$.

k) Rahmenträger mit einer Öffnung

Es bezeichnen: J_1 und J_2 Trägheitsmomente, l die Stützweite, h die Ständerhöhe, E das Elastizitätsmaß, α_t das Längenänderungsverhältnis für 1^0 Temperaturänderung, t die Temperaturänderung in Celsiusgraden gegenüber dem spannungslosen Anfangszustand, H den Horizontalschub, A bzw. B den linken bzw. rechten Stützendruck, $\mu = 1 + \frac{2hJ_1}{3lJ_2}$ bzw. $\nu = \frac{J_1}{J_2}\frac{h}{l}$.

Längs- und Querkräfte bei der Ermittlung von H vernachlässigt.

1. Symmetrischer Zweigelenkrahmen

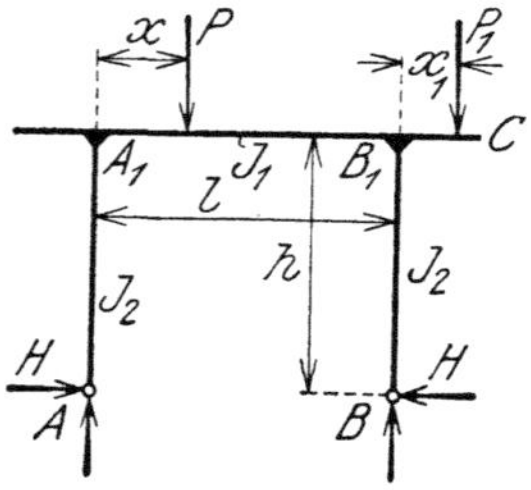

Abb. 25

α) Einzellast P (Abb. 25):

$$A_1 \text{ bis } B_1:\; H = P\frac{x(l-x)}{2hl\mu}, \quad A = P\frac{l-x}{l}, \quad B = P\frac{x}{l},$$

$$B_1 \text{ bis } C:\; H_1 = -P_1\frac{x_1}{2h\mu}, \quad A = -\frac{P_1 x_1}{l}, \quad B = P_1\frac{l+x_1}{l}.$$

β) Wenn p allein wirkt (Abb. 26) ($p' = w = 0$):

$$H_A = H_B = \frac{pl^2}{12h\mu}, \quad A = B = \frac{pl}{2}.$$

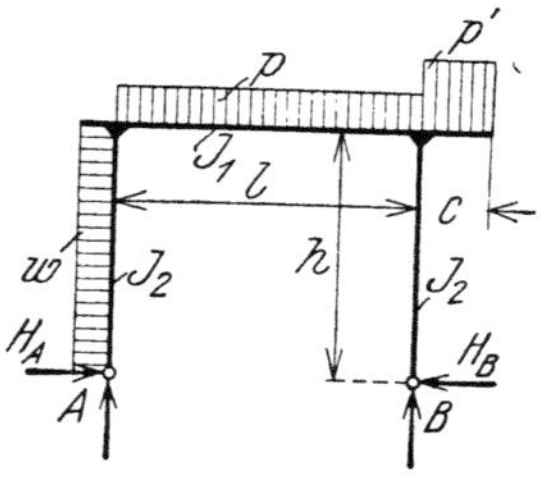

Abb. 26

γ) Wenn p' allein wirkt (Abb. 26) ($p = w = 0$):

$$H_A = H_B = -\frac{p'c^2}{4h\mu}, \quad A = -\frac{p'c^2}{2l}, \quad B = p'c\frac{2l+c}{2l}.$$

δ) Wenn w allein wirkt (Abb. 26) ($p = p' = 0$):

$$^{1)}\; H_A = -\frac{wh}{\mu}\left(\frac{11}{24}\frac{J_1}{J_2}\frac{h}{l} + \frac{3}{4}\right),$$

$$^{1)}\; H_B = wh + H_A, \quad A = -B = -\frac{wh^2}{2l}.$$

ε) Temperaturänderung $\pm t^0$ .... $H_A = H_B = H_t = \pm\frac{EJ_1\alpha_t t}{h^2\mu}$,

ζ) Nachgiebigkeit der Stützpunkte
um Δl waagrecht nach außen .... $H_{\Delta l} = -\frac{EJ_1\Delta l}{h^2 l\mu}$.

2. Beiderseits eingespannter Rahmen

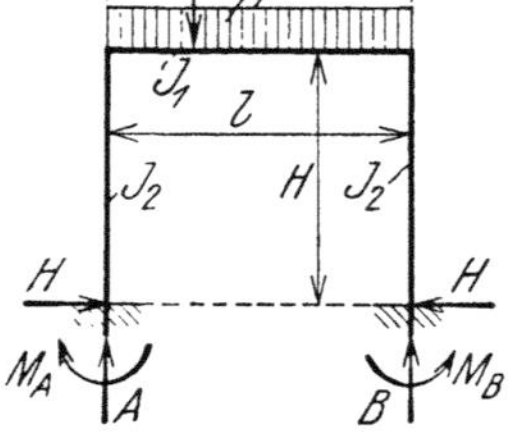

Abb. 27

α) Infolge der Einzellast P (Abb. 27), wobei $\frac{a}{l} = \xi$

$$M_A = \frac{Pab}{2l}\,\frac{5\nu - 1 + 2\xi(2+\nu)}{(2+\nu)(1+6\nu)}, \quad A = \frac{Pb}{l}\,\frac{6\nu + 1 + \xi - 2\xi^2}{6\nu + 1}.$$

$$M_B = \frac{Pab}{2l}\,\frac{3 + 7\nu - 2\xi(2+\nu)}{(2+\nu)(1+6\nu)}, \quad B = P - A,$$

$$H = \frac{3Pab}{2hl(2+\nu)}.$$

---

1) Nach links wirkend.

β) Infolge gleichförmig verteilter Last (Abb. 27):

$$M_A = M_B = \frac{p\,l^2}{12\,(2+\nu)}, \quad H = \frac{p\,l^2}{4\,h\,(2+\nu)}, \quad A = B = \frac{p\,l}{2}$$

γ) Infolge gleichförmiger Seitenlast w (Abb. 28):

$$M_A = -\frac{w\,h^2}{24}\left(12 - \frac{9+5\nu}{2+\nu} - \frac{12\,\nu}{1+6\,\nu}\right),$$

$$M_B = +\frac{w\,h^2}{24}\left(\frac{9+5\nu}{2+\nu} - \frac{12\,\nu}{1+6\,\nu}\right),$$

[1]) $H_A = wh - H_B$, [1]) $H_B = \frac{w\,h}{8}\,\frac{3+2\,\nu}{2+\nu}$,

$$A = -B = -\frac{w\,h^2\,\nu}{l\,(6\,\nu+1)}.$$

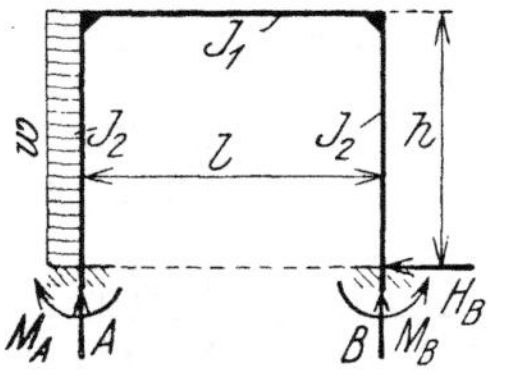

Abb. 28

l) Dreieckrahmen (Abb. 29)

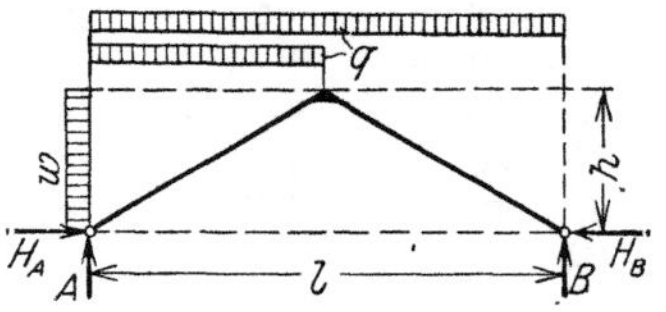

Abb. 29

Gleichförmig verteilte Belastung

α) q auf die Länge l

$$A = B = 0{,}50\,q\,l,$$

$$H_A = H_B = 0{,}1562\,\frac{q\,l^2}{h};$$

β) q auf die Länge $\frac{l}{2}$

$$A = 0{,}375\,q\,l, \quad B = 0{,}125\,q\,l,$$

$$H_A = H_B = 0{,}07813\,q\,\frac{l^2}{h};$$

γ) w auf die Höhe h

$$-A = B = 0{,}50\,w\,\frac{h^2}{l},$$

[1]) $H_A = w\,h - H_B$,

[1]) $H_B = 0{,}3125\,w\,h$.

m) Dachrahmen (Abb. 30)

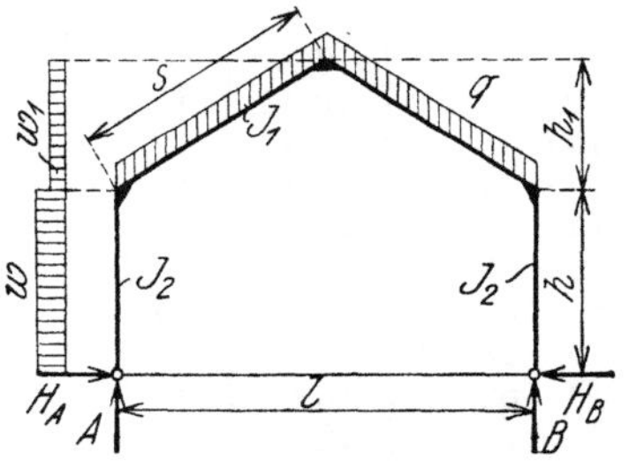

Abb. 30

Mit $k = \frac{J_1}{J_2}\,\frac{h}{s}$

und $m = h^2\,(3+k) + h_1\,(3\,h + h_1)$

wird bei gleichförmiger Belastung durch:

α) q auf die Länge l

$$A = B = 0{,}5\,q\,l,$$

$$H_A = H_B = 0{,}0312\,q\,l^2\,\frac{8\,h + 5\,h_1}{m};$$

β) q auf die Länge $\frac{l}{2}$

$$A = 0{,}375\,q\,l, \quad B = 0{,}125\,q\,l,$$

$$-H_A = H_B,$$

$$= 0{,}01563\,q\,l^2\,\frac{8\,h + 5\,h_1}{m};$$

γ) w auf die Höhe h

$$-A = B = 0{,}50\,w\,\frac{h^2}{l},$$

[1]) $H_A = w\,h - H_B$,

[1]) $H_B = 0{,}0625\,w\,h^2\,\frac{5\,h\,k + 6\,(2\,h + h_1)}{m};$

δ) w_1 auf die Höhe h_1

$$-A = B = 0{,}5\,w_1\,\frac{h_1\,(2\,h + h_1)}{l},$$

[1]) $H_A = w_1\,h_1 - H_B$,

[1]) $H_B = 0{,}0625\,w_1\,h_1\,\frac{8\,h^2\,(k+3) + 5\,h_1\,(4\,h + h_1)}{m}$

[1] Nach links wirkend.

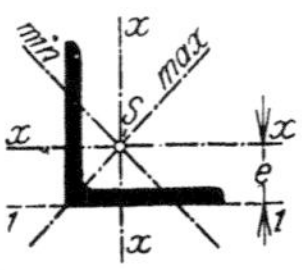

B. Zur Berechnung von Eisenkonstruktionen

I. Walzeisentabellen

a) Gleichschenkelige Winkeleisen ÖNORM M 3306

Profil	Gewicht	Querrschnittsfläche	Lage des Schwerpunktes e	Trägheitsmoment cm⁴			Trägheitsradius cm		
mm	kg/m	cm²	cm	J_x	J_{max}	J_{min}	i_x	i_{max}	i_{min}
15 · 15 · 3	0,64	0,82	0,48	0,15	0,24	0,06	0,43	0,54	0,27
15 · 15 · 4	0,82	1,05	0,51	0,19	0,29	0,08	0,42	0,53	0,28
20 · 20 · 3	0,88	1,12	0,6	0,39	0,62	0,15	0,59	0,74	0,37
20 · 20 · 4	1,14	1,45	0,64	0,48	0,77	0,19	0,58	0,73	0,36
25 · 25 · 3	1,12	1,42	0,73	0,79	1,27	0,31	0,75	0,95	0,47
25 · 25 · 4	1,45	1,85	0,76	1,01	1,61	0,4	0,74	0,93	0,47
30 · 30 · 4	1,78	2,27	0,89	1,81	2,85	0,76	0,89	1,12	0,58
30 · 30 · 5	2,18	2,78	0,92	2,16	3,41	0,91	0,88	1,11	0,57
35 · 35 · 4	2,1	2,67	1,0	2,96	4,68	1,24	1,05	1,33	0,68
35 · 35 · 6	3,04	3,87	1,08	4,14	6,5	1,77	1,04	1,3	0,68
40 · 40 · 4	2,42	3,08	1,12	4,48	7,09	1,86	1,21	1,52	0,78
40 · 40 · 5	2,97	3,79	1,16	5,43	8,64	2,22	1,2	1,51	0,77
40 · 40 · 6	3,52	4,48	1,2	6,33	9,98	2,67	1,19	1,49	0,77
45 · 45 · 5	3,38	4,30	1,28	7,83	12,4	3,25	1,35	1,7	0,87
45 · 45 · 7	4,6	5,86	1,36	10,4	16,4	4,39	1,33	1,67	0,87
50 · 50 · 5	3,77	4,8	1,4	11,0	17,4	4,59	1,51	1,9	0,98
50 · 50 · 6	4,47	5,69	1,45	12,8	20,4	5,24	1,5	1,89	0,96
50 · 50 · 7	5,15	6,56	1,49	14,6	23,1	6,02	1,49	1,88	0,96
55 · 55 · 6	4,95	6,31	1,56	17,3	27,4	7,24	1,66	2,08	1,07
55 · 55 · 8	6,46	8,23	1,64	22,1	34,8	9,35	1,64	2,06	1,07
60 · 60 · 6	5,42	6,91	1,69	22,8	36,1	9,43	1,82	2,29	1,17
60 · 60 · 8	7,09	9,03	1,77	29,1	46,1	12,1	1,8	2,26	1,16
65 · 65 · 7	6,83	8,7	1,85	33,4	53,0	13,8	1,96	2,47	1,26
65 · 65 · 9	8,62	11,0	1,93	41,3	65,4	17,2	1,94	2,44	1,25
70 · 70 · 7	7,38	9,4	1,97	42,4	67,1	17,6	2,12	2,67	1,37
70 · 70 · 9	9,34	11,9	2,05	52,6	83,1	22,0	2,1	2,64	1,36
75 · 75 · 7	7,94	10,1	2,09	52,4	83,6	21,1	2,28	2,88	1,45
75 · 75 · 8	9,03	11,5	2,13	58,9	93,3	24,4	2,26	2,85	1,46
75 · 75 · 10	11,1	14,1	2,21	71,4	113	29,8	2,25	2,83	1,45
80 · 80 · 8	9,66	12,3	2,26	72,3	115	29,6	2,42	3,06	1,55
80 · 80 · 10	11,9	15,1	2,34	87,5	139	35,9	2,41	3,03	1,54
80 · 80 · 12	14,1	17,9	2,41	102	181	43,0	2,39	3,0	1,53
80 · 80 · 14	16,1	20,6	2,48	115	181	48,6	2,36	2,96	1,54
90 · 90 · 9	12,2	15,5	2,54	116	184	47,8	2,74	3,45	1,76
90 · 90 · 11	14,7	18,7	2,62	138	218	57,1	2,72	3,41	1,75
90 · 90 · 13	17,1	21,8	2,7	158	250	65,9	2,69	3,39	1,74
100 · 100 · 10	15,1	19,2	2,82	177	280	73,3	3,04	3,82	1,95
100 · 100 · 12	17,8	22,7	2,9	207	328	86,2	3,02	3,8	1,95
100 · 100 · 14	20,6	26,2	2,98	235	372	98,3	3,0	3,77	1,94
110 · 110 · 10	16,6	21,2	3,07	239	379	98,6	3,36	4,23	2,16
110 · 110 · 12	19,7	25,1	3,15	280	444	116	3,34	4,21	2,15
110 · 110 · 14	22,8	29,0	3,21	319	505	133	3,32	4,18	2,14
120 · 120 · 11	19,9	25,4	3,36	341	541	140	3,66	4,62	2,35
120 · 120 · 13	23,3	29,7	3,44	394	625	162	3,64	4,59	2,34
120 · 120 · 15	26,6	33,9	3,51	446	705	186	3,63	4,56	2,34
130 · 130 · 12	23,6	30,0	3,64	472	750	194	3,97	5,0	2,54
130 · 130 · 14	27,2	34,7	3,72	540	857	223	3,94	4,97	2,53
140 · 140 · 13	27,5	35	3,92	638	1010	262	4,27	5,38	2,74
140 · 140 · 15	31,4	40	4,0	723	1150	298	4,25	5,36	2,73
160 · 160 · 15	36,2	46,1	4,49	1100	1750	453	4,88	6,15	3,14

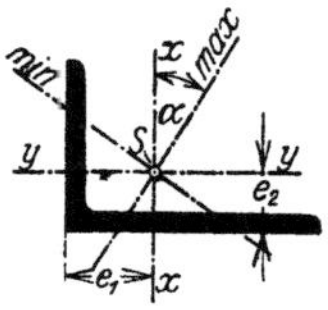

b) Ungleichschenkelige Winkeleisen ÖNORM M 3307

Profil	Gewicht	Querschnittsfläche	Lage des Schwerpunktes		Lage der Hauptachse	Trägheitsmoment cm⁴				Trägheitsradius cm			
			e_1 cm	e_2 cm									
mm	kg/m	cm²			tg α	J_x	J_y	J_{max}	J_{min}	i_x	i_y	i_{max}	i_{min}
20 · 30 · 3	1,11	1,42	0,99	0,5	0,431	1,25	0,44	1,43	0,25	0,94	0,56	1,0	0,42
20 · 30 · 4	1,45	1,85	1,03	0,54	0,423	1,59	0,55	1,81	0,33	1,93	0,55	0,99	0,42
*20 · 40 · 3	1,35	1,72	1,43	0,44	0,259	2,79	0,47	2,96	0,3	1,27	0,52	1,31	0,42
*20 · 40 · 4	1,77	2,25	1,47	0,48	0,252	3,59	0,6	3,79	0,39	1,26	0,52	1,3	0,42
30 · 45 · 3	1,72	2,19	1,43	0,7	0,441	4,48	1,6	5,17	0,91	1,43	0,86	1,54	0,64
30 · 45 · 4	2,25	2,87	1,48	0,74	0,436	5,78	2,05	6,65	1,18	1,42	0,85	1,52	0,64
30 · 45 · 5	2,77	3,53	1,52	0,78	0,43	6,99	2,47	8,02	1,44	1,41	0,84	1,51	0,64
*30 · 60 · 5	3,37	4,29	2,15	0,68	0,256	15,6	2,6	16,5	1,69	1,9	0,78	1,96	0,63
*30 · 60 · 7	4,59	5,85	2,24	0,76	0,248	20,7	3,41	21,8	2,28	1,88	0,76	1,93	0,62
40 · 50 · 3	2,06	2,63	1,48	0,99	0,632	6,58	3,76	8,46	1,89	1,58	1,2	1,79	0,85
40 · 50 · 4	2,71	3,46	1,52	1,03	0,629	8,54	4,86	10,9	2,46	1,57	1,19	1,78	0,84
40 · 50 · 5	3,35	4,27	1,56	1,07	0,625	10,4	5,89	13,3	3,02	1,56	1,18	1,76	0,84
40 · 60 · 5	3,76	4,79	1,96	0,97	0,437	17,2	6,11	19,8	3,5	1,89	1,13	2,03	0,66
40 · 60 · 6	4,46	5,68	2,00	1,01	0,433	20,1	7,12	23,1	4,12	1,88	1,12	2,02	0,85
40 · 60 · 7	5,14	6,55	2,04	1,05	0,429	23	8,07	26,3	4,73	1,87	1,11	2,0	0,85
40 · 80 · 4	3,68	4,69	2,76	0,8	0,265	31,1	5,32	33	3,38	2,57	1,07	2,65	0,85
40 · 80 · 6	5,41	6,89	2,85	0,88	0,259	44,9	7,59	47,6	4,9	2,55	1,05	2,63	0,84
40 · 80 · 8	7,07	9,01	2,94	0,95	0,253	57,6	9,68	60,9	6,41	2,53	1,04	2,6	0,84
50 · 65 · 5	4,35	5,54	1,99	1,25	0,583	23,1	11,9	28,8	6,21	2,04	1,47	2,28	1,06
50 · 65 · 7	5,97	7,6	2,07	1,33	0,574	31	15,8	38,4	8,37	2,02	1,44	2,25	1,05
50 · 65 · 9	7,52	9,58	2,15	1,41	0,567	38,2	19,4	47	10,5	2,0	1,42	2,22	1,05
50 · 100 · 6	6,85	8,73	3,49	1,04	0,263	89,7	15,3	95,2	9,78	3,2	1,32	3,3	1,06
50 · 100 · 8	8,99	11,5	3,59	1,13	0,258	116	19,5	123	12,6	3,18	1,31	3,28	1,05
50 · 100 · 10	11,1	14,1	3,67	1,2	0,252	141	23,4	149	15,5	3,16	1,29	3,25	1,04
55 · 75 · 5	4,95	6,3	2,31	1,33	0,53	35,5	16,2	43,1	8,68	2,37	1,6	2,61	1,17
55 · 75 · 7	6,8	8,66	2,4	1,41	0,525	47,9	21,8	57,9	11,8	2,35	1,59	2,59	1,17
55 · 75 · 9	8,59	10,9	2,47	1,48	0,518	59,4	26,8	71,3	14,8	2,33	1,57	2,55	1,16
60 · 90 · 6	6,82	8,69	2,89	1,41	0,442	71,7	25,8	82,8	14,6	2,87	1,72	3,09	1,3
60 · 90 · 8	8,96	11,4	2,97	1,49	0,437	92,5	33	107	19,0	2,85	1,7	3,06	1,29
60 · 90 · 10	11,0	14,1	3,05	1,56	0,431	112	39,6	129	23,1	2,82	1,68	3,02	1,28
65 · 75 · 6	6,37	8,11	2,19	1,7	0,74	44	30,7	60,2	14,4	2,33	1,94	2,73	1,34
65 · 75 · 8	8,34	10,6	2,28	1,78	0,736	56,7	39,4	77,3	18,8	2,31	1,92	2,70	1,33
65 · 75 · 10	10,3	13,1	2,35	1,86	0,732	68,4	47,3	92,7	23,0	2,29	1,90	2,66	1,33
75 · 90 · 7	8,74	11,1	2,67	1,93	0,683	88,1	55,5	117	27,1	2,81	2,23	3,24	1,56
75 · 90 · 9	11,1	14,1	2,76	2,01	0,679	110	69,1	145	34,1	2,79	2,21	3,21	1,56
75 · 100 · 7	9,32	11,9	3,06	1,83	0,553	118	56,6	145	30,1	3,15	2,19	3,49	1,59
75 · 100 · 9	11,8	15,1	3,15	1,91	0,549	148	71	181	37,8	3,13	2,17	3,47	1,59
75 · 100 · 11	14,3	18,2	3,23	1,99	0,545	176	84	214	45,4	3,11	2,15	3,44	1,58
75 · 130 · 8	12,5	15,9	4,36	1,65	0,339	276	68,3	303	41,3	4,17	2,08	4,37	1,61
75 · 130 · 10	15,4	19,6	4,45	1,73	0,336	337	82,9	369	50,6	4,14	2,06	4,34	1,61
75 · 130 · 12	18,3	23,3	4,53	1,81	0,332	395	96,5	432	59,6	4,12	2,04	4,31	1,6
75 · 150 · 9	15,3	19,5	5,28	1,57	0,265	455	78,3	484	50,0	4,83	2,0	4,98	1,6
75 · 150 · 11	18,6	23,6	5,37	1,65	0,261	545	93	578	59,8	4,8	1,98	4,95	1,59
75 · 150 · 13	21,7	27,7	5,45	1,73	0,258	631	107	668	69,4	4,78	1,96	4,91	1,58
80 · 120 · 8	12,2	15,5	3,83	1,87	0,441	226	80,8	261	45,8	3,82	2,29	4,1	1,72
80 · 120 · 10	15	19,1	3,92	1,95	0,438	276	98,1	318	56,1	3,8	2,27	4,07	1,71
80 · 120 · 12	17,8	22,7	4,0	2,03	0,433	323	114	371	66,1	3,77	2,25	4,04	1,71
80 · 120 · 14	20,5	26,2	4,08	2,1	0,429	368	130	421	75,8	3,75	2,23	4,01	1,7

Die mit * bezeichneten Profile werden vorläufig nicht gewalzt.

Profil	Gewicht	Querschnittsfläche	Lage des Schwerpunktes		Lage der Hauptachse	Trägheitsmoment cm⁴				Trägheitsradius cm			
			e_1 cm	e_2 cm									
mm	kg/m	cm²			tg a	J_x	J_y	J_{max}	J_{min}	i_x	i_y	i_{max}	i_{min}
90 · 130 · 10	16,6	21,2	4,15	2,18	0,472	358	141	420	78,5	4,11	2,58	4,46	1,93
90 · 130 · 12	19,7	25,1	4,24	2,26	0,468	420	165	492	92,6	4,09	2,56	4,43	1,92
90 · 130 · 14	22,8	29	4,32	2,34	0,465	480	187	560	106	4,07	2,54	4,4	1,91
90 · 150 · 10	18,2	23,2	4,99	2,03	0,363	532	146	591	87,3	4,79	2,51	5,05	1,94
90 · 150 · 12	21,6	27,5	5,08	2,11	0,36	626	170	694	102	4,77	2,49	5,02	1,93
90 · 150 · 14	25	31,8	5,16	2,19	0,357	716	194	792	118	4,75	2,47	4,99	1,92
100 · 150 · 10	19	24,2	4,8	2,34	0,442	552	198	637	112	4,78	2,86	5,13	2,15
100 · 150 · 12	22,6	28,7	4,89	2,42	0,439	650	232	749	132	4,76	2,84	5,10	2,15
100 · 150 · 14	26,1	33,2	4,97	2,5	0,435	744	264	856	152	4,73	2,82	5,07	2,14

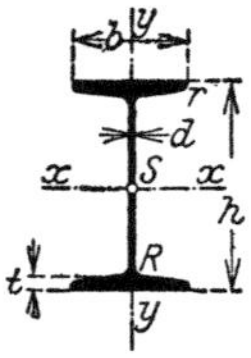

c) I-Eisen, laut ÖNORM M 3301

Abrundungshalbmesser: $R = d$; $r = 0{,}6\,d$

Profil	Abmessungen mm				Gewicht	Querschnitt	Trägheitsmoment cm⁴		Trägheitshalbmesser cm		Widerstandsmoment cm³	
Nr.	h	b	d	t	kg/m	cm²	J_x	J_y	i_x	i_y	W_x	W_y
8	80	42	3,9	5,9	5,95	7,58	77,8	6,29	3,2	0,91	19,5	3,0
10	100	50	4,5	6,8	8,32	10,6	171	12,2	4,01	1,07	34,2	4,88
12	120	58	5,1	7,7	11,2	14,2	328	21,5	4,81	1,23	54,7	7,41
14	140	66	5,7	8,6	14,4	18,3	573	35,2	5,61	1,4	81,9	10,7
16	160	74	6,3	9,5	17,9	22,8	935	54,7	6,4	1.55	117	14,8
18	180	82	6,9	10,4	21,9	27,9	1450	81,3	7,2	1,71	161	19,8
20	200	90	7,5	11,3	26,3	33,5	2140	117	8,0	1,87	214	26,0
22	220	98	8,1	12,2	31,1	39,6	3060	162	8,8	2,02	278	33,1
24	240	106	8,7	13,1	36,2	46,1	4250	221	9,59	2,2	354	41,7
26	260	113	9,4	14,1	41,9	53,4	5740	288	10,4	2,32	442	51,0
28	280	119	10,1	15,2	48,0	61,1	7590	364	11,1	2,45	542	61,2
30	300	125	10,8	16,2	54,2	69,1	9800	451	11,9	2,56	653	72,2
32	320	131	11,5	17,3	61,1	77,8	12510	555	12,7	2,67	782	84,7
34	340	137	12,2	18,3	68,1	86,8	15700	674	13,5	2,8	923	98,4
36	360	143	13,0	19,5	76,2	97,1	19610	818	14,2	2,9	1090	114
38	380	149	13,7	20,5	84,0	107	24010	975	15,0	3,02	1260	131
40	400	155	14,4	21,6	92,6	118	29210	1160	15,7	3,13	1460	149
42½	425	163	15,3	23,0	104	132	36970	1440	16,7	3,3	1740	176
45	450	170	16,2	24,3	115	147	45850	1730	17,7	3,43	2040	203
47½	475	178	17,1	25,6	128	163	56480	2090	18,6	3,6	2380	235
50	500	185	18,0	27,0	141	180	68740	2480	19,6	3,72	2750	268
I F	Fachwerkbau-I-Träger											
14	140	60	4	5,5	9,16	11,7	365	15,6	5,59	1,15	52,2	5,21

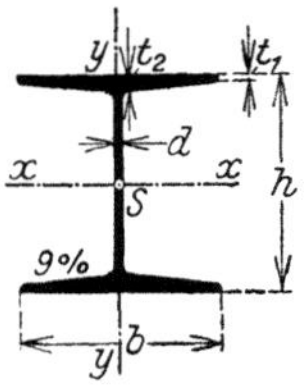

d) I-Eisen, Differdinger Träger

Abrundungshalbmesser $R = d$

Profil Nr.	Abmessungen mm h	b	t_1	t_2	d	Gewicht kg/m	Querschnitt cm²	Trägheitsmoment cm⁴ J_x	J_y	Trägheitshalbmesser cm i_x	i_y	Widerstandsmoment cm³ W_x	W_y
18 B	180	180	9,0	16,72	8,5	47,0	59,9	3512	1073	7,66	4,23	390	119
20 B	200	200	9,5	18,12	8,5	55,3	70,4	5171	1568	8,57	4,72	517	157
22 B	220	220	10,0	19,5	9,0	64,8	82,6	7379	2216	9,45	5,18	671	201
24 B	240	240	10,5	20,85	10,0	76,0	96,8	10260	3043	10,30	5,61	855	254
25 B	250	250	10,9	21,7	10,5	82,5	105,1	12066	3575	10,71	5,83	965	286
26 B	260	260	11,7	22,9	11,0	90,7	115,6	14352	4261	11,14	6,07	1104	328
27 B	270	270	11,95	23,6	11,25	96,7	123,2	16529	4920	11,58	6,32	1224	365
28 B	280	280	12,35	24,4	11,5	103,4	131,8	19052	5671	12,02	6,56	1361	405
29 B	290	290	12,7	25,2	12,0	110,8	141,1	21866	6417	12,45	6,74	1508	443
30 B	300	300	13,25	26,25	12,5	119,4	152,1	25201	7494	12,88	7,02	1680	500
32 B	320	300	14,1	27,0	13,0	126,2	160,7	30119	7867	13,69	7,00	1882	524
34 B	340	300	14,6	27,5	13,4	131,4	167,4	35241	8097	14,51	6,95	2073	540
36 B	360	300	16,15	29,0	14,2	142,5	181,5	42479	8793	15,30	6,96	2360	586
38 B	380	300	17,0	29,8	14,8	150,1	191,2	49496	9175	16,09	6,93	2605	612
40 B	400	300	18,2	31,0	15,5	159,8	203,6	57834	9721	16,85	6,91	2892	648
42½ B	425	300	19,0	31,75	16,0	167,9	213,9	68249	10078	17,86	6,85	3212	672
45 B	450	300	20,3	33,0	17,0	180,0	229,3	80887	10668	18,78	6,82	3595	711
47½ B	475	300	21,35	34,0	17,6	190,0	242,0	94811	11142	19,79	6,79	3992	743
50 B	500	300	22,6	35,2	19,4	205,5	261,8	111283	11718	20,62	6,69	4451	781
55 B	550	300	24,5	37,0	20,6	226,1	288,0	145957	12582	22,51	6,61	5308	839
60 B	600	300	24,7	37,2	20,8	236,0	300,6	179303	12672	24,42	6,49	5977	845
65 B	650	300	25,0	37,5	21,1	246,9	314,5	217402	12814	26,29	6,38	6690	854
70 B	700	300	25,0	37,5	21,1	255,3	325,2	258106	12818	28,17	6,28	7374	854
75 B	750	300	25,0	37,5	21,1	263,4	335,7	302560	12823	30,02	6,18	8068	855
80 B	800	300	26,0	38,5	21,5	278,6	354,6	360486	13269	31,9	6,1	9012	885
85 B	850	300	26,0	38,5	21,5	287,0	365,6	414887	13274	33,7	6,0	9762	885
90 B	900	300	26,0	38,5	21,5	295,5	376,4	473964	13279	35,5	5,9	10533	885
95 B	950	300	27,0	39,5	21,9	311,0	396,2	550974	13727	37,3	5,9	11600	915
100 B	1000	300	27,0	39,5	21,9	319,7	407,2	621287	13732	39,1	5,8	12425	915

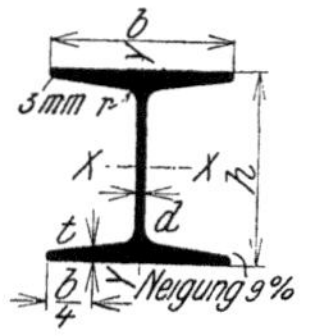

e) Breitflanschige I-Eisen, Peiner Träger

Neigung der inneren Flanschflächen 9%;
Abrundungshalbmesser $r \doteq 1,5\,d$

Bezeichnung I	Abmessungen in mm: Höhe h	Breite b	Stegdicke d	Flanschdicke t	Gewicht G kg/m	Querschnitt F cm²	Für die Biegeachse $x-x$: J_x cm⁴	W_x cm³	i_x cm	$y-y$: J_y cm⁴	W_y cm³	i_y cm
10 · 10	100	100	7,5	10,25	21	26,8	447	89,4	4,09	151	30,1	2,37
12 · 12	120	120	8	11	27,2	34,6	852	142	4,96	276	46	2,82
14 · 14	140	140	8	12	34	43,3	1 490	213	5,86	475	67,8	3,31
16 · 16	160	160	9	14	45	57,4	2 580	322	6,70	840	104	3,81
18 · 18	180	180	9	14	50,8	64,7	3 750	417	7,62	1 170	130	4,25

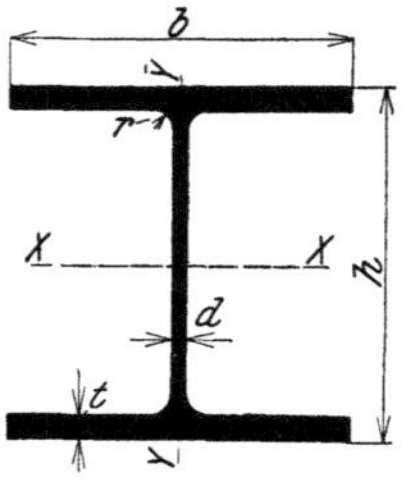

f) Breit- und parallelflanschige I-Eisen, Peiner Träger

Abrundungshalbmesser $r \doteq 1{,}5\,d$

Bezeichnung I P	Abmessungen in mm Höhe h	Breite b	Stegdicke d	Flanschdicke t	Gewicht G kg/m	Querschnitt F cm²	Für die Biegeachse $x-x$: J_x cm⁴	W_x cm³	i_x cm	$y-y$: J_y cm⁴	W_y cm³	i_y cm
20	200	200	10	16	64,9	82,7	5 950	595	8,48	2 140	214	5,08
22	220	220	10	16	71,5	91,1	8 050	732	9,37	2 840	258	5,59
24	240	240	11	18	87,4	111	11 690	974	10,5	4 150	346	6,11
25	250	250	11	18	91,1	116	13 300	1 060	10,7	4 690	375	6,36
26	260	260	11	18	94,8	121	15 050	1 160	11,2	5 280	406	6,61
28	280	280	12	20	113	144	20 720	1 480	12	7 320	523	7,14
30	300	300	12	20	121	154	25 760	1 720	12,9	9 010	600	7,65
32	320	300	13	22	135	171	32 250	2 020	13,7	9 910	661	7,60
34	340	300	13	22	137	174	36 940	2 170	14,5	9 910	661	7,55
36	360	300	14	24	150	192	45 120	2 510	15,3	10 810	721	7,51
38	380	300	14	24	153	194	50 950	2 680	16,2	10 810	721	7,46
40	400	300	14	26	164	209	60 640	3 030	17	11 710	781	7,49
42½	425	300	14	26	166	212	69 480	3 270	18,1	11 710	781	7,43
45	450	300	15	28	182	232	84 220	3 740	19	12 620	841	7,38
47½	475	300	15	28	185	235	95 120	4 010	20,1	12 620	841	7,32
50	500	300	16	30	200	255	113 200	4 530	21	13 530	902	7,28
55	550	300	16	30	207	263	140 300	5 100	23,1	13 530	902	7,17
60	600	300	17	32	227	289	180 800	6 030	25	14 440	962	7,07
65	650	300	17	32	234	297	216 800	6 670	27	14 440	962	6,97
75	750	300	18	34	261	333	316 300	8 430	30,8	15 350	1 020	6,79

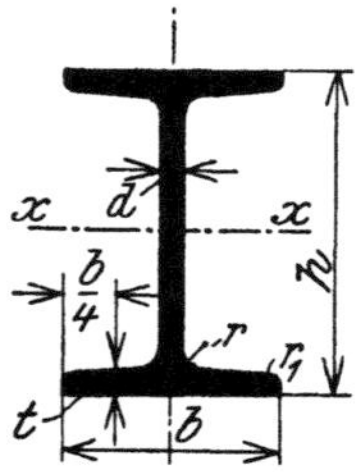

g) Breitflansch-I-Träger ÖNORM M 3302

Profil I	Abmessungen mm h	b	d	t	r	r_1	Neigung p %	Gewicht kg/m	Querschnitt cm²	Trägheitsmoment cm⁴ J_x	J_y	Trägheitshalbmesser cm i_x	i_y	Widerstandsmoment cm³ W_x	W_y
14 b	140	100	6	9,5	7	3,5	9,8	20,59	26,23	894,29	136,16	5,84	2,28	127,76	27,23
18 b	180	135	7	12,5	8,4	4,2	13	34,81	44,35	2557,8	418,22	7,59	3,07	284,20	61,96
22 b	220	150	8,1	14,5	10,8	5,4	13	46,14	58,78	5022,7	669,54	9,24	3,38	456,61	89,27
24 b	240	160	8,7	15,5	11,4	5,7	13	53,02	67,54	6855,7	869,34	10,07	3,59	571,31	108,7
28 b	280	160	10,1	17,5	13,2	6,6	13	63,26	80,59	10823	1002,8	11,59	3,53	773,10	125,4
32 b	320	170	11,5	19,5	15,6	7,8	13	77,39	98,58	17029	1348,4	13,14	3,70	1064,3	158,6

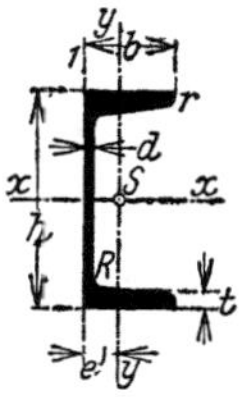

h) [-Eisen, ÖNORM M 3303

Abrundungsradius zwischen Steg und Flansch $R = t$
Abrundungsradius am Flanschenrand $r = 0{,}5\,t$
Neigung der inneren Flanschenfläche 8%

Bezeichnung	Abmessungen mm				Schwerpunktabstand e	Gewicht	Querschnittsfläche	Trägheitsmoment cm⁴		Widerstandsmoment cm³		Trägheitsradius cm	
[	h	b	d	t	cm	kg/m	cm²	J_x	J_y	W_x	W_y	i_x	i_y
5	50	38	5	7	1,37	5,59	7,12	26,4	9,12	10,6	3,75	1,92	1,13
6½	65	42	5,5	7,5	1,42	7,09	9,03	57,5	14,1	17,7	5,07	2,52	1,25
8	80	45	6	8	1,45	8,64	11	106	19,4	26,5	6,36	3,1	1,33
10	100	50	6	8,5	1,55	10,6	13,5	206	29,3	41,2	8,49	3,91	1,47
12	120	55	7	9	1,6	13,4	17	364	43,2	60,7	11,1	4,62	1,59
14	140	60	7	10	1,75	16	20,4	605	62,7	86,4	14,8	5,45	1,75
16	160	65	7,5	10,5	1,84	18,8	24	925	85,3	116	18,3	6,21	1,89
18	180	70	8	11	1,92	22	28	1350	114	150	22,4	6,95	2,02
20	200	75	8,5	11,5	2,01	25,3	32,2	1910	148	191	27	7,7	2,14
22	220	80	9	12,5	2,14	29,4	37,4	2690	197	245	33,6	8,48	2,26
24	240	85	9,5	13	2,23	33,2	42,3	3600	248	300	39,6	9,22	2,42
26	260	90	10	14	2,36	37,9	48,3	4820	317	371	47,7	9,99	2,56
28	280	95	10	15	2,53	41,8	53,3	6280	399	448	57,2	10,9	2,74
30	300	100	10	16	2,7	46,2	58,8	8030	495	535	67,8	11,7	2,9
35	350	100	14	16	2,4	60,6	77,3	12840	570	734	75	12,9	2,72
40	400	110	14	18	2,65	71,8	91,5	20350	846	1020	102	14,9	3,04
[F	Fachwerkbau - [-Träger												
14	140	40	4	6	1,02	7,78	9,9	285	12,5	40,6	4,21	5,36	1,02

i) Kranbahnschienen (Witkowitzer Bergbau- und Eisenhüttengewerkschaft)

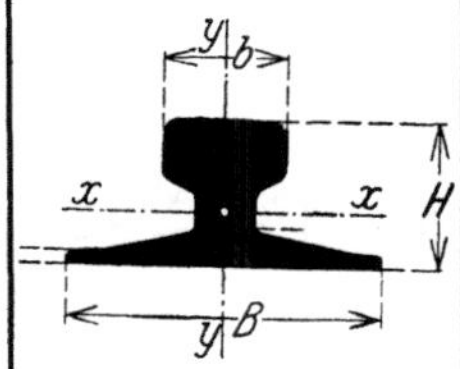

Profil					Querschnittsfläche	Gewicht je 1 m	Schwerpunktabstand	Momente für die xx-Biegungsachse: Trägheitsmoment J_x	Momente für die xx-Biegungsachse: Widerstandsmoment W_x	Momente für die yy-Biegungsachse: Trägheitsmoment J_y	Momente für die yy-Biegungsachse: Widerstandsmoment W_y	Raddruck in kg (Maße in cm) $R = D \cdot s\,(b-2r)$ Spezifischer Druck s je cm²			Raddurchmesser D
Nr.	B	H	b	r	cm²	kg	cm	cm⁴	cm³	cm⁴	cm³	40 kg	50 kg	60 kg	mm
2	150	65	55	4	41,1	32,2	2,65	185,0	48,0	328,8	43,8	11280	14100	16920	600
3	175	75	65	5	55,8	43,8	3,06	328,6	74,0	646,1	73,8	17600	22000	26400	800
4	200	85	75	6	72,6	57,0	3,52	523,6	105,1	988,7	98,9	25200	31500	37800	1000
8	200	100	85	6	102,5	80,1	4,33	957,9	168,6	1333,7	133,3	35040	43800	52560	1200

Anmerkung: r = Radius der oberen Eckabrundung im Schienenkopfe.

k) ⅂-Eisen ÖNORM M 3311

Abrundungsradius zwischen Steg und Flansch $R \doteq t$
„ am Flanschenrand $r \doteq 0{,}5\,t$

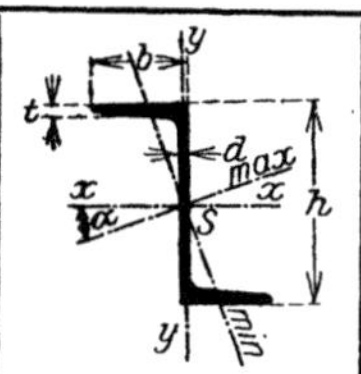

Bezeichnung ⅂					Gewicht G	Querschnitt F	Lage der Achse	Trägheitsmoment				Trägheitsradius				Widerstandsmoment				Zentrifugalmoment	Bei lotrechter Belastung V und bei: Verhinderung seitlicher Ausbiegung durch H		freier Ausbiegung zur Seite
	h	b	d	t				J_x	J_y	J_{max}	J_{min}	i_x	i_y	i_{max}	i_{min}	W_x	W_y	W_{max}	W_{min}	J_{xy}	W_x	$\frac{H}{V} = \mathrm{tg}\,\gamma$	W
					kg/m	cm²	tg α	cm⁴				cm				cm³				cm⁴	cm³		cm³
5	50	43	5	5,5	5,31	6,77	0,939	26,3	23,8	44,9	5,23	1,97	1,88	2,57	0,88	10,5	5,88	9,76	2,76	19,6	10,5	0,752	3,64
6	60	45	5	6	6,21	7,91	0,779	44,7	30,1	67,2	7,6	2,38	1,95	2,81	0,98	14,9	7,09	13,5	3,73	28,9	14,9	0,647	5,24
10	100	55	6,5	8	11,4	14,5	0,492	222	72,5	270	24,6	3,91	2,24	4,31	1,3	44,4	14	39,8	9,26	97,2	44,4	0,438	16,8
16	160	70	8,5	11	21,6	27,5	0,357	1050	211	1180	79,5	6,2	2,77	6,57	1,7	132	32,1	121	21,4	358	132	0,330	52,9

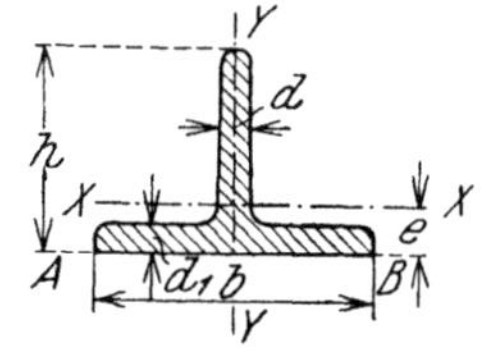

l) ⊤-Eisen ÖNORM M 3309

(Eisenwerk Witkowitz)

Breite b	Höhe h	Stegstärke d	Fußstärke d_1	Lage des Schwerpunktes e	Gewicht je 1 m G	Querschnitt F	Trägheitsmoment cm⁴		Trägheitsradius cm		Widerstandsmoment cm³	
mm				cm	kg	cm²	J_x	J_y	i_x	i_y	W_x	W_y
20	20	3	3	0,58	0,88	1,12	0,38	0,2	0,58	0,42	0,27	0,2
30	30	4	4	0,85	1,77	2,26	1,72	0,87	0,87	0,62	0,8	0,58
35	35	4,5	4,5	0,99	2,33	2,97	3,1	1,57	1,04	0,73	1,23	0,9
40	40	5	5	1,12	2,96	3,77	5,28	2,58	1,18	0,83	1,84	1,29
45	45	5,5	5,5	1,26	3,67	4,67	8,13	4,01	1,32	0,93	2,51	1,78
50	50	6	6	1,39	4,44	5,66	12,1	6,06	1,46	1,03	3,36	2,42
80	40	7	7	0,88	6,21	7,91	7,81	28,5	0,99	1,9	2,5	7,13
100	50	8,5	8,5	1,09	9,42	12,0	18,7	67,7	1,25	2,38	4,78	13,5

m) Fenstereisen

Eisenwerk Witkowitz

Profil Abb.	h	b	d	d_1	ϱ	Lage des Schwerpunktes e bzw. e_1	e_2	Gewicht für den Lfm.	Querschnittfläche	Trägheitsmoment J_1	J_x	J_y	Widerstandsmoment W_x	W_y	Trägheitshalbmesser i_x	i_y
	mm							kg/m	cm^2	cm^4			cm^3		cm	
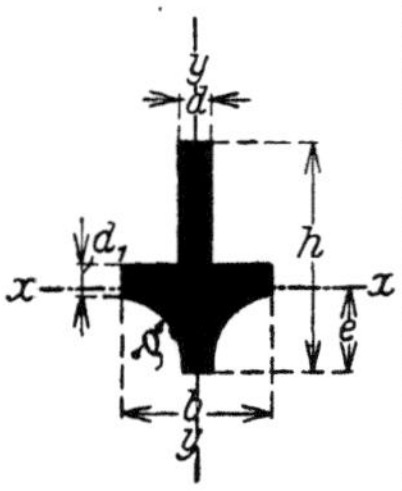	20	16	4	4	6	0,88	—	1,13	1,44	—	0,32	0,16	0,28	0,21	0,47	0,34
	25	18	4	4	7	1,10	—	1,39	1,77	—	0,60	0,24	0,43	0,26	0,58	0,37
	29	20	4	3	8	1,25	—	1,50	1,92	—	0,97	0,26	0,58	0,26	0,71	0,37
	35	20	4	4	8	1,49	—	1,82	2,32	—	1,72	0,33	0,85	0,33	0,86	0,38
	40	20	4	5	8	1,82	—	2,10	2,68	—	2,33	0,40	1,07	0,40	0,93	0,39
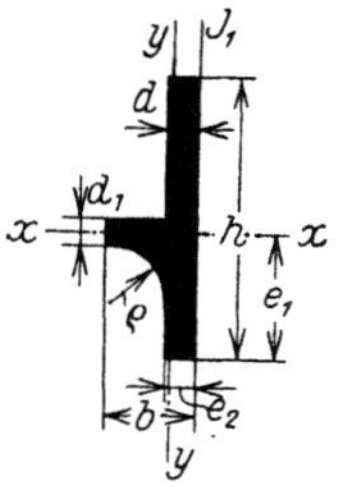	20	10	4	4	6	0,92	0,33	0,88	1,12	0,19	0,30	0,07	0,27	0,10	0,51	0,25
	25	11	4	4	7	1,15	0,34	1,09	1,39	0,26	0,57	0,10	0,42	0,13	0,64	0,27
	29	12	4	3	8	1,32	0,33	1,21	1,54	0,28	0,90	0,11	0,57	0,13	0,77	0,27
	35	12	4	4	8	1,59	0,33	1,46	1,86	0,35	1,60	0,14	0,84	0,16	0,93	0,28
	40	12	4	5	8	1,89	0,34	1,68	2,14	0,41	2,25	0,17	1,06	0,20	1,03	0,28

n) Gewichte von Flacheisen in kg/m

Dicke in mm	Breite in mm										
	5	10	20	30	40	50	60	70	80	90	100
1	0,039	0,079	0,157	0,236	0,314	0,393	0,471	0,550	0,628	0,707	0,785
2	0,079	0,157	0,314	0,471	0,628	0,785	0,942	1,099	1,256	1,413	1,570
3	0,118	0,236	0,471	0,707	0,942	1,178	1,413	1,649	1,884	2,120	2,355
4	0,157	0,314	0,628	0,942	1,256	1,570	1,884	2,198	2,512	2,826	3,140
5	0,196	0,393	0,785	1,178	1,570	1,963	2,355	2,748	3,140	3,533	3,925
6	0,236	0,471	0,942	1,413	1,884	2,355	2,826	3,297	3,768	4,239	4,710
7	0,275	0,550	1,099	1,649	2,198	2,748	3,297	3,847	4,396	4,946	5,495
8	0,314	0,628	1,256	1,884	2,512	3,140	3,768	4,396	5,024	5,652	6,280
9	0,353	0,707	1,413	2,120	2,826	3,533	4,239	4,946	5,652	6,359	7,065
10	0,393	0,785	1,570	2,355	3,140	3,925	4,710	5,495	6,280	7,065	7,850
11	0,432	0,864	1,727	2,591	3,454	4,318	5,181	6,045	6,908	7,772	8,635
12	0,471	0,942	1,884	2,826	3,768	4,710	5,652	6,594	7,536	8,478	9,42
13	0,510	1,021	2,041	3,062	4,082	5,103	6,123	7,144	8,164	9,185	10,21
14	0,550	1,099	2,198	3,297	4,396	5,495	6,594	7,693	8,792	9,891	10,99
15	0,589	1,178	2,355	3,533	4,710	5,888	7,065	8,243	9,42	10,60	11,78
16	0,628	1,256	2,512	3,768	5,024	6,28	7,536	8,792	10,05	11,30	12,56
17	0,667	1,335	2,669	4,004	5,338	6,673	8,007	9,342	10,68	12,01	13,35
18	0,707	1,413	2,826	4,239	5,652	7,065	8,478	9,891	11,30	12,72	14,13
19	0,746	1,492	2,983	4,475	5,966	7,458	8,949	10,44	11,93	13,42	14,92
20	0,785	1,570	3,140	4,710	6,280	7,850	9,420	10,99	12,56	14,13	15,70

o) Gewichtstabelle für Quadrateisen[1])

Stärke in mm	Gewicht je Lfm in kg	Stärke in mm	Gewicht je Lfm in kg	Stärke in mm	Gewicht je Lfm in kg
6	0,28	15	1,76	33	8,5
6,5	0,33	16	2,0	34	9,0
7	0,38	17	2,25	35	9,6
7,5	0,44	18	2,53	36	10,1
8	0,50	19	2,82	38	11,3
8,5	0,56	20	3,12	40	12,5
9	0,63	21	3,4	42	13,8
9,5	0,70	22	3,8	44	15,1
10	0,78	23	4,1	46	16,5
10,5	0,86	24	4,5	48	18,0
11	0,94	25	4,9	50	19,5
11,5	1,03	26	5,3	52	21,1
12	1,12	27	5,7	55	23,6
12,5	1,22	28	6,1	58	26,4
13	1,32	29	6,6	60	28,1
13,5	1,42	30	7,0	—	—
14	1,53	32	8,0	—	—

p) Schließeneisen

Nr.	2er	3er	4er	5er	6er	7er
Gewicht in kg/m	10,3	7,4	5,0	4,3	3,6	2,8
Breite in mm	53	53	46	46	46	46
Stärke „ „	24	18	14	12	10	8

Die Nummer gibt die Zahl an der in Bunden von 50 kg befindlichen Stücke von 2,8 m Länge.

q) Gewichtstabelle für Metallbleche

Blech-dicke in mm	1 m² Blech aus					
	Gußeisen	Gußstahl	Kupfer	Messing	Zink	Blei
	wiegt kg					
1	7,25	7,87	8,9	8,55	6,9	11,4
2	14,5	15,74	17,8	17,1	13,8	22,8
3	21,75	23,61	26,7	25,65	20,7	34,2
4	29,0	31,48	35,6	34,2	27,6	45,6
5	36,25	39.35	44,5	42,75	34,5	57,0
6	43,5	47,22	53,4	51,3	41,4	68,4
7	50,75	55,09	62,3	59,85	48,3	79,8
8	58,0	62,96	71,2	68,4	55,2	91,2
9	65,25	70,83	80,1	76,95	62,1	102,6
10	72,5	78,70	89,0	85,5	69,0	114,0

[1]) Rundstahl siehe Tabelle E Seite 95.

II. Trägerbemessungstabellen

a) Erforderliche Widerstandsmomente beliebiger Profileisen

für gleichförmig-stetig verteilte Belastungen und 1000 kg/cm² größte Biegungsspannung[1])

Gleichförmig verteilte Last P	Freitragende Länge l in Metern										
	1,0	1,5	2,0	2,5	3,0	3,5	4,0	4,5	5,0	6,0	7,0
kg	Erforderliches Widerstandsmoment W in cm³										
40	0,5	0,75	1	1,25	1,5	1,75	2	2,25	2,5	3	3,5
80	1	1,5	2	2,5	3	3,5	4	4,5	5	6	7
120	1,5	2,25	3	3,75	4,5	5,25	6	6,75	7,5	9	10,5
160	2	3	4	5	6	7	8	9,0	10	12	14
200	2,5	3,75	5	6,25	7,5	8,75	10	11,25	12,5	15	17,5
240	3	4,5	6	7,5	9	10,5	12	13,5	15	18	21
280	3,5	5,25	7	8,75	10,5	12,25	14	15,75	17,5	21	24,5
320	4	6	8	10	12	14	16	18	20	24	28
360	4,5	6,75	9	11,25	13,5	15,75	18	20,25	22,5	27	31,5
400	5	7,5	10	12,5	15	17,5	20	22,5	25	30	35
440	5,5	8,25	11	13,75	16,5	19,25	22	24,75	27,5	33	38,5
480	6	9	12	15	18	21	24	27	30	36	42
520	6,5	9,75	13	16,25	19,5	22,75	26	29,25	32,5	39	45,5
560	7	10,5	14	17,5	21	24,5	28	31,5	35	42	49
600	7,5	11,25	15	18,75	22,5	26,25	30	33,75	37,5	45	52,5
640	8	12	16	20	24	28	32	36	40	48	56
680	8,5	12,75	17	21,25	25,5	29,75	34	38,25	42,5	51	59,5
720	9	13,5	18	22,5	27	31,5	36	40,5	45	54	63
800	10	15	20	25	30	35	40	45	50	60	70
880	11	16,5	22	27,5	33	38,5	44	49,5	55	66	77
960	12	18	24	30	36	42	48	54	60	72	84
1 040	13	19,5	26	32,5	39	45,5	52	58,5	65	78	91
1 120	14	21	28	35	42	49	56	63	70	84	98
1 200	15	22,5	30	37,5	45	52,5	60	67,5	75	90	105
1 280	16	24	32	40	48	56	64	72	80	96	112
1 360	17	25,5	34	42,5	51	59,5	68	76,5	85	102	119
1 440	18	27	36	45	54	63	72	81	90	108	126
1 520	19	28,5	38	47,5	57	66,5	76	85,5	95	114	133
1 600	20	30	40	50	60	70	80	90	100	120	140
1 760	22	33	44	55	66	77	88	99	110	132	154
1 920	24	36	48	60	72	84	96	108	120	144	168
2 080	26	39	52	65	78	91	104	117	130	156	182
2 240	28	42	56	70	84	98	112	126	140	168	196
2 400	30	45	60	75	90	105	120	135	150	180	210
2 560	32	48	64	80	96	112	128	144	160	192	224
2 720	34	51	68	85	102	119	136	153	170	204	238
2 880	36	54	72	90	108	126	144	162	180	216	252
3 040	38	57	76	95	114	133	152	171	190	228	266
3 200	40	60	80	100	120	140	160	180	200	240	280
3 520	44	66	88	110	132	154	176	198	220	264	308
3 840	48	72	96	120	144	168	192	216	240	288	336
4 160	52	78	104	130	156	182	208	234	260	312	364
4 480	56	84	112	140	168	196	224	252	280	336	392
4 800	60	90	120	150	180	210	240	270	300	360	420
5 120	64	96	128	160	192	224	256	288	320	384	448
5 440	68	102	136	170	204	238	272	306	340	408	476
5 760	72	108	144	180	216	252	288	324	360	432	504
6 080	76	114	152	190	228	266	304	342	380	456	532
6 400	80	120	160	200	240	280	320	360	400	480	560

[1]) Für eine andere Inanspruchnahme σ sind obige Tabellenwerte W mit $\frac{\sigma}{1000}$ zu multiplizieren, um das erforderliche W' zu erhalten.

Gleichförmig verteilte Last *P*	Freitragende Länge *l* in Metern										
	1,0	1,5	2,0	2,5	3,0	3,5	4,0	4,5	5,0	6,0	7,0
kg	Erforderliches Widerstandsmoment *W* in cm³										
7 040	88	132	176	220	264	308	352	396	440	528	616
7 680	96	144	192	240	288	336	384	432	480	576	672
8 320	104	156	208	260	312	364	416	468	520	624	728
8 960	112	168	224	280	336	392	448	504	560	672	784
9 600	120	180	240	300	360	420	480	540	600	720	840
10 240	128	192	256	320	384	448	512	576	640	768	896
10 880	136	204	272	340	408	476	544	612	680	816	952
11 520	144	216	288	360	432	504	576	648	720	864	1 008
12 160	152	228	304	380	456	532	608	684	760	912	1 064
12 800	160	240	320	400	480	560	640	720	800	960	1 120
14 080	176	264	352	440	528	616	704	792	880	1 056	1 232
15 360	192	288	384	480	576	672	768	864	960	1 152	1 344
16 640	208	312	416	520	624	728	832	936	1 040	1 248	1 456
17 920	224	336	448	560	672	784	896	1 008	1 120	1 344	1 568
19 200	240	360	480	600	720	840	960	1 080	1 200	1 440	1 680
20 480	256	384	512	640	768	896	1 024	1 152	1 280	1 536	1 792
21 760	272	408	544	680	816	952	1 088	1 224	1 360	1 632	1 904
23 040	288	432	576	720	864	1008	1 152	1 296	1 440	1 728	2 016
24 320	304	456	608	760	912	1064	1 216	1 368	1 520	1 824	2 128
25 600	320	480	640	800	960	1120	1 280	1 440	1 600	1 920	2 240
28 160	352	528	704	880	1056	1232	1 408	1 584	1 760	2 112	2 464
30 720	384	576	768	960	1152	1344	1 536	1 728	1 920	2 304	2 688
33 280	416	624	832	1040	1248	1456	1 664	1 872	2 080	2 496	2 912
35 840	448	672	896	1120	1344	1568	1 792	2 016	2 240	2 688	3 136
38 400	480	720	960	1200	1440	1680	1 920	2 160	2 400	2 880	3 360
40 960	512	768	1024	1280	1536	1792	2 048	2 304	2 560	3 072	3 584
43 520	544	816	1088	1360	1632	1904	2 176	2 448	2 720	3 264	3 808
46 080	576	864	1152	1440	1728	2016	2 304	2 592	2 880	3 456	4 032
48 640	608	912	1216	1520	1824	2128	2 432	2 736	3 040	3 648	4 256
51 200	640	960	1280	1600	1920	2240	2 560	2 880	3 200	3 840	4 480
56 320	704	1056	1408	1760	2112	2464	2 816	3 168	3 520	4 224	4 928
61 440	768	1152	1536	1920	2304	2688	3 072	3 456	3 840	4 608	5 376
66 560	832	1248	1664	2080	2496	2912	3 328	3 744	4 160	4 992	5 824
71 680	896	1344	1792	2240	2688	3136	3 584	4 032	4 480	5 376	6 272
76 800	960	1440	1920	2400	2880	3360	3 840	4 320	4 800	5 760	6 720
81 920	1024	1536	2048	2560	3072	3584	4 096	4 608	5 120	6 144	7 168
87 040	1088	1632	2176	2720	3264	3808	4 352	4 896	5 440	6 528	7 616
92 160	1152	1728	2304	2880	3456	4032	4 608	5 184	5 760	6 912	8 064
97 280	1216	1824	2432	3040	3648	4256	4 864	5 472	6 080	7 296	8 512
102 400	1280	1920	2560	3200	3840	4480	5 120	5 760	6 400	7 680	8 960
112 640	1408	2112	2816	3520	4224	4928	5 632	6 336	7 040	8 448	9 856
122 880	1536	2304	3072	3840	4608	5376	6 144	6 912	7 680	9 216	10 752
133 120	1664	2496	3328	4160	4992	5824	6 656	7 488	8 320	9 984	11 648
143 360	1792	2688	3584	4480	5376	6272	7 168	8 064	8 960	10 752	12 544
153 600	1920	2880	3840	4800	5760	6720	7 680	8 640	9 600	11 520	13 440
163 840	2048	3072	4096	5120	6144	7168	8 192	9 216	10 240	12 288	14 336
174 080	2176	3264	4352	5440	6528	7616	8 704	9 792	10 880	13 056	15 232
184 320	2304	3456	4608	5760	6912	8064	9 216	10 368	11 520	13 824	16 128
194 560	2432	3648	4864	6080	7296	8512	9 728	10 944	12 160	14 592	17 024
204 800	2560	3840	5120	6400	7680	8960	10 240	11 520	12 800	15 360	17 920

b) Tragfähigkeit der ⌶-Eisen bei einer Inanspruchnahme von 1000 kg/cm² [1])

Die Profile sind Normalprofile des Österreichischen Ingenieur- und Architektenvereines bis auf die mit d bezeichneten, welche deutsche Normalprofile sind

Profil-nummer	Tragfähigkeit in Kilogrammen bei gleichmäßig verteilter Belastung für frei aufliegende ⌶-Träger[2])												
	Spannweite in Metern												
	1,0	1,5	2,0	2,5	3,0	3.5	4,0	4,5	5,0	5,5	6,0	6,5	7,0
6	1 080	710	530	420	340	290	250	220	—	—	—	—	—
8 d	1 550	1 030	770	610	500	430	370	320	—	—	—	—	—
8	1 940	1 290	960	760	630	530	460	400	—	—	—	—	—
9 d	2 070	1 380	1 030	810	670	570	490	430	380	—	—	—	—
10 d	2 730	1 810	1 350	1 070	890	750	650	570	510	—	—	—	—
10	3 320	2 200	1 650	1 310	1 080	920	790	700	620	—	—	—	—
11 d	3 460	2 300	1 710	1 360	1 130	960	830	730	650	—	—	—	—
12 d	4 370	2 900	2 170	1 720	1 430	1 210	1 050	920	820	730	—	—	—
12	5 220	3 470	2 590	2 060	1 710	1 450	1 260	1 110	980	880	800	—	—
13 d	5 360	3 560	2 660	2 120	1 750	1 490	1 290	1 140	1 010	919	820	—	—
13	6 430	4 280	3 200	2 540	2 110	1 790	1 550	1 370	1 220	1 090	990	—	—
14 d	6 540	4 350	3 250	2 580	2 140	1 820	1 580	1 390	1 240	1 110	1 010	—	—
14	7 520	5 000	3 740	2 970	2 460	2 100	1 820	1 600	1 430	1 280	1 160	—	—
15 d	7 820	5 200	3 890	3 100	2 570	2 180	1 900	1 670	1 490	1 340	1 210	1 100	1 010
15	8 940	5 950	4 450	3 540	2 930	2 500	2 170	1 910	1 700	1 530	1 390	1 260	1 160
16 d	9 340	6 210	4 640	3 700	3 070	2 610	2 270	2 000	1 780	1 600	1 450	1 320	1 210
16	10 660	7 090	5 300	4 220	3 500	2 980	2 590	2 280	2 040	1 830	1 660	1 510	1 390
17 d	10 940	7 280	5 440	4 330	3 590	3 060	2 660	2 350	2 090	1 820	1 710	1 560	1 430
18 d	12 830	8 540	6 380	5 090	4 220	3 600	3 130	2 760	2 460	2 220	2 010	1 840	1 680
18	14 750	9 810	7 340	5 850	4 850	4 140	3 600	3 170	2 830	2 550	2 320	2 110	1 940
18 a	20 980	13 960	10 440	8 380	6 910	5 890	5 130	4 530	4 040	3 640	3 310	3 020	2 780
19 d	14 780	9 840	7 350	5 860	4 860	4 150	3 600	3 180	2 840	2 570	2 320	2 130	1 950
20 d	17 110	11 390	8 520	6 790	5 630	4 800	4 180	3 690	3 300	2 970	2 700	2 470	2 260
20	19 400	12 910	9 660	7 700	6 390	5 450	4 740	4 190	3 740	3 370	3 060	2 800	2 570
21	22 060	14 680	10 980	8 750	7 270	6 200	5 390	4 760	4 260	3 840	3 490	3 190	2 930
21 d	19 490	12 970	9 700	7 740	6 420	5 460	4 770	4 210	3 760	3 390	3 080	2 820	2 590
22 d	22 230	14 790	11 070	8 820	7 330	6 250	5 410	4 810	4 300	3 880	3 520	3 220	2 960
22	24 950	16 600	12 420	9 910	8 220	7 020	6 110	5 390	4 820	4 350	3 950	3 620	3 320
22 a	31 570	21 010	15 730	12 540	10 410	8 890	7 740	6 840	6 110	5 520	5 020	4 590	4 220
23	28 470	18 950	14 180	11 310	9 390	8 010	6 980	6 170	5 510	4 980	4 530	4 140	3 810
23 d	25 090	16 700	12 490	9 970	8 270	7 060	6 150	5 430	4 860	4 380	3 990	3 650	3 350
24 d	28 270	18 820	14 080	11 230	9 330	7 960	6 930	6 130	5 480	4 950	4 500	4 120	3 790
24	31 880	21 220	15 880	12 670	10 520	8 980	7 820	6 910	6 180	5 580	5 080	4 650	4 270
24 a	38 430	25 580	19 150	15 270	12 690	10 830	9 430	8 340	7 460	6 740	6 130	5 610	5 170
25	35 510	23 630	17 690	14 110	11 720	10 000	8 710	7 700	6 890	6 220	5 660	5 180	4 770
25 d	31 640	21 060	15 760	12 570	10 440	8 910	7 760	6 860	6 140	5 560	5 050	4 630	4 250
26 d	35 300	23 500	17 590	14 030	11 660	9 950	8 670	7 670	6 860	6 200	5 640	5 170	4 760
26	39 440	26 260	19 650	15 680	13 020	11 120	9 680	8 560	7 670	6 920	6 300	5 770	5 310
27 d	39 240	26 120	19 550	15 600	12 960	11 070	9 640	8 530	7 630	6 890	6 280	5 750	5 300
28 d	43 300	28 830	21 580	17 220	14 310	12 220	10 650	9 420	8 430	7 620	6 940	6 360	5 860
28	48 670	32 400	24 260	19 360	16 080	13 730	11 970	10 590	9 480	8 560	7 800	7 150	6 580
28 a	58 670	39 070	29 240	23 340	19 390	16 570	14 440	12 770	11 440	10 340	9 420	8 630	7 960
29 d	47 470	31 600	23 660	18 880	15 690	13 400	11 680	10 330	9 250	8 390	7 620	7 000	6 430
30 d	52 210	34 760	26 020	20 770	17 260	14 740	12 850	11 370	10 180	9 210	8 390	7 690	7 090
30	58 620	39 030	29 220	23 320	19 380	16 550	14 430	12 760	11 430	10 330	9 410	8 630	7 950
32 d	62 500	41 700	31 160	24 870	20 670	17 660	15 390	13 640	12 210	11 040	10 060	9 230	8 510
32	69 840	46 500	34 810	27 790	23 090	19 730	17 200	15 220	13 640	12 330	11 240	10 310	9 500
34 d	73 770	49 140	36 780	29 370	24 410	20 870	18 190	16 100	14 430	13 050	11 900	10 920	10 070
35	89 950	59 900	44 850	35 810	29 770	25 440	22 180	19 640	17 600	15 920	14 520	13 320	12 290
36 d	87 040	57 990	43 400	34 670	28 810	24 630	21 480	19 020	17 040	15 420	14 060	12 910	11 920
38 d	101 040	67 270	50 400	40 240	33 460	28 610	24 950	22 100	19 810	17 920	16 350	15 010	13 850
40 d	116 790	77 760	58 210	46 510	38 650	33 080	28 830	25 540	22 890	20 730	18 910	17 370	16 030
40	—	87 070	65 210	52 080	43 300	37 020	32 290	28 610	25 650	23 220	21 180	19 450	17 960
42,5 d	139 100	92 740	65 390	55 440	46 090	39 440	34 390	30 480	27 320	24 750	22 580	20 750	19 160
45 d	162 840	108 430	81 250	64 840	53 970	46 150	40 280	35 700	32 010	28 990	26 470	24 320	22 470
45	—	—	90 950	72 640	60 420	51 660	45 080	39 950	35 830	32 450	29 620	27 220	25 150
47,5 d	190 110	126 600	94 860	75 780	63 030	53 940	47 050	41 730	37 410	33 910	30 940	28 450	26 290
50 d	219 860	146 540	109 720	87 650	72 910	62 430	54 440	48 280	43 290	39 240	35 820	32 960	30 440
50	—	—	—	97 910	81 450	69 670	60 810	53 900	48 360	43 810	40 010	36 780	34 000

[1]) Für eine Inanspruchnahme von 1200 kg/cm² sind sämtliche Tafelwerte P mit dem Faktor $\left(1{,}2 + \frac{l}{1000}\right)$ zu multiplizieren, um die bezügliche Tragfähigkeit angenähert zu erhalten.

[2]) Tragfähigkeit in Kilogrammen bei gleichmäßig verteilter Belastung für frei aufliegende ⌶-Träger, berechnet nach der Formel $P = \frac{8 \cdot \sigma \cdot W}{100\, l} - G \cdot l$, wobei die Inanspruchnahme $\sigma = 1000$ kg/cm², das Widerstandsmoment W in cm³, die Spannweite l in Metern und das Eigengewicht des ⌶-Trägers G in kg per 1 m bedeuten.

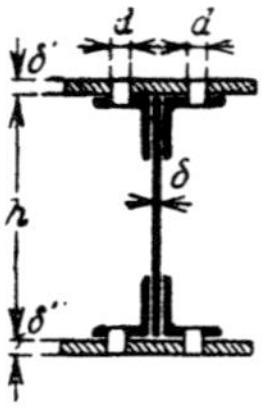

c) Tabellen für genietete Träger

Widerstandsmomente W_0 in Zentimetern mit Abzug der Nietlöcher in den horizontalen Winkeleisenschenkeln und Gewicht g in Kilogramm per Lfm von Stehblech und Winkeleisen (d = Nietdurchmesser und δ = Stehblechstärke)

Trägerhöhe h	1. 60 · 60 / 6, $d=16$, $\delta=7$		2. 60 · 60 / 8, $d=16$, $\delta=8$		3. 65 · 65 / 7, $d=16$, $\delta=8$		4. 65 · 65 / 9, $d=18$, $\delta=9$		Trägerhöhe h	5. 70 · 70 / 7, $d=16$, $\delta=8$		6. 70 · 70 / 9, $d=18$, $\delta=9$		7. 70 · 70 / 11, $d=20$, $\delta=10$		8. 80 · 80 / 8, $d=18$, $\delta=9$	
mm	W_0	g	W_0	g	W_0	g	W_0	g	mm	W_0	g	W_0	g	W_0	g	W_0	g
150	134	29,7	167	37,5	163	36,5	192	44,8	200	267	41,8	318	51,2	363	60,3	325	52,3
200	207	32,5	259	40,7	252	39,6	300	48,3	250	372	44,9	445	54,7	510	64,2	455	55,9
250	289	35,2	362	43,8	352	42,7	419	51,9	300	486	48,1	583	58,2	669	68,1	596	59,4
300	378	38,0	472	47,0	460	45,9	549	55,4	350	609	51,2	729	61,8	838	72,0	747	62,9
350	473	40,7	590	50,1	576	49,0	687	58,9	400	738	54,4	884	65,3	1017	76,0	906	66,5
400	574	43,5	715	53,2	699	52,2	834	62,5	450	875	57,5	1047	68,8	1205	79,9	1074	70,0
450	681	46,2	847	56,4	829	55,3	988	66,0	500	1019	60,6	1218	72,4	1402	83,8	1250	73,5
500	795	49,0	986	59,5	966	58,4	1151	69,5	550	1170	63,8	1397	75,9	1607	87,7	1434	77,1
550	914	51,7	1132	62,7	1110	61,6	1321	73,1	600	1327	66,9	1584	79,4	1821	91,7	1626	80,6
600	1040	54,5	1285	65,8	1261	64,7	1499	76,6	650	1492	70,1	1778	83,0	2044	95,6	1826	84,1
650	—	—	1444	68,9	1418	67,9	1685	80,1	700	1663	73,2	1980	86,5	2275	99,5	2033	87,7
700	—	—	1611	72,1	1583	71,0	1878	83,7	750	—	—	2190	90,0	2515	103,4	2248	91,2
750	—	—	—	—	—	—	2079	87,2	800	—	—	2407	93,6	2763	107,4	2470	94,7
800	—	—	—	—	—	—	2287	90,7	850	—	—	—	—	3020	111,3	2700	98,3
—	—	—	—	—	—	—	—	—	900	—	—	—	—	3285	115,2	2938	101,8

Trägerhöhe h	9. 80 · 80 / 10, $d=20$, $\delta=10$		10. 80 · 80 / 12, $d=22$, $\delta=11$		11. 90 · 90 / 9, $d=20$, $\delta=9$		12. 90 · 90 / 11, $d=22$, $\delta=10$		Trägerhöhe h	13. 90 · 90 / 13, $d=24$, $\delta=11$		14. 100 · 100 / 10, $d=22$, $\delta=10$		15. 100 · 100 / 12, $d=22$, $\delta=11$		16. 100 · 100 / 14, $d=24$, $\delta=12$	
mm	W_0	g	W_0	g	W_0	g	W_0	g	mm	W_0	g	W_0	g	W_0	g	W_0	g
200	380	62,8	427	73,0	—	—	—	—	250	689	89,8	624	79,3	722	92,4	802	105,3
250	533	66,7	603	77,4	532	66,0	615	78,0	300	909	94,1	820	83,2	950	96,8	1058	110,0
300	700	70,7	794	81,7	698	69,5	808	81,9	350	1142	98,4	1030	87,1	1193	101,1	1332	114,7
350	878	74,6	997	86,0	874	73,1	1014	85,9	400	1387	102,7	1251	91,1	1450	105,4	1620	119,4
400	1065	78,5	1211	90,3	1060	76,6	1230	89,8	450	1644	107,0	1482	95,0	1718	109,7	1922	124,2
450	1262	82,4	1435	94,6	1255	80,1	1457	93,7	500	1911	111,3	1723	98,9	1997	114,0	2235	128,9
500	1468	86,4	1670	98,9	1458	83,7	1693	97,6	550	2189	115,7	1974	102,8	2287	118,3	2560	133,6
550	1683	90,3	1914	103,2	1699	87,2	1938	101,5	600	2476	120,0	2234	106,8	2586	122,7	2896	138,3
600	1907	94,2	2168	107,6	1889	90,7	2192	105,4	650	2774	124,3	2502	110,7	2896	127,0	3243	143,0
650	2139	98,1	2432	111,9	2116	94,2	2455	109,4	700	3080	128,6	2780	114,6	3215	131,3	3601	147,7
700	2380	102,1	2705	116,2	2351	97,8	2727	113,3	750	3397	132,9	3066	118,5	3544	135,6	3969	152,4
750	2630	106,0	2988	120,5	2594	101,3	3008	117,2	800	3723	137,3	3361	122,5	3883	139,9	4347	157,1
800	2888	109,9	3280	124,8	2845	104,8	3297	121,2	850	4058	141,6	3665	126,4	4231	144,2	4736	161,8
850	3154	113,8	3581	129,2	3103	108,4	3594	125,1	900	4403	145,9	3977	130,3	4588	148,6	5136	166,5
900	3429	117,8	3891	133,5	3369	111,9	3901	129,0	950	4757	150,2	4297	134,2	4955	152,9	5545	171,3
950	—	—	4211	137,8	3643	115,4	4215	132,9	1000	5120	154,5	4626	138,2	5332	157,2	5965	176,0
1000	—	—	4540	142,1	3924	119,0	4538	136,9	1050	5492	158,8	4964	142,1	5717	161,5	6395	180,7
—	—	—	—	—	—	—	—	—	1100	5874	163,2	5310	146,0	6112	165,8	6835	185,4
—	—	—	—	—	—	—	—	—	1150	—	—	—	—	—	—	7286	190,1

Trägerhöhe h	17.		18.		19.		20.		Trägerhöhe h	21.		22.		23.		24.	
	$\frac{110 \cdot 110}{10}$		$\frac{110 \cdot 110}{12}$		$\frac{110 \cdot 110}{14}$		$\frac{120 \cdot 120}{11}$			$\frac{120 \cdot 120}{13}$		$\frac{120 \cdot 120}{15}$		$\frac{140 \cdot 140}{13}$		$\frac{140 \cdot 140}{15}$	
	$d=22,\ \delta=10$		$d=24,\ \delta=11$		$d=26,\ \delta=12$		$d=22,\ \delta=11$			$d=24,\ \delta=12$		$d=26,\ \delta=13$		$d=24,\ \delta=12$		$d=26,\ \delta=13$	
mm	W_0	g	W_0	g	W_0	g	W_0	g	mm	W_0	g	W_0	g	W_0	g	W_0	g
300	882	89,5	1009	104,3	1127	118,8	1025	105,0	300	1160	120,9	1284	136,0	1306	137,3	1400	155,4
350	1107	93,4	1269	108,6	1420	123,5	1288	109,3	350	1460	125,6	1619	141,7	1641	142,0	1826	160,5
400	1345	97,3	1544	112,9	1729	128,2	1567	113,6	400	1777	130,3	1974	146,8	1998	146,7	2226	165,6
450	1594	101,3	1830	117,2	2052	133,0	1858	118,0	450	2109	135,1	2345	151,9	2372	151,4	2646	170,7
500	1853	105,2	2129	121,6	2388	137,7	2162	122,3	500	2455	139,8	2731	157,0	2762	156,1	3083	175,9
550	2122	109,1	2438	125,9	2736	142,4	2476	126,6	550	2813	144,5	3131	162,1	3165	160,8	3535	181,0
600	2400	113,0	2758	130,2	3095	147,1	2802	130,9	600	3183	149,2	3543	167,2	3582	165,5	4001	186,1
650	2688	117,0	3088	134,5	3466	151,8	3137	135,2	650	3564	153,9	3968	172,3	4011	170,2	4481	191,2
700	2984	120,9	3427	138,8	3847	156,5	3483	139,6	700	3956	158,6	4405	177,4	4451	174,9	4974	196,3
750	3290	124,8	3777	143,1	4239	161,2	3839	143,9	750	4359	163,3	4854	182,5	4902	179,6	5479	201,4
800	3604	128,7	4136	147,5	4642	165,9	4205	148,2	800	4773	168,0	5315	187,6	5365	184,4	5996	206,5
850	3927	132,7	4505	151,8	5056	170,6	4580	152,5	850	5197	172,7	5787	192,7	5839	189,1	6525	211,6
900	4258	136,6	4884	156,1	5479	175,3	4965	156,8	900	5632	177,4	6270	197,8	6324	193,8	7066	216,7
950	4599	140,5	5272	160,4	5913	180,1	5359	161,1	950	6078	182,2	6765	202,9	6819	198,5	7618	221,8
1000	4974	144,4	5669	164,7	6358	184,8	5763	165,5	1000	6533	186,9	7271	208,0	7325	203,2	8182	226,9
1050	—	—	6067	169,0	6812	189,5	6176	169,8	1050	7000	191,6	7789	213,1	7841	207,9	8757	232,0
1100	—	—	6492	173,4	7277	194,2	6608	174,1	1100	7476	196,3	8317	218,2	8368	212,6	9344	237,1
1150	—	—	—	—	7752	198,9	—	—	1150	—	—	8857	223,3	8905	217,3	9942	242,3
1200	—	—	—	—	8237	203,6	—	—	1200	—	—	9407	228,4	9453	222,0	10551	247,2

Ist M (kgcm) das gegebene Moment, σ (kg/cm²) die zulässige Inanspruchnahme, $W_e = \frac{M}{\sigma}$ das erforderliche Widerstandsmoment, so entnimmt man aus Tabelle c) W_0, h und g des gewählten Grundquerschnittes, der durch Gurtplatten von δ' (cm) Stärke und b (cm) Nutzbreite (laut Abb. $b = B - 2\,d$) zu ergänzen ist. Man findet das gesamte Widerstandsmoment in cm³:

$$W = \frac{1}{100}\,(\alpha\, W_0 + \beta\, b\, h^2),$$

wobei gemäß δ'/h die Werte α und β aus nachstehender Tabelle c_1 bestimmt werden:

c_1 Tabelle für α und β

$\delta'/h =$	0,01	0,02	0,03	0,04	0,05	0,06	0,07	0,08	0,09	0,10
$\alpha =$	98,04	96,15	94,34	92,59	90,91	89,29	87,72	86,21	84,75	83,33
$\beta =$	1,000	2,001	3,003	4,008	5,015	6,026	7,040	8,059	9,082	10,111

Das erforderliche δ'/h ergibt sich hinreichend angenähert mit

$$\delta'/h = \frac{W_e - W_0}{b\,h^2 - 2\,W_0} \text{ oder überschlägig aus } \delta' = \frac{W_e - W_0}{b\,h}.$$

Gewicht für das Lfm Träger (einschließlich Nietung) $g' = g + 1{,}8\, B\,\delta'$.

Ist in obigem M das Moment vom Trägergewicht nicht (wie meist schätzungsweise) einbezogen, so setzt man oben in W_e ein um $0{,}004\; l^2/h$[1]) vermindertes σ ein, womit das Gewicht des Trägers samt Nietung bereits voraus berücksichtigt erscheint.

Bei Verstärkung des Stehbleches um Δ (cm) vergrößert sich W um $\frac{\alpha\,\Delta}{\sigma}\, h^2$.

Im Falle der Beibehaltung des Grundquerschnittes ohne Gurtplatten mit Winkeleisen von der Seitenlänge w und Stärke s ist: $W = W_0 + \gamma\, d\, h\, s$ und bestimmt sich γ aus

[1]) Abgeleitet aus der für den Bereich der Tabelle c) angenähert gültigen Bedingung $g' = 0{,}032\; W/h$ kg/cm), womit höchstens eine etwa $^1/_3$% ige Überbemessung zustande kommt.

c_2 Tabelle für γ

$w/h=$	0,05	0,10	0,15	0,20	0,25	0,30	0,35	0,40	0,45
$\gamma=$	—0,699	—0,416	—0,151	0,095	0,324	0,535	0,728	0,902	1,059

Z. B. 1. Gegeben $M=10\,944\,000$ kgcm, $\sigma=1200$ kg/cm², $h=100$, $B=24$, $d=2$ cm, daher $W_e=\frac{M}{\sigma}=\frac{10\,944\,000}{1200}=9120$ cm³, $b=B-2\,d=24-2\cdot 2=20$ cm. Gewählt wird ein Grundquerschnitt laut Tabelle c), Spalte 15, mit $W_0=5332$ und $g=157{,}2$, daher $\delta'/h=\frac{9120-5332}{20\cdot 100^2-2\cdot 5332}=0{,}020$, demnach $\delta'=0{,}020\cdot 100=2{,}0$ cm. Kontrolle mit $\delta'/h=0{,}02$ in Tabelle c_1 $W=0{,}9615\cdot 5332+0{,}02001\cdot 20\cdot 100^2=9129=W_e$.

2. Von der Belastung ohne Trägergewicht gegeben $M=5\,027\,500$ kgcm, Stützweite $l=600$ cm. Gewählt Grundprofil laut Tabelle c), Spalte 9), für $h=60$ cm mit $W_0=1907$, $g=94{,}2$. Hierzu $b=18-2\cdot 2=14$ cm. $\sigma=1200$ zu vermindern um $0{,}004\,l^2/h=0{,}004\;600^2/60=24$. Ersatzweise erforderlich $W_e=\frac{5\,027\,500}{1200-24}=4275$, womit $\delta'/h=\frac{4275-1907}{14\cdot 60^2-2\cdot 1907}=0{,}051$, also $\delta'=0{,}051\cdot 60=3{,}06$ cm.

Kontrolle (wie oben) $W=0{,}9091\cdot 1907+0{,}05015\cdot 14\cdot 60^2=4261$ cm², $g'=94{,}2+$ $+1{,}8\cdot 18\cdot 3=191$ kg/m. Erforderliches Widerstandsmoment $W=\left(M+\frac{g'\,l^2}{8}\right):\sigma=$ $=\left(5\,027\,500+\frac{191\cdot 6\cdot 600}{8}\right):1200=4261$ cm³ wie laut Tabelle c).

C. Zur Berechnung von Mauerwerkskonstruktionen

Zu den belasteten Mauerkörpern, welche laut V. a) bis c) zu untersuchen sind, gehören Mauerpfeiler, gemauerte Säulen, Stützmauern, Staumauern, Widerlager, Schornsteine und Gewölbe.

I. Gemauerte Pfeiler und Säulen

Die zulässigen Inanspruchnahmen von gemauerten Pfeilern und Säulen richten sich nach dem Verhältnis des kleinsten Querschnittsmaßes zur Höhe (siehe ÖNORM B 2102).

II. Stützmauern u. dgl.

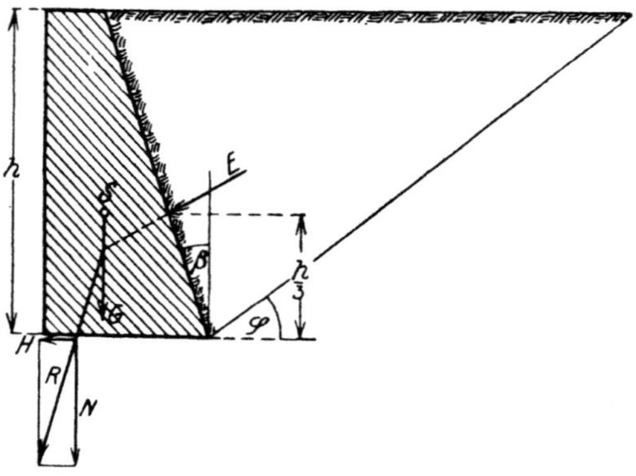

Abb. 31

Bei Stützmauern (Abb. 31) ist die Resultierende R aus dem Erddruck E und dem Gewicht G des oberhalb der zu untersuchenden Lagerfläche befindlichen Mauerkörpers in eine Komponente N normal und eine H parallel zu dieser Fläche zu zerlegen. N bestimmt nach einer der obigen Gleichungen die Randspannungen, während H die Bedingung zu erfüllen hat, daß zum Schutz gegen das Gleiten in der Lagerfläche $\frac{H}{N}<\frac{1}{4}$, wenn die Reibungszahl vom Mauerwerk bei zweifacher

Sicherheit mit ¼ angenommen wird. Auch darf die Beanspruchung auf Abscheren der Lagerfläche vom Inhalt F, das ist $\tau = \frac{H}{F}$, das zulässige Maß (bei gewöhnlichem Mörtel 2, bei Zementmörtel 3 bis 3,5 kg/cm²) nicht überschreiten.

Ist γ das Gewicht von 1 m³ Schüttstoff (z. B. Erde), dessen Böschungswinkel φ^0 betrage (siehe nachfolgende Tabelle), so ergibt sich unter Vernachlässigung der Reibung zwischen Wand und Erde bei waagrechter Erdoberfläche und einer Mauerhöhe h in m für 1 m Mauerlänge unter der Annahme

a) einer nach vorn unter dem Winkel β zur Lotrechten geneigten Mauerrückenfläche

$$E = \frac{\gamma h^2}{2 \cos \beta} \left[\frac{\cos(\varphi - \beta)}{\cos \beta + \sin \varphi}\right]^2;$$

b) einer lotrechten Rückenfläche (also $\beta = 90^0$), wenn $K = \frac{\mathrm{tg}^2}{2}\left(45^0 - \frac{\varphi}{2}\right)$ gesetzt wird

$$E = K \gamma h^2.$$

Für $\varphi =$	20	25	30	35	37	40	42	45	50 und 60⁰
wird $K =$	0,245	0,203	0,167	0,136	0,124	0,109	0,099	0,086	0,066 und 0,036

Tabelle der Einheitsgewichte γ und Böschungswinkel φ verschiedener Schüttstoffe

Schüttstoff	γ kg/m³	φ^0	Schüttstoff	γ kg/m³	φ^0
Dammerde, gelockert, trocken	1400	40	Sand, trocken	1600	35
„ „ feucht	1600	45	„ feucht	1800	40
„ mit Wasser gesättigt	1800	27—30	„ mit Wasser gesättigt	2000	25
„ gestampft, trocken	1700	42	Schutt und Sand, trocken	1400	35
„ „ feucht	1900	37	„ „ „ naß	1800	30
Lehmerde, gelockert, trocken	1500	40—45	Kohle	850	45
„ „ feucht	1550	45	Koks	500	45
„ mit Wasser gesättigt	2000	20—25	Erz	1800	45
„ gestampft, trocken	1800	40	Zement	1400	40
„ „ feucht	1850	70	Weizen	800	25
Kies, trocken	1800	30—45	Malz	500	22
„ feucht	2000	25—30			

Bei Staumauern gilt wegen $\varphi = 0$ und $\gamma = 1000$ kg/m³ für eine Mauerrückenfläche wie unter a): $E = \frac{500 h^2}{\cos \beta}$, für eine lotrechte Rückenfläche laut b): $E = 500$ h² in kg für das Lfm Mauer.

Der Erd- (Wasser-) Druck wird hierbei in allen Fällen als normal zur Rückenfläche wirkend angenommen und greift dort in der Höhe $\frac{h}{3}$ an.

Eine gleichförmig über die Hinterfüllung verteilte Nutzlast von q (kg/m²) erhöht den wie oben berechneten Erddruck E auf E' und ist mit dem Hilfswert $h_o = \frac{q}{\gamma}$, dann $E' = E\left(1 + 2\frac{h_o}{h}\right)$, welcher in der Höhe $h' = \frac{h + 3h_o}{h + 2h_o} \cdot \frac{h}{3}$ oberhalb der Lagerfläche normal zur Rückenfläche angreift.

Wird die Mauer durch Strebepfeiler verstärkt, die am zweckmäßigsten an der Vorderseite der Mauer angebracht werden (Abb. 32), so zerlegt man (nach Häseler) die Resultierende aus dem Erddruck und dem Mauergewicht ohne Pfeiler in zwei Kräfte, eine Kraft P, die durch das Drittel der Fundamentbreite b geht, und in eine horizontale Kraft P_h, die von dem Pfeiler aufgenommen werden muß. Auf diesen letzteren wirken sonach die Kräfte El, $P_h l_1$ und sein Gewicht, und die Resultierende der drei Kräfte darf nicht aus dem mittleren Drittel der Basisbreite b_1 fallen.

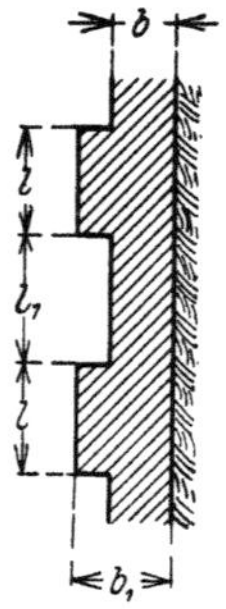

Abb. 32

Es wird empfohlen: $l_1 = 80\, b \sqrt{\frac{h}{P_h}}, \quad l = b_1.$

Erfahrungsregeln für die Stärke von Gebäudemauern sowie Trocken-, Stütz- und Futtermauern[1]

Hohe, freistehende Gebäudemauern erhalten gewöhnlich die Stärke von $^1/_{10}$ der Höhe derselben. Werden sie für einen Winddruck auf die volle Fläche von 125 kg/m² bemessen, so folgt ihre Stärke in Metern bei der Höhe h in Metern aus

$$d = \sqrt{\frac{3h}{38{,}4 - h}}.$$

Hierbei wurde die größte zulässige Pressung σ_{zul} mit 8 kg/cm² angenommen.

Bei Höhen über 6 m ist es vorteilhafter, die Wand aus kräftigen Mauerpfeilern mit Füllmauerwerk (Abb. 33) zu bilden. Die Pfeilerabmessungen bestimme man auf Grund einer statischen Untersuchung. Die Stärken d_1 wähle man bei

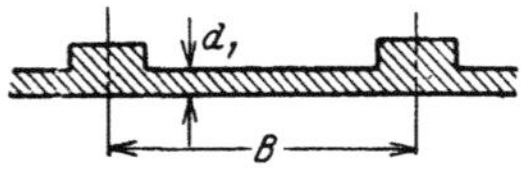

Abb. 33

Entfernung B bis 3 m .... $d = 15$—25 cm
„ B „ 4,5 „ .... $d = 30$—38 „
„ B „ 6 „ .... $d = 45$—51 „
je nach dem Ziegelmaß.

Längs- und Giebelwände von Hallen sind als freistehende Mauern zu betrachten.

Mauerstärken bei Wohngebäuden

Trakttiefe ≤ 6,5 m. Mauerstärken in Steinlängen zu 30 cm

Geschoß	Hauptmauern					Mittelmauern				
IV. Stock	1½					2				
III. „	1½	1½				2	2			
II. „	2	1½	1½			2	2	1½		
I. „	2	2	1½	1½		2	2	1½	1½	
Erdgeschoß	2½	2	2	1½	1½	2½	2½	1½	1½	1½
Keller	3	2½	2½	2	2	3	3	2	2	2

Kommen Dippelböden zur Verwendung, so sind die Stärken der Hauptmauern, vom vorletzten Geschoß angefangen, um ½ Stein größer zu nehmen. Die Mittelmauern müssen dann mindestens 60 cm stark sein.

[1]) Aus Bleich-Melan: Taschenbuch für Ingenieure und Architekten. Wien I, Julius Springer. 1926.

Bei Verwendung von Traversen- (Träger-) Decken dürfen die Mittelmauern in drei- und vierstöckigen Gebäuden im letzten Geschoß bloß 1 ½ Stein stark ausgeführt werden.

Feuer- oder Nachbarmauern sind durchwegs 1 Stein stark, bei vierstöckigen Gebäuden zu ebener Erde aber 1 ½ Stein stark auszuführen. Dienen sie auch als Deckenauflager, so sind sie 1 ½ Stein stark zu machen.

Lichthofmauern 1 Stein stark, wenn unbelastet, sonst 1 ½ Stein stark.

Treppenmauern erhalten, falls die Treppen nicht freitragend sind, in Gebäuden mit höchstens 2 Stockwerken 1 Stein Stärke, in höheren Gebäuden 1 ½ Stein Stärke. Bei freitragenden Treppen sind in allen Fällen die Treppenmauern mindestens 45 cm stark zu machen.

Gangmauern im Erdgeschoß 1 Stein, in allen übrigen Stockwerken ½ Stein stark.

In Fällen, wo diese allgemeinen Regeln nicht ausreichen, oder die Baugesetze nicht bestimmte Normen vorschreiben, sind die Mauerstärken auf Grund statischer Untersuchungen zu bestimmen. Hinsichtlich der bei Mauerwerk in Betracht kommenden zulässigen Beanspruchungen siehe ÖNORM B 2102: „Beanspruchung des Mauerwerkes im Hochbau."

Trockenmauern erhalten gewöhnlich $^2/_3$füßige Böschung; bei über 10 m Höhe ist dieselbe zu brechen und im unteren Teil $^4/_5$füßig zu dossieren. ½füßige Böschungen sind bis zu 6 m Höhe zulässig.

Die Hinterfläche macht man vertikal oder mit $^1/_6$ geneigt bis zum gewachsenen Boden und von da parallel zur Vorderfläche.

Kronenstärke d bei sichtbarer Höhe h der Mauer, h_1 Höhe der Überschüttung: $d = 1 + \frac{h}{10} + \frac{h_1}{12}$. Maße in Metern.

Stützmauern aus lagerhaften Bruchsteinen, in Mörtel ausgeführt, erhalten vorn eine Böschung von $^1/_5$ bis $^1/_{12}$ und eine vertikale oder schwachgeböschte oder eine mit 0,3 bis 0,5 m breiten Absätzen versehene Hinterfläche. Wenn jedoch die Erde hinter der Mauer nicht gestampft oder letztere nicht mit Steinen hinterbeugt wird, so veranlassen Absätze häufig Setzrisse im Erdreich, durch welche Wasser eindringen kann.

Niedere Mauern werden in der Krone mindestens 0,6 m stark gemacht.

Bei $^1/_6$füßiger Vorder- und vertikaler Hinterfläche bestimmt sich die Kronenstärke d der h Meter hohen Mauer aus

$$d = 0{,}44 + 0{,}2\,h.$$

Diese Stärke gilt auch noch für eine Überschüttung der Mauer bis zu 1 m Höhe. Bei größerer Überschüttungshöhe H ist die Kronenstärke zu vergrößern um $\frac{1}{30} H \left(2 - \frac{H}{3h}\right)$; für $H \gtrless 3h$ ist diese Verstärkung konstant mit $0{,}1\,h$ anzunehmen.

Bei Hinterbeugung der Mauer kann d um $0{,}08\,h$ vermindert werden.

Futtermauern können im allgemeinen — zu Rutschungen geneigter Boden ausgenommen — schwächer gehalten werden als Stützmauern, da die Kohäsion des gewachsenen Bodens den Erddruck vermindert. Für trockenes Erdreich kann man bei $^1/_6$füßiger Böschung der Vorderfläche die Kronenbreite $d = 0{,}30 + 0{,}17\,h$ annehmen. Verkleidungsmauern vor Felswänden erhalten 0,4 bis 0,6 m Stärke.

Kronenstärke *d* der Stütz- und Futtermauern

nach den Normalien der Österreichischen Bundesbahnen

A. Stützmauern

Mauerhöhe *h* in m	Überschüttung *H* in m								
	bis 1	2	4	6	8	10	15	20	30
1	0,60	0,60	0,60	0,60	0,60	0,60	0,60	0,60	0,60
2	0,65	0,70	0,70	0,75	0,80	0,80	0,80	0,80	0,80
3	0,79	0,86	0,92	0,98	1,04	1,10	1,10	1,10	1,10
4	0,98	1,06	1,14	1,21	1,28	1,35	1,40	1,40	1,40
5	1,17	1,27	1,36	1,44	1,52	1,60	1,69	1,70	1,70
6	1,36	1,47	1,58	1,67	1,77	1,85	1,96	2,05	2,05
7	1,55	1,68	1,80	1,91	2,01	2,10	2,23	2,34	2,38
8	1,74	1,89	2,02	2,13	2,25	2,35	2,50	2,62	2,70
9	1,92	2,09	2,24	2,37	2,49	2,60	2,77	2,91	3,05
10	2,12	2,29	2,46	2,59	2,74	2,85	3,04	3,19	3,40

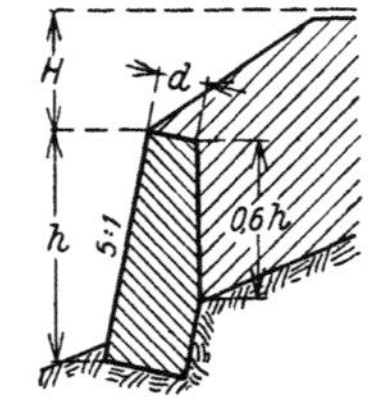

Lagerhaftes Bruchsteinmauerwerk, 1/5füßige Anlage

B. Futtermauern

Mauerhöhe *h* in m	bis 1	2	4	6	8	10	15	20	30
1	0,55	0,55	0,55	0,55	0,55	0,55	0,55	0,55	0,55
2	0,60	0,60	0,60	0,60	0,60	0,60	0,60	0,60	0,60
3	0,65	0,65	0,70	0,70	0,75	0,80	0,80	0,80	0,80
4	0,78	0,79	0,84	0,90	0,95	1,00	1,05	1,05	1,05
5	0,96	0,98	1,03	1,09	1,15	1,20	1,29	1,30	1,30
6	1,15	1,17	1,23	1,29	1,35	1,41	1,50	1,55	1,55
7	1,33	1,36	1,42	1,48	1,54	1,61	1,71	1,78	1,80
8	1,51	1,54	1,61	1,68	1,74	1,81	1,93	2,01	2,05
9	1,70	1,73	1,80	1,88	1,94	2,02	2,14	2,24	2,30
10	1,88	1,92	1,99	2,07	2,14	2,22	2,35	2,46	2,60

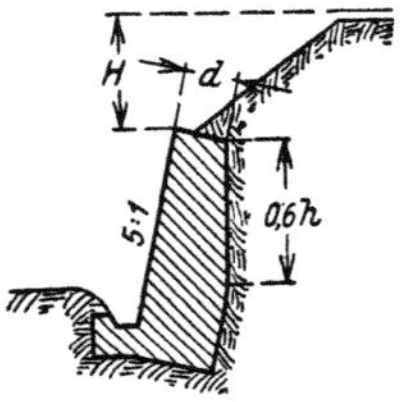

Konstruktive Bestimmung der Stützmauerstärken nach Schreier: Zeitschrift des Österreichischen Ingenieur- und Architektenvereines. 1902.

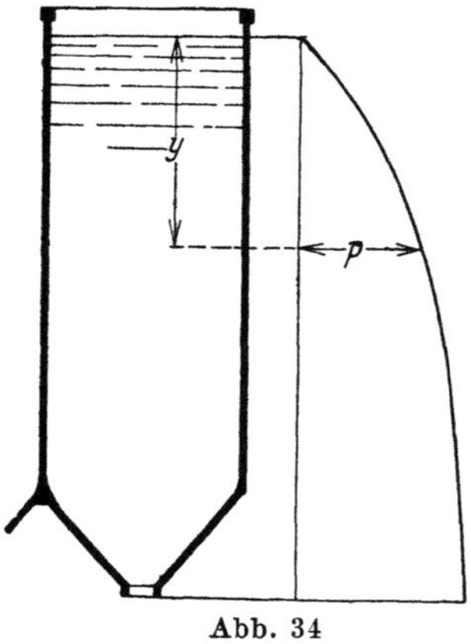

Abb. 34

Wanddruck in Silozellen

Bezeichnungen (Abb. 34):

Böschungswinkel des Füllgutes φ
Flächeninhalt der Zellengrundfläche F
deren Umfang U
Einheitsgewicht des Füllgutes γ
Tiefe unter Füllgutoberfläche y
$\varrho = 0{,}25$ bis $0{,}30$ (höchstens gleich $\operatorname{tg}\varphi$ zu wählen), K laut Zusammenstellung S. 75.

Es ist zu rechnen: $h = \frac{F}{2\,K\,U\varrho}$,

und findet man aus nachstehender Zusammenstellung zu jedem Werte $\eta = \frac{y}{h}$ die Größe $C = 1000\,\frac{e^{\eta} - 1}{e^{\eta}}$,

$\eta =$ 0,2	0,4	0,6	0,8	1,0	1,2	1,6	2,0	2,4	2,8	3,0
$C =$ 181	330	451	551	632	699	798	865	909	939	950

mit deren Hilfe sich für das Quadratmeter Fläche in der Tiefe y ergibt:

als Wanddruck $p = \frac{C}{1000} \frac{\gamma F}{U \varrho}$, als Bodendruck $q = \frac{p}{2K}$.

Reibungszahlen der gleitenden Reibung[1])

= bedeutet: die Fasern liegen parallel + „ die Fasern liegen gekreuzt ⊥ „ das Holz liegt als Hirnholz auf	Reibungszahl der Ruhe trocken	mit Wasser	geschmiert
Eichenholz auf Eiche =	0,62	—	0,11
„ „ „ +	0,54	0,71	—
„ „ „ ⊥	0,43	—	—
„ „ Esche, Buche, Tanne =	0,53	—	—
„ „ Muschelkalk ⊥	0,63	—	—
„ „ Stein und Kies	0,60—0,46	—	—
Holz auf Metall	0,60	0,65	0,11
Hartholz auf poliertem Metall oder Granit	—	0,5	—
Stahl auf Stahl	0,15	—	[2]) 0,12—0,11
„ „ Eis	0,027	—	—
Schmiedeeisen auf Eiche =	—	0,65	0,11
„ „ Schmiedeeisen	0,13	—	0,11
„ „ Gußeisen	0,19	—	—
„ „ Muschelkalk	0,49—0,42	—	—
„ „ Stein und Kies	0,49—0,42	—	—
Gußeisen auf Eiche	—	0,65	—
„ „ Stahl	0,33	—	—
„ „ Gußeisen	—	—	0,16
Ziegelstein auf Muschelkalk	0,67	—	—
Rauher Kalkstein auf desgleichen oder mit frischem Mörtel	0,75	—	—
Muschelkalk auf Muschelkalk	0,70	—	—
Mauerwerk auf Beton	0,76	—	—
„ „ gewachsenem Boden, trocken	0,65	0,30	—

III. Gemauerte Schornsteine

Die zu untersuchende kreisringförmige Lagerfläche F habe R als Außen- und r als Innenhalbmesser (Abb. 35). Der oberhalb derselben befindliche Teil des Schornsteines wiege G und weise eine Aufrißfläche f auf, deren Schwerpunkt in der Höhe h oberhalb F liege. Mit w Kilogramm Winddruck auf das Quadratmeter lotrechter Aufrißfläche ergibt sich $a = \frac{0{,}67\, w f h}{G}$ und gemäß $\frac{a}{R}$ und $\frac{r}{R}$ endlich der Hilfswert k aus nachstehender Tabelle, womit die größte Randinanspruchnahme auf Druck gefunden wird,

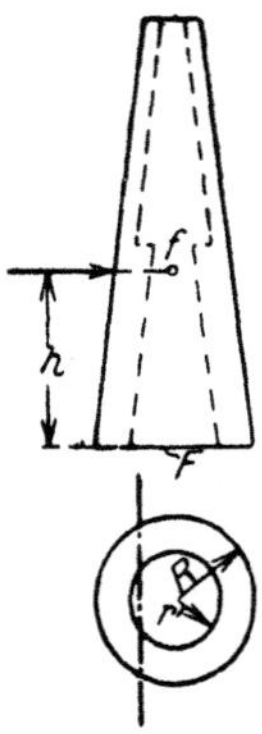

Abb. 35

a) unter der Voraussetzung, daß das Mauerwerk nicht zugaufnahmsfähig sei:

$$\sigma_{max} = k \frac{G}{F}.$$

[1]) Aus Foerster: Taschenbuch für Bauingenieure, 5. Aufl. Berlin. Julius Springer. 1928.
[2]) Hoher Druck bis etwa 1000 kg/cm².

Hilfswerte k

$\frac{a}{R}$	$\frac{r}{R}=$ 0,0	0,5	0,6	0,7	0,8	0,9	1,0	Die Druckübertragung erfolgt	
0,00	1,00	1,00	1,00	1,00	1,00	1,00	1,00	1. auf der ganzen Fläche (Zugspannungen bzw. Fugenklaffen nicht auftretend)	
0,10	1,40	1,32	1,29	1,27	1,24	1,22	1,20		
0,20	1,80	1,64	1,59	1,54	1,49	1,44	1,40		
0,30	2,23	1,96	1,88	1,81	1,73	1,66	1,60		
0,40	2,76	2,29	2,20	2,07	1,98	1,88	1,80		
0,45	3,11	2,51	2,39	2,23	2,10	1,99	1,90		
0,50	3,55	2,80	2,61	2,42	2,26	2,10	2,00	2. auf einem Teil größer als die halbe Fläche	Mauerwerk als nicht zugaufnahmsfähig vorausgesetzt
0,55	4,15	3,14	2,89	2,67	2,42	2,26	2,17		
0,60	4,96	3,58	3,24	2,92	2,64	2,42	2,26		
0,65	6,00	4,34	3,80	3,30	2,92	2,64	2,42		
0,70	7,48	5,40	4,65	3,86	3,33	2,95	2,64		
0,75	9,93	7,26	5,97	4,81	3,93	3,33	2,89		
0,80	13,87	10,05	8,80	6.53	4,93	3,96	3,27	3. auf einem Teil kleiner als die halbe Fläche (unzulässig)	

b) Ist das Mauerwerk imstande, Zugspannungen aufzunehmen, so kann σ_{max} nur dann wie unter a) mit Hilfe der obigen Tabelle mittels k berechnet werden, wenn k in dem durch die Stufenlinie abgegrenzten Gebiet 1 zu finden ist. Fällt jedoch der Wert k in den Tabellenbereich 2 oder 3, so ergibt sich die Randspannung $\sigma = G\left(\frac{1}{E} \pm \frac{4a\,R}{\pi\,(R^4 - r^4)}\right)$, wobei das obere Vorzeichen die größte Druckbeanspruchung, das untere die größte Zugbeanspruchung bestimmt.

Beispiel. Es sei die Höhe $H = 30$ m, der obere lichte Durchmesser $d_0 = 0{,}9$ m, der untere $d = 2\,r = 1{,}5$ m; der äußere Durchmesser oben $D_0 = 1{,}3$ m, unten $D = 2\,R = 2{,}8$ m, die Wandstärke sonach oben 20 cm, unten 65 cm. Das Schaftmauerwerk beträgt daher 70,9 m³, und bei einem spezifischen Gewicht von 1800 kg bei Verwendung von Radialziegeln das Gewicht des Schornsteinschaftes $G = 127{,}62$ t.

Windangriffsfläche $f = \frac{2{,}8 + 1{,}3}{2} \cdot 30 = 61{,}5\ \text{m}^2$, deren Schwerpunkt in $h = \frac{2{,}8 + 2 \cdot 1{,}3}{2{,}8 + 1{,}3} \cdot \frac{30}{3} = 13{,}17$ m Höhe. Winddruck $w = 0{,}15\ \text{t/m}^2$. Grundfläche $F = \frac{\pi}{4}(2{,}8^2 - 1{,}5^2) = 4{,}39\ \text{m}^2$.

$$a = \frac{0{,}67 \cdot 0{,}15 \cdot 61{,}5 \cdot 13{,}17}{127{,}62} = 0{,}638, \quad \frac{a}{R} = \frac{0{,}638}{1{,}4} = 0{,}445, \quad \frac{r}{R} = \frac{d}{D} = \frac{1{,}5}{2{,}8} = 0{,}536,$$

daher bei Fugenklaffen $k = 2{,}49$ (durch Zwischenschaltung im Tabellengebiet 2 gefunden), womit die Druckinanspruchnahme $\sigma_{max} = 2{,}49\,\frac{127{,}62}{4{,}39} = 72{,}5\ \text{t/m}^2 = 7{,}3\ \text{kg/cm}^2$.

Im Falle, daß der Querschnitt zugaufnahmsfähig, gilt

$$\sigma = 127{,}62\left(\frac{1}{4{,}39} \pm \frac{4 \cdot 0{,}638 \cdot 1{,}4}{\pi\,(1{,}4^4 - 0{,}75^4)}\right) = 70{,}2\ \text{t/m}^2 = 7{,}0\ \text{kg/cm}^2 \text{ Druck}$$

$$\text{bzw. } 12{,}1\ \text{t/m}^2 = 1{,}2\ \text{kg/cm}^2 \text{ Zug.}$$

IV. Gewölbe

a) Für flache Hochbaugewölbe von der Stärke d_0, der Stützweite l und der Pfeilhöhe f der Mittellinie, beträgt die Inanspruchnahme unter der gleichförmig verteilten Gesamtlast (Eigen- und Nutzlast) q kg/m² angenähert $\sigma_{max} = \frac{q l^2}{4 d_0 f}$;

b) Gewölbe von größerer Spannweite bis zum Pfeilverhältnis $\frac{f}{l} = \frac{1}{5}$.

Mit den Bezeichnungen der Abb. 36, worin OO' die obere Begrenzung der auf Wölbmauerwerk von γ kg/m³ Einheitsgewicht reduzierten, bleibenden Last darstellt, kann nach Krohn die Gewölbestärke im Scheitel $d_0 = \frac{l'^2 (g + 1{,}8 p)}{8 f' (10 \sigma - 35)}$ und im Kämpfer $d = d_0 \left(1 + 1{,}6 \frac{f'}{l'}\right)$ angenommen werden, wobei die Inanspruchnahme des Wölbmaterials σ in kg/cm/cm², p die Verkehrslast und g die Eigenlast im Scheitel je Lfm und 1 m Breite in t gesetzt wird, weiters l' die Lichtweite und f' die Pfeilhöhe der inneren Leibung darstellt.

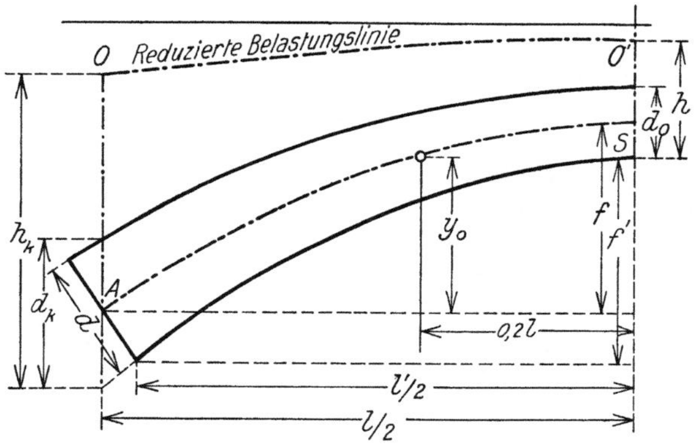

Abb. 36

Unter Annahme einer nach einem flachen Bogen verlaufenden Wölbungs- wie auch reduzierten Belastungslinie, welche die Ordinaten h und h_k beim Scheitel bzw. Kämpfer abschneiden (Abb. 36), gilt auf Grund der Elastizitätsgleichungen[1]) folgendes Annäherungsverfahren, wenn mit den Hilfsgrößen $u = \frac{h_k - h}{3h}$, $v = \gamma h$, $w = \frac{p}{v}$ und $n = \left(\frac{l}{4f}\right)^2$ gerechnet wird und zur bleibenden Last noch eine Nutzlast von p t/m² kommt, welch letztere sich erstreckt

α) über das ganze Gewölbe, wobei[2]) $k_1 = 1$, $k_2 = 1$, $k_3 = 0{,}13\,(3u + 7w + 7)$,

β) „ die linke Gewölbehälfte, wobei[2]) $k_1 = 0{,}813$, $k_2 = 0{,}687$ } $k_3 = 0{,}13\,(3u + 3{,}5w + 7)$.

γ) „ „ rechte „ „ [2]) $k_1 = 0{,}187$, $k_2 = 0{,}313$ }

δ) wenn die bleibende Last allein, „ [2]) $k_1 = 0$, $k_2 = 0$, $k_3 = 0{,}13\,(3u + 7)$.

Wirkt auf irgendeinen Gewölbequerschnitt mit der Fläche F und dem Widerstandsmoment W die Längskraft N und das Moment M ein, so ist die Inanspruchnahme an dessen oberem bzw. unterem Rande $\sigma = \frac{N}{F} \pm \frac{M}{W}$ und ist für N und M zu setzen:

---

[1]) Man vergleiche Dr. J. Schreier: „Zur statischen Untersuchung von flachen Gewölben" (Zeitschr. des Österr. Ingenieur- und Architektenvereines, 1905, Nr. 1), woraus obige Näherungsformeln abgeleitet wurden.

[2]) In nachstehende Tabellenformeln jeweils einzusetzen.

Für den Querschnitt im	Längskraft N	Moment M	k_1, k_2 und k_3 zu ermitteln je nach Belastungsfall (siehe oben)
Kämpfer	$2\,f\,v\,\frac{d}{d_k}(u+k_1 w+n\,k_3+1)$	$-\frac{l_2\,v}{12}(0{,}6\,u+k_2 w-k_3+1)$	α) β) γ) oder δ)
Scheitel	$\frac{k_3\,l^2\,v}{8\,f}$	$\frac{l^2\,v}{24}(0{,}3\,u+w-k_3+1)$	α) oder δ)
Abstand $0{,}2\,l$ vom Scheitel[1])	$\frac{k_3\,l^2\,v}{f}\left(\frac{1}{8}+\frac{1}{100\,n}\right)$	$\frac{k_3\,l^2\,v}{114\,f}$	β) und γ)

[1]) Ordinate des Querschnittsmittelpunktes $y_0 = \frac{2\,f}{3}\left(\frac{0{,}13}{k_3}[2+u+w]+1\right)$ (Abb. 36) eigens zu berechnen und hiernach eine „günstige" Bogenachse zu zeichnen.

Beispiel. $l=30$, $f=5$, $d_0=1{,}2$, $d=2{,}1$, $d_k=2{,}52$, $h=1{,}85$, $h_k=4{,}01$ m; $\gamma=2{,}2$ t/m³, $p=0{,}57$ t/m².

$$\text{Daher } u=\frac{4{,}01-1{,}85}{3\cdot 1{,}85}=0{,}39,\quad v=2{,}2\cdot 1{,}85=4{,}07,\quad w=\frac{0{,}57}{4{,}07}=0{,}14,\quad n=\left(\frac{30}{4\cdot 5}\right)^2=2{,}25.$$

Für den Kämpfer mit $W=0{,}735$ m³, gilt im Falle β) $k_1=0{,}813$, $k_2=0{,}687$, $k_3=0{,}13\,(3\cdot 1{,}17+3{,}5\cdot 0{,}14+7)=1{,}126$,

$$N=2\cdot 5\cdot 4{,}07\,\frac{2{,}1}{2{,}52}\,(0{,}39+0{,}813\cdot 0{,}14+2{,}25\cdot 1{,}126+1)=137\text{ t},$$

$$M=-\frac{30^2\cdot 4{,}07}{12}\,(0{,}6\cdot 0{,}39+0{,}687\cdot 0{,}14-1{,}126+1)=-62{,}3\text{ tm und mit } F=2{,}1\text{ m}^2,$$

$$\sigma=\frac{137}{2{,}1}\mp\frac{62{,}3}{0{,}735}=\begin{cases}20\text{ t/m}^2=2{,}0\text{ kg/cm}^2\text{ im oberen Rand.}\\150\quad ,,\quad =15{,}0\quad ,,\quad ,,\text{ unteren}\quad ,,\end{cases}$$

Für die Seitenquerschnitte in $0{,}2\,l=0{,}2\cdot 30=6$ m waagrechtem Abstande vom Scheitel mit $F=1{,}4$ m², $W=0{,}327$ m³ und $y_0=\frac{2\cdot 5}{3}\left(\frac{0{,}13}{1{,}126}(2+0{,}39+0{,}14)+1\right)=$ $=4{,}32$ m. Im Falle β) wie γ)

$$N=\frac{1{,}126\cdot 30^2\cdot 4{,}07}{5}\left(\frac{1}{8}+\frac{1}{100\cdot 2{,}25}\right)=106{,}9\text{ t},\qquad M=\frac{1{,}126\cdot 30^2\cdot 4{,}07}{114\cdot 5}=7{,}24\text{ tm},$$

$$\sigma=\frac{106{,}9}{1{,}4}\pm\frac{7{,}24}{0{,}327}=\left.\begin{cases}98{,}4\text{ bzw. }54{,}2\text{ t/m}^2\text{ im Falle }\beta)\\54{,}2\quad ,,\quad 98{,}4\text{ t/m}^2\quad ,,\quad ,,\quad \gamma)\end{cases}\right\}\text{ oben bzw. unten.}$$

c) Bei Gewölben von mehr als $^1/_5$ Pfeilverhältnis kann ein oberes Segment von diesem Stichmaß abgetrennt für sich laut b) untersucht werden und beiderseits der restliche Kämpferteil mit Rücksicht auf die verspannende Hintermauerung dem angrenzenden Widerlager (Pfeiler) zugerechnet werden.

Gewölbe und Widerlagerstärken für Durchlässe und kleine Brücken nach den Normalien der österreichischen Bundesbahnbauten. Ausführung in lagerhaftem Bruchstein oder guten Ziegeln.

1. Stichbogengewölbe mit $^1/_4\,L$ als Pfeilhöhe

Dimensionen	Lichtweite L in Metern											
	1	2	3	4	5	6	7	8	9	10	11	12
r	0,63	1,25	1,88	2,50	3,13	3,75	4,38	5,00	5,63	6,25	6,88	7,50
d	0,45	0,50	0,55	0,60	0,65	0,70	0,75	0,80	0,85	0,90	0,95	1,00
d_1	0,50	0,57	0,63	0,69	0,75	0,82	0,89	0,95	1,02	1,09	1,16	1,23
w	1,00	1,20	1,40	1,60	1,80	2,00	2,20	2,40	2,60	2,80	3,00	3,20

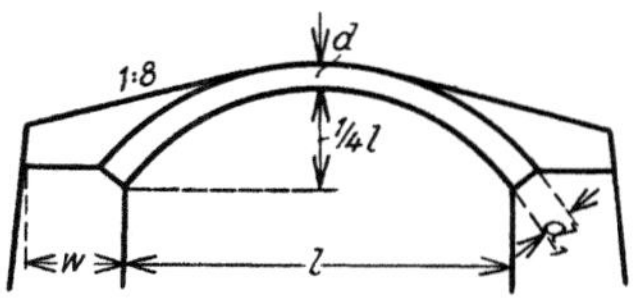

Abb. 37

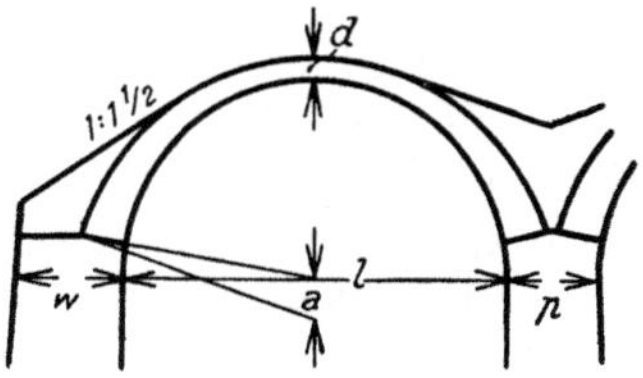

Abb. 38

2. Halbkreisgewölbe

Überschüttungshöhe in m	Dimensionen	Lichtweite L in Metern											
		1	2	3	4	5	6	7	8	9	10	11	12
bis 2 m	d	0,45	0,49	0,53	0,58	0,62	0,66	0,70	0,74	0,78	0,82	0,86	0,90
	w	0,90	1,03	1,16	1,29	1,41	1,54	1,67	1,79	1,92	2,05	2,17	2,30
	a	0,09	0,10	0,12	0,13	0,15	0,17	0,18	0,20	0,22	0,24	0,26	0,28
	p	1,20	1,20	1,20	1,20	1,20	1,30	1,40	1,60	1,80	2,00	2,20	2,40
4 m	d	0,45	0,50	0,56	0,61	0,66	0,71	0,76	0,81	0,87	0,92	0,97	1,02
	w	0,90	1,04	1,18	1,32	1,46	1,59	1,73	1,87	2,01	2,14	2,28	2,42
	a	0,09	0,11	0,13	0,15	0,17	0,18	0,21	0,23	0,25	0,28	0,30	0,33
6 m	d	0,45	0,51	0,58	0,64	0,70	0,76	0,82	0,88	0,95	1,01	1,07	1,13
	w	0,90	1,05	1,20	1,35	1,50	1,64	1,79	1,94	2,09	2,23	2,39	2,54
	a	0,10	0,12	0,14	0,16	0,18	0,21	0,23	0,26	0,29	0,31	0,34	0,37
8 m	d	0,45	0,52	0,60	0,67	0,74	0,81	0,88	0,95	1,02	1,09	1,17	1,24
	w	0,90	1,06	1,22	1,38	1,53	1,69	1,85	2,06	2,16	2,32	2,48	2,64
	a	0,10	0,12	0,15	0,17	0,20	0,23	0,26	0,29	0,32	0,35	0,39	0,42

3. Hochbaugewölbe [1])

Für die gewöhnlich vorkommenden Fälle erhalten die Gurten in Umfangs- und Mittelmauern bei drei bis vier Stockwerke hohen Gebäuden folgende Scheitelstärken.

Spannweite	Scheitelstärke	
	halbkreisförmig	flach, Pfeilhöhe bis $^1/_6$ Spannweite
bis 2 m	0,30 m	0,45 m
über 2 m bis 3 m	0,45 m	0,45 m bis 0,60 m
„ 3 m „ 6 m	0,60 m	0,60 m „ 0,75 m
„ 6 m „ 8 m	0,75 m	0,75 m „ 0,90 m

[1]) Aus Bleich-Melan: Taschenbuch.

Bei Tonnengewölben, die bloß den Fußboden eines oberen Stockwerkes zu tragen haben, wird das Gewölbe im Schluß bei einer Spannweite bis einschließlich 4,5 m ½ Ziegel (15 cm) stark gemacht, bei 4,5 bis 6 m Spannweite 1 Ziegel stark. (Dabei ist zu bemerken, daß das Gewölbe gegen die Widerlager zu verstärken ist oder in Entfernungen von 2 zu 2 m Verstärkungsgurten angeordnet werden müssen.)

Gewölbe zwischen Eisenträgern werden entweder aus gewöhnlichen Mauerziegeln in Ringscharen oder aus besonderen Formziegeln (Hönel, Schneider usw.) aufgeführt. Sie erhalten 1,5 m bis höchstens 3 m Spannweite. Die Gewölbe aus Mauerziegeln haben halbe Ziegelstärke bei 0,15 m Pfeil; die Formziegelgewölbe sind gewöhnlich schwächer gehalten (10 cm) und können bei kleiner Spannweite ganz flach ausgeführt werden.

Kreuzgewölbe. Die Kreuzgewölbe werden bei Spannweiten bis zu 6 m in den Kappen ½ Ziegel, in den Graten 1 Ziegel stark gemacht. Die Kappen steigen gewöhnlich $^1/_{20}$ bis $1/_{30}$ ihrer Länge und die Widerlager erhalten eine Stärke von ¼ bis $^1/_6$ der Diagonale; für die Verstärkung der Widerlager bei größeren Höhen gelten die früher angeführten Bestimmungen.

Kappen- oder Klostergewölbe erhalten bis zu 4 m Spannweite eine Gewölbestärke von einem halben Ziegel, bis 5,5 m von einem ganzen Ziegel. Die Widerlagsstärken ergeben sich für die Klostergewölbe wie bei den Tonnengewölben. Da der Schub auf die Widerlagsmauern in der Achsenmitte am größten ist, sollen dieselben durch Anordnung großer Öffnungen nicht geschwächt werden.

Böhmische Platzel erhalten bis einschließlich 5 m bei einer Pfeilhöhe von $^1/_{10}$ der Diagonale eine Gewölbedicke von 0,15 m. Die Widerlager werden ¼ bis $^1/_5$ der Spannweite stark gemacht, bei Stiegenanlagen wohl auch bis ⅓.

Nachdem gegenwärtig die Maurer in der Ausführung von Kreuz-, Kuppel- usw. Gewölben nicht geübt sind, empfiehlt sich, entweder solche Gewölbe ganz in Beton herzustellen oder, wenn möglich, deren äußere Formen als Rabitzkonstruktion, das Tragwerk aber als Tonnengewölbe zwischen Traversen auszuführen.

D. Beton- und Eisenbetontragwerke

I. Druckglieder

(Pfeiler, Säulen, Mauern und Gewölbe)

Bezeichnungen (cm und kg zugrunde gelegt) (Abb. 39 u. 40, S. 86):

F_b die Fläche des ganzen Betonquerschnittes[1]),

F_k die Fläche des von den Mittellinien der Quereinlagen umschlossenen Innenteiles,

D_k der Durchmesser dieser Fläche,

D der kleinste[2]) durch den Querschnittsschwerpunkt gezogene Durchmesser,

F_e die Gesamtfläche der Längseisenquerschnitte,

δ deren Durchmesser,

f_s der Querschnitt eines Umschnürungseisens ($f_s \geq 0{,}008\, F_b$[3]), wobei

a die Ganghöhe der Windungen bzw. der Abstand der Ringbügel ($\leq D_k/5$ bzw. $\leq$ 8 cm)[3]) [Abb. 40a) bzw. b)],

$F_s = \pi D_k \dfrac{f}{a}$,

[1]) Nach den österreichischen Bestimmungen kleinere Querschnittflächen als 25×25 oder L (Stockwerkhöhe) > 20 D (siehe dieses) nur ausnahmsweise zulässig.

[2]) Für Knickung von Säulen rechteckigen Querschnittes kann allenfalls auch als D die größere Seite eingeführt werden, wenn in der zu D senkrechten Richtung Aussteifungen vorhanden.

[3]) Nach den österreichischen Bestimmungen.

$J_i = J_b + 15\,J_e$ das ideelle Trägheitsmoment mit Rücksicht auf Biegung,
J_b und J_e dessen Anteile von Beton und Eisen bezüglich der gemeinsamen Achse,
L die freie Knicklänge der Stütze in cm[1]),
l_e Abstände der Querverbände ($\leq D$ bzw. $\leq 12\,\delta$)[2]) (Abb. 39),
P die Druckkraft,
z deren Exzentrizität (symmetr. Querschnitt und P in der Symmetralen vorausges.),
e_1 der Abstand der äußersten Faser von der Nullinie auf der Seite von z,
e_2 ebenso auf der Gegenseite, ferner
σ_b die Inanspruchnahme des Betons auf Druck[3]),
σ_e die Inanspruchnahme der Eiseneinlagen[3]),
ω eine Knickzahl,
$\varphi = \frac{100\,F_e}{F_b}$ die Bewehrung von Hundert.

		Für Längseisen mit Querverbindungen (Abb. 39)		Für Längseisen mit Umschnürung[1]) (Abb. 40)
Je nachdem $\varphi = \frac{100\,F_e}{F_b}$ den nebenstehenden Wert annimmt $\varphi =$		[2]) höchstens 3 u. mindestens $0{,}06\,L/D + 0{,}2$	wenn kleiner als $0{,}06\,L/D + 0{,}2$	höchstens 3 und mindestens 0,8
ist die in Rechnung zu setzende Fläche in cm²:		$F_i = F_b + 15\,F_e$	F_b	$F_i' = F_k + 15F_e + 45F_s$ Bedingung: $F_i' \leq 2\,F_b$ u. $F_e \geq \frac{F_s}{3}$
Inanspruchnahme des Betons in kg/cm² bei	a) mittigem Druck $\sigma_b =$	[3]) $\omega \frac{P}{F_i}$	[3]) $\omega \frac{P}{F_b}$	[4]) $\omega \frac{P}{F_i'}$
	b) ausmittigem Druck. Es ist $\sigma_b =$, vorausgesetzt, daß σ_b' positiv bleibt[5]) $\sigma_b' =$	[3]) $P\left(\frac{\omega}{F_i} + \frac{e_1 z}{J_i}\right)$ $P\left(\frac{\omega}{F_i} - \frac{e_2 z}{J_i}\right)$	[3]) $P\left(\frac{\omega}{F_b} + \frac{e_1 z}{J_b}\right)$ $P\left(\frac{\omega}{F_b} - \frac{e_2 z}{J_b}\right)$	[4]) $P\left(\frac{\omega}{F_i'} + \frac{e_1 z}{J_i}\right)$ $P\left(\frac{\omega}{F_i'} - \frac{e_2 z}{J_i}\right)$
Inanspruchnahme des Eisens in kg/cm² bei	a) mittigem Druck	$\sigma_e = 15\,\sigma_b$	—	—
	b) ausmittigem Druck	$\sigma_e < 15\,\sigma_b$	$\sigma_e = 0$	$\sigma_e < 15\,\sigma_b$
		Zugspannungen laut 1b) zu berechnen		

[1]) Nur eine, einen zylindrischen Kern umschließende Umschnürung darf rechnerisch berücksichtigt werden.

[2]) Hiernach ist bei $\frac{L}{D} =$ 5, 6, 7, 8, 9, 10, größer als 10; $\varphi_{min} =$ 0,50, 0,56, 0,62, 0,68, 0,74, 0,80, 0,80 } Zwischenwerte sind geradlinig einzuschalten.

[3]) Wobei für L/D bis 15, 20, 25, $\omega =$ 1, 1,25, 1,75.
[4]) Wobei für L/D bis 13, 20, 25, $\omega =$ 1, 1,70 2,70. } Zwischenwerte sind geradlinig einzuschalten.

[5]) Wenn negativ, dann höchstzulässig ein Fünftel der zulässigen Druckbeanspruchung als Zug, anderenfalls siehe: Druckglieder mit Druck- und Zugspannungen.

---

[1]) Nach den österreichischen Bestimmungen kleinere Querschnittsflächen als 25×25 oder L (Stockwerkshöhe) $> 20\,D$ nur ausnahmsweise zulässig.
[2]) Nach den österreichischen Bestimmungen.
[3]) Zulässige Beanspruchung für mittigen (zentrischen) Druck, ferner ausmittigen (exzentrischen) Druck, desgleichen Biegung sowie für Eisenspannungen siehe: „Bestimmungen für Eisenbeton", ÖNORM B 2302.

a) Druckglieder ohne Zugspannungen

Aus vorstehender Tabelle sind, je nach der Bewehrung, in der entsprechenden Spalte des Wertes von φ die Formeln für die maßgebende Fläche und schließlich für die Inanspruchnahmen zu entnehmen.

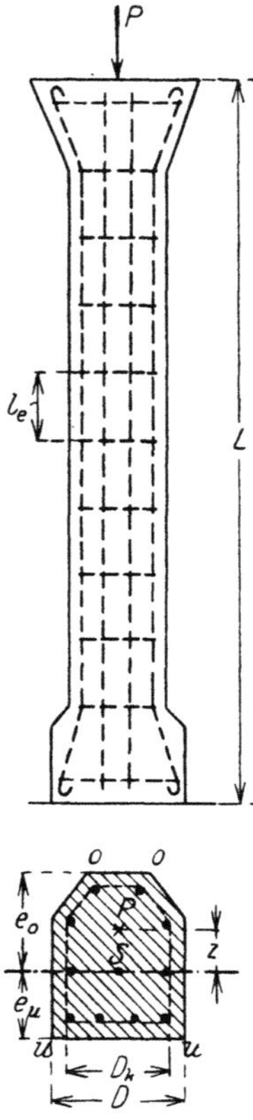

Abb. 39

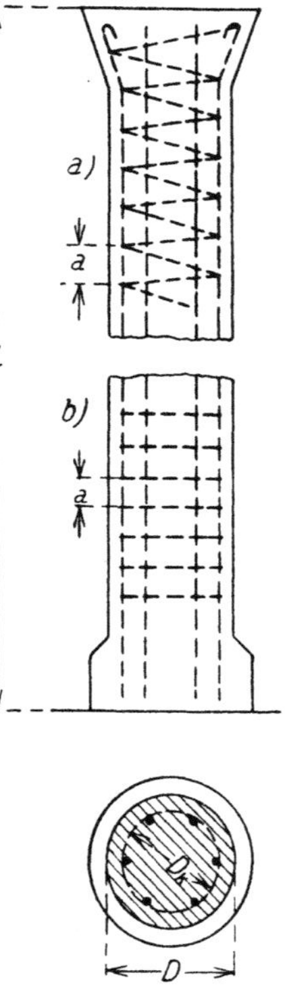

Abb. 40

b) Druckglieder mit Druck- und Zugspannungen

Ein symmetrisch bewehrter rechteckiger Querschnitt (Abb. 43) von der Breite b und der Höhe h, je mit Eiseneinlagen im Abstand a vom Druckrand wie vom Zugrand, wovon jede den Querschnitt F_e aufweise, sei durch eine in der Höhenachse im Abstand v von Druckrand gelegene Druckkraft P beansprucht. Der Abstand x der Nullinie vom Druckrand ergibt sich aus der kubischen Gleichung:

$$c x^3 - 3 c v x^2 + (h - 2v) x = 2a^2 + h^2 - h(2a - v),$$

$$\text{worin } c = \frac{b}{90 F_e}.$$

Die Druckbeanspruchung des Betons beträgt:

$$\sigma_{bd} = \frac{2 P x}{b x^2 - 30 F_e (2x - h)}.$$

Allgemeines Annäherungsverfahren: Steht die Längskraft P vom Zugeisen-Mittelpunkt um e_m ab, so bemesse man den Querschnitt für das Biegungsmoment $M = P e_m$ allein, wobei sich die Eisenbeanspruchung σ_e und vorläufig F_e als Eisenbewehrungsfläche ergibt, während hierfür tatsächlich erforderlich ist

$$f = F_e - \frac{P}{e_m}.$$

Eine allfällige Umschnürung kommt rechnerisch nicht in Betracht.

II. Berechnung von Balken

a) Allgemeine Angaben[1]

Rechnungsmäßige Stützweite l bei frei aufliegenden Trägern von L Lichtweite im Fall unklarer Auflagerung: $l = 1{,}05\,L$, bei Durchlaufbalken: von Mitte zu Mitte Stütze bzw. Unterzug, bei beiderseits frei aufliegenden bzw. eingespannten, entsprechend breit gelagerten Platten von der Stärke d (in Feldmitte): $l = L + d$, bei kreuzweise bewehrten, umfangsgelagerten Platten sind zwei Träger mit bezüglichen Stützweiten a und b ($< a$) zu rechnen[2]).

[1]) Entnommen den österreichischen Bestimmungen für Eisenbeton (ÖNORM B 2302).

[2]) Nach früheren Bestimmungen empfiehlt es sich, a höchstens gleich 1,5 b zu halten und das Verhältnis der Bewehrungen beider Richtungen (je auf 1 m Querschnittsbreite bezogen) zwischen 0,3 und 3,3 anzunehmen, andernfalls aber nur b als Stützweite zu berücksichtigen.

Die geringste zulässige Nutzhöhe h' folgt aus nachstehender Zusammenstellung:

Träger	Nutzhöhe mindestens	
Frei aufliegende Balken		
„ „ Plattenbalken	$^1/_{20}$	der Stützweite
„ „ Platten	$^1/_{27}$	der Stützweite
Eingespannte bzw. durchlaufende Platten	$\sim {}^1/_{34}$	der Stützweite
Kreuzweise bewehrte Platten:		
a) allseits frei aufliegend	$^1/_{30}$	der kürzeren Stützweite
b) „ eingespannt bzw. durchlaufend	$^1/_{38}$ bis $^1/_{40}$	der kürzeren Stützweite

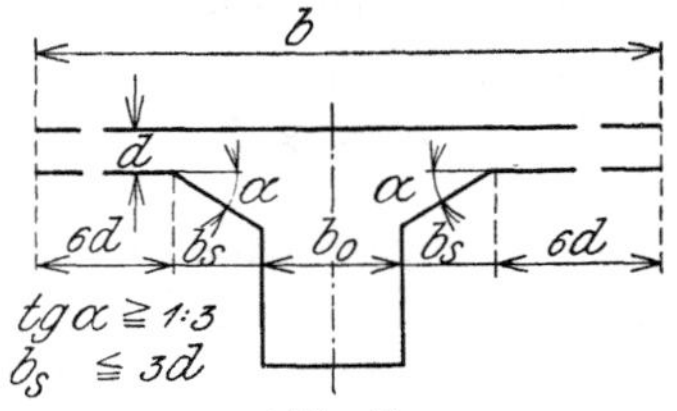

Abb. 41

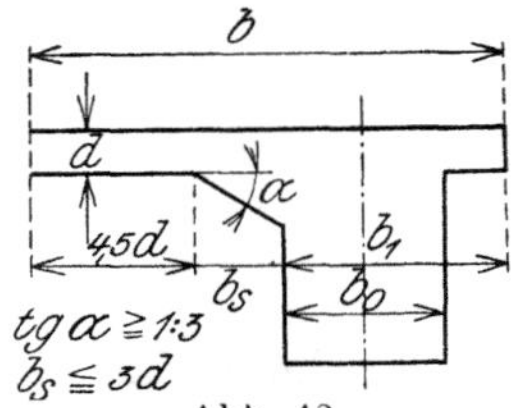

Abb. 42

Mindestdicke von Platten im allgemeinen 7 cm, bei Plattenbalken[1]) für Hochbauten 6 cm, sonst 8 cm. Als Breite der Druckplatte von Plattenbalken in Rechnung zu stellen (Abb. 41 und 42) ... $b = 12\,d + b_0 + 2\,b_s$, aber nicht größer als der Abstand der Feldmitten oder als $\frac{l}{2}$; insbesondere bei einseitiger Platte... $b = 4{,}5\,d + b_1 + b_s$ nicht größer als die halbe lichte Rippenentfernung $+ \frac{b_0}{2}$ oder als $\frac{l}{4}$. Beidemal $\operatorname{tg}\alpha \geq \frac{1}{3}$ und $b_s \leq 3\,d$.

Träger im Hochbau	Momenten- Ort	Momenten- Vorzeichen	Nähere Bedingungen	Moment M in kgm
Durchlaufende Platte mit untereinander gleichen Stützweiten l, desgleichen bei verschiedenen, wenn l_{min} nicht kleiner als das 0,8fache der größten Stützweite l ist	Endfeld	positiv	Wenn (Abb. 41) $10\,b_S \times 5\,b_0 = C$, dgl. $3\,C \operatorname{tg}\alpha$ mindestens gleich der Stützweite (Rippenentfernung) l ist	$(g+p)\frac{l^2}{12}$ [2])
	Innenfeld	positiv		$(g+p)\frac{l^2}{18}$ [2])
	Endfeld	positiv	Wenn obiges C bzw. $3\,C \operatorname{tg}\alpha$ kleiner als l ist	$(g+p)\frac{l^2}{11}$ [2])
	Innenfeld	positiv		$(g+p)\frac{l^2}{15}$ [2])
	Stütze	negativ	Beim Zweifeldbalken für die Mittelstütze	$(g+p)\frac{l^2}{8}$
			Beim Drei- bzw. Mehrfeldbalken für die 2. und vorletzte Stütze	$(g+p)\frac{l^2}{9}$
			Für die übrigen Zwischenstützen	$(g+p)\frac{l^2}{10}$
Durchlaufende Platten zwischen Eisenbetonbalken[3]) Durchlaufende Balken, Plattenbalken wie Rippenbalken zwischen Unterzügen und Säulen[3])	Entlastetes Feld	negativ	Steif angeschlossen oder bei entsprechender Stützenauflast	$\left(g-\frac{p}{2}\right)\frac{l^2}{24}$ bzw. $\left(g-\frac{2}{3}p\right)\frac{l^2}{24}$ [4])

[1]) Schwächere Platten sind hierbei nicht als statisch wirksam zu rechnen.

[2]) Ergibt sich für beiderseitige volle Einspannung ein größeres Feldmoment, so ist letzteres maßgebend. [3]) l bzw. l_{min} wie zuvor.

[4]) Die übrigen Momente sind für die ungünstigsten Laststellungen zu berechnen (siehe Durchlaufträger). Falls $D \geqq 0{,}2\,H$ bzw. $D \geqq 0{,}21\,L$, wobei D die in der Trägerrichtung gemessene Stützendicke, H die Stockwerkshöhe und L die Lichtweite ist, soll der Träger als an den Stützen voll eingespannt gerechnet werden. Positive Feldmomente siehe bei [2]).

Die Momente für durchlaufende bzw. eingespannte Platten und Balken, Rippen- wie Plattenbalken sind aus vorhergehender Zusammenstellung zu entnehmen, worin die Stützweite l in m und die gleichförmig verteilte Belastung g für ständige Last und p für Verkehrslast in kg/m einzusetzen sind.

An Querverteilungseisen sind mindestens erforderlich in den Platten bzw. Rippendecken 8 ⌀ 7 mm bzw. 4 ⌀ 5 mm je 1 m. Rippen-Eiseneinlagen, d stark, in Lichtabständen eingebettet von ...min $e=d$ bzw. 2 cm. Betondeckung bei Platteneinlagen 1 bis 1,5, bei Verwendung von Bügeln 1,5 bis 2 cm.

b) Platten und Rechteckbalken

1. Einfache Bewehrung

α) Steife Eiseneinlagen

Bezeichnet (Abb. 44) h die Höhe, b die Breite des Balkens, F_e die Fläche des Eisenquerschnittes, J_I dessen Trägheitsmoment auf die eigene Schwerachse, deren Abstand vom Druckrand $OO=h'$ ist, so ergibt sich mit $\lambda=\frac{15 F_e}{b}$ der Abstand der Nullinie von OO:

$$x=-\lambda+\sqrt{\lambda^2+2h'\lambda} \text{ und damit } J=\frac{1}{3}b\,x^3+15\,[J_I+F_e\,(h'-x)^2]$$

sowie die größte Inanspruchnahme des Betons auf Druck: $\sigma_b=\frac{M\,x}{J}$

und „ „ „ „ Eisens auf Zug: $\frac{15\,M\,(h-a-x)}{J}$,

wenn M das Biegungsmoment, ferner a der Abstand der äußersten Eisenfaser vom Zugrand ist und die Betonzugspannungen nicht berücksichtigt werden.

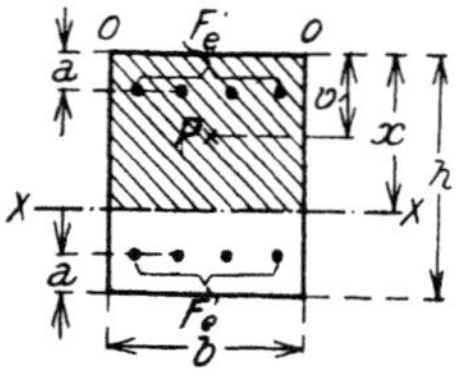

Abb. 43

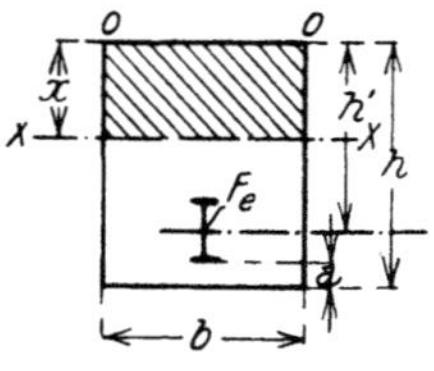

Abb. 44

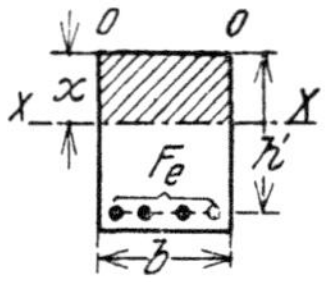

Abb. 45

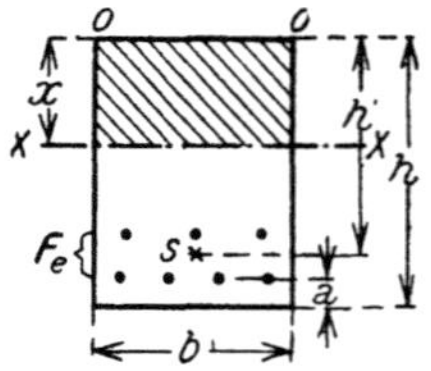

Abb. 46

β) Schlaffe Einlagen

(Bezeichnungen und x wie bei α)

Eine Reihe[2]) (Abb. 45) im Abstand h' von OO. Es ist:

$$J={}^1/_3\,b\,x^3+15\,F_e\,(h'-x)^2,$$

$$\sigma_b=\frac{M\,x}{J}, \qquad \sigma_e=\frac{15\,M\,(h'-x)}{J}.$$

[1]) Mit diesen fest verbunden.

[2]) Mehrere Reihen (Abb. 46), deren Querschnittsschwerpunkt S (als Ersatz für den Zugmittelpunkt) den Abstand h' von OO und deren äußerste Schichte vom Zugrande den Abstand a aufweise. Mit h' wird, wie bei einer Reihe, x, J und σ_b bestimmt, schließlich aber $\sigma_e=\frac{15\,M\,(h-a-x)}{J}$.

γ) Anwendung von Hilfstabellen A, B, C und D (S. 93 und 94) erläutert an nachstehenden Rechnungsbeispielen:

Rechnungsbeispiel Nr.	Moment M in kgcm	Balken- bzw. Plattenbreite b in cm	Allfällige Plattendicke bei Plattenbalken d in cm	Nutzhöhe h' in cm	Eisenquerschnitt F_e in cm²	Inanspruchnahme in kg/cm²	
						des Betons σ_b	des Eisens σ_e
1	161250	20	—	35	6,28	?	?
2	330000	30	—	?	?	50	1200
3	325000	30	—	32	?	? (≤ 50)	? (≤ 1000)
4	325000	30	—	45	?	? (≤ 50)	? (≤ 1000)
5	147000	120	—	12	F_e? u. F_d?	40	1200
6	1083000	120	9	?	?	36	1200
7	1100000	80	9	60	19,72	?	?

Mit dem Verhältnis der Inanspruchnahmen $\beta = \frac{\sigma_e}{\sigma_b}$ ergibt sich für sämtliche Beispiele der Abstand x der Nullinie von OO: $x = \frac{h'}{1 + \frac{\beta}{15}}$.

1. Beispiel[1]): Man berechnet $\mu = \frac{F_e}{b\,h'} = \frac{6,28}{20 \cdot 35} = 0,0090$; dazu gehört nach Tabelle A (S. 93) $\beta = 22,3$ und $c = 5,75$, womit $\sigma_b = c\,\frac{M}{b\,h'^2} = 5,75\,\frac{161250}{20 \cdot 35^2} =$ $= 38$ kg/cm² und $\sigma_e = \beta\,\sigma_b = 22,3 \cdot 38 = 847$ kg/cm².

2. Beispiel[1]): Man berechnet $\beta = \frac{\sigma_e}{\sigma_b} = \frac{1200}{50} = 24$; dazu gehört nach Tabelle A (S. 93) .... $\mu = 0,0080$ und $c = 5,98$, womit laut Spalte 3 wegen $c = \frac{b\,h'^2}{M}\,\sigma_b$ ..... $h' = \sqrt{c\,\frac{M}{b\,\sigma_b}} = \sqrt{5,98\,\frac{330000}{30 \cdot 50}} = 36,3$ cm und gemäß Spalte 1 ... $F_e = \mu\,b\,h' = 0,0080 \cdot$ $\cdot\, 30 \cdot 36,3 = 8,72$ cm².

Einfacher ist bei Verwendung der eigens für die gebräuchliche Eisenbeanspruchung $\sigma_e = 1200$ berechneten Tabelle B (S. 93) zu finden: Neben $\sigma_b = 50$ ... $K =$ $= 0,345$ und $\mu = 0,00802$, womit (Spalte 2) $h' = K\,\sqrt{\frac{M}{b}} = 0,345\,\sqrt{\frac{330000}{30}} = 36,2$ cm, ferner gemäß Spalte 3... $F_e = \mu\,b\,h' = 0,00802 \cdot 30 \cdot 36,2 = 8,71$ cm².

3. Beispiel[1]): Man ermittelt $c = \frac{b\,h'^2}{M}\,\sigma_b = \frac{30 \cdot 32^2}{325000}\,50 = 4,70$; dazu gehört in Tabelle A ... $\beta = 14,2$. Falls dieses kleiner[2]) als das gegebene Verhältnis $\beta_0 = \frac{\sigma_e}{\sigma_b}$

[1]) Angaben laut bezüglicher Zeile in vorstehender Zusammenstellung γ.
[2]) Andernfalls siehe das 4. Beispiel.

der zulässigen Inanspruchnahmen ist, ergibt sich mit Erreichung der zulässigen Betonrand-Druckbeanspruchung $\sigma_b = \sigma_{b\,zul} = 50$ nun als Eisenzugbeanspruchung $\sigma_e = \beta\,\sigma_b = 14{,}2 \cdot 50 = 710$ kg/cm². Erforderlicher Eisenquerschnitt $F_e = \mu\, b\, h' = 0{,}018 \cdot 30 \cdot 32 = 17{,}3$ cm², wobei μ zu $\beta = 14{,}2$ gehört. (Fall beschränkter Nutzhöhe.)

4. Beispiel[1]): Wie zuvor $\beta_0 = \frac{\sigma_e}{\sigma_b} = \frac{1000}{50} = 20$; Man ermittelt wieder $c = \frac{b\,h'^2}{M}\sigma_b = \frac{30 \cdot 45^2}{325000} 50 = 9{,}3$. Dazu gehört aber in Tabelle A ein zwischen 43,1 und 54,2 liegender Wert β, der also größer[2]) als β_0. Diesfalls rechnet man $c' = \frac{b\,h'^2}{M}\sigma_{e\,zul} = \frac{30 \cdot 45^2}{325000} 1000 = 186$, zu welchem Werte $\mu = 0{,}006$ und ein (neues) $\beta = 28{,}6$ gehört. Es ist dann bei Erreichung der zulässigen Eisenbeanspruchung $\sigma_e = \sigma_{e\,zul} = 1000$ kg/cm² die Druckbeanspruchung des Betons $\sigma_b = \frac{\sigma_e}{\beta} = \frac{1000}{28{,}6} = 35$ kg/cm². Erforderlicher Eisenquerschnitt: $F_e = \mu\, b\, h' = 0{,}006 \cdot 30 \cdot 45 = 8{,}1$ cm² (Fall reichlicher Nutzhöhe).

2. Doppelte Bewehrung

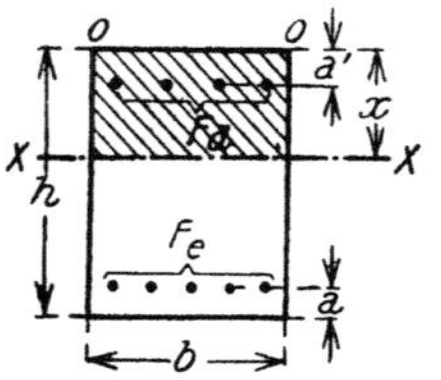

Abb. 47

(Abb. 47) durch je eine Reihe schlaffer Eisen von F_d bzw. F_e Querschnitt und a' bzw. a Abstand vom bezüglichen Rande. Mit $\lambda = \frac{15\,F_e}{b}$ und $\lambda' = \frac{15\,F_d}{b}$ ergibt sich wenn $h' = h - a$:

$$x = (\lambda + \lambda')\left[-1 + \sqrt{1 + 2\,\frac{\lambda h' + \lambda' a'}{(\lambda + \lambda')^2}}\right],$$

$$J = \tfrac{1}{3} b\, x^3 + 15\,[F_d\,(x - a')^2 + F_e\,(h' - x)^2],$$

und hiermit die Inanspruchnahme des Betons auf Druck $\sigma_b = \frac{M\,x}{J}$ und jene des Eisens auf Zug $\sigma_e = \frac{15\,M\,(h' - x)}{J}$.

Für bestimmte Werte von σ_e (z. B. 1200 kg/cm²) und σ_b (z. B. 30 bis 55 kg/cm²) lassen sich je nach dem angenommenen Verhältnis $\alpha = \frac{F_d}{F_e}$ Konstante ϱ und r tabellarisch[3]) bestimmen, wodurch man erhält: $F_e = \varrho\, b\, h'$, $F_d = \alpha\, F_e$ und $h' = r\sqrt{\frac{M}{b}}$ (siehe Tabelle C).

5. Beispiel[1]): Man berechnet $r = h' : \sqrt{\frac{M}{b}} = 12 : \sqrt{\frac{147000}{120}} = 0{,}343$, welcher Wert in der für $\sigma_b = 40$ gültigen Spalte aufgesucht das zugehörige $\alpha = 0{,}9$ und $\varrho = 0{,}00794$ liefert, womit $F_e = \varrho\, b\, h' = 0{,}00794 \cdot 120 \cdot 12 = 11{,}44$ cm² auf der Zugseite und $F_d = \alpha F_e = 0{,}9 \cdot 11{,}4 = 10.30$ cm² auf der Druckseite.

3. Am Umfang gelagerte Platten

Für rechteckige, kreuzweise bewehrte, mit q kg/m² belastete **Platten** mit den Seitenlängen a und b des Stützrandes, die am ganzen Umfang gelagert sind, gelten obige Formeln unter 1 wie 2, wobei die auf 100 cm Breite bezogenen Momente für die Stützweite a bzw. b ... $M_a = 3\,q\,\mu\,\nu \cdot b^2$, $M_b = 3\,q\,\mu\,\nu \cdot a^2$, zu setzen ist[4]). Bei Bezeichnung der größeren der beiden Seiten mit a ist hierin, wenn

---

[1]) Angaben laut bezüglicher Zeile in vorstehender Zusammenstellung γ.

[2]) Andernfalls siehe das 3. Beispiel.

[3]) Tabelle nach Geyer: „Armierter Beton". S. 81. 1913.

[4]) μ nach der Gleichung berechnet: $\mu = \frac{a^2 b^2}{72\,(a^4 + b^4)}$.

$\frac{a}{b} =$	1	1·1	1·2	1·3	1·4	1·5
$\mu =$	0,00695	0,00682	0,00651	0,00609	0,00562	0,00515

weiters für das Feldmoment
bei frei gelagerten Rändern: $\nu = 3\ (1 - 60\ \mu)$,
bei volleingespannten Rändern: $\nu = 1 - 20\ \mu$
(bei teilweiser Einspannung zwischenzuschalten),
für das Einspannungsmoment: $\nu = 2$ und im Falle, daß die Ecken gegen Abheben nicht gesichert sind: $\nu = 3$.

c) Plattenbalken oder Rippenplatten

1. Schlaffe, einfache Bewehrung

Einreihig[1]): Betonzug nicht berücksichtigt. Betondruck in der Rippe vernachlässigt. Mit den Bezeichnungen der Abb. 48 findet man, wenn

$b\,d^2 > 30\,F_e\,(h' - d)$ [2]) $x = \frac{b\,d^2 + 30\,F_e\,h'}{2\,b\,d + 30\,F_e}$. $y = x - \frac{d}{2} + \frac{d^2}{6\,(2\,x - d)}$ und

die Inanspruchnahme des Eisens auf Zug: $\sigma_e = \frac{M}{F_e\,(h' - x + y)}$,

jene des Betons auf Druck: $\sigma_b = \frac{x}{15\,(h' - x)}\,\sigma_e$.

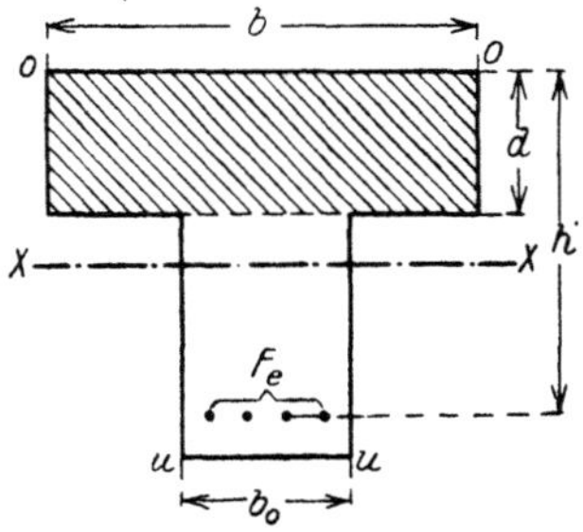

Abb. 48

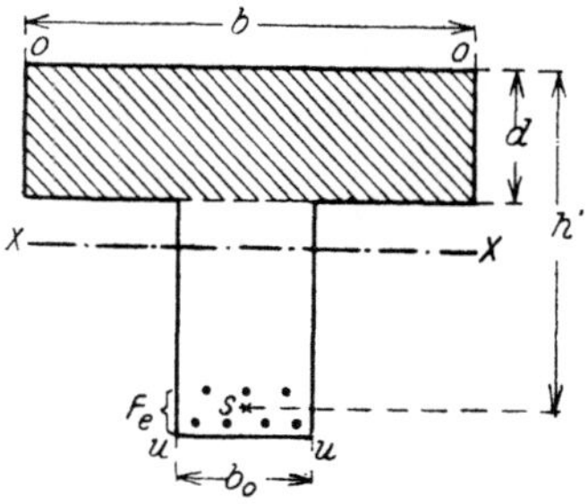

Abb. 49

Bei gegebenem b in cm, σ_e (z. B. 1200 kg/cm^2) und σ_b (z. B. 24 bis 48 kg/cm^2) sowie M (in kgcm und Annahme von $\delta = \frac{d}{h'}$ findet man aus nachstehender Tabelle D die Beiwerte k, μ und μ', womit sich bestimmt[5]):

$$h' = k\sqrt{\frac{M}{b}},\quad f_e = \mu\,b\,h' \text{ oder } f_e = \mu'\sqrt{M\,b}.$$

6. Beispiel[3]): Geschätzt $\delta = 0{,}175$, wozu in Tabelle D unter $\sigma_b = 36$ durch Zwischenschaltung $k = 0{,}492$ und $\mu = 0{,}00375$ gehört. Es ist aber $h' = k\sqrt{\frac{M}{b}} = 0{,}492 \cdot \sqrt{\frac{1083000}{120}} = 46{,}8$ cm, demnach $d = \delta h' = 0{,}175 \cdot 46{,}8 = 8{,}2$. Obiges $d = 9{,}0$ cm ist also ausreichend. $F_e = \mu\,b\,h' = 0{,}00375 \cdot 120 \cdot 46{,}8 = 21{,}1$ cm^2.

7. Beispiel[3]) Nach den Formeln unter c) 1. oder angenähert mittels des nachfolgenden Hilfsmomentes M' für die Eisenbeanspruchung $\sigma_e' = 1200$ kg/cm^2.

---

[1]) Bei mehreren Reihen (Abb. 49) gilt für h' dasselbe wie unter [2]) S. 88. x, y und σ_b wie oben unter c) 1. jedoch $\sigma_e = \frac{M\,(h - a - x)}{F_e\,(h' - x + y)\,(h' - a)}$.

[2]) Nach Herzka. Sonst gilt wegen $x \leqq d$ das unter b) zuvor Angeführte.

[3]) Angaben laut bezüglicher Zeile in vorstehender Zusammenstellung γ.

Es ist $\delta = \frac{d}{h'} = \frac{9}{60} = 0{,}15$. Hierzu gilt in Tabelle D bei $\sigma_b = 36$ $\mu = 0{,}00342$, $k = 0{,}511$

„ $\sigma_b = 48$ $\mu = 0{,}00480$, $k = 0{,}432$

Gegeben ist aber $\mu = \frac{F}{b\,h'} = \frac{19{,}72}{60 \cdot 80} = 0{,}00411$. Dem entspricht die Zwischenschaltung $\sigma_b' = 42$ $k = 0{,}4715$.

Hiermit ist $h' = k\sqrt{\frac{M'}{b}}$, woraus $M' = \frac{b\,h'^2}{k^2} = \frac{80 \cdot 60^2}{0{,}4715^2} = 1\,290\,000$ kgcm.

Die gesuchte Inanspruchnahme des Betons ist $\sigma_b = \frac{M}{M'}\,\sigma_b' = \frac{1\,100\,000}{1\,290\,000}\;42 = 35{,}8$ kg/cm².

des Eisens $\sigma_e = \frac{M}{M'}\,\sigma_e' = \frac{1\,100\,000}{1\,290\,000}\,1200 = 1024$ kg/cm².

2. Schlaffe doppelte Bewehrung

Bezeichnungen laut Abb. 50. Ähnlich wie zuvor gilt:

$$x = \frac{b\,d^2 + 30\,(F_e\,h + F_e'\,a)}{2\,b\,d + 30\,(F_e + F_e')},$$

$$y = x - \frac{d}{2} + \frac{d^2}{6\,(2\,x - d)},$$

$$\sigma_b = \frac{2\;M\,x}{b\,d\,(2\,x - d)\;y + 30\,[F_e\,(h - x)^2 + F_e'\,(x - a)^2]},$$

und damit

$$\sigma_e = 15\,\sigma_b\,\frac{h - x}{x} \qquad \text{sowie} \qquad \sigma_e' = 15\,\sigma_b\,\frac{x - a}{x}.$$

d) Ergänzende Untersuchungen

1. Die Schubspannung

des Betons an einer Stelle ergibt sich bei der zugehörigen größten Querkraft Q infolge von Eigengewicht und Nutzlast mit den obigen Bezeichnungen für den Rechteckbalken bzw. die Platte (Abb. 45) gleich

$$\tau_0 = \frac{Q}{b\left(h' - \frac{x}{3}\right)},$$

was auch für den Plattenbalken gilt, wenn $x \leq d$, andernfalls ist für letzteren

$$\tau_0 = \frac{Q}{b_0\,(h' - x + y)}$$

oder angenähert

$$\tau_0 = \frac{Q}{b_0\,(h' - 0{,}5\,d)}.$$

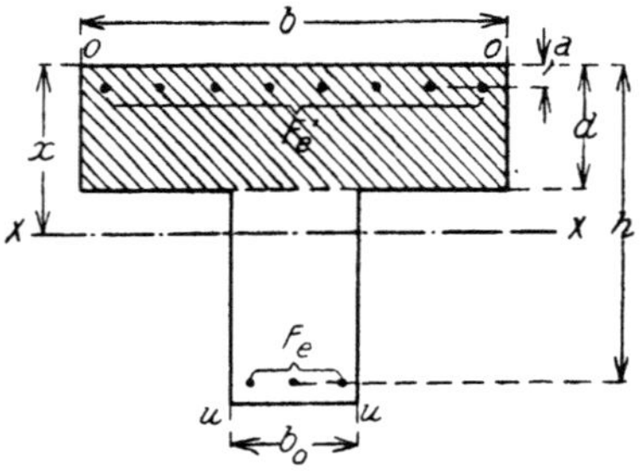

Abb. 50

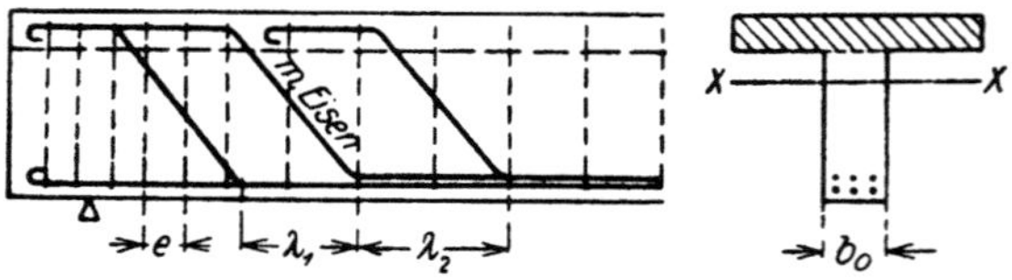

Abb. 51

Überschreitet τ_0 den zulässigen Wert t_0 (4 bis 5,5 kg/cm²) für Beton, so sind Schrägeisen, Bügel oder andere Eiseneinlagen anzuordnen, die alle Querkräfte in diesem Bereich übertragen können. Der Beton muß für sich allein rechnungsmäßig mindestens 30% der Querkräfte aufnehmen.

2. Die Zugspannung der Aufbiegungen

Ist obiges τ_0 größer als t_0, so sind Aufbiegungen aus statischen Gründen erforderlich. Sind in zwei in den Intervallmitten von λ_1 und λ_2 (Abb. 51) liegenden Querschnitten die größten Betonschubspannungen τ_1 und τ_2, so entfällt beim waagrechten Längsabstand λ_1 und λ_2 der aufgebogenen Eisen (m Stück vom Durchmesser δ in einer Schichte) auf ein solches die Zugbeanspruchung $\sigma_z = 0{,}225 \frac{b_0 (\lambda_1 + \lambda_2)(\tau_1 + \tau_2)}{m \delta^2}$, wobei σ_z höchstens die in Tabelle F unter 4 bzw. 5 angegebenen Inanspruchnahmen erreichen darf.

3. Die Haftspannungen

Sie sind aus der Gleichung: $\tau_h = \frac{Q}{u \cdot z}$ zu berechnen und dürfen 5 kg/cm² nicht überschreiten; z ist der innere Hebelarm und ist für die Platte mit $z = h' - \frac{x}{3}$, für die Rippenplatte mit $z = h' - x + y \doteq h' - 0{,}5d$ gegeben. u = Umfang aller Eisen im Querschnitt. Wenn die Enden der Eisen mit runden[1]) oder spitzwinkeligen Haken versehen und die Eisen nicht stärker als 25 mm sind, brauchen die Haftspannungen nicht berechnet werden.

e) Tabellen für Eisenbetonträger

Tabelle A (zu S. 88 bis 90)

$\mu = \frac{F_e}{b h'}$	$\beta = \frac{\sigma_e}{\sigma_b}$	$c = \frac{b h'^2}{M} \sigma_b$	$c' = \frac{b h'^2}{M} \sigma_e$
0,0010	79,4	13,30	1056
20	54,2	9,95	539
30	43,1	8,48	365
40	36,5	7,61	278
50	32,0	7,00	224
60	28,6	6,57	188
70	26,1	6,23	163
80	24,0	5,98	144
90	22,3	5,75	128
0,0100	20,9	5,56	116
120	18,6	5,26	97,9
140	16,8	5,03	84,7
160	15,4	4,85	74,8
180	14,2	4,70	67,0
200	13,3	4,58	60,8
250	11,4	4,34	49,4
300	10,0	4,16	41,6

Tabelle B (zu S. 88 bis 90)
für $\sigma_e = 1200$ kg/cm²

σ_b	$K = \frac{h'}{\sqrt{M/b}}$	$\mu = \frac{F_e}{b h'}$	$\xi = \frac{x}{h'}$
20	0,731	0,00167	0,933
25	602	248	921
30	518	341	909
35	458	443	899
40	410	556	889
45	375	674	880
50	345	802	872
55	321	935	864
60	301	1072	857
65	269	1361	844

[1]) Halbkreis, dessen lichter Durchmesser mindestens gleich der fünffachen Eisenstärke ist.

Tabelle C (zu S. 90)

$\sigma_b =$	30		35		40		45		50		55		$= \sigma_b$
$s =$	0,273		0,304		0,333		0,360		0,385		0,407		$= s$
a	r	ϱ	r	ϱ	r	ϱ	r	ϱ	r	ϱ	r	ϱ	a
0,0	0,518	0,00341	0,457	0,00443	0,411	0,00555	0,375	0,00675	0,345	0,00802	0,322	0,00932	0,0
0,1	0,512	0,00350	0,451	0,00457	0,404	0,00574	0,368	0,00701	0,338	0,00837	0,314	0,00978	0,1
0,2	0,505	0,00359	0,444	0,00471	0,397	0,00595	0,360	0,00730	0,331	0,00875	0,307	0,01025	0,2
0,3	0,498	0,00369	0,437	0,00486	0,390	0,00616	0,353	0,00760	0,323	0,00917	0,299	0,01081	0,3
0,4	0,492	0,00379	0,430	0,00502	0,382	0,00641	0,345	0,00794	0,315	0,00963	0,291	0,01142	0,4
0,5	0,485	0,00390	0,423	0,00519	0,375	0,00666	0,338	0,00831	0,307	0,01013	0,282	0,01210	0,5
0,6	0,478	0,00402	0,415	0,00538	0,367	0,00694	0,330	0,00871	0,299	0,01070	0,274	0,01286	0,6
0,7	0,471	0,00414	0,408	0,00558	0,359	0,00725	0,322	0,00915	0,291	0,01132	0,265	0,01373	0,7
0,8	0,464	0,00427	0,400	0,00579	0,351	0,00757	0,313	0,00965	0,282	0,01202	0,256	0,01472	0,8
0,9	0,456	0,00441	0,393	0,00601	0,343	0,00794	0,305	0,01019	0,273	0,01284	0,247	0,01587	0,9
1,0	0,449	0,00455	0,385	0,00626	0,335	0,00833	0,296	0,01080	0,263	0,01375	0,237	0,01720	1,0
1,1	0,441	0,00471	0,377	0,00653	0,327	0,00877	0,287	0,01149	0,254	0,01480	0,227	0,01880	1,1
1,2	0,434	0,00488	0,369	0,00683	0,318	0,00926	0,278	0,01227	0,244	0,01605	0,216	0,02070	1,2
1,3	0,426	0,00506	0,360	0,00715	0,309	0,00980	0,268	0,01317	0,234	0,01750	0,205	0,02310	1,3
1,4	0,418	0,00525	0,352	0,00750	0,300	0,01040	0,258	0,01421	0,223	0,01925	0,193	0,02600	1,4
1,5	0,410	0,00546	0,343	0,00789	0,290	0,01110	0,248	0,01543	0,211	0,02140	0,180	0,02985	1,5
1,6	0,402	0,00569	0,334	0,00832	0,280	0,01190	0,237	0,01688	0,199	0,02410	0,166	0,03500	1,6
1,7	0,393	0,00594	0,325	0,00880	0,270	0,01280	0,225	0,01863	0,186	0,02750	0,151	0,04225	1,7
1,8	0,385	0,00621	0,315	0,00934	0,260	0,01390	0,213	0,02075	0,173	0,03210	0,135	0,05330	1,8
1,9	0,375	0,00650	0,305	0,00995	0,249	0,01510	0,201	0,02350	0,157	0,03850	0,116	0,07220	1,9
2,0	0,366	0,00683	0,295	0,01064	0,237	0,01660	0,187	0,02700	0,141	0,04810	0,093	0,11190	2,0

Tabelle D (zu S. 45)

$\sigma_e = 1200$ kg/cm²

σ_b	$\delta = \frac{d}{h'}$	$k = h'\sqrt{\frac{b}{M}}$	$\mu = \frac{f_e}{b\,h'}$	$\mu' = \frac{f_e}{\sqrt{M\,b}}$
24	0,10	0,747	0,00157	0,00118
	15	662	203	135
	20	630	228	143
	231	626	232	145
36	0,10	0,589	0,00252	0,00149
	15	511	342	174
	20	473	408	194
	25	454	450	204
	30	447	467	208
	31	447	467	208
48	0,10	0,502	0,00347	0,00175
	15	432	480	207
	20	394	587	231
	25	373	667	249
	30	362	720	261
	35	357	747	267
	375	356	750	267

Tabelle E der Rundstahle für Eisenbeton

Durchmesser	Gewicht	Umfang	Anzahl der Rundstahle										15 F
			1	2	3	4	5	6	7	8	9	10	
cm	kg/m	cm	Querschnitt cm²										
0,5	0,15	1,57	0,20	0,39	0,59	0,78	0,98	1,18	1,37	1,57	1,76	1,96	2,95
0,6	0,22	1,89	0,28	0,57	0,85	1,13	1,41	1,70	1,98	2,26	2,55	2,83	4,25
0,7	0,30	2,20	0,38	0,77	1,16	1,54	1,93	2,31	2,70	3,08	3,47	3,85	5,70
0,8	0,40	2,51	0,50	1,01	1,51	2,01	2,52	3,02	3,52	4,02	4,53	5,04	7,50
0,9	0,50	2,83	0,64	1,27	1,91	2,54	3,18	3,82	4,45	5,09	5,72	6,36	9,54
1,0	0,62	3,14	0,79	1,57	2,36	3,14	3,93	4.71	5,50	6,28	7,06	7,85	11,85
1,1	0,75	3,46	0,95	1,90	2,85	3,80	4,75	5,70	6,65	7,60	8,55	9,50	14,25
1,2	0,89	3,77	1,13	2,26	3,39	4,52	5,65	6,78	7,91	9,04	10,17	11,30	17,00
1,3	1,04	4,08	1,33	2,66	3,99	5,32	6,65	7,98	9,31	10,64	11,97	13,30	19,95
1,4	1,21	4,40	1,54	3,08	4,62	6,16	7,70	9,42	10,78	12,32	13,86	15,40	23,10
1,5	1,39	4,71	1,77	3,54	5,31	7,08	8,85	10,62	12,39	14,14	15,93	17,70	27,50
1,6	1,58	5,03	2,01	4,02	6,03	8,04	10,05	12,06	14,07	16,08	18,09	20,10	30,16
1,7	1,78	5,34	2,27	4,54	6,81	9,08	11,35	13,62	15,89	18,16	20,43	22,70	34,05
1,8	2,00	5,65	2,54	5,08	7,62	10,16	12,70	15,24	17,78	20,32	22,86	25,40	38,10
1,9	2,23	5,97	2,84	5,68	8,52	11,36	14,20	17,05	19,88	22,72	25,56	28,40	42,52
2,0	2,47	6,28	3,14	6,28	9,42	12,57	15,70	18,84	21,98	25,12	28,26	31,40	47,10
2,1	2,72	6,60	3,46	6,92	10,38	13,84	17,30	20,76	24,22	27,68	31,14	34,60	51,90
2,2	2,98	6,91	3,80	7,60	11,40	15,20	19,00	22,80	26,60	30,40	34,20	38,00	57,02
2,3	3,26	7,23	4,15	8,30	12,45	16,60	20,75	24,90	29,05	33,20	37,35	41,50	62,25
2,4	3,55	7,54	4,52	9,04	13,56	18,08	22,60	27,12	31,64	36,16	40,68	45,20	67,85
2,5	3,85	7,85	4,91	9,82	14,73	19,64	24,55	29,64	34,37	39,28	44,19	49,10	73,65
2,6	4,19	8,17	5,31	10,62	15,93	21,24	26,55	31,86	37,17	42,48	47,79	53,10	79,65
2,7	4,50	8,48	5,73	11,46	17,19	22,92	28,65	34,38	40,11	45,84	51,57	57,30	85,95
2,8	4,84	8,80	6,16	12,32	18,48	24,63	30,80	36,96	43,12	49,28	55,44	61,60	92,36
2,9	5,19	9,11	6,61	13,22	19,83	26,44	33,05	39,66	46,27	52,88	59,49	66,40	99,15
3,0	5,55	9,42	7,07	14,14	21,21	28,28	35,35	42,42	49,49	56,56	63,63	70,70	106,00
3,1	5,93	9,74	7,55	15,09	22,64	30,19	37,74	45,29	52,83	60,38	67,93	75,48	113,22
3,2	6,31	10,05	8,04	16,08	24,13	32,17	40,21	48,26	56,30	64,34	72,38	80,42	120,63
3,3	6,72	10,37	8,55	17.11	25,66	34,21	42,76	51,32	59,87	68,42	76,97	85,53	128,29
3,4	7,13	10,68	9,08	18,16	27,24	36,32	45,40	54,48	63,56	72,63	81,71	90,79	136,19
3,5	7,56	11,00	9,62	19,24	28,86	38,48	48,11	57,73	67,34	76,97	86,59	96,21	144,39
3,6	8,00	11,31	10,18	20,36	30,54	40,72	50,90	61,07	71,26	81,43	91,61	101,79	152,69
3,7	8,45	11,62	10,75	21,50	32,26	43,01	53,76	64,51	75,27	86,02	96,77	107,52	161,28
3,8	8,89	11,94	11,34	22,68	34,02	45,36	56,70	68,04	79,38	90,73	102,07	113,41	170,11
3,9	9,40	12,25	11,94	23,89	35,84	47,78	59,73	71,68	83,62	95,57	107,51	119,46	179,19
4,0	9,86	12,57	12,56	25,13	37,70	50,26	62,83	75,40	87,96	100,53	113,09	125,66	188,49

Tabelle F. Zulässige Inanspruchnahmen in kg/cm²

		Bei Stützen ohne Knickgefahr[2]) im allgemeinen	Bei Stützen ohne Knickgefahr[2]) in Brücken	Bei Biegung und Biegung mit Längskraft a[3])	b[4])	c[5])	d[6])
1. [1]) Portlandzement $W_{e28} \geqq 200$ und außerdem $W_{b28} \geqq 100$	Druck	35	30	50	40	35	—
2. [1]) Frühhochfester Portlandzement $W_{e28} \geqq 275$ und außerdem $W_{b28} \geqq 130$	Druck	45	40	60	50	40	—
3. [1]) In besonderen Fällen bei Nachweis der Würfelfestigkeit $\sigma_{zul} =$	Druck	$\frac{W_{b28}}{3}$	$\frac{W_{b28}}{4}$	$\frac{W_{b28}}{2}$	$\frac{W_{b28}}{2{,}5}$	$\frac{W_{b28}}{3{,}5}$	$\frac{W_{b28}}{5}$
		jedoch nicht mehr als		jedoch nicht mehr als			
und außerdem $W_{e28} \geqq 250$	Druck	60	50	70	60	45	40
4. Stahl St 37,01 und St 37,06	Zug	—	—	1200	1200	1000	800
5. Stahl mit einer Streckgrenze von mindestens 3000 kg/cm² nur in Verbindung mit Beton nach 2 oder 3	Zug	—	—	1500	1500	1250	1000

[1]) **Erforderliche** Würfelfestigkeit W_{e28} des erdfeuchten, gestampften Betons nach 28 Tagen W_{b28} jene von Beton in der gleichen flüssigen Beschaffenheit, wie er im Bauwerk verarbeitet wird, nach 28 Tagen, beides in kg/cm².

[2]) Im Falle der Knickgefahr siehe Knickungskoeffizienten ω, S. 85.

[3]) Für mindestens **20 cm** hohe, tatsächliche oder rechnungsmäßige **Rechteckquerschnitte**, für **Pilzdecken, Rahmen, Bogen** und **Stützen** als Teile rahmenartiger Tragwerke, wenn diese ausführlich nach der Rahmentheorie berechnet wurden. Berücksichtigung bei Hochbauten der ungünstigsten Laststellung, außerdem bei anderen Bauten der Wärme- und Schwindspannungen, bei Brücken sämtlicher Einflüsse.

[4]) Für **Platten** von **mindestens 10 cm** Dicke in Hochbauten einschließlich Fabriken ohne wesentliche Erschütterungen, für **Plattenbalken**, ausmittig belastete Stützen und andere Tragwerke, soweit sie nicht unter Spalte a fallen, für Stützenquerschnitte der Spalte c.

[5]) Für **Platten** von **weniger als 10 cm** Dicke für die unmittelbar starken **Erschütterungen** ausgesetzten Bauteile in Hochbauten, für Platten und Träger der Fahrbahntafel in Straßenbrücken und Hausdurchfahrten.

[6]) Für Balkenbrücken unter **Eisenbahngleisen.** Gerechnet für Eigengewicht G, Verkehrslast P, Flieh- und Bremswirkung gilt Spalte d, deren Werte für **sämtliche** Einflüsse um 30 % erhöht werden dürfen. Bei **Straßenbrücken** ist für Spalte a und b zur Verkehrslast P ein Zuschlag Z einzurechnen, und zwar wenn:

$$\left\{ \begin{array}{lllllll} G/P = 5 & 4 & 3 & 2 & 1 & 0 \\ Z = 0 & 0{,}1\,P & 0{,}2\,P & 0{,}3\,P & 0{,}4\,P & 0{,}5\,P \end{array} \right\}$$

Normung im Bauwesen

Bearbeitet von Ing. R. Ettel

Allgemeines

Der Österreichische Normenausschuß für Industrie und Gewerbe (ÖNIG) wurde vom Hauptverband der Industrie Österreichs im September 1920 unter Mitwirkung des österreichischen Verbandes des Vereines deutscher Ingenieure gegründet. Neben dem Ausschuß für wirtschaftliche Betriebsführung (AWB) und der Gesellschaft für Wärmewirtschaft (GW) bildet er nunmehr einen Teil der Technischen Abteilung des Hauptverbandes der Industrie.

Der ÖNIG ist die Zentralstelle für die Normung in Österreich und bezweckt die Durchführung des Vereinheitlichungsgedankens in der Erzeugung industrieller und gewerblicher Produkte nach folgenden Richtlinien:

1. Anlehnung bzw. Anschluß an bestehende oder im Entstehen begriffene deutsche Industrienormen durch grundsätzliche Anerkennung derselben als Richtlinien für die österreichische Normung unter Vorbehalt jeweils notwendig erscheinender Änderungen.

2. Aufstellung von österreichischen Landes- und Fachnormen unter Berücksichtigung und Nachprüfung bereits vorhandener derartiger Normen, sowie Entgegennahme von weiteren Normungsvorschlägen seitens der interessierten Körperschaften und Personen.

3. Zusammenarbeit mit den Normenausschüssen des übrigen Auslandes und Anschluß an das vorzubereitende internationale Normenwerk.

Der ÖNIG umfaßt derzeit Abteilungen für Allgemeine Normen, Bauwesen, Berg- und Hüttenwesen, Chemische Industrie, Elektrotechnik, Feuerschutzwesen, Haushaltswesen, Krankenhauswesen, Land- und Forstwirtschaft, Maschinenbau und Verkehrswesen.

Die österreichischen Normen werden im Wege der Gemeinschaftsarbeit in Ausschüssen aufgestellt, in denen grundsätzlich Erzeuger, Verbraucher, Händler, Wissenschaft und die Behörden vertreten sind. Die Aufstellung einer Norm geht in der Weise vor sich, daß auf Grund einer Anregung ein Ausschuß gebildet wird, der im Wege der Gemeinschaftsarbeit einen Entwurf ausarbeitet. Dieser Entwurf wird dann, um auch der breiten Öffentlichkeit Gelegenheit zur Kritik zu geben, in der Zeitschrift „Sparwirtschaft", Zeitschrift für wirtschaftlichen Betrieb bzw. in der Zeitschrift „Elektrotechnik und Maschinenbau" und fallweise auch in anderen Fachzeitschriften mit einer entsprechenden Einspruchsfrist veröffentlicht. Falls gegen einen Entwurf Einsprüche erhoben werden, wird er unter Zuziehung der Einsprucherhebenden im Ausschuß nochmals so lange behandelt, bis eine vollständige Einigung zustande kommt.

Schließlich wird der Entwurf nach vorhergegangener Prüfung durch die Normprüfstelle dem Vollzugsausschuß zur Genehmigung und letzten Überprüfung vorgelegt, worauf die Herausgabe als ÖNORM erfolgt.

Die Normenblätter sind käuflich.

Zum Aufgabenkreis der Geschäftsstelle des ÖNIG gehört vornehmlich auch die Beratung der Industrie und des Gewerbes bei der praktischen Einführung der Normen. Sie erteilt Auskunft und Beratung in allen Normungsangelegenheiten auch schriftlich.

Verzeichnis der Baunormen Österreichs, Deutschlands und der Tschechoslowakei

Österreich

Normbl. Nr.	1. Fertige Normblätter	Ausgabetag
B 1001	Links- und Rechtsbezeichnung für Fenster, Türen, Bänder und Schlösser, Treppen und Stufen sowie Herde	15. 3. 1922
B 1002	Gedrückte Tragwerksteile, Berechnung auf Knickung, 2., geänd. Ausgabe	1. 6. 1930
B 2001	Verdingungsordnung. A. Allgemeine Bestimmungen für die Vergebung von Bauleistungen	1. 3. 1930
B 2002	Verdingungsordnung B. Allgemeine Vertragsbedingungen für die Ausführung von Bauleistungen	1. 3. 1930
B 2101	Belastungen im Hochbau, 2., geänd. Ausgabe	1. 7. 1929
B 2102	Hochbau, Beanspruchung des Mauerwerks, 2., geänd. Ausgabe	1. 7. 1929
B 2103	Hochbau, Beanspruchung des Holzes	Revision
B 2104	Hochbau, Beanspruchung des Stahles, 2., geänd. Ausgabe	1. 6. 1930
B 2201	Vorschriften für die Standfestigkeit hoher, gemauerter Schornsteine	1. 10. 1922
B 2301	Einheitliche Bezeichnungen im Eisenbetonbau, 2., geänd. Ausgabe	1. 5. 1928
B 2302	Bestimmungen für Eisenbeton, 2., geänd. Ausgabe	1. 5. 1928
B 2303	Bestimmungen über Versuche an Probewürfeln und Probebalken bei Beton- und Eisenbetonbauten, 2., geänd. Ausgabe	1. 5. 1928

Normbl. Nr.		Ausgabetag
B 2304	Eisenbeton, Werkstücke	1. 6. 1930
B 2305	Eisenbeton, Stiegenstufen	1. 6. 1930
B 3220	Gütevorschriften für Holzhäuser	15. 12. 1929
B 2331	Hochbau, Bestimmungen für die Lieferung und Ausführung von Stahlbauwerken	1. 6. 1930
B 3101	Natürliche Gesteine, Begriffe, Prüfung	1. 12. 1927
B 3102	Natürliche Gesteine, Prüfungsmethoden für Bausteine, Straßen- und Eisenbahnschotter	Revision
B 3105	Natürliche Gesteine, Prüfung der Zuschlagstoffe für Mörtel, Zement und Bitumenbeton	Revision
B 3106	Natürliche Gesteine, für Straßendecken und Gleisbettungen	15. 3. 1928
B 3201	Mauerziegel, 2. geänd. Ausgabe	15. 9. 1927
B 3202	Pflasterziegel (Bodenpflasterziegel)	15. 9. 1927
B 3203	Radialziegel	15. 9. 1927
B 3204	Schwimmziegel	15. 9. 1927
B 3205	Dachziegel	1. 2. 1929
B 3220	Klinkerziegel	15. 9. 1927
B 3311	Portlandzement	30. 4. 1926
B 3321	Gips	30. 4. 1926
B 3322	Weißkalk (Luftkalk)	1. 9. 1928
B 3411	Korksteine	15. 11. 1925
B 3421	Asbestzementschiefer (Kunstschiefer)	15. 11. 1925
B 3431	Kalksandziegel	30. 11. 1924
B 3432	Schlackenziegel und Schlackensteine	15. 11. 1925
B 3610	Glas für Bauzwecke	1. 12. 1929
B 3621	Schlacke	15. 11. 1925
B 3634	Rohpappe	15. 12. 1928
B 3635	Dachpappen und Isolierplatten	15. 12. 1928
B 3641	Stukkaturrohr	15. 11. 1925
B 3642	Stukkaturrohrgewebe	15. 11. 1925
B 3651	Linoleum	15. 11. 1925
B 5315	Fenster mit Pfosten und Rahmenstock	1. 3. 1930
B 5316	Fenster mit Pfostenstock und äußeren Falzleisten	1. 3. 1930
B 5317	Fenster, Abmessungen der Holzquerschnitte	1. 3. 1930
B 5330	Einflügelige Holztüren	1. 3. 1930
B 5331	Türen, Abmessungen der Holzquerschnitte	1. 3. 1930
B 6201	Straßenbrücken, Belastungsannahmen	15. 6. 1929
B 6202	Straßenbrücken, Allgemeine Berechnungsgrundlagen	15. 6. 1929
B 6301	Straßenbrücken, Berechnungsgrundlagen für Brücken aus Stahl, 2., geänd. Ausgabe	1. 6. 1930
B 6302	Straßenbrücken, Beanspruchung von Holz	15. 6. 1929
B 6303	Straßenbrücken, Beanspruchung des Mauerwerkes	1. 6. 1930
B 6401	Straßenbrücken, Hauptabmessungen	15. 6. 1929
B 8021	Gußeiserne Kellersinkkasten	1. 7. 1929
B 8051	Steinzeug-Abflußrohre	1. 2. 1927
B 8052	Steinzeug-Abflußrohre Bogen	1. 2. 1927
B 8053	Steinzeug-Abfluß Abzweige	1. 2. 1927
B 8054	Steinzeug-Abfluß Eckdoppelabzweige	1. 2. 1927
B 8055	Steinzeug-Abflußrohre, Übergangsrohre, Sprungrohre, Doppelmuffen	1. 2. 1927
B 8056	Steinzeug-Abflußrohre, Putzrohre	1. 7. 1929

Normbl. Nr.		Ausgabetag
B 8065	Steinzeug-Sohlenschalen und Wandplatten für Verkleidung von schliefbaren Kanälen	1. 7. 1929
M 3030	Flußstahl, Werkstoffprüfung, 2., geänd. Ausgabe	1. 6. 1930
M 3100	Flußstahl, Allgemeine Erläuterungen	1. 6. 1930
M 3111	Flußstahl, unlegiert geschmiedet oder gewalzt	1. 3. 1930
M 3112	Flußstahl, unlegiert, gewalzt	1. 3. 1930
M 3113	Schraubenstahl, Nietenstahl	1. 6. 1930
M 3301	I-Träger	1. 1. 1929
M 3302	Breitflansch-I-Träger	1. 1. 1929
M 3303	[-Träger	1. 1. 1929
M 3304	Waggonbau-[- und I-Träger	1. 1. 1929
M 3306	Gleichschenklige Winkeleisen	1. 1. 1929
M 3307	Ungleichschenklige Winkeleisen	1. 1. 1929
M 3309	⊥-Eisen	1. 1. 1929
M 3311	Z-Eisen	1. 1. 1929
M 5310	Halbrundnieten, 1 bis 9 mm Durchmesser	1. 6. 1930
M 5311	Halbrundnieten, 10 bis 43 mm Durchmesser	1. 6. 1930
M 5315	Senknieten, 1 bis 9 mm Durchmesser, Senkwinkel 75°	1. 6. 1930
M 5316	Senknieten, 1 bis 9 mm Durchmesser, Senkwinkel 90°	1. 6. 1930
M 5317	Senknieten, 10 bis 43 mm Durchmesser	1. 6. 1930
M 5320	Linsensenknieten 1,6 bis 8,4 mm Durchmesser	1. 6. 1930
M 5321	Linsensenknieten 10 bis 43 mm Durchmesser	1. 6. 1930

2. Zur Kritik veröffentlichte Normentwürfe

Verdingungsordnung, C. Technische Vorschriften für Bauleistungen:

Prot. Nr.		Sparwirtschaft Heft Nr.
489/1	Erd-, Mauer-, und Putzarbeiten	10/1928
490/1	Glaserarbeiten	11/1928
491/1	Spenglerarbeiten	11/1928
492/1	Estrich- und Fliesenarbeiten	11/1928
494/1	Steinmetzarbeiten	12/1928
495/1	Malerarbeiten	12/1928
496/1	Anstreicherarbeiten	2/1929
497/1	Ofen- und Herdarbeiten	2/1929
498/1	Beton- und Eisenbetonarbeiten	4/1929
504/1	Kanalisationsarbeiten	5/1929
562/1	Dachdeckerarbeiten	2/1930
566/1	Zimmermannsarbeiten	3/1930
309/2	Belastung des Baugrundes (Broschüre)	
354/2	Baukontrolle bei Beton- und Eisenbetonbauten	2/1927
561/1	Bestimmungen für Beton	2/1930
383/1	Natürliche Gesteine, Prüfung von Dachschiefer	7/1927
144/1	Natürliche Gesteine, Bruchsteine	5/1927
145/1	Natürliche Gesteine, Pflastersteine	6/1927
338/1	Lehm und Ton als Baustoff	9/1925
388/1	Steinzeug	9/1927
390/1	Fliesen	10/1927
554/1	Klinkerplatten	1/1930
379/1	Einheitliche Benennung der Mörtelbindemittel	3/1927
341/1	Gips- und Zementschlackenplatten, Gipsdielen	11/1925
47/3	Holzabmessungen, Sägenutzholz, 2., geänd. Ausgabe, Entwurf 1	1/1930
532/1	Naturasphalte und Erdölasphalte für Straßenbauzwecke	9/1929

Prot. Nr.		Sparwirtschaft Heft Nr.
552/1	Beiblatt Stampfasphaltuntersuchungen	10/1929
567/1	Teer für Straßenbauzwecke	3/1930
387/1	Holzpflasterstöckel	9/1927
143/1	Gußeiserne Abflußrohre	5/6/1923
201/1	Gußeiserne Abflußrohre, Bogen	1/2/1924
202/1	Gußeiserne Abflußrohre, S-Stück	1/2/1924
203/1	Gußeiserne Abflußrohre, Übergang und Übergangsbogen	1/2/1924
204/1	Gußeiserne Abflußrohre, Einfach- und Doppelabzweige	1/2/1924
205/1	Gußeiserne Abflußrohre, T-Stück	1/2/1924
206/1	Gußeiserne Abflußrohre, Eck- und Doppelabzweige	1/2/1924
207/1	Gußeiserne Abflußrohre, Doppel- und Übergangsmuffen	1/2/1924
208/1	Gußeiserne Abflußrohre, Aufstandsbogen mit Übergang	1/2/1924
347/1	Gußeiserne Abflußrohre, Putzrohre	1/1926

3. In Bearbeitung befindliche Normentwürfe: (Noch nicht veröffentlicht!)

Asphalt- und Dichtungsarbeiten
Eisenbau-, Schmiede- und Kunstschmiedearbeiten
Tischlerarbeiten
Schlosserarbeiten
Tapeziererarbeiten
Zentralheizungs-, Warmwasser-, Kühl- und Lüftungsanlagen
Vorschriften für Bau und Betrieb von Grundstückentwässerungsanlagen
Vorschriften für leichte Scheidewände
Vorschriften für den Bau und Betrieb von Aufzügen
Zulässige Beanspruchungen für die Berechnung von Aufzügen
Gütevorschriften für Stahlhäuser
Streich- und Wurzelmaße, Formeisen
Streich- und Wurzelmaße, Stabeisen
Natürliche Gesteine, Bezeichnung von verwendungsfertigen Gemengen
Feuerfeste Steine, Formate
Feuerfeste Steine, Kupolofensteine
Ofenkacheln
Herdkacheln
Beschläge und Schlösser für Fenster und Türen
Beton-, Drain-, Sickerrohre
Schachtabschlüsse
Benzinabscheider
Bleiabflußrohre

Deutschland

1. Fertige Normblätter

DIN Nr.		Ausgabemonat
1044	Zeichen im Eisenbetonbau	9. 1925
1350	Zeichen in der Statik, Festigkeitslehre, Werkstoffprüfung für Form- und Stabeisen, Bleche	1. 1927
105	Mauerziegel (Backsteine)	8. 1922
106	Kalksandsteine (Mauersteine)	1. 1927
456	Dachziegel, Gütevorschriften	1. 1927
1043	Traß	1. 1926
1061	bis 1063 Prüfverfahren für feuerfeste Baustoffe	7. 1927
2102	bis 2105 Prüfverfahren für natürliche Gesteine	4. 1928
2121	bis 2124 Teerdachpappen, Prüfung und Tränkmassen	4. 1928
488	Rundeisen für Eisenbeton	7. 1923
1024	[-Eisen, Abmessungen und statische Werte	7. 1926
1025	I-Eisen, Abmessungen und statische Werte	10. 1928
1027	⅂L-Eisen, Abmessungen und statische Werte	7. 1926
1028	Gleichschenklinge ⊥-Eisen, Abmessungen und statische Werte	7. 1926
1029	Ungleichschenklige ⊥-Eisen, Abmessungen und statische Werte	10. 1926
1960	Allgemeine Bestimmungen für die Vergebung von Bauleistungen	5. 1926
1961	Allgemeine Vertragsbedingungen für die Ausführung von Bauleistungen	5. 1926

DIN Nr.		Ausgabe-monat
	Technische Vorschriften für Bauleistungen:	
1962	I. Erdarbeiten	8. 1925
1963	II. Maurerarbeiten	8. 1925
1964	II. a) Putz- und Stuckarbeiten	8. 1925
1965	II. b) Estrich- und Fliesenarbeiten	8. 1925
1966	III. Asphalt-Dichtung (Isolierungs-) Arbeiten	8. 1925
1967	IV. Beton- und Eisenbetonarbeiten	8. 1925
1968	V. Steinmetzarbeiten	8. 1925
1969	VI. Zimmererarbeiten	8. 1925
1970	VII. Eisenbauwerke, Schmiede- und Kunstschmiedearbeiten	8. 1925
1971	VIII. Dachdeckerarbeiten	8. 1925
1972	IX. Klempnerarbeiten	8. 1925
1973	X. Tischlerarbeiten	8. 1925
1974	XI. Schlosser(Beschlag)arbeiten	8. 1925
1975	XII. Glaserarbeiten	8. 1925
1976	XIII. Maler- und Anstreicherarbeiten	8. 1925
1977	XIV. Klebearbeiten (Tapete, Linoleum usw.)	8. 1925
1978	XV. Ofen- und Herdarbeiten	8. 1925
1979	XVI. Zentralheizungs-, Warmwasserbereitungs-, Kühl- und Lüftungsanlagen	8. 1925
1980	XVII. Be- und Entwässerungsanlagen und Gasleitungen (innerhalb der Grundstücke)	8. 1925
1981	XVIII. Elektrische Anlagen (Stark- und Schwachstromanlagen)	8. 1925
1982	XIX. Blitzschutzanlagen	8. 1925
1983	XX. Brunnenarbeiten	8. 1925
1984	XXI. Steinsetzer- (Pflasterer-) Arbeiten	8. 1925
1985	XXII. Gärtnerische Anlagen	8. 1925
1986	Bau- und Betrieb von Grundstückenentwässerungsanlagen, Technische Vorschriften	1928
1987	Bau- und Betrieb von Grundstückentwässerungsanlagen, Grundsätze für rechtliche und verwaltungstechnische Vorschriften	4. 1927
1991	Grundsätze für die Herstellung und Unterhaltung von Asphaltstraßen, Allgemeine Vorschriften	1928
1992	Grundsätze für die Herstellung und Unterhaltung von Asphaltstraßen, Sondervorschriften für Stampfasphalt und Hartgußasphaltstraßen	1928
1045	Bestimmungen für Ausführung von Bauwerken aus Eisenbeton	9. 1925
1046	Bestimmungen für Ausführung ebener Steindecken	9. 1925
1047	Bestimmungen für Ausführung von Bauwerken aus Beton	9. 1925
1048	Bestimmungen für Druckversuche an Würfeln bei Ausführung von Bauwerken aus Beton und Eisenbeton	9. 1925
1065	Grundlagen für die Berechnung der Standfestigkeit hoher, freistehender Schornsteine	4. 1927
1071	Straßenbrücken, Abmessungen, Erläuterungen	1. 1927
1072	Straßenbrücken, Belastungsannahmen, Erläuterungen	10. 1927
1073	Berechnungsgrundlagen für eiserne Straßenbrücken	4. 1928
1360	Technische Grundsätze für den Bau von Aufzügen	4. 1927
107	Links- und Rechtsbezeichnung für Fenster, Türen, Fenster- und Türbänder, Treppen und Herde	5. 1922
455	Abdeckplatten für Mauern, Beton	7. 1922
106	Kalksandsteine (Mauersteine)	1. 1927
1057	Ringziegel (Erläuterungen)	1. 1927

DIN Nr.		Ausgabe-monat
300	Einlaßecken für Fenster	2. 1923
401	Einstemmbänder für Schranktüren und Fenster	2. 1923
402	Einstemmbänder für Türen	2. 1923
408	Aufsatzbänder für Fenster und Türen	2. 1923
1098	Aufliegende Fenstergetriebe	11. 1924
104	Blatt 1 bis 3 Holzbalken für Kleinhäuser (Ausführungsarten der Decken, Querschnitte, Kurventafel zur Ermittlung der zulässigen Querschnitte)	3. 1920
409	und 599 Kacheln für Tonöfen, quadratisch rechteckig 10. 1925,	1. 1926
1240	bis 1248 Blendrahmenfenster	1. 1928
295	bis 299 Zargenfenster für Kleinwohnungen	3. 1920
1001	bis 1004 Eiserne Fenster	7. 1921
1139	bis 1141 Innentüren für Kleinwohnungen	11. 1924
287	bis 294 Einläufige Holztreppen für Wohngeschosse der Kleinhäuser	11. 1921
489	Treppenstufen, Potestplatten, Beton	7. 1923
1134	Treppenstufen für Kleinhäuser, Naturstein	4. 1923
1135	Vorlegestufen für Kleinhäuser, Naturstein	7. 1923
1399	Glasierte Wandplatten, Steingut, Schamotte	1. 1928
1340	Blatt 1 bis 2 Steinzeugplatten (gesinterte Mosaikplatten), Fußbodenplatten, Sockelplatten	1. 1928
1361	bis 1366 Lastenaufzüge mit und ohne Führer	1. 1927
1369	bis 1375 Personenaufzüge	7. 1927
1915	Versetzbare Einzelgaragen, Abmessungen, Beschaffenheit, Aufstellung	4. 1929
364	NA-Rohre, Normal-Abflußrohre	11. 1921
538	NA-Rohre, Muffendeckel	4. 1923
539	NA-Rohre, Reinigungsrohre für Abfalleitungen	9. 1924
540	NA-Rohre, Abflußkrümmer, Abflußbogen	2. 1925
541	NA-Rohre, Übergänge, Übergangsbogen	2. 1925
542	NA-Rohre, S-Stücke	2. 1925
543	NA-Rohre, Schräge T-Stücke	1. 1922
544	NA-Rohre, Schräge Kreuzstücke	1. 1922
545	NA-Rohre, Formstücke für NA-Rohre und LNA-Rohre	9. 1924
1172	LNA-Rohre, leichte Normal-Abflußrohre	9. 1924
1173	LNA-Rohre, Reinigungsrohre für Abfalleitungen	10. 1927
1174	LNA-Rohre, Krümmer-Bogen	10. 1927
1175	LNA-Rohre, Schräge T-Stücke	10. 1927
1176	NLA-Rohre, Schräge Kreuzstücke	10. 1927
1177	LNA-Rohre, S-Stücke	10. 1927
1178	LNA-Rohre, Übergänge, Übergangsbogen	10. 1927
1203	Steinzeugrohre	1. 1926
1204	Steinzeugrohre, Bogen	1. 1926
1205	Steinzeugrohre, Abzweige	1. 1926
1206	Steinzeugrohre, Übergänge	1. 1926
1202	Brunnenringe, Beton	4. 1923
590	Kellersinkkasten mit Putzöffnung	1. 1928
591	Kellersinkkasten ohne Putzöffnung	1. 1928
597	Aufsatz für Hofablauf, leicht	4. 1925
598	Aufsatz für Hofablauf, schwer	4. 1925
1181	Wasserklosetts, Flachspülklosetts	1. 1928
1182	Wasserklosetts, Tiefspülklosetts	1. 1928
4900	Heißwasserspeicher und Badeöfen für 1 kg/cm² Betriebsdruck	7. 1927
4901	Heißwasserspeicher für 6 kg/cm² Betriebsdruck	7. 1927

DIN Nr.		Ausgabe-monat
124	Blatt 1 bis 4, Halbrundniete für den Eisenbau	10. 1923
998	Blatt 1 bis 3, Nietabstände für ungleichschenklige Winkeleisen	4. 1927
999	Blatt 1 und 2, Nietabstände für gleichschenklige Winkeleisen	7. 1927
1034	Blatt 1 und 2, Darstellung von Einzelheiten bei Eisenkonstruktionen	3. 1924
1005	Eiserne Fachwände, Anschluß der Riegel an I-Stiele	3. 1924
1006	Eiserne Fachwände, Anschluß der Riegel an Bleche und Stiele	3. 1924
1007	Blatt 1 und 2, Eiserne Fachwände aus I F 14 und F 14	4. 1928
1008	Pfettenbefestigung	3. 1924
1009	Gelenke für Gerberpfetten, Ausbildung und Tragfähigkeit	3. 1924
1010	Blatt 1 und 2, Gerberpfetten bei gleichbleibendem Binderabstand mit erhöhten Profilen der Endfelder	3. 1924
1001	Blatt 1 und 2, Gerberpfetten mit Verstärkung in den Endfeldern	3. 1924
1012	Gerberpfetten bei verkürztem Binderabstand in den Endfeldern	3. 1924
1214	bis 1224 Schachtabdeckungen für Fahrbahn	4. 1928
1225	bis 1227 Schachtabdeckungen für Gehbahn	1. 1929
459	Betonmischmaschinen, Baugrundsätze	4. 1924
1266	bis 1278 Eimerbagger	1. 1926

2. Zur Kritik veröffentlichte Normentwürfe

1050 Bestimmungen über die bei Hochbauten anzunehmenden Beanspruchungen der Baustoffe, Flußeisen
1051 Baustoffe für Hochbauten, Beanspruchungen, Gußeisen und Stahl
1052 Bestimmungen über die bei Hochbauten anzunehmenden Beanspruchungen der Baustoffe, Holz
1053 Baustoffe für Hochbauten, Beanspruchungen, Mauerwerk aus natürlichen und künstlichen Steinen
1054 Baustoffe für Hochbauten, Beanspruchungen, Baugrund
1060 Leitsätze für einheitliche Lieferung und Prüfung von Baukalk
1064 bis 1067 Prüfverfahren für feuerfeste Baustoffe
1068 Güternormen für feuerfeste Baustoffe, Allgemeines und Abweichung
1179 Korngrößen für Sand, Kies und verkleinerte Gesteine
1180 Dränrohre
1031 Stützenprofile für den Stahlwohnhaus-Skelettbau, Abmessungen, statische Werte, Loch- und Wurzelmaße
1988 Technische Vorschriften für Bau und Betrieb von Reinwasserversorgungsanlagen für Grundstücke
1058 Ausführungsbestimmungen in den Grundlagen für die Berechnung der Standfestigkeit hoher freistehender Schornsteine
1359 Musterverordnung über die Einordnung und den Betrieb von Aufzügen (Aufzugsverordnung)
2432 Gußeiserne Muffendruckrohre für Nenndruck 10, Betriebsdruck W 10
2437 Gußeisenmuffen für Nenndruck 10, Betriebsdruck W 10

Tschechoslowakei

1. Fertige Normblätter

CSN 1006—1925 Winkeleisen (Gleichschenklige, ungleichschenklige und Wulstwinkeleisen, Abmessungen, statische Werte und Gewichte)

CSN 1007—1926 T- und Z-Eisen (Schmal- und breitfüßige T-Eisen, scharfkantige T-Eisen und Halb-T-Eisen, Z-Eisen, Abmessungen, statische Werte und Gewichte)

CSN 1012—1925 Friese und Parketten (Terminologie, Qualitätsbedingungen, Abmessungen und Gewährleistungsgrundlagen)

CSN 1014—1925 Eisen-Querschnitte (Bandeisen, Flacheisen, Rund- und Quadrateisen, nebst den entsprechenden Toleranzen)

CSN 1019—1927 Bänder für Fenster und Türen (Bänder für Fenster, Türen und Tore, und zwar leichte gewöhnliche Bänder, leichte Bänder, Stift auf Stift, leichte Bänder für dünne Wände und schwere Bänder Stift auf Stift)

CSN 1023—1929 Anlage, Prüfung und Instandhaltung von Aufzügen (Einteilung, Begriffsbestimmungen, allgemeine Bestimmungen für die Anlage von Aufzügen, Vorschriften für die elektrische Einrichtung usw.)

CSN 1041—1929 Gußeiserne Rohre und Formstücke für Gas- und Wasserleitungen (Vorschriften für Prüfung und Lieferung von Rohren und Formstücken, Benennungen und Sinnbilder, Abmessungen gerader Muffen- und Flanschrohre und sämtliche Formstücke)

CSN 1050—1929 Belastung von Konstruktionen und Beanspruchung der Baustoffe (Gewichte verschiedener Baustoffe für die Berechnung von Belastungen, Schneebelastung, Angaben über Winddruck und Einfluß der Temperaturwechsel, zulässige Beanspruchung der Baustoffe)

CSN 1051—1929 Vorschriften für Eisenkonstruktionen im Hochbau (Bauprojekt, statische Berechnung, zulässige Beanspruchung. Dimensionierung von Eisenkonstruktionen, Freilängen, Stäbe mit gegliedertem Querschnitt, Kombinierung von Druck und Biegung usw.)

CSN 1052—1929 Vorschriften für Holzkonstruktionen im Hochbau (Statische Berechnung, Baumaterial, Ausführung der Konstruktionen und Holzschutz, Prüfung und Untersuchung der Konstruktionen, Tabelle der Knickfestigkeitskoeffizienten)

CSN—MAP 2001—1929 Bedingungen für Bautischlerarbeiten (Baustoff, Ausführung, Versetzen, Nebenarbeiten, Hilfeleistungen, Ausmessen, Regiearbeiten, Verrechnung der Regiearbeiten, allgemeine Bestimmungen, Kennzeichnung der linken und rechten Fenster und Türen).

2. In Bearbeitung befindliche Normentwürfe

Teer- und teerfreie Dachpappen (Vorschriften für Rohpappe, Imprägnierstoffe, Bestreuung, Qualitätsvorschriften für fertige Erzeugnisse und deren Bezeichnung)

Vorschriften für Gasinstallationen (Allgemeine Vorschriften, Installationsmaterial [Rohrleitungen, Rohre, Formstücke, Armaturen, Verbrauchbeleuchtungskörper, Gasmotoren, Gasmesser], Legung der Rohrleitungen und Verbindung der Rohre, Hausanschlüsse, Gas mit erhöhtem Druck, Prüfung der Gasleitungen, Fehler an Gasinstallationen, Strafbestimmungen, Vorschriften für Prüfung der Straßengasleitungen)

Gußeiserne Kanalisationsrohre (Vorschriften für Lieferungen und Prüfung, Benennungen, Kurzzeichen und Sinnbilder gerader Muffenrohre und Formstücke)

Armaturen für Wasserleitungen (Schieber, Unterflurhydranten, Haupthahn und Ausflußständer)

Vorschriften für Zentralheizungs- und Lüftungsanlagen (Technische Vorschriften, Vorschriften für Ausarbeitung von Projekten der Zentralheizungs- und Lüftungsanlagen, Vorschriften für die Ausführung, Vorschriften für die Prüfung und Lieferung, Sicherheitsvorschriften)

Vorschriften für die Einmauerung von Dampfkesseln (Tragfähigkeit des Mauerwerks, Armierung, Einwölbung, Einmauerungsmaterial und feuerfeste Ziegeln)

I- und [-Profile (Abmessungen, statische Gewichte und Werte)

Vorschriften für Fabriksrauchfänge (Gemauerte Rauchfänge, Beton- und Blechrauchfänge)

Vorschriften für Aufzüge, welche der Aufsicht der Bergämter unterliegen (Definierung und Terminologie, Aufzüge in den Bergwerken, Schachtung, Übergangsvorschriften)
Emaillierter Bauguß (Hauptabmessungen für Wandbrunnen, Ausgüsse, Badewannen, Waschschüsseln, Waschrinnen, Klosetts, Urinoirs usw.)
Dickwandige Betonfalzrohre (Rund- und Ovalrohre, Vorschriften für Prüfung und Lieferung)
Regulativ für Wasserwerke (Mit den Vorarbeiten ist das CSN-Bureau gemeinsam mit dem Wasseramt der Hauptstadt Prag beschäftigt)
Xylolithfußböden (Qualitätsvorschriften, Vorschriften für Fußbodenlegung und deren Erhaltung)
Türschlösser
Baukonstruktionsstahl (Qualitätsvorschriften und Gewährleistungen für Eisenkonstruktionsstahl des Brücken- und Hochbaues)
Rohbauguß (Hauptmaße für Kanalgitter, Deckel, Regenfänger, Hauseinlässe, Rinnstöcke, Sandfänger, Ventilationsrohre, Abfallrohre usw.).

Belastungen im Hochbau[1]

(ÖNORM B 2101, 2., geänd. Ausgabe 1. 7. 1929)

A. Eigengewichte

Werden nicht besondere Nachweise geführt, dann sind folgende Eigengewichte in t/m³ für Ziffer 1 bis 10, in kg/m² für Ziffer 11 und 12 anzunehmen:

1. Metalle:

Blei	11,4	Stahl, Stahlguß	7,85
Kupfer	9,0	Gußeisen	7,3
Bronze, Messing	8,6	Zink, gewalzt	7,2

2. Werkstücke und Mauerwerk aus natürlichen Gesteinen:

Granit, Diorit, Basalt, Porphyr	2,5 bis 3,3	i. M. 2,8
Kalkstein, Sandstein, Marmor, Grauwacke, Dolomit	1,5 „ 2,8	i. M. 2,5
Tuffstein, Kalktuff	1,3 „ 2,0	i. M. 1,8

3. Mauerwerk aus künstlichen Steinen, trocken:

Klinkerziegel mit Zementmörtel	1,9	Lochziegel mit Weißkalkmörtel	1,3
Gewöhnliche Mauerziegel mit Weißkalkmörtel oder Kalkzementmörtel	1,6	Zementschlackenplatten	1,3
Gewöhnliche Mauerziegel mit Zementmörtel	1,8	Gipsschlackenplatten, je nach Schlackenzusatz	0,9 bis 1,2
Kalksandziegel mit Weißkalkmörtel oder Kalkzementmörtel	1,8	Gipsdielen, je nach Füllstoff	0,7 bis 1,0
		Korksteine	0,6

4. Mörtel:

Zementdrahtputz	2,4	Weißkalkmörtel	1,7
Zementmörtel	2,1	Gipsdrahtputz	1,3
Kalkzementmörtel	1,9	Gipsmörtel	1,0

5. Beton aus:

Sand mit Grus oder Schotter		2,2
Desgleichen mit Eiseneinlagen (Eisenbeton)		2,4
Schmelzschlacke	1,8 bis 2,4	i. M. 2,0
Ziegelbrocken mit Sand		1,8
Bimskies mit Sand		1,6
Rostschlacke mit Sand	1,2 bis 1,9	i. M. 1,5

[1]) Veröffentlicht mit Zustimmung des österreichischen Normenausschusses.

Rostschlacke			1,2
Asche	0,8 bis 1,4	i. M.	1,1
Gas- und Zellenbeton für Isolierungen und nicht tragende Bauteile	0,5 bis 0,8	i. M.	0,65
Gas- und Zellenbeton für tragende Bauteile	1,0 bis 1,2	i. M.	1,1

6. Bauhölzer, lufttrocken:

Buche, Eiche, Gelb- und Pechkiefer	0,9	Fichte, Tanne	0,6
Lärche, Kiefer (Föhre)	0,7		

7. Glas:

Gewöhnliches Glas, volle Glasziegel	2,6	Drahtglas	2,7

8. Füllstoffe:

Erde, Lehm, naß	1,7 bis 2,5	i. M.	2,0
Sand, Kies, Schotter, naß	1,5 „ 2,3	i. M.	1,8
Erde, Sand, Kies, Schotter, Lehm, trocken	1,4 „ 1,8	i. M.	1,6
Mauerschutt			1,4
Schmelzschlacke	1,2 „ 1,6	i. M.	1,4
Schmelzschlackensand	0,5 „ 1,4	i. M.	1,0
Rostschlacke	0,7 „ 1,1	i. M.	1,0
Steinkohlenasche, Kohlenlösche	0,6 „ 0,9	i. M.	0,7

9. Lagerstoffe:

Zement in Schüttung	1,4	Braunkohle	0,75
Papier	1,1	Gaskoks	0,45
Preßkohle	1,0	Holz in Scheiten	0,4
Steinkohle	0,9	Hausmüll	0,7

10. Pflaster, Estriche und Beläge:

Pflaster aus Granit, Basalt	2,7	Stampfasphalt, Terrazzo, Tonfliesen	2,0
Pflaster aus Kalkstein, Sandstein	2,5	Steinholz, Xylolith	1,8
Klinkerplatten	2,2	Gußasphalt, Linoleum	1,3
Gußasphalt mit Rieselschotter, Teermakadam	2,1	Holzstöckel	1,1
		Korksteine	0,36

11. Decken in kg/m^2:

Gewöhnliche Tramdecke mit 8 cm Beschüttung, Blind- und Brettelböden, Stukkaturschalung und Stukkaturung	230
Gewöhnlicher Dippelboden, sonst wie vor	330
Desgleichen, jedoch mit 4 cm Ziegelpflaster	350
Einschubtramboden zwischen eisernen Trägern mit 8 cm Beschüttung, Blind- und Brettelboden, Stukkaturschalung und Stukkaturung samt Trägern	250
Für 1 cm höhere Beschüttung mehr um	14
15 cm starke Gewölbe aus Mauerziegeln zwischen eisernen Trägern mit 8 cm Beschüttung am Gewölbescheitel, Verputz, Blind- und Brettelboden, bei einer Verlagsweite der Träger bis 1,40 m samt Trägern	480
Desgleichen bei einer Verlagsweite der Träger von mehr als 1,4 bis 3,0 m	550

12. Dacheindeckungen in kg/m^3 der schiefen Dachfläche samt Schalung oder Lattung und Sparren, jedoch ohne Tragwerk:

Einfaches Ziegeldach (Biberschwänze)	100
Doppeltes Ziegeldach	125
Falzziegeldach	65
Einfaches Schieferdach, schräge Eindeckung	70
Doppeltes Schieferdach, gleichlaufend zum First eingedeckt	80
Kunstschieferdach (Eternit) mit Dachpappunterlage	41
Einfaches Teerpappdach	35
Doppelpappdach, 2 Papplagen und 2 Teeranstriche	40

Preßkiesdach mit 2 Papplagen und 2 Teeranstrichen mit eingewalztem Dachriesel 52
Desgleichen mit 3 Teeranstrichen 55
Holzzementdach, 1 Lage starke Pappe, 3 Lagen Papier in Holzzementmasse, 5 cm lehmigen Sand und 5 cm Kies 240
Zinkblechdach (Zinkblech Nr. 13).. 36
Blechdach (Blech bis 1 mm Dicke) 38
Wellblechdach aus verzinktem Eisenblech (Wellblech $40 \times 150 \times 1{,}5$ mm) auf Winkeleisen.. 25
Glasdach auf Sprosseneisen, samt diesen, bei 6 mm starkem Rohglas.......... 30
Desgleichen bei 6 mm starkem Drahtglas 35
Für 1 mm Mehrstärke des Glases mehr um 3

Das Gewicht der Dachbinder in kg/m³ Grundrißfläche kann je nach dem Gewicht der Deckung, bei Stützweiten bis 16 m angenommen werden für:
eiserne Tragwerke ....10—20
hölzerne Tragwerke..20—30

B. Verkehrslasten

I. Allgemeine Bestimmungen

Ergeben sich aus der Benützung der Räume in besonderen Fällen nicht größere Lastwirkungen, dann sind folgende ruhige Verkehrslasten in kg/m³ für Ziffer 1 bis 10, in kg/m für Ziffer 12 und 13, in kg/m³ für Ziffer 14, in kg für Ziffer 15 anzunehmen:

1. Leichte Scheidewände (geputzte Holzwände, Gipsdielen, Schlackenwände, Drahtputzwände u. dgl. bis 7 cm Dicke samt beiderseitigem Putz) als gleich verteilter Zuschlag zur Verkehrslast, wenn er bei dieser nicht schon berücksichtigt ist (Ziffer 7 und 10) 75
2. Flache Dächer zum zeitweiligen Betreten durch einzelne Menschen samt Winddruck und Schneelast 100
3. Dachbodenräume für hauswirtschaftliche Zwecke 125
4. Wohn- und Nebenräume in Kleinhäusern, durch Hausrat, Menschen usw. 150
5. Wohn- und Nebenräume in anderen Wohnhäusern, durch Hausrat, Menschen usw. 200
6. Flache Dächer zum Aufenthalt von Menschen samt Winddruck und Schneelast 250
7. Kanzleien und Diensträume, Krankensäle, Schulzimmer, Hörsäle, ferner Laden-, Verkaufs- und Ausstellungsräume bis 50 m³ Bodenfläche, Dachbodenräume zu anderen als hauswirtschaftlichen Zwecken, sämtliche Räume samt dem Gewicht leichter Scheidewände (Ziffer 1) 300
8. Treppen und Zugänge in Kleinhäusern 350
9. Treppen und Zugänge jeder Art (mit Ausnahme nach Ziffer 8), Balkone, Versammlungssäle, Schau- und Lichtspielhäuser, Tanzsäle, Turnhallen, Gastwirtschaften, ferner Laden-, Verkaufs- und Ausstellungsräume mit mehr als 50 m² Grundfläche und nicht befahrbare Höfe 400
10. Räume zur Einstellung von Kraftwagen mit einem Raddruck bis zu 500 kg, Warenhäuser, Fabriken, Werkstätten, samt dem Gewicht leichter Scheidewände (Ziffer 1) 500
11. Befahrbare Höfe und Durchfahrten für Fahrzeuge mit einem Raddruck bis zu 800 kg 800
12. Waagrechter Geländerholmdruck bei Hausbalkonen und Treppen (mit Ausnahme Ziffer 13) in kg/m 40
13. Geländerholmdruck in Versammlungsräumen, Schau- und Lichtspielhäusern in kg/m 100
14. Büchereien, Urkundensammlungen u. dgl. in kg/m³ des Gesamtraumes 500

15. Bei Dachsprossen, Pfetten und ähnlichen Tragstäben ist außer dem Eigengewicht eine winkelrecht in der Mitte des Tragteiles angreifende Einzellast anzunehmen von kg 100

16. Die Bremskraft ist bei Laufkranen mit $^1/_7$ der abgebremsten größten Raddrücke, der Schrägzug mit $^1/_{15}$ der abgebremsten Tragkraft eines Krans, bei mehreren Kranbahnen der Schrägzug eines, und zwar des größten Krans anzunehmen. Bei Kranbahnen sind die Stoßwirkungen der Verkehrslast durch einen Zuschlag von 20% zu den lotrechten Raddrücken zu berücksichtigen.

II. Lastvermehrung

Für Stöße, Erschütterungen oder Schwingungen sind die ruhigen Verkehrslasten je nach der Stärke dieser Einflüsse auf das 1,2- bis 1,5fache zu erhöhen. Die Lastvermehrung ist für unmittelbar betroffene und leichte Bauteile größer anzunehmen als für mittelbar beanspruchte und schwerere. Beispielsweise wird die Abstufung unruhiger Verkehrslasten im Verhältnis 1,5 : 1,3 : 1,1 : 1,0 für Deckenplatten, Deckenbalken, Unterzüge und Säulen erfolgen, wenn 1,0 die ruhige Verkehrslast bedeutet.

III. Lastverminderung

Unter Voraussetzung, daß die Bauart und Gründung des Bauwerkes den strengsten Anforderungen genügt, ist eine Ermäßigung der Verkehrslast in der Regel in folgenden Fällen zulässig:

a) die Biegungsmomente von Trägern mit einem Lastfeld von mindestens 30 m² Fläche und 400 kg/m² ruhiger Verkehrslast dürfen auf 0,9 der Vollwerte aus den Verkehrslasten ermäßigt werden;

b) in mehrgeschossigen Gebäuden ist für die unteren Bauteile (Säulen, Mauerpfeiler, Unterzüge, Grundkörper), auf welche sich die Lasten aus den oberen Geschossen übertragen, eine nach unten wachsende Ermäßigung der Verkehrslasten nach folgender Regel zulässig:

Bei Verkehrslasten aus 2 Geschossen ist die volle Belastung,
„ „ „ 3 „ sind 0,9 der Verkehrslasten,
„ „ „ 4 „ „ 0,8 „ „
„ „ „ 5 und mehr Geschossen sind 0,7 der Verkehrslasten
zu rechnen. Benutzbare Dachböden gelten als Geschoß.

Winddruck und Schneelast sind der ständigen Last, leichte Scheidewände nach 1, Ziffer 1, der Verkehrslast zuzurechnen. Die ständige Last ist überall voll einzusetzen.

C. Winddruck

Die Windrichtung ist im allgemeinen waagrecht anzunehmen. Der Winddruck auf die winkelrecht getroffene Fläche ist einschließlich der Saugwirkung im Windschatten für:

Wände und Dächer bis zu 7 m Höhe mit .... $w = 75$ kg/m²
„ „ „ „ „ 15 „ „ „ .... $w = 100$ „
„ „ „ „ „ 25 „ „ „ .... $w = 125$ „
für höhere Bauwerke als 25 m sowie für Gerüste, Gitterwerke, Maste und hohe Schornsteine mit $w = (125 + 0{,}6\,h)$ kg/m² zu berechnen, wenn h die Höhe des Bauwerks über dem Erdboden in Metern bedeutet. In Hochgebirgsgegenden ist der Winddruck um 25 bis 50% größer anzunehmen. Für dauernd windgeschützte Lage kann die Baubehörde eine Verminderung des Winddruckes bis auf zwei Drittel der Regelwerte zulassen.

Auf eine mit der Windrichtung den Winkel α einschließende Fläche ist ein rechtwinkelig wirkender Winddruck von $w_n = w \sin^2 \alpha$ auf 1 m² anzunehmen.

Für waagrechte und schwach geneigte Dächer ist mit einem lotrechten Winddruck von mindestens 25 kg/cm² zu rechnen.

Bei offenen Hallen und freistehenden Dächern ist außerdem ein von innen nach außen wirkender Winddruck von 60 kg/cm² Wand- und Dachfläche in der ungünstigsten Gesamtwirkung zu berücksichtigen.

Gebäude, die durch Wände und Decken in der üblichen Bauweise ausgesteift sind, brauchen in der Regel nicht auf Winddruck berechnet werden.

D. Schneelast

Die Schneelast einer waagrechten oder bis zu 25° gegen die Waagrechte geneigten Fläche ist mit 75 kg/m² Grundrißfläche anzunehmen.

Bei einer Dachneigung von ...... 30° 35° 40° 45° 50° und mehr
ist die Schneelast auf .... 70 65 60 50 0 kg/m² Grundrißfläche
zu vermindern. Zwischenwerte sind geradlinig einzuschalten.

Bei gleichzeitiger Berücksichtigung des Winddruckes und der Schneelast kann die Schneelast auf der Windseite auf $^2/_3$ obiger Werte ermäßigt werden.

In Hochgebirgsgegenden sind die Schneelasten den örtlichen Verhältnissen entsprechend höher anzunehmen.

Beanspruchung des Mauerwerkes

(Auszugsweise Wiedergabe von ÖNORM B 2102, 2., geänd. Ausgabe 1. 7. 1929)

A. Werksteinmauerwerk

Sicherheit für Werksteine (Quader):

a) **10fach**: bei Verwendung als Auflagersteine,

b) **15fach**: in Mauern und Pfeilern, deren geringste Dicke größer ist als $^1/_{10}$ der Höhe, und in Gewölben,

c) **25fach**: in Mauern, Pfeilern und Säulen, deren geringste Dicke kleiner ist als $^1/_{10}$ der Höhe.

Die Druckfestigkeit ist nach ÖNORM B 3102 „Natürliche Gesteine" festzustellen.

Zulässige Druckbeanspruchung in kg/cm², wenn die Festigkeit nicht nachgewiesen wird:

	Baustoff	Verwendung nach		
		a)	b)	c)
I	Sandsteine	20	15	10
II	Ablagerungsgesteine (ausgenommen Sandstein), z. B. Kalkstein, Marmor, Grauwacke, Dolomit	30	25	15
III	Gesteine vulkanischen Ursprungs, z. B. Basalt, Granit, Porphyr, Melaphyr, Diorit, Syenit, Diabas, Basaltlava	60	45	30

Die angegebenen Werte gelten nur bei der Verwendung von Portlandzement nach ÖNORM B 3311 oder einem gleichwertigen Zement.

B. Bruchsteinmauerwerk

Zulässige Druckbeanspruchung in kg/cm²:

I	Gewöhnliches Bruchsteinmauerwerk und gemischtes Mauerwerk in Weißkalkmörtel	6
II	Lagerhaftes Bruchsteinmauerwerk und gemischtes Mauerwerk in Kalkzementmörtel	9
III	Bruchsteinmauerwerk aus zugerichteten Steinen in Kalkzementmörtel	12
IV	Schichtenmauerwerk aus zugerichteten Bruchsteinen mit waagrecht durchlaufenden Lagerfugen in Kalkzementmörtel	18

C. Ziegelmauerwerk

Zulässige Druckbeanspruchung in kg/cm²:

	Art des Mauerwerks: Ziegel	Mörtel	Mauern mit einer Dicke von 1/8 der Geschoßhöhe	Mauern mit einer Dicke von 1/12 der Geschoßhöhe	Freistehende Mauerpfeiler mit einer Dicke von 1/6 der Geschoßhöhe	Freistehende Mauerpfeiler mit einer Dicke von 1/12 der Geschoßhöhe
I	Schwachbrandziegel, ÖNORM B 3201 Druckfestigkeit mindestens 50 kg/cm²	Weißkalk	3	—	—	—
II	Gewöhnliche Mauerziegel, ÖNORM B 3201 Kalksandziegel, ÖNORM B 3431	Weißkalk	7	3	5	3
		Kalkzement	10	5	8	5
		Zement	12	6	10	6
III	Hartbrandziegel, ÖNORM B 3201	Kalkzement	15	8	12	8
		Zement	18	10	15	10
IV	Klinkerziegel, ÖNORM B 3220	Zement	30	15	25	15

Beanspruchung des Holzes im Hochbau

(Auszugsweise Wiedergabe von ÖNORM B 2103)

Zulässige Beanspruchung in kg/cm²:

Art	Eiche, Buche	Lärche	Kiefer, Fichte, Tanne	Anmerkung
a) Mittiger Druck in der Faserrichtung	90	80	60	—
b) Örtlicher Druck rechtwinklig zur Faserrichtung auf ganzer Breite (Schwellendruck)	40	30	20	Überstand der Schwellenenden in deren Längsrichtung mindestens gleich dem 1½ fachen der Schwellenhöhe
c) Örtlicher Druck rechtwinklig zur Faserrichtung auf einem Bruchteil der Breite (Stempeldruck)	60	40	25	Stempelfläche höchstens halb so groß wie das Quadrat aus der Schwellenhöhe. Überstand der Schwelle über dem Stempel in der Breitenrichtung mindestens 2 cm, wenn die gedrückte Fläche geradlinig begrenzt ist. Überstand der Schwelle über dem Stempel in der Längsrichtung mindestens gleich dem 1½ fachen der Schwellenhöhe
d) Zug in der Faserrichtung, Biegung und ausmittiger Druck in der Faserrichtung	100	100	90	Im Schwerpunkt des Querschnittes darf die nach a) zulässige Beanspruchung nicht überschritten werden
e) Abscherung in der Faserrichtung	15	15	12	—
f) Dehnmaß bei Längsbeanspruchung und Biegung	110 000	110 000	110 000	—

Stahlbeanspruchungen im Hochbau

(Auszugsweise Wiedergabe von ÖNORM B 2104, 2., geänd. Ausgabe 1. 6. 1930)

	Werkstoff	Verwendungsform	Art der Beanspruchung	Beanspruchungen kg/cm²				Anmerkung
	Flußstahl gewalzt	Einfache und zusammengesetzte Bauteile aus Walzstahl		St 00.11	St 37.11	St 48.12	St 55.12	Die Knickung ist nach ÖNORM B 1002, 2., geänd. Ausgabe, zu berücksichtigen
a			Zug, Druck, Biegung	1200	1400	1820	2100	
b			Schub	900	1120	1450	1680	
		Nieten und Paßschrauben		St 36.13		St 44.13	St 50.13	Der Berechnung ist für Nieten und Paßschrauben der Lochdurchmesser, für rohe Schrauben der Schaftdurchmesser zugrunde zu legen
c			Abscherung	900	1120	1450	1680	
d			Leibungsdruck	1800	2520	3270	3780	
		Rohe Schrauben		St 00.13	St 38.13	St 44.13	St 50.13	
e			Abscherung	700	800	1000	1200	
f			Leibungsdruck	1400	1600	2000	2400	
g		Anker-Schrauben	Zug	850	1000	1200	1400	Maßgebend ist der Kernquerschnitt
h	Flußstahl geschmiedet, Stahlguß	Lager, Gelenke u. dgl.	Zug, Druck, Biegung	2000				Bei Lagerteilen, wie Rollen, Kipp- oder Wälzzapfen, kann für Druck bei gehinderter Querdehnung als zulässige Beanspruchung das 4,5 fache der in der Tafel enthaltenen Werte für Druck genommen werden
i	Gußeisen	Säulen	Zug bei Biegung	400				
k			Druck bei Biegung	800				
l			Druck	900				
m		Lager, Gelenke u. dgl.	Zug bei Biegung	500				
n			Druck bei Biegung	1000				
o			Druck	1100				

Zulässige Erhöhung der Beanspruchungen

Ist für eine den strengsten Anforderungen genügende Berechnung, Durchbildung und Ausführung nach ÖNORM B 2331 (Hochbau, Lieferung und Ausführung von Stahlbauwerken), volle Sicherheit gewährleistet, und wird die Ausführung durch einen zuverlässigen, mit der Standsicherheitsberechnung vertrauten Fachmann überwacht, so ist bei gleichzeitiger ungünstigster Wirkung der ständigen Last, der Verkehrslast, des Winddruckes und der Schneelast (ÖNORM B 2102) bei Verwendung von

a) Stahl St 00.11 (Handelsgüte österreichischer Herkunft),

b) Stahl St 37.11, 36.13, 48.12, 44.13, 55.12 und 50.13, wenn deren Prüfung und Übernahme im Hüttenwerk erfolgt, eine Erhöhung um $^1/_7$, der obigen Beanspruchungen zulässig.

Diese Bestimmung gilt, um die Größe der Durchbiegung unter der Deckenlast zu beschränken, nicht für Deckenträger in Geschoßbauten.

Wissenschaftliche Arbeitsverfahren im Bauwesen

Von Zivilingenieur Dr. Paul Abeles, beratender Ingenieur, Wien

A. Einleitung

Unter wissenschaftlichen Arbeitsverfahren versteht man Maßnahmen und Vorkehrungen, durch die sich der Erfolg einer Arbeit auf Grund einer planmäßig durchdachten Betriebsführung ergibt. Die Betriebswissenschaft ist sonach die Lehre von der Regelung der einzelnen Betriebsvorgänge, mit dem Endzweck, bei zumindest gleicher Güte mit einem Mindestaufwand an Arbeit und zu verarbeitenden Werkstoffen ein Höchstmaß an Leistungen und Erzeugnissen zu erreichen. Sie fußt auf Erfahrungen, auch jenen der Grenzgebiete. Eingehende Kenntnis aller Eigenschaften und Fähigkeiten des Menschen, als maßgebendem Faktor im Baubetriebe, ist dringend nötig.

Die Entwicklung der Technik hat zur Mechanisierung des Betriebes, Ersatz des Menschen durch die Maschine, geführt. Eine geregelte Betriebsführung erfordert demnach die Wahl geeigneter Maschinen und deren zweckmäßige Verwendung an der Baustelle. Kenntnis der Erzeugungskosten auf Grund genauer Leistungsaufnahmen zum Zwecke der Nachkalkulation ist äußerst wichtig. Auf ein auf wissenschaftlicher Grundlage durchgeführtes Rechnungswesen ist besonderer Wert zu legen.

B. Die Rationalisierungsbestrebungen

Rationalisierung bedeutet die Erfassung und Anwendung aller Mittel, die Technik und planmäßige Ordnung zur Hebung der Wirtschaftlichkeit bieten, zum Zwecke der Steigerung des Volkswohlstandes durch Verbilligung, Vermehrung und Verbesserung der Güter (Definition d. Deutsch. Reichskur. f. Wirtschaftlichkeit).

Rationalisierungsmaßnahmen haben im Bauwesen erst seit kurzem, und zwar in ganz geringem Maße, Eingang gefunden, weil der Baubetrieb viel schwerer zu rationalisieren ist als ein geregelter Werkstättenbetrieb. Die oft kurze Bauzeit erschwert sehr die Industrialisierung des Baubetriebes; außerdem verhindern ungleiche örtliche Verhältnisse eine unveränderte Verwendung der Baueinrichtung beim nächsten Bau.

In den Kuratorien für Wirtschaftlichkeit für Deutschland und Österreich werden Rationalisierungsmaßnahmen für die gesamte Wirtschaft behandelt.

Der im Jahre 1920 entstandene Deutsche Ausschuß für wirtschafliches Bauen, Leipzig, hat den Zweck:

1. die technischen Grundlagen des Bauwesens unter besonderer Berücksichtigung des Wohnungsbaues zu untersuchen und durch Verwertung dieser Untersuchungen zur Erhöhung der Wirtschaftlichkeit im Bauwesen beizutragen;
2. neue Bauweisen, d. h. sowohl die Verwendung neuer Baustoffe als auch neue Bauverfahren wissenschaftlich auf die technische Brauchbarkeit und die wirtschaftliche Durchführbarkeit zu prüfen und die praktische Durchführung von Versuchen zu unterstützen;
3. alle wissenschaftlichen und praktischen Versuche und Unternehmungen zu fördern, welche geeignet erscheinen, die Wirtschaftlichkeit des Bauens zu steigern.

Nebst diesem Ausschuß ist seit 1927 die Deutsche Reichsforschungsgesellschaft für Wirtschaftlichkeit im Bau- und Wohnungswesen, Berlin, tätig, deren Zweck es ist, wirtschaftliche Formen von Bauteilen, Wohnungen und Wohnhäusern, wirtschaftliche Verfahren für Geländeerschließung, Kostenberechnung, Bauausführung zu ermitteln und zu verbreiten. Hier wären noch das Deutsche Handwerksinstitut in Berlin (früher Forschungsinstitut für rationelle Betriebsführung in Karlsruhe), in dem die Rationalisierung hauptsächlich von kleinen Betrieben untersucht wird, die Sozialen Baubetriebe Deutschlands, deren Arbeiten durch die „Dreikellenbücher“ bekannt wurden, und endlich die einzelnen Normenausschüsse zu erwähnen.

C. Der Mensch als Leistungsfaktor

1. Mensch und Maschine

Die erreichbare mechanische Arbeitsleistung des Menschen kann nach Rziha mit durchschnittlich 120000 kgm je Achtstundentag angenommen werden. Wird die tatsächliche Arbeitszeit mit $^2/_3$ angenommen (Rest: Pausen), so erhält man eine Leistung von 6,25 kgm/sek., d. h. die mechanische Arbeit von 12 Menschen entspricht jener eines Motors von 1 PS = 75 kgm/sek (Abb. 1 vom Deutschen Handwerksinstitut, Berlin).

Der Wirkungsgrad des Menschen als Maschine ist wesentlich geringer als jener des Motors. (Der Mensch benötigt auch für den **Ruhezustand** zur Erhaltung der Körpertemperatur, der Atem-, Darm- und Drüsentätigkeit Energie!) Bei einem Elektromotor kann z. B. je nach der Größe der Maschine mit einem Wirkungsgrad von 70 bis 90%, beim Menschen, je nach der Art der Beanspruchung, höchstens mit einem solchen von 33,5% gerechnet werden. Dieser Höchstwert kommt nur beim gewöhnlichen Gehen in Betracht; beim Gewichtheben (Abb. 1) stellt er sich auf höchstens 8,4% laut folgender Zusammenstellung.

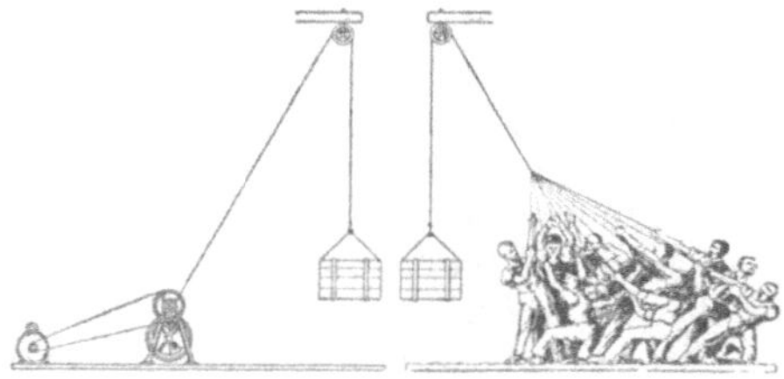

Abb. 1. Menschliche Muskelleistung und Leistung eines 1 PS-Motors

Arbeitsleistung	Höchstwirkungsgrad nach Atzler %
Gehen	33,5
Radfahren	30,0
Kurbeldrehen	20,0
Stoßen bei senkrechtem Hebel	14,0
Hantelstoßen	10,0
Feilen	9,4
Gewichtheben	8,4

2. Die verschiedenen Einflüsse auf die Leistung des Menschen

Für die Arbeitsleistung des Menschen ist maßgebend Art und Ausführung der zur Verwendung gelangenden Arbeitsmittel (Werkzeuge und Maschinen), Ausschaltung überflüssiger Bewegungen und Körperspannungen, Ausgestaltung der Arbeitsstätte, unmittelbare Umgebung, Vermeidung frühzeitiger Ermüdung durch Einschaltung richtig gewählter Pausen, Arbeitstempo, Körperbeschaffenheit der einzelnen Person und deren besonderer Eignung zur Arbeit, Schulbildung und praktischer Berufsausbildung, Übung, Rhythmus in der Arbeit, Arbeitsdauer, Durchführung der Arbeit (Einzel- oder Gruppenarbeit), Arbeitslust und Arbeitsbefriedigung, ferner Ernährung, Klima, Wetter, Bekleidung u. a. m.; hierzu kommen noch Fragen der Hygiene, des Arbeiterschutzes und -rechtes.

Für eine **rationelle Menschenbewirtschaftung** kommen außer der Betriebswissenschaft, die eine technisch-ökonomische Bestgestaltung bezweckt, besonders die Physiologie, Psychologie und Psychotechnik, ferner die Sozialpolitik und Volkswirtschaftslehre, das Arbeiterrecht u. a. m. in Betracht.

3. Physiologische Überlegungen und Betrachtungen

Die Physiologie gestattet es, aus dem Stoffwechsel die ökonomischeste Arbeitsweise, bei der ein geringster Kalorienverbrauch entsteht, zu finden; mit dieser ist infolge geringster Ermüdung eine **optimale Leistung** zu erzielen. **Statische Arbeit**, bei der keinerlei äußere Arbeit im Sinne der Mechanik geleistet wird (z. B. ruhiges Halten eines Gewichtes mit ausgestrecktem Arme), ist wegen ihrer ermüdenden Wirkung zu vermeiden. Der Einfluß des statischen Anteiles einer Arbeit ist um so größer, je langsamer die Arbeit durchgeführt wird[1]). Bei den Bewegungen ist eine zweckmäßige Anwendung der zur Arbeit nötigen Muskeln vorzusehen und unnütze Bewegungen, bei welchen Körperkräfte in ihrer Schwerpunktslage verändert werden, zu vermeiden.

[1]) So ist z. B. beim Heben gleicher Lasten an der Winde bei 12 Umdrehungen in der Minute infolge zu langsamen Arbeitstempos ein viel größerer Kraftaufwand nötig als bei 35 Umdrehungen in der Minute. Zur Vermeidung frühzeitiger Ermüdung ist also je nach der Größe der Last die geeignete Übersetzung an der Winde einzuschalten, um den richtigen Arbeitsrhythmus zu erreichen.

Die Arbeitszeit ist so zu regeln, daß eine frühzeitige Ermüdung und ein Verbrauch der Kräfte nicht entstehen (Beachtung der Arbeitspausen und der Einflüsse, welche die Ermüdung beschleunigen).

Vom physiologischen Standpunkte aus sollte zwar der Mensch als Betriebsmotor ausgeschaltet und an seiner Stelle eine Arbeitsmaschine verwendet werden; die Erleichterung, welche die Maschine durch Übernahme der Schwerarbeit bietet, kann jedoch in einzelnen Fällen dazu führen, daß an Stelle der mechanischen Arbeitsleistungen eine einseitige, statische Dauerbeanspruchung einzelner Muskeln tritt und Monotonie und erhöhtes Arbeitstempo ungünstig wirken[1]).

4. Die Bedeutung der Psychologie und Psychotechnik

Bei Untersuchung der psychologischen Grundlagen der Arbeit gelangt man durch Analyse der seelischen Erscheinungen zu dem Begriff des „Arbeitserlebnisses". Dieses ist gefühlsbestimmend, einmal durch den individuellen Eigenwert der Person, dann durch den sozialen Wert, d. h. den Zusammenhang mit der Gesamtheit. Besonders wichtige Faktoren sind: Rhythmus und Monotonie, Übung und Ermüdung. Der Rhythmus der Bewegung ist imstande, die Wirkung der bewegenden Kraft ohne Vergrößerung der Stärke zu erhöhen[2]). Beim Rhythmus wird ein harmonischer Verlauf des Arbeitserlebnisses erreicht und eine ökonomische Ausnützung der Energie ermöglicht; hierzu kommt noch die dann vorhandene Arbeitsfreude, da andernfalls der Mensch zum Automaten wird, und jedes Interesse an der Produktion und an dem Produkt entschwindet; ohne Arbeitswillen und Arbeitsfreude kann gute und produktive Arbeit nicht geleistet werden. Verwendung des richtigen Mannes am richtigen Platze geschieht durch psychotechnische Auslese mittels Eignungsprüfung auf Grund der Berufsberatung, ergänzt durch richtige Einstellung der Arbeitskräfte im Betrieb und zweckmäßigste Arbeitsverteilung.

Die Eignungsprüfung bedeutet eine systematische, rein psychologisch betriebene Auswahl auf Grund experimenteller Untersuchungen (psychologische Diagnose bezüglich Eignung für einen bestimmten Beruf).

Die Anlernung bezweckt eine planmäßige Schulung der Neulinge und Berufsanwärter durch den Psychotechniker mit Hilfe des Fachmannes, Pädagogen und Psychologen. Gerade bei Handfertigkeiten hat es sich gezeigt, daß infolge Übung ein ziemlicher Ausgleich der Leistungsergebnisse zwischen besonders Geschickten und weniger Geschickten entsteht.

D. Regelung des Betriebes

1. Die Kostenberechnung

Die Errechnung der Angebote erfolgt auf Grund von Erfahrungen bei früheren Ausführungen; maßgebend ist der Aufwand an Material und Arbeit. Die Kosten gleicher Bauleistungen sind von örtlichen Löhnen, Materialpreisen und erforderlichen Einrichtungen abhängig. Die Durchführung der Kostenberechnung (Kalkulation) hat derart übersichtlich zu erfolgen, daß eine Nachkalkulation auf Grund von Leistungsüberprüfungen möglich ist.

Den endgültigen Preis einer Leistung erhält man aus den Selbstkosten und dem Anteil an den allgemeinen Kosten (Regie), Risiko und Gewinn. Die Selbstkosten setzen sich zusammen aus Löhnen, Baustoffverbrauch, Abschreibungen für Hilfsmittel (z. B. Gerüste[3]), Schalung usw.), bei Maschinenarbeit kommt noch Betriebsstoff-

[1]) Ein Beispiel für die Vor- und Nachteile des Ersatzes der Menschenarbeit durch die Maschine, vom physiologischen Standpunkte aus beurteilt, bietet der Preßluftbohrer, bei dem die mechanische Arbeit des Herstellens der Bohrlöcher durch Meißel und Schlegel ersetzt wird durch die statische Arbeit beim Führen des Preßluftbohrers, wobei noch besonders die Erschütterungen des sich hin- und herbewegenden Bolzens ungünstig wirken.

[2]) Es entsteht eine gewisse Interferenzerscheinung, die auch z. B. beim taktmäßigen Marschieren von Menschenmassen über Brücken eine bedeutende Erhöhung der Belastung bedingt.

[3]) Die Kosten der Gerüste sind zweckmäßig nicht bei den einzelnen Arbeiten, wie Mauerwerk und Fassadenverputz, zu ermitteln, sondern gesondert aufzustellen und dann auf die dazugehörigen Arbeiten aufzuteilen.

verbrauch, Anteil für Auf- und Abbau, Transport, Abschreibung und Verzinsung der Maschinen hinzu. Zu den allgemeinen Kosten gehören: Gehälter für Bauleitung und -aufsicht (die Bauzeit erhält man auf Grund eines Bauprogramms, siehe nächsten Abschnitt), Nebenspesen des Baubureaus (Drucksorten, Porti, Telephon usw.), Kosten für Bauhütten, Arbeiterräume und Beamtenwohnhäuser, allgemeine Baustelleneinrichtung (Zufahrtstraßen, Brücken, Gleisanlagen, Einplankung u. dgl. samt eventuellen Betriebskosten), Beleuchtung der Baustelle, Beheizung, Platzzins, Handwerkzeuge (Reparaturen und Verschleiß), Versicherungen (Feuer-, Einbruch-, Haftpflichtversicherung), Bauzinsen, Steuern, soziale Lasten u. dgl. m.; hierzu kommen noch die allgemeinen Geschäftskosten (Zentralspesen)[1]. Auf Grund der Bau- und Zentralregie, der Höhe des Risikos und vorgesehenen Unternehmergewinnes wird der Zuschlag auf die Selbstkosten ermittelt, und zwar entweder auf die Gesamtkosten oder nur auf den Lohnanteil bezogen. Die Höhe desselben muß für jedes Angebot gesondert ermittelt werden, außer wenn es sich um nahezu gleichartige Bauausführungen handelt, in welchem Falle der Zuschlag für diese gemäß Abschnitt „Generalunkosten", S. 157, erfolgt.

Der Reichsverband industrieller Bauunternehmungen (Berlin) hat in einem Merkblatt eine weitgehendere Methode der Kostenermittlung ausgearbeitet. Nach dieser erhält man die unmittelbaren Selbstkosten der Bauarbeit aus den Einzelkosten (Löhnen, Baustoff-, Betriebs- und Bauhilfskosten), den Kosten für Maschinen und Geräte und den Gemeinkosten der Baustelle (Baustelleneinrichtung und -räumung, laufende Ausgaben der Baustelle, Bauzinsen, Risken, soziale Lasten, Umsatzsteuern und sonstige Abgaben); hierzu kommen noch die allgemeinen Geschäftskosten (Gehälter, Bureau, Reisen, Steuern, Versicherungen, Geldbeschaffung, Kapitalsverzinsung, Abschreibungen, Beiträge, Lagerplätze usw.) und der Unternehmergewinn. Eine derart genaue Berechnung erfordert viel Zeit und ist nur bei Großbaustellen notwendig.

Vorteilhaft ist es, den Löhnen gleich die sozialen Lasten (Höhe derselben siehe S. 158 „Richtlinien für die Ermittlung der sozialen Abgaben") zuzuschlagen und mit diesen erhöhten Werten zu rechnen, ferner von der Aufteilung der Gerüstkosten auf Mauerwerk und Verputz Abstand zu nehmen (die Gerüste kommen ebenso wie die allgemeinen Baueinrichtungen zur Bauregie), ebenso die Maschinenkosten (jedoch ohne Betriebskosten) in der Bauregie zu berücksichtigen u. dgl. m. Eine weitere Vereinfachung ist es, wenn der Zuschlag auf die Gesamtkosten und nicht auf die Löhne allein errechnet wird, in welchem Falle gesondert für jede Post Material- und Lohnkosten zu ermitteln sind.

Beispiel für die Ermittlung des Zuschlages für Regie, Risiko und Gewinn

Bauregieaufstellung

Bauzeit laut Bauprogramm 8 Monate

1. Bauleitung und Bauaufsicht:				
1 Bauleiter	9 Monate	je S 650	= S 5850	
1 Bautechniker	6 „	„ „ 350	= „ 2100	
1 Hauptpolier	8 „	„ „ 500	= „ 4000	
1 Vizepolier	3 „	„ „ 450	= „ 1350	
1 Bauschreiber (auch für Material- und Werkzeugausgabe)	8 „	„ „ 280	= „ 2240	
1 Nachtwächter	8 „	„ „ 260	= „ 2080	
1 Sonntagswächter	8 „	„ „ 60	= „ 480	
1 Bedienerin (auch als Botin)	8 „	„ „ 200	= „ 1600	
			S 19700	
Überstunden (ca. 10%)			„ 2000	
Soziale Lasten 25%			„ 5000	S 26700
2. Entwurf:				
2 Ingenieure	2 Monate	je S 480	= S 1920	
2 Techniker	3 „	„ „ 300	= „ 1800	
			S 3720	
Überstunden und soziale Lasten			„ 1300	S 5020
3. Nebenspesen: (Plankosten, Drucksorten, Straßenbahnfahrten usw.)				S 1000
4. Bahnfahrten			entfällt	—
5. Hauptgerüste:				
2600 m² Hauptgerüste, leichte Ausführung, laut Sonderkalkulation		je S 4,20	= S 10920	
560 „ Feuermauerabschlußgerüst		„ „ 2,00	= „ 1120	S 12040
			Fürtrag:	S 44760

[1]) Siehe S. 156 und 157: Geschäftsunkosten und Generalunkosten.

Übertrag S 44 760

6. Bauhütten (Transport, Aufstellen, Abtragen und Abschreibung):

Kanzleien:		Hütten:	
Bauleitung	40 m^2	Arbeiterbaracken	60 m^2
Polier	20 „	Werkzeug	20 „
	60 m^2	Zement	20 „
Flugdächer:		Sonstige Baustoffe	20 „
Kreissäge	15 m^2		120 m^2
Eisenbiegemaschinen	15 „		
	30 m^2		

Kanzleien	60 m^2 je S 13 =	S 780		
Hütten	120 „ „ „ 7 =	„ 840		
Flugdächer	30 „ „ „ 3 =	„ 90		S 1710

7. Baustelleneinrichtung (Installation, Aufstellen und Abtragen):

a) Zufahrtsbrücken	entfällt	—	
b) Aufzüge (Plateau-, Schnell-, Kübel-, Spezialaufzug) samt Antriebsmotoren:			
1. Kübelaufzug		S 750	
2 Schnellaufzüge	je S 600 =	„ 1200	
c) Maschinen:			
1 Mischmaschine samt Flugdach		„ 400	
d) Kalk- und Mörtelanlagen:			
1 Kalkgrube		„ 500	
Mörteltrainanlage		„ 100	
e) Sonstige Vorrichtungen:			
Biegetisch		„ 50	
Eisenbieg- und Schneidvorrichtung		„ 100	
Kreissäge		„ 100	S 3 200

8. Rollbahngleis	entfällt	—

9. Maschinenabschreibung:

2 Schnellaufzüge	S 600	
1 Kübelaufzug	„ 100	
1 Mischmaschine	„ 1000	
4 Motoren	„ 280	
Werkzeugabnützung	„ 200	S 2180

10. Werkzeug- und Maschinenreparatur	S 500

11. Installation:

a) Kraftinstallation samt Transformatoraufstellung	S 500	
b) Lichtinstallation	„ 100	
c) Wasserleitung	„ 400	S 1 000

12. Zu- und Abfuhr und Fracht:

Gerüstholz 300 m^3, d. i.	150 t
Schalholz 220 m^2, d. i.	110 „
Maschinen und Geräte	10 „
Bauhütten	10 „
Diverse	10 „
	290 t ... je S 10,30 = S 2 990

Kosten je Tonne: (Autokosten 60 S/Tag, 3 Fahrten möglich, je Fahrt 5 t).

Hin- und Rückfahrt $2 \cdot \frac{60}{3 \cdot 5}$ = S 8,00

2mal auf- und abladen 1,5 H je S 1,50 = „ 2,30

S 10,30

13. Einplankung	entfällt	—
14. Platzzins (für Straßenbenützung und Privatlagerplätze)	entfällt	—
15. Räumung und Reinigung der Lagerplätze und Straßenwiederherstellung		S 200
16. Beleuchtung		S 600
17. Materialproben (Betonfestigkeitsproben)		S 500
18. Nachputzarbeiten (wenn nicht besonders vergütet)	entfällt	—
19. Baureinigung und Schuttabfuhr		S 1 000

20. Feuerversicherung:

Für Bau samt Gerüste[1]) $0{,}25 \cdot 8 \cdot \frac{400\,000}{1000}$ =	S 800	
Bauhütten und Baracken	„ 200	S 1 000

[1]) Prämie 0,25‰ durch 8 Monate.

21. Zinsen (für Vorauszahlungen, Betriebskapital und Garantierücklaß):

$15\,000 \cdot \frac{8}{12} \cdot 0{,}10 =$ ... S 1 000

(Monatliche Abrechnung, Vorauszahlung durch 8 Monate je S 15 000, 10% Zinsen.)

22. Verschiedenes ... —

Bauregie Summe: S 60 640

Selbstkostensumme (Material und Lohn) errechnet auf Grund der Ausschreibung:

Erd- und Baumeisterarbeiten	S 220 320
Eisenbetonarbeiten	„ 153 430
	S 373 750

Bauregie $\frac{60\,640}{373\,750} = 0{,}16$, d. i.	16%
Zentralregien inklusive Steuern	6%
Risiko und Gewinn	7%
Zuschlag auf die Selbstkosten	29%

Die Höhe der Bauregie ist bei weit entlegenen kleinen Baustellen wesentlich größer (Werte von 50% sind nicht unmöglich), dagegen bei günstig gelegenen, größeren Baustellen kleiner (Mittelwert von 8 bis 15%).

Die Zentralregie hängt von dem Aufbau und dem Beschäftigungsgrad des Gesamtbetriebes ab (Werte von 10 bis 20% können vorkommen). Die zu berücksichtigende Höhe wird auf Grund der tatsächlichen Spesen und des Umsatzes des letzten Jahres oder eines für das laufende Jahr angenommenen errechnet.

Im vorstehenden Beispiel wurde der Zuschlag nach der vereinfachten Berechnungsart ermittelt. Bei anderen Berechnungsweisen (Aufteilung der Kosten für Gerüste, Maschinenaufstellung und -abschreibung direkt auf die einzelnen Bauarbeiten, Berücksichtigung der sozialen Lasten in der Bauregie anstatt bei den einzelnen Löhnen usw.) ändert sich die Höhe des Zuschlages (selbstverständlich auch dann, wenn der Zuschlag nur auf die Lohnsumme errechnet wird).

2. Der Betriebsplan (Bauprogramm und Baueinrichtungsplan)

Das Bauprogramm beinhaltet die Einteilung der Bauausführung (Regelung der zeitlichen Aufeinanderfolge der einzelnen Teilarbeiten auf Grund der Arbeitsleistungen). Zwecks Verminderung der Bauregie ist anzustreben, daß die Bauzeit einen Mindestwert erreicht. Hierbei sind örtliche Erschwernisse, Zeit für Baustelleneinrichtung, Maschinenaufstellung, -reparatur u. dgl. zu beachten. Maßgebend für die Leistung (mithin auch Arbeitsdauer) ist die Anzahl, Art und Aufstellung der verwendeten Maschinen. Das Bauprogramm soll die Anzahl der jeweils benötigten Arbeitskräfte festhalten, ebenso den Bedarf an Baustoffen, um die rechtzeitige Anlieferung gemäß Erfordernis leicht zu regeln.

Bei Feststellung der Bauzeit können selbstverständlich nur die tatsächlichen Arbeitstage ermittelt werden; Regen- und Frosttage sind durch einen besonderen Zuschlag zu berücksichtigen. In Sonderfällen ist es nötig, die Bauausführung zu forcieren und die Bauzeit besonders zu verkürzen, selbst wenn hierdurch die Baukosten erhöht werden. In anderen Fällen, wenn z. B. nur eine ganz bestimmte Arbeitspartie und keine weiteren Hilfskräfte zur Verfügung stehen, tritt eine Verlängerung der Bauzeit ein, was im Bauprogramm zu berücksichtigen ist.

Kostenermittlung und Aufstellung der Bauregie hat im Zusammenhang mit dem Bauprogramm zu erfolgen; dieses wird zumeist zeichnerisch dargestellt[1]), dient als Grundlage für die Ausführung und ist durch Einzeichnung des tatsächlichen Zeitaufwandes für die einzelnen Arbeiten zu ergänzen.

Der Baueinrichtungsplan enthält die zweckmäßigste Einrichtung der Baustelle, wie Wahl und Situierung der Aufzüge und Maschinen, Arbeits-, Unterkunfts-, Material- und Lagerplätze, Baukanzleien, Baracken u. dgl. m. Die Aufstellung der Betriebspläne erfordert große Erfahrungen und Kenntnisse.

Abb. 2 zeigt den Entwurf für ein Bauprogramm (ohne Berücksichtigung des Baustoffbedarfes). Zumeist wird der Plan ohne Rücksichtnahme auf die Arbeitspartien aufgestellt, doch ist ein ziemliches Schwanken des täglichen Arbeiterstandes zu berücksichtigen (so ist im vorliegenden Falle für eine anderweitige Verwendung der Betonierpartie in der Zwischenzeit zu sorgen; ist dies unmöglich, z. B. bei isolierten Baustellen mit konstantem Arbeiterstand, so ist das Bauprogramm entsprechend zu ändern). Man beachte das Ineinandergreifen der einzelnen Arbeiten (besonders wichtig, wenn auch bereits Professionisten arbeiten!).

Abb. 3 dient als Beispiel für einen Baueinrichtungsplan eines Wohnhausbaues (zur Verfügung gestellt von C. Korn, Bau-A. G., Wien).

---

[1]) Die einzelnen Arbeiten werden durch ein Rechteck gekennzeichnet, in dem die Länge die Dauer der Arbeit darstellt; oft wird die Höhe entsprechend dem Anteil der Einzelkosten an den Gesamtkosten gewählt.

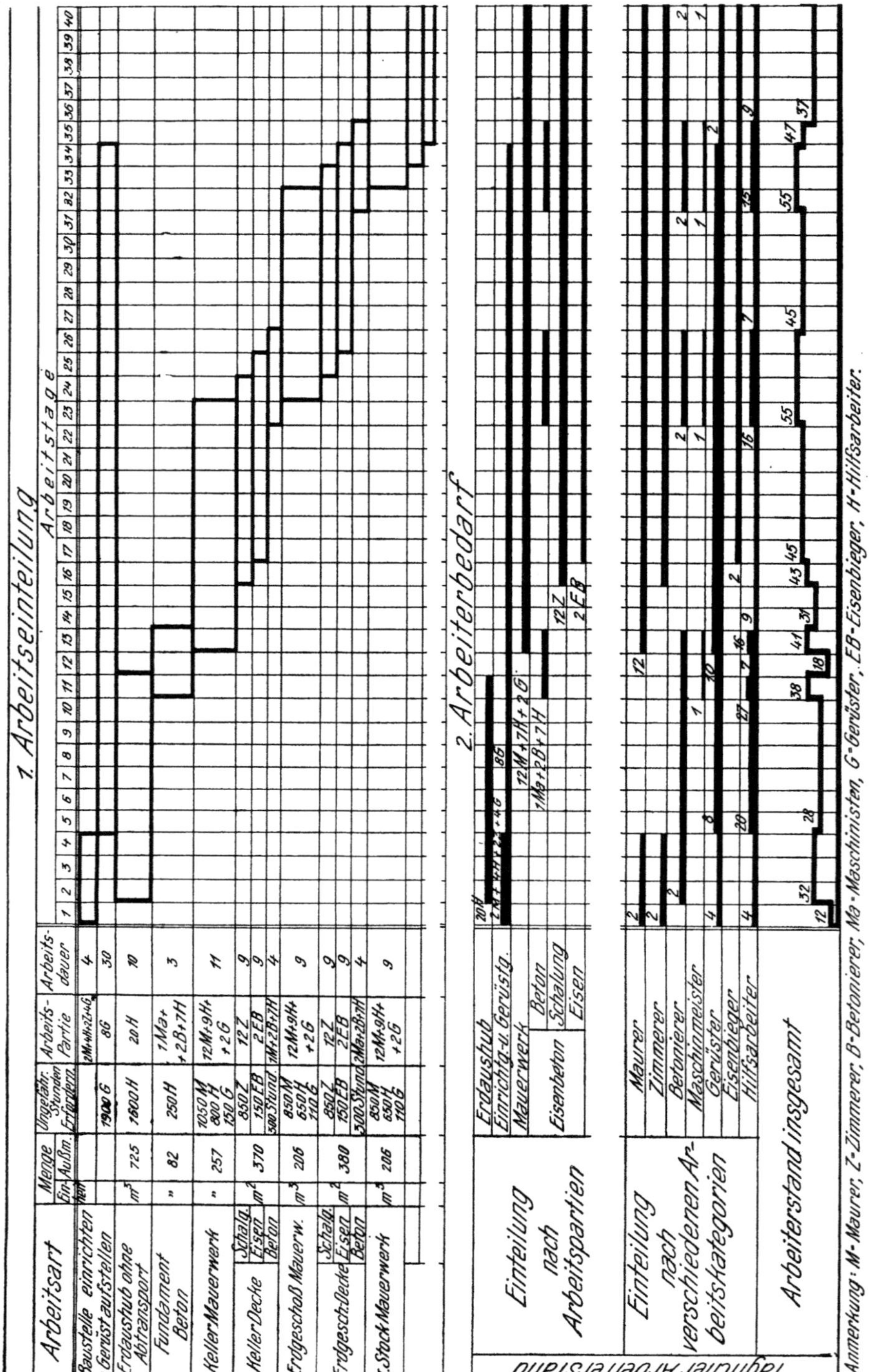

Abb 2. Teil eines Bauprogrammes

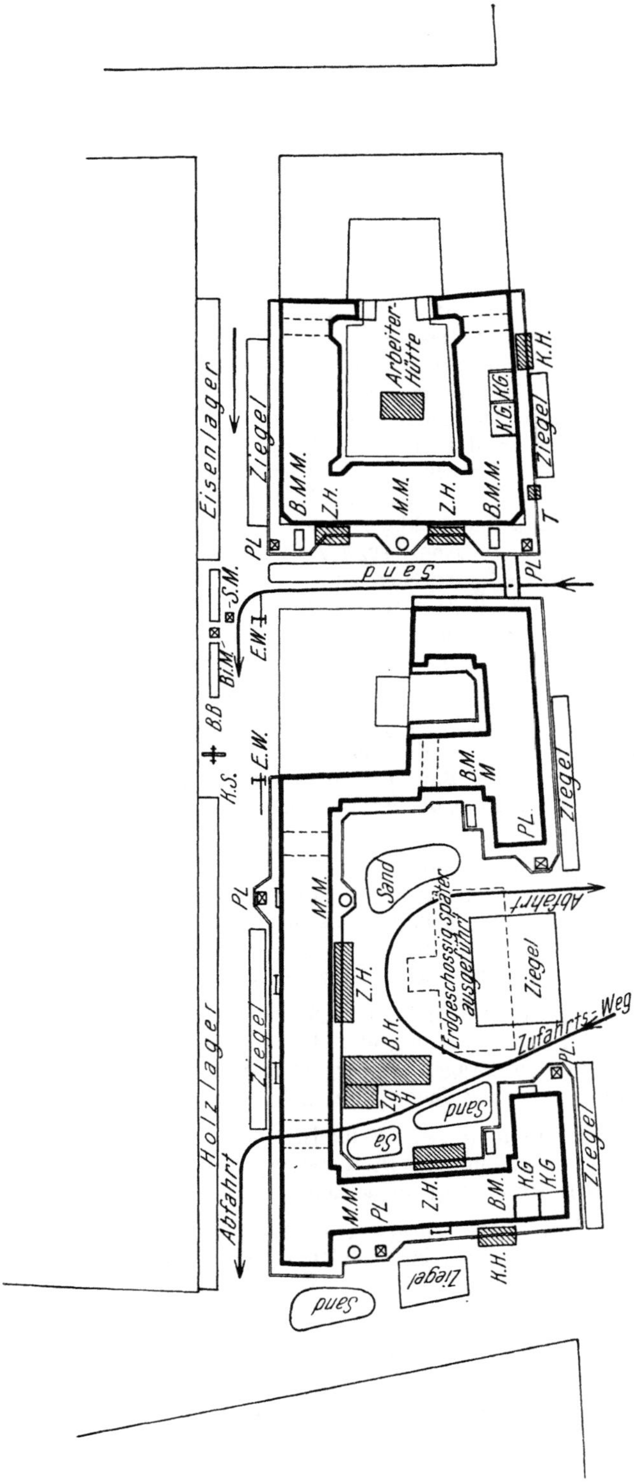

Abb. 3. Baueinrichtungsplan für einen Wohnhausbau in Wien

B. B. = Biegebank
Bi. M. = Biegemaschine
B. M. M. = Beton- und Mörtelmischer
B. K. = Baukanzlei
E. W. = Elektrowinde
K. H. = Kalkhütte
K. G. = Kalkgrube
K. S. = Kreissäge
M. M. = Mörtelmischer
PL. = Plateauaufzug
S. *M.* = Schneidemaschine
T. = Transformator
Z. H. = Zementhütte
Zg. H. = Zeughütte

3. Der Entwurf

Hierbei ist nicht auf die scheinbar wirtschaftlichste Lösung, sondern auf die zweckmäßigste, mit Rücksicht auf die Einfachheit der Ausführungen zu achten[1]). Vereinheitlichung und Vereinfachung der Planausführung und Berechnung sind anzustreben.

4. Leistungsüberprüfung und Nachkalkulation

Genaue Leistungsaufnahmen sind nötig zur Überprüfung der bei der Kostenermittlung angenommenen Arbeitswerte. Durch Zwischenkalkulation sollen etwaige Fehlleistungen und deren Ursachen sofort und zwangläufig festgestellt werden, um rechtzeitig die Verlustquellen beseitigen zu können. Die Nachkalkulation dient zur Ermittlung verbesserter Werte für die Kostenberechnung neuer Anbote. Die Leistungsaufnahme erfolgt durch detaillierte Arbeitsberichte entweder in Tagesarbeitsberichten oder in den wöchentlichen Lohnlisten. In den ersteren ist über die einzelnen Arbeiten vom Polier so detailliert zu berichten, daß eine Nachrechnung möglich ist (z. B. Erdgeschoßmauerwerk: 12 Maurer, 9 Hilfsarbeiter, 2 Lehrlinge je 8,5 Stunden Leistung rd. 25 m^3). Die Berichterstattung geschieht entweder gesondert für jede Post des Kostenanschlages oder nach einem Buchungsplan, wo jede einzelne Leistung in einem Kontierungsgerippe enthalten und vorteilhaft durch die Bezeichnungsweise nach Art der Arbeit gekennzeichnet ist. Z. B. *J* 8: Installation der Mischmaschine, *U* 7: Bewachung der Baustelle (unproduktive Arbeit, daher *U*), *M* 10: Kaminmauerwerk, *P* 3: grober Putz, *N* 6: Abladen von Eisen (Nebenarbeit) usw.[2]).

Die Leistungen müssen nicht so wie der Stundenaufwand täglich aufgenommen werden, es genügt einmal wöchentlich. Tägliche Überprüfung der Polierberichte an Hand des Schichtenbuches, in welchem die von jedem Arbeiter geleisteten Stunden täglich eingetragen werden, seitens des Bauschreibers ist nötig zwecks Übereinstimmung der Gesamtwochenstunden mit denjenigen der Lohnliste. Die Polierberichte sind vom Bauleiter zu überprüfen.

Erfolgt die Bauberichterstattung nur in den Wochenlohnlisten, so ist für jeden Arbeiter in einzelnen, gesonderten Kolonnen die für die betreffende Arbeit aufgewendete Zeit einzutragen; man erhält in jeder Zeile als Summe die Wochenarbeitsstunden des Arbeiters und in jeder Kolonne die für die Arbeit aufgewendeten Stunden. Die Verwendung von Vordrucken für Arbeitsberichte ist zu empfehlen.

Der Baustoffverbrauch muß für jede Arbeit gesondert festgehalten werden. Die wöchentlichen Ergebnisse von Arbeitsleistung und Baustoffverbrauch werden gesondert je Arbeit in ein Sammelblatt eingetragen, in welchem die Leistungen je Einheit errechnet und mit den kalkulierten verglichen werden können.

Leistungsschaubilder veranschaulichen Fehlleistungen und sind besonders an der Baustelle zu empfehlen. In einem geregelten Betrieb ist auch auf eine richtig und zweckmäßig geführte Baubuchhaltung zu achten.

Möglichst detaillierte Leistungsüberprüfungen sind dann wichtig, wenn untersucht werden soll, für welche Teilarbeit Betriebsverbesserungen besonders anzustreben sind.

---

[1]) Manchmal stellt sich eine an sich zwar teurere, aber einfachere Ausführung wegen des besseren Baufortschrittes vorteilhafter, z. B. Stampfbeton mit weniger Schalung gegenüber komplizierter Eisenbetonkonstruktion, trotz der größeren Wirtschaftlichkeit der letzteren.

[2]) Oft wird die Ansicht vertreten, daß derartig detaillierte Berichterstattung vom Polier nicht verlangt werden kann. Es ist aber ohne weiteres möglich, dessen Interesse für die Leistungsnachrechnung zu erwecken und gewissenhafte und verwendbare Berichte zu erhalten.

Beispiel: Leistungsaufwand je 1 m³ Kellermauerwerk.
(Mittelwert von rd. 1000 m³, Dauer der Überprüfung rd. 5 Wochen; reine Leistungszeiten ohne Prämie!)

	Maurer	Hilfsarbeiter	Weiber	Gerüster	Lehrjungen
Ziegelbenetzen	—	0,07	0,09	—	—
Mörtelbereitung	—	0,13	0,52	—	—
Mörteltransport	—	1,15	—	—	—
Ziegeltransport	—	1,58	—	—	—
Anlegen	0,38	—	—	—	0,11
Mauern	4,31	—	—	—	0,07
Böckelgerüst	—	—	—	0,55	—
Gesamtarbeit	4,69	2,93	0,61	0,55	0,18

Man erkennt, daß der Arbeitsaufwand für den Ziegeltransport verhältnismäßig hoch ist und hierfür eine Betriebsverbesserung anzustreben wäre.

Bei Einführung des wirtschaftlichen Rechnungswesens im Baubetriebe ergibt sich oft die Notwendigkeit, neue Arbeitskräfte aufzunehmen. Die hierdurch entstehenden Mehrlasten werden durch zwangläufig herbeigeführte Leistungsverbesserungen reichlich hereingebracht.

Beispiel: Die Bauleitung einer Großbaustelle wurde in Kenntnis gesetzt, daß in einem Nebenabschnitt, bei dem zwar nur geringe Mauerwerksmengen hergestellt wurden, besonders ungünstige Leistungen erzielt wurden. Es genügte, auf diesen ungewöhnlichen Leistungsaufwand aufmerksam zu machen, um ohne Betriebsveränderung eine Leistungsverbesserung zu erzielen, die je m³ Mauerwerk 1,5 Maurer- und 1,5 Hilfsarbeiterstunden betrug, wodurch eine monatliche Ersparnis von

$$S\ 25 . 6{,}7 . 1{,}5\ (1{,}42 + 1{,}10) = S\ 635$$

(25 Arbeitstage, 6,7 m³ Tagesleistung, S 1,42 und S 1,10 damaliger Lohn für Maurer und Hilfsarbeiter erzielt wurde). Ohne Betriebsstatistik wäre die Fehlleistung nicht entdeckt und daher eine Leistungsverbesserung nicht erzielt worden.

E. Betriebsverbesserungen

1. Verbesserung der menschlichen Arbeitsleistung

Vereinfachung der Arbeitsvorgänge, Vermeidung unnötiger Bewegungen. Durch Zeit-, Bewegungs- und Arbeitsstudien werden die einzelnen Bewegungen in ihre Elemente zerlegt, hinsichtlich Zeit und Zweckmäßigkeit untersucht und nutzlose Bewegungen ausgeschaltet. Nach Moede sind die Bewegungsstudien nach Zeit, Kraft und Form durchzuführen. Die Zeitstudien sollen die Elemente des Arbeitsverlaufes zeitlich genau erfassen; in der Kraftanalyse ist besonders auf die statische und dynamische Beanspruchung der Arbeitsmuskulatur zu achten; die Formanalyse bezweckt, die Anzahl der Arbeitsakte auf ein Minimum zu beschränken[1]).

Eine Mehrleistung bedeutet noch nicht eine Rationalisierung im physiologischen Sinne. Produktionserhöhungen durch vermehrten Einsatz an Arbeitskraft oder durch Erhöhung der Arbeitsgeschwindigkeit stellt nicht eine Rationalisierung, sondern eine Intensivierung der Arbeit dar. Richtiger als die Maximal- sind die Optimalleistungen, die entstehen, wenn der Arbeitsvorgang der Eigenart des menschlichen Motors angepaßt ist. Für die einzelnen Bewegungen ist es daher nicht zweckmäßig, den kürzesten, sondern den bequemsten Weg vorzusehen.

Auswahl und Anlernung der Arbeitskräfte. Vom Standpunkte einer rationellen Bewirtschaftung ist die Auswahl und Einordnung geeigneter Menschen von größter Bedeutung (psychotechnische Rationalisierung).

In der Schweiz erfolgt bereits eine planmäßige Anlernung von Maurern und Spezialarbeitern. Die bisherigen Erfahrungen sind sehr befriedigend. In diesem Zusammenhange wären auch die Lehrgänge für Maurer, Zimmerer u. dgl. der Datsch (Deutscher Ausschuß für technische Schulbildung) zu erwähnen.

Erhöhung des Wirkungsgrades durch Verwendung geeigneter Geräte. Aus Abschnitt C. 1. erkennt man, daß es z. B. vorteilhafter ist, an der Kurbel zu drehen, als einen Körper direkt zu heben. Man wird daher stets vorziehen, eine Winde zu ver-

[1]) Zeit- und Bewegungsstudien werden in größerem Umfang seitens des Deutschen Handwerks-Instituts in Berlin durchgeführt. Die Ergebnisse werden in der Zeitschrift „Die Betriebsführung" veröffentlicht.

wenden, und das direkte Hinaufheben von Lasten vermeiden. Durch Verwendung geeigneter Geräte kann die Arbeitsleistung wesentlich gesteigert werden. (Das billigste Gerät ist nicht immer das zweckmäßigste!)

2. Verbesserung der Arbeitsdurchführung

Es ist oft möglich, durch rein betriebliche Maßnahmen Leistungsverbesserungen zu erzielen.

Abb. 4 zeigt als Beispiel hierfür den Produktionsvorgang und die Kostenzusammenstellung von 1 m³ Sohlenmauerwerk (ohne Unkosten) nach einer Betriebsuntersuchung des Deutschen Handwerksinstitutes aus dem Jahre 1928. Die Lagerung der Steine, die so verarbeitet wurden, wie sie vom Bruche kamen, erfolgte oberhalb des Baugrubenrandes. Die Steine wurden von Hilfsarbeitern mittels Steinkarren an eine Zwischenlagerstelle gebracht. Aus der Betriebsbeobachtung ersieht man, daß infolge Zwischenlagerung der Steine die Transportkosten wesentlich verteuert wurden und auch die Maurer infolge mangelnder Versorgung mit Baustoffen mehr Zeit benötigten. Die Schuld liegt scheinbar in der unklaren Betriebsanweisung durch den Polier, der solche schwache Stellen sofort sehen und für Abhilfe sorgen müßte. Die vielen Hemmungen hätten sich bei richtiger Arbeitseinteilung und Anweisung vermeiden lassen, wie aus dem Ergebnis nach Betriebsüberprüfung zu ersehen ist. Es ergibt sich daher die Notwendigkeit, Bauführer und Poliere auf die Wichtigkeit derartiger Betriebsverbesserungen aufmerksam zu machen.

Vor der Betriebsüberwachung

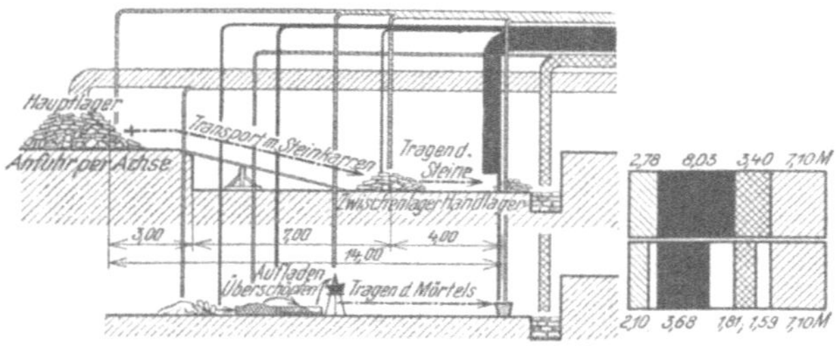

Kosten für	
Aufladen und Entleeren....	M 2,78
Transportkosten	„ 8,03
Fertigungskosten	„ 3,40
Materialkosten	„ 7,10
Gesamtkosten	M 21,31

Nach der Betriebsüberwachung

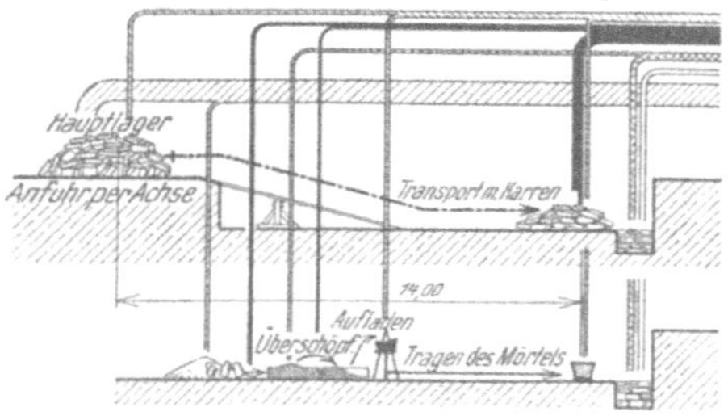

Kosten für	
Aufladen und Entleeren....................	M 2,10
Transportkosten	„ 3,68
Fertigungskosten	„ 1,81
Vermeidbare Verlustzeiten	„ 1,59
Materialkosten................................	„ 7,10
	M 16,28

Abb. 4
Produktionsvorgang beim Sohlenmauerwerk

3. Ersatz der Handarbeit durch Maschinenbetrieb

Vergleich der Leistung bei Handarbeit und Maschinenbetrieb. Ein wirtschaftlicher Vergleich zwischen Mensch und Maschine ergibt, daß die 1 PS-Stunde entsprechende Arbeit durch Menschenkraft bei einem Stundenlohn von S 1,20 S 14,40 kostet (12 Hilfsarbeiterstunden gemäß Abb. 1) gegenüber den Betriebskosten bei einem Elektromotor von 75% Wirkungsgrad von S 0,25 bis 0,30. Das Lastheben durch Menschenkraft nach Abb. 1 kostet daher ungefähr 50mal soviel wie mit Hilfe eines Elektromotors.

Vom ökonomischen Standpunkt ist es wünschenswert, die körperliche Arbeit des Menschen vollständig durch Maschinenarbeit zu ersetzen; im Baubetriebe kann die Verwendung der Maschine nur auf Teilarbeiten beschränkt werden. Die Anschaffungs-, Installations- und Kapitalskosten erhöhen sich gegenüber dem konstanten Betriebe ganz gewaltig, da die verschiedenen Auf- und Abbau- sowie Transportkosten infolge wechselnder Verwendung der Maschine sehr in die Waagschale fallen.

Der wirtschaftliche Verwendungsbereich einer Maschine beginnt gemäß Abb. 5 erst bei einer bestimmten Jahresleistung. Das Beispiel stellt einen Fall dar, wo durch Verwendung der Maschine die Handarbeit nicht vollständig ausgeschaltet wird; daher ist die Verminderung der Kosten nicht so bedeutend wie beim Lastheben. Der Wert A (einmalige Jahreskosten) ist hierbei ziemlich groß (S 2000). Bei Handarbeit betragen die Kosten S 6,00 je m³, bei Maschinenbetrieb S 2,00 je m³. Der wirtschaftliche Verwendungsbereich dieser Maschine beginnt bei einer Jahresleistung von 500 m³.

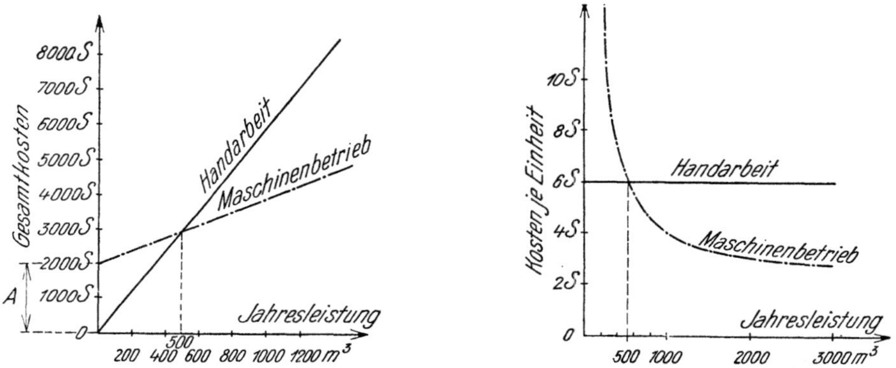

Abb. 5. Wirtschaftlicher Vergleich: Handarbeit und Maschinenbetrieb

Wirtschaftlicher Vergleich zur Wahl der geeigneten Maschine. Abb. 6 zeigt den Vergleich verschiedener Arbeitsverfahren beim Lastheben, aufgestellt vom Deutschen Handwerksinstitut, Berlin. Da die Kosten für Transport, Aufstellen, Instandhalten und Abrüsten sowie die Abschreibung für jedes einzelne Fördergerät verschieden sind, so ergibt sich ein wirtschaftlich günstiger Verwendungsbereich für die einzelnen Maschinen.

Maschine		Turmdrehkran	Aufzug	Bockwinde	Träger
Tagesleistung	kg	150000	150000	24000	1500
	Anzahl Backsteine	57692	57692	9250	580
Erf. Bedienungspersonal		3	10	4	1
Erf. Motorleistung in PS		8	3	—	—

Abb. 6. Vergleich der Leistungen beim Vertikaltransport

Die Verwendungsmöglichkeit der Maschine. Eine Maschine ist wirtschaftlich vorteilhaft, wenn die auf die Arbeitseinheit entfallende Abschreibung nicht zu groß wird; daher ist zu trachten, universell arbeitende Maschinen zu wählen, die für verschiedene Arbeiten verwendet werden können. Die Auswahl der zweckmäßigsten Maschinen erfordert besondere Fachkenntnis.

F. Zweckmäßigste Verwendung der Maschinen

Der Einfluß der Art der Aufstellung und Beschickung von Maschinen auf die Leistung soll an dem Beispiel: Aufstellung einer Mischmaschine von 300 Liter Trommelinhalt auf fünf verschiedene Arten nach Her. Fernau „Ausgewählte Kapitel über die Elemente maschineller Baustelleneinrichtung“ (Dissertation) gezeigt werden.

Erzeugungskosten je m³ Beton[1])

Fall	Anordnung	Betriebsführung	Anzahl der Mischen n je Stunde	Erzeugungsmenge in m³ [2]) je Stunde	Arbeitspartie	Erzeugungskosten je m³: H [3])	Erzeugungskosten je m³: Masch [3])	Erzeugungskosten je m³: H red. [4])
1	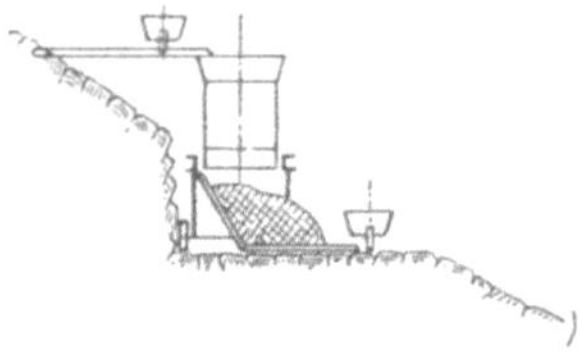	Zuführen des Kieses mit Schiebkarren, Entleerung derselben direkt in den Trichter der Mischmaschine; Entleerung der Mischtrommel auf eine Pritsche, beladen von Betonschiebkarren mit der Schaufel. Der Zement wird mit Meßgefäßen in den Trichter der Mischmaschine geschüttet	13	3,00	Transport des Kieses ...5 H Transport des Zementes 1 H Maschinenbedienung ...1 Masch. Einschaufeln des fertigen Betons in Schiebkarren 2 H 8 H+1 Masch.	2,66	0,33	3,07
2	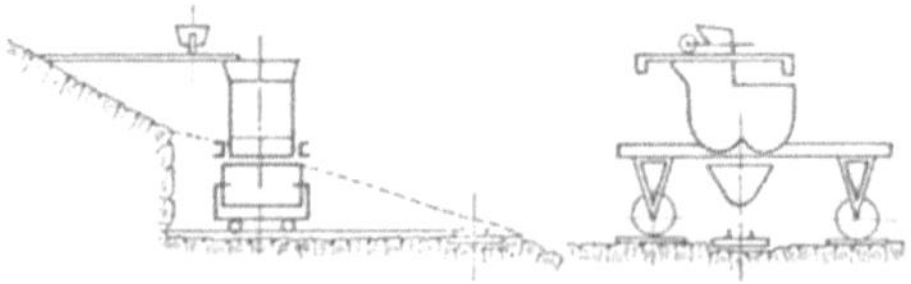	Die Anordnung ist ähnlich wie bei 1; nur ist die Mischmaschine gehoben, so daß mit Rollwagen unter die Maschine gefahren werden kann und der Beton direkt in sie abstürzt; Zement wie vor	14	3,23	Die 2 H für Einschaufeln des fertigen Betons entfallen 6 H + 1 Masch.	1,86	0,31	2,25

3	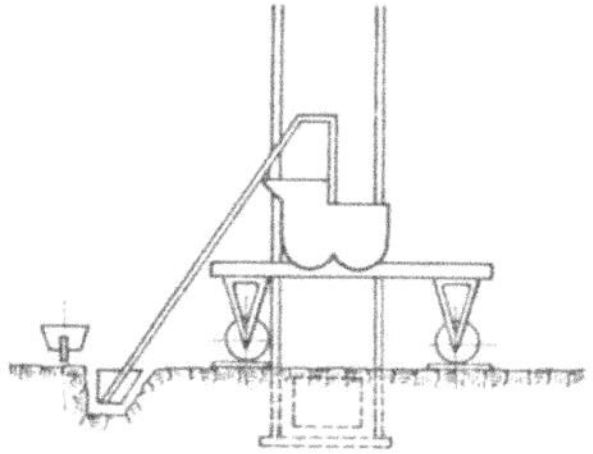	Der Kies wird mit Schiebkarren zugeführt und in den Beschickungskübel gekippt. Die Entleerung des Betons erfolgt in den Kübel eines Aufzuges; Zement wie vor	17	3,92	Wie bei 2	1,53	0,25	1,84
4	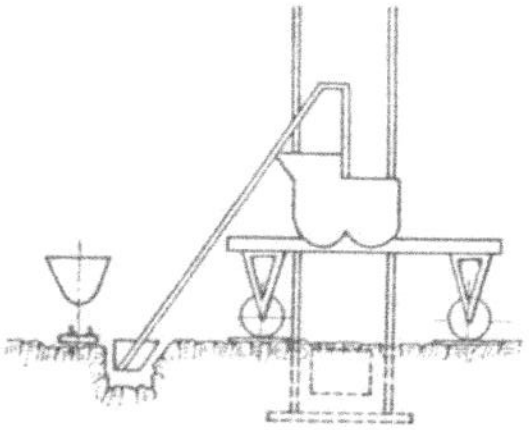	Die Anordnung ähnlich wie bei 3; nur wird der Kies mit Rollwagen zugeführt und in den Beschickungskübel gestürzt; Zement wie vor	27	6,23	Transport des Kieses mit Kipper . . . . 2 H Transport des Zementes 1 H Maschinenbedienung . . . . 1 Masch. 3 H + 1 Masch.	0,48	0,16	0,68
5	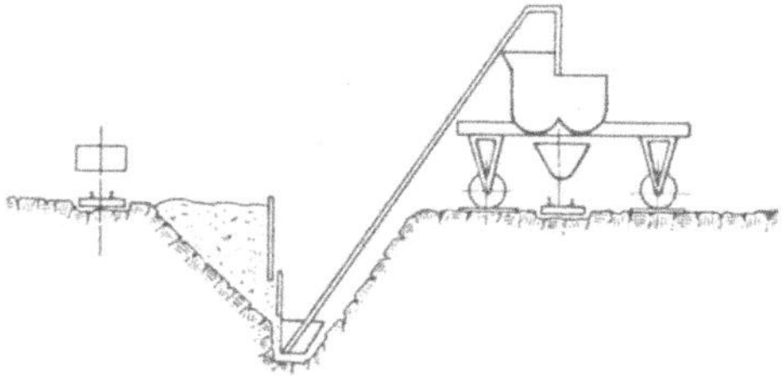	Der Kies wird einem unter der Terrainoberfläche liegenden Kiesbehälter entnommen und aus diesem direkt in den Beschickungskübel abgelassen. Die Mischmaschine steht so hoch, daß die Transportgefäße unter sie fahren können. Der Zement wird durch eine Rinne in den Kübel geführt	30	6,92	Für Zement und Kies . . . . . 1 H Für Füllung des Betons 1 H + 1 Masch. 2 H + 1 Masch.	0,29	0,41	0,47

[1]) Annahme: Das Kiesgemenge ist bereits auf den Fördergeräten (Schiebkarren, Muldenkipper) aufgeladen und braucht nur bis rund 5 m zur Maschine befördert zu werden. Der fertige Beton wird zum Abtransport in Fördergeräte verladen bereitgestellt, der Abtransport des Betons zur Verwendungsstelle und das Verarbeiten desselben ist nicht berücksichtigt.

Im allgemeinen hängt die in einer Stunde erzeugte Menge von der Anzahl der in dieser Zeit durchgeführten Mischungen (Mischen) ab. Auf Grund der Mischmaschinversuche von Garbotz-Graf (siehe Anmerkung Seite 126) hat eine Trockenvormischung zu entfallen. Die Mischzeit soll für Stampf-, Guß- und Eisenbeton keineswegs über 60 Sekunden und für Straßenbeton nicht über 90 Sekunden ausgedehnt werden; es gibt Maschinen, bei welchen eine Mischzeit von $^1/_2$ bis $^3/_4$ Minute vollständig ausreicht. Maßgebend für die zu erzielende mittlere Leistung ist aber, außer bei Einhaltung eines Vorratsbehälters, weniger die reine Mischzeit als die betriebstechnischen Anordnungen, die es ermöglichen, daß in der Zeit zwischen 2 Mischen die erforderlichen Rohstoffe zugeführt und das inzwischen erzeugte Betongemenge weggeführt und verarbeitet wird.

Bei gut organisierten Großbaustellen wird die mittlere Anzahl der Mischen je Stunde ohne weiters 30 bis 45 betragen (es gibt sogar Höchstleistungen bis 60), während bei Kleinbetrieben die Anzahl der Mischen und damit die Stundenleistung wesentlich sinkt.

[2]) Erzeugungsmenge (in m^3) $= \frac{n \cdot 0,3}{1,3}$ (1,3 bedeutet Einstampfungskoeffizient, 0,3 = 0,3 m^3 Trommelinhalt).

[3]) H = Hilfsarbeiterstunde, Masch = Maschinistenstunde.

[4]) 1 Masch = 1,25 H.

G. Betriebsorganisation

Bei kleineren Betrieben genügt es, wenn Kostenermittlung, Entwurf, Bauprogramm, Baustelleneinrichtung, Bauausführung, Baustoffgebarung, Leistungsaufnahmen und Überwachung, Zwischen- und Nachkalkulation planmäßig durchgeführt werden. Bei größeren Betrieben ist jedoch die richtige Organisation besonders wichtig. Hierfür ist die Geschäftsleitung maßgebend. Letztere hat weniger aus Spezialfachleuten zu bestehen, als aus organisatorisch veranlagten und repräsentativen Personen, die besondere Menschenkenntnisse besitzen, somit in der Lage sind, als Mitarbeiter für die einzelnen Abteilungen geeignete Fachleute auszuwählen. Bei Einführung wissenschaftlicher Arbeitsverfahren im Betriebe ist die Errichtung eines besonderen Arbeitsbureaus nötig, das die Aufgabe hat, die von den einzelnen Baustellen einlangenden Bauberichte zu verarbeiten, Anregungen für Betriebsverbesserungen zu erteilen, der Geschäftsleitung in allen Fragen beratend zur Seite zu stehen[1]) und den Kontakt zwischen den einzelnen Abteilungen bzw. Organen herzustellen, um ein harmonisches Zusammenarbeiten aller zu ermöglichen.

Literatur

Agatz, A.: Organisation und Betriebsführung der Beton-Tiefbaustellen. Berlin: J. Springer. 1923. — Mayer, M.: Betriebswissenschaft. Berlin: J. Springer. 1926. — Rode, O.: Der wirtschaftliche Baubetrieb. Berlin. 1928. — Weiteres Schrifttum aus dem Gebiete der wissenschaftlichen Betriebsführung, der Arbeitsphysiologie und Psychotechnik siehe Abeles, P.: Der Mensch als Betriebsglied. Zeitschr. d. Österr. Ing.- u. Arch.-Vereines, 1929; aus dem Gebiete des Baumaschinenwesens: Abeles, P.: Baumaschinenwesen. Jahrb. f. d. Baugewerbe. Wien. 1931; Garbotz, G.: Betriebskosten und Organisation im Baumaschinenwesen. Berlin. 1922; Soeser, M.: Allgemeine Betriebslehre. Berlin: J. Springer. 1930.

[1]) Insbesondere, wenn Verlustquellen bei einzelnen Bauten aufgedeckt werden, was durch das Arbeitsbureau sofort zu erfolgen hat, während im ungeregelten Betrieb bekanntlich Kostenüberschreitungen stets erst dann zutage treten, wenn der Bau bereits beendigt ist.

Erd- und Felsarbeiten

Von Zivilingenieur Dr. Ing. Viktor Mautner

Allgemeines — Die Kosten der Erd- und Felsarbeiten — Die Kosten der Nebenarbeiten

Baumeisterarbeiten

Von Ing. Rudolf Schmahl, Zivilingenieur und Baumeister und Baurat Ing. Wilhelm Kempler, Zivilingenieur und Baumeister

Unkosten — Arbeitslöhne und Fuhrwerksleistungen — Preise der wichtigsten Baumaterialien — Pölzungen — Kalklöschen — Mörtelerzeugung und Bedarf — Mauerstärken — Gerades Ziegelmauerwerk — Verschiedene Mauerwerksgattungen — Ziegelgewölbemauerwerk — Gesimse — Verputzherstellungen — Fassadenrenovierungen — Pflasterungen — Kleinere Kanalarbeiten — Versetzarbeiten — Verputz- und Ausbesserungsarbeiten — Demolierungsarbeiten — Ausführung und Abrechnung von Bauarbeiten

Zeitaufwand für Abbruch- und Stemmarbeiten

Mitgeteilt von der Ges. f. Bauarbeiten Ing. Langfelder & Co., Wien

Baugerüstherstellungen

A. Überschlägige Einheitspreise für das Wiener Baugebiet, laut Mitteilung von Karl Michna, Hänge- und Leitergerüst-Bauanstalt, Wien

B. Kosten, berechnet auf Grund des Zeitaufwandes von Ing. Rudolf Schmahl und Baurat Ing. Wilhelm Kempler, Zivilingenieure und Baumeister

Hafnerarbeiten — Herd- und Ofenbau

Schornsteine für Dampfkesselanlagen und Industrieöfen — Kesseleinmauerungen

Von L. Gussenbauer & Sohn, Wien

Stukkaturarbeiten

Von A. R. Bergmann & Co., Bauunternehmung, Wien

Asphaltbelegungen und Isolierungen

Nach Mitteilungen der Teerag A. G. bzw. Boxer und Schwarz, Wien

Trockenlegung feuchter Mauern — Linoleum und Unterböden

Grundlagen zur Kostenermittlung von Beton- und Eisenbetonarbeiten

Von Ing. Walter Hoffmann, Direktor der Bauunternehmung H. Rella & Co., Wien

Allgemeine Richtlinien — Betonarbeiten — Eisenbetonarbeiten — Gestehungskosten von Bauteilen aus Eisenbeton — Decken aus Eisenbeton

Betonherstellung auf maschinellem Wege

Von Ing. Karl Fischer, Direktor der Wayss & Freytag A. G. und Meinong, G. m. b. H., Teplitz-Schönau

Das Betonspritzverfahren — Preßbetonverfahren — Rüttelbeton

Betonpfahlgründungen

Von Baudirektor Ing. Richard Kafka, Wien

Anwendungsgebiet der Betonpfähle — Kostenvergleiche mit normaler Gründung — Einteilung der Betonpfahlsysteme — Tragfähigkeit der Pfähle und Pfahlbelastung — Anordnung der Pfähle — Anwendbarkeit verschiedener Pfahlsysteme — Einige charakteristische Pfahlsysteme

Betonschutzmittel

Von Ing. L. Herzka

Anstrichmittel — Mörtelzusätze

Stahlbauwerke, Schmiede- und Kunstschmiedearbeiten

Auf Grund von Mitteilungen zusammengestellt von Ing. L. Herzka

Modellierte Gußsachen — Bauträger aus Stahl — Fenster, Türen, Oberlichten und Treppen aus Stahl — Geländer, Gitter, Tragnetzbleche — Spundwandeisen — Ankerschienen — Schornstein- und Ventilationsaufsätze — Jalousien, Rouleaux, Rollbalken — Einmauerschränke — Wellbleche — Wellblechgaragen — Drahtstifte und Draht — Nieten und Schrauben — Maschinengeflechte

Erd- und Felsarbeiten

Von Zivilingenieur Dr. Ing. Viktor Mautner

Allgemeines

Die Bodenarten werden nach dem Widerstand, den sie dem Lösen entgegenstellen, bzw. der Schwierigkeit des Ladens auf Transportgefäße in 3 Erdreich- und 3 Felsklassen eingeteilt, und zwar:

I. Leichter Boden: das sind Bodengattungen, die sich durchaus mit der Schaufel bearbeiten lassen, wie Alluvialsand, Humus, Gartenerde, leichter Lehm, feiner Sand und Schotter ohne Bindemittel.

II. Mittlerer Boden: das sind Bodengattungen, die sich mit der Schaufel mit Zuhilfenahme von Krampen bearbeiten lassen, wie fester Sand, fester Humus, fester Lehmboden, Letten, feinkörniger Schotter mit Bindemittel, Torfmoor.

III. Schwerer Boden: Hierher gehören Bodengattungen mit starkem Zusammenhang, die sich nur mit Krampen und Spitzhaue bearbeiten lassen, wie schwerer Lehm und Ton, Letten, Mergel, grober Schotter, steiniger Sand, loses Gerölle.

IV. Lockerer Felsen: Diese Bodengattungen müssen mit Spitzhaue, Brecheisen und Keilen gelöst werden. Hierher gehören Trümmergesteine, weicher Sandstein, zerklüfteter Kalkstein, kleinbrüchiger und verwitterter Schiefer, Ton- und Talgschiefer, lockere Konglomerate.

V. Mittlerer Felsen: Hierher gehören Felsarten, die teilweise mit Spitzhaue, Brecheisen und Keilen, teilweise aber auch unter Zuhilfenahme einzelner Sprengschüsse gelöst werden, Gesteine in Bänken von mittlerer Mächtigkeit, Tonschiefer, Sandstein, Kalk, Kreide, feste Konglomerate, verwitterte Mergelsteine.

VI. Fester Felsen: das sind Felsarten, die nur mit Sprengschüssen zu lösen sind, wie fester Schiefer, harter Sand- und Kalkstein, Quarz, Hornblende, Granit, Gneis, Porphyr, Syenit, Grauwacke, Basalt.

Tabelle 1. **Gewichte verschiedener Bodenarten**

Bodenart	Gewicht in kg/m³	Bodenart	Gewicht in kg/m³
Humus, locker, trocken oder wenig feucht	1300	Ton	1800—2600
Humus, gestampft, trocken oder wenig feucht	1700	Sandstein	2200—2500
Sand, fein und trocken	1400—1700	Kalkstein	2400—2800
„ „ „ feucht	1900—2000	Granit	2500—3000
lehmige Erde, locker, trocken oder wenig feucht	1500	Mittelwerte für leichten Boden	1500
lehmige Erde, festgestampft	1700—2000	Mittelwerte für mittleren Boden	2000
Schotter, trocken	1900—2000	Mittelwerte für schweren Boden	2500
„ lehmig	2000—2200		

Zur Bestimmung des Raumerfordernisses der Fördergeräte muß das Maß der Auflockerung der verschiedenen Bodengattungen bekannt sein.

Tabelle 2. **Auflockerung und Ladekoeffizienten**

Bodengattung	Auflockerung in Prozent		Ladekoeffizient q
	vorübergehend	bleibend	
Sand und Schotter	10—20	1—2	1,10—1,20
schwerer Lehm	20—25	3—5	1,20—1,25
Mergel	25—30	6—8	1,25—1,30
fester Ton und leichter Fels	30—35	8—10	1,30—1,35
fester Fels	35—50	10—15	1,35—1,50

A. Die Kosten der Erd- und Felsarbeiten

Die Kostenberechnung umfaßt:

I. Das Lösen und Laden auf Transportgefäße.

II. Bohr- und Sprengarbeiten.

III. Transportieren und Kippen.

Als **Einheit** wird stets der Kubikmeter Boden in gewachsenem Zustande angenommen, also nicht im Transportgefäß oder in Deponie gemessen.

Die Kosten setzen sich zusammen aus:

a) den einmaligen Kosten, und zwar Auslagen für Transport und Rücktransport der Baumaschinen und Geräte zu bzw. von der Baustelle, Montage und Demontage derselben. Die Summe der einmaligen Kosten ist auf die Bodenmenge zu verteilen;

b) den dauernden Kosten je m^3 Bodenaushub, und zwar: Arbeitslöhne, die auf dieselben entfallenden Beträge für soziale Abgaben (Krankenkassa, Unfallversicherung, Fürsorgeabgabe usw.), die Kosten der Aufsicht, Verbrauchsmaterialien, wie Holz, Stahl, Sprengmittel, ferner elektrischer Strom, Kohle, Benzin, Putz- und Schmiermittel, Kesselwasser, Reparaturkosten, Abschreibung und Verzinsung der Inventarbeschaffungskosten.

Die Prozentsätze für die Abschreibung der Anschaffungskosten richten sich nach der Beschaffenheit und Inanspruchnahme des Inventars und können für Geräte zur Bodengewinnung und Förderung annähernd aus nachstehender Zusammenstellung entnommen werden.

Tabelle 3

Gegenstand	Abschreibung in Prozent des Neuwertes im Betriebsjahr										Reparatur und Instandhaltung in Prozent des Neuwertes je Betriebsjahr
	1	2	3	4	5	6	7	8	9	10	
Erdgewinnungsgeräte	25	20	15	13	10	7	5	5	—	—	5—8
Krane und Aufzüge	20	15	12	12	10	8	8	5	5	5	3—5
Elektromotoren	25	20	15	13	10	7	5	5	—	—	2—4
Benzinmotoren	30	25	20	15	5	5	—	—	—	—	7—14
Dampflokomotiven	25	20	15	13	10	7	5	5	—	—	6—10
Benzinlokomotiven	30	25	20	15	5	5	—	—	—	—	5—8
Schienen und Laschen	20	15	12	12	10	8	8	5	5	5	1—2
Muldenkipper $^3/_4$ bis 1 m^3	30	25	20	10	10	5	—	—	—	—	5—7
Kastenkipper 2 bis 4 m^3	30	25	20	10	10	5	—	—	—	—	6—10
Kompressoren	25	20	15	13	10	7	5	5	—	—	5—8
Preßluftrohre	30	25	20	15	10	—	—	—	—	—	4—6
Bohrhämmer	40	30	20	10	—	—	—	—	—	—	12—18

c) Allgemeinen Unkosten (Zentralregie), Steuern und Unternehmergewinne.

Die dauernden Kosten sind proportional der Arbeitszeit und Arbeitsleistung. Unter Berücksichtigung der Sonn-, Feier-, Regen- und Frosttage können bei Erdarbeiten im Jahr rund 230 Arbeitstage gerechnet werden. Bei maschineller Arbeit kommen noch rund 20 Arbeitstage für Maschinenreparaturen usw. in Abzug.

Für die Verzinsung gilt der jeweilige Bankzinsfuß.

I. Kosten für das Lösen und Laden

Tabelle 4 enthält die Kosten bei Handbetrieb für das Lösen der verschiedenen Bodenarten in großen Baugruben und das Laden von Gleishöhe aus in Fördergefäße **je m³** des in der Baugrube gemessenen Aushubes. Stundenlohn des Hilfsarbeiters = H, des Mineurs = Min.

Kann das Aushubmaterial von oben in die Fördergefäße geworfen werden, so verringern sich die Kosten etwas; muß es jedoch aus größerer Tiefe hinauf geladen werden, jedoch immer noch mit einem Wurf, so erhöhen sie sich je nach Bodenart um 0,1 H bis 0,5 H.

Die Kosten der Aufsicht werden berücksichtigt, falls dieselben nicht in die allgemeine Bauregie aufgenommen werden, indem man den Lohnaufwand um 3 bis 4% erhöht, wobei angenommen wird, daß 30 bis 40 Arbeiter von einem Aufseher beaufsichtigt werden.

Tabelle 4. **Kosten für Lösen und Laden in große Baugruben**

Bodenklasse	I	II	III	IV	V	VI
Lösen von 1 m³ gewachsenem Boden	0,4 H bis 0,7 H	0,8 H bis 1,2 H	1,2 H bis 2,4 H	2,5 H bis 3,3 H	1,2 bis 1,6 Min. 3,3 H bis 4,0 H	5 bis 10 Min. 6,0 H
Laden auf Fördergefäße oder einmal Werfen	0,40 H	0,40 H	0,45 H	0,50 H	0,7 bis 0,8 H	1,0 H bis 1,5 H
Abnützung und Abschreibung der Werkzeuge und Geräte, Schärfen, Anstielen usw.	0,05 H	0,1 H	0,15 H	0,25 H	0,8 H	1,2 H bis 2,0 H
Sprengmittel, Bohrstahl, Dynamit, Zündschnüre, Sprengkapseln, Schmiedekohle usw.	—	—	—	1,0 H	1,5 H bis 2,0 H	2,5 H bis 5,0 H

Anmerkung: In nassem Boden erhöhen sich die Löse- und Ladekosten der Bodenklassen I bis III um 15 bis 30%. Vielfach wird hierfür auch ein mittlerer Zuschlag von 0,50 H je m³ Aushub gemacht.

Beim Aushub aus engen Baugruben und Fundamentgräben unter 4,00 m Breite sind die Löse- und Ladekosten der Tabelle 4 je nach Bodenklasse und Aushubtiefe mit den Koeffizienten der Tabelle 5 zu multiplizieren. Die Kosten der Pölzung sind hierbei nicht berücksichtigt.

Tabelle 5. **Vervielfachung der Kosten beim Lösen und Laden in enge Baugruben**

Bodenklasse	I	II	III	IV	V	VI
1. Tiefenschichte bis 2,0 m ..	1,4fache	1,3fache	1,3fache	1,3fache	1,3fache	1,2fache
2. Tiefenschichte 2,0 bis 4,0 m	2,0fache	1,9fache	1,8fache	1,7fache	1,5fache	1,3fache
3. Tiefenschichte 4,0 bis 6,0 m	3,0fache	2,4fache	2,3fache	2,1fache	1,8fache	1,5fache

Anmerkung: Über die Erhöhung der Kosten in nassem Boden siehe die Anmerkung zu Tabelle 4.

Die Kosten für Abnützung und Abschreibung der Werkzeuge wie in Tabelle 4. Die Kosten für Sprengmittel erhöhen sich für Bodengattung V und VI in der 2. und 3. Tiefenschichte in engen Baugruben um rund 40 bis 80% gegenüber den Werten der Tabelle 4.

II. Kosten für Bohr- und Sprengarbeiten

Für die Lösung der Bodenklassen V und VI können die üblichen Handwerkzeuge, wie Schaufeln, Krampen, Brechstangen und Keile usw., allein nicht mehr zweckmäßig verwendet werden und müssen daher Sprengstoffe angewendet werden.

Die aus vorstehenden Tabellenwerten ermittelten Kosten stellen für die Klassen V und VI nur annähernde Mittelwerte dar. Für umfangreichere Arbeiten müssen daher die Kosten der Felsarbeiten auf Grund detaillierter Analysen der einzelnen Arbeitsvorgänge bestimmt werden.

Das Lösen von Felsmassen setzt sich aus folgenden Arbeitsleistungen zusammen: Bohren von Löchern, Laden derselben mit Sprengstoff, Zünden und Nacharbeiten; der Arbeitsvorgang ist also ein verschiedener von dem bei den Bodenklassen I bis IV. Die übrigen Teilarbeiten sind die gleichen wie bei den Erdarbeiten und gelten auch hier die analogen Daten.

Die Felsgesteine teilt man bezüglich ihrer Sprengbarkeit entsprechend den Bodenklassen V und VI in leicht, schwer und sehr schwer schießbaren Felsen ein.

Im Felsgestein muß das vorgesehene Ausbruchprofil, das sich nie vollständig genau einhalten läßt, mit einem Mehrausbruch berechnet werden, der in geschlossenen Bänken mit rund 10 cm, in zerklüftetem Gestein mit rund 15 bis 25 cm anzunehmen ist. Die Volumsvergrößerung beim Lösen ist aus Tabelle 2 zu entnehmen.

Herstellung der Bohrlöcher

Sie erfolgt mit Hand- oder Maschinenbohrung.

1. Handbohrung. Die Handbohrer haben meißelartige, schwach gekrümmte Schneiden aus sehr hartem, zähem Stahl mit einem Schneidewinkel von 70 bis 110°; bei festem Gestein ist ein größerer, bei mildem ein kleinerer Winkel zu wählen; der 18 bis 40 mm starke Schaft ist vier- oder achtkantig.

Zur Verwendung kommen: Schlagbohrer oder Stoßbohrer.

Der Schlagbohrer wird von einem Mann geführt und gedreht, von einem anderen mit Schlegel eingetrieben. Stoßbohrer sind Meißelbohrer von großer Länge, 1,50 bis 3,00 m, daher von großem Gewicht, die in die Höhe gehoben, gedreht und fallen gelassen werden, ohne Verwendung eines Schlegels. Sie werden fast nur für fallende Löcher angewendet. Für mehr in horizontaler Richtung oder nach oben zu treibende Bohrlöcher werden Schlagbohrer verwendet. Um das zu frühe Herausschleudern des Besatzes zu verhindern, legt man das Bohrloch geneigt zur Richtung des kleinsten Widerstandes. Bei Schwarzpulver rund 45°, bei Dynamit kleiner, bei guter Verdämmung bis zu 0°.

Zweckmäßigste Anordnung und Tiefe der Bohrlöcher. Diese sind nicht nur von der Gesteinsart, sondern auch von deren Lagerung und Verspannung abhängig. Sie lassen sich nur auf Grund von Erfahrungen und Versuchen richtig wählen. Die folgenden Angaben stellen daher nur mittlere Erfahrungswerte dar:

Beim Sprengen an Wänden werden die Bohrlöcher parallel zu deren Ansichtsfläche angeordnet. Bei einer Bohrlochtiefe „t“ wird in diesem Fall die Entfernung des Bohrloches von der Wandfläche (Vorgabe) $^3/_4\,t$ bis $1\,t$ sein, die Entfernung zwischen den Bohrlöchern $1^1/_4\,t$ bis $1^1/_2\,t$.

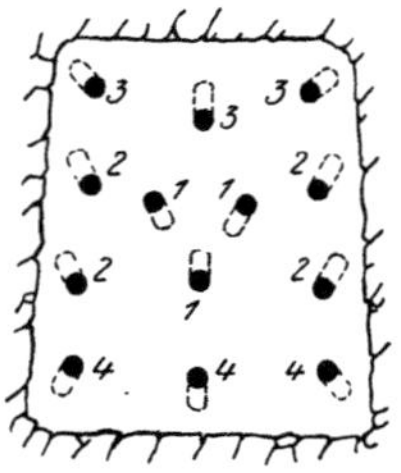

Anordnung der Bohrlöcher bei Stollenvortrieb

Beim Stollenvortrieb werden zunächst 2 bis 4 Bohrlöcher in Stollenmitte angeordnet, um einen die Gesteinsverspannung verringernden Einbruch herbeizuführen; um diese herum werden dann weitere Bohrlöcher seitlich, sowie am First vorgetrieben und schließlich die vierte Gruppe an der Sohle. Bei einem Stollenquerschnitt von 4 bis 5 m² wird sich demnach die Verteilung der Bohrlöcher gemäß Abbildung ergeben. Tiefe der Bohrlöcher bei Handbohrung an offenen Wänden 80 bis 120 cm, im Stollen 60 bis 90 cm; bei maschineller Bohrung 120 bis 150 cm. Zu berücksichtigen bei der Berechnung der erforderlichen Bohrlochlängen sind die außerhalb des Wirkungsbereiches stehenbleibenden unteren Enden (Pfeifen), die rund $^1/_{10}$ der ganzen Bohrlochtiefe betragen.

Bei Handbohrung und Verwendung von Pulverladung ist die Weite der Bohrlöcher: am oberen Ende im Durchschnitt $d\,\text{cm} = 2{,}34 + 0{,}02\,t\,\text{cm}$, annähernd $^1/_{20}$ der Bohrlochtiefe; bei Dynamitladung sind die Bohrlochdurchmesser um 20 bis 25% kleiner.

Tabelle 6. **Richtlinien für die Bemessung der Bohrlochweiten**

Bohrlochweite bei				
Handbohrung			Preßluftbohrung	
bei einer Bohrlochtiefe in cm	im Mittel in mm bei		bei einer Bohrlochtiefe in cm	im Mittel in mm
	Pulver	Dynamit		
30—50	30	23	50	28
50—80	40	30	100	30
80—120	55	40	200	32
			300	34

Bei Handarbeit können in einer Arbeitsstunde gebohrt werden:

In leicht schießbarem Gestein .... 180 bis 120 cm³
In schwer schießbarem Gestein.................. 180 „ 60 „
In sehr schwer schießbarem Gestein.............. 50 „ 30 „

Tabelle 7. **Annähernde Kosten bei Handarbeit je 1 Lfm Bohrlochtiefe**

Fels-klasse		Loch-weite d in mm	Mineur-stunden[1])	Verbrauch an Bohrstahl in kg je m Bohrloch	Kosten für Bohrerschärfen, Schweißen, Transportieren der Bohrer zur Schmiede und zurück je m Bohrloch	Anmerkung
leicht	schießbares Gestein	20 30 40 50	2—3 3—4,5 4,5—6,0 6,0—8,0	0,05—0,10	0,10 Sch + 0,20 H	Sch = Schmiedestunde H = Hilfsarbeiterstunde Schmiedekohleverbrauch je 1 Lfm Bohrloch durchschnittlich 0,2 kg [1]) Die kleineren Werte gelten für senkrecht abwärts geschlagene Löcher, die größeren für aufwärts gerichtete Löcher. Bei Bohrungen in Stollen oder tiefen, engen Baugruben erhöhen sich die Werte um etwa 30%
schwer	schießbares Gestein	20 30 40 50	6,0—8,0 8—10 10—12 12—15	0,10—0,20	0,15 Sch + 0,40 H	
sehr schwer	schießbares Gestein	20 30 40 50	10—12 12—15 15—20 20—25	0,20—0,30	0,20 Sch + 0,60 H	

2. Maschinelle Bohrung. Die hohen Kosten der maschinellen Anlagen lassen diesen Arbeitsvorgang nur bei hohen Löhnen, bei Lösung großer Massen (Steinbrüche, lange Stollen und Tunnels), bzw. wenn ein rascher Arbeitsfortschritt notwendig ist oder wenn billige Kraftquellen zur Verfügung stehen, wirtschaftlich erscheinen.

Heute kommen hauptsächlich Preßluftanlagen zur Anwendung (Systeme Demag, Flottmann und Ingersoll-Rand).

Eine maschinelle Einrichtung setzt sich zusammen aus:

der Preßluftanlage, bestehend aus dem Kompressor samt Windkessel, Kühlwasserpumpe und der Antriebsmaschine (Elektromotor, Benzin- oder Rohölmotor oder Dampflokomobile);

der Preßluftleitung;

den Bohrhämmern samt Preßluftschläuchen;

den Stahlbohrern.

Das Erfordernis an Preßluft und somit die Type der Kompressoranlage richtet sich nach Anzahl und Größe der zu betreibenden Bohrhämmer. Die Zahl der Hämmer ist wieder bedingt durch die täglich zu lösende Gesteinsmenge bzw. die notwendige Bohrlochlänge je m³ Gestein, wobei zu berücksichtigen ist, wieviel Bohrhämmer gleichzeitig unter den jeweiligen örtlichen Verhältnissen arbeiten können.

Das Erfordernis an angesaugter Luft beträgt für Bohrhämmer, wie sie bei Felsarbeiten Verwendung finden, bei rund 6 at Überdruck durchschnittlich 1,20 bis 1,40 m³ je Minute.

Es werden heute hauptsächlich zweistufige Kompressoren und Rotationskompressoren verwendet. Letztere haben den Vorteil geringen Raumbedarfes und ruhigen Ganges.

Tabelle 8. **Einzylinder zweistufige Verbund-Kompressoren (Demag)**

Bauart EVL	15	20	25	4	5	Anmerkung
Normal-Saugleistung in m^3 je Minute	3,0	4,5	6,5	9	14	Die Antriebsmotoren sind mit einer Mehrleistung von 6% gegenüber dem angegebenen Kraftbedarf vorzusehen
Umdrehungszahl in der Minute	245	212	200	165	175	
Kraftbedarf an der Kompressorwelle in PS effektiv						
bei 6 at Überdruck	20	30	46	60	91	
bei 7 at Überdruck	21	32	49	63	97	
Kühlwasserverbrauch je Minute in Litern	12	18	26	36	56	
Druckleitung, lichter Durchmesser in mm	60	60	70	90	100	
Gewicht inklusive Schwungrad in Tonnen	1,1	1,4	2	3,4	4,1	

Bemerkungen: Kosten für Abschreibung und Reparatur siehe Tabelle 3.

Für das Aufstellen, Reinigen und Abtragen des Kompressors durchschnittlich: 130 Sch + 50 H.

Für Fundamente etwa 2,5 m^3 Beton.

Kompressorhütte etwa 15 m^2 Fläche.

Für die Wartung des Kompressors 1 Schlosser; Stromverbrauch nach Tabelle 8, Öl etwa 0,6 kg je Betriebsstunde.

Für das Verlegen und Abtragen der Preßluftleitung 0,5 bis 1,0 Sch.

Bohrhämmer für Bohrlochtiefen bis 1,50 m .... Gewicht 12 kg
Hochleistungsbohrhämmer für Bohrlochtiefen bis 3,00 m ... „ 20 „

Abschreibung und Reparatur nach Tabelle 3.

Die Lebensdauer eines 15 m langen Preßluftschlauches kann man mit einem Jahr annehmen.

Die Leistung eines Bohrhammers ohne Berücksichtigung der Pausen für Laden, Sprengen, Abräumen usw. kann in den einzelnen Felsklassen schätzungsweise angenommen werden bei:

leicht schießbarem Gestein mit .... 4 bis 5 Lfm je 1 Stunde
schwer schießbarem Gestein mit .... 2 „ 3 „ „ 1 „
sehr schwer schießbarem Gestein mit .... 0,50 „ 1,0 „ „ 1 „
bei normalen Bohrlochlängen bis 1,50 m und 28 bis 50 mm Durchmesser.

Die Gesamtdauer vorerwähnter Betriebspausen kann im Einzelfall ziemlich genau bestimmt werden und dementsprechend ist die stündliche Leistung der Bohrhämmer zu reduzieren. Näherungsweise kann angenommen werden, daß sich durch Pausen die Leistungen der Bohrhämmer auf 70 bis 80% obiger Werte ermäßigen.

Tabelle 9. **Angenäherte erforderliche Bohrlochlängen in Metern für das Sprengen von 1 m³ Gestein**[1])

Gegenstand	Leicht schießbares Gestein	Schwerschießbares Gestein	Sehr schwerschießbares Gestein
	m		
Offene Wand	0,4	0,5	0,7
Große Baugrube, Stollenausweitung	0,8	1,0	1,5
Enge Baugrube, Schlitze und Kanäle	1,5	2,0	3,0
Stollen und flache Gräben	3,0	4,0	6,0
Einzelne Felsstücke	—	0,4	0,5

Laden mit Sprengstoffen.

a) **Sprengstoffe:**

α) Langsam explodierende (minder sprengkräftige) Sprengstoffe; zu diesen gehören:

Schwarzpulver, bestehend aus: 64% Kalisalpeter, 16% Schwefel, 20% Kohle;

Sprengsalpeter, bestehend aus: 75% Natronsalpeter, 10% Schwefel, 15% Kohle;

Petroklasit, bestehend aus: 69% Natronsalpeter, 5% Kalisalpeter, 10% Schwefel, 15% Steinkohlenpech, 1% Kaliumbichromat.

Anwendung hauptsächlich in Steinbrüchen und überall dort, wo es sich darum handelt, große Blöcke für Herstellung von Bausteinen zu gewinnen.

β) Brisante (sehr sprengkräftige) Sprengstoffe. Am häufigsten kommen zur Anwendung: Dynamit II (Preis 1929: S 4,50 je kg ab Fabrik), bestehend aus: 44 bis 54% Nytroglyzerin, 1 bis 2,5% Kollodiumwolle, Rest: Zumischungspulver (hauptsächlich Natronsalpeter), Caput mortuum.

Verwendung bei leichtschießbarem und wenig verspanntem Gestein, Ausweiten von Stollen usw.

Dynamit I (Preis 1929: S 4,80 je kg ab Fabrik), bestehend aus: 62 bis 67% Nitroglyzerin, 1 bis 3% Kollodiumwolle, Rest: Zumischungspulver (hauptsächlich Natronsalpeter), Caput mortuum.

Verwendung bei schwer schießbarem und stark verspanntem Gestein.

Dynamit ist gegen Feuchtigkeit, Stöße und Schläge wenig empfindlich. Temperaturen unter + 80° C haben darauf keinen Einfluß, bei Erhitzung über + 180° C erfolgt Explosion, bei Temperaturen unter + 8° C erstarrt es.

Sprenggelatine (Preis 1929: S 6,30 ab Fabrik), bestehend aus: 94% Nytroglyzerin, 6% Kollodiumwolle. Sie besitzt die größte Sprengwirkung, ist wegen ihrer großen Widerstandsfähigkeit gegen Feuchtigkeit zu Sprengungen unter Wasser besonders geeignet.

γ) Sicherheitssprengstoffe:

Ammonit I (Nitrodynamon) (Preis 1929: S. 3,90 ab Fabrik), bestehend aus: 79 bis 82% Ammonsalpeter, 3,50 bis 4% Nitroglyzerin und Kollodiumwolle, 11,50 bis 14% Trinitrotoluol, Rest: Zumischungspulver.

Ammonit II (Dynamon I) (Preis 1929: S 3,80 ab Fabrik), bestehend aus: 80 bis 85% Ammonsalpeter, 15 bis 18% Trinitrotoluol, Rest: Zumischungspulver.

[1]) Nach Dr. Ing. Hugo Ritter: Kostenberechnung im Ingenieurbau. 2. Auflage. Berlin: Julius Springer. 1929.

Die Sicherheitssprengstoffe sind gegen Stoß, Schlag und Frost unempfindlich und nur durch Explosion besonders sprengkräftiger Stoffe zur Detonation zu bringen. Gefahrlose Beförderung; daher zum Stück- und Eilguttransport zugelassen.

Die Ladetiefe der Bohrlöcher beträgt 0,30 bis 0,40 der Bohrlochtiefe. Die einzelnen Sprengstoffpatronen werden in das Bohrloch eingeschoben und mit einem hölzernen Ladestock fest zusammengedrückt, so daß die Papierhülse reißt und der Sprengstoff dicht an die Bohrlochwände angepreßt wird. Eine der Bohrlochlänge entsprechende Zündschnur wird, mit der Zündkapsel versehen, in eine Patrone eingedrückt. Diese Zündpatrone wird in das Bohrloch eingeschoben, bis sie auf der Ladung aufsitzt. Auf die Zündpatrone kommt bis zur halben Bohrlochtiefe der lose Besatz (Bohrmehl oder feiner Sand) und endlich der feste Besatz (festgepreßter Lehm oder Ton). Bei Pulverladung ist der Vorgang ein ganz ähnlicher, nur wird das Pulver lose eingeschüttet und nicht in Patronen eingebracht.

Der Sprengstoffbedarf für das Sprengen von 1 m³ Fels kann aus der erforderlichen Anzahl und Tiefe der Bohrlöcher, der Ladetiefe und dem Gewicht von 1 m′ Sprengladung bestimmt werden.

Tabelle 10. **Sprengstoffbedarf in Kilogramm je 1 m³ Fels (Erfahrungswerte[1])**

Gegenstand	leicht	schwer	sehr schwer	Anmerkung
	schießbares Gestein			
Offene Wand	0,2	0,3	0,5	Die Werte setzen die richtige Wahl des für die Sprengung der betreffenden Felsart geeigneten Sprengstoffes voraus
Große Baugrube, Stollenausweitung	0,4	0,6	1,0	
Enge Baugrube, Schlitze und Kanäle	0,8	1,2	2,0	
Stollen und flache Graben	1,5	2,5	4,0	
Einzelne Felsstücke	—	0,2	0,4	

b) **Sprengkapseln und Zündschnüre:**

Sprengkapseln. Sie bestehen aus zylindrischen Hülsen aus Kupferblech, gefüllt mit einer Mischung aus Knallquecksilber und chlorsaurem Kali.

Für Dynamit: Sprengkapseln Nr. III und VI (Preis 1929: je 100 Stück S 5,50).

Für Sicherheitssprengstoffe: Nr. VII (sehr stark) (Preis 1929: je 100 Stück S 6,50).

Für jedes Bohrloch ist gewöhnlich eine Kapsel erforderlich, mit Rücksicht auf „Versager" können je Bohrloch 1,2 bis 1,50 Stück Sprengkapseln gerechnet werden.

Zündschnüre. Sie bestehen aus einer Pulverseele aus feinem Pulver, die mit Baumwollfäden umsponnen ist und zum Schutze gegen Feuchtigkeit geteert und gefettet wird.

Zeitzündschnüre mit einer Brennlänge von 50 bis 80 cm in der Minute (Preis 1929: S 0,80 je 8 m langen Ring).

Detonierende (fulminante) Zündschnüre, als Ersatz für elektrische Zündung, Brennlänge von 5000 m in der Minute (Preis 1929: S 0,75 je m′). Für jedes Bohrloch durchschnittlich 1,20 bis 1,50 m Zündschnur erforderlich.

Die Kosten für Kapseln und Zündschnüre betragen annähernd 8 bis 15% der Sprengstoffkosten. Bei großen Ladungen sind sie kleiner, bei vielen, kurzen Bohrlöchern größer.

Nacharbeiten. Die Sprengtrümmer müssen teilweise mit Brechstangen von der Felswand gelöst, häufig auch zerkleinert werden, um auf die Transportgeräte geladen werden zu können.

[1]) Dr. Ing. H. Ritter: Kostenberechnung im Ingenieurbau, siehe Anmerkung S. 135.

Für diese Nebenarbeiten sind je 1 m³ Fels noch näherungsweise 1,0 bis 1,5 H zu rechnen.

Können die Sprengstücke nicht direkt in die Transportgeräte geladen werden, so sind für je 2 m Wurfweite nochmals 1,0 bis 1,5 H je m³ Fels zuzurechnen.

Die reinen Ladekosten sind aus Tabelle 4 (S. 130) zu entnehmen.

Beispiel: Rechnungsvorgang bei einer Preisermittlung von Felsarbeiten bei Anwendung maschineller Bohrung.

Von einer offenen Wand sind rund 20000 m³ Kalkstein in einschichtigem Betrieb zu lösen und auf Fördergefäße zu verladen.

Stundenlöhne: Hilfsarbeiter H = 1,25 S — Maschinist M_a = S 1,80
Mineur M_i = 1,60 S — Schlosser Sch = S 1,70.

Verwendet: Kompressor „Demag EVL 25" mit 4 Bohrhämmern je 1,50 m³ angesaugte Luft je Minute und 12 kg Gewicht.

Je m³ gewachsener Fels erfordert nach Tabelle 9 eine Bohrlänge 0,50 m; daher für 20000 m³: 10000 m Bohrlänge.

Leistung eines Bohrhammers in schwer schießbarem Gestein (S. 134) je Stunde 75% von 2,50 = rund 2,00 m. Daher Leistung von 4 Bohrhämmern in 8stündiger Schicht 64 m Bohrlänge.

Je Tag können also 128 m³ gelöst werden; für 20000 m³ sind daher erforderlich 156 Arbeitstage, das sind rund 6½ Monate, einschließlich der Vorbereitungsarbeiten 7 Monate.

Kosten der Preßluftanlage

1. Abschreibung und Reparaturen (nach Tabelle 3).

Gegenstand	Menge	Neuwert in S einzeln	Neuwert in S zus.	Abschr. in % je Monat	Rep. in % je Monat	zus. %	für 7 Monate %	Zus. in S
Kompressor EVL 25	1 Stück	8300	8300	2	0,5	2,5	17,5	1453
Elektromotor 48 PS	1 „	3500	3500	2	0,3	2,3	16,1	564
Preßluftrohre 2,5 Zoll ..	200 m′	15,80	1160	2½	0,5	3,0	21	244
Preßluftschläuche	60 m	6,00	360	8	0,3	8,3	58,0	209
Bohrhämmer mit Reserve	6 Stück	300	1800	3	1	4,0	28	504
Bohrschärfmaschine	1 „	6000	6000	2	0,3	2,3	16,1	966

Abschreibung und Reparatur zusammen...... S 3940,—

2. Kompressorhütte 15 m² je S 25,— = S 375,—
Betonfundament 2,5 m³ je S 40,— = S 100,— S 475,—

3. Aufstellen und Abtragen des Kompressors
130 Sch je S 1,70 = S 221,—
50 H je S 1,25 = S 63,— S 284,—

4. Verlegen und Wiederabtragen der Preßluftleitung
200 m′ je 0,80 Sch à S 1,70 = S 272,— S 272,—

Abschreibung, Reparatur und Installation zusammen = S 4971,—

(Zu diesen Kosten kommen jeweils noch die Kosten für Fracht, Zu- und Abfuhr des Inventars)

a) Kosten der Preßluftanlage je m³ gewachsenen Fels $\frac{4971}{20000}$		S 0,25
b) Betriebskosten des Kompressors je 8stündige Schicht:		
1 Kompressorwärter 8 Stunden je S 1,80 =	S 14,40	
Elektrischer Strom 48 PS × 8 St. = 384 PS = 282 kW je S 0,20 =	S 56,40	
Öl 5 **kg** je S 2,— =	S 10,00	
Zusammen =	S 80,80	
Betriebskosten des Kompressors je m³ gewachsenen Fels $\frac{80,80}{128\ \text{m}^3}$		S 0,63
c) Kosten für Herstellung der Bohrlöcher, Sprengen und Laden in Transportgefäße je Schicht: 4 Bohrhämmer je 2 Mineure je 8 Stunden = 64 Mineurstunden.		
Tagesleistung wie oben angeführt 64 m Bohrlochlänge; daher je m Bohrloch 1 Mineurstunde.		
Auf je m³ gewachsenen Fels entfallen:		
Lohn: Bohrlochlänge 0,50 m (nach Tab. 9) je eine 1 M_t =	S 0,80	
Bohrerschärfen (nach Tab. 7) 0,50 m (0,15 Sch + 0,40 H) =	S 0,38	
Nacharbeiten (S. 137) 1,0 H =	S 1,25	
Laden auf Transportgefäße (Tab. 4) 0,8 H =	S 1,00	
Material: 0,3 kg Dynamit (Tab. 10) je S 4,80 =	S 1,44	
0,5 m · 0,2 **kg** = 0,10 kg Bohrstahl (Tab. 7) je S 2,40 =	S 0,24	
0,5 m · 0,2 **kg** = 0,1 kg Schmiedekohle (Tab. 7) je S 0,16 =	S 0,02	
0,5 m · 1,20 m Zündschnüre (nach S. 136) je S 0,10 =	S 0,06	
0,5 m · 1½ Kapseln (nach S. 136) je S 0,06 =	S 0,05	
Kosten für Herstellen der Bohrlöcher, Sprengen und Laden in Transportgefäße, zusammen =		S 5,24
Zusammen je m³ gewachsenen Fels		S 6,12

III. Kosten für das Transportieren und Kippen

Die Wahl der Förderart ist abhängig von der Masse des zu fördernden Materials, der Förderweite und der für die Durchführung der Förderung zur Verfügung stehenden Zeit.

1. Einfaches Werfen mit Schaufel.

Bereits gelöster Boden kann mit einem Schaufelwurf bis zu 3 m Weite oder 1,50 m Höhe gefördert werden:

Arbeitsaufwand für gelösten Boden je 1 m³

Bodenart ...	I	II	III	IV bis VI
Lohn.......	0,7 H	1,0 H	1,4 H	1,8 H

Für jeden Meter größere Wurfweite ein Zuschlag von 0,40 H.

Für jeden Meter Wurfhöhe ein Zuschlag von 0,20 H.

Bei Verrechnung in gewachsenem Zustand ist noch mit dem betreffenden Ladekoeffizienten q (Tabelle 2) zu multiplizieren.

2. Schubkarrentransport.

Größte zweckmäßige Förderlänge x auf horizontaler Bahn

bei Fördermengen über 2000 m³ .. $x = 50$ m

,, ,, ,, 1000 m³ .. $x = 100$ m

Größere Förderlängen nur bei ganz geringen Fördermengen vorteilhaft. Laderaum eines hölzernen oder eisernen Schubkarrens

$$i = \frac{1}{12} \text{ bis } \frac{1}{20}\ \text{m}^3, \text{ im Mittel } i_m = \frac{1}{16}\ \text{m}^3.$$

Die Geschwindigkeit, mit der ein Arbeiter einen Schubkarren auf hölzerner, horizontaler Bahn bewegt, beträgt: $v = 45$ bis 60 m, im Mittel $v = 50$ m je 1 Minute.

Aufenthalt für jede Hin- und Rückfahrt an der Lade- und Kippstelle: $t_1 = 1{,}0$ bis 2,0 Minuten, im Mittel $t_1 = 1{,}5$ Minuten.

Zahl der Doppelfahrten eines Arbeiters je 1 Stunde auf horizontaler Bahn:

$$f_{st} = \frac{60 \cdot v}{2\,x + t_1 \cdot v},$$

$$\text{im Mittel: } f_{st} = \frac{3000}{2\,x + 75} = \frac{1500}{x + 37{,}5} \tag{1}$$

Zahl der Doppelfahrten je 8stündigen Arbeitstag im Mittel

$$f_t = \frac{12000}{x + 37{,}5} \tag{2}$$

Stündliche Fördermenge eines Arbeiters in m³ für $i_m = {}^1/_{16}$ m³:

$$m_{st} = f_{st} \cdot i_m = \frac{1500}{16\,(x + 37{,}5)} = \frac{93 \cdot 75}{(x + 37{,}5)} \tag{3}$$

oder mit Rücksicht auf die Auflockerung:

$$m^q_{st} = \frac{m_{st}}{q} \text{ (über } q \text{ siehe Tabelle 2).}$$

Tägliche Fördermenge aus $m_t = f_t \cdot i_m$:

$$m_t = \frac{750}{(x + 37{,}5)} \tag{4}$$

und für eine Auflockerung „q":

$$m^q_t = m_t \cdot \frac{1}{q} \tag{4'}$$

Arbeiterzahl für eine tägliche Fördermenge von M_t in m³:

$$N = \frac{M_t}{m_t} = \frac{M_t\,(x + 37{,}5)}{750}$$

und mit Rücksicht auf verschiedene Nebenarbeiten (5% Zuschlag) und die Auflockerung „q":

$$N = 1{,}05\,\frac{M_t\,(x + 37{,}5)}{750} \cdot q \tag{5}$$

Ist K_t die Menge gewachsenen Bodens in m³, die ein Arbeiter in einem Tag (8 Stunden) lösen und laden kann, so sind für das Lösen und Laden von M_t m³ je Tag notwendig:

$$N_e = \frac{M_t}{K_t} \text{ Arbeiter.}$$

Arbeiterzahl zum Lösen, Laden und Fördern:

$$N_l = 1{,}05 \cdot \left(\frac{M_t \cdot q \cdot (x + 37{,}5)}{750} + \frac{M_t}{K_t}\right) \tag{6}$$

Zum Fördern müssen ebensoviele Schubkarren wie zum Lösen und Laden vorhanden sein. Gesamtzahl der erforderlichen Schubkarren für M_t m³ im Tag:

$$N_K = 1{,}05 \cdot \frac{2 \cdot M_t (x + 37{,}5)\,q}{750} \tag{7}$$

Die Kosten für Schubkarrentransport setzen sich zusammen aus: a) dem Arbeitslohn, b) den Gerätekosten (Schubkarren und Karrbahn).

a) Arbeitslohn:

Für einen Stundenlohn H des Hilfsarbeiters ergibt sich der Arbeitslohn für die Förderung von 1 m³ gelöstem Boden auf horizontaler Bahn aus (1) mit:

$$K_f = \frac{H}{f_{st} \cdot i_m} = \frac{H\,(x + 37{,}5)}{1500\, i_m} \tag{8}$$

und auf 1 m³ gewachsenen Boden bezogen:

$$K_f^q = \frac{(x + 37{,}5)\, H \cdot q}{1500\, i_m} = (a + b\,x)\, q \cdot H \tag{8a}$$

Förderkosten $K_f^q = (a + b\,x)\, q \cdot \mathrm{H} = Z \cdot H$ je m³ Boden

Schubkarrenladeraum i in m³	$^1/_{20}$	$^1/_{18}$	**$^1/_{16}$**	$^1/_{14}$	$^1/_{12}$	$^1/_{10}$
a	0,50	0,45	**0,40**	0,35	0,30	0,25
b	0,0135	0,0120	**0,0107**	0,0094	0,0080	0,0067

Für Schubkarren vom mittleren Laderaum ($i_m = {}^1/_{16}$ m³) sind in Tabelle 11 die Werte $Z = (0{,}40 + 0{,}0107\,x)\, q$ für verschiedene Förderweiten x und Ladekoeffizienten q zusammengestellt.

Tabelle 11. ***Z*-Werte für Schubkarrentransport**

Förderweite in m	$q = 1{,}0$	$q = 1{,}10$	$q = 1{,}20$	$q = 1{,}30$	$q = 1{,}40$	$q = 1{,}50$
$x =$ 10	0,51	0,56	0,61	0,66	0,71	0,77
15	0,56	0,62	0,67	0,73	0,78	0,84
20	0,61	0,67	0,73	0,79	0,85	0,92
25	0,67	0,74	0,80	0,87	0,94	1,01
30	0,72	0,79	0,86	0,94	1,01	1,08
35	0,78	0,86	0,94	1,01	1,09	1,17
40	0,83	0,91	1,00	1,08	1,16	1,25
45	0,88	0,97	1,06	1,14	1,23	1,32
50	0,94	1,03	1,13	1,22	1,32	1,41
55	0,99	1,09	1,19	1,29	1,39	1,49
60	1,04	1,14	1,25	1,35	1,46	1,56
65	1,10	1,21	1,32	1,43	1,54	1,65
70	1,15	1,27	1,38	1,50	1,61	1,73
75	1,20	1,32	1,44	1,56	1,68	1,80
80	1,26	1,39	1,51	1,64	1,76	1,89
85	1,31	1,44	1,57	1,70	1,83	1,97
90	1,36	1,50	1,63	1,77	1,90	2,04
95	1,42	1,56	1,70	1,85	1,99	2,13
100	1,47	1,62	1,76	1,91	2,06	2,21
105	1,52	1,67	1,82	1,98	2,13	2,28
110	1,58	1,74	1,90	2,05	2,21	2,37
115	1,63	1,79	1,96	2,12	2,28	2,45
120	1,68	1,85	2,02	2,18	2,35	2,52
140	1,90	2,09	2,28	2,47	2,66	2,85
160	2,11	2,32	2,53	2,74	2,95	3,17

Steigungen bis 4% verteuern die Förderkosten nicht, bei größeren Steigungen muß für je 1 m Höhenunterschied ein Weg von 12 m zugerechnet werden.

b) Gerätekosten:

Schubkarren: Die Verwendungsdauer eines hölzernen Schubkarrens ist mit höchstens einem halben Jahr, also mit rund 100 Arbeitstagen anzunehmen.

Sind S (in Schilling) die Anschaffungskosten eines neuen Schubkarrens (einschließlich Reserveräder), so stellen sich die auf 1 Arbeitsstunde entfallenden Kosten auf:

$$\frac{S \cdot 100}{100 \times 8} = 0{,}125 \cdot S \text{ (in Groschen)}$$

oder für den Transport von 1 m³ gewachsenem Boden auf die Förderlänge von x Meter:

$$K_S = 0{,}125\, S \cdot \frac{(x + 37{,}50) \cdot q}{1500\, i} \tag{9}$$

und für einen mittleren Laderaum i_m:

$$K_S = 0{,}125\, S \cdot (0{,}40 + 0 \cdot 0107\, x)\, q = 0 \cdot 125\, S \cdot Z \text{ (in Groschen).} \tag{10}$$

Transportbahn. Die Karrbahn besteht gewöhnlich aus 2zölligen, mit Bandeisen beschlagenen Pfosten; ihre Haltbarkeit kann mit ¼ Jahr angenommen werden, also mit rund 50 Arbeitstagen. Sind die Kosten je 1 Lfm Karrbahn B (in Schilling), so entfallen auf 1 Arbeitsstunde

$$\frac{B \cdot 100 \cdot x}{50 \cdot 8} = 0{,}25\ B \cdot x \text{ (in Groschen).}$$

Wird die Karrbahn durchschnittlich von einer Arbeitspartie von rund 25 Mann gleichzeitig befahren, so betragen die Kosten je Arbeiter stündlich:

$$0{,}01 \cdot B \cdot x \text{ (in Groschen),}$$

die Kosten der Karrbahn je 1 m³ gewachsenen Bodens:

$$K_B = 0{,}01\, B\, x \frac{(x + 37{,}50)}{1500\, i} \cdot q \tag{11}$$

und für einen mittleren Laderaum i_m:

$$K_B = 0{,}01\, B \cdot x\, (0{,}40 + 0{,}0107\, x)\, q = 0{,}01 \cdot B \cdot x \cdot Z \text{ (in Groschen).} \tag{12}$$

Die Gesamttransportkosten für Schubkarrenförderung für i_m und 1 m³ gewachsenen Boden betragen somit:

$$K = K_f + K_S + K_B = (H + 0{,}125\, S + 0{,}01\, B x)\, Z \tag{13}$$

Beispiel: Kosten der Verführung von Aushub in Schotterboden auf 80 m Entfernung:

Preise vom Sommer 1929: Stundenlohn des Hilfsarbeiters H = S 1,25

Preis eines hölzernen Schubkarrens von $i_m = \frac{1}{16}$ m³ Laderaum, S = S 15,—

Preis je 1 Lfm beschlagenen 2zölligen Pfosten 30 cm breit B = S 1,40

Ladekoeffizient $q = 1{,}10$; Z aus Tabelle 11:

Gesamtkosten je m³:

$$K = (125 + 0{,}125 \cdot 15 + 0{,}01 \cdot 1{,}40 \cdot 80) \cdot 1{,}39 = 178 \text{ g} = \text{S } 1{,}78$$

3. Kippwagentransport auf Schmalspurgleis mit Menschenbetrieb auf horizontaler Bahn bei Fördermengen von über m³: 5000 8000 10000

Zweckmäßigste Förderlänge in m: 80 bis 150 250 400

Muldenkipper aus Eisenblech werden hergestellt mit einem Laderaum $i = 0{,}5$ bis 1,50 m³; am gebräuchlichsten $i = 0{,}75$ m³; Spurweite 600 bis 900 mm.

Die Fahrgeschwindigkeit bei Menschenbetrieb auf horizontaler Bahn $v = 50$ bis 70 m, im Mittel $v = 60$ m in der Minute.

Aufenthalt für Kippen an der Entladestelle, An- und Abfahren 5 bis 7, im Mittel 6 Minuten. (Die Zeit für das Laden der Kipper ist bereits beim Lösen des Bodens berücksichtigt).

Zahl der Doppelfahrten eines Kippers bei horizontaler Bahn, Gleichung (1)

$$f_{st} = \frac{60\, v}{2\, x + t\, v} = \frac{3600}{2\, x + 360} = \frac{1800}{x + 180} \tag{14}$$

je 8stündigen Arbeitstag:

$$f_t = \frac{14400}{x+180} \tag{15}$$

Stündliche Fördermenge eines Kippwagens (Auflockerung q):

$$m_{st} = \frac{f_{st} \cdot i}{q} \tag{16}$$

Für $i = 0{,}75\ \mathrm{m}^3$:

$$m_{st} = \frac{1800 \cdot 0{,}75}{(x+180)\,q} = \frac{1350}{(x+180)\,q} \tag{17}$$

Die tägliche Fördermenge eines Kippers:

$$m_t = 8\, m_{st} = \frac{10800}{(x+180)\,q} \tag{18}$$

Die für den Transport einer täglichen Fördermenge von M_t m³ unter Berücksichtigung der Auflockerung q erforderliche Anzahl Kippwagen, einschließlich etwa 10% für Reservekipper:

$$N_K = 1{,}10\, \frac{M_t\,(x+180)\,q}{10800}$$

Zum Transport erforderliche Arbeiterzahl: $N_a = 2\, N_K$.

Zum Laden erforderliche Anzahl Kipper: $N_l = \frac{M_t}{2\, K_t}$ (über K_t siehe S. 139) und die hiezu notwendige Arbeiterzahl $N_a = 2\, N_l$.

Daher für das Lösen, Laden und Transportieren insgesamt notwendige Anzahl Kipper:

$$N_K{}^q = 1{,}10\, M_t \left[\frac{x+180}{10800} + \frac{1}{2\, K_t}\right] \cdot q. \tag{19a}$$

Die hierzu mit Rücksicht auf verschiedene Nebenleistungen erforderliche Anzahl der Arbeiter $= 2\, N_K{}^q$ (= doppelte Anzahl der Kipper).

Förderkosten:

a) Arbeitslohn: Zum Befördern und Entleeren sind für jeden Kipper 2 Mann erforderlich. Der Arbeitslohn für die Förderung von 1 m³ gelöstem Boden auf horizontaler Bahn, mit Verwendung von Muldenkippern mit 0,75 m³ Fassungsraum nach Gleichung (17)

$$K^q{}_f = \frac{2\, H \cdot q}{m_{st}} = \frac{2\, H\,(x+180)\,q}{1350} = (0{,}0015\, x + 0{,}27)\, q \cdot H = Z_1 \cdot H. \tag{20}$$

Die Werte „Z_1" sind für verschiedene Förderweiten und Ladekoeffizienten der Tabelle 12 zu entnehmen.

Für je 1 Meter Höhenunterschied muß ein Weg von 80 m auf horizontaler Bahn zugerechnet werden.

Für das Kippen, Planieren und Gleisrücken an der Entladestelle sind noch 10% des Lohnaufwandes für Lösen, Laden und Transportieren zu rechnen.

b) Gerätekosten: Kipper. K = Neuwert eines Muldenkippers in Schilling, nach Tabelle 3, ist für Amortisation, Reparatur und Instandhaltungskosten je Betriebsjahr 0,36 K zu rechnen; bei 200 Arbeitstagen je Jahr entfallen auf die Arbeitsstunde

$$\frac{0{,}36\, K}{200} \cdot \frac{100}{8} = 0{,}0225 \cdot K \text{ (in Groschen)}$$

oder für den Transport von 1 m³ gewachsenem Boden auf die Förderlänge von x in Metern:

$$K_k = 0{,}0113 \cdot K \cdot (0{,}27 + 0{,}0015\, x)\, q = 0{,}0113 \cdot K \cdot Z_1. \tag{21}$$

Transportbahn:

Abschreibung: Gl = Neuwert des Gleises in Schilling je m′ einschließlich Laschen und Schrauben; für Menschenbetrieb gewöhnlich Schienengewicht 7 kg/m′, Spurweite 60 cm. Nach Tabelle 3 für Amortisation und Ersatzteile 22% des Neuwertes. Je m′ Gleis und je 1 Arbeitsstunde entfallen:

$$K_{Gl} = \frac{0{,}22\,Gl}{200} \cdot \frac{100}{8} = 0{,}014 \cdot Gl \text{ (in Groschen).}$$

Bei der Beladestelle werden für die Aufstellung der Züge gewöhnlich zwei getrennte Gleise angeordnet, die nach Verbindung durch eine einfache Weiche eingleisig bis zur Kippstelle laufen.

Länge des Untergestelles eines Kippers ist rund 2,80 m; da in der Regel 20 Wagen gleichzeitig zur Aufstellung kommen, muß das zweite Gleise eine Länge von 56 m zuzüglich etwa 14 m für die Weiche, also zusammen 70 m haben.

Da die Kosten einer Weiche dem Preis von etwa 30 m Gleis entsprechen, so sind unter Berücksichtigung des Nebengleises die Kosten für das Transportgleis insgesamt für $(x+100)$ m zu rechnen.

Wenn das Gleis gleichzeitig von 20 Kippern benützt wird, sind die Gleiskosten je Arbeitsstunde eines Wagens:

$$K_{gl} = \frac{0{,}014\ \mathrm{Gl} \cdot (x+100)}{20} = 0{,}0007 \cdot (x+100)\,Gl$$

oder je 1 m³ gewachsenem Boden:

$$K_{gl} = 0{,}0007\ (x+100) \cdot Gl\ (0{,}135 + 0{,}00075\ x)\ q$$

$$K_{gl} = 0{,}0007\ (x+100)\ Gl \cdot 0{,}5\ Z_1 \qquad (22)$$

$$K_{gl} = Z_2 \cdot Gl \qquad (23)$$

Tabelle 12. **Zusammenstellung der Z_1- und Z_2-Werte**

Förderweite in m	$q = 1{,}0$		$q = 1{,}1$		$q = 1{,}2$		$q = 1{,}3$		$q = 1{,}4$		$q = 1{,}5$	
	Z_1	Z_2	Z_1	Z_2	Z_1	Z_2	Z_1	Z_2	Z_1	Z_2	Z_1	Z_2
$x =$ 50	0,345	0,018	0,380	0,020	0,414	0,022	0,449	0,024	0,483	0,025	0,518	0,027
75	0,383	0,024	0,421	0,026	0,460	0,029	0,498	0,031	0,536	0,034	0,575	0,036
100	0,420	0,029	0,462	0,032	0,504	0,035	0,546	0,038	0,588	0,041	0,630	0,043
150	0,495	0,043	0,545	0,047	0,594	0,052	0,644	0,056	0,693	0,060	0,743	0,065
200	0,570	0,060	0,627	0,066	0,684	0,072	0,741	0,078	0,798	0,084	0,855	0,090
250	0,645	0,079	0,710	0 087	0,774	0,095	0,839	0,103	0,903	0,106	0,968	0,119
300	0,720	0,101	0,792	0,111	0,864	0,121	0,936	0,131	1,008	0,146	1,080	0,156
350	0,795	0,125	0,875	0,138	0,954	0,150	1,034	0,163	1,113	0,174	1,193	0,188
400	0,870	0,152	0,957	0,167	1,044	0,182	1,131	0,198	1,218	0,213	1,305	0,228
450	0,945	0,182	1,040	0,200	1,134	0,218	1,229	0,237	1,323	0,256	1,418	0,273
500	1,020	0,215	1,122	0,237	1,224	0,258	1,326	0,280	1,421	0,301	1,530	0,323
550	1,095	0,249	1,205	0,274	1,314	0,299	1,423	0,324	1,533	0,349	1,643	0,374
600	1,170	0,289	1,287	0,318	1,404	0,347	1,521	0,375	1,638	0,405	1,755	0,434
650	1,245	0,327	1,370	0,360	1,494	0,393	1,619	0,426	1,743	0,458	1,868	0,491
700	1,320	0,370	1,452	0,407	1,584	0,444	1,716	0,481	1,848	0,518	1,980	0,555
750	1,395	0,415	1,535	0,456	1,674	0,498	1,814	0,540	1,953	0,581	2,093	0,623
800	1,470	0,463	1,617	0,509	1,764	0,556	1,911	0,602	2,058	0,648	2,205	0,695
850	1,545	0,514	1,700	0,565	1,854	0,617	2,009	0,668	2,163	0,720	2,318	0,771
900	1,620	0,567	1,782	0,624	1,944	0,680	2,106	0,737	2,268	0,794	2,430	0,851
950	1,695	0,623	1,865	0,685	2,034	0,748	2,203	0,810	2,373	0,872	2,543	0,935
1000	1,770	0,682	1,947	0,750	2,124	0,818	2,301	0,887	2,478	0,955	2,655	1,023

Gleislegen. Die Kosten für Gleislegen und Wiederabtragen einschließlich geringe Planierungsarbeiten betragen:

für Gleis auf Stahlschwellen $g = 0{,}60-0{,}80$ H je m'
„ „ „ Holzschwellen $= 1{,}20-1{,}40$ „ „ „

Bezeichnet M die gesamte zu fördernde Erdmenge in m³, so sind die Kosten für das Gleislegen je m³ und Förderlänge x (in m):

$$K_g = \frac{x \cdot g}{M} \tag{24}$$

Beispiel: (Preise Sommer 1929). Kosten der Verführung von 8000 m³ Aushub in Sandboden auf $x = 300$ m Entfernung mittels Muldenkippern mit Menschenbetrieb auf transportablem Gleis auf Stahlschwellen, einschließlich Planieren auf der Kippstelle.

Stundenlohn des Hilfsarbeiters .... $H =$ S 1,25
Preis eines Muldenkippers $i = 0{,}75$ m³ .... $K =$ S 300,00
je 1 m Gleis auf Stahlschwellen................ $Gl =$ S 7,00
Aus Tabelle 2, $q = 1{,}10$
„ „ 12, $Z_1 = 0{,}792$, $Z_2 = 0{,}111$

Kosten je m³ gewachsenem Boden

$K_f^q = Z_1\ H = 0{,}792 \cdot 125 =$	99 Groschen
$K_k = 0{,}0113\ Z_1 K = 0{,}0113 \cdot 0{,}792 \cdot 300$	3 „
$K_{Gl} = Z_2\ Gl = 0{,}111 \cdot 7{,}00$	1 „
$K_g = \frac{(x + 100)\, g}{M} = \frac{400 \cdot 0{,}7 \cdot H}{8000}$	4 „
Verführung zusammen	107 Groschen

Planieren:

(Tab. 4) Lösen und Laden $H =$	125 Groschen	
Verführen	107 „	
10% von	232 Groschen	23 Groschen
Gesamtkosten je m³ Verführen und Planieren		130 Groschen = S 1,30

4. Kippwagentransport auf Schmalspurgleis mit Pferdebetrieb

Auf horizontaler Bahn bei Fördermengen

von über m³	10000	15000	20000
zweckmäßigste Förderlänge in m	400	800	1200

Fahrtgeschwindigkeit auf horizontaler Bahn im Mittel $v = 70$ m je Minute. Für das Kippen und Rangieren der Züge ist ein Aufenthalt von 10 Minuten für jeden Zug zu rechnen. Ein Pferd kann auf horizontaler Bahn vier Kipper und bei Steigungen bis max. 3% 2 bis 3 Kipper ziehen.

Zahl der Doppelfahrten je Stunde

$$f_{st} = \frac{2100}{x + 350} \tag{25}$$

je 8stündigen Arbeitstag

$$f_t = \frac{16800}{x + 350} \tag{26}$$

Stündliche Fördermenge eines Kippers von $i = 0{,}75$ m³

$$m_{st} = \frac{1575}{x + 350} \tag{27}$$

Tägliche Fördermenge, mit Rücksicht auf die Auflockerung q:

$$m_t^q = \frac{12600}{(x + 350)\, q} \tag{28}$$

Die für eine tägliche Fördermenge M_t/m³ erforderliche Anzahl Kipper:

$$N_{K^q} = 1{,}10\, M_t \cdot \left(\frac{x+350}{12600} + \frac{1}{2K_t}\right) \cdot q.$$

Förderkosten:

a) Lohn: Pf = Kosten eines Pferdes mit Führer je 8 stündigen Arbeitstag; Zugkraft eines Pferdes: 4 Kipper auf horizontaler Bahn. Daher Preis für die Förderung von 1 m³ gewachsenem Boden auf horizontaler Bahn:

$$K^q_{Pf} = \frac{(x+350)\cdot Pf \cdot q}{1575 \cdot 32} = 0{,}031 \cdot (0{,}0006\, x + 0{,}22)\, Pf \cdot q = 0{,}031\, \overline{Z_1} \cdot Pf. \qquad (29)$$

Für Kippen, Planieren und Gleisrücken an der Entladestelle muß eine besondere Arbeiterpartie verwendet werden; je m³ gewachsenem Boden betragen die Kosten hierfür je nach Kippbarkeit des Bodens 0,2 bis 0,4 H.

Für je 1 m Höhenunterschied muß ein Weg von 120 m auf horizontaler Bahn zugerechnet werden.

b) Gerätekosten. Kipper. Amortisation, Reparatur und Instandhaltung (siehe S. 129) je Arbeitsstunde: 0,0225 K (in Groschen) für den Transport von 1 m³ gewachsenem Boden auf die Förderlänge von x in m

$$K_k = 0{,}0225\; K \cdot \frac{(x+350)\, q}{1575}$$

$$K_k = 0{,}0225\, K\, (0{,}0006\, x + 0{,}22)\, q = 0{,}0225\, \overline{Z_1}\, K \text{ (in Groschen)} \qquad (30)$$

Transportbahn: Amortisation, Ersatzteile und Instandhaltung (siehe S. 129) je Arbeitsstunde: $K_{Gl} = 0{,}0007\ (x+100)\, Gl$ je m³ gewachsenen Boden:

$$K_{Gl} = 0{,}0007\ (x+100)\ Gl \cdot (0{,}0006\, x + 0{,}22)\, q = Z_2\ Gl \text{ (in Groschen)} \qquad (31)$$

Die Koeffizienten $\overline{Z_1}$ und $\overline{Z_2}$ sind für die in Betracht kommenden Transportweiten und Ladekoeffizienten aus Tabelle 13 zu entnehmen.

Tabelle 13. **Zusammenstellung der $\overline{Z_1}$- und $\overline{Z_2}$-Werte**

Förderweite in m	$q = 1{,}0$		$q = 1{,}1$		$q = 1{,}2$		$q = 1{,}3$		$q = 1{,}4$		$q = 1{,}5$	
	$\overline{Z_1}$	$\overline{Z_2}$	$\overline{Z_1}$	$\overline{Z_2}$	$\overline{Z_1}$	$\overline{Z_2}$	$\overline{Z_1}$	$\overline{Z_2}$	$\overline{Z_1}$	$\overline{Z_2}$	$\overline{Z_1}$	$\overline{Z_2}$
$x =$ 400	0,46	0,16	0,51	0,18	0,55	0,19	0,60	0,21	0,64	0,22	0,69	0,24
500	0,52	0,22	0,57	0,24	0,62	0,26	0,68	0,29	0,73	0,31	0,78	0,33
600	0,58	0,28	0,64	0,31	0,70	0,34	0,75	0,36	0,81	0,39	0,87	0,42
700	0,64	0,36	0,70	0,40	0,77	0,43	0,83	0,47	0,90	0,50	0,96	0,54
800	0,70	0,44	0,77	0,48	0,84	0,53	0,91	0.57	0,98	0,62	1,05	0,66
900	0,76	0,53	0,84	0,58	0,91	0,64	0,99	0,69	1,06	0,74	1,14	0,80
1000	0,82	0,63	0,90	0,69	0,98	0,76	1,07	0,82	1,15	0,88	1,23	0,95
1100	0,88	0,74	0,97	0,81	1,05	0,89	1,14	0,96	1,23	1,04	1,32	1,11
1200	0,94	0,86	1,03	0,95	1,14	1,03	1,22	1,12	1,32	1,20	1,41	1,29

Gleislegen. Bei nicht besonders günstigen Bodenarten muß für eine Befestigung des Weges und für den Schutz der Bettung gesorgt werden, wodurch sich die Kosten des Gleislegens K_{Gl} bei Menschenbetrieb (S. 144) um rund 50% erhöhen.

Beispiel: (Preise Sommer 1929). Kosten der Verführung von 18000 m³ Aushub in Lehmboden auf $x = 1000$ m Entfernung mittels Muldenkippern mit Pferdebetrieb auf transportablem Gleis auf Stahlschwellen, einschließlich Planieren an der Kippstelle.

Kosten eines Pferdes samt Kutscher je 8stündigen Arbeitstag .... Pf = S 25,—
Stundenlohn eines Hilfsarbeiters .... H = S 1,25
Preis eines Muldenkippers $i = 0{,}75$ m³ .... K = S 300,—
„ je m Gleis auf Stahlschwellen .... Gl = S 7,—

Aus Tabelle 2: $q = 1{,}20$, aus Tabelle 13: $\overline{Z}_1 = 0{,}98$, $\overline{Z}_2 = 0{,}76$.

Kosten je m³ gewachsenem Boden:

$K^q{}_{Pf} = 0{,}031 \cdot \overline{Z}_1 \cdot Pf = 0{,}031 \cdot 0{,}98 \cdot 2500 =$	76 Groschen
$K_k = 0{,}225 \cdot \overline{Z}_1 \cdot K = 0{,}0225 \cdot 0{,}98 \cdot 300 =$	7 ,,
$K_{Gl} = \overline{Z}_2 \cdot Gl = 0{,}76 \cdot 7{,}00$	5 ,,
$K_g = \dfrac{(x+100)\cdot(g+50\%)}{M} = \dfrac{1100\cdot(0{,}7\,H+50\%)}{18000} =$	8 ,,
Verführung zusammen.....	96 Groschen

Planieren:

(Tab. 4) Lösen und Laden $2 \cdot H =$	250 Groschen	
Verführen	96 ,,	
10% von	346 Groschen	35 ,,
Gesamtkosten je m³ Verführen und Planieren		131 Groschen = S 1,31

5. Lokomotivbetrieb

Diese Transportart ist zweckmäßig für Förderweiten von über 500 m und Bodenmengen von über 20000 m³.

Für Förderweiten von 400 bis 2000 m und Bodenmengen von 20000 bis 50000 m³ werden Kipper von 0,75 bis 1,00 m³ Laderaum und Lokomotiven von 20 bis 40 PS und einer Fahrtgeschwindigkeit von rund 120 m je Minute, Schienengewicht 10 bis 12 kg/m verwendet; Spurweite allgemein 60 cm; die einzelnen Züge führen 15 Kipper. Bei Bodenmengen von über 50000 m³: Spurweite zweckmäßig 90 cm; hölzerne Kastenwagen mit 2 bis 4 m³ Laderaum; die einzelnen Züge führen 20 Kipper, Lokomotiven von 50 bis 200 PS, Fahrtgeschwindigkeit rund 240 m je Minute. Schienengewicht 12 bis 16 kg/m.

Das Lösen und Laden des Bodens ist hier nicht mehr berücksichtigt. Der Aufenthalt zwischen den einzelnen Zügen für Rangieren an der Entnahme- und Kippstelle, Kippen, Kohlen- und Wasserfassen hängt von jeweiligen örtlichen Verhältnissen ab und wird allgemein mit etwa 15 Minuten angenommen.

Zeitdauer bei horizontaler Bahn für die Hin- und Rückfahrt eines Zuges: in Minuten: $Z = \dfrac{2x}{v} + 15$ (Aufenthalt):

a) für leichten Betrieb: $Z = \dfrac{2x}{120} + 15 = \dfrac{x+900}{60}$ Minuten,

b) für schweren Betrieb: $Z = \dfrac{2x}{240} + 15 = \dfrac{x+1800}{120}$ Minuten.

Die Zahl der Doppelfahrten eines Zuges:

a) je Stunde $f_{st} = \dfrac{3600}{x+900}$ je Tag $f_t = \dfrac{28800}{x+900}$,

b) je Stunde $f_{st} = \dfrac{7200}{x+1800}$ je Tag $f_t = \dfrac{57600}{x+1800}$.

Besteht ein Zug aus A-Kippern mit dem Laderaum i m³, so beträgt die Fördermenge je Stunde mit Rücksicht auf die Auflockerung:

$$m_{st} = \frac{A \cdot i \cdot f_{st}}{q}.$$

Förderkosten:

Dieselben setzen sich zusammen aus den Kosten für den Lokomotivbetrieb, die Kippwagen und für das Transportgleis.

a) **Kosten des Lokomotivbetriebes:**

Mit S_{st} = Gesamtkosten einer Betriebsstunde in Schilling betragen die Förderkosten von 1 m³ gewachsenem Boden auf horizontaler Bahn $K^q = \frac{S_{st}}{m_{st}} = \frac{S_{st} \cdot q}{A \cdot i \cdot f_{st}}$.

Tabelle der Förderkosten K^q je 1 m³ gewachsenen Boden auf horizontaler Bahn

Betrieb	Geschwindigkeit v/m je Minute	Anzahl A der Kipper je Zug	Laderaum i in m³	Zahl der Doppelfahrten eines Zuges f_{st}/Stunde	$K^q = 0{,}01\,(\alpha + \beta x)\,S_{st} \cdot q = Z \cdot S_{st} \cdot q$	
					α	β
leicht	120	15	0,75	$\frac{3600}{x + 900}$	2,222	0,00247
„	120	15	1,00	$\frac{3600}{x + 900}$	1,667	0,00186
schwer	240	20	2,00	$\frac{7200}{x + 1800}$	0,630	0,000348
„	240	20	3,00	$\frac{7200}{x + 1800}$	0,420	0,000232
„	240	20	4,00	$\frac{7200}{x + 1800}$	0,310	0,000174

Anmerkung. Für Förderweiten bis 5000 m sind die Z-Werte für die verschiedenen Transportarten und Ladekoeffizienten in Tabelle 14 zusammengestellt. Zwischenwerte sind gradlinig zu interpolieren.

Tabelle 14. **Zusammenstellung der Z-Werte für Lokomotivbetrieb**

Förderweite in m	$q = 1{,}0$					$q = 1{,}1$				
	i=0,75	1,00	2,00	3,00	4,00	i=0,75	1,00	2,00	3,00	4,00
	m³					m³				
x = 400	0,0321	0,0241	0,0077	0,0051	0,0038	0,035	0,027	0,0085	0,0056	0,0042
600	0,0370	0,0278	84	56	41	41	31	92	62	46
800	0,0420	0,0316	91	61	45	46	35	0,0100	67	49
1000	0,0469	0,0353	98	65	48	52	39	0,0108	72	53
1200	0,0519	0,0390	0,0105	70	52	57	43	115	77	57
1400	0,0568	0,0427	112	75	55	63	47	123	82	61
1600	0,0617	0,0464	119	79	59	68	51	131	87	65
1800	0,0667	0,0502	126	84	62	73	55	138	92	69
2000	0,0716	0,0539	133	88	66	79	59	146	97	72
2500	0,0840	0,0632	150	0,0100	75	92	70	165	0,0110	82
3000	0,0963	0,0725	167	112	83	106	80	184	123	92
3500	0,1087	0,0818	185	123	92	120	90	203	136	0,0101
4000	0,1210	0,0911	202	135	0,0101	133	0,100	222	148	111
4500	0,1334	0,1004	220	146	109	147	0,110	242	161	120
5000	0,1457	0,1097	0,0237	0,0158	0,0118	160	121	261	174	130

Förderweite in m	$q = 1{,}2$					$q = 1{,}3$				
	i=0,75	1,00	2,00	3,00	4,00	i=0,75	1,00	2,00	3,00	4,00
	m^3					m^3				
$x = 400$	0,039	0,029	0,0092	0,0062	0,0046	0,042	0,031	0,0100	0,0067	0,0049
600	44	33	0,0106	67	50	48	36	109	73	54
800	50	38	109	73	54	55	41	118	79	58
1000	56	42	117	78	58	61	46	127	85	63
1200	62	47	126	84	62	68	51	136	91	68
1400	68	51	134	89	67	74	56	145	97	72
1600	74	56	142	95	71	80	60	154	0,0103	76
1800	80	60	151	0,0101	75	87	65	163	109	81
2000	86	65	159	0,0106	79	93	70	172	115	86
2500	0,101	76	180	0,0120	89	0,109	82	195	130	97
3000	0,116	87	201	134	0,0100	125	94	218	145	0,0108
3500	130	98	222	148	0,0110	141	0,106	240	160	120
4000	145	0,109	243	162	121	157	0,118	263	175	131
4500	160	0,121	264	176	131	171	131	286	190	142
5000	175	132	284	190	142	189	143	308	205	153
	$q = 1{,}40$					$q = 1{,}50$				
$x = 400$	0,045	0,034	0,0108	0,0072	0,0053	0,048	0,036	0,0115	0,0077	0,0057
600	52	39	118	78	58	56	42	126	84	62
800	59	44	127	85	63	63	47	136	91	67
1000	66	49	137	91	68	70	53	147	98	73
1200	73	55	147	98	73	78	59	157	0,0105	78
1400	80	60	156	0,0104	78	85	64	168	112	83
1600	86	65	166	111	82	93	70	178	119	88
1800	93	70	176	117	87	0,100	75	188	126	94
2000	0,100	76	186	124	92	0,107	81	199	133	99
2500	0,118	89	210	140	0,0104	0,126	95	225	150	0,0112
3000	135	0,102	234	156	117	145	0,109	251	167	125
3500	152	0,115	259	173	129	163	0,123	277	185	138
4000	169	128	283	189	141	182	137	303	202	151
4500	187	141	307	205	153	200	151	329	220	164
5000	204	154	332	221	165	219	165	356	237	177

Die Gesamtkosten S_{St} je Betriebsstunde setzen sich zusammen aus den Kosten der Lokomotive L_{St}, der Kippwagen K_{St} und des Transportgleises G_{St}.

Tageskosten des Lokomotivbetriebes

a) Löhne: Lokomotive: 1 Maschinist und 1 Heizer (entfällt bei Motorlokomotiven). Diese Löhne sind für Arbeiten außerhalb der Betriebszeit um rund 25% zu erhöhen.

Pro Wasserstation und bei maschinell betriebenen Pumpen: 1 Maschinist + 1 Handlanger, bei Handpumpen: 1 bis 2 Handlanger.

b) Verbrauch an Brennstoff, Öl, Schmiermittel und Putzwolle: Der Brennstoffbedarf ist sehr abhängig von der Art des Betriebes und von der Bedienung, bei Dampflokomotiven insbesondere von den Betriebspausen, in welchen sie unter Dampf gehalten werden müssen. Da die Lokomotive nur beim Anfahren und auf den größten Steigungen voll belastet ist, bleibt der durchschnittliche Kraftbedarf natürlich unter dem bei Normalleistung. Anderseits wird diese Verminderung des Kraftbedarfes teilweise wieder dadurch aufgehoben, daß bei nur teilweiser Belastung der Brennstoffbedarf für die PS-Stunde sich gegenüber dem bei Vollbelastung relativ erhöht. Bei guter Steinkohle kann man im allgemeinen durchschnittlich rechnen bei Vollfahrt 2 kg je PS-Stunde, bei Leerfahrt 0,80 kg je PS-Stunde.

Wenn man von den 15 Minuten Aufenthalt zwischen den Zügen 10 Minuten auf Rangieren und 5 Minuten auf Halten rechnet, entfallen bei der Förderweite von x Metern von einer Betriebsstunde auf Vollfahrt: $\frac{x+10\cdot v}{2x+15\cdot v}$ Stunden, auf Leerfahrt: $\frac{x+5\cdot v}{2x+15\cdot v}$ Stunden.

Kohlenbedarf je PS für Voll- und Leerfahrt zusammen rund: $\frac{2{,}80\,x+24\cdot v}{2\,x+15\cdot v}$ kg Kohle je PS und Betriebsstunde.

Bei den Motorlokomotiven entfällt der Brennstoffverbrauch während der größeren Fahrtpausen.

Durchschnittlicher Brennstoffverbrauch:
bei Benzin- oder Benzolfeuerung:
Vollbelastung 0,33 kg/PS/St, normaler Betrieb 0,25 kg/PS/St,
bei Petroleumfeuerung:
Vollbelastung 0,40 kg/PS/St, normaler Betrieb 0,30 kg/PS/St.

Für Öl, Schmiermittel und Putzwolle:
bei Dampflokomotiven rund 15% der Brennstoffkosten
„ Motorlokomotiven „ 8% „ „
„ Petroleum „ 25% „ „

c) Kosten der Lokomotivschuppen und Wasserstationen: Die Anzahl und Einrichtung richtet sich nach der Art und Länge des Transportes, sowie der Möglichkeit der Wasserbeschaffung. Die Kosten lassen sich allgemein kaum angeben, können aber im besonderen Falle leicht ermittelt werden.

d) Abschreibung, Verzinsung und Reparatur. Die Kosten für Abschreibung und Reparatur in Prozent des Neuwertes ist aus Tabelle 3 (Seite 129) zu entnehmen. Der Verzinsung ist der jeweilige Bankzinsfuß zugrunde zu legen.

Beispiel: (Preise Sommer 1929) Dampflokomotive 40 PS, Laderaum der Kipper 0,75 m³, Schienengewicht 10 kg/m', Förderweite $x = 3000$ m; zu befördernde Bodenmasse 25000 m³, Geschwindigkeit $v = 120$ m Minute, Ladekoeffizient 1,20, Stundenlohn: Hilfsarbeiter $H =$ S 1,25, Maschinist $M =$ S 1,70, Heizer $H_e =$ S 1,40.

a) Löhne:

je Betriebstag: Lokomotive 8 M à S 1,70 =	S 13,60	
8 H_e à „ 1,40 =	„ 11,20	
	S 24,80	
+25% für Arbeiten außerhalb der Betriebszeit	„ 6,20, zusammen	S 31,00
Wasserstation (Handpumpen): 2 · 8 H · 1,75 =		„ 28,00
		S 59,00
daher je Betriebsstunde: $\frac{59{,}00}{8}$		S 7,28

b) Brennstoffverbrauch, Öl, Schmiermittel und Putzwolle:

Kohle: $\frac{(2{,}80\cdot 3000+24\cdot 120)\cdot 40}{2\cdot 3000+15\cdot 120} = 58$ kg à S 0,07	S 4,06
Öl, Schmiermittel und Putzwolle 15% von S 4,06	„ —,61
Fürtrag..	S 11,95

Übertrag.. S 11,95

c) Lokomotivschuppen und Wasserstation angenommen je Betriebsstunde .... S —,50

d) Abschreibung und Reparatur:

Anschaffungskosten einer 40-PS-Lokomotive rund S 18 000.

Abschreibung je Betriebsjahr	20%	
Reparatur „ „	10%	
zusammen	30%	von S 18 000 = S 5400

bei 200 Arbeitstagen je Jahr ergibt sich je Betriebsstunde $\frac{5400}{200 \cdot 8}$ .... S 3,38

Lokomotivbetrieb L_{st} je Stunde .... S 15,83

Kosten K_{st} der Kipper je Betriebsstunde:

a) Abschreibung und Reparatur:

K (in Schilling) = Preis eines Kippers. Nach Seite 142 betragen die Kosten je Betriebsstunde und Wagen für Abschreibung und Reparatur:

$$0{,}0225\, K \text{ (in Groschen)}$$

daher bei Zügen mit 15 Wagen 0,34 K, mit 20 Wagen 0,45 K.

b) Löhne: 1 Bremser (bei großen Gefällen 2 Bremser), 8 Hilfsarbeiter auf der Abladestelle für Kippen, Gleisrücken und Planieren, 1 Wagenschmierer, daher Bedarf je Zug 10 Mann. Die Gesamtkosten je Betriebsstunde:

bei Zügen mit 15 Wagen: $K_{st} = 0{,}34\ K + 10\ H$, mit 20 Wagen: $K_{st} = 0{,}45\ K + 10\ H$.

Beispiel:

Muldenkipper von 0,75 m³ Inhalt; der Zug besteht aus 15 Wagen; mit $K =$ S 300,00 und H = S 1,25 erhält man:

$K_{st} = 0{,}34 \cdot 300 + 10 \cdot 125 = 1352$ Groschen = S **13,52**

Kosten G_{st} des Transportgleises:

Zur Transportweite ist für Ausweichen eine Länge von rund 400 m zuzuschlagen. Gl = Anschaffungskosten je 1 m Gleis, einschließlich Laschen, Schrauben und Nägel; Sch = Preis für eine Schwelle; bei 75 cm Schwellenentfernung entfallen 1,33 Schwellen je m' Gleis; angenommen, das Schwellenmaterial werde in einem Jahr ganz abgeschrieben (bei mehrjährigen Betrieben kann die Abschreibung auf einen größeren Zeitraum erstreckt werden), so betragen nach Seite **143** die Kosten des Transportgleises je Arbeitsstunde (in Groschen) $G_{st} = (0{,}014\, Gl + 0{,}084\ Sch) \cdot (x + 400)$.

Beispiel: 600 mm Spurweite, Schienengewicht 10 kg/m', Holzschwellen, Förderweite x = 3000 m,

2 Schienen à 10 kg = 20 kg à S 0,35 =	S	7,00
Kleinmaterial 25% von S 7,00 =	S	1,75
Gl =	S	8,75
Sch =	S	2,00

$G_{st} = (0{,}014 \cdot 8{,}75 + 0{,}084 \cdot 200) \cdot 3400 = 990$ g = ... S **9,90**

Die Gesamtkosten des Lokomotivbetriebes je Betriebsstunde daher:

$L_{st} + K_{st} + G_{st} = 15{,}93 + 13{,}52 + 9{,}90 = 39{,}35\ S = S_{st}$

Förderkosten von 1 m³ gewachsenem Boden auf 3000 m $Kq = Z \cdot S_{st}$

für q = 1,20 aus Tabelle 14 wird Z = 0,116

daher:

$Kq = 0{,}116 \cdot 39{,}35 =$ .... S **4,51**

Hierzu die Kosten für das Gleislegen:

$K_g = \frac{x \cdot G}{M} = g = 1{,}40$ H; $K_g = \frac{3400 \cdot 1{,}40 \cdot 1{,}25}{25000}$ .... S **0,24**

Gesamtkosten je m³ .... S **4,75**

Für je 1 m Höhenunterschied muß die Förderlänge x um 250 m vergrößert werden.

Literatur

Handbuch der Ingenieurwissenschaften, I. Bd. Leipzig. Engelmann.
Birk, A., Dipl. Ing.: Der Wegebau, I. Teil, Erd- und Straßenbau. Leipzig-Wien. Deuticke.
Ritter, H., Dr. Ing.: Kostenberechnung im Ingenieurbau, Berlin. Julius Springer.
Foerster, M., Dr. Ing.: Taschenbuch für Bauingenieure. Berlin. Julius Springer. 1928.
Bazali, M.: Preisermittlung und Voranschlagen von Hoch-, Tief- und Eisenbetonbauten. Berlin. Willy Geißler. 1927.

B. Nebenarbeiten

Stundenlohn des Hilfsarbeiters *H* — Stundenlohn des Pflasterers *Pf*
„ „ Gerüsters *G* — „ „ Maschinisten *Ma*

1. Baugrubenpölzung

Bei drückendem und wasserführendem Boden müssen die Wände tiefer Baugruben abgesteift werden:

a) Liegende Pölzung: Sie ist die gebräuchlichste. Verwendung sowohl bei weiten als auch bei engen, langgestreckten Baugruben, falls nicht stark drückender Boden und starker Wasserzudrang vorhanden sind. Sie besteht aus horizontalen Bohlen von 5 cm Stärke, mit davor gestellten, senkrechten Kanthölzern in Abständen von rund 1,50 m, die durch Rundholzsprenger versteift werden. Letztere werden bei Längen von 2,0 bis 5,0 m mit 12 bis 16 cm Durchmesser bemessen. Ihre Absteifung erfolgt gegen die gegenüberliegende Wand oder bei weiten Baugruben gegen stehen gelassene Erdkörper bzw. gegen die Baugrubensohle.

Durchschnittlicher Materialbedarf je m² Pölzfläche: Bohlen 0,05 m³, Kantholz 0,01 m³, Rundholz 0,8 Stück halbe Sprenger.

Kosten für Kleineisenzeug unwesentlich; können vernachlässigt werden.

Bohlen lassen sich durchschnittlich 10mal, Sprenger 3- bis 5mal bis zu ihrer vollständigen Unbrauchbarkeit verwenden.

Lohnkosten für das Herstellen, Wiederabtragen und zur Wiederverwendungsstelle transportieren bei kurzen Sprengern je m² Pölzfläche 1,20 bis 1,50 *G*.

b) Stehende Pölzung, angewendet bei tiefen, engen und geschlossenen Baugruben und bei stark drückendem und wasserführendem Boden. Sie besteht aus stehenden, unten zugespitzten Bohlen, die zwischen horizontalen Kanthölzern (Kränzen), dem Aushub folgend, nach und nach vorgetrieben werden.

Durchschnittlicher Materialbedarf wie bei a), hierzu Kleineisenzeug rund 1 kg je m² Pölzfläche. Der Holzverschnitt und Verlust wesentlich größer als bei a). Die Bohlen können 3- bis 4mal, die Sprenger 2- bis 3mal verwendet werden.

Lohnkosten für Herstellen, Wiederabtragen und zur Wiederverwendungsstelle transportieren, je m² Pölzfläche bis 3,0 m Tiefe 2,0 bis 3,0 *G*, bei größeren Tiefen 4,0 bis 5,0 *G*.

Bei schwerem und stark drückendem bzw. wasserführendem Boden diese Werte entsprechend erhöhen!

2. Wasserschöpfen und Wasserhaltung

Wasserschöpfen, gerechnet nach dem Ausmaß der geschöpften Wassermenge je m³:

	aus einer Tiefe von 1,0 m	hierzu für je 1,0 m Mehrtiefe
a) mit Eimern:	0,20 *H*	0,15 *H*
b) mit gewöhnlichen Baupumpen oder Saug- und Druckpumpen:	0,084 *H*	0,084 *H*

c) mit Diaphragmapumpen:

Durchmesser der Saugleitung		$2\frac{1}{2}$ Zoll	3 Zoll	4 Zoll
einfach wirkend, je Stunde		6 m³	12 m³	20 m³
doppelt „ „ „		—	24 „	40 „
Kraftbedarf:	4 m Saughöhe	1 Mann	1 Mann	2 Mann
	6 „ „	1 „	2 „	3—4 „

d) mit Zentrifugalpumpen:

Saugstutzen in mm ⌀		100	125	150	200	250	300	Anmerkung
Leistung in m³/Min.		1,0	1,5	2,2	4,0	6,2	9,0	
Kraftbedarf in PS bei Förderhöhen[1])	3 m	1,9	2,8	3,5	6,5	10,0	15,0	[1]) Mit Förderhöhe ist die Summe von Saug- und Druckhöhe und Rohrleitungswiderstand bezeichnet
	5 „	2,5	3,7	5,5	10,0	15,0	22,0	
	7 „	3,5	5,0	7,5	13,0	20,0	28,0	
	10 „	4,5	7,0	10,0	17,0	27,0	38,0	
	15 „	6,5	9,5	14,0	26,0	39,0	56,0	

α) Amortisation und Reparatur der Pumpenanlage: siehe Tabelle 3.

β) Montage und Demontage von Zentrifugalpumpen samt Unterstellung, einschließlich Saug- und Druckleitung, jedoch ohne Umstellen während des Betriebes:

Pumpen mit Durchmesser von 100 bis 200 mm 60 bis 150 *Ma*
„ „ „ „ 250 bis 300 mm 200 bis 250 *Ma*

γ) Pumpensumpf: Dessen Ausführung hängt von den örtlichen Verhältnissen ab. In den meisten Fällen wird eine stehende Pölzung genügen, unter besonders schwierigen Verhältnissen werden Betonrohre abgesenkt werden müssen. Allgemeine Kalkulationsdaten können daher nicht gegeben werden.

Für einfache Ausführungen näherungsweise 100 bis 150 *G*.

δ) Tägliche Betriebskosten:

a) Lohn: 1 Pumpenmaschinist + 1 Hilfsarbeiter für Reinigen des Pumpensumpfes.

b) Betriebsstoff: Entsprechend dem Kraftbedarf nach obiger Tabelle.

Die Kosten der Wasserhaltung sind auf alle Arbeiten, die während der ganzen Zeitdauer zur Ausführung kommen, in geeigneter Weise aufzuteilen.

3. Rodungsarbeiten

a) Holzfällen. Weiches Stammholz fällen, einschließlich abästen

je m' Holz ⌀:	10	10—20	20—30	30—40	40—50	50—60	60—70	70—80 cm
Hilfsarb.-Std.	0,15	0,20	0,30	0,40	0,55	0,70	0,85	1,00

Für Hartholz stellen sich die Preise um rund 30% höher.

b) Ausroden des Bodens von alten Wurzelstöcken, von Strauchholz samt Lagern des ausgerodeten Materials bis auf 100 m je m²:

Dünnes Strauchholz	0,4 *H*	Ältere Stämme, wenig dicht	0,8 *H*
Dichtes „	0,5 *H*	„ „ dicht	1,0 *H*

c) Ausroden von Hecken, sonst wie vor: gewöhnliche Hecken je m' 1,5 *H*, dicht verwachsene Hecken 2,5 *H*.

4. Humus abheben und aufbringen

a) Humus abheben und seitlich lagern je m^3: mit Schaufel bis 3 m werfen 0,50 bis 0,70 *H*, mit Schubkarren bis 20 m verführen 1,00 bis 1,20 *H*, mit Schubkarren bis 50 m verführen 1,20 bis 1,50 *H*.

b) Humus aufbringen: Lösen von der Ablagerungsstelle und Laden in Transportgefäße je m^3 0,90 bis 1,20 *H*.

Transportieren und kippen nach Abschnitt: A II.

Verteilen des Bodens in Schichten von rund 30 cm und einebnen je m^3 0,10 bis 0,30 *H*.

Bei lehmigem Material müssen an Böschungen Rillen von rund 10 cm Tiefe in etwa 1 m Abstand gezogen werden, um dem Humus Halt zu geben. Die Kosten hierfür je m^3 rund 0,10 *H*. Wird bei hohen Dämmen der Humus am Böschungsfuß gelagert, so muß er mittels Wurftreppen auf die Böschung aufgetragen werden. Bedeutet L die Gesamtböschungslänge, so sind die Kosten für das Aufbringen je m^3 rund: $0{,}2 \cdot (L + 3) \cdot H$.

5. Rasenziegel erzeugen und aufbringen

a) Flachrasen:

Für 1 m^2 Rasenbelag müssen rund 1,25 m^2 Rasenfläche gestochen werden.

Erzeugen von Rasenziegeln 30 cm lang, 30 cm breit und 15 bis 25 cm dick mit Stichschaufel	je m^2	0,30 bis 0,40	*H*
Erzeugen von Rasenziegeln 30 cm lang, 30 cm breit und 15 bis 25 cm dick mit Schneideisen	,, m^2	0,15 bis 0,20	*H*
Schlichten von Rasenziegeln an der Ablagerungsstelle	,, m^3	rund 1,0	*H*
Aufladen von Rasenziegeln auf Traggeräte	,, m^3	,, 0,8	*H*
Zubringen zur Verwendungsstelle je 1 m Böschungshöhe	,, m^3	,, 0,4	*H*
Verlegen der Rasenziegel samt Anpflocken und Herstellen der Pflöcke (20 Stück Weidenpflöcke je m^2)	,, m^2	,, 0,30	*H*

b) Kopfrasen:

Derselbe wird nur für niedrige Böschungen verwendet. Für den Transport vom Böschungsfuß oder -rand kann im Mittel gerechnet werden

	je m^3	1,50	*H*
Verlegen der Rasenziegel zu Kopfrasen	,, m^3	5,00	*H*
Falls Dicke des Kopfrasenbelages gleich der Länge der Ziegel	,, m^2	1,50	*H*

6. Besämen von Böschungen

samt Auflockern der Erde und nachherigem Placken je 100 m^2

a) Flache Böschungen: Lohn 6,0 *H*; Samen: 0,50 kg

b) steile Böschungen: Lohn 10,0 *H*; Samen 0,50 kg.

7. Weidenpflanzungen an Böschungen

Schräg abgeschnittene Weidensetzlinge von 2 bis 3 cm Stärke und 30 bis 40 cm Länge, im Verband schachbrettartig einzusetzen je m²

Zwischenräume der Setzlinge in cm:	10	20	30	40	50	60	70	80	90—100
Arbeitsaufwand in *H*:	2,0	0,5	0,25	0,15	0,10	0,08	0,06	0,04	0,03

8. Planieren und Stampfen von Erdmaterial

In Schichten von 10 cm Stärke	je m³	1,80 *H*
in Schichten über 10 cm Stärke	,, m³	1,20 *H*
Wird über die Anschüttung mit Schubkarren oder Wagen gefahren, so daß kein Stampfen erforderlich ist	,, m³	0,25 bis 0,30 *H*.

9. Böschungspflaster und Steinschüttungen

Bruchsteinpflaster von 25 cm Stärke, die Steine grob lagerhaft zugerichtet, die Köpfe unbearbeitet belassen, samt Zutransport der Steine bis zu 10 m:

a) Trocken in Sand verlegt, die Fugen mit Sand ausgefüllt je m²:
0,30 m³ Bruchsteine und .... 1,40 *Pf*
0,13 m³ Sand und .... 0,80 *H*;

b) in Portlandzementmörtel:
0,30 m³ Bruchsteine und ... 1,80 *Pf*
0,09 m³ Sand und .... 1,20 *H*
hierzu 27 kg Portlandzement.

Für kleinere oder größere Pflasterstärke ist der Material- und Lohnaufwand proportional zu bestimmen.

Steinwurf als Böschungsschutz oder Stütze des Pflasters. Verwendet werden möglichst große Blöcke, die mittels Brechstangen in die richtige Lage gebracht werden.

Zubringen der Steine bis auf 10 m, Einbringen und Zurechtrücken je m³:

Im trockenen oder niederen Wasser	5,0 *H*
unter Wasser	7,0 *H*
Ausheben des Schlammes mit Baggerschaufeln	6,0 *H*
Materialerfordernis	1,0 m³ Bruchsteine.

Baumeisterarbeiten

bearbeitet von Ing. Rudolf Schmahl, Zivilingenieur und Baumeister, unter Mitwirkung von Baurat Ing. Wilhelm Kempler, Zivilingenieur und Baumeister.

Die Ansätze der folgenden Aufstellungen sollen einerseits die Erstellung von überschlagsweisen und detaillierten Kostenvoranschlägen, anderseits eine Überprüfung von Offerten selbst ermöglichen.

Eine genaue Angabe von aus Erfahrungstatsachen abgeleiteten Ansätzen ist kaum möglich, da hiebei viele Nebenumstände mitspielen, wie z. B. Lage und Art der Baustelle, ihre Entfernung vom Materialplatz, vom Wohnsitz des Bauführers und der Arbeiter, die Möglichkeit, die Bauausführung nach vorgefaßtem Plane durchzuführen, die Qualität der Baumaterialien usw.; hierbei muß auch berücksichtigt werden, ob es sich um einen vollständigen Neubau von kleineren Abmessungen handelt oder um einen großen Komplex (Bau eines großen Zins- oder Geschäftshauses, eines Fabriksgebäudes), bei dem vielfach maschinelle Anlagen zur Verwendung kommen, dem wieder kleinere Reparatur-, Renovierungs- oder sonstige Umbauarbeiten gegenübergestellt werden müssen.

Die Ansätze stellen daher Mittelwerte dar; es muß dem Kalkulanten überlassen bleiben, bei Erstellung von Kostenvoranschlägen allen bei einer Bauausführung in Betracht kommenden Nebenumständen Rechnung zu tragen, um damit die gegebenen Verhältnisse vollständig zu erfassen.

Hervorzuheben wäre noch, daß die Aufstellung dieser Ansätze auf den heutigen Arbeitsbedingungen aufgebaut ist, insbesondere auf dem Achtstundentag und den damit zusammenhängenden Kollektivverträgen, worüber auf das Kapitel „Arbeitsrecht und soziale Gesetze" hingewiesen wird.

Unkosten[1])

Die folgenden Analysen nach Zeit und Material dienen zur Ermittlung der Selbstkosten von Maurerarbeiten. Für Ermittlung der Unkosten jedes einzelnen Betriebes können nur allgemeine Richtlinien aufgestellt werden.

Die Unkosten eines Betriebes setzen sich zusammen aus den Betriebsunkosten und den Geschäftsunkosten, bzw. bei größeren Unternehmungen mit eventuellem Filialbetrieb aus den Generalunkosten und den Geschäftsunkosten.

I. Betriebsunkosten

a) **Soziale Abgaben**[2]):

1. Unfallversicherungsbeitrag.
2. Krankenkasse.
3. Arbeitslosenversicherung und Vermittlung.
4. Bundes-Wohn- und Siedlungsfonds.
5. Kinderzuschüsse.
6. Urlaubsentgelt.
7 Krankenentgelt nach § 1154b (§ 1155) a. b. G. B.
8. Fürsorgeabgabe.

b) **Mittelbar produktive Löhne:**

1. Lohnstunden, die gezahlt werden ohne Gegenleistung der Arbeiter (auf Grund gesetzlicher oder vertraglicher Bestimmungen), falls diese Löhne nicht auf die einzelnen Leistungen verrechnet werden können.

2. Lohnstunden, die gezahlt werden für das Verschicken von Arbeitern während der Bauzeit, für Reinigen und Heizen der Kanzleilokale an der Baustelle, Hilfeleistung bei Meßarbeiten, Reinigen der Straßen usw.

c) **Bauleitung, Bauaufsicht:**

1. Gehalte des Bauleiters und der zugeteilten technischen Organe.
2. Lohn der Poliere.
3. Lohn des Bauschreibers.
4. Angestelltenversicherung[3]).
5. Abfertigungsrücklage (Entlassungsreserve).
6. Fahrgelder, Diäten u. dgl.
7. Vertretung der Angestellten in Krankheits- und Urlaubsfällen.
9. Überstunden und Prämien.

d) **Allgemeine Betriebsunkosten:**

1. Haftpflichtversicherung für Personen- und Sachschäden, einschließlich Haftpflichtversicherung der Angestellten auf der Baustelle.

2. Drucksachen für die Baustellen (Wochenlisten, Ausweise, Rapporte u. dgl.).

---

[1]) Die folgenden Unkostenaufstellungen sind entnommen der Festschrift zum Baumeistertag 1924: „Das Unkostenproblem in der Selbstkostenermittlung".

[2]) Diese Abgaben müssen auf sämtliche ausbezahlten Löhne verrechnet werden. Siehe nachfolgende Tabellen.

[3]) Diese setzt sich aus a) Punkt 1 bis 4 und 7 bis 8 zusammen und schwankt zwischen 20 bis 22% der Gesamtbezüge der Angestellten.

3. Material für erste Hilfe bei Unglücksfällen.
4. Betriebsmaterial (Mauerschnüre, Petroleum, Schmieröl u. dgl.).
5. Elektrischer Strom für Maschinen und Licht an der Baustelle.
6. Bauwasserverbrauch und Wasserzuleitung.
7. Kommissionsgebühren.
8. Sachverständigenhonorare.

e) **Fuhrlöhne für kleine Baustoffmengen:**

Bei notwendig werdender Zufuhr kleiner Materialmengen vom Werkplatz zur Baustelle (wenn z. B. Waggonfrachten zu spät eintreffen) werden diese Auslagen, ebenso wie die Zufuhr nach und von der Baustelle von Requisiten, Werkzeugen und Maschinen, zweckmäßig zu den Betriebskosten gerechnet. Hat eine solche Fuhre Baustoffe oder Geräte auf mehrere Plätze zu verteilen, so werden diese Transportspesen zweckmäßig schon in der Fuhrmannsrechnung auf diese Baustelle aufzuteilen sein.

f) **Bauörtliche Unkosten** (soweit nicht anderweitig verrechnet):

1. Aufstellen, Abrechnung, Instandhaltung und Abschreibung der Betonbuden, Schuppen, Aborte u. dgl.
2. Anlage und Abbruch der Mörtelreine.
3. An- und Abfuhr, Auf- und Abladen.

II. Geschäftsunkosten

g) **Kosten der technischen und kaufmännischen Bureaus und des Werkplatzes:**

Technisches Bureau:

1. Miete des technischen Bureaus bzw. Mietwert.
2. Miete bzw. Mietwert der Geräte- und Baustoffschuppen.
3. Miete bzw. Mietwert des Werkplatzes.
4. Tilgung und Verzinsung der Anlagekosten.
5. Unterhaltungskosten.
6. Platzmeister- und Platzarbeiterlöhne.
7. Soziale Abgaben auf diese Löhne.
8. Auslagen wie Gruppe I. b).
9. Heizung, Beleuchtung des Werkplatzes.
10. Feuerversicherungsprämie, technisches Bureau und Werkplatz.
11. Sonstige Aufwendungen für Bewachung (Nachtwächter usw.).
12. Unterhaltung und Tilgung des technischen Bureaus und der Werkplatzeinrichtung.

Kaufmännisches Bureau:

13. Heizungs-, Beleuchtungs- und Reinigungskosten.
14. Feuerversicherungsprämie für Inventar.
15. Einbruchversicherungsprämie.
16. Unterhaltung und Tilgung der Kanzleieinrichtung.
17. Entlassungsreserven.

h) **Geräte und Gerüste:**

1. Abschreibungen und Rücklagen für Geräte, Gerüste und Handwerkzeug.
2. Unterhaltungs- und Reparaturkosten.
3. Verzinsung des in Geräten, Gerüsten und Handwerkzeug angelegten Kapitals.
4. Verschnitt und sonstige Verluste.
5. An- und Abfuhr, Auf- und Abladen.
6. Versicherungsprämien.

i) **Baumaschinen und Formen:**

1. Abschreibungen bzw. Rücklagen.
2. Unterhaltungs- und Reparaturkosten.

3. Verzinsung des angelegten Kapitals.
4. Ersatzbestandteile, Reparaturkosten, sonstige Verluste.
5. An- und Abfuhr, Auf- und Abladen.
6. Versicherung.

(Die Unkosten der kleinen Baumaschinen, wie Aufzüge, Mörtelmischmaschinen u. dgl., wären auf alle Fälle zu den Geschäftsunkosten zu zählen. Für die großen Baumaschinen erscheint es zweckentsprechender, aus den in Rechnung gestellten einzelnen Unkostenposten die Kosten einer Maschinenstunde oder für Zwecke der Preisvorausermittlung für z. B. 1 m^3 Beton oder 1 m^2 Gipsplatten zu ermitteln. Aus diesem Grund ist es zweckmäßig, den Lohn des nur mit der Bedienung solcher Maschinen (z. B. Maschinist) betrauten Personals samt sozialen Lasten, Betriebskraft und Schmiermittel (Post d), 5) hier miteinzubeziehen.)

k) **Gehälter und Bezüge der Angestellten:**

α) Technisches Bureau:
1. Gehälter.
2. Angestelltenversicherung[1]).
3. Urlaubsgeld, Anschaffungsbeitrag.
4. Remunerationen.
5. Prämien, Provisionen.
6. Entlassungsreserve.

β) Kaufmännisches Bureau:
7. Gehälter.
8. Angestelltenversicherung[1]).
9. Urlaubsgeld, Anschaffungsbeiträge.
10. Remunerationen.
11. Entlassungsreserve.

l) **Steuern und Umlagen:**
1. Bundes-, Landes- und Gemeindesteuern des Unternehmens.
2. Konzessionsabgabe.
3. Genossenschaftsbeitrag.
4. Beiträge für freie Vereinigungen.

m) **Feuerversicherung für Neubauten:**
Verpflichtung des Bauherrn zur Tragung dieser Kosten wäre anzustreben.

n) **Kosten des Geldverkehrs und Verluste:**
1. Verzinsung des eigenen Kapitals (soweit nicht bereits beim Inventar berücksichtigt).
2. Verzinsung des Leihkapitals (soweit nicht bereits beim Inventar berücksichtigt).
3. Zinsenverluste bei Außenständen.
4. Verluste durch Veruntreuung, Diebstahl.
5. Anwalts- und Gerichtskosten.

o) **Allgemeine Geschäftsunkosten:**
1. Geschäftsbücher, Geschäftspapiere.
2. Zeichen- und Schreibgeräte.
3. Fernsprecher, Porti, Telegramme.
4. Trinkgelder, Neujahrsgelder, Honorare.
5. Bücher, Gesetze, Zeitschriften.
6. Kosten der Werbetätigkeit (Inserate, Empfehlungsschreiben).
7. Fahrgelder und Diäten des Bureaupersonals.

In die Unkostenkategorie

III. Generalunkosten

fallen jedenfalls die Gehalte jener Direktoren, Chefingenieure, Sekretäre, Hilfskräfte, Diener samt Angestelltenversicherung, Urlaubsgelder, Tantiemen, Fahrgelder, Diäten, Miete (eventuell Anteil von Gruppe g), deren Arbeitsleistung allen Filialen zugute kommt. Es wären demnach diese Spesen fallweise (monatlich) auf die Filialen (am besten nach einem deren Umsatz entsprechenden Schlüssel) aufzuteilen und von diesem in die Geschäftsunkosten, Gruppe o), aufzunehmen.

[1]) Siehe Bemerkung zu I. c) 4.

Die Berechnung der Unkosten in Prozenten von der unmittelbar produktiven Lohnkrone erfolgt im allgemeinen auf nachstehende Weise: Ist

L = Jahreslohnsumme (unmittelbar produktive Löhne),
M = Baumaterial (einschließlich Transport, Warenumsatzsteuer, Zufuhr u. dgl.),
H = Hilfsanlagen (Material und Lohn mit allen Anhängseln),
W = Betriebsmittel (Geräte, Material, Lohn usw.),
B = Betriebsunkosten und
G = Geschäftsunkosten, so ergibt sich, wenn $L+M+H+W=K$ gesetzt wird, der Prozentsatz für die

Betriebsunkosten $PB = \frac{B \times 100}{L}\%$ vom Lohn,

Geschäftsunkosten $PG = \frac{G \times 100}{K+B}\%$ vom Gesamtumsatz.

Beide Prozentsätze lassen sich unschwer auf einen einheitlichen Prozentsatz von L reduzieren.

IV. Richtlinien für die Ermittlung der sozialen Abgaben

(Auf Grund der Wiener Löhne und der in Wien vorgeschriebenen Abgabensätze am 2. August 1929)

Post Nr.	Gegenstand	Maurer		Hilfsarbeiter		Hilfsarbeiterin	
		Lohn S 1,64, somit je 48-Stundenwoche S 78,72		Lohn S 1,26, somit je 48-Stundenwoche S 60,48		Lohn S 0,86, somit je 48-Stundenwoche S 41,28	
		Es entfallen auf den					
		Arbeitgeber	Arbeitnehmer	Arbeitgeber	Arbeitnehmer	Arbeitgeber	Arbeitnehmer
		in Schilling					
1	Unfallversicherungsbeitrag[1]) 3,05% von S 46,—	1,40	—	1,40	—	—	—
	Unfallversicherungsbeitrag[1]) 3,05% von S 39,84	—	—	—	—	1,22	—
2	Krankenversicherung	0,90	1,80	0,90	1,80	0,90	1,80
3	Arbeitslosenversicherung	1,45	1,45	1,45	1,45	1,45	1,45
4	Arbeitsvermittlung	0,09	0,09	0,09	0,09	0,09	0,09
5	Arbeiterkammerbeitrag	—	0,05	—	0,05	—	0,05
6	Beitrag zum Bundes-Wohn- und Siedlungsfonds	0,01	—	0,01	—	0,01	—
7	Gehilfenumlage	—	0,20	—	0,20	—	0,20
8	Urlaubsentgelt für eine Woche	1,64	—	1,26	—	0,86	—
9	Krankengeld nach § 1154b (§ 1155) a. b. G. B. (angenommen mit dem Betrage unter 8)	1,64	—	1,26	—	0,86	—
10	Fürsorgeabgabe 4%	3,15	—	2,42	—	1,65	—
	Zusammen	10,28	3,59	8,79	3,59	7,04	3,59
	Auf den **Arbeitgeber** entfallen somit von der ausbezahlten Lohnsumme	13,06%	—	14,53%	—	17,15%	—
	Auf den **Arbeitnehmer** entfallen somit vom Verdienstbetrag	—	4,56%	—	5,93%	—	8,69%

Für Zwecke der Kalkulation wären daher die sozialen Abgaben bei den produktiven Löhnen im Durchschnitt folgendermaßen zu berechnen:

[1]) Von der Krankenkassa angenommener durchschnittlicher Jahresverdienst pro eine Woche.

Unter der Annahme des Verwendungsverhältnisses von 2 Maurern, 1 Hilfsarbeiter und 1 Hilfsarbeiterin bei irgendeinem Arbeitsvorgang:

$$
\begin{aligned}
2 \times 13{,}06\% &= 26{,}12\% \\
1 \times 14{,}53\% &= 14{,}53\% \\
1 \times 17{,}15\% &= 17{,}15\% \\
\hline
&\ 57{,}80\%
\end{aligned}
$$

Der Durchschnitt ergibt somit **14,45%** der gesamten Lohnsumme der produktiven Löhne. Die Abgaben bei den unproduktiven Löhnen sind in ähnlicher Weise zu berechnen.

Preisansätze für Arbeitslöhne[1])

a) Löhne allgemeiner Kategorie in Schilling je Stunde

1. Ein Polier 2,64
2. „ Vorarbeiter 2,30
3. „ Maurer 1,64
4. „ Zimmerer 1,74
5. „ Flechter, Schaler, Eisenbieger, Abzieher bei Eisenbetonarbeiten 1,52
6. Ein Gerüster, Deichgräber, Betonierer 1,50
7. Ein Handlanger, männlich .. 1,26
8. Eine Hilfsarbeiterin 0,86
9. „ Mörtelmacherin 1,00
10. „ männliche Wache für eine Tag- oder Nachtschichte 12,00

b) Löhne für Spezialarbeiter und deren Hilfskräfte in Schilling je Stunde

1. Ein Vorarbeiter bei Kaminbauten 2,60
2. Ein Vorarbeiter bei Kessel- u. Ofenbauten u. Kaminmaurer 2,45
3. Ein Ofen-, Kesselmaurer, Gipsdielen-, Korksteinmaurer, Fassader, Weißarbeiter, Stukkaturer 2,16
4. Ein Platten- u. Fließenleger .. 2,08
5. „ Steinholzleger, Terrazzoleger u. Staußziegelmaurer . 1,91
6. Ein Rohrleger 1,90
7. „ Isolierer 1,89
8. Ein Hilfsarbeiter bei Steinholz und Terrazzoarbeiten 1,33
9. Ein Hilfsarbeiter bei Gipsdielen u. Korksteinarbeiten 1,42
10. Eine Stukkaturer-Hilfsarbeiterin 0,98
11. Eine Fassader-Weißarbeiter-Hilfsarbeiterin 0,94
12. Ein Gerüstpartieführer bei Häng- u. Leitergerüsten .. 1,97
13. Ein Helfer bei Häng- und Leitergerüsten ..... 1,76 bis 1,89

c) Zulagen

25% erhalten: Arbeiter in Caissons mit Druckluft.

20% erhalten: Arbeiter, die mit maschinell betriebenen Bohrhämmern oder pneumatischen Werkzeugen arbeiten, Hilfsarbeiter bei Wartung von Maschinen.

15% erhalten: Arbeiter in Caissons ohne Druckluft.

10% erhalten: *α*) der aufsichtführende Maurer bei Arbeiten, bei denen kein Polier ständig anwesend ist; *β*) Arbeiter, bei Kanal- und Künettenbauten mit folgenden Arbeiten beschäftigt: Ausheben, Verführen und Deponieren des Aushubmaterials, Aufreißen des Pflasters, alle Arbeiten im Kanal, in der Künette oder im Schacht, Gerüstarbeiten, Betonmischen, Zuschütten, Stampfen, Planieren und Pflastereinklauben; *γ*) Hilfsarbeiter bei Materialbeförderung mit Butten oder Kübeln; *δ*) Arbeiter, die im Wasser

[1]) Nach dem für das Wiener Gebiet gültigen Kollektivvertrag mit dem Stand 1. August 1929. Für die Zeitperiode vom 28. März 1930 bis 28. Februar 1931 kommt auf obige Löhne ein 2%iger Zuschlag, für die Zeitperiode vom 1. März 1931 bis 29. Februar 1932 abermals ein 2%iger Zuschlag (also insgesamt 4%) auf obige Löhne.

stehend arbeiten; ε) Zimmerer bei Arbeiten auf Türmen, wenn das Hauptgesims mindestens 22,50 m über dem Terrain liegt, und der Turm darüber hinaus mindestens eine Höhe von 12 m hat. Für Arbeiten bei Brücken, wenn unterhalb der Arbeitsstätte kein Schutzgerüst sich befindet; ζ) Arbeiter, die bei benützten Rauchkanälen oder Feuerungsanlagen arbeiten; Arbeiter, die mit Säuren in Berührung kommen; Arbeiter, die mit heißem Teeranstrich beschäftigt sind; η) Gerüster beim Zutragen von Stufen beschäftigt.

20 g je Stunde erhalten: Arbeiter, welche auf Hänge-, Leiter- oder Patentgerüsten beschäftigt sind; Arbeiter, welche bei der Auf- und Abmontierung von Hänge- und Leitergerüsten beschäftigt sind; Maurer, die bei Herstellung von Klinkerverblendung beschäftigt sind.

Aufzahlung für Überstunden, Sonntags-, Feiertags- und Nachtarbeiten:

Überstunden, sowie die Arbeit an Sonn- und Feiertagen werden mit 50%, die Arbeit zur Nachtzeit wird mit 100% Aufzahlung auf den normalen Stundenlohn vergütet.

15% Aufzahlung gebührt, wenn die normale Arbeitszeit ganz oder teilweise in die Nachtzeit fällt; wenn in zwei oder mehreren Schichten gearbeitet wird, für die in die Nachtzeit fallenden Stunden.

Sonn- und Feiertagsarbeit gilt von 5 Uhr bis 20 Uhr, Nachtarbeit von 20 Uhr bis 5 Uhr.

Als Feiertage gelten: Neujahr, Ostermontag, Pfingstmontag, die beiden Weihnachtsfeiertage, der 1. Mai und der 12. November.

Preisansätze für Fuhrwerksleistungen im Wiener Gebiet

1.	Ein Paar Pferde samt Wagen und Kutscher, bis zur Verwendungsdauer von	
	a) einem Tag	S 50,00
	b) „ halben Tag	„ 30,00
2.	Zwei Cabs mit einem Kutscher, je Tag	„ 45,00
3.	Ein „ „ „ „ „ „	„ 28,00
4.	Eine einspännige Fuhre, je Tag	„ 30,00
5.	„ „ „ „ halben Tag	„ 18,00
6.	„ zweispännige Fuhre zum Verführen von Schutt, je Fuhre	„ 12,00
7.	„ einspännige Fuhre	„ 7,00
8.	Ein Wagen ohne Pferde (Stehwagen), je Stunde	„ 1,50
9.	„ Paar Vorspannpferde samt Kutscher, ganztägig	„ 40,00
10.	„ „ „ „ „ halbtägig	„ 25,00
11.	„ Lastauto mit Anhänger, einem Autolenker und einem Mitfahrer, Grundgebühr S 48,00 plus S 1,60 mal Anzahl der gefahrenen Kilometer.	
12.	Ein Lastauto mit Lenker, Grundgebühr S 36,00 plus S 1,20 mal Anzahl der gefahrenen Kilometer.	

Anmerkung: Normale Zufuhrmöglichkeit vorausgesetzt. Vorspann wird separat vergütet.

Derzeitige Richtpreise der wichtigsten Baumaterialien loko Baustelle (Wien)

1 m³	Bruchsteine	S 18,00
1000	Stück Mauerziegel, ö. F., neu	„ 100,00
1000	„ „ ö. F., alt, geputzt	„ 70,00
1000	„ „ d. F., neu	„ 85,00

1000 Stück Mauerziegel, d. F., alt, geputzt		S 60,00
100 kg Stückweißkalk		„ 50,00
1 m³ gelöschter Weißkalk, stichfest		„ 50,00
100 kg Portlandzement		„ 9,00
100 kg Romanzement		„ 8,00
100 kg frühhochfester Zement		„ 10,60
100 kg Gips		„ 7,50
1 m³ Gstätten-Mauersand oder Betonsand		„ 10,00
1 m³ doppeltgeworfener Donausand		„ 12,00
1 m³ Ziegeldeckersand, grob		„ 16,00
1 m³ „ fein		„ 20,00
1 m³ Well- oder Schleifsand		„ 15,00
100 kg Dolomitsand, fein 25 kg je m², mittel 32 „ „ „, grob 50 „ „ „	S 4,20 bis 9,00	
100 kg Terranova, fein 22 „ „ „, mittel 24 „ „ „, grob 26 „ „ „	S 15,00 bis 18,00	
100 kg Schamottemehl		S 10,00
1 Stück Schamotteziegel	S 1,00 bis 1,50	
1 m³ Lehm		S 8,00
1 m³ Kohlenlösche		„ 6,00

Pölzungen[1])

Um für Kostenberechnungen und Kalkulationen einen Annäherungswert zu haben, sind je m² abgewickelter Fläche an Gerüsterstunden G in Rechnung zu stellen:

1 m² gewöhnliche Pölzung, d. i. Pfosten, Mann an Mann gelegt oder in einer gewissen Entfernung voneinander angeordnet, samt Beigabe des Pölzungsmaterials mit den erforderlichen Auswechslungen und des Rückbaues .... 1,5 G

1 m² schwere Pölzung wie oben, jedoch mit Hinterfüllungen oder Unterstopfungen .... 2,5 „

1 m² Brückenherstellung über Kanal oder Rohrkünetten, für mittleres Fuhrwerk benützbar .... 3 bis 6 „

Anmerkung. Für Holzverschnitt werden 25% Zuschlag vom Materialwert gerechnet. Wenn das Pölzungsmaterial nicht rückgewonnen werden kann, so sind ³/₄ vom Neuwert in Rechnung zu stellen.

Kalklöschen

1 m³ gelöschter Kalk erfordert:

450 kg gebrannten Weißkalk
1,2 m³ Wasser und
4,2 Hilfsarbeiterstunden,

wobei angenommen wird, daß das Wasser an Ort und Stelle vorhanden ist.

¹) Siehe auch: „Nebenarbeiten", Seite 151.

Mörtelerzeugung je m³

	Weißkalk, gelöscht	Portlandzement	Romanzement	Wasser	Sand	Arbeitsstunden [1]	Preis in S je 1 m³ (reine Selbstkosten)[1]		
	mittlerer Einheitspreis in S								
	50,0	9,0 für	8,5 für	0,24	10,0	1,26			
	m³	100 kg		m³	m³	H	Material	Lohn	Summe
grob 1:3	0,33	—	—	0,22	1 (Gstätten-)	3,5	26,55	4,41	30,96
fein 1:1	0,71	—	—	0,11	0,71 (Donauwell-)	4,0	46,89	5,04	51,93
grob 1:3	—	—	330	0,32	1,05 (Fluß-)	3,5	40,73	4,41	45,14
fein 1:1	—	—	700	0,40	0,8 (Donauwell-)	4,5	72,40	5,67	78,07
grob 1:4	—	370	—	0,30	1,2 (Fluß-)	3,5	47,77	4,41	52,18
fein 1:2	—	630	—	0,35	0,95 (Donauwell-)	4,5	71,98	5,67	77,65
verlängert grob 1:2:10	0,20	150	—	0,20	1,1 (Fluß-)	4,0	36,75	5,04	41,79
verlängert fein 1:1:6	0,15	225	—	0,21	0,97 (Well-)	4,5	43,32	5,67	48,99
Dolomitmörtel	0,24	—	—	0,12	1,2 (Dolomit-)	3,5	54,03	4,41	58,44
Lehmmörtel	Lehm 1,2	—	—	0,13	—	3,5	7,22	4,41	11,63
Gipsmörtel	Gips 1700 kg	—	—	0,85	—	4,0	127,50	5,04	132,54

[1]) Siehe Anmerkung 1 auf S. 159.

Der Berechnung wurde zugrunde gelegt für:

Sand: Donauwell .... 16,0 S/m³
Fluß .... 12,0 „
Dolomit .... 35,0 „

Lehm .... 6,0 S/m³
Gips je 100 kg .... 7,5 „

Mörtelbedarf

für die hauptsächlichsten Maurerarbeiten bei einem Mischungsverhältnis von 1:3:

Für 1 m³ Bruchsteinmauerwerk .... 0,33 m³ Mörtel
„ 1 „ volles Ziegelmauerwerk .... 0,27 „ „
„ 1000 Stück Mauerziegel in Wänden oder Wölbungen vermauern .... 0,97 „ „
„ 1 m² liegendes Ziegelpflaster in Sandbettung, die Fugen mit Mörtel ausgegossen .... 0,012 „ „
„ 1 „ liegendes Ziegelpflaster mit Mörtelbettung .... 0,025 „ „
„ 1 „ stehendes „ „ „ .... 0,036 „ „
„ 1 „ gewöhnlichen, groben Anwurf, 10 bis 15 mm stark... 0,014 „ „
„ 1 „ glatten Wandputz, grob und fein, 17 bis 20 mm stark 0,022 „ „
„ 1 „ einfachen Fassadenputz mit schwachen Fugen .... 0,023 „ „
„ 1 „ „ „ „ tiefen Fugen............ 0,026 „ „

Anmerkung: Bei Regiearbeiten ist die Materiallieferung auch nach Kasten und Schaff üblich. Ein Kasten = 4 Schaff = 0,05 m³.

Mauerstärken

Ziegellänge ½, 1, 1½, 2 usw.

Österreichisches Format in cm: 15, 30, 45, 60 usw.

Deutsches Format, Breite in cm: 13, 26, 39, 52 usw.

Mauerstärken, die nur durch Abhauen der halben oder der ganzen Ziegel erzielt werden können, werden mit dem vollen Maße der halben bzw. ganzen Ziegellängen verrechnet.

Gerades Ziegelmauerwerk

Für die Berechnung des geraden Mauerwerkes, im Rohbau gemessen, gelten folgende Bestimmungen[1]):

a) Bei durch Zwischendecken unterteilten Gebäuden wird die Höhe der einzelnen Geschosse von 15 cm unter dem Fußboden des einen Geschosses bis 15 cm unter dem Fußboden des nächsten Geschosses gerechnet.

b) Bei Gebäuden, welche nicht durch Zwischendecken unterteilt sind, oder bei Räumen, deren lichte Höhe über 3,5 m beträgt, ist die Höhe von 3,50 m als Geschoßhöhe anzunehmen, so daß je 3,50 m als eine Geschoßhöhe zu rechnen sind.

c) Bei Berechnung des Mauerwerkes werden alle Öffnungen, Tore, Fenster, Türen usw., in Abzug gebracht und werden diese Öffnungen wie folgt berechnet:

1. Öffnungen mit geradem Sturz: aus der Lichthöhe mit der Lichtweite.

2. Öffnungen mit ungeradem Sturz: aus der lichten Höhe bis zum Bogenanlauf mit der lichten Weite.

3. Bei Öffnungen, welche mit Stöcken verkleidet sind, wird das Lichtmaß des Stockes bzw. bei ins Futter aufgehenden Türen die kleinere Futterlichte in Rechnung gezogen, im übrigen jedoch nach den in 1. und 2. enthaltenen Bestimmungen vorgegangen.

Tor-, Tür- und Fensterbogen, Fensterparapetmauern, Spaletthersteliungen, Versetzen von Tür- und Fensterstöcken, Gewänden u. dgl. werden separat verrechnet.

Nischen (wozu auch Blindtüren und Blindfensteröffnungen gehören) werden von der Mauerwerkskubatur mit ihrem wirklichen Ausmaß in Abzug gebracht.

Schläuche werden nur dann abgezogen, wenn der auf ihre Richtung senkrecht geführte Querschnitt 0,4 m² übersteigt.

Ziegelkreuzscharen bei Fundamentmauerwerk werden in die Kubatur desselben einbezogen.

d) Das Ausmaß der im Ziegelmauerwerk liegenden Beton- und Eisenbetonkonstruktionen wird vom Mauerwerk in Abzug gebracht. Diese Konstruktionen werden separat verrechnet.

e) Steinverkleidungen an den Fassadenflächen werden mit ihrer verglichenen Dicke ohne Rücksicht auf Tor- oder Fensterleibungen von der Mauer in Abzug gebracht, dagegen wird auf die Einbindung einzelner Werkstücke keine Rücksicht genommen.

f) Bei Berechnung von Mauern mit rundem oder polygonalem Grundriß, z. B. bei Stiegenhäusern, wird — wenn der lichte Raum 20 m² nicht übersteigt — dieser Hohlraum nur mit $^5/_6$ seiner Grundfläche abgezogen. Übersteigt die Grundfläche des Hohlraumes dieses Ausmaß, so ist dieser mit dem vollen Flächenmaß in Abzug zu bringen.

g) In Bogen laufende Mauern werden bezüglich ihrer Länge im äußeren Umfang gemessen.

Sämtliche im nachfolgenden ausgeworfenen Preise sind die reinen Selbstkosten (ohne jede Regie, Abgaben usw.) und basieren auf den für das Wiener Arbeitsgebiet gültigen Kollektivvertragslöhnen mit dem Stande vom 1. August 1929[2]).

---

[1]) Dieser Berechnungsart sind die Bestimmungen des städtischen Preistarifes der Gemeinde Wien aus dem Jahre 1912 zugrunde gelegt, jedoch unter Berücksichtigung der geänderten Verhältnisse.

[2]) Siehe Anmerkung 1 auf S. 159.

1. Fundamentmauerwerk

ohne Verputz, beiderseits Erdwand, mit Abzug aller Öffnungen, für das erste Tiefenmeter; Mischungsverhältnis 1:3:

Je m^3	Materialbedarf					Arbeitszeit in Stunden[1])				Preis je m^3 in S[1])		
	Ziegel	Weißkalk, gelöscht	Portlandzement	Rescher Sand	Wasser	M.[2])	G.[2])	H.[2])	W.[2])	Material	Lohn	Summe
	Stück	m^3	kg	m^3								
Einheitspreis in S.....	70,00 je ‰	50,00	9,00 je %	10,00	0,24	1,64	1,50	1,26	0,86			
a) Österreich. Format, mit alten Ziegeln, in Weißkalk	285	0,10	—	0,31	0,16	5,2	0,2	3,7	2,5	28,09	15,64	43,73
b) Wie vor, in Portland	285	—	130	0,33	0,10	6,7	0,2	3,7	2,6	34,97	18,19	53,16
c) Wie vor, in verlängertem Mörtel	285	0,05	65	0,32	0,14	5,9	0,2	3,7	2,55	31,53	16,83	48,36
d) Österreich. Format, mit neuen Ziegeln, in Weißkalk	S 100,00 je ‰ 280	0,10	—	0,30	0,18	5,0	0,2	3,5	2,5	36,04	15,06	51,10
e) Wie oben, in Portland	280	—	128	0,32	0,09	6,5	0,2	3,5	2,6	42,74	17,61	60,35
f) Wie vor, in verlängertem Mörtel	280	0,05	64	0,31	0,135	5,7	0,2	3,7	2,5	39,39	16,46	55,85
g) Deutsches Format, mit alten Ziegeln und Weißkalk	S 60,00 je ‰ 408	0,11	—	0,32	0,17	6,3	0,2	4,2	2,5	33,22	18,07	51,29
h) Wie oben, in Portland	408	—	135	0,34	0,095	7,8	0,2	4,2	2,6	40,05	20,62	60,67
i) Wie vor, in verlängertem Mörtel	408	0,05	67	0,33	0,135	7,0	0,2	4,2	2,5	36,34	19,22	55,56
k) Deutsches Format, mit neuen Ziegeln, in Weißkalk	S 85,00 je ‰ 400	0,11	—	0,32	0,16	6,0	0,2	4,0	2,5	42,74	17,33	60,07
l) Wie oben, mit neuen Ziegeln, in Portland	400	—	130	0,32	0,095	7,5	0,2	4,0	2,6	48,92	19,88	68,80
m) Wie oben, in verlängertem Mörtel	400	0,05	65	0,32	0,128	6,7	0,2	4,0	2,5	45,58	18,48	64,06

[1]) Siehe Anmerkung 1 auf S. 159.
[2]) M. = 1 Maurer-
G. = 1 Gerüster-
H. = 1 Hilfsarbeiter-
E. = 1 Erdarbeiter-
B. = 1 Betonierer-
P. = 1 Partieführer-
W. = 1 Weiber- (Hilfsarbeiterinnen-)
Z. = 1 Zimmermanns-
} Stunde

Anmerkung: Für das zweite Tiefenmeter kommt ein Zuschlag von 3% auf die Löhne, für das dritte von 7%, für das vierte von 10%, für das fünfte von 14% und für jedes weitere plus 3% auf das vorhergehende.

Gerüsterstunden sind nur für die Herstellung von Fördertreppen und Rutschen zu verrechnen; über Gerüste siehe „Baugerüstherstellung".

Sollte verlängerter Romanzementmörtel in Verwendung kommen, so sind unter Berücksichtigung des Mischungsverhältnisses die Angaben aus der Mörtelmischungstabelle zu verwenden.

2. Kellermauerwerk

mit ein- oder beiderseitiger Lichtmauerung und ohne Verputz und ohne Verbrämen der Fugen. Für das erste Tiefenmeter; Mörtelmischungsverhältnis 1:3:

Je m³	Materialbedarf					Arbeitszeit in Stunden[1])				Preis je m³ in S[1])		
	Ziegel	Weißkalk, gelöscht	Portlandzement	Rescher Sand	Wasser	M.	G.	H.	W.	Material	Lohn	Summe
	Stück	m³	kg	m³								
Einheitspreis in S.	70,00 je ‰	50,00	9,00 je %	10,00	0,24	1,64	1,50	1,26	0,86			
a) Österreich. Format, mit alten Ziegeln, in Weißkalkmörtel. .	285	0,10	—	0,31	0,16	6,2	0,2	3,7	2,5	28,09	17,28	45,37
b) Wie oben, in Portlandzementmörtel . .	285	—	130	0,33	0,10	7,7	0,2	3,7	2,6	34,97	19,83	54,80
c) Wie oben, in verlängertem Mörtel	285	0,05	65	0,32	0,13	6,9	0,2	3,7	2,5	31,53	18,43	49,96
d) Österreich. Format, mit neuen Ziegeln, in Weißkalkmörtel. .	S 100,00 je ‰ 280	0,10	—	0,30	0,18	6,0	0,2	3,5	2,5	36,04	16,70	52,74
e) Wie oben, in Portlandzementmörtel . .	280	—	128	0,32	0,09	7,5	0,2	3,5	2,6	42,74	19,25	61,99
f) Wie oben, in verlängertem Mörtel	280	0,05	64	0,31	0,13	6,7	0,2	3,5	2,5	39,39	17,85	57,24
g) Deutsches Format, mit alten Ziegeln und Weißkalkmörtel	S 60,00 je ‰ 408	0,11	—	0,32	0,17	7,3	0,2	4,2	2,5	33,22	19,71	52,93
h) Wie oben, in Portlandzementmörtel . .	408	—	135	0,34	0,095	8,8	0,2	4,2	2,6	40,05	22,26	62,31
i) Wie oben, in verlängertem Mörtel	408	0,05	67	0,33	0,13	8,0	0,2	4,2	2,5	36,34	20,86	57,20
k) Deutsches Format, mit neuen Ziegeln, in Weißkalkmörtel. .	S 85,00 je ‰ 400	0,11	—	0,33	0,19	7,0	0,2	4,0	2,5	42,85	18,97	61,82
l) Wie oben, in Portlandzementmörtel . .	400	—	130	0,35	0,10	8,5	0,2	4,0	2,6	49,22	21,52	70,74
m) Wie oben, in verlängertem Mörtel	400	0,05	65	0,34	0,14	7,7	0,2	4,0	2,5	45,78	20,12	65,90

[1]) Siehe Anmerkung 1 auf Seite 159.

Anmerkung: Die Anmerkung S. 164 hat auch hier sinngemäße Anwendung zu finden.

Fenster- und Türherstellungen sind separat zu verrechnen (siehe Versetzarbeiten).

3. Geschoßmauerwerk

mit ein- oder beiderseitiger Lichtmauerung, ohne Verputz und ohne Gerüstung, mit Abzug aller Öffnungen, im ebenerdigen Geschoß. Mörtelmischungsverhältnis 1:3:

Je m³	Materialbedarf					Arbeitszeit in Stunden[1])				Preis je m³ in S[1])		
	Ziegel	Weißkalk, gelöscht	Portlandzement	Rescher Sand	Wasser	M.	G.	H.	W.	Material	Lohn	Summe
	Stück	m³	kg	m³								
Einheitspreis in S.....	70,00 je ‰	50,00	9,00 je %	10,00	0,24	1,64	1,50	1,26	0,86			
a) Österreich. Format, mit alten Ziegeln, in Weißkalkmörtel..	285	0,10	—	0,31	0,16	7,2	0,2	3,7	2,5	28,09	18,92	47,01
b) Wie oben, in Portlandzementmörtel ..	285	—	130	0,33	0,10	8,7	0,2	3,7	2,6	34,97	21,47	56,44
c) Wie oben, in verlängertem Mörtel	285	0,05	65	0,32	0,13	7,9	0,2	3,7	2,5	31,53	20,07	51,60
d) Österreich. Format, mit neuen Ziegeln, in Weißkalkmörtel..	S 100,00 je ‰ 280	0,10	—	0,30	0,18	7,0	0,2	3,5	2,5	36,04	18,34	54,38
e) Wie oben, in Portlandzementmörtel ..	280	—	128	0,32	0,09	8,5	0,2	3,5	2,6	42,74	20,97	63,71
f) Wie oben, in verlängertem Mörtel	280	0,05	64	0,31	0,13	7,7	0,2	3,5	2,5	39,39	19,49	58,88
g) Deutsches Format, mit alten Ziegeln und Weißkalkmörtel	S 60,00 je ‰ 408	0,11	—	0,32	0,17	8,3	0,2	4,2	2,5	33,22	21,35	54,57
h) Wie oben, in Portlandzementmörtel ..	408	—	135	0,34	0,095	9,8	0,2	4,2	2,6	40,05	23,90	63,95
i) Wie oben, in verlängertem Mörtel	408	0,05	67	0,33	0,13	9,0	0,2	4,2	2,5	36,34	22,50	58,84
k) Deutsches Format, mit neuen Ziegeln, in Weißkalkmörtel..	S 85,00 je ‰ 400	0,11	—	0,33	0,19	8,0	0,2	4,0	2,5	42,85	20,61	63,46
l) Wie oben, in Portlandzementmörtel ..	400	—	130	0,35	0,10	9,5	0,2	4,0	2,6	49,22	23,16	72,38
m) Wie oben, in verlängertem Mörtel	400	0,05	65	0,34	0,14	8,7	0,2	4,0	2,5	45,78	21,76	67,54

[1]) Siehe Anmerkung 1 auf S. 159.

Anmerkung: Die Anmerkung unter 1 hat auch hier sinngemäße Anwendung zu finden.

Geschoßzuschlag je Geschoß und 1 m³ ö. F..... 1 H. und 0,5 W: = S 1,69
„ „ „ „ 1 „ d. F..... 1,2 H. „ 0,8 W: = S 2,20

Verschiedene Mauerwerksgattungen

1. Fundamentmauerwerk aus Bruchsteinen

ohne Verputz, beiderseits Erdwand, mit Abzug aller Öffnungen mit Ausgleichschichten aus Ziegeln, ohne Gerüstung, für das erste Tiefenmeter

Je m³	Materialbedarf						Arbeitszeit in Stunden[1])				Preis je m³ in S[1])		
	Bruchstein	Ziegel	Weißkalk, gelöscht	Portlandzement	Rescher Sand	Wasser	M.	G.	H.	W.	Material	Lohn	Summe
	m³	Stück	m³	kg	m³								
Einheitspreis in S. .	18,00	100,00 je ‰	50,00	9,00 je %	10,00	0,24	1,64	1,50	1,26	0,86			
Mit Weißkalkmörtel M.V. 1 : 3.	1,12	20	0,10	—	0,30	0,18	5,0	0,2	4,1	2,5	30,20	15,82	46,02
Mit Portlandzementmörtel M.V. 1 : 3	1,12		—	130	0,35	0,10	6,5	0,2	4,1	2,5	37,38	18,28	55,66
Mit Portlandzementmörtel M.V. 1 : 4	1,12		—	100	0,37	0,11	6,5	0,2	4,1	2,5	34,89	18,28	53,17
Mit verlängertem Mörtel	1,12		0,05	65	0,36	0,14	5,7	0,2	4,1	2,5	34,14	6,96	51,10

[1]) Siehe Anmerkung 1 auf S. 159.

Anmerkung: Die Anmerkungen von „Geradem Ziegelmauerwerk" haben auch hier sinngemäße Anwendung zu finden.

2. Geschoßmauerwerk aus Bruchsteinen

mit ein- oder beiderseitiger Lichtmauerung, ohne Verputz und ohne Gerüstung, mit Abzug aller Öffnungen, im ebenerdigen Geschoß; Mörtelmischungsverhältnis 1 : 3 :

Je m³	Materialbedarf						Arbeitszeit in Stunden[1])				Preis je m³ in S[1])		
	Bruchstein	Weißkalk	Romanzement	Portlandzement	Sand	Wasser	M.	G.	H.	W.	Material	Lohn	Summe
	m³		kg		m³								
Einheitspreis in S. . .	18,00	50,00	8,00 je %	9,00 je %	10,00	0,24	1,64	1,50	1,26	0,86			
Mit Weißkalkmörtel	1,1	0,12	—	—	0,33	0,18	8,0	0,2	4,1	2,5	29,14	20,74	49,88
Mit Romanzementmörtel	1,2	—	100	—	0,35	0,10	9,0	0,2	4,1	2,5	33,12	22,38	55,50
Mit Portlandzementmörtel	1,2	—	—	130	0,35	0,10	9,5	0,2	4,1	2,5	36,82	23,20	60,02
Mit verlängertem Mörtel	1,2	0,06	—	65	0,34	0,14	8,7	0,2	4,1	2,5	33,88	21,88	55,76

[1]) Siehe Anmerkung 1 auf S. 159.

Anmerkung: Wie „Gerades Ziegelmauerwerk", S. 163.

3. Ziegelmauerwerk im Rohbau

oder mit geschlämmten oder gepreßten Ziegeln verkleidet, wird im vollen Mauerkörper, inklusive der Verkleidung, wie „Gerades Ziegelmauerwerk" gerechnet, die Mehrkosten je nach den verwendeten Ziegelgattungen zugeschlagen und außerdem noch die Mehrarbeit je 1 m² hinzugerechnet:

0,45 H. + 0,90 W. = S 1,34.

Anmerkung: Bei Verwendung von Klinkerziegeln kommt ein weiterer Zuschlag für Mehrarbeit von 4 M. + 1 H. je 1 m³ = S 7,82 hinzu. An Stelle des Preises für gewöhnliche Ziegel ist der von Klinkerziegeln einzusetzen.

4. Riegelmauerwerk

zu ebener Erde, 0,15 cm stark; Mörtelmischungsverhältnis 1:3

Türen und Fenster sowie die Gehölze, welche von Mauerwerk umgeben sind oder dasselbe begrenzen, werden nicht in Abzug gebracht.

Je m²	Materialbedarf					Arbeitszeit in Stunden[1])				Preis je m² in S[1])		
	Ziegel	Weißkalk	Portlandzement	Sand	Wasser	M.	G.	H.	W.	Material	Lohn	Summe
	Stück	m³	kg	m³								
Einheitspreis in S	100,00 je ‰	50,00	9,00 je %	10,00	0,24	1,64	1,50	1,26	0,86			
1 m² Riegelmauerwerk, 15 cm	42	0,02	—	0,05	0,02	2	0,03	0,5	0,4	5,70	4,30	10,00
dtto. verlängert	42	0,01	6	0,05	0,02	2	0,03	0,5	0,45	5,74	4,34	10,08
1 m² Riegelmauerwerk, 13 cm	52	0,02	—	0,06	0,02	2,1	0,03	0,55	0,4	6,80	4,53	11,33
dtto. verlängert	52	0,01	7	0,06	0,02	2,1	0,03	0,55	0,45	6,93	4,57	11,50

[1]) Siehe Anmerkung [1]) auf S. 159.

Anmerkung: Geschoßzuschlag je Geschoß und 1 m²: 0,15 H. und 0,1 W. = S 0,28.

5. Trockenmauerwerk

Je m³	Bruchstein m³	Ziegel Stück	Schotter m³	Arbeitszeit in Stunden[1])		Preis je m³ in S[1])		
						Material	Lohn	Summe
Einheitspreis in S..	18,00	100,00 je ‰	10,00	1,64	1,26			
Bruchstein	1,3	—	—	3,5 M.	3,5 H.	23,40	10,15	33,55
Ziegel............	—	330	—	3,5	3,5	33,00	10,15	43,15
Steinwurf	1,1	—	0,12	2,75	2,75	21,00	7,98	28,98

[1]) Siehe Anmerkung [1]) auf S. 159.

Anmerkung: Geschoßzuschlag je Geschoß und 1 m³...... 0,5 H. = S 0,63.

6. Gemischtes Mauerwerk

Wird nach seiner Zusammensetzung in dem Verhältnis der entsprechenden Mauerwerksanalysen berechnet.

Bei Unterfangungs- oder sonstigen schwierigen Arbeiten sind die Ansätze der Analysen um mindestens 50% zu erhöhen.

7. Ziegelgewölbemauerwerk

Für die Berechnung des Ziegelgewölbemauerwerks, im Rohbau gemessen, gelten folgende Bestimmungen[1]):

a) Bei der Berechnung der Gurten und Tonnengewölbe ist als Umfang (Länge) die Spannweite mehr der Pfeilhöhe mehr der 1½fachen verglichenen Dicke anzunehmen.

Tonnengewölbe (Platzel) bis zu einer Pfeilhöhe von 30 cm und bis zur Stärke von 15 cm werden nach dem Flächenmaß der Horizontalprojektion verrechnet. Bei Ausführung dieser Gewölbe zwischen Traversen wird die Stegdicke nicht in Abrechnung gebracht.

b) Bei Berechnung der Kreuzgewölbe wird die eine der Durchkreuzungstonnen, und zwar die nach der Längsachse des Gewölbes, als ganz, die andere als halb angenommen.

c) Böhmische Platzel werden in der Weise berechnet, daß man die Länge wie bei den Tonnen, die Breite jedoch als gekrümmte Linie annimmt, wobei die Steigung als Pfeilhöhe gilt.

d) Bei Kuppel- und Kappengewölben nimmt man die innere Umfangslinie im Anlauf des Gewölbes als Länge, die halbe Spannweite mehr der Pfeilhöhe mehr der 1½fachen verglichenen Dicke als Breite an.

e) Bei Gewölbefüßel (vorspringende Gewölbeauflager) wird die Länge mit der Ausladung und der Höhe der Füßel als Prisma gerechnet.

f) Die Gewölbenachmauerung wird, wenn sich eine solche als notwendig herausstellt, als gerades Mauerwerk berechnet.

g) Aufmauerungen auf Gurten werden als gerades Mauerwerk in Rechnung gebracht.

Im Keller oder Parterre

ohne Verputz und Lehrgerüst; Mischungsverhältnis 1:3:

Je m³	Materialbedarf					Arbeitszeit in Stunden[1])				Preis je m³ in S[1])		
	Ziegel	Weißkalk	Portlandzement	Maurersand	Wasser	M.	G.	H.	W.	Material	Lohn	Summe
	Stück	m³	kg	m³								
Einheitspreis in S.....	100,00 je ‰	50,00	9,00 je %	10,00	0,24	1,64	1,50	1,26	0,86			
a) Neue Ziegel, österreichisches Format, in Weißkalkmörtel..	280	0,10	—	0,30	0,18	8,0	0,2	3,8	2,5	36,04	20,36	56,40

[1]) Siehe Anmerkung [1]) auf S. 159.

[1]) Dieser Berechnungsart sind die Bestimmungen des städtischen Preistarifes der Gemeinde Wien aus dem Jahre 1912 zugrunde gelegt, jedoch unter Berücksichtigung der geänderten Verhältnisse.

Je m³	Materialbedarf					Arbeitszeit in Stunden¹)				Preis je m³ in S¹)		
	Ziegel	Weiß-kalk	Portland-zement	Maurer-sand	Wasser	M.	G.	H.	W.	Material	Lohn	Summe
	Stück	m³	kg	m³								
Einheitspreis in S	100,00 je ⁰/₀₀	50,00	9,00 je ⁰/₀	10,00	0,24	1,64	1,50	1,26	0,86			
b) Wie oben, in Portlandzementmörtel ..	280	—	128	0,32	0,09	9,0	0,2	4,0	2,6	42,74	22,34	65,08
c) Wie oben, in verlängertem Mörtel	280	0,05	64	0,31	0,13	8,5	0,2	3,9	2,5	39,39	21,30	60,69
d) Alte Ziegel, österreichisches Format, in Weißkalkmörtel ..	S 70,00 je ⁰/₀₀ 285	0,10	—	0,31	0,16	9,0	0,2	4,0	2,5	28,09	22,25	50,34
e) Wie oben, in Portlandzementmörtel ..	285	—	130	0,33	0,10	10,0	0,2	4,2	2,6	34,97	24,23	59,20
f) Wie oben, in verlängertem Mörtel	285	0,05	65	0,32	0,13	9,5	0,2	4,1	2,5	31,53	23,20	54,73
g) Neue Ziegel, deutsches Format, in Weißkalkmörtel ...	S 85,00 je ⁰/₀₀ 400	0,11	—	0,33	0,19	9,5	0,2	4,3	2,5	42,85	23,45	66,30
h) Wie oben, in Portlandzementmörtel ..	400	—	130	0,35	0,10	10,5	0,2	4,5	2,6	49,22	25,43	74,65
i) Wie oben, in verlängertem Mörtel	400	0,05	65	0,34	0,14	10,0	0,2	4,4	2,5	45,78	24,39	70,17

¹) Siehe Anmerkung 1 auf S. 159.

Anmerkung: Geschoßzuschlag bei Ziegelgewölbemauerwerk wie bei „Geradem Mauerwerk".

Platzelgewölbe

zwischen Traversen, Gurten oder Mauern, ohne Gerüstung, bis zu 15 cm Stärke und bis zu einer Pfeilhöhe von 30 cm, ebenerdig:

Je m²	Materialbedarf					Arbeitszeit in Stunden¹)				Preis je m² in S¹)		
	Ziegel	Weiß-kalk	Portland-zement	Maurer-sand	Wasser	M.	G.	H.	W.	Material	Lohn	Summe
	Stück	m³	kg	m³								
Einheitspreis in S.....	100,00 je ⁰/₀₀	50,00	9,00 je ⁰/₀	10,00	0,24	1,64	1,50	1,26	0,86			
a) Neue Ziegel, österreichisches Format, in Weißkalkmörtel ..	54	0,02	—	0,06	0,03	1,6	0,04	0,8	0,5	7,01	4,12	11,13

¹) Siehe Anmerkung 1 auf S. 159.

Je m²	Materialbedarf					Arbeitszeit in Stunden[1]				Preis je m² in S[1]		
	Ziegel	Weiß-kalk	Portland-zement	Maurer-sand	Wasser	M.	G.	H.	W.	Material	Lohn	Summe
	Stück	m³	kg	m³								
Einheitspreis in S	100,00 je ‰	50,00	90,0 je %	10,00	0,24	1,64	1,50	1,26	0,86			
b) Wie oben, in Portlandzementmörtel ..	54	—	22	0,06	0,018	1,8	0,04	0,9	0,6	7,98	4,66	12,64
c) Wie oben, in verlängertem Mörtel	54	0,01	11	0,06	0,024	1,7	0,04	0,85	0,5	7,50	4,35	11,85
d) Neue Ziegel, deutsches Format, in Weißkalkmörtel ...	S 85,00 je ‰ 76	0,022	—	0,07	0,036	1,8	0,04	0,9	0,5	8,27	4,58	12,85
e) Wie oben, in Portlandzementmörtel ..	76	—	23	0,07	0,019	2,0	0,04	1,0	0,5	8,33	5,03	13,36
f) Wie oben, in verlängertem Mörtel	76	0,011	11,5	0,07	0,027	1,9	0,04	0,95	0,5	8,75	4,80	13,55

[1]) Siehe Anmerkung 1 auf S. 159.

Anmerkung: Geschoßzuschlag 0,15 H. und 0,15 W. bei ö. F. = S 0,28.
„ 0,20 H. „ 0,15 W. „ d. F. = S 0,44.

Gesimse[1])

Die Berechnung der Gesimse erfolgt nach Auslegen und nach Ziehen.

Unter Auslegen wird verstanden: die Herstellung der Gesimse im Rohzustand, ohne Verputz, einschließlich aller Arbeit und Beigabe sämtlicher Materialien, je **Kubikmeter,** und zwar Länge mal Höhe mal größte Ausladung.

a) **Auslegen:** Doppelte Stundenansätze und einfache Materialansätze der in Verwendung kommenden Mauerwerksgattungen (beispielsweise gewöhnliches Ziegelmauerwerk oder Ziegelmauerwerk im Rohbau). Geschoßzuschläge sind ebenfalls nach der in Verwendung kommenden Mauerwerksgattung zuzurechnen.

Unter Ziehen wird verstanden: das vollständige Anwerfen und Feinverputzen nach bestimmten Profilen, einschließlich aller Arbeit und Beigabe des Mörtels sowie der erforderlichen Schablonen, **je Quadratmeter,** und zwar Länge mal der entwickelten Linie des Naturprofils. Bei Gesimsen mit einfacher oder mehrfacher Wiederkehr gilt für die Länge das Ausmaß der Gesimsoberkante mehr dem Ausmaß der Wiederkehr.

b) **Ziehen:** Dreifache Stundenansätze und einfache Materialansätze der betreffenden Putzgattungen (Abschnitt Verputzherstellung, z. B. gewöhnlicher Verputz, Fugenverbrämung). Geschoßzuschläge sind ebenfalls nach dem angeführten Abschnitt hinzuzurechnen.

[1]) Siehe auch „Versetzarbeiten“, S. 183.

Verputzherstellungen[1])

bis zu 2 m von der Arbeitsbühne bzw. Standebene, ebenerdig:

Je m²	Materialbedarf: Sand, grob	Sand, fein	Weiß- kalk	Roman- zement	Portland- zement	Wasser	Arbeitszeit in Stunden[2]): M.	H.	W.	Preis je m² in S[2]): Material	Lohn	Summe
	m³	m³	m³	kg	kg	m³						
Einheitspreis in S	12,00	15,00	50,00	8,00 je %	9,00 je %	0,24	1,64	1,26	0,86			
Vollständiger Verputz, grob 10 bis 15 mm stark, fein 6 mm stark, in Weißkalkmörtel	0,02	0,01	0,01	—	—	0,01	0,7	0,2	0,35	0,89	1,70	2,59
Wie oben, in Romanzementmörtel	0,02	0,01	—	10	—	0,01	0,95	0,2	0,4	1,19	2,15	3,34
Wie oben, in Portlandzementmörtel	0,02	0,01	—	—	14	0,01	1,3	0,2	0,4	1,65	2,73	4,38
Wie oben, in verlängertem Mörtel	0,02	0,01	0,005	—	7	0,01	1,0	0,2	0,37	1,27	2,21	3,48
Grober Anwurf allein, 10 bis 15 cm stark, in Weißkalkmörtel	0,02	—	0,006	—	—	0,008	0,47	0,15	0,25	0,54	1,17	1,71
Wie oben, in Romanzementmörtel	0,02	—	—	7	—	0,008	0,60	0,15	0,30	0,80	1,43	2,23
Wie oben, in Portlandzementmörtel	0,02	—	—	—	10	0,008	0,80	0,15	0,30	1,14	1,76	2,90
Wie oben, in verlängertem Mörtel	0,02	—	0,003	—	5	0,004	0,63	0,15	0,27	0,84	1,45	2,29
Feiner Verputz allein, 6 mm stark	Auf die Gattungen des groben Verputzes 5% Aufschlag; statt groben Sandes feiner Sand											
Fugenverbrämung[3]) bei neuem Ziegelmauerwerk, in Weißkalkmörtel	—	0,005	0,002	—	—	0,005	0,80	—	0,20	0,18	1,48	1,66
Wie oben, in Romanzementmörtel[3])	—	0,005	—	3,5	—	0,005	0,90	—	0,20	0,36	1,65	2,01
Wie oben, in Portlandzementmörtel[3])	—	0,005	—	—	4,8	0,005	1,0	—	0,20	0,51	1,81	2,32
Wie oben, in verlängertem Mörtel	—	0,005	0,001	—	2,4	0,005	0,90	—	0,20	0,35	1,65	2,00
Verschließen der Fugen, in Weißkalkmörtel	—	0,01	0,004	—	—	0,005	0,4	—	0,25	0,35	0,87	1,22

[1]) Siehe auch: „Verputz- und Ausbesserungsarbeiten", S. 183.
[2]) Siehe Anmerkung [1]) auf S. 159.
[3]) Fugenverbrämung bei Bruchstein- oder Quadermauerwerk: Auf die Gattungen der Fugenverbrämung 10% Zuschlag.
Fugenverbrämung bei altem bestehenden Ziegelmauerwerk: Auf die Gattungen der Fugenverbrämung 10% Zuschlag.

Je m²	Materialbedarf						Arbeitszeit in Stunden[1])			Preis je m² in S[1])		
	Sand, grob	Sand, fein	Weiß-kalk	Roman-zement	Portland-zement	Wasser	M.	H.	W.	Material	Lohn	Summe
	m³			kg		m³						
Einheitspreis in S	12,00	15,00	50,00	8,00 je %	9,00 je %	0,24	1,64	6,26	0,86			
Wie oben, in Romanzementmörtel	—	0,01	—	3,5	—	0,005	0,5	—	0,3	0,43	1,08	1,51
Wie oben, in Portlandzementmörtel	—	0,01	—	—	4,8	0,005	0,55	—	0,3	0,58	1,16	1,74
Wie oben, in verlängertem Mörtel	—	0,01	0,002	—	2,4	0,005	0,5	—	0,27	0,47	1,05	1,52
Bei Bruchsteinmauerwerk	Auf die Gattungen der Fugenverschließung 10% Aufschlag											
Einheitspreis in S.......	12,00	15,00	50,00	8,00 je %	9,00 je %	0,24	2,16	1,26	0,94			
Spritzwurf, in Weißkalkmörtel	0,03	—	0,01	—	—	0,01	0,75	0,02	0,35	0,86	1,98	2,84
Wie oben, in Romanzementmörtel	0,03	—	—	12	—	0,01	1,0	0,02	0,44	1,32	2,60	3,92
Wie oben, in Portlandzementmörtel	0,03	—	—	—	16	0,01	1,4	0,02	0,40	1,80	3,43	5,23
Wie oben, in verlängertem Mörtel	0,03	—	0,005	—	8	0,01	1,07	0,02	0,37	1,33	2,68	4,01
Gipsverputz, vollständig .	0,018	0,006	0,0085	Gips je % S 7,00 8,5	—	0,015	1,0	0,2	0,4	1,33	2,79	4,12
Zierverputz: Nutenziehen oder Quadrieren, Zuschlag zu gewöhnlichem Verputz bei Weißkalkmörtel	0,006	0,003	0,005	—	—	—	1,3	0,2	0,3	0,37	3,34	3,71
Wie oben, in Romanzementmörtel	0,006	0,003	—	3,5	—	—	1,8	0,2	0,4	0,40	4,52	4,92
Wie oben, in Portlandzementmörtel	0,006	0,003	—	—	5,0	—	2,3	0,2	0,4	0,57	5,60	6,17
Wie oben, in verlängertem Mörtel	0,006	0,003	0,0025	—	2,5	—	1,8	0,2	0,4	0,47	4,52	4,99
Rustiken mit Spiegelquadern, Zuschlag zu gewöhnlichem Verputz, in Weißkalkmörtel	0,04	0,02	0,03	—	—	—	3,8	1,4	—	2,28	9,97	12,25
Wie oben, in Romanzementmörtel	0,04	0,02	—	15	—	—	4,8	1,8	—	1,98	12,64	14,62
Wie oben, in Portlandzementmörtel	0,04	0,02	—	—	26	—	5,8	2,2	—	7,44	15,30	22,74

[1]) Siehe Anmerkung 1 auf S. 159.

Je m²	Materialbedarf						Arbeitszeit in Stunden[1])			Preis je m² in S[1])		
	Sand, grob	Sand, fein	Weiß-kalk	Roman-zement	Portland-zement	Wasser	M.	H.	W.	Material	Lohn	Summe
	m³			kg		m³						
Einheitspreis in S	12,00	15,00	50,00	8,00 je %	9,00 je %	0,24	2,16	1,26	0,94			
Wie oben, in verlängertem Mörtel	0,04	0,02	0,015	—	13	—	4,8	1,80	—	2,70	12,64	15,34
Rustiken mit gestockten oder gespitzten Quadern, in Weißkalkmörtel, Zuschlag zu gewöhnlichem Verputz	0,04	0,02	0,035	—	—	—	3,7	1,2	—	2,53	9,50	12,03
Wie oben, in Romanzementmörtel	0,04	0,02	—	24	—	—	4,5	1,5	—	2,70	11,61	24,31
Wie oben, in Portlandzementmörtel	0,04	0,02	—	—	42	—	6,5	1,8	—	4,56	16,31	20,87
Wie oben, in verlängertem Mörtel	0,04	0,02	0,017	—	21	—	5,10	1,50	—	3,52	12,91	16,43
1 m² reiner, geglätteter Verputz mit Gipsmörtel, wobei der grobe Mörtel mit Weißkalk und mit Gipszusatz, der feine tunlichst mit reiner Gipsmischung herzustellen und in die Latte zu ziehen ist	0,018	0,006	0,0085	—	8,5	0,01	1,0	0,20	0,40	1,50	2,79	4,29
Einheitspreis in S.......	12,00	15,00	50,00	8,00 je %	9,00 je %	0,24	1,64	1,26	0,86			
1 Kurrentmeter Fugenschnitt, Nute ohne Gliederung, und zwar:												
a) bei neuen Verputzflächen an Aufzahlung auf die neuen Verputzpreise:												
1. mit Weißkalk	—	—	—	—	—	—	0,20	—	—	—	0,33	0,33
2. „ Romanzement .	—	—	—	—	—	—	0,25	—	—	—	0,41	0,41
3. „ Portlandzement	—	—	—	—	—	—	0,30	—	—	—	0,49	0,49
b) auf alten Verputzflächen:												
1. mit Weißkalk	—	0,002	0,001	—	—	0,01	0,35	0,15	—	0,08	0,76	0,84
2. „ Romanzement .	—	0,002	—	1,5	—	0,01	0,40	0,15	—	0,15	0,85	1,00
3. „ Portlandzement	—	0,002	—	—	2,5	0,01	0,45	0,15	—	0,26	0,92	1,18
c) in neuem Betonpflaster, Zuschlag je m.........	—	—	—	—	—	—	1,05	—	—	—	1,72	1,72
d) in altem Betonpflaster, Zuschlag je m........	—	0,003	—	—	3,0	0,01	1,0	0,20	—	0,32	1,90	2,22

[1]) Siehe Anmerkung 2 auf S. 159.

Geschoßzuschläge:

Bei vollständigem Verputz und Spritzwurf . 0,25 H., je Geschoß und 1 m² = S 0,32
,, grobem Verputz .... 0,20 ,, ,, ,, ,, 1 ,, = ,, 0,25
,, allen übrigen Verputzgattungen .... 0,12 ,, ,, ,, ,, 1 ,, = ,, 0,15

Anmerkung: Mischungsverhältnis bei grobem Verputz 1:3,
,, ,, feinem ,, 1:2.

Deckenverputz an ebenen, gewölbten Decken oder Stiegenuntersichten: Zuschlag bei vollständigem Verputz 0,65 M. je m² = S 1,07,
,, grobem ,, 0,56 ,, ,, ,, = S 0,92,
,, feinem ,, Fugenverbrämung oder Fugenverschließung 0,45 M. je 1 m² = S 0,74.

Bei stärkerem Verputz als angegeben sind die Ansätze proportional zu erhöhen.

Bei Schleifen von Verputz in Portlandzementmörtel Aufschlag 1,3 M. je m² = S 2,13.

Edelputz. Bei Verputzherstellungen unter der Verwendung von Edelputz für die Herstellung der oberen Putzschichte werden fabriksmäßig hergestellte, vollkommen gebrauchsfertige (also auch Bindemittel haltige) Trockenmörtel verwendet. Der Materialverbrauch an diesen beträgt je m² 18 bis 25 kg. Arbeitszeit in Stunden ist bei verriebenem Putz und Spritzputz ebenso groß wie bei Verputz aus Weißkalkmörtel, bei Kratzputz um 20% höher als bei diesem.

Fassadenrenovierungen

ohne Gerüst

Die Fläche der Fassade wird als Produkt der Höhe von der Oberkante des Hauptgesimses bis zum Gehsteig in Vertikalprojektion berechnet. Aufbauten oberhalb des Hauptgesimses werden mit ihrer Vertikalprojektion in die Fassadenfläche einbezogen. Seitenflächen von Vorsprüngen (Risalite, Erker usw.) werden nur dann in die Berechnung der Fassadenfläche einbezogen, wenn der Vorsprung größer als 15 cm ist. Die Berechnung der Gerüstung hat auf gleiche Weise zu erfolgen.

Je m²	Materialbedarf					Arbeitszeit in Stunden[1])			Preis je m² in S[1])		
	Sand, grob	Sand, fein	Kalk	Zement	Wasser	M.	H.	W.	Material	Lohn	Summe
	m³			kg	m³						
Einheitspreis in S	12,00	15,00	50,00	9,00 je %	0,24	1,64	1,26	0,86			
Einmalige Weißigung	—	—	0,0006	—	0,001	0,07	—	—	0,03	0,11	0,14
Zweimalige Weißigung	—	—	0,001	—	0,0015	0,12	—	—	0,05	0,20	0,25
Dreimalige Weißigung	—	—	0,0014	—	0,0015	0,17	—	—	0,07	0,28	0,35
Einmalige Färbelung in einer oder zwei Farben	—	—	0,0006	Farbe je % kg S 10,00 0,05	0,001	0,08	—	—	0,04	0,13	0,17

[1]) Siehe Anmerkung 1 auf S. 159.

Je m²	Materialbedarf					Arbeitszeit in Stunden[1])			Preis je m² in S[1])		
	Sand, grob	Sand, fein	Kalk	Zement	Wasser	M.	H.	W.	Material	Lohn	Summe
	m³			kg	m³						
Einheitspreis in S	12,00	15,00	50,00	9,00 je %	0,24	1,64	1,26	0,86			
Zweimalige Färbelung wie oben	—	—	0,001	0,1	0,0015	0,13	—	—	0,06	0,21	0,27
Dreimalige Färbelung wie oben	—	—	0,0014	0,15	0,002	0,18	—	—	0,09	0,30	0,39
Abscheren (abhängig vom Verputz, daher nur ungefähre Angabe)	—	—	—	—	—	0,09	—	0,02	—	0,16	0,16
Abscheren und abwaschen, für Zimmermaler vorrichten (wie oben)	—	—	—	—	—	0,18	—	0,02	—	0,31	0,31
Abkratzen von Tapeten (abhängig von der Tapetenart, daher nur ungefähre Angabe)................	—	—	—	—	—	0,23	—	0,02	—	0,39	0,39
Patschokierung mit Weißkalkmörtel und Donausand	—	0,01	0,0008	—	0,0001	0,14	—	0,03	0,19	0,26	0,45
Einfache, glatte Gassen- oder Lichthofflächen abscheren, abwaschen und aufrauhen, bis 10% Verputzschäden ausbessern mit Weißkalkmörtel, mit dem Brettel überreiben	0,006	0,003	0,003	—	0,01	0,6	0,3	0,2	0,27	1,53	1,80
Wie oben, jedoch patschokieren	0,006	0,003	0,003	—	0,01	0,4	0,2	0,15	0,27	1,04	1,31
Schauflächen mit reicher Architektur bis 10% Verputzschäden, sonst wie oben, mit dem Brettel überreiben.	0,006	0,003	0,003	—	0,01	0,9	0,45	0,2	0,27	2,22	2,49
Wie oben, jedoch patschokieren	0,006	0,003	0,003	—	0,01	0,6	0,25	0,2	0,27	1,47	1,74
Feuermauer bis 10% Verputzschäden, sonst wie oben, mit dem Brettel überreiben.	0,006	0,003	0,003	—	0,01	0,7	0,3	0,2	0,27	1,70	1,97
Wie oben, jedoch patschokieren	0,006	0,003	0,003	—	0,01	0,45	0,2	0,2	0,27	1,16	1,43

[1]) Siehe Anmerkung 1 auf S 159.

Anmerkung: Bei Verputzschäden bis 30% sind die Ansätze um 30% zu erhöhen.
„ „ „ 60% „ „ „ „ 50% „ „
„ „ „ 80% „ „ „ „ 90% „ „
Für je weitere 5% ist die Erhöhung proportional zu errechnen.

Der Perzentsatz der Verputzschäden wird derart festgestellt, daß das Ausmaß der gesamten Schaufläche weniger sämtlichen Öffnungen (Fenster, Türen, Tore usw.) zu den Schäden in das perzentuelle Verhältnis gebracht wird:

Berechnung des Perzentsatzes der Verputzschäden:

Fassadenfläche in m² = ... F

Öffnungen (Türen, Fenster usw.) in m² = ... O

Verputzarbeiten in m² (nach Naturmaß, wenn sämtliche losen Verputzteile der ganzen Mauerfläche abgeschlagen sind) = ... V

Perzentsatz der Verputzschäden = ... $p\%$

$$\text{daher } p\% = \frac{100 \times V}{F - O}$$

Beispiel: Mit $F = 500$ m², $O = 100$ m² und $V = 366$ m² erhält man daher:

$$p\% = \frac{100 \times 366}{500 - 100} = 91{,}5\%$$

Pflasterungen

1. Mit Ziegeln, liegend:

Je m²	Materialbedarf					Arbeitszeit in Stunden[1])			Preis je m² in S[1])		
	Ziegel	Weiß-kalk	Portland-zement	Sand	Wasser	M.	H.	W.	Material	Lohn	Summe
	Stück	m³	kg	m³							
Einheitspreis in S...........	100,00 je ‰	50,00	9,00 je %	10,00	0,24	1,64	1,26	0,86			
Österreichisches Format, in Weißkalkmörtel................	24	0,01	—	0,025	0,02	0,6	0,2	0,5	3,15	1,67	4,82
Wie oben, in Portlandzementmörtel	24	—	10	0,025	0,01	0,7	0,2	0,5	3,55	1,83	5,38
Wie oben, in verlängertem Mörtel	24	0,005	5	0,025	0,015	0,65	0,2	0,5	3,35	1,75	5,10
Deutsches Format, in Weißkalkmörtel	32	0,012	—	0,03	0,02	0,7	0,2	0,5	4,10	1,83	5,93
Wie oben, in Portlandzementmörtel	32	—	10	0,03	0,01	0,8	0,2	0,5	4,40	1,99	6,39
Wie oben, in verlängertem Mörtel	32	0,006	5	0,03	0,015	0,75	0,2	0,5	4,25	1,91	6,16
Trocken verlegt, mit Ausgießen der Fugen: Österreichisches Format	24	0,005	—	0,012	0,005	0,5	0,2	0,25	2,77	1,29	4,06
Wie oben: Deutsches Format .	32	0,006	—	0,014	0,006	0,6	0,2	0,3	3,64	1,49	5,13
Ohne Ausgießen der Fugen: Österreichisches Format	24	—	—	—	—	0,5	0,2	—	2,40	1,07	3,47
Wie oben: Deutsches Format .	32	—	—	—	—	0,6	0,2	—	3,20	1,24	4,44
Ausfüllen der Fugen mit Sand: Österreichisches Format	24	—	—	0,02	—	0,5	0,25	—	2,60	1,14	3,74
Wie oben: Deutsches Format .	32	—	—	0,025	—	0,6	0,3	—	3,45	1,36	4,81

[1]) Siehe Anmerkung 2 auf S. 159.

Anmerkung: Geschoßzuschlag 0,2 H. und 0,25 W., je Geschoß und 1 m² = = *S 0,47.*

Bei Verwendung von Klinkerziegeln Aufschlag 0,3 M., 0,1 H. je 1 m² = *S 0,62.*

Für stehendes Ziegelpflaster sind die Ansätze zu verdoppeln.

2. Mit anderen Materialien:

Je m²	Materialbedarf					Arbeitszeit in Stunden[1])		Preis je m² in S[1])		
	Stück-Anzahl	Weiß-kalk m³	Portland-zement kg	Sand m³	Wasser m³	M.	H.	Material	Lohn	Summe
Einheitspreis in S	—	50,00	9,00 je %	12,00	0,24	2,08	1,26			
Kelheimer Platten[2]), in Weißkalkmörtel	6	0,012	—	0,035	0,02	1,8	0,9	1,02	4,88	5,90
Wie oben, in Portlandzementmörtel	6	—	10	0,022	0,01	1,8	0,9	1,17	4,88	6,05
Wie oben, in verlängertem Mörtel	6	0,006	5	0,028	0,015	1,8	0,9	1,09	4,88	5,97
Zement- oder Tonplatten[2]), in Portlandzementmörtel	35	—	12	0,035	0,02	3	1,5	1,50	8,13	9,63
Werksteinplatten[2]), in Weißkalkmörtel	35	0,02	—	0,04	0,03	3	3	1,49	10,02	11,51
Wie oben, in Portlandzementmörtel	35	—	18	0,04	0,02	3	3	2,10	10,02	12,12
Wie oben, in verlängertem Mörtel	35	0,01	9	0,04	0,025	3	3	1,80	10,02	11,82
Bruchstein, in Weißkalkmörtel	m³ 0,15	0,03	—	0,09	0,03	1,8	1,8	2,59	6,01	8,60
Wie oben, in Portlandzementmörtel	0,15	—	31	0,09	0,03	1,8	1,8	3,88	6,01	9,89
Wie oben, in verlängertem Mörtel	0,15	0,015	15	0,09	0,03	1,8	1,8	3,19	6,01	9,20
Kiesstein, 15 cm stark, hochkantig, in Weißkalkmörtel	Kieselsteine m³ 0,15	0,25	—	0,08	0,02	2,5	2,5	13,46	8,35	21,81
Wie oben, in Portlandzementmörtel	0,15	—	27	0,08	0,02	2,5	2,5	3,39	8,35	11,74
Wie oben, in verlängertem Mörtel	0,15	0,125	13,5	0,08	0,02	2,5	2,5	8,43	8,35	16,78
Wie oben, trocken verlegt	0,15	—	—	0,1	—	2	2	1,20	6,68	7,88

[1]) Siehe Anmerkung 1 auf S. 159.

[2]) Gebräuchliche Plattengrößen angenommen: Kelheimerplatten $^{40}/_{40}$ cm, Zement- oder Tonplatten $^{17}/_{17}$ cm.

Anmerkung: Geschoßzuschlag 1,25 H. je Geschoß und 1 m² = *S 1,58.*

Kleinere Kanalarbeiten

Gegenstand	Material: Sand m³	Material: Portlandzement kg	Material: Ziegel Stück ö. F.	Material: Wasser m³	Arbeitszeit in Stunden¹): M.	G.	H.	W.	Preis je m³ in S¹): Material	Lohn	Summe
Einheitspreis in S	10,00	9,00 je %	100,00 je ‰	0,24	1,80	1,65	1,38	0,92			
1 m³ Beton für Kanalherstellungen:											
a) bei Schächten											
M.V. 1 : 6	1,30	300	—	0,18	—	1	16	3	40,04	26,49	66,53
M.V. 1 : 9	1,30	175	—	0,18	—	1	16	3	28,79	26,49	55,28
b) bei aufgehendem Mauerwerk M.V. 1 : 12	1,30	135	—	0,18	—	1	14	1	25,19	21,89	47,08
c) bei Fundierung, Untermauerung usw.											
M.V. 1 : 9	1,30	175	—	0,18	—	—	14	1	28,79	20,24	49,03
M.V. 1 : 12	1,30	135	—	0,18	—	—	14	1	25,19	20,24	45,43
M.V. 1 : 15	1,30	115	—	0,18	—	—	14	1	23,39	20,24	43,63
Einheitspreis in S	10,00	9,00 je %	100,00 je ‰	0,24	1,80	1,50	1,38	0,92			
1 m³ gerades, volles, aufgehendes Kanalmauerwerk mit neuen Ziegeln österr. Format, in Portlandzementmörtel, M.V. 1 : 3	0,32	128	280	0,08	7	—	7	7	42,74	28,70	71,44
1 m³ Kanalgewölbemauerwerk mit neuen Ziegeln österr. Format, in Portlandzementmörtel, M.V. 1 : 3	0,32	128	280	0,09	8	2	8	8	42,74	35,80	78,54
Ausmauerungen alter, aufzulassender Kanäle mit alten Ziegeln, in Portlandzementmörtel, je m³	0,30	70	280	0,05	6	—	14	—	37,31	30,12	67,43
1 m² stehendes, muldenförmiges Ziegelpflaster, in Portlandzementmörtel, in neuen Kanälen	0,08	27	50	—	1,5	—	1	0,5	8,23	4,54	12,77
1 m² stehendes, muldenförmiges Pflaster aus Klinkerziegeln, in Portlandzementmörtel versetzen und die Fugen mit dünnem Portlandzementmörtel satt ausgießen, in neuen Kanälen	0,08	27	450 je ‰ 45	—	2	—	—	2	23,48	5,44	28,92

¹) Siehe Anmerkung 1 auf S. 159.

Gegenstand	Material				Arbeitszeit[1]) in Stunden				Preis je m³ bzw. m² in S[1])		
	Sand	Portlandzement	Ziegel	Wasser	M.	G.	H.	W.	Material	Lohn	Summe
	m³	kg	Stück ö. F.	m³							
Einheitspreis in S	10,00	9,00 je %	100,00 je ‰	0,24	1,80	1,50	1,38	0,92			
1 m² Kanalsohlenpflaster aus Granitsteinen, in Portlandzementmörtel gelegt und die Fugen mit dünnem Portlandzementmörtel ausgegossen:			Granitsteine						ohne Pflastersteine		
a) mit ordinären Steinen, ohne Unterschied der Dimensionen	0,10	30	25—30	—	1,5	—	3	—	3,70	6,84	10,54
b) mit rein bearbeiteten Steinen	0,08	24	25—30	—	1,2	—	2,4	—	2,96	5,47	8,43
1 m² 18 mm starken Verputz an den inneren Flächen von Kanälen, wobei die untere, 16 mm starke Schichte aus Mörtel aufzutragen und darauf noch vor Erhärtung eine 2 mm starke, mit eisernen Reibinstrumenten vollkommen glatt zu reibende Schichte aus reinem Portlandzement herzustellen ist	0,017	15	—	—	1	—	1	—	1,52	3,18	4,70
1 m² 29 mm starker Verputz an der Außenseite von Kanalgewölben, M.V. 1:2, in Portlandzement aufgetragen und glatt zu streichen	0,02	12	—	—	0,5	—	0,5	—	1,28	1,59	2,87
1 eisernes Kanalschacht- oder Wassereinlaufgitter oder einen Deckel samt Rahmen bei bereits aufgebrochener Straßendecke auslösen und seitlich deponieren:											
a) 45 × 45 cm Gitter	—	—	—	—	1	—	1	—	—	3,18	3,18
b) 60 × 60 „ „	—	—	—	—	1,5	—	3	—	—	6,84	6,84
1 m² glatten Verputz oder Fugenverbrämung in bestehenden Kanälen erneuern, vorher alten Anwurf abschlagen, die Fugen auskratzen	0,015	15	—	—	1,5	—	1	—	1,50	4,08	5,58
Aufrauhen des Betons in Kanälen zur Erneuerung des Verputzes, je m²	—	—	—	—	0,5	—	1	—	—	2,28	2,28

[1]) Siehe Anmerkung 1 auf S. 159.

Gegenstand	Material				Arbeitszeit in Stunden[1])				Preis je Stück bzw. m² in S[1])		
	Sand	Portland-zement	Ziegel	Wasser	M.	G.	H.	W.	Material	Lohn	Summe
	m³	kg	Stück ö. F.	m³							
Einheitspreis in S	10,00	9,00 je %	100,00 je ‰	0,24	1,80	1,50	1,38	0,92			
1 m² Mauerwerk, Seitenwände, Gewölbe oder Sohle in Kanälen ausstemmen, neue Ziegel in Zementkalkmörtel einsetzen, die Fugen verbrämen:											
a) bis 15 cm Tiefe	0,08	25	50	—	3	—	6	—	8,05	13,68	21,73
b) über 15 bis 25 cm Tiefe	0,12	40	60	—	4	—	7	—	10,80	16,86	27,66
c) „ 25 „ 30 „ „	0,15	45	70	—	4,5	—	9	—	12,55	20,52	33,07
Einzelne schadhafte Ziegel in Kanälen (Binder oder Läufer) durch neue ersetzen	0,001	0,5	1	—	0,5	—	0,25	—	0,16	1,25	1,41
Herstellen der Einmündung für einen neuen Schacht in altem Kanalmauerwerk, Durchbrechen des Mauerwerks, Herstellen der Gurtungen:											
a) bis 45 cm Schachtlichte	0,08	20	30	—	4	—	8	—	5,60	18,24	23,84
b) „ 70 „ „	0,14	35	50	—	7	—	14	—	9,55	31,92	41,47
Herstellung einer Rohreinmündung, sonst wie vor:											
a) bis 16 cm des inneren Rohrdurchmessers	0,01	5	—	—	2	—	2	—	0,55	6,36	6,91
b) bis 30 cm des inneren Rohrdurchmessers	0,02	10	—	—	3	—	3	—	1,10	9,54	10,64
c) über 30 cm des inneren Rohrdurchmessers	0,03	15	—	—	4	—	4	—	1,65	12,72	14,37
Versetzen eines Drainagerohres bis 10 cm Durchmesser in Kanälen einschließlich des Ausstemmens der Öffnungen und der Instandsetzung des Verputzes[2]):											
a) bei alten Kanälen, bis 30 cm Wandstärke	0,002	1	—	—	1	—	1	—	0,11	3,18	3,29
b) bei alten Kanälen, über 30 cm Wandstärke	0,003	1,5	—	—	1,5	—	1,5	—	0,17	4,77	4,94
c) bei neuen Kanälen, bis 30 cm Wandstärke	0,002	1	—	—	—	—	0,5	—	0,11	0,69	0,80
d) bei neuen Kanälen, über 30 cm Wandstärke	0,003	1,5	—	—	—	—	0,75	—	0,17	1,04	1,21

[1]) Siehe Anmerkung [1]) auf S. 159.

[2]) Die Kosten für Drainagerohre, Pfosten, Steinzeugrohrschalen, Kanalgitter usw. sind separat zu verrechnen.

Gegenstand	Material				Arbeitszeit[1]) in Stunden				Preis je m in S[1])		
	Sand	Portlandzement	Ziegel	Wasser	M.	G.	H.	W.	Material	Lohn	Summe
	m³	kg	Stück ö. F.	m³							
Einheitspreis in S	10,00	9,00 je %	100,00 je ‰	0,24	1,80	1,50	1,38	0,92			
1 m Pfostenrinne zur Ableitung des Unrates bei Umbau (Reparatur) von Kanälen, Beistellung derselben nach Bedarf und Verdämmung mit Tegel[2]):											
a) bis 30 cm breite Pfostenrinnen	—	—	—	—	0,5	—	1,5	—	—	2,97	2,97
b) über 30 cm breite Pfostenrinnen	—	—	—	—	0,5	—	2,5	—	—	4,35	4,35
1 m Steinzeugsohlenschale einschließlich zweier Wandplatten in Betonkanälen unter Verwendung von Portlandzementmörtel versetzen und die Fugen mit dünnem Portlandzementmörtel ausgießen[2]):											
a) in neuen Kanälen	0,07	20	—	—	1	—	1	—	2,50	3,18	5,68
b) „ bestehenden Kanälen	0,07	20	—	—	3	—	6	—	2,50	13,68	16,18
1 m Steinzeugsohlenschale ohne Wandplatten versetzen, sonst wie vor[2]):											
a) in neuen Kanälen	0,03	10	—	—	0,5	—	0,5	—	1,20	1,59	2,79
b) „ bestehenden Kanälen	0,03	10	—	—	1,5	—	3	—	1,20	6,84	8,04
1 Stück gußeisernes Kanalgitter oder gußeisernen Kanaldeckel od. Wechselkastendeckel samt Rahmen versetzen, einschließlich des etwa erforderlichen Einklaubens des Pflasters oder mit Anschüttung[2]):											
a) 45 × 45 cm Größe des Kanalgitters	0,05	10	—	—	2,5	—	2,5	—	1,40	7,95	9,35
b) 60 × 60 cm Größe des Kanalgitters	0,10	15	—	—	3	—	6	—	2,35	13,68	16,03
1 Stück Kanalschacht-Steigeisen versetzen[2]):											
a) in alten Schächten mit Ausstemmen der Löcher und der Verputzherstellung	—	2	—	—	1,5	—	1,5	—	0,18	4,77	4,95
b) in neuen Schächten	—	—	—	—	0,5	—	0,25	—	—	1,25	1,25

[1]) Siehe Anmerkung 1 auf S. 159.
[2]) Die Kosten für Drainagerohre, Pfosten, Steinzeugrohrschalen, Kanalgitter usw. sind separat zu verrechnen.

Anmerkung: Für etwa erforderliche Beleuchtung 10% Zuschlag von der Arbeitszeit. Bei Arbeiten in alten Kanälen 25% Zuschlag von der Arbeitszeit. Die Gerüsterstunden sind nur zur Herstellung von Fördertreppen, Rutschen usw. Etwa erforderliche sonstige Gerüstungen sind nach Abschnitt „Baugerüstherstellungen" zu berechnen.

Versetzarbeiten[1])

1 m glatte Tür- oder Torgewände, Sohlbänke, Kämpferstücke, Torstürze, Kanal- oder Brunnendeckeleinfassungen aus Stein versetzen:

Zu ebener Erde: a) bis zum Querschnitt von 0,05 m^2: 0,5 M., 0,5 H., 6 kg Portlandzement, 0,01 m^3 Sand; b) über 0,05 m^2 Querschnitt: 1,5 M., 1,5 H., 18 kg Portlandzement, 0,03 m^3 Sand. Preis: a) = *S 2,09*, b) = *S 6,27*.

Anmerkung: Für höhere oder tiefere Geschosse 15% Zuschlag per Geschoß vom Lohnaufwand.

1 m steinerne Stiegenstufen in neue Mauern versetzen, das Lager ausstemmen und vermauern:

Im Ebenerdgeschoß: a) beiderseits eingemauerte oder einerseits auf Trägern liegende Stufen: 1 M., 1,5 H., 3 Ziegel, 0,003 m^3 Kalk, 0,01 m^3 Sand; b) freitragende Stufen: 1 M., 1,5 H., 3 Ziegel, 6 kg Portlandzement, 0,01 m^3 Sand. Preis: a) = *S 4,43*, b) = *S 5,47*.

Anmerkung: Für höhere oder tiefere Geschosse, Zuschlag je 1 m und Geschoß 0,4 H. Bei Arbeiten in alten Mauern sind die Stundenansätze um 50% zu erhöhen.

1 m Kanalrinne aus Steinzeug oder Zement versetzen: a) bis zur lichten Weite von 50 cm: 1 M., 1 H., 24 kg Portlandzement, 0,04 m^3 Sand; b) über 50 cm lichte Weite: 1,25 M., 1,25 H., 36 kg Portlandzement, 0,06 m^3 Sand. Preis: a) = *S 5,46*, b) = *S 7,46*.

1 m^2 glatte Deck- oder Sockelplatten bis 10 cm Stärke ohne Befestigungsklammern versetzen:

Zu ebener Erde: 2,5 M., 2,5 H., 30 kg Portlandzement, 0,05 m^3 Sand. Preis: *S 7,30*.

1 m^2 glatte Gesimshängeplatten bis zu einer Ausladung von 50 cm versetzen:

Bis zur Höhe des ersten Geschoßfußbodens: 2,5 M., 3 H., 0,1 m^3 Kalk, 0,03 m^3 Sand. Preis: *S 13,18*.

Anmerkung: Für je 10 cm Mehrausladung eine Aufzahlung von 50%. Bei profilierten Platten ein Zuschlag von 20% auf die Stundenansätze. In höheren Geschossen je Geschoß ein Zuschlag von 0,75 H. = *S 0,95*.

1 m^2 Stiegenruheplätzeplatten versetzen:

Bis zur Höhe des ersten Geschoßfußbodens: 4 M., 5 H., 7 Ziegel, 18 kg Portlandzement, 0,03 m^3 Sand. Preis: *S 16,76*.

Anmerkung: In höheren Geschossen je Geschoß ein Zuschlag von 1 H. = *S 1,26*.

1 m^2 Balkenplatten versetzen: Im ersten Geschoß 5 M., 6 H., 7 Ziegel, 18 kg Portlandzement, 0,03 m^3 Sand. Preis: *S 18,38*, in höheren Geschossen 1,5 H., Zuschlag je Geschoß. Preis: *S 18,90*.

1 m^2 Abortschlauchaufstandsplatten versetzen: 2,5 M., 2 H., 18 kg Portlandzement, 0,03 m^3 Sand. Preis: *S 9,54*.

1 Rauchfang- oder Ventilationsaufsatz aus Steinzeug versetzen: 1,5 M., 2 H., 6 kg Portlandzement, 0,01 m^3 feiner Sand. Preis: *S 5,62*.

1 m^2 Verkachelung in gebräuchlicher Größe von 15/15 cm: 2,5 M., 1,25 H., 18 kg Portlandzement, 0,03 m^3 feiner Sand. Preis: *S 7,60*.

---

[1]) Siehe Anmerkung 1 auf S. 159.

1 m² Verkleidung mit Fliesen in gebräuchlicher Größe von 15/15 cm: 3,5 M., 1,75 W., 18 kg Portlandzement, 0,03 m³ feiner Sand. Preis: *S 9,32.*

Anmerkung: zu Verkachelung und Verfliesung: Profil- oder Ornamentstücke werden bei der Verrechnung dem Ausmaß einer Vollschar gleichgehalten.

Eiserne Abortbestandteile, wie Schläuche, Gainzen usw., weiters gußeiserne Luftheizrohre, Wasserablaufrohre, eiserne Säulen und Radabweiser und ähnliches zur ebenen Erde je 1 kg versetzen: 0,05 M., 0,06 H., 10% für Material, d. i. Dichtungsmaterial, jedoch ohne Befestigungsrosen. Preis: *S 0,18.*

Anmerkung: Versetzen der Rohrschellen oder -haken: siehe Verputz- und Ausbesserungsarbeiten. Für höhere oder tiefere Geschosse Zuschlag je Geschoß und 1 kg: 0,01 H. = *S 0,013.*

1 kg genietete oder gewalzte Traversen aus Eisen sowie Eisenbahnschienen und U-Eisen samt Unterlagsplatten versetzen oder aber ausbrechen und abwiegen zur ebenen Erde, ohne Gerüstbeistellung: 0,02 M., 0,04 H. = *S 0,084.*

Anmerkung: Geschoßzuschlag: 0,02 H. = *S 0,025.*

1 kg eiserne Schließen oder Konstruktionseisen zur ebenen Erde versetzen: 0,03 M., 0,03 H. = *S 0,087.*

Anmerkung: Geschoßzuschlag: 0,01 H. = *S 0,013.*

1 kg eiserne Türen im Erdgeschoß versetzen: 0,08 M., 0,08 H., 5% für Material. Preis: *S 0,255.*

Anmerkung: Geschoßzuschlag: 0,02 H. = *S 0,026.*

1 Stück schmiedeeisernen Schachtdeckel zur ebenen Erde versetzen: 1 M., 0,5 H., 12 kg Portlandzement, 0,02 m³ feinen Sand. Preis: *S 3,37.*

1 Stück gußeisernen oder schmiedeeisernen Siphon zur ebenen Erde versetzen: 1 M., 2 H., 6 kg Portlandzementmörtel 0,01 m³ feinen Sand. Preis: *S 3,55.*

Anmerkung: Zuschlag für beide Posten bei höheren oder tieferen Geschossen: 0,5 H. = *S 0,63.*

1 Stück Ventilationsklappe, Gitter oder Schuber aus Eisen oder Metall samt Rahmen versetzen, ohne Unterschied der Größe und des Geschosses: 0,75 M, 0,5 H., 0,002 m³ Kalk, 0,005 m³ feinen Sand. Preis: *S 2,05.*

1 Stück einfaches oder doppeltes Rauchfangputztürl ohne Unterschied des Geschosses versetzen: 0,75 M., 0,5 H., 0,002 Kalk, 0,005 m³ feinen Sand. Preis: *S 2,05.*

1 Stück eisernes Kellerfenstertürl samt Bratzen versetzen: 2 M., 1 H., 6 kg Portlandzementmörtel, 0,01 m³ feinen Sand. Preis: *S 5,23.*

1 kg eiserne Fenster oder Fenstergitter zur ebenen Erde versetzen: 0,06 M., 0,03 H., 15% für Material. Preis *S 0,16.*

Anmerkung: Geschoßzuschlag: 0,02 H. = *S 0,026.*

1 Stück hölzernen Türstock versetzen, verzwicken und verputzen: a) bis 3 m² Stocklichte zu ebener Erde: 2,5 M., 1,5 H., 0,01 m³ Kalk, 0,02 m³ Sand; b) über 3 m² Stocklichte zu ebener Erde: 3,5 M., 2 H., 0,015 m³ Kalk, 0,03 m³ Sand. Preis a) *S 6,70,* b) *S 9,16.*

1 Stück Pfostenstockfenster versetzen wie vor: a) bis 3 m² Stocklichte: 3,5 M., 2 H., 0,005 m³ Kalk, 0,01 m³ Sand; b) über 3 m² Stocklichte: 4,5 M., 2,5 H., 0,006 m³ Kalk, 0,012 m³ Sand. Preis a) *S 6,60,* b) *S 10,95.*

Einen inneren oder äußeren Fensterstock versetzen wie vor: a) bis 3 m² Stocklichte: 1,5 M., 1,0 H., 0,004 m³ Kalk, 0,008 m³ Sand; b) über 3 m² Stocklichte: 2,5 M., 1,5 H., 0,005 m³ Kalk, 0,01 m³ Sand. Preis a) *S 4,0,* b) *S 6,34.*

Anmerkung: Vorstehende Ansätze sind zur ebenen Erde. Geschoßzuschlag per Geschoß: 0,5 H. = *S 0,63.*

Ein Fensterbrett versetzen: 1 M., 0,3 H., 0,002 m^3 Kalk, 0,005 m^3 feinen Sand. Preis *S 2,17.*

Verputz- und Ausbesserungsarbeiten[1])

1 m, bis 15 cm hoher Verputz längs des Fußbodens: a) mit Zementmörtel: 0,25 M., 0,15 W., 2,5 kg Portlandzement, 0,004 m^3 feiner Sand. Preis *S 0,78*; b) mit Weißkalkmörtel 0,2 M., 0,12 W., 0,002 m^3 Kalk, 0,005 m^3 feiner Sand. Preis *S 0,46.*

1 m^2 alten Verputz bis zur Stärke von 30 mm abschlagen, ausgenommen Zementmörtelverputz, samt Auskratzen der Fugen und Verführen des Schuttes: 0,25 M., 0,25 W., 0,03 m^3 Schutt. Preis *S 0,80.*

Anmerkung: Für das Abschlagen von feinem Verputz Zuschlag 30% der Lohnansätze.

1 m^2 Zementmörtelverputz, sonst wie vor: 0,75 M., 0,5 W., 0,03 m^3 Schutt. Preis *S 1,84.*

1 m^2 Mauerwerk ausstemmen, neue Ziegel einsetzen, samt vollständigem groben und feinen Verputz in Zementmörtel, ohne Unterschied des Geschosses und mit Schuttabfuhr: a) bis 18 cm Tiefe: 8 M., 4 H., 45 kg Portlandzementmörtel, 0,11 m^3 Sand, 43 Stück Mauerziegel, ö. F., 0,23 m^3 Schutt. Preis *S 29,00*; b) über 18 bis 23 cm Tiefe: 12 M., 8 H., 87 Mauerziegel, ö. F., 0,4 m^3 Schutt. Preis *S 40,86.*

1 m Träger oder Eisenbahnschiene bis 30 cm Steghöhe, beiderseits mit Ziegeln ausmauern, verputzen, ohne Unterschied des Geschosses: 2 M., 1 H., 9 Stück Mauerziegel, ö. F., 0,01 m^3 Kalk, 0,032 m^3 Sand, 5 kg Zement. Preis *S 6,71.*

1 m Türverkleidung verputzen: 0,1 M., 0,05 H., 0,0002 m^3 Kalk, 0,0001 m^3 feinen Sand. Preis *S 0,24.*

1 m Mauerkanten bis 12 cm Durchmesser behufs Abrundung abstemmen und verputzen, den Schutt abführen: 0,5 M., 0,25 H., 0,001 m^3 Kalk, 0,004 m^3 Sand, 0,006 m^3 Schutt. Preis *S 1,26.*

1 m^2 Mauerschmatzen ausmauern und verputzen, ohne Unterschied des Geschosses, gemessen in der Anschlußfläche: 1,5 M., 1 W., 15 Stück Mauerziegel, ö. F., 0,02 m^3 Kalk, 0,06 m^3 Sand. Preis *S 6,42.*

Vermauern eines Durchbruches für Gas- und Wasserleitungsrohre samt Verputz bis zu einer Mauerstärke von 90 cm: 0,7 M., 0,4 W., 3 Mauerziegel, ö. F., 0,007 m^3 Kalk, 0,01 m^3 Sand. Preis *S 2,24.*

1 m Mauerschlitz für Gas- und Wasserleitungsrohre und für elektrische Leitungen vermauern und verputzen, bis 10 cm Breite: 0,5 M., 0,25 W., 0,01 m^3 Kalk, 0,03 m^3 Sand, 2 Stück Mauerziegel, ö. F. Preis *S 2,03.*

1 m^2 Portlandzementverputz 1:1,3 cm stark, für Pißwandflächen: 3,5 M., 1 H., 40 kg Zement, 0,025 m^3 Donausand, 0,005 m^3 Schleifsand. Preis *S 11,88.*

1 m Pißrinne aus Portlandzementbeton bis 10 cm Stärke und bis 30 cm lichte Weite samt geschliffenem Portlandverputz: 3 M., 1 H., 45 kg Zement, 0,6 m^3 Donausand, 0,005 m^3 Schleifsand. Preis *S 10,93.*

Fußböden, Türen und Fenster samt Stock und Verkleidung abwaschen und vollständig reinigen, samt Beigabe aller erforderlichen Reinigungsmittel: von Fußböden je 1 m^2 0,36 W. Preis *S 0,31*; ein Stück einflügelige Türe 1,2 W. Preis *S 1,03*;

---

[1]) Siehe Anmerkung [1]) auf S. 159.

ein Stück zweiflügelige Türe 1,8 W. Preis *S 1,55*; ein Stück Fenster bis zur Größe von 1,0 × 2,0 m, die äußeren Flügel allein 1,2 W. Preis *S 1,03*; ein Stück Fenster bis zur Größe von 1,0 × 2,0 m, die äußeren und inneren Flügel 2,2 W. Preis *S 1,89*; Blindspalette samt Parapetfüllung 1,4 W. Preis *S 1,20*; Spaletkastel samt Parapetfüllung 1,3 W. Preis *S 1,12*.

1 m Kondenskanal, 20 cm im Lichten breit und 30 cm im Lichten tief, mit 15 cm starker beiderseitiger Ausmauerung, in Portlandzementmörtel und neuen Ziegeln, liegendem Ziegelpflaster als Boden und als Überdeckung, einschließlich des Erdaushubes: 1,5 M., 2,8 H., 50 Stück Mauerziegel, ö. F., 30 kg Portlandzement, 0,08 m^3 Sand, 0,4 m^3 Schutt, 0,05 m^3 Wasser. Preis *S 16,90*.

1 m Kondenskanal wie vor, jedoch an Stelle der Ziegelpflasterüberdeckung Versetzen einer eisernen Deckplatte in Winkelrahmen oder mit beiderseitigen, 0,15 m starken Betonwänden und 0,1 m starkem Betonboden:

a) bei Ziegelwänden und -boden: 1,5 M., 2,8 H., 43 Stück Ziegel, ö. F., 30 kg Portlandzement, 0,08 m^3 rescher Sand, 0,025 m^3 Wasser, 0,33 m^3 Schuttverführung. Preis *S 15,85*.

b) bei Betonwänden und -boden: 2 M., 4 H., 45 kg Portlandzement, 0,18 m^3 Betonsand, 0,03 m^3 Wasser, 0,35 m^3 Schutt. Preis *S 16,27*.

1 m Kondenskanal bis 0,4 m im Lichten breit und bis 0,5 m im Lichten tief, die Überdeckung in Gesimsziegeln ausgeführt, sonst wie vor: 2,5 M., 4 H., 62 Stück Mauerziegel, ö. F., 5 Stück Gesimsziegel, 40 kg Portlandzement, 0,12 m^3 Sand, 0,03 m^3 Wasser, 0,6 m^3 Schutt. Preis *S 29,75*.

1 m Kondenskanal wie vor, jedoch an Stelle der Ziegelüberdeckung Versetzen einer eisernen Deckplatte: 2,5 M., 4 H., 62 Stück Mauerziegel, ö. F., 40 kg Portlandzement, 0,12 m^3 Sand, 0,03 m^3 Wasser, 0,52 m^3 Schutt. Preis *S 23,57*.

Anmerkung: Für breitere oder tiefere Kanäle sind die Ansätze proportional zu bestimmen.

Herstellen eines Mauerdurchbruches für die Durchleitung von Dampf- und Kondensrohren samt Wiedervermauerung, einschließlich der Verputzarbeiten, Abfuhr des Schuttes:

bis zu einer Mauerstärke von

	30 cm	über 30 bis 60 cm	über 60 bis 105 cm
M.	1	1,8	2,8
H.	0,5	0,8	1,0
Preis ...	*S 2,27*	*S 3,96*	*S 5,85*

+ 10% Zuschlag für Materialbeigabe und Schuttabfuhr.

Herstellen eines Deckendurchbruches, ohne Unterschied der Beschaffenheit der Decke und des Fußbodens, bei Gewölben bis 15 cm Scheitelstärke, sonst wie vor (Wiederherstellen des Fußbodens separat zu verrechnen): 1 M., 0,5 H. Preis *S 2,27*.

+ 10% Zuschlag für Materialbeigabe und Schuttabfuhr.

Wie vor, bei Gewölben über 15 cm Stärke: 1,8 M., 0,8 H. Preis *S 3,96*.

+ 10% Zuschlag für Materialbeigabe und Schuttabfuhr.

Ein Stück **Rohrschelle für Heizrohre,** ohne Unterschied der Größe, einstemmen und versetzen samt Nachputzarbeiten: 0,7 M., 0,4 H. Preis *S 1,65*.

+ 10% Zuschlag für Materialbeigabe und Schuttabfuhr.

Ein Stück **Heizkörperkonsole** einstemmen und versetzen samt Nachputzarbeiten: 1,2 M., 0,3 H. Preis *S 2,35.*

+10% Zuschlag für Materialbeigabe und Schuttabfuhr.

Ein Stück **Frischluftkasten** versetzen samt Einstemmen und Vermauern der Festhaltungen, einschließlich der Nachputzarbeiten: 1,5 M., 0,5 H. Preis *S 3,09.*

+30% Zuschlag für Materialbeigabe und Schuttabfuhr.

Ein Stück alte **Lüftungsklappe** ausbrechen, in die Öffnung eine neue Klappe samt Stellvorrichtung versetzen, inklusive Nachputzarbeiten: 2 M., 0,8 H. Preis *S 4,29.*

+30% Zuschlag für Materialbeigabe und Schuttabfuhr.

Ein Stück **Frischluftöffnung** in ein Parapet stemmen, das Frischluftgitter versetzen samt Herausputzen der Öffnung und Verputzausbessern an der Außenseite, ohne Unterschied des Stockwerkes, jedoch ohne Beistellung des etwa erforderlichen Gerüstes: 2,5 M., 1 H. Preis *S 5,36.*

+30% Zuschlag für Materialbeigabe und Schuttabfuhr.

Ein **Rauchfangputz- oder Absperrtürl:**

a) herausbrechen oder deponieren: 0,5 M. Preis *S 0,82.*

b) das Loch vermauern und verputzen: 1 M., 0,5 H. Preis *S 2,27.*

+100% Zuschlag für Materialbeigabe und Schuttabfuhr.

In einem **Rauchfang das Loch** für ein Ausputz- oder Absperrtürl **ausbrechen,** das Türl versetzen samt Nachputzarbeiten: 2,5 M., 0,6 H. Preis *S 4,86.*

+30% Zuschlag für Materialbeigabe und Schuttabfuhr.

Ein **Loch** für ein **Rauchrohr ausstemmen** samt dem Versetzen der Mauerbüchse und Nachputzarbeiten: 1,5 M., 0,3 H. Preis *S 2,84.*

+10% Zuschlag für Materialbeigabe und Schuttabfuhr.

Eine **Mauerbüchse ausbrechen,** das Loch vermauern und verputzen: 1 M., 0,3 H. Preis *S 2,02.*

+10% Zuschlag für Materialbeigabe und Schuttabfuhr.

1 m russischen Rauchfang in bestehendem Mauerwerk **ausstemmen,** ausmauern samt Herstellen des Verputzes: 4,5 M., 2 H., 0,02 m^3 Weißkalk, 0,05 m^3 Sand, 8 Stück Ziegel, ö. F., 0,006 m^3 Wasser, 0,08 m^3 Schutt. Preis *S 12,68.*

Anmerkung: Werden die vorstehenden Arbeiten in Betonmauerwerk durchgeführt, so sind die Ansätze zu verdreifachen.

Demolierungsarbeiten[1])

Bei Neubauten, die an Stelle alter Gebäude entstehen, wird das Demolieren von Mauern in der Regel derart an den Unternehmer vergeben, daß ihm für die ausgelegten Arbeitskosten das gesamte Abbruchmaterial als Kompensation überlassen wird. Hierbei ist aber angenommen, daß ein bestehendes Gebäude gänzlich abgetragen wird, und daß außer den Baumaterialien auch alle anderen Bauteile in das freie Eigentum des Unternehmers übergehen und er berechtigt ist, die aus der Demolierung gewonnenen Materialien, insoweit sie tauglich und brauchbar sind, zum Wiederaufbau des neuen Objektes zu verwenden. Wenn aber die Demolierungs- oder Abbrucharbeiten bezahlt werden, so sind bei sämtlichen Abtragungs-, Durchbrechungs-, Ausbrechungs- und Abhebungsarbeiten stets die gewonnenen brauchbaren Materialien zu reinigen und aufzuschlichten, der Schutt auf Wagen zu verladen oder zu verführen — wobei sowohl für das aufzu-

---

[1]) Siehe Anmerkung 1 auf S. 159.

schlichtende als auch für das zu verführende Material eine Maximaldistanz von 20 m angenommen wird —, ferner die notwendigen Gerüstungen und Pölzungen zu besorgen.

Wenn zur Demolierung gelangendes Mauerwerk nicht etwa durch Salpeterfraß, Feuchtigkeit u. dgl. gelitten hat, werden beim Abbruch erfahrungsgemäß an brauchbaren Materialien im Verhältnis zum Abbruchkörper gewonnen:

bei Bruchsteinmauerwerk	40	bis	50%
„ Ziegelmauern	30	„	50%
„ Quadermauern	50	„	75%,

doch ist bei Bewertung dieser Materialien stets zu berücksichtigen, daß nur Altmaterial in Frage kommt.

1 m³ Stein- oder Ziegelmauerwerk jeder Gattung zur ebenen Erde **abbrechen:** Das Material reinigen, auf dem Bauplatz aufschlichten und den entfallenden Mauerschutt deponieren. Die Verrechnung des Ausmaßes erfolgt nach den Bestimmungen für die Berechnung von Ziegelmauerwerk: 2 M. und 3 H. *S 7,06.*

1 m² Abstemmen oder Ausstemmen von Mauerwerk jeder Gattung, sonst wie vor:

a) bis zur Ausstemmtiefe von	5 cm:	2,5 M.,	1 H.,	0,07 m³ Schutt.	Preis	*S 5,78*
b) „ „ „	„ 18 „	5,5 „	2,5 „	0,23 „	„	„ *13,55*
c) „ „ „	„ 33 „	7 „	4 „	0,4 „	„	„ *18,92*
d) „ „ „	„ 48 „	9 „	5 „	0,57 „	„	„ *24,48*

Anmerkung: Bei stärkeren Mauern erhöhen sich die Ansätze proportional.

1 m³ Stein- oder Ziegelmauerwerk durchbrechen, sonst wie vor:

a) bis zur Querschnittsfläche von 0,2 m²: 18 M., 6 H., 0,5 m³ Schutt, Preis *S 40,08.*

b) bei einer Querschnittsfläche über 0,2 m²: bis 0,5 m²: 12 M., 5 H., 0,5 m³ Schutt. Preis *S 28,98.*

c) bei einer Querschnittsfläche von 0,5 m²: 6 M., 5 H., 0,5 m³ Schutt. Preis *S 19,14.*

Anmerkung: Bei höher- oder tieferliegenden Geschossen Zuschlag je Geschoß und 1 m³:

a) für das Mauerwerk: 1,2 H. = *S 1,51,*

b) „ den Schuttransport: 0,8 H. = *S 1,01.*

Verführung des Schuttmaterials, einschließlich der unbrauchbaren Ziegelbrocken, ist nach Abschnitt „Erd- und Felsarbeiten“ zu berechnen.

Die Mauerdicke bzw. Ausstemmtiefe wird bei verputztem Mauerwerk samt der Verputzfläche gemessen.

Bei Demolierung ganzer Gebäude oder Gebäudetrakte werden nur 80% der in diesen Posten enthaltenen Ansätze verrechnet.

Bei Stemmarbeiten in Betonmauerwerk kommen auf die Ansätze 150% Aufzahlung.

1 m² Schmatzen bis 15 cm tief in ein Mauerwerk einbrechen, ohne Unterschied des Geschosses: 2,5 M., 0,5 H., 0,08 m³ Schutt. Preis *S 5,21.*

Anmerkung: Gemessen im Querschnitt der Anschlußfläche.

1 m² Mauerverputz in ganzen Flächen abschlagen und die Fugen auskratzen, zu ebener Erde:

a) Bei Weißkalkmörtelverputz: 0,15 M., 0,2 H., 0,08 m³ Schutt. Preis *S 0,34.*

b) bei verlängertem Mörtelverputz: 0,2 M., 0,2 H., 0,08 m³ Schutt. Preis *S 0,58.*

c) bei Portlandzementmörtel-Verputz: 0,3 M., 0,2 H., 0,08 m³ Schutt. Preis *S 0,74.*

Anmerkung zu a), b), c): Geschoßzuschlag 0,02 H.

1 m² Mauerverputz stellenweise abschlagen und Auskratzen der Fugen: erfordert um 10% mehr als beim Verputz ganzer Flächen, daher zu ebener Erde:

a) Bei Verputz mit Weißkalkmörtel: *S 0,37.*

b) ,, ,, ,, Portlandzementmörtel: *S 0,81.*

c) ,, ,, ,, verlängertem Mörtel: *S 0,64.*

Anmerkung: Geschoßzuschlag 0,02 H.

1 m² Stukkaturverputz oder **Rohrbodenverputz** abschlagen, ohne Unterschied der Höhe:

a) wenn die Holzdeckenkonstruktion bestehen bleibt, 0,2 M., 0,3 H., 0,1 m³ Schutt. Preis *S 0,71;*

b) wenn die Holzdeckenkonstruktion abgetragen werden muß, 0,3 M., 0,3 H., 0,2 m³ Schutt. Preis *S 0,87.*

1 m² liegendes **Ziegel-, Tonplatten- oder Kelheimer Plattenpflaster** zu ebener Erde vorsichtig **aufbrechen,** das Material abputzen, aufschlichten und den Schutt deponieren, mit aller Arbeit und Requisiten: 0,08 M., 0,43 H., 0,11 m³ Schutt. Preis *S 2,51.*

1 m² wie vor, jedoch in höher- oder tieferliegenden Geschossen, Zuschlag je Geschoß und 1 m²:

a) für Pflaster 0,14 H. Preis *S 0,18.*

b) ,, Schutt 0,1 H. Preis *S 0,13.*

Anmerkung: Befindet sich der Fußboden im Geschoß zur ebenen Erde höher als 1,40 m über dem Hof- oder Straßenniveau, so wird der Geschoßzuschlag berechnet.

1 m² stehendes **Ziegel- oder Klinkerpflaster aufbrechen,** sonst wie vor: 0,24 M., 0,9 H., 0,23 m³ Schutt. Preis *S 2,90.*

Anmerkung: Geschoßzuschlag: 0,45 H. = *S 0,57.*

1 m² Werksteinpflaster bis 15 cm Stärke aufbrechen, sonst wie vor: 0,75 M., 0,25 H., 0,3 m³ Schutt. Preis *S 3,35.*

Anmerkung: Geschoßzuschlag 0,45 H. = *S 0,57.*

1 m² Granitpflaster aufbrechen und die Steine seitlich deponieren:

a) Im Parterre-, Straßen- oder Hofniveau 0,7 H. Preis *S 0,88.*

Anmerkung: Bei Flächen unter 1 m Breite oder Länge Zuschlag 50%.

b) In Kanälen bis 2,5 m Tiefe 0,95 H. und 10% Lichtzuschlag. Preis *S 1,20.*

Anmerkung: Für jeden Dezimeter Mehrtiefe 1% Zuschlag.

c) Für den Transport der Steine zum Einsteigschacht und durch denselben auf die Straße, bis 30 m Distanz 1 H. und 10% Lichtzuschlag. Preis *S 1,26.*

d) Für je weitere 10 m Distanz ein Zuschlag: 0,1 H. und 10% Lichtzuschlag. Preis *S 0,13.*

Anmerkung: Bei Pflaster mit Sandausfüllung. Bei Mörtelfüllung wird ein Zuschlag von 10%, bei Asphaltfüllung wird ein Zuschlag von 30% verrechnet.

1 m² Holzstöckelpflaster abtragen, abputzen und aufschlichten 0,5 H. Preis *S 0,63.*

1 m² alten Asphalt- oder Steinholzbelag aufbrechen 0,3 H. Preis *S 0,38.*

1 m² Betonunterlage bei Asphalt- oder Steinholzpflaster zur ebenen Erde bis 15 cm stark:

a) Aufbrechen: 0,5 M., 1 H., 0,2 m³ Schutt. Preis *S 2,20.*
b) Ausstemmen: 1,2 M., 1 H., 0,2 m³ Schutt. Preis *S 3,35.*

Anmerkung: Zuschläge: Bei Aufbrechen von unter 2 m² Fläche 10%, beim Ausstemmen von unter 0,5 m² Fläche 40%, von unter 0,2 m² 200%.

Für Abtransport des Schuttes bei höher oder tiefer liegenden Geschossen, je Geschoß und 1 m² Zuschlag:

a) bei Asphalt- oder Steinholzbelag 0,02 H. Preis *S 0,025.*
b) ,, Beton 0,35 ,, ,, ,, *0,44.*

Abfuhr des Schuttmaterials nach ,,Materialverführung".

Einen hölzernen Tor- oder Windfangstock über 3 m² Lichte **ausbrechen,** ohne Unterschied der Stärke, den Stock samt Bestandteilen deponieren: 4 M., 4 H., 0,15 m³ Schutt. Preis *S 12,50.*

Einen hölzernen Türstock von einer Kreuz- oder Doppeltür bis 3 m² Lichte, ohne Unterschied der Futtertiefe, samt eventuellem Futter und Verkleidungen **ausbrechen,** ohne Unterschied der Geschoßhöhe: 2 M., 2 H., 0,1 m³ Schutt. Preis *S 6,40.*

Ein hölzernes Fenster mit Pfosten- oder Rahmenstock bis 30 cm Tiefe, ohne Blindspalette, bis 3 m² Lichte **ausbrechen:** 1,5 M., 1,5 H., 0,1 m³ Schutt. Preis *S 4,95.*

Ein hölzernes Fenster über 3 m² Lichte, sonst wie vor: 2,5 M., 2,5 H., 0,25 m³ Schutt. Preis *S 8,75.*

Ein hölzernes Fenster mit bloß innerem oder äußerem Rahmenstock bis 3 m² Lichte, sonst wie vor: 1 M., 1 H., 0,25 m³ Schutt. Preis *S 4,40.*

Ein hölzernes Fenster wie vor, jedoch über 3 m² Lichte: 1,8 M., 1,8 H., 0,08 m³ Schutt. Preis *S 5,70.*

Ein Fensterbrett ausbrechen und deponieren: 0,25 M., 0,25 H. Preis *S 0,83.*

Ein Stück Barrierestock ausgraben, deponieren, das Loch wieder anschütten und stampfen:

	Aus Holz	Eisen oder Beton	Stein
M.	0,8	1	1,5
H.	0,8	1	1,5
Preis ..	*S 2,32*	*S 2,90*	*S 4,35*

1 m steinerne Tür- und Fenstergewände und Fensterverdachungen, Kanalschacht- und Brunneneinfassungssteine zu ebener Erde **aus- oder abbrechen** und deponieren: 1,2 M., 1,2 H., 0,1 m³ Schutt. Preis *S 4,08.*

Anmerkung: Geschoßzuschlag bei höher oder tiefer liegenden Geschossen für Transport, je Geschoß: 0,5 H. Preis *S 0,63.*

1 m² Sockelplatten oder Deckplatten irgendeiner Gattung bis 20 cm Stärke zu ebener Erde auslösen und deponieren: 3,7 M., 3,7 H., 0,12 m³ Schutt. Preis *S 11,45.*

Anmerkung: Geschoßzuschlag bei höher oder tiefer liegenden Geschossen für Transport, je Geschoß und 1 m²: 0,75 H. Preis *S 0,95.*

1 m² Stiegen- oder Balkonruheplätze bis 20 cm Stärke bis zur Höhe des ersten Stockes auslösen und deponieren: 4 M., 6 H., 0,03 m³ Schutt. Preis *S 14,30.*

Anmerkung: Geschoßzuschlag wie vor: 1,5 H. Sind die Platten stärker als 20 cm, so ist der Aufwand proportional zu verrechnen. Preis *S 1,89.*

1 m einzelne **Stiegenstufen,** ohne Unterschied des Geschosses, auslösen, herablassen und deponieren:

a) beiderseits eingemauert oder auf Träger aufliegend: 1,2 M., 1,8 H., 0,03 m^3 Schutt. Preis *S 4,42.*

b) freitragend: 1,6 M., 1,8 H., 0,04 m^3 Schutt. Preis *S 5,13.*

1 m Randstein abtragen und seitlich deponieren: 1 M., 1,5 H. Preis *S 3,53.*

1 kg Traversen, Eisenbahnschienen, Konstruktionseisen, ohne Demontierung, oder gußeiserne Gegenstände **ausbrechen** und herablassen: 0,035 M., 0,065 H. Preis *S 0,14.*

1 m Steinzeugrohr, Dichtung herausstemmen, vorsichtig herausnehmen und seitlich deponieren, ohne Erdarbeit:

a) bis 30 cm Durchmesser: 1,2 M., 1,2 H. Preis *S 3,48*;

b) über 30 cm Durchmesser: 1,5 M., 1,5 H. Preis *S 4,35*;

c) Steinzeugrohre einmal kürzen:

1. bis 30 cm Durchmesser: 0,2 M. Preis *S 0,33.*
2. über 30 cm Durchmesser: 0,35 M. Preis *S 0,57.*

1 m Abortschlauch, ohne Unterschied des Geschosses und Materials, die Dichtung herausstemmen, ausbrechen und seitlich deponieren, an aller Arbeit: 3,6 M., 2,6 H., 0,1 m^3 Schutt. Preis *S 9,78.*

1 Stück **Rauchfangabsperr- oder Ausputztürl ausbrechen:** 0,3 M., 0,1 H. Preis *S 0,74.*

1 Küchensparherd mit einem oder zwei Bratrohren, mit einem oder zwei Wasserwandeln, mit oder ohne Verkachelung abbrechen, die Eisenbestandteile und gereinigten Kacheln seitlich deponieren, ohne Unterschied des Geschosses: 4 M., 6 H., 0,45 m^3 Schutt. Preis *S 16,82.*

1 Waschküchenherd mit einem oder zwei Kesseln, mit oder ohne Verkachelung abbrechen, sonst wie vor: 2 M., 5 H., 0,60 m^3 Schutt. Preis *S 13,18.*

1 m^2 Wandverkleidung ablösen, die Kacheln seitlich deponieren: 0,4 M., 0,9 H., 0,03 m^3 Schutt. Preis *S 1,97.*

Ausführung und Abrechnung von Bauarbeiten

Für die Ausführung von Bauarbeiten ist es wichtig, die Art, den Umfang und die näheren Umstände festzulegen, unter denen der Bau durchzuführen ist. Handelt es sich um einen vollständigen Neubau, Umbau oder Zubau, so müssen genau detaillierte Baupläne, für welche die entsprechenden behördlichen Genehmigungen einzuholen sind, und eine genaue Baubeschreibung vorliegen.

Für Neubauten, Zubauten und Umbauten sehen sämtliche Bauordnungen, sofern die Eigentumsverhältnisse für den Grund bereits bereinigt erscheinen — worauf besonders aufmerksam gemacht wird —, genaue Bestimmungen über den Vorgang vor, so zwar: Einschreiten um Bekanntgabe der Baulinie und des Niveaus, Erteilung der Baubewilligung, zu welcher die früher erwähnten Pläne beizubringen sind, bei Beginn und während des Baues ununterbrochene Kontrolle der Baubehörde (Fundamentbeschau, Rohbaubeschau), nach Beendigung des Baues Erteilung der Benützungsbewilligung. Als Baubehörde fungieren in der Regel die politischen Behörden erster Instanz, gegen deren Entscheidungen an die höhere Instanz, das ist Landesregierung, mitunter auch Ministerium für Handel und Verkehr, die Berufung zulässig ist. Alle Eingaben und Gesuche an die Baubehörden sind vorschriftsmäßig zu stempeln. Die genehmigten Baupläne sind dann für die Erstellung des Kostenvoranschlages und die Berechnung der Ausmaße maßgebend, sofern sich nicht während eines Baues Abänderungen ergeben, die Abänderungen der Pläne zur Folge haben.

Bei kleineren Arbeiten, Renovierungen oder Adaptierungen, genügt die Aufnahme an Ort und Stelle, wo die Ausmaße und der Umfang der Arbeit detailliert festzulegen sind. Diese Grundlagen sind im Kostenvoranschlag genau zum Ausdruck zu bringen. Bei derartigen Bauausführungen genügt meist die schriftliche Anzeige bei der zuständigen Baubehörde vor Baubeginn, die sodann aus freiem Ermessen entscheidet, ob die Ausführung in der beabsichtigten Weise vorgenommen werden darf oder in welcher Art die Durchführung gestattet wird.

Als rechtliche Grundlage für die Ausführung von Bauarbeiten gelten die Vorschriften des allgemeinen bürgerlichen Gesetzbuches über den Werkvertrag, da sich sämtliche Bauarbeiten im Sinne des § 1151 a.b.G.B. als Werkvertrag qualifizieren. Für die Ausführung von staatlichen Arbeiten ist die Verordnung, betreffend die Vergebung staatlicher Lieferungen und Arbeiten vom Jahre 1909, R.G.Bl. 61, maßgebend, während von Gemeinden sehr häufig besondere Lieferungsbedingnisse den Vergebungen ihrer Arbeiten zugrunde gelegt werden. Dadurch ist von vornherein bei staatlichen und Gemeindearbeiten der Bauvertrag festgelegt, während bei privaten Bauten meistens sehr ungenügende und unzulängliche Abmachungen getroffen werden, die zu Unstimmigkeiten bei der Abrechnung führen. Es empfiehlt sich daher, auch bei Privatarbeiten einen Bauvertrag abzuschließen, der im großen und ganzen folgende Punkte enthalten soll:

1. Ist der Gesamtausführung eine Pauschalsumme zugrunde gelegt, so ist die Art und der Umfang der Arbeit durch eine genau detaillierte Baubeschreibung zu bestimmen, worin auch die Qualitäten der mitzuliefernden Materialien beschrieben sein müssen und für den Fall etwaiger Ausführungsänderungen entweder von vornherein — soweit dies möglich — Preise festzulegen sind, oder die Art der Verrechnung derartiger Ausführungsänderungen zu bestimmen ist.

2. Erfolgt die Vergebung auf Grund einer detaillierten Ausschreibung zu Einheitspreisen, so sind die Leistungen dieser Einzelpreise genau festzulegen, die Verrechnung etwaiger Mehr- oder Minderleistungen zu bestimmen und bei jeder Ausführungsänderung separate Verrechnungsübereinkommen zu treffen.

3. Erfolgt die Vergebung nach Selbstkosten mit Unternehmeraufschlag, was dann geschieht, wenn sich eine einwandfreie Bestimmung von Einheitspreisen nicht vornehmen oder eine Pauschalsumme nicht festlegen läßt, so ist die Vergütung neben dem effektiv geleisteten Aufwand an Arbeitszeit für die Beistellung von Baugeräten und Hilfsmitteln, Geschäftsunkosten und Gewinn (Regiezuschlag) sowie für die eventuelle Beistellung von Baustoffen (Materiallieferung, mehr auflaufenden Manipulationsspesen, wie Zufuhr, Auf- und Abladen usw.) zu bestimmen.

Ein ordnungsgemäßer Bauvertrag hätte demnach zu enthalten:

a) Die Lieferungsbedingungen nach Punkt 1, 2 oder 3, außerdem die Ausführungsfrist.

b) Etwaige Vertragsstrafen oder Vergütungen bei späterer oder früherer Fertigstellung als vereinbart.

c) Bestimmungen über die Abrechnung (siehe Absatz über Abrechnung).

d) Bestimmungen über die Zahlungsbedingungen (wöchentliche Teilzahlungen, Abschlagszahlungen, Zahlungen zu anderen, bestimmten Zeitpunkten).

e) Bestimmungen über die Höhe etwaiger Versicherungsleistungen für richtige und klaglose Ausführung der Arbeiten.

f) Bestimmungen, ob der Auftrag ganz oder teilweise an Dritte übertragen werden darf.

g) Eventuelle Bestimmungen über den Ursprung und die Beschaffenheit beizustellender Baumaterialien, wobei in Betracht zu ziehen ist, ob diese von seiten des Bauherrn oder des Bauführers zu liefern sind.

h) Bestimmungen über Preisänderungen bei Materiallieferungen und Verrechnung eventueller Lohnänderungen (sogenannter Regiezuschlag für Abgaben und Steuern).

i) Bestimmungen über die Verrechnung von Nebenleistungen, wie Architektenhonorar, Stempel- und Kommissionsgebühren, Warenumsatzsteuer usw.

k) Bei Neubauten ist insbesondere festzulegen, daß etwaige Aufschließungsgebühren (Kanaleinmündungen, Gas-, Wasser-, Lichtanschlüsse, Gehsteigherstellungen) von seiten des Bauherrn zu tragen sind.

l) Ferner ist auch der Zeitpunkt der Übernahme der ausgeführten Arbeit genau festzulegen und die Haftzeit, während der der Bauführer für durch sein Verschulden entstandene Bauschäden aufzukommen hat, zu bestimmen. Es kann vom Bauführer ein Rücklaß, meist 5% der Bausumme, welcher Betrag entsprechend zu verzinsen ist, für die Haftzeit gefordert werden. Für gewöhnlich wird die Dauer der Haftzeit mit einem Jahre festgesetzt.

m) Bestimmungen über Austragung von Streitigkeiten aus dem Bauvertrage (Schiedsgerichtverfahren oder ordentlicher Gerichtsweg, wobei beim Schiedsgerichtverfahren die Aufteilung der Kosten desselben festzulegen ist).

n) Wird der Bauvertrag von beiden Teilen unterschrieben, so unterliegt er der ordnungsgemäßen Stempelpflicht und ist beim Taxamte zur Vergebührung anzumelden. Es läßt sich aber dieser Vorgang dadurch vereinfachen, daß die Vereinbarung durch Schluß- und Gegenschlußbrief getroffen wird, die sodann keiner Stempelpflicht unterliegt.

Die Abrechnung erfolgt bei nach Punkt 2 vergebenen Arbeiten auf Grund der Einheitspreise, wobei die der Ausschreibung zugrunde liegenden Ausmaße mit den tatsächlichen Ausmaßen (Nachmaß) zu vergleichen sind und etwaige Mehr- oder Minderleistungen nach dem im Bauvertrag festgelegten Schlüssel zu verrechnen sind; bei nach Punkt 3 vergebenen Arbeiten nach den meist wöchentlich bestätigten Lohnlisten, zuzüglich der vereinbarten Regiezuschläge und den gleichfalls bestätigten Materiallieferungen, ebenfalls zuzüglich der vereinbarten Zuschläge.

Es wird für den Bauherrn immer von großem materiellen Vorteil sein, wenn die Projektsverfassung und Bauleitungsaufsicht nicht mit der Person des Bauführers vereinigt ist, sondern wenn die Plan- und Projektsverfassung, die Aufstellung des Vorausmaßes für die Kostenvoranschläge und insbesondere die Überwachung des Baues einer fachmännischen Vertrauensperson (technischer Berater, wie Zivilingenieur für das Bauwesen, Zivilarchitekt u. a.) übertragen wird, welche den Bauherrn in allen die Bauführung und Ausführung betreffenden Fragen gegenüber den Unternehmern, Professionisten, Lieferanten und Behörden vertritt. Die Kosten einer derartigen Bauberatung fallen gegenüber den Ersparnissen durch eine solche fachmännische Beratung bei Bauausführungen kaum ins Gewicht. Für den Fall, daß sich der Bauherr eines derartigen Beraters bedient, ist dies im Bauvertrag entsprechend hervorzuheben und sein Wirkungskreis festzulegen.

Literaturnachweis

Ilkow, A., Ing.: Material- und Zeitaufwand bei Bauarbeiten, 3. Aufl. Wien: Julius Springer. 1927.

Schrader, F., Gewerbestudienrat: Praktische Preisermittlung sämtlicher Hochbauarbeiten. Berlin: Verlag Willi Geißler.

Städt. Preistarif der Gemeinde Wien vom Jahre 1912 (Erd- und Baumeisterarbeiten).

Allitsch, K., Ing.: Lieferungs- und Arbeitsbedingnisse, das Vorausmaß sowie der Material- und Arbeitsaufwand bei Hochbauausführungen. Verlag der Technisch-gewerblichen Staatslehranstalt in Mödling.

Brunner, K., Dr.: Baupolitik als Wissenschaft. Verlag Springer.

Verdingungsordnung für Bauleistungen und technische Vorschriften für Bauleistungen, aufgestellt vom Reichsverdingungsausschuß. Beuth-Verlags-Ges. m. b. H., Berlin.

Zeitaufwand für Abbruch- und Stemmarbeiten (einschl. Abräumen und Aufladen)

Mitgeteilt von der Ges. f. Bauarbeiten Ing. Langfelder & Co., Wien, Abteilung Preßluftanlagen

Gegenstand	Leistung je	Handarbeit: Stunden	Handarbeit: Zuschlag für Werkzeugabnützung	Maschinelle Arbeit: 1 Preßluftanlage[1]) mit 2 Pflasteraufreißern und 3 bis 4 Hilfsarbeitern	Maschinelle Arbeit: 1 Preßluftanlage[1]) mit 3 Abbauhämmern und 5 bis 6 Hilfsarbeitern	Zuschläge für Werkzeugabnützung	Anmerkung
Abstemmen von Ziegelmauerwerk in P.Z.M., bis 10 cm stark	m²	5—2,5	10%	—	0,5—0,15 Masch 2,5—0,90 Ha	8%	
Abbruch von Ziegelmauerwerk in P.Z.M., mindestens 40 cm stark	m³	20—10	10%	1—0,3 Masch 3—1,2 Ha	—	8%	
Abbruch von Stampfbetonmauerwerk, mindestens 30 cm stark	m³	40—15	10%	4—0,7 Masch 12—2,8 Ha	—	8%	
Desgleichen, sehr harter Beton	„	80	15%	6 Masch 18 Ha	—	8%	
Durchbruch von Ziegelmauerwerk in P.Z.M., mindestens 40 cm stark, à 0,25 m² Fläche	m³	50—25	10%	5—1 Masch 15—4 Ha	—	8%	
Durchbruch durch Stampfbeton, sonst wie vor	m³	200—60	15%	20—4 Masch 60—12 Ha	—	8%	
Aufbrechen von Betonunterlagen (Fahrbahnen), 10—20 cm stark	m²	7—3	15%	—	—	—	
a) **schweres** Material	„	—	—	0,25—0,12 Masch 1,00—0,50 Ha	—	8%	
b) **leichtes** „	„	—	—	—	0,1—0,05 Masch 0,6—0,30 Ha	8%	
Wie vor, jedoch 20—30 cm stark	m²	10—5	15%	0,50—0,15 Masch 1,50—0,60 Ha	—	8%	
Bohren: sehr harter Beton	m′	15—25	15%	0,6—1,6 Masch + + 1,2—3,2 Ha[2])	—	20%	
harter „	„	10—15	15%	0,3—0,6 Masch + + 0,6—1,2 Ha[2])	—	20%	
mittelharter „	„	6—10	15%	0,2—0,3 Masch + + 0,4—0,6 Ha[2])	—	20%	
leichter „	„	4—6	15%	0,1—0,2 Masch + + 0,2—0,4 Ha[2])	—	20%	

Anmerkung: Ha = Hilfsarbeiterstunde, Masch = Maschinenstunde, P.Z.M. = Portlandzementmörtel

[1]) Normale Ingersoll-anlage, Type $5\frac{1}{2} \times 5$

[2]) Preßluftanlage mit 2 Bohrhämmern und 2 Ha

Baugerüstherstellungen

A. Überschlägige Einheitspreise für das Wiener Baugebiet

Laut Mitteilung von Karl Michna, Hänge- und Leitergerüst-Bauanstalt, Wien

Die Gerüstungsarbeiten samt Abnützung des hierbei verwendeten Materials sind bei gewöhnlichen kurrenten. Arbeiten im Preis inbegriffen.

Wo jedoch außergewöhnliche Gerüstungen nötig werden und wo die in der Analyse für Gerüstungen bei den einzelnen Einheitspreisen angewendeten „5% vom Arbeitslohn" unzureichend sind, müssen die Gerüstherstellungen stets separat verrechnet werden.

Nachstehende Preise begreifen in sich: die Materialbenützung, des Materials Abnützung und Verlust, ferner den Arbeits- und Fuhrlohn bei Aufstellung, Abtragung und Wegräumung solcher Gerüstherstellungen.

Fronteingerüstung, vollständige, etwa 2 m breit, aus Landennen, Langholz und Pfosten für Adaptierungs- oder Demolierungsarbeiten mit Materialbelassung, samt Wiederabtragen und Wegräumen, je m² Wandfläche bei mindestens 30 m Frontlänge:

Fronteingerüstung

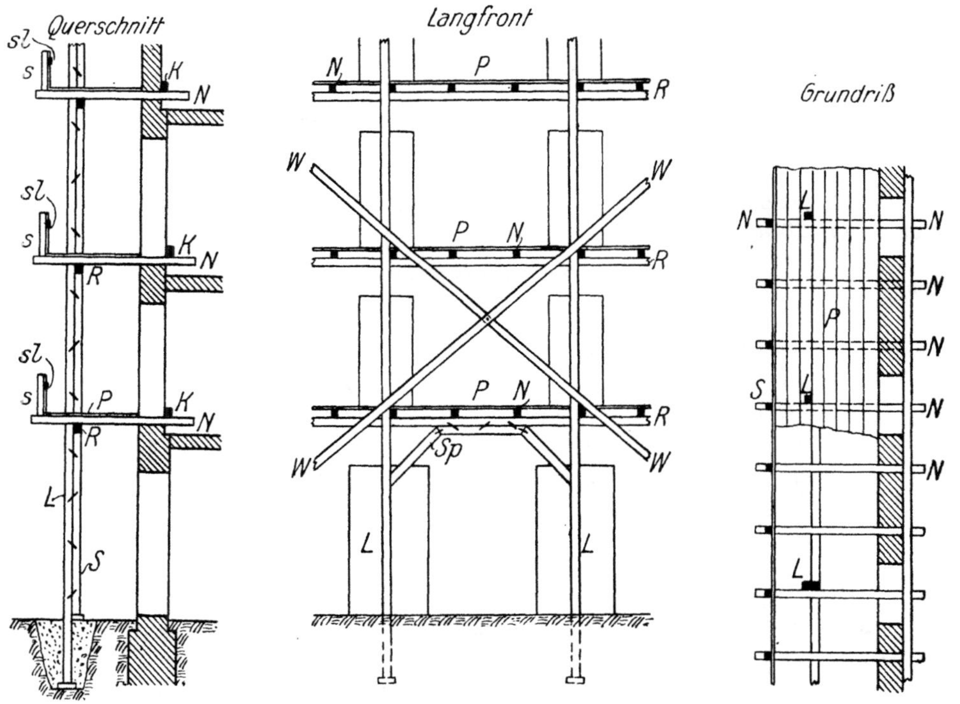

L = Landennen = Langtännen, 20/25 bis 25/25 cm
S = Steher, Stiele, Säulen, Packstall, 15/18 bis 18/20 cm
L = Langriegel, 16/16 bis 18/18 cm
R = Riegel
N = Netzriegel, Querriegel, 15/18 bis 18/20 cm
P = Pfostendielung, Bruckstreu, 5 bis 8 cm stark
W = Windstreben 12/15 cm
K = Körbaum, 12/15 cm
s = Scheuklötzel, sl = Scheuwand
Sp = Sprengwerk (wenn nötig)

a) bei Gebäuden bis zu einer Höhe von 10 m, wenn einerseits Landennen gestellt und anderseits die Polsterhölzer der Dielung auf das bestehende Gebäude aufgelegt werden können .... S 8.60

wenn beiderseits Landennen aufgestellt werden müssen, demnach das ganze Gerüst frei stehen muß .... „ 15,50

b) bei Gebäuden über 10 m Höhe, wenn einerseits Landennen gestellt und anderseits die Polsterhölzer der Dielung auf das bestehende Gebäude aufgelegt werden können .... „ 9,90

wenn beiderseits Landennen aufgestellt werden müssen, demnach das ganze Gerüst vollkommen freistehen muß .... „ 18,20

c) bei Kirchen und Türmen in jeder Höhe .... „ 24,40

Hänge- und Ausschußgerüste an Gebäuden bei kleinen Reparaturen usw. in drei Pfostenbreiten herstellen, wieder abtragen und wegräumen je m „ 15,50

für jeden Pfosten Mehrbreite je Längenmeter Gerüst ein Zuschlag von.. „ 1,80

Die Preise gelten für mindestens 30 m Frontlänge. Stockwerkzuschlag 15%.

Ausschußgerüste

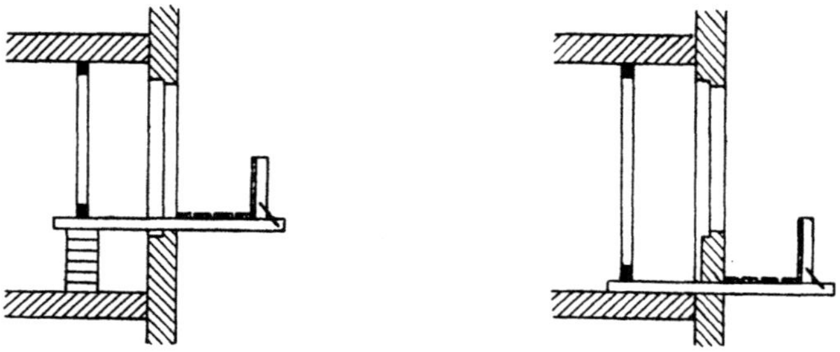

Schragengerüst, 4 bis 5 m lang, vier Pfosten breit, je Längenmeter, bei mindestens 20 m Länge.

Schragengerüst

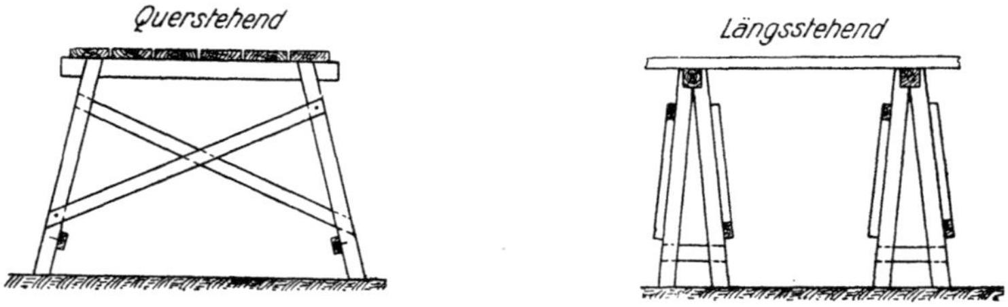

a) bis 4 m hoch .... S 2,95

b) über 4 „ „ .... „ 4,30

für jeden Pfosten Mehrbreite je Längenmeter Gerüst ein Zuschlag von.... „ 0,83

Stockwerkzuschlag 10%.

Stukkaturgerüste aufstellen und wieder abtragen, Mindestausmaß 200 m^2, je m^2:

bis 3 m Höhe .... S 3,30

über 3 bis 5 m Höhe .... „ 4,40

„ 5 „ 7 „ „ .... „ 5,50

Stockwerkzuschlag 10%.

Spezialgerüstungen

Patent-Leiter- und Hängegerüst

Diese Gerüste werden für Fassadenrenovierungen, Färbelungen, Fassadenverputz, Neuherstellung und Ausbesserungen sowie für diverse Arbeiten an den Fassaden der Gasse, Höfe und Lichthöfe zum Malen oder zur Montierung von Schildern verwendet.

1. **Patent-Leitergerüst** mit einer einen Pfosten breiten Arbeitsbühne von 2 zu 2 m Höhe, zwischen der Leiter auf den Schwingen aufliegend, mit Diagonal- und Horizontalverband, mit Patentarmen und Ösen an den Fassadenflächen oder Fensterspreizen, mit Gasrohren und Schraubenbolzen in den Fassadenöffnungen befestigt, je m² = *S 1,10.*

2. **Patent-Leiterkonsolgerüste** mit einer zwei Pfosten breiten Arbeitsbühne von 2 zu 2 m Höhe, außerhalb der Leiter auf einer eisernen Konsole aufliegend, montiert, sonst wie Post 1, je m² = *S 1,20*;

3. wie vor, jedoch noch mit einer einen Pfosten breiten Arbeitsbühne zwischen der Leiter, auf den Schwingen aufliegend, für Edel- (Kunststein-) Verputz je m² S. 1,30.

4. **Hängegerüste.** Diese werden in festem oder zerlegbarem Zustand von 2 bis 15 m Länge, je nachdem ob Gassen-, Hof- oder Lichthoffassaden berüstet werden, verwendet. Die Gerüste bestehen aus einer gesicherten Arbeitsbühne, die mit Hanfseilen über Kurbelrollen und im Dache montierte Ausschußriegel gehalten werden und durch die Arbeiter selbst vom Gerüst aus in beliebiger Höhe verstellbar sind. Preise ohne Schließung der Riegellöcher im Dache nach erfolgter Abrüstung.

Gassenberüstung je m² = *S 0,64.*

Hof-, Lichthof- und Feuermauerberüstung je 1 m² = *S 0,74.*

Die Preise gelten für die Benützung der Gerüste durch 21 Tage. Längerbenützung je Woche 10% Zuschlag.

Gemessen und gerechnet werden alle vom Gerüst bearbeiteten Flächen.

Der Preis versteht sich bei einem Mindestausmaß von 250 m² samt Zu- und Abtransport, Auf- und Abgerüstung sowie Leihgebühr.

Hängegerüst

Eingerüstung von Feuermauern, Bahnhöfen, Theatern, Monumentalbauten, Sälen und Türmen werden nur im Pauschale nach Übereinkommen berechnet.

B. Kosten, berechnet auf Grund des erforderlichen Arbeitsaufwandes

gemeinsam bearbeitet von Ing. Rudolf Schmahl, Zivilingenieur und Stadtbaumeister, und Baurat Ing. Wilhelm Kempler, Zivilingenieur und Baumeister

Für Zu- und Abfuhr (Auf- und Abladen) sowie Abnützung und Verlust ist auf die folgenden Ansätze ein Zuschlag von 30 bis 50% zu nehmen, der sich je nach der Lage des einzugerüstenden Objektes richtet.

Die Ansätze verstehen sich für ein **Mindestausmaß** von 250 bis 300 m² Fassadenfläche und eine Benützungsdauer von 21 Tagen. Bei kleineren Flächen ist je nach dem Arbeitsumfang ein Zuschlag von 5% aufwärts anzunehmen; für Überschreitung der angegebenen Benützungsfrist je Woche ist ein Zuschlag von 10% zu berechnen.

1 m² Hängegerüst (nach der Fassadenfläche gemessen; wegen Ausmaß siehe Fassadenrenovierung):

a) für Gassen- und Hoffassaden von 3 bis 4 Stock hohen Gebäuden 0,25 G. Preis *S 0,63*;

b) für Lichthöfe, wobei jede Fläche, die vom Hängegerüst aus bearbeitet wird, gemessen und verrechnet wird, 0,37 G. Preis *S 0,93*;

c) für ein- und zweistöckige Gebäude, freistehende Feuermauern, Hoffassaden 0,4 G. Preis *S 1,00*;

d) ein Gerüst zuführen, einmal auf- und abgerüsten:

Gerüstlänge in m	2 bis 6	6 bis 10	10 bis 14
G.	32	38	44

Anmerkung: Kommt nur für ganz geringfügige Arbeiten, wie kleinere Ausbesserungen, in Betracht.

e) für das einmalige Anhängen eines Gerüstes von 2 bis 14 m Länge bis zu 16 G.

Ausbrechen eines Gerüstriegelloches in der Dachfläche und provisorische Versicherung desselben gegen das Einregnen während der Benützung und nach Wegnahme des Gerüstes bis zur Eindeckung durch den Dachdecker, je Loch:

bei Ziegel- und Schieferdächern............	1 G.	Preis *S 1,50*
,, Blechdächern	1,5 ,,	,, ,, *2,25*
in Mauerwerk (z. B. Feuermauern)	1,2 M.	,, ,, *1,96*

1 m² Leitergerüste:

a) bei Gassenfassaden und freistehenden Feuermauern, ohne Konsolen 0,4 G. Preis *S 0,72*;

b) bei Hoffassaden, ohne Konsolen 0,44 G. Preis *S 0,79*;

c) bei Feuermauern über Dach, ohne Konsolen 1,2 G. Preis *S 2,16*.

Aufzahlung für Konsolengerüste auf a) bis c) 15% vom Gesamtansatz;

,, ,, 1 Lfm normales Schutzgerüst 0,2 G. Preis *S 0,36*;

,, ,, 1 m² extrabreites Schutzgerüst mit Stehern oder Stehleitern zur Aufrechterhaltung des Personenverkehres 1 G. Preis *S 2,52*;

d) für die Herstellung eines Aufzugschachtes samt der vorschriftsmäßigen Verschalung, je 1 m², in der Schalfläche gemessen, 0,5 G. Preis *S 1,26*;

c) für Abdeckung und Sicherung von Glasdächern, je m² (abgedeckte Fläche gemessen) 0,43 G. Preis *S 1,08*.

1 m Ausschußgerüst, 3 Pfosten breit, 2 G. Preis *S 3,00*.

Vollständiges Haupt- oder Langtennengerüst, bis 2 m breit, aus Rundholz und Pfosten, als Arbeitsgerüst und zur Materiallagerung entsprechend stark hergestellt:

1. Die Riegel einerseits auf der Mauer, anderseits auf Rosten aufliegend:

a) mit 2 Gerüstgeschossen, je 1 m 9,5 G. Preis *S 17,10*;

b) Aufzahlung für jedes weitere Gerüstgeschoß bis 4 m Höhe mehr 4,75 G. Preis *S 8,55.*

2. Freistehendes Hauptgerüst, d. i. nicht auf der Mauer, sondern beiderseits auf Rosten aufliegend:

a) mit 2 Gerüstgeschossen, je 1 m 12 G. Preis *S 21,6*;

b) Aufzahlung für jedes weitere Gerüstgeschoß bis 4 m Höhe mehr 3,75 G. Preis *S 6,75.*

Für Verbreiterung des Hauptgerüstes zur Anbringung von Aufzügen, zur Materiallagerung usw. im ersten Geschoß, je 1 m′ Gerüstgeschoß 2 G. Preis *S 3,00.*

Anmerkung: Zuschlag für jedes höhere Gerüstgeschoß: 0,02 G. Preis *S 0,30.*

1 Lfm Riegelgerüst, 4 Pfosten breit herstellen, bestehend aus Ständern auf Pfostenunterlagen, Rasteln, Riegeln und Pfosten samt Abplankung und den notwendigen Verspreizungen zu ebener Erde, einschließlich Abgerüsten, 1,65 G. Preis *S 2,47.*

Zuschlag für jedes höhere Geschoß, je 1 m 0,2 G. Preis *S 0,30.*

1 m Schragengerüst, 4 Pfosten breit, bis 4 m hoch herstellen und wieder abgerüsten, ohne Unterschied der Stockwerkshöhe, 0,43 G. Preis *S 0,64.*

1 m Schragengerüst wie vor, jedoch bis 3 m hoch, 0,37 G. Preis *S 0,55.*

1 m Schragengerüst, jedoch bis 2 m hoch (Sechsergerüst), 0,31 G. Preis *S 0,46.*

1 m Böckelgerüst, 4 Pfosten breit, herstellen und wieder abtragen 0,2 G. Preis *S 0,30.*

1 m Fußgerüst, 4 Pfosten breit, herstellen und wieder abtragen 0,3 G. Preis *S 0,45.*

1 m Brustwehr herstellen und wieder wegnehmen 0,1 G. Preis *S 0,15.*

1 m Schutzblenden aus Brettern und Staffelhölzern, an die Brustwehr schräg angelehnt, herstellen 0,15 G. Preis *S 0,22.*

1 m² Arbeitsgerüst herstellen und wieder abtragen, bestehend aus Riegel mit Pfostenbelag, zu ebener Erde 1 G. Preis *S 1,5.*

Anmerkung: Zuschlag je Gerüstgeschoß und 1 m²: 0,1 G. Preis *S 0,15.*

1 m² Rauchfanggerüst über Dach auf- und abgerüsten 2,1 G. Preis *S 4,5.*

1 m² Stukkaturgerüst auf- und abgerüsten, bis 3 m Höhe, ohne Unterschied des Stockwerkes, 0,5 G. Preis *S 0,75.*

1 m² Bauplatzeinplankung, bis 1,8 m hoch, herstellen und wieder abtragen, 1,8 G. Preis *S 2,7.*

Aufstellen von Zement- und Kalkhütten, Unterkunftshütten für die Bauarbeiter, Flugdächer, Bauaborte usw., aus Riegeln oder Kantholz für das Gerippe, mit Laden oder Pfosten, der Fußbodenbelag aus Pfosten, samt Einbau der notwendigen Türen und Fenster, je 1 m² verschalte Fläche, exklusive Glas, 0,75 G. Preis *S 1,12.*

Herstellung von **Sprengwerken** aus Gerüstholz, Beigabe aller erforderlichen Materialien, Einbau, Auswechslung und Abtragung:

a) für eingebautes Holz, wie Sprenger, Roste, Kappbäume, Aufsätze, je 1 m² 34 G. Preis *S 51,00*;

b) auf die gepölzte Fläche mit Pfosten, je 1 m² 1,4 G. Preis *S 2,10*;

c) auf die gepölzte Fläche mit Kanthölzern, je 1 m² 1,7 G. Preis *S 2,55*.

Für Herstellung von **Hebewerkgerüstungen** aus Gerüstholz, Beigabe aller erforderlichen Materialien, wie Holz, Klammern, Schrauben (ohne der Hebewerkzeuge), Aufstellen und Abtragen:

a) für eingebautes Holz, wie Steher, Roste, Unterzüge, Überlagen, Streben, je 1 m² 25 G. Preis *S 37,00*;

b) für die Herstellung erforderlicher Belagfläche mit Pfosten, je 1 m² 0,8 G. Preis *S 1,20*;

c) für die Herstellung erforderlicher Belagfläche mit Kanthölzern, je 1 m² 1,2 G. Preis *S 1,80*.

Anmerkung: Die Beistellung von Laufschienen, Traversen, Schrauben, Bolzen usw. ist separat zu verrechnen.

Herstellen, Ein- und Ausgerüstung von **Holzlehrbögen** für Gewölbe, Rippen und Gratekonstruktionen, Beigabe aller erforderlichen Materialien:

a) aus Brettern und Nägeln gezimmert, je 1 m² Lehrbogenlänge (Spannweite plus Pfeilhöhe), 1,3 Z. Preis *S 2,26*;

b) aus Pfostenholz gezimmert, mit Schrauben und Nägeln, je 1 m Lehrbogenlänge (Spannweite plus Pfeilhöhe), 2 Z. Preis *S 3,48*.

Beistellung der erforderlichen Schalung auf den Lehrbögen bei Gewölbeausführungen, Ein- und Ausgerüsten:

a) Bretterschalung, je 1 m² (Spannweite mehr Pfeilhöhe mal der Länge) 1 Z. Preis *S 1,74*;

b) Pfostenschalung, je 1 m² (Spannweite mehr der Pfeilhöhe mal der Länge) 1,5 Z. Preis *S 2,61*.

Einen **Materialaufzug** für Ziegel und Mörtel (Paternoster) bis zur Gerüstebene des ersten Obergeschosses betriebsfähig aufstellen, ohne Abladen und ohne Schachtverschalung, 50 G. Preis *S 75,00*.

Höherstellen um ein Geschoß, betriebsfähig, sonst wie vor, 10 G. Preis *S 15,00*.

Einen **Materialaufzug** ganz rückbauen und deponieren auf der Baustelle, ohne Aufladen, 20 G. Preis *S 30,00*.

Eine **Betonmischmaschine** betriebsfähig aufstellen, ohne Abladen, 135 G. Preis *S 202,00*.

Anmerkung: Bei Hochzug, für die erste Geschoßebene Zuschlag 75 G. Preis *S 112,00*, für jedes weitere Geschoß 15 G. Preis *S 22,00*.

Eine **Betonmischmaschine** ohne Hochzug abmontieren und deponieren, ohne Aufladen, 68 G. Preis *S 102,00*.

Anmerkung: Bei Hochzug, Zuschlag für jedes Geschoß 11 G. Preis *S 16,5*.

Einen **Handkran** mit Ausschußriegel samt Rolle betriebsfertig bis zur Gerüstebene des ersten Geschosses aufstellen 14 G. Preis *S 21,00*.

Anmerkung: Höher oder tiefer setzen, je Geschoß Zuschlag 6 G. Preis *S 9,00*.

Einen **Handkran** rückbauen und deponieren 7 G. Preis *S 10,5*.

Eine **Mörtelmischmaschine** betriebsfertig aufstellen 12 G. Preis *S 18,00*.

Eine **Mörtelmischmaschine** abmontieren und deponieren 4 G. Preis *S 6,00*.

Hafnerarbeiten — Herd- und Ofenbau

Kachelherdsetzen je Stück[1])

Plattengröße in Zoll	Herdkachel $^{21}/_{24}$ St.	Mauerziegel St.	Schaff Mörtel 1:4	Schaff Lehm	Schamotteziegel St.	Dachziegel St.	Bindedraht kg	Stunden Hafner	Stunden Hilfsarbeiter	+ Zuschläge in % für Type II Mat.	Type II Zeit	Type III Mat.	Type III Zeit
$^{18}/_{21}$	60	70	18	3	—	15	0,3	20	8	10%	15%	10% (von den Kacheln 30%)	25%
$^{18}/_{24}$	66	75	18	3	—	15	0,3	22	8				
$^{21}/_{24}$	80	90	20	4	—	18	0,4	26	8				
$^{21}/_{27}$	84	95	23	4	—	20	0,4	30	10				
$^{21}/_{30}$	88	100	25	4	6	24	0,5	35	10				
$^{24}/_{30}$	105	115	28	4	8	25	0,5	40	12				
$^{24}/_{36}$	120	125	30	5	10	26	0,6	48	15				
$^{27}/_{36}$	130	140	32	5	10	26	0,6	54	18				
$^{27}/_{39}$	138	160	33	5	12	26	0,7	60	18				
$^{30}/_{36}$	138	160	33	6	12	28	0,7	60	18				
$^{30}/_{42}$	148	190	38	6	15	30	0,8	75	20				
$^{33}/_{48}$	170	225	45	6	20	35	1,0	96	24				

Anmerkung: Siehe auch folgende Tabelle

Annahme: Drei Reihen Wandkachel. Bis Plattengröße $^{18}/_{24}$ ein, sonst zwei Bratrohre. Eisenzeug!

Type I

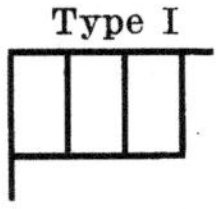

Type II

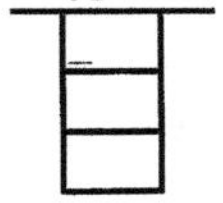

Type III

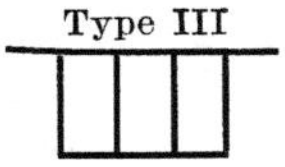

[1]) Entnommen: A. Ilkow: Material- und Zeitaufwand bei Bauarbeiten. 3. Aufl. Wien: Julius Springer. 1927.

Kachelofensetzen (glatte) je Stück[1])

Größe in Kacheln $^{21}/_{24}$ breit	tief	hoch	Ofenheizfläche m²	Schaff Lehm	Schamotteziegel St.	Dachziegel St.	Bindedraht kg	Stunden Hafner	Stunden Hilfsarbeiter
1½	1½	5	1,8	7	—	15	0,2	16	5
1½	1½	6	2,1	8	—	18	0,2	17	5
2	1½	5	2,2	8	3	18	0,2	20	5
2	1½	6	2,5	9	5	20	0,3	23	6
2	2	6	2,9	10	7	22	0,3	24	6
2	2½	6	3,3	12	10	25	0,4	26	7
3	2	6	3,7	14	12	30	0,4	30	8
3	2½	6	4,2	16	14	35	0,5	36	8
3	2½	7	4,7	18	14	40	0,5	39	10
3	3	7	5,2	22	16	45	0,6	45	12
3½	3	7	5,7	25	18	50	0,7	49	15
4	3	7	6,2	30	20	60	0,9	55	18
4	3	8	6,9	35	22	70	1,0	60	24

Anmerkung:

1 Schaff mit 10 Liter Inhalt. Bei Ermittlung der Ofenheizfläche ist eine obere Abschlußschichte von 10 cm angenommen.

Rostfläche = $^{1}/_{150}$ der Heizfläche. Der Bedarf an Schamottemörtel beträgt etwa 5% der Kalkmörtelmenge. Die Kachelzahl wurde wie folgt ermittelt:

1 gewöhnliche Kachel	= 1	St.
1 Eckkachel	= 2	,,
1 Gesimskachel	= 1½	,,
1 Gesimseck	= 3	,,
1 Wandleck	= 4	,,

Bei gewöhnlichen, nur gemauerten Herden entfallen Herdkachel + Bindedraht, vergrößert sich die Mörtelmenge um etwa 15%, verringert sich die Zeit für das Setzen um 20%.

[1]) Entnommen: A. Ilkow: Material- und Zeitaufwand bei Bauarbeiten. 3. Aufl. Wien: Julius Springer. 1927.

Herd- und Ofenbau

Zusammengestellt nach den Preislisten der Fa. Hans Schüller u. Co., Wien

Postnummer	Ofengattung	Plattengröße/Breite des Herdbrettes in cm	Bratröhren: Anzahl	Bratröhren: Maße in cm	Inhalt des kupfernen Wasserwandels in Litern	Heizbrust in Zoll	Lochplatte, gebunden	Wandeinfassung	Eisenzeug	Herstellung	Nettopreise in S (ab Fabrik): eckstehend	Nettopreise in S (ab Fabrik): freistehend	Aufzahlung in Schilling für eiserne Schutzstange: eckstehend	Aufzahlung in Schilling für eiserne Schutzstange: freistehend	Aufzahlung in Schilling für besetzte Wandeinfassung	Aufzahlung in Schilling für Tellerrost	Anmerkung
1[1])	**Tischherde** einschließlich Herdbrett, Eckschiene, Fußtritt, Rost (Abb. 38)	47×71/7	1	29×46	—	—	eine	—	schwarz lackiert	in Rohbau gemauert	135	153	—	—	—	—	[1]) Hiezu ein Heiz- und ein Aschentürl. Aufschlag für Heizbrust mit Schutzplatte *S 10,00*
		47×79/7	1	29×46	—	—		—			140	158	—	—	—	—	
		55×79/8	1	29×50	—	—		—			153	173	—	—	—	—	
		55×87/8	1	32×50	—	—		—			165	185	—	—	—	—	
2[2])		47×71/7	1	29×46	—	5/6		glatt	blankgefeilt und poliert	mit weißen Fliesen verkleidet	210	235	12	18,0	3,6	12	[2]) Poterieverlängerung ohne Beigabe der Tonrohre *S 25,00*
		47×79/7	1	29×46	—						220	245	13	19,5	3,8	12	
		55×79/8	1	29×50	—						240	270	14	21,0	4,0	12	
		55×87/8	1	32×50	—						260	290	15	22,5	4,3	12	
3[3])		47×79/7	1	29×46	16	5/6 mit Schutzplatte		glatt, 60 cm hoch			275	300	13	19,5	3,8	12	[3]) Wasserwandl, liegend
		47×87/7	1	29×46	16						285	310	14	21,0	4,0	12	
		55×79/8	1	29×50	16						300	330	14	21,0	4,0	12	
		55×87/8	1	29×50	16						320	350	15	22,5	4,3	12	
4[4])		47×87/7	1	29×46	10						280	305	14	21,0	4,0	12	[4]) Wasserwandl, stehend: ad 1 bis 4 Aufzahlung für zweite Lochplatte *S 1,50*
		47×95/7	1	29×46	10						290	315	15	22,5	4,3	12	
		55×87/8	1	29×50	10						310	340	15	22,5	4,3	12	
		55×95/8	1	32×50	12						330	360	16	24,0	4,6	14	
		55×103/8	1	32×50	12						350	380	17	25,5	5,0	14	
5		55×87/8	2	29×50	13		zwei	glatt			345	375	15	22,5	4,3	12	[5]) Stärkere Ausführung für Gasthäuser usw. mit 1/2 Zoll starken Platten
		55×95/8	2	32×50	13						365	395	16	24,0	4,6	14	
		55×103/8	2	32×50	13						385	415	17	25,5	5,0	14	
		63×95/8	2	32×55	13						400	435	17	25,5	5,0	14	
		63×103/8	2	32×55	13						420	455	18	27,0	6,0	14	
		63×110/8	2	32×55	15						480	515	20	30,0	6,6	20	
		71×110/8	2	35×60	18						540	580	25	35,0	8,0	20	
		71×118/8	2	35×60	18						560	600	25	35,0	10,0	20	
6[5])		71×110/9	2	35×60	18						620	670	25	35,0	8,0	20	
		71×118/9	2	35×60	18						650	700	25	35,0	10,0	20	
		79×126/10	2	40×70	30						850	950	30	50,0	15,0	28	
		79×142/12	2	45×70	30						1000	1100	40	75,0	20,0	28	

Postnummer	Ofengattung	Plattengröße/Breite des Herdbrettes in cm	Bratröhren: Anzahl	Bratröhren: Maße in cm	Inhalt des kupfernen Wasserwandels in Litern	Heizbrust in Zoll	Lochplatte, gebunden	Wandeinfassung	Eisenzeug	Herstellung	Nettopreise in S (ab Fabrik): eckstehend	Nettopreise in S (ab Fabrik): freistehend	Aufzahlung in Schilling für Wärmerohr (Rechaud)	Aufzahlung in Schilling für Tellerrost: eckstehend	Aufzahlung in Schilling für Tellerrost: freistehend	Aufzahlung in Schilling für Kohlenwagen	Anmerkung
7[6])	**Aufsatzherde** einschl. Herdbrett mit eiserner Schutzstange, Eckschienen, Fußtritt, Holzlochrahmen, vier Putztürl, Rost (Abb. 39)	55×79/8	2	32×50	18	5/6	zwei	und Kopfeinfassung	blankgefeilt und poliert	mit weißen Fliesen verkleidet	520	635	29	13	19	48	[6]) Aufzahlung für Putztürlbrust *S 6,40*
		55×87/8	2	32×50	18	5/6					540	658	29	15	23	48	
		55×95/8	2	32×50	18	5/6					560	680	29	15	23	48	
		63×79/8	2	32×55	18	5/6					560	680	31	13	19	48	
		63×87/8	2	32×55	18	5/6					585	710	31	15	23	48	
		63×95/8	2	32×55	18	5/6					610	735	31	15	23	48	
		63×103/8	2	32×55	18	5/6					635	765	31	22	34	60	
		63×110/8	2	32×55	18	5/6					660	800	31	22	34	60	

Gasherdanbau. Verlängerung von Herdbrett und Fußtritt um die Gasherdplatte, zwei Kochstellen samt Ringen, einer Gasbratröhre mit allen erforderlichen Einschubblechen, Hähnen und Gasrohren samt Wechselhahn. Preis für Gasherdanbau *S 500,00*.

Kesselherdanbau. Anbau eines Kupferkessels samt Herdbrettverlängerung, Heizbrust $^5/_6''$ mit Aschentürl, Rost, mit weißen Fliesen verkleidet, komplett aufgestellt:

a) Kupferkessel, 40 cm Durchmesser, Kesselblech (Schwarzblech) 55/55 cm .... S 164,00 (170,00)[1])

b) Kupferkessel, 46 cm Durchmesser, Kesselblech (Schwarzblech) 63/63 cm................................. „ 193,00 (200,00)[1])

Gasthausherde (zwei Bratröhren, Wasserwandl, Wärmerohr, Tellerrost usw.), je nach Größe:

freistehend....S 860,00 bis 2700,00, längsfreistehend.... S 1080,00 bis 3500,00

Abb. 38. Tischherd

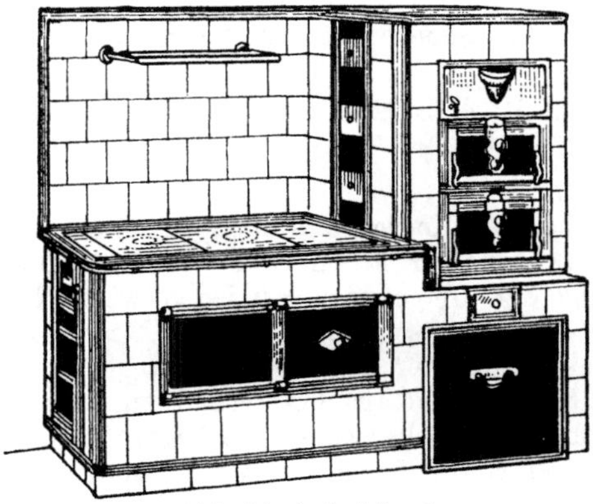

Abb. 39. Aufsatzherd

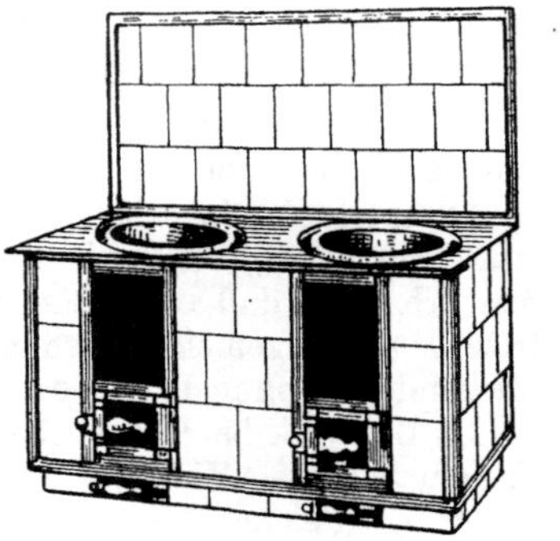

Abb. 40. Waschküchenherd

Restaurationsherde (drei Bratröhren, Wasserwandl, Wärmerohr, Tellerrost usw.): *S 4000,00*; Anbau eines **Wärmekastens** *S 300,00*, eines **Fleischkesselherdes** *S 700,00*.

[1]) Wenn eiserne Schutzstange mitgeliefert wird.

Waschküchenherde (Abb. 40)

Ausstattung			Kupferkessel		Durchmesser in cm / Anzahl		46 / 1	46 / 2	50 / 1	50 / 2	55 / 1	55 / 2	60 / 1	60 / 2
Abdeckblech aus verzinktem Eisenblech, Fußtritt, Eckschiene, alles Eisenzeug, schwarz	Heiztürl mit Schutzplatte Aschentürl	im **Rohbau**, verputzt oder die Fugen verbrämt	eckstehend			Schilling	180	340	200	380	235	445	270	510
			freistehend			Schilling	200	360	220	400	260	470	300	540
			Aufzahlung für	Heizbrüste	1	Schilling	9	—	12	—	12	—	12	—
					2	Schilling	—	18	—	24	—	24	—	24
				Holzdeckel	1	Schilling	9	—	9	—	10,5	—	12,5	—
					2	Schilling	—	18	—	18	—	21	—	25
	Zwei Heiztürl, zwei Aschentürl	mit weißen Fliesen verkleidet	eckstehend			Schilling	210	400	235	450	275	530	310	600
			freistehend			Schilling	235	420	260	470	300	550	350	620
			Aufzahlung für	Heizbrüste	1	Schilling	9	—	12	—	12	—	12	—
					2	Schilling	—	18	—	24	—	24	—	24
				Holzdeckel	1	Schilling	9	—	9	—	10,5	—	12,5	—
					2	Schilling	—	18	—	18	—	21	—	25
				4 Reihen Wandverfliesung	eckstehend	Schilling	60	90	65	100	75	120	85	130
					freistehend	Schilling	40	60	43	65	55	75	65	85

Schornsteine für Dampfkesselanlagen und Industrieöfen

Von L. Gussenbauer & Sohn, Wien

Genaue Stabilitätsberechnung, richtige Errechnung der Höhe und Lichtweite, sowie zweckmäßige Auswahl des Baumaterials, das sowohl den Witterungseinflüssen wie auch den Einwirkungen hoher Abgastemperaturen, Säuredämpfen usw. Widerstand bietet, ist Hauptbedingung.

Für Österreich stehen die durch ÖNORM B 2201 mit dem Ausgabedatum vom 1. Februar 1922 herausgegebenen Vorschriften über die Standfestigkeit gemauerter hoher Schornsteine in Geltung.

Allgemeines. Schornsteine, die die Verbrennungsgase großer Feuerungsanlagen abzuführen haben, stellen in der Regel Bauwerke für sich dar. Sie sollen eine solche Höhe erhalten, daß eine Rauchbelästigung der Umgebung vermieden wird. Hierfür dürfte es im allgemeinen genügen, wenn die Schornsteinmündung die Dachfirste der umliegenden Wohngebäude um mindestens fünf Meter überragt.

Als Bauwerk betrachtet, bestehen die Schornsteine aus dem Grundbau, dem Sockel und dem Schafte. Wird ein Schornstein ohne Sockel hergestellt, so beginnt der Schaft mit der Erdgleiche. Gemauerte Schornsteine sind solche, bei denen mindestens der Schaft aus Ziegelmauerwerk oder Betonhohlsteinmauerwerk hergestellt ist. Grundbau und Sockel können aus Ziegelmauerwerk oder Stampfbeton hergestellt werden.

Auch Schornsteine, die nach Art der gemauerten Schornsteine aus einzelnen vorgearbeiteten Formsteinen aus Stampfbeton (Betonsteinen) hergestellt werden und deren etwaige Stahleinlagen bei der Berechnung der Standfestigkeit unberücksichtigt bleiben, unterliegen den Bestimmungen für die gemauerten Schornsteine.

Tabelle für runde Schornsteine aus radialen Tonformsteinen für Dampfkesselfeuerungen

Kaminhöhe	m	16,00			20,00				25,00	
Obere lichte Weite	m	0,60	0,70	0,80	0,60	0,70	0,80	0,90	0,60	0,70
Inhalt in m³: des Betons		3,95	3,95	4,15	5,20	5,20	5,40	5,55	6,50	6,75
Inhalt in m³: des Fundamentes		4,55	4,55	4,80	5,20	5,20	5,50	5,80	6,25	6,25
Inhalt in m³: des achteckigen Postamentes		10,00	10,00	10,00	14,40	14,40	14,50	14,50	20,85	20,85
Inhalt in m³: der runden Säule		12,60	12,60	13,20	18,70	18,70	19,60	20,30	28,40	28,40
Höhe des Isolierfutters	m	5,00	5,00	5,00	5,00	5,00	5,00	5,00	5,00	5,00
Inhalt des Erdaushubes	m³	9,00	9,20	10,70	11,70	12,00	12,80	13,60	14,80	15,70
Kostensumme	S	2890	2895	2990	3780	3810	3880	4040	5490	5510

Kaminhöhe	m	25,00			30,00					
Obere lichte Weite	m	0,80	0,90	1,00	0,60	0,70	0,80	0,90	1,00	1,10
Inhalt in m³: des Betons		7,00	7,20	7,40	10,60	10,60	10,80	11,90	12,50	12,80
Inhalt in m³: des Fundamentes		7,30	8,00	8,30	10,80	10,80	11,40	13,70	14,60	15,50
Inhalt in m³: des achteckigen Postamentes		21,45	22,80	23,20	30,50	30,50	30,50	31,40	32,30	32,40
Inhalt in m³: der runden Säule		29,30	29,60	29,60	39,20	39,20	40,25	41,45	42,60	43,80
Höhe des Isolierfutters	m	5,00	5,00	5,00	6,00	6,00	6,00	6,00	6,00	6,00
Inhalt des Erdaushubes	m³	17,00	18,10	19,10	28,90	29,60	31,20	33,50	35,80	36,70
Kostensumme	S	5650	5850	6020	8620	8630	9180	9540	10920	10260

Kaminhöhe	m	35,00								40,00
Obere lichte Weite	m	0,60	0,70	0,80	0,90	1,00	1,10	1,20	1,30	0,90
Inhalt in m³: des Betons		12,35	12,35	12,40	12,40	13,65	14,80	15,10	15,40	19,60
Inhalt in m³: des Fundamentes		14,60	14,60	15,10	15,50	16,10	18,70	18,70	20,70	18,20
Inhalt in m³: des achteckigen Postamentes		41,40	41,40	42,70	44,10	45,40	48,10	49,00	50,00	53,10
Inhalt in m³: der runden Säule		54,70	54,70	56,30	57,00	58,50	59,70	60,30	61,00	74,20
Höhe des Isolierfutters	m	7,00	7,00	7,00	7,00	7,00	7,00	7,00	7,00	8,00
Inhalt des Erdaushubes	m³	36,50	36,50	37,40	39,80	42,00	47,70	50,80	53,90	57,40
Kostensumme	S	12150	12150	12400	12645	12810	12960	13275	13590	15390

Kaminhöhe	m	40,00						45,00		
Obere lichte Weite	m	1,00	1,10	1,20	1,30	1,40	1,50	1,10	1,20	1,30
Inhalt in m³: des Betons		20,00	21,80	22,20	22,60	23,80	25,40	24,60	26,70	27,10
Inhalt in m³: des Fundamentes		19,30	20.40	21,50	22,60	23,70	24,80	20,80	21,30	21,80
Inhalt in m³: des achteckigen Postamentes		54,50	55,70	56,50	57,30	58,40	59,10	70,30	70,30	71,20
Inhalt in m³: der runden Säule		74,20	74,80	74,80	76,10	77,40	79,20	93,50	93,50	96,90
Höhe des Isolierfutters	m	8,00	8,00	8,00	8,00	8,00	8,00	9,00	9,00	9,00
Inhalt des Erdaushubes	m³	58,50	62,20	64,60	67,10	70,90	75,10	68,60	75,80	77,60
Kostensumme	S	15720	15970	16200	16560	16830	17100	19530	19710	20250

Kaminhöhe m	45,00				50,00					
Obere lichte Weite m	1,40	1,50	1,60	1,70	1,40	1,50	1,60	1,70	1,80	1,90
Inhalt in m³ des Betons	27,60	27,70	27,90	28,10	28,90	29,30	29,70	31,90	32,10	32,60
Inhalt in m³ des Fundamentes	22,50	23,30	24,10	24,80	26,40	27,20	28,00	28,70	29,50	30,30
Inhalt in m³ des achteckig. Postamentes	74,60	75,70	76,70	77,80	102,80	104,70	107,80	108,60	110,50	112,60
Inhalt in m³ der runden Säule	97,10	99,02	101,30	103,30	114,90	116,90	119,40	123,00	124,40	126,90
Höhe des Isolierfutters m	9,00	9,00	9,00	9,00	10,00	10,00	10,00	10,00	10,00	10,00
Inhalt des Erdaushubes m³	81,50	83,60	85,90	87,70	87,20	90,20	95,00	96,70	99,90	101,70
Kostensumme S	20 700	21 150	21 500	21 870	26 320	26 600	26 730	26 820	27 800	28 350

Kaminhöhe m	50,00	55,00							60,00	
Obere lichte Weite m	2,00	1,50	1,60	1,70	1,80	1,90	2,00	2,10	1,70	1,80
Inhalt in m³ des Betons	32,90	40,20	40,80	41,40	41,90	43,10	46,80	47,40	49,40	52,60
Inhalt in m³ des Fundamentes	31,10	26,40	27,80	29,30	30,70	32,10	33,70	36,60	33,40	34,90
Inhalt in m³ des achteckig. Postamentes	114,50	131,10	133,90	136,70	139,60	142,40	145,20	148,70	170,60	172,20
Inhalt in m³ der runden Säule	129,40	143,90	146,90	149,70	152,60	155,40	158,30	161,20	192,00	195,30
Höhe des Isolierfutters m	10,00	11,00	11,00	11,00	11,00	11,00	11,00	11,00	12,00	12,00
Inhalt des Erdaushubes m³	105,00	101,50	102,90	104,40	105,90	107,40	108,90	123,10	118,10	131,60
Kostensumme S	28 870	31 730	32 200	33 100	34 000	34 740	35 650	35 500	41 670	42 030

Kaminhöhe m	60,00					65,00				
Obere lichte Weite m	1,90	2,00	2,10	2,20	2,30	1,90	2,00	2,10	2,20	2,30
Inhalt in m³ des Betons	53,30	54,00	58,30	60,20	62,10	77,40	78,90	80,40	81,80	83,40
Inhalt in m³ des Fundamentes	36,40	38,00	43,50	46,20	49,00	47,90	48,70	49,60	50,40	51,20
Inhalt in m³ des achteckig. Postamentes	173,60	175,30	177,00	180,00	183,00	31,90	32,40	33,10	33,60	34,20
Inhalt in m³ der runden Säule	198,50	201,70	204,50	208,00	212,00	372,90	375,10	377,30	380,60	382,80
Höhe des Isolierfutters m	12,00	12,00	12,00	12,00	12,00	13,00	13,00	13,00	13,00	13,00
Inhalt des Erdaushubes m³	133,30	135,10	145,80	153,00	165,10	190,30	192,50	195,90	196,80	202,40
Kostensumme S	42 700	43 600	44 800	45 900	46 950	51 840	52 020	52 600	53 510	53 900

Kaminhöhe m	65,00		70,00							
Obere lichte Weite m	2,40	2,50	2,00	2,10	2,20	2,30	2,40	2,50	2,60	2,70
Inhalt in m³ des Betons	84,80	85,90	89,40	93,00	96,50	100,20	103,80	107,40	111,10	114,60
Inhalt in m³ des Fundamentes	52,10	57,00	50,50	55,10	59,60	64,20	68,70	73,30	77,70	82,00
Inhalt in m³ des achteckig. Postamentes	34,90	35,60	28,30	28,70	29,10	29,50	29,90	30,20	30,60	31,10
Inhalt in m³ der runden Säule	385,10	388,90	468,30	478,50	488,60	498,70	508,80	519,00	529,20	539,30
Höhe des Isolierfutters m	13,00	13,00	14,00	14,00	14,00	14,00	14,00	14,00	14,00	14,00
Inhalt des Erdaushubes m³	204,70	213,80	193,50	207,70	219,60	231,80	248,20	261,10	281,30	295,20
Kostensumme S	54 450	55 100	62 730	64 620	66 150	68 040	68 760	71 300	73 170	75 240

In vorstehenden Tabellen ist das Isolierschutzfutter für Dampfkesselbetrieb aus radialen Formsteinen angenommen. Für Industrieöfen mit hohen Abgastemperaturen ist dieses Isolierschutzfutter aus Schamottematerial in entsprechender Höhe zu projektieren.

Kesseleinmauerungen

Gegenstand	Ziegelmauerwerk im Fundament mit Ziegeln österr. Format	Rotziegelmauerwerk über Heizerstandfußboden	Schamotteziegelmauerwerk hochfeuerfester Spezialqual., Segerkegel 34[1])	Schamotteziegelmauerwerk feuerfester Qualität Segerkegel 29/30[2])
	Aufwand je m³			
Mauerziegel ....Stück	280	280	—	—
Schamottematerial .... kg	—	—	1900	1900
Gelöschter Weißkalk .... m³	0,11	0,11	—	—
Reiner Mauersand........... m³	0,30	0,30	—	—
Spezialmaurerstunden	10	13½	30	25
Handlangerstunden, männl.......	6	6	9	8
„ weibl........	4	4	6	5
Beiläufiger Einheitspreis bei 16% Zuschlag für soziale Lasten (ohne Regie und Gewinn).................. S	66,70	74,20	499,00	258,20

1) Schmelzpunkt 1750°. 2) Schmelzpunkt 1650/1670°.

Stukkaturarbeiten

Bearbeitet von A. R. Bergmann & Co., Bauunternehmung, Wien

Stukkaturrohr (Auszug aus ÖNORM B 3641 vom 15. November 1925). Schilfrohr (Phragnites communis), im Winter nach vollständiger Austrocknung geschnitten; es unterscheidet sich von den nicht zulässigen Sumpfpflanzen durch die Stengelknoten und die endständigen Fahnen (Blüten). Dient als Mörtelträger und für Dacheindeckung. Es darf nur gesundes Rohr nach Abschneiden der Fahnen verwendet werden. Das Stukkaturrohr wird in Meterbünden (Umfang, gemessen 50 cm vom Schnitt, ungefähr 1 m) oder in Handbuschen gehandelt. Fünf Handbuschen sind ungefähr gleich einem Meterbund. Stukkaturrohr ist vor Feuchtigkeit geschützt zu lagern. Die Länge der Stämme ohne Fahnen muß mindestens 2 m betragen.

Stukkaturrohrgewebe (Auszug aus ÖNORM B 3642 vom 15. November 1925) sind Matten, die aus Stukkaturrohr durch Umschlingung der einzelnen Stämme mit Draht in gleichen Abständen geflochten wurden. Dienen als Mörtelträger. Man unterscheidet:

- weites Stukkaturrohrgewebe: mit Zwischenräumen von zwei bis drei Stammstärken, höchstens 2 cm,
- enges Stukkaturrohrgewebe: mit Zwischenräumen von einer Stammstärke,
- dichtes Stukkaturrohrgewebe: Stämme liegen Mann an Mann.

Es darf nur weicher (geglühter) Stahldraht verwendet werden. Der Verkauf erfolgt ausschließlich nach Flächenmaß.

Materialpreise ab Lager:

1 Meterbund Stukkaturrohr .....S 1,80	1 m² Kokkolithplatten, 3 cm stark S 2,65
1 m² Stukkaturrohrgewebe ......„ 0,18	1 „ Rohrdielen, 2 cm stark ......„ 2,10
1 „ Rabitznetz, verzinkt ......„ 1,10	1 „ „ 3 „ „ ......„ 2,65
1 „ Staußziegelgewebe..........„ 2,35	1 „ Korksteinersatz A. T., 3 cm stark ....„ 2,75
1 „ Holzstabgewebe ....„ 1,80	
1 „ Kokkolithplatten, 2 cm stark „ 2,10	

1 m² Korksteinersatz, A. T., 5 cm stark . . . . S 3,70
1 „ Zehoplatten, 2 cm stark . . . . „ 2,50
1 „ „ 5 „ „ . . . . „ 4,10
1 „ Heraklithplatten, 2,5 cm stark „ 2,70
1 „ „ 5 „ „ „ 4,40
100 kg Gips . . . . „ 7,00
1 m³ gel. Weißkalk (1000 l) . . . . „ 40,00
1 kg Stukkaturdraht Nr. 9 . . . . . . „ 0,95
1 „ verzinkter Draht, Nr. 20 . . „ 0,92
1 „ blanker Draht, 3 mm stark „ 0,70
1 „ Nägel, 60 mm lang (rund 330 Stück) . . . . „ 0,70
1 kg Stukkaturhaken, 18/25 (rund 720 Stück) . . . . S 0,86
1 „ Stukkaturhaken, 25/30 (rund 1020 Stück) . . . . „ 0,77
100 Stück verz. Beilagscheiben 25 × 25 × 1 mm . . . . „ 1,60
1 Rolle Isolierbandage 10 m lang, 80 mm breit . . . . „ 0,60
1 Stukkaturerstunde . . . . „ 2,00
1 Maurerstunde . . . . „ 1,68
1 Gerüsterstunde . . . . „ 1,56
1 Handlangerstunde . . . . „ 1,29
1 Handlangerinnenstunde . . . . „ 0,88

Für Hohlkehlen sind bei der Verrechnung 15 cm bei jedem Wandanschluß zu den Längen- und Breitenausmaßen zuzuschlagen.

Wand- und Deckenverkleidungen mit einseitigem Gipsmörtelverputz

Je m²	Kokkolithplatten		Rohrdielen		Korkstein-, BK- und Korksteinersatz- (A. T.) Platten		Staußziegelgewebe	Zeho- und Heraklithplatten¹)	
	2 cm	3 cm	2 cm	3 cm	3 cm	5 cm	2 cm	2 cm	5 cm
Platten . . . . m²	1,05	1,05	1,05	1,05	1,00	1,00	—	1,07	1,07
Staußziegelgewebe . . . . m²	—	—	—	—	—	—	1,05	—	—
Gips . . . . kg	4	4,5	4	4,5	4	5	6	4,5	5,5
Leim . . . . kg	0,02	0,02	0,02	0,02	0,03	0,03	—	—	—
Gelöschter Weißkalk l	3	3	3	3	3	3	5	3	3
Sand l	10	10	10	10	10	14	15	10	14
Nägel, 60 mm . . . . Stück	10	10	10	10	20	20	4	20	20
Draht, 3 mm . . . . kg	—	—	—	—	—	—	0,15	—	—
Verz. Beilagscheiben . . Stk.	—	—	—	—	—	—	—	18	10
Jute- oder Nesselstreifen m′	—	—	—	—	—	—	—	2,5	2,50
Maurerstunden	0,80	0,80	0,80	0,80	0,80	0,85	0,70	0,80	0,85
Handlangerstunden	0,40	0,40	0,40	0,40	0,40	0,45	0,50	0,40	0,45

Hierzu kommen Gerüsterstunden 0,25; Stockwerkszuschlag: je 0,10 Gerüster- und Handlangerstunden.

¹) Um Risse bei den Deckenverkleidungen zu vermeiden, Stoß- und Lagerfugen mit Jute- oder Nesselstreifen bandagieren.

Stukkaturung auf voller Schalung

Bedarf je m²	Mit Stukkaturrohr				Mit Stukkaturrohrgewebe				Anmerkung
	Weißkalkmörtel		Gipsmörtel		Weißkalkmörtel		Gipsmörtel		
	einfach	doppelt	einfach	doppelt	einfach	doppelt	einfach	doppelt	
Stukkaturrohr . . . . Bund	0,06	0,10	0,06	0,10	—	—	—	—	1 Bund = 1,00 m lg.
Stukkaturrohrgewebe . m²	—	—	—	—	1,05	2,10	1,05	2,10	
Gips . . . . kg	—	—	5,5	7	—	—	5,5	7,0	vollkommen ebene Schalung vorausgesetzt
Weißkalk, gelöscht l	10	12	9	11	9	11	7	7,5	
Sand l	20	24	18	22	18	22	15	18	
Stukkaturdraht Nr. 9 . kg	0,04	0,07	0,04	0,07	0,02	0,02	0,02	0,02	
Stukkaturhaken 18/25 St.	55	50	55	50	30	10	30	10	
Stukkaturhaken 25/30 „	—	30	—	30	—	30	—	30	
Stukkaturerstunden	0,70	0,75	0,65	0,70	0,60	0,65	0,55	0,60	
Hilfsarbeiterinnenstunden	0,65	0,70	0,60	0,65	0,55	0,60	0,55	0,60	Stockwerkszuschlag: 0,10
Gerüsterstunden	0,25								0,10

Stukkaturung ohne Schalung

Bedarf je m²	Drahtarmiertes Rohrgewebe		Freihängende Rabitzkonstruktion					Holzstabgewebe (Backula- und Kolumbusgewebe)	△ Latten auf Schalung	Stockwerkzuschlag
	unter Trämen	unter Betondecken mit Aufhängevorrichtung	Rohrgewebe	Rabitznetz		Staußziegelgewebe				
	Gipsmörtel				Zementmörtel		Gipsmörtel			
Stukkaturrohrgewebe ... m²	2,10	2,10	2,10	—	—	—	—	—	—	
Rabitznetz ... m²	—	—	—	1,03	1,03	—	—	—	—	
Staußziegelgewebe .. m²	—	—	—	—	—	1,05	1,05	—	—	
Holzstabgewebe .... m²	—	—	—	—	—	—	—	1,05	—	
Latten ... m	—	—	—	—	—	—	—	—	13	
Gips ... kg	9	9	9	10	—	—	7	6	11	
Zement ... kg	—	—	—	—	8	5	—	—	—	
Weißkalk, gelöscht ... l	15	15	15	15	8	5	7	5	11	
Sand ... l	25	25	25	25	25	25	25	15	26	
Verzinkter Draht Nr. 20 ... kg	0,10	0,10	0,10	0,05	0,05	0,30	0,30	—	—	
Rundeisen ϕ 5 mm. kg	—	0,40	0,40	0,40	0,40	—	—	—	—	
„ ϕ 8 mm. kg	—	0,80	0,80	0,80	0,80	0,40	0,40	—	—	
Nägel, 60 mm lang, Stück	10	—	—	—	—	4	4	8—10	55	
Stukkaturerstunden ...	0,60	0,70	1,10	1,40	1,45	1,40	1,30	0,60	0,60	
Handlangerstunden ...	—	—	—	—	—	0,40	0,40	—	—	0,10
Handlangerinnenstunden ...	0,60	0,70	1,10	1,40	1,45	0,08	0,08	0,60	0,60	
Gerüststunden	0,25									0,10

Kunst-, Stuckmarmor- und Stukkolustro-Arbeit

Stuckmarmor, in beliebigen Farben geadert, samt Herstellung des Grundes, des Polierens und Schleifens, an Arbeit und Material, je m² ..... S 22,00

Derselbe, porphyrartig, je m² ... „ 32,00

„ nach Art des Lapislazuli, je m² ... „ 40,00

Stukkolustro-Wandverkleidung in beliebiger Farbe, samt Herstellung des Grundes auf dem Mauerputz sowie Glätten, Bügeln und mit Wachs überziehen, je m² ... „ 12,00

Desgleichen, jedoch nur glätten und marmorartig malen, je m² ... „ 5,00

Stuckarbeiten aus Papiermaché, naturfärbig

(Für Vergoldung oder Malerei ist ein Zuschlag zu rechnen)

Rosetten,						
Durchmesser in cm	18	30	40	50	60	120
Durchschnittlicher Preis in S	2,00	4,50	7,00	8,00	9,00	15,00

Rosettenausläufer, je Stück, 66 cm lang, 68 cm breit ... S 10,00

Friese und Bordüren, je m				
Breite in cm	5	6	8	11
Durchschnittlicher Preis in S	2,00	2,50	3,50	5,00

Festons, je Stück ... S 20,00

Türaufsätze, je Stück ... von S 10,00 bis „ 5,00

Karyatiden, je Stück ... „ „ 3,00 „ „ 15,00

Amoretten, je Stück ... „ 8,00

Asphaltbelegungen und Isolierungen

Nach Mitteilungen der Teerag A. G. bzw. Boxer & Schwarz, Wien

1. 1 m² 1 ½ cm starker Asphalt in einer Lage (horizontal als Abdeckung, Isolierung) auf Mauern und Gewölben, samt allem Material, Requisiten und Arbeitsleistung, jedoch ohne Herstellung einer Unterlage, bei mindestens 100 m² gesamter Ausführung .... S 6,50
2. 1 m² ½ bis ¾ cm starke Asphaltschichte (vertikal) als Trockenlegung von Mauern, aus reinem, ledigem Asphalt, samt allem Material, Requisiten und Arbeitsleistung (Brettelaufzug) .... „ 5,80
3. 1 m² 1 ½ cm starker Asphalt in einer Lage als Pflasterung, samt allem Material, Requisiten und Arbeitsleistung, jedoch ohne Herstellung einer Unterlage .... „ 6,00
4. 1 m² wie Post 1, jedoch mit einer 10 cm starken Betonunterlage aus Portland- oder Schlackenzement, reinem Flußsand und reinem Rundschotter im Mischungsverhältnisse 1:3:5 .... „ 11,50
5. 1 m² 2 cm starker Asphalt, samt allem Material, Requisiten und Arbeitsleistung, jedoch ohne Herstellung einer Unterlage .... „ 7,50
6. 1 m² Asphalt wie Post 2, jedoch mit einer 10 cm starken Betonunterlage wie in Post 4.................... „ 14,00

Zuschlag. Bei Anwendung des Asphaltpflasters in einer Stärke über 2 cm wird je 1 cm Mehrstärke zu obigem Preise zugeschlagen ..... „ 3,50

Asphaltoid-Isolierung: Asphaltoid = maschinell hergestellte Bitumenplatte, mit doppelfädiger, engmaschiger Jutegewebe-Einlage, 1 m breit, 10 m lang: für Fundamente, Innenräume, Terrassen, Flachdächer, auf jedem Baumaterial. Horizontal: eine Lage Asphaltoid, 2 mm stark, mit heißem Asphaltoid-Unter- und Deckstrich, Stöße 10 cm übereinandergeklebt, je m² .... S 7,50
vertikal: dieselbe Ausführung ....je m² .... „ 8.00
Dieselbe Ausführung 3 mm stark rund S —,50 je m² Zuschlag.

Heraklithplattenisolierung von aufgehendem Mauerwerk. Zur Verbesserung der Wärmehaltung von Massivwänden werden 5 cm starke Heraklithplatten direkt an die mit Mörtel beworfene Mauer angedrückt und in Horizontallage im Wechselstoß versetzt.

Annähernder Preis für Wien: 5 cm stark S 10,00 je 1 m² fertig verputzt und versetzt.

Paratect-Isolierungen, plastische, bituminöse Masse mit Jute-, Dachpappe- und Molino- oder Drahtnetzeinlagen für Flachdächer, Balkone, Terrassen, Brücken, Bassins, Fußböden, Grundmauern usw. im Kalt- oder Heißverfahren. Ausführung je nach geforderter Garantiedauer.

Horizontal je m² .... S 6,00 bis S 9,00
Vertikal je m² .... „ 7,00 „ „ 10,00

Über weitere Isolierungen siehe auch: „Betonschutzmittel“, Seite 257.

Isolierungen von Betonmauerwerk

(Für Flachdächer, Dachgärten, Terrassen, Balkone, Bassins, Fußböden, Brücken usw.)

Die Isolierungen sind in der Regel fest mit der Isolierungsunterlage (Beton oder Mauerwerk) verbunden, können aber auch gleitend angeordnet werden, was bei beweglicher Unterlage (Brücken) oft vorteilhaft ist; das feste Haften der untersten Isolierschichte erfordert eine trockene und staubfreie Unterlage.

Beton muß an der Oberfläche gut ausgetrocknet sein, sonst künstliche Trocknung mit Kokskörben, Lötlampe, Abbrennen von aufgeschüttetem Benzin notwendig. In warmer Jahreszeit ist auch auf handfeuchtem Beton eine Vorgrundierung mit Kaltasphaltemulsionen (Euphalt, Paratectemulsion usw.) möglich, weil die Unterlage ohnehin vorher angefeuchtet werden muß. Zur Bindung des Oberflächenstaubes ist eine Grundierung mit dünnflüssigen, bituminösen Massen (Xeroton, Paratect III und IV usw.) notwendig.

Die Konstruktion der Isolierung richtet sich nach den baulichen Verhältnissen (Beanspruchung, Wasserdruck, nachfolgendem Schutz gegen mechanische Verletzungen usw.) sowie nach den geforderten Garantien.

Für feste Isolierungen kann im Kaltverfahren, im Heißverfahren sowie im kombinierten Kalt- und Heißverfahren gearbeitet werden.

I. Kaltverfahren

Hierfür kommen nur bituminöse, plastische Isoliermassen in Betracht, welche in der Regel in drei Konsistenzen geliefert werden: dünn-, mittel- und dickflüssig (Xerotongrundierung oder Paratect III und IV, Xerotonanstrich oder Paratect II, Xerotonkitt oder Paratect I). Die mittel- und dickflüssigen Massen sind asbesthaltig und erstarren zu plastischen, elastisch bleibenden, wasserundurchlässigen Schichten.

	Ausführungsarten	Kompl. Arbeitsausführung. Preis je m² in S
a)	Grundierung mit dünnflüssig, 0,4 kg je m², Überstrich „ mittelflüssig, 0,5 „ „ „	1,40 bis 1,50
b)	Wie vor, dann: teerfreie Pappe, 10 cm überlappt, 1,1 m², Überlappungen mit dickflüssig verklebt, 0,15 kg je m²	4,20 „ 4,40
c)	Grundierung mit dünnflüssig, 0,4 kg je m², Überstrich „ dickflüssig, 2,0 „ „ „ teerfreie Pappe und Überlappungen wie unter b), für Konservierung der Pappe Überstrich mit mittelflüssig, 0,5 kg je m²	6,80 „ 7,20
d)	Grundierung mit dünnflüssig, 0,4 kg je m², Überstrich „ dickflüssig, 2,0 „ „ „ Gewebeplatte, 3 mm stark, mit 10 cm Überlappung, 1,1 m² je m², Verkleben der Überlappung mit dickflüssig, 0,15 kg je m², Schutzanstrich für die Gewebeplatte mit mittelflüssig, 0,5 kg je m²	12,50 „ 13,00
e)	Grundierung mit dünnflüssig, 0,4 kg je m², Überstrich „ dickflüssig, 1,5 „ „ „ Gewebeplatte, 2 mm stark, mit 10 cm Überlappung, 1,1 m² je m², Überstrich mit dickflüssig, 1,5 kg je m², Gewebeplatte, 2 mm stark, mit 10 cm Überlappung, 1,1 m² je m², Verkleben der Überlappungen mit dickflüssig, 0,30 kg je m², Schutzanstrich für die Gewebeplatte mit mittelflüssig, 0,5 kg je m²	21,00 „ 22,00

Ausführungsarten	Kompl. Arbeitsausführung. Preis je m² in S
f) Grundierung mit dünnflüssig, 0,4 kg je m², Überstrich „ dickflüssig, 1,5 „ „ „ teerfreie Pappe mit 10 cm Überlappung, 1,1 m² je m², Überstrich mit dickflüssig, 1,5 kg je m², teerfreie Pappe mit 10 cm Überlappung, 1,1 m² je m², Verkleben der Überlappungen mit dickflüssig, 0,3 kg je m², Schutzanstrich für die obere Pappelage mit mittelflüssig, 0,5 kg je m²	14,00 bis 15,00
II. Heißverfahren	
a) Heißklebemasse, 2 kg je m², teerfreie Pappe mit 10 cm Überlappung, 1,1 m² je m², Heißklebemasse für Überstrich und Verkleben der Überlappungen, 1,5 kg je m²	4,20 „ 4,40
b) Heißklebemasse, 2 kg je m², Gewebeplatten, 3 cm stark, mit 10 cm Überlappung, 1,1 m² je m², Heißklebemasse für Überstrich mit Verkleben der Überlappungen, 1,5 kg je m²	9,50 „ 10,00
III. Kombiniertes Heiß- nnd Kaltverfahren	
a) Grundierung mit Kaltasphaltemulsion, 0,5 kg je m², Heißklebemasse, 2 kg je m², teerfreie Pappe mit 10 cm Übergriff, 1,1 m² je m², Überstrich mittelflüssig, 0,5 kg je m²	4,50 bis 5,50
b) Dieselbe Ausführung mit einer zweiten Lage teerfreier Pappe durch Heißklebemasse verbunden, Überstrich mittelflüssig	7,00 „ 8,00
c) Grundierung dünnflüssig, 0,4 kg je m², Heißklebemasse, 2 kg je m², Gewebeplatte, 2 mm stark, mit 10 cm Überlappung, 1,1 m² je m², Überstrich dickflüssig, 1,5 kg je m²	10,00 „ 10,50

Isolierungen, die in kurzer Zeit ausgeführt werden müssen, werden am vorteilhaftesten mit den in den einzelnen Ausführungsarten erwähnten Heißklebemassen (Bitumit oder Paratect R-2) und Gewebeplatteneinlagen oder Einlagen von teerfreier Dachpappe (Ruberoid oder Bitumenpappe) hergestellt.

Bei gleitenden Isolierungen erfolgt die Verlegung der Gewebeplatten oder teerfreien Dachpappenbahnen teppichartig durch Verkleben der einander um 15 cm übergreifenden Bahnen mit Heißklebemasse oder bei den Gewebeplatten durch bloßes Verschmelzen mit der Lötlampe und nachherigem Bügeln. Ein Klebeanstrich gegen die Unterlage zu entfällt bei gleitenden Isolierungen und nur die Isolierungsränder müssen entsprechend versorgt werden.

Trockenlegung feuchter Mauern

1. durch Vorkehrungen gegen weiteres Aufsteigen von Grundfeuchtigkeit durch Absägen mittels des patentierten maschinellen Verfahrens der Mauersäge[1]), Einziehen von Asphalt-Isolierplatten mit Bleieinlage, Aufkeilen der Fugen mit Stahlkeilen und Ausgießen derselben mit wasserdichtem Portlandzementmörtel.

---

[1]) Mauersäge G. m. b. H. für Trockenlegung feuchter Gebäude, Wien.

Stärke der Ziegelmauer in cm	15	30	45	60	75	90
Preis für Wien je Lfm S	19,00	33,25	47,50	61,75	76,00	90,25

Vorstehende Preise gelten für ein Ausmaß von mindestens 20 m^2 und werden von den einmaligen Kosten, wie Transport und Aufstellen der Maschinen usw., die unabhängig vom Ausmaß des trockenzulegenden Mauerwerkes sind, stark beeinflußt.

Die Preise ermäßigen sich für größere Ausmaße.

Für Arbeiten außerhalb Wiens kommen die Frachtspesen und die Zulagen für die Arbeiter in Anrechnung.

2. Durch selbsttätige Luftzirkulation (Bauart Kachler).

Der feuchte Anwurf wird bis zu einer Höhe von ungefähr 40 cm über den feuchten Stellen abgeschlagen, unten der Isolierstreifen gelegt, hierauf die Platten (aus Leichtbeton mit Stahleinlage) mit den hervorspringenden Knöpfen (Abb. 1) — diese Seite wird mit bestem Asphaltlack spritzlackiert — gegen die Mauer ohne Mörtel mit doppellappigen Haken angenagelt. Die Plattenfugen werden mit einem Portlandzementmörtel und feinem Sand verkittet und darüber der feine Verputz hergestellt; in den obersten und untersten Scharen werden die Lüftungssiebe angebracht (Abb. 2). Durch Verwendung von Platten in verschiedenen Größen (30/60, 30/30, 30/20, 30/15, 30/10 und 30/5 cm) ist rasches Arbeiten ermöglicht. Zwischen der feuchten Mauer und Plattenwand entsteht ein Luftraum, der durch die Lüftungssiebe gelüftet wird; die Feuchtigkeit trocknet aus und steigt nicht höher. Die Arbeit kann jeder Maurer leicht ausführen. Auch als Vertikalisolierung unter dem Terrain verwendbar.

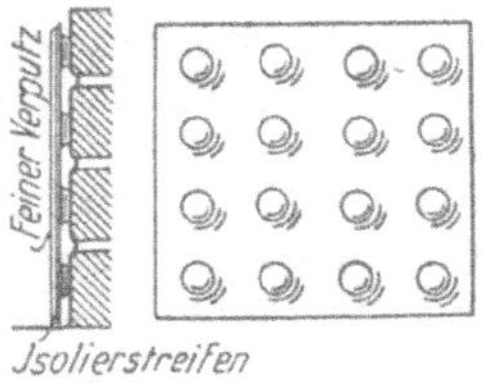

Abb. 1. Kachlerplatte

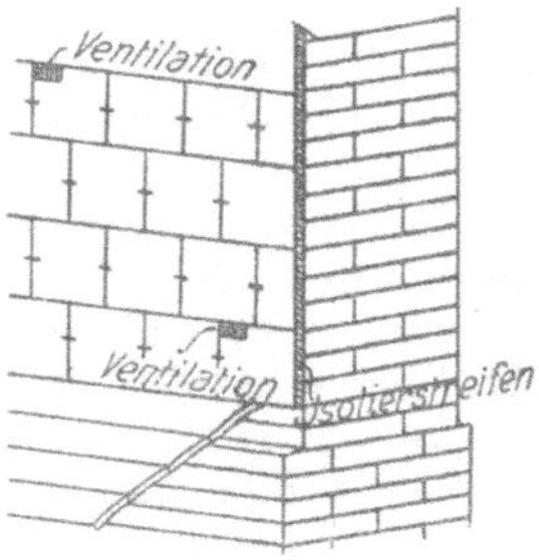

Abb. 2

Das Material (Platten, Haken, Lüftungssiebe und Isolierstreifen) kostet für je 1 m^2, stückweise verrechnet, ab Lager Wien ungefähr *S 9,00.*

Ein Maurer und Hilfsarbeiter verlegen fix und fertig 5 bis 7 m^2 in 8 Stunden; für 50 m^2 erforderlich: 200 kg Portlandzement, 4 bis 5 Kasten Weißkalk und 0,5 m^3 Wellsand.

3. Durch strömende Luft (Bauart Motzko).

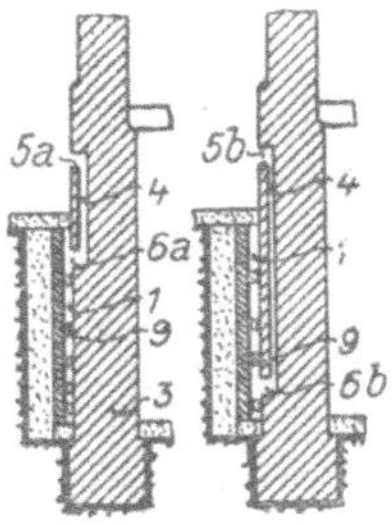

Abb. 3a. Querschnitt

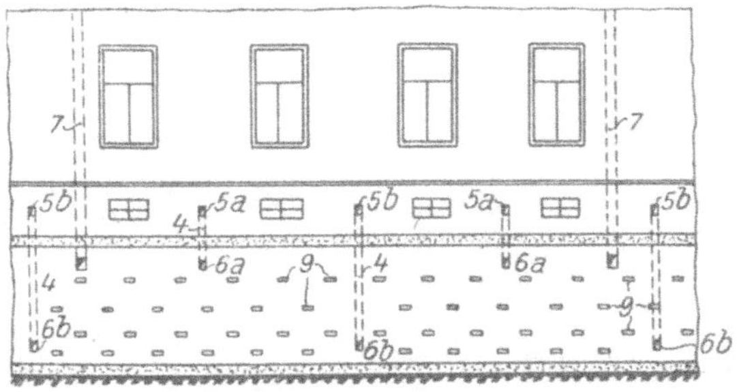

Abb. 3b. Ansicht

Entlang der nassen Mauer 3 (Abb. 3a und 3b) wird ein verdeckter, sehr schmaler Luftgraben 1 vorgebaut, in dem auf natürliche Weise eine rasche Luftströmung und dadurch ein ständiges Verdunsten der Mauernässe bewirkt wird. Zu diesem Zweck ist der durchlaufende Luftgraben mit Zuluftleitungen 4, die an verschiedenen Stellen 5a, 6a, 5b, 6b ein- und ausmünden, und mit oft über Dach hochgeführten Abluftleitungen 7 versehen. Die den Luftgraben begrenzende, ganz schwache Mauer wird gegen die trockenzulegende Mauer durch Hohlziegel 9, die gleichzeitig zum Ansaugen der Nässe dienen, abgestützt; sie bieten im übrigen der durchströmenden Luft auch eine größere Verdunstungsfläche. Die ganze Anlage, die auch bei inneren Mauern angeordnet werden kann, ist regulierbar eingerichtet, so daß an den nassesten Mauerstellen die stärkste oder erforderlichenfalls eine überall gleichmäßige Luftströmung erzielt wird.

Der Austrocknungsprozeß erfolgt in der Weise, daß z. B. im Winter und in den kühlen Sommernächten die in den geschlossenen Luftgraben einfallende kalte, relativ trockene und spezifisch schwere Außenluft infolge der ausstrahlenden Mauerwärme eine natürliche Erwärmung und dadurch eine Volumenvergrößerung erfährt. Sie kann daher große Wasserdampfmengen aufnehmen, wird dadurch auch spezifisch leichter und entweicht mit einer Strömungsgeschwindigkeit, die bei großen Temperaturunterschieden bis 2 m/sek betragen kann, durch hochgeführte Luftleitungen wieder ins Freie. Im Sommer nimmt die Luftströmung oft den umgekehrten Weg.

Der Trocknungsvorgang der Mauern bei warmer Außenluft wird hauptsächlich vom Feuchtigkeitsgehalt der Luft, im Winter von der Temperatur der Luft beeinflußt.

Bei Neubauten wird der schmale durchlaufende Hohlraum im Inneren der Mauern zugleich mit der Mauerung hergestellt. Er beginnt in der Höhe des Kellerfußbodens und wird in der Höhe des Terrains, bei inneren Mauern in geringerer Höhe, geschlossen. Der Hohlraum wird in ähnlicher Weise mit Bindersteinen und mit regulierbaren Zu- und über Dach führenden Abluftleitungen versehen.

Das System „Strömende Luft" kann auch als Drainage verwendet werden.

Die Herstellungskosten betragen, je nach der Tiefe der Luftgräben, für den Lfm bei

einer Tiefe von m	0,50	1,00	1,50	2,00	2,50	3,00
S	30,00	40,00	50,00	65,00	80,00	90,00

Bei Neubauten stellen sich die Kosten einer Anlage um ungefähr 50% niedriger als bei Anordnung einer waag- und lotrechten Mauerisolierung.

4. Nach „Bauart Knapen" (Abb. 4).

In die feuchte Mauer werden poröse Hohlziegel (Knapenziegel) von besonderer Porosität im Abstande von rund 33 cm unter bestimmter Neigung eingebaut, deren

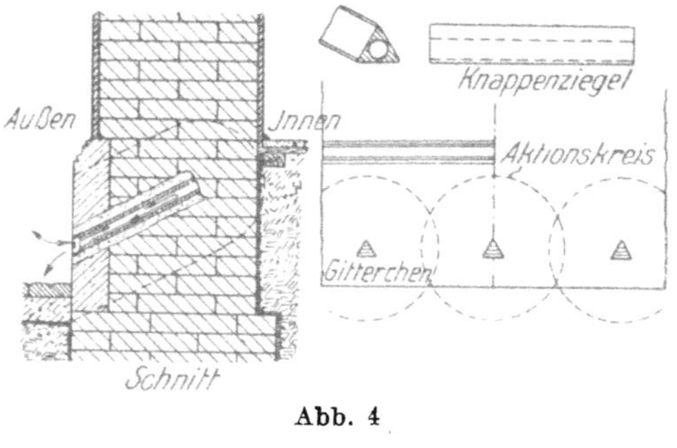

Abb. 4

tieferes offenes Ende durch ein Gitterchen aus Steatit abgeschlossen wird. Der eingesetzte Knapenziegel zieht rasch die Feuchtigkeit im Bereich des Aktionsradius an sich, gibt dieselbe durch Verdunstung an die im zentralen Kanal befindliche Luft ab, so daß der Feuchtigkeitsgrad derselben bedeutend zunimmt. Die Verdunstung entzieht der

Luft so viel Wärme, daß sie kälter, dichter und somit spezifisch schwerer wird; sie gleitet längs der schiefen Ebene ins Freie, während im gleichen Maße frische, weniger feuchte Luft in den oberen Teil des Kanals eindringt. Dieses Ein- und Ausströmen geht so lange als die Mauer Feuchtigkeit enthält vor sich und endet erst, wenn die Mauer ausgetrocknet ist.

In besonders feuchten Innenräumen wird vor die mit diesen Knapenziegeln versehene Mauer eine Wandverkleidung angebracht, die infolge ihres Hohlraumes den Austrocknungsprozeß nicht behindert, anderseits einen ständigen Luftwechsel gestattet. Diese Wandverkleidung, ER-O-Platte, liegt mit vier kleinen festen Pratzen (Füßen) an der Mauer. Die Platte ist nagelbar, schraub- und sägbar (Springen beim Nageleinschlagen ausgeschlossen). Zum Schutze gegen Anziehen von Feuchtigkeit sind die Plattenfüße an der gegen die feuchte Mauer zugekehrten Seite mit Asphalt imprägniert. Der Hohlraum der Platte wird nach innen und nach außen gelüftet. Hierzu dienen eigene einschraubbare Ventilationsgitter. Jene Gitter, die für die Außenventilationen verwendet werden, sind verschließbar.

Die feuchte Luft, die durch die Knapensiphons und Abtrocknung der vom Verputz befreiten Mauern in den Hohlraum gelangt, wird demnach ständig in Zirkulation erhalten. Eine Ansammlung derselben kann nicht stattfinden, auch wenn der Raum während Nichtbenützung verschlossen ist.

An Außenfronten stellt sich bei bis 1 m aufgestiegener Feuchtigkeit:
eine Reihe Knapensiphons je Lfm auf .... S 16,50
bei bis 2 m aufgestiegener Feuchtigkeit: zwei Reihen je Lfm auf ... „ 33,00
bei Innenwänden bis 1 m, 2 m, 3 m aufgestiegene Feuchtigkeit kostet
1 m², bearbeitet nach System Knapen mit ER-O-Platte, S 24,00, 18,00 bzw. 16,00

Linoleum und Unterböden[1])

Die Linoleumrollen haben eine Länge von etwa 30 m und eine Breite von 2 m.

Als Unterboden ist jeder Boden geeignet, der fest, flächenbeständig, eben und trocken ist und diese Eigenschaften bei normaler Benutzung beibehält.

Linoleum ist kein tragender Baukörper. Die Nachgiebigkeit eines weichen Unterbodens kann daher zur Beschädigung des Linoleums führen.

Feuchtigkeit im Unterboden kann Nachgeben der Klebemasse und Beulen- oder Blasenbildung des Linoleums verursachen. Hält die Feuchtigkeit länger an, so wirkt sie zersetzend auf den Klebestoff, kann das Ablösen der Jute verursachen und schließlich die Linoleummasse selbst angreifen.

Feuchtigkeit im Unterboden ist durch Anfühlen nicht immer festzustellen. Eine einfache Probe auf Feuchtigkeit besteht darin, daß man auf den zu untersuchenden Boden ein Stück Fließpapier (Löschpapier) legt, welches mit einem dicht aufliegenden, an den Rändern beschwerten Stück Linoleum von ungefähr 1 m² bedeckt wird. Nach Ablauf von 48 Stunden kann man feststellen, ob das Fließpapier Feuchtigkeit aufgesogen hat oder ob der Boden für die Verlegung von Linoleum reif ist.

Bei nicht unterkellerten Räumen schützt gegen aufsteigende Feuchtigkeit am besten eine 1½, besser 2 cm starke Gußasphaltschicht. Die Gußasphalt-

[1]) Linoleum enthält als Grundsubstanz Linoxyn, dazu Korkmehl und Harze. Nach F. Walton (1860) läßt man Leinölfirnis an langen Nesselbahnen herabrieseln und durch den Luftsauerstoff oxydieren. Das entstehende Linoxyn wird mit Harzen (Kauri und Kolophonium) zu Linoleumzement verschmolzen und mit Korkmehl, auch Holzmehl und Mineralfarbstoffen zusammengeknetet. Die fertige Masse wird feinkörnig auf starkes Jutegewebe aufgetragen und für einfarbige, Granit- und Jaspémuster mit heißen Walzen aufgepreßt. Die Rückseite wird mit einem Schutzanstrich versehen, worauf die 25 bis 30 m langen Bahnen in Trockenkammern fertig ausreifen.

schicht wird aus reinen Asphalten und Bitumen hergestellt. Teerige Beimengungen greifen Linoleum an und dürfen daher nicht zugesetzt werden. Statt der Gußasphaltschicht kann auch eine doppelte Lage Asphaltpappe, die unter Überdeckung und Versetzung der Stöße mit Goudron aufeinandergeklebt wird, verwendet werden, auf die dann ein wenigstens 3 bis 4 cm starker Zementestrich aufzubringen ist. Asphaltschicht wie Asphaltpappe sind an den Mauern hochzuführen, um den seitlichen Zutritt von Feuchtigkeit zu verhindern.

Als fußwarme und schalldämpfende Isolierung eignet sich eine 5 cm starke Heraklithplatte, die auf vollkommen trockener Sandschüttung (2 bis 3 cm hoch) unter dem Estrich satt gebettet wird.

Wichtig für den Linoleumbelag ist die Einhaltung der für die einzelnen Estricharten nötigen Trockenzeiten. Sie betragen (im Mittel):

Für Zementestrich: übliche Stärke 2 bis 3 cm, Mischungsverhältnis 1:3 bis 1:4, Trockenzeit für den Estrich einschließlich normaler Betonunterlage rund 10 Wochen.

Gipsestrich: übliche Stärke 3 bis 5 cm auf Sandbettung, Verwendung besten Estrichgipses Bedingung; Trockenzeit rund 3 bis 6 Wochen.

Terranovaestrich: Trockenzeit rund 3 Wochen.

Steinholzestrich: 1 bis 2 cm stark; Mischungsverhältnis: 4 Raumteile Weichholzspäne, 1 Raumteil kaustischer Magnesit, Chlormagnesiumlösung von 18°, Masse erdfeucht stampfen oder aufschmieren und glätten. Abbindedauer 3 Wochen. Geeignete Unterböden: Flötzbeton (6 : 1) Stärke 5 bis 10 cm, Eisenbeton (6 : 1) Mindeststärke 10 cm, nicht federnde Holzböden, Ziegelunterlagen mit Betonrauhstrich (3 : 1), Sandsteinplatten. Ungeeignete Unterböden: Traß, Gips, Asphalt sowie Schlacken- und Kalkzemente. Eisenteile mit doppeltem Eisenlackanstrich isolieren!

Asphaltestrich: ist unmittelbar nach Erhärten legereif.

Insulite-Linoplatten, etwa 6 mm stark, werden in Platten 91,5 × 152,5 cm geliefert; unmittelbar nach Aufbringung verlegereif.

Sanaplan-Unterlagsboden: Stärke 3 und 5 cm. Fugenlos. Wird direkt auf den Unterboden in erdfeuchtem Zustand aufgetragen, gestampft und geglättet. Bei Holzdecken Dachpappenzwischenlage.

Die Lage des Gebäudes zur Himmelsrichtung (lichtarme Räume) und die Stockwerkslagen bedingen Unterschiede in den Trocknungszeiten. In den oberen Stockwerken trocknen Estriche meist schneller als im Erdgeschoß. Auch atmosphärische Einflüsse wirken mit; es ist nicht gleich, ob der Rohbau während einer Regenperiode hergestellt wurde, ob er ein Winter- oder Sommerbau ist.

Bei Estrichen darf unter das Linoleum keine Filzpappe verlegt werden. Diese wird auf Holzböden viel verwendet; gröbere Unebenheiten vermag die Filzpappe nicht auszugleichen.

Linoleum wird auf Estrichen mit Harzkopalkitt, auf Holzböden mit Roggenmehlkleister geklebt. Nageln des Linoleums ist zu unterlassen. Vor dem Verlegen ist unbedingt eine Trockenprobe vorzunehmen. Die Sesselleisten sind erst nach dem Verlegen anzubringen.

Für Räume einfachster Ausstattung ist der Fußbodenbelag „Stragula“ geeignet; er besteht aus imprägnierter Wollfilzpappe mit maschinell aufgepreßten Mustern, ist billig bei großer Haltbarkeit.

Preistabelle für Linoleumbelag, einschließlich Unterboden, samt Verlegen (bei rund 7% Verschnitt in Schilling je 1 m²)

Art des Linoleums	Linoleumstärke in mm rund	Zement-	Steinholz-		Asphalt-	Kork-		Filzpappe (für Holzböden)
		Estrich, stark in mm						
		20		15	25	20	30	
		mittlerer Preis je m² in Schilling						
		3,8	5,5	4,5	8,0	6,0	8,0	0,90
Einfärbiges Linoleum braun	4,5	25,10	26,80	25,80	29,30	27,30	29,30	22,20
	4,0	23,80	25,50	24,50	28,00	26,00	28,00	20,90
	3,5	21,30	23,00	22,00	25,50	23,50	25,50	18,40
	3,0	19,10	20,80	19,80	23,30	21,30	23,30	16,20
	2,2	14,70	16,40	15,40	18,90	16,90	18,90	11,80
	1,7	14,30	16,00	15,00	18,50	16,50	18,50	11,40
Einfärbiges Linoleum (rot, grün, blau, grau, weiß, schwarz)	4,5	27,60	29,30	27,30	31,80	29,80	31,80	24,70
	4,0	25,70	27,40	26,40	29,90	27,90	29,90	22,80
	3,5	22,90	24,60	23,60	27,10	25,10	27,10	20,00
	3,0	20,50	22,20	21,20	24,70	22,70	24,70	17,60
	2,2	15,50	17,20	16,20	19,70	17,70	19,70	12,60
	1,7	15,20	16,90	15,90	19,40	17,40	19,40	12,30
Jaspé-Linoleum (feinstreifig in 17 verschiedenen Farbstellungen)	3,3	20,90	22,60	21,60	25,10	23,10	25,10	18,00
	2,4	18,20	19,90	18,90	22,40	20,40	22,40	15,30
Moiré-Linoleum (grobstreifig in 17 verschiedenen Farbstellungen)	3,3	20,90	22,60	21,60	25,10	23,10	25,10	18,00
	2,4	18,20	19,90	18,90	22,40	20,40	22,40	15,30
Granit-Linoleum in 37 Farbstellungen	3,3	20,90	22,60	21,60	25,10	23,10	25,10	18,00
	2,4	18,25	19,90	18,90	22,40	20,40	22,40	15,30
Inlaid-Linoleum in allen Mustern	3,3	23,90	25,60	24,60	28,10	26,10	28,10	21,00
	2,4	20,60	22,30	21,30	24,80	22,80	24,80	17,70
	2,0	17,90	19,60	18,60	22,10	20,10	22,10	15,00
Kork-Linoleum (braun)	7,0	23,70	25,40	24,40	27,90	25,90	27,90	20,80
	5,0	19,40	21,10	20,10	23,60	21,60	23,60	16,50
	4,0	17,80	19,50	18,50	22,00	20,00	22,00	14,90
Kork-Linoleum (rot, oliv, grün, grau, blaugrau)	7,0	25,30	27,00	26,00	29,50	27,50	29,50	22,40
	5,0	20,80	22,50	21,50	25,00	23,00	25,00	17,90
	4,0	19,60	21,30	20,30	23,80	21,80	23,80	16,70
Kork-Jaspé (feinstreifig, in vielen Farbstellungen)	5,0	28,80	30,50	29,50	33,00	31,00	33,00	25,90
	3,3	20,90	22,60	21,60	25,10	23,10	25,10	18,00
Kork-Inlaid	3,3	23,50	25.20	24,20	27,70	25,70	27,70	20,60
Fliesen-Linoleum (einfärbig in vielen Farben)								
in Platten (ungemustert)	6,0	41,00	42,50	41,50	45,00	43,00	45,00	—
„ Rollen (in Farben) ...	6,0	37,00	38,50	37,50	41,00	39,00	41,00	—
„ „ (braun)	6,0	33,60	35,30	34,30	37,80	35,80	37,80	—

Grundlagen zur Kostenermittlung von Beton- und Eisenbetonarbeiten

Von Ing. Walter Hoffmann, Direktor der Bauunternehmung H. Rella & Co., Wien

Allgemeine Richtlinien für die Grundlagen der Kalkulation

Die Gestehungs- oder Selbstkosten für die Herstellung eines Beton- oder Eisenbetonbauwerkes umfassen:

a) die Lieferung der Baustoffe,
b) die für deren Verarbeitung bis zur Vollendung des Bauteiles aufzuwendende Arbeitsleistung und
c) die Beistellung der in der Regel keinen bleibenden Bestandteil des Bauwerkes bildenden Hilfsmaterialien.

In die Preisermittlung der Baustoffe sind einzubeziehen die Kosten der Zufuhr zur Baustelle, des Abladens und der Lagerung. In den Arbeitsaufwand (Lohnanteil) sind alle genau erfaßbaren Leistungen bis zur vollständigen Herstellung des Bauteiles aufzunehmen, wobei es sich empfiehlt, die sozialen Abgaben, soferne diese in einem prozentuellen Verhältnis zu den Löhnen stehen, mit zu berücksichtigen. Bei Maschinenbetrieb können die Kosten der Betriebsstoffe dem Arbeitsaufwand hinzugefügt werden[1]).

Die Kosten von Gerüstungen, die nur für den in Frage stehenden Bauteil benötigt werden, können den Gestehungskosten, jene für Gerüstungen, die für mehrere Herstellungen dienen, zweckmäßiger den allgemeinen Unkosten zugeschlagen werden. Für die Beistellung der Hilfsmaterialien ist das Ausmaß der Abnützung und des Verschleißes (z. B. Schal- und Gerüstholz usw.) oder des Verbrauches (z. B. Nägel, Draht usw.) maßgebend.

Jeder Bauteil hat nebst den Gestehungskosten auch noch den entsprechenden (gewöhnlich prozentuellen) Anteil an den allgemeinen Unkosten (Bauregie) zu tragen[1]).

A. Betonarbeiten

1. Baustoffe und Baustoffbedarf

Die Kostenberechnung erfordert die Feststellung des Materialbedarfes für die Ausmaßeinheit des Bauteiles.

a) Zement

Die in der Baupraxis gebräuchlichsten Zemente (Handelszemente) sind: Portland-, Eisenportland- und Hochofenzemente.

Eisenportlandzement ist ein hydraulisches Bindemittel, das aus mindestens 70% Portlandzement und 30% gekörnter Hochofenschlacke, Hochofenzement hingegen nur aus mindestens 15% Portlandzement und vorwiegend gekörnter Hochofenschlacke besteht. Portlandzement besitzt den größten, Hochofenzement den geringsten Kalkgehalt. Kalkärmere Zemente erweisen sich, ähnlich wie schärfer gebrannte Portlandzemente, widerstandsfähiger gegen die Einwirkung schwacher Säuren, Laugen usw. Dieser Umstand, sowie der billigere Preis des Eisenportland- und Hochofenzementes (etwa 3 bis 5%) fördern deren Verwendung für Fundierungsarbeiten. Hochofenzement wird in Österreich nur in geringen Mengen erzeugt. Hinsichtlich der Verwendung von Eisenportlandzement für Beton- oder Eisenbetonarbeiten bestehen keinerlei Einschränkungen. Die weitaus größte Verwendung finden der gewöhnliche und der früh-

[1]) Siehe auch: „Wissenschaftliche Arbeitsverfahren im Bauwesen." Abschn. D.

hochfeste Portlandzement. Letzterer ist ein durch besondere Auswahl der Rohstoffe und sorgfältigen Brand veredelter Portlandzement, der schon nach zwei- bzw. achttägiger Erhärtung hohe Anfangsfestigkeiten aufweist; er ist dem gewöhnlichen Portlandzement hinsichtlich seiner absoluten Festigkeitseigenschaften entschieden überlegen; sein Preis ist um ungefähr 14% höher als der des gewöhnlichen Portlandzementes; seine wirtschaftlichen Vorteile kommen allerdings erst im Eisenbetonbau besonders zur Geltung.

Von wachsender Bedeutung für die Praxis sind die gesinterten Tonerdezemente (Bauxitzemente) sowie die in geschmolzenem Zustand (Schmelzzemente) meist mittels elektrischen Stromes (Elektroschmelzzemente) erzeugten Tonerdezemente. Hierher gehören auch der Kühlzement, ein in Österreich erzeugter, mit Bauxit mäßig gestreckter Portlandzement, der Lafarge-Schmelzzement und der Citadur, ein gesinterter Bauxitzement.

Die Tonerdezemente zeichnen sich nicht nur durch außerordentlich hohe Anfangsfestigkeiten (400 bis 500 kg/cm³ Druckfestigkeit und darüber nach zweitägiger Erhärtung) und ihre auf das Dreifache erhöhte Normenfestigkeit aus, sondern vor allem auch durch ihre beträchtliche Widerstandsfähigkeit gegen chemische Einflüsse, sowie durch so hohe Erhärtungswärme aus, daß ihre Verwendung auch bei tieferen Frosttemperaturen möglich ist. Elektroschmelzzement wird in Österreich derzeit nicht erzeugt. Mit Rücksicht auf den hohen Preis (etwa das Dreifache des Portlandzementes) ist seine Verwendung beschränkt. Abb. 1 zeigt vergleichsweise die durchschnittlich zu erzielenden Festigkeiten von gewöhnlichem Portlandzement, Frühhochfestzement, Eisenportland- und Tonerdezement. (Nach Dr. Hasch: Mitteilungen der städtischen Prüfungsanstalt für Baustoffe in Wien, 1928 und 1929.)

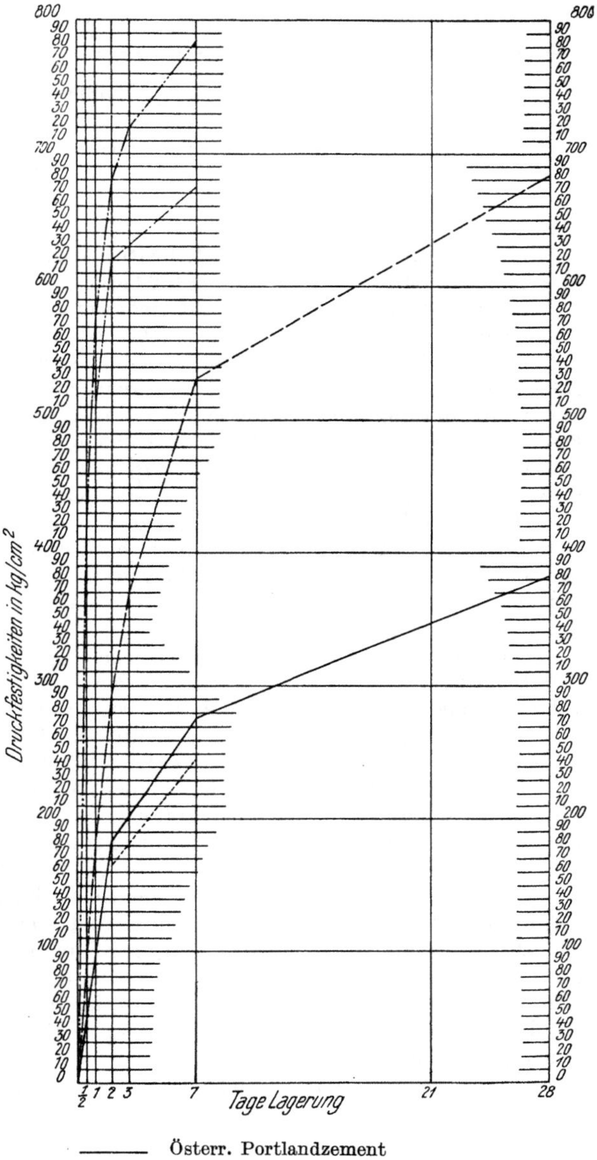

Österr. Portlandzement
„ hochwertiger Portlandzement
Tonerdezement gesintert
„ geschmolzen
Eisenportlandzement

Abb. 1. Würfelfestigkeiten verschiedener Zemente

Die Beschaffenheit und die wichtigsten Eigenschaften des Zementes müssen den bezüglichen Normen entsprechen[1]).

Mindestfestigkeiten in kg/cm² nach ÖNORM B 3311

Erhärtungsdauer in Tagen	Portlandzement		Frühhochfester Portlandzement	
	Zug	Druck	Zug	Druck
2	12	130	18	220
7	18	220	27	400

Das spezifische Gewicht des Zementes beträgt 3 bis 3,1, sein Raumgewicht je m³ lose 1200 kg, eingerüttelt 1500 bis 1800 kg.

Lange Lagerung von Portlandzement an den Baustellen usw. verringert seine ursprüngliche Festigkeit und zwar, laut Versuchen nach 3, 6, 12 Monaten um 20, 28, 40% und bis 70% nach 7 Jahren. Lange Lagerung erzeugt ferner Knollenbildung bis rund 50%; der durch Zerdrücken wiedergewonnene Zement zeigt beträchtliche Festigkeitsverminderung. Da durch längere Lagerung die Anfangsfestigkeiten leiden, ist eine solche besonders bei Frühhochfestzement zu vermeiden.

Der Preis des Zementes ab Werk, jedoch frei Ankunftsbahnhof, ist billiger, z. B. in Wien um rund 1,5%, als ab Lager der Niederlassung.

Die Verpackungsart des Zementes in Papier- oder Jutesäcken (50 kg Rohgewicht) oder in Fässern (200 kg Bruttogewicht) beeinflußt den Preis in geringem Maße. Das Gewicht des Jutesackes für 50 kg Rohgewicht beträgt 0,5 kg, der Papiersäcke 20 dkg, sonach 0,4 bis 1,5% des Bruttogewichtes, jenes des Fasses etwa 10 kg, das sind 5% des Bruttogewichtes.

Die Papiersäcke werden trotz Verteuerung (2% je 100 kg) den Leih-Jutesäcken (Manipulation, Rückstellung, Haftung) meist vorgezogen. Der Verlust an Zement auf der Baustelle zufolge Manipulation beträgt normalerweise 1 bis 3%.

Bei sonst gleichbleibenden Verhältnissen hinsichtlich Zuschlagstoffen, Wasserzusatz usw. ist die Normenfestigkeit des Zementes auch für die Betonfestigkeit und sonach auch für den zu wählenden Zementbedarf maßgebend. Der Zementzusatz wird entweder durch das Raummischungsverhältnis (1 Teil Zement zu *n* Teilen Kiessand) oder durch Angabe der Zementmenge in kg für 1 m³ fertigen Beton oder schließlich durch Forderung einer bestimmten Betonfestigkeit vorgeschrieben.

Die Angabe des Raummischungsverhältnisses ist in Hinsicht auf die Veränderlichkeit der Raumgewichte von Zement und Kiessand nicht empfehlenswert.

Die Angabe der Zementmenge je m³ Beton muß nicht die erstrebte Betonfestigkeit bedingen, da diese je nach Körnung der Zuschlagstoffe und Größe des Wasserzusatzes verschieden groß ausfällt.

Die Forderung einer bestimmten Betonfestigkeit ist für ein gegebenes Kiessandgemenge und eine bestimmte Betonkonsistenz das einwandfreieste Kriterium zur Festsetzung des Zementbedarfes (siehe Tabellen I, VIII, IX).

Entscheidend für die Festigkeit (Güte) des Betons sind neben dem Zementgehalt auch noch:

α) die Beschaffenheit der Zuschlagstoffe,
β) der Wasserzusatz bzw. die Konsistenz der Betonmischung.

b) Zuschlagstoffe

Neben der mineralogischen Beschaffenheit sind Kornform und Verteilung der verschiedenen Korngrößen (Körnung) wichtig. Die Verteilung der Korngrößen im

[1]) Siehe: „Normung im Bauwesen", „Österreich".

Zuschlagstoff soll den beiden Anforderungen — geringste Hohlräume zwischen den Körnern und kleinste Gesamtoberfläche derselben — möglichst nahekommen. Nach Graf lassen sich durch geeignete Körnung, insbesondere Vermehrung der groben Teile, trotz Verringerung des Zementgehaltes, gleiche und sogar größere Betonfestigkeiten erzielen.

Natürliche oder künstliche Kiessandgemenge werden hinsichtlich ihrer Körnung vorteilhaft mittels Siebkurven charakterisiert, die auf der Abszissenachse die Lochdurchmesser einzelner Siebe (oder deren Logarithmen), auf der Ordinatenachse den prozentuellen Teil des Sandgemenges, der durch das betreffende Sieb noch durchgegangen ist, zeigen.

Der österreichische Normenausschuß (ÖNIG) gibt als Richtlinie für die ideale Körnung des Betonsandes die sogenannte „Önig-Kurve" gemäß Abb. 2 an. In

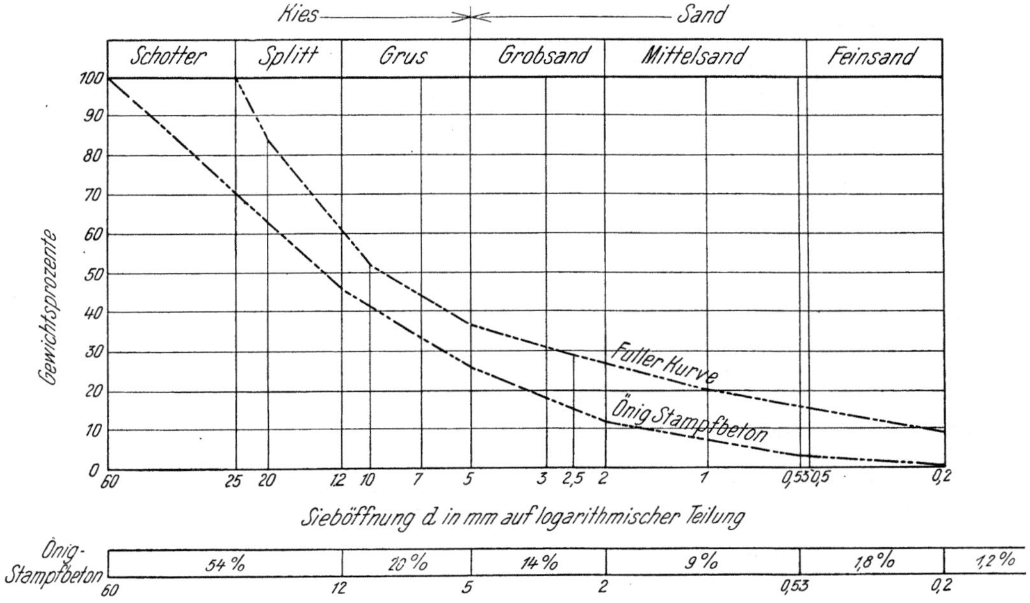

Abb. 2. Siebkurven

Deutschland sind die Kurven Fullers und Grafs gebräuchlich. Für die Praxis von Bedeutung sind die Kornschen Grenzkurven, die die Zonen noch gut verwendbarer, aber von der Önig-Kurve abweichender Sandgemenge begrenzen (siehe Eisenbetonarbeiten, S. 230).

c) Wasserzusatz

Dieser nimmt auf die Festigkeit des Betons entscheidenden Einfluß. Der Wasserbedarf ist von dem geforderten Verwendungszustand, d. i. der Steife (Konsistenz) der Betonmischung (erdfeucht, plastisch und gießfähig), weiters von der Wasseraufnahmsfähigkeit, also auch dem Feuchtigkeitsgehalt der Zuschlagstoffe, abhängig. Anzustreben ist der zur Erzielung der verlangten Konsistenz erforderliche geringste Wassergehalt, da jedes Mehr (auch Weniger) die Betonfestigkeit vermindert.

Das Verhältnis von Wasser zu Zementgewicht — der Wasser-Zement-Faktor, besser noch sein reziproker Wert, der Zement-Wasser-Faktor — ist bei gleichen Zuschlagstoffen für die Festigkeit entscheidend; diese ist dem Zement-Wasser-Faktor verhältnisgleich.

Nach Brzesky[1]) beträgt das Wassererfordernis im Mittel in Gewichtsprozenten des trockenen Gemenges, wenn der Beton:

erdfeucht,	plastisch,	gießfähig	ist,
5 bis 7,5%,	7,5 bis 11,5%,	11,5 bis 14,5%,	

wobei die kleineren Werte für geringeren Zementzusatz gelten bzw. mit diesem auch das Wassererfordernis (siehe Tabellen I, VIII, IX) wächst.

Abb. 3. Form für die Setzprobe

Der Wasserzusatz ist außer vom Feuchtigkeitsgrad des Kiessandgemenges auch noch von dessen Sandgehalt abhängig. Großer Sandgehalt, besonders auch Gehalt an Staubteilen unter 0,5 mm, erfordern wesentlich höheren Wasserzusatz zur Erreichung richtiger Konsistenz, wodurch sich auch die Festigkeit des Betons vermindert.

Der Feuchtigkeitsgehalt der Sandgemenge wird mit rund 1 bis 2% angenommen. Zur Kontrolle der Konsistenz bzw. des Wasserzusatzes dient die Setzprobe (Slumptest), bei der eine kegelstumpfartige Blechform (Abb. 3), 30 cm hoch, oben 10 cm, unten 20 cm Durchmesser, mit dem zu untersuchenden Betongemisch gefüllt

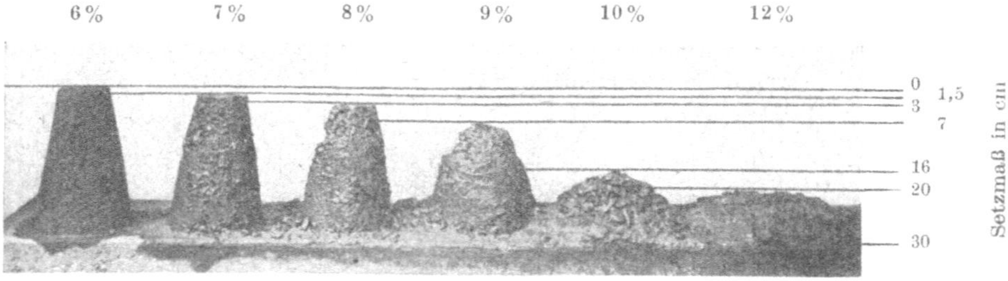

Abb. 4. Setzmaß aus Betonen mit verschieden hohem Wassergehalt[2])

und dann abgehoben wird; das Setzmaß (Abb. 4), d. i. der Unterschied zwischen den Höhen der Form und des ausgeformten Betons, ist der Maßstab für die Konsistenz. Die amerikanischen Vorschriften empfehlen folgende Setzmaße:

Betonarten	Setzmaß in mm	Anmerkung
Große Betonmassen	76	Die Maße der Blechform sind nur um wenige mm größer als die obenangeführten
Eisenbeton:		
Dünne, vertikale Querschnitte von Säulen	152	
Größere Querschnitte	76	
Dünne, begrenzte, horizontale Querschnitte	203	
Straßen und Pflaster:		
Handleistung	76	
Maschinenleistung	25	
Mörtel für Bodenglattstriche	52	

Nach Brzesky betragen die Setzmaße im Durchschnitt bei einem Wasserzusatz

von %:	6	7	8	9	10	12
mm:	0—10,	10—25	30—50,	60—90,	150—180	180—220
Konsistenz (Steife):	erdfeucht		plastisch			gießfähig (flüssig)

Der Bedarf an Zement und Zuschlagstoffen für 1 m³ fertigen Beton wird nach dem Maß des Eingehens (Eingangsfaktor) bestimmt. Genaue Feststellungen sind nur mittels tatsächlicher Erprobung mit den vorgesehenen Baustoffen erzielbar.

[1]) A. Brzesky: „Zement und Beton." Selbstverlag, Wien. 1928.
[2]) Aus Grün: Der Beton. Berlin: Julius Springer. 1926.

Der Durchschnittswert des Eingangs bei Verwendung von rundkörnigen Zuschlagstoffen beträgt (nach Brzesky) bei: erdfeuchtem Beton 1,35, plastischem Beton 1,25, gießfähigem Beton 1,15.

Die auf 1 m³ loses Kiessandgemenge entfallenden Zementgewichte, ebenso auch das Kiessandgemenge selbst, mit dem Eingangsfaktor multipliziert, ergeben den Baustoffbedarf für 1 m³ fertigen Beton.

Als geeignete Grundlage für die Kalkulation können die in Tabelle I, rechnerisch ermittelten Werte herangezogen werden, die mit den Erfahrungswerten mit zureichender Genauigkeit übereinstimmen.

Tabelle I. **Baustoffbedarf für Beton** erdfeuchter (E), plastischer (P) und gußfähiger (G) Konsistenz für verschiedene Würfeldruckfestigkeiten

Mischungsverhältnis	Zement je 1 m³ Sand-Kies-Gemenge kg	Konsistenz	Wasserzusatz in Gew. Prozent. d. Sand-Kies-Gemenges	1 m³ fertiger Beton erfordert: Zement kg	Sand-Kies-Gemenge m³	Wasser l	Wasser-Zement-Faktor	Zement-Wasser-Faktor	Würfelfestigkeit[1]) W_{28} kg/cm²
1:5	240	E	7,5	300	1,25	149	0,50	2,00	218
		P	9,5	289	1,20	181	0,63	1,59	140
		G	11,5	278	1,16	212	0,76	1,32	93
1:6	200	E	7,1	256	1,28	145	0,57	1,75	172
		P	9,2	246	1,23	180	0,73	1,37	102
		G	11,2	236	1,18	211	0,90	1,11	63
1:7	171	E	6,7	224	1,31	139	0,62	1,61	145
		P	8,9	214	1,25	177	0,83	1,20	76
		G	10,9	206	1,20	208	1,01	0,99	48
1:8	150	E	6,2	200	1,34	132	0,66	1,52	127
		P	8,5	191	1,27	172	0,90	1,11	63
		G	10,5	183	1,22	205	1,12	0,89	39
1:9	133	E	5,8	181	1,36	125	0,69	1,45	116
		P	8,2	172	1,29	168	0,98	1,02	52
		G	10,2	165	1,24	201	1,22	0,82	33
1:10	120	E	5,4	165	1,38	118	0,72	1,39	105
		P	7,9	157	1,31	164	1,04	0,96	45
		G	—	—	—	—	—	—	—
1:12	100	E	5,0	140	1,40	112	0,80	1,25	83
		P	7,5	133	1,33	158	1,19	0,84	35
		G	—	—	—	—	—	—	—

[1]) W_{28}, hier die errechnete, voraussichtliche Würfeldruckfestigkeit des Betons nach 28tägiger Erhärtung.

Die Werte dieser Tabelle setzen gewöhnlichen Portlandzement und normenmäßiges Kiessandgemenge voraus und wurden auf Grund der folgenden, der Praxis angelehnten Daten errechnet.

Zement-Raumgewicht: 1,2, Hohlraumanteil 60%; Sandkiesgemenge: Raumgewicht 1,59, Hohlraumanteil 40% (nach Brzesky, S. 36, 196).

Nach Saliger (Eisenbeton, 5. Aufl, S 28) ergeben 1 Raumteil Zement + s Raumteile Sand + w Raumteile Wasser:
$b = 0{,}40 + 0{,}60\ s + w$ Raumanteile fertigen Beton; für 1 m³ fertigen Beton sind daher erforderlich: $\frac{1}{b}$ m³ Zement, $\frac{s}{b}$ m³ Sandkies und $\frac{w}{b}$ m³ Wasser.

Ein Gewichtsprozent Wasser entspricht, bezogen auf das Sandkiesgemenge, 1,59 Raumprozenten. Die Menge des Wasserzusatzes wurde den Erfahrungswerten angepaßt.

Die Würfelfestigkeiten W_{28} der Tabelle I entsprechen den zu erwartenden Mindestfestigkeiten, die nach der von Brzesky etwas abgeänderten Formel von Graf aus:
$W_{28} = \frac{Kn}{480} \cdot \left(\frac{1300}{7^{2W}} + 20\right)$ kg/cm² berechnet werden können.

W = Wasser-Zement-Faktor: Die Normenfestigkeit des Zementes nach 28 Tagen wurde mit $K_n = 510$ kg/cm² gewählt; dieser Wert wurde als Durchschnittswert nach 28 Tagen aus den Prüfungsergebnissen der Wiener städtischen Prüfungsanstalt für Baustoffe (Oberbaurat Dr. Hasch) im Jahre 1927 ermittelt.

2. Arbeitsaufwand

a) Die Kosten der Betonerzeugung und -verarbeitung.

Diese umfassen den Zutransport der Zuschlagstoffe zur Mischstelle, das Betonmischen, die Förderung des Betonmischgutes zur Verarbeitungsstelle und die Verarbeitung (Betonierung).

Die Kosten bzw. der Arbeitsaufwand für diese Leistungen sind abhängig:

1. vom Ausmaß und Umfang des Bauteiles, von den örtlichen Verhältnissen und der Jahreszeit, vom Grad der Mechanisierung und Rationalisierung des Baubetriebes[1]). Abgesehen von sehr großen Baubetrieben, in welchen Erzeugung, Sortierung, Förderung und Zuteilung der Zuschlagstoffe vollständig mechanisiert sind, werden im allgemeinen die Zuschlagstoffe in nächster Nähe der Mischstelle gelagert und dieser mittels Schiebtruhen zugeführt;

2. vom Zutransport der Baustoffe, der Mischung und der Verarbeitung, die gewöhnlich von einer Arbeitspartie geleistet werden. Der Zwischentransport kann entfallen, wenn die Zuschlagstoffe in der Nähe der Baustelle gewonnen und von dort der Mischstelle direkt zugeführt werden (Silo für Zuschlagstoffe). Die Mischung erfolgt nur ausnahmsweise von Hand aus, meist mit Maschinen. Die Handmischung ist weder in bezug auf Güte und Gleichmäßigkeit der Betonqualität noch vom wirtschaftlichen Standpunkt aus zu rechtfertigen. Nach Garbotz verhalten sich die Festigkeiten von hand- und maschingemischtem Beton wie 1:1,5 bis 1:1,8.

Der Arbeitszeitaufwand für 1 m³ fertigen Beton bei Handmischung kann mit rund 5 bis 7 Betoniererstunden und 0,5 bis 1 Vorarbeiterstunden angenommen werden. Eine Mischmannschaft besteht z. B. aus

1 Vorarbeiter,
4 Mischern,
2 Zuführern für Sand,
1 Zubringer für Zement und Wasser.

Sie erzeugt in 8 Stunden (56 Betonierer- und 8 Vorarbeiterstunden) mindestens 8 und bei gewöhnlicher Entlohnung höchstens 12 m³ fertigen Beton.

Hinsichtlich der Maschinenmischung sei auf die Mischmaschinenversuche von Garbotz und Graf hingewiesen, deren Ergebnisse die wichtigsten Grundlagen für die Beurteilung der Eignung von Betonmischmaschinen in technischer und wirtschaftlicher Hinsicht bieten[2]).

[1]) Siehe Ing. Max Soeser: Allgemeine Baubetriebslehre. Wien. Julius Springer. 1930.
[2]) Garbotz, Georg: Leistungsversuche an Betonmischmaschinen. Zeitschrift des Vereines d. Ingenieure, 23. Heft. 1929. — Graf, Otto: Die wichtigsten Ergebnisse der Versuche mit Betonmischmaschinen. Wie vor. — Abeles, Paul: Mischmaschinen. Österreichische Bauzeitung. Heft 29 bis 35. 1929.

Übersicht über die Durchschnittsleistungen von Mischmaschinen verschiedener Nennfüllung nach Soeser.

Nennfüllung	Leistung in m^3		Anmerkung
	höchstens	durchschnittlich	
Liter	je Stunde		
100	2,9	2,4	Für Kalkulationen sollen die durchschnittlichen Ziffern vorsichtshalber noch um 25% herabgesetzt werden
250	6,6	5,6	
500	12,0	10,4	
1000	21,0	19,2	
1500	27,6	24,0	

Für die Wahl der Maschinengröße ist im allgemeinen das Gesamtausmaß des herzustellenden Betons — und darauf fußend die erforderliche Tagesleistung — maßgebend; denn nur bei voller Ausnützung der Maschine werden die geringeren Kosten der Betonerzeugung bei Verwendung von Maschinen großer Nennfüllung (über 200 l) gegenüber Kleinmischern (von 100 bis 200 l Nennfüllung) tatsächlich aufscheinen.

Im allgemeinen empfiehlt sich die Verwendung von Großmischern bei einer andauernden Tagesleistung von mindestens 40 m^3 Beton.

Die folgenden Tabellenwerte gelten für den Fall, daß die Zuschlagstoffe im gebrauchsfähigen Gemenge und der Zement in Säcken höchstens 10 bis 15 m von der Mischmaschine entfernt gelagert sind und dieser mit Schiebtruhen zugeführt werden.

α) Kosten der Betonerzeugung mittels Kleinmischer, das sind leicht transportable Mischer mit 100 bis 200 l Nenninhalt, ohne oder mit Materialaufzug, jedoch ohne Aufzug für Betonhochförderung; sie werden motorisch (meist mit Benzinmotor) betrieben. Leistungsvermögen maximal 30 m^3 in 8 Stunden.

Tabelle II. Betonherstellung mittels Kleinmischer (100 bis 200 l Nenninhalt)

Zahl	Kategorie	Art der Arbeitsleistung	Zeitaufwand in Stunden		Leistung in 8 Stunden	Arbeitsaufwand für 1 m^3 Beton	Anmerkung
der Arbeiter			einzeln	zusammen			
1	Vorarbeiter	Aufsicht..........	8	8	15—30 m^3	0,55—0,3 Vorarbeiterstunden	Die Aufstellung dieser Maschinen erfordert im allgemeinen keine besonderen Maßnahmen
3—4	Hilfsarbeiter	Zutransport der Zuschlagstoffe..	8	24—32		2,5—1,3 Hilfsarbeiterstunden	
1	Hilfsarbeiter	Zutransport des Zements........	8	8			
1	Maschinist	Wartung und Bedienung der Maschine (Wasserzusatz)	8	8		0,55—0,3 Maschinführerstunden	

β) Kosten der Betonerzeugung mit Mischmaschinen von 200 bis 500 l Nennfüllung, stets mit Materialaufzug, meist mit eingebautem motorischen Betonhochzug, motorisch (vorteilhaft elektrisch) betrieben. Leistungsvermögen bis 80 m^3 Beton in 8 Stunden.

Tabelle III. Betonherstellung mit Mischmaschinen mit 200 bis 500 l Nenninhalt

Zahl (der Arbeiter)	Kategorie (der Arbeiter)	Art der Arbeitsleistung	Arbeitsaufwand in Stunden: einzeln	Arbeitsaufwand in Stunden: zusammen	Leistung in 8 Stunden	Arbeitsaufwand für 1 m³ Beton	Anmerkung
1	Vorarbeiter	Aufsicht..........	8	8	30—80 m³	0,27—0,1 Vorarbeiterstunden + 1,6—1,0 Hilfsarbeiterstunden + + 0,27—0,1 Maschinführerstunden	Die Aufstellung dieser Mischmaschinen erfordert bei älteren Modellen Hochstellung und gute Verankerung. Der Materialaufzugskübel wird gewöhnlich vertieft gelagert
4—8	Hilfsarbeiter	Auffahrer, Zuführen der Zuschlagstoffe.....	8	32—64			
1	Hilfsarbeiter	Zementträger	8	8			
1	Maschinführer	Maschinenwartung u. Wasserzusatz	8	8			
1	Hilfsarbeiter			8			

Förderung des Betonmischgutes zur Verwendungsstelle; sie erfolgt in horizontalem Sinne gewöhnlich mittels Japanern (eiserne, zweiräderige Karren mit 100 bis 150 l Inhalt, von einem Mann, mit 200 bis 300 l Inhalt von zwei Mann geführt) oder Rollbahnkippwagen (0,50 bis 0,75 m³ Inhalt, von 2 bis 3 Mann geführt; auch mit motorischem Betrieb). Größte noch wirtschaftliche Verführungsdistanz bei Japanern 40 bis 50 m, bei Kippwagen bis 100 m und je nach dem Förderungsmittel auch darüber.

Für die praktische Ausnützung der Leistungsfähigkeit der Maschine ist außer der Leistung der Mischmannschaft die Verarbeitungsintensität entscheidend; die Maximalleistung bedingt, daß die Entleerung der Mischtrommel ungehindert erfolgt. Diesem Zwecke dient die Anlage von Betonverteilungssilos, in die das Mischgut — unbehindert durch Unregelmäßigkeiten in der Verarbeitung — entleert wird, um sodann in die Karren leicht abgefüllt zu werden. Bei einer derartigen Anlage bedingt auch die Hochförderung des Betons bis zu 20 m Höhe (etwa 1 Minute) eine nur geringe Verminderung der Gesamtleistung.

Tabelle IV. Vergleichsweise Übersicht über den Arbeitszeitaufwand für Herstellung von Stampfbeton ohne Schalung und Gerüstung

Mischart	Arbeitszeitaufwand in Stunden für: Betonerzeugung	Betonmischgut: Aufladen	Betonmischgut: Verführen	Betonmischgut: Verarbeiten	Gesamtaufwand für nur horizontale Förderung	Gesamtaufwand auch vertikale Förderung	Anmerkung
Handmischung	0,5—1,0 V 5,0—7,0 H	0,8—1,0 H	0,8—1,1 H	2,5—3,0 B 0,5—1,0 V	1,0—2,0 V 6,6—9,1 H 2,5—3,0 B	+ 2,5 H für 6,0 m Höhe	Teilweise nach Brzesky u. Ilkow[1]) nur für kleine Mengen
Motor-Kleinmischer 100—200 l	0,3—0,50 V 1,3—2,5 H 0,3—0,5 M	—	0,8—1,1 H	2,5—3,0 B 0,3—0,5 V	0,6—1,0 V 2,1—3,6 H 2,5—3,0 B 0,3—0,5 M	+ 2,5 H für je 6 m Höhe	V = Vorarbeiterstunde H = Hilfsarbeiterstunde B = Betoniererstunde M = Maschinistenstunde
Großmischer 200—500 l	0,1—0,3 V 1,0—1,6 H 0,1—0,3 M	—	0,5—1,0 H	2,5—3,0 B 0,1—0,3 V	0,2—0,6 V 1,5—2,6 H 2,5—3,0 B 0,1—0,3 M	bis 20 m Höhe etwa + 10%	

[1]) Jlkow: Material- und Zeitaufwand bei Bauarbeiten. Verlag: Julius Springer, Wien. 1927.

Der minimale Zeitaufwand ist nur bei beträchtlichen Ausmaßen, gleichartiger Herstellung und rationeller Betriebsmöglichkeit sowie geringen Förderweiten (bis 40 m) erzielbar.

Für Schalbeton bzw. aufgehenden Beton von Pfeilern oder Mauerwerk kann der Arbeitsaufwand um 20 bis 30%, für schwierigere Herstellungen, wie Maschinenfundamente u. dgl., bis zu einem Vielfachen des Tabellenwertes steigen.

Der Energieverbrauch je m³ Beton beträgt für die maschinelle Mischung (Materialaufziehen und Mischen) rund 0,5 kWh (0,26 bis 0,55 kWh nach Garbotz), einschließlich der vertikalen Betonförderung mittels motorischen Aufzuges rund 1 kWh; die Energiekosten sind den Tabellenwerten noch zuzuschlagen.

Ferner sind noch die Kosten der Aufstellung der Maschinen, eventuell der Turmgerüste für Hochzüge zu berücksichtigen. Die Kosten der Förderung des Betons zur Verarbeitungsstelle können durch weitgehende Mechanisierung (Gießmaste und -türme, Kabelkrane, Hängebahnen, Förderbänder, Einschienenwagen „Baukraft"), neuestens mit Hilfe von Pumpen (Pumpkret) weiter herabgesetzt werden.

Die Verzinsung und Abschreibung der Anschaffungskosten bzw. die Instandhaltungskosten der Maschinen und Großgeräte werden häufig im Rahmen der allgemeinen Unkosten den ermittelten Gestehungskosten zugeschlagen und schwanken zwischen 1,5 bis 5% des Neuwertes je Monat[1]).

Für die Herstellung von Betonböden müssen die Kosten der Betonerzeugung und verarbeitung je nach der Stärke des Bodens erhöht werden, und zwar bei geringeren Stärken (5 bis 10 cm) um 50 bis 30%, bei größeren Stärken (15 bis 30 cm) bis auf etwa 20% zurückgehend. Außerdem ist für das Abziehen, d. i. die Herstellung der ebenen Oberfläche, rund eine halbe Maurerstunde je m² Boden zuzuschlagen. Die Ausführung eines Estriches oder eines Gefälles ist besonders zu veranschlagen.

b) Arbeitsaufwand bei Schalungen

Die mit der Herstellung von Schalungen zusammenhängenden Leistungen sind nach Böhm[2]) das Vorbereiten der Schalung auf dem Zimmerplatz, der Transport der Schalung zur Verwendungsstelle, das Aufstellen oder Einschalen, das Behandeln der Schalung vor dem Betonieren und das Ausschalen und Herrichten zur Wiederverwendung.

Tabelle V. Richtlinien zur Berechnung des Arbeitsaufwandes für Schalungen von Bauwerkteilen aus Beton

1 m² Schalung für Bauteile bis 3,5 m Höhe	Arbeitsaufwand in Zimmermannsstunden (Z)			Anmerkung
	bei erstmaliger Herstellung	Ausschalung	Wiederaufstellung mit teilweiser Wiederverwendung [1])	
Betonmauerwerk (Wände)	1,5—2,5	0,2—0,3	1,0—1,8	[1]) Die kleinere Ziffer gilt bei nur geringfügig zu ergänzender Wiederverwendung der Schalungsteile
Pfeiler	2,0—3,0	0,2—0,3	1,5—2,5	
Säulen	2,5—3,0	0,1—0,2	1,2—3,0	
Gewölbe[3])	4,0—6,0			

[1]) Mit Rücksicht auf die dem Baubetrieb eigentümliche, beträchtliche Abnützung und daher auch kostspielige Instandhaltung der Maschinen ist oft eine sehr kurzfristige Abschreibung des Anschaffungswertes angezeigt.

Zur Berechnung der Abschreibungsquote für Kalkulationszwecke je 1 m³ Beton wird z. B. angenommen:

8-Stundenleistung der Maschine.....„L" m³

Nützung der Maschine in 1 Jahr....200 Tage je 8 Stunden

Jährliche Abschreibung für Verzinsung, Tilgung und Instandhaltung „n%" des Anschaffungswertes „A"; dann ist die Abschreibungsquote je m³ Beton:

$$q/\text{m}^3 = \frac{n \times A}{20{,}000 \times L}.$$

[2]) Böhm: Schalung und Gerüstung. Berlin. 1929.

[3]) Für eine Spannweite bis 4,0 m.

Die Tabellenwerte beinhalten die Vorbereitung der Schalungsformen, einen kurzen Transport sowie das Aufstellen, Sichern bzw. Unterstellen und gelten für 1 m² abgewickelt gemessene Schalfläche bei gewöhnlicher Taglohnarbeit.

Ist die Wiederverwendung von Schalungen für gleichartige Bauwerkteile eines unbewehrten Betons mit kräftigen Abmessungen gegeben, so wird man sich zwecks Verminderung des Arbeits-, aber auch des Materialaufwandes vorteilhaft abgebundener Schalformen (Tafeln) bedienen. Für Werkstücke aus Stampfbeton werden sorgfältig durchgearbeitete, leicht zerlegbare und oft mit Blech ausgefütterte Modelle verwendet.

c) Der Aufwand an Hilfsmaterialien

Holz, Nägel, Schrauben und Bindedraht. Maßgebend für den Holzverschleiß bzw. für die Holzabschreibung, d. i. der Kostenanteil aus der Beistellung des Schalholzes, sind: der Holzbedarf für 1 m² verschalte Fläche, der infolge der Gestaltung des Bauteiles bedingte Verschnitt bzw. Holzabfall und die Wiederverwendungsmöglichkeit.

Die Zahl der Wiederverwendungen von Schalungsteilen für gleiche oder ähnliche Zwecke ist durch den Grad der Abnützung, d. i. die Verringerung der Mengen und des Wertes des Schalholzes, begrenzt.

Bei Wänden und Pfeilern kann mit 3- bis 5maliger, bei Säulen mit 4- bis 6maliger, bei Gewölben mit 3- bis 4maliger Verwendung gerechnet werden, nach welcher der volle Holzwert konsumiert erscheint. Die Wiederverwendungsmöglichkeit kann durch die Benützung abgebundener Schalwerkstücke oder tischlermäßig bearbeiteter Modelle ganz außerordentlich gesteigert werden.

Der Bedarf an Nägeln (Drahtstiften) beträgt erfahrungsgemäß 0,03 bis 0,15 kg, an Bindedraht (Radeldraht) etwa 0,10 bis 1,0 kg je m² Schalfläche.

Für Schalungen gebräuchliche Nägelsorten

$\frac{42}{100}$	$\frac{38}{90}$	$\frac{34}{80}$	$\frac{31}{70}$	$\frac{28}{65}$	$\frac{28}{60}$	$\frac{25}{50}$	Stärke in $^1/_{10}$ mm / Länge in mm
88	120	165	230	310	330	500	Stückzahl je kg

Für Schalungen verwendete Sorten gezogenen Bindedrahtes

Durchmesser in mm	2,5	2,8	3,1	3,4	3,8	4,2	4,6	5,0
Gewicht in kg je 100 m′ Draht	3,83	4,8	5,9	7,1	8,9	10,8	13,0	15,3

Nägel werden meist als Befestigungsmittel (Heften), seltener zur Kraftübertragung (Nageln) verwendet. Die Nagellänge „a" wird nach Böhm als Vielfaches der Stärke d des zu befestigenden Brettes angenommen, und zwar: $a = 2,5\ d$ zum Heften von Brettern oder Bohlen an die Unterlage, $a = 3,5\ d$ zum Annageln.

Das Radeln, das ein Auseinandertreiben oder auch nur Durchbiegen (Ausbauchen) der Schalformen infolge des Seitendruckes des frischen Betons zu verhindern hat, wird mit Draht von etwa 3,0 bis 6,0 mm Querschnittsdurchmesser durchgeführt. Der Radeldraht ist stets verloren, wenn er die Betonkonstruktion durchquert (Mauerwerk, Wände, Pfeiler). Bei Säulen, wo er meist in unbrauchbarem Zustand zurückbleibt, werden vorteilhafter Schraubenbolzen oder Säulenzwingen verwendet.

Tabelle VI. Richtlinien für den Materialbedarf je m² Schalung einschließlich Verschnitt

Bauteil	Bei erstmaliger Herstellung				Bei „n"-maliger Wiederverwendung				
	Bohlen (Pfosten)	Kantholz (Staffeln)	Nägel	Draht	n	Pfosten	Staffeln	Nägel	Draht
	m³		kg			m³		kg	
Wände und Mauerwerk	0,06—0,07	0,03—0,06	0,10—0,15	0,40—0,80	5	0,02	0,015	0,05—0,1	0,4—0,80
Pfeiler	0,06—0,07	0,04—0,05	0,10—0,15	0,40—0,80	5	0,025	0,02	0,10	0,4—0,80
Säulen	0,06—0,07	0,04—0,05	0,05—0,10	0,30—0,50	6	0,015	0,01	0,10	0,3—0,5

B. Eisenbetonarbeiten

1. Baustoffe und Baustoffbedarf

a) Zement (siehe S. 218)

Die ÖNORM B 2302, § 6, Punkt 2, ebenso wie die deutsche Norm schreiben den Mindestgehalt an Zement für 1 m³ fertigverarbeiteten Eisenbeton mit 300 kg vor, bzw. 270 kg bei Hochbauten, die dem Einfluß von Feuchtigkeit entzogen sind. Bei Verwendung frühhochfesten Portlandzementes werden nicht nur höhere Betonbeanspruchungen zugelassen (§ 19), sondern auch die Ausschalungfristen wesentlich gekürzt (§ 11, Punkt 3); seine Verwendung wird daher trotz des Mehrpreises (rund 14%) gegenüber normalen Portlandzementen in der Regel wirtschaftlicher und empfehlenswerter sein.

Tabelle VII. Ausschalungsfristen nach ÖNORM B 2302 (§ 11, Punkt 3)

Bei Verwendung von	Für die seitliche Schalung der Balken, Stützen und Pfeiler	Für die Schalung der Deckenplatten	Für die Stützen der Balken und weitgespannten Deckenplatten
Portland- oder gleichwertigem Zement mindestens	4 Tage	10 Tage	4 Wochen
frühhochfestem Portlandzement mindestens	2 „	5 „	2 „

Bezüglich der hochwertigen Tonerdezemente gilt das unter A 1 a Gesagte.

b) Für die Wahl der Zuschlagstoffe gilt im allgemeinen das unter A Gesagte; Abb. 5 zeigt die Kornschen Siebgrenzkurven, die die Zone noch verwendbarer Kiessande für Eisenbetonzwecke im Bereich der Önorm-Ideal-Siebkurve abgrenzen.

Der Wasserzusatz spielt für Eisenbeton dieselbe entscheidende Rolle wie beim Beton. Die Kontrolle der Konsistenz erfolgt mittels des Setzmaßes (siehe S. 222).

Die nachstehenden Tabellen über den Aufwand an Zement und Zuschlagstoffen für 1 m³ fertigen Eisenbeton geben wieder theoretisch errechnete, aber mit der Praxis gut zusammenstimmende Werte.

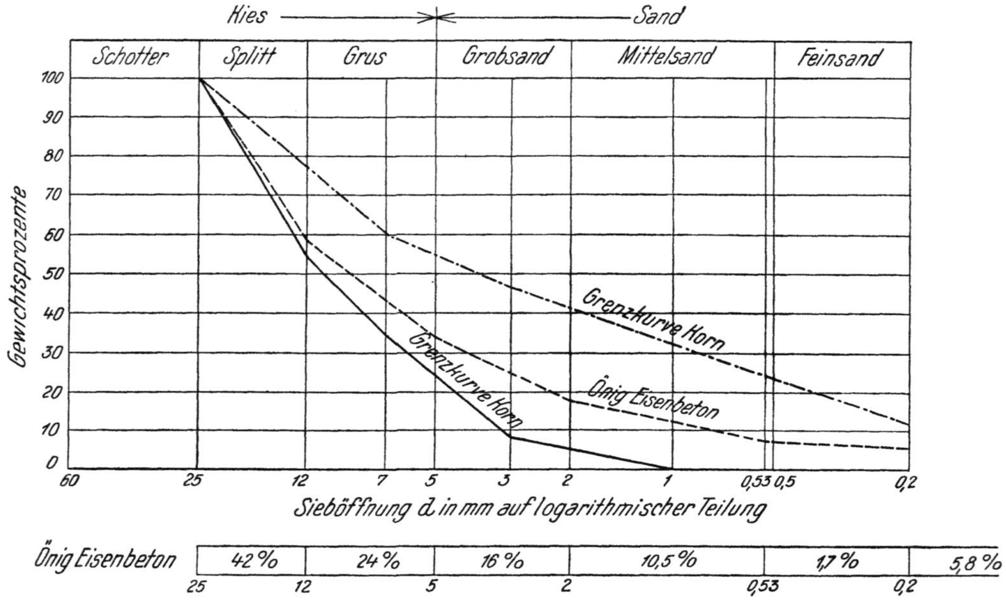

Abb. 5. Kornsche Siebgrenzkurven

Tabelle VIII. **Baustoffbedarf für Beton** erdfeuchter (E), plastischer (P) und gußfähiger (G) Konsistenz für die nach DIN und ÖNORM für Eisenbeton noch zulässigen Zementmindestmengen

Mischungsverhältnis	Zement je 1 m³ Sand-Kies-Gemenge kg	Konsistenz	Wasserzusatz in Gew.-Prozent. d. Sand-Kies-Gemenges	1 m³ fertiger Beton erfordert Zement kg	Sand-Kies Gemenge m³	Wasser l	Wasser-Zement-Faktor	Zement-Wasser-Faktor	Würfelfestigkeit W_{28} kg/cm²
—	—	E	—	400¹)	—	—	—	—	—
1:3,41	354	P	10,3		1,13	186	0,465	2,15	247
1:3,28	367	G	12,1		1,09	210	0,526	1,90	200
1:4,96	242	E	7,9	300²)	1,24	156	0 520	1,92	204
1:4,76	252	P	9,8		1,19	186	0,621	1,61	144
1:4,57	263	G	11,8		1,14	214	0,715	1,40	107
1:5,61	214	E	7,7	270³)	1,26	154	0,571	1,75	171
1:5,39	223	P	9,6		1,21	184	0,683	1,46	118
1:5,18	232	G	11,5		1,16	212	0,786	1,27	86

¹) Bei mangelndem Nachweis der Druckfestigkeit.
²) Normal.
³) Bei Hochbauten, die dem Einfluß von Feuchtigkeit entzogen sind.

Tabelle IX. **Baustoffbedarf für Beton** erdfeuchter (E), plastischer (P) und gußfähiger (G) Konsistenz für verschiedene Würfeldruckfestigkeiten

Mischungs-verhältnis	Zement je 1 m³ Sand-Kies-Gemenge kg	Konsistenz	Wasserzusatz in Gew.-Prozent. d. Sand-Kies-Gemenges	1 m³ fertiger Beton erfordert Zement kg	Sand-Kies-Gemenge m³	Wasser l	Wasser-Zement-Faktor	Zement-Wasser-Faktor	Würfelfestigkeit W_{28} kg/cm²
1:3	400	E	—	—	—	—	—	—	—
		P	10,3	445	1,11	182	0,41	2,44	301
		G	12,1	432	1,08	208	0,48	2,08	235
1:4	300	E	7,9	364	1,21	152	0,42	2,38	292
		P	9,8	350	1,17	182	0,52	1,92	204
		G	11,8	338	1,12	211	0,62	1,61	145
1:4,4	270	E	7,7	333	1,23	151	0,45	2,22	261
		P	9,6	321	1,19	181	0,57	1,75	172
		G	11,5	310	1,15	210	0,68	1,47	119

c) Rundstahl

ÖNORM B 2302 fordert die Verwendung von Rundstahl mit einer Festigkeit von 37 bis 45 kg/mm². Im Sinne der ÖNORM M 3111 und M 3112 entspricht dieser Forderung im allgemeinen der Stahl von Handelsgüte St 37,11; für Brücken und Ingenieurbauten ist Stahl von Übernahmsgüte St 37,12 zu verwenden. Der früher allgemein verwendete, als Rundeisen von Handelsqualität bezeichnete Stahl, jetzt St 00,11, ist im Geltungsbereich der ÖNORM für Eisenbeton[1]) unzulässig. Der derzeitige Preisunterschied zwischen St 00,11 und St 37,11 beträgt rund 2,25%. St 37,12 ist um 2% teurer als St 37,11.

Die Verwendung des Baustahles St 48,07 (Zugfestigkeit 48 bis 58 kg/mm²), der derzeit um rund 18% teurer ist als St 37,11, kann in Ansehung der Zulässigkeit einer erhöhten Beanspruchung des Stahles bis 1500 kg/cm² und des Betons (bei Verwendung des frühhochfesten Zementes bis 70 kg/cm²) wirtschaftlicher sein als die des St 37,11.

Abb. 6. Isteg-Stahl mit Haken

Isteg-Stahl (Patent), ein behördlich zugelassenes Bewehrungsmaterial für Eisenbetonbiegungsbalken (siehe Abb. 6) wird aus zwei Rundstäben St 37,11 die mit ortsfester Einspannung der Enden in besonderer Maschine streckverwunden werden, hergestellt; hierdurch erfolgt eine Hebung der für die Tragsicherheit des Verbundes maßgebenden Streckgrenze auf mindestens 3400 kg/cm². Durch diesen Prozeß scheidet kaltbrüchiger oder fehlerhafter Rundstahl automatisch aus. Isteg-Stahl ist äußerlich als solcher sofort erkennbar. Die Verbundwirkung damit bewehrter Biegungsbalken ist besser als bei glattem Bewehrungsmaterial.

Zulässige Beanspruchung 1700 kg/cm² bei zweifacher Sicherheit. Daher wesentliche Ersparnis an Bewehrungsmaterial (etwa 30%).

Das Streckmetall (Tragnetzblech) wird aus Stahlblechen durch gleichmäßiges Strecken (Recken) der abgetrennten Reutenstäbchen hergestellt; hiedurch

[1]) Derzeit Gemeindegebiet Wien und für alle Bauten, die ganz oder teilweise aus Bundesmitteln erstellt werden.

wird die Streckgrenze des Stahles gehoben; hinsichtlich der zulässigen Inanspruchnahme gilt das unter Istegstahl gesagte. Über die Abmessungen und die Verwendung siehe Seite 283.

Bei der Preisbestimmung für Rundstahl sind nebst den Kosten für Fracht, Transport, Abladen, Lagern usw. für kleine Stahlquerschnitte noch die Querschnittsauflagen (Kaliberzuschläge) zu beachten.

Querschnittsauflagen in Prozenten des Grundpreises						
Durchmesser in mm	5,5	6,0	7,0	8,0	10	12—50
Zuschlag in % rund	18	11	4	3	1,5	—

Die üblichen Werkslängen des Rundstahls sind 12,0 und 14,0 m bei einer Längentoleranz von 10%. Für die Lieferung außergewöhnlicher Längen beträgt die Aufzahlung 5%.

Der Preis des Rundstahls direkt vom Werk, franko Ankunftsbahnhof, ist wesentlich geringer als ab Lager oder Niederlassung der Fabrik oder des Händlers (in Wien beträgt die Preisdifferenz rund 20%).

Der Bedarf an Rundstahl für einzelne Bauteile wird überschlägig aus dem auf die Längen- oder Flächeneinheit bezogenen und auf Grund der statischen Berechnung erforderlichen Stahlquerschnitt f_e in cm² ermittelt.

Die Faustregel f_e in kg $= f_e$ in cm² gibt für normale Träger, frei aufliegende Platten, normale Säulen usw. zureichende Werte für überschlägige Berechnung, wobei Bügel, Abbiegungen, Haken und Verteilungseisen gewöhnlicher Art mit einbezogen erscheinen.

Genaue Untersuchungen befassen sich mit der gesetzmäßigen Abhängigkeit des Rundstahlgewichtes f_e in kg von dem ermittelten Stahlquerschnitt f_e cm², wobei f_e kg $= a\ f_e$ cm² wird und a als Eisenmassenzahl oder Eisenbedarfskoeffizient bezeichnet wird[1]).

Der Stahlbedarf nach Kleinlogel[2]) kann für überschlägige Berechnungen, wenn f_e (cm²) der ermittelte Stahlquerschnitt an der Stelle des Momentgrößtwertes ist, der folgenden Tabelle entnommen werden.

Bauteil	f_e/kg$=a \cdot f_e$/cm² $a=$
Schwache und schwach bewehrte Säulen	1,15—1,25
Stark bewehrte Säulen	0,95—1,05 (1,0)
Frei aufliegende Platten	0,95—1,05 (1,0)
Durchlaufende Platten:	
a) Endfelder (+ Moment)	1,10—1,20
b) Mittelfeld (+ Moment)	1,15—1,30
c) wie vor (negatives Moment)	0,8 —0,9
Frei auflagernde Balken:	
a) bei sehr schwacher Längsbewehrung	1,35—2,00!
b) bei normalem Bügelbedarf und Längsbewehrung	0,95—1,05 (1,0)
c) bei großem Bügelbedarf	1,35—1,45
Kreuzweise bewehrte Platten:	
a) alle Seiten eingespannt	1,10—1,15
b) frei gelagert	0,9 —0,95

[1]) Dr. Ing. E. Röhr: Eisenverbrauch und Wirtschaftlichkeit im Eisenbetonbau. Berlin. 1930. W. Ernst & Sohn.

[2]) Prof. Dr. Ing. A. Kleinlogel: Veranschlagungen von Eisenbetonbauten. Berlin. 1930. W. Ernst & Sohn.

Der Stahlbedarf besonderer Konstruktionen, wie Rahmen, Silos, Behälter usw., kann nur auf Grund der Stahlbiege- und Verteilungspläne ermittelt werden, wobei für den Abfall infolge Verschnittes und für die Längen und Gewichtstoleranz ein Zuschlag von mindestens 10% des Nettogewichtes empfohlen wird.

Zur Befestigung (Binden) des Rundstahles wird Bindedraht (Durchmesser 0,8 bis 1,0 mm) verwendet. Der Verbrauch liegt zwischen 0,2 bis 0,3 kg je 100 kg Rundstahl größeren Kalibers (Durchmesser von 12 mm aufwärts), wie bei Decken, Säulen u. dgl., und 0,5 bis 1 kg je 100 kg Rundstahl kleinen Kalibers, wie insbesondere bei Monier-, Silo- und Behälterwänden u. dgl.

2. Arbeitsaufwand

a) Kosten der Betonherstellung

Die Kosten der Betonmischung verteuern sich gegenüber unbewehrtem Beton in der Regel dadurch, daß infolge vielfältiger Erschwernisse bei der Betonverarbeitung die Leistung der Mischmaschine und ihres Bedienungspersonales nicht voll ausgenützt werden kann.

Die Kosten der Betonverarbeitung sind abhängig von der Größe, Ausdehnung, Form und den Querschnittsabmessungen des Bauteiles selbst, sowie von der Menge und Art der Bewehrung; sie wachsen insbesondere mit der Verringerung der Querschnittsabmessungen und mit dem Bewehrungsverhältnis.

Tabelle X. Arbeitsaufwand bei der Betonierung häufig vorkommender Eisenbetonbauteile

Bauteil 1 m³	Arbeitsaufwand für 1 m³ Eisenbeton in Stunden für		Gesamtarbeitszeit für 1 m³ Eisenbeton (ohne Hochförderung)	Gesamtarbeitszeit für 1 m³ Eisenbeton bis 20 m Hochförderung
	Mischarbeit	horizontales Fördern und Betonieren		
Pfeiler und starke Säulen	0,2—0,3 V 1,5—3,0 H 0,2—0,3 M	0,2—0,3 V 1,0—2,0 H + 2,5—3,0 B	0,4—0,6 V 2,5—5,0 H 2,5—3,0 B 0,2—0,3 M	+ 10%
Träger, Unterzüge großen Querschnittes	0,2—0,3 V 1,7—3,0 H 0,2—0,3 M	0,2—0,3 V 1,2—2,5 H + 3,0—5,0 B	0,4—0,6 V 2,9—5,5 H 3,0—5,0 B 0,2—0,3 M	+ 10%
Decken	0,25—0,3 V 2,0 —3,0 H 0,25—0,3 M	0,25—0,3 V 1,0—2,04 H + 2,5—3,5 B	0,5—0,6 V 3,0—5,0 H 2,5—3,5 B 0,25—0,3 M	+ 10%
Rahmen und Konstruktionen geringeren Querschnittes	0,3—0,4 V 3,0—5,0 H 0,3—0,4 M	0,3—0,4 V 1,5—3,0 H + 3,5—7,0 B	0,6—0,8 V 4,5—8,0 H 3,5—7,0 B 0,3—0,4 M	+ 10—20%
Monierwände, Silo- und Behälterwände	0,3—0,6 V 3,0—6,0 H 0,3—0,6 M	0,3—0,6 V 2,0—5,0 H + 5,0—10,0 B	0,6—1,2 V 5,0—11,0 H 5,0—10,0 B 0,3—0,6 M	+ 10—20%

Die Kosten der Betonierung vertikaler Bauteile (Säulen u. dgl.) sind höher als die horizontaler (Decken, Träger u. dgl.). Bei geneigten Bauteilen (Dächer, schiefe Decken, Träger usw.) wachsen sie — insoferne von einer oberen Schalung abgesehen wird — mit dem Neigungswinkel; für die Herstellung von Preßbeton bei vertikalen Wänden mit nur einseitiger Schalwand sind sie etwa zwei- bis dreimal so groß wie für solche mit beiderseitiger Schalung. Bei Förderung des Betonmischgutes in höhere Geschosse ist die Vermehrung des Bedienungspersonals und der Betriebskosten zu berücksichtigen; die Leistungsverminderung des Mischers fällt bei Verwendung motorischer Hochzüge bis zu 20 m Höhe weniger ins Gewicht.

Die Anwendung der Akkord- oder Prämienarbeitsweise ist für Eisenbetonbauten meist nicht ratsam.

Die vorhergehende Tabelle enthält mittlere Erfahrungsziffern für den Arbeitsaufwand bei der Betonierung häufig vorkommender Eisenbetonbauteile bei Verwendung von Mischmaschinen mit 250 bis 500 l Nennfüllung mit Materialaufzug, motorischem Betonhochzug, Betonverteilungssilo, ferner einer mittleren horizontalen Förderung des Betons mittels Betonkarren von rund 20 m, wobei alle Leistungen im Taglohn erfolgen.

Hinsichtlich Energieverbrauch, Gerüstungen, Abschreibung der Anschaffungskosten der Maschinen siehe Abschnitt A. 2.

b) Kosten der Schalung: Arbeits- und Materialaufwand

Von maßgebendem Einfluß ist die Ausdehnung sowie die Wiederholung gleichartiger Bauteile bzw. die Wiederverwendungsmöglichkeit der Schalformen; die folgende Tabelle berücksichtigt die Vorbereitung (Abbinden) der Schalungsteile, deren kurzen Transport zur Verwendungsstelle, ihr Aufstellen und Sichern (Unterstellen); bei Wiederverwendung: Ausschalen, kurzen Transport, Wiederaufstellen (Umstellung) mit geringer Ergänzung der Schalteile. Die Tabellenwerte gelten für 1 m² abgewickelt gemessene Schalfläche unter der Voraussetzung gewöhnlicher Taglohnarbeitleistung.

Die Wiederverwendungsmöglichkeit des Schalmaterials wird gesteigert durch besonders sorgfältige Ausstattung der erstmaligen Herstellung, wie Hobeln der Schalflächen oder Beschlagen derselben mit Blech. Das Zusammenhalten der Schalteile wird dann vorteilhaft mittels Schrauben, Zwingen u. dgl., die leichter als Radelungen gelöst und meist wiederverwendet werden können, bewirkt.

Für die Herstellung der Wände von Behältern und insbesondere von Silos von größerer Höhe und mit gleichbleibenden Zellenquerschnitten bevorzugt man Gleitschalung, durch deren Verwendung sowohl der Arbeits- als auch Materialaufwand gegenüber der üblichen Schalungsart sich wesentlich reduziert.

Gerüstungen aller Art, seien es Arbeits- oder außergewöhnliche Unterstellungsgerüste (Lehrgerüste), sind sowohl hinsichtlich Arbeits- als auch Materialaufwandes besonders zu berücksichtigen.

c) Betonrundstahl-Verarbeitung

Die Kosten umfassen: Schneiden, Biegen, kurze horizontale und Höhenförderung, dann Verlegen und Binden (Stricken) des Rundstahls. Schneiden und Biegen kann entweder mittels Eisenschneide- und -biegewerkzeug von Hand aus oder mittels motorisch angetriebener Schneide- und Biegemaschinen erfolgen; das Verlegen und Stricken des Rundstahls geschieht stets von Hand aus.

Tabelle XI. Richtlinien für den Arbeits- und Materialaufwand je m² abgewickelt gemessene Schalfläche

Bauteil bis rund 4 m Bauhöhe	Erstmalige Herstellung je m²: Arbeitsaufwand in Zimmererstunden	Materialaufwand: Schnitt- Holz in m³	Materialaufwand: Rund- Holz in m³	Materialaufwand: Nägel kg	Materialaufwand: Draht kg	Ausschalen und Wiederverwenden („n"-malig): „n"	Arbeitsaufwand in Zimmererstunden	Materialaufwand: Schnitt- Holz in m³	Materialaufwand: Rund- Holz in m³	Materialaufwand: Nägel kg	Materialaufwand: Draht kg
Eisenbetonmauerwerk, Pfeiler und starke Säulen	1,5—2,5	0,06—0,12	—	0,11—0,15	0,5—1,00	3—4	1,2—2,0	0,02—0,05	—	0,11—0,15	0,5—1,0
Träger, Unterzüge u. dgl. mit großem Querschnitt	2,0—3,0	0,05—0,07	0,05—0,08	0,08—0,11	0,30—0,50	3—4	1,0—2,5	0,02—0,03	0,015—0,03	0,08—0,11	0,30—0,50
Decken[1]: Plattenbalken	1,2—1,8	0,05—0,06	0,03—0,07	0,08—0,12	0,05—0,10	3—4	1,0—1,5	0,015—0,025	0,01—0,03	0,08—0,12	0,05—0,10
Decken[1]: Ebene Schalung	1,0—1,5	0,045—0,05	0,015—0,03	0,04—0,06	0—0,04	6—10	0,8—1,1	0,006—0,01	0,002—0,006	0,04—0,06	0—0,04
Decken[1]: Ast-Mollin-Decke (samt Verlegen der Blechschablonen)	0,8—1,3 0,05—0,15 H[2]	0,025—0,03	0,015—0,030	0,05—0,08	0—0,04	10—15	0,8—1,0 {0,02—0,035 H[2]}	0,003—0,004	0,002—0,005	0,05—0,08	0—0,04
Rahmen oder Säulen mit Querkonstruktionen	2,5—6,0	0,06—0,09	0,03—0,09	0,15—0,25	0,30—0,60	3—5	2,0—5,0	0,025—0,06	0,01—0,04	0,15—0,25	0,30—0,60
Silo, Behälter, Wände, vertikal oder schief	3,0—5,0	0,06—0,08	0,00—0,05	0,10—0,20	0,30—0,50	1—5	2,50—5,50	0,045—0,06	0,0—0,01	0,10—0,20	0,30—0,50
Monierwände	1,5—2,5	0,05—0,06	—	0,08—0,10	0,20—0,40	3—8	1,0—2,0	0,01—0,03	—	0,08—0,10	0,20—0,40

[1]) Unterzüge, Mauerauffangungen u. dgl. sind unberücksichtigt. [2]) H = Hilfsarbeiterstunden.

Nach Kleinlogel beträgt der Zeitaufwand für Schneiden, Biegen und Verlegen von Rundstahl bei kurzem Transport und einfachen Arbeiten:

Tabelle XII

Durchmesser	Eisenbiegerstunden für 1 kg Rundstahl	
	von Hand aus	maschinell
bis 7 mm	0,10	0,08
von 8 bis 14 mm	0,08	0,05
über 14 mm	0,06	0,03

Der Arbeitsaufwand ist außer vom Querschnitt des Rundstahls in erheblichem Maße von der Art der Bewehrung abhängig.

Erfahrungsziffern für den durchschnittlichen Arbeitsaufwand für maschinelles Schneiden und Biegen, ferner Verlegen und Binden, bei kurzem horizontalen Transport für verschiedene Arbeitsgattungen:

Tabelle XIII

Arbeitsgattung	Decken	Gewöhnliche Säulen	Umschnürte Säulen	Rahmen	Monierwände	Silo- und Behälterwände
Eisenbiegerstunden	0,03 bis 0,06	0,04 bis 0,05	0,08 bis 0,15	0,05 bis 0,08	0,06 bis 0,08	0,08 bis 0,12

Die Tabellenwerte können durch besondere Umstände, wie schwierige Zugänglichkeit der Bewehrungsorte, Beengtheit der Konstruktionsquerschnitte und hierdurch bedingte örtliche Häufung der Bewehrungsstähle usw., beträchtlich überschritten, anderseits, wie bei häufig vorkommender Gleichartigkeit großer Mengen, bei Inanspruchnahme von Prämien- oder Stücklohn- (Akkord-) Arbeit, auch vermindert werden.

C. Gestehungskosten von Bauteilen aus Eisenbeton

Die Preisermittlung von Bauwerken ist nicht exakt zu lösen. Sie hängt bei gegebener Konstruktionsart und bekanntem Baustoffaufwand von den veränderlichen Größen: Ort, Zeit, Mensch und Maschine ab. Die angegebenen Richtlinien können daher nur Anhaltspunkte für die Kostenermittlung bieten.

Bei Herstellungen größerer und gleichartiger Teile werden die Kosten in der Regel für die Ausmaßeinheit ermittelt, z. B.: 1 m³ Fundamentbeton, 1 m² Eisenbetondecke, 1 m¹ Träger, Unterzug o. dgl.; manche Bauteile hingegen werden in zwei, eventuell mehrere Teile gegliedert oder aber als Ganzes kalkuliert, so z. B.: 1 Stück Rahmen aus Eisenbeton (bestehend aus zwei Stielen und einem Riegel), 1 Stück Silo, 1 Stück Behälter, oft auch 1 Stück Säule und Säulenfuß.

1. Beton. Fundamentbeton, Mauerwerk aus Stampfbeton mit oder ohne Schalung, desgleichen Beton für Pfeiler oder starke Säulen u. a. werden allgemein je 1 m³ berechnet. In der Regel wird hierbei die tatsächliche geleistete Menge in Betracht gezogen, wobei Öffnungen im Mauerwerk nur dann von dem hohl für voll berechneten Mengenausmaß in Abzug gebracht werden, wenn für die durch die Herstellung der Öffnungen bedingte Mehrarbeit für Schalung, Gerüstung und Betonverarbeitung eine besondere Vergütung erfolgt.

Es ist üblich, die Verrechnung des Mengenausmaßes hohl für voll, also ohne Abzug von Öffnungen, bis zu einem Querschnitt von höchstens 4 m² zu konzedieren. Richtiger und darum empfehlenswerter ist es, den Beton je 1 m³ tatsächlichen Ausmaßes und die Schalung gesondert, nach Flächenmaß abgewickelt gemessen, zu verrechnen.

2. Eisenbeton. Für Wände, Pfeiler oder starke Säulen, oft auch für Unterzüge, Hauptgesimse großen Querschnitts wird häufig ein Durchschnittspreis je 1 m³ Eisenbeton, einschließlich Schalung und Bewehrung, verlangt. Für dessen Ermittlung sind die gesonderten Preisbildungen für die Herstellung von Beton, Schalung und Stahlbewehrung nötig, mit welchen die Kosten für 1 m³ Eisenbeton auf Grund der in Betracht kommenden Mengen ermittelt werden.

Veränderungen an solchen Bauteilen in Hinsicht auf das gegenseitige Verhältnis dieser Preiselemente untereinander infolge nachträglicher Abänderung von Belastungen, Querschnittsabmessungen u. dgl. beeinflussen die Basis des Durchschnittspreises und berechtigen zu Preisänderungen. Deshalb werden derartige Bauteile einwandfrei nur gesondert nach Beton je 1 m³, Schalung je 1 m² und Stahlbewehrung je 1 kg berechnet und vergeben.

Säulen aus Eisenbeton sind in der Regel gekennzeichnet durch die vorzuschreibende Belastung (Tragfähigkeit) oder Querschnittsabmessung und Höhe. Es empfiehlt sich, die Preisbildung nach Stück oder Höhenmeter, im ersteren Falle stets vom Säulenfuß bis Oberkante Zwischenkonstruktion bzw. zwischen den Oberkanten von Querkonstruktion, zu berechnen, wobei ein Abzug der in die Querkonstruktionen fallenden Säulenteile nicht berechtigt ist. Der Preis wird durch Summierung der Preisanteile für Beton, Schalung und Stahlbewehrung auf 1 m¹ oder auf 1 Stück Säule entfallend gebildet.

Decken werden gewöhnlich je 1 m² Grundrißfläche verrechnet. Es sollen nur solche Decken in eine Post zusammengefaßt werden, die hinsichtlich Konstruktionsart, Spannweite sowie Nutz- und Auflast keine wesentlichen Abweichungen zeigen.

Die Grundrißfläche wird zumeist über tragende Mauern oder Säulen hinweg gemessen; die Ausbildung der Mauerroste zur Verschließung des Mauerwerks wird jedoch nicht gesondert vergütet, falls das durch sie verdrängte Mauerwerk nicht abgezogen wird. Die Verrechnung von Decken im Lichten tragender Mauern widerspricht der praktischen Ausführung und ist deshalb sowie auch der verwickelten Preisberechnung halber nicht zu empfehlen. Kleinere Deckenöffnungen, bis zu etwa 2 m² Grundrißfläche, werden — als Äquivalent für den infolge konstruktiver Vorkehrungen bedingten Mehraufwand an Material und Arbeit — in der Regel von dem über die Öffnung hinweg gemessenen Flächenausmaße nicht abgezogen. Gelangen Deckenöffnungen zum Abzug, was stets ausdrücklich festgelegt werden soll (z. B. Stiegenhausdecken, Podeste, Decken mit Oberlichten usw.), so ist dies bei der Preisbildung durch Reduktion des Deckenausmaßes zu berücksichtigen.

Wände aus Eisenbeton und Monierwände werden in der Regel je 1 m² Ansichtsfläche ohne Abzug von Öffnungen berechnet. Stets erfolgt die Preisbildung derart, daß für die auf die Ausmaßeinheit entfallenden Mengen von Beton, Schalung und Stahlbewehrung die Kosten der Baustoffe und des Arbeitsaufwandes sowie der Hilfsmaterialkosten ermittelt und summiert werden.

Bauteile, wie Rahmen, Silo, Behälter, einzelne Unterzüge oder sonstige Spezialkonstruktionen, werden weder nach Längen-, Flächen- oder Raumeinheiten, sondern zweckmäßig nach Stückzahl verrechnet, doch geschieht die Kostenermittlung für den ganzen Bauteil ebenfalls durch gesonderte Ermittlung der auf ihn entfallenden Anteile an Ausmaßen und Kosten für Beton, Schalung und Stahlbewehrung. Der eigentlichen Kostenberechnung hat sonach eine Massen- oder Mengenermittlung, die sich auf den Konstruktionsplan stützt, voranzugehen.

Beispiel für den Gang einer Preisermittlung für eine Eisenbetonkonstruktion[1])

Fabrikdecke aus Eisenbeton größerer Ausdehnung, ruhend auf Säulen mit Einzelfundamenten, dimensioniert laut Abbildung 7

Da die konstruktive Ausbildung der Decke für jeden Säulentragbereich dieselbe ist, genügt zur Errechnung des Einheitspreises für 1 m², das in der Skizze mittels Schraffierung abgegrenzte Säulenfeld heranzuziehen.

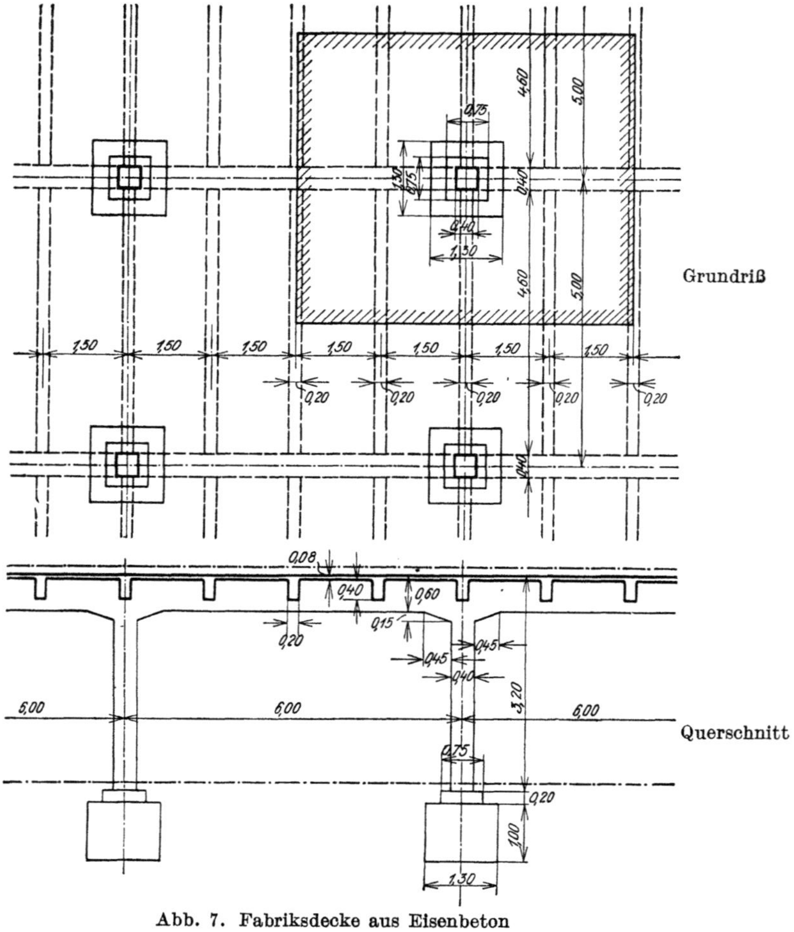

Abb. 7. Fabriksdecke aus Eisenbeton

[1]) Der ziffernmäßigen Auswertung liegen die Wiener Marktpreise für Materialien sowie die kollektivvertraglichen Bauarbeiterlöhne, um 15% vermehrt für soziale Abgaben, für Mitte 1930 zugrunde.

1. **Fundament.**

Erdaushub (siehe Abschnitt: Erd- und Felsarbeiten).

Fundamentbeton je m³: Stampfbeton im Mischungsverhältnis von 120 kg Portlandzement auf 1 m³ loses Sandkiesgemenge (M. V. 1:10) oder mit einer Würfeldruckfestigkeit von mindestens 45 kg/cm² nach 28 Tagen, **ohne Schalung**,

Material laut Tabelle I:	1,31 m³ Sandkiesgemenge . .	à S 9,00	= S 11,79	
	157 kg Portlandzement . . .	à „ 9,20	= „ 14,45	
				S 26,24
Arbeitslohn laut Tabelle IV:	0,2 Vorarbeiterstunden	à S 2,30	= S 0,46	
	1,5 Hilfsarbeiterstunden . . .	à „ 1,48	= „ 2,22	
	2,5 Betoniererstunden	à „ 1,80	= „ 4,50	
	0,3 Maschinistenstunden . . .	à „ 1,80	= „ 0,54	
				S 7,72
			Summe . .	S 33,96

ferner etwa 164 Liter Wasser und 0,5 kWh.

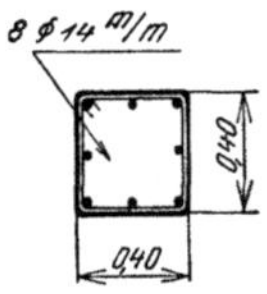

Abb. 7b. Säulenquerschnitt

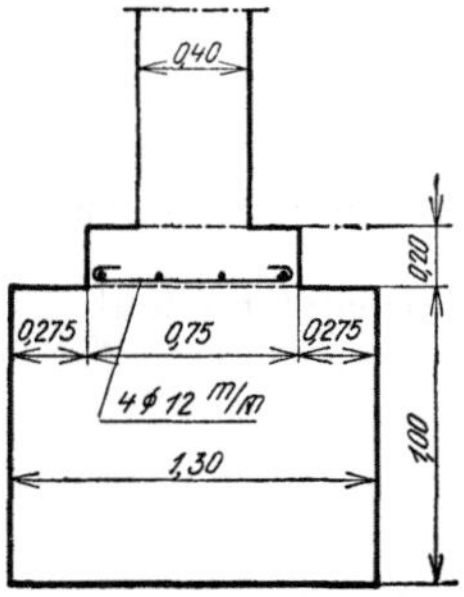

Abb. 7a. Säulenfuß

2. **Säulenfuß je Stück:** Stampfbeton mit Schalung und Stahleinlagen. Mindestwürfelfestigkeit 100 kg/cm² nach 28 Tagen.

1 Stück Säulenfuß enthält laut Abbildung 7, 7a und 7b

0,75 × 0,75 × 0,20 . . . . = 0,11 m³ Beton
6,40 m¹ ⦰ 12 mm, d. i. 7,20 cm² × 1,05 . . . = 7,50 kg Rundstahl
4 × 0,75 × 0,20 . . . . = 0,60 m² Schalung

Betonpreisbildung:

Material laut Tabelle I:	1,34 m³ Sandkiesgemenge . .	à S 10,00	je S 13,40	
	200 kg Portlandzement . . .	à „ 9,20	„ „ 18,40	
				S 31,80
Arbeitslohn laut Tabelle X:	0,6 Vorarbeiterstunden	à S 2,30	je S 1,38	
	5,0 Hilfsarbeiterstunden . . .	à „ 1,48	„ „ 7,40	
	3,0 Betoniererstunden	à „ 1,80	„ „ 5,40	
	0,3 Maschinistenstunden . . .	à „ 1,80	„ „ 0,54	
				S 14,72

Selbstkosten für 1 m³ Beton . . . . S 46,52

hierzu 132 Liter Wasser und 0,5 kWh.

Preisbildung der Stahlbewehrung:

Grundpreis	je kg	S 0,38
Zuschlag für Querschnittsauflage	„ kg	„ 0,01
Zufuhr, Abladen und Lagern	„ kg	„ 0,03

Materialpreis loko Verwendungsstelle . . . . S 0,42

Arbeitslohn für Schneiden, Biegen und Verlegen laut Tabelle XIII je kg: 0,04 Eisenbiegerstunden . . . . à S 1,80 S 0,07

Gesamtkosten je kg Stahl . . . . S 0,49

Preisermittlung der Schalung (3- bis 4malige Verwendung angenommen) je 1 m² abgewickelt gemessener Schalfläche:

Materialaufwand laut Tabelle VI: 0,02 m³ Schnittholz.. à S 90,00 = S 1,80
0,05 kg Nägel....... à „ 0,60 = „ 0,03
0,3 kg Draht ...... à „ 0,60 = „ 0,18
Arbeitslohn laut Tabelle V: ...... 1,5 Zimmererstunden à „ 2,05 = „ 3,07

S 5,08

Zusammenfassung der Selbstkosten:

Beton 0,11 m³ .... à S 46,52 = S 5,12
Stahl 7,50 kg................ à „ 0,49 = „ 3,53
Schalung 0,60 m² .... à „ 5,08 = „ 3,05

Selbstkosten für 1 Stück Säulenfuß............... S 11,70

3. **Säulen aus Eisenbeton** je 1 m¹ (laufendes Meter), berechnet für die Belastung durch die Deckenkonstruktion, gemessen vom Säulenfuß bis Deckenoberkante (Abb. 7b).

3 m¹ Säule enthalten:

$0{,}40 \times 0{,}40 \times 3{,}0$ .... = 0,48 m³ Beton
$8 \varnothing 14 = 12{,}32\ \text{cm}^2 \times 1{,}05 \times 4{,}0$ m (Übergriff) = 52 kg Stahl
$4 \times 0{,}40 \times 3{,}0$ .... = 4,80 m² Schalung

Beton je 1 m³:

Material laut Tabelle VIII: { 1,21 m³ Sandkiesgemenge à S 12,0 = S 14,50
270 kg Portlandzement à „ 9,2 = „ 24,80... S 39,30

Arbeitslohn laut Tabelle X: 0,6 Vorarbeiterstunden à S 2,30 = S 1,38
4,5 Hilfsarbeiterstunden à „ 1,48 = „ 6,65
3,5 Betonierersstunden à „ 1,80 = „ 6,30
0,3 Maschinistenstunden à „ 1,80 = „ 0,54 ... S 14,87

Hierzu 10% der Lohnsumme für Hochförderung ... S 1,50

Gesamtkosten S 55,67

ferner: 124 Liter Wasser und 1 kWh.

Rundstahl je 1 kg.

Materialpreis loko Verwendungsstelle wie bei Post 2......... S 0,42
Arbeitslohn laut Tabelle XIII: 0,05 Eisenbiegerstunden à S 1,80 „ 0,09

Zusammen... S 0,51

Schalung je 1 m² (bei z. B. 3maliger Wiederverwendung):

Material laut Tabelle XI: 0,03 m³ Schnittholz .... à S 90,0 = S 2,70
0,01 m³ Rundholz ..... à „ 60,0 = „ 0,60
0,15 kg Drahtstifte .... à „ 0,60 = „ 0,09
0,30 kg Draht .... à „ 0,60 = „ 0,18
Arbeitslohn laut Tabelle X: 2,0 Zimmermannstunden à „ 2,05 = „ 4,10

Summe.... S 7,67

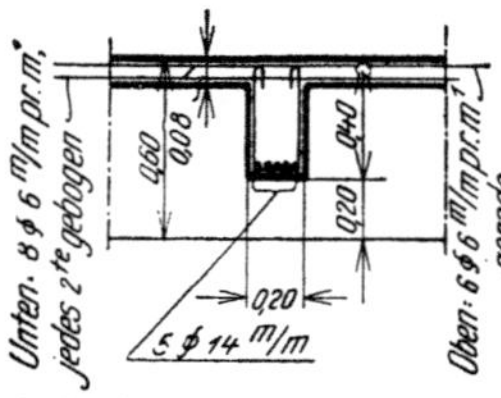

Abb. 7c. Deckenquerschnitt

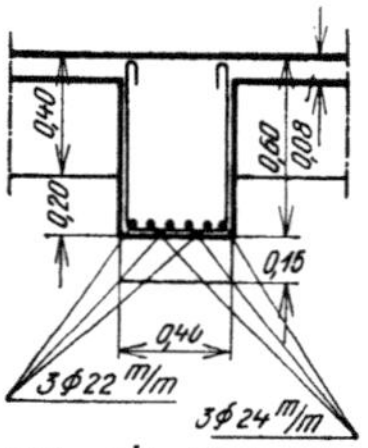

Abb. 7d. Unterzug

Zusammenfassung der Einzelkosten je 1 m¹ Säule:

Beton 0,16 m³ .... à S 55,67 = S 8,90
Stahl 18 kg........... à „ 0,51 = „ 9,20
Schalung 1,6 m²....... à „ 7,67 = „ 12,25

Selbstkosten für 1 m¹ Säule .... S 30,35

4. **Decke aus Eisenbeton je 1 m²,** einschließlich tragender Rippen (Sekundärträger) und Unterzüge (Hauptträger), berechnet für eine Nutzlast von 500 kg/m² (Abb. 7c und 7d).

a) Mengenauszug: Die Berechnung der Mengenanteile für 1 m² Decke wird für das durch Schraffierung abgegrenzte Deckenfeld $5,0 \times 6,0 = 30$ m² angestellt.

Bezeichnung		Berechnung	Ausmaße		
			Beton (B)	Stahl (E)	Schalung (S)
			m³	kg	m²
Platte (8+3) m¹, ∅ 6 mm= =3,11 cm²	B E S	0,08×30 3,11×1,05×30	2,4	98	30
Rippen 5 ∅ 14 mm=7,7 cm²	B E S	0,20×0,32×20 7,7×1,05×20 2×0,32×20	1,28	162	12,80
Unterzug 3∅22+3∅24= =24,96 cm²	B E S	{ 0,40×0,52×5,60 0,15×0,45×0,40 } 24,96×1,05×6,0 { 2×0,52×5,60 0,15×0,45×2 }	1,16 0,027	157	5,80 0,14
Für Verschnitt etwa 10%				41	
Summe für 30 m²			4,867	458	48,74
Für 1 m² Decke			0,162	15,3	1,60

Preisbildung für 1 m² Decke: 0,162 m³ Beton + 15,3 kg Stahl + 1,60 m² Schalung.

Hierbei wird vorher ermittelt:

a) Beton je 1 m³:

Material laut Tabelle VIII: 1,21 m³ Sandkiesgemenge à S 12,00 = S 14,50
270 kg Portlandzement à „ 9,20 = „ 24,80 S 39,30

ferner 184 Liter Wasser und 1 kWh.

Lohnanteil laut Tab. X (Mittelwert): 0,5 Vorarbeiterstunden à S 2,30 = S 1,15
4,0 Hilfsarbeiterstunden à „ 1,48 = „ 5,90
3,0 Betoniererstunden à „ 1,80 = „ 5,40
0,3 Maschinistenstunden à „ 1,80 = „ 0,54 S 12,99

Hierzu 10% der Lohnsumme für Hochziehen S 1,30

Gesamtkosten .... S 53,60

b) Stahlbewehrung: Materialpreis loko Verwendungsstelle je 1 kg zuzüglich Lohnanteil: 0,05 Eisenbiegerstunden je 1 kg wie bei 2. zusammen........... S 0,51

c) Schalung: Material laut Tabelle XI (3- bis 4malige Wiederverwendung angenommen!)

0,020 m³ Schnittholz... à S 90,00 = S 1,80
0,020 m³ Rundholz .... à „ 60,00 = „ 1,20
0,10 kg Drahtstifte... à „ 0,60 = „ 0,06
0,05 kg Draht .... à „ 0,60 = „ 0,03 S 3,09

Lohnanteil laut Tabelle X: 1,2 Zimmererstunden .. à S 2,05 = S 2,46

Zusammen.... S 5,55

Zusammenfassung der Einzelkosten je m² Decke:

Beton 0,162 m³	à S 53,60	= S	8,68
Stahl 15,3 kg	à „ 0,51	= „	7,80
Schalung 1,60 m²	à „ 5,55	= „	8,88
Selbstkosten für 1 m² Decke		= S	25,36

In allen ziffernmäßigen Preisen dieses Beispieles sind noch nicht enthalten die Kosten des Energiebedarfes, des Wassers, deren Installation sowie die Kosten etwaiger Gerüstungen (mit Ausnahme der Unterstellungs- [Stützungs-] Gerüste), endlich der Anteil an den allgemeinen Unkosten (Bauregie, Zentralregie und Gewinn).

D. Decken aus Eisenbeton

Ihre Vorzüge bei nicht zu großer Belastung und mäßiger Spannweite sind: Dauerhaftigkeit, Feuerbeständigkeit, konstruktive Überlegenheit (Mauerverschließung). Bei einer großen Zahl dieser Deckensysteme trachtet man auch, eine Verkürzung der Bauzeit und eine Verringerung der Baukosten zu erzielen.

Von wesentlicher Bedeutung für die Eignung einer Deckenkonstruktion für Wohnhauszwecke ist die Größe des Eigengewichtes und der Konstruktionshöhe, Schalldichte und Verlegungsmöglichkeit von Gas- und Lichtleitungen. Die ebene Untersicht wird entweder nach Vollendung der Decke mittels Stukkaturung auf Berohrung oder anderen Putzträgern oder durch eine nur fein zu verputzende Deckunterplatte aus Beton (harte Untersicht) hergestellt.

Besprechung einzelner typischen Deckenarten[1])

Die Ast-Mollin-Decke

Dieselbe ist eine Rippenplattendecke (Abb. 8). Zwischen Kanthölzern 10 × 10 cm werden Blechschablonen aufgelegt, die die Schalung der Plattenunterseite sowie der Rippenseitenwände bilden; die Kanthölzer sind gleichzeitig die Schalung für den Rippenboden und werden durch Unterstellungshölzer in normaler Weise gestützt. Die Blechschablonen bestehen aus 1,0 bis 1,5 mm starkem Eisenblech und erhalten entweder

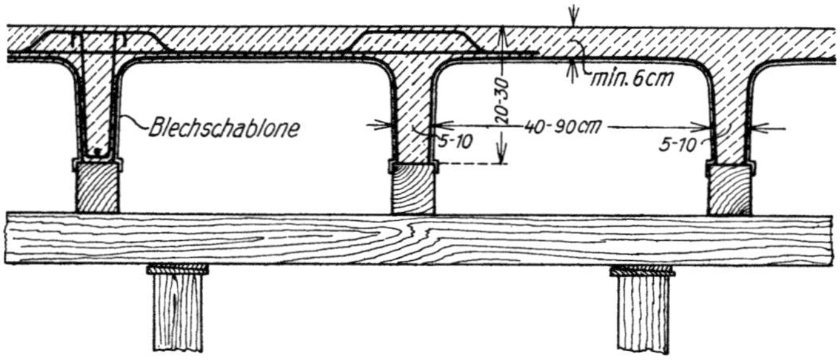

Abb. 8. Ast-Mollin-Decke

Falze, mit denen sie sich auf die Kanthölzer aufsetzen, oder werden durch Stützeisen getragen. Dieses System vereinfacht die Schalung und schematisiert teilweise die Herstellung; die ebene Untersicht wird nach Ausgerüstung der Decke durch Stukkaturung auf gewöhnlich doppelter Berohrung, seltener auf Rabitzgeflecht hergestellt, weshalb

[1]) Über die vom Magistrate der Bundeshauptstadt Wien zugelassenen Decken (rund 40 an der Zahl) siehe „Bauordnung für Wien“, herausgegeben von der Zentralvereinigung der Architekten Österreichs. Selbstverlag. 1926.

Drähte zur Befestigung der Berohrung usw. schon bei der Deckenherstellung vorzusehen sind.

Preisanalyse[1]) für eine Wohnhausdecke System Ast-Mollin von 5,0 m Spannweite, 250 kg/m² Nutzlast und 50 kg/m² ständiger Last je 1 m², ausschließlich Stukkaturung.

Material:	Hilfsmaterial:
0,10 bis 0,12 m³ Eisenbetonsand	0,025 bis 0,03 m³ Schnittholz
28 „ 30 kg Portlandzement	0,015 „ 0,03 „ Rundholz
7 „ 8 „ Rundstahl	bzw. bei mindestens 10maliger Verwendung
0,2 „ Bindedraht (auch für Stukkaturung,	0,003 bis 0,004 m³ Schnittholz
	0,002 „ 0,005 „ Rundholz
	ferner:
	0,05 kg Drahtstifte
	0,04 „ Draht
	1 bis 3 Stück Blechschablonen.

Löhne:

0,9 Zimmererstunden	0,2 Gerüsterstunden
0,5 Hilfsarbeiterstunden	0,06 Vorarbeiterstunden
0,5 Eisenbiegerstunden	0,03 Maschinistenstunden
0,4 Betoniererstunden	

Über die Herstellung der ebenen Untersicht siehe „Stukkaturarbeiten".

Decken mit Hohlsteinen

Auf einer normal unterstellten, ebenen, vollen oder nur gestreuten Schalung werden Hohlsteine aus Beton oder Leichtbeton, Zementholz, gebranntem Ton usw. derart trocken verlegt oder auch gemauert, daß sie mit ihren Seitenwänden den Raum für die zu betonierenden Tragrippen begrenzen, die sodann durch Aufbetonierung einer Tragplatte über den Hohlsteinen zu einer Rippenplattendecke verbunden werden; vielfach wird der obere Teil der Hohlsteine als Druckgurt herangezogen; manchmal trägt die obere Steinwandung allein, in welchem Falle von der Plattenaufbetonierung abgesehen wird.

a) Die Kabe-Eisenbetondecke (Abb. 9)

Die Deckensteine werden aus Kabe-Material maschinell erzeugt, sind feuersicher, schalldämpfend und wärmeisolierend. Die fertige Decke ohne Belag entspricht in der Wärmehaltung einer 45 cm-Ziegelmauer. Die Verlegung der Steine erfolgt trocken auf Schalung, wobei nur die Stege unterschalt werden. Nach Einlegen der Eisen werden die entstehenden Hohlschlitze ausbetoniert und eine obere Platte hergestellt. Einfache Montage, ebene Untersicht mit einfacher, auf das Kabe genagelter Stukkaturung oder Rabitzputz. 2 Typensteine: 18 cm und 24 cm hoch.

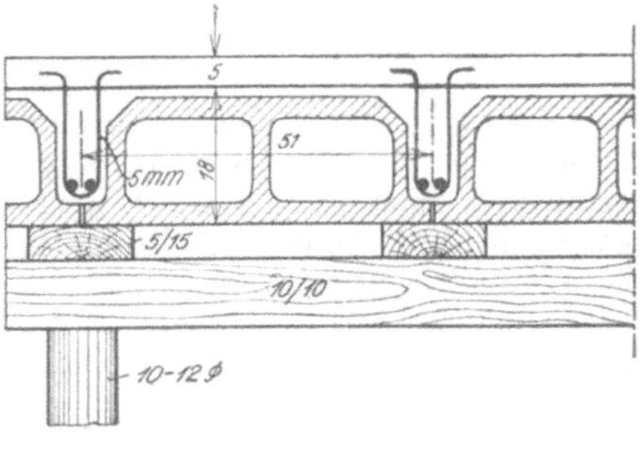

Abb. 9. Kabe-Eisenbetondecke

Preisanalyse je 1 m² Decke mit 5 m Spannweite, 200 kg/m² Nutzlast und 150 kg/m² Auflast durch Beschüttung und Fußboden.

0,079 m³ Beton, 7,08 kg Eisen, 8 Stück Hohlsteine 18 cm hoch.

[1]) In sämtlichen Analysen sind die Kosten von Überlagen, Deckenverstärkungen für Scheidewände oder Unterzüge nicht berücksichtigt.

Löhne:

0,9 Zimmererstunden	0,5 Hilfsarbeiterstunden
0,5 Gerüsterstunden	1,5 Maurerstunden
0,4 Eisenbiegerstunden	0,3 Gerüsterstunden
1,0 Betoniererstunden	

0,020 m³ Schnittholz } 5mal zu verwenden
0,015 „ Rundholz }

b) Kreuzweise bewehrte Hohlziegeldecke, System S—T (Abb. 10)

Sie stellt eine kreuzweise bewehrte Platte mit quadratischen Füllkörpern (Hohlziegel) von 30 × 30 cm Grundrißfläche dar. Zwischen den Hohlziegeln verbleiben 10 cm breite, in beiden Richtungen durchlaufende Streifen frei, in welche die Rundeisen nach dem statischen Erfordernis verlegt und einbetoniert werden.

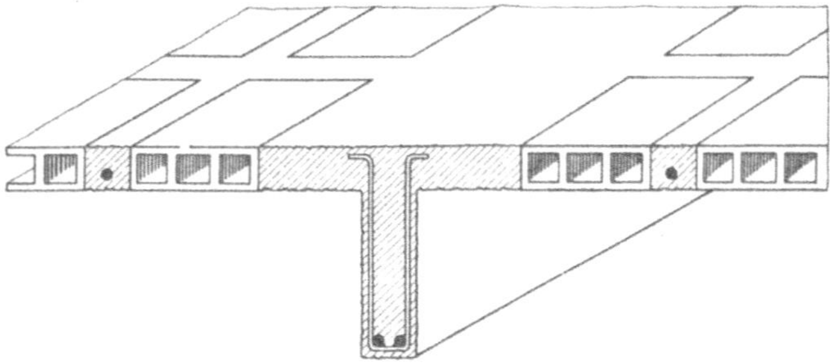

Abb. 10. Hohlziegeldecke, System S—T

Die Hohlziegel werden in Stärken von 10 bis 30 cm hergestellt. Nach Erfordernis kann die Konstruktionshöhe durch Aufbeton vergrößert werden. Bei gewöhnlichen Wohnhausbauten genügt eine Deckenstärke von 10 cm.

Die Vorteile der kreuzweise bewehrten Hohlziegeldecken: Geringe Konstruktionshöhe und hierdurch Ersparnisse an Gebäudehöhe, Schall- und Wärmeisolierfähigkeit, ebene Drauf- und Untersicht, einfacher, feiner Verputz der letzteren, besondere Eignung bei unzuverlässigem Baugrund, da durch ihr besonders günstiges, elastisches Verhalten bei ungleichmäßigen Setzungen Risse vermieden werden, einfache und billige Schalung, leichtes Verlegen von Leitungen und leichte Durchführung von Aussparungen.

Decken mit Hohlkörpereinlagen

Anstatt der massiven Hohlsteine werden auch Hohlkörper aus billigen Materialien, insbesondere Stroh- oder Rohrmatten, verwendet, die durch innere Holzrahmen u. dgl. versteift werden, so z. B. die Wayßsche Rohrzellendecke, die sich prismatischer Hohlkörper bedient, deren Wände aus Rohrgeweben bestehen, welche auf einer Schalung in Abständen verlegt werden, die der Stegdicke der zu stampfenden Rippenplattendecke entsprechen. Die Untersicht der Decke, bestehend aus der unteren Wandung der Rohrzelle und der Betonrippe, wird wie jede andere berohrte Decke verputzt.

Eisenbetonhohldecke, System Hoffmann (Abb. 11).

Sie ist eine Decke mit harter Untersicht und verwendet Hohlkörper von meist eiförmigem Querschnitt, bestehend aus einem schraubenförmig gewundenen Draht (⌀ 4,5 bis 5 mm), über den Rohrmatten oder Dachpappe u. dgl. derart gewunden werden, daß der untere Teil der Drahtspirale frei bleibt. Durch Anordnung von Einkerbungen bzw. Nasen an dem unteren Teil des Drahtgerüstes wird die richtige und unverrückbare Lage der Schalverkleidung der Schablone gesichert. Auf ebener Schalung wird eine dünne (2 bis 2,5 cm) Betonplatte aufgebracht, in die die Hohlkörper mit dem unteren (freien) Drahtteil eingedrückt werden. Zwischen den Hohlzellensträngen, die von einander durch mäanderförmige Bügel distanziert sind, werden die Tragrippen, dazwischen die gewölbartige, unbewehrte Betonplatte betoniert.

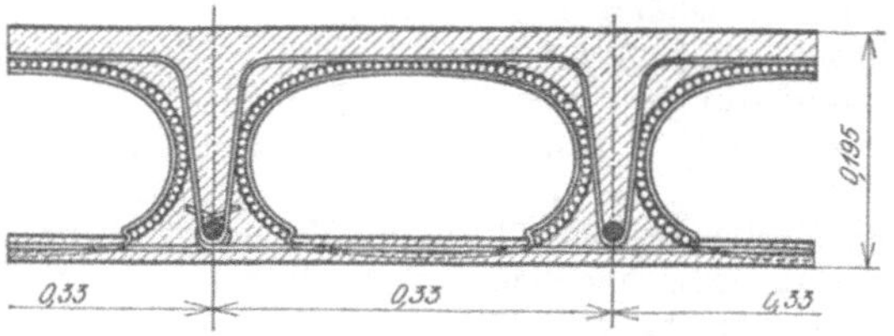

Abb. 11. Eisenbetonhohldecke, System Hoffmann

Untere und obere Platte sowie die Rippen werden stets in einem Zuge streifenweise hergestellt. Die harte Untersicht wird mit Zementmörtel fein verputzt. Einfache Schalung, billige Hohlkörper, ebene Untersicht und geringe Konstruktionshöhe.

Preisanalyse für eine Wohnhausdecke mit 5,0 m Spannweite, 200 kg/m² Nutzlast und 120 kg/m² Auflast je 1 m², ausschließlich Deckenputz.

Material:	Löhne:	Hilfsmaterial:
25 kg Zement	0,8 Zimmererstunden	0,045 m³ Schnittholz
0,12 m³ Sand- und Kiesgemenge	0,2 Gerüsterstunden	0,020 „ Rundholz
	0,2 bis 0,3 Eisenbiegerstunden	0,05 kg Nägel
5,0 kg Rundstahl	0,4 Betoniererstunden	0,04 „ Draht
2,8 m′ Hohlkörper	0,4 Handlangerstunden	hiervon ein Viertel bei 5maliger Verwendung
	0,03 Maschinistenstunden	
	0,05 Vorarbeiterstunden	

Decken mit transportablen Eisenbetonträgern

a) Die Isteg-Decke (Abb. 12a und b).

Abgebundene Eisenbetonwerkstücke (*A*) werden ohne Unterstützung in Abständen von 33⅓ cm auf Mauern oder Unterzüge verlegt. Die maschinell erzeugten Rost-

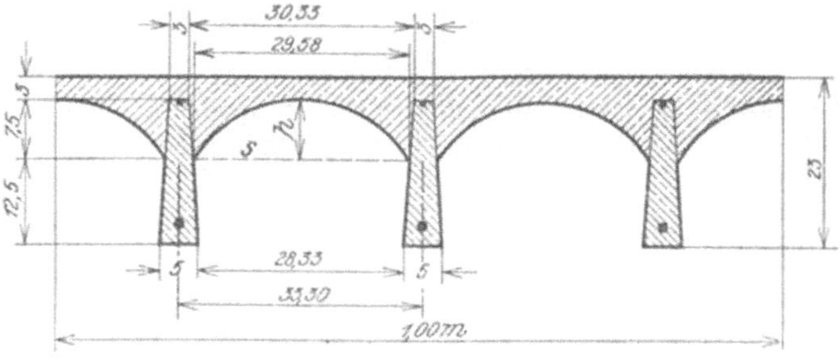

Abb. 12 a. Isteg-Decke (Querschnitt)

abschlußplatten (*B*) bilden gleichzeitig die seitliche Schalung für den Rostbeton *F*. Die unbewehrten Druckplatten *E* werden auf Schalblechen *D*, die auf Drahtbügeln *C* ruhen, betoniert; die ebene Untersicht *G* wird durch Anhängen von Doppelrohrgewebe an das lange Ende des Drahthakens *C* gebildet. Bei großen Lichtweiten werden die Querrippen durch eingehängte Rostabschlußplatten hergestellt.

Preisanalyse für 5,0 m Lichtweite, 200 kg/m² Nutzlast. Feldmoment $= \frac{q l^2}{12}$; Fußboden: 8 cm Aufschüttung, Blindboden und Brettel.

Die Angaben beziehen sich auf das Maß von Außenkante bis Außenkante Gebäude.

	Profil 23	Profil 27
Konstruktionshöhe (reine Decke)	23 cm	27 cm
Eigengewicht je 1 m² (reine Decke)	172 kg	179 kg
Betonkubatur je 1 m² 1 (reine Decke)	0,0751 m³	0,0784 m³
Baustoffbedarf je 1 m² reine Decke, einschließlich 10% Verlust, Kiessand	0,10 m³	0,11 m³
Reine Decke, einschließlich 3% Verlust, Zement	23 kg	24 kg
Rundstahl, einschließlich Haken, Bügel und 5% Verschnitt	7,30 kg	6,09 kg
Für Mauerrostanker (5 cm²) und Zwölferwandabfangungen: Rundstahl, einschließlich Haken, Bügel und Verschnitt	2,00 kg	2,00 kg

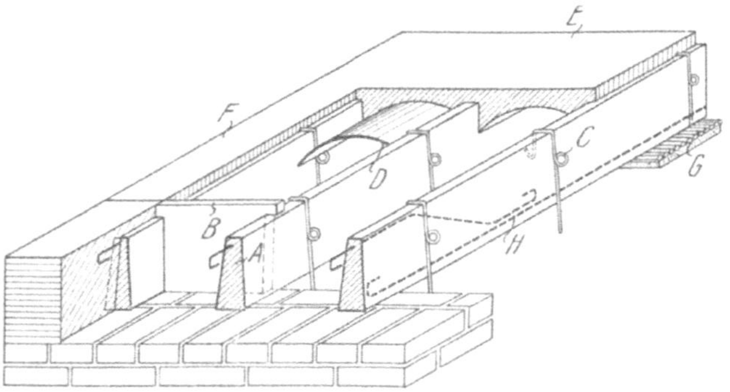

Abb. 12 b.

Schalung:

a) Holzbedarf für Roste, Zwölferwandabfangungen, Mittelunterstellung, Stiegenpodeste bei 5maliger Verwendung 0,0015 m³.

b) Leihgebühr für Formen, Bleche, Drahthaken und sonstige Vorrichtungen zur Herstellung der Isteg-Decke, einschließlich Lizenz, je 1 m² S 1,52.

Arbeitsaufwand in Stunden je 1 m² Geschoßfläche:

Stegerzeugung: 0,171 Betoniererstunden.
Rostabschlußplatten: 0,062 Hilfsarbeiterstunden.
Verlegen und Einblechen: 0,349 Hilfsarbeiterstunden.
Stegaufziehen: 0,0394 Maschinistenstunden.
Holzarbeit für Rostschalung, Zwölferwandabfangungen, Stiegenpodeste, Unterstellung und Entfernen des Holzes: 0,0853 Zimmererstunden.
Ausblechen: 0,0556 Hilfsarbeiterstunden.
Eisenbiegen: Isteg-Stege 0,0233 Eisenbiegerstunden.
Mauerrostanker, Zwölferwandabfangungen, Stiegenpodeste 0,11 Eisenbiegerstunden.
Herstellung der ebenen Untersicht, siehe Stukkaturungen.

b) Die Eisenbetonträgerdecke System „Rapid" (Abb. 3).

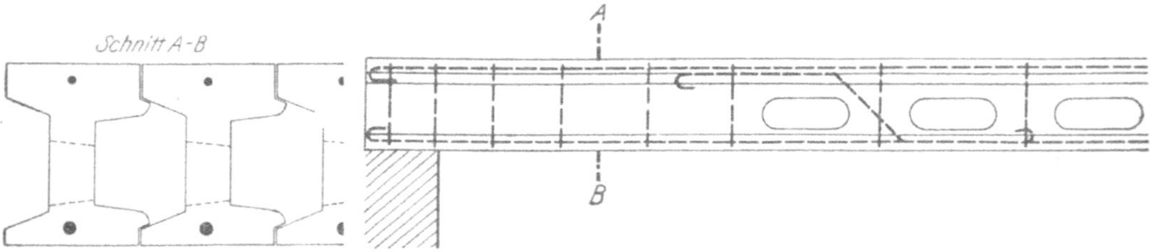

a b

Abb. 13. Rapiddecke

Sie besteht aus I-förmigen, transportablen Eisenbetonträgern von 14 bis 20 cm Höhe und 12 cm Flanschenbreite, die Mann an Mann verlegt werden und deren Flanschen beim Aneinanderschieben der Träger genau ineinander greifen (Abb. 13) und hierdurch eine geschlossene Decke mit ebener Drauf- und Untersicht bilden. Die Stege der Balken erhalten Aussparungen. Die Untersicht wird mit Zementmörtel verputzt. Völliger Wegfall der Schalung und Gerüstung an der Baustelle. Die Decke kann im allgemeinen komplett an die Baustelle geliefert werden und ist nach dem Verlegen sofort begeh- und belastbar. Besonders geringe Konstruktionshöhe.

Betonherstellung auf maschinellem Wege

Von Ingenieur Karl Fischer, Direktor der Wayss & Freytag A. G. und Meinong, G. m. b. H., Teplitz-Schönau

1. Das Betonspritzverfahren

Zur Erzielung eines möglichst dichten Betons wird der Beton unter Druck aufgetragen.

Vorzüge gegenüber dem auf normale Weise hergestellten Beton:

1. Größere Zug- und Druckfestigkeit bzw. Elastizität,
2. große Dichte, daher bis zu hohem Grade wasserundurchlässig,
3. Vermehrung der Adhäsion an der Unterlage und an den verlegten Stahleinlagen.
4. Wegen 2.: hoher Widerstand gegen chemische Einflüsse.

Nachteile:

1. Verhältnismäßig hohe Kosten, da Massenerzeugung nicht möglich und Materialverlust bedeutend,
2. Erfordernis besonders geschulter, daher teurer Arbeitskräfte,
3. bedeutende Kosten der Maschinenanlage.

Ausführungsmethoden

a) Nach dem Kraftbauverfahren (Naßverfahren)

Der fertig zubereitete Mörtel (also einschließlich Wasserzusatz) wird in einen Behälter eingebracht, der oben auch offen sein kann und in seinem am besten trichterförmig gestalteten Boden eine Öffnung besitzt, die in eine kleine Kammer — eine Erweiterung der Druckluftleitung — führt. Die in die Kammer einströmende Druckluft reißt den zähflüssigen Mörtel mit und bringt ihn durch den Masseschlauch an die Düse, von wo er an die Verwendungsstelle geschleudert wird.

Druckbedarf 4 bis 4,5 at, Luftbedarf 1 bis 6 m^3/St., je nach Größe der Anlage.

Dieses Verfahren findet heute nur mehr wenig Anwendung.

b) Mittels Zementkanone (Cementgun-Verfahren)

Die Mörtelzuschlagstoffe (Zement oder Kalk, Sand) werden ohne Wasserzusatz von Hand aus oder mittels Mischmaschine gemischt, trocken in die Zementkanone eingebracht und von hier aus mittels Druckluft durch den Masseschlauch getrieben, wobei das Material im Luftstrom schwimmt und nicht durch den Schlauch gepreßt wird. Am Ende des Masseschlauches sitzt eine Düse, und hier erst wird dem durchströmenden, trockenen Zement-Sand-Gemenge Wasser zugesetzt, das in einer besonderen Leitung zur Düse geführt wird unter annähernd gleichem Druck wie im Masseschlauch. Der nunmehr flüssige Mörtel[1]) wird von der Düse aus an die Verwendungsstelle geschleudert, bindet dort ab und gibt den „Torkret"-Beton.

[1]) Durch Beimischung von Mikro-Asbest erhält der Mörtel eine für das reibungslosere Durchfließen des Masseschlauches geeignetere Konsistenz.

Vorteile dieses Verfahrens:

1. Kontinuierlicher Betrieb, daher große Leistungsfähigkeit, geringe Betriebsstörungen,

2. große Bewegungsfreiheit des Düsenführers, da das Material von der Zementkanone aus bis 150 m horizontal und bis 50 m in die Höhe mittels des Masseschlauches befördert werden kann; es empfiehlt sich aber, um an Luftverbrauch und Druckbedarf zu sparen, die Höhenförderung nicht über 5 bis 10 m zu treiben.

Nachteile:

1. Das Verfahren erfordert gut eingearbeitete und erfahrene Bedienungsmannschaft, besonders des Bedienungsmannes der Zementkanone und des Düsenführers (Torkretierers); von der Geschicklichkeit des letzteren, dem die Regelung des Wasserzusatzes obliegt, hängt die Güte des Torkretbetons ab;

2. bedeutende Kosten der maschinellen Anlage.

Maschinelle Einrichtung

Sie wird in verschiedenen Größen von der Torkret-Gesellschaft, Berlin, geliefert. Sie umfaßt:

1. Zementkanone (Cementgun, Abb. 1). Arbeitsvorgang: Die Arbeitskammer *a* wird mit Material gefüllt, das Glockenventil e_1 mit Handhebel geschlossen und *a* unter Druckluft gesetzt; sobald der Druck in *a* und in der Materialkammer *m* gleich, öffnet sich von selbst das Ventil e_2, das Material fällt in die Kammer *m* und auf das rotierende Tellerrad *t* und wird stoßweise, sobald eine Materialtasche *mt* vor den Ausblasestutzen *l*

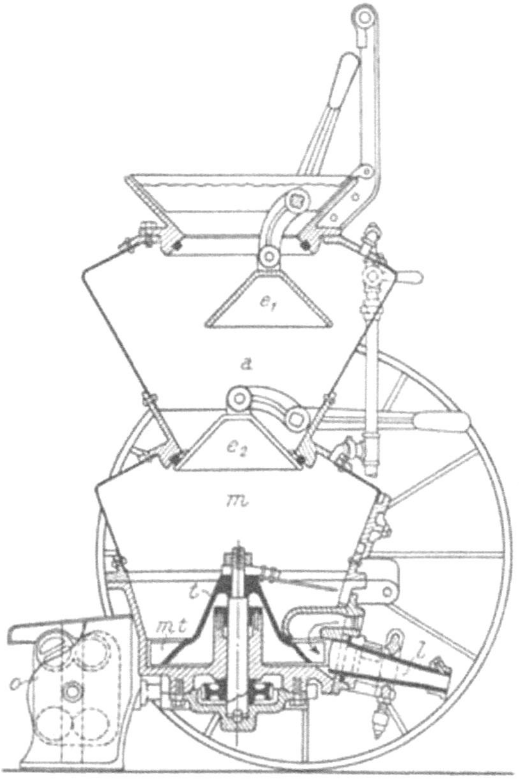

a) Schnitt

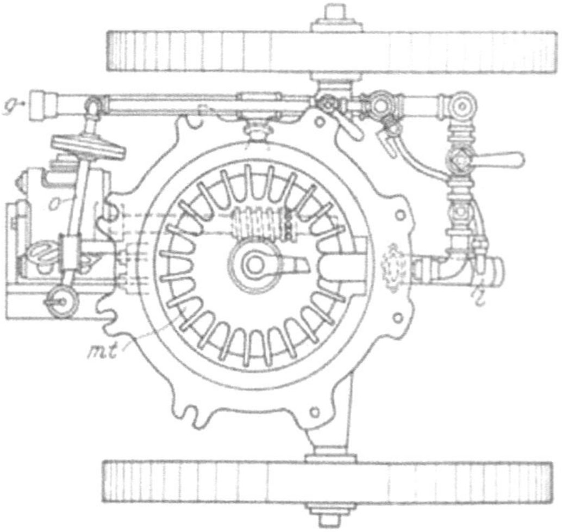

b) Grundriß

Abb. 1. Zementkanone

zu liegen kommt, in den anschließenden Masseschlauch getrieben. Inzwischen wird wieder e_2 mit Hebel von außen geschlossen, Kammer *a* vom Luftüberdruck befreit, wodurch sich das Ventil e_1 öffnet und neues Material in die Kammer *a* fällt.

2. Luftschlauch bzw. Druckluftleitung von der Kompressoranlage zur Zementkanone. Bei großem Feuchtigkeitsgehalt der Luft empfiehlt es sich, in die Luftleitung einen

3. Wasserabscheider einzubauen.

4. Masseschlauch von Zementkanone zur Spritzdüse.

5. Spritzdüse mit Druckwasseranschluß (Abb. 2).

6. Wasserschlauch.

7. Kraftquelle und Kompressoranlage.

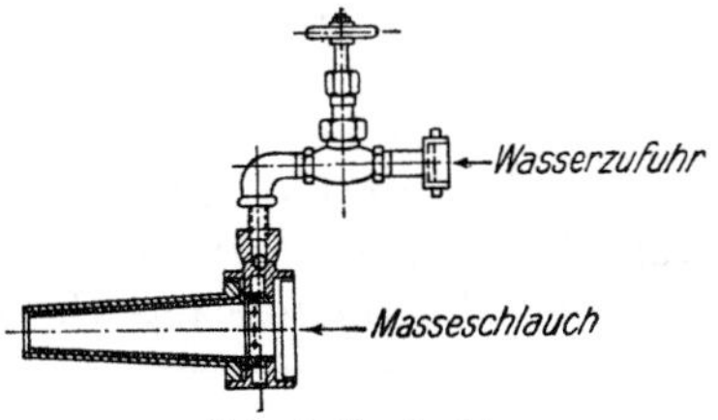

Abb. 2. Spritzdüse

Maschinentypen

Type	B (Baby)		N (normal)		S (Spezial)		G (Groß)		Anmerkung
Nr.	00	0	1	2	3	4	5	6	
Masseschlauch, Durchmesser in mm	19	25	32	35	57	63	76	102	
Luftbedarf in m³/Min.	1,7	3,5	5	6,5	12	14	22	33	
Druckbedarf in at	2½	3½	2½	3½	1½	2½	1	2	
PS für den Kompressor	12	25	35	45	60	70	70	120[1]	[1]) Je nach Förderweite
Leistung in m³/St. lose Masse	0,5	1,0	1,5	2,0	4,0	5,0	6,5	10[2]	[2]) Bei kontinuierlichem Betrieb ohne jede Störung
Maximale Korngröße des Sandmaterials in mm	3	5	8	10	20	25	30	40	

Kosten einer Anlage, umfassend: 5 m Luftschlauch, eine Zementkanone, 10 m Masseschlauch, 10 m Wasserschlauch, Spritzdüsen usw. Normaltype rund S *8500,00*.

Kostenermittlung von Spritzbeton

Hierbei ist zu beachten:

1. Der zu verwendende Sand soll an der Baustelle noch einmal durchgereitert werden, da zu große Sandkörner, Holzspäne, Drahtabfälle (von den Zementsäcken), Nägel usw. sofort Betriebstörungen zur Folge haben.

2. Beim Aufbringen des Mörtels unter Druck prallt besonders beim ersten Antrag ein Teil der Sandkörner zurück. Dieser Verlust beträgt

beim Antrag auf horizontale Flächen nach abwärts ...	15%	im Mittel 40%.
,, ,, ,, vertikale Wandflächen	40%	
,, ,, ,, horizontale Flächen nach aufwärts ..	60%	

Dieser Abprall enthält nur ganz geringe Mengen von Zement (nicht ganz 3%) und kann daher wieder für die Torkretierung verwendet werden. Dadurch findet eine Übersättigung des Torkretbetons mit Zement statt; bei Festsetzung des verlangten Mischungsverhältnisses muß dieser Umstand berücksichtigt werden.

3. Die Einstampfung beträgt 30 bis 35%.

4. Für Bedienung der Anlage können 8 bis 9 Mann gerechnet werden, und zwar:

1 Mann zur Bedienung der Zementkanone,
2 ,, ,, ,, ,, Düse (abwechselnd bei kontinuierlichem Betrieb),
2 ,, zum Mischen,
2 ,, ,, Zutransport und füllen der Zementkanone,
1 bis 2 ,, für Beihilfen, wie Sand zusammenkehren, Holzgerüste aufstellen bei höheren Wänden, usw.

5. Sandbedarf. Für 1 m^3 fertigen Torkretbeton sind unter Berücksichtigung von Abprall und Einstampfung an Torkretsand erforderlich:

für Antrag nach abwärts .... 1,5 m^3
,, ,, ,, aufwärts .... 2,0 ,,
,, ,, an Wände .... 1,8 ,,

6. Zementbedarf. Um Torkretbeton von einem bestimmten Mischungsverhältnis zu erhalten, sind nachfolgende Zementmengen auf 1 m^3 loses Material erforderlich. Spezifisches Gewicht des Zementes 1400 kg je m^3.

Mischungsverhältnis	1:3	1:4	1:5	1:6	1:8
Zementbedarf auf 1 m^3 fertigen Beton in kg bei 30% Einstampfung	610	460	365	305	230
Zementbedarf auf 1 m^3 loses Gemenge in kg:					
a) Antrag nach abwärts	410	315	250	210	160
b) ,, ,, aufwärts	300	220	175	—	—
c) ,, an Wände	340	260	200	170	—

Da eine gewisse Zementmenge erforderlich ist, um ein Anhaften der Sandkörner an der Unterlage zu gewährleisten, so ist eine magerere Mischung, als oben angegeben, nicht zu empfehlen. Außerdem soll der erste Antrag von rund 5 mm Stärke stets 1:3 gemischt sein.

7. Der Torkretbeton wird schichtenweise aufgetragen. Eine Schichte ist 5 bis 10 mm stark. Vor dem Auftrag der zweiten und folgenden Schichten muß die darunterliegende gut angezogen haben.

8. Vor Antrag der Torkretschichte muß die Auftragfläche, eventuell mit Sandstrahlgebläse, gründlich gereinigt und dann genäßt werden.

9. Kostenberechnung für eine 3 cm starke Torkretschichte, Mischungsverhältnis 1:4, bei großen, glatten Flächen, so daß kontinuierlicher Betrieb gewährleistet erscheint; Auftrag auf Wandflächen.

a) Reinigen je m^2 Auftragfläche mit Sandstrahlgebläse und Druckwasser:

15 l scharfkörniger Sand à S 10,00/1000 l	S 0,15	0,98 S/m^2
0,10 Spez. Arb.-Stunden à S 1,80	,, 0,18	
0,20 Hilfsarb.-Stunden à 1,20	,, 0,24	
Betriebsstoff für 0,8 PS-Stunden etwa	,, 0,16	
Maschinenamortisation, Reparaturen usw.	,, 0,25	

b) Torkretierung:

54 l Sand à S 10,00/1000 l	S 0,54	4,67 S/m^2
14 kg Zement für 1:4 und 3 cm Stärke und 1 kg Zement für ersten Antrag als Zuschlag geben:		
15 kg Zement à S 8,00 für 100 kg	,, 1,20	
0,35 Spez. Arb.-Stunden à S 1,80	,, 0,63	
0,50 Handl. Arb.-Stunden à S 1,20	,, 0,60	
Betriebsstoff für 3,5 PS-Stunden	,, 0,70	
Maschinenamortisation	,, 1,00	
Zusammen		5,65 S/m^2

Hierzu Maschinenaufstellung, Bauregien, Generalunkosten, Unternehmergewinn, je nach Verhältnissen.

2. Preßbetonverfahren

Der fertig zubereitete, flüssige Mörtel wird in einen Kessel, den Zementinjektor, eingebracht und hier durch ein Rührwerk vor Entmischung bewahrt. An den Injektor ist oben eine Druckluftleitung angeschlossen, wodurch er unter Druck von 2 bis 6 und mehr at (je nach Bedarf) gesetzt werden kann. Am tiefsten Punkt des Kessels schließt, durch einen Hahn absperrbar, die Mörtelleitung an. Wird der gefüllte Kessel unter Druck gesetzt und der Hahn der Mörtelleitung geöffnet, so wird der Kesselinhalt (flüssige Zementmörtel) durch den Masseschlauch an die Verwendungsstelle gepreßt.

Länge des Mörtelschlauches 4 bis 6 m.

Zementinjektoren (Torkret-Gesellschaft m. b. H., Berlin) Type 1 mit einem Kesselinhalt von 70 l, Type 2 mit einem solchen von 200 l und Type 3 als kontinuierlich wirkender Injektor.

Anwendungsgebiet

1. Ausbetonierung von Hohlräumen und Spalten in altem Mauerwerk oder unter Fundamenten. Hierdurch Erneuerung von Bruchstein- oder Ziegelmauerwerk, dessen Fugenmörtel verwittert und ausgewaschen ist.

2. Hinterpressen des Auskleidungsmauerwerkes beim Stollen- und Tunnelbau und gleichzeitig Ausfüllung der im Gebirge vorhandenen Spalten und Hohlräume.

3. Einpressen von Zementmilch in minder standfähigen Boden zur Erhöhung der Tragfähigkeit.

4. Einpressen von Zementmörtel in Schotterboden oder Steinmoränen zur Abdichtung derselben unter Wehren, Schleusen usw.

5. Herstellung von Preßbetonpfählen[1]). Stahlrohre von 30 bis 35 cm lichtem Innendurchmesser werden bis in den tragfähigen Boden abgeteuft, mit Beton gefüllt, dann am oberen Ende luftdicht abgeschlossen. Dann wird Druckluft mit 2 bis 4 at Überdruck in das leere Kopfende eingelassen, wodurch einerseits der Beton in das Erdreich eingepreßt, anderseits das eiserne Rohr gehoben wird.

Vorteile dieser Preßbetonpfähle sind:

1. Große Tragfähigkeit (30 bis 45 t),
2. Herstellung ohne Verwendung einer Ramme, also ohne Erschütterung,
3. da die Rohre aus Schüssen von 1 bis 2 m Länge zusammengesetzt werden, ist die Herstellung auch in niedrigen Räumen möglich.

Nachteil: Verhältnismäßig hoher Preis im Vergleich mit anderen Eisenbetonpfählen.

Kostenermittlung

Dieselbe ist vor allem von den örtlichen Verhältnissen abhängig, und können nur ganz angenähert Preise angegeben werden.

1 m³ eingepreßter Mörtel einschließlich Material kommt auf rund *S 150,00* bis *S 250,00.*

1 Lfm Preßbetonpfahl stellt sich auf rund *S 35,00*

3. Rüttelbeton

Dünne Wände und schmale Träger, komplizierte Konstruktionen in Eisenbeton können oft nur schwer oder gar nicht gestampft werden, besonders wenn sie auch noch stark armiert sind. Ist dann besonders hochwertiger Beton erforderlich, so empfiehlt es sich, denselben während des Einbringens in die Schalung durch Klopfen der Schalung mittels pneumatischer Hämmer einzurütteln. Zur Verwendung kommen nur Hämmer von 2 bis 3 kg Gewicht.

Rüttelbeton zeichnet sich durch große Dichte und Festigkeit aus, wenn er auch die Güte des Torkretbetons nicht ganz erreicht.

---

[1]) Siehe auch den nächsten Abschnitt: Betonpfahlgründungen S. 252.

Die Schalung muß besonders fest und dicht sein, damit dieselbe durch das Rütteln nicht Schaden leidet und die Zementbrühe des dünnflüssigen Betons nicht ausrinnt.

Kosten. Rund 4 Handlangerstunden je 1 m^3 Beton mehr als für gewöhnlichen Beton, außerdem die Kosten der Druckluftanlage zum Betriebe der pneumatischen Hämmer.

Betonpfahlgründungen

Von Baudirektor Ing. Richard Kafka, Wien

1. Anwendungsgebiet der Betonpfähle

Betonpfähle werden angewendet, wenn die Ausführung einer gewöhnlichen Gründung — offene Gründung — (Ausschachten bis auf eine genügend tragfähige Schichte und Ausbetonieren der Gründungsgruben) infolge der besonderen örtlichen Verhältnisse zu teuer wäre, andere künstliche Gründungsarten, wie Brunnen-, Senkkastengründung usw., nicht in Betracht kommen und auch Holzpfähle, etwa wegen des wechselnden Wasserstandes, nicht angewendet werden können.

2. Kosten einer Betonpfahlgründung[1]) und Vergleich mit den Kosten einer offenen Gründung

Bei der offenen Gründung kommen im allgemeinen folgende Arbeitsgattungen in Betracht:

a) Aushub bis zu der als genügend tragfähig erkannten Schichte,

b) Verführen des Aushubmaterials,

c) Stampfbeton, etwa 1:10 (bei größeren Gründungstiefen kommt infolge des Absetzens des Betons auch die ein- oder beiderseitige Schalung hierzu),

d) Wiederanschütten neben den nicht in voller Aushubbreite betonierten Gründungskörpern.

Für die Pfahlgründung sind folgende Arbeiten zu leisten:

a) Aushub für den über den Pfahlköpfen auszuführenden, druckverteilenden Betonrost (bei Stampfbeton in der Regel etwa 1 m hoch, bei Anwendung von Eisenbeton etwa 50 cm hoch). Dort, wo die tiefste Sohle des Gebäudes (Keller) oberhalb des Geländes liegt oder bei reinen Pfeiler- oder Mauerwerksgründungen (ohne Zusammenhang mit einem Gebäude) kann der Aushub entfallen. Die Pfähle werden dann unmittelbar vom Gelände — erforderlichenfalls nach Abhub des Humus — abgesenkt. Dann entfällt auch die unter b) angeführte Leistung.

b) Verführung des Aushubmaterials,

c) Druckverteilender Rost, in der Regel aus Stampfbeton 1:10 bis 1:8, seltener aus Eisenbeton.

Die durchschnittlichen Kosten eines Betonpfahles können für eine überschlägige Preisermittlung für eine Tonne Belastung etwa mit *S 2,50* bis *S 5,00* angenommen werden, wobei die untere Grenze für ausgedehnte Pfahlgründungen (etwa von 500 Pfählen aufwärts), die obere Grenze für kleinere Pfahlgründungen gilt. Eine gewisse untere Kostengrenze kann niemals unterschritten werden. Die Baustelleneinrichtung, ein gewisser Arbeitsaufwand und Baustoffverbrauch sind von der Pfahlbelastung unabhängig, so daß diese Auslagen unverändert bleiben, welche Pfahlbelastung man auch immer zugrundelegt. Man kann daher als absolute Mindestkosten eines Betonpfahles (unabhängig von der Belastung) etwa *S 40,00* bis *S 50,00* annehmen, wobei *S 40,00* für jene Pfahlsysteme gilt, die

[1]) Die Angabe des Materialaufwandes und der Zahl der Arbeitsschichten würde bei Betonpfählen zu unrichtigen Kalkulationen führen, da diese, als ausgesprochenes Sondergebiet einzelner Firmen, eine gewisse Monopolstellung auch hinsichtlich der Preise einnehmen.

zu ihrer Ausführung nur wenige qualifizierte Arbeiter und verhältnismäßig einfache Mittel benötigen (kompendiöse, einfach zu bedienende Maschinen). Die oben angegebenen Preise von *S 2,50* bis *S 5,00* für jede Tonne Belastung kommen daher erst dann in Betracht, wenn das Produkt der Maßzahl der Belastung und der angegebenen Einheitspreise einen Betrag ergibt, der höher ist, als die absoluten Mindestkosten. So dürfen z. B. die Kosten eines einer ausgedehnten Pfahlgründung angehörigen Pfahles von 15 Tonnen Belastung nicht mit 15 × *S 2,50* = = *S 37,50*, sondern sie müssen mit mindestens *S 40,00* bzw. *S 50,00* angesetzt werden.

Wird für überschlägige Berechnungen die mittlere Pfahlbelastung mit 20 Tonnen angesetzt, so kostet ein Pfahl gemäß den vorstehenden Ausführungen etwa *S 50,00* bis *S 100,00*. Darnach ergeben sich die Kosten einer Betonpfahlgründung für einen Meter Mauerlänge wie folgt:

Belastung in Tonnen	15	20	25	30	35	40
Anzahl der Pfähle...	0,75	1	1,25	1,50	1,75	2
Kosten der Pfähle S	37,50—75	50—100	62,50—125	75—150	87,50—175	100—200

Zu den so ermittelten Kosten der reinen Pfahlgründung sind noch die Kosten für den Betonrost (Aushub, Verführung des Aushubmaterials und Stampfbeton- oder Eisenbetonkörper) zuzuschlagen. Diese können für die Erdarbeiten und für die Verführung dem Kapitel „Baumeisterarbeiten" und für die Beton-, bzw. Eisenbetonarbeiten dem Kapitel „Grundlagen zur Kostenermittlung von Beton- und Eisenbetonarbeiten" entnommen werden.

Bei trockenem, mit Schaufel und Krampen lösbarem Erdreich liegt die Tiefengrenze, bei der eine Betonpfahlgründung sich nicht teurer stellt, als das Ausschachten und das Ausbetonieren bis auf den genügend tragfähigen Grund, etwa zwischen 3 und 4 m. Bei schwierigen Aushubsverhältnissen verschiebt sich diese Grenze beträchtlich nach oben. Bei Vorhandensein von Schwimmsand oder schlammigem Lehm stellt sich z. B. schon bei einem Gründungsaushub bis zu etwa 1 m die Betonpfahlgründung billiger als die Gründung in offener Baugrube.

Handelt es sich z. B. um eine Gassenhauptmauer eines einschließlich dem Keller sechsgeschossigen Wohnhauses von normalen Trakttiefen, mit einer Eisenbetondecke über dem Keller und mit gewöhnlichen Tramdecken in den übrigen Geschossen, so ist die Belastung je Längenmeter Mauer etwa rund 25 Tonnen. Bei einem zulässigen Bodendruck von 1 kg/cm² müßte die Gründungsgrube somit 2,50 m breit ausgehoben werden. Ist die maßgebende Bodenschichte etwa erst in 5 m Tiefe unter dem Gelände anzutreffen, so kostet der Aushub allein samt der Pölzung schon etwa 10,00 S für 1 m³ (durchschnittlich auf die Aushubtiefe gerechnet), somit für 1 Lfm. Gründung 5 × 2,50 = = 12,50 m³ à 10,00 S/m³ = 125 S/m′. In diesem Falle wäre die künstliche Gründung mit Betonpfählen wesentlich billiger, da nach obiger Zusammenstellung die Pfahlherstellung S 62,50 bis S 125,00 kostet und die für die Pfahlgründung noch auszuführenden Arbeiten (etwa 1 m tiefer und etwa 1 m breiter Aushub, Ausbetonieren 1:10 oder 1:8 und Verführen des Aushubmaterials) bei weitem nicht an die Kosten der restlichen Arbeiten für die offene Gründung heranreichen.

Bei einem ausgedehnten Bauwerk mit verschiedenen Tiefen der tragfähigen Schichte empfiehlt es sich, die Kosten der offenen Gründung und der Pfahlgründung in einem Schaubild darzustellen, indem, etwa von Meter zu Meter fortschreitend, die Tiefen als Abszissen und die Kosten als Ordinaten aufgetragen werden. Man erhält dadurch im allgemeinen zwei gebrochene Linienzüge, deren Schnittpunkt jene Grenztiefe ergibt, bei der die offene Gründung und die Pfahlgründung gleich teuer sind, bei deren Überschreitung somit die Pfahlgründung billiger ist. Für solche Pfahlsysteme, deren Kosten von der Tiefenlage der tragfähigen Schichte unabhängig sind, ist das Schaubild eine zur Abszissenachse parallele Linie.

3. Einteilung der Betonpfahlsysteme

a) In statischer Hinsicht

a) Standpfähle, deren unteres Ende in eine genügend tragfähige Schichte hinabgeführt werden muß. Diese Pfähle haben die Last wie ein Pfeiler zu übertragen, wobei allerdings ein Teil der Last auch durch die längs des Pfahlumfanges auftretenden Mantelkräfte aufgenommen wird. (Sonderfall der ad c) genannten Abbürdungspfähle.)

b) Schwebende Pfähle, die ihrer ganzen Länge nach in nichttragenden Bodenschichten stecken. Die Lastübertragung erfolgt zum allergrößten Teile längs des Pfahlschaftes, wozu diese Pfähle durch ihre nach unten verjüngte Form besonders befähigt sind.

c) Abbürdungspfähle (nach Stern) vereinigen die unter a) und b) genannten statischen Verhältnisse.

b) Gemäß der Herstellung

a) Rammpfähle (die — wie schon der Name sagt — als fertige Pfähle gerammt werden).

b) Ortspfähle, die in einem vorgerammten oder vorgebohrten Erdloche, also an Ort und Stelle, im Erdreich betoniert werden.

Während die Rammpfähle immer eisenbewehrt sind, können die Ortspfähle bewehrt oder unbewehrt ausgeführt werden.

Sowohl die Rammpfähle als auch die Ortspfähle können in statischer Hinsicht als Stand-, schwebende oder Abbürdungspfähle wirken.

4. Tragfähigkeit der Pfähle und Bemessung der zulässigen Pfahlbelastung

Die Tragfähigkeit eines im Erdreich steckenden, sachgemäß ausgeführten Pfahles — in dem Sinne verstanden, durch welche Auflast er zerstört wird — ist, praktisch beurteilt, unbegrenzt, da die Pfähle bei einer Überbelastung in der Regel nachsinken und dadurch die Überbeanspruchung ihres Materials vermeiden. Diese Begriffsbestimmung der Pfahltragfähigkeit kommt jedoch nicht in Betracht, da Pfähle nur das Mittel zu dem Zwecke sein sollen, die Auflast auf das Erdreich zu übertragen. Es ist sohin die Tragfähigkeit eines Pfahles nur in dem Sinne festzustellen, welche Einsinkung unter der Auflast für das betreffende Bauwerk noch als zulässig erachtet werden kann. (Wobei wieder von besonderer Wichtigkeit ist, daß unter allen Bauteilen die gleiche Setzung erzielt wird.) Die Erfahrung hat gezeigt, daß die zulässige Belastung der Betonpfähle je nach der Bodenart in der Regel etwa zwischen 15000 und 40000 kg angenommen werden kann. Allerdings gibt es auch Fälle, wo die Bodenverhältnisse eine Pfahlbelastung von weit über 40000 kg zulassen. In den letzteren Fällen sind es in der Regel nicht die Eigenschaften des Gründungsbodens, die eine Pfahlgründung nötig machen, sondern die begleitenden Nebenumstände, wie z. B. starker Wasserandrang u. dgl.

Die Festsetzung der zulässigen Pfahlbelastung geschieht am verläßlichsten durch Probebelastungen. Wegen des großen Zeitaufwandes und der verhältnismäßig hohen Kosten — auf großen Baustellen mit wechselnden Gründungsverhältnissen müssen zur Erzielung einwandfreier Ergebnisse mehrere Belastungsproben abgeführt werden — begnügt man sich in der Regel mit einem Rückschluß aus der Eindringungstiefe beim Rammen auf die Tragfähigkeit, wobei man sich einer der zahlreichen Rammformeln bedient (Eytelwein, Redtenbacher, Stern, Kafka u. a.). Nicht nur, daß den Rammformeln gewisse Fehler anhaften, ist es besonders für den Ungeübten schwer, alle Nebenerscheinungen beim Rammen (das elastische Verhalten des Erdreiches, des Pfahles, des Rammbären, die Reibungswiderstände der Rammvorrichtung, die Dämpfung beim direkt wirkenden Dampframmbären usw.) für die Bemessung der zulässigen Pfahlbelastung richtig zu werten. Eine Abhilfe hat Ing. Milivoj Konrad geschaffen, der durch eine Registrierung der beim Rammen auftretenden Bodenschwingungen es ermöglicht, den gleichen Eindringungswiderstand jedes Pfahles zu erzielen. Auch die von Stern eingeführte Grundkörpermaschine, insbesondere in neuester Zeit die Expreßtype der Grundkörpermaschine, bedeutet in dieser Hinsicht einen Fortschritt, indem die Maschine durch den sogenannten „Teufenzeiger“ automatisch anzeigt, wieviel Kübel Beton eingebracht werden. Da einerseits die Betonkübel so bemessen sind, daß mit ihrem Inhalt (je nach der Größe) 1 bzw. 2 m^1 des durch die Grundkörpermaschine erzeugten Bodenschachtes ausbetoniert werden können, anderseits die Tiefe des Schachtes genau bekannt ist, ist durch den Teufenzeiger ein sinnfälliges Mittel zur Feststellung der einwandfreien Ausbetonierung des Bodenschachtes gegeben.

5. Anordnung der Pfähle

Die Anordnung der Pfähle kann je nach der Gründungsbreite und je nach der Pfahlbelastung etwa nach einer der beispielsweise angeführten Typen erfolgen (siehe Abbildung). Bei Pfeilern ist die Anordnung ähnlich. Wenn auch die Ent-

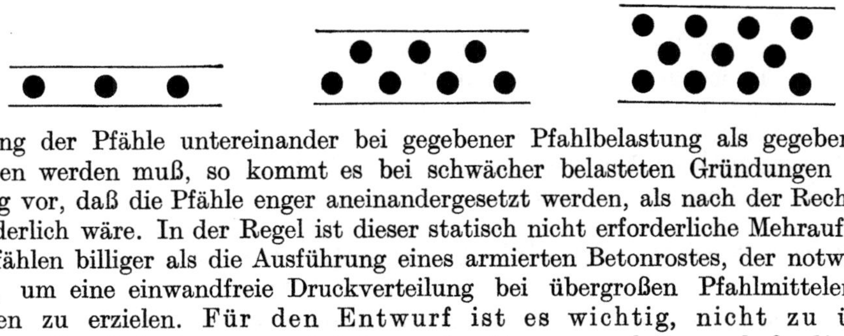

fernung der Pfähle untereinander bei gegebener Pfahlbelastung als gegeben angesehen werden muß, so kommt es bei schwächer belasteten Gründungen recht häufig vor, daß die Pfähle enger aneinandergesetzt werden, als nach der Rechnung erforderlich wäre. In der Regel ist dieser statisch nicht erforderliche Mehraufwand an Pfählen billiger als die Ausführung eines armierten Betonrostes, der notwendig wäre, um eine einwandfreie Druckverteilung bei übergroßen Pfahlmittelentfernungen zu erzielen. Für den Entwurf ist es wichtig, nicht zu übersehen, die Gründungen gleich so breit anzunehmen, daß die erforderliche Pfahlanzahl untergebracht werden kann. Durchschnittlich kann die Pfahlstärke mit 35 cm, die kleinste Entfernung zwischen den Pfählen (bei schwer belasteten Fundamenten) etwa mit einer Pfahlstärke, die größte Entfernung zwischen den Pfählen (bei leicht belasteten Gründungen) etwa mit drei Pfahlstärken und der Abstand vom Rande der Gründungsgrube etwa mit einer halben Pfahlstärke angenommen werden, welch letzteres Maß bei gepölzten Gruben um das Maß der Pölzung zu vergrößern ist.

Der Baustoffbedarf für Betonpfähle ist für das Lfm. etwa 0,05 bis 0,08 m^3, das Mischungsverhältnis 1 : 4 bis 1 : 7 bei Ortspfählen, 1 : 3 bis 1 : 4 bei Eisenbetonrammpfählen.

Die Länge der Ortspfähle schwankt etwa von 3 bis 5 m; es kommen jedoch bei einigen neueren Pfahlsystemen auch weit größere Längen vor. Die Länge der Standpfähle beträgt je nach der Tiefenlage der tragfähigen Schichte bis zu etwa 15 m, doch sind auch schon Eisenbetonrammpfähle bis zu 34 m Länge ausgeführt worden. Die Bewehrung der Eisenbetonrammpfähle entspricht ungefähr der einer schwer belasteten, umschnürten Eisenbetonsäule.

6. Anwendbarkeit der verschiedenen Pfahlsysteme

Im allgemeinen sind jene Pfahlsysteme, die keiner Rammung bedürfen, insofern vielseitiger anwendbar, als jede Erschütterung bei ihrer Herstellung vermieden wird, welcher Umstand mit Rücksicht auf die in der Nähe befindliche Bauwerke von Wichtigkeit sein kann. Von den gerammten Pfählen sind es die schwebenden Pfähle, denen eine allgemeinere Anwendungsmöglichkeit zugesprochen werden kann, da man infolge ihres geringen Gewichtes (kleine Pfahllänge) mit kompendiöseren Rammvorrichtungen und geringem Bärgewicht (etwa 400 bis 1000 kg) das Auslangen findet. Auch jene Pfahlsysteme, die sich der Innenrammung bedienen (der Rammbär schlägt innerhalb eines Führungsrohres oder dgl. unmittelbar auf die entsprechend ausgestaltete Pfahlspitze), haben infolge der günstigeren Kraftübertragung Vorteile gegenüber jenen Pfählen, bei denen die Rammschläge auf den Pfahlkopf ausgeübt werden. Außer dem Nachteil der großen und schweren Rammvorrichtungen (Rammbärgewicht etwa 4000 kg), der sich insbesondere bei beengten Baustellen oder bei Baustellen mit verschieden hoher Bausohle oder bei Baustellen in eng verbauten Stadtgebieten bemerkbar macht, wird in der Regel als weiterer Nachteil der Eisenbetonrammpfähle empfunden, daß ihre Rammbereitschaft erst nach Erreichung der vollen Festigkeit der auf Vorrat oder für den speziellen Fall erzeugten Pfähle eintritt. Ferner hat die Unkenntnis des ganzen Verlaufes der tragfähigen Schichte oft zur Folge, daß die in bestimmter Länge erzeugten Eisenbetonrammpfähle nachher entweder gekürzt oder verlängert werden müssen, wobei insbesondere der letztere Umstand kostspielig und zeitraubend ist.

Rammpfähle aus Eisenbeton werden vornehmlich im Wasser- und Brückenbau (Schleusenbau, Hafenbau, bei Kaimauern, Brücken, Pfeilern u. dgl.), fallweise auch im Hochbau angewendet.

7. Kurze Beschreibung einiger charakteristischer Betonpfahlsysteme

a) Eisenbetonrammpfähle

Die Querschnittsform ist quadratisch, drei-, fünf- oder sechseckig, die Bewehrung derart, daß die Längsstäbe in der Regel an den Ecken angeordnet und durch möglichst solide Querverbindungen (Umschnürungen) verbunden sind. In neuerer Zeit zieht man kreisrunde Querschnitte vor, da solche Pfähle einen besonders großen Widerstand gegen die Beanspruchung beim Rammen haben. Das Pfahlgewicht beträgt etwa 400 kg je Lfm. Die Beanspruchung beim Rammen ist naturgemäß außerordentlich groß, so daß in der Regel mit dämpfenden Pfahlkopfaufsätzen gearbeitet wird. Um die Rammschläge tunlichst zu verringern, bedient man sich des öfteren auch des Einspülverfahrens. Die Herstellung der Pfähle geschieht in der Regel in liegender Form. Die verschiedenen Systeme beziehen sich meistens entweder auf eine besondere Ausbildung der Pfahlspitze oder des Pfahlkopfes. (Eisenbetonrammpfähle System „Züblin", Wayss & Freytag A.G., Holzmann A. G., Rudolf Wolle usw.)

b) Ortspfähle mit verlorener Form

Ein Blechrohr wird mittels eines in der Regel hölzernen Kernes durch Rammen ins Erdreich gezogen und nach Herausziehen des Kernes ausbetoniert. Bei entsprechenden

Erdgattungen bedarf es mitunter gar keiner Blechhülle. Die verschiedenen Systeme beruhen entweder auf der besonderen Form der Blechrohre, der Pfahlspitze, wobei letztere entweder am Rammkern oder als verlorene Pfahlspitze im Blechrohr befestigt ist, auf dem Verfahren des Absenkens, auf Maßnahmen zum Schutze der Pfähle gegen schädliche Grundwassereinwirkungen u. dgl. Hierzu gehören z. B. die Konus-Betonpfähle System Stern, die „Aba"-Betonpfähle der Allgem. Bau-A. G. Berlin, das Betonpfahlsystem Mast, Raymondpfähle, die Sternsche Grundkörpermaschine, Janssenpfähle usw. Der Nachteil, daß in gewissen Bodenarten die Blechhülle sich beim Rammen so fest an den Rammkern anlegt, daß beim Ziehen des Rammkernes ein Loslösen nicht stattfindet, die Hülle vielmehr wieder mit herausgezogen wird, wird durch die Konus-Pfahlmaschine (System Stern) vermieden. Durch eingepreßtes Druckwasser in den mit einer 4-cm-Bohrung versehenen Kern und mit Hilfe des am unteren Ende des Kernes befindlichen hydraulischen Repulsionsschuhes kann der Kern um etwa 35 cm hoch gehoben werden, so daß er sich infolge seiner konischen Form von der Blechhülle loslöst, worauf er mit einem Windwerk der Rammeinrichtung leicht hochgezogen werden kann.

c) Ortspfähle mit rückgewonnener Form

Ein entsprechend starkes Futterrohr wird durch Einrammen, Bohren, Spülung u. dgl. abgesenkt, wobei entweder das Rohr unten offen oder mit einer Spitze versehen ist. Im ersteren Falle wird das Erdmaterial aus dem Rohr durch Herausbohren u. dgl. entfernt. Der Beton wird entweder in kleinen Mengen sukzessive eingebracht und das Rohr dabei gleichzeitig um ein entsprechendes Stück herausgezogen oder das Futterrohr wird gleich vollgefüllt und dann erst herausgehoben. Man bedient sich hierbei mit Vorteil der Druckluft oder des Druckwassers, indem der Beton so stark zusammengepreßt wird, daß er das Rohr hierbei automatisch in die Höhe hebt und hierbei gleichzeitig das Erdloch voll ausfüllt. (Ortspfähle System Züblin, Straußpfähle, Betonrohrpfähle System Michaelis-Mast, Rammrohrpfähle Patent Wayss & Freytag A.-G., Neustadt a. H., Preßbetonpfähle Patent Wolfsholz, Rohrbetonpfähle nach Dyckerhoff & Widmann A. G., „Milko"-Pfähle (System Konrad), Betonpfähle System Konrad-Leidl, usw.)

Eine besondere Art der Herstellung sind die sogenannten Explosivpfähle, bei denen in das Innere des abgesenkten Rohres eine Sprengkapsel gebracht, darauf der Beton nachgefüllt und die Kapsel zur Explosion gebracht wird. Es entsteht durch die Explosion unterhalb des Rohres ein Hohlraum, in welchem der Beton nachsinkt und somit einen Pfahl mit Fußverbreiterung bildet. Solche Fußverbreiterungen werden bei anderen Pfahlsystemen durch eine besonders ausgebildete Pfahlspitze erzielt, die sich beim Einrammen entsprechend verbreitert („Tibet"-Pfähle der Tief- und Betonbauges., München).

Betonschutzmittel

Zusammengestellt von Ing. L. Herzka

Um Beton gegen die verschiedenen Einflüsse zu schützen, kommen in Betracht:

1. **Anstrichmittel,** durch welche die Oberfläche entsprechend verändert bzw. dichter gemacht wird (Tabelle I).

2. **Beimengungen** zum Mörtel (Zement, Beton), welche entweder wasserabweisend, ölabspaltend oder dichtend wirken (Tabelle II).

1. Anstrichmittel

Bezeichnung	Bezugsquelle	Zusammensetzung Eigenschaften	Zweck	Anwendungsgebiet	Verarbeitung und Verbrauch	Kosten
Aeternum-Tränkungsmittel „Normal“	Gewerkschaft Claudius, Essen-Ruhr	Härtungsmittel, bestehend aus anorganischen, wasserlöslichen Salzen, welche die Poren im Beton verstopfen und ihm eine dichte Oberfläche verleihen. Wasserabweisend.	Schutz gegen den Einfluß schwacher Sulfatlösungen, Grundwasser, Moorwasser. Härtung von Zementfußböden, gegen Staubbildung.	Zementfußböden, Schleusen, Fundamente, Mauern, Kanäle.	1 Teil festes Salz in 3 Teilen Wasser auflösen; Oberfläche 3mal imprägnieren. Für 1 m^2 Fläche erforderlich: $^1/_{15}$ bis $^1/_{10}$ kg, je Tränkung.	RM 195,00 je 100 kg
Aeternum „Sulfur“			Schutz gegen starke Sulfate und schwache Säuren.		Aeternol „Oleum“ und „Sulfur“ dienen zur Nachbehandlung nach 3maliger Imprägnierung mit „Normal“. 1 Teil wird in 3 Teilen Wasser aufgelöst; nach jedesmaliger Imprägnierung mit kaltem Wasser nachwaschen. Für 1 m^2 Fläche erforderlich: $^1/_{20}$ bis $^1/_{15}$ kg.	RM 150,00 je 100 kg
Aeternum „Oleum“		Flüssig; für Nahrungsmittelbehälter nicht verwendbar.	Gegen Fette und Öle (Leinöl), Margarine, (Kakaobutter), freie Säuren, Rauchgase.			RM 450,00 je 100 kg
Aeternum-Schwarz		Mischung geeigneter Bitumina und Harze in Lösungsmitteln; temperaturbeständig, schwindfrei. Nicht verwendbar bei Anwesenheit von Ölen, Spiritus, Benzol, Benzin.	Schutz gegen alle Wässer (CO_2, SO_3, NO_2, Cl_2), gegen Basen und schwache Säuren.	Bauwerksteile unter Einwirkung freier Säuren, Ammonsalze usw. Chemische Fabriken und Betriebe.	Bildet auf dem Beton fest haftenden Anstrich. Für 1 m^2 Fläche erforderlich: 0,2 bis 0,4 kg.	RM 75,00 je 100 kg
Antimador	Teerag A.-G., Wien	Schwarze, lackähnliche Flüssigkeit; trocknet in wenigen Stunden. Bildet dünnes Häutchen; ist waschbar. Nicht feuergefährlich.	Schutz gegen Luftfeuchtigkeit, schädliche und sonstige Säuredämpfe (alkalische Dämpfe, Ammoniak, Chlor), Erd- und Wandfeuchtigkeit.	Reservoire aus Zement, Filteranlagen, Kanäle, Talsperren, chemische Fabriken, Brauereien, Leder-, Zuckerfabriken, Färbereien usw. Trockenlegung von Mauern.	Auf trockene, staubfreie Fläche sorgfältig, nicht zu stark ausstreichen. Nicht anwärmen! Bei stärkerer Inanspruchnahme 2- bis 3maliger Anstrich erforderlich. Für 1maligen Anstrich von 4 bis 6 m^2 Mauerverputz erforderlich: 1 kg; für jeden folgenden Anstrich um 20% weniger.	S 1,50 je 1 kg
Antinonnin	R. Avenarius, Carbolineum-Fabrik, Wien	Geruchlos, nicht flüchtig.	Schutz gegen Hausschwamm, Schleim- und Schimmelpilze, Mauerfraß, schlechte Gerüche.	Innenanstriche für Weinkellereien, Essig-, Hefe- und Malzfabriken, Molkereien, Brennereien, Abflußkanäle, Stallungen.	Die zu behandelnde Fläche erst trockenreiben, dann 2mal mit aufgewärmter Antinonninlösung streichen; zerfallenen Putz an feuchten Stellen abschlagen und durch neuen ersetzen. 2- bis 3%ige Lösung verwenden. Zum einmaligen Anstrich von 10 m^2 Fläche reicht 1 l Lösung aus. Um Mauerwerk vor Mauerfraß zu bewahren, wird dem Mörtel 5%ige Antinonninlösung an Stelle des Wassers zugesetzt.	S 22,00 je 1 kg

Bezeichnung	Bezugsquelle	Zusammensetzung Eigenschaften	Zweck	Anwendungsgebiet	Verarbeitung und Verbrauch	Kosten
Arzet	„Heimalol" G.m.b.H., Datteln i. W.	Wasserabweisender Anstrich, dicht bis 4 Atm. Wasserdruck; verändert nicht das Aussehen der Putzflächen. Wetterbeständig.	Schutz gegen eindringende Feuchtigkeit, gegen Schimmel- und Schwammbildung.	Grundierungsmittel für durchlässige Bau- und Kunststeine, undichte Putzflächen aus Zement und hydraulischem Kalk.	Wird streichfertig geliefert. Die trockenen Putz- oder Steinflächen werden mit einem Pinsel 1mal gestrichen; bei sehr rauhen Flächen 2 bis 3maliger Anstrich erforderlich; trocknet in 24 Stunden. Für einmaligem Anstrich von 3 bis 4 m^2 Fläche rund 1 kg Arzet erforderlich.	nicht bekannt
Beton-Murolineum	Otto Nußbaum, Wien	Geruchloser, nicht färbender Anstrich, schränkt die Bildung von Haarrissen ein; bildet eine harte, säurefeste, in die Tiefe gehende Schicht.	Schutz gegen Säuren, Rauchgase, Fäkalien, Moorwasser, Witterungs- und Ölangriffe. Verhindert Staubentwicklung, verringert die Wasserdurchlässigkeit. Beeinträchtigt nicht die Festigkeit.	Eisenbahntunnels, Brücken, Beton- und Zementkanäle, Kläranlagen, Hochwasserbehälter, Gärbottiche, Maschinenfundamente, Zementfußböden.	Wird streichfertig geliefert; vor der Behandlung Fläche reinigen. Die ersten Anstriche mit Murolineum I, den 3. nach einer Arbeitspause von 24 Stunden mit Murolineum II herstellen; die Arbeit erfolgt mit Streichbürste oder Spritzapparat. Für 100 m^2 Fläche erforderlich: rund 30 kg Murolineum I (2 Anstriche), rund 15 kg Murolineum II. Arbeitsdauer je 1 m^2: 1,5 Minuten für waagrechte Flächen, 3 Minuten für vertikale Flächen und 4,5 Minuten für Decken.	S 2,50 je 1 m^2
Conservado	Ing. R. Oppler, Wien I (Fa. Kaspar Winkler & Co., Altstetten-Zürich)	Weißes oder farbiges Pulver in einer Flüssigkeit.	Macht porösen Putz, Natur- und Kunststein wetterbeständig. Schützt den Verputz von Decken, Wänden usw. gegen aggressive Dämpfe.		1- bis 2malige Eintränkung. Bedarf je 1 m^2 0,2 bis 0,5 kg.	S 5,40 je 1 kg
Haumanol-Isolier-Kautschukmasse	C. Haumann's Witwe und Söhne, Wien	Schwarzglänzende wasserdichte Masse von antiseptischer Wirkung, geruchlos, nicht feuergefährlich; verhindert Saliterbildung; läßt sich auf feuchte Wände auftragen.	Schutz gegen Grundfeuchtigkeit, Schwamm, Fäulnis.	Trockenlegung feuchter Mauern, Fundamentisolierung; Abdichtung von Terrassen, Balkonen, Brücken, Tunnels, Wasserleitungen, Reservoiren, Kellergewölben; Auskleidung von Braupfannen, Säuregruben, Senkgruben; Isolierung von Fußböden, Herstellung von Dächern.	Im festen Zustande geliefert, muß die Masse erwärmt und mit einem drahtgebundenen Borstenpinsel heiß aufgetragen werden, trocknet rasch; darüber Verputz anbringen. Für Isolierungen: 2maliger Anstrich mit Jutezwischenlage. Für 40 m^2 erforderlich: 100 kg.	S 2,50 bis 3,00 je 1 m^2 (einmaliger Anstrich)

Bezeichnung	Bezugsquelle	Zusammensetzung Eigenschaften	Zweck	Anwendungsgebiet	Verarbeitung und Verbrauch	Kosten
Holzanasphalt	Leixner & Co., Wien	Belag, der in Form einer heißen Masse mit Gewebeeinlage auf eine Unterlage aufgetragen wird. Schmelzpunkt 150°, temperaturbeständig, elastisch.	Wasserundurchlässige Abdichtung.	Brücken, Terrassen, Balkone, Dächer, Bäder, Waschküchen, Kellerräume, Reservoirs.	Isolierungsbelag für horizontale und vertikale Flächen; wird in der Stärke von 4 bis 5 mm mit Juteeinlage direkt auf die glatte Betonunterlage aufgebracht.	S 8,50 je 1m²; für vertikale Wände 10% teurer
Inertol	R. Avenarius, Carbolineum-Fabrik, Wien	Schwarzes, firnisartiges, gebrauchsfertiges Anstrichmittel, wasserabstoßend, säurebeständig, reibfest; bei sandführenden Wässern bis 15 Atm. Wasserdruck dicht.	Schutz gegen Feuchtigkeit, Säuren, Laugen, Dämpfe.	Speisewasserbehälter, Filterkammern, Talsperren, Kanalisationen, Zementröhren, Klärbecken, Fundamente, Betondecken, Brückenfahrbahntafeln, Stütz- und Flügelmauern, Grundwasserabdichtung.	Inertol wird im kalten Zustand aufgetragen oder mit der Streichmaschine aufgespritzt. 2maliger Anstrich genügt; den zweiten nach Trockenwerden des ersten anbringen. Keine Grundierung notwendig. Eingedicktes Inertol mit 5 bis 10% Verdünnungsinertol lösen. Streichflächen trocken halten, etwas rauh lassen; frischen Beton mit Imprägnierinertol vorgrundieren. Für 2maligen Anstrich von 100 m² Putzfläche rund 30 kg Inertol erforderlich.	S 1,45 je 1 kg
Lithurin (Keßlersche Fluate)	Hans Hauenschild G.m.b.H., Hamburg	Anorganische, farblose Anstrichmittel, bestehend aus Fluatverbindungen; durch chemische Einwirkung auf den Beton werden die imprägnierten Teile hart. Je nach besonderem Zweck werden verschiedene Marken in Kristallform oder flüssig erzeugt.	Schutz gegen Säuren, Salze, Verwitterung, Frost, Rauchgase. Betonhärtung mineralischer Natur.	Betonkonstruktionen, Putzflächen, Zementböden, Natursteine, Betonbehälter, Fassaden, Wetterseiten.	Flüssiges oder festes Präparat 1:3 im kalten Wasser auflösen, 3mal kombiniert auftragen. 1maliger Anstrich 50 g je 1 m². Die zu behandelnden Flächen müssen trocken und sauber sein; nur irdene oder Holzgefäße verwenden.	S 4,50 bis 12,50 je 1 kg, je nach der Marke
Midosit	Margalit-Gesellschaft, Oberkassel (Siegkreis)	Ölunlöslicher Lack von großer Härte und Undurchlässigkeit, elastisch, widerstandsfähig gegen hohe Temperaturen und Witterungseinflüsse.	Schutz- und Dichtungsmittel für Zementputzflächen gegen das Eindringen von Ölen.	Ölbehälter in Beton und Eisenbeton, Teergruben, Benzin-, Benzol- und Petroleumtanks, Leinölbehälter, Schutz von Bauwerksteilen gegen Tropföle.	Wird gebrauchsfertig geliefert und kalt aufgetragen; für den Voranstrich etwa $^1/_5$ der Liefermenge mit Spiritus verdünnen. Anstrich 2- bis 3mal in eintägigen Zwischenräumen wiederholen. 8 bis 14 Tage vor allen äußeren Einflüssen schützen, bis der Überzug erhärtet ist. Mit 1 kg werden rund 2 m² Zementputzfläche überzogen.	S 7,00 bis 8,00 je 1 kg

Bezeichnung	Bezugsquelle	Zusammensetzung Eigenschaften	Zweck	Anwendungsgebiet	Verarbeitung und Verbrauch	Kosten
Orkit-Schutzanstrich	Hans Hauenschild G. m. b. H., Hamburg	Wasserdichtender, schwarzer, säurefester Anstrich, geruch- und geschmacklos.	Dichtung und Konservierung des Betons, Schutz gegen atmosphärische und säurehaltige Einwirkungen.	Trinkwasserbehälter, Fundamente, Kaimauern, Wasserbauten, Säuregruben, Tunnels.	Wird streichfertig geliefert. Anstrich mit Pinsel oder Spritzapparat durchführen; die Streichfläche muß trocken sein. 2mal im Zeitraum von je 24 Stunden streichen. Für 2maligen Anstrich von 100 m² erforderlich: für glatten Zementputz 25 kg Orkit, für rauhen Zementputz 30 kg Orkit, für Schalbeton 45 kg Orkit.	S 2,00 bis 1,75 je 1 kg
Paratect	Paratect A. G., Breslau (Boxer & Schwarz, Wien)	Plastische, bituminöse Masse, asbesthältig; bleibt zwischen plus 90 und minus 50 Grad gleichmäßig elastisch, rinnt nicht ab und wird nicht spröde; teerfrei und säurefest.	Schutz gegen Feuchtigkeit, Witterungseinflüsse, Säuren, Dämpfe.	Isolierung von Dilatationsfugen; Betondecken, Schwimmbassins, Grundwasserabdichtungen, Trockenlegung feuchter Mauern usw.	Wird streichfertig geliefert: Paratect I: kittartig zum Spachteln; Paratect II: mitteldick mit Teerbürste zu verarbeiten; Paratect III: dünn für Grundierung und Rostschutz Paratect R-2: Spezialmasse, heiß zu verarbeiten, hohe Klebefähigkeit.	Paratect I u. II je kg S 2,50, III je kg S 3,50, R-2 je kg S 1,60, färbig S 5,60
Perfax Henkels Spezialtränkungsmittel	W. Meurer & Co., Wien	Kieselsaures Natron bestimmter Zusammensetzung, nicht bituminös.	Verhütet das Stauben, schützt vor Schäden durch Öl, verdünnte Säuren und gegen Witterungseinflüsse.	Zementböden, Betonbehälter, Kanalrohre, Maschinenfundamente, Betonstraßen.	Die Fläche wird sorgfältig mit einem harten Besen gereinigt, wenn nötig, naß aufgewischt. Vor dem Auftragen der Lösung muß die Fläche gut ausgetrocknet sein. Mischungsverhältnis: 1 Teil Perfax in 5 Teilen Wasser. Die Tränkung erfolgt 3mal, und zwar am besten an drei aufeinanderfolgenden Tagen; vor jeder Tränkung muß die vorhergehende gut ausgetrocknet sein. Auf 100 m² Fläche für 3malige Tränkung 50 kg Perfax erforderlich.	S 1,40 je 1 kg
Porsal	Deutsche Kahneisen-Gesellschaft m. b. H., Berlin NW 7	Farblose Flüssigkeit, die in die Poren eindringt und eine wasserabweisende Oberfläche bildet.	Schutz gegen Regen, Frost, Feuchtigkeit, Schimmel- und Schwammbildung.	Außen- und Innenwände aus Natur- und Kunststeinen. Putz-, Ziegel-, Beton-, Fassaden- und Monumentenschutz.	Oberfläche mit scharfer Bürste reinigen, mit Wasser abwaschen, trocknen lassen; je trockener die Fläche, desto wirksamer der Anstrich; 2- bis 3mal im Zeitraum von etwa je 12 Stunden streichen. 1 kg Porsal, mit 2 l Wasser verdünnt, ist ausreichend für 1maligen Anstrich von 15 m² Fläche.	RM 0,9 je 1 kg

Bezeichnung	Bezugsquelle	Zusammensetzung Eigenschaften	Zweck	Anwendungsgebiet	Verarbeitung und Verbrauch	Kosten
Preolit	A. Prée G. m. b. H., Dresden W 6	Teerfreier, säurefester, schwarzer Isolieranstrich (verschiedene Marken).	Schutz gegen Feuchtigkeit und Säuren.	Wasserbauten aller Art, Tunnels, Betonbrücken, Fundamente, Eisenbahndurchlässe, Uferbauten, Talsperren, Kraftwerke, Bahnhofbauten.	Wird streichfertig geliefert und kalt aufgetragen; 2 Anstriche erforderlich, von denen der erste mit 10% Verdünnungsöl verdünnt auf glattem Baustoff (Beton, Ziegel) aufgetragen wird. Für 4 m² Fläche etwa 1 kg Preolit erforderlich.	RM 70,00 je 100 kg
Purigo	Ing. R. Oppler, Wien I (Fa. Kaspar Winkler & Co., Altstetten-Zürich)	Imprägnierflüssigkeit	Reingung von schmutzigen und von Staub verkrusteten Natur- und Kunststeinen.		Nach Entfernung der lockeren Krusten entsprechend verdünnt mit Pinsel aufstreichen, mit Bürsten und Wasser reinigen, hierauf mit Conservado oder Purigo eintränken. Bedarf je 1 m²: 0,3 bis 0,5 kg.	S 4,00 je 1 kg
Rabit-Amon	F. Raab, Wien XIV, chem. bautechnische Präparate	Wasserabweisender, farbloser Anstrich; Nr. 1, in streichfertiger Form. Nr. 2, in konsistenter Form. Nur als Außenanstrich verwendbar.	Schutz gegen eindringende Feuchtigkeit, Konservierung poröser Bausteine, Putzflächen usw.	Sandsteinfassaden, figuraler Bauschmuck, Balustraden, Denkmäler, Zementwaren, Mauersteine, Kunststeine.	Nr. 1 wird streichfertig geliefert; Nr. 2 wird zu gleichen Teilen in Wasser (1:1) gelöst und damit die zu imprägnierenden Flächen mit einem Pinsel 1 bis 2mal gestrichen; bei kälterer Witterung leicht anwärmen. 1 kg Nr. 1 reicht für den 1maligen Anstrich von 4 bis 5 m²; 1 kg Nr. 2 für 10 bis 12 m².	Nr. 1 S 0,80 je 1 kg „ 2 „ 1,50 „ 1 „
Rabit-Fluat	F. Raab, Wien	Oberflächenschutz gegen Gefrieren und Auftauen. Unlöslich. Schützt gegen Staub, Öl, Säuren, Rauchgase.	Gegen Staubentwicklung bei Betonfußböden. Härtung von Kunststein und Mauerwerk.	Abwässerkanäle, Bassins, Fundamente, Fassaden; Wehre, Schleusen, Eisenbahntunnels.	1. Verputzarbeiten: Fluat A in Wasser 1:2 gelöst, dann Fläche streichen; nach Trocknung zweiter Anstrich. 2. Gegen Staub und Abnützung: Fluat V in Wasser 1:5 gelöst, dann den Boden tränken; nach Trocknung Lösung A aufbringen. Verbrauch je 100 m²: zu 1.: 20 kg (1:2) zu 2.: Fluat V 20 kg (1:5) Fluat A 20 kg (1:2) *) Fluat A: 1 kg S 1,75; je m²: S 0,70 (2 Anstriche); Fluat V: 1 kg S 1,00; kombinierter Anstrich A u. V je m²: S 0,55	

Bezeichnung	Bezugsquelle	Zusammensetzung Eigenschaften	Zweck	Anwendungsgebiet	Verarbeitung und Verbrauch	Kosten
Rabit-Terol	F. Raab, Wien, chemisch-bautechnische Präparate	Schnelltrocknende, hochglänzende, schwarze Masse, unempfindlich gegen Witterungseinflüsse, Säuren, Alkalien, Ammoniakdämpfe.	Schutz gegen Feuchtigkeit und zerstörende Einflüsse besagter Art.	Stütz- und Flügelmauern, Betondecken, Fahrbahntafeln, Terrassen, Wasserbehälter, Talsperren, Zementrohre, Sammelkanäle, Klärbecken.	Wird streichfertig geliefert; Flächen reinigen, Flüssigkeit auftragen; 2 mal. Mit 1 kg Rabit-Terol werden 5 m² Beton 1 mal gestrichen.	S 1,40 je 1 kg
Raffiniertes Watproof	Leixner & Co., Wien	Farbloses Imprägnierungsmittel, lagerfähig, temperaturbeständig.	Isolierung gegen Nässe.	Wohn- und Industriegebäude, Fassaden, Wetterseiten, Keller und Souterrainräume.	Im Verhältnis 1:1 mit Wasser mischen, leicht siedend machen und mit einem Pinsel auf das rohe Mauerwerk oder den Verputz auftragen. Flächen während der Behandlung trocken halten, damit diese aufnahmsfähig sind. 1 kg reicht für 4 bis 5 m² Fläche.	S 1,80 je 1 kg
Siderosthen-Lubrose	J. Jeseritsch A. G., Charlottenburg	Schwarzer, teerfreier Anstrich, widerstandsfähig gegen chemische Einwirkungen, Temperaturschwankungen, abdichtend, elastisch.	Schutz des Betons gegen schädliche Einwirkungen durch Abdichtung.	Talsperren, Hafenbauten, Kanäle, Wasserleitungen, Schleusen, Brückenfundamente, Wehranlagen, Schlachthäuser, Molkereien, gewerbliche Betriebe.	Wird im kalten Zustand mittels gewöhnlicher Bürste 2 mal aufgetragen; man streicht mit 1 kg rund 4 bis 5 m² Fläche (beim ersten Anstrich); beim zweiten braucht man etwas weniger.	Nicht bekannt
Terko	A. Prée G. m. b. H., Dresden N 6	Farbloser Isolieranstrich, kann auch auf feuchtem oder nassem Untergrund verwendet werden.	Gegen Feuchtigkeit, Schlagregen, Stauben von Betonfußböden, Ausblühungen.	Stein, Zement, Kalk.	Untergrund reinigen, darauf einmaliger Anstrich. Verbrauch für 1 m² 150 bis 300 g. Verdünnung mit Wasser 1:1.	RM 100,00 bis 120,00 je 100 kg
Trocal-Winiwal	G. Winiwarter Wien	Bitumen-Asbestkomposition, in Kälte und Hitze gleich elastisch, kalt aufstreichbar.	Abdichtungen.	Brücken, Steinmauern, Keller, Terrassen, Dächer.	Auf gut abgeriebene Betonfläche 0,5 bis 2,5 kg/m² aufstreichen.	S 1,20 bis 2,50 je 1 kg
Winiwal-Beta	G. Winiwarter Wien	Benzin- und ölfest, betonhärtend.	Betonhärtung, Verhinderung von Staubentwicklung auf Betonböden.	Betonfußböden in Spitälern, Kasernen, Schlachthöfen, Garagen usw.	Im Verhältnis 1:4 mit Wasser verdünnt, mittels Bürsten oder Kannen aufgetragen; dreimaliges Tränken empfehlenswert.	S 1,60 je 1 kg
Xeroton	Teerag A.G. Wien	Zäher, elastischer, undurchlässiger, fugenloser Belag; wetterbeständig. Wird streichfertig geliefert. Hitze- und kältebeständig.	Schutzanstrich für rissig gewordenen Beton.	Betondächer, Röhrenleitungen, Kesselmauerungen.	Schadhafte Stellen vorher ausbessern; sodann mittels Pinsel oder Drahtbürste leicht auftragen.	S 3,00 je 1 kg

2. Mörtelzusätze

Bezeichnung	Bezugsquelle	Zusammensetzung Eigenschaften	Zweck	Anwendungsgebiete	Verarbeitung Verbrauch	Kosten
Aeternum-Mörtelzusatz „Durodens S“	Gewerkschaft Claudius, Essen	Besteht aus organischen Salzen, die Öl- und Palmitinsäure in gebundener Form mit Zusätzen in Form von Emulsion enthalten; wasserdicht bei hohem Druck, beständig gegen Sulfate und schwache Säuren.	Dichtung des Betongefüges gegen hohen Wasserdruck und Feuchtigkeitsandrang jeder Art.	Sämtliche Betonbauten, die Angriffen besagter Art ausgesetzt sind.	Das flüssig gelieferte Aeternum wird im Anmachwasser aufgelöst und zur Betonbereitung verwendet. Für 1 m³ Beton: 4 bis 16 kg oder je Sack Zement ¾ bis 1 kg.	RM 34,00 bis 82,00 je 100 kg
„Alca“ Schmelzzement	Elektro-Zement G. m. b. H., Berlin NW 7 F. Wasmuth A. G., Berlin NW 7	Volumbeständig, langsam bindend, widerstandsfähig gegen aggressive Wässer, Frost, Meerwasser; hohe Anfangsfestigkeiten.	Schutz gegen genannte Angriffe.	Schachtbauten, Gefrierschächte, Kalibergwerksbauten, eilige Wasserbauten, chemische Industrie.	Mischung: 1 Teil „Alca“, 3 Teile Sand. Verarbeitung normal. Reichlich Wasser zusetzen. Den Putz nach dem Abbinden feucht halten.	RM 12,00 je 100 kg einschl. Papiersäcken ab Werk Zschernewitz, Bez. Halle
Antaquid	Deutsche Kahneisen-Gesellschaft m. b. H., Berlin NW 7	Wird in dickflüssiger Form geliefert und im Anmachwasser vollkommen aufgelöst; ist geruch- und geschmacklos.	Schutz gegen Wasser und Feuchtigkeitsandrang; macht den Beton wasserundurchlässig.	Kanäle, Wasserbehälter, Schachtanlagen, Brunnen, Talsperren, Schlachthäuser, Färbereien, Brauereien, Badeanstalten, Tunnels, Keller, Gewölbe, Düngergruben.	Für wasserdichten Putz- und Zementmörtel nimmt man eine Lösung von 1 kg Antaquid in 18 l Wasser, für massives Betonmauerwerk und Fundamente eine Lösung von 1 kg in 36 l Wasser. Die Flüssigkeit wird an Stelle des gewöhnlichen Anmachwassers dem trockenen Gemenge von Zement und Sand zugesetzt. Nur soviel Antaquidlösung anmachen, als innerhalb einiger Stunden verarbeitet werden kann. Den Beton bis zum Abbinden unter feuchten Säcken halten. Für 1 m³ wasserundurchlässigen Beton, 1:5, erforderlich: 4 kg Antaquid. Zur Dichtung einer 2 cm starken Putzschicht: 0,27 kg Antaquid, 2,5 cm starken Putzschicht 0,33 kg Antaquid, 3,0 cm starken Putzschicht 0,40 kg Antaquid, 4,0 cm starken Putzschicht 0,53 kg Antaquid.	RM 0,80 je 1 kg

Bezeichnung	Bezugsquelle	Zusammensetzung Eigenschaften	Zweck	Anwendungsgebiet	Verarbeitung und Verbrauch	Kosten
Antiaquazement	Perlmooser Zement-A. G., Wien	Portlandzement und wasserabweisende mineralische und bituminöse Stoffe. Besitzt größere Elastizität als gewöhnlicher Zement, ist säurebeständig (Humussäure), wasserdicht, frost- und temperaturbeständig.	Schutz gegen Wasserandrang und Feuchtigkeit.	Bauten im See- und Moorwasser, Keller, Wetterseiten, Fußböden, Ställe, Aborte, Pissoirs, Wasserbehälter, Badeanstalten, Brauereien, Schlachthäuser, Molkereien, Kühlräume, Turmabdeckung.	Antiaquazement wird trocken mit Kies und Sand vermischt und unter Wasserzusatz zu Beton verarbeitet. Als Wandverputz nimmt man 3 Teile Sand auf 1 Teil Antiaquazement. Verfahren wie beim Putzen mit Portlandzementmörtel.	Nicht bekannt
Aquasit (in Deutschland Biber)	R. Avenarius, Carbolineum-Fabrik, Wien	Aquasit-A. Bituminöse schwarze Flüssigkeit, wasserundurchlässig, temperaturbeständig; Aquasit-W. Weiß, geruchlos, in Teigform; trocken, nimmt jeden Anstrich an. Beide volumbeständig, widerstandsfähig gegen schwache Säuren.	Aquasit-A. Für Zementverputz, gegen Grundwasser und Erdfeuchtigkeit. Aquasit-W. Zum Abdichten von Zement- und Kalkverputz.	Aquasit-A. Fundamentmauerwerk, Keller, Gewölbe, Tunnels, Hafen- u. Wasserbauten, Schwimmbassins, gewerbliche Betriebe, wo Feuchtigkeit herrscht. Aquasit-W. Als Wandputz auch in Innenräumen, Estrichfußböden, Fassaden, Giebel.	Aquasit-A. Erst Zementmörtel herstellen, nach vollendeter Mischung Aquasit-A hinzusetzen; es entsteht eine silbergraue Emulsion. Die zu verputzenden Flächen vorher gut reinigen und vor dem Auftragen benetzen; gewöhnlich zwei Lagen. Putzstärke 1,5 bis 2 cm. Beim Isolieren von gewöhnlichen Fundamenten: 1 Sack (50 kg) Zement, 3 Sack Sand, 1 kg Aquasit-A. Für das im Grundwasser liegende Mauerwerk: 1 Sack (50 kg) Zement, 2 Sack Sand, 1,5 kg Aquasit-A. 1 m^3 fertige Betonmischung: 15 kg Aquasit-A. 1 m^2 Außenputz, 1,5 cm stark: $^1/_5$ l Aquasit-A. 1 m^2 Außenputz, 2 cm stark: $^1/_3$ l Aquasit-A. Aquasit-W. dem Anmachwasser beimengen, damit Mörtel verarbeiten. 50 kg Zement, 3 Sack Sand, 1,5 kg Aquasit-W. Edelputz: auf 150 kg Material 1 kg Aquasit-W. Putzstärke von 1,5 cm genügt.	S 1,90 je 1 kg
„Awa" Mörtelzusatz	A. W. Andernach, Beuel a. Rhein	Wasserabweisend, farb- und geruchlos, antiseptisch und desinfizierend; dichtet den Zementmörtel.	Schutz gegen Feuchtigkeit, Fäulnis, Pilzbildungen und Hausschwamm.	Keller, Talsperren, Schlagwetterseiten, Fundamentmauern, Wasserbehälter, Badebassins, Unterführungen, Tunnels, Schächte, Senkgruben, Zementfußböden, Zementwaren, Tröge, Rinnen, Rohre.	5 bis 8% „Awa" wird dem Anmachwasser zugesetzt; diese Flüssigkeit zur Zementmörtelbereitung verwenden. Vor dem Anbringen des Isolierputzes Flächen reinigen und aufrauhen; für Wände 2 bis 4 cm, für Fußböden 3 bis 5 cm starken Putz verwenden.	RM 86,30 je 100 kg

Bezeichnung	Bezugsquelle	Zusammensetzung Eigenschaften	Zweck	Anwendungsgebiet	Verarbeitung und Verbrauch	Kosten
Ceresit	Österr. Ceresit-Gesellschaft Adolf Fischer & Söhne, Wien XIX	Hellfarbige, weißgelbliche Emulsion in Form von butterweichem Brei, wasserabweisend, widerstandsfähig gegen Verwitterung und säurehaltige Wässer; gegen direkte Hitzeeinwirkung unbeständig.	Isolierung vor Feuchtigkeit in jeder Gestalt.	Grundwasserabdichtung, Fußböden, Wände, Wetterseiten, Terrassen, Balkone.	Mit 8 bis 10 Teilen Wasser zu einer milchigen Flüssigkeit verrühren, dem trockenen Zement-Sandgemisch als Anmachwasser zusetzen und zu einem plastischen Mörtelbrei verarbeiten. Mischung: 1 Sack Zement, 3 Sack Sand, 2½ kg Ceresit, Erfordernis: Auf 1 m^3 nassen Mörtel 25 kg Ceresit. Auf 1 m^2 Verputz, 2 cm stark, 0,5 kg Ceresit. Auf 1 m^2 Verputz, 3 cm stark, 0,75 kg Ceresit. Auf 1 m^2 Verputz, 4 cm stark, 1,0 kg Ceresit. Wird aufgetragen und behandelt wie jeder normale Zementmörtel.	Exklusive Emballage S 0,80 je 1 kg
Diamantbeton-Kleinlogel	O. E. H. Reicher, J. Freisinger, Wien	Wie Stahlbeton-Kleinlogel. Ritzhärte: 8 bis 9, Abschleifverlust 0,04 bis 0,05. völlig rostfrei.	Trittsichere, staubfreie und wasserdichte Herstellungen und Beläge auf Beton.	Für Platten, Fliesen, Brücken, Silos, Behälterauskleidungen, Wasserbauten.	Richtet sich nach dem Verwendungszweck.	S 90,00 je 100 kg
Duromit	Deutsche Duromitbeton-Gesellschaft	Reine Kristalle und Kristalloide von größter spezifischer Härte werden mit bestem Portlandzement vermischt.	Keine Abnützung der Oberfläche, daher keine Staubentwicklung, wasserundurchlässig.	Betonfußböden, Trittflächen, Betonstufen.	Wird in Verbindung mit einem Portlandzementestrich auf festem Unterbeton in Stärken von 5 bis 10 mm Duromitschichte und 20 bis 30 mm Estrichschichte aufgebracht. Für einen Belag von 7 mm benötigt man z. B. 10 kg Duromit und 7 kg Zement für die Duromitschichte, sowie 32 l Sand und 11 kg Zement für die Estrichschichte. Herstellungsdauer: 1 Legerstunde und ½ Helferstunde je m^2.	S 10,00 bis 14,00 je m^2 je nach Stärke
„Festan"-Härtematerial	Hans Hauenschild G. m. b. H., Hamburg	Feinkörniges, auf chemisch-mechanischem Wege hergestelltes Produkt.	Große Widerstandsfähigkeit gegen Beanspruchung durch schwere Lasten, gegen Einwirkung betonschädigender Flüssigkeiten, Öle usw.	Zementfußböden bester Ausführung.	Wird im trockenen Zustand geliefert und auf den noch feuchten, frischen Zementestrich aufgestreut und eingerieben. Die Oberfläche des Estrichs erhält hiedurch eine homogene Schutzschicht. Bedarf je m^2: 1,5 kg.	S 2,60 je 1 kg

Bezeichnung	Bezugsquelle	Zusammensetzung Eigenschaften	Zweck	Anwendungsgebiet	Verarbeitung und Verbrauch	Kosten
Fluresit	Österr.-Fluresit-G. m. b. H., Wien	Lagerfähig, temperaturbeständig.	Schutz gegen Salpeter- und Ammoniakschäden sowie schwefelige Rauchgase und gipshaltige Grundwässer; macht Beton und Mörtel wasserdicht. Erhöht die Zug- u. Druckfestigkeit.	Neubauten, Baureparaturen.	Durchschnittsverbrauch bei 1 m³ Baumaterial 8 bis 10 kg. Wird im Anmachwasser gut aufgelöst oder bei Verwendung automatischer Mischtrommeln der Trockenmischung beigegeben.	S 2,50 je 1 kg brutto
Heimalol	„Heimalol" G. m. b. H., Datteln i. W.	Butterweicher, seifenartiger Brei von wasserabweisender Wirkung, auch bei hohem Wasserdruck (bis 18 Atm.).	Macht den Mörtel wasserdicht, beseitigt Hausschwamm und Mauerfraß.	Grundwasserabdichtung, Horizontalisolierung, Keller-, Wohnungen, Schächte, Schlagwettermauern, Terrassen- und Balkonabdichtung.	1 l Heimalol wird mit 6 bis 8 bzw. 10 bis 13 l Wasser — je nach dem Wasserdruck — zu einer milchigen Flüssigkeit verrührt. Mit diesem Anmachwasser wird das trockene Zement-Sandgemisch zu einem leichtflüssigen Mörtelbrei vermengt. Für 1 m² Putz, 1 cm stark, ¼ kg Heimalol. Für 1 m³ Betonmasse 15 kg Heimalol. Für 1 m³ Zementmörtelmasse 25 kg Heimalol.	RM 0,80 je 1 kg
Kaju	Karl Jung & Söhne, Wien	Abdichtender Anstrich von glänzend schwarzer Farbe.	Herstellung von wasserdichtem Beton, Zement, Mörtel, Verputz.	bei allen Beton- und Mörtelarbeiten.	Wird mittels Pinsel gestrichen. Auf 3 m² Beton bei zweimaligem Anstrich 1 kg erforderlich.	S 1,40 je 1 kg
Lugatozusatz	Dr. Buchtemann & Co., Hamburg	Öl- und fettfreier Zement- und Kalkmörtelzusatz, farblos, säurefest, beständig gegen Temperatureinflüsse und Laugen, Putz sehr hart. Verbindet sich chemisch mit Zement und Kalk. Kein Ausfrieren und Verwittern.	Trockenlegung feuchter Bauwerksteile, Verhütung von Salpeterausschlag.	Grundwasserarbeiten, Isolierung von Linoleum- und Steinholzestrich, Fassaden- und Balkonabdichtung Autogaragen, Wasserbehälter.	Im kalten Wasser auflösen (1:10), die Lösung als Anmachwasser zur Bereitung des Mörtels verwenden. Für 1 m³ nassen Mörtel 25 kg Lugato. Für 1 m² Putz, 1 cm stark, 250 g Lugato. Für 1 m² Putz, 2 cm stark, 500 g Lugato.	Nicht bekannt
Mörtelwatproof	Leixner & Co., Wien	Fettlose Flüssigkeit, ohne Einfluß auf die Naturfarbe des Mörtels und Betons. Dichtende Wirkung beruht auf Kristallisationsprozeß; temperaturbeständig und bis 5,5 Atm. wasserundurchlässig.	Isolierungs- und Dichtungsmittel gegen Grundfeuchtigkeit, Schlagregen, Frosteinwirkung, Hausschwamm.	Betonkonstruktionen, Fundamente, Fußböden, Decken, Terrassen, Reservoire, Kanäle, Senkgruben.	Mit gewöhnlichem Wasser 1:7 verarbeiten; diese Lösung bildet das Anmachwasser für den Kalkzementmörtel oder Beton. Mischungsverhältnis des Mörtels resp. Betons belanglos. Für 1 m³ Beton oder Mörtel rund 20 bis 25 kg Mörtelwatproof.	S 0,60 je 1 kg exkl. Gebinde und Wust

Bezeichnung	Bezugsquelle	Zusammensetzung Eigenschaften	Zweck	Anwendungsgebiet	Verarbeitung und Verbrauch	Kosten
Philopor	A. Prée G. m. b. H., Dresden N 6	Philopor T. in Teigform. Philopor P. in Pulverform. Wasserabstoßender Zusatz, der, dem Zementmörtel beigemischt, dessen Poren schließt; verfärbt nicht, ist geruchlos; auch für Kalkmörtel verwendbar.	Macht Putz und Beton wasserdicht, auch bei starkem Wasserdruck.	Fassadenputz, Innenputz, Stützmauern, Tunnels, Talsperren, Trinkwasserbehälter, Keller, Kanäle, Senkgruben, gegen Grundwasserandrang.	Philopor T. 1:10 in Wasser auflösen, mit dieser Flüssigkeit Mörtel resp. Beton wie üblich anmachen. Philopor P. 1:10 in Wasser auflösen, und zwar: Zuerst 1:1, 10 Minuten stehen lassen, dann die übrigen 9 Teile des Wassers hinzugeben. Weitere Verarbeitung wie bei T. Vor Anbringen der ersten Schicht Wandfläche naßhalten; zweite Schicht anbringen, bis die erste fest geworden ist. Für 1 m³ Mörtel 20 bis 25 kg Philopor, für 1 m² Putz, 2 cm stark, ½ kg Philopor.	T. RM 80,00 je 100 kg P. „ 110,00 „ 100 „
Polarplast	A. Prée G. m. b. H., Dresden N 6	Kalk- und Zementmörtelzusatz; Zement bindet rasch ab.	Putzen und Mauern bei Frost.	Bauarbeiten im Winter.	Präparat dem Kalk oder Zementmörtel zusetzen in folgendem Mischungsverhältnis: bei rund — 10° C 1 Teil: 2 Teile Wasser, rund — 20° C 1 Teil: 1 Teil Wasser, rund — 30° C 2 Teile: 1 Teil Wasser, gut durchrühren in möglichst reinen Gefäßen.	RM 14,00 bis 11,00 je 100 kg
Prolapin-Mörtelzusatz	Hans Hauenschild G. m. b. H., Hamburg	Dickflüssiger, farbloser Zusatz, öl- und fettfrei, wasserlöslich, wirkt durch chemische Umsetzung in den Kalkanteilen, wo durch sich säurefeste Kristalle bilden; wird auch kombiniert mit Lithurin angewendet.	Abdichtung des Betons gegen Grundwasser und Feuchtigkeit, auch bei hohem Wasserdruck.	Keller, Behälter, Schachtanlagen, Senkgruben, Zementfußböden, Fassaden aus Zement, Kalk und Edelputz.	1:15 in Wasser auflösen, Flüssigkeit als Anmachwasser für Mörtel- resp. Betonbereitung verwenden. Vor Aufbringung des Putzes Flächen naßmachen und mit Zementmilch grundieren. Für 1 m² Putz, 1 cm stark, 0,175 kg Prolapin, für 1 m² Putz, 2 cm stark, 0,35 kg Prolapin, für 1 m² Putz, 3 cm stark, 0,525 kg Prolapin. Für 1 m³ Beton 10 kg Prolapin.	S 2,80 bis 2,10 je 1 kg
Rabit	F. Raab, Wien XIV, chem.-bautechn. Präparate	Teigartige, konsistente Masse, geruchlos, den Mörtel nicht verfärbend, öl- und teerfrei, frostsicher.	Macht Mörtel wasserdicht, unempfindlich gegen Säuren und Ammoniak, schützt gegen Feuchtigkeit und Grundwasser.	Grundwasserabdichtung, Wetterseiten, Waschküchen, Heißluftkammern, Stallungen, Senkgruben, Kanalanlagen, Kellerräume, Reservoire, Fundamente, Balkonabdeckung.	In 10 bis 12 Teilen Wasser auflösen, mit dieser Flüssigkeit als Anmachwasser das trockene Zement-Sandgemenge zu einem Mörtel verarbeiten. Für 1 m² Verputz, 0,5 cm stark, 0,15 kg Rabit, für 1 m² Verputz, 1 cm stark, 0,30 kg Rabit für 1 m² Verputz, 2 cm stark, 0,60 kg Rabit, für 1 m³ Mörtel 25 bis 30 kg Rabit.	S 0,80 je 1 kg

Bezeichnung	Bezugsquelle	Zusammensetzung Eigenschaften	Zweck	Anwendungsgebiet	Verarbeitung und Verbrauch	Kosten
Normalbindende Sika 1	Ing. R. Oppler, Wien I (Kaspar Winkler & Co., Altstetten-Zürich)	In Pastaform als Zusatz zur Mörtelbereitung; keine Schwindung, verhindert Pilz- und Schwammbildung.	Dichtet und immunisiert Beton- und Mauerwerk gegen humussäure-, kohlensäure- und schwefelhältige Wässer und Auslaugung.	Gebäude, Keller, Stollen, Schächte, Kanalisationen, Turbinenkammern, Bodenüberzug in chemischen Fabriken.	1:8 bis 1:12 in Wasser auflösen, Flüssigkeit als Anmachwasser zur Mörtel- resp. Betonbereitung verwenden. Für 1 m^3 Beton 10 bis 12 kg Sika 1. Für Verputz: Lösung 1:8 bis 1:12. Für 1 m^2, 1 cm stark, rund 0,25 kg Sika 1, für 1 m^2, 2 cm stark, rund 0,50 kg Sika 1 oder je Sack Zement rund 1,5 kg Sika 1.	S 3,00 je 1 kg
Schnellbindende Sika 2		Flüssig, bis 20 Atm. Druck anwendbar.	Plötzliches Abbinden, rasches Erhärten des Zements.	Abdichtung von Wassereinbrüchen.	1:2 mit Portlandzement zu einem homogenen Teig mischen; rasch arbeiten.	S 5,00 je 1 kg
Schnellbindende Sika 3		Flüssig, bindet innerhalb 1 bis 5 Minuten ab; erhöht die Druckfestigkeit, ist raumbeständig.	Dichtung von wasserdurchlässigen Fugen bei allem Mauerwerk.	Tunnels, Stollen, Schächte, Brückenunterführungen.	1:3 bis 4 mit Portlandzement mischen; die Fugen werden mit der Masse von Hand aus oder mit der Kelle ausgestrichen.	S 3,00 je 1 kg
Schnellbindende Sika 4		Flüssig, enthält ätzende Bestandteile! Vorsicht auf Haut und Augen. Volumbeständig; keine Rißbildung.	Dichtung von porigem, wasserdurchlässigem Beton und Putz während der Berieselung durch Wasser.	Dichtet gegen Druckwässer, Öle, petrolbeständig, gegen Meerwässer, **nicht** gegen starke Aggressivwässer.	Für 1 cm starken Verputz je 1 m^2 erforderlich: Verdünnung 1:1, Bedarf 1 kg, „ 1:4, Bedarf ¼ „	S 5,00 je 1 kg
Schnellbindende Sika 4a		Flüssig, sonst wie Sika 1.		Widerstandsfähig gegen Aggressivwässer.	Verdünnung 1:3 bis 4 in Wasser; Lösung mit dem Trockengemisch rasch durcharbeiten.	S 5,00 je 1 kg

Bezeichnung	Bezugsquelle	Zusammensetzung Eigenschaften	Zweck	Anwendungsgebiet	Verarbeitung und Verbrauch	Kosten
Stahlestrich (Hardner-)	Richard Strauß, Wien	Ausgleichschichte bestehend aus einer Mischung von bestem Portlandzement mit rauhen, zackigen Metallkörnchen und Quarzsand.	Geringe Abnützungsfähigkeit, keine Staubentwicklung, wasser-, öl- und gasundurchlässig.	Betonfußböden, Trittflächen, Betonstufen, Platten.	Wird auf festem, nicht brüchigem Unterbeton als Stahlestrichhaut aufgebracht. Für eine Stahlestrichhaut von 5 mm Stärke sind per 1 m^2 erforderlich: Härtematerial (Metallkörnchen) 6 kg, Zement 6 kg und 3 l Quarzsand. Herstellungsdauer der Betonhaut ¾ bis 1 Stunde je 1 m^2.	Kostenerhöhung gegenüber gewöhnlichem Zementestrich: S 3,00 bis 4,00 je 1 m^2
Stahlbeton-Kleinlogel	O. E. H. Reicher, F. Freisinger, Wien	Eisenartige, homogen geschlossene, dichte Masse aus Sand, Zement und Härtematerial. Wasserdicht bis 250 Atm. Ritzhärte 7 bis 8; Abschleifverlust 0,06.	Trittsichere, staubfreie und wasserdichte Herstellungen und Beläge auf Beton.	Für Platten, Fliesen, Brücken, Silos, Behälterauskleidungen, Wasserbauten.	Richtet sich nach dem Verwendungszweck.	S 80,00 je 100 kg
Tricosal	Joh. Jung & Sohn, Wien	Dichtungsmittel für Beton und Mörtel. Frei von Fetten und bituminösen Bestandteilen; wasserundurchlässig bis 200 Atm.	Wasserdichter Beton und Mörtel.	Dichtungsarbeiten.	Wird dem Anmachwasser des Betons oder Mörtels zugegeben. Bedarf: 1 m^3 Mörtel 1:3 erfordert 7,5 kg Tricosal.	S 2,90 je 1 kg
Tricosal S III		Zementschnellbindemittel; schwach gelbliche Flüssigkeit; spez. Gew.: 1,2; geruchlos, hitze- und frostbeständig, nicht brennbar, nicht ätzend.	Dichtungsarbeiten mit Zement bei Wasserandrang. Betonieren bei niedrigen Temperaturen; Beschleunigung der Abbindezeit.	Wasserdurchbrüche in Tunnels, Badeanlagen; Abdichtung feuchter Wände. Schnellwirksames Vergießen von Maschinenfundamenten.	Bei Abdichtung bis 8 Minuten: 30 l Tricosal SIII auf 100 kg Zement. Bei längerer Abbindezeit entsprechend größere Verdünnung.	S 3,50 je 1 kg
Winiwal-Beta	G. Winiwarter, Wien	Benzin- und ölfest, betonhärtend.	Betonhärtung, Verhinderung von Staubentwicklung auf Betonböden.	Betonfußböden in Spitälern, Kasernen, Schlachthöfen, Garagen usw.	Zusatzmittel zum Anmengewasser von Beton im Verhältnis 1:8.	S 1,60 je 1 kg

Stahlbauwerke, Schmiede- und Kunstschmiedearbeiten

Auf Grund von Mitteilungen zusammengestellt von Ing. L. Herzka

Modellierte Gußsachen

Waagner-Biró A.-G.; Wallner und Neubert

Gußeiserne Abort-, Drainageröhren und Fassonstücke. Innen und außen geteert.

Gerade Rohre, Wandstärke 7 mm

Baulänge in mm	Durchmesser in mm							
	100	125	150	175	200	225	250	300
	Gewicht je Stück kg							
2000	26	34	39	49	56	74	80	110
1000	16	19	22	28	35	44	52	65
800	13	17	19	22	31	37	47	59
700	12	15	18	21,5	29	33	43	54
600	10,5	13	16	20	27	29,5	38,5	50
500	9	12	14	19	23	26	34	44
400	7	10	12	14	20	22	29	42
300	6	8,5	10	11	18	19	25	36
200	5	7	8	9	14	15	21	30
100	4	5	6	7	10	11,5	16,5	24

Preis je 100 kg *S 56,00* bis *66,00*

Einfache und schräge Abzweiger sowie Bogenstücke werden wie gerade Rohre unter 1 m Länge berechnet.

Gainzen je 100 kg .... S 75,00 Putzrohre je 100 kg ...... S 95,00

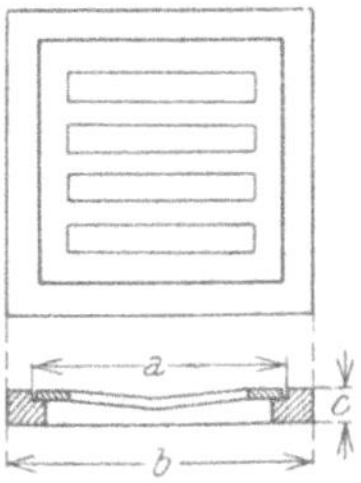

Abb. 1. Kanalgitter

Kanalgitter mit und ohne Rahmen (Abb. 1)

Abmessungen a	b	c	Gewicht je Stück kg
mm			
200	245	40	10
290	320	45	17
370	400	48	28
450	505	50	58
500	560	55	78

Preis je 100 kg *S 63,00* bis *75,00*

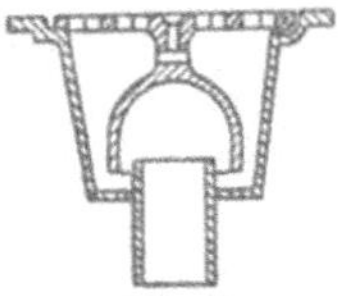

Abb. 2 Kanalverschluß

Kanalverschlüsse (Regenkästen), quadratischer Querschnitt (Abb. 2).

Seitenlänge des Deckels in mm: 140 160 190 225 285 340

„ der oberen Öffnung „ „ 100 120 150 200 250 300

Preis je 100 kg *S 95,00*

Straßenkanalrahmen mit Scharnieren (Abb. 3)

leichtere Gattung

470 mm² i. L., 170 mm hoch, Gewicht rund 130 kg
550 „ „ „ 170 „ , „ „ 160 „
600 „ „ „ 170 „ „ „ „ 172 „

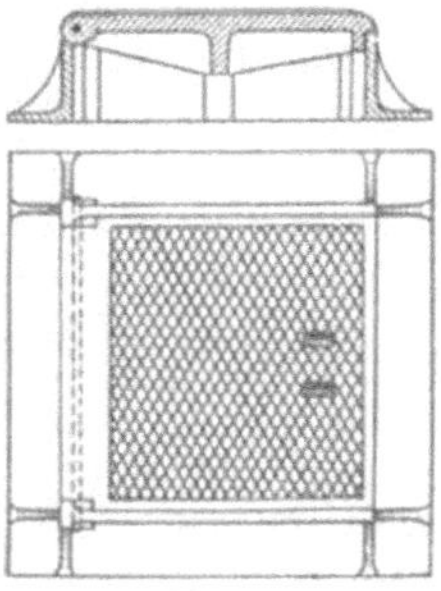

Abb. 3 Straßenkanalrahmen mit Scharnieren

Abb. 3 Straßenkanalrahmen mit Scharnieren

sehr schwere Gattung

470 mm² i. L., 210 mm hoch, Gewicht rund 192 kg
550 „ „ „ 210 „ „ „ „ 210 „
600 „ „ „ 210 „ „ „ „ 300 „

Preis je 100 kg *S 58,00* bis *63,00*

Einsteigschachte mit Rahmen und vollem, gerieftem Deckel:

500 × 500 mm i. L., 200 mm hoch, Gewicht rund 110 kg
600 × 600 „ „ „ 200 „ „ „ „ 145 „

Preis je 100 kg *S 60,00* bis *75,00*

Holzeinwurfrahmen mit vollem, gerieftem Deckel:

Lichtgröße	525 × 315	475 × 475	500 × 500	950 × 325 mm
Preis je Stück	S 42,00	50,00	60,00	135,00

Schachtdeckel: a) regensicher, mit übergreifendem Deckel, auch mit innerem Blechdeckel und versperrbar lieferbar (Abb. 4).

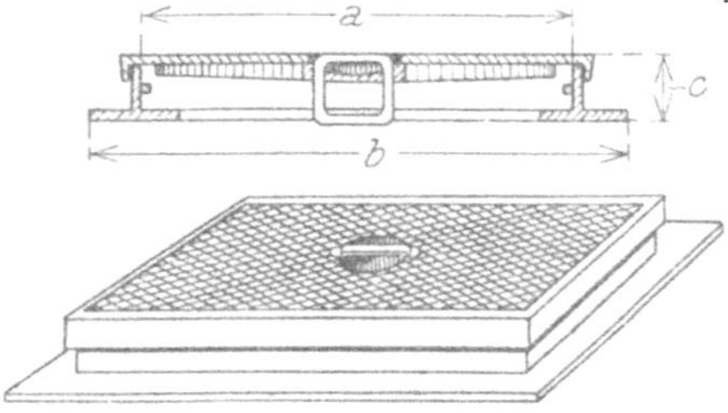

Abb. 4. Brunnenschachtdeckel

Abmessungen in mm			Gewicht rund kg	Preis je 100 kg S
a	*b*	*c*		
350 × 500	470 × 620	65	30	85,00
400 × 600	540 × 730	65	45	85,00

Für Verschlußvorrichtung je Stück . S 4,00
Schlüssel hierzu je Stück .... „ 1,00
Für separaten inneren Blechdeckel
Aufschlag je Stück .... „ 6,00

b) Quellen- oder Brunnenschachtdeckel, rund, regensicher, einschließlich Verschlußvorrichtung (Abb. 5). Preis je 100 kg *S 105,00*

Abmessungen in mm			Gewicht rund kg
a	*b*	*c*	
500	650	130	50
600	750	130	60

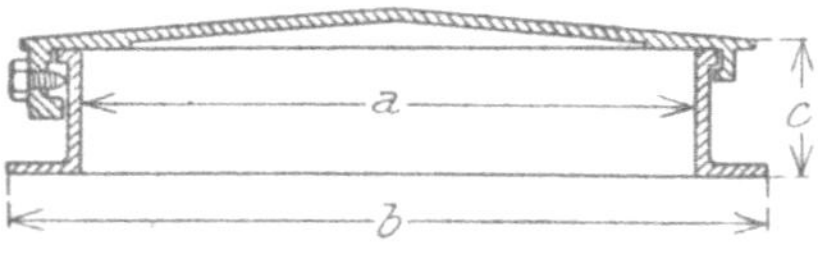

Abb. 5. Brunnenschachtdeckel

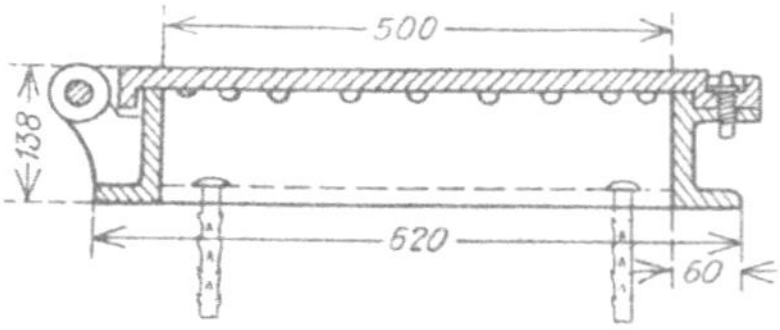

Abb. 6. Schachtdeckel mit Scharnieren und Messingschrauben

c) regensicher, rund, mit Scharnieren und Entlüftungslöchern, samt Messingschraube zur Verschlußvorrichtung, inklusive vier Steinschrauben (Abb. 6).

Gewicht rund 75 kg. Preis je Stück *S 90,00.*

Pissoirverschlüsse (Abb. 7):

aus Messing, je Stück........... S 10,00 bis 22,00
„ Gußeisen, „ „ .... „ 2,50 „ 7,50

Straßenkanalgitter mit geradem oder gebogenem Deckel (Abb. 8):

Fläche im Lichten in cm^2	300	400	475	550	600
Gewicht je Stück in kg für leichtere Gattung	68	75	124	145	163
Gewicht je Stück in kg für schwere „	100	112	183	206	300

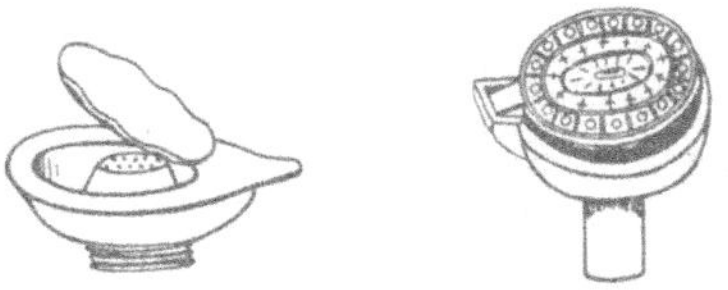

Abb. 7. Pissoirverschlüsse

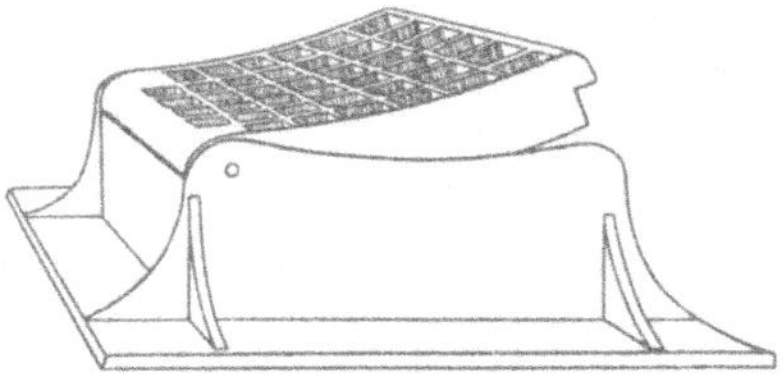

Abb. 8. Straßenkanalgitter

Preis je 100 kg *S 58,00* bis *63,00*

Benzinabscheider (Benzinfang) für Autogaragen, chemische Betriebe usw.

Wirkungsweise. Das Gebrauchswasser gelangt (Abb. 9) durch einen Einlauftrichter *E* in das Bogenrohr *B*, das in den Klärraum einmündet. In diesem vergrößerten Raum gelangt es in eine Ruhelage, wodurch sämtliche spezifisch leichteren Stoffe, wie Benzin, Öl, Fett usw., nach oben ausgeschieden werden. Oben im Klärraum ist ein Auffangkorb *A*, durch dessen Schlitze Benzin und andere spezifisch leichtere Stoffe einfließen.

Im Klärraum unterhalb des Einlaufrohres ist ein Schlemmkasten angebracht, in dem sich die Schmutz- und Sinkstoffe ablagern und leicht entfernt werden können.

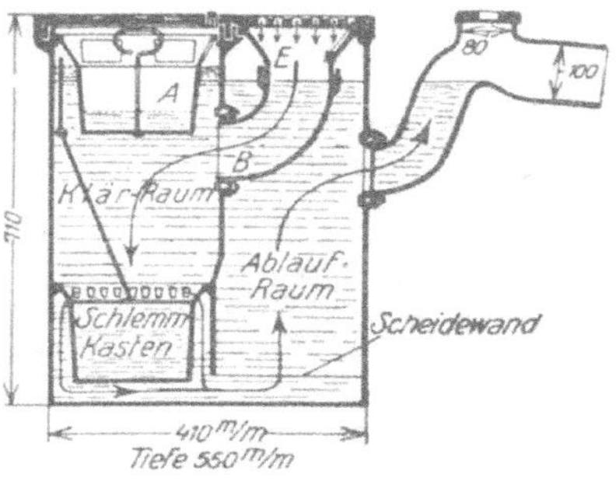

Abb. 9. Benzinabscheider

Die fast in gänzlicher Ruhe befindliche Wassersäule fördert die Absonderung der Fremdstoffe sowie die Abkühlung des Wassers. Das gereinigte Wasser passiert die im Schlemmkasten befindlichen Schlitze und gelangt unter der Scheidewand in den Ablaufraum und von dort durch das Siphonrohr zum Kanal.

Preise in Schilling je Stück:

Runde Form, rund 125 kg, S 190,— (Waagner-Biró A. G., Wallner und Neubert und Dabeg-Maschinenfabrik), rechteckige Form, rund 175 kg, S 250,— (Waagner-Biró A. G.).

Ausführung Limann-Oka, Marke Argus und Patent Dabeg.

Post	für Stände	**mit** Rosteinlauf	mit seitlichen Zuflußstutzen **ohne** Rosteinlauf	für **frostfreien** Einlauf	**Vorsenken**[1] für **frostfreien** Einbau	Anmerkung
1	einzeln	390	—	—	—	[1]) Gehäuse, Aufsatz, Rost und Eimer
2	1—3	570	580	770	135	
3	4—6	695	690	885	135	
4	4—12	1095	1090	1280	170	

Einlaufkasten innerhalb der Garage je Stück S 48,—.

Hahnkappen (Abb. 10a bis e)

Abbildung		a				b			c	d	e	
Abmessungen in mm	*a*	225	260	284	348	180	135	185	190	115	120	180
	a'	150	188	207	282	—	—	—	—	—	—	—
	b	300	324	348	408	250	200	260	275	150	170	265
	b'	220	252	271	342	—	—	—	—	—	—	—
	c	150	128	142	138	160	235	275	200	155	185	280
Gewicht rund kg		5	6	9	10	12	6	14	13,5	4,5	6	11,5

Preis je 100 kg *S 95,00*

Schutzständer für Dachrinnenablaufrohre (Abb. 11)

D	*L*	Gewicht ohne Auslaufstutzen	Gewicht mit Auslaufstutzen	Gewicht für je weitere 100 mm
mm		rund kg		
70		11	12,5	0,8
100		27	29,5	2,0
120		32	37	2,6
140	1000	38	44	3,0
160		43	51,5	3,5
170		45	54,5	3,8
220		65	80	5,0

Preis je 100 kg rund *S 75,00*

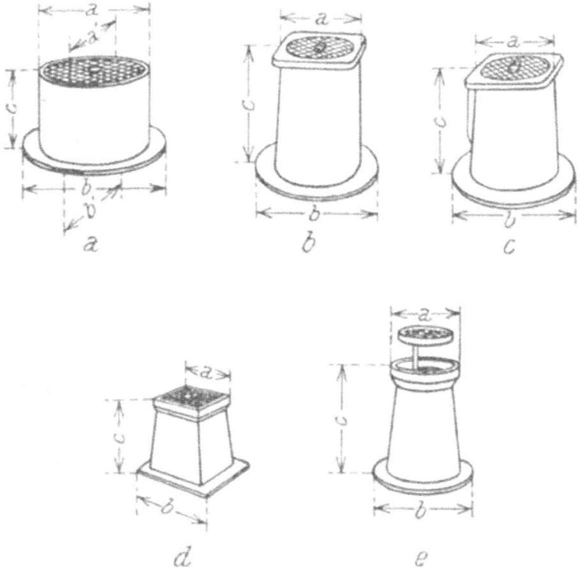

Abb. 10. Hahnkappen

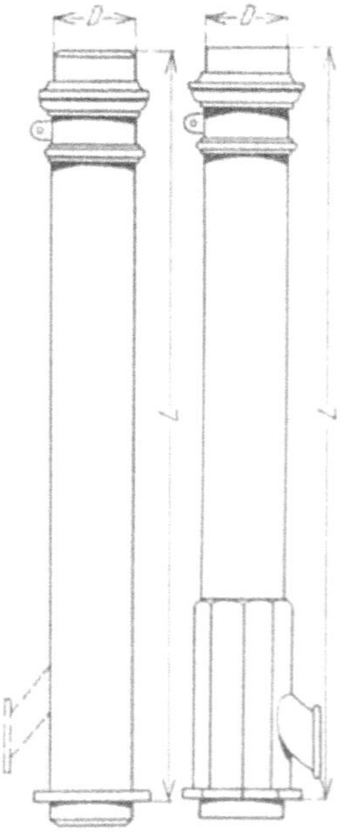

Abb. 11. Schutzständer

Jauchenrinne für Ställe, mit durchbrochenem Deckel:

a) 65 mm tief je m .... S 18,00
b) 110 ,, ,, ,, ,, ... ,, 30,00

Hierzu: **Kniestücke,** je Stück ad a) S 7,20, ad b) S 12,00
T-Stücke ,, ,, ,, a) ,, 9,00, ,, b) ,, 18,00
Kreuzstücke ,, ,, ,, a) ,, 12,00, ,, b) ,, 24,00
Ablauftöpfe mit pneumatischem Verschluß und zwei Einmündungsstellen der Rinnenenden, je Stück ad a) S 22,00, ad b) S 40,00.

Jauchenabzug für Laufställe (Boxes), mit einem Auslauftopf von vier Einströmungsöffnungen, in den je eine 1 m lange Gitterrinne mündet, der Topf mit Deckel, je Garnitur .... S 170,00

Kanalgitter für Stallungen mit einfachem Siphonabschluß, der bei Verstopfung durch Mist, Staub oder Sand leicht zu reinigen ist, je Stück:

	ohne	mit 1 Rinnlöchern	mit 2	mit 3
250 mm im Geviert groß,	S 25,00	28,00	31,00	32,00
400 ,, ,, ,, ,,	,, 44,00	46,00	48,00	50,00

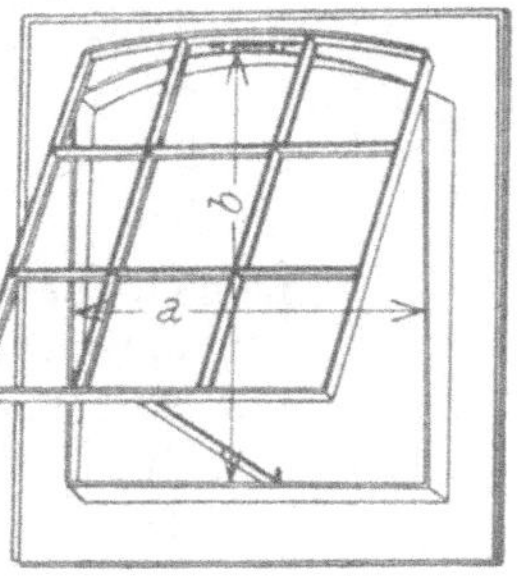

Abb. 12. Dachbodenfenster

Dachbodenfenster aus Gußeisen für Schieferstein- und Ziegeldächer mit Flachrahmen und Aufspreizstange, je nach Größe (Abb. 12), je Stück:

Lichte Weite a) mm	190	270	370	450	485	425	600
,, Höhe b) ,,	260	555	460	550	620	700	750
Preis in S	18,00	25,00	28,00	32,00	42,00	48,00	55,00

Fenster für Stallräume, samt Zugvorrichtung zum Öffnen und Schließen,
je Stück 0,35 × 0,65 m .... S 30,00
,, ,, 0,40 × 0,70 ,, ... ,, 35,00

Säulen mit glattem Fuß und Kopf per 100 kg .... S 80,00
Tragsäulen mit Fuß und Balkenkapital, roh, je 100 kg .... ,, 85,00
,, ,, ,, ,, ,, appretiert, je 100 kg .... ,, 90,00
,, ,, ,, Ornamentverzierung, je 100 kg............. ,, 105,00
Standsäulen für Gitter, je 100 kg.................................. ,, 120,00
,, ,, ,, modelliert und reich verziert, je 100 kg ... ,, 185,00

Säulenfüße oder -schuhe mit angegossenen Fundamentplatten (gebräuchlich bei Holzsäulen), je 100 kg.................................. ,, 85,00

Ansatzschuhe der Fußschuhe mit horizontaler Platte und schrägstehendem Einsatzkasten (für Dachbinder, Hänge- und Sprengwerke und Eisendächer), je 100 kg .... ,, 90,00

Bausäulen aus nahtlos gewalzten Mannesmann-Stahlrohren (S. 40). Je nach Stückzahl und Rohrdurchmesser, einschließlich Armatur, je kg: Kč 3,0 bis 4,0.

Stabil Eckschutzleisten (Allmendinger, Karlsruhe i. B.) werden so in den Verputz eingebettet, daß nur ein schmaler Metallstreifen in der Wandflucht sichtbar bleibt. Festhalten erfolgt ohne besondere Halter laut Abb. 13. Preis je Lfm. RM 0,80.

Dielenschutzeisen (Allmendinger, Karlsruhe i. B.) gegen Zerreißen und Verziehen des Holzes, Abb. 14. Preis je 100 Stück RM 10,5.

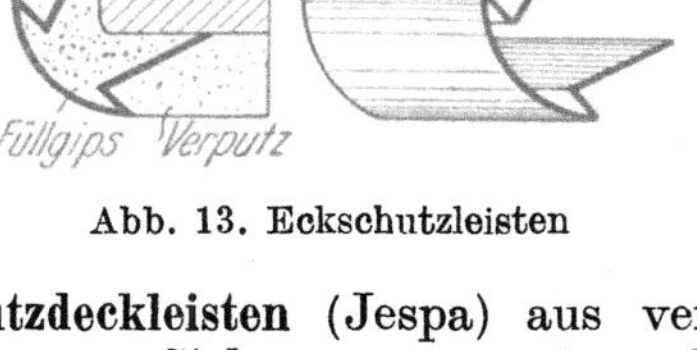

Abb. 13. Eckschutzleisten

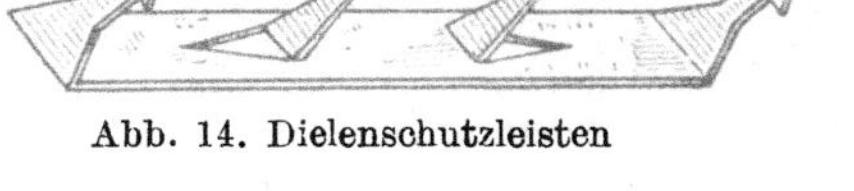
Abb. 14. Dielenschutzleisten

Putzdeckleisten (Jespa) aus verzinktem Eisenblech, mit gelochten Seitenwandungen. Sicherung vorspringender Mauerecken. Je Lfm .... S 1,35

Bauträger aus Stahl[1])

Walzträger, franko Baustelle Wien, in Fuhren von mindestens 3000 kg, ohne Abladen, **Grundpreis** je 100 kg *S 41,50.*

Hierzu kommen:

a) **Profilaufschläge** je 100 kg, und zwar für:

I Nr. 10 bis 18, 22 A, 24 A, 28 A, 35 bis 45, ⊏ Nr. 22 bis 30 .. S 0,50
I „ 6 „ 8, ⊏ Nr. 8 bis 20 .... „ 0,80
I „ 18 A .... „ 1,00
⊏ „ 6½ .... „ 3,75

b) **Längenaufschläge** je 100 kg, und zwar für:

1. Überlängen für jedes angefangene Meter über 10 m, und zwar für das Gewicht des ganzen Stabes:

I Nr. 6 bis 16, ⊏ Nr. 18 bis 30 S 0,35 I Nr. 32 bis 45............... S 0,50
I „ 18 „ 30............... „ 0,30 ⊏ „ 6 „ 16............... „ 0,45

2. Unterlängen, das sind Längen unter 2 bis 0,25 m,

von unter m	2 bis 1	1 bis 0,5	0,5 bis 0,25
S	0,35	0,50	0,70

3. Fixe Längen, je 1 Stück, geschnitten mit:

	plus 25 mm Toleranz	plus 10 mm Toleranz
Profil 18	S 0,30	0,35
„ 20 bis 30	„ 0,35	0,50
„ 32 „ 45	„ 0,50	0,80

c) **Aufschlag für das Schneiden,** vorbehaltlich einer Längentoleranz von 100 mm, *S 2,00* je 100 kg.

Die Aufschläge a), b), c) können für überschlägige Berechnungen gegenwärtig mit etwa 5% des Grundpreises angenommen werden.

d) **Steglöcher** je Loch: Profil Nr.	6 bis 18	20 bis 32	35 bis 50
S	0,50	0,65	0,75

Flanschenlöcher um 100% teurer.

e) **Biegen von Trägern und ⊏ Eisen** über 50 kg Gewicht (darunter besondere Vereinbarung) und je 100 kg:

Profil:	6 bis 18	20 bis 28	28 A bis 35
nach der Flanschenrichtung, kreisförmig	S 30,00	28,00	26,00
„ „ Stegrichtung „	„ 60,00	—	—
„ „ „ an den Enden im Feuer, je Bug	„ 20,00	26,00	—

f) **Verbolzungen** (einschließlich Bohren der Löcher), je Stück:

Längen in mm bis	250,	251 bis 400,	401 bis 500,	501 bis 650,	651 bis 800
mit Gasrohren oder Kontramuttern..	S 3,50	5,00	8,00	10,00	12,00
ohne Gasrohr, ohne Kontramutter ...	„ 3,00	3,50	5,00	7,00	10,00

Genietete Träger, franko Baustelle Wien, ohne Abladen und ohne Grundanstrich, durchschnittlicher Preis je 100 kg .... S 75,00

Rundeisen:

Durchmesser mm	5 bis unter 6,	6,5 bis unter 7,	7 bis 8,	8 bis 10,	10 bis 12,	12 bis 50
Preis je 100 kg	S 51,50	47,50	44,00	43,50	43,00	41,40

---

[1]) Nach Angaben von Max Wahlberg, Wien.

Genietete Ständer. Durchschnittspreise je 100 kg in Schilling franko Baustelle in Fuhren von mindestens 3000 kg.

Profile					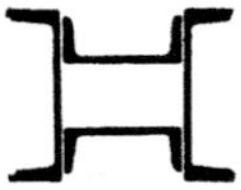
6—30	70,00—50,00	75,00—55,00	77,00—57,00	80,00—60,00	73,00—53,00

Betonrundeisen in losen Stangen bzw. in Büschen unbestimmten Gewichtes:

Durchmesser mm	5,5	6,0	7 bis 8	8 bis 10	10 bis 12	12 bis 50
Preis je 100 kg S	51,00	48,00	45,00	44,00	44,00	43,80

Rippenbleche, lagernd, in Tafeln von 1×2, $1{,}25 \times 2{,}5$, $1{,}5 \times 3$ m Größe, 6 mm stark, einschließlich Rippe, Preis je 100 kg .... S 52,00

Preise von eisernen Dächern je 100 kg und je m² Grundriß in Schilling (franko Wagen Baustelle, samt Montage und Grundanstrich)

Gegenstand, Deckung	Stützweite in Metern				Anmerkung
	10	15	20	25	
Pappe, Eternit Binder, Pfetten, Verbände..........	18,00	20,40	24,00	27,00	Einfache Sattel- oder Pultdächer, ohne Grate, Ichsen und Holme. Grundrißlängen von rund 40 m. Nicht im Preis enthalten: Abladen, Hochziehen, Gerüstung, Hilfsarbeiterbeistellung.
Glasdächer Binder, Pfetten, Sprossen, Verbände.	30,00	35,00	38,00	41,00	
Holzzementdächer Binder, Pfetten....................	20,00	24,00	28,00	30,00	

Kittlose Verglasungen (Abb. 1 und 2), bestehend aus gewalzten Sprossen samt Schweißrinnen, mit Blechkappen und Dichtungsunterlagen, First- und Traufenabdichtungen aus verzinktem Eisenblech, Befestigungsmitteln und der Verglasung aus 6 bis 7 mm starkem Drahtglas, samt Verlegen an Ort und Stelle, jedoch ohne Gerüstung, für kleinere Objekte bis etwa 100 m² abgewickelter Dachfläche, Preis je m²...................... S 32,00

Für größere Objekte, Preis je m² ,, 28,00

Für Betriebe mir säurehaltigen Gasen werden die Eberspächerschen Sprossen schlagsicher emailliert bzw. verbleit geliefert; Preiserhöhung rund 44%.

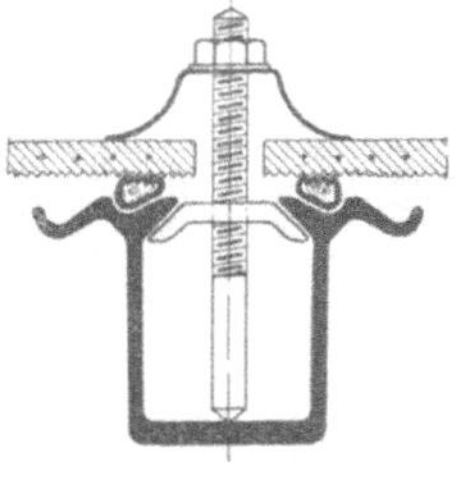

Abb. 1. Bauart Eberspächer

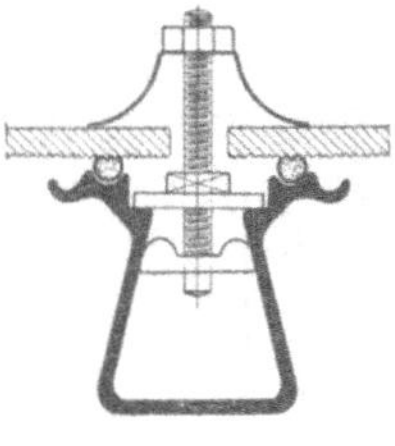

Abb. 2. Bauart Zimmermann

Geländer. Normalstraßengeländer, Ständer aus I Nr. 10, Abstand 4,0 m, 1 m hoch über Terrain, Eingrabungstiefe 0,5 m, Holm aus I Nr. 8, Preis je 1 m .... S 6,00

Preis je Endständer .... ,, 7,75

Normalgeländer für Eisenbahnbrücken, Ständer aus Winkeln 50·50·6, Abstand 2,5 m, 1,1 m über Terrain, Eingriffstiefe 0,125 m, Holm und Riegel aus Winkeln, 40·40·5, Preis je 1 m.. S 7,50

Preis je Endständer .... ,, 5,00

Eiserne Fenster, Türen, Oberlichten, Treppen

Laut Mitteilung der Wiener Brückenbau- und Eisenkonstruktions-A.-G.

Gegenstand	Abbildung	Abmessungen in m	Gewicht in kg je Stück	Gewicht in kg je m²	Preis in Schilling je 100 kg: Material und Anstrich	je 100 kg: Löhne, Regie, Gewinn	je 100 kg: Zusammen	je Stück	je m²
Flußeiserne Fenster mit Winkelrahmen und Pratzen, mit einem Kippflügel und Schnapperverschluß	1	0,90×0,64	22	38	46,20	104,00	150,20	33,00	57,00
Wie vor, jedoch **feststehend**	2	1,10×0,93	26	25	45,00	85,00	130,00	33,80	32,50
Wie Abb. 1, mit **segmentförmigem Sturz und Kippflügel**	3	1,00×1,20	36	31	47,40	107,70	155,10	55,80	48,10
Wie Abb. 3, jedoch **feststehend**		1,20×1,00	26	23	45,00	93,50	138,50	36,00	31,90
Flußeiserne Fenster mit Winkelrahmen, Pratzen, zwei Kippflügeln und Schnapperverschlüssen		1,50×3,00	120	27	44,80	101,00	145,80	175,00	39,40
Wie vor, jedoch **ohne** Flügel			103	23	44,80	86,50	131,30	135,20	30,20
Sattelförmige Oberlichte für einfache Verglasung zwischen T-Sprossen, mit verglasten Stirnwänden, samt Rollen für Drahtrahmen — Dachflächen	4	1,50×3,84[1])	84	15	45,00	28,50	73,50	61,70	11,00
— Stirnwände		1,50×0,80[2])	24[3])	40	44,80	57,50	102,30	24,60	41,00
Fußbodenlichten, begehbar, für Verglasung, mit Gußglasplatten zwischen T-Eisen, samt Winkelrahmen	5	1,07×1,50	70	44	46,20	63,80	110,00	77,00	48,40
		1,40×5,20	345	48	43,00	57,50	100,50	346,70	48,20
Einflügelige **Blech- (Boden-) Türe** samt Winkelrahmen, Pratzen, Schloß und Drücker	6	0,90×2,00	73	41	44,00	101,50	145,50	106,20	59,70
Glastür, sonst wie vor, jedoch Blechsockel, darüber T-Sprossen für Verglasung		0,90×2,00	90	50	45,00	126,00	171,00	153,90	85,50
Einflügeliges **Schiebetor,** mit glattem Blech bespannt, auf **Differentialrollen** laufend, samt Führungsschiene und Schloß	7	1,50×2,20	175	53	42,40	93,60	136,00	238,00	72,10
Zweiflügeliges **Schiebetor,** sonst wie vor		3,00×3,00	410	46	43,50	93,60	137,10	562,10	63,10
Zweiflügeliges **Schiebetor,** mit Füllung aus unverzinktem Wellblech, **Rollen auf Kugellagern** laufend	8	4,40×5,00	1140	52	56,80	124,00	180,80	2060,00	94,00
Zweiflügeliges **Schiebetor** mit Füllung aus **verzinktem** Wellblech, sonst wie vor			1180	53,50	62,40	124,00	186,40	2200,00	100,00
Gerade, **zweiarmige Treppe** mit **Rippenblechbelag** und **einseitigem Winkelgeländer, ohne Stoßbleche**	9	1,40 breit, 3,10 lang, 4,00 hoch	780	90[1])	45,00	92,80	137,80	1075,00	124,00
Wie vor, jedoch **mit Stoßblechen**			860	99[1])	47,40	112,00	159,40	1370,00	158,00
Zwei Podeste hierzu, mit Rippenblechbelag		2×1,40×3,00	550	66	44,00	51,00	95,00	522,50	62,70

Anmerkung

[1]) Im Grundriß gemessen. [2]) Breite×Höhe. [3]) Gewicht **einer** Stirnwand.

Die angegebenen Preise gelten in Schilling für einmal **grundierte** Ware ab Werkstätte, **also ohne** Versetzen an der Baustelle bzw. **ohne** Montierung, unter **Zugrundelegung** eines Stabeisenpreises von *S 40,00* je **100 kg** sowie eines **Schlossergehilfenlohnes** von *S 1,20* je **Arbeitsstunde.** Der der Lohnsumme zuzuschlagende **Regiebeitrag** variiert sehr nach der Art des Betriebes, dessen Standort und des jeweiligen Beschäftigungsstandes. Im vorliegenden Falle wurde der Einfachheit wegen ein **Zuschlag** von 200% auf die Lohnsumme nebst einem 10%igen Unternehmergewinn in Rechnung gestellt.

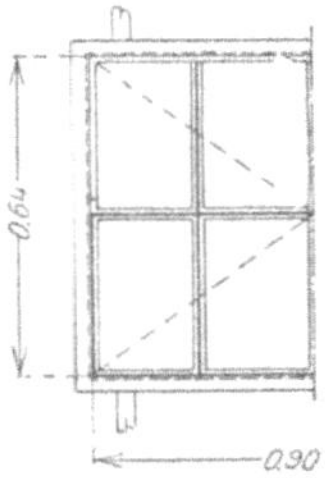

Abb. 1
Eisernes Fenster

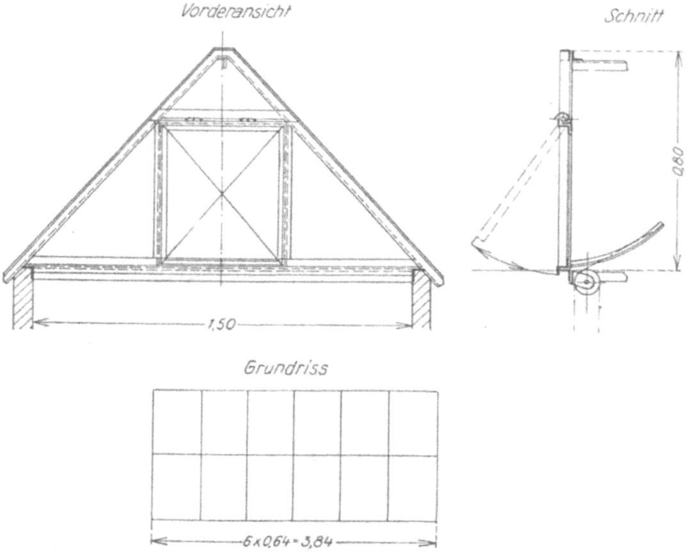

Abb. 4. Sattelförmige Oberlichte

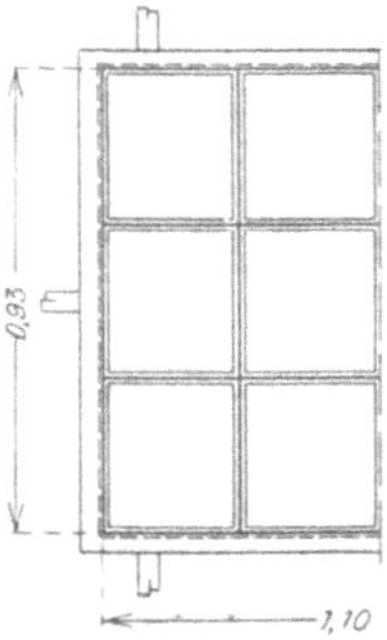

Abb. 2
Eisernes Fenster

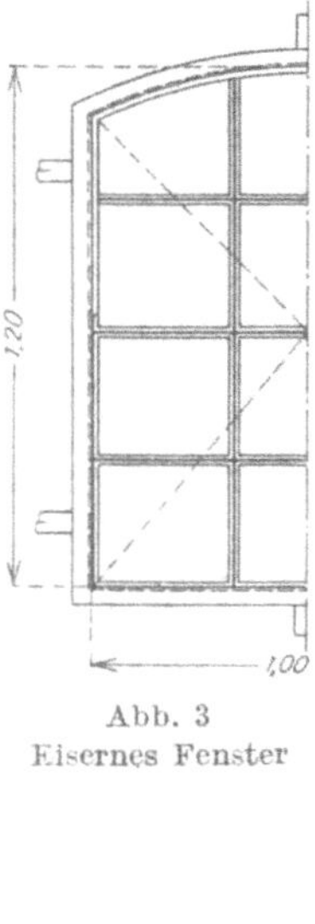

Abb. 3
Eisernes Fenster

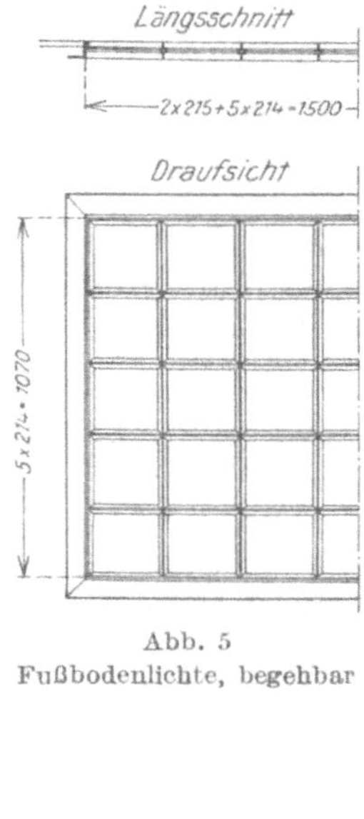

Abb. 5
Fußbodenlichte, begehbar

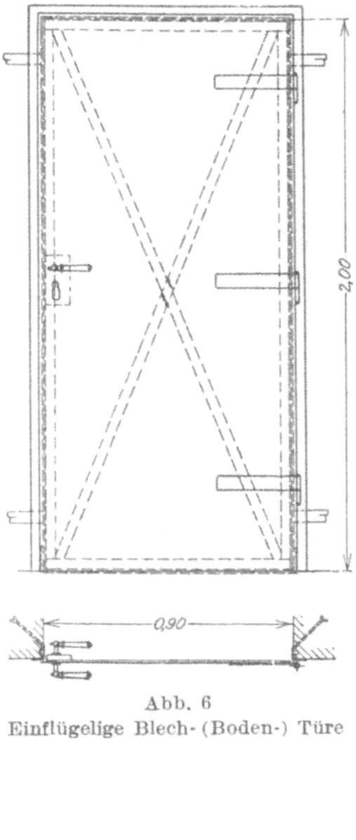

Abb. 6
Einflügelige Blech- (Boden-) Türe

Schiebetore

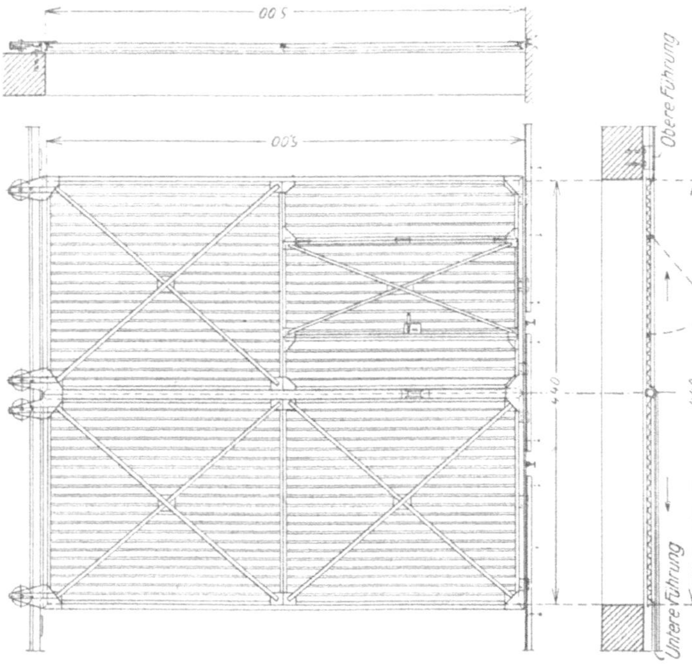

Abb. 8
Zweiflügelig, Rollen auf Kugellagern laufend

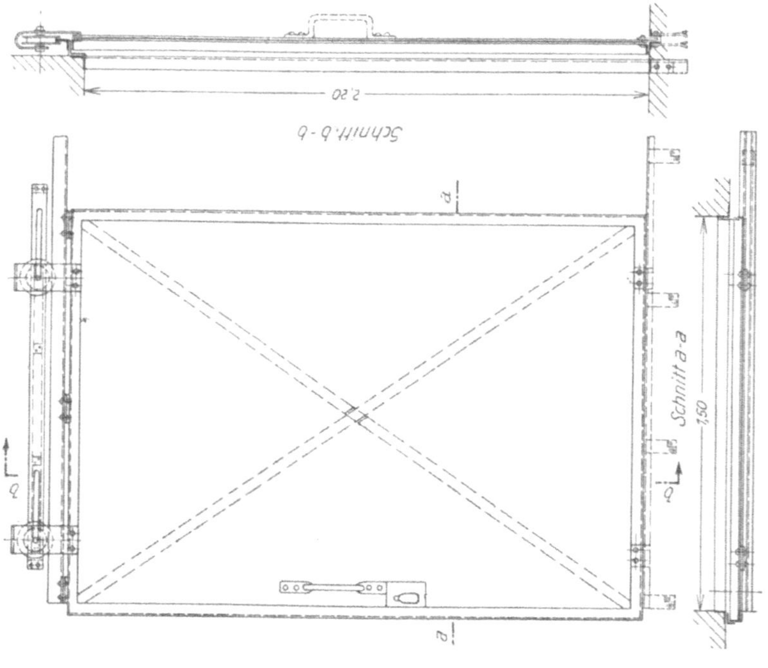

Abb. 7
Einflügelig, auf Differentialrollen laufend

Eiserne Treppen

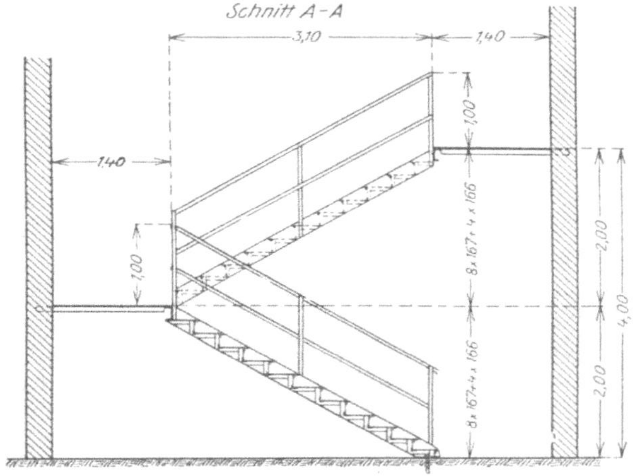

Abb. 9
Gerade, zweiarmige Treppe mit Rippenblechbelag

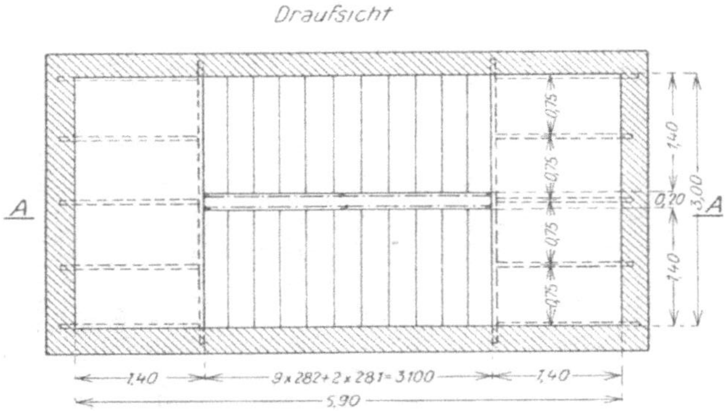

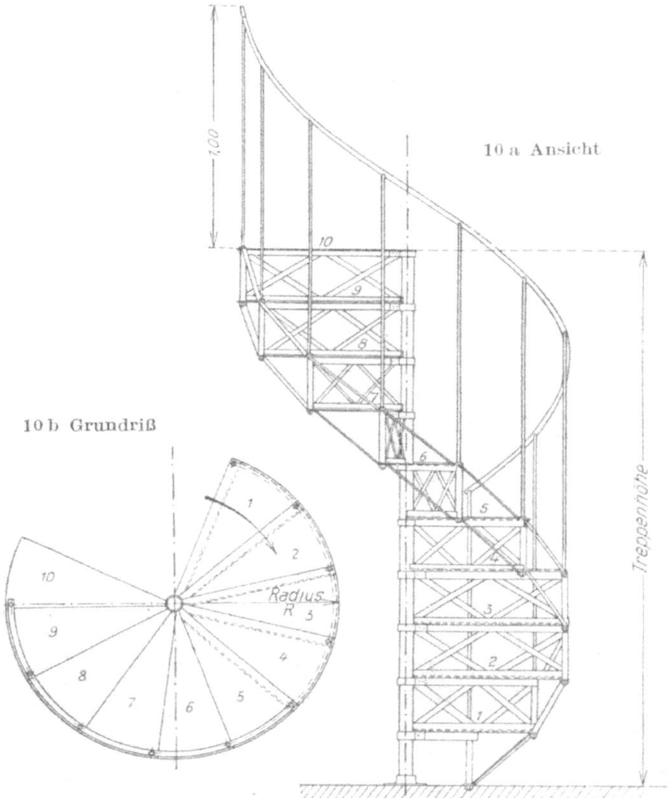

Abb. 10. Wendeltreppe

Wendeltreppen (Abb. 10a und b) **ganz aus Flußeisen,** Trittflächen aus geripptem Blech, Stoßflächen mit Flacheisen vergittert, Spindel aus Gasrohr, Geländer aus Rundeisen mit einem Drittel-Rundeisen als Handleiste.

Radius *R* in	m	0,65	0,70	0,75	0,80	0,85	0,90	1,00
Gewicht der Stufe	kg	13	14	15	16	17	18	20
Preis „ „	S	25,40	27,40	29,40	31,20	33,10	35,20	39,10
Gewicht der Austrittsplatte ...	kg	35	38	40	43	46	48	52
Preis „ „ ...	S	68,30	74,30	78,20	84,00	89,90	93,80	101,70

Anmerkung: Kalkulationsgrundlage je 100 kg in Schilling:

Material und Anstrich *S 51,20*, Löhne, Regie und Gewinn *S 144,30*, also zusammen *S 195,50.*

Geländer und Gitter

Stiegengeländer (Abb. 11) mit unterer Laufschiene, ohne Holzhandleiste, samt allem Kleinmaterial, 18 kg je Lfm, Preis je 100 kg *S 355,00*, reicher verziert (22 kg je Lfm) je 100 kg *S 470,00.*

Stiegengeländer wie vor, jedoch als **Aufzugsgeländer** mit Drahtgeflecht versehen, 60 kg je Lfm, Preis je 100 kg *S 485,00.*

Aufzugtüre, an das Stiegengeländer angearbeitet, samt allem Kleinmaterial, je Stück (180 kg) *S 246,00.*

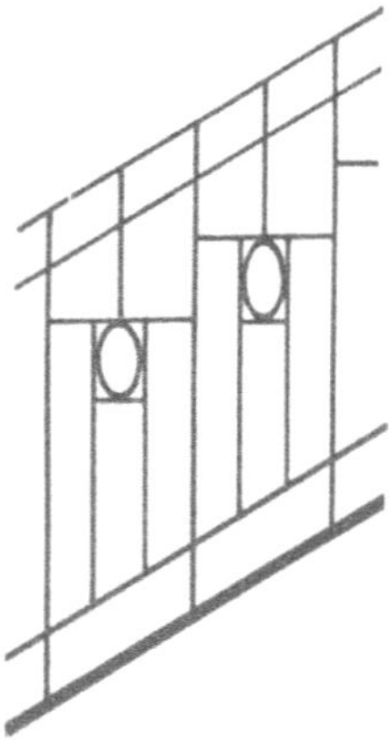

Abb. 11
Stiegengeländer

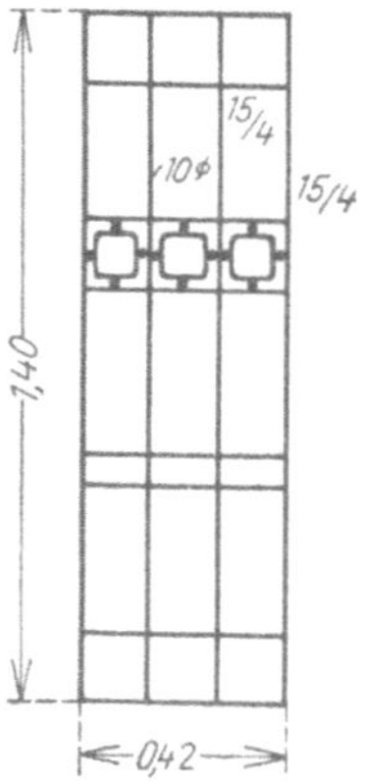

Abb. 12
Türfüllungsgitter

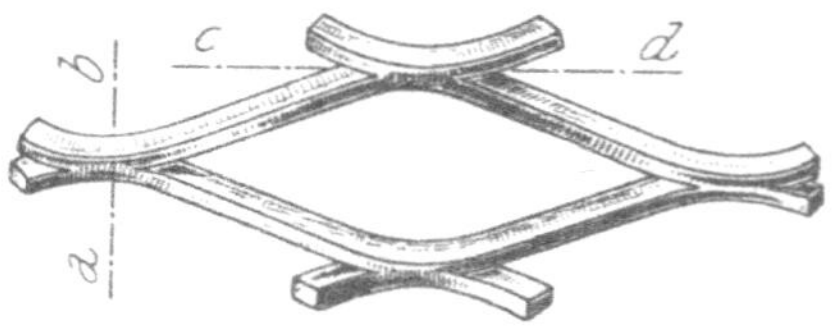

Abb. 13
Streckmetall (Raute)

Balkongitter aus Schmiedeeisen, leicht verziert, samt allem Kleinmaterial, 28 kg je Lfm, Preis je 100 kg *S 438,00.*

Fenstergitter aus Schmiedeeisen, leicht verziert, 2,0 × 1,0 m, je Stück (26 kg) *S 58,00.*

Türfüllungsgitter (Abb. 12), wie vor, 1,4 × 0,42 m, je Stück (7 kg) *S 39,00.*

Tabelle über Streckmetall (Tragnetzblech)

(Waagner-Biro A. G., Wien)

Nummer des Tragnetzbleches	Breite der Maschen in mm	Höhe der Maschen in mm	Litzenstärke in mm	Gewicht in kg/m²	Auf einen Streifen von 1 m Breite entfallender Eisenquerschnitt f_e in cm²	Maximale Länge in m	Preise je m² für rechteckige Flächen in Fabrikationsdimensionen Schilling	Wird vorzugsweise verwendet für
1	42	10	2,0×0,6	1,90	—	1,6	3,10	Verkleidung von Säulen, Trägern und solchen Konstruktionen, die feuersicher umhüllt werden sollen. Stukkatur-(Einlage-)Netzblech für Decken und Wände. Einlage für freistehende Betonwände
2	42	10	2,5×1,25	3,94	—	2,8	5,50	Besonders widerstandsfähig für möglichst einbruchsichere Wände
3	63	20	2,5×1,0	1,76	—	3,8	2,90	Für Gartenzäune, Schutzgitter usw.
4	63	20	2,5×1,5	3,00	—	3,8	3,60	
8	205	75	6,0×3,0	3,75	4,80	6,0	3,40	**Bewehrungen in Betonbalken und Decken**[1]
9	205	75	4,5×3,0	2,97	3,60	8,0	2,80	
10	205	75	6,0×4,5	6,25	7,20	6,0	4,60	
11	205	75	4,5×4,5	5,00	5,40	8,0	3,70	
12	400	150	6,0×3,0	2,04	2,40	11,8	2,10	Hürden für Rinder, Pferdeausläufe usw.
13	400	150	6,0×4,5	3,12	3,60	11,8	2,70	
14	400	150	4,5×3,0	1,45	1,80	15,8	1,70	
15	205	75	3,0×3,0	2,05	2,40	11,8	2,10	**Bewehrungen in Betonbalken und Decken**[1]
17	42	10	2,5×1,5	5,16	—	2,8	6,30	Besonders widerstandsfähig für möglichst einbruchsichere Wände
20	63	20	3,0×3,0	7,00	—	3,1	6,20	Für Gartenzäune, Schutzgitter usw.
21	120	40	4,5×3,0	6,38	—	4,2	4,50	
24	120	40	3,0×3,0	4,07	—	6,3	3,40	

[1]) Die Zugbewehrung darf unter Annahme einer zulässigen Inanspruchnahme von $\sigma_e = 1700$ kg/cm² berechnet werden. (Siehe auch Seite 232.)

Die angegebenen Gewichte sind approximativ und dienen nur als Anhaltspunkte für die Frachtberechnung.

Die größte Breite der Tragnetzbleche beträgt 2,40 m, die Länge ist durch die Fabrikationsbreiten der Bleche begrenzt.

Die Tragnetzbleche mit 10 mm Maschenhöhe werden nur in Längen bis zu 80 cm erzeugt.

Bei Bestellungen ist die Länge des Tragnetzbleches in der Richtung *a—b*, die Breite in der Richtung *c—d* anzugeben (siehe Abb. 13).

Spundwandeisen Bauart **„Larssen“**

Profil	δ mm	h mm	Gewicht der Spundwand je m² in kg	Gewicht des Spundwandeisens je m in kg	Widerstandsmoment der Spundwand je m in cm³
Ia	7	65	82	33	380
I	8	75	96	38	500
II	10,5	100	122	49	849
III	14,5	123,5	155	62	1363
IV	15,5	155	187	75	2037
V	22	172	238	100	2962

Festigkeit des Materials in kg/mm²:	37 bis 44	45 bis 52	50 bis 60	48 bis 58
Dehnung „ „ „ %	22	20	18	18
ab Dortmunder Werk je 1000 kg RM:	190	195	205	205

Bei Lieferung in rostbeständigerem Kupferstahl tritt eine Erhöhung um RM *10,00* je 1000 kg ein.

Eckausbildung für beliebige Winkel α möglich nach Abb. 2.

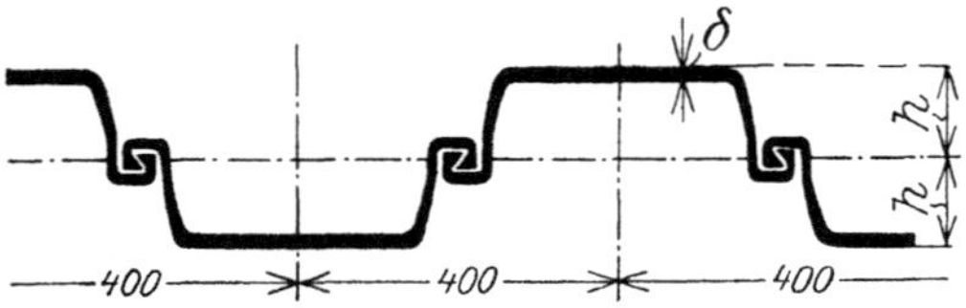

Abb. 1

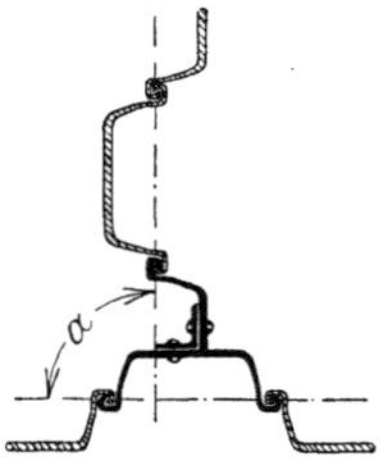

Abb. 2

Eisen-Spundwand Hoesch, etwas abweichende Konstruktion. ⌉_-förmiges Profil.

D. K. G.- und Wema-Ankerschienen

Sie werden bei der Ausführung der Eisenbetonkonstruktion in Balken, Unterzügen, Stützen sowie Deckenplatten mit einbetoniert und dienen später zur

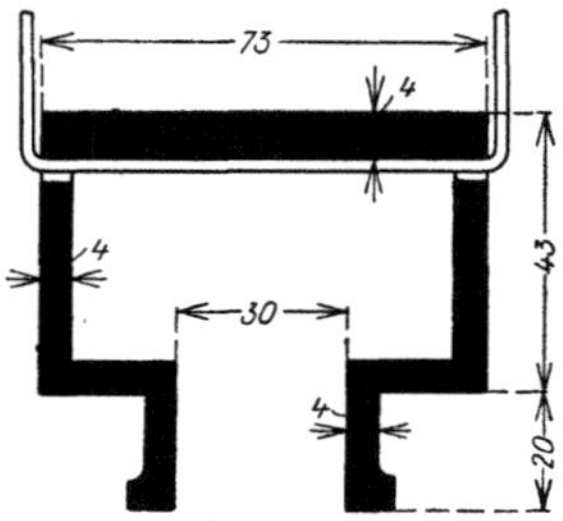

Abb. 1

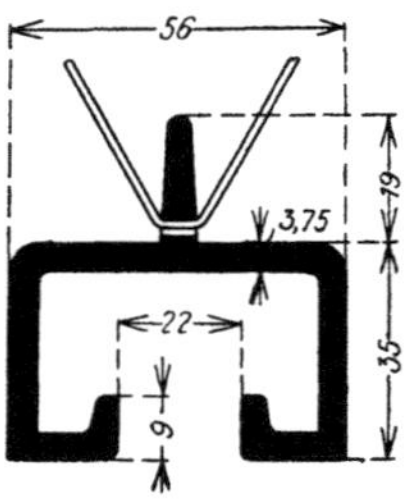

Abb. 2

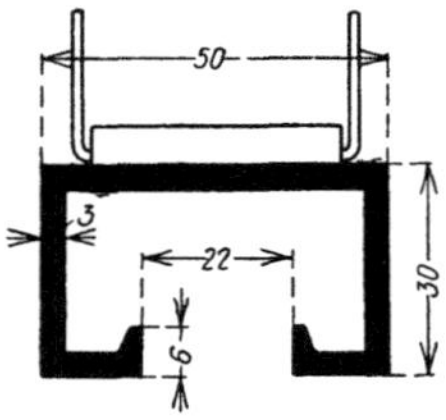

Abb. 3

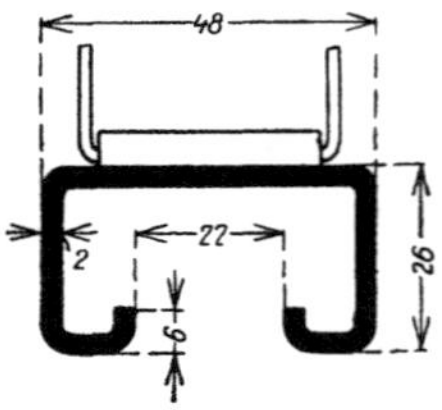

Abb. 4

mühelosen Befestigung und Anbringung von Transmissionen, Rohrleitungen usw. (Abb. 1 bis 7).

Es ist vorteilhaft, die Ankerschienen von Auflager zu Auflager durchzuführen und können dann laut Bestimmung des Deutschen Ausschusses für Eisenbeton vom September 1925 und der österreichischen Bestimmungen für Eisenbeton

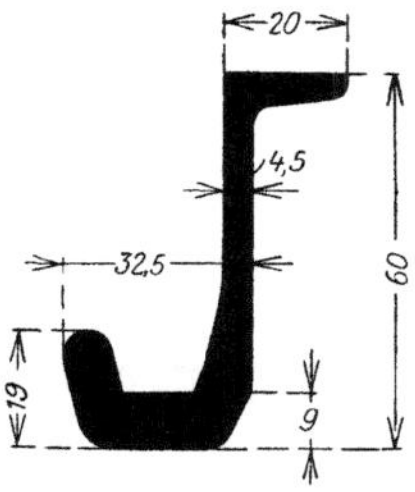

Abb. 5

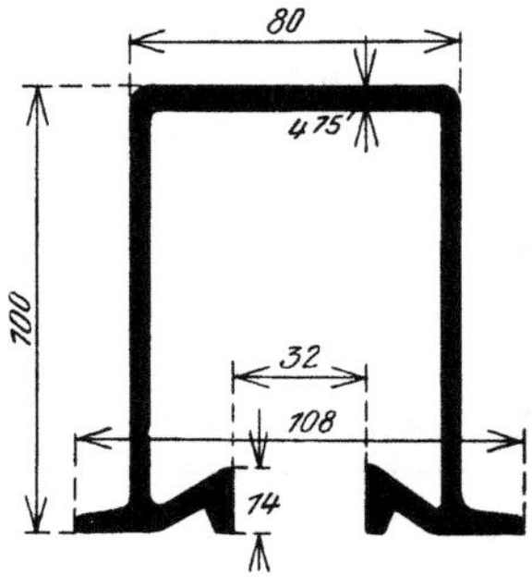

Abb. 6

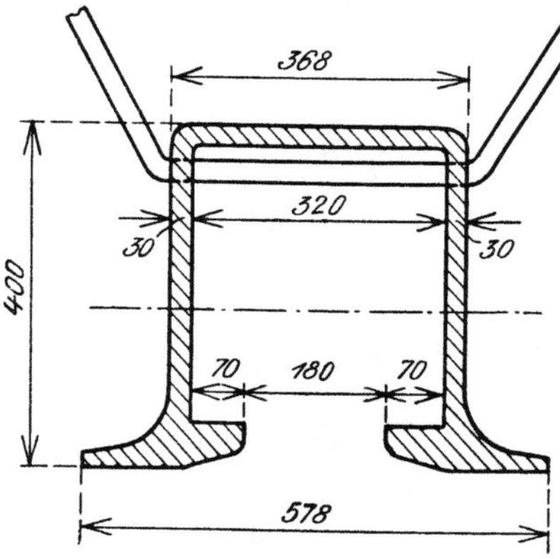

Abb. 7

vom September 1927 Ankerschienen zur Befestigung von Transmissionen bis zu 50% ihres Gesamtquerschnittes als Armierungseisen in Rechnung gestellt werden (§ 18, Abs. 3).

Abb.	Profil[1])	Gesamtquerschnitt cm^2	Nettoquerschnitt cm^2	Gewicht kg/Lfm	Trägheitsmoment J_{min} cm^4	Widerstandsmoment W_{min} cm^3	Umfang cm	Verankerbügel mm	Befestigungsbolzen engl. Zoll	Tragfähigkeit in kg/Lfm	Richtpreise je Lfm
1	Bauerschiene	9,20	8,80	7,75	36,60	15,30	—	2/20 bis 3,5/20	5/8—1 1/8	8000	S 17,50 (Lager Wien)
2	Große Jordahlschiene	6,75	6,50	5,45	14,60	4,51	—		5/8—3/4	6000	„ 12,50
3	Kleine Jordahlschiene.....	4,00	3,75	3,30	5,05	3,03	—	1,5/20	1/2—3/4	4500	„ 8,00
4	Leichte Jordahlschiene....	2,46	—	2,00	2,50	1,70	—	1,5/20	1/2—3/4	2000	„ 5,75
5	L-Schiene, Prof. 6.........	6,46	—	5,40	25,14	6,75	21,50	ϕ Eisen	3/4	—	„ 8,00
6	Transmissionsträger	16,30	—	13,00	240,00	48,00	—	—	1/2—1 1/4	—	„ 18,75
7	Wema-Ankerschiene	4,60	4,10	3,70	8,50	3,90	—	ϕ Eisen	5/8	—	RM 4,10

[1]) Profil 1 bis 6: Deutsche Kahneisen G. m. b. H. (A. H. Frankl u. Söhne, Wien), Profil 7: J. Eberspächer, Eßlingen a. N.

Abb. 8

Abb. 9

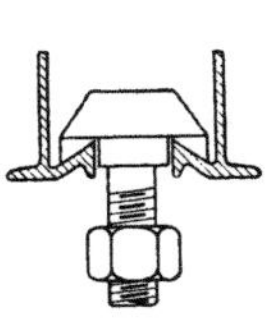

Abb. 10.

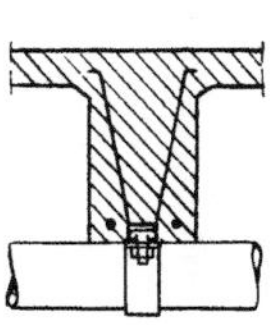

Abb. 11.

Die zu den einzelnen Profilen passenden Bolzen sind so konstruiert, daß, nachdem dieselben durch die Schlitze der Schienen eingeführt sind, ein Verdrehen und damit Herausfallen der Bolzen unmöglich ist (Abb. 8 bis 10). Ein Verschieben der Bolzen in der ganzen Schienenlänge kann jedoch bequem erfolgen. Hierdurch entfällt die Sorge der vorherigen Bestimmung der einzelnen Befestigungspunkte. Später kann auch ohne besondere Unkosten und Betriebstillegungen eine Umstellung bzw. Neueinschaltung von Maschinen vorgenommen werden.

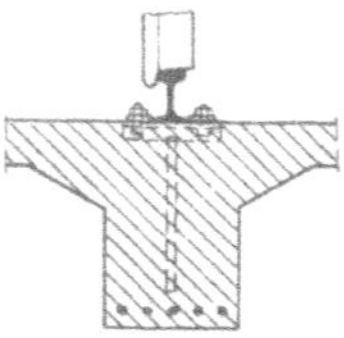

Abb. 12

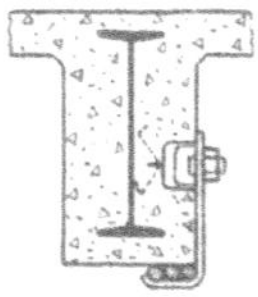

Abb. 13

Sonstige Anwendungsgebiete. Befestigung von Rohrleitungen (Abb. 11), Kranbahnschienen (Abb. 12), Kabel (Abb. 13), Verankerung von Maschinen in Betonkörpern usw. Walzlängen bis 15 m.

Schornsteinaufsätze, Bauart John

Aus Eisenblech, im Vollbade rostsicher verzinkt.

Tabelle für gangbarste Ausführungen (Qualität II)

Maße in cm	Preis je Stück in S			Abb. 3	
	Abb. 1[1])	Abb. 2[1])	Verlängerungsrohr zu Abb. 1[1]) je 1 m	Maße in cm	Preis in S
8	—	8,00	9,00	13×18	32,00
10	18,00	9,00	12,00	13×20	35,00
12	19,00	12,00	13,00	13×23	36,00
14	23,00	16,00	17,00	13×26	41,00
15	—	18,00	—	13×29	42,00
16	29,00	19,00	19,00	16×20	36,00
18	35,00	23,00	21,00	16×23	41,00
20	39,00	27,00	24,00	16×26	42,00
21	—	30,00	—	16×29	45,00
22	43,00	31,00	26,00	19×23	45,00
24	46,00	33,00	33,00	19×26	47,00
26	50,00	36,00	36,00	19×29	49,00
28	54,00	40,00	38,00	22×26	49,00
30	60,00	45,00	45,00	22×29	53,00
35	102,00	54,00	65,00	—	—
40	116,00	95,00	73,00	—	—
45	127,00	110,00	80,00	—	—
50	155,00	122,00	90,00	—	—

Anmerkung

Abb. 1. Quadratischer Stutzen mit Auflagerand für gemauerte, quadratische Schornsteine.

Abb. 2. Kreisrunder Stutzen ohne Auflagerand für gemauerte Schornsteine, Blech- oder Tonrohre.

Abb. 3. Rechteckiger Stutzen mit Auflagerand für gemauerte, rechteckige Schornsteine.

Abb. 4. Für quadratischen bzw. runden Querschnitt von 1,10 bis 3,00 m (für Malzdarren). Preis über Anfrage.

[1]) Preis für Größen von 60 bis 100 cm über Anfrage.

Mehrpreis für Reinigungstür für Verlängerungsrohre S 3,00.

Qualität I. Preis um 35% höher; geeignet bei schwefelhaltiger Kohle, Koks oder Gas.

Qualität III. Preis um etwa 15% niedriger; geringe Blechstärke. Erzeugt nur in Größen von 14 bis 50 cm.

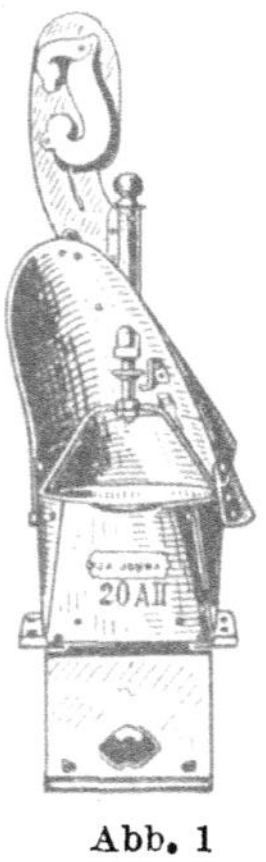

Abb. 1

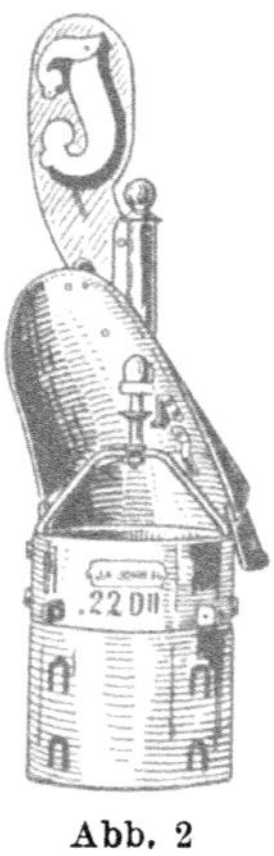

Abb. 2

Abb. 3

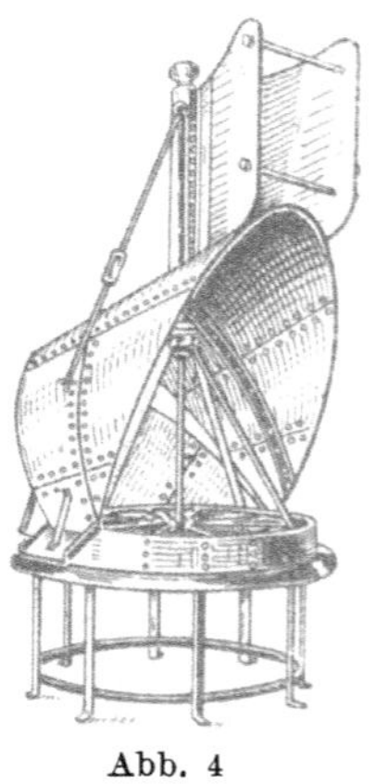

Abb. 4

Schornsteinaufsätze zu Abb. 2 und 3 mit Verlängerungsrohr.

Tabelle für gangbarste Ausführungen (Qualität II)

Durchm. in cm	Rohrlänge in m				Jedes weitere Lfm Rohr	Durchm. in cm	Rohrlänge in m				Jedes weitere Lfm Rohr	Anmerkung
	1/2	1	1 1/2	2			1/2	1	1 1/2	2		
10	11	16	21	26	9	26	46	62	78	95	33	Qualität I um 35% teurer, Qualität III um 15% billiger
12	15	21	27	33	12	28	50	67	85	104	36	
14	19	25	32	38	13	30	54	73	93	111	38	
16	23	30	39	47	17	35	60	80	104	125	45	
18	27	36	46	55	19	40	98	130	163	195	65	
20	31	41	52	62	21	45	112	147	185	221	73	
22	35	46	59	70	24	50	125	162	205	245	80	
24	38	50	63	76	26							

Feststehende Schornstein- und Ventilationsaufsätze, Bauart John.

a) für gemauerte Schächte, Blech- oder Tonrohre (Abb. 5). Preise in Schilling.

Rohrdurchmesser in cm	10	12	14	16	18	20	25	30	35	40	45	50
Modell Abb. 2, Stutzen	15,5	18	21	23	26	30	45	61	80	108	135	150
Rohrlänge in m 1/2	20	21	25	28	31	35	52	70	93	123	155	170
Rohrlänge in m 1	24	27	31	35	40	45	68	88	115	155	190	210
Jedes weitere m Rohr	9	12	13	17	19	21	30	38	45	65	73	80

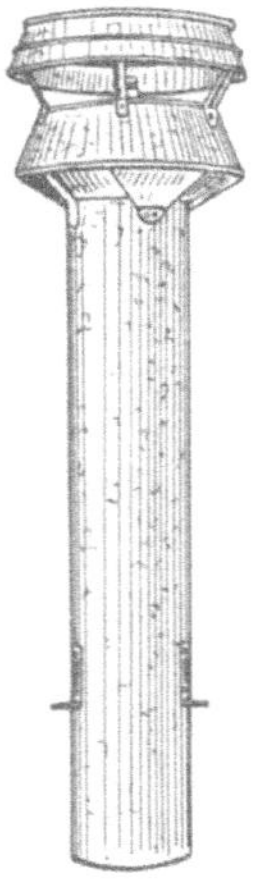

Abb. 5

Abb. 6

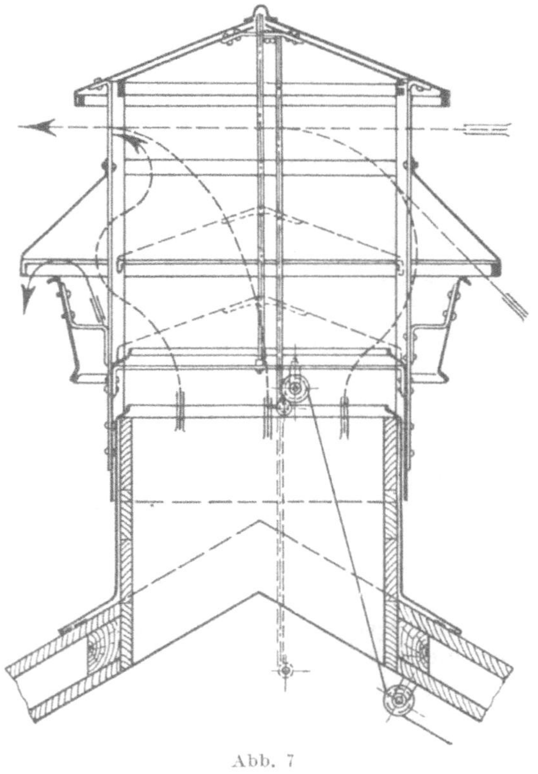

Abb. 7

b) Sonderausführung für Gasabzugsrohre (Abb. 6),

Durchmesser in mm	50	60	67	76	87	92	99	105	112
Preis in S	8,00	8,50	9,00	10,50	12,50	14,00	14,50	15,50	16,50

Perfekt-Lüfter, Bauart Zimmermann (Abb. 7), quadratisch oder rechteckig; bietet Schutz gegen Regen und Schnee; weist alles Wasser nach außen ab, auch Schwitzwasser. Preis je Stück 50 × 50 cm *S 160,00.*

Zugvorrichtung, bestehend aus Drahtseil, Leitrollen und Einhängevorrichtung; Preis je **1 m** *S 3,00.*

Jalousien — Rouleaux — Rollbalken

Nach Mitteilung von Woltär und Molnar

Bretteljalousien (Abb. 1) in Naturfarbe, fein lackiert oder in beliebiger Farbe gestrichen und lackiert, aus 65 mm breiten Resonanzbrettchen hergestellt, samt komplettem Zugehör, wie: Jalousiebänder, Zugschnüre, Patent-Knopfschnurhalter und Kettchensteller, einschließlich Befestigung an Ort und Stelle:

je 1 m² .... S 12,00 bis 15,00
Ausspanner (Ausspreizvorrichtung) je Jalousie .... „ 1,50 „ 2,00
Seitenblenden, je Jalousie .... „ 1,50 „ 2,00

Jalousien im geringeren Ausmaß als 1,75 m² werden für volle 1,75 m² berechnet.

Selbstroller (Abb. 2) mit prima Floßrollermaschinen amerikanischen Systems, samt Seitenlagern aus prima imprägniertem englischen Floßrollerstoff, aus roh-weiß-gestreiftem Gradl oder aus Crême-Köperstoff, je 1 m² .... S 12,00

Roller unter 1,75 m² werden für volle 1,75 m² berechnet.

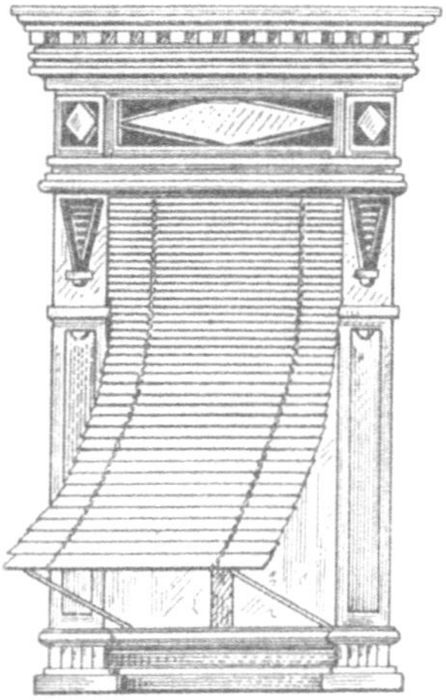

Abb. 1

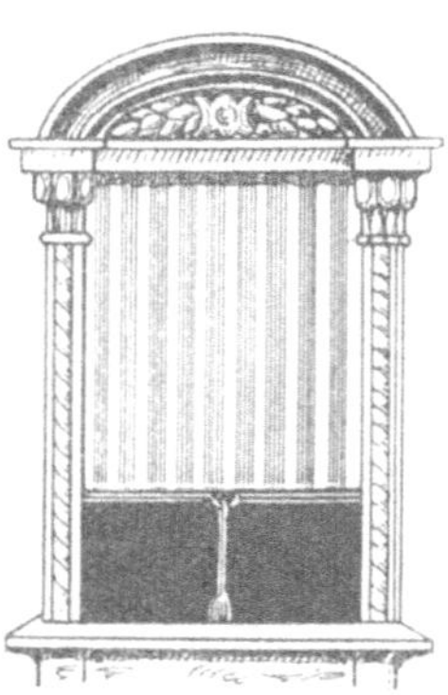

Abb. 2

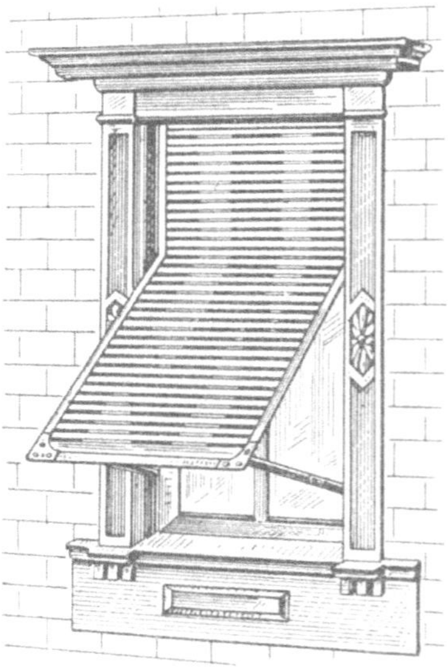

Abb. 3

Rollschutzwände aus trockenen inländischen Fichtenstäben, mit harter Unterleiste und Deckleiste, mit Stahlbändern untereinander verbunden, je m²:

naturbelassen .... S 25,00
einmal mit Firnis eingelassen .... „ 26,00
lackiert .... „ 30,00

Holzrouleaux aus gerippten Holzstäben mit Zwirn, glatt oder überlegt gewebt, einschließlich Befestigung an Ort und Stelle, je 1 m²

naturfärbig .... S 5,80
in beliebiger Farbe, ein- oder zweifärbig .... „ 6,50
Ausspanner, per Fenster .... „ 0,90

Holzrollbalken (Abb. 3), naturbelassen, aus trockenen, rund 40 mm breiten, schwedischen, astreinen Kieferstäben, die einzelnen Stäbe im obersten Drittel mit prima Durchzugsgurten verbunden, im unteren Teil durch Stahlplättchen verstellbar befestigt, um nach Bedarf Licht und Luft einzulassen. Rollbalken im geringeren Ausmaß als 2 m² werden für volle 2 m² berechnet.

Rollbalken aus schwedischem Kiefernholz, je 1 m² .... S 28,00
Automatischer Gurtwickler mit vernickelter oder vermessingter Deckplatte, je Stück .... „ 9,00
Solid konstruierte, einhändig zu betätigende Ausspreizvorrichtung, je Stück .... „ 16,00

Stahlrollbalken in bester Ausführung aus prima steirischem Spezialrollbalkenblech, rund 0,6 mm stark, gewellt, vierfach mit Stahldrahtgurten besetzt, mit je 2 kräftigen Doseschen Spezial-Rollbalkenschlössern mit 4 Zuhaltungen, 2 Schlüsseln zum Sperren vorgerichtet (Hoch- oder Tiefverschluß), die Sockelplatte mit T-Eisen versteift und Zugkloben. Der Zugmechanismus mit komplettem Zubehör, wie prima Stahlzugfedern, Gasrohrwelle, Federgehäuse, Scharniere, Hängelager, gezogene Rollbalkenführungsschienen für Holzmontierung vorgerichtet, der Mantel mit echter Leinölfirnisfarbe grundiert, einer Zugstange, komplett montiert.

Rollbalken im geringeren Ausmaß als 3 m² werden für volle 3 m² berechnet.

Rollbalken für Holzmontierung, je m² .... S 22,50
Rollbalken für Mauermontierung, je m² .... „ 23,85
Rollbalkenmantel ohne Mechanismus und ohne Führungsschienen ... „ 18,00

Zur lichten Breite werden 5 cm für die Nuten und zur lichten Höhe 35 cm für den Kasten zugeschlagen.

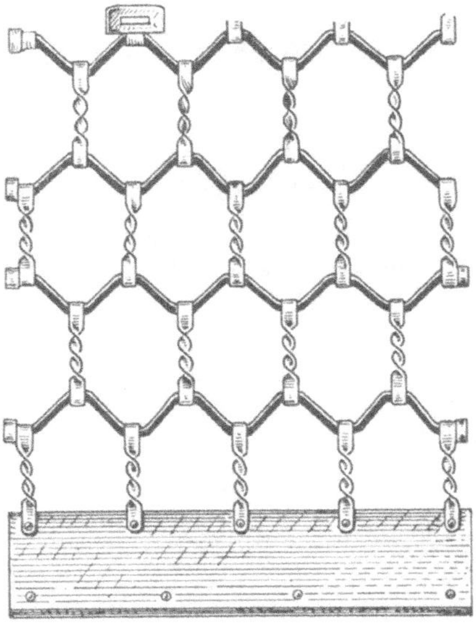
Abb. 4

Rollgitter[1]) (Abb. 4). Gleiche Konstruktion wie Rollbalken, jedoch in den Schienen — zur sicheren Führung der seitlichen Rollen — eingenietete Halbrundeisenführungen. Zum Verschluß von Räumen, die jedoch sichtbar bleiben sollen, je 1 m² .... S 42,00
Stücke unter 3 m² werden für 3 m² berechnet.

Garagerollbalken in Spezialausführung mit extrastarken Mauerführungsschienen, mit selbsttätig wirkendem Stahlfederzug oder Maschinengetriebe (Kurbel-

[1]) Laut Mitteilung von Alfred Woltär, Wien.

antrieb). Der Mantel erhält laut behördlicher Vorschrift ein Ventilationsgitter aus feinmaschigem Drahtgeflecht — mit Halbrundstäben versteift — eingesetzt.

Abb. 5

Rollbalken ohne Mechanismus und ohne Führungsschiene je m²	S 13,00
Rollbalken für Holzmontierung vorgerichtet	,, 15,50
,, ,, Mauermontierung vorgerichtet	,, 16,50
Ventilationsgitter, je Stück	,, 2,50
Wellblech in Tafeln, 90 bis 235 cm breit, in der Breite von 5 zu 5 cm steigend, zirka 80 cm hoch, je 1 m²	,, 6,00
Wellblech, auf bestimmtes Maß zugeschnitten, je 1 m²	,, 7,00
Wellblech, zugeschnitten und genietet, je 1 m²	,, 8,00
Wie vor, mit Drahtgurten besetzt, je 1 m²	,, 9,00

Schiebegitter[1]) (Scherengitter) (Abb. 5), zusammenschiebbare, schmiedeeiserne Verschlußgitter, System Bostwick, aus Spezial-U-Eisen, ein- oder zweiteilig, mit Doseschem Sicherheitsschnappschloß, für Geschäftslokale, Haustore, Fenster und Türen. Schiebegitter im geringeren Ausmaß als 1,5 m² werden für volle 1,5 m² berechnet,

bei 10 mm Spezial-U-Eisen, je 1 m²	S 39,00
,, 13 ,, ,, ,, ,, 1 ,,	,, 42,00
,, 16 ,, ,, ,, ,, 1 ,,	,, 45,00
,, 19 ,, ,, ,, ,, 1 ,,	,, 50,00
Dosesche Schlösser hierzu, je Stück	,, 4,50

Sonnenschutzplachen (Abb. 6) mit selbsttätigem, schnellwirkendem Stahlfederzug, bis 6 m Länge, bestehend aus der 10 cm starken Holzwalze mit Feder-

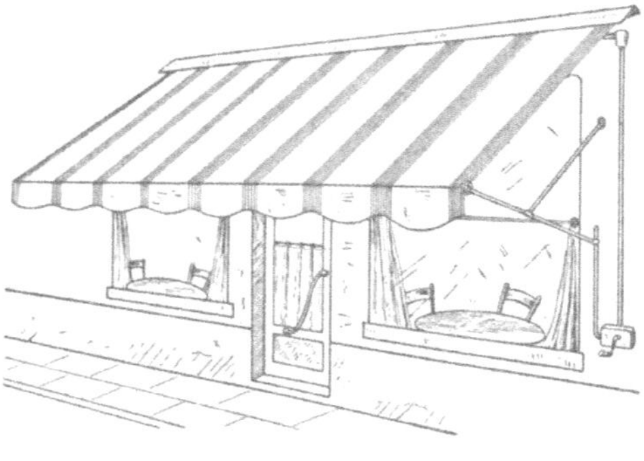

Abb. 6

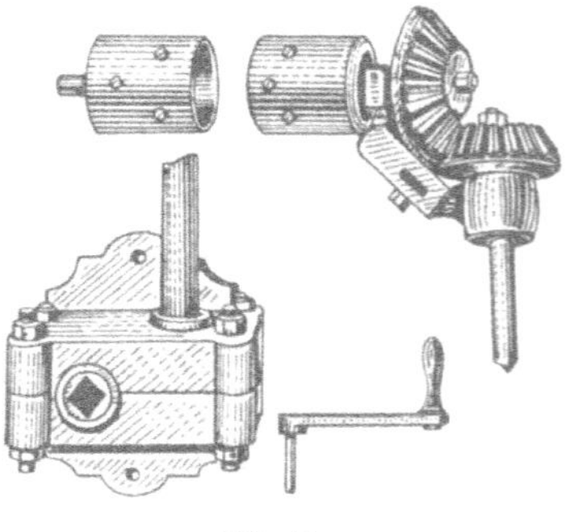

Abb. 7

garnitur, Endbüchse und Lagern, Ausspreizstangen mit Scharnieren, bzw. bei größerer Ausladung und geringer Höhe mit Schuberausspannern, Laufschlitten

[1]) Laut Mitteilung von Alfred Woltär, Wien.

und Hängestützen, der aus Gasrohr verfertigten Unterstange samt Besatzstange zum Einnähen des Stoffes, mit imprägniertem oder nicht imprägniertem Segel.

Plachen-Federzuggarnitur, bestehend aus gußeisernen Gehäusen mit Blechbüchse und Endkapsel samt Lagern, für Holzmontierung vorgerichtet, bis 6 m Länge, mit einer Feder .... S 16,00

Doppelfedergarnitur .... „ 23,00

Aufzahlung für Mauermontierung .... „ 1,00

Plachenmaschinen (Abb. 7) mit Schneckenantrieb, bestehend aus der oberen Maschine samt Endkapsel, der unteren Maschine mit Kurbel
- bis 5 m Länge ... S 32,00
- „ 10 „ „ ... „ 35,00
- „ 25 „ „ ... „ 45,00

Obere oder untere Maschine der halbe Preis.

Holzwalze vierfach verleimt, je 1 Lfm .... „ 3,00

Unterstange aus Gasrohr mit Besatzstange zum Anbringen des Stoffes, je 1 Lfm .... „ 4,50

Ausspreizstange mit Scharnier, an Holz montierbar .... „ 12,00

Schuberausspanner mit Laufschlitten und Hängestützen .... „ 18,00

Wellblechschutzdach, rund 30 bis 35 cm breit, vernietet, mit Latten besetzt, für Mauermontierung vorgesehen, je 1 Lfm „ 5,00

Für Segelbespannung besonderes Anbot einholen.

Einmauerschränke

F. Wertheim & Co., Wien

Größe Nr.	Höhe in cm	Breite in cm	Tiefe in cm	Gewicht in kg rund	Preis in S	Ausführung
1	22	24	25	18	140	Mantel aus 3 mm, die einflügelige Tür aus 5 mm starkem Bessemerstahl und Stahlpanzer von 5 mm Stärke; Asbestisolierung. Doppelbartschloß mit Basküleriegeln. Nr. 1 und 2 sind innen leer, Nr. 3 bis 5 erhalten eine, Nr. 6 zwei Einlegeplatten. Anstrich vorne grau, die übrigen Seiten schwarz
2	26	32	25	24	160	
3	30	35	25	28	180	
4	40	40	35	42	200	
5	50	45	35	56	265	
6	60	50	40	80	305	

Wellbleche

Laut Angabe von M. Ulrich, Wellblechbauten, Wien

1. Querschnitts- und Gewichtsangaben — Tragvermögen für eine zulässige Inanspruchnahme von 1200 kg/cm²

a) Flache Wellbleche

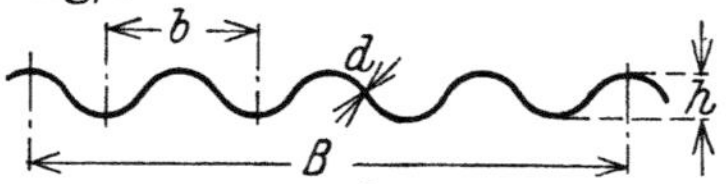

Profil-Nr.	Maße in mm: Wellenbreite b	Wellenhöhe h	Blechstärke d	Querschnittsfunktionen: Querschnittsfläche F cm² auf 1 m Breite	Widerstandsmoment W cm³ auf 1 m Breite	Normale Baubreite B in mm	Gewicht in kg für 1 m² einschließlich seitlicher Überdeckung: schwarz	verzinkt	Zulässige, gleichförmig verteilte Belastung (einschl. Eigengewicht) in kg/m² bei einer Inanspruchnahme von 1200 kg/cm² und einer freien Stützweite in Metern von: 1,0	1,5	2,0	2,5	3,0
I	70	20	0,7	8,31	4,16	770	6,87	8,25	400	178	100	64	45
			0,8	9,50	4,75		7,85	9,27	455	202	114	73	50
			0,9	10,69	5,35		8,83	10,27	512	228	128	82	57
			1,0	11,88	5,94		9,81	11,24	570	254	142	91	63
			1,25	14,84	7,43		12,27	13,58	712	316	178	114	79
			1,50	17,81	8,91		14,72	15,82	850	380	213	137	95
II	86	25	0,7	8,35	5,23	774	6,98	8,39	500	223	125	80	56
			0,8	9,55	5,98		7,98	9,43	573	254	143	92	64
			0,9	10,74	6,72		8,98	10,44	645	286	161	103	72
			1,0	11,93	7,47		9,98	11,43	715	318	179	114	80
			1,25	14,91	9,34		12,47	13,80	895	398	224	143	99
			1,50	17,90	11,21		14,96	16,80	1075	475	269	172	120
III	135	30	0,7	7,84	5,77	810	6,78	8,14	552	245	138	89	62
			0,8	8,95	6,59		7,74	9,15	632	280	158	101	70
			0,9	10,07	7,42		8,71	10,03	712	315	178	114	79
			1,0	11,19	8,24		9,68	11,90	790	350	197	127	88
			1,25	13,99	10,30		12,10	13,39	990	440	247	158	110
			1,50	16,79	12,36		14,52	15,60	1185	526	297	190	132
IV	100	30	0,7	8,43	6,35	800	7,12	8,55	610	270	152	98	68
			0,8	9,63	7,25		8,13	9,61	695	310	174	111	77
			0,9	10,84	8,16		9,15	10,64	785	347	196	125	87
			1,0	12,04	9,07		10,17	11,65	870	387	218	140	97
			1,25	15,05	11,33		12,71	14,70	1090	484	272	174	121
			1,50	18,07	13,60		15,25	16,38	1305	580	326	209	145
V	100	35	0,7	8,87	7,84	700	7,49	8,99	752	335	188	120	84
			0,8	10,13	8,96		8,55	10,10	860	382	215	137	96
			0,9	11,40	10,08		9,62	11,19	968	430	242	155	108
			1,0	12,67	11,20		10,69	12,25	1076	478	269	172	120
			1,25	15,83	14,00		13,36	14,80	1344	598	336	215	150
			1,50	19,00	16,79		16,04	17,23	1610	715	402	258	178
VI	125	35	0,7	8,27	7,23	750	7,05	8,46	694	308	173	111	77
			0,8	9,45	8,26		8,05	9,51	793	353	198	127	88
			0,9	10,63	9,30		9,06	10,53	893	395	223	142	98
			1,0	11,81	10,33		10,06	11,53	992	440	248	159	110
			1,25	14,76	12,91		12,58	13,93	1239	550	310	198	137
			1,50	17,71	15,49		15,09	16,22	1487	663	372	238	166
VII	100	40	0,7	9,34	9,45	700	7,88	9,46	907	403	227	145	101
			0,8	10,67	10,80		9,01	10,64	1037	460	259	166	115
			0,9	12,00	12,15		10,13	11,78	1166	519	292	187	130
			1,0	13,34	13,50		11,26	12,90	1296	577	324	208	144
			1,25	16,67	16,88		14,07	15,58	1620	720	405	260	180
			1,50	20,01	20,26		16,89	18,14	1945	865	486	313	216
VIII	150	40	0,7	8,16	8,13	750	7,13	8,56	780	346	195	125	87
			0,8	9,33	9,29		8,15	9,62	892	396	223	143	99
			0,9	10,49	10,45		9,17	10,66	1003	446	251	161	112
			1,0	11,66	11,62		10,19	11,67	1116	495	279	178	124
			1,25	14,57	14,52		12,73	14,10	1394	620	348	223	155
			1,50	17,49	17,42		15,28	16,41	1672	742	418	268	185
IX	150	45	0,7	8,43	9,52	750	7,37	8,84	914	406	228	146	102
			0,8	9,63	10,88		8,42	9,94	1044	465	261	168	116
			0,9	10,84	12,24		9,47	11,01	1175	521	294	188	130
			1,0	12,04	13,60		10,52	12,05	1306	580	327	209	145
			1,25	15,05	17,00		13,15	14,56	1632	725	408	262	182
			1,50	18,07	20,40		15,78	14,95	1958	870	489	314	218

Anmerkung:

Profil II ist besonders für Bombierung geeignet (Garagen, Gartentüren, Vordächer, Übergänge, kleine Betriebsgebäude, Führerhausbedachungen, Kranhäuser, Brüstungen usw.); Profil IX für größere Bedachungen, bei denen Wind- und Schneedruck zu berücksichtigen sind. Für extradimensionierte Bleche kommen Profil IV und VII in Betracht. (Lieferzeit > 28 Tage.)

Zum Bombieren nur Wellbleche mit $d \leqq 1$ mm vorsehen! Der Bombierungsradius soll $r_{min} = 1500$ mm betragen.

Wellbleche können in Längen bis 3000 mm (Wellenlänge) erzeugt werden.

b) Trägerwellbleche

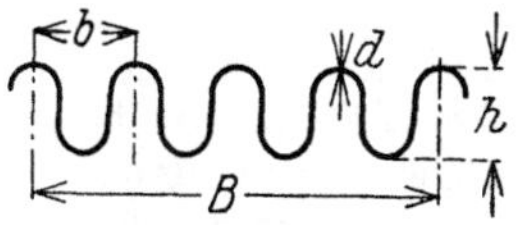

Profil-Nr.	Maße in mm: Wellenbreite b	Maße in mm: Wellenhöhe h	Maße in mm: Blechstärke d	Querschnittsfunktionen: Querschnittsfläche F cm² auf 1 m Breite	Querschnittsfunktionen: Widerstandsmoment W cm³ auf 1 m Breite	Normale Baubreite B in mm	Gewicht in kg für 1 m² einschließlich seitlicher Überdeckung: schwarz	Gewicht in kg für 1 m² einschließlich seitlicher Überdeckung: verzinkt	Zulässige, gleichförmig verteilte Belastung (einschließlich Eigengewicht) in kg/cm² bei einer Inanspruchnahme von 1200 kg/cm² und einer freien Stützweite in Metern von 1,0	1,5	2,0	2,5	3,0	3,5
			1,0	16,75	20,41		14,56	16,43	1960	870	490	314	218	160
			1,25	20,94	25,39		18,20	20,34	2438	1084	610	390	270	198
I	90	50	1,5	25,13	30,33	540	21,84	24,01	2910	1294	728	466	324	238
			1,75	29,32	35,22		25,48	27,65	3382	1502	845	541	376	276
			2,0	33,51	40.08		29,12	31,30	3847	1710	962	616	428	314
			1,0	18,95	27,21		16,54	18,89	2612	1160	653	418	290	214
			1,25	23,69	33,88		20,67	23,11	3252	1446	814	521	361	265
II	96	60	1,5	28,43	40,50	480	24,81	27,27	3888	1728	972	622	432	317
			1,75	33,17	47,07		28,93	31,40	4519	2009	1129	722	502	368
			2,0	37,91	53,59		33,08	35,56	5144	2286	1286	823	571	420
			1,0	21,15	34,78		18,29	20,89	3338	1484	835	534	371	272
			1,25	26,44	43,33		22,87	25,56	4159	1849	1040	666	462	340
III	97	70	1,5	31,73	51,82	485	27,44	30,16	4975	2210	1243	796	553	406
			1,75	37,02	60,26		32,01	34,74	5785	2572	1446	925	643	473
			2,0	42,31	68,65		36,58	39,33	6590	2929	1648	1055	732	538
			1,0	21,71	40,48		18,89	21,57	3886	1727	972	622	432	317
			1,25	27,13	50,45		23,61	26,39	4843	2153	1211	775	538	395
IV	100	80	1,5	32,56	60,37	400	28,33	31,14	5796	2575	1448	928	645	473
			1,75	37,99	70,22		33,06	35,88	6742	2996	1685	1079	749	551
			2,0	43,42	80,02		37,78	40,62	7682	3414	1920	1229	853	628
			1,0	23,71	48,93		20,46	23,37	4697	2088	1175	751	522	384
			1,25	29,63	61,00		25,58	28,59	5856	2606	1464	937	650	478
V	100	90	1,5	35,56	73,00	400	30,69	33,73	7008	3115	1752	1121	779	572
			1,75	41,49	84,95		35,81	38,86	8155	3624	2039	1304	906	666
			2,0	47.42	96,83		40,92	43,99	9295	4132	2324	1487	1033	758
			1,0	25,71	58,05		22,57	25,78	5573	2477	1393	892	619	455
			1,25	32,13	72,38		28,22	31,54	6948	3089	1738	1111	772	568
VI	100	100	1,5	38,56	86,65	300	33,86	37,21	8318	3697	2080	1331	924	679
			1,75	44,99	100,85		39,50	42,87	9682	4303	2420	1549	1075	791
			2,0	51,42	115,00		45,15	48,53	11040	4907	2760	1766	1226	901

Wird statt der zulässigen Inanspruchnahme von $\sigma_1 = 1200$ kg/cm² eine solche von $\sigma_2 = 1000$ kg/cm² oder $\sigma_3 = 1400$ kg/cm² gefordert, so erhält man die zugeordnete gleichförmige Belastung p_2 bzw. p_3 in kg/cm² aus dem entsprechenden Tabellenwert p_1, wenn g das Eigengewicht des gewählten Profils ist, aus

$$p_2 = \frac{5\,p_1 - g}{6} \quad \text{bzw.} \quad p_3 = \frac{7\,p_1 + g}{6}.$$

Der Einfluß von g darf vernachlässigt werden.

Beispiel: Profil $150 \times 40 \times 1$, $g = 10{,}19$ kg/m²; für $\sigma_1 = 1200$ kg/cm², $l = 2{,}5$ m ist laut Tabelle $p_1 = 178$ kg/cm²; daher

$$p_2 = \frac{5 \cdot 178 - 10{,}19}{6} = 147 \text{ kg/m}^2 \text{ (ohne Eigengewicht 148 kg/m}^2\text{)},$$

$$p_3 = \frac{7 \cdot 178 + 10{,}19}{6} = 208 \;\text{,,}\quad (\;\text{,,}\qquad \text{,,}\qquad 210\;\text{,,}\;).$$

2. Beispiele zur annähernden Kalkulation

(Preisgrundlagen Mai 1930)

1. Beispiel:

Bedarf für eine größere Wellblechgarage von 50 m² gerader Fläche und 30 m² Dach. Zur Herstellung sind 1 mm starke Bleche erforderlich; bei Annahme von rund 12 kg/m² Eigengewicht werden für die geraden Flächen rund 600 kg, für das Dach rund 360 kg Wellblech benötigt.

Der Bedarf an geraden Blechen gliedert sich in solche von mehr als 2 m Länge und für die durch Öffnungen bzw. Fenster unterbrochenen Flächenteile in Bleche unter 2 m Länge. In beiden Fällen müssen die extradimensionierten Blechtafeln separat abgewalzt werden; das Profil ist, je nach Konstruktion und Berechnung, den Tabellen zu entnehmen. Es kommen folgende Preise in Betracht:

Gerade Ausführung	schwarz	verzinkt
Blechpreis je 100 kg, über 2 m Länge	S 96,00	130,00
unter 2 „ „	„ 90,00	124,00

Für das gerade Dach (Satteldach) gelten die vorstehenden Preise. Bei Bombierung erhöhen sich dieselben um *S 20,00* je 100 kg.

Verbindungsmaterial. Unter Voraussetzung einer Blechstärke von 1 mm kann angenommen werden:

	schwarz	verzinkt
Agraffen (rund 12 Stück auf 1 kg), je kg................	S 3,50	3,50
Stoßnieten (Blechnieten Nr. 5), je 1000 Stück	„ 4,00	6,50
Scheibchen dazu, je 1000 Stück	„ 7,00	9,00
Agraffennieten (Faßnieten Nr. 2), je 1000 Stück	„ 15,00	20,00
Scheibchen dazu, je 1000 Stück	„ 15,00	20,00

2. Beispiel:

Für ein Fabriksdach sind 300 m² bombierter Bleche und Tafeln von 3 und 2 m Wellenlänge in verzinkter Ausführung und mit einer Blechstärke von 1 mm nötig; Gewicht rund 3600 kg. Wegen dieses höheren Quantums tritt eine Ermäßigung der Preise ein. Vollpreis für bombierte, verzinkte Wellbleche bei

3 m Wellenlänge, erzeugt aus extradimensionierten Blechen, je 100 kg .... S 150,00

2 „ „ wenn aus Normaltafeln 1 × 2 m erzeugt, „ 100 „ .... „ 140,00

Kleinmaterial wie beim ersten Beispiel.

3. Beispiel:

Kleines Vordach von 20 m². Erforderlich: Wellbleche von 1,80 m Wellenlänge. Bei 1 mm Blechstärke beträgt das Gewicht rund 240 kg. Bedarf dringend! Sonderanfertigung kommt nicht in Frage; es ist nur die Erzeugung aus zugeschnittenen Normaltafeln möglich. (Der glatte, also nicht kannelierte Abfall von 200 mm je Tafel beträgt rund 10%.) In Frage kommt vor allem Profil II (eventuell auch Profil IX).

Der Blechpreis je 100 kg für die Wellbleche in gerader, verzinkter Ausführung stellt sich des geringen Quantums und der Schnittkosten wegen auf *S 130,00*, der glatte verzinkte Abfall auf *S 90,00*. Kleinmaterial wie beim ersten Beispiel.

Deckenkonstruktionen aus gewölbtem Trägerwellblech mit Leichtbeton-Hinterfüllung zwischen eisernen Trägern laut A. b

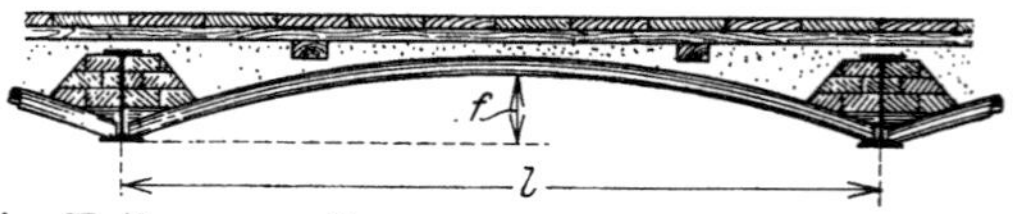

Bezeichnungen:

g = bleibende Last in kg/m²,
p = Nutzlast in kg/m²,
l = Trägerverlagweite in m,
f = Stich der Wellbleche (ausgedrückt in Teilen von l),
M = größtes Biegungsmoment im Wellblech in kgcm,
N = gleichzeitig auftretender größter Druck im Wellblech in kg
W = Widerstandsmoment des Wellbleches in cm³
F = Querschnittsfläche in cm²
(letzte vier: auf 1 m Breite.)

Dann gilt angenähert (für Dreigelenkbögen)

$$M = \frac{p\,l^2}{64}, \qquad N = \frac{l^2}{16 f}(2g + p).$$

Bei einer zulässigen Inanspruchnahme des Stahles von 1200 kg/cm² muß sein:

$$\frac{M}{W} + \frac{N}{F} \leq 1200.$$

Hilfswerte für die Berechnung gewölbter Wellblechdecken

Trägerverlagweite l		1,5	2,0	2,5	3,0	3,5	4,0
$\frac{100\, l^2}{64}$		3,51	6,25	9,77	14,06	19,14	25,00
$\frac{l^2}{16f}$ für	$f=\frac{l}{10}$	0,9375	1,2500	1,5625	1,8750	2,1875	2,5000
	$f=\frac{l}{12}$	1,1250	1,5000	1,8750	2,2500	2,6250	3,0000
	$f=\frac{l}{15}$	1,4063	1,8750	2,3438	2,8125	3,2813	3,7500

Beispiel:

Für $l=3,0$ m, $f=\frac{l}{12}=0,25$ m, $g=500$ kg/m², $p=2000$ kg/m²

wird $M=2000\cdot 14,06 \quad = 28120$ kgcm,

$N=2,250\,(2\cdot 500+2000)=6750$ kg.

Gewählter Querschnitt: $97\times 70\times 1,25$; $W=43,33$ cm³; $F=26,44$ cm².

Beanspruchung: $\sigma=\frac{28120}{43,33}+\frac{6750}{26,44}=904$ kg/cm².

Es empfiehlt sich, bei gewölbten Wellblechdecken, wegen der nur angenäherten Berechnungsweise, mit der Beanspruchung nicht höher als 900 bis 1000 kg/cm² zu gehen.

Gewölbte Wellblechdächer (berechnet als Zweigelenkbogen). Nach S. Müller (Der Eisenbau 1915, H. 6) gilt für das Verhältnis $\varphi=\frac{l}{f}$ und 1 m Dachbreite:

Widerstandsmoment: $W=\frac{l^2\nu}{9,8}$ cm³,

Horizontalschub $H=6\,(1+2\,\varphi)\,l$ kg,

Auflagerdruck $A=(62-\varphi)\,l$ kg,

hierbei ist zu setzen:

$$\nu=1+\frac{1}{40}(\varphi-7)^2.$$

Die statischen Werte gelten für $g=25$ kg/m², einen Winddruck von 125 kg/m² Dachfläche und einseitigen Schneedruck von $75\cos\alpha$ kg/m² Grundfläche bei einer Inanspruchnahme von $\sigma=1400$ kg/cm².

Vorteilhafteste γ-Werte

φ	0	2	4	6	8
4	1,225	1,196	1,169	1,142	1,121
5	1,100	1,081	1,063	1,049	0,036
6	1,025	1,016	1,009	1,004	0,001
7	1,000	1,001	1,004	1,009	0,016
8	1,025	1,036	1,049	1,063	0,081

Der Horizontalschub ist durch Zuganker von 3,0 bis 5,0 m Abstand aufzunehmen.

Beispiel:

$l=7,44$ m, $f=1,2$ m, $\varphi=\frac{l}{f}=6,2$, $\nu=1,016$, $W=\frac{l^2\nu}{9,8}=5,7$ cm³.

Daher nach S. 292... Profil: $86\times 25\times 0,8$; für $\sigma_1=1200$ kg/cm² wird $W_1=\frac{\sigma}{\sigma_1}\cdot W=\frac{1400}{1200}\cdot 5,7=6,65$ cm², dem Profil $86\times 25\times 0,9$ entspricht.

Kosten für Einzelgaragen aus Wellblech

Nach Mitteilungen der Firma M. Ulrich, Wellblechbauten, Wien

Breite (cm)	Länge (cm)	Höhe (cm)	Geeignet für	Gewicht rund in kg	Richtpreis (ohne Wust) S	Anmerkung
100	245	160	Einspurige Motorräder	130	280	Die Wellblechgaragen werden aufgewachsenem Erdboden aufgestellt. Die Betonierung stellt sich auf etwa S 12,00 je m²
200	245	180	Beiwagen-Maschinen	250	430	
200	410	180	Lastdreiräder	300	660	
210	390	200	Kleinautos	450	800	
225	500	210	Mittelgroße Wagen	550	980	
255	550	240	Große Automobile	700	1200	

Drahtstifte und Draht

Drahtstifte. Der Grundpreis beträgt je nach dem Verbrauchsort, *S 50,50* bis *S 52,50* für 100 kg; hierzu kommen die in den Tabellen angegebenen Überpreise (für Österreich). Bei Auslandsbedarf besondere Angebote. Bei größeren Mengen Preisnachlaß. Vom Verband der Draht- und Drahtstiften-Werke, Wien, bekannt gegebene Überpreise:

Bau- und Tischlerstifte mit flachem Kopf, glatt

Nummer $^1/_{10}$-mm	90	80	70	60		50		46		42		38			34		31	
Länge in mm	250	230	200	180	160	150	130	130	120	110	100	100	90	80	90	80	80	70
Packung in dkg	500														300			
Überpreis für 100 kg in S	12	9	6			4		5		6		7			8		10	

Nummer in $^1/_{10}$-mm	28			25		22		20	18	16	14		12	10		8
Länge in mm	70	65	60	60	50	50	45	40	35	30	30	25	20	16	13	10
Packung in dkg	200			100							50			25		
Überpreis für 100 kg in S	11			13		15		18	23	29	35		63	94		125

	Dachpappe- und Schieferstifte						Tür- und Fentserbandstifte						Stukkaturhaken (Rohrstifte)			Scheinhakenstifte mit Einschnitt		
Nummer in $^1/_{10}$-mm	28		25		22		42	38	34	31	28	25	25	22	20	25	22	20
Länge in mm	30	25	30	25	40	25	60	50	40	35	30	25	35	30	25	30	25	20
Packung in dkg	200				100		300		200		100		100			100		
Überpreis für 100 kg in S	15		20		25		8	9	10	13	15	17	20	25	30	20	25	30

Durchschnittsgewichte von Nägeln[1])

Länge in mm	20	25	30	35	40	45	50			60	65	70	80		90
Dicke in $^1/_{10}$-mm, bzw. Nummer	12	14	16	18	20	22	22	25	38	28	28	31	31	34	34
Gewicht je 1000 Stück in kg, rd.	0,2	0,3	0,5	0,7	1,0	1,3	1,5	2,0	4,0	2,9	3,3	4,1	4,7	5,6	6,2

Länge in mm	90	100		120	130	130	150	160	180	200	230	250
Dicke in $^1/_{10}$-mm, bzw. Nummer	38	38	42	46	46	50	50	60	60	70	80	90
Gewicht je 1000 Stück in kg, rd.	8,0	9,1	10,6	15,6	17,2	20,0	23,8	35,7	40,0	62,5	83,3	125,0

[1]) Bei der Gewichtsbestimmung sind für Verpackung bei Nägeln bis zu 35 mm Länge 4 bis $4^1/_2$%, sonst $2^1/_2$ bis 3% zu den berechneten Gewichten zuzuschlagen.

Flußeisendraht, rund, in langen Adern und unausgewogenen Ringen, ohne jede Qualitätsvorschrift.

Grundpreis für 100 kg *S 48,00* bis *S 50,00*, je nach Bezugsort; Aufschläge nach folgender Tabelle (Verband der Draht- und Drahtstiften-Werke, Wien):

Nummer zugleich Dicke in $^1/_{10}$-mm			200—72	70—65	60	55	50—46	42	38	34	31	28	25	22	20	18	16	14	12	11	10	9	8	7	6	5	4	2	1,5
Aufschlag auf den Grundpreis für 100 kg	blank	S	5	4	4	3	2	3	4	5	6	7	8	9	10	12	14	16	18	20	22	24	26	29	33	40	58	125	300
	weich, verzinkt	S	—	—	22	19	18	19	20	21	23	26	28	30	32	36	39	42	46	50	53	57	62	68	74	88	120	300	—

Andere Dimensionen und Qualitäten über Anfrage.

Nieten und Schrauben

Blechnieten

Nummer	5	6	7	8	9	10	11	12	13	14	15
Dicke in $^1/_{10}$-mm	34	38	42	46	50	55	60	65	70	76	82
Länge ab Kopfkante in mm	10	11	12,5	14	16	18	20	23	26	29	32
Preis je 1000 Stück S	1,10	1,40	1,80	2,40	3,00	3,60	5,00	6,50	8,00	10,00	12,00
Hiezu ein Aufschlag von	90%						100%				

Kessel-, Tender- und Brückennieten

Dicke in mm			11	12	13	14	15	16	17	18	19	20—30
Mit	Preßgrat	Preis je 100 kg in S	58,00	54,00	52,00	51,00	49,00	48,00	47,00	46,00	45,00	44,00
Ohne	Preßgrat	Preis je 100 kg in S	60,00	56,00	54,00	52,00	50,00	49,00	48,00	47,00	46,00	45,00

Hierzu ein Aufschlag von 100% und bei Bezug von weniger als 25 kg einer Dicke und Länge ein solcher von 10%.

Schrauben mit Anschweißende

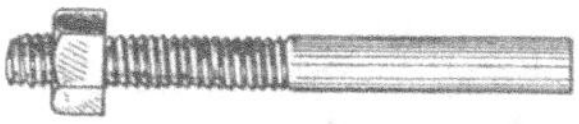

Dicke	mm	10	11	12	13	14	15	16	18	19	20	22	25	28	30	32	35	38	40
Länge	mm	150	165	180	195	210	225	240	270	285	300	330	375	420	450	450	450	475	475
Gewindelänge	mm	60	66	72	78	84	90	96	108	114	120	132	150	168	180	180	180	180	200
Preis je 100 kg	S	70,00	64,00	60,00	56,00	54,00	54,00	52,00	50,00	50,00	48,00	48,00	48,00	48,00	48,00	48,00	56,00	56,00	56,00

Hierzu Aufschlag von 140%

Mutterschrauben (nach ÖNORM)

roh; bis 10 mm metrisches Gewinde, darüber Whitworthsches Gewinde in engl. Zoll

Preistabelle in Schilling für 100 Stück

(Hierzu ein Aufschlag von 80 — 110%)

Kopf und Mutter	Bolzen-dicke	Gewinde-Außen-durchm.	Schlüssel-weite	Kopf-höhe	Bolzenlänge in mm										
		mm			50	60	70	80	90	100	110	120	130	140	150
Sechskantig	5	5	9	3,5	—	—	—	—	—	—	—	—	—	—	—
	6	6	11	4,5	4,40	4,65	—	—	—	—	—	—	—	—	—
	7	7	12	5	4,80	5,10	5,40	—	—	—	—	—	—	—	—
	8	8	14	5,5	5,40	5,80	6,20	6,60	—	—	—	—	—	—	—
	9	9	17	6	6,15	6,60	7,05	7,50	7,95	8,40	—	—	—	—	—
	10	10	17	6,5	6,50	7,00	7,50	8,00	8,50	9,00	9,50	10,00	—	—	—
	7/16	10,84	19	8	8,20	8,80	9,40	10,00	10,60	11,20	11,80	12,40	13,00	—	—
	1/2	12,39	22	8,5	9,60	10,30	11,00	11,70	12,40	13,10	13,80	14,50	15,20	15,90	16,60
	5/8	15,53	27	11	14,60	15,40	16,20	17,00	17,80	18,60	19,40	20,20	21,00	21,80	22,60
	3/4	18,68	32	13	20,00	21,00	22,00	23,00	24,00	25,00	26,00	27,00	28,00	29,00	30,00
	7/8	21,81	36	15	—	30,20	31,40	32,60	33,80	35,00	36,20	37,40	38,60	39,80	41,00
	1	24,93	41	18	—	—	—	45,80	47,40	49,00	50,60	52,20	53,80	55,40	57,00

Bolzenlänge in mm					130	140	150	175	200	225	250	275	300	325	350	375	400	450	500
Vierkantig	10	10	17	6,5	11,60	12,20	12,80	14,30	15,80	—	—	—	—	—	—	—	—	—	—
	1/2	12,39	22	8,5	—	—	18,30	20,20	22,10	24,00	25,90	27,80	29,70	31,60	33,50	35,40	37,30	—	—
	5/8	15,53	27	11	—	—	—	27,10	29,30	31,50	33,70	35,90	38,10	40,30	42,50	44,70	46,90	51,30	55,70
	3/4	18,68	32	13	—	—	—	35,75	38,50	41,25	44,00	46,75	49,50	52,25	55,00	—	60,50	66,00	71,50

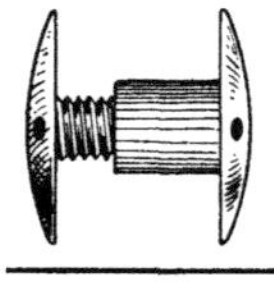

Riemenverbindungsschrauben

Innere Weite in mm ...	4	6	8	10	12	14	17	20	23	26	29	32
Dicke der Mutter in mm	9	9	10	10	10	11	11	11	12	12	12	13
100 Stück .... S	15,00	15,00	17,50	20,00	22,50	25,00	30,00	32,50	37,50	42,50	55,00	65,00

Hiezu 140% Aufschlag.

Holzschrauben aus Eisen mit versenktem Kopf (nach ÖNORM) Preise für 100 Stück in Schilling (hiezu ein Aufschlag von 55%)

Stärke in mm	Länge ab Kopfkante in mm																					
	6	7	10	13	15	17	20	25	30	35	40	45	50	60	70	80	90	100	110	120	130	140	150
1,4	0,45*	0,45*	0,45*																				
1,6	0,45*	0,45*	0,45*	0,45*	0,45*																		
1,8	0,45	0,45*	0,45*	0,45*	0,46*	0,48*	0,50*																
2,1		0,45*	o 0,45*	o 0,45*	o 0,46*	o 0,48*	o 0,50*	0,54*															
2,4		0,45*	o 0,45*	o 0,45*	o 0,46*	o 0,48*	o 0,50*	o 0,54*	0,60*														
2,7		0,45*	o 0,45*	o 0,45*	o 0,48*	o 0,50*	o 0,52*	o 0,55*	o 0,62*	0,70*	0,80												
3,0			0,48*	o 0,48*	o 0,50*	o 0,52*	o 0,55*	o 0,60*	o 0,70*	0,80*	0,90*	1,00*	1,10*	1,30*									
3,5			0,50	0,50*	o 0,55*	o 0,57*	o 0,60*	o 0,70*	o 0,80*	o 0,90*	o 1,00*	1,10*	1,20*	1,40*	1,60*								
4,0				0,60	0,60*	o 0,65*	o 0,70*	o 0,80*	o 0,90*	o 1,00*	o 1,10*	o 1,20*	o 1,30*	1,50*	1,70*	1,90*							
4,5					0,70	0,75*	o 0,80*	o 0,90*	o 1,00*	o 1,10*	o 1,20*	o 1,30*	o 1,40*	1,60*	1,80*	2,00*							
5,0						0,85*	o 0,90*	o 1,00*	o 1,10*	o 1,20*	o 1,30*	o 1,40*	o 1,50*	o 1,75*	2,00*	2,40*							
5,5						1,10	1,10*	o 1,15*	o 1,25*	o 1,35*	o 1,45*	o 1,60*	o 1,75*	o 2,10*	2,50*	2,90*							
6,0							1,35*	1,40*	o 1,50*	o 1,65*	o 1,80*	o 1,95*	o 2,10*	o 2,50*	o 2,90*	3,30*	3,80*	4,30*		5,30			
6,5							1,55	1,60*	1,70*	1,90*	o 2,10*	o 2,30*	o 2,50*	o 2,90*	o 3,30*	3,70*	4,20*	4,70*	5,20	5,80			
7,0								1,80*	1,90*	2,10*	o 2,35*	o 2,60*	o 2,90*	o 3,40*	o 3,80*	o 4,40*	5,00*	5,50*	6,00	6,60			
8,0								2,70	2,80	3,00*	3,20*	3,50*	3,80*	4,30*	4,80*	5,50*	6,20*	7,00*	8,00	9,00	10,00		
9,0										4,00	4,20	4,50*	4,80*	5,40*	6,10*	7,00*	8,00*	9,00*	10,00	11,30	12,40		
10,0												5,70	6,00	7,00*	8,00*	9,00*	10,00*	11,00*	12,00	13,00	15,00		
11,0														8,50	10,00	11,50	13,00	15,00	17,50	20,00	22,00	25,00	30,00

Mit versenkten Köpfen werden nur die innerhalb des starken Linienzuges, mit halbrunden die mit * bezeichneten und mit linsenförmigen die mit o bezeichneten Sorten auf Lager gehalten.

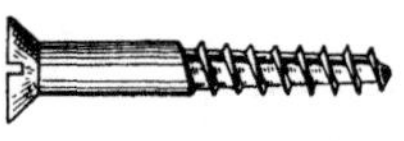

Obige Grundpreise gelten nur für Holzschrauben mit versenkten Köpfen; Holzschrauben mit halbrunden Köpfen werden eine Nummer, solche mit linsenförmigen Köpfen zwei Nummern über ihre wirkliche Stärke berechnet.

Brücken-, Gerüst- und Weichenschrauben

Kopf und Mutter vierkantig, samt Unterlagscheiben werden wie rohe Mutterschrauben berechnet.

Scheibchen aus Eisen, zu Blechnieten passend

Für Blechnieten Nummer	1	2	3	4	5	6	7	8	9	10	11	12
Lochweite in mm	2,4	2,7	3	3,3	4	4,4	4,9	5,4	5,6	5,8	6,3	6,8
Durchmesser in mm	8	8,5	9	9,5	10	11	12	14	14,5	15,5	17	18,5
Je 1000 Stück S	2,75	2,90	3,00	3,15	3,25	3,40	3,50	3,75	4,00	4,50	5,00	6,70

Hierzu ein Aufschlag von 50%.

Gewichte von Schrauben und Unterlagscheiben[1])

Äußerer Durchmesser des Gewindes d		Kernquerschnitt $\frac{d_1^2 \cdot \pi}{4}$	Unterlagscheiben rund oder quadratisch		Gewicht in Kilogramm für				
			Durchmesser oder Seitenlänge $s = 3{,}5\,d$	Dicke $\delta = 0{,}25\,d$	100 mm Schaftlänge	Mutter + Gewinde + Kopf		1 Unterlagscheibe	
engl. Zoll	mm	cm²	mm	mm		quadratisch	sechseckig	rund	quadratisch
1/2	12,70	0,785	45	4	0,104	0,0867	0,0817	0,0459	0,0596
5/8	15,88	1,311	55	4	0,158	0,1605	0,1515	0,0609	0,0887
3/4	19,05	1,961	70	5	0,247	0,2673	0,2533	0,1387	0,1797
7/8	22,23	2,720	80	6	0,326	0,3969	0,3759	0,2170	0,2824
1	25,40	3,575	90	7	0,417	0,6001	0,5701	0,3208	0,4158
1 1/8	28,58	4,497	100	8	0,555	0,8375	0,7955	0,4530	0,5880
1 1/4	31,75	5,768	115	8	0,671	1,1041	1,0471	0,6030	0,7810
1 3/8	34,93	6,837	125	9	0,799	1,4516	1,3796	0,7957	1,1382
1 1/2	38,10	8,388	135	10	0,987	1,8851	1,8071	1,0320	1,3400
1 5/8	41,28	9,495	145	10	1,087	2,4083	2,2883	1,1910	1,5470
1 3/4	44,45	11,311	155	11	1,305	3,0122	2,8622	1,4990	1,9420
2	50,80	14,912	180	13	1,667	4,3923	4,1793	2,3900	3,0990

[1]) Aus Bronneck, H.: „Holz im Hochbau." Verlag Julius Springer, Wien. 1927.

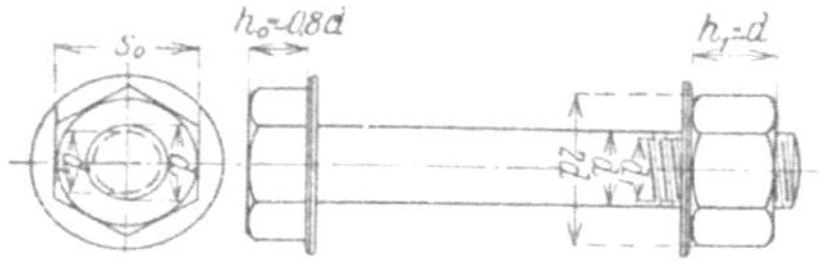

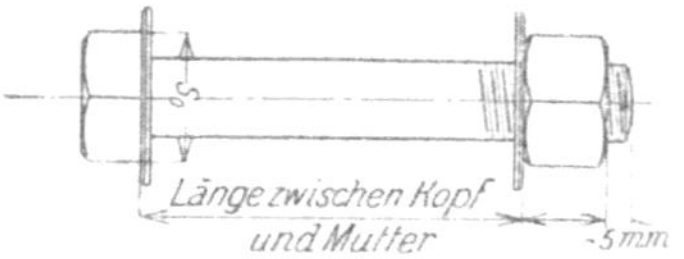

Abb. 1

Maschinengeflechte

Mitgeteilt von Hutter & Schrantz, Wien

Einfach gedrehte, viereckige Maschinengeflechte aus feuerverzinktem Stahldraht

(Abb. 1)

Preise je 1 m² in Schilling für 1 m Breite und darüber ab Fabrik Wien, bei Abnahme von über 50 m² einer Sorte, einschließlich Warenumsatzsteuer.

Maschenweite in mm	Drahtstärke in mm							
	3,1	2,8	2,5	2,2	2,0	1,8	1,6	1,4
80	1,96	1,63	1,40	1,19	1,08	0,94	—	—
73	2,08	1,75	1,51	1,30	1,16	1,02	—	—
65	2,33	1,91	1,73	1,45	1,24	1,12	1,03	—
60	2,53	2,09	1,85	1,54	1,33	1,20	1,12	—
53	2,90	2,46	2,04	1,73	1,46	1,33	1,24	—
46	—	2,78	2,32	1,98	1,65	1,49	1,42	—
40	—	3,20	2,79	2,25	1,96	1,71	1,58	—
32	—	—	4,00	3,28	2,88	2,63	2,24	1,97
26	—	—	—	4,12	3,68	3,30	2,83	2,41
20	—	—	—	—	4,48	4,10	3,55	3,12

Aufschläge bei Bezug einer Sorte von 50 bis 20 m² 5%, 20 bis 10 m² 10%, 10 bis 5 m² 15%; darunter 25%. Bei Breiten unter 1,0 bis 0,5 m ein Breitenzuschlag von 10%.

Verwendungszweck: 10 bis 32 mm Maschenweite, aus blankem Draht: für **Wurfgitter;** ferner aus blankem und feuerverzinktem Draht, 13 und 16 mm Maschenweite: für **Hagelschutz-** und **Fensterschutzgitter;** 20 und 26 mm Maschenweite: **Glasdachschutzgitter, Schneerechengitter;** 32 und 40 mm Maschenweite: **Hühnerhofabfriedungen;** 46 mm Maschenweite: **Lawn-tennis-Einfriedungen;** 53 und 60 mm Maschenweite: **Einfriedungen** stärkerer Art; 65 bis 80 mm Maschenweite: **Wildgatterzäune** und **Spaliere.**

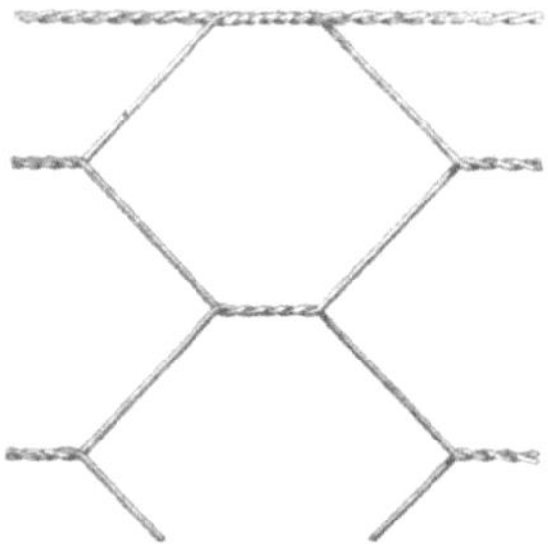

Abb. 2

Mehrfach gedrehte, am Stück feuerverzinkte, sechseckige Maschinengeflechte

(Abb. 2)

Die Preise verstehen sich je 1 m² in Schillingen bei Abnahme von mindestens 50 m Länge und 1 m Breite einer Sorte einschließlich Warenumsatzsteuer.

Maschenweite		Drahtstärke in mm										
in engl. Zoll	in mm	0,6	0,7	0,8	0,9	1,0	1,1	1,2	1,4	1,6	1,8	2,0
3/8	10	1,83	2,18	2,70	—	—	—	—	—	—	—	—
1/2	13	1,50	1,71	2,02	2,44	2,87	—	—	—	—	—	—
5/8	16	—	1,25	1,54	1,78	1,91	2,21	—	—	—	—	—
3/4	19	—	0,98	1,13	1,35	1,58	1,86	2,22	—	—	—	—
1	25	—	0,83	0,91	1,08	1,25	1,43	1,73	2,31	—	—	—
1 1/4	32	—	—	0,70	0,82	0,96	1,12	1,25	1,74	—	—	—
1 1/2	38	—	—	0,59	0,68	0,79	0,93	1,07	1,44	1,78	—	—
1 5/8	41	—	—	0,56	0,65	0,76	0,89	1,03	1,37	1,70	—	—
1 3/4	45	—	—	0,54	0,63	0,74	0,86	1,00	1,33	1,65	—	—
2	51	—	—	—	0,55	0,63	0,75	0,82	1,07	1,40	1,74	2,22
2 1/2	64	—	—	—	0,50	0,52	0,59	0,66	0,90	1,14	1,43	1,74
3	76	—	—	—	—	0,46	0,52	0,59	0,78	0,98	1,21	1,43

Breiten unter 1 m werden mit 10% Aufschlag berechnet.

Minderabnahmen

von unter 50 bis 30 Längenmeter unterliegen einem Aufschlage von 5%
„ „ 30 „ 10 „ „ „ „ „ 10%
„ „ 10 „ „ „ „ „ 20%

Verwendungszweck: 10, 13 und 16 mm Maschenweite: **Volieren;** 19 mm Maschenweite: **Kaninchenställe, Fasanerien, Rabitz;** 32 und 38 mm Maschenweite: **Baumschulen, Hühner-** und **Taubenhäuser;** 45 mm Maschenweite: **Lawn-tennis-Einfriedungen;** 51 mm Maschenweite: **Einfriedungen leichterer Art, Baumschützer;** 64 und 76 mm Maschenweite: **Wildgatterzäune** und **Spaliere.**

Verzinkter Stacheldraht, zwei- oder vierspitzig, eng oder weit besetzt, auf Haspeln zu 250 m.

				zweispitzig	vierspitzig
2,2 mm stark, je 100 m	eng besetzt	S 9,00,	wiegen kg	8,10	9,00
	weit „	„ 7,75,	„ „	7,25	7,75
2,5 „ „ „ 100 „	eng „	„ 10,75,	„ „	10,30	11,90
	weit „	„ 10,00,	„ „	9,25	9,85

Rollen unter 250 m werden mit 10% Aufschlag berechnet.

Stahldrähte (verzinkt)

mm	6	5	4,6	4,2	3,8	3,4	3,1	2,8	2,5	2,2	2	1,8	1,6
Je 100 m S	18,00	14,00	12,00	9,50	8,00	6,50	5,50	4,75	4,00	3,00	2,50	2,25	1,80

Drahtklammern (verzinkt)

zum Befestigen der Drähte und Geflechte an Holzsäulen

Länge mm	40	35	30	25	20
Je 1000 Stück S	6,60	3,60	2,60	1,80	1,20

Hakennägel, Stukkaturhaken, per 1000 Stück *S 1,75.*

Sand- und Schotterwurfgitter in Rundeisenrahmen mit Mittelstange

Preis je Stück einschließlich Warenumsatzsteuer

Höhe und Breite		Maschenweite in mm						Mit Stützen teurer um
		10	13	16	20	26	32	
90 × 110	S	12,50	12,00	11,75	11,50	11,25	11,00	3,00
100 × 125	„	15,25	15,00	14,50	14,00	13,75	13,50	3,40
110 × 145	„	19,75	19,00	18,50	18,00	17,50	17,00	4,25
125 × 160	„	25,00	24,00	23,00	23,00	22,00	21,50	5,00

Einfriedungen

Einfriedung laut Abb. 3 oder ähnlich, für Villen, Landhäuser usw. geeignet. Ausführung auf Beton- oder Mauersockel, je nach Stärke und Höhe, je 1 Lfm rund *S 15,00* bis *20,00.*

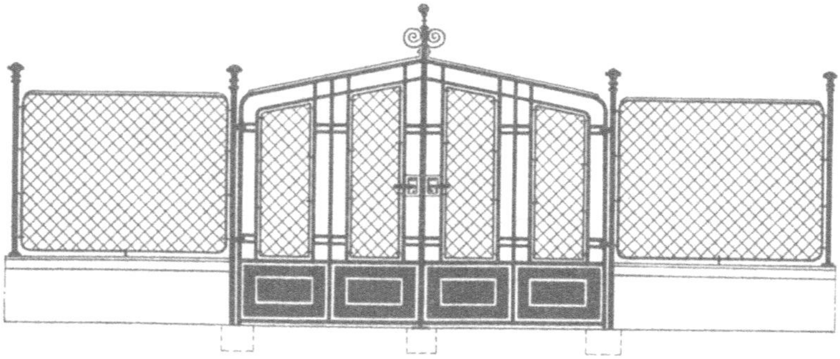

Abb. 3

Einfriedungen laut Abb. 4 oder ähnlich, geeignet für Gärten, Hühnerhöfe usw., die Säulen zum Eingraben in das Erdreich; je nach Drahtstärke und Einfriedungshöhe je 1 Lfm rund *S 5,00* bis *10,00.*

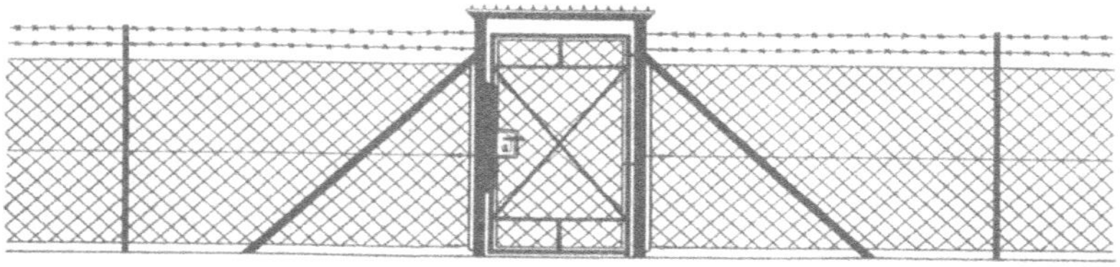

Abb. 4

Steinmetzarbeiten

Von Ignaz Joksch, Stadtsteinmetzmeister

Grundpreise von Bauhölzern

Die Zimmererarbeiten

Von Ing. Hugo Bronneck, beh. aut. Zivilingenieur

Dachdeckerarbeiten

Bearbeitet von A. R. Bergmann u. Co., Bauunternehmung, Wien

Ziegeldächer — Schieferdächer

Dachpappedeckungen

Laut Mitteilung der Teerag A. G., Bauabteilung der Asdag, Wien

Holzzementbedachungen — Preßkiesbedachungen auf Schalung

Spenglerarbeiten — Kunststeinindustrie

Bearbeitet von A. R. Bergmann u. Co., Bauunternehmung, Wien

Steinzeug- und Tonwaren

Laut Mitteilung der Tonwarenabteilung der Niederösterreichischen Escompte-Ges., Wien

Keramische Ausstattung

Laut Mitteilung der Wienerberger Ziegelfabriks- und Baugesellschaft

Straßenbau

Bearbeitet von Senatsrat a. D. Ing. Leopold Kosetschek, beh. aut. Zivilingenieur

Makadamstraßen — Staubbekämpfung und Oberflächenbehandlung — Straßenbeläge mit Teer und Asphalt — Steinpflasterstraßen aus Naturstein und Kunststein — Holzstöckelpflasterungen — Betonstraßen — Silikatstraßen — Kitonstraßendecken — Riesenschotterdecken — Pflasterfugenverguß — Pflasterungen im Hochbau — Die wichtigsten Begriffe des neuzeitlichen Straßenbaues

Tischlerarbeiten

Nach Angaben des Zentralverbandes der holzverarbeitenden Gewerbe und deren verwandten Berufe Österreichs

Fußböden

Bearbeitet von Kommerzialrat Alexander Engel v. Janosi, Chef der Fa. Brüder Engel, Wien

Schlosserarbeiten

Neue vollständige Beschläge

Pendeltürbänder, Türschließer, Dreh- und Schiebetürbeschläge, Türkupplungen, Oberlichtöffner, Türschoner

Glaserarbeiten

Von Arch. G. Spielmann (H. Denes), Wien

Anstreicher-, Maler- und Vergolderarbeiten

Laut Mitteilung der Fa. R. Wakler, Wien

Eisenanstriche

Von Ing. Otto Reymann, Wien

Holzschutzmittel

Raumtapezierung

Von Dr. Wilhelm Kaiser usw.

Steinmetzarbeiten

Von Ignaz Joksch, Stadtsteinmetzmeister

Die angesetzten Preise sind nur als Richtpreise anzusehen und verstehen sich für fix und fertige Ausführung samt Lieferung franko Fuhre Baustelle Wien. (Versetzen siehe Abschnitt F.)

Löhne

Arbeitsgattung	Stundenlohnbasis in S	Zuschläge in % des Lohnes bei		Regielohn in S		Analyse der Zuschläge in %
		Normalarbeit	Granitarbeit	Normalarbeit	Granitarbeit	
Steinmetzgehilfe..	1,90	70	90	3,2	3,6	Soziale Lasten ...... 15 Werkzeug f. Normalarbeit 20
Steinschleifergehilfe	1,40	70	90	2,4	2,7	Werkzeug f. Granitarbeit 40
Steinmetzhelfer...	1,30	70	70	2,2	2,2	Regie .... 25 Gewinn 10

Anmerkung: Bei Arbeiten am Bau und auf Gerüsten und bei Betonarbeit erhöhen sich die Löhne um 5%.

Steingattungen

Im wesentlichen teilt man die im Bauwesen in Betracht kommenden Steine ein in:

I. Weiche Steine: Breitenbrunner, Kroisbacher, Loretto, Margarether, Stotzinger.

II. Mittelharte Steine: Joiser, Kaiserstein, Margarether, Sommereiner, Zogelsdorfer.

III. Sandsteine: Altlengbacher, Preßbaumer, Rekawinkler.

IV. Harte Steine: Badener, Fischauer, Kaiserstein, Lindabrunner, Mannersdorfer, Osliper.

V. Dichte Kalksteine auch Marmore genannt: Dalmatiner, Girolamo, Grisignamo, Istrianer, Karst von Nabresina, Repentaber, San-Stefano, Untersberger, Zola bianca (hierher gehören auch die als bunte Marmore bezeichneten Steinsorten, dichte Kalke und Breccien, die unter Plattenverkleidungen in Absatz G mitangeführt sind).

VI. Kristallinische Steine: (Marmor) Carrara, Laaser, Kärntner (Sattendorf), Steirischer (Kainachtal).

VII. Granite: Niederösterreich (Gmünd und Schrems), Oberösterreich (Freistadt, Mauthausen, Mühlkreis), böhmische, schlesische, schwedische Granite sowie niederösterreichische Syenite.

Gewichte und Druckfestigkeiten (Durchschnittszahlen)

Weiche Steine, -	Gewicht	kg	2000	je m^3,	Druckfestigkeit	300	kg/cm^2
Mittelharte Steine,	,,	,,	2200	,, ,,	,,	400	,,
Sandsteine,	,,	,,	2400	,, ,,	,,	1000	,,
Harte Steine,	,,	,,	2500	,, ,,	,,	1300	,,
Dichte Kalksteine	,,	,,	2500	,, ,,	,,	1500	,,
Kristallinische Steine,	,,	,,	2500	,, ,,	,,	1500	,,
Granite	,,	,,	2600	,, ,,	,,	1700	,,

Verwendung. Die Auswahl der Steinsorten ist nach Eignung und Verwendungszweck zu treffen, wobei auf Dichte, Festigkeit, Härte, Wetterbeständigkeit, Spaltbarkeit, Farbe, Korn, Lagerhaftigkeit, Größenvorkommen, Bearbeitbarkeit usw. Rücksicht zu nehmen ist.

Vorwiegend ergeben sich nachstehende Verwendungszwecke:

1. Weiche Steine: Hauptsächlich für Architektur und Bildhauerarbeiten (Steinfassaden und Fassadenteile).

2. Mittelharte Steine: Für den gleichen Zweck und teilweise auch für untergeordnete Stufen (Kellerstiegen) und Hackelsteinmauerwerk.

3. Sandsteine: wie mittelharte Steine.

4. Harte Steine: Für alle Bauzwecke wie vor beschrieben, ferner für Stiegen, Eingangstufen, Einfriedungsteine, Deckplatten, Wandverkleidungen usw.

5. Dichte Kalksteine: Wie harte Steine und infolge Polierfähigkeit für bessere innere Ausstattungen, wie Vestibüle, Saal- und Stiegenhausverkleidungen, Balustraden, Kamine, Tor-, Tür- und Fensterumrahmungen, Fensterbretter, Portalverkleidungen usw.

6. Kristallinische Steine: (Marmore) wie dichte Kalksteine, auch für Plastiken, Galanteriewaren und Monumentalarbeiten.

7. Granite: Infolge besonderer Härte und Widerstandsfähigkeit gegen Abnützung vornehmlich für Stufen aller Art, aber auch für alle sonstigen Bauzwecke der Innen- und Außenarchitektur, Verkleidungen, Umrahmungen, Portale usw., sonst für Brücken- und Wasserwerksbauten sowie Monumentalarbeiten.

Berechnungsgrundlagen:

Nach Kubikmaß (je m^3) wird berechnet, wenn die Dimensionen nach allen drei Richtungen über 0,3 m betragen;

nach Quadratmaß (je m^2), wenn eine Dimension unter 0,3 m beträgt;

nach Kurrentmaß (je Kurrentmeter), wenn zwei Dimensionen unter 0,3 m betragen, sowie alle unter Abschnitt C angeführten Stufen;

nach Stück wird berechnet, wenn alle drei Dimensionen unter 0,3 m betragen, oder wenn die Herstellungskosten gegenüber dem Steinwerte unvergleichlich hoch sind, z. B. Baluster, Basen, Kapitäle usw.

Für die Ausmaßberechnung ist die kleinstumschriebene, rechteckige Figur maßgebend, wobei Fälze (Zapfen, Mandl), Übergriffe und Eingriffe mitgemessen werden. Bogenförmige Steine werden 1 ½fach, doppelt bogenförmige, also gewundene Steine (sogenannte Krümmlinge) werden 2fach gerechnet.

A. Steine nach Kubikmaß (Preis in Schilling je 1 m³)

Minimalgröße 0,05 m³ (Stücke unter 0,05 m³ werden voll mit 0,05 m³ berechnet) Normalgröße 0,50 m³. Bei größeren Stücken werden für je ½ m³ Mehrgröße 15% zugeschlagen

Post	Kategorie	Weiche Steine	Mittelharte und Sandsteine	Harte Steine	Karstmarmor	Oberösterr. Granit	Niederösterr. Granit
1	**Bruchsteine,** lagerhaft, für Zyklopenmauerwerk, unbearbeitet	25	30	40	—	75	60
2	**Hackelsteine,** lagerrecht zugerichtet, Ansichtsfläche rauh belassen	100	120	150	—	300	250
3	**Rohsteine,** auf bestimmte Maße zubossierte Werkquader und Bildhauer-Bossensteine	210	280	400	600	350	300
4	**Wasserwerks-Sohlenbelagsteine,** Oberlager, grob bearbeitet, ringsherum gefugt	—	—	150	—	300	250
5	**Brückenpfeiler-Verkleidungssteine** mit Stand- und Stoßfugen:						
	a) Sichtfläche, gespitzt	—	—	180	—	320	260
	b) ,, gestockt	—	—	200	—	340	280
6	**Brückenunterlags- und Druckverteilungsquader:** a) Sichtfläche, gespitzt	—	—	400	—	340	280
	b) ,, gestockt	—	—	420	—	360	300
7	**Träger- und Maschinen-Unterlagsteine**	—	280	400	—	400	340
8	**Angemauerte glatte Quader,** Sockel, Pfeiler und Verkleidungsteine	250	350	500	750	580	450
9	**Angemauerte Quadersteine,** einfach gegliedert oder gefast	280	380	550	800	620	500
10	**Streifkugeln:** a) glatt	—	400	580	850	620	500
	b) einfach profiliert	—	480	680	900	700	580
11	**Freistehende Pfeiler und Postamente:**						
	a) glatt	280	380	550	650	620	500
	b) mit Abschrägungen	290	390	570	900	660	550
	c) mit Abschröpfungen	300	400	600	950	700	600
12	**Säulenschäfte,** glatt,						
	über 0,3 m Durchmesser	400	500	800	1200	900	800
	unter 0,3 ,, ,, je Lfm.	40	50	80	120	90	80
13	**Basen und einfache Kapitäle** (eventuell mit Bildhauerbosse)						
	über 0,10 m³ Größe	450	560	900	1300	1000	900
	unter 0,10 ,, ,, je Stück	45	56	90	130	100	90

Bemerkung: Gesimse, Füllungen, Rustiken, Fälze, Kanneluren usw. werden nach Absatz E, „Arbeiten an Werksteinen", ermittelt und den bezüglichen vorstehenden Preisansätzen zugerechnet.

B. Steine nach Quadratmaß (Preis in Schilling für 1 m²)

Minimalgröße 0,10 m² (Stücke unter 0,10 m² werden voll mit 0,10 m² berechnet)
Normalgröße 1 m². Bei größeren Stücken wird für je ½ m² Mehrgröße 15 % zugeschlagen.

Post	Kategorie	Maß (Dicke) in cm	Weiche Steine	Mittelharte und Sandsteine	Harte Steine	Karstmarmor	Oberösterr. Granit	Niederösterr. Granit
1	**Sockel und Wandverkleidungsplatten** mit gefugten Kanten, Sichtfläche gesägt	3—4	—	—	55	65	150	140
		5—6	—	—	70	100	160	150
		7—8	50	65	85	130	170	160
		9—10	60	80	100	160	180	170
2	Desgleichen, Sichtfläche gestockt	10—15	60	80	100	160	110	90
3	**Pflasterplatten,** gestockt	10—15	—	60	70	150	90	70
4	**Schacht- u. Brunnenabdeckplatten**	10—15	—	80	100	160	110	90
5	**Podeste, Vorlegstufen u. Perronsteine** über 0,40 m breit, aufliegend, glatt, mit abgefaster Spiegelkante	bis 15	—	—	120	200	110	90
		„ 20	—	—	130	210	120	100
		„ 25	—	—	140	220	130	110
6	**Freitragende Podeste** mit Tragfalz und Schräge:							
	a) mit Verputzschalung	bis 20	—	—	140	220	140	120
	b) mit reiner Schalung	„ 20	—	—	150	230	160	140
7	**Balkonplatten** mit Fall, Falz und Wassernase	15	—	120	150	220	150	120
		20	—	130	160	250	160	130
		25	—	140	170	280	170	140
		30	—	150	180	320	180	150
8	**Deckplatten,** glatt, ohne Fall	10—15	60	80	100	160	110	90
		15—20	70	90	110	190	120	100
		20—25	80	100	120	220	130	110
9	**Gesimshängeplatten** mit Wassernase	bis 15	50	70	100	—	110	90
		„ 20	60	80	110	—	120	100
		„ 25	70	90	120	—	130	110
10	**Geländerplatten** für Balkone, Terrassen od. Attiken, durchbrochen, beiderseits rein ausgearbeitet	10—15	110	130	180	—	—	—
		15—20	120	150	210	—	—	—
11	**Komplette Terrassen** oder **Balkongeländer,** bestehend aus: Balustersockel, glatten Balustern und der Deckplatte samt Zwischenpostamenten, durchschnittlich	Länge × Höhe	180	200	260	—	—	—
12	**Kanalüberlagplatten,** rauh, an den Stoßfugen bearbeitet	10	—	40	50	—	55	40
		bis 15	—	45	55	—	60	45
		„ 20	—	50	60	—	65	50

Anmerkung: Platten reicherer Ausstattung als vor beschrieben, z. B. mit Gliederungen, Profilen, Fälzen, Füllungen oder geschliffenen Sichtflächen usw. werden nach vorstehenden Grundpreisen berechnet und die Kosten der Mehrarbeiten nach den Ansätzen unter Absatz E „Arbeiten an Werksteinen" zugeschlagen.

C. Steine nach Kurrentmaß (Preis in Schilling für 1 m′)
Minimallänge 0,5 m (Stücke unter 0,5 m Länge werden voll mit 0,5 m Länge berechnet)
Normallänge 2 m. Bei längeren Stücken werden für je 0,5 Mehrlänge 15% zugeschlagen.

Kategorie	Maße in cm	Harter Stein	Oberösterr. Granit	Nieder-österr. Granit	Karst-marmor	Anmerkung
1. **Spiegelstufen** für beiderseitige Einmauerung sowie Rand-, Bord-, Saum- und Laufsteine. Grundpreise	bis 35/15	33	30	25	60	Bei Spitzstufen ist der Grundpreis der mittleren Breite entsprechend zu nehmen. Antrittstufen bis 0,4 m breit werden nach der einschlägigen Stufenpost, solche über 0,4 m breit nach Quadratmaß berechnet
	„ 35/20	34	31	26	62	
	„ 40/15	35	32	27	64	
	„ 40/20	36	33	28	66	
Aufzahlungen						
a) für gleichdicke	je m′	1,5	1	1	1,5	
b) „ freitragende oder auf Trägern liegende, mit Falz, Schräge und Kopf	„ „	10	8	7	12	
c) für ebensolche, geschweift	„ „	12	9	8	14	
d) „ „ Spitzstufen	„ „	11	8	7	13	
e) „ beiderseits eingemauerte Spitzstufen	„ „	3	3	3	1,2	
f) für Anarbeitung eines Rundstabes	„ „	1,5	2	2	1,5	
g) für Anarbeitung eines Profiles	„ „	5	5	5	5	
h) „ „ „ Falzes	„ „	3	4	4	3	
i) „ „ einer Schräge	„ „	1	1	1	1	
k) „ „ „ feingestockten Schalung	„ „	5	18	16	8	
l) für Schleifen und Polieren der Profile	„ „	8	25	24	12	
m) für Anarbeiten eines Stoßfugenkopfes	je Stück	1	1	1	1	
n) für Anarbeiten eines reinen Kopfes	„ „	2	2,5	2,5	2	
o) „ „ „ konkaven oder konvexen Kopfes	„ „	3,5	4	3,5	3,5	
p) für halbkreisförmige oder elliptische, glatte, volle oder halbe Rundköpfe bis 0,4 m Breite	„ „	6	6	6	6	
q) für ebensolche über 0,4 m Breite für je 10 cm Mehrbreite	„ „	2	2	2	2	
2. **Zargen, Gewände, Sturze, Sohlbänke,** glatt, ohne Profil und Falz für Stücklängen bis 1,5 m (für je 30 cm Mehrlänge 15% Zuschlag)	bis 15/15	22	23	20	17	Mittelharter Stein Gewändemaße abweichender Querschnittsdimension werden nach der analogen Querschnittssumme berechnet, z. B.: 15/24 = 39 ist gleich bis 20/20. Bei Wiederkehrungen und Wiederbrettungen wird zur abgewickelten Länge noch je 0,25 m zugeschlagen
	„ 15/20	24	25	22	19	
	„ 20/20	26	28	24	21	
	„ 20/25	29	30	26	23	
	„ 25/25	32	34	28	25	
	„ 25/30	36	38	32	27	
	„ 30/30	40	42	36	30	
Aufzahlungen						
a) für Ausarbeiten von Stufeneinlässen	je m′	12	12	12	9	
b) für mehr als 2 Häupter, je Haupt	„ „	3	3	3	2,5	
c) „ Fall bei Sohlbänken und Stürzen	„ „	3	3	3	2,5	
d) für Fälze, Profile usw. durchlaufend	wie bei Stufen					

Kategorie	Maße in cm	Harter Stein	Oberösterr. Granit	Nieder österr. Granit	Mittelharter Stein	Anmerkung
3. **Baluster** oder **Attikasockel** und **Decksteine,** glatt mit Falz oder **Zapfenlöcher**	bis 15/20	30	32	28	24	einseitig profiliert 20%, zweiseitig profiliert 40% Zuschl.
4. **Trottoir-Randsteine** nach behördlicher Vorschrift von 1,5 m Länge aufwärts	32/24 30/20 20/24	— — —	25 24 23	24 23 22	— — —	—

Anmerkung: Bogenförmige Kurrentsteine werden an der größeren Bogenlänge abgewickelt, gemessen und erhalten Aufzahlungen bis 5 m Radius 50%, bis 10 m Radius 30%, über 10 m Radius 20%.

D. Steine nach Stückzahl (Preise in Schilling)

Post	Kategorie	Weiche Steine	Mittelharte und Sandsteine	Harte Steine	Oberösterr. Granit	Nieder-österr. Granit
1	**Baluster,** rund, profiliert, mit horizontalem Auflager bis 0,8 m Höhe	20	30	45	—	—
2	Ebensolche mit schrägem Auflager	22	34	50	—	—
3	Ebensolche mit eckigen Plinten und horizontalem Auflager	24	35	52	—	—
4	Ebensolche mit eckigen Plinten und schrägem Auflager	26	40	58	—	—
5	**Quadratische,** profilierte **Baluster** bis 0,8 m Höhe	48	55	90	—	—
6	**Achteckige,** ebensolche wie oben	60	70	110	—	—
7	**Glatte,** prismatische **Baluster** (Geländerstäbe) 10 bis 12 cm Querschnitt, 0,8 m hoch	12	16	24	—	—
8	**Kugeln** (Zierkugeln oder Radabweiser bis 0,30 m Durchmesser	25	36	50	50	45
9	**Bankfußsteine,** nach Profil ausgearbeitet bis 15 cm dick, 30 cm breit, 1,0 m lang	—	40	60	50	45
10	**Pfannensteine** 0,20 m dick, 0,30 m im Quadrat mit Pfannenloch	—	—	12	12	10
11	**Barrieresteine** bis 0,30 m Durchmesser mit Erdeingriff bis 1,50 m hoch	—	—	58	55	48
12	**Grenzsteine,** quadratisch, rechteckig oder dreieckig bis 0,20 m breit, 0,30 m lang, 1,0 m hoch, auf 0,60 m rein gearbeitet	—	—	14	12	10
13	**Trottoirplatten,** oben und an den Stoßfugen gestockt:					
	a) 0,474×0,474 und 0,145 bis 0,17 dick	—	—	—	8	7
	b) 0,316×0,316 „ 0,145 „ 0,17 „	—	—	—	4	3,5

E. Arbeiten an Werksteinen (Preise in Schilling)

Art der Arbeit	Ausmaß	Weiche Steine	Mittelharte und Sandsteine	Harte Steine	Marmore	Granite	Anmerkung
1. Rauhe Steinflächen:							
a) Spitzen	je m²	3,00	5,00	8,00	10,00	10,00	
b) Kröneln oder Stocken	„ „	4,00	7,00	10,00	12,00	14,00	
c) Scharrieren	„ „	6,00	10,00	14,00	16,00	20,00	Bei Wiederkehrungen u. Wiederbrettungen wird zur Länge der doppelte Vorsprung, mindestens aber 50 cm, zugeschlagen
2. Gesimse ausarbeiten nach Fläche:							
Höhe + Breite × Länge (Maße unter 0,10 m breit werden voll mit 0,10 m breit berechnet)	„ „	24,00	36,00	50,00	60,00	70,00	
3. Gesägte, gestockte oder scharrierte Flächen:							
a) Mattschleifen	„ „	—	—	16,00	16,00	70,00	
b) Polieren	„ „	—	—	20,00	20,00	80,00	
4. Pflaster ritzen auf 10 cm Ritzentfernung	„ „	—	—	5,00	6,00	7,00	
5. Gefälle anarbeiten an Platten usw.:							
a) einseitig	Zuschlag auf Grundpreise	5%	5%	5%	5%	5%	
b) zweiseitig		10%	10%	10%	10%	10%	
c) dreiseitig		15%	15%	15%	15%	15%	
d) vierseitig		20%	20%	20%	20%	20%	Bei Ausführung der Arbeiten Post 1 bis 12 an gekrümmten Flächen oder in gekrümmten Linien gilt ein Zuschlag von 60%
6. Saum herstellen	je m′	0,50	0,80	1,50	1,50	1,50	
7. Falz herstellen	„ „	1,50	2,50	3,50	4,00	4,00	
8. Nut herstellen	„ „	1,80	2,80	4,50	5,00	5,00	
9. Fase bis 5 cm breit herstellen	„ „	0,50	0,70	1,20	1,20	1,20	
10. Wassernase „ 5 „ „ „	„ „	1,80	2,80	4,50	5,00	5,00	
11. Kannelierung in Lisenen od. Säulen	„ „	2,50	3,50	6,00	7,00	8,00	
12. Zahnleisten herstellen:							
a) bis 6 cm Höhe, 8 cm Zahntiefe	„ „	7,00	14,00	20,00	24,00	—	
b) „ 9 „ „ 12 „ „	„ „	9,00	17,00	25,00	30,00	—	
c) „ 12 „ „ 15 „ „	„ „	11,00	20,00	30,00	36,00	—	
13. Löcher bohren bzw. ausarbeiten, rd.							Bei quadratischen oder rechteckigen Löchern 50% Zuschlag. Bei Bohrtiefe über 0,50 m 40% Zuschlag
a) bis 5 cm Durchmesser	„ „	8,00	14,00	20,00	20,00	24,00	
b) „ 10 „ „	„ „	11,00	18,00	26,00	26,00	30,00	
c) „ 15 „ „	„ „	14,00	22,00	32,00	32,00	36,00	
d) „ 20 „ „	„ „	17,00	26,00	38,00	38,00	44,00	
e) „ 25 „ „	„ „	20,00	30,00	44,00	44,00	50,00	

F. **Arbeiten am Bau** (Preise in Schilling)

I. In Naturstein

Art der Arbeit	je m³	je m²	je m′
1. **Versetzen von Werksteinen** bei normalen Verhältnissen, d. h. ohne eventuelle weitere Maurerarbeit (Anmauerungen, Ziegel- oder Betonausfütterungen)	120	18	6
2. **Überarbeitung von Steinfassaden** oder sonstigen Steinflächen, hohl für voll gemessen, d. h. ohne Abzug der Tür- und Fensteröffnungen, je nach architektonischer Gliederung und je nach Material (ohne Gerüstung)	—	15 bis 25	—
3. **Glattgetretene Stiegen** (Stufen und Podeste) überstocken	—	Harter Stein 6,— Granit 12,—	Harter Stein 2,50 Granit 4,50
4. **Ausgetretene Stiegen** (Stufen und Podeste) aufspitzen, mit Kunststein auftragen und abstocken	—	Harter Stein 26,— Granit 30,—	Harter Stein 10,— Granit 12,—

II. In Kunststein und Beton

Art der Arbeit	spitzen oder kröneln	stocken	scharrieren
	je m²		
1. **Inkrustieren,** d. h. auftragen einer Kunststein-Verkleidungsschichte:			
a) als glatte Sockel-, Mauer- oder Pfeilerfläche auf Ziegel oder Beton rund 3 cm stark	Material S 4 Auftragen „ 8 Bearbeitung „ 8	S 4 „ 8 „ 9	S 4 „ 8 „ 12
	zusammen S 20	zusammen S 21	S 24
b) als Stufen mit glattem Spiegel auf Betonkernstufen, rund 1 cm stark; Spiegel und Trittfläche abgewickelt gemessen		Material S 4 Auftragen „ 10 Bearbeitg. „ 10	S 4 „ 10 „ 13
		zusammen S 24	S 27
2. **Ebene, senkrechte Flächen und horizontale Oberflächen steinmetzmäßig bearbeiten** je m²	8	9	12
3. **Gegliederte Flächen, horizontale Untersichten, Verkröpfungen, Kannelierungen und Gesimse** (abgewickelt gemessen, wobei Einzelmaße unter 0,10 m voll mit 0,10 m berechnet werden) wie vor bearbeiten je m²	12	14	18

G. Plattenverkleidungen (Marmor und Hartgestein)

Minimalgröße 0,10 m² (Stücke unter 0,10 m² werden mit 0,10 m², Streifen unter 0,30 m breit werden mit 0,30 m voll berechnet)

Normalgröße 1 m². Bei größeren Stücken werden für je ½ m² Mehrgröße 15% zugeschlagen

I. Marmor

Art	Verkleidungsplatten 2 cm stark, eine Sichtfläche geschliffen und poliert, mit geraden Kanten in normaler Dimensionierung je m² Lieferung, franko Wien berechnet							
Preis in Schilling je m²	65	70	75	80	85	100	120	150
Materialsorten	Belgischer Granit, Rosa Corallo, Veroneser Mandorla, Rouge-fleury, Suchomaster, Ungar. rot, Sallaer, St. Stefano Karst	Bardiglio com., Belg. rot, Malplaquet, Sikloser, Repentabor, Travertin	Untersberger Lünell, Calacatta, Napoleon Carrara III	Arabescato, Bard. fior. I, Piastraccia Carrara II	Laaser, St. Anna, Vert d'Estoures, Bleu belge, Vert Rose	Vert d'Alpes, Noir fin, Paonazzo viola, Polcevere, Siena Paonazzo, Rosso levante, Fantastico, Siena unito	Bianco P, Portovenere, Skyros d'Italia, Vert Tinos	Vert antique, Paonazza Ia

Anmerkung: Bei Platten über 2 cm Stärke wird für jeden cm Mehrstärke 40% auf vorstehende Preise zugeschlagen.

Polierte Kanten werden bei Berechnung des Quadratausmaßes mitgemessen.

Versetzen wie unter Absatz F (Abeiten am Bau).

II. Hartgestein

Art	Verkleidungsplatten 2½ bis 3 cm stark, sonst wie vor beschrieben					
Preis in Schilling je m²	200	200	200	230	280	280
Materialsorten	Gmündner Granit, Schremser Granit	Freistädter Granit, Neuhauser Granit, Mauthauser Granit	Böhmische Granite, Schlesische Granite	Inländische Syenite, Ausländische Syenite	Schwedische Granite rot, Schwedische Granite, grün, Schwedische Granite, braun	Schwedische Granite, schwarz

Anmerkung: Bei Platten über 3 cm Stärke wird für jeden cm Mehrstärke 40% auf vorstehende Preise zugeschlagen.

Polierte Kanten werden bei Berechnung des Quadratausmaßes mit dem 1½fachen mitgerechnet.

Versetzen von Hartgesteinplatten je m² *S 28,—*.

H. Monumentalarbeiten (Preise in Schilling)

Kategorie	Inländ. weißer Marmor	Laaser oder Carrara-Marmor	Inländ. Granit	Inländ. Syenit	Böhm. und schles. Granit	Schwed. Granit, schwarz, grün u. rot
1. **Monumentstücke** glatt						
a) einseitig poliert je m³	1000	2900	1100	1400	1200	3000
b) zweiseitig „ „ „	1100	3100	1300	1600	1400	3200
c) dreiseitig „ „ „	1200	3300	1500	1800	1600	3400
d) vierseitig „ „ „	1300	3500	1700	2000	1800	3600
2. **Kanten, Fasen, Kehlen, Stäbe** und sonstige Profile werden nach Gliedern berechnet, jeder cm gilt als ein Glied						
a) bearbeitete Glieder je m′	4	4	5	5	5	6
b) polierte „ „ „	7	7	10	10	10	12
3. **Gruftbeläge** nach Wiener Norm 1,58 breit, 3,60 m lang, je Stück						
a) mit dreiteiliger Deckplatte, gestockt	1000	3000	750	1500	800	—
b) „ einteiliger „ „	1100	3100	800	1600	900	—
c) „ dreiteiliger „ poliert	1200	3200	1400	2200	1500	4500
d) „ einteiliger „ „	1300	3300	1500	2300	1500	4600
4. **Grabeinfassungen** $^{20}/_{20}$ cm stark, je m′						
a) zweiseitig, rein gestockt	40	115	23	54	25	—
b) „ poliert	50	130	58	98	60	165
5. **Grabdeckplatten** 0,15 dick, einteilig, je m²						
a) gestockt	250	600	140	240	160	—
b) poliert	300	650	280	380	300	900
6. **Inschriften** normaler, einfacher Art in geschliffenen Flächen prismatisch vertieft gehauen, je Buchstabe						
a) bis 3 cm groß	0,25	0,25	0,42	0,42	0,42	0,42
b) „ 5 „ „	0,30	0,30	0,50	0,50	0,50	0,50
c) „ 10 „ „	0,40	0,40	0,65	0,65	0,65	0,65
7. **Vergoldung der Inschriften,** je Buchstabe						
a) bis 3 cm groß	0,06	0,06	0,08	0,08	0,08	0,08
b) „ 5 „ „	0,08	0,08	0,10	0,10	0,10	0,10
c) „ 10 „ „	0,10	0,10	0,12	0,12	0,12	0,12

Anmerkung: Maße unter 0,25 werden voll mit 0,25 m berechnet. Die Minimalgröße des einzelnen Stückes beträgt 0,05 m³; Stücke unter 0,05 m³ werden voll mit 0,05 m³ berechnet.

Verschiedene Materialien

Steinkitte für Ausbesserungen und Stufenreparaturen je kg .... S 1,50
Kittflüssigkeit je kg .... „ 1,00
Kittmehl je kg .... „ 1,50

Tabelle über Grundpreise von Bauhölzern und Schnittmaterialien in trockenem Zustande, aus rechtzeitig gefällten Stämmen [1])

Gattung		Fichten- oder Tannenholz					Inländisches Föhrenholz		Lärchenholz			Inländische Eiche [2])	
		bis einschließlich											
		6	9	12	15	18	6	9	6	9	12	6	9
		Meter Länge											
		kostet 1 m^3 (Festmeter) in Schilling österreichischer Währung franko Waggon Wien											
Rundhölzer													
Mittendurchmesser	12 bis 19 cm..	—	—	34	35	37	—	—	—	—	—	—	—
	20 „ 25 „ ..	31	33	34	36	38	31	34	42	46	49	52	62
	26 „ 30 „ ..	31	33	40	42	50	31	34	42	47	51	59	69
	31 „ 40 „ ..	32	34	40	43	52	33	36	46	50	53	72	82
	41 „ 50 „ ..	37	39	47	50	57	35	38	48	53	57	82	92
Kanthölzer													
Querschnitt	8 bis 15 cm..	74	86	100	120	130	—	—	95	115	135	180	220
	15 „ 20 „ ..	76	90	105	130	140	70	88	100	123	140	180	220
	20 „ 25 „ ..	82	95	110	135	145	77	94	110	130	150	200	240
	25 „ 30 „ ..	87	105	115	145	155	82	102	115	140	155	240	260
	30 „ 35 „ ..	110	120	130	160	170	107	117	150	160	170	260	280
	35 „ 40 „ ..	125	145	165	190	210	122	145	155	190	210	270	290

Gattung	Schnittmaterial bis 6 m Länge			
	Fichten- oder Tannenholz	inländisches Föhrenholz	Lärchenholz, sägefallend	inländische Eiche [1])
	kostet 1 m^3 (Festmeter) in Schilling österreichischer Währung franko Waggon Wien			
Tischlerware				
12, 13, 15 mm auf 8 bis 17 cm	85	85	90	(130)
18, 20 „ „ 8 „ 17 „	85	85	90	(130)
24, 26 „ „ 8 „ 17 „	90	80	95	(130)
40, 45, 50 „ „ 13, 16, 19 „	100	—	105	—
12, 13, 15 „ „ 18 bis 32 „	120	—	—	(220)
18, 20 „ „ 18 „ 32 „	115	110	125	(200)
24, 26, 30, 33 „ „ 18 „ 32 „	110	105	120	(160)
40, 45, 50, 55 „ „ 20 „ 36 „	110	105	120	(160)
60, 65, 70, 75, 80 „ „ 24 „ 36 „	115	115	125	(160)
Bauware				
12, 13, 15 mm auf 8 bis 17 cm	67	62	—	—
18, 20 „ „ 8 „ 17 „	67	61	—	—
24, 26 „ „ 8 „ 17 „	70	61	—	—
40, 45, 50 „ „ 13, 16, 19 „	75	71	—	—
12, 13, 15 „ „ 18 bis 32 „	85	80	—	—
18, 20 „ „ 18 „ 32 „	83	75	—	—
24, 26, 30, 33 „ „ 18 „ 32 „	74	70	—	—
40, 45, 50, 55 „ „ 20 „ 36 „	78	70	—	—
60, 65, 70, 75, 80 „ „ 24 „ 36 „	80	72	—	—
Schiffböden, gehobelt, mit Nut und Feder, rauhes Maaß	125	—	140	—

[1]) Stand Mitte 1930.

[2]) Die in Klammern befindlichen Preise beziehen sich auf inländische Eiche, geschnitten; unbesäumte Merkantilware.

Die Zimmererarbeiten

Von Ing. Hugo Bronneck, beh. autor. Zivilingenieur

Vorbemerkung

Die im folgenden angegebenen Arbeitszeiten stellen vielfach erprobte Durchschnittsleistungen dar. Sie enthalten den reinen Zeitaufwand (Handarbeitszeit) für die verschiedenen Bauherstellungen einschließlich der Beförderung des Materials von einem in nächster Nähe der Baustelle liegend angenommenen Lagerplatz auf den Bau.

Bei einer jeden Bauherstellung vorkommende besondere Nebenarbeiten, wie die Bewachung des Materialplatzes, das Aufräumen und Reinigen nach Fertigstellung der Arbeiten usw., müssen jeweils besonders veranschlagt werden.

Verrechnung der Zimmererarbeiten

a) Materiallieferungen

Rundholz	nach	m^3 (Festmeter)
Baustangen	„	Stück oder Lfm
Kantholz von $^{10}/_{10}$ cm aufwärts	„	m^3
Kantholz unter $^{10}/_{10}$ cm und Latten	„	Lfm
Schnittwaren	„	m^2
Nägel: bis 100 mm Länge	„	kg
über 100 mm Länge	„	Stück
Dachpappe	„	m^2

b) Verarbeitetes Material

Rund- und Kantholz[1]) nach Lfm.

Schnittwaren nach m^2 (auch Lfm, z. B. Gesimse).

Latten nach Lfm. (auch m^2, z. B. Auflattung).

Holzdecken nach m^2 (Balkenauflager mitgemessen).

Fußböden nach m^2 (bei unverputzten Räumen, von Mauergrund zu Mauergrund gemessen, bei verputzten Decken 2 cm Untergreifung mitgerechnet); in runden Räumen, Berechnung nach der kleinsten umschriebenen Rechtecksfigur (bei Flächen über 4 m^2 das wirkliche Ausmaß).

Lotrechte Verschalung mit runder Begrenzung nach der kleinsten umschriebenen Rechtecksfigur.

Dachstühle nach m^2 Grundfläche, Dachvorsprünge mitgerechnet, Lichthöfe bis zu 4 m^2 nicht abgezogen. Ichsen und Grate in Lfm gleich 1 m^2 Dachgrundfläche. Bei übereinanderliegenden Verschiftungen zweier Dachstühle wird die übereinanderliegende Dachfläche nach der Grundfläche doppelt gerechnet. Die Grundfläche von teilweise oder ganz abgerundeten Dächern wird nach dem umschriebenen Rechteck berechnet.

Treppen nach 1 Tritt (für Blockantritte ist ein Zuschlag zu verrechnen); Antrittspfosten sind besonders zu verrechnen; Antrittspfosten zählen, wenn sie mit den Treppenwangen zusammengearbeitet werden müssen, zur Treppe; freistehende Austritts- oder Endpfosten sind besonders zu verrechnen.

Treppengeländer nach Lfm, in der Richtung des Handgriffes gemessen.

---

[1]) Bei Bestimmung der Längen der Einzelhölzer ist für die Zapfen ein Zuschlag von 5 cm in Anrechnung zu bringen.

Gewählte Abkürzungen:
Z. = **Zimmererstunde** H. = **Hilfsarbeiterstunde**

A. Die Bearbeitung des Holzes

I. Schneiden des Rundholzes zu Kant- und Schnittholz

In Süddeutschland übliche Einteilung des Nadelstammholzes in Klassen:

Klasse	I	II	III	IV	V	VI
Mindestlänge (in m)	18	18	16	14	12	auf 1 m über Stammhöhe mindestens noch 14 cm
Mindest-Zopfdurchmesser (in cm)	30	22	17	14	12	

Allgemein übliche Einteilung des Bauholzes in Klassen (Abb. a bis c):

I. Kl. Baumwalziges Bauholz (c). Das Bauholz muß am Zopfende mindestens noch die vorgeschriebene Kantholzstärke aufweisen. Zum mindesten muß die hohe Holzseite noch eine „sichtbare“ kleine Schnittfläche aufweisen.

II. Kl. Bauholz mit üblicher Baumwalze (b). Hölzer, bei denen die Baumwalze, übereck gemessen, bis ein Viertel der größeren Querschnittsseite an Breite aufweisen darf.

a) *b*) *c*)

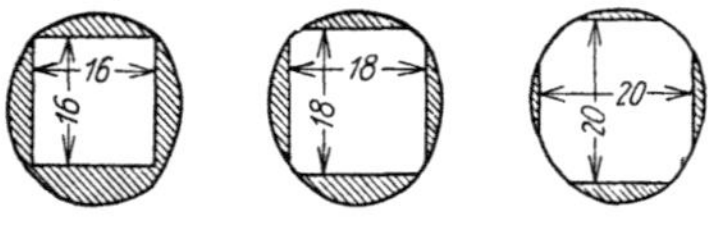

III. Kl. Vollkantiges Bauholz. Die Baumwalze ist auf allen vier Ecken gestattet und darf, übereck gemessen, ein Siebentel bis höchstens ein Sechstel der größeren Querschnittsseite betragen.

IV. Kl. Scharfkantiges Bauholz (a). Wenn nicht bei der Lieferung ausdrücklich das Vorhandensein einer Baumwalze ausgeschlossen wurde, gilt eine solche von einem Zehntel der größeren Querschnittsseite als zulässig. Gehobelte scharfkantige Hölzer dürfen an sichtbaren Flächen keine Baumwalze besitzen.

Die folgende Tabelle gibt eine Zusammenstellung der durchschnittlichen Ausbeute beim Einschneiden der verschiedenen Stammholzklassen.

Ausbeutungstabelle — Nutzprozente im Durchschnitt
für die wichtigsten Zimmermannshölzer und Schnittwaren, Schwarten und Sägemehl

Holzart	Holzquerschnitt in cm²	Holzlängen in m	Stammholzklassen	Ausbeute in Prozenten für das Festmeter (ohne Rinde)			
				Bauholz	Seitenbretter und Latten	Schwarten	Sägemehl
I. Baumwalziges Bauholz	bis 200	bis 8	V und VI	80—85	8—12	5—10	7—12
	„ 300	„ 6	III „ IV	76—80	10—12	6—8	8—10
	„ 300	„ 10	III „ IV	70—72	12—15	5—7	10—12
	„ 300	„ 10	II „ III	65—68	16—20	6—8	12—14
	„ 400	„ 10	II „ III	54—56	25—30	7—9	12—16
II. Bauholz mit üblicher Baumwalze	bis 300	bis 6	II bis IV	69—71	12—16	5—8	11—15
	„ 400	„ 10	II „ IV	65—67	15—18	6—7	12—16
	„ 400	„ 14	II „ IV	50—60	22—30	7—8	13—16
III. Vollkantiges Bauholz	bis 300	bis 8	III und IV	56—60	18—21	7—10	12—16
	„ 400	„ 14	II „ III	48—52	26—32	6—12	12—18
IV. Scharfkantiges Bauholz	bis 300	bis 8	II bis IV	49—52	24—28	8—10	14—16
	„ 400	„ 14	II und III	44—48	26—34	8—10	13—17

Die Preisbildung von Bau- und Schnittholz

Das folgende Beispiel zeigt die Art und Weise, wie der Preis des Bau- und Schnittholzes aus dem Preise des geschlägerten Rundholzes abgeleitet wird.

Beträgt der Stockpreis des Rundholzes x, so können die Kosten für die gesamte „Waldmanipulation" (das sind Fällen, Entwurzeln, Abrinden und Zustreifen bis zu einem fahrbaren Weg) samt Zufuhr zum Sägewerk, einschließlich Abladen daselbst bzw. samt Zufuhr zur nächstgelegenen Bahnhaltestelle einschließlich Verladen, bei einer Entfernung bis zu 5 km vom Sägewerk bzw. von der Bahn mit ∾ 100% des Stockpreises, für jeden Kilometer Mehrentfernung mit weiteren 10% des Stockpreises veranschlagt werden.

Die Kosten des Einschnittes im Sägewerk samt allen mit diesem im Zusammenhang stehenden sonstigen Ausgaben können

für laufende Ware mit 33% des Preises frei Säge,

für nach Liste eingeschnittene Ware mit 45 bis 50% des Preises frei Säge angenommen werden.

Z. B. Holzgewinnung etwa 9 km vom Sägewerk entfernt, Einschnitt laufender Ware:

Stockpreis für 1 Festmeter	10,00
Fällen, Entwurzeln	2,00
Wälzen, Zustreifen	2,00
Zufuhr samt Abladen	10,00
Preis frei Säge	24,00
Einschnitt 33%	8,00
	32,00

Bei einem Ausnützungsverhältnis des Rundholzes von 70% berechnet sich der Preis von 1 m³ Kantholz samt Seitenware zu

$$P = \frac{32 \cdot 100}{70} = \mathbf{45{,}55}$$

II. Beschlagen des Rundholzes

1 Lfm Rundholz vierseitig rein behauen:

Behauen eines Stammes vom Durchmesser in cm	auf einen Holzquerschnitt in cm	Zeitaufwand in Z-Stunden für		Abfall
		Weichholz	Hartholz	
10	6/8 bis 7/7	0,2	0,25	a) beim Eichenholz, je nach der Stärke des Kantholzes, der Form und dem Wuchs des Stammes, 30 bis 40%
13	8/10 „ 9/9	0,25	0,35	
15	9/12 „ 10/10	0,35	0,5	
17	10/14 „ 12/12	0,4	0,55	
20	12/16 „ 14/14	0,45	0,7	
25	15/20 „ 17/17	0,6	0,9	b) beim Nadelholz, je nach der Art des Bauholzes, ob dasselbe baumwalzig, scharfkantig usw. ist, 10 bis 25%
30	18/24 „ 21/21	0,87	1,1	
35	21/28 „ 24/24	1,1	1,5	
40	24/32 „ 28/28	1,3	1,8	
45	27/36 „ 31/31	1,6	2,6	
50	35/40 „ 35/35	2,5	3,0	

III. Bearbeitung des Kantholzes

Abrunden der Kanten. 1 Lfm Kante abrunden: Weichholz...... 0,05 Z.-St.
Hartholz....... 0,07 „

Ausfalzen. 1 Lfm Falz (3/3,5 cm) herstellen: Weichholz...... 0,12 „
Hartholz....... 0,15 „

Bohren von Löchern für Schrauben. a) für je 10 cm Lochtiefe l bis $l = 20$ cm (Bohrlochdurchmesser d in Zentimetern): Weichholz........0,02 d ...... Z.-St.
Hartholz ....0,03 d ...... „
b) für je weitere 5 cm Lochtiefe: Weichholz........0,0125 d .... „
Hartholz ....0,020 d ..... „

Einstemmen von Zapfenlöchern in Weichholz (Lochtiefe 5 cm).

Lochgröße	4/12	4/15	5/14	5/18	6/17
Z.-St.	0,10	0,13	0,13	0,15	0,15

Beim Einstemmen von Löchern in die Höhe Zuschlag von ∾ 20% ohne Zeitaufwand für Gerüstherstellung.

Fasen. 1 Lfm Kante abfasen: Weichholz...................... 0,05 Z.-St.
Hartholz .... 0,07 „

Hobeln. 1 m² Kantholz, lufttrocken, nicht durch Sand verunreinigt, hobeln:
Weichholz, beschlagen .... 0,35 Z.-St.
gesägt .... 0,30 „
Hartholz, beschlagen .... 0,45 „
gesägt .... 0,35 „

Nuten. 1 Lfm Nut (3/3 cm) herstellen: Weichholz............. 0,15 Z.-St.
Hartholz .... 0,20 „

Profilieren. Durchschnittlicher Zeitaufwand für die am häufigsten vorkommenden einfachen Profilierungen:

1 Balkenkopf mit Spiegel .... 0,20 Z.-St.
1 „ „ Hohlkehle und Rundstab .... 0,35 „
1 Pfettenkopf „ „ oder „ .... 0,25 „
1 „ „ „ und „ .... 0,35 „
1 Sparrenkopf mit ganzer Schweifung .... 0,40 „
1 Grat- oder Kehlsparrenkopf mit ganzer Schweifung .. 0,70 „

Liegen die Deckenbalken unter gewöhnlichen Wohnräumen höchstens 90 cm, unter Gängen und sonstigen stärker belasteten Räumen höchstens 80 cm von Mitte zu Mitte, dann kann die Stärke der Sturzbodenschalung mit 2 cm, besser 2,5 cm, angenommen werden.

Zähne anarbeiten. 1 Lfm Zähne für verzahnte Balken anarbeiten, d. i. Einschneiden und Ineinanderpassen der Zähne, Abhobeln und Aufeinanderpassen der Flächen, Abschnüren und mehrmaliges Aufeinandersetzen der Balken bei B cm Balkenbreite:

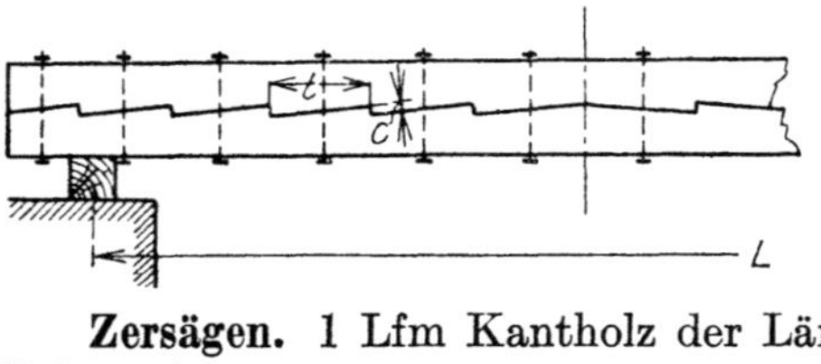

Weichholz ....0,045 B ... Z.-St.
Hartholz ....0,067 B ... „

Zersägen. 1 Lfm Kantholz der Länge nach durchsägen, für jedes Zentimeter Holzstärke:

Weichholz .... 0,03 Z.-St.
Hartholz .... 0,04 „

IV. Bearbeitung des Schnittholzes

a) Handarbeit

Falzen. 1 Lfm Brettkante falzen .... 0,065 Z.-St.
Fugen. 1 Lfm Brett oder Latte fugen .... 0,05 „

(Werden Latten auf zwei oder drei Seiten gehobelt, so ist die Arbeitszeit so zu berechnen, wie wenn sie gefugt würden.)

Hobeln. 1 m^2 Bretter (weich, lufttrocken, nicht sandig) hobeln 0,3 „
Nuten. 1 Lfm Brettkante nuten .... 0,065 „
Profilieren. 1 Lfm Kante stäben, kehlen, abrunden bis zu 5 cm abgewickelte Kantenfläche .... 0,2 „
1 Lfm Kante wie vor, jedoch bis zu 10 cm abgewickelte Kantenfläche .... 0,3 „
1 m^2 wie vor, jedoch über 10 cm abgewickelte Kantenfläche .... 2,4 „

b) Maschinenarbeit (Maschinenzeit)

Bedienung: ein Maschinenarbeiter, ein Hilfsarbeiter

Fugen und Falzen. 1 m^2 lufttrockene, weiche Bretter verschiedener Breite und Länge, fugen und falzen .... 2 Minuten
Hobeln. a) 1 m^2 Bretter, wie vor, einseitig auf gleichmäßige Dicke hobeln .... 2 „
b) 1 m^2 Bretter, wie vor, beiderseits auf gleichmäßige Dicke hobeln .... 3 „
Nuten und Federn. 1 m^2 Bretter einseitig und auf gleiche Breite und Dicke hobeln, nuten und federn .... 6÷8 „

B. Die Holzdecken

I. Allgemeine Angaben

Alle den nachfolgenden Materialzusammenstellungen für verschiedene Deckenarten zugrundegelegten Balkenabmessungen sind unter der Annahme der gewöhnlichen (Nutz-) Belastung für Wohnräume mit 250 kg/m^2 berechnet.

Die angesetzten Raumtiefen sind Lichtmaße von Mauergrund zu Mauergrund, entlang der Balkenlängen gemessen und bedeuten somit die freie Länge der Deckenbalken. Die ausgeworfenen Balkenstärken entsprechen einer Tragfähigkeit von 500 kg/m^2, d. i. der zufälligen Last (Nutzlast) für gewöhnliche Wohnräume (250 kg/m^2), vermehrt um das Eigengewicht der Decke (250 kg/m^2).

Bei Decken mit Unterzügen ist für die Preisberechnung als Raumtiefe die Entfernung der Stützpunkte der Deckenbalken (von Mauer zu Unterzug oder von Unterzug zu Unterzug) anzunehmen, und sind die Unterzüge mit ihren Stützen besonders zu verrechnen.

Sollen Decken für andere als zu gewöhnlichen Wohnräumen bestimmte Baulichkeiten hergestellt werden, dann erfolgt die Berechnung der Balkenstärken nach den mit ÖNORM festgelegten „Belastungen im Hochbau". (Siehe S. 105.)

Stockwerkszuschlag. Die Deckenbalken sind im Mittel 1 m weit voneinander verlegt angenommen und bezieht sich der für sämtliche Deckenteile berechnete

Zeitaufwand auf die Herstellung von Decken in der ersten Geschoßhöhe von 4 bis 5 m über dem Erdboden. Für höher gelegene Decken ist der Preis, wo nicht besonders angegeben, **für jedes Stockwerk um ½ v. H.** des aus der Berechnung ersichtlichen Arbeitslohnes zu erhöhen.

Das Unterlegen der Balkenköpfe mit durchlaufender Rastschließe entlang der Mauerauflager ist in sämtlichen hier angegebenen Aufstellungen inbegriffen.

Die folgende Zusammenstellung gibt die größten zulässigen Stützweiten für die gebräuchlichsten Balkenstärken und Belastungen, und zwar beträgt nach obigen Belastungsangaben das Eigengewicht und die zufällige Belastung für 1 m² Decke:

a) für gewöhnliche Wohnräume .... 250 + 250 = 500 kg/m²
b) für Gänge, Tanz- und Konzertsäle usw. .... 250 + 400 = 650 ,,
c) für Geschäftsräume usw. in den Stockwerken ..... 250 + 450 = 700 ,,

Für eine zulässige Biegebeanspruchung des Holzes von 80 kg/cm² ergibt sich die größte zulässige freie Balkenlänge in Zentimetern:

Balken-abmessungen	Wohnräume 500 kg/m²			Gänge usw. 650 kg/m²		Geschäftsräume usw. 700 kg/m²	
	Freie Balkenstützweite bei einer Entfernung der Balken von Mitte zu Mitte von						
	80 cm	90 cm	100 cm	80 cm	100 cm	80 cm	100 cm
10/16	260	245	235	225	205	210	195
10/18	290	275	260	255	230	240	220
13/16	295	280	265	260	235	245	225
13/18	335	315	300	290	260	270	250
16/18	370	350	330	325	290	300	280
16/21	430	405	385	375	335	350	325
16/24	495	465	440	430	385	405	370
18/24	525	495	470	460	410	430	395
18/26	570	535	510	500	445	465	430
21/26	615	580	550	540	480	500	465
18/29	635	600	565	555	495	520	480
21/29	685	645	610	600	535	560	515
24/29	730	690	655	640	575	600	550
24/32	805	765	725	705	630	660	610

Für andere Balkenabmessungen ergibt sich die größte zulässige freie Balkenstützweite in Zentimetern aus:

$$l = 25{,}3\sqrt{\frac{W}{q}},$$

wobei W in cm³ das Widerstandsmoment des Balkenquerschnittes, q in kg/cm die Belastung des Balkens bedeuten.

Nachfolgende Tafel ermöglicht für verschiedene zulässige Biegebeanspruchungen (σ kg/cm²) die unmittelbare Ermittlung der günstigsten Querschnittsabmessungen von Rechteckbalken aus der Stützweite und Belastung.

Tabelle

zur unmittelbaren Ermittlung der günstigsten Querschnittsabmessungen von Rechteckbalken aus der Stützweite und Belastung

l .... Stützweite q .... Belastung für das Lfm			$h_{cm} = \alpha \cdot l_m$; $b_{cm} = \beta \cdot q$ kg/cm						Elastische Durchbiegung
$\sigma_b = 80$ kg/cm²			$\sigma_b = 90$ kg/cm²			$\sigma = 100$ kg/cm²			
$l_{cm} : q$ kg/cm	α	β	$l_{cm} : q$ kg/cm	α	β	$l_{cm} : q$ kg/cm	α	β	f
360	3,33	8,45	220	3,74	5,94	145	4,17	4,32	$^1/_{200}$
180	4,17	5,40	115	4,67	3,82	75	5,21	2,76	$^1/_{250}$
100	5,00	3,75	65	5,62	2,64	45	6,25	1,92	$^1/_{300}$
65	5,84	2,76	40	6,57	1,93	30	7,30	1,41	$^1/_{350}$
45	6,67	2,11	25	7,52	1,47	20	8,33	1,08	$^1/_{400}$
30	7,50	1,67	20	8,44	1,17	15	9,38	0,85	$^1/_{450}$
25	8,33	1,35	15	9,34	0,96	10	10,40	0,69	$^1/_{500}$

II. Die Balkenlagen

(Tram- und Dübeldecken)

a) Tramdecken

1. 1 m³ Kanthölzer zu Deckenträmen anarbeiten, aufziehen und legen:
im Erdgeschoß (im Durchschnitt) .... 18 Z.
Stockwerkszuschlag .... 1,5 H.

2. a) 1 Lfm Träme in Stärken von 10/18 bis 14/20 (ohne Verwendung von Rastschließen) anarbeiten, aufziehen und legen: in Weichholz ..... 0,25 ÷ 0,3 Z.
in Hartholz .... 0,4 ÷ 0,6 „

b) 1 Lfm Träme in Stärken von 16/20 bis 20/25, wie vor:
in Weichholz .... 0,35 ÷ 0,4 Z.
in Hartholz .... 0,6 ÷ 0,7 „

c) 1 Lfm Träme wie b), jedoch auf Rastschließen aufgekämmt: in Weichholz 0,5 Z.

3. 1 Lfm Träme, 8/18, 10/20 usw. für Siedlungsbauten, anarbeiten, aufziehen und legen 0,2 Z.

Anmerkung: Für beschlagenes Holz ist im Durchschnitt ein Zeitzuschlag von 5% zu machen.

b) Dübeldecken

Die Dübeldecken sind nach der Formel

$$P = \frac{b \cdot h^2}{L} \cdot \frac{\sigma_B}{10}$$

berechnet, wobei b, h die Querschnittsabmessungen, L die Stützweite der Dübelbalken in Zentimetern, σ_B die Bruchfestigkeit (für Tannenholz $\sigma_B = 600$ kg/cm²), der Wert 10 die angenommene Sicherheit bedeuten. Die Belastung ist auf die ganze Länge der Balken gleichmäßig verteilt angenommen.

Da die für 1 m² verlangte Tragfähigkeit mit 450 kg angenommen wird, so beträgt die für 1 Lfm Decke erforderliche Tragfähigkeit bei einer Raumtiefe von

3 m	1350 kg;	Dübeldecke von	9 cm	Stärke trägt	1620 kg
4 „	1800 „	„ „	12 „	„ „	2160 „
5 „	2250 „	„ „	14 „	„ „	2352 „
6 „	2700 „	„ „	17 „	„ „	2892 „
7 „	3150 „	„ „	20 „	„ „	3428 „
8 „	3600 „	„ „	22 „	„ „	3630 „
9 „	4050 „	„ „	25 „	„ „	4166 „
10 „	4500 „	„ „	28 „	„ „	4704 „

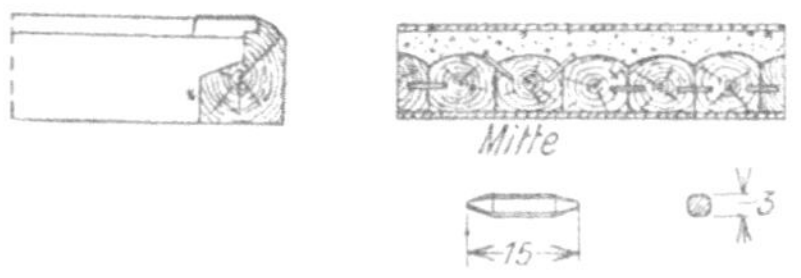

1. 1 m² Dübeldecke aus geschnittenen Dübelbalken herstellen, wobei das Rundholz auf zwei Seiten behauen und in der Mitte der Länge nach zersägt wird (Bearbeiten des Holzes, Aufziehen, Legen und Verdübeln):

Raumtiefe bis zu	3 m (Deckenstärke 9 cm)		4 m (Deckenstärke 12 cm)		5 m (Deckenstärke 14 cm)		6 m (Deckenstärke 17 cm)		7 m (Deckenstärke 20 cm)	
	Querschnitt	Länge m	Querschnitt	Länge m	Querschnitt	Länge m	Querschnitt	Länge m	Querschnitt	Länge m
Rastschließen 10/15 oder 12/12	—	0,67	—	0,50	—	0,40	—	0,33	—	0,29
Rundholz einschl. Dübel	⌀ 18 cm	4,11	⌀ 24 cm	2,77	⌀ 28 cm	2,27	⌀ 34 cm	1,78	⌀ 40 cm	1,39
Zeitaufwand	3,5 Z.		4,0 Z.		4,5 Z.		5,0 Z.		5,5 Z.	

2. 1 m² Dübeldecke wie unter 1., jedoch aus behauenen Dübelbalken herstellen, wobei die Stämme auf drei Seiten rein bearbeitet werden:

Raumtiefe bis zu	6 m (Deckenstärke 17 cm)		7 m (Deckenstärke 20 cm)		8 m (Deckenstärke 22 cm)		9 m (Deckenstärke 25 cm)		10 m (Deckenstärke 28 cm)	
	Querschnitt	Länge m	Querschnitt	Länge m	Querschnitt	Länge m	Querschnitt	Länge m	Querschnitt	Länge m
Rastschließen 10/15 oder 12/12	—	0,33	—	0,29	—	0,25	—	0,22	—	0,20
Rundholz einschl. Dübel	⌀ 21 cm	6,0	⌀ 25 cm	5,0	⌀ 27 cm	4,5	⌀ 31 cm	4,0	⌀ 35 cm	3,6
Zeitaufwand	7,2 Z.		8,0 Z.		8,5 Z.		9,0 Z.		10,0 Z.	

3. 1 m² Dübeldecke aus bereits bearbeitet geliefertem Holz herstellen:

Raumtiefe bis zu	3 m	4 m	5 m	6 m	7 m	8 m	9 m	10 m
Rastschließen 10/15 oder 12/12	0,67 m lang	0,50 m lang	0,40 m lang	0,33 m lang	0,29 m lang	0,25 m lang	0,22 m lang	0,20 m lang
Balken	9/9 lg. 11,10	12/12 lg. 8,33	14/14 lg. 7,14	17/17 lg. 5,88	20/20 lg. 5,00	22/22 lg. 4,54	25/25 lg. 4,00	28/28 lg. 3,58
Zeitaufwand	0,5 Z.	0,65 Z.	0,75 Z.	0,90 Z.	1,05 Z.	1,15 Z.	1,35 Z.	1,55 Z.

4. 1 Lfm lärchene Rastschließen anarbeiten, aufziehen und legen: 0,35 Z.

III. Die Zwischendecken

1. Der Sturzboden. 1 m^2 Sturzbodenschalung aus rauhen, 2,5 cm starken etwa 20 cm breiten Brettern verlegen und nageln:

a) mit 2,5 cm Übergreifung der Bretter zur Fugendeckung:

1,25 m^2 Bretter
25 Stück Nägel 42/120
0,4 Z.

b) mit Überlattung der Bretterstoßfugen:

1,05 m^2 Bretter
5,5 ÷ 7,0 m Decklatten 2/6 (2/5)
20 Stück Nägel 31/70, 15 Stück 28/50
0,55 Z.

c) mit gefugten und gefalzten Brettern:

1,2 m^2 Bretter
25 Stück Nägel 31/70
0,5 Z.

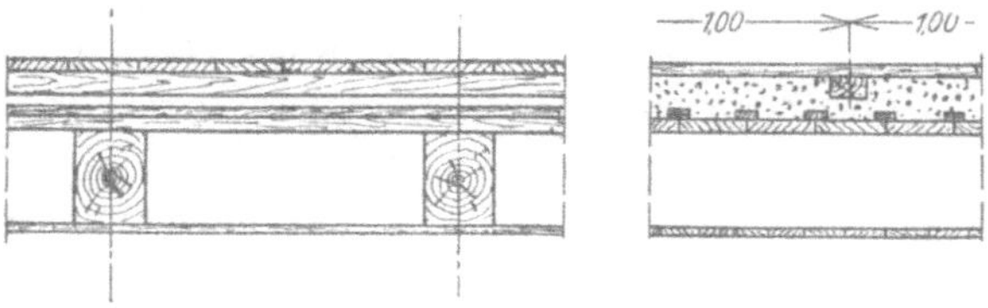

2. Die Einschubdecke (Fehlboden, Streifboden):

a) 1 m^2 Einschubdecke aus rauhen, 2,5 cm starken Brettern, zwischen die Holzbalken auf seitlich an diesen zu befestigende Traglatten gelegt (nicht genagelt), die (1,0 m von Mitte zu Mitte voneinander entfernten) Balken mitgemessen:

0,85 m^2 Bretter (je nach Trambreite)
2,1 m′ Traglatten 4/6
8 Stück Nägel 60/160
0,35 Z. (ohne Schneiden der Bretter).

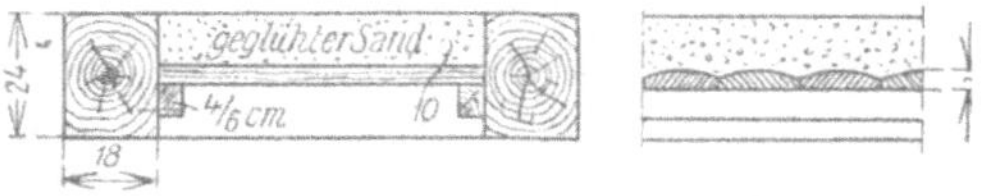

b) 1 m^2 Einschubdecke wie vor, jedoch aus gestreiften, nicht entrindeten Schwarten: 0,33 Z., einschließlich Entrinden 0,5 Z.

c) 1 m^2 Einschubdecke wie unter a), jedoch samt Nagelung und Überlattung der Bretterstoßfugen:

Zuschlag zu a)
4 ÷ 5 m′ Decklatten 2/6
20 Stück Nägel 31/70
0,35 Z.

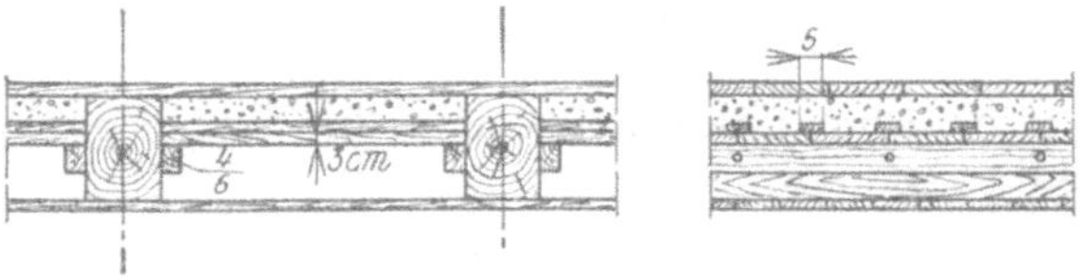

d) 1 m^2 Einschubdecke wie unter a), jedoch bei Einlegung der Bretter in einen 2 cm Randfalz, samt Nagelung und Überlattung der Bretterstoßfugen:

0,85 m^2 Bretter (je nach Trambreite)
4 ÷ 5 m′ Decklatten 2/6
20 Stück Nägel 31/70
0,85 Z. (samt Ausstemmen des Randfalzes).

e) 1 m^2 Einschubdecke wie vor, jedoch bei Einlegung der Bretter in einen 2 cm tiefen Mittelfalz:

Zuschlag zu d): 0,1 Z.

Anmerkung: 1 m′ Traglatten befestigen..... 0.05 Z.

3. Untere Deckenschalung:

a) 1 m^2 Auflattung von 2/5 (2,4/4,8) cm-Latten als Deckenlattung für die Unterlagen von Gipsdecken mit 1 bis 1,2 cm weiten Fugen:

10 m′ Latten
40 Stück Nägel 31/65 (einfach genagelt)
0,3 Z. (doppelt genagelt 0,4 Z.).

b) 1 m² Rohrdeckenschalung (Stukkaturschalung) aus 1,3 bzw. 2,0 cm starken, 8 cm breiten, bei größerer Breite gespaltenen Brettern:

1,0 m² Bretter (samt Verschnitt)
35 Stück Nägel 31/65
0,4 Z.

c) 1 m² untere, sichtbare Deckenschalung von 2 bis 2,5 cm starken, einseitig gehobelten Brettern:

α) bei aneinandergestoßenen Brettern und von unten über die Fugen gelegten gekehlten Leisten:

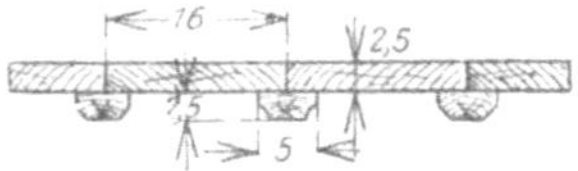

1,05 m² Bretter
5,5 ÷ 7 m′ Deckleisten 2/5 (2,5/5) (fertig geliefert)
30 Stück Nägel 28/50
30 „ „ 31/80
0,65 Z.

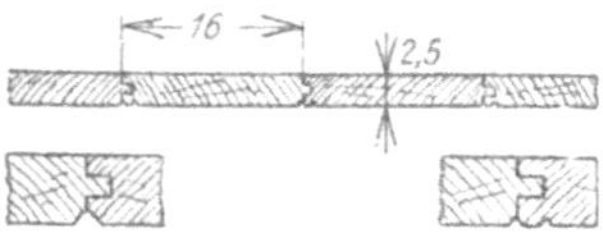

β) bei aneinandergestoßenen, gefalzten Brettern:

1,1 m² Bretter + 5% Verschnitt
20 Stück Nägel 28/60
0,60 Z.

4. Stakerarbeiten:

a) 1 m² Balkenlage mit Lehm aufschütten (die Balken mitgemessen):

8 cm hoch . . . . . 0,06 m³ Lehm . . . . . 0,6 H.
10 „ „ . . . . . 0,08 „ „ . . . . . 0,7 „
12 „ „ . . . . . 0,10 „ „ . . . . . 0,08 „
(Stockwerkszuschlag 0,15 ÷ 0,2 H.).

b) 1 m² Stülpdecke mit Lehm betragen:

6 cm hoch . . . . . 0,06 m³ . . . . . 0,7 H.
8 „ „ . . . . . 0,08 „ . . . . . 0,8 „

c) 1 m² Koksasche oder Sand zwischen Fußbodenlagern auf Kellerdecken aufbringen:

8 cm hoch . . . . . 0,07 m³ . . . . . 0,3 H.
10 „ „ . . . . . 0,09 „ . . . . . 0,35 „

Gegenstand	d) 1 m² halben Windelboden	e) 1 m² ganzen Windelboden	f) 1 m² Lehmputz
	herstellen		
Lehm . . . . . m³	0,1	0,15	0,3
Stakholz . . . . . Rm	0,04	0,04	—
Stroh . . . . . kg	0,5	0,5	1,2
Sand . . . . . m³	0,08	0,08	—
Stakerstunden	0,8	1,3	0,8
Hilfsarbeiterstunden . . . . . H.	—	—	0,4

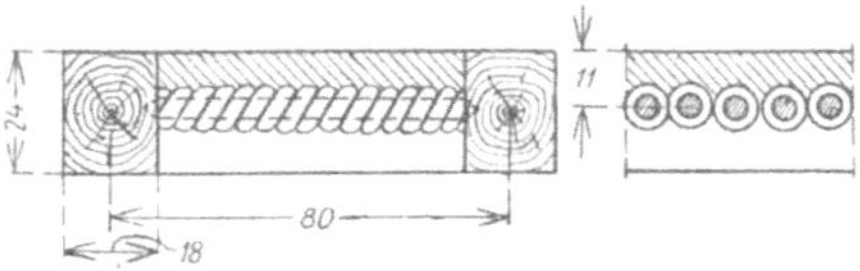

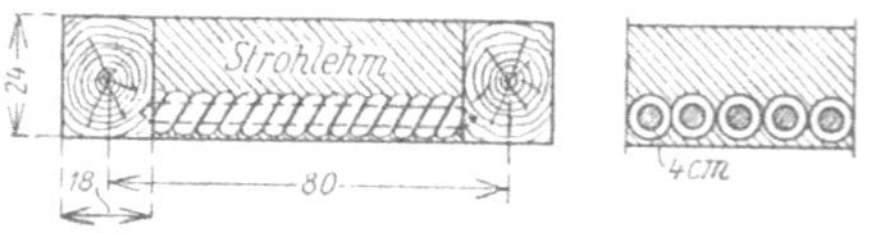

IV. Verschiedene Balkendecken

1. 1 m² Balkendecke mit auf den Rastschließen aufgekämmten, rauhen Sturzträmen und rauhem Sturzboden aus $^5/_4''$ starken Brettern, mit Überlattung der Bretterstoßfugen über Erdgeschoß herstellen:

a) bei 4 m Raumtiefe:

Material: 0,50 m′ Rastschließen 10/15 oder 12/12
1,0 m′ Träme 16/24
1,0 m² Bretter + 5% Verschnitt
5,5 ÷ 7,0 m′ Decklatten 2/6 (2/5)
20 Stück Nägel 40/100, 15 Stück 31/65

Zeitaufwand: 0,5 m′ Rastschließen .... 0,5 × 0,35 Z. = 0,18 Z.
1 „ Träme $^{16}/_{24}$ .... 1,0 × 0,5 „ = 0,50 „
1 m² Sturzbodenschalung samt Decklatten verlegen .... 0,70 „
1,38 Z.

Raumtiefe	4,0 m	5,0 m	6,0 m	7,0 m
10/15 oder 12/12 cm Rastschließen lang	0,5 m	0,4 m	0,33 m	0,29 m
1 m′ Träme Querschnitt	16/24	18/26	22/28	26/30
Sturzbodenschalung	1,0 m²			

2. 1 m² Balkendecke wie vor, jedoch mit gehobelten Trämen und unten gehobeltem Sturzboden aus 3,3 cm starken Brettern, mit Übergreifung der Bretter zur Fugendeckung und Abfasung aller scharfen Kanten:

a) bei 4 m Raumtiefe:

0,50 m′ Rastschließen 10/15 oder 12/12
1,0 „ Träme 16/24
0,64 m² Tramholz auf drei Seiten abhobeln und die scharfen Kanten abfasen:
0,64 m² × 0,4 Z. = 0,26 Z.
2,0 m′ × 0,05 „ = 0,10 „
0,36 Z.

1,0 m² Sturzbodenschalung wie unter 1., jedoch einseitig gehobelt.

Raumtiefe	4,0 m	5,0 m	6,0 m	7,0 m
Hobelfläche in m²	0,64	0,70	0,78	0,86
Zeitzuschlag für Hobeln und Abfasen	0,36 Z.	0,38 Z.	0.41 Z.	0,44 Z.

3. 1 m² Balkendecke mit einfachen, rauhen Trämen und eingeschobenem, 2,5 cm starkem Fehlboden (Einschubdecke) zur Aufnahme der Schuttanschüttung, einschließlich 2,0 cm Rohrbodenschalung:

a) bei 4 m Raumtiefe:

0,50 m′ Rastschließen 10/15 oder 12/12
1,0 „ Träme 16/24
1,0 m² Einschubdecke laut C 2 a (fertig)
1,0 „ Rohrdeckenschalung laut C 3 b (fertig)

4. 1 m² Balkendecke mit doppelter Tramlage (wobei sowohl für den Fehlboden- als auch für den Rohrbodenverputz selbständige Träme eingelegt werden), mit rauhem, 3,3 cm starkem Sturzboden für aufzunehmende Schuttanschüttung wie unter 1. und einer 2 cm starken Rohrbodenschalung:

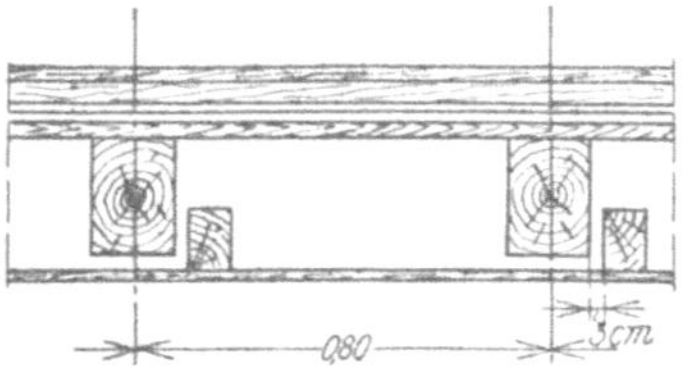

(Berechnung der Sturzträme für eine Gesamtbelastung von 650 kg/m².)

a) bei 4 m Raumtiefe:

Material:	0,50 m′	Rastschließen 10/15 oder 12/12	
	1,0 „	Träme 18/26	
	1,0 „	„ 10/14	
	1,0 m²	Sturzbodenschalung laut D 1 a (fertig)	
	1,0 „	Rohrbodenschalung laut C 3 b	
Zeitaufwand:	0,5 m′	Rastschließen .... 0,5 × 0,35 Z.	= 0,18 Z.
	1,05 „	Träme 18/26 .... 1,05 × 0,50 „	= 0,50 „
	1,05 „	„ 10/14 .... 1,05 × 0,25 „	= 0,25 „
	1 m²	Sturzbodenschalung	0,55 „
	1 „	Rohrbodenschalung	0,40 „
			1,93 ∾ 2,0 Z.

Raumtiefe	4,0 m	4,5 m	5,0 m	5,5 m	6,0 m	6,5 m	7,0 m
10/15 oder 12/12 cm Rastschließen lang	0,50 m	0,44 m	0,40 m	0,36 m	0,33 m	0,31 m	0,29 m
1 m′ Träme Querschnitt	18/26	21/26	21/29	22/32	26/31	26/34	27/36
1 m′ Fehlträme Querschnitt	10/14	11/14	12/16	13/16	13/18	14/18	14/19
Sturzbodenschalung	1,0 m²						
Rohrbodenschalung	1,0 m²						

V. Weiche Holzfußböden

1. Polsterhölzer (Fußbodenlager). 1 Lfm Polsterhölzer, mit Karbolineum gestrichen, waagrecht verlegen:

Fußbodenbelag 2,5 bis 3,0 cm stark;	Polsterholz 5/8 cm,	Karbolineum	0,06 kg,	0,25 Z.
„ 3,0 „ 5,0 „ „	„ 8/10 „	„	0,09 „	0,35 „
„ 5,0 „ 8,0 „ „	„ 10/13 „	„	0,12 „	0,45 „

2. Blindboden. 1 m² Blindboden als Unterlage für Estrich- oder Parkettböden aus rauhen 2,3 bis 2,5 cm starken, 12 bis 20 cm breiten Brettern flüchtig (im Blei) verlegen:

1,05 m² Bretter
30 Stück Nägel 31/65
0,4 Z.

3. Fußleisten. 1 Lfm Fußleisten, 2,5 cm stark, anarbeiten und anschlagen:

Art der Bearbeitung	Leistenhöhe in cm	Material		Zeitaufwand	
		Lfm Leisten	Stück Nägel	für Anarbeiten und Anschlagen	für Anschlagen
Abgefast	6			0,2 Z.	0,1 Z.
Kehlung 2 cm breit	6			0,35 „	0,1 „
Abgefast	8			0,25 „	0,12 „
Kehlung 2 cm breit	8	1,05 m′	4 St. 31/70	0,45 „	0,12 „
„ 2 „ „	10			0,5 „	0,15 „
„ 2,5 „ „	12			0,55 „	0,2 „
„ 2,5 „ „	16			0,6 „	0,25 „

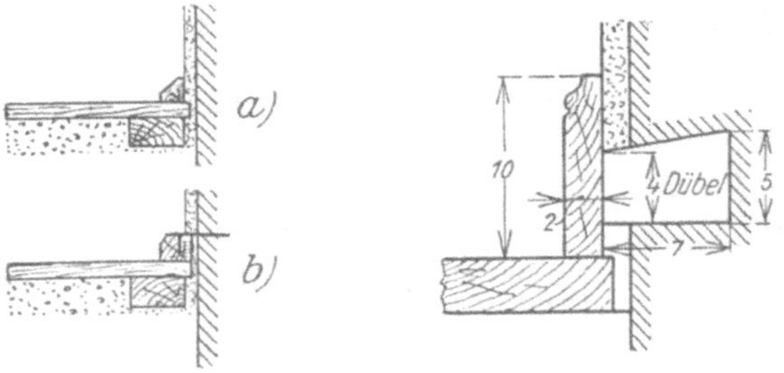

4. 1 m² Fußbodenbelag aus 2,5 bis 8 cm starken Brettern (Pfosten, Bohlen) auf bereits genau waagrecht verlegten Polsterhölzern verlegen und befestigen:

Für 1 m² und Stärke		2,5	3,0	4,0	5,0	6,5	8,0
		cm					
rauh, gefugt	Bretter mit Verschnitt m²	1,0 + 10%					
	Nägel 30 ÷ 20 St.	31/60	31/80	40/100	42/120	60/160	75/200
	Zeitaufwand Z.	0,40		0,50		0,60	
rauh, gespundet bzw. gefalzt	Bretter mit Verschnitt m²	1,0 + 15%					
	Nägel 30 ÷ 20 St.	31/65	31/80	40/100	42/120	60/160	75/200
	Zeitaufwand	0,55		0,70		0,80	
gehobelt, gespundet bzw. gefalzt	Bretter mit Verschnitt m²	1,0 + 15%					
	Nägel 30 ÷ 20 St.	31/65	31/80	40/100	42/120	60/160	75/200
	Zeitaufwand	0,55		0,70		0,80	

Stockwerkszuschlag 0,1 H.

Anmerkung: Dem angegebenen Zeitaufwand liegt die Voraussetzung zugrunde, daß keinerlei Nacharbeit an dem bereits fertig bearbeitet gelieferten Brettermaterial erforderlich ist.

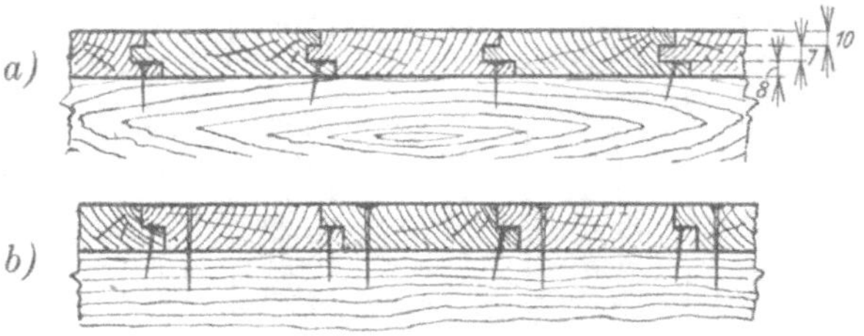

VI. Holz-Eisendecken

(Traversendecken)

Die Walzträger, welche in jedem Fensterschaft aufliegen und nach der Breite des Gebäudes liegend angeordnet sind, werden gleichzeitig als Mauerverankerung verwendet. Nach der Länge des Gebäudes laufend, werden gewöhnlich am Fuß der Walzträger von Meter zu Meter die Deckenbalken eingelegt, welche über den Unterflansch der Walzträger hinweg verklammert sind und sowohl die Sturzbodenschalung als auch die Rohrdeckenschalung aufnehmen.

Der Berechnung der Decken wurden folgende Annahmen zugrunde gelegt:

1. Die zufällige Belastung des Raumes beträgt .... 250 kg/m²
2. Das Eigengewicht der Decke:
   a) mit Walzträgern .... 260 „
   b) ohne Walzträger .... 240 „

Die Gesamtlast für 1 m² Decke beträgt daher .... 510 bzw. 490 kg.

Abstand der Walzträger von Mitte zu Mitte	Raumtiefe (lichte Weite)	Walzträger-Normalprofil	Materialbedarf für 1 m² Decke							
			Holz				Eisen			
			Deckenbalken		Sturzbodenschalung	Rohrdeckenschalung	Walzträger	Unterlagsplatten	Klammern	
			Querschnitt	Länge						
m	m			m	m²	m²	kg	kg	kg	
2,0	4,0	18	11/15	1,25	1,0	1,0	13,1	1,0	0,23	
2,0	5,0	18 a	10/15	1,20	1,0	1,0	17,2	0,9	0,23	
2,0	6,0	24	10/15	1,17	1,0	1,0	21,5	0,7	0,21	
2,0	7,0	26	8/18	1,14	1,0	1,0	24,6	0,7	0,21	
2,0	8,0	30	8/12	1,125	1,0	1,0	31,8	0,6	0,21	
2,25	4,0	18 a	10/16	1,25	1,0	1,0	15,5	1,0	0,19	
2,25	5,0	22	10/16	1,20	1,0	1,0	16,4	0,8	0,16	
2,25	5,5	22 a	10/16	1,18	1,0	1,0	19,6	0,7	0,15	
2,25	6,0	24 a	10/16	1,17	1,0	1,0	21,9	0,6	0,19	
2,25	6,5	24 a	10/16	1,15	1,0	1,0	21,9	0,6	0,17	
2,25	7,0	28	10/16	1,14	1,0	1,0	25,0	0,5	0,16	
2,25	7,5	28 a	8/20	1,13	1,0	1,0	28,6	0,5	0,16	
2,25	8,0	28 a	8/20	1,125	1,0	1,0	28,6	0,5	0,15	
2,50	4,0	20	10/18	1,25	1,0	1,0	12,7	0,9	0,19	
2,50	5,0	24	10/18	1,20	1,0	1,0	17,3	0,7	0,16	
2,50	5,5	24	10/18	1,18	1,0	1,0	17,3	0,6	0,15	
2,50	6,0	26	10/18	1,17	1,0	1,0	19,8	0,6	0,15	
2,50	6,5	28	10/18	1,15	1,0	1,0	22,6	0,5	0,14	
2,50	7,0	28 a	8/22	1,14	1,0	1,0	25,9	0,5	0,14	
2,50	7,5	32	8/22	1,13	1,0	1,0	28,8	0,5	0,14	
3,0	4,0	18 a	10/22	1,25	1,0	1,0	11,6	0,7	0,16	
3,0	5,0	22 a	10/22	1,20	1,0	1,0	14,7	0,6	0,15	
3,0	5,5	24 a	10/22	1,18	1,0	1,0	16,5	0,5	0,15	
3,0	6,0	28	10/22	1,17	1,0	1,0	18,9	0,5	0,15	
3,0	6,5	28 a	10/22	1,15	1,0	1,0	21,6	0,4	0,14	
3,0	7,0	28 a	10/22	1,14	1,0	1,0	21,6	0,4	0,14	

3. Die Tragfähigkeit und das Gewicht der Walzträger wurden nach den Normaltypen des österreichischen Ingenieur- und Architektenvereines ermittelt.

4. Als rechnungsmäßige Stützweite der Walzträger wurde die um 30 cm vergrößerte Lichtweite angenommen. Die Auflagerung der Walzträger erfolgt auf Auflagersteinen oder auf 10 bis 12 mm starken Eisenplatten. Auflagertiefe etwa 30 cm. Zulässige Beanspruchung der Walzträger $\sigma_e = 1400\ \text{kg/cm}^2$.

C. Die Wände

I. Blockwände

1. 1 Lfm Blockholz aus doppeltgestreiften starken Baustangen (20 bis 25 cm Durchmesser) abbinden und aufrichten .... 0,25 ÷ 0,40 Z.

2. 1 m² Blockwand aus rohbleibendem Rundholz abbinden und aufrichten:

0,20 m stark; 5,5 m′ Rundholz ⌀ 20 cm; 1,0 Z.
0,25 „ „ 4,4 „ „ ⌀ 25 „ 1,5 „
0,30 „ „ 3,6 „ „ ⌀ 30 „ 2,0 „

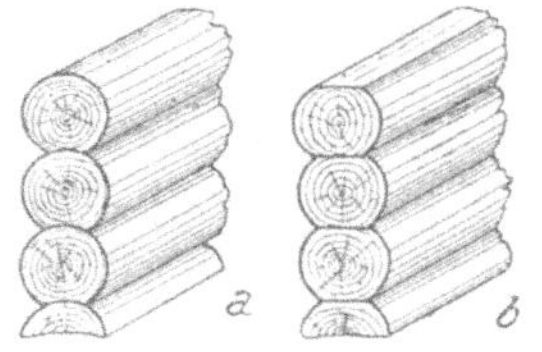

3. 1 m² Blockwand aus lagerseitig rauhbearbeitetem Rundholz abbinden und aufrichten:

0,20 m stark; 8,3 m′ Rundholz ⌀ 20 cm; 2,0 Z.
0,25 „ „ 6,7 „ „ ⌀ 25 „ 2,7 „
0,30 „ „ 5,0 „ „ ⌀ 30 „ 3,5 „

4. 1 m² Blockwand aus Rundholz, vierkantig rauhbearbeitet, herstellen (wobei die Balken baumwalzig belassen werden, um die Auspflockung für den Putz aufzunehmen), samt Nagelung und Auspflockung der Lagersegmente mit Holznägeln:

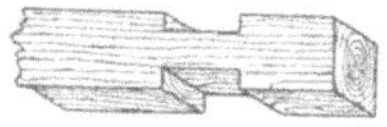

0,15 m stark; 7,0 m′ Rundholz ⌀ 20 cm; 3,0 Z.
0,25 „ „ 4,5 „ „ ⌀ 30 „ 4,5 „

5. 1 m² Blockwand aus geschnittenem oder reinbehauenem, vollkantigem Kantholz abbinden und aufrichten:

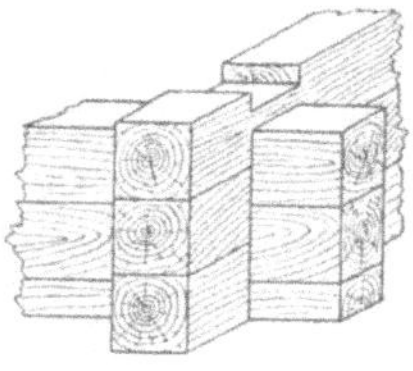

0,15 m stark; 6,7 m′ Kantholz 15/15; 2,5 Z.
0,25 „ „ 4,0 „ „ 25/25; 3,5 „

5a. 1 m² Blockwand wie vor, Zuschlag für das Behauen des Rundholzes:

0,15 m stark; 6,7 m′ Rundholz ⌀ 21 cm; 6,7 × 0,45 Z. = 3,0 Z.
0,25 „ „ 4,0 „ „ ⌀ 35 „ 4,0 × 1,1 „ = 4,4 „

II. Riegel- oder Fachwerkswände

1. Rundholz:

a) 1 Lfm Fachwerksholz für eine Riegelwand abbinden und aufrichten; die Sohlschwelle aus eichenem oder lärchenem Kantholz, Schwellen, Pfosten und Streben aus Rundholz ⌀ 18 bis 20 cm, Zwischenriegel aus Rundholz ⌀ 12 bis 15 cm: 0,5 ÷ 0,55 Z.

b) 1 Lfm Fachwerksholz wie vor, jedoch mit schwächeren Abmessungen: 0,3 ÷ 0,4 Z.

(Verschnitt 5 ÷ 7%)

(Zeitaufwand für den Abbund ∾ 60%, für das Aufrichten ∾ 40%.)

2. Kantholz. a) 1 Lfm eichenes Kantholz für eine ein- oder zweimal verriegelte Fachwerkswand anarbeiten und aufrichten:

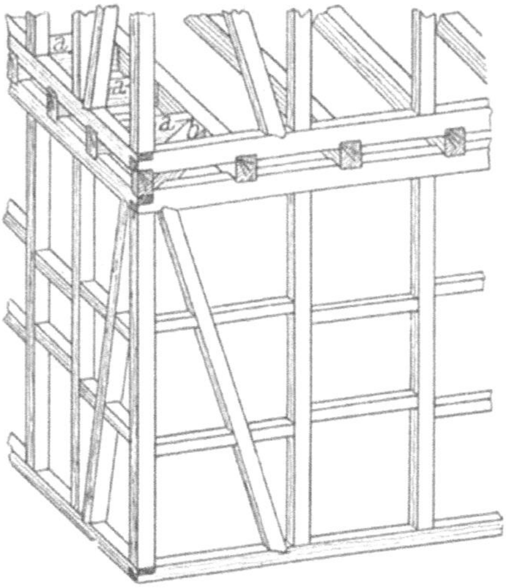

Holzstärken 10/10, 12/12 und ähnliche 0,50 ÷ 0,6 Z.

Holzstärken 14/14, 14/16 und ähnliche 0,60—0,7 Z.

b) 1 Lfm weiches Kantholz für eine bis zu 5 m hohe Fachwerkswand anarbeiten und aufrichten:

Holzstärken 10/10, 12/12 und ähnliche:
ein- oder zweimal verriegelt: 0,35 ÷ 0,40 Z.
nicht „ 0,25 ÷ 0,30 „

Holzstärken 14/14, 14/16 und ähnliche:
ein- oder zweimal verriegelt: 0,30 ÷ 0,35 Z.
nicht „ 0,30 ÷ 0,35 „

(Verschnitt 5 ÷ 7 %)

Anmerkung: 1. Für beschlagenes Holz ist für das Abbinden im Durchschnitt ein Zuschlag von 5% auf den angegebenen Zeitaufwand zu machen.

2. 1 Lfm Dreikantleiste für die Befestigung der Ausmauerung bei einer Fachwerkswand an die Pfosten nageln ..... 0,05 Z.

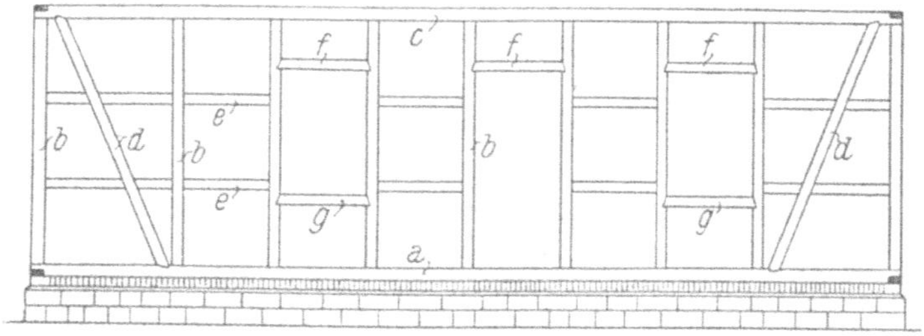

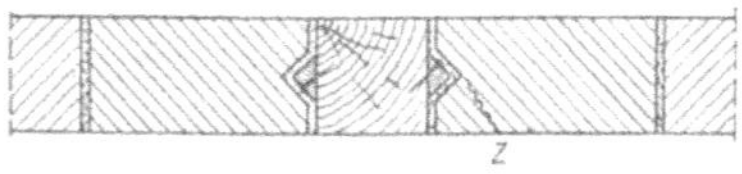

a)

III. Wandschalung[1])

Fugendeckleisten. a) 1 Lfm rauhe Fugendeckleisten 2/5 (1,8/4,0) bei Verschalungen anbringen:

1,05 m' Fugendeckleisten
4 Stück Nägel
0,04 Z.

b) 1 Lfm Fugendeckleisten wie vor anbringen, samt Hobeln und Abfasen (Handarbeit) .... 0,2 Z.

c) 1 Lfm Fugendeckleisten wie vor anbringen, samt Hobeln und Kehlen 0,3 Z.

[1]) Für das Einrüsten ist bei hohen zu verschalenden Wänden, z. B. bei Giebelwänden, bei Verschindelungen usw., ein Zeitaufwand von .... 0,25 bis 0,35 Z. je m^2 anzusetzen.

Waagrechte Verschalung. a) 1 m² äußere waagrechte Wandverschalung aus 2,0 cm starken, im Durchschnitt 16 bis 18 cm breiten, übereinandergehenden (geschuppten) rauhen Brettern (Übergriff 2,5 cm):

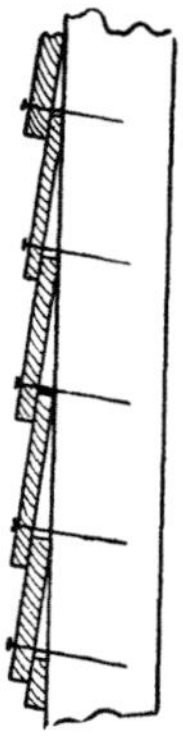

1,2 m² Bretter
20 ÷ 25 Stück Nägel 40/100
0,4 Z.

b) 1 m² innere, glatte, waagrechte Wandverschalung aus 2 cm starken, im Durchschnitt 16 bis 18 cm breiten, rauhen Brettern:

1,05 m² Bretter
30 ÷ 35 Stück Nägel 31/65
0,35 Z.

c) 1 m² Wandverschalung zu Verschindelungen, aus 2,0 cm starken, im Durchschnitt 16 bis 18 cm breiten, rauhen Brettern, einschließlich Fluggerüst:

1,0 m² Bretter
30 ÷ 35 Stück Nägel 31/65
0,5 ÷ 0,6 Z.

Lotrechte Verschalung. a) 1 m² lotrechte Verschalung aus 2,0 cm starken, im Durchschnitt 16 bis 18 cm breiten, rauhen Brettern mit Übergreifung der Bretter zur Fugendeckung (Übergriff 2 bis 2,5 cm):

1,2 m² Bretter
35 Stück Nägel 40/100
0,5 Z.

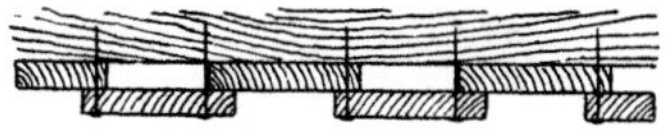

b) 1 m² lotrechte Verschalung wie vor, jedoch mit Fugendeckleisten 2/5 cm:

1,05 m² Bretter
6 ÷ 7 m′ Fugendeckleisten
30 Stück Nägel 31/65
25 Stück Nägel 20/45
0,55 ÷ 0,6 Z.

c) 1 m² lotrechte Verschalung wie vor, jedoch Bretter und Deckleisten von Hand gehobelt:

Zeitaufwand:

Anbringen der Verschalung samt Fugendeckleisten		0,55 Z.
Hobeln der Bretter	1,0 × 0,27 Z. =	0,27 „
Hobeln der Fugendeckleisten	6,0 × 0,05 „ =	0,30 „
	zusammen...	1,12 Z.

d) 1 m² Wandverschalung aus etwa 2,3 cm starken, einseitig gehobelten, beiderseits genuteten 14 cm breiten Brettern mit eingeschobener Feder aus Hartholz 7/18 mm (Wandhöhe 2 m):

Zeitaufwand für das Anbringen...... 0,75 Z.

Verschindelungen. Material: Fichte, Tanne, Kiefer, Eiche. Eiche wenig verwendet, da zu teuer, meist Fichte und Tanne.

Übliche Abmessungen der Schindeln:

			Erforderliche Anzahl Maschinenschindeln für 1 m²
Nr. 1:	Breite 4,2 cm;	Länge 15 cm	500
„ 2:	„ 5,0 „	„ 15 „	450
„ 3:	„ 6,0 „	„ 20 „	280
„ 4:	„ 7,0 „	„ 21 „	230
„ 5:	„ 8,0 „	„ 25 „	150
„ 6:	„ 10,0 „	„ 32 „	110

a) 1 m² Verschindelung ohne Bretterverschalung und ohne Einrüstung, daher für das bloße Annageln der Schindeln:

Schindeln Nr. 1 bis 3
1 Paket Nägel 13/25
Zeitaufwand 2,0 ÷ 2,5 Z.

b) 1 m² Verschindelung wie vor, jedoch für:

Schindeln Nr. 4 bis 6
1 Paket Nägel 17/25
Zeitaufwand 1,0 ÷ 1,5 Z.

Anmerkung: Zeitaufwand für das Anbringen eines Stangengerüstes 0,25 ÷ 0,35 Z je m².

IV. Tür- und Fensterstöcke, Türen und Tore

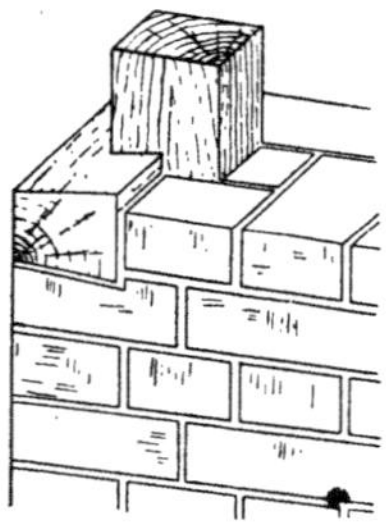

Türdübel. Sechs Stück Dübel für die Befestigung einer Tür in der Wand herstellen, samt Karbolineumanstrich:

bei 25 cm Wand:	1,7 m′	8/12 cm;	0,2 kg	Karbolineum;	0,5 Z.
„ 38 „ „	2,4 „	8/12 „	0,3 „	„	0,7 „
„ 51 „ „	3,3 „	8/12 „	0,4 „	„	1,0 „

Türstöcke aus Kantholz. 1 Lfm lärchenen Türstock aus rauhem Kantholz herstellen:

a) 1,1 m′ 13/16 cm .... 0,4 Z.
b) 1,1 m′ 16/21 cm .... 0,5 „

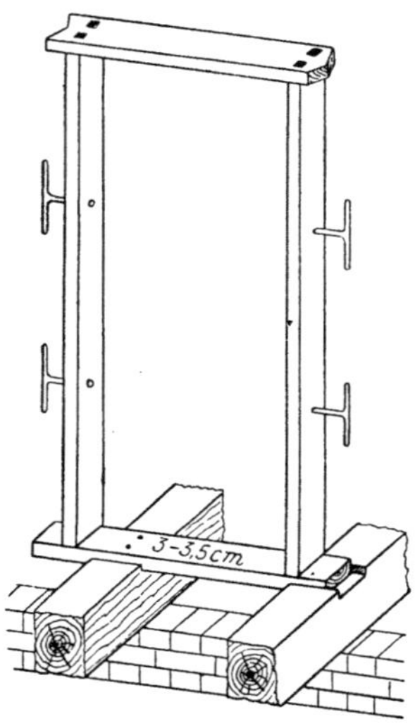

Tür- und Fensterstöcke aus Pfosten. Tür- und Fensterstöcke aus rauhen Pfosten herstellen, wobei die Länge der letzteren nach der Breite und Höhe ermittelt wird und die einzumauernden Ohren zugegeben werden, z. B. bei einer Tür von 1,05 m Breite und 2,1 m Höhe:

1 Sohle 1,05 m + 2 Ohren à 0,15 m	= 1,35 m′
1 Sturz desgleichen	= 1,35 „
2 Gewände à 2,1 m + 4 Zapfen à 0,05 m ..	= 4,40 „
2 Mittelohren in den Gewänden à 0,2 m ..	= 0,40 „
zusammen Pfosten	7,50 m′

a) 15 cm Tiefe:

Pfostenstärke 5 cm	6,5 cm	8 cm
1,05 m′ 5/15	1,05 m′ 6,5/15	1,05 m′ 8/15
0,5 Z.	0,55 Z.	0,6 Z.

b) 30 cm Tiefe:

1,05 m′ 6,5/30	1,05 m′ 8/30
0,7 Z.	0,75 Z.

Zuschläge für Hobeln bzw. für die Ausarbeitung eines Falzes laut S. 318.

1 Stück Lattentür, etwa 0,80 × 1,80 m groß, aus 3/5 cm (1 × 2″) starken Latten und 15 cm breiten, 1″ starken Quer- und Strebeleisten anfertigen und anbringen, einschließlich Lieferung der erforderlichen Beschläge, bestehend aus einem Paar Werfgehängen und einem Überwurf mit Krampe:

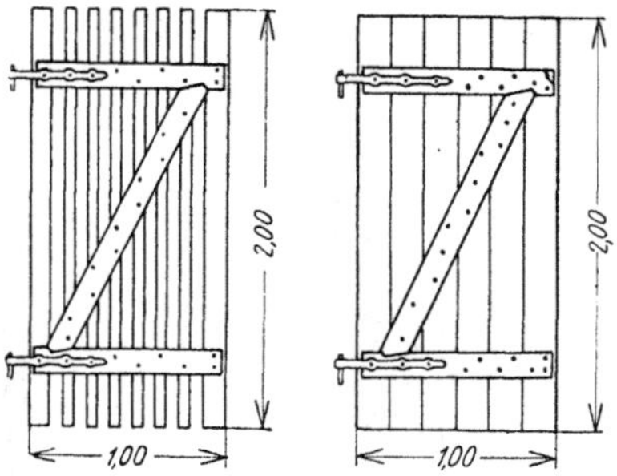

18,9 m′ Latten
0,56 m² Bretter für Leisten
40 Stück Nägel 31/70 (31/65)
Beschlag: { 1 Paar Werfgehänge samt Schrauben, 1 Überwurf mit Krampe samt Schrauben.
Zeitaufwand 3,5 Z.

1 Stück Brettertür, etwa 0,90 × 1,90 m groß, aus 1″ starken, rauhen Brettern mit aufgenagelten, 15 cm breiten Quer- und Strebeleisten anfertigen und anbringen, einschließlich der erforderlichen Beschläge, bestehend aus 2 kräftigen Langbändern ohne Nocken und einem Überwurf:

2,61 m² Bretter
50 Stück Nägel 31/70
Beschlag: { 1 Paar Langbänder ohne Nocken samt Schrauben, 1 Überwurf samt Schrauben
Zeitaufwand 4,5 Z.

Anmerkung: Ermittlung des Holzbedarfes:

$$(0{,}95 \times 1{,}95) + (2 \times 0{,}9 + 1{,}6)\ 0{,}15 = 2{,}37\ \text{m}^2 + 10\%\ \text{Verschnitt} = 2{,}61\ \text{m}^2.$$

1 Stück Brettertür, wie vorbeschrieben, jedoch mit einem Blendrahmen aus 2″ starken, 8 cm breiten Bohlen, die Gehänge mit Nocken auf eiserner Platte zum Aufschrauben und einem Einsteckschloß mit Eisendrücker:

2,61 m² Bretter
0,45 m² Bohlen
50 Stück Nägel 31/70.
Beschlag: { 1 Paar Gehänge mit Nocken auf eiserner Platte samt Schrauben, 1 Einsteckschloß mit eisernem Drücker samt Schrauben
Zeitaufwand { 6,5 Z., 0,5 Maschinenstunden.

1 Stück Brettertür, etwa 0,90 × 1,90 m groß, aus 1″ starken, beiderseits gehobelten, gespundeten Brettern, Einschubleisten und einem Blendrahmen aus 2″ starken, 8 cm breiten Bohlen, anfertigen und anbringen, einschließlich Lieferung der erforderlichen Beschläge, bestehend aus einem Paar 14-cm-Fischbänder und einem Einsteckschloß mit Eisendrücker:

2,24 m² Bretter	0,45 m² Bohlen
0,56 m² Einschubleisten	50 Stück Nägel 31/70

Beschlag: { 1 Paar Fischbänder 14 cm, 1 Einsteckschloß mit Eisendrücker samt Schrauben
Zeitaufwand: { 9,0 Z. (ohne Blendrahmen 6,5 Z.), 0,7 Maschinenstunden.

1 Stück zweiflügeliges Tor, 3,5 m breit, 2,25 m hoch, nebst 18/18 cm starken Pfosten, 12/18 cm starken Kreuzholzschwellen und Streben, die Torflügel aus 8/10 cm starken Pfosten, Riegeln und Streben, die Schalung aus 1″ starken rauhen Brettern, sämtliche Holzteile mit Karbolineum gestrichen, anfertigen und anbringen, einschließlich der erforderlichen Beschläge, bestehend aus 2 Paar Langbändern 10/50 mm stark, 1400 mm lang, mit durchgehenden 3/4″ starken Nocken, 1 Sturmstange ⦰ 26 mm, 2500 mm lang, sowie Verschlußholm mit Schließauge auf eiserner Platte genietet, Verschlußblech und Vorhängeschloß mit 2 Schlüsseln:

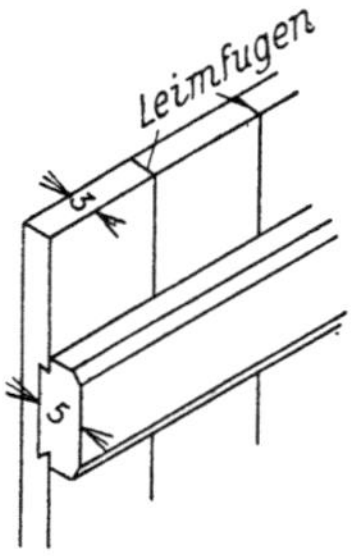

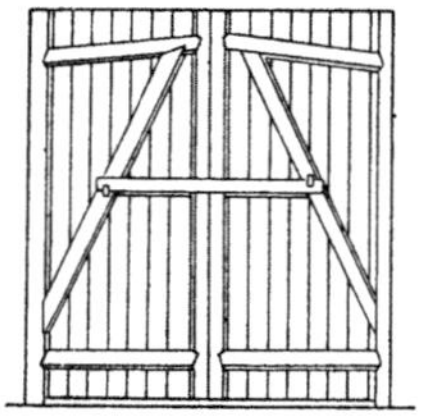

0,574 m^3 Kantholz
8,35 m^2 Bretter
8 Stück Nägel 46/100 und 160 Stück 31/70
9 kg Karbolineum

Beschlag: 2 Paar Langbänder 10/50 mm, 1400 mm lang (rund 22 kg)
24 Stück Schloßschrauben 10/120 mm
4 Stück durchgehende Nocken mit Mutter und Dorn $^3/_4$″ stark
1 Sturmstange ⦰ 26 mm, 2500 mm lang (rund 10,5 kg)
2 Stück Schließaugen auf eiserner Platte samt 8 Stück Holzschrauben
1 Stück Verschlußblech 120 × 120 × 3 samt 4 Stück Holzschrauben
1 Stück Vorhängeschloß mit 2 Schlüsseln
1 Pfahl zur Sturmstange

Zeitaufwand: 50 Z. + 8 H.

Anmerkung: Ermittlung des Kantholzbedarfes: 2 Pfosten 18/18 cm à 3,25 m; 4 Schwellen 12/18 cm à 1,20 m; 8 Streben 10/12 cm à 0,80 m; 4 Torpfosten 8/10 cm à 2,20 m; 4 Riegel 8/10 cm à 1,75 m; 2 Streben 8/10 cm à 2,20 m; 1 Verschlußholm 6/15 cm à 2,25 m.

D. Umzäunungen, Einfriedungen

1. Ausgraben der Löcher und Versetzen der Pfosten

1 Loch 0,8 m tief 0,45/0,45 m bis 0,5/0,5 m auszugraben:

Bodenart	Durchschnittlicher Zeitaufwand Z
Lockerer Sand- oder Humusboden	0,5
Schilf- oder Moorboden	0,6
Lehmboden (rein, aber fest)	1,5
„ und Leberkies (harter, steinartiger Mergel)	2,0
„ und fester Sand	3,0
Felsboden und Sandfelsen	3,5 und mehr

1 Lfm Pfosten ⦰ 12 bis 15 cm mit Handramme oder Vorschlaghammer einschlagen, oben auf gleiche Höhe abschneiden (Pfostenabstand 2,5 bis 3,0 m) samt den erforderlichen Streben:

8 ÷ 10% Verschnitt
0,35 ÷ 0,5 Z. Zeitaufwand.

1 Stück Pfosten ⦰ 15 bis 18 cm, 2,0 m lang, in 80 cm tiefem Pfostenloch versetzen, feststampfen und sorgfältig mit Steinen verspannen.

1,1 ÷ 1,2 Z. Zeitaufwand.

1 Stück Pfosten wie vor, jedoch ⦰ 20 bis 28 cm.

1,3 ÷ 1,5 Z. Zeitaufwand.

1 Stück Pfosten aus lärchenem Kantholz 12/12, 14/14, 13/16 cm, sonst wie vor:

1,3 ÷ 1,5 Z. Zeitaufwand.

2. Drahtgeflecht- und Stacheldrahtzäune

Vorbemerkung: Drahtzäune werden ohne Querlatten unmittelbar an den Holzpfosten angebracht und mit Spanndrähten versehen. Maschenweite des Drahtgeflechtes 30 bis 70 mm, meist 50 mm. Übliche Drahtstärke 2 bis 2,5 mm. Höhe des Drahtgeflechtes 1,0, 1,2 und 1,5 m, meist 1,2 m. Erforderliche Anzahl der Spanndrähte bei 1,0 m Höhe 2 Stück, bei 1,2 m Höhe mindestens 2, besser 3 Spanndrähte, bei 1,5 m Höhe 3, über 1,5 m 4 Spanndrähte. Bedarf an Nähdraht zum Annähen des Drahtgeflechtes an die Spanndrähte bei 50 mm Maschenweite für 1 Lfm Drahtgeflecht 1,2 m Spanndraht.

1 Lfm Drahtgeflecht, 50 mm Maschenweite, ... m Höhe, ... Stück Spanndrähte, Pfostenabstand 2,5 bis 3,0 m, anbringen:

Höhe des Drahtgeflechtes in m	Anzahl der Spanndrähte	Krampen für die Befestigung des Drahtgeflechtes und der Spanndrähte Stück	Zeitaufwand Z.
1,0	2	6	0,17 ÷ 0,20
1,2	3	8	0,25 ÷ 0,28
1,5	3	10	0,30 ÷ 0,32

1 Lfm Stacheldraht (freies Gelände) anbringen:

0,025 Z. Zeitaufwand.

1 Lfm Laufdraht (freies Gelände) anbringen:

0,02 Z. Zeitaufwand.

1 Lfm Stacheldrahtzaun, 1,5 m hoch, bestehend aus 2,2 m langen, 12 cm starken, am unteren Ende mit Karbolineum gestrichenen Rundholzpfosten, im Abstand von etwa 2,0 m, mit 5 Reihen verzinktem Stacheldraht liefern und aufstellen, einschließlich Einschlagen der Pfosten:

1,1 m′ Rundholz
5,0 m′ Stacheldraht
6 Stück Krampen (verzinkt)
0,06 kg Karbolineum

Zeitaufwand: { 0,7 Z.
0,3 H.

3. Lattenzäune

Naturzäune: 2 m lange, runde Eichenpfosten, ⌀ 15 bis 20 cm, werden mindestens 0,80 m tief in die Erde eingegraben und fest mit Steinen verspannt. Pfostenabstand 2,3 bis 2,5 m. Die Rinde ist vor dem Einstampfen in die Erde bis auf 0,85 m zu entfernen. Die Pfostenlöcher sind zunächst nur etwa 0,70 m anzufüllen und auch die zum Verspannen bestimmten Steine unter diese Höhe zu bringen. Wenn die Pfosten festsitzen, muß jeder Pfosten an der genannten „Erdstelle“ auf etwa 15 bis 20 cm und müssen sämtliche Schnittflächen der Pfosten, Querlatten (Riegel, Rahmenschenkel) und Staketen zwei- bis dreimal mit Karbolineum getränkt werden. Tränkt man die Pfosten vor dem Stellen, so wird die Erdstelle beim Verspannen der Steine und Feststampfen der Erde verletzt und die Tränkung hat wenig Erfolg. Oben werden die Pfosten entweder abgerundet oder abgeschrägt. Die Zaunhöhe beträgt gewöhnlich 1,20 m. Die Querlatten werden von unten auf 0,25 m und von oben auf 0,30 m (Mitte) angebracht (in die Pfosten halb eingelassen). Wenn irgend möglich, nimmt man die Querlatten stets über zwei Felder (etwa 5 m). Stärkere Querlatten werden geschlitzt (halbiert), wobei zu beachten ist, daß der Durchmesser am schwachen Ende mindestens 8 cm beträgt. Staketen (Zaunstecken) bis 4 cm Durchmesser bleiben meist rund, stärkere werden geschlitzt und beide oben zugespitzt. Die Rinde an den Pfosten (über Erdreich), Querlatten und Stecken wird nicht entfernt. Eingangstürchen bis 1,50 m breit werden doppelt berechnet (gemessen). Die Lieferung erfolgt nach dem laufenden Meter.

Zeitaufwand für das Zurichten der Pfosten, Querlatten und Zaunstecken samt Stellen der Pfosten und Annageln der Querlatten und Zaunstecken, jedoch ohne Löchergraben:

Für 1 Lfm	1,60 ÷ 1,70 Z.
Annageln halbrunder Querlatten für 1 Lfm Zaun	0,17 ÷ 0,20 Z.
Annageln der Zaunstecken für 1 Lfm Zaun	0,17 Z.

1 Lfm Gartenzaun, 0,8 m hoch, bestehend aus Rundholzpfosten ⌀ 10 cm (Entfernung von Mitte zu Mitte 2,5 m), 4 × 8 cm starken geschlitzten Querlatten und 4 cm starken geschlitzten Zaunstecken anfertigen und aufstellen (ohne Löchergraben):

0,75 m′ Pfosten ⌀ 10 cm
2,2 m′ Querlatten ⌀ 8 cm
8,8 m′ Zaunstecken ⌀ 4 cm
0,05 kg Karbolineum
2 Stück Nägel 40/100, 25 Stück 31/65

Zeitaufwand: { 0,8 Z.
0,3 H.

1 Lfm Gartenzaun, wie vor, jedoch 1,3 m hoch und die Zaunstecken schräg genagelt (ohne Löchergraben):

1,1 m′ Pfosten ⌀ 10 cm
2,2 m′ Querlatten ⌀ cm
16 m′ Zaunstecken ⌀ 5 cm
0,05 kg Karbolineum
2 Stück Nägel 40/100, 25 Stück 31/65

Zeitaufwand: { 1,5 Z.
0,3 H.

1 Lfm Gartenzaun, 0,8 m hoch, bestehend aus Kantholzpfosten 12/12 cm (Entfernung von Mitte zu Mitte 3,0 m), der in die Erde kommende Teil der Pfosten mit Karbolineum gestrichen, 6/12 cm starken Riegeln und 1 × 2″ starken Latten (10 Stück für den Lfm Zaun) mit angeschnittenen Spitzen, alles in gehobelter Arbeit, liefern und aufstellen:

0,65 m′ Pfosten
2,1 m′ Riegel
8,8 m′ Latten
2 Stück Nägel 46/120, 25 Stück 31/65
0,06 kg Karbolineum

Zeitaufwand: { 0,25 Maschinenstunden, 1,00 Z., 0,30 H.

1 Lfm Gartenzaun 1,2 bis 1,3 m hoch, bestehend aus 2 m langen, 14/14 cm starken, 0,80 m tief eingegrabenen Kantholzpfosten, 6/8 cm starken Querriegeln aus Kantholz und 3/5 cm starken Latten anfertigen und aufstellen (ohne Löchergraben):

Zeitaufwand 1,25 ÷ 1,3 Z.

1 Lfm Gartenzaun wie vor, jedoch gehobelt und Pfosten und Latten oben mit einem Spiegel versehen (nur Handarbeit):

Zeitaufwand 2,3 ÷ 2,5 Z.

4. Bretterzäune

1 Lfm Einfriedung, 2 m hoch, bestehend aus lärchenen, in Entfernung von 3,0 m 80 cm tief eingegrabenen Pfosten, 13/16 cm, und einer waagrechten $^5/_4$″ starken, rauhen Bretterschalung anliefern und aufstellen (ohne Löchergraben):

(0,33 Stück Pfosten) 1,0 m′ Kantholz
2,1 m² Bretter
15 ÷ 20 Stück Nägel 40/100

(0,33 Stück Pfosten versetzen) } Zeitaufwand: { 0,5 H.
(Schalung anbringen) } Zeitaufwand: { 0,8 ÷ 1,0 Z.

1 Lfm Einfriedung, 1,5 m hoch, bestehend aus 12/12 cm starken, in Entfernung von 2,25 m angeordneten, an dem in die Erde kommenden Teil mit Karbolineum gestrichenen Pfosten, 10/10 cm starken, dreikantig geschnittenen Riegeln und 1″ starken, 10 bis 16 cm breiten, dicht genagelten Brettern, liefern und aufstellen, einschließlich 2 Strängen verzinktem Eisendraht (ohne Löchergraben):

1,05 m′ Kantholz 11/12
2/1 m′ Kantholz 10/10
1,6 m² Bretter
4 Stück Nägel 46/120, 35 St. 31/70
2,0 m′ Eisendraht
16 Stück Krampen
0,06 kg Karbolineum

Zeitaufwand: { 0,1 Maschinenstunden, 1,8 Z., 0,3 H.

1 Lfm Einfriedung, wie vor, jedoch 2,25 m hoch, mit 14/14 cm starken Pfosten (ohne Löchergraben):

1,4 m′ Kantholz 14/14
1,2 m′ Kantholz 10/10
2,4 m² Bretter
4 Stück Nägel 46/120, 35 St. 31/70
2,0 m′ verz. Eisendraht
16 Stück verz. Krampen
0,07 kg Karbolineum

Zeitaufwand: { 0,1 Maschinenstunden; 2,1 Z.; 0,3 H. }

1 Lfm Einfriedung, 2 m hoch, bestehend aus lärchenen, in Entfernung von 3,0 m 80 cm tief eingegrabenen Pfosten, 2 Stück 8/10 cm starken Riegeln und einer $^5/_4{}''$ starken rauhen Bretterschalung liefern und aufstellen (ohne Löchergraben):

1,0 m′ Kantholz 13/16
2,1 m′ Kantholz 8/10
2,1 m² Bretter
24 Stück Nägel 31/80, 4 Stück 46/120
Zeitaufwand 1,8 Z.

E. Die Dächer

I. Dacheindeckung mit Brettern oder Schindeln

Bretterdächer. 1 m² Dacheindeckung aus einander übergreifenden 2,0 bzw. 2,5 cm starken, im Mittel 20 cm breiten, rauhen Brettern herstellen:

Material:	1,25 m² Bretter	Zeitaufwand:	a) Bretter // zur Traufe . 0,35 Z.
	25 Stück Nägel 31/65 bzw. 31/70		b) „ ⊥ „ „ . 0,4 „

Schindeldächer. Die Schindeln erhalten gewöhnlich eine Länge $l = 40 \div 60$ cm, eine Breite $b = 8 \div 10$ cm und eine Stärke von $1,2 \div 1,5$ cm; an der einen Langseite sind sie mit einer Nut, an der anderen mit einer Feder versehen. Die Eindeckung erfolgt auf Latten 3/5 (2,5/5) cm. Die Lattenentfernung ist von der Schindellänge und der Art der Eindeckung (einfache, einundeinhalbfache, doppelte) abhängig.

Der Übergriff der Schindeln beträgt bei:

einfacher Deckung . . . $u = \frac{1}{3}\, l$
einundeinhalbfacher „ . . . $u = \frac{1}{2}\, l$
doppelter „ . . . $u = \frac{2}{3}\, l$

Erforderliche Schindelanzahl einschließlich Schwund und Verlust für 1 m² Dachfläche:

$$S = \frac{10500}{(l - u) \cdot b}.$$

Erforderliche Nägelanzahl für 1 m² Dachfläche:

Einfache Deckung: $N = 1,5\, S$
Doppelte „ $N = 1,0\, S$

Deckungsart	Schindelabmessungen Breite (cm)	Schindelabmessungen Länge (cm)	Lattenentfernung (cm)	Für 1 m² Dachfläche: Latten	Material: Schindeln (Stück)	Material: Nägel (Stück)	Zeitaufwand Z.
a) Einfache Deckung	8	40	30	1 m² fertige Einlattung	49	74	1,0
		50	40		40	60	0,9
		60	45		33	50	0,8
	10	40	30		40	60	0,9
		50	40		32	48	0,8
		60	45		26	39	0,7
	12	40	30		33	—	0,8
		50	40		26	39	0,7
		60	50		22	33	0,6
b) Doppelte Deckung	8	40	15		98	98	1,8
		50	20		80	80	1,6
		60	25		66	66	1,4
	10	40	15		80	80	1,6
		50	20		64	64	1,4
		60	25		52	52	1,3
	12	40	15		66	66	1,4
		50	20		52	52	1,3
		60	25		44	44	1,2

II. Dachlattung und Dachschalung

Dachlattung. a) 1 m² Dachlattung für Schindeleindeckung, bestehend aus scharfkantigen, astfreien Latten 3/5 (2,4/4,8; 2,5/5,0), frei Baustelle liefern und mit Nägeln 31/70 (31/65) befestigen (einfache Nagelung).

Deckungsart	Lattenabstand von Mitte zu Mitte	a) Einfache, glatte Dachstühle			b) Dachstühle mit Querbauten, Walmen, Dachgaupen usw.		
		Material: Latten + 5% Verschnitt	Material: Nägel	Zeitaufwand Z.	Material: Latten + 10% Verschnitt	Material: Nägel	Zeitaufwand Z.
	cm	m	Stück		m	Stück	
Doppelte Schindeleindeckung	10	10,5	20	0,4	11,0	30	0,6
	15	7,0	13	0,3	7,4	20	0,4
	20	5,3	10	0,2	5,5	15	0,3
	25	4,2	8	0,17	4,4	12	0,24
Einfache Schindeleindeckung	30	3,5	7	0,14	3,7	10	0,2
	35	3,0	6	0,12	3,2	9	0,17
	40	2,6	5	0,10	2,8	8	0,15
	45	2,4	5	0,09	2,5	8	0,13

Anmerkung: Bei doppelter Nagelung verdoppelt sich die erforderliche Stückzahl Nägel und erhöht sich die Arbeitszeit um etwa

a) 25%, b) 17%.

b) 1 m² Dachlattung für Ziegel- oder Schiefereindeckung, bestehend aus Latten 4/6,5 (4/7), frei Baustelle liefern und mit Nägeln 46/100 befestigen (einfache Nagelung).

Lattenabstand cm	Materialbedarf	a) Zeitaufwand Z.	b) Zeitaufwand Z.
10	wie oben	0,45	0,65
15		0,35	0,45
20		0,25	0,35
25		0,22	0,29

c) 1 m² Dachlattung zu Kuppeln, Ochsenaugen und sonstigen geschweiften Dachkörpern, bestehend aus dicht aneinandergenagelten Latten 3/5 (2,4/4,8; 1,8/4,8), Nägel 31/70 (31/65).

10 ÷ 50% Verschnitt
55 Stück Nägel
1,2 ÷ 3 Z. Zeitaufwand

Höhenzuschlag durchwegs 0,15 H.

Dachschalung. a) 1 m² Dachschalung aus rauhen, höchstens 16 cm breiten Brettern bei einfachen, glatten Dachstühlen frei Baustelle liefern und befestigen.

Für 1 m² und Brettstärke		³/₄″	1″	⁵/₄″
gesäumt	Bretter mit Verschnitt m²	—	1,0 + 5%	—
	Nägel 24 Stück Nr.	28/55	31/65	38/90
	Zeitaufwand Z.	0,30	0,35	0,40
gefugt	Bretter mit Verschnitt m²	—	1,0 + 10%	—
	Nägel 24 Stück Nr.	28/55	31/65	38/90
	Zeitaufwand Z.	0,35	0,40	0,45
gefugt und gefalzt bzw. gespundet	Bretter mit Verschnitt m²	—	1,0 + 15%	—
	Nägel 24 Stück Nr.	28/55	31/65	38/90
	Zeitaufwand Z.	0,40	0,50	0,55
Höhenzuschlag	H.		0,1	

Anmerkung: Bei Dachstühlen mit Querbauten, Walmen usw. muß der anzunehmende Zeitaufwand je nach Schwierigkeit der Arbeit entsprechend erhöht werden.

1 m² Dachschalung zu Kuppeln, Ochsenaugen und sonstigen geschweiften Dachkörpern, bestehend aus schmalen Brettern usw.:

10 ÷ 50% Verschnitt
40 Stück Nägel
1,2 ÷ 3 Z. Zeitaufwand.

Dachgiebelverschalung. a) 1 m² Dachgiebelverschalung, bestehend aus 2,0 cm starken, ungefähr gleich (im Mittel 16 cm) breiten, rauhen Brettern und 2/4 cm starken, rauhen Fugendeckleisten:

1,1 m² Bretter
5,5 bis 6,5 m′ Fugendeckleisten
30 Stück Nägel 31/65
20 „ „ 31/45
0,5 ÷ 0,7 Z. Zeitaufwand.

b) 1 m² Dachgiebelverschalung wie vor, jedoch einschließlich Hobeln, Fugen und Fasen der Bretter und Fugendeckleisten von Hand ....1,0 ÷ 1,2 Z.

c) 1 m² Dachgiebelverschalung wie vor, jedoch Bretter und Fugendeckleisten auf der Maschine gehobelt, gefugt und gefast 5 ÷ 8 Maschinenminuten.

III. Sparren und Pfetten, Mauerlatten, Kopfbüge

Sparren. 1 Lfm Sparren 8/12 ÷ 10/15 cm bei einfachen, glatten Dachstühlen anarbeiten, aufziehen und befestigen:

1,05 m′ Sparren
3 kg/m³ Sparrennägel
0,2 ÷ 0,25 Z. Zeitaufwand.

Bei nicht glatten Dachstühlen, Schiftungen usw. Zuschläge für Verschnitt und erhöhten Zeitaufwand bis etwa 20%.

Pfetten. a) 1 Lfm Pfetten bei einfachen, glatten Dachstühlen anarbeiten, aufziehen und befestigen:

	Zeitaufwand:	
1,05 m′ Pfetten	Querschnitt 180 bis 320 cm²	0,3 ÷ 0,4 Z.
5 kg/m³ Klammern (Nägel)	„ 330 „ 480 „	0,4 ÷ 0,5 „

b) 1 Lfm **Gelenkpfetten** anarbeiten, aufziehen und befestigen:

	Zeitaufwand: durchschnittlich 25 Z./m³	
1,05 m′ Pfetten		
5 kg/m³ Klammern (Nägel)	Anarbeiten	0,27 ÷ 0,3 Z.
2 „ Schrauben	Aufziehen und Befestigen.........	0,27 ÷ 0,3 „

c) 1 Lfm Pfetten als **Durchlaufträger** ausgebildet, anarbeiten, aufziehen und befestigen:

Zeitaufwand:

Anarbeiten .... 0,3 ÷ 0,35 Z.
Aufziehen und Befestigen. 0,27 ÷ 0,3 „

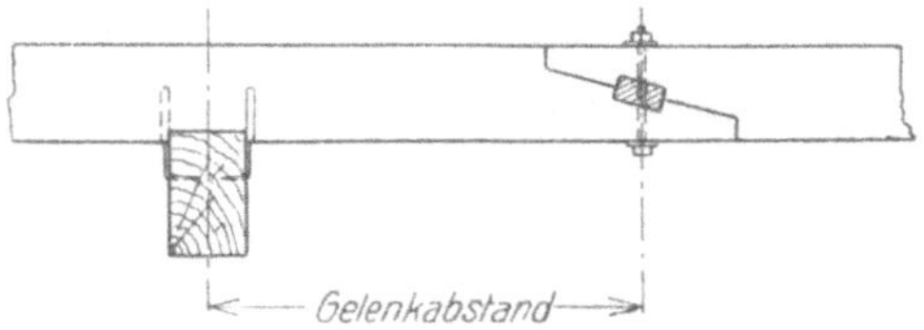

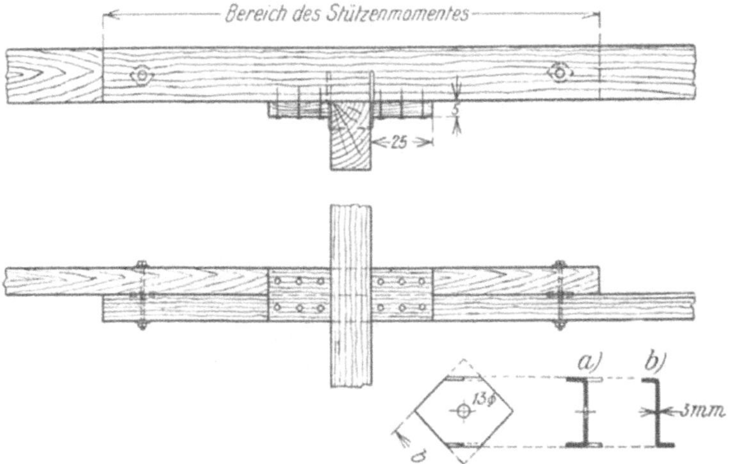

Mauerlatten und Kopfbüge. 1 Lfm Mauerlatten (Kopfbüge) anarbeiten, aufziehen und befestigen:

	Zeitaufwand:	
1,05 m′ Kantholz	Querschnitt bis 10/10 cm	0,25 ÷ 0,30 Z.
3 kg/m³ Klammern (Nägel)	„ 10/10 „ 15/15 „	0,30 ÷ 0,35 „

Für Arbeiten auf Eisenkonstruktionen sind entsprechende Zeitzuschläge zu machen, die bis 30% und mehr betragen können. Für Höhen über 8 m sind für je 4 m Mehrhöhe 1,5 H./m³ Material anzunehmen.

Befindet sich die Lagerstelle des Holzes weiter als 20 m vom Bauplatz entfernt, so ist ebenfalls für die Holzbeförderung ein entsprechender Zeitzuschlag zu machen.

IV. Der zimmermannsmäßige Dachstuhl

Zeitaufwand für Abbinden, Materialbeförderung auf die Baustelle, Aufziehen und Aufstellen bei verschiedenen Arten von Dachstühlen (Gebäudehöhe bis zu 10 m):

a) 1 Lfm Dachstuhlholz schwächerer Abmessungen für ein **einfaches, glattes Dach** (ohne Schiftung) **bei Siedlungsbauten** abbinden und aufstellen:

0,2 ÷ 0,22 Z. (12 ÷ 15 Z./m³)
5% Verschnitt

(Bei Dachstühlen mit Schiftungen 0,23 ÷ 0,25 Z.)

b) 1 Lfm Dachstuhlholz (Stärken 10/12 bis 15/18) für ein **einfaches, glattes Dach** (ohne Schiftung):

0,35 ÷ 0,40 Z.
2 ÷ 5% Verschnitt

Desgleichen für einen **ganz abgewalmten, glatten Dachstuhl** mit gleicher Neigung und rechtwinkliger Grundform, einschließlich Kehlgebälk:

0,40 ÷ 0,45 Z. (25 Z./m³)
∾ 10% Verschnitt

(Bei starken Querschnittsabmessungen 0,45 ÷ 0,55 Z.)

d) Desgleichen **mit ungleichen Neigungen und schräger Grundform:**

0,45 ÷ 0,5 Z. (30 Z./m³)
10 ÷ 15% Verschnitt bei Vorsatzholz)

(Bei starken Querschnittsabmessungen bis 0,6 Z.)

e) 1 Lfm. Dachstuhlholz für ein **Querdach:**

Giebelbreite 3 bis 4 m	0,45 Z.	(28 Z./m³)
„ 4 „ 6 „	0,48 „	(31 Z./m³)
abgewalmtes Querdach	0,5 „	(33 Z./m³)

f) 1 Lfm Kantholz zu **Dachgauben,**

bis 2 m breiter Giebel	0,55 Z.	
ohne Giebel	0,5 „	(38 Z./m³)

g) 1 Lfm Kantholz für einen **Krüppelwalm,**

bis 2 m Trauflinienlänge	0,6 Z.
„ 4 „ „	0,55 „
an schrägen Giebeln	0,65 „

h) Zuschlag für **Ochsenaugen** bis 2,5 m Breite und 70 cm Stichhöhe samt Aufriß und Verschalen mit Latten .... 11 ÷ 12 Z.

i) 1 Lfm Dachstuhlholz bei ungleich geneigten Dachflächen, mehreren verschieden großen Querbauten, Dachgauben (Dachläden), ohne Ochsenaugen .... 0,6 ÷ 0,7 Z. (36 ÷ 40 Z./m³).

k) 1 Lfm Dachstuhlholz für **Turm- und Kuppelbauten,** je nach Form und Höhe 0,8 ÷ 1,3 Z. (40 ÷ 70 Z./m³).

Beispiele aus der Praxis:

1. Kniestockdach, Einbauwände Riegelfachwerk, glatter Dachstuhl. Baustelle in der Nähe des Zimmerplatzes (Bauzeit 1913):
911 Lfm Kantholz.
Zeitaufwand für Abbinden und Aufstellen: 0,35 Z./m'.

2. Abgewalmter Dachstuhl für ein größeres, massives Scheunengebäude, starkes Holz (Bauzeit 1914):
2517 Lfm Kantholz.
Zeitaufwand für Abbinden und Aufstellen: 0,53 Z./m'.

3. Ganz abgewalmter Dachstuhl mit zwei Querbauten (Bauzeit 1910):
922 Lfm. Kantholz.
Zeitaufwand für Abbinden und Aufstellen: 0,44 Z./m'.

4. Eingeschossiges Wohnhaus, Umfassungswände aus Riegelfachwerk, Außen- und Zwischenwände zweimal geriegelt, Balken und Schwellen aufgekämmt. Ganz abgewalmter Dachstuhl mit viel Schiftungen (Bauzeit 1909):
1382 Lfm Kantholz.
Zeitaufwand für Abbinden und Aufstellen: 0,44 Z./m'.

5. Mansarddach für ein ebenerdiges 21 m breites Wohngebäude. Baustelle rd. 200 m vom Zimmerplatz (Bauzeit 1930):
1580 Lfm Kantholz.
Zeitaufwand für Abbinden und Aufstellen: 0,48 Z./m'.

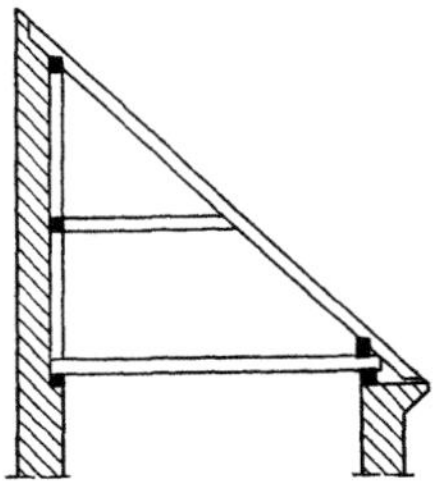
Abb. 1
Pultdach mit Kehlbalken

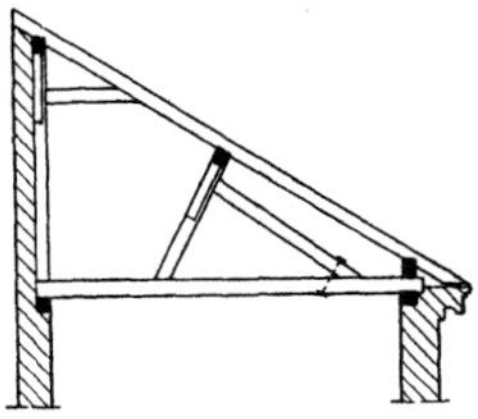
Abb. 2
Pultdach mit Bockpfette

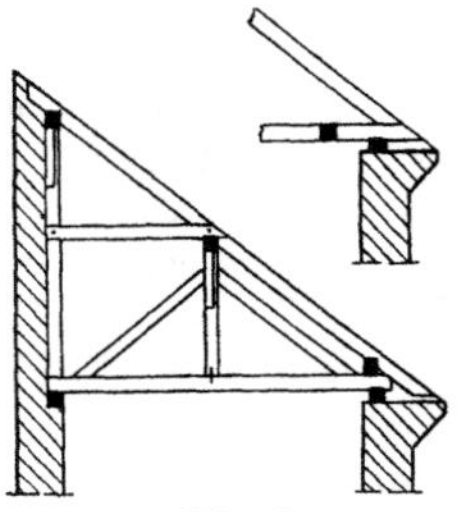
Abb. 3
Pultdach mit Flugstuhl

Pultdach mit Kehlbalken, berechnet für doppelte Flachziegeleindeckung, abbinden und auf ebenerdigem Gebäude aufstellen, von Dachsaum zu Dachsaum in der Waagrechten gemessen, für 1 m² Grundfläche (Abb. 1):

Hausbreite (Stirnbreite des Gebäudes am Mauergrund gemessen)	3,0 m	4,0 m	5,0 m	6,0 m
a) mit Fußpfette:				
Mauerbänke	10/16 0,70 m	10/16 0,53 m	13/16 0,42 m	16/16 0,35 m
Bundträme	14/18 0,99 m (für Bundträme und Pfetten und Riegel)	16/19 0,29 m	16/19 0,29 m	16/21 0,29 m
Pfetten und Riegel		14/18 0,79 m	14/18 0,63 m	15/18 0,53 m
Sparren, Kehlbalken und Kopfbüge	10/14 1,92 m	10/14 2,04 m	10/14 2,10 m	10/16 2,10 m
Säulen	14/14 0,19 m	14/14 0,20 m	14/14 0,21 m	15/15 0,22 m
Für 1 m² Grundfläche — Kantholz m³	0,0667	0,0697	0,0669	0,0715
Für 1 m² Grundfläche — Kantholz m'	3,80	3,85	3,65	3,49
Für 1 m² Grundfläche — Verbandeisen kg	0,11	0,09	0,08	0,07

Hausbreite (Stirnbreite des Gebäudes am Mauergrund gemessen)			3,0 m	4,0 m	5,0 m	6,0 m
b) mit Stich und Wechsel:						
Bundträme, Stiche und Wechsel			14/18 1,22 m	16/19 0,75 m	16/19 0,66 m	16/21 0,59 m
Pfetten und Riegel				14/18 0,53 m	14/18 0,42 m	15/18 0,35 m
Sparren, Kehlbalken und Kopfbüge			10/14 1,71 m	10/14 1,86 m	10/14 1,94 m	10/16 1,96 m
Mauerbänke			10/16 0,70 m	10/16 0,53 m	13/16 0,42 m	16/16 0,35 m
Säulen			14/14 0,19 m	14/14 0,20 m	14/14 0,21 m	15/15 0,22 m
Für 1 m² Grundfläche	Kantholz	m³	0,0696	0,0746	0,0707	0,0745
		m′	3,82	3,87	3,65	3,47
	Verbandeisen	kg	0,11	0,09	0,08	0,07
c) durchaus mit Bundträmen:						
Bundträme			14/18 1,44 m	16/19 1,08 m	16/19 1,07 m	16/21 1,07 m
Pfetten und Riegel				14/18 0,53 m	14/18 0,42 m	15/18 0,35 m
Sparren, Kehlbalken und Kopfbüge			10/14 1,71 m	10/14 1,86 m	10/14 1,94 m	10/16 1,96 m
Mauerbänke			10/16 0,70 m	10/16 0,53 m	13/16 0,42 m	16/16 0,35 m
Säulen			14/14 0,19 m	14/14 0,20 m	14/14 0,21 m	15/15 0,22 m
Für 1 m² Grundfläche	Kantholz	m³	0,0751	0,0846	0,0831	0,0907
		m′	4,04	4,20	4,06	3,95
	Verbandeisen	kg	0,11	0,09	0,08	0,07

Pultdach mit Bockpfette, sonst wie vor beschrieben, für 1 m² Grundfläche (Abb. 2, S. 343):

Hausbreite			5,0 m	6,0 m	7,0 m	8,0 m
a) mit Fußpfette:						
Mauerbänke			13/16 0,42 m	13/16 0,35 m	16/16 0,86 m	
Streben			14/14 0,52 m	15/15 0,54 m		16/16 0,45 m
Säulen						16/18 0,39 m
Bundträme			16/19 0,29 m	16/21 0,29 m	16/21 0,74 m	18/24 0,29 m
Pfetten			14/18 0,63 m	15/18 0,53 m		16/21 0,39 m
Sparren			10/14 1,86 m	10/16 1,79 m	13/16 1,76 m	13/18 1,45 m
Kehlbalken und Kopfbüge						13/16 0,29 m
Für 1 m² Grundfläche	Kantholz	m³	0,0697	0,0721	0,0835	0,0881
		m′	3,72	3,50	3,36	3,26
	Verbandeisen	kg	0,19	0,16	0,14	0,12
b) mit Stich und Wechsel:						
Bundträme, Stiche und Wechsel			16/19 0,66 m	16/21 0,60 m	16/21 0,86 m	18/24 0,52 m
Pfetten			14/18 0,42 m	15/18 0,35 m		16/21 0,26 m
Sparren			10/14 1,70 m	10/16 1,65 m	13/16 1,63 m	13/18 1,33 m
Kehlbalken und Kopfbüge						13/16 0,29 m
Mauerbänke			13/16 0,42 m	13/16 0,35 m	16/16 0,86 m	16/16 0,45 m
Streben			14/14 0,52 m	15/15 0,54 m		
Säulen						16/18 0,39 m
Für 1 m² Grundfläche	Kantholz	m³	0,0734	0,0754	0,0848	0,0909
		m′	3,72	3,49	3,35	3,24
	Verbandeisen	kg	0,19	0,16	0,14	0,12

Hausbreite			5,0 m	6,0 m	7,0 m	8,0 m
c) durchaus mit Bundträmen:						
Bundträme			16/19 1,07 m	16/21 1,07 m	16/21 1,37 m	18/24 1,06 m
Pfetten			14/18 0,42 m	15/18 0,35 m		16/21 0,26 m
Sparren			10/14 1,70 m	10/16 1,65 m	13/16 1,63 m	13/18 1,33 m
Kehlbalken und Kopfbüge						13/16 0,29 m
Mauerbänke			13/16 0,42 m	13/16 0,35 m	16/16 0,86 m	16/16 0,45 m
Streben			14/14 0,52 m	15/15 0,54 m		
Säulen						16/18 0,39 m
Für 1 m² Grundfläche	Kantholz	m³	0,0858	0,0912	0,1019	0,1142
		m′	4,13	3,96	3,86	3,78
	Verband-eisen	kg	0,19	0,16	0,14	0,12

Pultdach mit Flugstuhl, sonst wie vor beschrieben, für 1 m² Grundfläche (Abb. 3, S. 343):

Hausbreite			5,0 m	6,0 m	7,0 m	8,0 m
a) mit Fußpfette:						
Mauerbänke			13/16 0,42 m	13/16 0,35 m	16/16 0,95 m	16/16 0,91 m
Säulen und Sprengbänder			14/14 0,62 m	15/15 0,63 m		
Bundträme			16/19 0,29 m	16/19 0,29 m	16/21 0,29 m	16/21 0,29 m
Pfetten			14/18 0,63 m	15/18 0,53 m	16/18 0,45 m	16/18 0,39 m
Sparren und Kopfbüge			10/14 1,78 m	10/16 1,71 m	13/16 1,67 m	13/18 1,64 m
Zangen			8/16 0,30 m	8/16 0,30 m	8/16 0,30 m	8/16 0,30 m
Für 1 m² Grundfläche	Kantholz	m³	0,0743	0,0758	0,0856	0,086
		m′	4,04	3,81	3,66	3,53
	Verband-eisen	kg	0,22	0,18	0,16	0,14

Hausbreite			5,0 m	6,0 m	7,0 m	8,0 m
b) mit Stich und Wechsel:						
Bundträme, Stiche und Wechsel			16/19 0,66 m	16/19 0,60 m	16/21 0,56 m	16/21 0,52 m
Pfetten			14/18 0,42 m	15/18 0,35 m	16/18 0,30 m	16/18 0,26 m
Sparren			10/14 1,62 m	10/16 1,57 m	13/16 1,54 m	13/18 1,33 m
Kopfbüge						13/16 0,19 m
Mauerbänke			13/16 0,42 m	13/16 0,35 m	16/16 0,95 m	16/16 0,91 m
Säulen und Sprengbänder			14/14 0,62 m	15/15 0,63 m		
Zangen			8/16 0,30 m	8/16 0,30 m	8/16 0,30 m	8/16 0,30 m
Für 1 m² Grundfläche	Kantholz	m³	0,0781	0,0781	0,0876	0,0872
		m′	4,04	3,80	3,65	3,51
	Verband-eisen	kg	0,22	0,18	0,16	0,14

Hausbreite	5,0 m	6,0 m	7,0 m	8,0 m
c) durchaus mit Bundträmen:				
Bundträme	16/19 1,07 m	16/19 1,07 m	16/21 1,07 m	16/21 1,06 m
Pfetten	14/18 0,42 m	15/18 0,35 m	16/18 0,30 m	16/18 0,26 m
Sparren	10/14 1,62 m	10/16 1,57 m	13/16 1,54 m	13/18 1,33 m
Kopfbüge				13/16 0,19 m
Mauerbänke	13/16 0,42 m	13/16 0,35 m	16/16 0,95 m	16/16 0,91 m
Säulen und Sprengbänder	14/14 0,62 m	15/15 0,63 m		
Zangen	8/16 0,30 m	8/16 0,30 m	8/16 0,30 m	8/16 0,30 m

Hausbreite			5,0 m	6,0 m	7,0 m	8,0 m
Für 1 m² Grundfläche	Kantholz	m³	0,0905	0,0924	0,1048	0,1053
		m'	4,45	4,27	4,16	4,05
	Verbandeisen	kg	0,22	0,18	0,16	0,14

Pultdach mit liegendem Stuhl, sonst wie vor beschrieben, für 1 m² Grundfläche (Abb. 4):

Hausbreite			5,0 m	6,0 m	7,0 m	8,0 m
Mauerbänke			13/16 1,05 m (Mauerbänke und Pfetten)	13/15 0,35 m	16/16 0,30 m	16/16 0,26 m
Pfetten				14/18 0,53 m	16/18 0,45 m	16/18 0,39 m
Bundträme			16/19 0,28 m	16/19 0,28 m	16/21 0,28 m	16/21 0,28 m
Sparren und Kopfbüge			9/12 1,40 m	10/13 1,36 m	10/14 1,34 m	10/16 1,32 m
Säulen und Sprengbänder			13/13 0,37 m	14/14 0,35 m	14/16 0,35 m	14/16 0,35 m
Zangen			8/16 0,56 m	8/16 0,55 m	8/16 0,52 m	9/16 0,50 m
Für 1 m² Grundfläche	Kantholz	m³	0,0592	0,0607	0,0634	0,0627
		m'	3,66	3,42	3,24	3,10
	Verbandeisen	kg	0,22	0,18	0,16	0,14

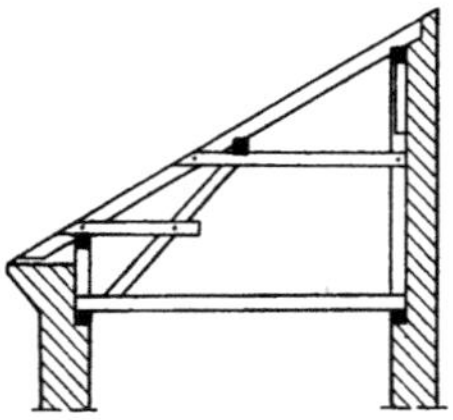

Abb. 4
Pultdach mit liegendem Stuhl

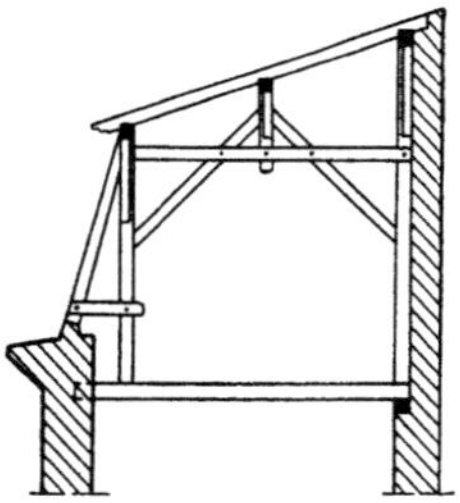

Abb. 5
Mansarddach

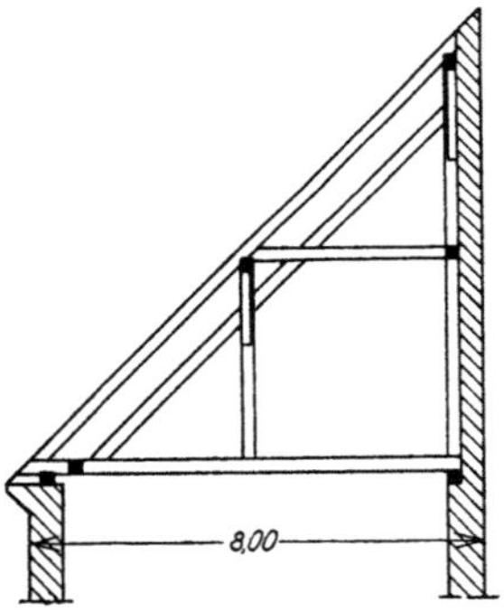

Abb. 6
Pultdach mit stehendem Stuhl

Hausbreite			5,0 m	6,0 m	7,0 m	8,0 m
durchaus mit Bundträmen:						
Bundträme			16/19 1,07 m	16/21 10,7 m	16/21 1,52 m (Bundträme und Pfetten)	18/24 1,06 m
Pfetten			14/18 0,63 m	15/18 0,53 m		16/21 0,39 m
Sparren, Streben und Kehlbalken			10/14 2,42 m (Sparren, Streben, Kehlbalken und Kopfbüge)	10/16 2,40 m (Sparren, Streben, Kehlbalken und Kopfbüge)	13/16 2,37 m (Sparren, Streben, Kehlbalken und Kopfbüge)	13/18 2,16 m
Kopfbüge						13/16 0,19 m
Säulen			14/14 0,31 m	15/15 0,32 m	16/16 0,62 m (Säulen und Mauerbänke)	16/18 0,33 m
Mauerbänke			13/19 0,42 m	13/17 0,35 m		16/16 0,26 m
Für 1 m² Grundfläche	Kantholz	m³	0,0971	0,1031	0,1162	0,1295
		m'	4,85	4,67	4,51	4,39
	Verbandeisen	kg	0,08	0,07	0,06	0,05

Mansarddach, für Blech- oder Schiefereindeckung berechnet, sonst wie vor beschrieben, für 1 m² Grundfläche (Abb. 5, S. 346):

Hausbreite		6,0 m	7,0 m	8,0 m
Mauerbänke		13/16 0,88 m	16/16 0,30 m	16/16 0,26 m
Pfetten			14/18 0,45 m	14/18 0,39 m
Bundträme		16/19 0,27 m	16/21 0,27 m	18/24 0,28 m
Sparren und Kopfbüge		8/10 1,89 m	9/12 1,85 m	9/12 1,83 m
Säulen		13/13 0,48 m	14/14 0,76 m	14/14 0,76 m
Sprengbänder		10/14 0,28 m		
Zangen		8/16 0,58 m	8/16 0,58 m	8/16 0,58 m
Für 1 m² Grundfläche: Kantholz	m′	0,0611	0,0704	0,0707
	m³	4,38	4,21	4,10
Verbandeisen	kg	0,25	0,21	0,19

Pultdach mit stehendem Stuhl, sonst wie vor beschrieben, für 1 m² Grundfläche (Abb. 6, S. 346):

Hausbreite		5,0 m	6,0 m	7,0 m	8,0 m
a) mit Fußpfette:					
Säulen		14/14 0,31 m	15/15 0,32 m	16/16 0,62 m	16/18 0,33 m
Mauerbänke		13/19 0,42 m	13/17 0,35 m		16/16 0,26 m
Bundträme		16/19 0,29 m	16/21 0,29 m	16/21 0,89 m	18/24 0,29 m
Pfetten		14/18 0,84 m	15/18 0,71 m		16/21 0,52 m
Sparren, Streben und Kehlbalken		10/14 2,58 m	10/16 2,54 m	13/16 2,50 m	13/18 2,28 m
Kopfbüge					13/16 0,19 m
Für 1 m² Grundfläche: Kantholz	m³	0,0819	0,084	0,0978	0,1035
	m′	4,44	4,21	4,01	3,87
Verbandeisen	kg	0,08	0,07	0,06	0,05
b) mit Stich und Wechsel:					
Bundträme, Stiche und Wechsel		16/19 0,66 m	16/21 0,60 m	16/21 1,01 m	18/24 0,52 m
Pfetten		14/28 0,63 m	15/18 0,53 m		16/21 0,39 m
Sparren, Streben und Kehlbalken		10/14 2,42 m	10/16 2,40 m	13/16 2,37 m	13/18 2,16 m
Kopfbüge					13/16 0,19 m
Säulen		14/14 0,31 m	15/15 0,32 m	16/16 0,62 m	16/18 0,33 m
Mauerbänke		13/19 0,42 m	13/17 0,35 m		16/16 0,26 m
Für 1 m² Grundfläche: Kantholz	m³	0,0846	0,0873	0,0991	0,1062
	m′	4,44	4,20	4,00	3,85
Verbandeisen	kg	0,08	0,07	0,06	0,05

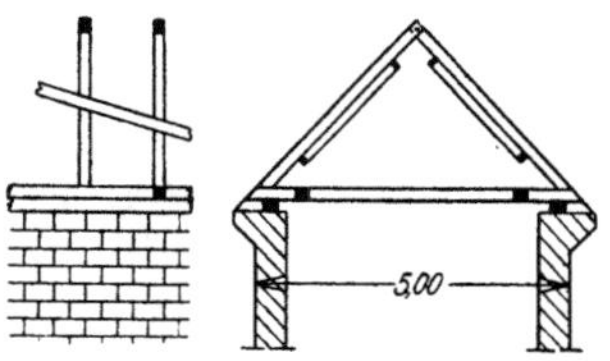

Abb. 7. Leerdach

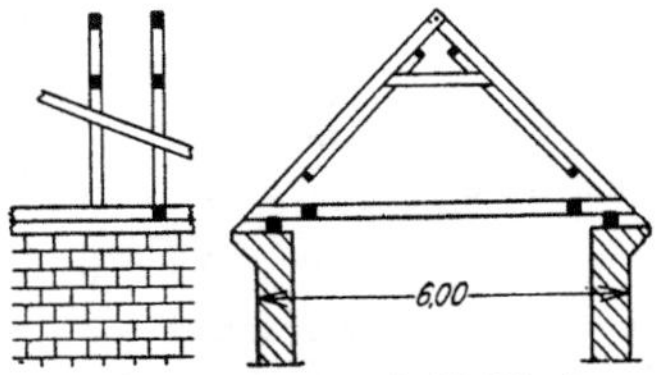

Abb. 8. Leerdach mit Kehlbalken

Leerdach, für doppelte Ziegeleindeckung berechnet, sonst wie vor beschrieben, für 1 m² Grundfläche (Abb. 7):

Hausbreite		3,0 m	4,0 m	5,0 m	6,0 m	7,0 m
a) mit Fußpfette:						
Mauerbänke		13/13 0,57 m	13/13 0,44 m	13/13 0,36 m	13/16 0,31 m	16/16 0,27 m
Bundträme Pfetten		13/16 0,86 m	13/16 0,72 m	16/19 0,29 m 14/18 0,36 m	16/19 0,29 m 14/18 0,31 m	16/21 0,29 m 16/18 0,27 m
Sparren		8,10 1,37 m	9/12 1,31 m	10/14 1,32 m	10/16 1,33 m	13/16 1,33 m
Windlatten		5/8 0,55 m	5/8 5,44 m	5/10 0,37 m	5/10 0,32 m	5/10 0,39 m
Für 1 m² Grundfläche: Kantholz	m³	0,0407	0,0325	0,0443	0,046	0,0535
Kantholz	m′	3,35	2,91	2,70	2,56	2,55
Verbandeisen	kg	0,09	0,08	0,07	0,06	0,05
b) mit Stich und Wechsel:						
Bundträme, Stiche und Wechsel		—	—	16/19 0,91 m	16/19 0,82 m	16/21 0,75 m
Sparren				10/14 1,18 m	10/16 1,20 m	13/16 1,22 m
Mauerbänke				13/13 0,36 m	13/16 0,31 m	16/16 0,27 m
Windlatten				5/10 0,37 m	5/10 0,32 m	5/10 0,39 m
Für 1 m² Grundfläche: Kantholz	m³			0,0521	0,0522	0,0589
Kantholz	m′			2,82	2,65	2,63
Verbandeisen	kg			0,07	0,06	0,05
c) durchaus mit Bundträmen:						
Bundträme		13/16 1,00 m	13/16 0,98 m	16/19 1,00 m	16/19 1,00 m	16/21 1,00 m
Sparren		8/10 1,14 m	9/12 1,14 m	10/14 1,18 m	10/16 1,20 m	13/16 1,22 m
Mauerbänke		13/13 0,57 m	13/13 0,44 m	13/13 0,36 m	13/16 0,31 m	16/16 0,27 m
Windlatten		5/8 0,55 m	5/8 0,44 m	5/10 0,37 m	5/10 0,32 m	5/10 0,39 m
Für 1 m² Grundfläche: Kantholz	m³	0,0417	0,0419	0,0548	0,0567	0,0673
Kantholz	m′	3,26	3,00	2,91	2,83	2,88
Verbandeisen	kg	0,09	0,08	0,07	0,06	0,05

Leerdach mit Kehlbalken, sonst wie vor beschrieben, für 1 m² Grundfläche (Abb. 8, S. 347):

Hausbreite		5,0 m	6,0 m	7,0 m	8,0 m
a) mit Fußpfette:					
Mauerbänke		13/13 0,36 m	13/16 0,31 m	16/16 0,27 m	16/16 0,24 m
Bundträme		16/19 0,29 m	16/19 0,29 m	16/21 0,29 m	16/21 0,29 m
Pfetten		14/18 0,36 m	14/18 0,31 m	16/18 0,27 m	16/18 0,24 m
Sparren und Kehlbalken		8/10 1,64 m	9/12 1,65 m	10/14 1,65 m	10/16 1,66 m
Windlatten		5/10 0,37 m	5/10 0,32 m	5/10 0,29 m	5/10 0,26 m
Für 1 m² Grundfläche: Kantholz	m³	0,0389	0,0425	0,049	0,0507
Kantholz	m′	3,02	2,88	2,77	2,69
Verbandeisen	kg	0,07	0,06	0,05	0,045

Hausbreite			3,0 m	4,0 m	5,0 m	6,0 m	7,0 m

b) mit Stich und Wechsel:

Bundträme, Stiche und Wechsel			16/19 0,91 m	16/19 0,82 m	16/21 0,75 m	16/21 0,70 m
Sparren und Kehlbalken			8/10 1,50 m	9/12 1,52 m	10/14 1,54 m	10/16 1,56 m
Mauerbänke			13/13 0,36 m	13/16 0,31 m	16/16 0,27 m	16/16 0,24 m
Windlatten			5/10 0,37 m	5/10 0,32 m	5/10 0,29 m	5/10 0,26 m
Für 1 m² Grundfläche	Kantholz	m³	0,0476	0,0494	0,0551	0,0559
		m′	3,14	2,97	2,85	2,76
	Verband-eisen	kg	0,07	0,06	0,05	0,045

c) durchaus mit Bundträmen:

Bundträme			16/19 1,00 m	16/19 1,00 m	16/21 1,00 m	16/21 1,00 m
Sparren und Kehlbalken			8/10 1,50 m	9/12 1,52 m	10/14 1,54 m	10/16 1,56 m
Mauerbänke			13/13 0,36 m	13/16 0,31 m	16/16 0,27 m	16/16 0,24 m
Windlatten			5/10 0,37 m	5/10 0,32 m	5/10 0,29 m	5/10 0,26 m
Für 1 m² Grundfläche	Kantholz	m³	0,0503	0,0549	0,0635	0,066
		m′	3,23	3,15	3,10	3,06
	Verband-eisen	kg	0,07	0,06	0,05	0,045

Satteldach mit Firstpfette auf Stuhlsäule, sonst wie vor beschrieben, für 1 m² Grundfläche (Abb. 9):

Hausbreite			5,0 m	6,0 m	7,0 m	8,0 m

a) mit Fußpfette:

Mauerbänke			} 13/13 0,45 m	{ 13/16 0,31 m	16/16 0,27 m	16/16 0,24 m
Säulen				{ 14/14 0,09 m	} 13/16 1,53 m	} 13/16 0,19 m
Kopfbüge			} 10/13 1,45 m	10/16 1,44 m		
Sparren						13/18 1,34 m
Bundträme			16/19 0,29 m	16/19 0,29 m	16/21 0,29 m	16/21 0,29 m
Pfetten			13/16 0,54 m	14/18 0,46 m	16/18 0,40 m	16/18 0,36 m
Für 1 m² Grundfläche	Kantholz	m³	0,0465	0,0501	0,06	0,0616
		m′	2,73	2,59	2,49	2,42
	Verband-eisen	kg	0,08	0,07	0,06	0,05

b) mit Stich und Wechsel:

Bundträme, Stiche und Wechsel			16/19 0,91 m	16/19 0,82 m	16/21 0,75 m	16/21 0,70 m
Kopfbüge			} 10/13 1,31 m	10/16 1,31 m {	+ Säulen	—
Sparren					13/16 1,42 m	13/18 1,24 m
Pfetten			13/16 0,24 m	14/18 0,15 m	16/18 0,13 m	16/18 0,12 m
Mauerbänke			} 13/13 0,45 m	{ 13/16 0,31 m	16/16 0,27 m	16/16 0,24 m
						+ Kopfbüge
Säulen				14/14 0,09 m	—	13/16 0,19 m
Für 1 m² Grundfläche	Kantholz	m³	0,0573	0,0579	0,0654	0,0661
		m′	2,91	2,68	2,57	2,49
	Verband-eisen	kg	0,08	0,07	0,06	0,05

Hausbreite			5,0 m	6,0 m	7,0 m	8,0 m
c) durchaus mit Bundträmen:						
Bundträme			16/19 1,00 m	16/19 1,00 m	16/21 1,00 m	16/21 1,00 m
Kopfbüge			10/13 1,31 m	10/16 1,31 m	+ Säulen	—
Sparren					13/16 1,42 m	13/18 1,24 m
Pfetten			13/16 0,24 m	14/18 0,15 m	16/18 0,13 m	16/18 0,12 m
Mauerbänke			13/13 0,45 m	13/16 0,31 m	16/16 0,27 m	16/16 0,24 m + Kopfbüge
Säulen				14/14 0,09 m	—	13/16 0,19 m
Für 1 m² Grundfläche	Kantholz	m³	0,06	0,0633	0,0738	0,0762
		m′	3,00	2,86	2,82	2,79
	Verbandeisen	kg	0,08	0,07	0,06	0,05

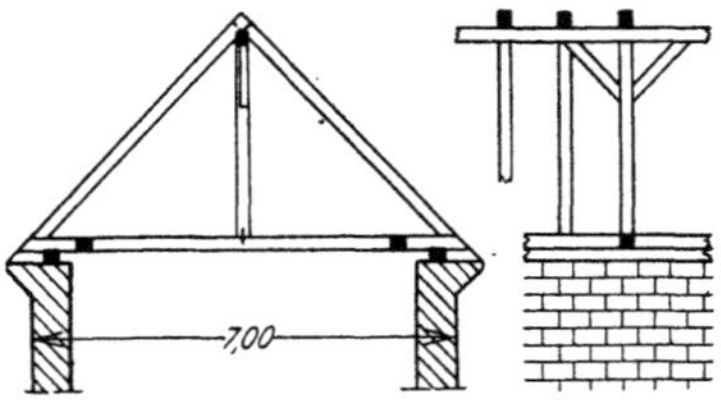

Abb. 9
Satteldach mit Firstpfette auf Stuhlsäule

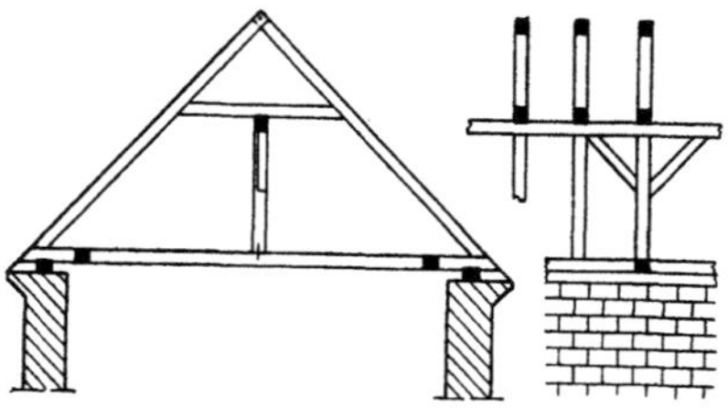

Abb. 10
Satteldach mit Kehlbalken und Mittelpfette

Satteldach mit Kehlbalken und Mittelpfette, sonst wie vor beschrieben, für 1 m² Grundfläche (Abb. 10):

Hausbreite			8,0 m	9,0 m	10,0 m
a) mit Stich und Wechsel:					
Bundträme, Stiche und Wechsel			16/21 0,70 m	18/24 0,66 m	18/24 0,63 m
Mauerbänke und Säulen			16/16 0,29 m	16/16 0,27 m	16/16 0,24 m
Pfetten			16/18 0,12 m	16/18 0,11 m	16/18 0,10 m
Sparren, Kehlbalken und Kopfbüge			10/16 1,75 m	10/16 1,83 m	10/16 1,89 m
Für 1 m² Grundfläche	Kantholz	m³	0,0624	0,0679	0,0665
		m′	2,86	2,87	2,86
	Verbandeisen	kg	0,06	0,05	0,05
b) durchaus mit Bundträmen:					
Bundträme			16/21 1,00 m	18/24 1,00 m	18/24 1,00 m
Mauerbänke und Säulen			16/16 0,29 m	16/16 0,27 m	16/16 0,24 m
Pfetten			16/18 0,12 m	16/18 0,11 m	16/18 0,10 m
Sparren, Kehlbalken und Kopfbüge			10/16 1,75 m	10/16 1,83 m	10/16 1,89 m
Für 1 m² Grundfläche	Kantholz	m³	0,0725	0,0826	0,0825
		m′	3,16	3,21	3,23
	Verbandeisen	kg	0,06	0,05	0,05

Bockstrebendach mit Firstpfette auf Parallelstreben, sonst wie vor beschrieben, für 1 m² Grundfläche (Abb. 11):

Hausbreite			6,0 m	7,0 m	8,0 m
a) mit Fußpfette:					
Mauerbänke			13/16 0,31 m	16/16 0,27 m	16/16 0,24 m
Bundträme			16/19 0,29 m	16/21 0,29 m	16/21 0,29 m
Pfetten			14/18 0,46 m	16/18 0,40 m	16/18 0,36 m
Sparren und Streben			10/16 1,65 m	13/16 1,65 m	13/18 1,67 m
Für 1 m² Grundfläche	Kantholz	m³	0,0523	0,0625	0,0653
		m′	2,71	2,61	2,56
	Verbandeisen	kg	0,08	0,07	0,06
b) durchaus mit Bundträmen:					
Bundträme			16/19 1,00 m	16/21 1,00 m	16/21 1,00 m
Pfetten			14/18 0,15 m	16/18 0,13 m	16/18 0,12 m
Sparren und Streben			10/16 1,52 m	13/16 1,54 m	13/18 1,57 m
Mauerbänke			13/16 0,31 m	16/16 0,27 m	16/16 0,24 m
Für 1 m² Grundfläche	Kantholz	m³	0,0649	0,0763	0,0799
		m′	2,98	2,94	2,93
	Verbandeisen	kg	0,08	0,07	0,06

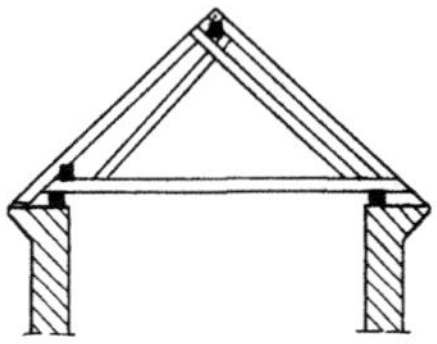

Abb. 11
Bockstrebendach mit Firstpfette auf Parallelstreben

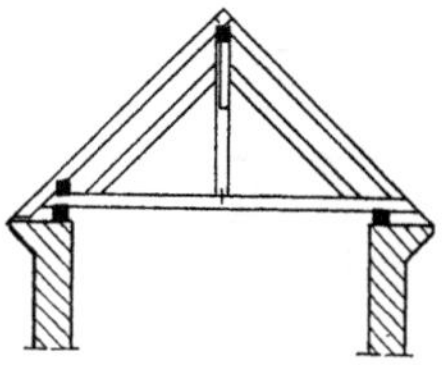

Abb. 12
Satteldach mit Firstpfette und einfachem Hängewerk

Satteldach mit Firstpfette und einfachem Hängewerk, sonst wie vor beschrieben, für 1 m² Grundfläche (Abb. 12):

Hausbreite			6,0 m	7,0 m	8,0 m
a) mit Fußpfetten:					
Mauerbänke			13/16 0,31 m	16/16 0,27 m	16/16 0,24 m
Bundträme			16/19 0,29 m	16/21 0,29 m	16/21 0,29 m
Pfetten			14/18 0,46 m	16/18 0,40 m	16/18 0,36 m
Sparren			10/16 1,44 m	13/16 1,82 m	13/18 1,34 m
Kopfbüge					13/16 0,50 m
Säulen und Sprengbänder			14/14 0,36 m		
Für 1 m² Grundfläche	Kantholz	m³	0,0559	0,066	0,068
		m′	2,86	2,78	2,73
	Verbandeisen	kg	0,15	0,13	0,11

Hausbreite			6,0 m	7,0 m	8,0 m
b) durchaus mit Bundträmen:					
Bundträme			16/19 1,00 m	16/21 1,00 m	16/21 1,00 m
Pfetten			14/18 0,15 m	16/18 0,13 m	16/18 0,12 m
Sparren			} 10/16 1,31 m	} 13/16 1,71 m	13/18 1,24 m
Kopfbüge					} 16/16 0,50 m
Säulen und Sprengbänder			14/14 0,36 m		
Mauerbänke			13/16 0,31 m	16/16 0,27 m	16/16 0,24 m
Für 1 m² Grundfläche	Kantholz	m³	0,0685	0,0735	0,0826
		m′	3,13	3,11	3,10
	Verbandeisen	kg	0,15	0,13	0,11

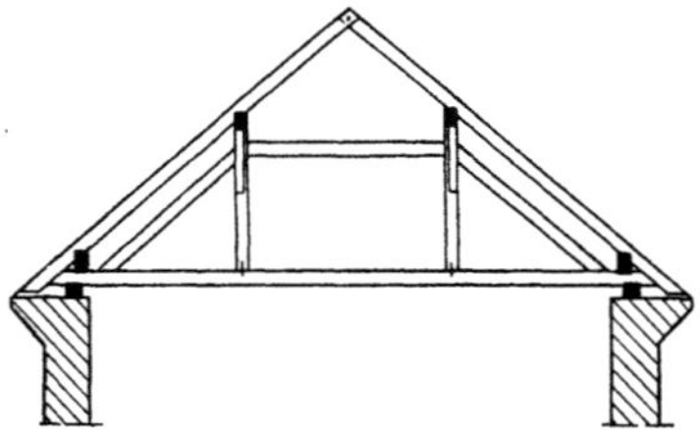
Abb. 13
Pfettendach mit doppeltem Hängewerk

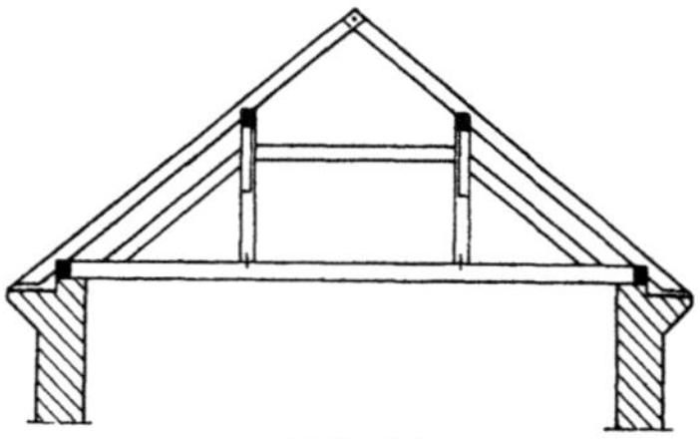
Abb. 14
Pfettendach

Pfettendach mit doppeltem Hängewerk (übliche Ausführungsart), für doppelte Ziegeleindeckung berechnet, abbinden und auf einem ebenerdigen Gebäude aufstellen, für 1 m² Grundfläche (Abb. 13):

Hausbreite			10,0 m	11,0 m	12,0 m	13,0 m	14,0 m	15,0 m
Sprengriegel			} 16/16 0,60 m	16/16 0,57 m	16/16 0,55 m	16/18 0,12 m	16/18 0,13 m	} 18/18 0,37 m
Mauerbänke, Säulen						} 16/16 0,42 m		
Sprengbänder							16/16 0,39 m	16/18 0,16 m
Bundträme			16/21 0,29 m	} 16/21 0,65 m	16/21 0,62 m	16/21 0,59 m	16/21 0,57 m {	18/24 0,29 m
Pfetten			16/18 0,39 m					18/21 0,26 m
Sparren			} 13/16 1,46 m	13/16 1,45 m	13/16 1,44 m	13/16 1,43 m	13/16 1,42 m {	13/18 1,32 m
Kopfbüge								13/16 0,10 m
Für 1 m² Grundfläche	Kantholz	m³	0,0667	0,068	0,0649	0,0638	0,0624	0,0719
		m′	2,74	2,67	2,61	2,56	2,51	2,50
	Verbandeisen	kg	0,16	0,15	0,14	0,13	0,12	0,12

Pfettendach mit doppeltem Hängewerk (ausnahmsweise Ausführungsart, bei der die Mauerbank die Stelle der Fußpfette vertritt, wenn mit der Höhe gespart werden muß), sonst genau wie vor, für 1 m² Grundfläche (Abb. 14):

Hausbreite	10,0 m	11,0 m	12,0 m	13,0 m	14,0 m	15,0 m
Bundträme, Mauerbänke	16/21 0,45 m	} 16/21 0,61 m	16/21 0,59 m	16/21 0,57 m	16/21 0,55 m {	18/24 0,40 m
Pfetten	16/18 0,19 m					18/21 0,13 m
Sparren	} 13/16 1,46 m	13/16 1,45 m	13/16 1,44 m	13/16 1,43 m	13/16 1,42 m {	13/18 1,32 m
Kopfbüge						13/16 0,10 m
Sprengriegel	} 16/16 0,41 m	16/16 0,39 m	16/16 0,39 m	16/18 0,12 m	16/18 0,13 m	} 18/18 0,24 m
Säulen				} 16/16 0,27 m	16/16 0,25 m	
Sprengbänder						16/18 0,16 m

Hausbreite			10,0 m	11,0 m	12,0 m	13,0 m	14,0 m	15,0 m
Für 1 m² Grundfläche	Kantholz	m³	0,0615	0,063	0,0598	0,0593	0,0582	0,052
		m′	2,51	2,45	2,42	2,39	2,35	2,35
	Verband-eisen	kg	0,30	0,28	0,25	0,23	0,22	0,22

Doppelstuhl mit hochliegender Fußpfette, sonst wie vor beschrieben, für 1 m² Grundfläche (Abb. 15, S. 354):

Hausbreite			8,0 m	9,0 m	10,0 m	11,0 m
Bundträme			16/21 0,25 m	16/21 0,25 m	16/21 0,26 m	} 16/21 0,62 m
Pfetten			16/18 0,48 m	16/18 0,43 m	16/18 0,39 m	
Säulen, Sprengbänder			} 16/16 0,44 m	16/16 0,42 m	16/16 0,41 m	16/16 0,32 m
Sprengriegel						16/18 0,09 m
Sparren, Kopfbüge			10/13 1,39 m	10/13 1,37 m	10/16 1,35 m	10/16 1,34 m
Zangen			8/16 0,22 m	8/16 0,21 m	8/16 0,21 m	8/16 0,20 m
Für 1 m² Grundfläche	Kantholz	m³	0,0544	0,052	0,0547	0,0556
		m′	2,78	2,68	2,62	2,57
	Verband-eisen	kg	0,26	0,23	0,21	0,21

Doppelstuhl mit Kniestock, sonst wie vor beschrieben, für 1 m² Grundfläche (Abb. 16):

Hausbreite			8,0 m	9,0 m	10,0 m	11,0 m
Bundträme			16/21 0,26 m	16/21 0,26 m	16/21 0,26 m	} 16/21 0,62 m
Pfetten			16/18 0,48 m	16/18 0,43 m	16/18 0,39 m	
Sparren			} 10/16 1,70 m	10/16 1,66 m	10/16 1,62 m	13/16 1,60 m
Kopfbüge						
Mauerbänke, Säulen			} 16/16 0,89 m	16/16 0,82 m	16/16 0,77 m	16/16 0,80 m
Sprengriegel, Sprengbänder						
Zangen			8/16 0,37 m	8/16 0,34 m	8/16 0,30 m	8/16 0,38 m
Für 1 m² Grundfläche	Kantholz	m³	0,0763	0,073	0,0694	0,0795
		m′	3,70	3,51	3,34	3,40
	Verband-eisen	kg	0,29	0,26	0,23	0,21

Hausbreite			12,0 m	13,0 m	14,0 m	15,0 m
Bundträme			} 16/21 0,60 m	16/21 0,57 m	16/21 0,55 m	18/24 0,27 m
Pfetten						16/21 0,26 m
Sparren			} 13/16 1,58 m	13/16 1,57 m	13/16 1,55 m	13/18 1,35 m
Kopfbüge						13/16 0,20 m
Mauerbänke, Säulen			} 16/16 0,76 m	16/16 0,39 m	16/16 0,36 m	} 18/18 0,68 m
Sprengriegel, Sprengbänder				16/18 0,33 m	16/18 0,33 m	
Zangen			8/16 0,35 m	8/16 0,33 m	8/16 0,30 m	8/16 0,31 m
Für 1 m² Grundfläche	Kantholz	m³	0,077	0,0755	0,0733	0,0821
		m′	3,29	3,19	3,09	3,07
	Verband-eisen	kg	0,20	0,18	0,17	0,16

Doppelstuhl mit Kniestock auf einer Seite, sonst wie vor beschrieben, für 1 m² Grundfläche (Abb. 17):

Der erforderliche Materialaufwand kann hier als Mittelwert aus den beiden verschieden geformten Dachhälften bestimmt werden.

Stehender Stuhl, für doppelte Ziegeleindeckung berechnet, sonst wie vor, für 1 m² Grundfläche (Abb. 18):

Hausbreite	Bundträme, Stiche und Wechsel	Mauerbänke, Stuhlsäulen und Pfetten	Sparren, Kehlbalken und Bänder	Für 1 m² Grundfläche Kantholz m³	Kantholz m′	Verbandeisen kg
8,0 m	18/21 0,67 m	16/16 u. 13/18 0,58 m	11/16 2,17 m	bei Stich und Wechsel ... 0,0875 durchaus mit Bundträmen ... 0,1064	3,42	0,08
9,0 m	18/24 0,63 m	16/19 0,54 m	11/16 2,18 m		3,35	0,09
10,0 m	18/24 0,59 m	16/19 0,50 m	11/16 2,19 m		3,28	0,10
11,0 m	18/24 0,57 m	16/19 0,47 m	13/16 2,21 m		3,25	0,11
12,0 m	18/24 0,55 m	16/19 0,45 m	13/16 2,22 m		3,22	0,12
13,0 m	18/24 0,53 m	16/19 0,43 m	13/16 2,24 m		3,20	0,13
14,0 m	21/24 0,51 m	16/21 0,41 m	13/16 2,25 m		3,17	0,14
15,0 m	21/24 0,50 m	16/21 0,39 m	16/16 2,28 m		3,17	0,15

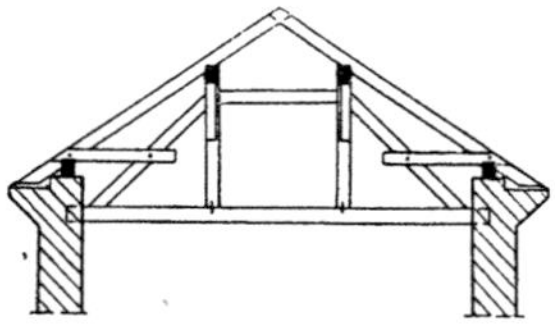

Abb. 15. Doppelstuhl mit hochliegender Fußpfette

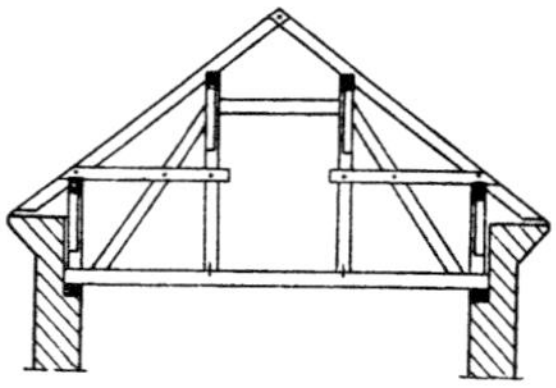

Abb. 16 Doppelstuhl mit Kniestock

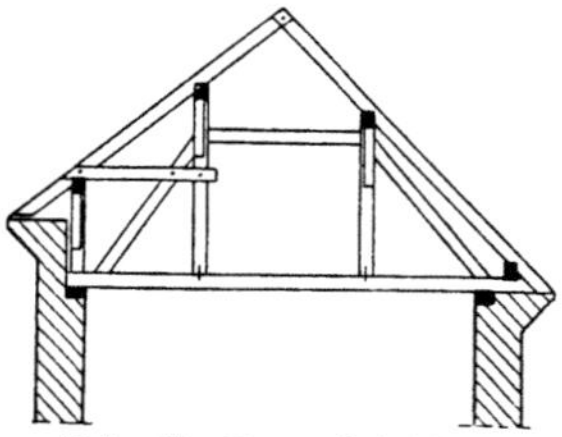

Abb. 17. Doppelstuhl mit Kniestock auf einer Seite

Stehender Stuhl mit Hängewerk und Kniestock, für doppelte Ziegeleindeckung berechnet, sonst wie vor, für 1 m² Grundfläche (Abb. 19):

Hausbreite	Mauerbänke	Pfetten, Säulen, Streben, Sprenger, Stiche und Wechsel	Bundträme	Sparren und Bänder	Für 1 m² Grundfläche Kantholz m³	Kantholz m′	Verbandeisen kg
8,0 m	13/16 0,23 m	16/19 1,20 m	16/21 0,25 m	10/16 1,76 m	bei Stich u. Wechsel 0,0825 durchaus mit Bundträmen 0,106	3,44	0,68
9,0 m	13/16 0,21 m	16/19 1,11 m	16/21 0,25 m	10/16 1,75 m		3,32	0,64
10,0 m	16/16 u. 13/18 0,19 m	18/19 u. 16/20 1,04 m	16/21 0,26 m	10/16 1,74 m		3,23	0,60
11,0 m	16/16 u. 13/18 0,17 m	18/19 u. 16/20 0,98 m	16/21 0,27 m	13/16 1,72 m		3,14	0,55
12,0 m	16/16 u. 13/18 0,16 m	18/18 u. 16/20 0,94 m	16/21 0,27 m	13/16 1,72 m		3,09	0,50
13,0 m	16/16 u. 13/18 0,15 m	16/21 1,17 m		13/16 1,71 m		3,03	0,43
14,0 m	16/16 u. 13/18 0,14 m	16/21 1,13 m		13/16 1,70 m		2,97	0,35

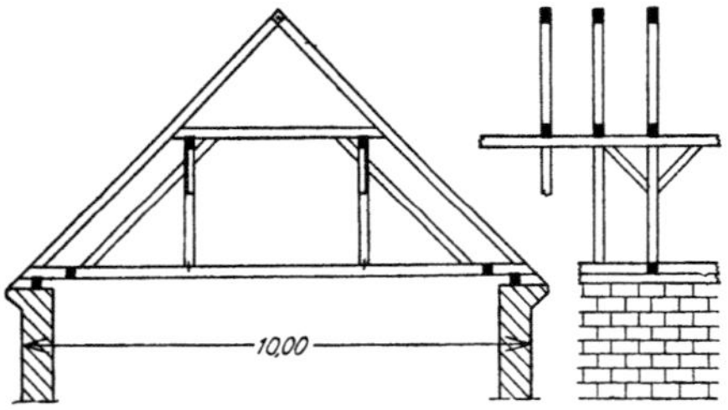

Abb. 18. Stehender Stuhl

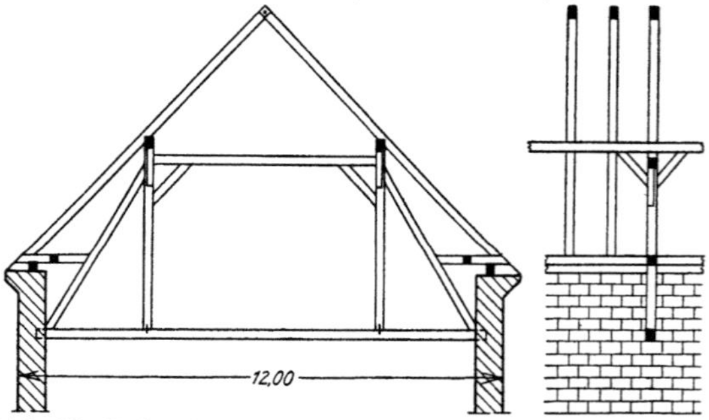

Abb. 19. Stehender Stuhl mit Hängewerk und Kniestock

Hänge- und Sprengstuhl mit durchlaufenden Bundträmen, für doppelte Ziegeleindeckung berechnet, sonst wie vor, für 1 m² Grundfläche (Abb. 20):

Hausbreite			12,0 m	14,0 m	16,0 m	18,0 m	20,0 m
Mauerbänke			16/16 u. 13/18 0,31 m	16/16 u. 13/18 0,27 m	16/16 u. 13/18 0,24 m	16/16 u. 13/18 0,21 m	16/16 u. 13/18 0,19 m
Bundträme			21/24 1,03 m	21/24 1,04 m	21/26 1,04 m	21/26 1,04 m	24/26 1,04 m
Röspen			21/26 0,15 m	24/26 0,14 m	24/29 0,12 m	24/29 0,11 m	26/29 0,10 m
Säulen und Streben			18/19 u. 16/20 0,39 m	18/19 u. 16/20 0,39 m	18/21 0,39 m	18/21 0,40 m	18/21 0,40 m
Pfetten			18/21 0,15 m	18/21 0,14 m	18/24 0,12 m	18/24 0,11 m	18/24 0,10 m
Zangen			10/21 0,33 m	10/21 0,33 m	10/21 0,32 m	10/21 0,23 m	10,21 0,32 m
Sparren, Kehlbalken, Bänder			13/16 1,93 m	13/16 1,92 m	13/18 1,91 m	13/18 1,91 m	13/18 1,90 m
Für 1 m² Grundfläche	Kantholz	m³	durchschnittlich 0,141				
	Verbandeisen	m′	4,29	4,23	4,14	4,01	4,05
		kg	0,70	0,65	0,60	0,55	0,50

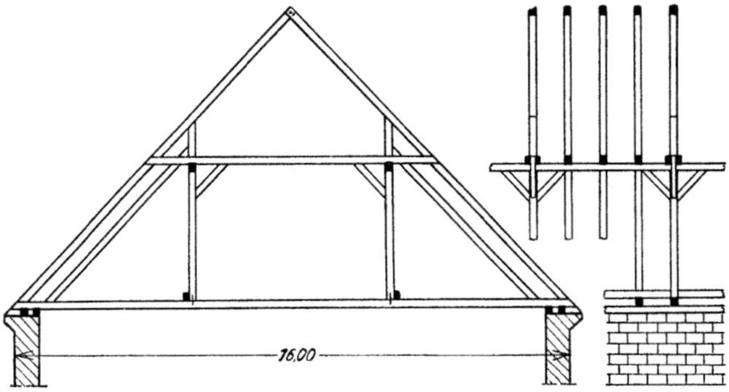

Abb. 20. Hänge- und Sprengstuhl mit durchlaufenden Bundträmen

Hänge- und Sprengstuhl mit ausgewechselten Bundträmen (d. i. mit Stich und Wechsel), sonst genau wie vor, für 1 m² Grundfläche:

Hausbreite			12,0 m	14,0 m	16,0 m	18,0 m	20,0 m
Mauerbänke			16/16 u. 13/18 0,31 m	16/16 u. 13/18 0,27 m	16/16 u. 13/18 0,24 m	16/16 u. 13/18 0,21 m	16/16 u. 13/18 0,19 m
Bundträme			21/24 0,60 m	21/24 0,58 m	21/26 0,52 m	21/26 0,50 m	24/26 0,48 m
Säulen und Streben			18/19 u. 16/20 0,39 m	18/19 u. 16/20 0,39 m	18/21 0,39 m	18/21 0,40 m	18/21 0,40 m
Pfetten			18/21 0,15 m	18/21 0,14 m	18/24 0,12 m	18/24 0,11 m	18/24 0,10 m
Zangen			10/21 0,33 m	10/21 0,33 m	10/21 0,32 m	10/21 0,23 m	10/21 0,32 m
Sparren, Kehlbalken, Bänder			13/16 1,93 m	13/16 1,92 m	13/18 1,91 m	13/18 1,91 m	13/18 1,90 m
Für 1 m² Grundfläche	Kantholz	m³	durchschnittlich 0,1077				
	Verbandeisen	m′	3,71	3,63	3,48	3,32	3,34
		kg	0,55	0,51	0,46	0,40	0,35

Hängestuhl mit durchlaufenden Bundträmen oder aufgehängten Deckenträmen, für doppelte Ziegeleindeckung berechnet, sonst wie vor, für 1 m² Grundfläche (Abb. 21):

Hausbreite			15,0 m	18,0 m	21,0 m	25,0 m
Mauerbänke			16/16 u. 13/18 0,25 m	16/16 u. 13/18 0,21 m	16/16 u. 13/18 0,20 m	16/19 0,16 m
Bundträme			21/26 1,02 m	21/26 1,03 m	24/26 1,04 m	24/29 10,5 m
Röspen			24/29 0,12 m	24/29 0,11 m	26/29 0,10 m	26/32 0,08 m
Säulen und Streben			18/21 0,62 m	18/21 0,62 m	18/21 0,61 m	21/21 0,60 m
Pfetten			18/24 0,19 m	18/24 0,17 m	18/24 0,15 m	18/24 0,12 m
Zangen			10/21 0,46 m	10/21 0,47 m	10/21 0,48 m	10/21 0,50 m
Sparren			13/16 1,42 m	13/16 1,43 m	16/16 u. 13/18 1,45 m	16/16 u. 13/18 1,45 m
Bänder			13/13 0,12 m	13/13 0,11 m	13/16 0,10 m	13/16 0,09 m
Für 1 m² Grundfläche	Kantholz	m³	durchschnittlich 0,1545			
		m′	4,20	4,15	4,13	4,05
	Verbandeisen	kg	1,00	0,90	0,78	0,65

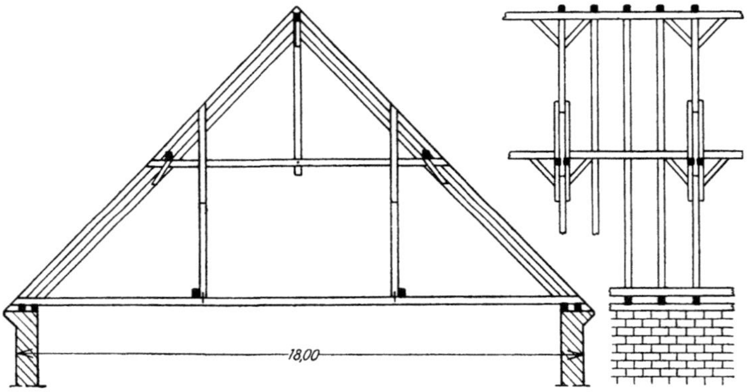

Abb. 21
Hängestuhl mit durchlaufenden Bundträmen

Hängestuhl, genau wie vor, jedoch **mit ausgewechselten Bundträmen** (d. i. mit Stich und Wechsel), für 1 m² Grundfläche:

Hausbreite			15,0 m	18,0 m	21,0 m	25,0 m
Mauerbänke			16/16 u. 13/18 0,25 m	16/16 u. 13/18 0,21 m	16/16 u. 13/18 0,20 m	16/19 0,16 m
Bundträme			21/26 0,55 m	21/26 0,51 m	24/26 0,47 m	24/29 0,45 m
Säulen und Streben			18/21 0,62 m	18/21 0,62 m	18/21 0,61 m	21/21 0,60 m
Pfetten			18/24 0,19 m	18/24 0,17 m	18/24 0,15 m	18/24 0,12 m
Zangen			10/21 0,46 m	10/21 0,47 m	10/21 0,48 m	10/21 0,50 m
Sparren			13/16 1,42 m	13/18 1,43 m	16/16 u. 13/18 1,45 m	16/16 u. 13/18 1,45 m
Bänder			13/13 0,12 m	13/13 0,11 m	13/16 0,10 m	13/16 0,09 m
Für 1 m² Grundfläche	Kantholz	m³	durchschnittlich 0,1133			
		m′	3,61	3,52	3,46	3,37
	Verbandeisen	kg	0,85	0,76	0,66	0,55

Stehender Stuhl mit einseitiger Gesimsaufmauerung, sonst wie vor beschrieben, für 1 m² Grundfläche (Abb. 22 und 23):

Materialbedarf bei 10 m Gebäudebreite:

			alternativ
Mauerbänke und Pfetten	18/19 und 16/20	0,40 m	0,40 m
Bundträme, Stiche und Wechsel	18/24	0,50 „	0,80 „
Säulen	16/16 und 13/18	0,17 „	0,17 „
Sparren, Kehlbalken und Bänder	11/16	2,50 „	2,30 „
Anzüge	10/10	—	0,21 „
Verbandeisen		0,07 kg	0,07 kg
Bauholzbedarf		0,0836 m³	0,0952 m³

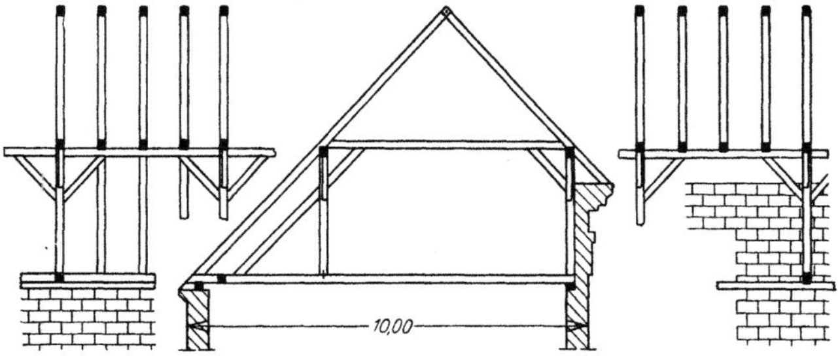

Abb. 22

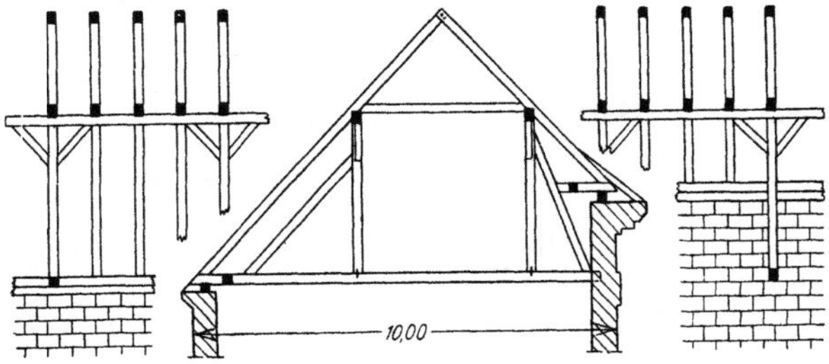

Abb. 23
Stehender Stuhl mit einseitiger Gesimsaufmauerung

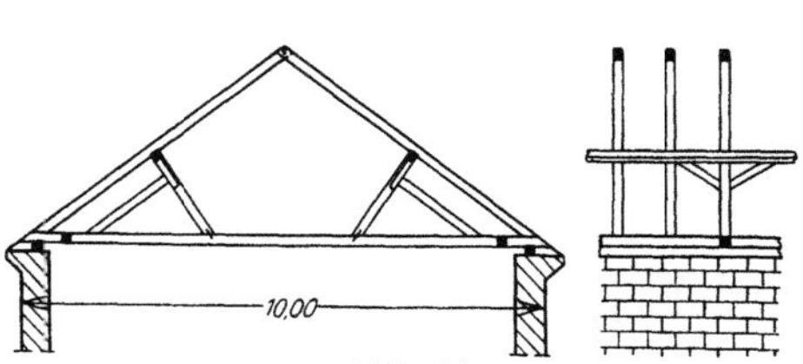

Abb. 24
Bockpfettenstuhl

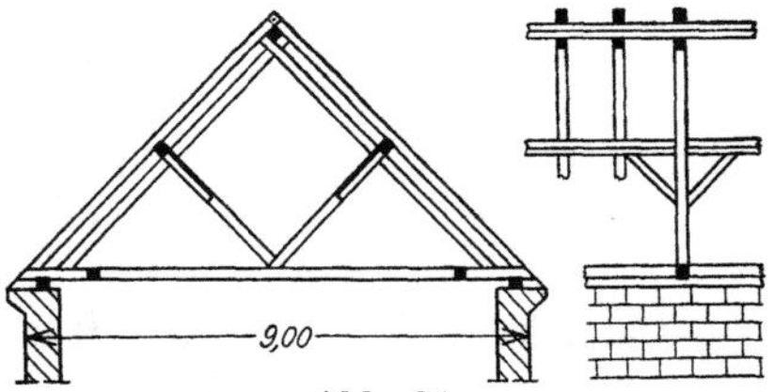

Abb. 25
Bockpfettenstuhl mit schrägen Stuhlsäulen

Bockpfettenstuhl, für doppelte Ziegeleindeckung berechnet, sonst wie vor, für 1 m² Grundfläche (Abb. 24):

Hausbreite	Bundträme, Stiche und Wechsel	Mauerbänke, Pfetten und Stuhlsäulen	Sparren, Streben und Bänder	Für 1 m² Grundfläche Kantholz m³	Kantholz m′	Verbandeisen kg
7,0 m	18/21 0,70 m	16/16 u. 13/18 0,64 m	10/16 1,37 m	bei Stich und Wechsel...0,0661 durchaus m. Bundträmen....0,0944	2,71	0,07
8,0 m	18/21 0,65 m	16/16 u. 13/18 0,58 m	10/16 1,38 m		2,61	0,08
9,0 m	18/24 0,61 m	16/16 u. 13/18 0,53 m	10/16 1,39 m		2,53	0,09
10,0 m	18/24 0,58 m	16/19 0,48 m	10/16 1,40 m		2,46	0,09
11,0 m	18/24 0,56 m	16/19 0,45 m	13/16 1,40 m		2,41	0,10
12,0 m	18/24 0,54 m	16/19 0,42 m	13/16 1,40 m		2,36	0,10

Bockpfettenstuhl mit schrägen Stuhlsäulen, für doppelte Ziegeleindeckung berechnet, sonst wie vor, für 1 m² Grundfläche (Abb. 25):

Hausbreite	Mauerbänke und Pfetten	Bundträme, Stiche und Wechsel	Sparren, Streben usw.	Für 1 m² Grundfläche		
				Kantholz		Verband-eisen kg
				m³	m′	
7,0 m	16/16 u. 13/18 0,67 m	18/21 0,72 m	10/16 1,87 m	mit Stich und Wechsel...0,0775 durchaus m. Bund-trämen....0,097	3,26	0,07
8,0 m	16/16 u. 13/18 0,58 m	18/21 0,67 m	10/16 1,88 m		3,13	0,07
9,0 m	16/16 u. 13/18 0,52 m	18/24 0,63 m	10/16 1,90 m		3,05	0,07
10,0 m	16/19 0,47 m	18/24 0,59 m	10/16 1,93 m		2,99	0,07
11,0 m	16/19 0,43 m	18/24 0,57 m	13/16 1,96 m		2,96	0,08
12,0 m	16/19 0,40 m	18/24 0,55 m	13/16 2,00 m		2,95	0,09

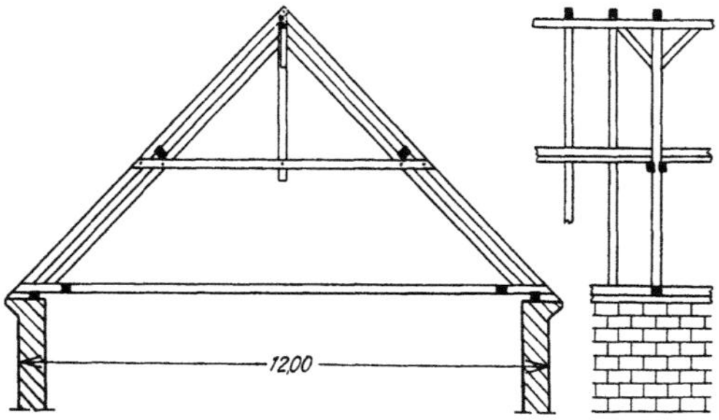

Abb. 26. Bockstuhl mit Zangen und Hängesäule

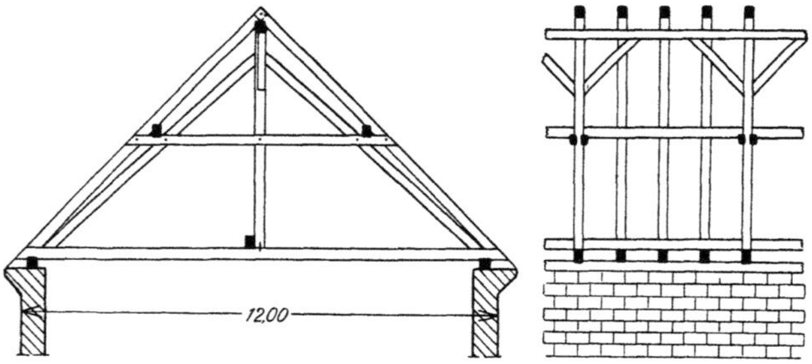

Abb. 27
Hängewerkstuhl
mit durchlaufenden Bundträmen

Bockstuhl mit Zangen und Hängesäule, für doppelte Ziegeleindeckung berechnet, sonst wie vor, für 1 m² Grundfläche (Abb. 26):

Hausbreite	Bundträme, Stiche und Wechsel	Mauerbänke, Säulen und Pfetten	Zangen	Sparren und Bänder	Für 1 m² Grundfläche		
					Kantholz		Verband-eisen kg
					m³	m′	
10,0 m	18/24 0,62 m	16/19 1,07 m	8/16 u. 9/13 0,35 m	11/16 1,44 m	mit Stich und Wechsel 0,0917	3,48	0,20
11,0 m	18/24 0,59 m	16/19 1,02 m	8/16 u. 9/13 0,33 m	13/16 1,45 m		3,39	0,20
12,0 m	18/24 0,57 m	16/19 0,97 m	8/16 u. 9/13 0,32 m	13/16 1,45 m	durchaus mit Bund-trämen 0,1103	3,31	0,18
13,0 m	18/24 0,55 m	18/21 0,94 m	8/16 u. 9/13 0,31 m	13/16 1,45 m		3,25	0,18
14,0 m	21/24 0,54 m	18/21 0,92 m	8/16 u. 9/13 0,30 m	13/16 1,45 m		3,21	0,16

Hängewerkstuhl mit durchlaufenden (d. h. in jedem Sparrensatz unausgewechselt liegenden) **Bundträmen,** sonst wie vor, für 1 m² Grundfläche (Abb. 27):

Hausbreite			10,0 m	12,0 m	14,0 m
Mauerbänke			16/16 u. 13/18 0,19 m	16/16 0,16 m	16/16 0,14 m
Bundträme			21/25 1,00 m	21/26 1,01 m	24/26 1,01 m
Bocksäulen			18/21 0,34 m	18/21 0,34 m	21/21 0,35 m
Hängesäulen			18/19 u. 16/20 0,11 m	18/19 u. 16/20 0,12 m	21/21 0,12 m
Zangen			8/16 u. 9/13 0,35 m	8/16 u. 9/13 0,31 m	8/16 u. 9/13 0,29 m
Durchzug			21/26 0,10 m	24/29 0,08 m	24/29 0,07 m
Pfetten			16/19 0,29 m	18/19 u. 16/20 0,24 m	18/19 u. 16/20 0,20 m
Bänder			10/10 0,08 m	10/10 0,06 m	10/10 0,05 m
Sparren			11/16 1,33 m	13/16 1,35 m	13/16 1,37 m
Für 1 m² Grundfläche	Kantholz	m³	0,1148	0,1226	0,1317
		m′	3,79	3,67	3,60
	Verband-eisen	kg	0,40	0,35	0,30

Bockpfettensprengwerk, durchschnittlicher Bauholzbedarf für 1 m² Grundfläche (Abb. 28):

a) mit Fußpfetten .... 0,0796 m³
b) „ Stich und Wechsel .... 0,0836 „
c) „ durchlaufenden Bundträmen .... 0,101 „

Materialbedarf bei 14 m Gebäudebreite mit Fußpfetten:

Mauerbänke	16/16	0,14 m	Bocksparren	16/21	0,33 m
Bundträme	18/21	0,31 „	Leersparren	13/16	1,43 „
Pfetten	16/21	0,35 „	Streben und Bänder	10/18	0,46 „
Kehlbalken	16/18	0,16 „	Verbandeisen		0,21 kg

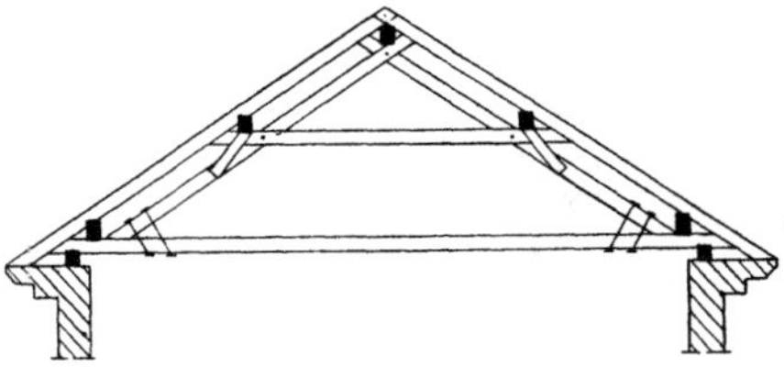

Abb. 28. Bockpfettensprengwerk

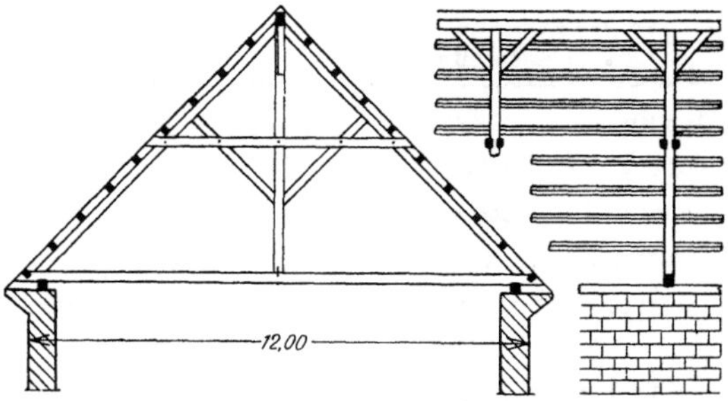

Abb. 29. Schardach auf Bockstuhl mit Hängesäulen

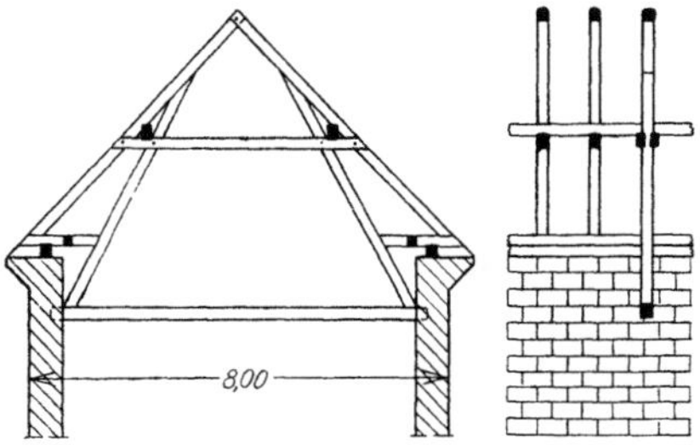

Abb. 30. Zangendach mit Kniestock

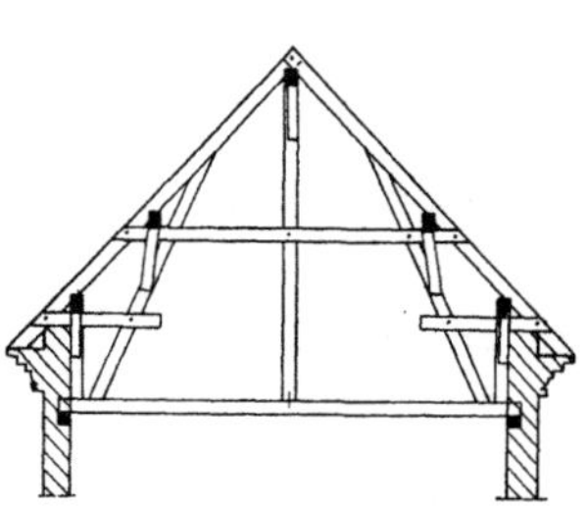

Abb. 31. Kniestock-Zangendachstuhl

Schardach auf Bockstuhl mit Hängesäulen, für Schiefereindeckung berechnet, sonst wie vor, für 1 m² Grundfläche (Abb. 29):

Hausbreite	10,0 m	12,0 m	14,0 m	16,0 m
Mauerbänke	16/16 0,19 m	16/16 0,16 m	16/16 0,14 m	16/19 0,12 m
Bundträme	21/26 0,29 m	21/26 0,30 m	21/26 0,30 m	21/26 0,30 m
Bocksparren	21/24 0,40 m	21/24 0,41 m	21/24 0,42 m	21/24 0,43 m
Hängesäulen	21/21 0,13 m	21/21 0,13 m	21/21 0,13 m	21/21 0,14 m
Zangen	10/21 0,30 m	10/21 0,31 m	10/21 0,31 m	10/21 0,31 m
Streben	10/10 0,09 m	10/10 0,09 m	10/10 0,09 m	10/10 0,09 m
Firstpfette	18/21 0,09 m	18/21 0,08 m	18/21 0,07 m	18/21 0,06 m
Bänder	13/13 0,07 m	13/13 0,06 m	13/13 0,05 m	13/13 0,04 m
Scharhölzer	10/13 1,11 m	10/13 1,10 m	10/13 1,08 m	10/13 1,07 m
Für 1 m² Grundfläche — Kantholz m³	0,0728	0,0726	0,0718	0,0721
Für 1 m² Grundfläche — Kantholz m′	2,67	2,64	2,59	2,56
Für 1 m² Grundfläche — Verband-eisen kg	0,75	0,70	0,65	0,60

Zangendach mit Kniestock, für doppelte Ziegeleindeckung berechnet, sonst wie vor, für 1 m² Grundfläche (Abb. 30, S. 359):

Hausbreite	7,0 m	8,0 m	9,0 m
Bundträme	18/21 0,25 m	18/21 0,25 m	18/24 0,25 m
Säulen, Stiche, Wechsel	18/19 u. 16/20 0,86 m	18/19 u. 16/20 0,80 m	18/19 u. 16/20 0,75 m
Mauerbänke, Pfetten	16/19 0,52 m	16/19 0,46 m	16/19 0,41 m
Zangen	8/13 0,33 m	8/13 0,33 m	8/13 0,32 m
Sparren, Kehlbalken, Bänder	10/13 1,83 m	16/16 1,84 m	11/16 1,84 m
Für 1 m² Grundfläche — Kantholz m³		durchschnittlich 0,0847	
Für 1 m² Grundfläche — Kantholz m′	2,79	2,68	2,57
Für 1 m² Grundfläche — Verband-eisen kg	0,25	0,24	0,22

Hausbreite	10,0 m	11,0 m	12,0 m
Bundträme	18/24 0,26 m	18/24 0,27 m	18/24 0,27 m
Säulen, Stiche, Wechsel	18/19 u. 16/20 0,71 m	18/19 u. 16/20 0,67 m	18/19 u. 16/20 0,64 m
Mauerbänke, Pfetten	16/19 0,37 m	16/19 0,34 m	16/19 0,32 m
Zangen	8/16 u. 9/13 0,32 m	8/16 u. 9/13 0,32 m	8/16 u. 9/13 0,32 m
Sparren, Kehlbalken, Bänder	11/16 1,84 m	13/16 1,84	13/16 1,84 m
Für 1 m² Grundfläche — Kantholz m³		durchschnittlich 0,0847	
Für 1 m² Grundfläche — Kantholz m′	2,50	2,44	2,39
Für 1 m² Grundfläche — Verband-eisen kg	0,20	0,20	0,18

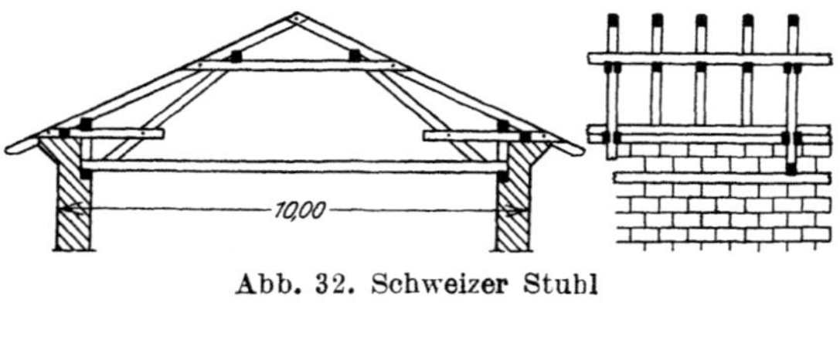

Abb. 32. Schweizer Stuhl

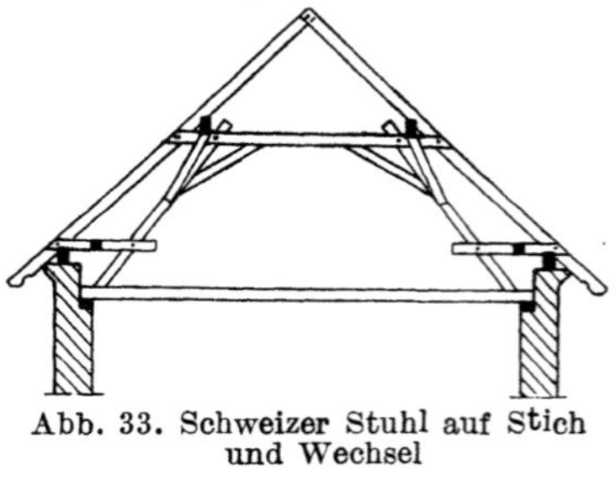

Abb. 33. Schweizer Stuhl auf Stich und Wechsel

Kniestock-Zangendachstuhl, für doppelte Ziegeleindeckung berechnet, sonst wie vor, für 1 m² Grundfläche (Abb. 31, S. 359):

Hausbreite	10,0 m	Hausbreite			10,0 m
Mauerbänke	16/16 0,20 m	Bänder			10/16 0,35 m
Bundträme	16/21 0,30 m	Zangen			8/16 0,44 m
Pfetten	16/18 0,50 m	Für 1 m² Grundfläche	Kantholz	m³	0,09
Säulen	16/16 0,27 m			m'	4,02
Streben	16/16 0,32 m		Verbandeisen	kg	0,15
Sparren	13/16 1,64 m				

Schweizer Stuhl für Blech- oder Schiefereindeckung berechnet, sonst wie vor, für 1 m² Grundfläche (Abb. 32, S. 360):

Hausbreite			8,0 m	10,0 m	12,0 m
Bundgehölz			16/21 0,82 m	16/21 0,78 m	18/24 0,74 m
Sparrengehölz			10/16 1,82 m	13/16 1,79 m	13/16 1,76 m
Zangen			8/16 0,46 m	8/16 0,44 m	10/16 0,43 m
Für 1 m² Grundfläche	Kantholz	m³	0,0626	0,0704	0,0755
		m'	3,10	3,01	2,93
	Verbandeisen	kg	0,16	0,15	0,14

Schweizer Stuhl auf Stich und Wechsel, für doppelte Ziegeleindeckung berechnet, sonst wie vor beschrieben, für 1 m² Grundfläche (Abb. 33, S. 360):

Hausbreite			8,0 m	10,0 m	12,0 m
Bundgehölz			16/21 1,18 m	16/21 1,07 m	18/24 0,98 m
Sparrengehölz			10/16 2,12 m	13/16 2,10 m	13/16 2,08 m
Zangen			8/16 0,53 m	8/16 0,49 m	10/16 0,47 m
Für 1 m² Grundfläche	Kantholz	m³		durchschnittlich 0,085	
		m'	3,83	3,66	3,53
	Verbandeisen	kg	0,16	0,15	0,14

Liegender Stuhl, für doppelte Ziegeleindeckung berechnet, sonst wie vor, für 1 m² Grundfläche (Abb. 34):

Hausbreite			12,0 m	13,0 m	14,0 m	15,0 m	16,0 m
Mauerbänke			13/16 0,32 m	13/16 0,28 m	13/16 0,26 m	13/16 0,25 m	16/16 u. 13/18 0,24 m
Bundträme, Stiche, Wechsel und Durchzüge			18/24 0,66 m	21/24 0,63 m	21/24 0,61 m	21/26 0,59 m	21/26 0,57 m
Stuhlsäulen, Brustriegel und Pfetten			18/21 0,80 m	18/21 0,77 m	21/21 0,74 m	21/24 0,72 m	21/24 0,70 m
Sparren, Kehlbalken und Bänder			11/16 2,00 m	11/16 1,98 m	13/16 1,96 m	13/16 2,08 m	13/18 2,06 m
Für 1 m² Grundfläche	Kantholz	m³	0,1005	0,1015	0,1096	0,1170	0,1205
		m'	3,78	3,66	3,57	3,64	3,57
	Verbandeisen	kg	0,12	0,12	0,13	0,13	0,14

Liegender Stuhl, durchschnittlicher Bauholzbedarf für 1 m² Grundfläche (Abb. 35):

a) mit Fußpfetten .... 0,088 m³
b) „ Stich und Wechsel .... 0,093 „
c) „ durchlaufenden Bundträmen .... 0,108 „

Materialbedarf bei 12,0 m Hausbreite:

Mauerbänke	16/16	0,16 m	Sparren	13/16	1,55 m
Bundträme	16/21	0,31 „	Streben	16/18	0,25 „
Pfetten	16/21	0,41 „	Kopfbüge	10/16	0,24 „
Kehlbalken	13/18	0,65 „	Verbandeisen		0,18 kg
Säulen	13/16	0,06 „			

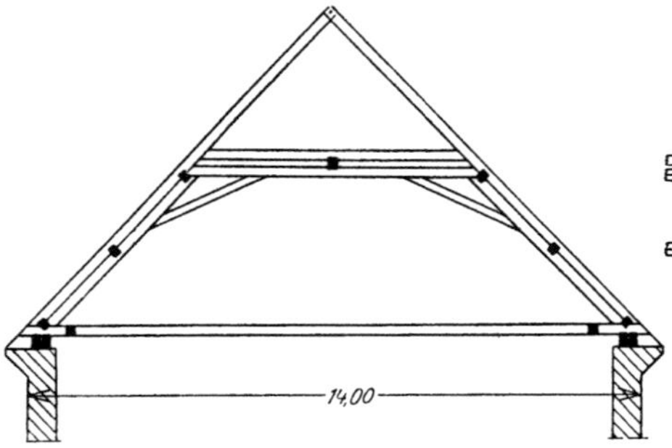

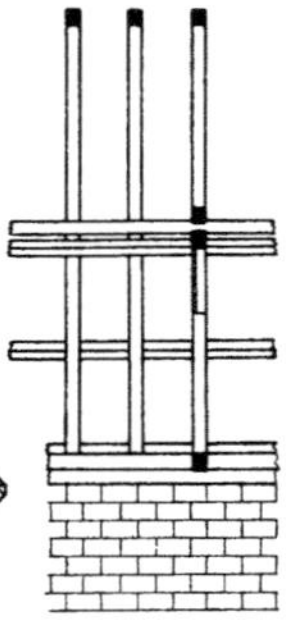

Abb. 34. Liegender Stuhl

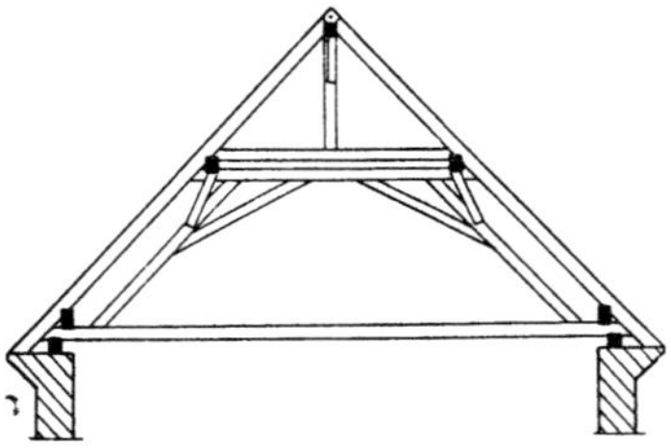

Abb. 35. Liegender Stuhl

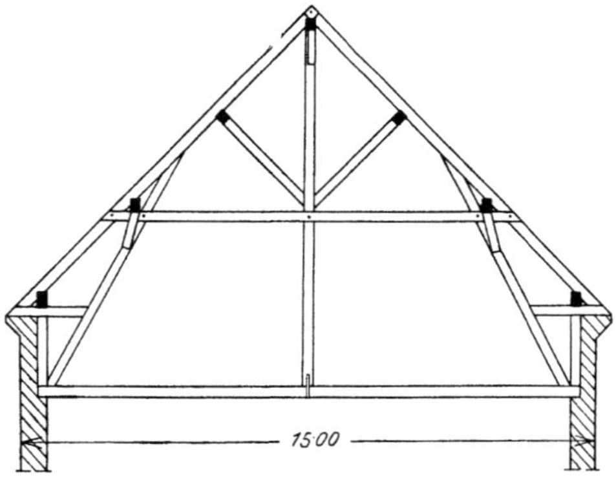

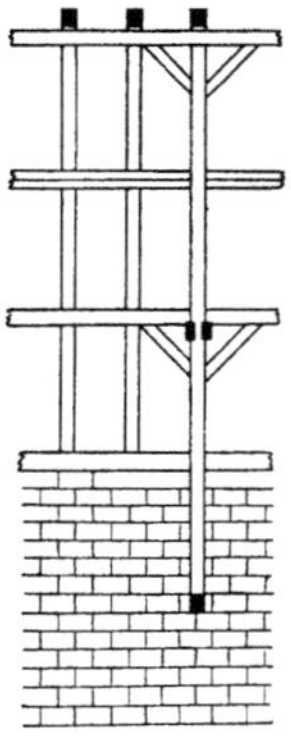

Abb. 36. Freier Kniestockdachstuhl mit Hängesäule

Freier Kniestockdachstuhl mit Hängesäule, für doppelte Ziegeleindeckung berechnet, sonst wie vor, für 1 m² Grundfläche (Abb. 36):

Hausbreite			12,0 m	15,0 m	18,0 m
Bundträme			21/24 0,27 m	21/26 0,28 m	24/29 0,28 m
Schwellen, Pfetten, Säulen, Stiche und Streben			18/21 1,25 m	18/21 1,10 m	18/21 1,01 m
Zangen			10/21 0,45 m	10/21 0,41 m	10/21 0,37 m
Bänder			13/13 0,16 m	13/13 0,13 m	13/13 0,11 m
Sparren			11/16 1,44 m	11/16 1,45 m	11/16 1,45 m
Für 1 m² Grundfläche	Kantholz	m³		durchschnittlich 0,0932	
		m′	3,57	3,37	3,22
	Verbandeisen	kg	0,38	0,35	0,30

Spreng- und Hängewerkdach, durchschnittlicher Bauholzbedarf für 1 m² Grundfläche (Abb. 37):

a) mit einfachen Bundträmen .... 0,1145 m³
b) „ durchlaufenden Bundträmen .... 0,1769 „

Materialbedarf bei 20,0 m Hausbreite:

Mauerbänke	18/21	0,20 m	Säulen	15/15	0,07 m
Bundträme	24/26	0,30 „	Sparren	21/24	1,32 „
Pfetten	15/23	0,25 „	Streben und Bänder .	13/23	0,50 „
Zangen	10/20	0,10 „	Verbandeisen	0,30 kg	

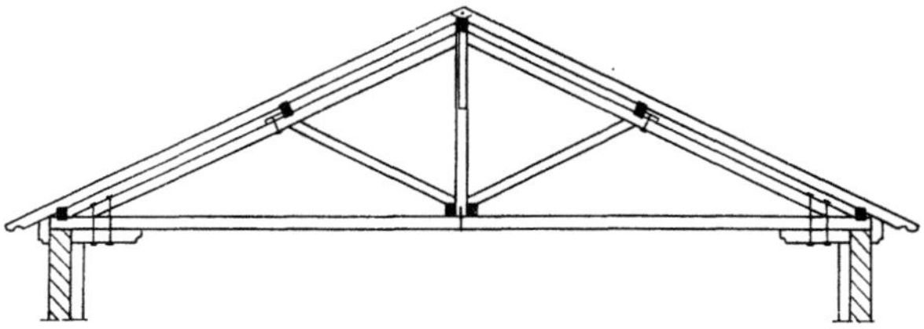

Abb. 37. Spreng- und Hängewerkdach

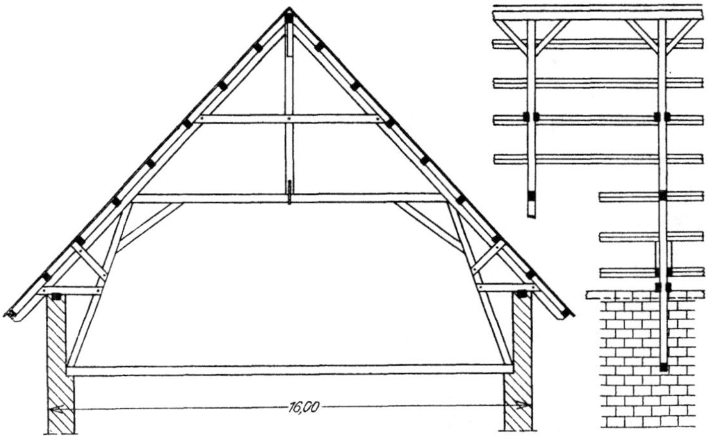

Abb. 38. Schweizer Stuhl mit Kniestock

Schweizer Stuhl mit Kniestock, für Schiefereindeckung berechnet, sonst wie vor, für 1 m² Grundfläche (Abb. 38):

Hausbreite		14,0 m	16,0 m	18,0 m
Bundträme		21/26 0,22 m	21/26 0,23 m	24/29 0,24 m
Mauerbänke, Säulen, Brustriegel und Firstpfette		18/21 0,75 m	18/21 0,71 m	21/24 0,68 m
Tragsparren		18/24 0,42 m	21/24 0,42 m	21/24 0,42 m
Zangen...		10/21 0,30 m	10/21 0,30 m	10/21 0,30 m
Bänder...		13/16 0,04 m	13/16 0,03 m	16/19 0,03 m
Scharholz (Langriegel)		16/16 u. 13/18 1,06 m	16/16 u. 13/18 1,05 m	16/16 u. 13/18 1,04 m
Für 1 m² Grundfläche — Kantholz	m³	durchschnittlich 0,0933		
Für 1 m² Grundfläche — Kantholz	m′	2,79	2,74	2,71
Für 1 m² Grundfläche — Verbandeisen	kg	0,24	0,22	0,20

Doppelt übereinanderliegender Stuhl, für doppelte Ziegeleindeckung berechnet, sonst wie vor, für 1 m² Grundfläche (Abb. 39):

Hausbreite			14,0 m	17,0 m	20,0 m	22,0 m
Mauerbänke			13/16 0,27 m	13/16 0,23 m	16/16 u. 13/18 0,19 m	16/16 u. 13/18 0,18 m
Bundträme, Stiche und Wechsel			21/26 0,57 m	24/29 0,53 m	24/29 0,50 m	24/29 0,48 m
Säulen und Brustriegel			21/24 0,50 m	21/24 0,52 m	24/24 0,53 m	24/24 0,54 m
Pfetten			18/24 0,95 m	18/24 0,79 m	18/24 0,67 m	18/24 0,61 m
Sparren, Kehlbalken und Bänder			11/16 2,51 m	11/16 2,54 m	11/16 2,55 m	11/16 2,56 m
Stehende Zangen			10/21 0,30 m	10/21 0,30 m	10/21 0,30 m	10/21 0,30 m
Für 1 m² Grundfläche	Kantholz	m³	durchschnittlich 0,1454			
		m′	5,10	4,91	4,74	4,67
	Verbandeisen	kg	0,26	0,24	0,22	0,20

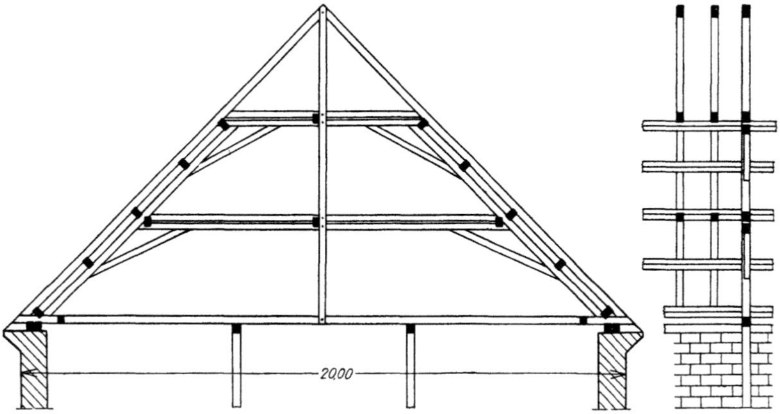

Abb. 39. Doppelt übereinanderliegender Stuhl

Doppelt übereinanderstehender Stuhl, für doppelte Ziegeleindeckung berechnet, sonst wie vor, für 1 m² Grundfläche (Abb. 40, S. 365):

Hausbreite			10,0 m	12,0 m	15,0 m	18,0 m
Mauerbänke			16/16 u. 13/18 0,37 m	16/16 u. 13/18 0,31 m	16/16 u. 13/18 0,25 m	16/16 u. 13/18 0,21 m
Bundträme, Stiche und Wechsel			18/21 0,64 m	21/24 0,60 m	21/26 0,54 m	24/29 0,50 m
Säulen			16/19 0,21 m	18/19 u. 16/20 0,19 m	18/19 u. 16/20 0,17 m	18/19 u. 16/20 0,16 m
Pfetten			18/19 u. 16/20 0,36 m	18/19 u. 16/20 0,31 m	18/21 0,25 m	18/21 0,21 m
Kehlbalken			13/16 0,91 m	13/16 0,94 m	16/16 u. 13/18 0,96 m	16/16 u. 13/18 0,98 m
Bänder und Streben			10/13 0,60 m	10/13 0,53 m	10/13 0,46 m	10/13 0,41 m
Sparren			11/16 1,40 m	11/16 1,41 m	11/16 1,42 m	13/16 1,43 m
Für 1 m² Grundfläche	Kantholz	m³	durchschnittlich { mit Stich und Wechsel ....0,150; durchaus mit Bundträmen 0,205			
		m′	4,49	4,29	4,05	3,90
	Verbandeisen	kg	0,25	0,22	0,20	0,15

Doppelt übereinanderstehender Stuhl, wie vor beschrieben, für 1 m^2 Grundfläche (Abb. 41):

Hausbreite			13,0 m	15,0 m	17,0 m	19,0 m
Mauerbänke			16/16 u. 13/18 0,29 m	16/16 u. 13/18 0,25 m	16/16 u. 13/18 0,23 m	16/19 0,20 m
Bundträme, Stiche und Wechsel			21/24 0,60 m	21/26 0,56 m	24/29 0,53 m	24/29 0,51 m
Säulen			18/19 u. 16/20 0,20 m	18/19 u. 16/20 0,21 m	18/19 u. 16/20 0,21 m	18/19 u. 16/20 0,21 m
Pfetten			18/21 0,36 m	18/21 0,32 m	18/21 0,28 m	18/21 0,25 m
Kehlbalken			13/16 0,97 m	16/16 u. 13/18 0,98 m	16/16 u. 13/18 0,99 m	16/16 u. 13/18 1,00 m
Bänder			10/13 0,66 m	10/13 0,60 m	13/13 0,55 m	13/13 0,51 m
Sparren			11/16 1,43 m	11/16 1,44 m	13/16 1,44 m	13/16 1,44 m
Für 1 m^2 Grundfläche	Kantholz	m^3	durchschnittlich mit Stich und Wechsel ....0,118; durchaus mit Bundträmen 0,160			
		m'	4,51	4,36	4,23	4,12
	Verband-eisen	kg	0,20	0,18	0,15	0,12

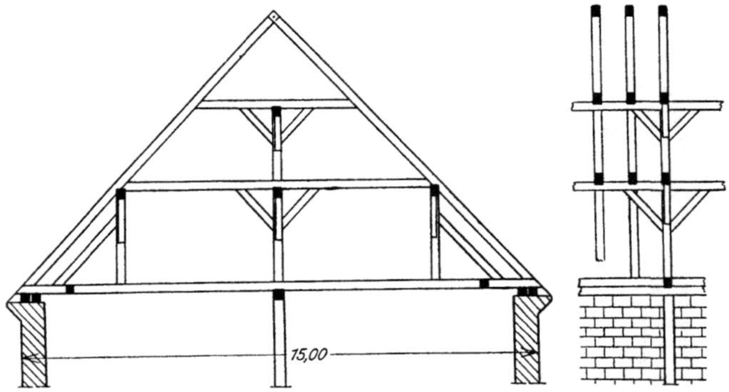

Abb. 40. Doppelt übereinanderstehender Stuhl

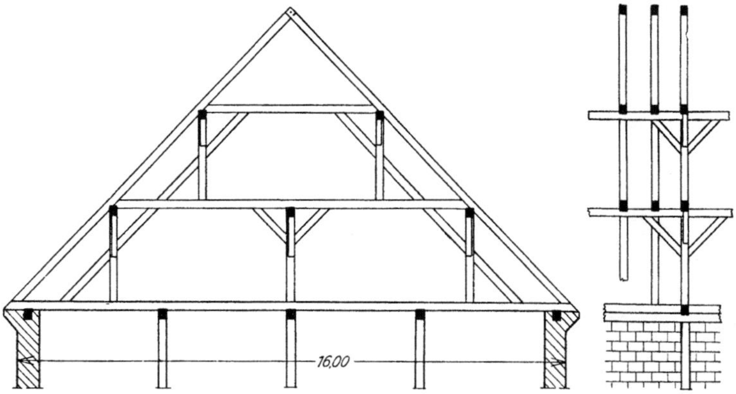

Abb. 41. Doppelt übereinanderstehender Stuhl

Kirchendach, für doppelte Ziegeleindeckung berechnet, abbinden und in einer Höhe von 4 m über dem Erdboden aufstellen, für 1 m² Grundfläche (Abb. 42):

Stirnbreite des Gebäudes			16,0 m	20,0 m	24,0 m	30,0 m
Mauerbänke und Pfetten			18/21 0,90 m	18/21 0,72 m	18/21 0,60 m	18/21 0,48 m
Säulen, Bundträme und Bocksparren			18/24 0,96 m	21/24 0,93 m	21/26 0,92 m	24/26 0,89 m
Zangen			10/21 0,74 m	10/21 0,68 m	10/21 0,64 m	10/21 0,59 m
Röspen			21/26 0,24 m	21/26 0,19 m	24/26 0,16 m	24/29 0,13 m
Sparren, Streben und Bänder			13/18 2,34 m	16/16 u. 13/18 2,31 m	16/19 2,29 m	18/19 u. 16/20 2,28 m
Für 1 m² Grundfläche	Kantholz	m³	durchschnittlich 0,17			
		m'	5,18	4,83	4,61	4,37
	Verbandeisen	kg	1,25	1,00	0,75	0,50

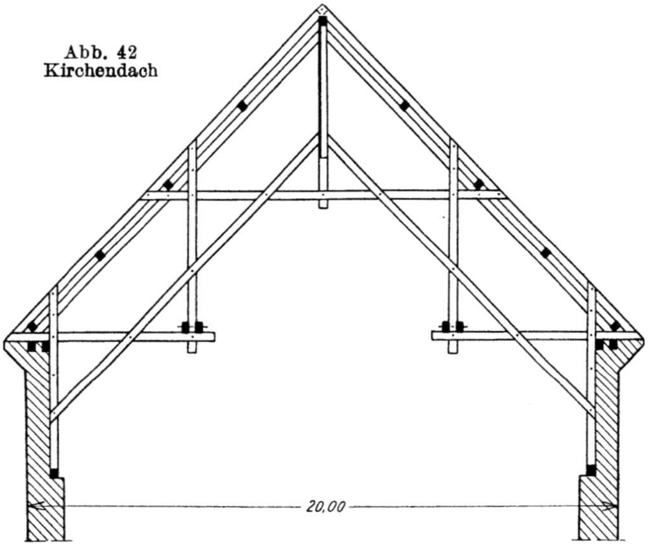

Abb. 42
Kirchendach

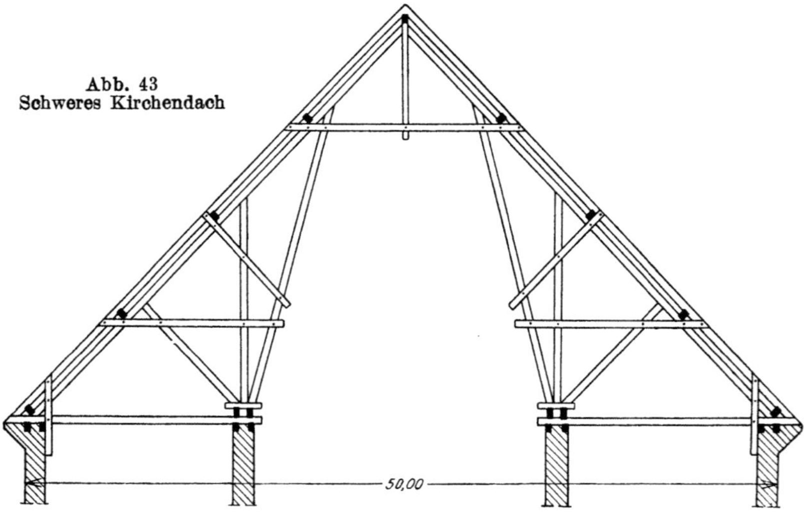

Abb. 43
Schweres Kirchendach

Schweres Kirchendach, sonst wie vor beschrieben, für 1 m² Grundfläche (Abb. 43, S. 366):

Stirnbreite des Gebäudes	25,0 m	50,0 m
Mauerbänke	18/19 u. 16/20 0,32 m	18/24 0,16 m
Bundträme und Bocksparren	18/24 0,60 m	21/26 0,60 m
Durchzüge	21/24 0,16 m	21/24 0,08 m
Sättel	26/26 0,03 m	32/32 0,03 m
Stuhlsäulen und Streben	21/21 0,53 m	24/24 0,53 m
Zangen	10/21 0,73 m	13/26 0,73 m
Pfetten	18/21 0,36 m	18/21 0,18 m
Bänder	13/16 0,18 m	13/16 0,09 m
Sparren	16/19 1,51 m	18/19 u. 16/20 1,51 m
Für 1 m² Grundfläche: Kantholz m'	4,42	3,91
Für 1 m² Grundfläche: Verbandeisen kg	1,20	0,60

Mansarddach, für doppelte Ziegeleindeckung berechnet, abbinden und auf ebenerdigem Gebäude von 10 m Stirnbreite aufstellen, für 1 m² Grundfläche (Abb. 44):

Mauerbänke ....21/24 0,20 m
Bundträme ....18/24 0,32 „
Schwellen, Stuhlsäulen
und Brustriegel ...18/21 0,82 „
Kehlbalken 18/19 und 16/20 0,88 „
Sparren ....11/16 1,90 m
Spitzbalken ....10/13 0,37 „
Anzüge und Bänder .10/10 0,75 „
Windlatten .... 7/13 0,40 „
Verbandeisen ....0,20 kg

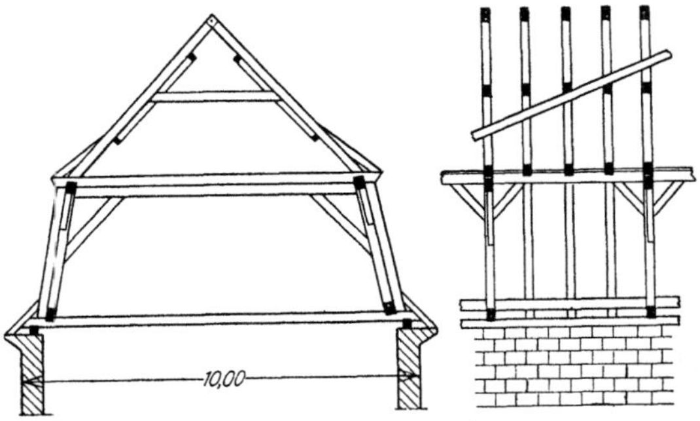

Abb. 44. Mansarddach

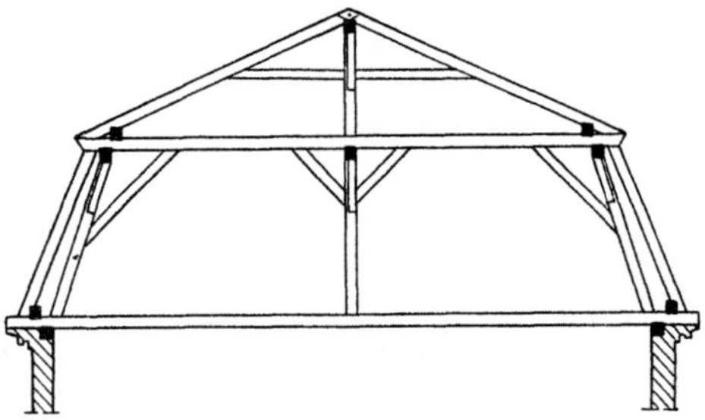

Abb. 45. Regelmäßiges Mansarddach

Regelmäßiges Mansarddach. Durchschnittlicher Bauholzbedarf für 1 m² Grundfläche (Abb. 45):

a) mit Fußpfetten.................................. 0,1277 m³
b) „ Stich und Wechsel .... 0,1302 „
c) „ durchlaufenden Bundträmen .... 0,1664 „

Materialbedarf bei 16 m Gebäudebreite mit Fußpfetten:

Mauerbänke ....16/18 0,25 m
Bundträme ....21/26 0,31 „
Pfetten ....15/20 0,49 „
Kehlbalken...........16/18 0,56 „
Säulen ....18/18 0,11 „
Sparren ....16/18 1,49 m
Streben ....18/18 0,14 „
Bänder ....10/16 0,37 „
Verbandeisen ....0,24 kg

Überhöhtes Mansarddach. Durchschnittlicher Bauholzbedarf für 1 m^2 Grundfläche (Abb. 46):

a) nur mit Stuhlbündern .... 0,105 m^3
b) mit durchlaufenden Bundträmen .... 0,143 „

Materialbedarf bei 14 m Gebäudebreite:

Mauerbänke	16/18	0,22 m	Sparren	16/18	1,35 m
Bundträme	18/21	0,30 „	Bänder	10/18	0,36 „
Pfetten	15/18	0,76 „	Zangen	10/21	0,10 „
Säulen	15/15	0,34 „	Verbandeisen	0,21 kg	
Kehlbalken..........	16/18	0,27 „			

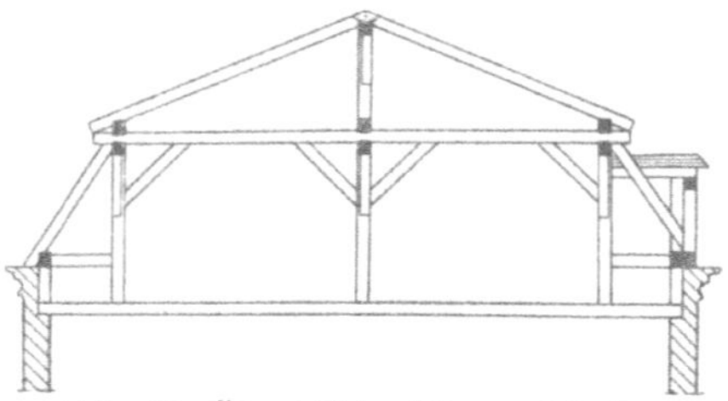

Abb. 46. Überhöhtes Mansarddach

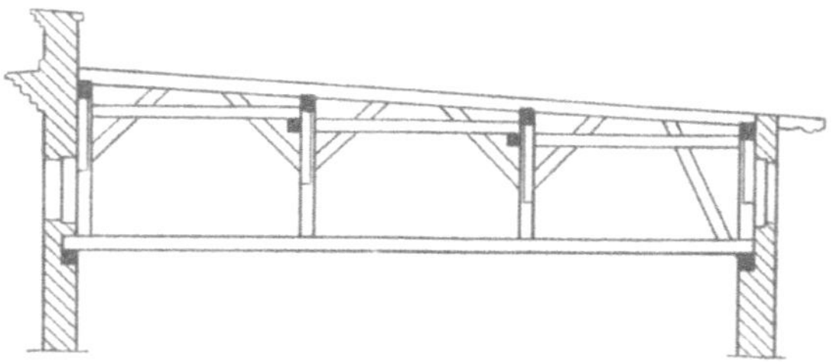

Abb. 47. Holzzementdach

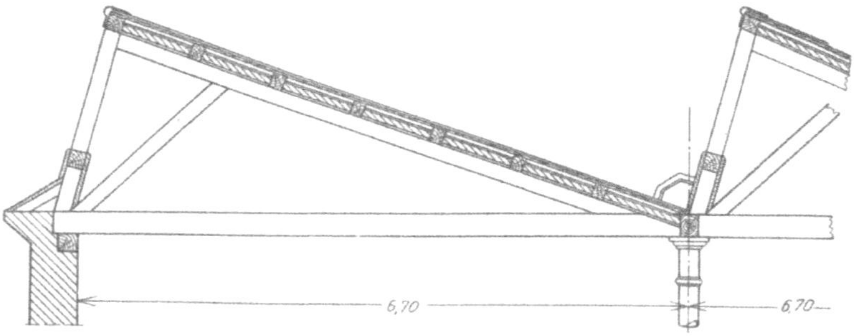

Abb. 48. Sheddach aus Holz

Holzzementdach. Durchschnittlicher Bauholzbedarf für 1 m^2 Grundfläche (Abb. 47):

a) mit Stuhlbündern .... 0,1001 m^3
b) „ durchlaufenden Bundträmen .... 0,1337 „

Materialaufwand bei 12 m Gebäudebreite:

Mauerbänke	16/18	0,22 m	Zangen	13/18	0,27 m
Bundträme	21/24	0,30 „	Sparren	16/21	1,05 „
Pfetten	21/24	0,33 „	Streben und Bänder .	10/16	0,38 „
Säulen	13/16	0,18 „	Verbandeisen	0,25 kg	

Sheddach aus Holz, für Blech- oder Pappeeindeckung berechnet, Bundweite 4,0, sonst wir vor beschrieben, für 1 m^2 Grundfläche (Abb. 48):

Schwellen	21/21	0,21 m	Streben ..18/19 und	16/20	0,09 m
Bänder und			Riegelholz...........	11/16	1,15 „
Bocksparren	18/24	0,70 „	Verbandeisen	0,15 kg	

Sheddach aus Holz und Eisen, für Schiefer-, Blech- oder Pappeeindeckung berechnet, sonst wie vor beschrieben, für 1 m² Grundfläche (Abb. 49):

Schwellenhölzer	18/21	0,40 m
Sparren	11/16	1,68 „
Fensterriegel und Anzügel der Zwischenrinnen	10/10	0,63 „
Verbandeisen (Klammern u. Schiftnägel)		0,08 kg
Gußeisenplatte für die Schwellenauflager		1,50 „
Schmiedeeisenschließen und Schrauben		2,00 „

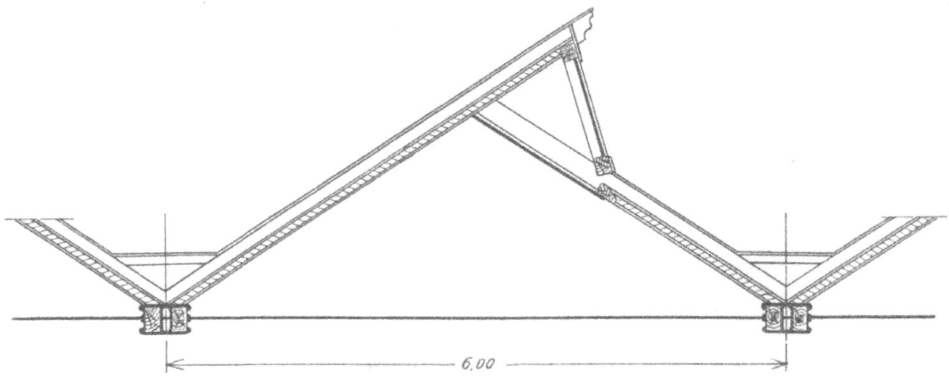

Abb. 49. Sheddach aus Holz und Eisen

Holz-Eisen-Dachstuhl, für Blecheindeckung berechnet, sonst wie vor beschrieben, für 1 m² Grundfläche (Abb. 50):

Materialaufwand bei 8,0 m Gebäudebreite

a) ohne Gußeisenschuhe:

Mauerbänke und Pfetten	18/21	9,35 m
Sparren und Unterlagen	16/16 und 13/18	0,40 „
Riegel	10/13	1,00 „
Schließen und Schraubeneisen		1,50 kg
Verbandeisen		0,09 „

b) mit Gußeisenschuhen:

Sparren und Unterlagen	16/16 und 13/18	0,40 m
Riegel	10/13	1,00 „
Schließen und Schraubeneisen		1,50 kg
Gußeisenschuhe		2,50 „
Verbandeisen		0,09 „

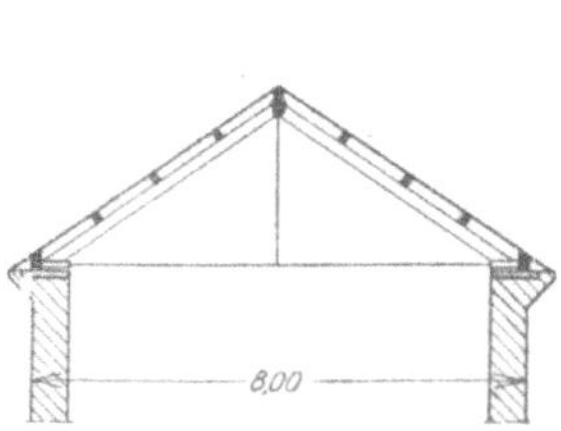

Abb. 50. Holz-Eisen-Dachstuhl

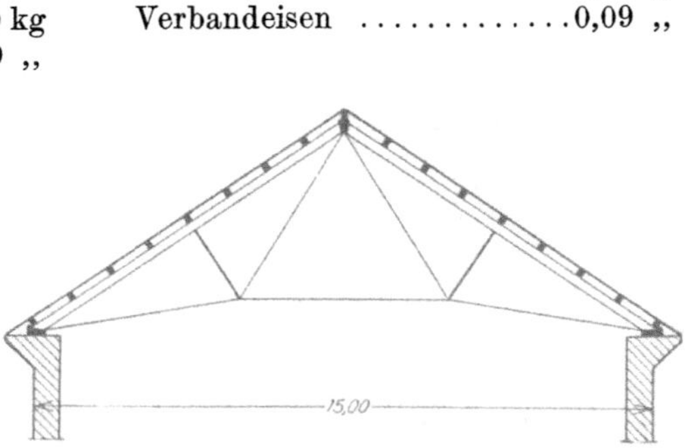

Abb. 51. Holz-Eisen-Dachstuhl

Holz-Eisen-Dachstuhl, für Schiefer- oder Blecheindeckung berechnet, für eine Gebäudebreite von **15,0 m,** sonst wie vor beschrieben, für 1 m² Grundfläche (Abb. 51):

Sparren	18/24	0,40 m
Riegel..	11/16	0,89 ,,
Gußeisenschuhe		2,40 kg
Schmiedeeisenkonstruktion, wie Gestänge mit Ösen, Ringen, Gabeln, Bolzen und Muttern..		2,00 ,,

Holz-Eisen-Dachstuhl wie vor, jedoch für eine Gebäudebreite von **20,0 m** (Abb. 52):

Sparren	21/26	0,38 m	Gußeisenschuhe	2,00 kg
Riegel	11/16	0,96 ,,	Schmiedeeisenkonstruktion wie vor beschrieben	3,50 ,,

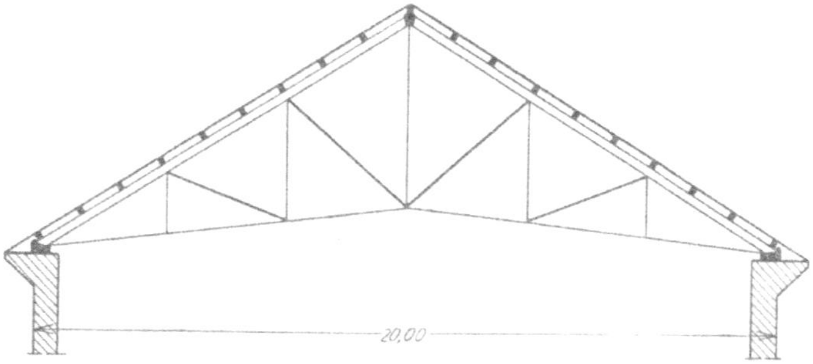

Abb. 52. Holz-Eisen-Dachstuhl

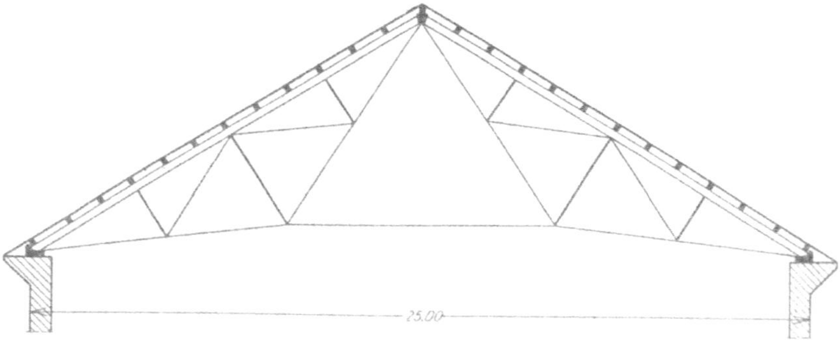

Abb. 53. Holz-Eisen-Dachstuhl

Holz-Eisen-Dachstuhl wie vor, jedoch für eine Gebäudebreite von **25,00 m** (Abb. 53):

Sparren	24/29	0,36 m	Gußeisenschuhe	1,6 kg
Riegel	11/16	1,00 ,,	Schmiedeeisenkonstruktion wie vor beschrieben	4,4 ,,

V. Verschiedene Arbeiten im Dachgeschoß

1. Abtrittschläuche. 1 Lfm Abtrittschlauch 30/30 cm anfertigen und aufstellen, samt äußerer und innerer Verpichung:

1,20 m² Pfosten 5 cm	0,3 kg Unschlitt
20 Stück Nägel 42/120	0,2 l Leinöl
1,5 kg Pech	6 Z.-Stunden

2. Dachbodenabteilungswände. a) 1 m² Lattenverschlag aus 2,4/4,8 (3/5) cm starken, rauhen Latten mit 3,5 bis 4 cm Zwischenräumen herstellen, ohne Rahmengestell:

12,5 m′ Latten
25 Stück Nägel 31/65 (31/80)
0,35 Z.-Stunden

b) 1 m² Bretterverschlag aus 2 cm starken, rauhen Brettern herstellen ohne Rahmengestell:

1,05 m² Bretter
20 Stück Nägel 31/65
0,5 Z.-Stunden

c) 1 Lfm Rahmengestell (Gerippe) aus 5/8 (6/8, 8/8) cm starken Hölzern abbinden und aufstellen:

0,27 Z.-Stunden
oder 0,4 „ „ (samt Hobeln)

d) 1 m² Lattentür, bestehend aus einem 15 bis 20 cm breiten Bretterrahmen, Querleisten. Bug und Latten, alles rauh, anfertigen, ohne Türbeschläge:

30 Stück Nägel 31/65 (31/80)
0,7 Z.-Stunden
10% Verschnitt

e) 1 m² Brettertür aus 2,5 cm starken, rauhen Brettern mit aufgenagelten Querleisten und Bug anfertigen und einpassen, ohne Türbeschläge:

25 Stück Nägel 31/65 (31/80)
1,5 Z.-Stunden
15% Verschnitt

f) 1 m² Brettertür wie vor, jedoch aus gefalzten, rauhen Brettern:

2,0 Z.-Stunden

3. Dachbodenrinnen. 1 Lfm Dachbodenrinne 30/30 cm aus 4 cm starken, rauhen Pfosten, für Blechausfütterung, samt 2,5 cm starkem Deckbrett anfertigen und legen:

0,9 m² Bretter 4 cm	15 Stück Nägel 31/80
0,3 m² Bretter 2,5 cm	3,5 Z.-Stunden

4. Dachbodentreppe. 1 Lfm Dachbodentreppe (über Bundtram) samt Untersatz herstellen:

a) aus 3,5 cm starken Brettern:

0,5 m′ Kantholz 13/15 cm	15 Stück Nägel 40/100
0,6 m² Bretter 3,5 cm	0,6 Z.-Stunden

b) aus 5 cm starken Pfosten:

0,5 m′ Kantholz 13/15 cm	15 Stück Nägel 42/120
0,6 m² Pfosten 5 cm	0,8 Z.-Stunden

5. Dachgesimse. a) 1 Lfm einfaches Dachgesims, bestehend aus 28 bis 30 cm breitem, 2,5 cm starkem Hängebrett, 22 bis 24 cm breitem, 2,5 cm starkem Stirnbrett, einer 3/5 (2,4/4,8) cm starken Putzleiste und 3/4 cm starkem, gekehltem Rinnenstab, ohne Gerüstung:

10 Stück Nägel 31/80
1,75 Z.-Stunden
5% Verschnitt

Zuschlag für Fugen und Hobeln......... 0,45 Z.-St.

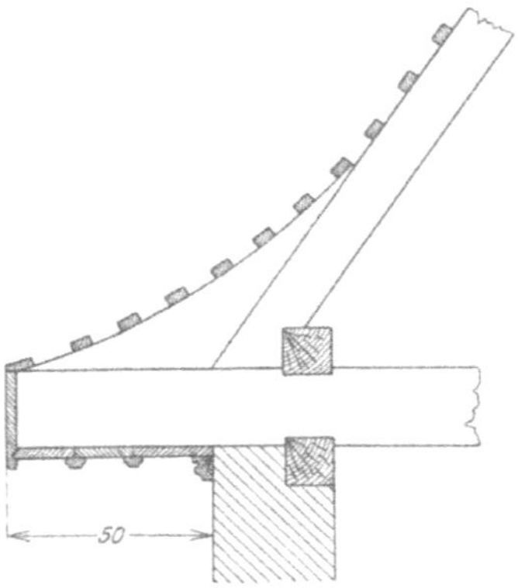

Abb. 54. Dachgesims

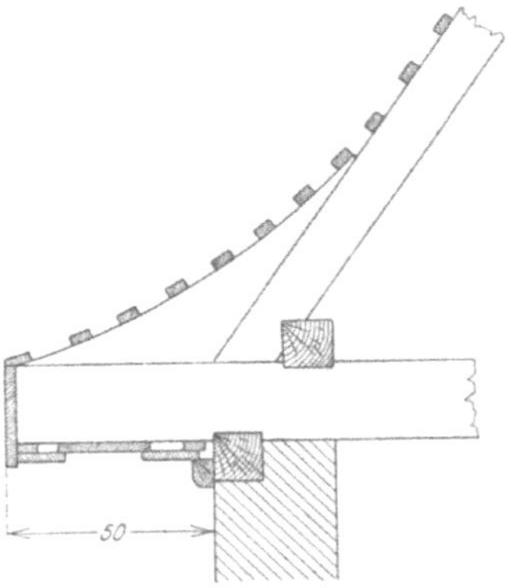

Abb. 55. Dachgesims

b) 1 m² (abgewickelt, reiner Meßgehalt) einfaches Dachgesims, bestehend aus einem dreiteiligen 2,5 cm starken Hängebrett (siehe Abb. 54), einem 2,5 cm starken, unten abgerundeten, unten mit einer Nut versehenen Stirnbrett, zwei 2,5/4 cm starken, oval abgerundeten Deckleisten und einem profilierten 4,8/6 cm starken Abschlußstab; ohne Gerüstung (die Bretter, Deckleisten und der Abschlußstab auf der Maschine zugerichtet).

Aussuchen des Materials, Beförderung desselben zu den Maschinen, einschließlich Zeit für Maschinenbedienung, Anbringen des Gesimses:

2,0 Z.-Stunden
21% Verschnitt

0,4 kg Nägel	20	Stück	38/90
	30	„	31/65
	60	„	18/35

c) 1 Lfm gehobeltes Kastengesims (siehe Abb. 55), bestehend aus 12 cm breiten Lang- und Querfriesen und einem 30 cm breiten Hängebrett nebst abgerundetem 5/7 cm starken Abschlußstab. Stirnbrett, Quer- und Langfriese, Unterlagslatten und Füllungsbrett 23 bis 24 mm stark, die Füllungsfelder quadratisch (0,26 × 0,26 m). Stirnbrett, Friese, Füllungsbrett und Abschlußstab auf der Maschine gehobelt. Maurergerüst zur Verfügung:

Aussuchen des Materials und Beförderung zur Hobelmaschine (auf dem Zimmerplatz) und mit Handwagen auf die 1 km entfernte Baustelle bzw. auf das Gerüst, einschließlich Zeit für Maschinenbedienung und Anbringen des Gesimses:

3 Stück Nägel 40/100	2,5 Z.-Stunden
52 „ „ 31/65	11 Maschinenminuten
	42% Verschnitt

6. Dachwasserrinnen. a) 1 Lfm Dachwasserrinne von Rundholz ⌀ 18 cm ausarbeiten und einhängen:

1,0 m′ Rundholz ⌀ 18 cm
1,5 Z.-Stunden

b) 1 Lfm Dachwasserrinne auspichen:

0,3 kg Pech	0,1 l Leinöl
0,1 kg Unschlitt	0,5 Z.-Stunden

7. Dunstschlauch. 1 Lfm Dunstschlauch 30/30 cm anfertigen und aufstellen:

1,2 m^2 Bretter 4 cm
20 Stück Nägel 42/120
3,5 Z.-Stunden

8. Steigleitern. 1 Lfm Steigleiter mit eichenen Sprossen, ganz gehobelt:

2,0 m′ weiches Rundholz ⌀ 13 cm
2,0 m′ eichenes Rundholz ⌀ 5 cm
3,5 Z.-Stunden

9. Windbretter. 1 Lfm Windbrett 25 bis 30 cm breit anbringen:

10 Stück Nägel 31/65
0,3 Z.-Stunden
5% Verschnitt

Zuschlag für Fugen und Hobeln.......... 0,12 Z.-St.

10. Zwischenrinnen. 1 Lfm Zwischenrinne anfertigen und legen:

a) aus der Länge nach in die Hälfte zersägtem Rundholz:

0,5 m′ Rundholz — 50 cm
5,0 Z.-Stunden

b) aus 6,5 cm starken Pfosten:

0,75 m^2 Pfosten 6,5 cm
3,5 Z.-Stunden

VI. Der Dachstuhl im neuzeitlichen Ingenieur-Holzbau

Zu dieser Gruppe gehören alle ingenieurmäßig, das ist mit den neuzeitlichen Hilfsmitteln der Statik und Festigkeitslehre berechneten Dachkonstruktionen, deren Tragwerk entweder aus Fachwerk- oder Vollwandbindern in Balken- oder Bogenform, in neuerer Zeit auch aus einem rautennetzartig angeordneten Tonnenflechtwerk besteht.

a) Fachwerkbinder

Die am häufigsten und bis zu Spannweiten von 35 bis zu 40 m verwendete Binderform ist der Mansardbinder. Übliche Binderentfernung 5 ÷ 6 m, nach Erfordernis auch mehr; bei Anhängung von Putz- oder begehbaren Decken an den Untergurt ist eine geringere Binderentfernung, etwa von 4 m, empfehlenswert. Höhe des Binders je nach der Spannweite 1/7 ÷ 1/8 der Stützweite.

Satteldachbinder erweisen sich nur bis zu Spannweiten von etwa 22 ÷ 25 m als zweckmäßig und erfordern einen größeren Materialverbrauch. Flache Dachneigungen sind wegen der Gefahr des Durchsackens zu vermeiden. Höhe des Binders 1/4 ÷ 1/5 der Stützweite.

Was die Ausbildung der Füllstäbe der Fachwerkbinder und die Art der Stabanschlüsse betrifft, sind zweierlei Arten von Bindern zu unterscheiden:

a) Ältere Bauweisen nach Howe und Long. Hölzerne Druckschrägen und Zugpfosten aus Rundeisen, welch letztere bei kleinen Spannweiten auch manchmal durch hölzerne Doppelzangen ersetzt werden.

b) Neuzeitliche Bauweisen mit Dübeleinlagen. Bei diesen erfolgt der Anschluß der Füllstäbe an die Gurte (meist nur der Zugstäbe) mittels besonderer Dübeleinlagen aus Bandeisen, Gußeisen, Hartholz u. dgl. Die bekanntesten patentierten Dübelformen sind die Tuchschererschen Ringdübel, die U-Bügel und doppelkegelförmigen Gußeisendübel der Firma Kübler, die Bulldog-Sicherheitsverbinder der Firma O. Theodorsen, Oslo, die Rohrdübel der Firma Cabröl und die Stahlstifte der Firma Meltzer.

Was den Material- und Zeitaufwand für die Herstellung der Binder bei den hier genannten Bauweisen anbelangt, so ist derselbe naturgemäß ein verschiedener, da jede Bauweise je nach ihrer Konstruktionsart einen größeren oder kleineren Holz- bzw. Eisenverbrauch und je nach der einfacheren oder umständlicheren Herstellungsart verschiedene Abbindezeiten erfordert.

Was den Holzverbrauch betrifft, kann nach diesbezüglich angestellten vergleichenden Untersuchungen angenommen werden, daß derselbe bei der Bauweise Meltzer um etwa 20% geringer, bei der Bauweise Stephan etwa 20% größer ist als bei den Bauweisen Tuchscherer und Kübler, welch letztere wiederum den geringsten Eisenverbrauch aufweisen dürften.

Für Veranschlagungszwecke dürften die im folgenden angegebenen Durchschnittswerte für den Materialverbrauch und Zeitaufwand um so eher genügen, als sowohl die obengenannten als die heute sonst noch verwendeten, anderen freitragenden Holzbauweisen in Deutschland, in Österreich, wie auch in anderen Ländern in ständigem Wettbewerb miteinander stehen und daher in ihren gesamten Herstellungskosten nicht weit voneinander abweichen können.

Zeitaufwand für das Abbinden und Aufrichten der Fachwerkbinder, Längsverbände, Windträger und Binderstützen

Das Tragwerk eines Holzhallenbaues besteht in der Regel aus den Bindern samt Binderstützen, den Pfettensparren bzw. Pfetten (samt Kopfbändern) und Sparren, ferner aus den zur Längsversteifung des Daches dienenden Längs-(Vertikal-)Verbänden und den unter Umständen zur Unterstützung der Giebelwände angeordneten waagrechten Windträgern.

Die erforderlichen Zeitangaben für das Anarbeiten und Verlegen der Pfetten und Sparren sowie für die Herstellung der Dachschalung enthalten die Seiten 340 und 341.

Das Abbinden der Binder: Für die Herstellung des Reißbodens (Schnürbodens), für das Aufreißen der Binder auf demselben und für die Herstellung eines Standbaumes ist ein Zeitaufwand von $90 \div 100$ Z. erforderlich, welch letzterer beim Veranschlagen mit zu der übrigen Arbeitszeit zugeschlagen werden muß. Je geringer die abzubindende Gesamtlänge des Binderholzes, ein desto größerer Zuschlag für obige Arbeiten muß zu dem Lfm Abbund gemacht werden.

Die folgenden Zeitangaben sind unter der Annahme einer durchschnittlich abzubindenden Gesamtlänge von 800 Lfm aufgestellt, bei welcher sich der Zeitaufwand für die Herstellung des Reißbodens, für das Aufreißen sowie für die Anfertigung eines Standbaumes mit $\frac{90 \div 100\,Z.}{800} = 0{,}1125 \div 0{,}125$ Z. berechnet.

Bei nur 400 Lfm Abbund würde sich der Zuschlag für letztere Arbeiten selbstverständlich verdoppeln, bei 1600 Lfm um die Hälfte verkleinern; werden für das Aufziehen der Binder mehrere Standbäume benötigt, so muß die Herstellungszeit für die letzteren selbstverständlich ebenfalls bei Ermittlung des Zeitaufwandes Berücksichtigung finden.

1 Lfm Binderholz (Einzelholz) bei einfacher, normaler Binderausführung, Spannweiten bis zu etwa 30 m, frei Baustelle liefern, abbinden und zusammenstellen:

Zeitaufwand ....0,5 ÷ 0,6 Z.

1 Lfm Binderholz wie vor, jedoch bei großen Spannweiten, schwieriger Arbeit bei den Knotenanschlüssen (mehrgurtige Rahmen-, Dreigelenkbinder u. dgl.):

Zeitaufwand .... 0,6 ÷ 0,7 Z.

Das Aufrichten der Binder: 1 Lfm Binderholz (Einzelholz) bei einfacher, normaler Binderausführung, Spannweiten bis zu etwa 30 m, Binderauflager nicht über 4 bis 6 m über Erdboden, an Ort und Stelle befördern, aufziehen und versteifen:

Zeitaufwand ....0,2 ÷ 0,3 Z.

1 Lfm. Binderholz wie vor, jedoch bei großer Spannweite, Montageerschwernissen, großer Montagehöhe u. dgl.:

Zeitaufwand ....bis zu 0,6 Z.

Abbinden und Aufstellen der Binderstützen: 1 Lfm Kantholz für Doppelsäulen mit Klötzelholzeinlagen frei Baustelle liefern, abbinden und aufstellen, einschließlich Befestigung aller Verankerungen:

Zeitaufwand ....0,8 ÷ 0,9 Z.

Längs- (Vertikal-) Verbände: 1 Lfm Balken für die Herstellung eines Längsverbandes zwischen den Binderpfetten anbringen:

Zeitaufwand ....0,2 ÷ 0,25 Z.

Abbinden und Aufstellen der Windträger: 1 Lfm Kantholz (Bohlen) für einen Windträger abbinden und aufstellen:

Zeitaufwand ....0,6 ÷ 0,7 Z.

b) Große Spannweiten, Montageerschwernisse, größere Montagehöhe usw.:

Zeitaufwand ....bis zu 0,6 Z./m' (Einzelholz).

b) Material- und Zeitaufwand für die Herstellung von Mansardendächern

Der folgenden Zusammenstellung liegt die Annahme einer Binderentfernung von 5,0 m zugrunde. Bei größeren oder kleineren Binderentfernungen als 5 m kann der Veranschlagung des Material- und Zeitaufwandes ein Binder derjenigen Stützweite zugrunde gelegt werden, welche sich nach Multiplikation der gegebenen Stützweite mit der Verhältniszahl

$$\nu = \frac{\text{gegebene Binderentfernung}}{5{,}0\text{ m Binderentfernung}}$$

ergibt. Für einen Binder von 20 m Stützweite und 6,0 m Binderentfernung ergibt sich beispielsweise $\nu = \frac{6{,}0}{5{,}0} = 1{,}2$, so daß für die angenäherte Ermittlung des Material- und Zeitaufwandes die Tabellenangaben für einen Binder von $1{,}2 \times 20{,}0 = 24{,}0$ m zu benützen sind. Der erforderliche Material- und Zeitaufwand für Herstellung und Montage der Pfetten (Pfettensparren) kann angenähert durch Multiplikation der in der Tabelle angegebenen Werte mit der Verhältniszahl ν ermittelt werden.

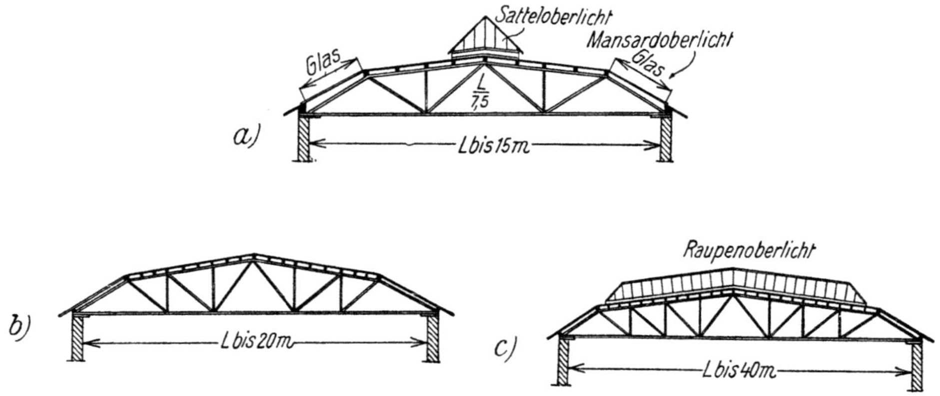

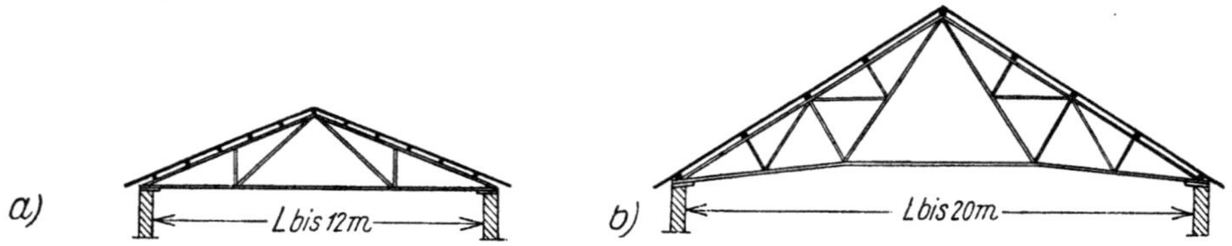

Satteldachbinder erfordern durchschnittlich einen um 20% größeren Holzverbrauch als Mansardbinder der gleichen Spannweite.

Durchschnittlicher Material- und Zeitaufwand

für 1 m² Dachgrundrißfläche

Stützweite	Binder			Pfetten und Sparren			Schalung		
	Kantholz	Schrauben und Dübel	Zeitaufwand	Kantholz	Nägel und Klammern	Zeitaufwand	Bretter	Nägel	Zeitaufwand
m	m³	kg	Z.	m³		Z.	m³	kg	Z.
12	0,016	0,60	0,8	0,018	0,08	0,32	0,022	0,12	0,32
14	0,017	0,60	0,8	0,018	0,09	0,32	0,022	0,12	0,32
16	0,018	0,65	0,8	0,018	0,09	0,32	0,022	0,12	0,32
18	0,018	0,75	0,8	0,018	0,09	0,32	0,022	0,12	0,32
20	0,018	0,80	0,8	0,020	0,10	0,36	0,022	0,12	0,32
22	0,020	0,80	0,8	0,020	0,10	0,36	0,022	0,12	0,32
24	0,022	0,90	0,9	0,022	0,11	0,40	0,022	0,12	0,32
26	0,024	0,90	1,0	0,022	0,11	0,40	0,022	0,12	0,32
28	0,027	1,00	1,1	0,022	0,11	0,40	0,022	0,12	0,32
30	0,029	1,10	1,2	0,022	0,12	0,42	0,022	0,12	0,32
32	0,031	1,20	1,3	0,023	0,12	0,42	0,022	0,12	0,32

Anleitung zur Benützung der Tabelle:

Beispiel: Halle; Breite, zwischen den Säulenmitten gemessen, 25,00 m, Länge, zwischen den Mitten der beiden Giebelwände gemessen, 28,00 m, Dachvorsprung an den beiden Längsseiten 1,35 m, an den beiden Giebelseiten 0,50 m. Eine Giebelseite offen (Endbinder), eine Giebelseite geschlossen. 6 Mansardbinder von 25,00 m Stützweite, 3,5 m theoretischer Höhe, Binderentfernung 5mal zu 4,7 m, einmal zu 4,5 m. 803,3 m² Grundfläche.

1. Materialbedarf:

$\nu = \frac{4,7}{5,0} = 0,94$, daher maßgebende Stützweite $l = 0,94 \times 25,0 = \infty 23,0$ m.

Holz	Kantholz für 6 Binder	....6 (25,0 + 2 × 1,35) × 5,0 × 0,021	= 17,5 m³ (16,32 m³)
	,, ,, Pfetten und Sparren	803,3 × 0,021	= 16,9 m³ (14,6 m³)
	Schalbretter	.....................803,3 × 0,022	= 17,7 m³ (16,9 m³)
			52,1 m³

Schrauben, Dübel, Flacheisen für 6 Binder:
6 (25,0 + 2 × 1,35) × 50,0 × 0,85 = 705 kg (625 kg)
Nägel und Klammern für Pfetten, Sparren und Schalung:
803,3 × 0,022 = 177 kg (141 kg)
882 kg

2. Zeitaufwand:

6 Binder	6 (25,0 + 2 × 1,35) × 5,0 × 0,85	= 706 Z. (643,2 Z.)
Pfetten, Sparren und Schalung	803,3 × 0,70	= 562 Z. (531,0 Z.)
		1268 Z.

Die eingeklammerten Werte wurden auf Grund eines genauen Detailentwurfes ermittelt.

c) Rautennetzwerkdächer — Das Zollbau-Lamellen- und Spitzbogendach

Eine besondere Art von Dächern stellen die Rautennetzwerktonnen der sogenannten „Zollbauweise“ dar, bei denen lauter gleichartige, im Sägewerk maschinell angefertigte Brettlamellen ohne weitere Bearbeitung an der Baustelle zum Aufbau des Daches verwendet werden.

Die Verwendung dieser Dächer gestattet eine vollkommene Ausnützung des Dachraumes, da bei denselben keinerlei konstruktives Balkenwerk oder Stützen erforderlich sind.

Ausgeführte Spannweiten bis zu 35 m.

Richtlinien für das Veranschlagen

Materialbedarf: a) 1 m² Dachmantelfläche erfordert durchschnittlich 1½ Lamellen.

b) Aus 1 m³ Bretter können hergestellt werden:

125	Lamellen	2,5/16 cm	lang	2,0 m
90	,,	3,0/18 ,,	,,	2,0 ,,
82	,,	3,0/20 ,,	,,	2,0 ,,

c) 1 m² Dachmantelfläche erfordert durchschnittlich an Eisen:

2 Stück	Schraubenbolzen	12/150 mm
4 ,,	Unterlagscheiben	95/52/3,75 ,,

Zeitaufwand: a) In einer Maschinenstunde (d. i. Arbeitsleistung der Maschine und zwei Arbeiterstunden), je nach Einstellung des Betriebes, gebrauchsfertige Herstellung von 30 bis 50, daher durchschnittlich von 40 Lamellen.

b) 1 Lfm Giebelbogen und Schwellen zurichten 1 Z.

c) In einer Arbeitsstunde lassen sich rund 10 m² Dachmantelfläche aufstellen.

Auf Grund obiger Angaben ergibt sich folgender Material- und Zeitaufwand für 1 m² Dachmantelfläche ohne Giebelbogen und Schwellen:

Holz: Lamellen 16 cm breit . . . 0,012 m³;	Eisen:	2 Stück Bolzen	12/150 mm
„ 18 „ „ . . . 0,0167 „		4 Unterlagscheiben	95/52/3,75 „
„ 20 „ „ . . . 0,0183 „			

Zeitaufwand: Herstellen der Lamellen: { 0,075 Z. / 0,025 Masch.-St.

Aufstellen: 0,35 ÷ 0,5 Z.

F. Die Treppen

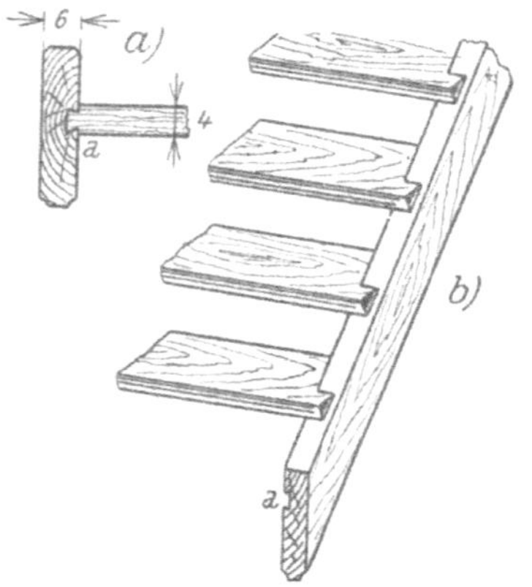

Je nach ihrer Ausführungsart werden die Treppen eingeteilt in:

1. **Eingeschobene** (eingeschnittene) oder **Leitertreppen** mit nicht eingestemmten, sondern eingeschobenen Tritten und ohne Stoßbretter (Setz- oder Futterbretter).

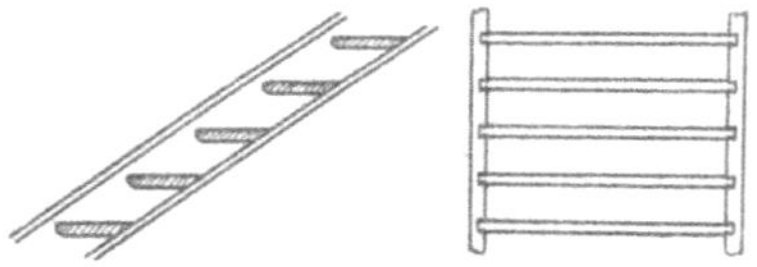

2. **Gestemmte Treppen** mit eingestemmten Tritten und Stoßbrettern.
3. **Halbgestemmte Treppen** mit eingestemmten Tritten, jedoch ohne Stoßbretter.

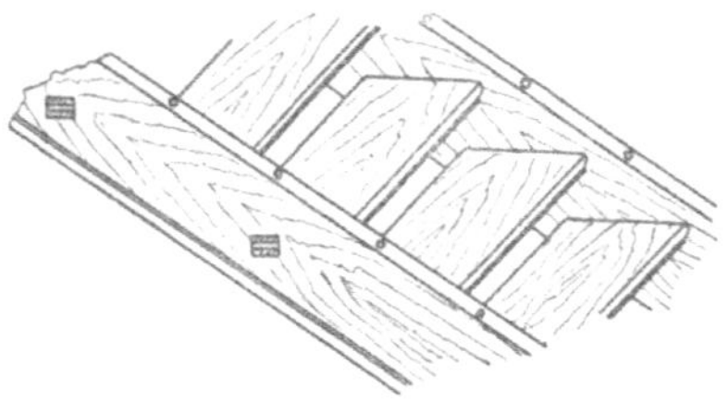

4. **Aufgesattelte Treppen,** bei welchen die Tritte und Stoßbretter in die Wangen eingeschnitten oder die Tritte und Stoßbretter in die Wandwangen eingestemmt, bei den Lichtwangen hingegen ausgeschnitten werden. Die aufgesattelten Treppen stellen eine Vereinigung von gestemmten, halbgestemmten und eingeschnittenen Treppen dar.

Je nach dem Material, aus welchem die Treppen hergestellt werden, unterscheidet man solche aus Weichholz, Hartholz oder „Gemischtholz".

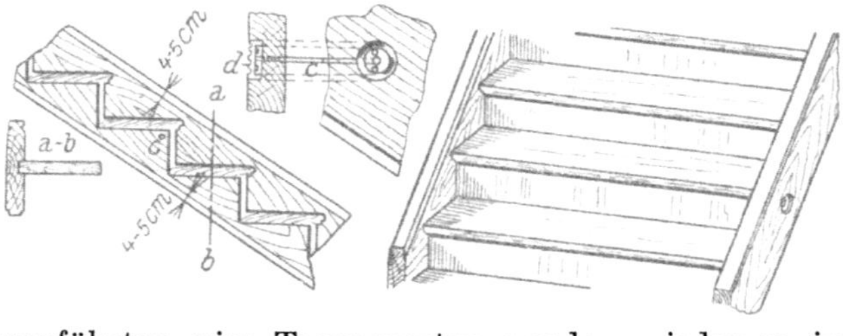

Die obenangeführten vier Treppenarten werden wiederum in gerade und gewundene eingeteilt. Bei den geraden Treppen werden Podest-, ein- und mehrarmige, bei den gewundenen Treppen einviertel-, einhalb-, dreiviertel- und ganz gewundene unterschieden.

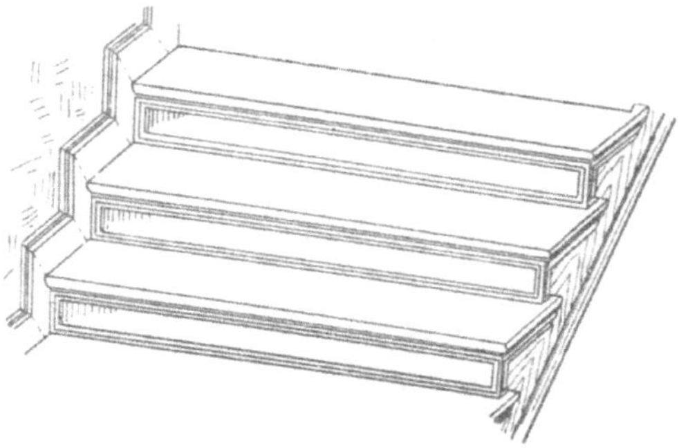

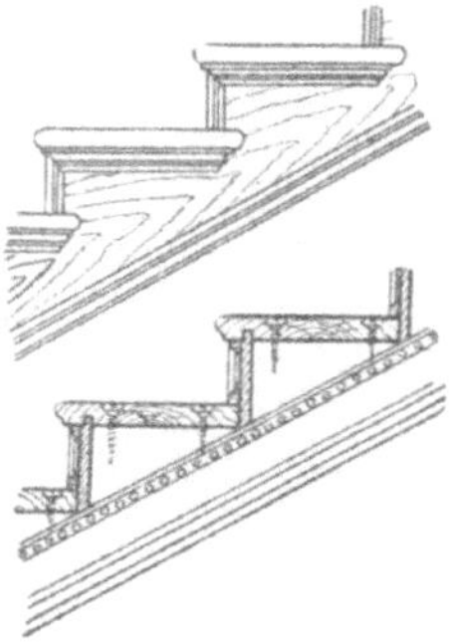

Bestandteile einer Treppe:

1. Wangen, Tritte und Stoßbretter.
2. Antritt (Blocktritt) und Austritt.
3. Austritts-, Übergangs-, Wende- oder Endpfosten.
4. Treppengeländer (Handgriff und Geländerfüllung).
5. Schrauben, Nägel, sonstige Eisenteile und Nebenmaterialien.

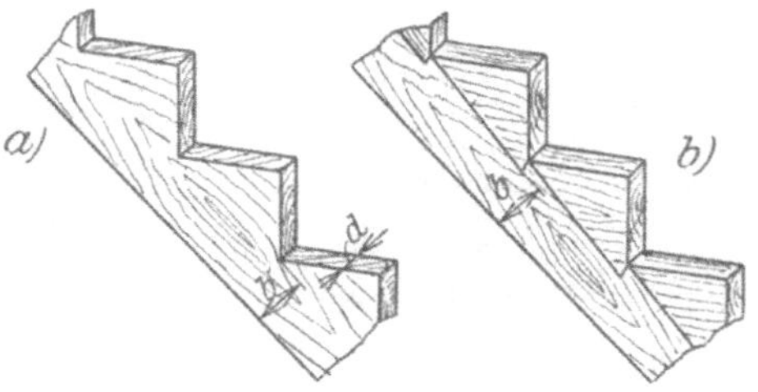

Der Zeitaufwand für die Herstellung gerader und gewundener Treppen setzt sich zusammen aus:

a) Maßnehmen (Treppenhauslänge, -breite und -höhe);

b) Aufriß der Grundform der Treppe (nur bei gewundenen Treppen oder bei solchen mit einzuarbeitenden Podesten);

c) Austragen der Kropfstücke;

d) Zurichten, Austeilen und Schablonieren der Wangen (Verleimen und Auf-die-Breite-Richten);

e) Tritte- und Stoßbretter-Ausschneiden (Verleimen und Auf-die-Breite-Richten);

f) Antritte-, Antritts-, Wende- und Austrittspfosten-Zurichten;

g) Abrichten, Hobeln, Nuten, Profilieren und Verputzen der Tritte, Stoßbretter, Wangen usw.;

h) Austeilen der Wangen, Anziehen und Austeilen der Kropfstücke;

i) Aufsetzen der Tritte und Stoßbretter;

k) Stemmen der Wangen und Kropfstücke;

l) Zusammenbau der Treppe in der Werkstatt;

m) Aufstellen an der Baustelle.

Die Arbeitszeit für die Beförderung des Materials an die Baustelle, das Verwahren der Treppen gegen Beschädigung, Beschmutzung usw. während der Bauzeit, ebenso für das spätere Reinigen (Abziehen, Ölen usw.) ist in den folgenden Zeitangaben nicht enthalten.

I. Eingeschobene Treppen

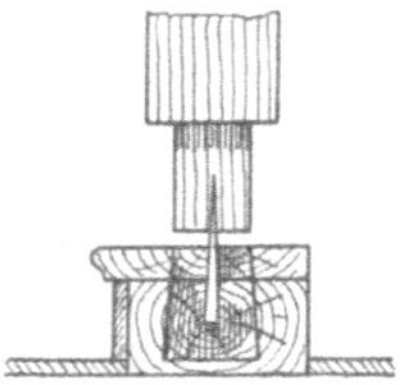

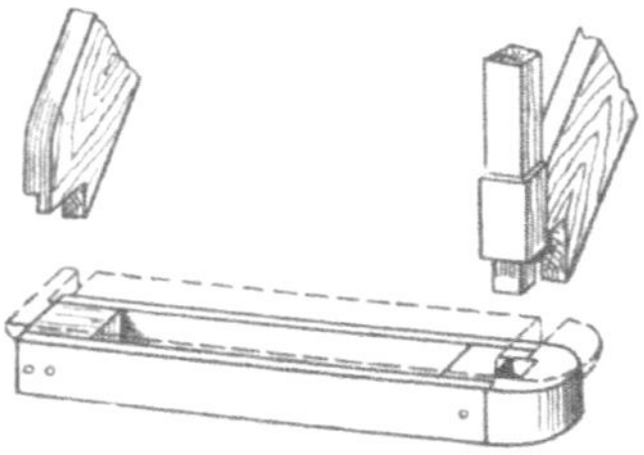

Übliche Wangenstärken: 3/12, 4/15, 4/20, 5/12, 5/15, 4/14 cm.

Trittstärke meist 3 bis 3 ½ cm; Laufbreite 0,5 bis 1,0 m; Steigungshöhe 0,18 bis 0,25 m; Auftrittsbreite 0,15 bis 0,25 m.

Gewundene Treppen werden hier nicht ausgeführt.

Zeitaufwand

Bearbeitungsart	Breite in m	Zeitaufwand für einen Tritt Z.-Stunden	
		in Weichholz	in Hartholz
ungehobelt	0,5 ÷ 0,8	0,6 ÷ 0,85	0,7 ÷ 1,0
ungehobelt	0,8 ÷ 1,0	0,7 ÷ 0,95	0,75 ÷ 1,1
von Hand gehobelt	0,5 ÷ 0,8	0,7 ÷ 1,0	0,85 ÷ 1,2
von Hand gehobelt	0,8 ÷ 1,0	0,95 ÷ 1,1	1,0 ÷ 1,25
mit der Maschine gehobelt[1])	0,5 ÷ 0,8	0,65 ÷ 0,75	0,75 ÷ 0,85
mit der Maschine gehobelt[1])	0,8 ÷ 1,0	0,75 ÷ 0,85	0,75 ÷ 0,95

Schnittverlust durchschnittlich 8 ÷ 10%.

[1]) Der Zeitaufwand für die Maschinenbedienung ist in obigen Zeitangaben inbegriffen.

II. Gestemmte Treppen

Beispielsweise Abmessungen. Stärke der Lichtwange 7 cm, Stärke der Wandwange 5 ½ cm, Breite der Licht- und Wandwangen 28 bis 30 cm (bei gewundenen Treppen bzw. Wangen verglichen gemessen), Stärke der Tritte 48 mm, Stärke der Stoßbretter 20 mm, Trittvorsprung 4 bis 4 ½ cm, Stoßbrettnut bzw. Federbreite 10 mm, Tiefe 12 mm. Tritte und Stoßbretter werden 2 ½ cm tief eingelocht.

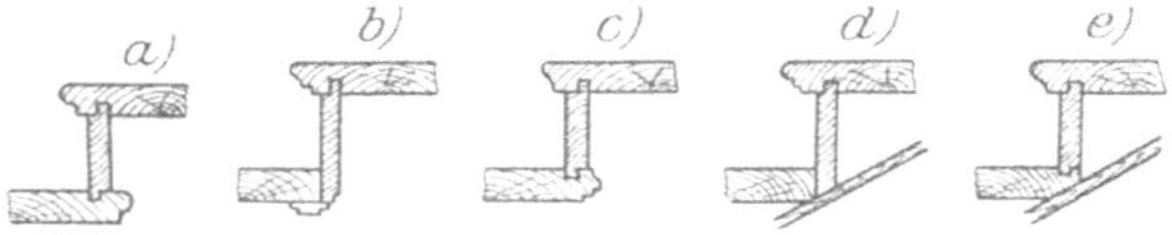

Länge und Breite der Tritt- und Stoßbretter richten sich nach der jeweiligen Stockhöhe, Treppenhauslänge und Treppenlaufbreite.

Zu unterscheiden ist, ob die Treppe unten sichtbar bleibt oder verputzt wird, da dieser Umstand für den zu ermittelnden Zeitaufwand von Bedeutung ist.

Alle Holzmaße verstehen sich fertig ausgehobelt und verputzt; die Holzstärken müssen daher für die Verarbeitung stärker angenommen werden und betragen z. B. bei den obenangegebenen fertigen Maßen:

Stärke der Lichtwangen 76 bis 80 mm, Wandwangen 58 bis 60 mm, Tritte 50 mm, Stoßbretter 22 bis 25 mm.

Der Austritt (letzter Tritt) wird, obwohl er nur 18 bis 23 cm breit ist, stets als ganzer Tritt (Steigung) berechnet. Der Antrittspfosten zählt zum Geländer, dagegen der Austrittspfosten in der Regel zur Treppe.

Als normal gilt eine Treppe, wenn ihr Auftritt 28 bis 30 cm und ihre Steigung 16 bis 18 cm besitzt; oder: zwei Steigungen und ein Auftritt sollen zusammen 0,60 bis 0,62 m geben. Unter oder über dieses Normalmaß hinausgehende Treppen erfordern mehr oder weniger Zeit- und Materialaufwand.

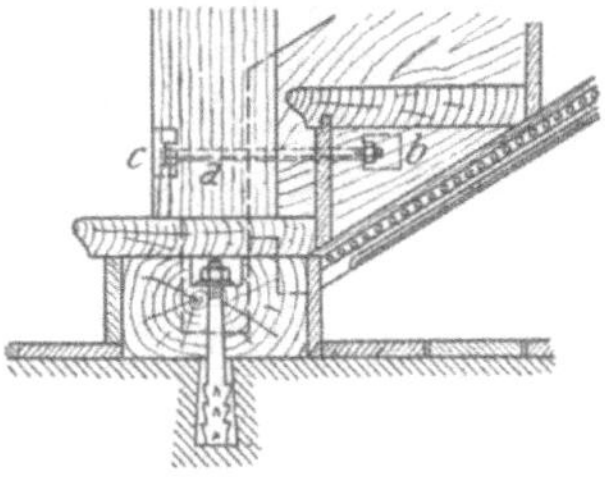

1. Gerade Stocktreppe. Wangen 5/30 bzw. 8/30 cm; Trittstärke 4/32 bis 5/33 cm; Stoßbretter 20 bis 25 mm stark, 18 bis 24 cm breit; Laufbreite 0,85 bis 1,10 m; einschließlich Anziehen des An- und Austrittspfostens; ohne Blockantritt; Treppenuntersicht gehobelt. Das Hobeln, Abrichten, Nuten und Fräsen der Wangen, Tritte, Stoßbretter und Pfosten erfolgt mittels Maschinen.

a) Ausführung in Nadelholz (mindestens 12 Tritte):

4÷5 Stück Nägel 80÷90 mm lang für einen Tritt
2 Kopfschrauben zum Anziehen des An- und Austrittspfostens
Schnittverlust .... 12÷15%
Maschinenzeit für einen Tritt .... 7÷9 Minuten

Zeitaufwand bei Handarbeit für einen Tritt:

Gehobelte Untersicht	4,5 Z.
Verputzte Untersicht	4,3 ,,
Bei mehr als 12 bis zu 30 Tritten, Zeitersparnis	0,1÷0,2 ,,

b) Ausführung in Hartholz:

Schnittverlust .... 15÷18%
Maschinenzeit für einen Tritt .... 9÷10 Minuten
Zeitaufwand bei Handarbeit für einen Tritt 6,2 Z.

2. Einviertelgewundene Treppe (sonst wie 1):

	a) in Nadelholz:	b) in Hartholz:
Schnittverlust	16÷20%	18÷22%
Maschinenzeit für einen Tritt	10÷12 Minuten	12÷15 Minuten
Zeitaufwand bei Handarbeit für einen Tritt	6÷7 Z.	6,5÷8 Z.

3. Halbgewundene Treppe (sonst wie 1):

	a) in Nadelholz:	b) in Hartholz:
Schnittverlust	24÷27%	25÷30%
Maschinenzeit für einen Tritt	12÷15 Minuten	15÷18 Minuten
Zeitaufwand bei Handarbeit für einen Tritt	7÷8½ Z.	9½÷10½ Z.

4. Podesttreppe mit Kropfstücken (sonst wie 1):

	a) in Nadelholz:	b) in Hartholz:
Schnittverlust	16÷22%	18÷24%
Maschinenzeit für einen Tritt	10÷12 Minuten	12÷14 Minuten
Zeitaufwand bei Handarbeit für einen Tritt	6÷7 Z.	7÷8 Z.

III. Halbgestemmte Treppen

Ausführung gerade und gewunden, häufige Verwendung bei Kellertreppen.

Zeitaufwand durchschnittlich 30÷35% geringer als bei ganz gestemmten Treppen.

Schnittverlust bei geraden Treppen .... 10÷12%
bei gewundenen Treppen .... 15÷18%.

IV. Geländer

Für eine überschlägige Berechnung kann man annehmen, daß auf den Lfm Geländer (Neigungslänge) ebensoviel Arbeitszeit kommt wie auf einen Tritt der betreffenden Treppe, zu welcher das Geländer gehört, eine Annahme, die für den Fall gilt, daß das Geländer nicht eine besonders reiche Profilierung und sonstige Ausstattung erhält.

G. Gründungsarbeiten

1. Pfähle

Spitzen eines Pfahles vom Durchmesser d in Zentimetern:

Weiches Holz .... 0,001 F .... Z.-St. = 0,0008 d^2 .... Z.
Hartes Holz .... 0,002 F .... Z.-St. = 0,0016 d^2 .... „

Anschuhen eines Pfahles: Weiches Holz .... 0,010 d .... Z.
Hartes Holz .... 0,013 d .... „

Anlegen eines Ringes an den Pfahl: Weiches Holz ..... 0,008 d .... „
Hartes Holz ...... 0,011 d .... „

Einrammen von Pfählen. a) 1 Stück Zaunpfahl von 8 bis 12 cm Durchmesser und 1,5 bis 2 m Länge mit dem Schlegel in den Boden eintreiben, bei 50 bis 80 cm Eindringungstiefe .... 0,2 ÷ 0,5 Z.

b) 1 Lfm Pfahl von 15 bis 20 cm Durchmesser mit der Handramme in gewöhnlichen Boden einrammen, einschließlich aller Nebenarbeiten, für das Meter eingerammte Länge .... 2 ÷ 3 Z.

c) 1 Lfm Pfahl über 20 cm Durchmesser (mittels Kunstramme) einrammen, einschließlich Aufstellen und Abtragen des Schlagwerkes sowie des Rammgerüstes, Verzinsung und Tilgung der Anschaffungskosten, Aufsicht und Zimmermannsbeihilfe während des Einrammens usw., für das Meter eingerammte Länge:

bei Triebsand .... 0,47 d ... H.
bei Sand und weichem Boden .... 0,63 d ... „
bei Lehm- und Tonboden .... 0,78 d ... „
bei Kies- oder steinigem Boden .... 0,94 d ... „

	Bodenart	Pfahllänge < 7 m, Einrammungstiefe < 2 m	Pfahllänge < 7 m, Einrammungstiefe > 2 m	Pfahllänge 7 ÷ 10 m	Pfahllänge > 10 m	Schiefe Einrammung, Abweichung 1/4 ÷ 1/6 vom Lot
für 1 m eingerammte Länge	I leicht	0,25 d .. H.	0,44 d .. H.	+ 25%	+ 75%	+ 10 ÷ 15%
	II mittel	0,38 d .. H.	0,66 d .. H.			
	III fest	0,56 d .. H.	1,04 d .. H.			

d) 1 Stück Pfahl **über Wasser abschneiden:** Weiches Holz ..... 0,0016 d^2 Z.
Hartes Holz .... 0,0022 d^2 „

e) 1 Stück Pfahl **unter Wasser abschneiden:**
Weiches Holz ..... bei 75 cm Tiefe 0,0032 d^2 Z.; bei 1,5 m Tiefe 0,0048 d^2 Z.
Hartes Holz .... „ 75 „ „ 0,0044 d^2 „ „ 1,5 „ „ 0,0066 d^2 „

f) **Einen Zapfen** am Pfahlkopf **anschneiden:** Weiches Holz . 0,0012 d^2... „
Hartes Holz .. 0,0017 d^2... „

g) **Ein Zapfenloch** in der Rostschwelle **ausstemmen** Weiches Holz ... 0,3 Z.
Hartes Holz ... 0,45 „

h) 1 Lfm bearbeitete **Rostschwelle** auf die Pfähle eines Pfahlrostes **aufbringen** und **befestigen** .... 0,4 Z.

2. Schwellrost

a) 1 Lfm. Schwellen für die Herstellung eines Schwellrostes in die Baugrube einbringen und die erforderlichen Verkämmungen herstellen: Weiches Holz.. 1,2 Z.
Hartes Holz .. 1,6 „

b) 1 m² Bohlenbelag bei einem Schwellrost herstellen .... 2,0 „

H. Abtragungsarbeiten

Bei sämtlichen Abtragungsarbeiten ist angenommen, daß die abzutragenden Materialien auf etwa 50 m von der Baustelle befördert, daselbst gelagert, entnagelt und aufgeschlichtet werden.

Etwa erforderliche umfangreiche Pölzungen und Gerüstherstellungen müssen besonders verrechnet werden, während die Herstellung einfacher Pölzungen und Gerüstungen in den durchschnittlich angenommenen Zeitaufwand einbezogen wurden.

1. Balken. 1 Lfm Balken, Säulen, Riegel u. dgl. aus ihrer Verbindung nehmen, ohne Rücksicht auf die Stockwerkshöhe:

Holz-Querschnitt in cm²	bis 250	250—400	400—600	600—900	900—1300	1300—1800
Z.-Stunden	0,1	0,15	0,2	0,25	0,3	0,35
H.-Stunden	0,1	0,15	0,2	0,25	0,3	0,35

2. Bretterschalung. 1 m² Bretterschalung bis 45 mm Stärke mit bzw. ohne Riegelwand abtragen, die Nägel ausziehen usw., ohne Stockwerksunterschied:
a) samt Riegelwand... 0,35 Z.-St.
0,4 H.-St.
b) ohne Riegelwand.. 0,25 Z.-St.
0,3 H.-St.

3. Bundwandgehölz. 1 m³ Bundwandgehölz abtragen usw.:
a) ebenerdige Gebäude. 2,5 Z.-St.
2,5 H.-St.
b) mehrgeschossige Gebäude:
Zuschlag für 1 cm³ für jedes höhere Geschoß ..... 1,0 H.-St.

4. Dacheindeckung mit Schindeln. 1 m² Schindeleindeckung abtragen mit bzw. ohne gleichzeitige Lattenabtragung, die Nägel ausziehen usw., ohne Stockwerksunterschied:

Deckungsart			Zuschlag für Lattenabtragung
einfach	1½fach	doppelt	
0,15 Z.-Stunden	0,20 Z.-Stunden	0,25 Z.-Stunden	0,1 Z.-Stunden
0,10 H.-Stunden	0,15 H.-Stunden	0,20 H.-Stunden	0,2 H.-Stunden

5. Dacheinlattung bei Ziegeldeckungen. 1 m² Einlattung bei Ziegel- oder Schieferdeckung abtragen, die Nägel ausziehen usw., ohne Stockwerksunterschied 0,15 Z.-St.
0,2 H.-St.

6. Dachgehölz. 1 m³ Dachgehölz abtragen usw., wie Post 3.

7. Dachkonstruktionen. 1 m² Dachstuhl samt Lattung oder Brettereinschalung abtragen, alle Schraubenverbindungen lösen, die Nägel ausziehen, das Material herablassen usw., gemessen in der Grundfläche, wobei der Berechnung die Länge am First und die Breite von Saum zu Saum zugrunde gelegt wird:

Lehrdächer (ohne Stuhl) und Dächer geringer Spannweite	Stehende und liegende Dachstühle	Stockwerkszuschlag
bei ebenerdigen Gebäuden		
1,0 Z.-Stunden	1,4 Z.-Stunden	5 v. H.
1,2 H.-Stunden	2,0 H.-Stunden	5 v. H.

8. Dachschalung. 1 m² Dachschalung abtragen, die Nägel ausziehen usw., ohne Stockwerksunterschied .... 0,2 Z.-St.
0,2 H.-St.

9. Decken. 1 m² Tramdecke abtragen, die Nägel ausziehen usw., ohne Stockwerksunterschied.

Dübeldecken .... 0,8 Z.-St.
1,1 H.-St.

Balkendecken samt Schalungen 1,0 Z.-St.
1,5 H.-St.

10. Einlattung, wie Post 4 und 5.

11. Fußböden. 1 m² Bretter- oder Pfostenfußboden mit oder ohne Polsterhölzern abtragen, die Nägel ausziehen usw., ohne Stockwerksunterschied:

Bretterfußboden bis 45 mm		Pfostenfußboden über 45 mm	
mit Polsterholz	ohne Polsterholz	mit Polsterholz	ohne Polsterholz
0,35 Z.-Stunden	0,25 Z.-Stunden	0,50 Z.-Stunden	0,35 Z.-Stunden
0,40 H.-Stunden	0,3 H.-Stunden	0,70 H.-Stunden	0,50 H.-Stunden

12. Lattenzäune. 1 m² Lattenzaun oder Staketierung abtragen, die Nägel ausziehen usw. .... 0,1 Z.-St.
0,15 H.-St.

13. Pfostenverschalung. 1 m² Pfostenverschalung über 45 mm Brettstärke mit bzw. ohne Riegelwand abtragen, die Nägel ausziehen usw., ohne Stockwerksunterschied:

a) samt Riegelwand... 0,50 Z.-St.
0,70 H.-St.

b) ohne Riegelwand.. 0,50 H.-St.
0,35 Z.-St.

14. Schindeleindeckung, siehe Post 4.

15. Stukkaturschalung. 1 m² Stukkaturschalung aufreißen, die Nägel ausziehen usw., ohne Stockwerksunterschied .... 0,2 Z.-St.
0,25 H.-St.

16. Wandschalung, wie Post 2 und 13.

J. Angaben über Entwurf und Ausführung von Holzdecken

Vor- und Nachteile der verschiedenen Deckenarten

Balken- (Tram-) Decken.

Vorteil: Die geringen Kosten.

Nachteile: Bei größter Vorsicht ist nicht immer einwandfreies Holz erhältlich. Die eingemauerten Balkenköpfe können trotz aller Vorsichtsmaßregeln leicht verfaulen, während Tramkasteln oder Lufträume um die Balkenköpfe die Mauern stark schwächen. Sie benötigen eine große Konstruktionshöhe, schwingen am stärksten und bieten nur geringe Feuersicherheit.

Einschubdecken.

Vorteile: Geringere Konstruktionshöhe als bei Balkendecken (Unterschied etwa 15 cm) und auch geringere Kosten.

Nachteile: Noch geringere Feuersicherheit als bei den Balkendecken, weil Balken und Fußboden von einander nicht getrennt sind; die Balken sind teilweise vom Luftzutritt abgeschlossen und der zerstörenden Einwirkung der Beschüttung ausgesetzt.

Balkendecken zwischen eisernen Trägern.

Vorteile: Die Balkenköpfe sind nicht eingemauert, die Trägerauflager schwächen und beeinflussen hier die Druckverteilung in der Mauer nicht; die Konstruktionshöhe ist geringer und die Schwingungen sind schwächer als bei den reinen Balkendecken.

Nachteile: Geringe Feuersicherheit; Kostenerhöhung gegenüber den reinen Balkendecken.

Angaben für die Ausführung

Die Deckenbalken werden in Entfernungen von 0,75 bis 1,10 m von Mitte zu Mitte verlegt und erhalten ein Mauerauflager von mindestens 15 cm. Bei großer Belastung empfiehlt es sich, die Balkenentfernung nahe der unteren Grenze zu wählen.

Aus Gründen der Feuersicherheit soll der Fußboden durch eine mindestens 8 cm hohe Schuttschichte von der Sturzbodenschalung getrennt sein.

Die Stukkaturschalung nagelt man in der Regel unmittelbar an die Deckenbalken, wodurch Fehlträme erspart bleiben; letztere werden nur dort angewendet, wo die Erschütterungen des Fußbodens mit Sicherheit von dem unterhalb befindlichen Plafond abgehalten werden sollen (Tanzböden usw.).

Für die Beschüttung ist nur ganz trockenes, von organischen Stoffen freies Material (reiner Flußsand, erdfreier Grubensand, der etwas mit Lehm gemischt sein darf) zu wählen; ungerösteter Mauerschutt ist ganz auszuschließen. Wo es die örtlichen Verhältnisse gestatten, kann die Beschüttung samt der Sturzbodenschalung durch Gips-, Tektondielen u. dgl. ersetzt werden.

Werden die Deckenbalken zwischen eisernen Trägern verlegt, so kommen sie auf die unteren Trägerflanschen und flüchtig mit deren Unterfläche zu liegen; die Stukkaturschalung wird unter den Trägern durchgeführt. Trägerentfernung 2 bis 4 m.

Dachdeckerarbeiten

Laut Mitteilung der Firma A. R. Bergmann & Co., Bauunternehmung in Wien

Materialpreise ab Werk bzw. Lager:

1000	Stück	gewöhnliche Dachziegel (Flachziegel), 19 × 46 cm	S 140,00
1000	,,	Biberschwanzziegel, 19 × 46 cm	,, 120,00
1000	,,	Dachpfannen, 24,5 × 40 cm	,, 180,00
1000	,,	Strangfalzziegel (natur), 20 × 40 cm	,, 152,00
1000	,,	,, (imprägniert), 20 × 40 ,,	,, 182,00

100	Stück Naturschiefer[1]) (rheinischer, thüringischer oder mährisch-schlesischer Dachschiefer),	30 × 30	cm	S	40,00
		22 × 50	,,	,,	45,00
		40 × 40	,,	,,	50,00
		40 × 20	,,	,,	30,00
		30 × 15	,,	,,	25,00
100	Stück Asbestschiefer[2]),	30 × 30	,,	,,	26,90
100	,, ,,	40 × 40	,,	,,	45,10
100	,, ,,	30 × 33,4	,,	,,	29,10
100	,, ,,	40 × 44,5	,,	,,	50,40
100	,, ,,	40 × 20	,,	,,	24,20
100	,, ,,	30 × 15	,,	,,	14,30
100	,, Firstkappen			,,	45,10
1000	,, Sturmklammern			,,	22,30
1000	,, Schiefernägel, verzinkt,	30	mm	,,	3,50
1000	,, ,, ,,	35	,,	,,	3,70
1000	,, ,, ,,	40	,,	,,	4,10
Eine	Ziegeldeckerstunde (Kollektivlohn)			,,	1,70
,,	Handlangerstunde ,,			,,	1,10

Von den Gesamtkosten einer Dacheindeckung entfällt auf Material rund 70%, auf Arbeitslöhne rund 30%.

A. Ziegeldächer

Das Ausmaß wird nach der geneigten Fläche berechnet. Für Dachfenster bis zu 0,80 m Breite werden 4 m² zugeschlagen. Größere Fensterabdeckungen sind nach ihrem wirklichen Ausmaß zu berechnen. Für jeden Lfm Doppelfirst, Grat oder Ichse erfolgt ein Zuschlag von 1 m². Für jeden Lfm Halbfirst, Halbgrat oder Halbichse, Fuß- oder Ortsraum ein Zuschlag von 0,50 m². Wetter- und Feuermauerleisten werden nicht separat verrechnet. Wenn Öffnungen bis zu 4 m² nicht abgezogen werden, so wird die Einsäumung bei denselben nicht gesondert berechnet. Runde Dachflächen werden mit dem Eineinhalbfachen ihres wirklichen Ausmaßes verrechnet.

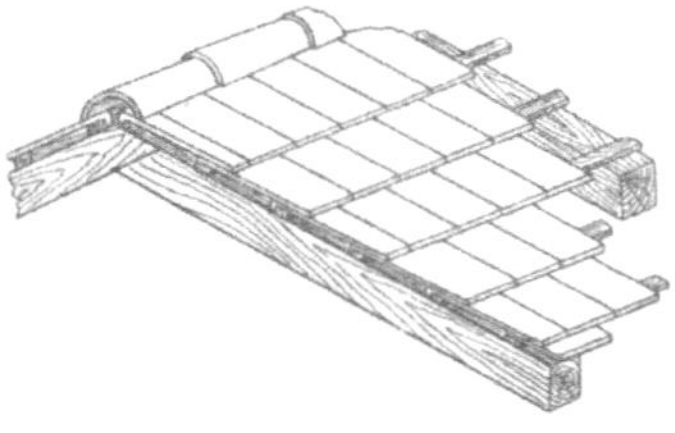

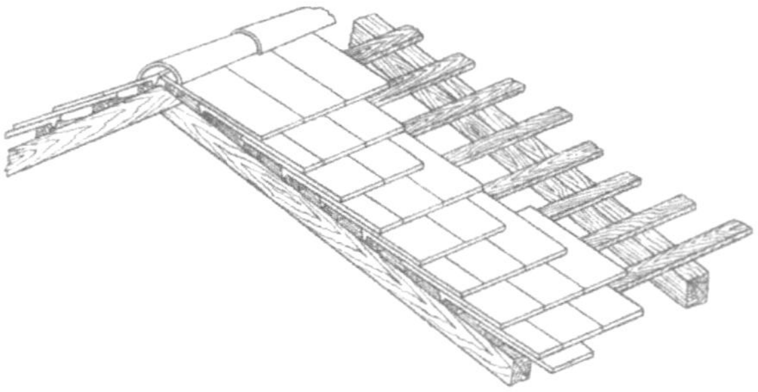

Deckung mit Flachziegeln

Abb. 1. Einfache

Abb. 2. Doppelte

[1]) Englischer Schiefer wesentlich teurer.

[2]) Vorstehende Preise für Asbestschiefer verstehen sich für lichtgrauen und braunen Eternit. Dunkelgrauer ist um 10%, roter Schiefer um 15% teurer.

a) **Flachziegel,** Abb. 1 und 2 (gewöhnliche Dachziegel und Biberschwänze)

Bedarf je m² (Erdgeschoß)		Einfache Deckung (Spießdach)[1]		Doppelte Deckung Lattenentfernung 19 cm			Kronendach	Firste und Grate mit Hohlziegeln in Mörtel je m
Gegenstand	Einheit	[2]) trocken	in Mörtel	[2]) trocken	in Mörtel	Firste und Traufendeckung je m	in Mörtel	
Dachziegel 19/46 cm	Stück	16	16	30	30	5,50	30	2,50—3,00
Unterlagspäne (Spließe)	„	16	16	—	—	—	—	—
Verl. Portlandmörtel 1:1:6	m³	—	0,010	—	0,015	0,005	0,025	0,010
Ziegeldeckerarbeit	Stunden	0,30	1,00	0,40	1,20	0,30	1,30	0,20
Handlangerarbeit	„	0,30	0,60	0,40	1,00	0,40	1,10	0,30
„ für Stockwerkszuschlag	„	0,05	0,20	0,10	0,15	0,15	0,20	0,10

Die Ichsen werden am besten mit Blech abgedeckt, im anderen Falle sind die Ziegel ganz in Mörtel zu legen.

[1]) Diese Deckungsart gelangt nur sehr selten zur Ausführung.

[2]) Innenverstrich mit Haarmörtel: (Tabelle)

Bedarf je 1m² (Erdgeschoß)		Einfache	Doppelte
		trockene Dachdeckung	
Kuhhaarmörtel	m³	0,006	0,0096
Ziegeldeckerarbeit	Stunden	0,15	0,20
Handlangerarbeit	„	0,15	0,20

b) **Falzziegel,** Abb. 3, **Dachpfannen und Hohlziegel,** Abb. 4 und 5 (Mönche und Nonnen), **letztere nur für flache Dachneigung geeignet**

Bedarf je m² (Erdgeschoß)		Falzziegel[1]) Lattenentfernung 33 cm				Dachpfannen Lattenentf. 31,5 cm		Hohlziegel		Firste und Grate mit Hohlziegeln in Mörtel je m
Gegenstand	Einheit	auf Dachpappe und Schalung	auf Dachpappe ohne Schalung	freie Lattung[3])	Firste und Grate	trocken[3])	in Mörtel	auf Plattenziegel 20×30 cm	auf Latten in Mörtel	
								Lattenentfernung in cm: 30	25	
Falzziegel 20 × 40 cm	Stück	16	16	16	—	—	—	—	—	—
Dachpfannen 24,5×40 cm	„	—	—	—	—	16	16	—	—	—
Hohlziegel 18 × 45 cm	„	—	—	—	—	—	—	22	22	—
Plattenziegel 30 × 30 cm	„	—	—	—	—	—	—	11	—	—
Firstziegel	„	—	—	—	3	—	—	—	—	2,5—3
Dachpappe	m²	1,05	1,10	—	—	—	—	—	—	—
Nägel[2])	Stück	32	32	32	6	—	—	—	—	—
Portlandzementmörtel	m³	—	—	—	—	—	0,020	0,095	0,025	0,015
Ziegeldeckerarbeit	Stunden	0,25	0,30	0,20	0,10	0,30	1,10	1,80	1,20	0,20
Handlangerarbeit	„	0,25	0,30	0,20	0,20	0,30	0,75	1,80	1,20	0,30
„ für Stockwerkszuschlag	„	0,08	0,08	0,05	0,05	0,10	0,35	0,35	0,40	0,10

Dachränder, Rauchfänge, Ichsen u. dgl. sind mit Blech einzufassen. Für die Belichtung des Dachraumes können passend geformte Glasfalzziegel verwendet werden.

[1]) Im Falle die Falzziegel nur an den beiden Langseiten im Falz liegen, heißen sie Strangfalzziegel; liegen sie auf allen vier Seiten im Falz, dann Rautenziegel.

[2]) Falzziegel werden an der Lattung häufig mit Draht befestigt.

[3]) Nur dann Innenverstrich, wenn höhere Solidität gefordert wird.

[3]) Innenverstrich mit Haarmörtel: (Tabelle)

Bedarf je m² (Erdgeschoß)		Falzziegel, freie Lattung	Dachpfannen, trocken
Kuhhaarmörtel	m³	0,003	0,006
Ziegeldeckerarbeit	Stunden	0,10	0,15
Handlangerarbeit	„	0,05	0,10

c) **Wellplatten,** aus Asbestzementschiefer (Eternit), verlegbar auf Holz- oder Stahlpfetten.

Plattenstärke 6 mm, Plattenbreite 960 mm, Wellenlänge 178 mm, ($5^1/_2$ Wellen je Platte) Wellenhöhe 51 mm, Gewicht 13,6 kg je 1 m².

Länge einer Platte	Gewicht einer Platte	Nutzbare Länge (Übergriff 14 cm)	Nutzbare Breite (Übergriff ½ Welle)	Preis je 1 m² fertige Deckung einschließlich Kleinmaterial und Arbeit etwa *S 10,00* bis *S 12,50*
1,20 m	16 kg	1,06 m	0,89 m	
1,80 „	24 „	1,66 „	0,89 „	
2,40 „	32 „	2,26 „	0,89 „	

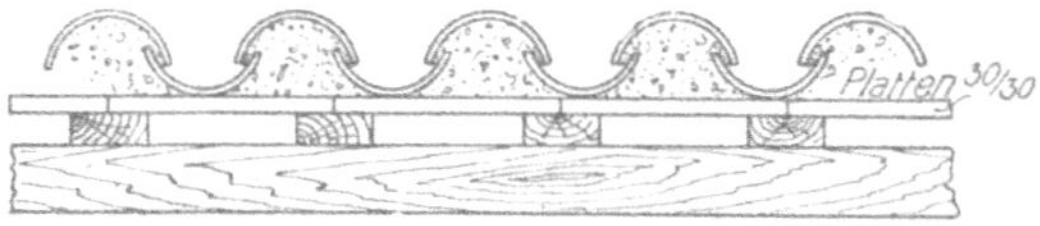

Abb. 4. Hohlziegel auf Platten

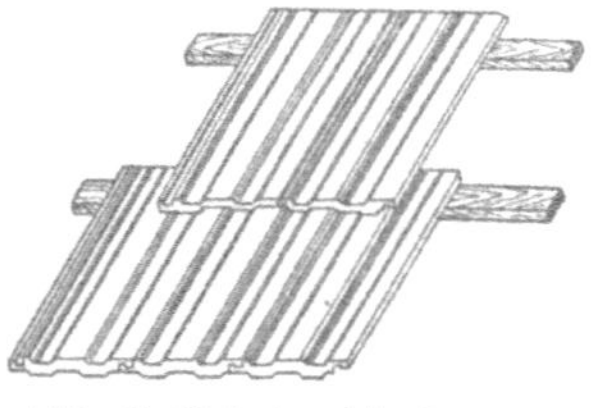
Abb. 3. Falzziegeldeckung

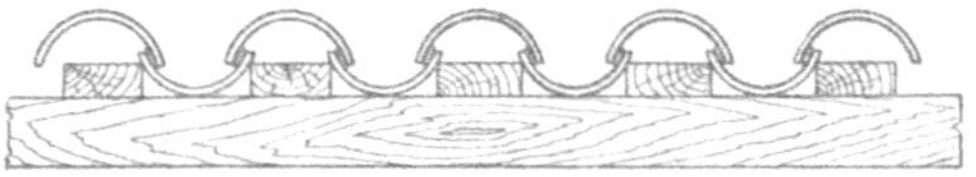
Abb. 5. Hohlziegel auf Latten

B. Schieferdächer

Das Ausmaß wird nach der geneigten Fläche berechnet. Für Dachfenster bis zu 0,80 m Breite werden 4 m² zugeschlagen. Größere Fensterabdeckungen sind nach ihrem wirklichen Ausmaß zu berechnen. Für jeden Lfm Doppelfirst, Grat oder Ichse wird 1 m², für jeden Lfm Halbfirst, Halbgrat, Halbichse, Fuß- oder Ortsaum 0,50 m² zum Ausmaß zugeschlagen. Wenn First- und Gratbleche zur Verwendung kommen, so sind diese ohne separate Verrechnung beizustellen und zu befestigen. (First- und Gratbleche siehe Spenglerarbeit.) Wenn Öffnungen bis zu 4 m² nicht abgezogen werden, so wird die Einsäumung bei denselben nicht gesondert berechnet. Runde Flächen werden mit dem Eineinhalbfachen ihres wirklichen Ausmaßes verrechnet. Dachränder, Maueranschlüsse, Ichsen usw. werden mit Blech abgedeckt.

a) Naturschiefer

von mährisch-schlesicher, rheinischer, thüringischer, französischer oder englischer Herkunft, auf Lattung oder Schalung. Abb. 6 und 7.

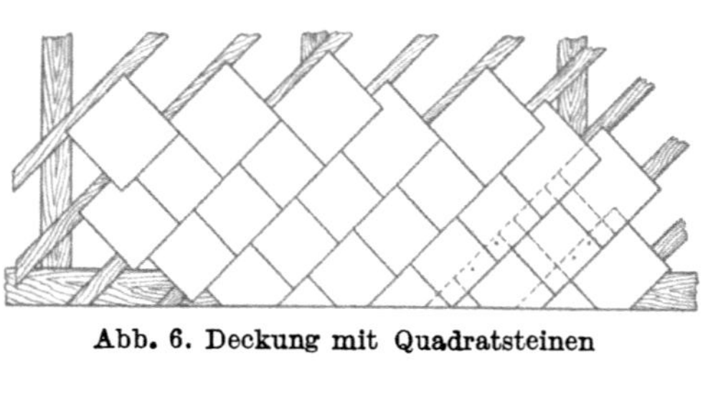
Abb. 6. Deckung mit Quadratsteinen

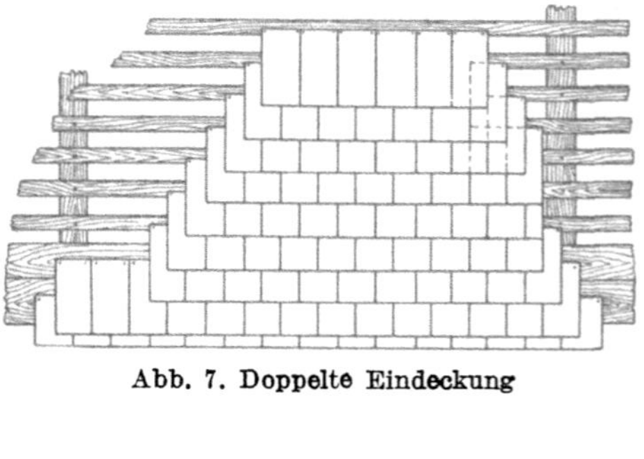
Abb. 7. Doppelte Eindeckung

Einfache Deckung (7 cm Übergriff)					Innenverstrich mit Haarmörtel		
Schiefergröße in cm	Bedarf je m² (Erdgeschoß)				Bedarf je m²		
	Schiefer Stück	Nägel Stück	Schieferdeckerstunden	Handlangerstunden	Kuhhaarmörtel m³	Schieferdeckerstunden	Handlangerstunden
47 × 47	6,3	19	0,35	0,70	0,0050	0,09	0,09
44 × 44	7,4	23	0,36	0,72	0,0055	0,10	0,10
40 × 40	9,3	28	0,37	0,74	0,0060	0,10	0,10
39 × 39	9,8	30	0,38	0,76	0,0063	0,10	0,10
37 × 37	11,2	23	0,40	0,80	0,0070	0,12	0,12
36 × 36	11,9	24	0,41	0,82	0,0072	0,12	0,12
34 × 34	13,8	28	0,42	0,84	0,0075	0,12	0,12
32 × 32	16,0	32	0,43	0,86	0,0082	0,13	0,13
30 × 30	19,0	38	0,45	0,90	0,0091	0,14	0,14
29 × 29	20,7	42	0,47	0,94	0,0096	0,14	0,14
26½ × 26½	26,3	53	0,50	1,00	0,0112	0,15	0,15
26 × 26	27,7	56	0,52	1,04	0,0115	0,15	0,15
25 × 25	31,0	62	0,54	1,08	0,0124	0,15	0,15
24 × 24	34,7	70	0,56	1,12	0,0133	0,16	0,16
21 × 21	51,0	102	0,65	1,30	0,0171	0,17	0,17
61 × 36	6,4	20	0,35	0,70	0,0050	0,09	0,09
61 × 30	8,1	25	0,36	0,72	0,0059	0,10	0,10
56 × 30	9,0	27	0,37	0,74	0,0062	0,10	0,10
56 × 28	9,8	30	0,38	0,76	0,0066	0,10	0,10
51 × 25	12,7	25	0,41	0,82	0,0073	0,12	0,12
46 × 25	14,3	29	0,42	0,84	0,0082	0,13	0,13
46 × 23	16,0	32	0,43	0,86	0,0089	0,14	0,14
41 × 25	16,4	33	0,43	0,86	0,0089	0,14	0,14
41 × 23	18,4	37	0,45	0,90	0,0095	0,14	0,14
42 × 21	20,4	41	0,47	0,94	0,0103	0,15	0,15
41 × 20	22,7	46	0,48	0,96	0,0110	0,15	0,15
36 × 30	15,0	30	0,42	0,84	0,0080	0,13	0,13
36 × 25	19,2	39	0,45	0,90	0,0094	0,14	0,14
36 × 20	26,6	54	0,50	1,00	0,0120	0,15	0,15
36 × 18	31,4	63	0,54	1,08	0,0137	0,16	0,16
33 × 25	21,4	43	0,47	0,94	0,010	0,15	0,15
33 × 18	35,0	70	0,56	1,12	0,0143	0,16	0,16
30 × 20	33,7	68	0,55	1,10	0,0135	0,16	0,16
30 × 15	54,5	109	0,65	1,30	0,0196	0,18	0,18

Doppelte Deckung (7 cm Übergriff)					Innenverstrich mit Haarmörtel		
Schiefergröße in cm	Bedarf je m² (Erdgeschoß)				Bedarf je m²		
	Schiefer Stück	Nägel Stück	Schieferdeckerstunden	Handlangerstunden	Kuhhaarmörtel m³	Schieferdeckerstunden	Handlangerstunden
61 × 36	10,4	32	0,40	0,80	0,0054	0,10	0,10
61 × 30	12,4	38	0,41	0,82	0,0060	0,10	0,10
56 × 30	13,7	41	0,42	0,84	0,0064	0,11	0,11
56 × 28	14,6	44	0,43	0,86	0,0065	0,11	0,11
51 × 25	18,2	37	0,45	0,90	0,0074	0,12	0,12
46 × 25	20,6	42	0,47	0,94	0,0080	0,13	0,13
46 × 23	22,4	45	0,48	0,96	0,0083	0,13	0,13
41 × 25	23,6	48	0,50	1,00	0,0086	0,13	0,13

Schiefergröße in cm	Doppelte Deckung (7 cm Übergriff) Bedarf je m² (Erdgeschoß)				Innenverstrich mit Haarmörtel Bedarf je m²		
	Schiefer Stück	Nägel Stück	Schieferdeckerstunden	Handlangerstunden	Kuhhaarmörtel m³	Schieferdeckerstunden	Handlangerstunden
41 × 23	25,8	52	0,51	1,02	0,0090	0,14	0,14
42 × 21	27,4	55	0,52	1,04	0,0092	0,14	0,14
41 × 20	29,6	60	0,53	1,06	0,0096	0,14	0,14
36 × 30	23,0	46	0,50	1,00	0,0088	0,13	0,13
36 × 25	27,6	56	0,52	1,04	0,0095	0,14	0,14
36 × 20	34,6	70	0,56	1,12	0,0105	0,15	0,15
36 × 18	38,4	77	0,58	1,16	0,0110	0,15	0,15
33 × 25	30,8	62	0,54	1,08	0,0110	0,15	0,15
33 × 18	42,8	86	0,60	1,20	0,0120	0,15	0,15
30 × 20	43,4	87	0,60	1,20	0,0120	0,15	0,15
30 × 15	58,0	116	0,70	1,40	0,0140	0,16	0,16
47 × 47	10,7	22	0,40	0,80	0,0055	0,10	0,10
44 × 44	12,3	25	0,41	0,82	0,0060	0,10	0,10
40 × 40	15,10	31	0,43	0,86	0,0066	0,11	0,11
39 × 39	15,6	32	0,43	0,86	0,0067	0,11	0,11
37 × 37	18,10	37	0,45	0,90	0,0075	0,12	0,12
36 × 36	19,20	39	0,46	0,92	0,0078	0,13	0,13
34 × 34	21,80	44	0,48	0,96	0,0082	0,13	0,13
32 × 32	25,0	50	0,51	1,02	0,0088	0,14	0,14
30 × 30	29,0	58	0,53	1,06	0,0095	0,14	0,14
29 × 29	31,4	63	0,55	1,10	0,0100	0,15	0,15

Für Stockwerkszuschlag 0,05 Handlangerstunden. Für spezielle Zwecke kommen auch noch verschiedenartig geformte Schablonen zur Verwendung. Bei Eindeckung auf Schalung ist eine Dachpappeunterlage anzuordnen, eventuell auch eine Schindeleindeckung.

Steinplattendächer (Porphyr) erfordern infolge ihres großen Eigengewichtes eine sehr starke Holzkonstruktion und bedingen hohe Transportkosten. Ihre Anwendung ist daher fast nur auf die Nähe der Erzeugungsstätten (Steinbrüche) beschränkt.

Zementplattendächer aus verschieden geformten Platten und Pfannen, zumeist auf Latten gedeckt, sind im Verhältnis zu den in obigen Tabellen enthaltenen Schiefern und Pfannen zu berechnen.

b) Kunstschiefer (Asbestzement)

Die ÖNORM B 3421 setzt fest:

Begriff: Asbestzementschiefer besteht aus Asbestfaser und Portlandzement nach ÖNORM B 3311, allenfalls unter Zusatz von den Zement nicht schädigenden Farbstoffen.

Herstellung: Der Asbest wird maschinell aufbereitet, mit Zement gemengt, und das Gemenge, ähnlich wie bei der Pappenerzeugung, auf Holländern und Pappemaschinen unter Wasserzusatz verarbeitet. Die so erzeugten Platten werden noch im weichen Zustande zugeschnitten und mit etwa 400 kg/cm² gepreßt.

Farbe: Weißgrau (Naturfarbe), blaugrau, rot und braun.

Form: Quadratisch, rechteckig, rhombisch.

Dicke: 3,9 mm, zulässige Abweichung ± 6%.

Biegefestigkeit: 300 kg/cm² bei Erprobung eines diagonal aus der Platte herausgeschnittenen Streifens.

Wasseraufnahme: Bei 90 bis 100° C getrockneten Platten nach siebentägiger Wasserlagerung nicht mehr als 15% des Trockengewichtes.

Wasserdurchlässigkeit: Eine 250 mm hohe Wassersäule von 35 mm Durchmesser darf nach 36stündiger Einwirkung keine Tropfenbildung auf der Unterseite der Platte zeigen.

Frostbeständigkeit: Durch Frosteinfluß sollen weder Risse noch Absplitterungen an den Platten entstehen.

Feuerbeständigkeit: Der Begriffsbestimmung entsprechend, darf Asbestzementschiefer nur unverbrennbare Bestandteile enthalten.

Gewicht: 1900 bis 2200 kg/m³.

Handelsgebräuche: Der Versand erfolgt in offenen Bahnwagen, unverpackt, geschlichtet.

Einfache Deckung auf Lattung oder Schalung

Art der Deckung	Schieferformat	Gewicht je 100 Stück	Übergriff	Lattenentfernung	Bedarf je m² (Erdgeschoß) Schiefer	Nägel	Klammern	Schieferdecker	Hilfsarbeiter	Anmerkung
	cm	kg	cm		Stück			Stunden		
Französische Schablonen mit überhängenden Spitzen Abb. 8	30/30	75	7	15,5	18,9	38	18,9	0,18	0,36	Gebräuchlichste Art der Deckung. Überhängende Spitzen = 1 cm
			8	14,8	20,7	42	20,7			
			9	14,1	22,7	46	22,7			
			10	13,4	25,0	50	25,0			
	40/40	135	7	22,6	9,2	19	9,2	0,16	0,32	Sturmklammern in der Mitte unten
			8	22	9,8	20	9,8			
			9	21,2	10,4	21	10,4			
			10	20,5	11,1	23	11,1			
Französische Schablonen ohne überhängende Spitzen	30/30	75	7	16,2	18,9	38	18,9	0,18	0,36	
			8	15,5	20,7	42	20,7			
			9	14,8	22,7	46	22,7			
			10	14,1	25,0	50	25,0			
	40/40	135	7	23,3	9,2	19	9,2	0,16	0,32	
			8	22,6	9,8	20	9,8			
			9	22	10,4	21	10,4			
			10	21,2	11,1	23	11,1			
Deutsche Deckung mit Qudratschablonen Abb. 9	30/30	78	7	23	18,9	38	18,9	0,18	0,36	Diese Deckungsart wird seltener angewendet
			8	22	20,7	42	20,7			
			9	21	22,7	46	22,7			
			10	20	25,0	50	25,0			
	40/40	140	7	33	9,2	19	9,2	0,16	0,32	Sturmklammern seitlich unten
			8	32	9,8	20	9,8			
			9	31	10,4	21	10,4			
			10	30	11,1	23	11,1			

Art der Deckung	Schieferformat	Gewicht je 100 Stück	Übergriff	Lattenentfernung	Bedarf je m² (Erdgeschoß) Schiefer	Nägel	Klammern	Schieferdeckerarbeit	Hilfsarbeiter	Anmerkung
	cm	kg	cm	cm	Stück	Stück	Stück	Stunden	Stunden	
Deutsche Deckung mit Rhombusschablonen Abb. 10	30/33,4	88	7	23	17,0	34	17,0	0,18	0,36	Die Anbringung von Sturmklammern kann wegen der engen Nagelung in vielen Fällen entfallen
			8	22	18,6	37	18,6			
			9	21	20,4	41	20,4			
			10	20	22,5	45	22,5			
	40/44,5	155	7	33	8,3	17	8,3	0,16	0,32	
			8	32	8,8	18	8,8			
			9	31	9,4	19	9,4			
			10	30	10,0	20	10,0			
Französische Deckung mit Rhombusschablonen Abb. 11	30/33,4	84	7	12,8	17,1	35	17,1	0,18	0,36	
			8	12,2	18,7	38	18,7			
			9	11,6	20,5	41	20,5			
			10	11,1	22,6	45	22,6			
	40/44,5	152	7	18,7	8,3	17	8,3	0,16	0,32	
			8	18,1	8,8	18	8,8			
			9	17,5	9,4	19	9,4			
			10	17	10,0	20	10,0			
Deckung mit spitzwinkeligen Schablonen Abb. 12	30/33,4	84	7	19,6	17,2	35	17,2	0,20	0,40	
			8	18,6	18,8	38	18,8			
			9	17,7	20,6	42	20,6			
			10	16,8	22,8	46	22,8			
	40/44,5	152	7	28,6	8,3	17	8,3	0,18	0,36	
			8	27,6	8,9	18	8,9			
			9	26,7	9,4	19	9,4			
			10	25,7	10,0	20	10,0			

Bedarf für Innenverstrich = ½ jenes der Natureschiefereindeckung.

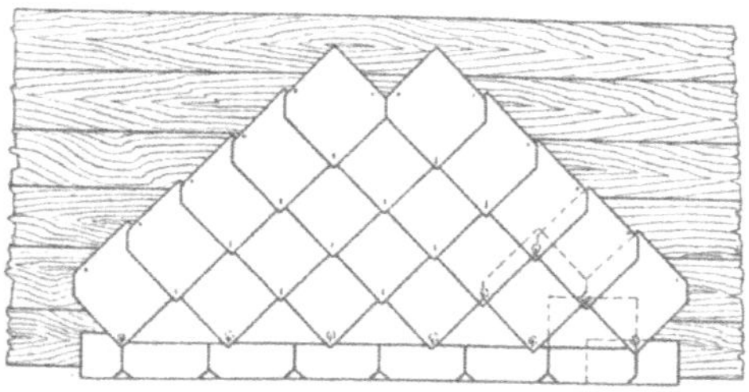

Abb. 8. Französische Schablonen mit überhängenden Spitzen

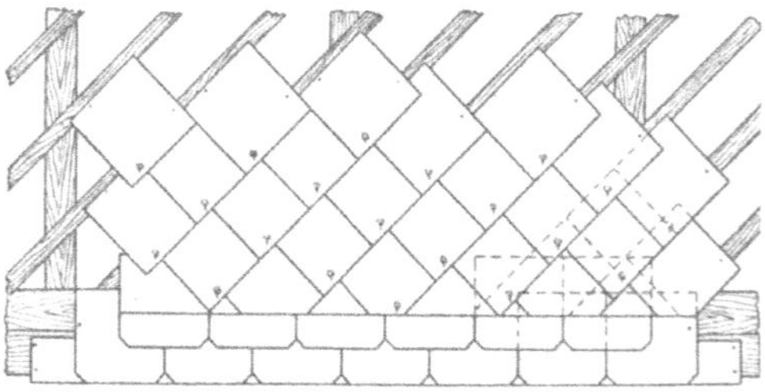

Abb. 9. Deutsche Deckung mit Quadratschablonen

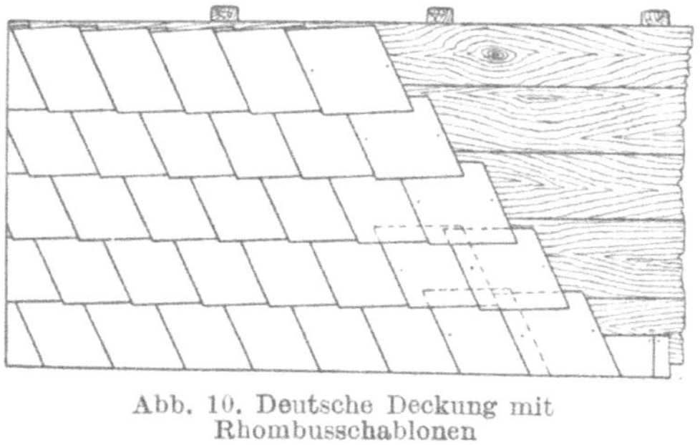

Abb. 10. Deutsche Deckung mit Rhombusschablonen

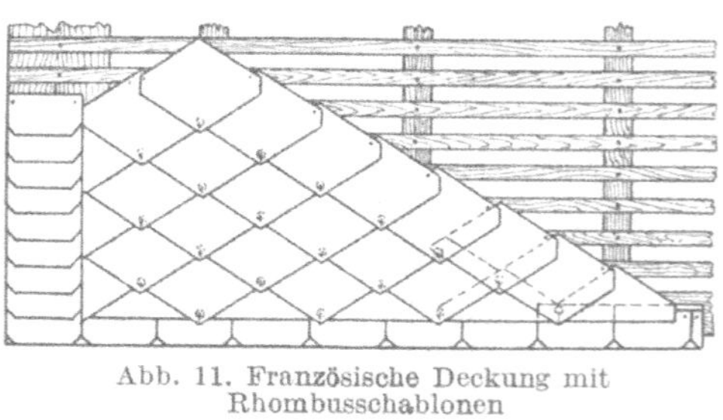

Abb. 11. Französische Deckung mit Rhombusschablonen

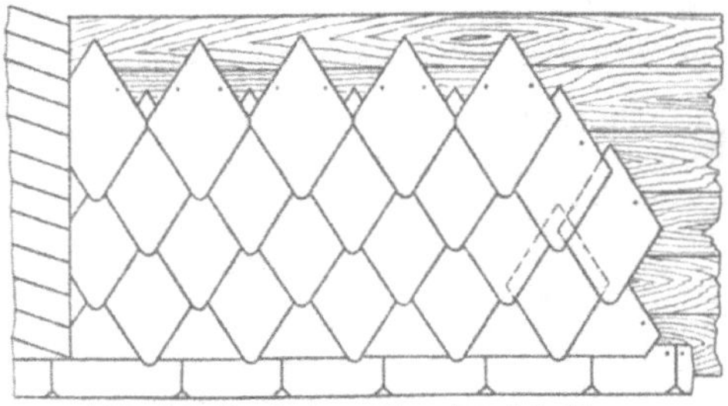

Abb. 12. Deckung mit spitzwinkeligen Schablonen

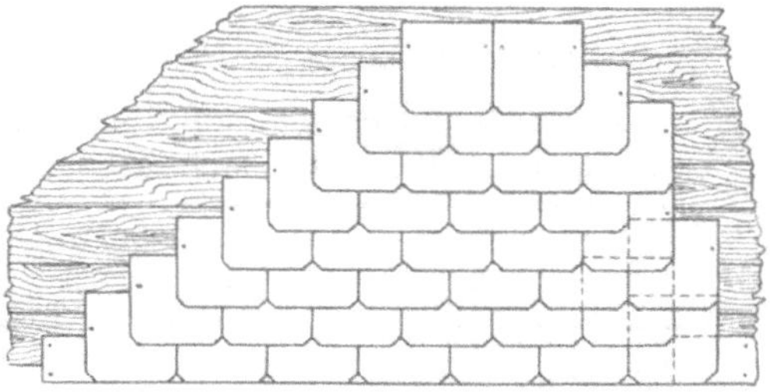

Abb. 13. Doppelte Deckung mit Quadratsteinen

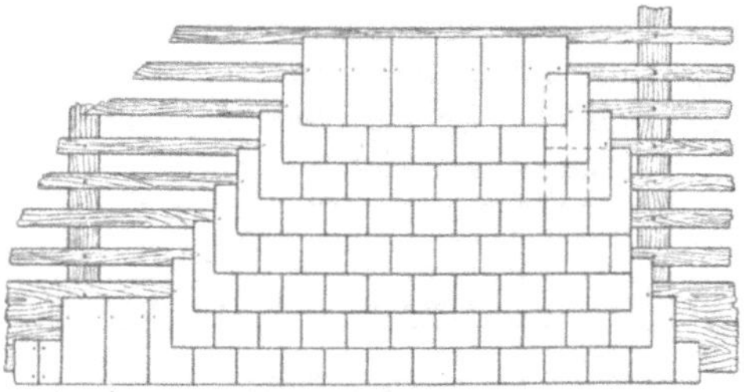

Abb. 14. Doppelte Deckung mit Rechtecksteinen

Doppelte Deckung auf Lattung oder Schalung

Art der Deckung	Schieferformat	Gewicht je 100 Stück	Übergriff	Lattenentfernung	Bedarf je m² Schiefer	Nägel	Klammern	Schieferdeckerarbeit	Hilfsarbeiter
	cm	kg	cm	cm	Stück	Stück	Stück	Stunden	Stunden
Mit Quadratschiefer Abb. 13	30/30	78	5	12,5	26,7	54	—	0,20	0,40
			6	12	27,8	56	27,8		
			7	11,5	29,0	58	29,0		
			8	11	30,3	61	30,3		
	40/40	140	5	17,5	14,3	29	14,3	0,18	0,36
			6	17	14,7	30	14,0		
			7	16,5	15,2	31	15,2		
			8	16	15,6	32	15,6		
Mit Rechteckschiefer Abb. 14	15/30	39	5	12,5	53,3	107	—	0,35	0,70
			6	12	55,6	112	—		
			7	11,5	58,0	116	—		
			8	11	60,6	121	—		
	20/40	70	5	17,5	28,6	58	28,6	0,20	0,40
			6	17	29,4	59	29,4		
			7	16,5	30,3	61	30,3		
			8	16	31,3	63	31,3		

Stockwerkszuschlag für einfache und doppelte Deckung beträgt 0,05 Hilfsarbeiterstunden. Bei Eindeckung auf Schalung ist eine Dachpappeunterlage anzuordnen. Bedarf für Innenverstrich = ½ jenes der Naturschiefereindeckung.

C. Dachdeckungen mit Pappe

Abschnitte C bis E laut Mitteilung der Teerag A. G., Bauabteilung Asdag, Wien

1. **Einfache Deckung** auf Holzschalung mit normaler Neigung (rund 20°), samt einmaligem, heißen Dachlackanstrich, mit echter Haderndachpappe.

Nr.	Preis in Schilling je m²		Anmerkung
	schlicht, ohne Leisten	im Leistensystem, überkappt	
100	1,80	2,30	Die Nummer einer Dachpappe gibt die Anzahl der m² an, die 50 kg Hadern-Rohpappe entsprechen
90	2,00	2,50	
80	2,20	2,70	
	Bei Neigungen über 25° Aufschlag 5%		

2. **Doppeldeckung** mit zwei Lagen echter Haderndachpappe auf Holzschalung mit normaler Neigung (rund 20°), die erste Lage auf die Schalung genagelt, die zweite mit der ersten durch eine Schicht heißer Klebemasse verbunden, die obere Lage mit einem heißen Dachlackanstrich versehen.

Dachpappelagen		Nr.	Preis in Schilling je m²	
untere	obere		schlicht ohne Leisten	auf Leisten überkappt
1	1	120	3,30	3,80
1 —	— 1	120 100	3,50	4,00
1 —	— 1	120 90	3,70	4,20
1 —	— 1	120 80	3,80	4,30
1	1	100	3,60	4,10
1 —	— 1	100 90	3,80	4,20
1 —	— 1	100 80	4,00	4,50

Bei Neigungen über 25° Aufschlag 5%.

3. **Einfache Deckung mit teerfreier Spezialpappe** (mehrere Jahre keines Konservierungsanstriches bedürfend) mit verschiedenen Namensbezeichnungen: „Ruberoid“, „Bitumit“ usw., auf Holzschalung mit normaler Dachneigung (rund 20°):

a) schlicht, mit schrägen, verklebten Nähten, je nach Stärke der Spezialpappe je m² .... S 2,30 bis 2,60

b) im Leistensystem, die Leisten mit Spezialpappestreifen überkappt, je nach Stärke der Spezialpappe je m² .... „ 2,80 „ 3,20

5% Aufschlag für Eindeckungen über 25° Neigung.

4. **Kombinierte Doppeldeckung auf Holzschalung** bei normaler Dachneigung (rund 20°) mit einer Lage Dachpappe Nr. 120 und einer daraufgeklebten Lage teerfreier Spezialpappe, je nach Stärke der letzteren:

a) schlicht, mit verklebten Nähten, je m² .... S 3,80 bis 5,00

b) im Leistensystem, die Leisten mit Spezialpappestreifen überkappt, je nach Stärke der Spezialpappe je m² .... „ 4,30 „ 5,30

c) mit einer unteren Lage Nr. 100, schlicht gedeckt, je m². „ 3,90 „ 5,10

d) mit einer unteren Lage Nr. 100, auf Leisten, je m² .... „ 4,40 „ 5,40

5% Aufschlag für Eindeckungen über 25° Neigung.

Bei allen Doppeldeckungen auf Beton, geklebt, bei einem Gefälle von maximal 8 bis 10 cm je m, Aufschlag je m² ... S 1,50

5. **Dublierung von bestehenden alten Dächern** mit einer Lage neuer Dachpappe bei normaler Dachneigung (20°).

Ausführung	Eine Lage Dachpappe Nr.	Preis in Schilling je m²		Anmerkung
		geklebt	nur genagelt	
Auf alte Leistendeckung der alten Leisten, jedoch Erneuerung der Kappstreifen	120 100 90 80	2,80 3,00 3,20 3,40	2,20 2,40 2,60 2,80	Wenn die alten Leisten ausgeschnitten und durch aufgeklebte Streifen von 20 bis 25 cm Breite ersetzt werden, Aufschlag von *S 0,60* bis *0,80* je m²
Auf alte Schlichtdeckung wieder schlicht, ohne Leisten	120 100 90 80	2,40 2,60 2,80 3,00	1,80 2,00 2,20 2,40	

Bei Verwendung von teerfreier Spezialpappe statt Schwarzpappe erhöhen sich die Preise für sämtliche Dublierungen je nach der Stärke der verwendeten Spezialpappe je m² um .... S 0,50 bis 1,00

6. **Reparaturen schadhafter Dachpappe- und Spezialpappedächer in Regie:**

1 m² Dachpappe Nr. 80 ..... S 9,50
1 ,, ,, ,, 90 ..... ,, 8,50
1 ,, ,, ,, 100 ..... ,, 7,80
1 ,, ,, ,, 120 ..... ,, 6,80
1 ,, teerfreie Spezialpappe, je ,, nach der Stärke .. S 1,20 bis 1,50
1 kg Klebemasse .... ,, 0,17
1 m Dreikantleisten .... ,, 0,18
1 ,, Kappstreifen aus Schwarzpappe .... } + 10% auf die Dachpappepreise
1 m Kappstreifen aus teerfreier Spezialpappe........ }
1 kg Dachpappenstifte........ S 1,10
1 kg Spezialdachpappenstifte mit besonders großen Köpfen S 1,80
1 kg Leistennägel .... ,, 0,90
1 ,, kalt verwendbare Spezialklebemasse .... ,, 1,10
1 kg Xerotonkitt (auch für Isolierzwecke verwendbar) .... ,, 2,10
1 kg Antimador (auch für Isolierzwecke verwendbar) .... ,, 1,00
1 kg Xerotonanstrichmasse ... ,, 2,10
1 ,, Xerotonlack, kalt verwendbar .... ,, 1,70

7. **Wandverkleidungen mit Dachpappe und teerfreier Spezialpappe** auf Holzschalung, ohne Lieferung und Anbringung von Fugendeckleisten, ohne Anstrich, mit einer Lage Dachpappe.

Dachpappe Nr.	Preis in Schilling je m²	
	1 m breite, vertikale Bahnen	50 cm breite, horizontale Bahnen
120	2,00	2,30
100	2,30	2,60
90	2,60	2,90
80	2,80	3,10
Teerfreie Dachpappe je nach Stärke	20% Zuschlag auf gewöhnliche Teerpappe-Ausführung	—

8. **Konservierungsanstriche von Dachpappe- und Spezialpappedächern.**

Die Preise schwanken je nach Beschaffenheit der alten Dachpappedeckung:

a) Mit heißem Teerlack, je m² .... S 0,26 bis 0,34

b) „ Xeroton A (längere Haltbarkeit gewährleistet), je m² „ 0,90 „ 1,20

c) „ einem Gemisch von 50% Teerdachlack und 50% Holzzementmasse, je m² .... „ 0,30 „ 0,45

Bei Dächern mit über 25% Neigung erfolgt ein Preisaufschlag von 5%.

D. Holzzementbedachungen

1. Bestehend aus einer Lage Unterlagsdachpappe, drei Lagen Holzzementpapier, vier Schichten heißer Holzzementmasse, 3 cm lehmigem Sand, 5 cm walnußgroßem Rundschotter (Dachneigung 6 bis 10 cm je 1 m):

a) auf Holzschalung, je m² .... S 6,40

b) „ vorgerichteter Betondecke, je m² .... „ 7,00

Falls das Beschüttungsmaterial bauseits beigestellt wird, Preisabschlag je m² von .... „ 1,00

Bei Holzzementbedachungen auf Beton kommen statt vier Schichten fünf Schichten Holzzementmasse zur Verwendung.

Die Preise gelten für Parterreobjekte; Zuschlag je Stockwerksmehrhöhe, auf Holzschalung, je m².................................. S 0,15

und auf Beton, je m² .... „ 0,15

2. **Holzzementdach- Rekonstruktion.** Beiseiteräumen der Beschüttung, Reinigen der Dachhaut, Aufkleben einer Lage Dachpappe samt sattem Deckstrich, Wiederauftragen und Planieren des vorher durchgeworfenen Beschüttungsmaterials (eventuell nötige Ergänzung desselben ist separat je nach der erforderlichen Menge zu vergüten) je m² *S 4,00* bis *5,50*, je nach Größe.

E. Preßkiesbedachungen auf Schalung

bestehend aus zwei bis drei Lagen Dachpappe, durch heiße Klebeschichten miteinander verbunden, die oberste Lage mit einem satten Asphaltanstrich versehen, in welchen Preßkies eingebettet wird. (Dachneigung wie bei Holzzementdächern.)

Anzahl der Dachpappelagen	Nr.	Preis in Schilling je m²	Erhöhung in Schilling je m² bei einer weiteren Lage
2	120	5,00	2,50
2	100	5,50	2,60
2	90	5,80	2,70
2	80	6,00	2,80
1	120	5,25	—
1	100		
1	120	5,50	—
1	90		
1	120	5,70	—
1	80		

Die Preise für Preßkiesdächer auf Beton erhöhen sich, bedingt durch die Aufklebung der ersten Dachpappelage auf die Betondecke, um je *S 1,00* je m². Die Preise für Preßkiesdächer gelten für Parterreobjekte. Stockwerksaufschlag je m² und Stockwerk auf Schalung *S 0,10*, auf Beton *S 0,20*. Bei bauseitiger Beistellung des Preßkieses kommt ein Preisabschlag von *S 0,50* je m² in Betracht.

F. Materiallieferungen für besondere Dachdeckungen und Isolierungen

Laut Mitteilung der Teerag A. G., deren Bauabteilung „Asdag", und Boxer und Schwarz in Wien

1. 1 Rolle à 10 m² Dachpappe, grob- und feinbesandet:

Nr.	80	90	100	120	150	200	250	300
Preis S	9,00	8,00	7,30	6,50	5,30	4,23	3,65	3,25

2. 1 Rolle à 10 m² Dachpappe, grobbesandet, mehr 5%.
3. 1 „ à 10 „ teerfreie Dachpappe „Bitumit" A .... S 9,50
4. 1 „ à 10 „ „ „ „ B .... „ 8,00
5. 1 „ à 20 „ Ruberoid-Pappe

	I	II	III
S	1,00	1,20	1,30

6. 1 „ à 20 „ Ruberoid-Pappe, olivgrün, Fußbodenbelag ...... S 3,60
7. 1 „ à 20 „ „ „ rot, „ ...... „ 3,40
8. 1 „ à 20 „ Ruberoid-Isoliermaterial .... „ 2,25
9. 1 „ à 5 „ Isolierplatten

mit	Kies		Sägespäne		Kork	
	5 mm	7 mm	100er	80er	100er	80er
je m².....S	1,40	1,65	1,05	1,25	1,85	2,00

10. Falzbautafeln Anker „Unecht" Spezial, je m² .... S 3,70
11. „ „ „ Extra, je m² .... „ 4,70
12. Giant, Isolierpapier in Rollen à 93 m² .... „ 0,85
13. 100 kg Dachlack (destillierter, wasserfreier Steinkohlenteer) .... „ 22,00
14. 100 „ Maueranstrichmasse, heiß streichbar .... „ 50,00
15. 100 „ Eisenlack, Ia .... „ 65,00
16. 100 „ Ruberoid-Anstrichmasse, streichbar .... „ 58,00
17. 100 „ Ruberoid-Klebemasse „ .... „ 61,00
18. 100 „ Antimador, wasserdichter Anstrich .... „ 100,00
19. 1 „ Xeroton „G", Grundierung .... „ 0,80
20. 1 „ „ „A", Faseranstrich .... „ 1,60
21. 1 „ „ „K", Faserkitt .... „ 1,60
22. 1 „ Kunstasphalt-Mastix .... „ 1,90
23. 1 „ Paratect, Kitt- und Isoliermasse .... „ 2,50
24. 1 „ „ heiße Spezialmasse .... „ 1,60
25. 1 „ „ färbig rot, grün und grau .... „ 5,60

Spenglerarbeiten

Bearbeitet von der Firma A. R. Bergmann & Co., Bauunternehmung, Wien

Materialpreise (im Kleinhandel)

Lötzinn, je kg .... S 5,50
Salzsäure, „ „ .... „ 1,00
Holzkohle, „ „ .... „ 0,22

Mauerhaken, 70 mm lang, je 100 Stück .... S 3,20
Schmiedeeiserne Nägel, 40 mm lang, 100 Stück .... „ 1,60

Nieten, Größe	0	1	2	3
Preis je 100 Stück S	0,44	0,57	0,76	0,95

Rinnenhaken für:

	verzinkt	unverzinkt
a) Hängerinnen, 33 cm, je Stück	S 1,20	0,80
b) „ 40 „ „ „	„ 1,50	1,00
c) „ 50 „ „ „	„ 1,80	1,20
d) Saumrinnen, 50 „ „ „	„ 0,57	0,50
e) „ 65 „ „ „	„ 0,75	0,85
Rohrschellen, je Stück	„ 1,20	1,30
Rohrhaken, „ „	„ 0,70	0,80
Nägel, je kg	„ 2,50	0,80

Eine Gehilfenstunde *S 1,70*, eine Handlangerstunde *S 1,10*.

Das Verhältnis zwischen Material und Lohn schwankt, je nach den Blechnummern, zwischen **75:25** bis **90:10**.

Zinkbleche. Gebräuchliche Formate: 0,65 × 2,00, 0,80 × 2,00, 1,00 × 2,00, 1,00 × 2,50 m.

Nr.	Stärke	Gewicht je m²	Grundpreis ab Lager je 100 kg S 180,00	Bezugspreis je m²	Nr.	Stärke	Gewicht je m²	Grundpreis ab Lager je 100 kg S 180,00	Bezugspreis je m²
	mm	kg	Aufschläge S	S		mm	kg	Aufschläge S	S
1	0,10	0,70	90,00	1,89	14	0,82	5,74	aufschlagfrei	10,33
2	0,143	1,00	45,00	2,25	15	0,95	6,65	„	11,97
3	0,186	1,30	30,00	2,73	16	1,08	7,56	„	13,60
4	0,228	1,60	20,00	3,20	17	1,21	8,47	„	15,24
5	0,25	1,75	15,00	3,41	18	1,34	9,38	„	16,88
6	0,30	2,10	10,00	3,99	19	1,47	10,29	„	18,52
7	0,35	2,45	8,00	4,60	20	1,60	11,20	„	20,16
8	0,40	2,80	4,00	5,15	21	1,78	12,46	„	22,42
9	0,45	3,15	2,00	5,73	22	1,96	13,72	„	24,69
10	0,50	3,50	1,50	6,35	23	2,14	14,98	„	26,96
11	0,58	4,06	0,50	7,32	24	2,32	16,24	„	29,23
12	0,66	4,62	aufschlagfrei	8,31	25	2,50	17,50	„	32,80
13	0,74	5,18	„	9,32	26	2,68	18,76	„	33,76

Für Bauspenglerarbeiten werden hauptsächlich die Nummern 11 bis 15 verwendet. Die Nummern 14 und 15 sind vorwiegend Rinnenbleche.

Verzinkte Eisenbleche.

Breite	Länge	Stärke	Gewicht je m²	Grundpreis ab Lager je 100 kg S 67,00	Bezugspreis je m²
mm			kg	Aufschläge %	S
1000	2000	0,44	3,52	70	4,00
1000	2000	0,45—0,49	3,60—3,92	65	3,98—4,32
1000	2000	0,50—0,54	4,00—4,32	60	4,28—4,63
1000	2000	0,55—0,59	4,40—4,72	55	4,56—4,89
1000	2000	0,60—0,64	4,80—5,12	50	4,81—5,14
1000	2000	0,65—0,74	5,20—5,92	45	5,04—5,74
1000	2000	0,75—0,79	6,00—6,32	42	5,70—6,00
1000	2000	0,80—0,89	6,40—7,12	38	5,92—6,58
1000	2000	0,90—0,99	7,20—7,92	35	6,44—7,00

Breite	Länge	Stärke	Gewicht je m²	Grundpreis ab Lager je 100 kg S 68,15	Bezugspreis je m²
mm			kg	Aufschläge %	S
1000	2000	1,00—1,24	8,00— 9,92	28	6,85— 8,48
1000	2000	1,25—1,49	10,00—11,92	24	8,30— 9,83
1000	2000	1,50—1,74	12,00—13,92	22	9,82—11,30
1000	2000	1,75—2,50	14,00—20,00	20	11,23—16,08
1000	2000	über 2,50	—	18	—
650	1000	0,44	3,52	68	3,96
650	1000	0,46	3,68	66	4,09
650	1000	0,48	3,84	64	4,29
650	1000	0,51	4,08	55	4,28
650	1000	0,53	4,24	55	4,40
650	1000	0,60	4,80	50	4,83
650	1000	0,69	5,52	45	5,36
650	1000	0,80	6,40	38	5,90
650	1000	0,96	7,68	35	6,94
800	1600	0,49	3,92	65	4,32
800	1600	0,54	4,32	60	4,64
800	1600	0,61	4,88	50	4,83
400	2000	0,55	4,40	60	4,72
500	2000	0,55	4,40	60	4,72
600	2000	0,55	4,40	60	4,72
650	2000	0,55	4,40	55	4,57
700	2000	0,55	4,40	55	4,57
800	2000	0,55	4,40	55	4,57

Schwarz- oder Sturzbleche. Gebräuchliche Formate in mm: 1000 × 2000, 650 × 1000.

Stärke	Gewicht je m²	Grundpreis ab Lager je 100 kg S 51,00	Bezugspreis je m²
mm	kg	Aufschläge %	S
0,30	2,40	75	2,03
0,35	2,80	70	2,31
0,40—0,44	3,20— 3,52	60	2,46— 2,80
0,45—0,49	3,60— 3,92	55	2,70— 3,12
0,50—0,54	4,00— 4,32	45	2,81— 3,03
0,55—0,59	4,40— 4,72	40	2,98— 3,19
0,60—0,64	4,80— 5,12	35	3,17— 3,51
0,65— 0,74	5,20— 5,92	30	3,27— 3,73
0,75—0,89	6,00— 7,12	25	3,63— 4,31
0,90—0,99	7,20— 7,92	20	4,19— 4,61
1,00—1,24	8,00— 9,92	15	4,46— 5,53
1,25—1,49	10,00—11,92	10	5,33— 6,34
1,50—1,99	12,00—15,92	8	6,05— 8,33
2,00—2,49	16,00—19,92	5	8,14—10,14

Weißbleche, Kupfer- und Bleibleche, die für Bauspenglerarbeiten selten und nur für spezielle Zwecke Verwendung finden, wurden bei den nachstehenden Kostenermittlungen nicht berücksichtigt.

Dacheindeckungen werden in der geneigten Fläche gemessen. Leisten und Falze bleiben hierbei unberücksichtigt, jedoch werden Saumbleche und Saumstreifen separat berechnet. Öffnungen über 2 m² sind abzuziehen.

Für die in untenstehenden Ansätzen erforderlichen Bleche sind Preise nach Wahl der Stärke oder Nummer den vorstehenden Tabellen zu entnehmen[1]).

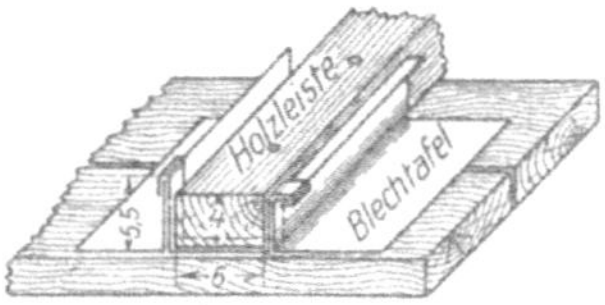

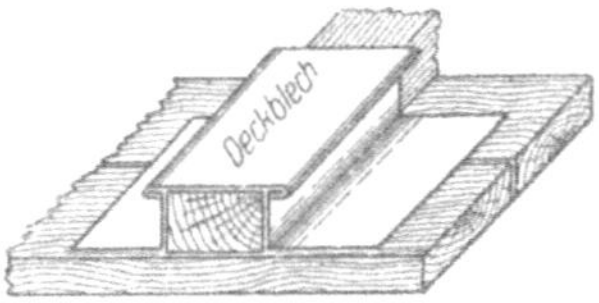

Abb. 1 Deutsche Leisten Abb. 1a

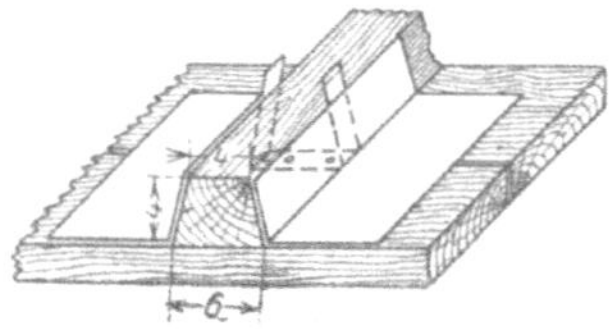

Abb. 2 Französische Leisten Abb. 2a

1. Eindeckungen nach deutschem, Abb. 1 und 1a, oder französischem, Abb. 2 u. 2a, Leistensystem je m² (Leisten sind separat zu rechnen).

Erfordernis für fertige Eindeckung je m²	Zink-blech	Verz. Eisen-blech
Blech .... m²	1,22	1,22
Haftbleche .... m²	0,06	0,06
Verz. Nägel ...... kg	0,04	0,05
Lötzinn .... kg	0,10	0,10
Salzsäure usw. ... kg	0,02	0,02
Holzkohle .... kg	1,00	1,00
Gehilfenstunden	1,00	1,00

2. Eindeckung mit Stehfalz je m².

Erfordernis für fertige Eindeckung je m²	Zink-blech	Verz. Eisen-blech	Schwarz-blech (ohne Anstrich)
Blech .... m²	1,15	1,15	1,15
Haftbleche .... m²	0,06	0,06	0,06
Verz. Nägel ...... kg	0,02	0,02	0,02
Lötzinn .... kg	0,03	—	—
Salzsäure usw. ..... kg	0,02	—	—
Holzkohle .... kg	0,05	—	—
Gehilfenstunden	1,50	1,50	1,50

3. Eindeckung mit Wellblech auf Stahlgerippe je m².

Erfordernis für fertige Eindeckung je m²	Verz. Eisenblech bzw. Schwarzblech (Anstrich ist besonders zu rechnen)
Blech .... m²	1,20
Haftspangen .... St.	2
Nieten .... St.	25
Gehilfenstunden	1,00
Handlangerstunden	1,00

Zu erwähnen sind noch die Eindeckungen mit Wellenschiefer, Pfannenblechen, verzinkten und emaillierten Formblechen verschiedener Systeme.

Dachichsen, Dach- und Giebelsäume, Abb. 3, werden in der Breite nach dem Umbug, in der Länge ohne Aufwicklung der Falze durchgemessen.

Erfordernis für die fertige Arbeit je m²	Zink-blech	Verz. Eisen-blech
Blech s. Haftblechen . m²	1,08	1,08
Nägel .... kg	0,02	0,02
Lötzinn .... kg	0,02	0,01
Salzsäure .... kg	0,02	0,01
Holzkohle .... kg	0,50	0,20
Gehilfenstunden	1,50	1,50

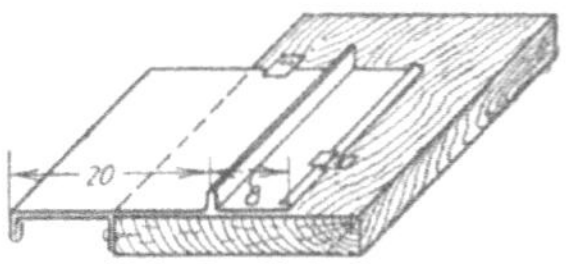

Abb. 3. Giebelsaum

[1]) Zu den ermittelten Kosten kommt noch ein entsprechender Zuschlag für soziale Abgaben und für Betriebsspesen.

Kamineinfassungen, Wandichsen-Maueranschlüsse mit Putzleisten, Abb. 4, die Breite aufgewickelt, die Länge durchgemessen.

Erfordernis für die fertige Arbeit je m²	Zinkblech	Verz. Eisenblech	Anmerkung
Blech samt Haftblechen . . . . m²	1,10	1,10	Unter 35 cm Breite kommt ein Aufschlag von 15% zu den Gehilfenstunden
Nägel . . . . kg	0,02	0,02	
Mauerhaken . . . . . . St.	10	10	
Lötzinn . . . . kg	0,20	0,20	
Salzsäure . . . . kg	0,02	0,02	
Holzkohle . . . . kg	0,50	0,50	
Nieten . . . . St.	—	24	
Gehilfenstunden	1,50	1,50	

Mulden- (Zwuzel)- oder Zwischenrinnen, Kasten- und Attikarinnen, die Breite aufgewickelt, die Länge durchgemessen.

Erfordernis für die fertige Arbeit je m²	Zinkblech	Verz. Eisenblech
Blech . . . . m²	1,10	1,10
Nägel . . . . kg	0,02	0,02
Lötzinn . . . . kg	0,15	0,20
Salzsäure . . . . kg	0,15	0,15
Holzkohle . . . . kg	5,00	5,00
Nieten . . . . St.	—	15
Gehilfenstunden	1,50	1,50

Feuermauer- und Brandmauerabdeckungen, Abb. 5 und 6, **First- und Gratbleche,** die Breite aufgewickelt, die Länge durchgemessen.

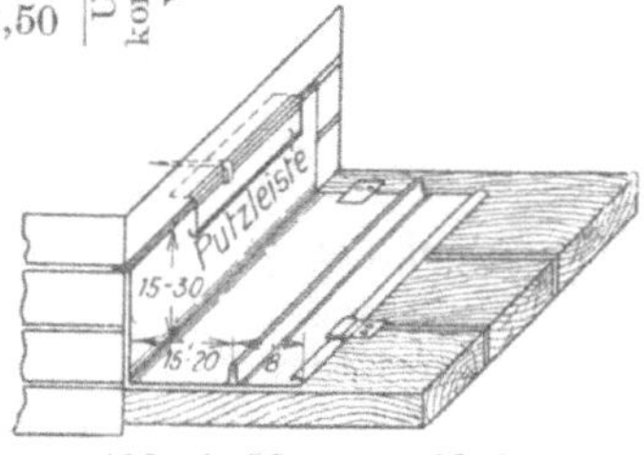

Abb. 4. Maueranschluß

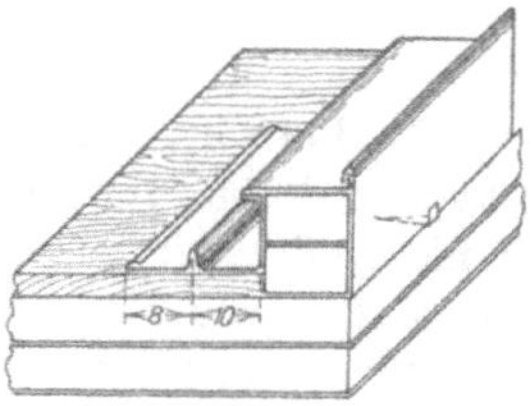

Abb. 5 Feuermauerabdeckung

Erfordernis für die fertige Arbeit je m²	Feuer- und Brandmauerabdeckungen		First- und Gratbleche, 25 und 33 cm breit	
	Zinkblech	verz. Eisenblech	verz. Eisenblech	
Blech samt Haftblechen . . . m²	1,10	1,10	1,05	Übergriffe in der Längsrichtung werden nicht gemessen
Kreuznägel . . . . St.	—	—	6—8	
Splinten . . . . St.	3—5	3—5	—	
Nägel . . . . kg	0,02	0,02	—	
Nieten . . . . St.	—	10	—	
Lötzinn . . . . kg	0,10	0,05	—	
Salzsäure . . . . kg	0,10	0,05	—	
Holzkohle . . . . kg	2,00	2,00	—	
Gehilfenstunden	1,50	1,50	0,15—0,20	

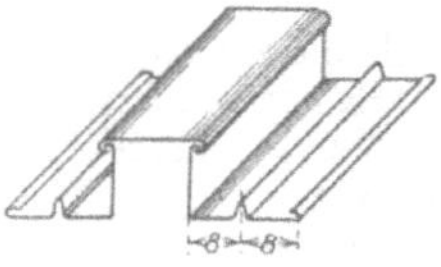

Abb. 6 Brandmauerabdeckung

Gesimsabdeckungen (geschweift und rund bis zu 50% Aufzahlung).

Erfordernis für die fertige Arbeit je m²	Zinkblech	Verz. Eisenblech
Blech s. Haftblechen . m²	1,15	1,08—1,15
Nägel . . . . kg	0,02	0,02
Drahtsplinten . . . . St.	8—10	8—10
Lötzinn . . . . kg	0,10	0,10
Salzsäure . . . . kg	0,10	0,10
Holzkohle . . . . kg	2,00	2,00
Nieten . . . . St.	—	16—20
Gehilfenstunden	1,50	1,50

Fenstersohlbänke und Fensterverdachungen, die Breite aufgewickelt, die Länge durchgemessen.

Erfordernis für die fertige Arbeit je m²	Zinkblech	Verz. Eisenblech
Blech . . . . m²	1,10—1,15	
Nägel . . . . kg	0,02	0,02
Drahtsplinten . . . . St.	8—10	8—10
Lötzinn . . . . kg	0,10	0,10
Salzsäure . . . . kg	0,10	0,10
Nieten . . . . St.	—	16—20
Holzkohle . . . . kg	2,00	2,00
Gehilfenstunden	1,50	1,50

Kiesleisten, Säume und Saumstreifen für Holzzementdächer, je Lfm.

Erfordernis für die fertige Arbeit je Lfm	Kiesleiste 10 cm hoch	Saum 25 cm breit	Saumstreifen 15 cm breit
Zinkblech . . m^2	0,20	0,30	—
Verz. Eisenblech . . . . m^2	—	—	0,15
Lötzinn . . . . kg	0,15	0,01	—
Salzsäure . . . kg	0,03	0,01	—
Holzkohle . . kg	4—5	0,12	—
Nägel . . . . . . St.	—	—	6
Gehilfenstunden	1,20	0,40	0,20

Hängerinnen und Saumrinnen, im Umbug gemessen, Vorköpfe werden separat berechnet.

Erfordernis für die fertige Arbeit je m^2	Hängerinnen				Saumrinnen	
	Zinkblech	Verz. Eisenblech	Zinkblech	Verz. Eisenblech	Verz. Eisenblech	
Im Umbug weit cm	33 u. 40		50		50	65
Blech . . . . . . m^2	1,05	1,05	1,05	1,05	1,05	1,05
Rinnenhaken . . . . St.	3	3	2	2	2	2
Schmiedeiserne Nägel . . . . St.	6	6	4	4	4	4
Nieten . . . . . St.	—	30	—	30	30	30
Lötzinn . . . . kg	0,25	0,25	0,25	0,25	0,50	0,50
Salzsäure . . kg	0,25	0,25	0,25	0,25	0,25	0,25
Holzkohle . . kg	5,00	5,00	5,00	5,00	5,00	5,00
Drahtstiften kg	—	—	—	—	0,03	0,03
Gehilfenstunden	2,50—3,00		2,00	2,00	2,50	2,00

Abfallrohre und Dunstschläuche, Ein- und Auslaufstutzen, Winkel oder Knie sind mit 50% Zuschlag zur Länge zu berechnen.

Erfordernis je Lfm.	Zinkblech			Verz. Eisenblech		
Durchmesser in cm	10	12	15	10	12	15
Blech m^2	0,33	0,40	0,50	0,33	0,40	0,50
Rohrhaken oder Rohrschellen St.	1			1		
Nieten . . . . St.	—			10		
Lötzinn . . . . . . kg	0,10			0,14		
Salzsäure . . . . kg	0,05			0,05		
Holzkohle . . . kg	0,25			0,25		
Gehilfenstunden	2,50			2,50		

Bodenrinnen mit Blech auskleiden.

Erfordernis für die fertige Arbeit je m^2	Zinkblech
Blech . . . . m^2	1,10
Nägel . . . . kg	0,03
Lötzinn . . . . kg	0,50
Salzsäure . . . . kg	0,35
Holzkohle . . . . kg	4
Gehilfenstunden	1,50

Kunststeinindustrie

Laut Mitteilung der Firma A. R. Bergmann & Co., Bauunternehmung in Wien

Allgemeines

Asbestschiefer (Kunstschiefer), siehe ÖNORM B 3421 unter Dachdeckerarbeiten, wird zu Dachdeckungen, Wandverkleidungen, Isolierungen, Kanal- und Dunströhren sowie auch zu Tür- und Lambrisfüllungen verwendet.

Ensoplatten. Bestehen aus reinstem Holzfaserschliff der zähen finnischen Tanne und werden mit Wasserglas zusammengegautscht. Die 300 × 140 cm großen, 4 bzw. 4 ½ mm starken Platten werden verwendet: zur isolierenden Innenverkleidung von Wänden und Decken, als Linoleum-Unterböden, für Zwischenwände, zum Tieferziehen von Decken, für leichte Türen, für Rück- und Seitenwände von Regalen und Schaufenstern usw.

Gipskunststeine, Gipsdielen, 2 bis 8 cm stark, 1 bis 2 m lang, 25 bis 40 cm breit, bestehen aus einer Mischung von Gips, Kalk und einem geringen Zusatz von Leim und werden mit und ohne Hohlräume hergestellt. Häufig werden auch Einlagen von Schilfrohr oder dünnen Holzstäbchen verwendet. Durch Beimengung von Kokosfasern erhält man Kokolithplatten. Spreutafeln erhalten zur Gewichtsverminderung eine Beimengung von Spreu (aus Stroh), Kuhhaaren, Federn, Kork oder Holzwolle sowie Sägespänen (A.-T.-Platten).

Die 5 bis 8 cm starken Platten verwendet man zumeist für Scheidewände, die schwächeren zur Verkleidung von Decken und Wänden.

Gipsschlackenplatten, 5 bis 8 cm stark, werden wie Gipsdielen, jedoch mit Kohlenschlacke als Zuschlagstoff, erzeugt und dienen hauptsächlich zur Herstellung von Zwischenwänden. Dem gleichen Zwecke dienen auch die in gleicher Weise hergestellten Gipsschlackensteine.

Kunstmarmor wird aus verschieden gefärbter Gipsmasse, mit Leimwasser angemacht, 1 bis 1 ½ cm stark hergestellt. Untergrund aus gutem Gipsmörtel soll vorher vollkommen trocken sein. Vielfach werden kleine Stückchen von natürlichem Marmor oder auch Messingfeilspäne in die Masse eingedrückt. Nach vollständiger Erhärtung der farbigen Oberschichte hobelt man die Fläche glatt. Sodann wird sie geschliffen und poliert.

Stukkolustro, ein aus Marmorpulver, Weißkalk und ungebranntem Gipsstaub hergestellter Mörtel wird gefärbt und hiermit ein Oberputz hergestellt. Auf den noch feuchten Flächen wird durch Bemalen mit feinem Pinsel die Aderung hergestellt. Nach dem Anziehen wird die Fläche mit heißem Eisen gebügelt und mit einer Wachspolitur überzogen.

Heraklith, wird aus Holzwolle, mit Zusatz von Sorelmörtel vermischt und verkittet, als gepreßte, genau dimensionierte Platte hergestellt. Abmessungen: 200 × 50 cm; Stärken: 2,5, 5, 7,5 10, 12,5 und 15 cm. Spezifisches Gewicht: 0,35 bis 0,40; läßt sich wie Holz bearbeiten und ohne Zuhilfenahme eines besonderen Putzträgers verputzen; isoliert gegen Kälte, Wärme, Feuchtigkeit und Schall; ist wetterbeständig und feuerhemmend.

Verwendung: Ummantelung, Verkleidung bzw. Ausfachung von Eisenbeton-, Stahl- und Holzskeletten sowie von Massivmauerwerk. (Hochhäuser, Garagen, Ställe, Hallen, Kühlanlagen bzw. Eiskeller und Zwischenwände usw.). Unterlage resp. Isolierung für schalldämpfende und fußwarme Böden und Decken.

Insulite, wird aus langen, zähen Holzfasern zu Platten kräftigen Gefüges ohne Bindemittel verwebt, welche isolierfähig, wasserabweisend und frei von fäulniserregenden Substanzen sind. Abmessungen: breit 122 cm, lang 244 bis 366 cm; Insulite „D“ 61 × 152,5 cm, stark etwa 13 mm. Spezifisches Gewicht: 0,276; Wärmeleitzahl: 0,034.

Verwendung: Isolierung gegen Wärme und Kälte, Schalldämpfung, Akustikverbesserung, Schwitzwasserverhinderung, Putzträger und Verkleidungen.

„Kabe“-Bau- und Isoliermaterial (K-B). Begriff: Weißzement aus Diatomeenerde und Kalk mit Füllstoffen unter Dampfdruck gehärtet, wodurch die Füllstoffe gleichzeitig sterilisiert werden. Abmessungen: Größen: 106 × 28 cm; Stärken: 2, 2 ½, 3, 4, 5 und 6 cm. Raumgewicht: 600 kg je m³. Wärmeleitzahl: 0,11. Druckfestigkeit: 65 bis 85 kg je m². Bearbeitungsfähigkeit wie Holz. Vollständig feuersicher. Bei großen Platten ist eine Spezialarmierung erforderlich. Verwendung wie für Korksteine, ausgenommen Kühlanlageisolierung, weiters zu Umfassungswänden für Wohn- und Nutzbauten, als Unterlage für Steinholzfußböden, zu Tram- und Dachschalungen, für Zellenwände, Transformatorenanlagen.

„Kabe-Erzeugnisse". Zur Herstellung einer wärmeschützenden, feuersicheren Dachhaut bei Holz- und Stahldächern dienen stahlarmierte „Kabe"-Platten von 6, 8 und 10 cm Stärke für freie Spannweiten von 1 bis 3 m und einer Nutzlast von 150 bis 300 kg/m².

„Isostone"-Bausteine (Abb. 1) für 25 cm starke, tragende Mauern. Abmessungen: 50 cm lang, 25 cm breit, 25 cm hoch; für Mauerecken und Fenstergewände besondere Formstücke. Gewicht je m² 80 kg, Druckfestigkeit 42 kg/cm². Kurze Bauzeit infolge rascher Austrocknung. Verwendung: Kleinhäuser und Nutzbauten sowie Füllmauerwerk bei Stahl- und Eisenbetonbauten.

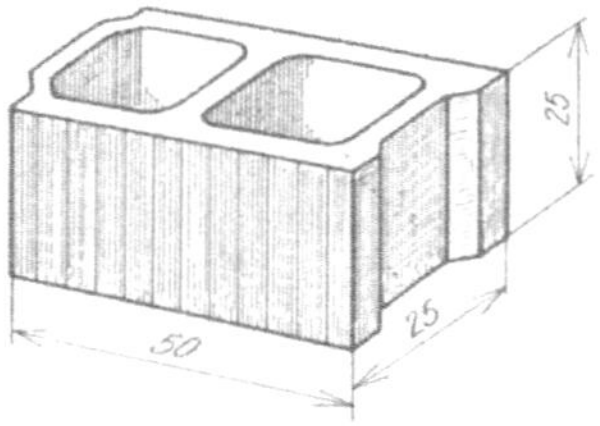

Abb. 1. „Isostone"-Baustein

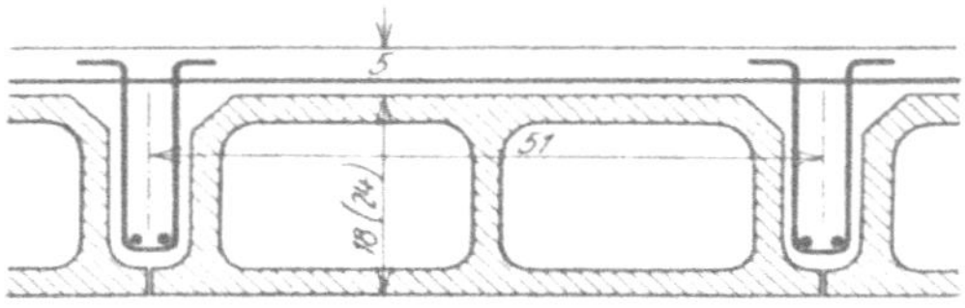

Abb. 2. „Kabe"-Deckenstein

„Kabe"-Deckensteine (Abb. 2) zur Herstellung ebener Untersichten bei Eisenbetondecken; wegen der großen Isolierfähigkeit als Dach- und Terrassendecke besonders geeignet. Abmessungen: 18 und 24 cm hoch, 8 Stück je m². Gewicht: 51 kg bzw. 62 kg je m².

Kalksandsteine (Kalksandsteinziegel), aus einer Mischung von Weißkalk oder hydraulischem Kalk mit reschem Quarzsand, mittels Ziegelpressen hergestellt, an der Luft getrocknet oder, um eine größere Festigkeit zu erzielen, einem Härteverfahren mittels Dampfdruck ausgesetzt. Kalksandsteinziegel werden wie gewöhnliche Mauerziegel verarbeitet.

Korksteine (ÖNORM B 3411). Begriff: Korksteine sind Platten, die aus Korkschrot (Korkklein) mit Zuhilfenahme eines Bindemittels hergestellt werden. Abmessungen: Größen: 25×50, 25×100, 50×50, 50×100 cm; Stärken: 2, 2½, 3, 4, 5, 6, 8, 10, 12 cm. Abweichungen bis $\pm$ 2% zulässig. Bindemittel: 1. Für allgemeine Bauzwecke: a) für warme Räume Ton-Pech-Emulsion; b) für nasse und kalte Räume Pech. 2. Für Kühlhaus- und Eishauszwecke: a) Ton-Pech-Emulsion und mit Pech durchtränkt; b) Pech-Bindungen mit Chlormagnesiazusatz, ebenso Emulsionen mit Teer sind unzulässig. Gewicht: Bindung nach a) höchstens 365 kg/m³, nach b) höchstens 250 kg/m³. Wärmeleitung: Als Maß für die Wärmeleitfähigkeit gilt die Wärmeleitzahl, gemessen in $\frac{\text{Kcal}}{\text{m} \cdot \text{Std.} \cdot {}^0\text{C}}$. (Abb.)

Unter Wärmeleitzahl wird diejenige Wärmemenge in Kcal verstanden, welche durch 1 m² einer 1 m dicken Korksteinwand bei 1° C Temperaturgefälle der beiden Oberflächen in einer Stunde hindurchtritt. Die Wärmeleitzahl bei 0°, 10° und 20° C in Abhängigkeit vom Raumgewicht ist im Mittel durch das Schaubild Seite 405 gegeben: Abweichungen von $\pm$ 10% sind zulässig. Angaben der Wärmeleitzahl sind, wenn nichts anderes ausdrücklich bemerkt, auf eine Mitteltemperatur des Korksteines von + 10° C zu beziehen. Die Bestimmung der Wärmeleitzahl erfolgt an Platten von mindestens 50×50 cm Größe.

Biegefestigkeit: Mindestens 7 kg/cm² als Mittelwert aus fünf Proben. Geruch: Naphthalin oder Karbolsäure dürfen nicht wahrnehmbar sein. Bruchaussehen: An der Bruchfläche muß vorwiegend gebrochener Kork erscheinen. Wasserbeständigkeit: Korkplatten dürfen auch bei längerer Lagerung im Wasser nicht zerfallen. Durchtränkte und mit Pech gebundene Korkplatten müssen, falls sie für Kühlräume verwendet werden, dieselben Frostproben wie Mauerziegel (ÖNORM B 3201) bestehen. Raumbeständigkeit: Korkstein muß raumbeständig sein. Ein Bahnwagen zu 10 Tonnen faßt:

bei einer Stärke in cm	3	4	5	6	8	10
Platten in m²	850	700	600	490	500	300

Korksteine mit Emulsionsbindung „Emulgit", geeignet zur Verwendung in trockenen Räumen und für Außenverkleidung.

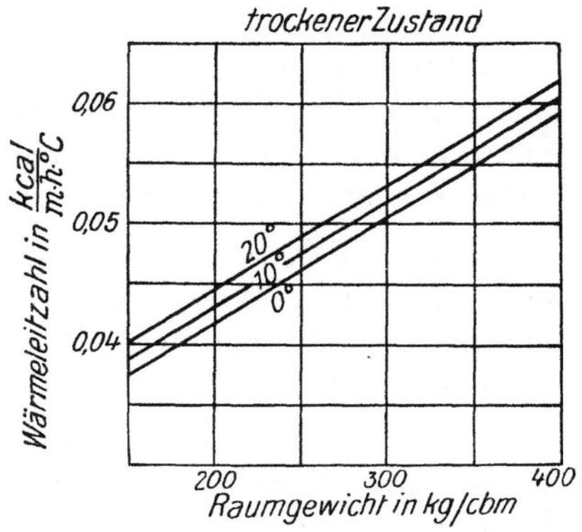

Reformkorksteine, mit Pech imprägniertes Material (Reform), werden für Räume verwendet, wo dauernd größere Feuchtigkeit vorhanden ist, sowie für Kühlanlagen und Dachschalungen von außen.

Verwendung: Dach und Deckenverkleidung, Trockenlegung feuchter Mauern; Ausbau von Dachwohnungen; freistehende, leichte Zwischenwände; schalldämpfende Baukonstruktionen; Wandverkleidungen; Kühlraum- und Eishausisolierungen; Reservoirisolierungen; Isolierung von Kalt- und Warmwasserleitungen; Dampf- und Kälteleitungen.

Kunstsand- und Kunstkalkstein, aus einem Gemenge von Portlandzement und gemahlenem Kalkstein, Marmorsand, Dolomitsand oder Quarzsand usw., erhält durch kleine Beimengung von Kupfer- oder Magnesiafluat eine große Festigkeit und wird zur Erzeugung von Bildhauerarbeiten, zu Ausbesserungen an verschiedenen Steinmetz- und Bildhauererzeugnissen und zur Herstellung von Kunststeinverputz verwendet.

Kunsttuffsteine für Isolierungen, bestehend aus Gips und Kieselgur, verdünnter Schwefelsäure und feingemahlenem Kalkstein. Für Isolierzwecke werden auch Isolierplatten und -steine aus Bimssand, Kies und Zement hergestellt.

Neusiedler Bauplatte, „Solomite" wird aus Schilfrohr unter hohem atmosphärischem Druck maschinell gepreßt und mittels eines Stahlgerippes gebunden. Abmessungen: 280 × 150 × 5 cm, wird über Wunsch länger oder kürzer erzeugt. Große Isolierfähigkeit, schalldicht, Gewicht 15 kg/m²; läßt sich nach allen Richtungen mit der Säge schneiden.

Verwendung: Isolierung gegen Kälte und Wärme, Schalldämpfung, Verkleidungen aller Art, Verputzträger, Zwischenwände.

Preis je m² *S 5,40.*

Schwemmsteine, aus Bimskies und gelöschtem Kalk hergestellt, werden, an der Luft getrocknet, sowohl im Mauerziegelformat als auch in größerem Format erzeugt. Vorzüge: Leichtigkeit und große Isolierfähigkeit.

Schlackenziegel (siehe ÖNORM B 3432), aus gelöschtem Weißkalk oder hydraulischem Kalk und granulierter Hochofenschlacke, werden wie Kalksandsteine erzeugt und ebenso zu allen Mauerungen verwendet. Besondere Vorzüge sind ihre Leichtigkeit und Isolierfähigkeit.

Schlackensteine (siehe ÖNORM B 3432), aus Portlandzement und Kohlenschlacke, werden sowohl im Mauerziegelformat als auch in den verschiedensten Typen der Hohlbausteine erzeugt (in Formen gepreßt).

Stahldrahtbewehrte Betonbretter (Patent Wettstein, Brüx) sind auf besonderem maschinellen Wege erzeugte Tafeln von $0{,}50 \times 2{,}00$ m und 10 bis 40 mm Dicke (andere Größen über Bestellung). Das ein- oder beiderseitige Netz dünner Stahldrähte (0,4 bis 0,8 mm) wird bis zur Erhärtung des aus hochwertigem Zement bestehenden Mischgutes in Vorspannung gehalten. Große Elastizität bei hoher Festigkeit (keine Risse und bleibende Formänderungen); leicht verlegbar wegen geringen Eigengewichtes. Anwendung: Dachdeckungen (direkte Verlegung auf Sparren ohne Lattung), Fußböden, Zwischendecken, Deckenuntersichten, Abteilungswände, Außenverkleidung von Fachwerksgebäuden, Einfriedungen usw.

Staußziegelgewebe. Drahtgewebe aus 1 mm Eisendraht und 2 cm Maschenweite mit aufgepreßten, hartgebrannten Kreuzchen aus Ziegelton; ist zugleich Putzträger und Schalung. Formbar, feuerfest, mörtelsparend. Wird fest gespannt und ein- oder beiderseitig auf normale Art mit Zement- oder Gipskalkmörtel verputzt.

Verwendung zu 4 bis 12 cm starken Wänden; Deckenuntersichten ohne Schalung, Vouten und Gesimsen, Betondecken ohne Schalung über Trämen, Eisen- oder Betonträgern; Ummantelung und Verkleidung von Holz und Eisen; Isolierungen und Umfriedungen. Feuerfeste Konstruktion. Lieferung in gerollten Matten von 1 m Breite und 5 m Länge. Gewicht 5 kg/m^2. Preis ab Werk St. Pölten *S 2,00* je 1 m^2.

Steinholz (Xylolith) besteht aus einem Gemenge von kaustisch gebranntem Magnesit, Sägespänen oder Holzmehl, Asbest, Talkum, Farben und Chlormagnesiumlösung. Es werden daraus fugenlose ein- und zweischichtige Fußböden in der Stärke von 15 bis 40 mm hergestellt, welche elastisch, schalldämpfend und fußwarm sind. Verwendung in Wohnräumen, Fabriksräumen, Eisenbahnwagen, Schiffen usw.; als Unterlagen für Linoleum, Parkett und Teppiche finden Steinholz-Estriche Anwendung. Ferner werden Hohlkehlen, Friese, Wand- und Treppenverkleidungen daraus hergestellt. Der Baustoff ist empfindlich gegen dauernde Nässeeinwirkung.

Bauplatten aus kaustisch gebranntem Magnesit, Sägespänen, Holzwolle, Schilf und dgl. mit Chlormagnesium- oder Magnesiumsulfatbindung sind leicht, isolierend und schalldämpfend. Sie finden für Zwischenwände, Verkleidungen, Kanalabdeckplatten und für Isolierzwecke Verwendung.

Terranova ist eine gebrauchsfertige trockene Kunststeinmischung, welche zur Verarbeitung nur noch einen Wasserzusatz erhält und vornehmlich zur Herstellung der oberen Putzschichte von Zementkunststein und Zementkunststeinfassaden dient.

Terrazzo wird auf 5 bis 10 cm starker Betonunterlage aufgebracht und als fugenloser Fußboden wie Zementmosaikplatten (siehe diese) hergestellt. Werden Friese und ornamentale Flächenmuster eingelegt, so bezeichnet man diese Ausführung als Mosaikterrazzo.

Torfoleumplatten bestehen aus wasserabweisend imprägniertem Torf. Vollkommen geruchlos. Spezifisches Gewicht 0,16, Wärmeleitzahl 0,0332. Dichtes, feinporiges Gefüge. Plattengröße: 50 × 100 cm, Stärke: 2 bis 20 cm.

Zeho-Platten, bestehend aus einer Zement-Holz-Mischung. Schalldämpfend, wärmehaltend, leicht bearbeitbar, geringes Gewicht.

Zellenbeton wird durch maschinelle Mischung eines Portlandzementmörtels mit einem besonderen Schaum hergestellt. Er besteht in seiner ganzen Masse aus einem Gefüge kleiner, separierter Luftzellen mit Zementwandungen und wird im spezifischen Gewicht von 250 bis 1200 kg je m^3, je nach Verwendungszweck, erzeugt. Abmessungen: 40 × 50 cm, 20 × 50 cm, 25 × 40 cm, 15 × 20 cm in jeder Stärke; Bausteine 12 ½ × 15 × 20 cm.

Verwendungszweck	Raumgewicht in kg/m^3	Wärmeleitungszahl Kcal	Würfelfestigkeit in kg/cm^2	Anmerkung
Isoliermaterial	250—350	0,05—0,07	3—5	Bei Stahlbewehrung entsprechend höhere Festigkeitszahlen
Zwischenwände	500—700	0,08—0,12	10	
Füllmauerwerk	800	0,14	25	
Tragendes Mauerwerk	900—1200	0,16—0,24	45	

Zellenbeton ist wetter- und frostbeständig, ferner wasserabweisend, feuerbeständig und schalldicht. Er läßt sich gut mit allen Zimmermannswerkzeugen bearbeiten.

Verwendung: Für leichte, schalldichte Zwischenwände, wärmedichtes Füllmauerwerk bei Außenwänden, schalldämpfende und wärmehaltende Zwischendecken (Patent Planisol), ferner für isolierende Wandverkleidung bei Kühl- und Trockenräumen, für Isolierung von Wärme- und Kälteleitungen, Reservoirs, Behältern und Heißluftkanälen.

Platten für Isolierzwecke je m^3 .... S 100,00 bis 130,00
„ „ Bauzwecke je m^3 .... „ 80,00 „ 90,00
Steine für Bauzwecke je m^3 .... „ 70,00 „ 80,00
Rohrschalen in diversen Dimensionen, je 1 cm Stärke und 1 m^2 Außenfläche S 1,80

Thermazell ist eine Fabriksmarke des Zellenbetons.

Zementdielen (Leichtbetonplatten) erhalten als Zuschlagstoffe zum Portlandzement Sand und Bimskies, Sägespäne oder Koks- und Schlackenasche. Das Gewicht wird durch Hohlräume vermindert. Sie erhalten zumeist noch eine Rohr- oder Drahtgeflechteinlage. Verschiedene Systeme sehen für stärkere Platten auf einer Seite eine Stahlbewehrung in Zementbeton, auf der anderen Seite Schlacken- oder Bimsbeton vor; auch werden Leichtbetonplatten in Verbindung mit Gipsschlackenplatten (Compoundsteine) erzeugt.

Zementkunststeine werden gegossen, gestampft oder maschinell gepreßt. Die Größe des Sandkornes ist je nach den Abmessungen der zu erzeugenden Ware verschieden. Bei Verwendung von Schottermaterial bezeichnet man das Erzeugnis als Betonkunststein. Die Oberfläche kann, wenn ein Guß in glatten Formen vorgenommen wurde, naturbelassen, gestockt, chariert, geschliffen oder poliert werden. Durch Zusatz von Erdfarben, besser jedoch durch gemahlenes, buntes Steinmehl, oder durch Beimengung von mehr oder weniger großen Körnern der Natursteine erhält der Kunststein das Aussehen eines Natursteines. Das Anwendungsgebiet ist nahezu unbegrenzt (Bildhauerarbeiten, Bausteine für Voll- und Hohlmauerwerk nach mannigfaltigen Systemen, Treppenstufen, Podestplatten, Bordsteine, Abdeckplatten, Dachziegel, Gesimsstücke, Pflastersteine, Platten und Fliesen, Stalleinrichtungen, Grabsteine, Kanalrohre usw.).

Zementkunststeinfassaden aus Portlandmörtel mit scharfkörnigem Quarz-, Granit- oder Dolomitsand, besser mit gemahlenem Kalkstein oder Marmorsand, dem etwas Magnesiafluat beigegeben werden kann, sind als starke Putzschicht, 4 bis 6 cm stark, wie gewöhnlicher Putz aufzutragen. Dem Mörtel der oberen Feinschicht kann eine Farbe nach Wahl beigemengt werden. Gesimse, Fenster- und Türumrahmungen usw. sind wie bei gewöhnlichem Putz zu ziehen. Vor der vollständigen Erhärtung kann die Fläche gestockt, chariert, eventuell Ornamente eingespitzt werden. Vielfach gelangen auch große, drahtarmierte Platten aus demselben Material zur Verwendung, die am Werkplatz erzeugt, in Zementmörtel an der Fassade versetzt und mit eisernen Pratzen im Mauerwerk befestigt werden. Die Herstellung und Anbringung der Gesimsteile geschieht in gleicher Weise wie das Versetzen der Platten.

Zementmosaikplatten. Kleine Steinchen aus verschiedenfarbigem Marmor, Perlmutter, Porphyr, Syenit oder anderen Natursteinen werden in einen Mörtel aus Portlandzement und Marmorsand gemischt und in Formen gepreßt, nach dem Erhärten mit Sandsteinen geschliffen, eventuell mit Leinöl getränkt und poliert. Durch Eindrücken von buntfarbigen Steinchen in die Mörtelmasse nach vorgezeichnetem Muster erhält man figural oder ornamental gemusterte Platten.

Versetzarbeiten

a) **für Scheidewände,** und zwar Aufstellen und beiderseits Verputzen. Das Ausmaß wird in der Regel mit 15 cm Hohlkehlen- oder Ichenzuschlag, ohne Abzug der Türöffnungen, ermittelt, jedoch wird für das Versetzen der Stöcke keine besondere Vergütung geleistet. Bei Öffnungen über 4 m² wird das Ausmaß über 4 m² in Abzug gebracht.

Staußziegelwände, feuerfest, rissefrei. Das Staußziegelgewebe wird an Konstruktionsteilen aus Holz, Stahl oder Beton vertikal frei gespannt und beiderseits in Gesamtstärken von 4 bis 12 cm mit Zement- oder Gipskalkmörtel verputzt.

Verwendung zu Zwischenwänden, Isolierwänden, Schuppen, Garagen usw. Zur Herstellung von Doppelwänden für Wohnbauten wird das tragende Gerippe beiderseitig mit dem Gewebe bespannt und verputzt. Bessere Isolierung durch Ausfüllen der entstehenden Hohlräume mit Torfmull, Schlacken u. dgl.

Bedarf je 1 m² Wand, 5 cm stark.

1,05 m² Staußziegelgewebe einschließlich Verschnitt.
Befestigungsmaterial hierzu (*S 0,50*),
0,050 m³ rescher Sand,
0,006 „ feiner Sand,

0,017 „ gelöschter Weißkalk 10 kg Gips 1,20 Maurerstunden 0,60 Helferstunden	oder	12 kg Portlandzement, 0,005 m³ gelöschter Weißkalk, 1,60 Maurerstunden, 0,80 Helferstunden.

Lohn zu Material = 45 : 55.

Bedarf je m²	Benennung der Platten	Rohrdielen und Gipsschlackenplatten			A.-T.-Platten			Emulgit-Korksteinplatten	Kabe-Platten	Kabe-Doppelwand	Kabelitplatten	Heraklithplatten[1]			Leichtbetonplatten			Einbruchsichere, bewehrte Betonplatten		Zellenbetonplatten		
	Verputzart	Gipsmörtelverputz													Zement- oder Gipsmörtelverputz[2]							
	Stärke der Platten in cm	5	7	10	5	7	10	4, 5, 6, 8 und 10	4, 5, 6	2½, 3	6, 7	5[3]	7	10	5	7	10	7	10	5	7	10
	Maßgattung																					
Platten	m²	1,05			1,00			1,00	1,00	2,1	1,00	1,07			1,00			1,00		1,05		
Gips	kg	10	11	12	10	11	12	20	15	16	15	12	13	14	7			7		9	10	11
Leim	kg	0,03	0,03	0,04	0,03	0,03	0,04	0,05	0,04	0,06	0,05	0,04	0,04	0,05	0,03			0,03		0,04		
Zement	kg	—			—			—	—	—	—	—			2,5	3	4	3	4	2,0	2,5	3,0
Gelöschter Weißkalk	l	5	5,5	6	5	5,5	6	5	5	6	5	6,5	7,0	7,5	7			7		5,0	5,5	6,0
Sand	l	15	16	18	15	16	18	20	15	20	15	20	20	21	15	16	18	16	18	15	17	19
Nägel	kg	0,01			0,01			0,01	0,01	0,02	0,01	0,01			0,01			0,01		—		
Ausgeglühter 2½-mm-Eisendraht und -Klammern	kg[1]	—			—			—	—	—	—	0,10			—			—		—		
Rundeisen, Durchmesser 5 mm, in den Lagerfugen	kg	—			—			—	—	—	—	—			—			0,65		—		
Mauerhaken	Stück	—			—			—	—	—	—	—			—			1—2		—		
Gipsmaurer	Stunden	1,30	1,35	1,50	1,30	1,35	1,50	1,50	1,50	1,70	1,50	1,45	1,50	1,60	1,50	1,55	1,80	1,65	2,00	1,30	1,35	1,40
Gipshandlanger	Stund.[4]	0,70	0,75	0,90	0,70	0,75	0,90	0,75	0,75	0,85	0,75	0,85	0,90	1,00	0,75	0,80	0,90	0,95	1,20	0,70	0,75	0,85

[1]) Wände unter 2 m Länge können ohne Drahtspannung ausgeführt werden.
[2]) Wenn mit verlängertem Zementmörtel verputzt wird, entfällt der Bedarf an Gips und ist hierfür ein Zementverbrauch von 3 kg/m² zu den Tabellenwerten hinzuzurechnen.
[3]) Um Risse und Sprünge zu vermeiden, die Fugen mit Jute- oder Nesselstreifen bandagieren. Preise siehe: Stukkaturarbeiten, S. 208.
[4]) Stockwerkszuschlag 10%.

b) **Stiegenstufen und Quader** (gemessen wird das tatsächliche Ausmaß).

	Stiegenstufen je Lfm		Stiegenpodeste je m²	Quader und sonstige Werkstücke je m³
	freitragend	beiderseits aufliegend		
Steinmetzstunden	—	—	—	2
Maurerstunden	2,5	1,5	9	15—20
Handlangerstunden	2,5	1,5	9	20
Frauenstunden	0,15	0,20	0,40	2
Zement kg	2[1])	3[1])	8[1])	35
Sand l	5[1])	6[1])	15[1])	100
Ziegel St.	4[1])	3[1])	10[1])	—
Stockwerkszuschlag zu den Löhnen	10%	10%	20%	20%

[1]) Nur bei Versetzarbeiten im alten Mauerwerk zu rechnen, da bei neuem Mauerwerk das Stufenauflager nicht in Abzug gebracht wird.

c) **Steinholzfußböden** (Xylolith) auf Betonunterlage.

	Doppelbelag 20 mm, 12 mm Unter-, 8 mm Oberschichte	Stampfbelag 20 mm, einschichtig hergestellt (Fabrikboden)	Estrich 15 mm als Unterlage für Linoleum
Magnesit kg	6	7	3
Chlormagnesium „	6	7	3
Unterschichtmasse, weiche Sägespäne und Talkum kg	3,50	6	4
Oberschichtmasse, harte Sägespäne und Talkum „	2,50	—	—
Oxydfarbe „	0,60	—	—
Legerstunden	0,75—1,00	0,60—0,80	0,50—0,70
Handlangerstunden	0,75—1,00	0,60—0,80	0,50—0,70

Tabelle für Korkstein- und Kabe-Erzeugnisse

Konstruktion	Stärken in cm	Preis je m² in Schilling für		
		Korkstein		Kabe (KB)
		Emulgit	Reform	
Platten allein, ab Fabrik	2	4,00	—	2,40
Lochplatten	2½	5,00	—	2,90
6 cm stärke je m² S 5,80	3	6,00	6,00	3,30
8 „ „ „ „ „ 7,20	4	8,00	8,00	4,10
10 „ „ „ „ „ 8,80	5	10,00	10,00	4,80
12 „ „ „ „ „ 10,40	6	12,00	12,00	5,80
14 „ „ „ „ „ 12,00	8	16,00	16,00	7,20
16 „ „ „ „ „ 13,60	10	20,00	20,00	—
	12	—	24,00	—
Verkleidungen (Emulgit) samt einseitigem Verputz	2	9,20	—	8,00
	2½	10,25	—	8,50
	3	11,15	—	8,90
	4	13,00	—	9,70
Freistehende Wände (Emulgit) samt beiderseitigem Verputz	4	15,10	—	11,30
	5	17,10	—	12,00
	6	19,00	—	13,00
	8	23,00	—	—
Doppelwände, schalldämpfend	2×2	—	—	14,00
	2×2½	19,50	—	15,30
	2×3	21,80	—	16,60
	5 cm KB + 5 cm Kork	26,50	—	—

Konstruktion	Stärken in cm	Preis je m² in Schilling für: Korkstein, Emulgit	Korkstein, Reform	Kabe (KB)
Dachisolierung von oben (Reform), trocken verlegt:				
a) Zementmörtel, verspachtelt	3	—	7,50	—
	4	—	9,50	—
b) Asphaltverguß	3	—	9,00	—
	4	—	11,00	—
Trockenlegung	mit 2 cm Reformstegen und 2 cm KB	—	—	12,50
	„ 3 „ KB	—	—	13,40
	„ 3 „ Emulgit	15,10	—	—
Kühlraumisolierung (Reform), mit Kitt montiert	6	—	18,00	—
	8	—	22,00	—
	10	—	26,00	—
	12	—	30,00	—
Kabelitplatten	7	—	—	6,50
	8	—	—	6,70
	10	—	—	8,50
	11	—	—	9,10
	13	—	—	9,40

Isostone-Baustein	Ganzer-	Halber-	Eck-	Fenster-	Halbfenster-
	Stein-				
Preis je Stück in S	1,35	0,70	1,40	1,35	0,70

Preise der Platten für Scheidewände je m² (ab Lager Wien)[1])

Stärke in cm	Zementschlackenplatten (Leichtbeton) Gewicht kg	S	Gipsschlackenplatten Gewicht kg	S	Rohrdielen (Gipsdielen) Gewicht kg	S	Zehoplatten (Zementholz) Gewicht kg	S	A.-T.-Platten (Gips- und Sägespäne) Gewicht kg	S	Heraklithplatten Gewicht kg	S	Bewehrte Betonplatten Gewicht kg	S	Torfoleumplatten[2]) Gewicht kg	S
5	60	3,70	50	3,00	36	4,30	40	4,10	30	3,70	20	4,40	—	—	Spezifisches Gewicht 0,16, Stärke 2 bis 20 cm	Je m² und 1 cm Plattenstärke S 1,57
6	—	—	—	—	—	—	48	4,60	—	—	—	—	—	—		
7	72	3,90	65	3,20	46	4,50	—	—	36	3,90	30	6,60	150	6,50		
8	—	—	—	—	—	—	64	6,20	—	—	—	—	—	—		
10	110	5,20	90	4,70	70	5,20	—	—	48	5,30	40	8,80	220	7,80		
12	—	—	—	—	—	—	—	—	—	—	48	11,00	—	—		
15	—	—	—	—	—	—	—	—	—	—	60	13,20	—	—		

[1]) Über Arbeitslöhne siehe Stukkaturerarbeiten.
[2]) Ein Arbeiter verlegt je Schicht 30 m²; Pechverbrauch je m² rund 4 kg.

Terrazzo, 15 mm stark, auf vorhandener Betonunterlage, abgewickelt gemessen:

Dolomit- und Marmorsand	Portlandzement	Legerstunden	Hilfsarbeiter-(Schleifer-) Stunden
0,02 m³	12 kg	2,4	2,4
Sockel-Hohlkehlenzuschlag für Mehrarbeit	—	0,8	0,8
Bordürenzuschlag für Mehrarbeit	—	0,6	0,6

Verschiedene Kunststeinerzeugnisse[1])

Stiegenstufen bis zu 2,0 m Länge aus Portlandzementbeton mit Stahleinlagen, keilförmig mit Rundstab- oder Plattenprofil, die Untersichten rauh; gemessen wird die tatsächliche Länge der Stufen.

Preise je Lfm in Schilling

Beiderseits aufliegend	Glatte Stufen	Gestockte Stufen, Auflage aus Dolomit- oder Granitosand		
		abgerieben und gestockt	geschliffen und gestockt	poliert und gestockt
Gerade Stufen	9,5	10,5	13,5	16,0
Spitzstufen	10,0	11,0	14,0	16,5
Freitragende Stufen				
Gerade Stufen	10,5	12,0	15,0	15,5
Spitzstufen	11,0	12,5	15,5	17,0
Zuschlag für Stufenköpfe mit wiederkehrendem Profil	1,5	2,5	3,5	5,0

[1]) Einzelne Angaben wurden der Preisliste von J. u. C. Schömer entnommen.

Zementrohre. Die Verrechnung erfolgt nach der Baulänge.

Muffenrohre	Lichter Durchmesser mm	75[1])	100	125	150	200	250	300	400	500	1000
Gerade Rohre, Baulänge 1,00 m	Wandstärke. mm	20	20	22	23	27	30	30	35	40	90
	Durchflußprofil .... m²	0,0044	0,0079	0,0123	0,0177	0,0314	0,049	0,0707	0,1256	0,1963	0,785
	Gewicht je m kg	16	20	28	33	52	72	83	112	168	830
	Preis je m ... S	2,20	2,60	3,00	3,10	3,90	5,00	6,30	10,50	16,50	—
Einfache Zweigrohre	Preis je m ... S	4,80	5,30	5,80	6,20	8,00	9,40	12,20	—	—	—
Bogenstücke ¼-Kreis	„ „ „ ... „	2,20	2,60	2,90	3,30	3,90	5,20	6,50	—	—	—
„ ⅛- „	„ „ „ ... „	2,00	2,40	2,60	2,90	3,50	5,00	6,20	—	—	—
Rohre mit Putzloch und Deckel	„ „ „ ... „	2,60	3,00	3,30	3,80	4,40	4,90	6,50	10,80	17,40	—
Verjüngungsstücke	„ „ „ ... „	—	2,40	2,80	3,10	3,90	4,60	6,30	—	—	—
Gerade Rohre mit Falz und Fußsohle	Preis je m ... S	2,00	2,20	2,60	2,90	3,90	4,90	6,00	8,50	12,00	34,00

	Lichter Durchmesser mm	400/600	500/750	600/900	700/1050	800/1200
Eiförmige Rohre (siehe Abb. 1—5)	Wandstärke...... mm	50	75	95	105	120
	Durchflußprofil .. m²	0,1838	0,2872	0,4135	0,5628	0,7351
	Gewicht je m .. kg	245	420	690	800	1200
	Sohlenbreite ..... mm	300	360	430	470	540
	Preis je m ...... S	16,80	22,50	33,00	45,00	63,00

[1]) Baulänge 0,75 m.

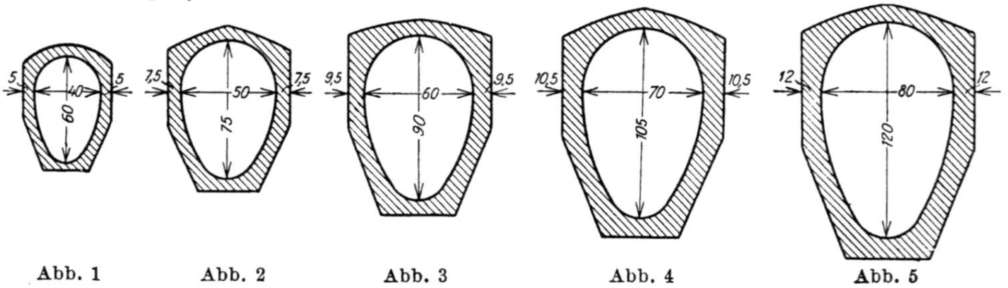

Abb. 1 Abb. 2 Abb. 3 Abb. 4 Abb. 5

Eiförmige Rohre

Rohre aus Asbestzementschiefer[1]**.** Diese Rohre zeichnen sich durch geringes Gewicht und leichte Verlegbarkeit aus, haben hohe Festigkeit gegen Außen- und Innendruck sowie hohe Widerstandsfähigkeit gegen atmosphärische Einflüsse.

Erzeugt werden a) Rohre mit Muffen für drucklose Leitungen für folgende Verwendungsmöglichkeiten: Dachableitungen, Kanalisation, Rauch- und Dunstabzüge, Kaminaufsätze und Ventilationen, Heißluftheizungen und als Schutzrohre für Kabelleitungen,

b) Rohre, welche mittels spezieller Kupplungen verbunden werden, für Innendrücke bis zu 10 Atmosphären geeignet sind und vornehmlich für Wasser-, Gülle- (Jauche-), Turbinenleitungen usw. verwendet werden.

Bei Verwendung als Abortabfallrohre, Abführung nicht neutraler Flüssigkeiten oder bei Verlegung in saurem Grund sind die Rohre innen bzw. außen zu imprägnieren.

a) Gerade Muffenrohre

Innendurchmesser in mm	50	60	80	100	125	150	175	200	250	300
Wandstärke in mm	8	8	8	8	8	9	9	10	10	11
Gewicht je m rund kg	2,82	3,82	5,54	6,94	8,38	11,20	13,28	16,32	20,42	27,42
Preis je m in S	2,30	2,60	3,00	3,50	4,50	6,00	7,50	8,50	12,00	18,00

Diese Rohre werden normal in Nutzlängen zu 1,2 und 3 m, eventuell 4 m lang geliefert. Für Innenanstrich werden 10%, für beiderseitigen Anstrich 20% Aufschlag auf obige Preise, welche sich ab Fabrik verstehen, berechnet.

Formstücke für Muffenrohre (Wandstärken wie bei den Rohren)

		Innendurchmesser in mm									
		50	60	80	100	125	150	175	200	250	300
Bogen 90°	Gewicht kg	1,26	2,12	3,04	4,75	6,68	8,46	12,81	15,74	26,07	39,66
	Preis S	1,50	1,70	2,30	3,00	4,00	5,20	7,00	9,00	15,00	23,00
Bogen 45°	Gewicht kg	1,26	1,69	2,43	3,78	5,34	6,68	10,07	12,35	20,32	30,68
	Preis S	1,30	1,50	2,00	2,50	3,50	4,50	6,00	8,00	13,00	20,00
T-Stück-Abzweiger	Gewicht kg	2,52	3,24	4,68	7,11	9,97	12,47	18,85	23,02	37,87	57,21
	Preis S	2,00	2,50	3,50	4,50	6,00	8,00	11,00	14,00	21,00	33,00
Doppel- und Eckabzweigung	Gewicht kg	1,60	4,50	6,41	9,84	13,73	17,00	25,58	31,11	50,74	76,06
	Preis S	2,50	3,00	4,00	6,50	10,00	13,00	16,00	20,00	32,00	45,00
Putzstücke	Preis S	—	—	—	6,00	7,50	9,50	12,00	14,00	20,00	—
Doppelmuffen	Gewicht kg	1,26	1,62	2,34	3,30	4,62	5,33	7,73	9,15	14,03	19,57
	Preis S	0,90	1,00	1,20	1,80	2,20	3,00	4,20	5,00	9,00	13,00

[1]) Eternitwerke L. Hatschek, Wien und Wietersdorfer Zement- und Duritwerke Phil. Knoch & Co. Klagenfurt.

Kamin- (Dunst-) Aufsätze

Innendurchmesser in mm	100	125	150	175	200	250	300
Länge rund mm	1200	1250	1300	1400	1460	1700	1950
Wandstärke in mm	8	8	8	10	10	12	12
Gewicht in kg	4,57	8,41	11,25	17,57	20,97	33,35	51,14
Preis in S	8,00	11,00	15,00	18,50	25,00	40,00	60,00

b) Druckrohre samt Gibault-Kupplung je Lfm (normale Länge 4,0 m)

	Innendurchmesser in mm										Betriebs-	Probe-
	50	60	80	100	125	150	175	200	250	300	Druck in at	
Wandstärke in mm	8	8	8	9	10	10	10	10	10	12		
Gewicht in kg	3,20	3,70	4,80	6,50	8,90	10,50	12,50	13,70	17,50	25,00	2,5	5,0
Preis in S	5,00	6,00	7,80	9,90	12,80	15,00	18,00	21,00	29,00	37,50		
Wandstärke in mm	9	9	9	10	12	14	15	16	18	20		
Gewicht in kg	3,60	4,20	5,50	7,50	11,00	15,50	19,00	23,00	32,00	42,50	5,0	10,0
Preis in S	5,20	6,30	8,10	10,20	13,30	16,40	19,80	23,70	33,00	43,00		
Wandstärke in mm	10	10	10	12	14	16	18	20	25	30		
Gewicht in kg	4,00	4,70	6,50	9,00	13,00	18,00	23,00	29,00	46,00	66,00	10,0	20,0
Preis in S	5,60	6,70	8,60	10,50	13,80	17,00	21,00	25,50	37,00	49,00		

Anmerkung: Die Preise verstehen sich frachtfrei österreichische Empfangstation, einschließlich Wust.

Zementdachfalzziegel.

Doppelfalzziegel „Lissa“, 15 Stück je m², 1000 Stück .... S 105,00
Firstziegel „Sachsen“, 43 cm lang, 1000 Stück .... „ 450,00
„Kronendach“, 25 Stück je m², 1000 Stück .... „ 100,00

Bausteine aus Stampfbeton.

Hohlsteine, 60/30/23 cm = 12 Ziegel österr. Format, 100 Stück....... S 140,00
„ G. 45/30/15 „ = 6 „ „ „ 100 „ .... „ 54,00
„ A.Z. 30/15/15 „ = 2 „ „ „ 100 „ .... „ 20,00
Paxhohlsteine, 25/25/15 „ = 4 „ deutsch. „ 100 „ .... „ 32,00

Kaminsteine, 1 Loch, 30/30/15 cm, 100 Stück.................. S 69,00

Kaminabdeckplatten.

Anzahl der Löcher	1	2	3
Preis je Stück S	3,00	4,50	6,00

Sockelsteine

a) in Quaderform, die Ränder in Schlag ausgeführt, Größe 60/25/30 cm, je 10 Stück .... S 22,00

b) wie vor, jedoch aus Schlackenbeton, die Sichtflächen in Quarzbeton ausgeführt, je 10 Stück .... „ 20,50

c) wie vor, Größe 60/30/5 cm, je 10 Stück .... „ 8,50

Betonbottich, rund, 1000 l Inhalt, je Stück .... S 105,00

Brunnengrand, 70/70/80 cm, je Stück .... „ 60,00

Brunnendeckel, 10 cm stark, mit Stahleinlagen.

150 cm Durchmesser,	a) glatt verrieben, je Stück	S	28,00
	b) gestockt, „ „	„	40,00
175 „ „	a) glatt verrieben, „ „	„	34,00
	b) gestockt, „ „	„	50,00

Zaunsäulen (Packstall), armiert und schalrein, gerade.

Stärke in cm	10/10	12/12	14/14	16/16
Preis je 1 m in S	2,60	3,20	4,50	5,40

Für gebogene Säulen 10% Aufschlag.

Mauerabdeckplatten mit zweiseitiger Resche, in einfacher Ausführung, 10 cm stark,

	glatt verputzt:			geschliffen und gestockt mit Dolomitsandauflage:		
Breite in cm............	30	45	60	30	45	60
Preis je m in S	7,50	10,00	12,50	14,00	20,00	25,00

Randsteine.

a) mit Stahleinlagen, abgefast und gestockt, aus Kunststeingranit, je m² .... S 7,60

b) wie vor, jedoch abgerieben, aber ohne Stahleinlagen, je m² .... „ 7,70

Armierte Tragplatten

a) für Fenster- und Türüberlagen mit einer zulässigen Nutzlast von 5000 kg/m², 100 bis 150 cm lang, hergestellt in Breiten von 15, 25 und 30 cm, je m² .... „ 11,00

b) für Deckenkonstruktionen (zwischen I-Trägern) mit einer Nutzlast von 250 kg/m² und einer Auflast von 150 kg/m², in Längen von 1,50 m, je m² .... „ 8,80

Brunnenringe

50 cm Bauhöhe, lichter Durchmesser 100 cm, je Stück .... S 17,00

Pflasterplatten

a) Zementplatten, 20/20 cm, 2,5 cm stark, naturfarbig, je m² ..... S 6,00

„ 20/20 „ 2,5 „ „ rot oder schwarz, je m² .. „ 8,50

Trottoirplatten, gerippt, 5 cm stark, je m², 50/50 cm .... „ 5,90

b) Terrazzoplatten, 20/20 cm, 2,5 cm stark, grau, geschliffen, je m² . „ 14,00

Futtertröge

a) für Rinder, 1,20 m lang, im Lichten 40 cm weit und 25 cm tief, je Stück .... S 19,50

b) für Schweine, 0,90 m lang, im Lichten 35 cm weit und 20 cm tief, je Stück .... „ 14,00

c) für Pferde, 1,45 m lang, im Lichten 35 cm weit und 25 cm tief, je Stück .... „ 23,50

d) Pferdemuscheln, Rechteckform, 0,75 m lang, im Lichten 35 cm weit und 25 cm tief, je Stück .... „ 13,20

Steinzeug- und Tonwaren

Laut Mitteilung der Tonwarenabteilung der Niederösterr. Escompte-Gesellschaft, Wien

1. Glasierte Steinzeugröhren für Abort-, Kanal- und Wasserleitungen

Lichter Durchmesser in mm	Gerade Rohre mit festen Muffen vollwandig: Gewicht in kg	Gerade Rohre mit festen Muffen vollwandig: Preis in S	Bogen und Knie bis 90°, Abb. 1 u. 2	Doppelbogen, Abb. 3	Einf. Abzweiger und **T**-Stücke, Abb. 4 und 5	Dopp. Abzweiger und Doppel-**T**, Abb. 6, 7, 8	Übergangsrohre für die größeren Durchmesser, 0,6 m lang, Abb. 9	Siphons mit Steinzeugdeckel, Abb. 10	Syphons Abb. 11 u. 12	Putzlochrohre mit Steinzeugdeckel	Patentputzrohre mit Eisendeckel[1])
	je 1 m Baulänge		Preis je Stück, rund 0,5 m lang, in Schilling								
50	9	3,30	3,30	4,40	4,40	6,60	4,40	6,60	9,90	4,40	—
75	12	4,20	4,20	5,60	5,60	8,40	5,60	8,40	12,60	5,60	—
100	14	5,40	5,40	7,20	7,20	10,80	7,20	10,80	16,20	7,20	19,40
125	18	6,90	6,90	9,20	9,20	13,80	9,20	13,80	20,70	9,20	22,00
150	24	8,10	8,10	10,80	10,80	16,20	10,80	15,20	24,30	10,80	24,00
175	30	9,60	9,60	12,80	12,80	19,20	12,80	19,20	28,80	12,80	26,60
200	35	11,40	11,40	15,20	15,20	22,80	15,20	22,80	34,20	15,20	29,80
225	43	13,20	13,20	17,60	17,60	26,40	17,60	26,40	39,60	17,60	32,90
250	53	16,20	16,20	21,60	21,60	32,40	21,60	32,40	48,60	21,60	38,10
300	66	20,40	27,20	—	27,20	40,80	27,20	40,80	61,20	27,20	53,60
350	85	26,40	35,20	—	35,20	52,80	35,20	—	—	35,20	66,40
400	108	33,00	44,00	—	44,00	66,00	44,00	—	—	44,00	80,40
450	125	43,20	64,80	—	57,60	86,40	57,60	—	—	57,60	125,20
500	150	51,60	103,20	—	68,80	103,20	68,80	—	—	68,80	147,60
600	190	75,00	150,00	—	100,00	150,00	100,00	—	—	100,00	210,00

[1]) Für Patentputzrohre nach ÖNORM ein 15%iger Aufschlag.

Bei Bögen sowie Abzweigern mit Putzloch und Steinzeugdeckel ist der Preis mit dem $1^1/_3$fachen des betreffenden Formstückes zu berechnen.

Bei einfachen und doppelten Abzweigern von 300 mm aufwärts, mit Ansätzen von 300 bis 600 mm, berechnet sich der Preis mit dem 2- bis $5\frac{1}{2}$fachen des Preises des geraden Hauptrohres.

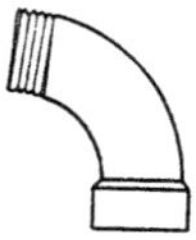
1
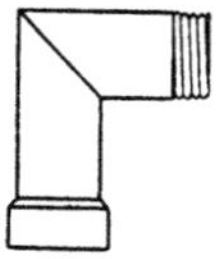
2

3
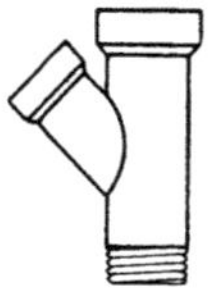
4
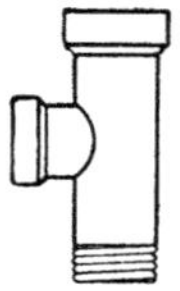
5
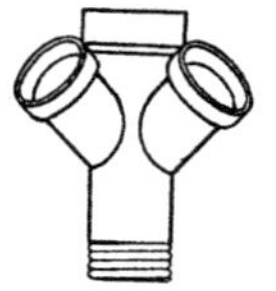
6
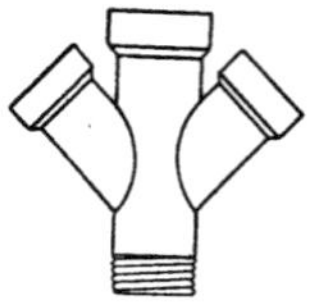
7
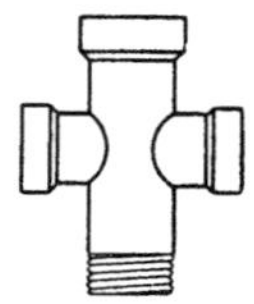
8

9
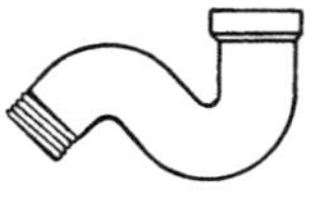
10
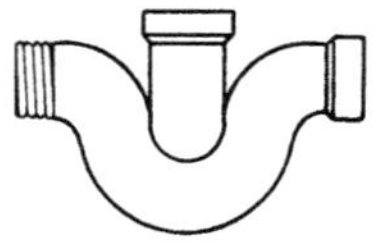
11
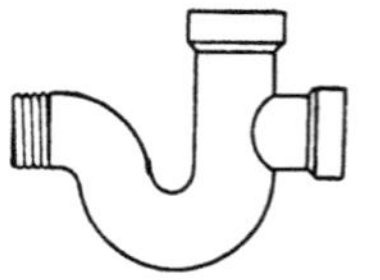
12

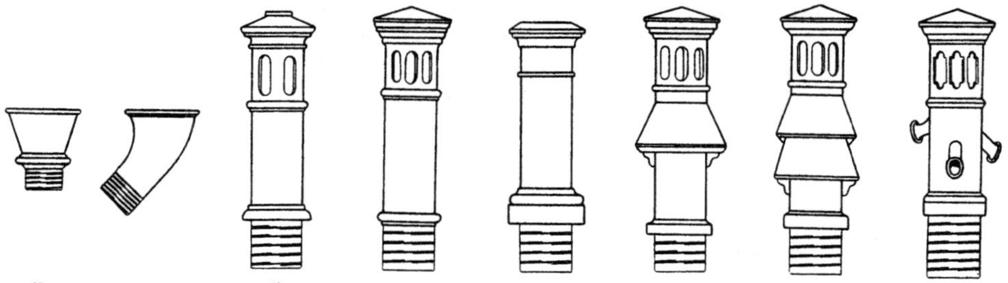

13 14 15 16 17 18 19 20

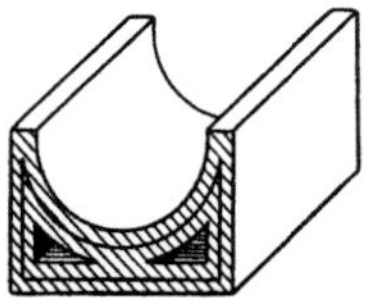

22

2. Aborttrichter

Gegenstand	hoch cm	Obere lichte Weite in cm	Untere lichte Weite in mm / Gewicht in kg			Preis je Stück in S
Gerade, Abb. 13	30	30	150 / 14	175 / 15	200 / 16	9,00
Schräg, Abb. 14	45	30	150 / 18	175 / 19	200 / 20	12,00

3. Kamin- und Dunstaufsätze

Lichter Rohrdurchmesser	Gewöhnliche Form: Abb. 15 = ohne Deckel, Abb. 16 = mit festem oder abnehmbarem Deckel		Abb. 17	Abb. 18 Windhaubenaufsatz	Abb. 19 Doppelmantel Abb. 20 Holländer
	Höhe bis rund Laufendmeter				
	0,80	1	1	1	1
	Gewicht wie rund 1 m eines geraden Rohres				
	0,80	1	1½	1½	1½
rund mm	Preis für 1 Stück in Schilling				
100	14,90	16,00	—	—	—
125	16,60	18,00	—	—	—
150	18,30	20,00	20,00	24,30	28,50
175	22,00	24,00	24,30	28,50	33,00
200	26,20	28,50	28,50	33,00	37,00
225	30,30	33,00	—	—	—
250	36,70	40,00	—	—	—
300	45,20	50,00	—	—	—

4. Sohlschalen aus Steinzeug für Betonkanäle[1]) (Abb. 21)

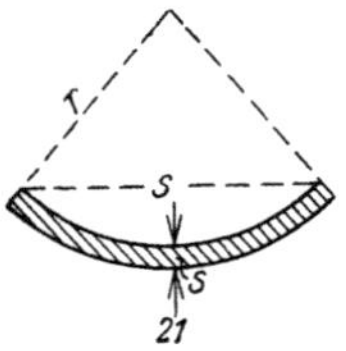
21

Radius r rund mm	Kanal-profil rund cm	Wand-stärke δ rund mm	Rohrteil von Lichtweite resp. Sehnenlänge s rund mm	Gew. 1 Lfm rund kg	Preis für 1 Lfm S
75	30/45	20	1/3 von 150 130	8	4,06
100	40/60	20	1/3 von 200 175	12	5,70
125	50/75	25	1/3 von 250 216,5	17	8,10
150	60/90	25	1/3 von 300 259,8	22	10,20
175	70/105	30	1/3 von 350 303	24	13,20
200	80/120	30	1/3 von 400 346	28	16,50
225	90/135	35	1/3 von 450 390	31	21,60
250	100/150	35	1/4 von 500 354	25	19,36
275	110/165	35	1/4 von 550 388	31	24,08
300	120/180	35	1/5 von 600 353	38	28,12

Steinzeugplatten zu 4
zur Verkleidung der Kanalwände, 25 mm stark, 200 mm breit, 500 bis 700 mm lang, Gewicht 11 kg per m, Preis per m *S 5,60.*

5. Rinderbarren aus Steinzeug

Massiv, zum Ansetzen auf Untermauerungen, 75 cm lang

Fig.	Innen rund mm		Außen rund mm		Gewicht f. 1 Lfm rund kg	Preis für 1 m S	Endstück Preis je Stück S
	breit	tief	breit	hoch			
22	360	260	500	360	135	41,80	39,00

Preise ab Fabrik

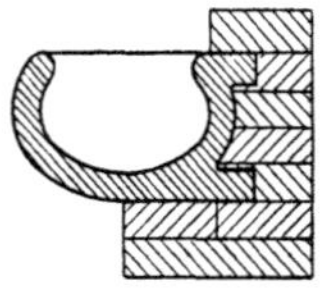

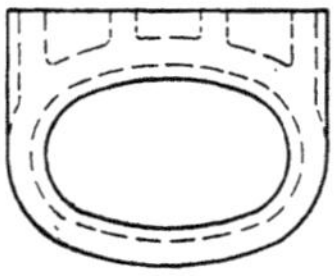
23

6. Pferdemuscheln aus Steinzeug Abb. 23 (normale Type)

Innen rund cm			Gewicht rund kg	Preis für 1 Stück S
lang	breit	tief		
48	36	22	70	38,00

Preise ab Fabrik

[1]) Steinzeugsohlschalen und Wandplatten für Verkleidung von schliefbaren Betonkanälen müssen an der Innenseite glasiert und an der Außenseite sowie an den Stoßfugen möglichst rauh (gerillt) sein. ÖNORM B 8065 vom 1. Juli 1929.

7. **Steinzeug-Futtertröge für Schweine und Schafe** (Abb. 24)

Einzeltrog

Länge rund cm	50	60	65	70	80	90	100	110	120
Gewicht rund cm	30	35	38	40	45	50	55	60	65
Preis für 1 Stück S	19,00	21,30	22,40	23,60	25,80	28,10	30,40	34,20	38,00

Preise ab Fabrik

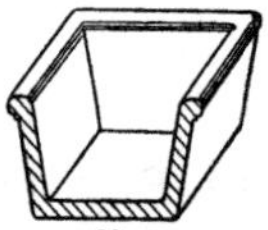

24

8. **Fliesen** (Wandplatten aus Ton, glasiert):

a) mit weißer Emailglasur:

150/150 mm, scharfkantig, je Stück .... S 0,50
150/75 ,, ,, ,, ,, ... ,, 0,25
150/150 ,, mit 1 Rundkante, ,, ,, ... ,, 0,60
150/150 ,, ,, 2 Rundkanten, ,, ,, ... ,, 0,65
Gesimse, weiß, 150 mm lang, ,, ,, ... ,, 0,52
Hohlkehlen, weiß, 150 mm lang, mit 5 cm Radius, je Stück .... ,, 0,78
,, lchen und Eckstücke, je Stück .... ,, 0,81

b) mit einfarbiger Majolikaglasur, außer rot, schwarz und kobaltblau:

150/150 mm, scharfkantig, je Stück .... S 0,65
150/75 ,, ,, ,, ,, ... ,, 0,35
150/150 ,, mit 1 Rundkante, ,, ,, ... ,, 0,75
150/150 ,, ,, 2 Rundkanten, ,, ,, ... ,, 0,85

c) mit einfarbiger Majolikaglasur in den Farben rot, schwarz und kobaltblau:

150/150 mm, scharfkantig, je Stück .... S 0,70
150/75 ,, ,, ,, ,, ... ,, 0,35
150/150 ,, mit 1 Rundkante, ,, ,, ... ,, 0,80
150/150 ,, ,, 2 Rundkanten, ,, ,, ... ,, 0,90

9. **Fußbodenplatten** aus Ton, unglasiert, einfarbig:

a) 150/150 mm, gelb, je Stück .... S 0,38
150/150 ,, rot, ,, ,, ... ,, 0,40
150/150 ,, weiß, ,, ,, ... ,, 0,46

b) Mosaikfondplatten:

170/170 mm je 1,0 m², je nach Dessin .... von S 22,60 bis 34,30

c) Mosaikfriesplatten, ebenso .... ,, ,, 22,60 ,, 34,30

	lang mm	breit mm	stark mm	Preis je m²
d) Klinkerplatten u. Stöckel für Pflasterungen von Trottoirs, Schlachthäusern, Perrons, Rampen, Fabriksräumen, Stallungen, Waschräumen usw., Spezialklinkerplatten, 4kuppig oder glatt, gelb oder braun	150	150	40	S 23,00
e) Feinklinker, 4-, 8- oder 9kuppig, gelb ...	170	170	25	,, 19,40
,, rot ...	170	170	25	,, 19,40
,, gelb ...	170	170	30	,, 22,80
,, rot ...	170	170	30	,, 22,80

	lang mm	breit mm	stark mm	Preis je m²
f) Stallstöckel, 1-, 2- oder 3teilig, gelb	170	60	50	S 32,00
„ 1-, 2- „ 3 „ rot	170	60	50	„ 32,00
„ 1-, 2- „ 3 „ weiß	170	60	50	„ 40,00
g) Gerippte Platten, gelb	170	170	25	„ 19,40
„ „ rot	170	170	25	„ 19,40
„ „ gelb	170	170	30	„ 22,80
„ „ rot	170	170	30	„ 22,80

10. Fassadeplatten zur Verkleidung von Hausfassaden mit wetterfesten, glasierten oder unglasierten Tonplatten, scharfkantig oder abgefast:

	glasiert	unglasiert
	je 100 Stück	
142/67 mm, naturgelb oder rot	S 36,60	18,30
142/67 „ weiß oder schwarz	„ 43,40	21,70
67/67 „ naturgelb oder rot	„ 22,80	11,40
67/67 „ weiß oder schwarz	„ 27,40	13,70
142/67 „ naturgelb oder rot, mit einer Rundung	„ 45,80	22,90
142/67 „ weiß, schwarz, mit einer Rundung	„ 52,60	26,30

11. Gewichte

der weißen oder majolikaglasierten Fliesen		15 kg,	je m² =	44 Stück
„ Fußbodenplatten,	150/150 mm	38 „	„ „ =	44 „
„ Fassadeplatten,	142/67 „	40 „	100 Stück	
„ Mosaikplatten,	170/170 „	45 „	je m² =	35 „
„ Klinkerplatten,	150/150/40 „	88,2 „	„ „ =	42 „
„ Feinklinker,	170/170/25 „	58 „	„ „ =	35 „
„ „	170/170/30 „	68 „	„ „ =	35 „
„ Stallstöckel,	170/60/50 „	110 „	„ =	100 „
„ gerippten Platten,	170/170/25 „	58 „	„ „ =	35 „
„ „ „	170/170/30 „	68 „	„ „ =	35 „

Beim Versetzen der Fliesen ist zu beachten:

Vor dem Versetzen der Fliesen sind die Wände vom alten Mörtel zu reinigen und mit Spritzanwurf aus Zementmörtel zu versehen. Die Fliesen sind vor dem Versetzen mindestens eine Stunde in reines Wasser zu tauchen. Das Bindematerial besteht aus gelöschtem Kalk, feinem Flußsand und Portlandzement.

Keramische Ausstattung

Nach Mitteilung der Wienerberger Ziegelfabriks- und Baugesellschaft

Baukeramiken finden Verwendung für Außen- und Innenverkleidung. Sie sind frost- und wetterbeständig, schlag- und stoßsicher, außerordentlich farben- und formenreich und absolut widerstandsfähig gegen die schädlichen Einwirkungen von Atmosphärilien (Rauchgase, schwefelige Säuren usw.).

Architekturkeramik eignet sich nicht nur zur Massenverwendung bei Großbauten, Reihenhäusern und für Siedlungen, sondern auch für jedes andere Gebäude (Betonung der Eingänge von Villen, Privathäusern oder Läden, Ausschmückung der Erker, Umrahmung der Fenster und Türen.)

Die Ausführung von Baukeramiken erfolgt:

1. Unglasiert, aus gelber, lichtroter oder dunkelroter Terrakottamasse;

2. aus Steinzeug- bzw. Klinkermaterial in Farbschattierungen von lichten rotbraunen bis zu dunkelbraunen, violetten Farbtönen,

3. glasiert, in jeder gewünschten Farbschattierung, Oberflächenbehandlung in Hochglanz, halbmatt oder matt, auch in bunter Majolika oder in Kunstglasur.

Baukeramiken werden erzeugt für Außen- und Innenverkleidung (Portale, Fensterumrahmungen, Gesimse, Sockelflächen, Mauerabdeckungen, ornamentaler und figürlicher Schmuck, Fassadeverblendungen, Vestibüle, Wintergärten, Bahnhofhallen, Stiegenhäuser, Badeanlagen usw.).

Zur Verkleidung von Wänden werden keramische Platten etwa 20 mm stark in Größen bis zu 40 × 40 cm geliefert, und zwar mit glatter, schwach oder stark gerauhter Oberfläche, unglasiert, geklinkert und in Glasuren nach Wahl.

Preise von Platten aus wetterfestem Terrakottamaterial je m², jedoch ohne Versetzen:

1. In unglasierter Ausführung, gelb und lichtrot, rund	S 23,00
dunkelrot	„ 27,00
2. In Steinzeug oder geklinkerter (gesinterter) Ausführung, lichtbraun oder dunkelbraun, rund	„ 30,00
3. Einfärbig glasiert, Glasuren nach Wahl, rund	„ 45,00

Platten mit Rundung für Eckbildung werden zu den vorstehend angeführten Preisen mit einer Aufzahlung von S *1,50* je m′ Rundung geliefert.

Das Versetzen einschließlich Beistellung der Bindemittel kostet je m² zwischen S *14,00* und S *28,00*, besonders komplizierte Stellen mehr; hierbei ist Mitbenützung von Gerüsten vorausgesetzt.

Gesimse, Stäbe, Friesplatten, Sockelplatten und Deckplatten usw. werden je Lfm, relifierte Stücke, wie Einlagen, Ornamente, Tragsteine, Schlußsteine, Konsolen, Füllungen, Figuren und Vasen usw. je Stück und je nach der Ausführung und Größe berechnet; z. B. kommen glasierte Baukeramiken infolge des mehrmaligen Brandes um etwa 80 bis 100% höher zu stehen als unglasierte Stücke derselben Größe.

Allgemein gültige Preise lassen sich für diese Keramiken nicht angeben; daher Sonderanbote einholen!

Bestellungen können nach Zeichnungen oder eingesandten Modellen ausgeführt werden. Baukeramische Elemente werden auch in begrenzter Anzahl auf Lager gehalten oder können nach vorhandenen Formen oder Modellen in etwa 6 bis 8 Wochen geliefert werden.

Das Versetzen der Baukeramiken kann jeder gewöhnliche Maurer besorgen. Es ist jedoch zweckmäßiger, diese Arbeit durch fachlich geschulte Spezialarbeiter vornehmen zu lassen. In diesem Falle sind über den Transport bis zur Versetzstelle besondere Vereinbarungen zu treffen.

Bei glatten Wänden und Fassadeverkleidungen werden die einzelnen Elemente nur mit Zementmörtel (1 : 5) auf die vorbereitete und gereinigte Mauergrundfläche versetzt. Ausladende Stücke, wie Gesimse, Tragsteine usw. werden mit Eingriffen versehen, die in das Mauerwerk eingemauert oder mittels Haken und Kupferdraht an das Mauerwerk angehängt und mit Zementmörtel ausgegossen werden. Bei weitausladenden Gesimsen empfiehlt es sich, die Keramiken durch entsprechende Stahlarmierung mit dem Mauerwerk zu verbinden. Bei größeren Stücken wird der Mörtelmischung Kalkmilch (statt Wasser) zugesetzt. Baukeramiken werden mit 5 bis 10 mm breiten Fugen versetzt. Die Fugen müssen voll mit Zementmörtel ausgefüllt sein. Alle Keramiken müssen sofort nach Fertigstellung der Versetzarbeit gründlich mit Wasser gereinigt werden, bevor der anhaftende Zement vollständig fest wird. Sollten Keramiken vor Anbringung des Verputzes versetzt werden, so ist es zweckmäßig, dieselben mit Makulaturpapier zu verkleben, damit sie durch den nachträglichen Mörtelanwurf nicht beschmutzt werden können. Geringe Verunreinigungen können nach Fertigstellung der Montagearbeit mittels stark verdünnter Salzsäure entfernt werden.

Vorkommende unterschiedliche Größen- und Farbenschwankungen sind bei Beurteilung keramischer Erzeugnisse nicht als Mangel zu betrachten.

Straßenbau

Bearbeitet von Senatsrat a. D. Ing. Leopold Kosetschek, beh. aut. Ziviling., unter Mitwirkung der Firmen „ASDAG“, Bauabteilung der „TEERAG“ A. G., der Firmen Johann Schußmann, Basaltwerk RADEBEULE; K. Korn, Bauges. m. b. H., „GESTRA“, Ges. für Straßenbaubedarf und der WIENER BAUSTOFFE-A. G. in Wien, sowie des Herrn Oberbaurates Dr. Ing. A. Preslicka

Die Preise für Materiallieferungen verstehen sich stets „loko Erzeugungsstelle, franko nächste Bahnstation“ und ist die Fracht für Nebengebühren für den Verbrauchsort zuzuschlagen.

In [.....] Klammern sind die derzeit geltenden mittleren Einheitspreise für Wien beigesetzt.

Die Einheitspreise für alle Arbeitsleistungen beziehen sich auf derzeitige Herstellungen in Wien.

A. Makadamstraßen

I. Materiallieferungen

1. 1 m³ harte, zur Herstellung eines Grundbaues (Packlage) geeignete **Bruchsteine** laut ÖNORM Nr. B 3107 .... S 8,00
   geschlichtet in meßbare Figuren loko Baustelle .... „ [18,00]
   Erfolgt die Lieferung nach Bahngewicht, dann entfällt für das Schlichten in meßbare Figuren an der Baustelle je 1 m³ .... „ 2,00
2. 1 m³ **Gebirgsschlägelschotter** laut ÖNORM Nr. B 3106 der Korngröße 25 bis 120 mm, aus hartem Kalkstein .... „ 10,00
   geschlichtet in meßbare Figuren an der Baustelle .... „ [19,00]
3. 1 m³ **Gebirgssplitt** der Körnung 12 bis 25 mm oder **Gebirgsgrus** der Körnung 5 bis 12 mm, sonst wie Post 2, und zwar:
   a) staubgemischt .... S 10,00 [19,00]
   b) staubfrei .... „ 12,00 [21,00]
   c) gewaschen .... „ 12,00 [21,00]
4. 1 m³ **Gebirgssand** der Körnung 0,2 bis 5,0 mm, sonst wie Post 2, und zwar:
   a) staubgemischt .... S 10,00 [19,00]
   b) staubfrei .... „ 12,00 [21,00]
   c) gewaschen .... „ 12,00 [21,00]
   Erfolgt die Lieferung Post 2, 3 und 4 nach bahnamtlichem Gewicht loko Baustelle, dann entfällt für das Aufrichten in meßbare Figuren je 1 m³ .... S 0,60
5. 1 m³ **Kalksteinmehl** (Staub, Filler) der Körnungen 0,01 bis 0,086 mm, sonst wie Post 2 .... „ 300,00
   oder je 100 kg loko Baustelle .... „ 30,00
6. 1 m³ **Riesenschotter**, laut ÖNORM Nr. B 3106 zur Herstellung einer Riesenschotterdecke, 90 bis 110 mm Korngröße .... S 10,00 [20,00]
7. 1 m³ **Rundschotter**, an der Erzeugungsstelle (Mitteilung der Wiener Baustoffe-A. G.), laut ÖNORM Nr. B 3106:

Gattung		Körnung	Donau-material	Gstätten-material aus Wiener Gstätten	Wien-fluß-material	An-merkung
				Mittlere Einheitspreise		
Rundschotter		25—55 mm	S 3,90 [14,00][1])	S [10,00]	—	Aufgerichtet in meßbare Figuren loko Baustelle
Rundsplitt (Riesel)		5—25 mm	S 8,80 [23,80][1])	S [16,00]	S [16,00]	
Rundgrus		5—25 mm	S 8,80 [23,80][1])	S [16,00]	—	
Gebrochener Rundsplitt		5—25 mm	S 7,70 [21,60][1])	—	—	
Bahnschotter für	Eisenschwellenoberbau	25—45 mm	S 3,90 [14,00][1])	—	—	
	Holzschwellenoberbau	45—80 mm	S 3,90 [14,00][1])	—	—	

[1]) Angenommen ist eine Baustelle im XVI. Bezirke Wiens.

8. 1 m³ **Sand,** loko Erzeugungsstelle, wie Post 7:

Art	Donausand je m³ in S			Ziegeldeckersand S	Gstättensand je m³ S	Donauwellsand	Anmerkung
	gebaggert	1mal geworfen	2mal geworfen				
Sande	4,80 [11,50]	6,90 [13,10]	9,00 [15,20]	[36,80][1]) 15,30	[12,00]	[21,00]	Aufgerichtet in meßbare Figuren loko Baustelle

[1]) Angenommen ist eine Baustelle im XVI. Bezirke Wiens.

9. 1 m³ geworfener **Mauerschutt,** ohne Zufuhr .... S [8,50]
10. 1 m³ sandfreier **Lehm,** loko Baustelle .... „ [10,00]
11. 1 m³ kalk- und sandfreier **Tegel,** loko Baustelle .... „ [10,00]

II. Aufbrechungen

12. 1 m³ **Straßengrundbau** (Packlage), aus Bruchsteinen aufreißen und die gewonnenen Steine in kubischer Form schlichten........... S [5,00]
13. 1 m³ **Schotterkruste** (festgewalzte Makadamdecke aus Gebirgsschlägelschotter oder Rundschotter) mit Handarbeit aufbrechen. „ [8,00]
14. 1 m³ wie Post 13, jedoch maschinell oder mit Aufreißer aufbrechen. Der Einheitspreis, Post 13, ermäßigt sich je nach Beschaffenheit und Stärke der Kruste, sowie nach Umfang der Arbeit und Örtlichkeit um 50 bis 80%.

III. Arbeitsleistungen für Makadamstraßen und Gehwege

15. 1 m³ **Schotter-Splitt-Grus** oder **Sandmaterial** von den Figuren auf die Baustelle in einer Distanz bis 50 m zuführen und auf eine bestimmte Höhe ausebnen .... S [2,40]
Für jede weitere Entfernung um je 20 m bis zur Gesamtentfernung von 250 m, wobei Teile unter 10 m nicht gerechnet werden, wird ein Zuschlag geleistet je 1 m³ von .... „ [0,20]

16. 1 m³ wie Post 15 verführen:
a) von 250 bis 800 m Gesamtentfernung .... S [5,00]
b) über 800 m Gesamtentfernung .... „ [9,00]
17. 1 m³ Schotter-Splitt-Sand-Filler in meßbare Figuren aufrichten . „ [0,60]
18. 1 m³ Schotter-Splitt-Sand-Filler, einmal durch ein Gitter werfen und abseits legen .... „ [1,00]
19. 1 m³ Bruchsteine in meßbare Figuren aufschlichten .... „ [2,00]
20. 1 m² **Bruchsteinunterbau** (Packlage) 0,24 m hoch herstellen, ohne Materialbeigabe, jedoch samt Zufuhr desselben von den Figuren „ [2,00]
21. 1 m² Bruchsteinunterbau, 0,32 m hoch herstellen, sonst wie Post 20. „ [2,60]
22. 1 m² **Straßenfahrbahn** mit 0,32 m hohem Grundbau aus harten Bruchsteinen, hierauf eine 0,19 m hohe Schicht Gebirgsschlägelschotter, überzogen mit einer 0,04 m hohen Schicht von Gebirgsrieselschotter, die in komprimiertem Zustand eine 0,15 cm starke Schotterdecke bilden, für Ausführung des Grundbaues, Zuführen und Planieren des vorhandenen Schotters samt allen Erfordernissen, jedoch mit Ausnahme der Erdgrabung und Verführung, der Schotterlieferung, der Beigabe der Bruchsteine und des zur Komprimierung erforderlichen Bewalzens und Spritzens .... „ [3,00]
23. 1 m² **Straßenherstellung** wie Post 22, jedoch mit einer in komprimiertem Zustande 0,21 m hohen Schicht von Gebirgsschotter, bestehend aus einer 0,27 m hohen Schicht von Gebirgsschlägelschotter und einer 0,04 m hohen Schicht von Gebirgsrieselschotter „ [3,10]
24. 1 m² **Straßenherstellung** wie Post 22, jedoch mit einem nur 0,24 m hohen Grundbau .... „ [2,60]
25. 1 m² **Straßenherstellung** mit einem 0,24 m hohen Grundbau, im übrigen wie Post 25 .... „ [2,70]

Herstellungen von Schotterstraßen ohne Grundbau

26. 1 m² **Straßenfahrbahn,** bestehend aus einer 0,19 m hohen Lage von Gebirgsschlägelschotter, worauf ein 0,04 m hoher Überzug von Gebirgsrieselschotter zu geben ist, die zusammen in komprimiertem Zustand eine 0,15 m hohe Schotterdecke bilden, sonst wie Post 22, ausgenommen den Grundbau .... S [0,60]
27. 1 m² **Straßenherstellung** wie Post 23, jedoch ohne Grundbau ... „ [0,75]
28. 1 m² **Straßenfahrbahn,** bestehend aus einer 0,15 m dicken Schicht von Gebirgsschlägelschotter, worauf ein 0,04 m dicker Überzug von Gebirgsrieselschotter zu geben ist, die zusammen in komprimiertem Zustand eine 0,12 m starke Schotterdecke bilden, sonst wie Post 26 .... „ [0,50]

Herstellungen von Gehwegen

29. 1 m² **Gehwegherstellung** mit einer 0,08 m dicken Lage von Gstättenschotter, einer 0,08 m hohen Schicht von Gebirgsrieselschotter und als oberste Decke einer 0,03 m hohen Lage von Gebirgssand, für alle Materialbeigabe, Handarbeit und Requisiten usw., samt vollkommener Komprimierung .... S [6,00]

30. 1 m² **Gehwegherstellung** wie Post 29, jedoch ohne die 0,08 m dicke Schicht von Gstättenschotter .... S [4,80]

31. 1 m² **Gehwegherstellung** mit einer 0,08 m dicken Lage von Gstättenschotter, einer 0,08 m hohen Schicht von Donaurieselschotter und als oberste Decke einer 0,05 m hohen Schichte Flußsand, sonst wie Post 39 .... „ [6,00]

32. 1 m² **Gehwegherstellung** wie Post 31, jedoch ohne 0,08 m dicke Lage von Gstättenschotter .... „ [4,80]

33. 1 m² **Gehwegherstellung** in der Art, wie sie in den **Parkanlagen** durchgeführt wird, bestehend aus einer 0,16 m dicken Lage von Grubenschotter, einer 0,08 m dicken Lage von Donaurieselschotter und einer obersten 0,08 m hohen Schicht von feinem Gebirgssand, ohne Erdabgrabung und Verführung für den Wegkörper, jedoch mit Beigabe sämtlicher Materialien usw., samt Bewalzung und Bespritzung bis zur vollkommenen Komprimierung .... „ [8,40]

34. 1 m³ **Sand oder Schotter waschen**, d. i. im Wasser von allen erdigen bzw. organischen Bestandteilen durch Umstechen oder Umrühren mittels Schaufeln oder Maschinen so befreien, daß dieser für die Betonierung und Mörtelbereitung tauglich ist, samt Beistellung der hierzu nötigen Apparate und Maschinen, für alle Aufsicht, Arbeit und Requisiten .... „ [2,00]

35. 1 m² **Humisierung und Besämung,** d. i. den vorhandenen Humus (Ackererde oder sonst brauchbaren Abraum) auf die Distanz von 50 m zur Verwendungsstelle zuführen, auf die zu planierende, mit der Spitzhacke zu lockernde Fläche, ohne Unterschied der Neigung und Höhe, in der Dicke von 20 cm auftragen, komprimieren und mit anwuchsfähigem, englischem Raygrassamen oder mit einem anderen Grassamen besämen, samt Beigabe des letzteren, für alle Arbeit, Aufsicht und Requisiten .... „ [2,40]

Anmerkung. Ist statt einer 20 cm starken Humusschicht eine niedrigere oder höhere aufzubringen, so ändert sich die Vergütung proportional der Dicke dieser Schicht.

36. 1 m² **Flachrasenbekleidung** aus regelmäßig geschnittenen, 30 cm langen, 30 cm breiten und 10 cm dicken Rasenziegeln samt Anpflockung und Beigabe des Materials, aller Arbeit und Requisiten S [3,30]

37. 1 m² **Kopfrasenbelag,** 30 cm dick, sonst wie Post 36 .... „ [8,00]

38. 1 m² **Rigolpflaster** aus Rundriesel mit einem Durchmesser von 10 bis 12 cm in der Länge und 7 cm in der Breite, samt Beigabe aller Materialien:

a) in Sand gelegt .... „ [10,00]

b) in Romanzementmörtel gelegt .... „ [14,00]

39. Eine **Dampf- oder Motorwalze** einschließlich Bedienung und aller Beigabe der Betriebsstoffe je Tag (8 Stunden) .... „ [100,00]

40. Einen **Wasserwagen** mit ein Paar Pferden und Kutscher je Tag (8 Stunden) .... „ [76,00]

41. Einen **Aufreißer** je Tag (8 Stunden) samt Walze nach Post 39 „ [150,00]

B. Staubbekämpfung und Oberflächenbehandlungen wassergebundener Makadamstraßen

I. Staubbekämpfung

Zur Staubbekämpfung bedient man sich außer der Bespritzung mit Wasser sogenannter Staubbekämpfungsmittel. Dieselben sind:

a) wasserbindende Salze (Chlormagnesium, Magnesiumchlorid u. a.) b) Emulsionen von Ölen (Ephyrit, Antistof, Sprengelith u. a.)	wenig gebräuchlich
c) Teeröle (Tarbit) d) mineralische Stauböle (Impregnol)	derzeit gebräuchlich

42. 1 m² Besprengung, 1mal ausgeführt mit Teerölkomposition „Tarbit", heiß . . . . . . S [1,00]
43. 1 m² Besprengung, 1mal ausgeführt mit mineralischem Stauböl, und zwar Vorölung und folgender Hauptölung . . . . . . „ [0,70]
44. 1 m² Besprengung, 1mal ausgeführt wie Post 43, im zweiten Jahre „ [0,65]

II. Oberflächenbehandlungen

a) Oberflächenteerungen. Sie werden ausgeführt mit destilliertem Teer, präpariertem Teer (sogenannten Pechölmischungen), Teeremulsionen oder Teersuspensionen. Die Makadamfläche wird gründlich von Staub, Kot und losen Bestandteilen gereinigt, bei Behandlung mit Emulsionen sogar unter Druck gewaschen, dann wird das Bindemittel heiß, oder im letzteren Falle kalt, bei trockenem, warmem Wetter dünn aufgetragen, die Oberfläche mit Grus abgedeckt und letzterer eingewalzt. Doppelte, unmittelbar aufeinanderfolgende Ausführung ist zu empfehlen, sonst zweite Behandlung etwa nach Jahresfrist notwendig.

45. 1m² **Oberflächenbehandlung,** einfache Ausführung mit destilliertem oder präpariertem Teer, einschließlich aller Handarbeit, Materialbeigabe und Maschinen, einschließlich Gruslieferung, Abdeckung damit und Einwalzen, wobei je 1 m² erforderlich sind: 2½ kg Teer und 0,01 m³ Grus mit 5 mm Korngröße . . . . . . S [1,60]
46. 1 m² wie Post 45, jedoch bei unmittelbar aufeinanderfolgender Doppelausführung, wobei erforderlich sind: 4 kg Teer; 0,01 m³ Splitt, 10 bis 15 mm; und 0,01 m³ Grus, 5 mm Korn . . . . . . „ [3,20]
47. 1 m² **Oberflächenbehandlung** mit einer Teeremulsion, z. B. „Magnon", „Arzite", sonst wie Post 45 bei einfacher Ausführung . . . . „ [1,80]
48. 1 m² wie Post 47, jedoch bei unmittelbar aufeinanderfolgender Doppelausführung . . . . . . „ [3,40]

b) Oberflächenbehandlungen mit Erdölasphalt oder deren Emulsionen.

Die Ausführung erfolgt ebenso wie unter a).

49. 1 m² **Oberflächenbehandlung** mit Erdölasphalt, z. B. Marke „Spramex", wobei die Makadamfläche zuerst gründlich zu waschen ist, sonst wie Post 45 . . . . . . S [1,80]
50. 1 m² **Oberflächenbehandlung** wie Post 46 bei unmittelbar aufeinanderfolgender Doppelbehandlung, wobei die erste Lage des Bindemittels mit Splitt bis 10 mm Korn, die zweite mit Grus von 5 mm Korn abzudecken sind . . . . . . „ [3,40]

51. 1 m² wie Post 49, jedoch mit einer Erdölasphaltemulsion (Cowabit, Euphalt, Gerasol, Colas, Bitumuls, Emas usw.) . . . . S [1,80]
52. 1 m² wie Post 52, jedoch mit einer Erdölasphaltemulsion . . . . ,, [3,40]

C. Straßenbeläge mit Teer und Asphalt

Zur Ausführung moderner Straßenbeläge bedarf es einer festen, absolut unnachgiebigen Unterlage, die in den überwiegenden Fällen aus einer Makadam- oder Betonunterlage von mindestens 15 cm bis 20 cm Höhe in fertigem Zustande besteht. Die Makadamunterlage einschließlich Grundbau (Packlage), sowie die Betonunterlage werden auf den profilierten, gut drainagierten und festgewalzten Untergrund aufgebracht.

Wird ein moderner Straßenbelag auf einer bestehenden Makadamdecke aufgebracht, so ist diese vorher instand zu setzen und entsprechend der späteren Oberfläche zu profilieren. Auch alte Steinpflasterdecken können als Unterbau dienen, doch muß vor Aufbringung der Tragschicht des modernen Belages eine Ausgleichsschicht aufgebracht werden, um einerseits die gut ausgekratzten Fugen zu schließen, die Unregelmäßigkeiten der Pflasterfläche auszugleichen und anderseits die Quergefälle zu korrigieren.

I. Materiallieferungen: 100 kg loko Fabrik Wien, waggonverladen

53. Teerölkomposition „Tarbit“ in Fässern . . . . S [25,00]
54. Stauböl in Fässern . . . . ,, [30,00]
55. Rohteer in Fässern . . . . ,, [10,00]
56. Destillierter Teer in Fässern . . . . ,, [16,00]
57. Straßenteer „O“ für Oberflächenbehandlungen, in Fässern . . . . . . ,, [17,00]
58. Straßenteer „J“ für Innenbehandlungen, in Fässern . . . . ,, [17,00]
59. Spezialstraßenteer („Teerfalt“) für Innenbehandlungen, in Fässern ,, [24,00]
60. Erdölasphalt (Marke „Mexphalt“ oder „Mexpetebano“) . . . . ,, [30,00]
61. Erdölasphalt (Marke „Spramex“ oder „Petmexebano) . . . . ,, [32,00]
62. Trinidad-Epuré in Fässern . . . . ,, [34,00]
63. Asphalt, Asphaltkalkstein („Val de Traverse“ oder „Sizilianer“ usw.) ,, [11,50]
64. Natur-Stampfasphaltpulver, kalt . . . . ,, [13,50]
65. Zubereiteter Natur-Gußasphalt, streichfertig . . . . ,, [13,00]
66. Asphalt-Mastix . . . . ,, [16,00]
67. Asphaltvergußmasse für Stein- und Keramitpflaster . . . . ,, 23,00
68. Kunstasphalt-Mastix . . . . ,, 12,00
69. Steinkohlenpech (Hartpech) . . . . ,, 18,00
70. wie Post 69 (Weichpech) . . . . ,, 19,00

II. Ausführungen (die Einheitspreise verstehen sich für Wien)

a) Teerstraßen: Zu ihrer Herstellung werden destillierter Teer, präparierter Teer (Pechölmischungen), destillierter Teer mit Asphaltzusätzen oder Teeremulsionen und -Suspensionen verwendet. Es werden unterschieden:

1. Teertränkmakadamdecken (Penetrations- oder Eingußverfahren),
2. Teermischmakadam-, kurz Teermakadamdecken } sog. Mischverfahren.
3. Teerbetondecken } sog. Mischverfahren.
4. Teersanddecken } sog. Mischverfahren.

71. 1 m² **Teertränkmakadam** auf vorhandener Makadamdecke oder auf entsprechend gut verzwicktem, durch dünne Schotter- oder Schlackenaufwalzung gedichtetem Grundbau (Packlage) in einer fertigen Stärke von rund 8 bis 10 cm herstellen, wobei eine 12 cm

hohe, festgewalzte Gebirgsschlägelschotterschicht der Körnung 35 bis 45 mm mit Teer ausgegossen, abgesplittet, festgewalzt und mit einer Oberflächenteerung laut Post 45 versehen wird, einschließlich aller Handarbeit, Requisiten, Material und Maschinen S [10,50]

72. 1 m² wie Post 71, jedoch mit einer Oberflächenbehandlung aus Erdölasphalt (z. B. Marke „Spramex"), sonst wie Post 49 ..... „ [11,00]

73. 1 m² **Teermakadam** aus mehreren Schichten in einer fertigen Gesamtstärke von rund 8 cm herstellen, wobei die einzelnen Schichten abgestuft von unten nach oben aus geteerten Gebirgsschlägelschotter, Gebirgssplitt, Grus und Sand bestehen, die in eigenen Maschinen mit Teer präpariert wurden und deren Einbau auf vorhandener Unterlage im heißen Zustand unter entsprechender Verdichtung durch Walzung erfolgt, samt Oberflächenbehandlung mit Teer wie Post 45 und sonstiger Handarbeit, Materialien usw. „ [13,50]

74. 1 m² **Teermakadam** wie Post 73 herstellen, wobei die einzelnen geteerten Gesteinsorten mindestens 4 bis 6 Wochen an der Luft lagern müssen, worauf ihr Einbau im kalten Zustand erfolgt, sogenannter Aeberlimakadam .... „ [12,50]

75. 1 m² **Teerbetondecke** auf vorhandener Makadam- oder Betonunterlage in einer im fertigen Zustande 7½ bis 8 cm starke Schicht herstellen, wobei das Gesteinsgerüste aus Splitt, Grus, Sand und Filler auf Hohlraumminimum gemischt sein muß. Als Filler ist nur Kalksteinmehl, als Bindemittel destillierter Teer, präparierter Teer oder Teerasphaltmischung zu verwenden, einschließlich aller Handarbeit, Requisiten, Materialien, Maschinen und Walzung (der Einbau hat im heißen Zustande zu erfolgen) .... „ [14,50]

76. 1 m² **Teersanddecke,** sonst wie Post 75 in einer Stärke von 5 cm beistellen, wobei als Gesteingerüste nur Sand von 2 mm Körnung abwärts und Filler zu verwenden sind .... „ [10,00]

Anmerkungen: Zu Post 73 bis 76: Gehwegbeläge werden in 2 bis 3 cm Stärke ausgeführt und demnach auch die Körnung des Gesteingerüstes gewählt.

Wird die in Post 75 und 76 angegebene Decke in anderen Stärken ausgeführt, so ergibt sich der Einheitspreis proportional den Stärken.

Wird zur Herstellung nach Post 71 eine Teeremulsion oder Suspension verwendet, dann richtet sich der Einheitspreis nach Menge und Preis des Bindemittels.

Teertränkdecken unter Verwendung von Splitt in Stärken von 2½ bis 3½ cm werden als Teppichbeläge oder als Teersplittdecken bezeichnet.

b) Asphaltstraßen: Zu ihrer Herstellung wird paraffinfreier Erdölasphalt (z. B. „Mexphalt", „Spramex", „Mexbetebano", „Petmexebano" usw.), Trinidadasphalt (Epuré) und Stampfasphalt verwendet. Man unterscheidet:

1. Asphalttränkmakadamdecken (Tränkung, Penetrationsverfahren),
2. Walzasphaltdecken (Steinschlagasphalt, Asphaltbeton, grob, Asphaltbeton fein [Topeka], Sand oder Sheetasphalt),
3. Stampfasphaltdecken,
4. Gußasphaltdecken.

77. 1 m² **Asphalttränkmakadamdecke** sonst wie Post 71 herstellen, wobei als Bindemittel Erdölasphalt (z. B. Marke „Mexphalt" oder „Mexbetebano" zum Vergießen und „Spramex" oder „Petmexebano" zur Oberflächenbehandlung) zu verwenden ist, samt aller

Handarbeit, Maschinen, Requisiten und Materialien; die Oberflächenbehandlung nach Post 51 .... S [12,50]

78. 1 m² **Steinschlagasphaltdecke** in einer Stärke von 8 cm auf vorbereiteter Unterlage herstellen aus Gebirgsschlägelschotter, Gebirgssplitt und Erdölasphalt oder Trinidadasphalt als Bindemittel, welche Materialien in eigenen Mischmaschinen heiß vermengt werden, einschließlich einer Oberflächenbehandlung wie Post 49. Der Einbau erfolgt heiß .... ,, [14,00]

Anmerkung. Wird auch als Binderschicht verwendet.

79. 1 m² **Asphaltgrobbetondecke** in einer Stärke von 6 cm herstellen, bestehend aus Gebirgssplitt, Gebirgsgrus, Sand und Filler, gemischt auf Hohlraumminimum, und Erdöl- oder Trinidadasphalt, welche Materialien in eigenen Mischmaschinen heiß vermengt werden, einschließlich Aufbringen des heißen Materials auf die vorbereitete Makadam- oder Betonunterlage, einschließlich Oberflächenbehandlung laut Post 49, aber auch Handarbeit, Requisiten, Materialien und Maschinen................................ ,, [12,00]

80. 1 m² **Asphaltfeinbeton-** (Topeka-) Decke in einer Stärke von 5 cm herstellen, bestehend aus Gebirgsgrus und Sand bis maximal 7 mm Korngröße, Filler usw. Post 79, jedoch ohne Oberflächenbehandlung .... ,, [12,50]

Anmerkung. Asphaltfeinbeton wird entweder auf Betonunterlage allein mit 4 bis 5 cm Stärke oder auf Makadam mit einer 4 bis 5 cm starken Binderschicht aus Steinschlagasphalt oder Asphalt-Grobbeton (Post 78,79) als Zwischenlage in Stärken von 3 bis 4 cm verlegt.

Werden die Decken Post 78 und 79 in anderen Stärken verlegt, dann ergibt sich der Einheitspreis dadurch, daß zunächst der Einheitspreis der Oberflächenbehandlung nach den einschlägigen Posten abgezogen, der Restbetrag proportional der Stärke berechnet und dann der Preis der Oberflächenbehandlung wieder zugeschlagen wird. Bei Post 80 ändert sich der Einheitspreis proportional der Stärke der Decke.

81. 1 m² **Sand- oder Sheetasphaltdecke** in einer Stärke von 5 cm herstellen, bestehend aus Sand bis 2 mm Körnung, Filler und Erdöl- oder Trinidadasphalt, sonst wie Post 80, auf vorhandener Makadam- oder Betonunterlage, auch aller Handarbeit, Requisiten, Materialien und Maschinen .... S [14,00]

Anmerkung. Ändert sich die Stärke, so wird der Einheitspreis proportional der Stärke berechnet.

82. 1 m² **Asphalttränkmakadam** (Halbtränkung) unter Verwendung einer Kaltasphaltemulsion, bestehend aus einer 3 cm hohen lehm- und tegelfreien Fluß- oder Gstättensandschicht, 10 cm Schlegelschotter und Splittschicht, die auf 8 cm festgewalzt wird, Tränkung mit 6 kg Kaltasphalt und einer Oberflächenbehandlung mit 2 kg Kaltasphalt laut Post 51 und aller Handarbeit, Materialien und Requisiten .... S [10,00]

83. 1 m² **Stampfasphaltpflaster,** 5 cm stark, auf 18 bis 20 cm hoher Betonunterlage aus Portland- oder Schlackenzement (1:8), samt allen Materialien, Handarbeit und Requisiten .... ,, [36,00]

84. 1 m^2 wie Post 89, jedoch bloß 4 cm stark, auf 15 cm hoher Betonunterlage, auch aller Materialien, Handarbeit und Requisiten ... S [30,00]

85. 1 m^2 gewöhnliches **Gußasphaltpflaster**, 4 cm stark (doppellagig), auf 15 cm hoher Betonunterlage ... „ [22,00]

86. 1 m^2 wie Post 85, aber 2 cm stark (einlagig), auf 10 cm hoher Betonunterlage ... „ [13,00]

87. 1 m^2 wie Post 85, aber 1½ cm stark, ohne Betonunterlage ... „ [5,80]

88. 1 m^2 wie Post 85, aber 2 cm stark, ohne Betonunterlage ... „ [7,00]

89 1 m^2 wie Post 85, aber 4 cm stark, ohne Betonunterlage ... „ [13,40]

90. 1 m^2 **Gußasphaltbelag** mit sich rechtwinklig kreuzenden Rillen versehen ... „ [1,50]

91. 1 m^3 **Betonunterlage** aus Portland- oder Schlackenzement 1:3:5 .. „ [56,00]

92. 1 m^3 **Betonunterlage** aus Portland- oder Schlackenzement 1:3 .. „ [94,00]

93. 1 m^2 **Stampfasphaltbelag aufbrechen und deponieren,** ohne Unterschied der Stärke ... „ [0,40]

1 m^2 **Gußasphaltbelag aufbrechen und deponieren,** ohne Unterschied der Stärke ... „ [0,20]

Anmerkung: Wird in den Posten 85—89 statt gewöhnlichem Gußasphalt Hartgußasphalt verwendet, dann tritt für den Asphaltbelag je 1 cm Asphaltstärke eine Erhöhung hiezu von ... „ [1,50]

D. Steinpflasterstraßen aus Natursteinen

I. Materiallieferungen

a) Pflastersteine (hierzu siehe auch ÖNORM-Blatt B 3108).

Anmerkung: Als Qualität ist Mauthausner Granit angenommen. Die Preise verstehen sich loko Erzeugungsstelle, franko nächste Bahnstation. In [....] sind die derzeit geltenden Preise loko Bahnhof Wien beigesetzt.

94.	Je Stück 18/18/18 cm- (7/7/7″-) Würfel (26,5 Stück je 1 m^2)	S	1,60	[1,80]
95.	Je Stück 13/18/24 cm- (5/7/9″-) Rechtecksteine, glatt (32 Stück je 1 m^2) ...	„	1,60	[1,80]
96.	Je Stück 13/18/18 cm- (5/7/7″-) Rechtecksteine, glatt (36 Stück je 1 m^2) ...	„	1,25	[1,45]
97.	Die Steine Post 95 und 96, doppelt geritzt, um 36 g je Stück mehr.			
98.	Je Stück Fünfecksteine (3,8 Stück je 1 Lfm) ...	S	3,20	[3,60]
99.	Je Stück Dreiecksteine (Zwickel), 3,8 je 1 Lfm ...	„	0,90	[1,10]
100.	a) 1 Lfm Blocksteine der Breite 19 bis 26 cm ...	„	6,50	[7.50]
	b) 1 „ „ „ „ 20 „ 27 „ ...	„	6,50	[8,70]
	c) 1 „ „ „ „ 21 „ 28 „ ...	„	6,50	[10,00]
101.	a) 1 Lfm gerade Randsteine 32/24 cm ...	„	20,00	[22,50]
	b) 1 „ „ „ 20/24 „ ...	„	17,00	[19,00]
102.	1 Lfm Bordsteine, 18 cm breit, Höhe mindestens 20 cm, Länge mindestens 70 cm ...	„	10,00	[11,20]
103.	1 Lfm. Bogenrandsteine 32/24 cm ...	„	27,00	[29,50]
104.	1 „ „ 20/24 „ ...	„	22,50	[24,50]
105.	1 m^2 Kleinsteinpflastersteine mittlerer Größe, etwa 8/10, 6/8 cm (55 m^2 auf 1 Waggon a 10 t) ...	„	10,00	[12,00]
106.	1 m^2 Mosaiksteine mittlerer Größe, rund 4/6 cm ...	„	8,00	[11,50]

107. 1000 Stück Gehwegplatten 47/47 cm, 4,4 Stück je 1 m² S 9000,00 [9600,00]
108. 1000 „ „ 32/32 „ 9,5 „ „ 1 „ „ 3200,00 [3600,00]
109. 1000 „ Halbguttrottoirsteine 24/24 cm, 17 Stück je 1 m² .... „ 700,00 [900,00]
110. 1000 Stück Halbwürfelsteine 18/18 cm, 26,5 Stück je 1 m² „ 800,00 [980,00]
111. 1 m² Köpfelsteine .... „ 15,00 [19,00]
112. 1 m³ ordinäre Steine .... „ 45,00 [65,00]
113. 1 m² Reihensteine .... „ 16,50 [21.50]
114. 1 m³ Talussteine für Wasserbauten und Böschungspflaster .... „ 8,50 —,—
115. 1 Lfm Leistensteine .... „ 2,25 [3,25]

Anmerkung: Für Arbeiten, unter Zugrundelegung des Wegebautarifes (öffentliche Arbeiten), ermäßigen sich obgenannte Preise um 3 Prozent.

b) Schotter, Splitt, Grus, Sand und Bruchsteine.

116. Hierzu siehe Preise Posten 1 bis 8.

II. **Aufbrechungen** (die Preise gelten für Wien)

Art der Aufbrechung	Mit Sandfugenfüllung S	Mit Zement vergossen S	Mit Asphalt vergossen S
a) Granit- oder anderes Natursteinpflaster jeder Art, mit Ausnahme von Kleinstein- oder Plattenpflaster, aufbrechen, die Steine reinigen und seitlich lagern oder auf Fahrzeuge verladen .... je 1 m²	0,40	0,70	1,60
b) Kleinsteinpflaster aus Granit oder anderem Gestein jeder Art aufbrechen so wie vorher bei a) .... je 1 m²	0,65	1,25	3,50
c) Plattenpflaster aus Granit- oder anderem Gestein jeder Art aufbrechen so wie bei a), je 1 m²	0,50	0,80	1,70
d) 1 Lfm Randsteine aufbrechen, reinigen und neben die Aufbruchstelle legen ....je 1 Lfm	—	0,75	—
e) 1 m² Klinkerplatten (Trottoirplatten) abheben, reinigen so wie bei d) ....je 1 m²	—	0,30	—

117. 1 m³ **Pflastersteine** jeder Art sortieren und in zählbare Figuren schlichten .... S 4,00
118. 1 m³ **Straßengrundbau** aus Bruchsteinen aufreißen und die Steine in kubische Figuren schlichten .... „ 5,00
119. 1 m³ **Schotterkruste** auf Makadamstraßen händisch aufhacken ... „ 8,00
120. 1 m³ wie Post 119, aber maschinell mit Aufreißer oder mit pneumatischen Werkzeugen (Preis siehe Post 14).
121. 1 m² **Betonplaster** aufbrechen und das Material seitlich deponieren oder auf Fahrzeuge verladen:
a) bei Betonstärken bis 10 cm .... „ 1,40
b) „ „ „ 20 „ .... „ 2,50

122. 1 m² **Granitpflastersteine** reinigen von anhaftendem
a) Asphaltvergußmaterial .... S 0,60
b) Zement .... „ 0,25
c) Sandmaterial .... „ 0,10

123. 1 **Barrierestock** ausgraben, seitlich legen, die Grube zuschütten und stampfen:
a) aus Holz .... „ 2,50
b) „ Stein oder Eisen .... „ 4,50

124. 1 **Barrierestock** versetzen, samt Aushub und Abfuhr des überschüssigen Schuttes:
a) aus Holz .... „ 3,50
b) „ Stein oder Eisen .... „ 6,50

III. Ausführungen

Pflaster mit Würfel-, Rechteck-, Form-, Zwickel- und Ganzgutsteinen

a) Neupflasterungen ohne Schotterunterlage

125. 1 m² **Pflasterung in Straßen**, wo bisher noch kein Pflaster bestand, oder wo Niveauänderungen über 0,10 m Höhe vorgenommen werden, mit vorhandenem alten oder neuen Steinmaterial, ohne Erdbewegung, ohne Zu- oder Abfuhr der Steine, sowie ohne Aufbrechen des etwa bestandenen Pflasters, jedoch mit Beigabe des qualitätsmäßigen Donausandes zur Unterlage in der Höhe von 5 cm und zur Fugenausfüllung, samt aller Handarbeit und Requisiten, also einschließlich des vorschriftsmäßigen Rammens und Fugenausfüllung .... S 3,00

b) Neupflasterungen mit Schotterunterlage

126. 1 m² **Pflaster in Straßen** wie vor, jedoch mit Beigabe des Donauschotters in der Höhe von 15 cm, des qualitätsmäßigen Donausandes zur Unterlage und Fugenausfüllung, aller Handarbeit und Requisiten, also einschließlich des vorschriftsmäßigen Rammens und Fugenausfüllung .... „ 5,50

Anmerkung. Bei Verwendung von Gstättenschotter an Stelle des Donauschotters wird von dem Preise der Post 126 ein Betrag abgezogen von .... S 1,—

c) Neupflasterungen auf makadamisierter Unterlage

127. 1 m² **Neupflasterung** auf makadamisierter Unterlage mit vorhandenem neuen oder alten Steinmaterial, ohne Erdbewegung, ohne Zu- oder Abfuhr der Steine, sowie ohne Beistellung des für die Makadamdecke erforderlichen Schotters und ohne Bewalzung desselben, aber einschließlich der Zufuhr des Unterlagsschotters bis auf 50 m Entfernung und Planierung desselben bis auf 18 cm Höhe, sowie mit Beigabe des erforderlichen Donausandes zur Unterlage und Fugenausfüllung, samt aller Handarbeit und Requisiten, also einschließlich des vorschriftsmäßigen Rammens und Fugenausfüllung .... S 3,30

d) Umpflasterungen

128. a) 1 m^2 **Umpflasterung** mit vorhandenen alten oder neuen Steinen, ohne jede Veränderung der Oberfläche des Untergrundes, ohne Zu- oder Abfuhr der Steine, aber samt Aufbrechen des bestehenden Pflasters, Herrichten des Untergrundes, Abfuhr des überschüssigen und verunreinigten Materials der alten Unterlage und der Fugenfüllung, Beigabe des qualitätsmäßigen Donausandes für die Unterlage in der verglichenen Höhe von 3 cm und zur Fugenausfüllung, samt aller Handarbeit und Requisiten, also einschließlich des vorschriftsmäßigen Rammens und Fugenausfüllung .... S 3,40

b) 1 m^2 **Umpflasterung** mit vorhandenen alten oder neuen Steinen, wobei die Oberfläche des Untergrundes nicht mehr als 5 cm gesenkt und das Material fortgeführt oder nicht mehr als 5 cm durch Einbringen von Sand gehoben wird, sonst wie Post 128 .... „ 4,20

129. 1 m^2 **Umpflasterung** mit vorhandenen alten oder neuen Steinen, wobei eine Hebung der Oberfläche des Untergrundes um nicht weniger als 5 cm und nicht mehr als 10 cm stattfindet, ohne Zu- oder Abfuhr der Steine, aber samt Aufbrechen des bestehenden Pflasters, samt allen erforderlichen Erdarbeiten, einschließlich der Abfuhr des verunreinigten, unbrauchbaren Materials, Beigabe des erforderlichen Rieselschotters sowie des Sandes für die Unterlage und Fugenausfüllung, samt aller Handarbeit und Requisiten, also einschließlich des vorschriftsmäßigen Rammens und Fugenausfüllung „ 4,10

130. 1 m^2 **Umpflasterung** mit vorhandenen alten oder neuen Steinen, wobei eine Senkung der Oberfläche des Untergrundes um nicht weniger als 5 cm und nicht mehr als 10 cm stattfindet, ohne Zu- oder Abfuhr der Steine, aber samt Aufbrechen des bestehenden Pflasters, samt allen Erdarbeiten, einschließlich der Abfuhr des ausgehobenen Materials, Beigabe des qualitätsmäßigen Donausandes zur Unterlage in der Höhe von 3 cm und zur Fugenausfüllung, samt aller Handarbeit und Requisiten, also einschließlich des vorschriftsmäßigen Rammens und Fugenausfüllens .... „ 4,50

131. **Wenn die Fugenausfüllung mit Sand wegbleibt,** vermindert sich der obige Preis je m^2 um .... „ 0,54

132. **Bei Fugenausfüllung mit dünnflüssigem Portlandzementmörtel,** der aber nur mit der Pfanne eingegossen werden darf, wird zu den Preisen der Posten 125 bis 130 zugeschlagen je m^2:

a) bei einer Mischung von 1 Teil Portlandzement und 4 Teilen reschem Donausand .... „ 0,93

b) bei einer Mischung von 1 Teil Portlandzement zu 3 Teilen reschem Donausand .... „ 1,15

Der Abzug der Post 131 findet bei dieser Art der Fugenausfüllung nicht statt.

Pflasterungen mit Halbwürfeln

a) Neupflasterungen ohne Schotterunterlage

133. 1 m^2 Pflasterung mit Halbwürfeln, sonst wie Post 125 .... S 3,40

b) Neupflasterungen mit Schotterunterlage

134. 1 m² Pflasterung mit Halbwürfeln, sonst wie Post 126 .... S 5,64

c) Umpflasterungen

135. Die Umpflasterung mit Halbwürfelsteinen wird wie Post 128a), 128 b), 129, 130 verrechnet, doch wird ein Zuschlag geleistet für Sandmehrverbrauch von Fugenfüllsand je m² .... S 0,50

Pflasterungen mit Reihensteinen

Neupflasterungen

136. 1 m² **Reihenstein-Neupflasterung** ohne Erdarbeit, ohne Steinbeigabe und ohne Steinzufuhr, sonst wie Post 125 .... S 5,60

Anmerkung. Das Reihensteinpflaster ist auf bestehendem Makadam, neu herzustellendem Makadam oder auf Beton herzustellen. Die Herstellung dieses Unterbaues ist den obigen Einheitspreisen zuzuschlagen.

137. **Reihenstein-Umpflasterung** ohne Veränderung der Sandunterlage je m² S 3,40

Pflasterungen mit ordinären Steinen oder Köpfelsteinen

a) Neupflasterungen

138. 1 m² **Pflasterung** mit vorhandenen alten oder neuen ordinären Steinen oder Köpfelsteinen, ohne Erdbewegung und ohne Zu- oder Abfuhr der Steine, jedoch mit Beigabe des qualitätsmäßigen Donausandes zur Unterlage in der Höhe von 7 cm und zur Fugenfüllung, samt aller Handarbeit und Requisiten und Auszwicken der Fugen S 3,80

b) Umpflasterungen

139. 1 m² **Umpflasterung mit ordinären Steinen oder Köpfelsteinen,** sonst wie Post 128, samt Auszwicken der Fugen .... S 4,15

140. Kommen bei den Posten 133 bis 139 Niveauveränderungen von 5 bis 10 cm auf oder ab vor, so werden zu diesen Tarifposten die sich aus den Tarifposten 128b), 129, 130 gegenüber 128a) ergebenden Differenzen zugeschlagen.

Randsteinlegungen

Für die im Bogen gearbeiteten Randsteine wird die Länge des äußeren Bogens gerechnet. Als Untermauerung wird nur die volle Ziegelschar gemessen.

141. 1 m³ **volles Ziegelmauerwerk** ohne Putz mit Portlandzementmörtel herstellen, samt aller Materialbeigabe, Handarbeit und Requisiten, jedoch ohne Erdaushebung und Verführung .... S 66,00

142. 1 Lfm **Randsteine** versetzen, unterzwicken und die Fugen bei den Zusammenstößen mit Portlandzementmörtel voll ausgießen....... „ 4,70

143. a) 1 Lfm **Randsteine** bei bestehenden Gehsteigen aufbrechen, die unmittelbar darunter befindliche Ziegelschicht abtragen, den Schutt verführen, sodann die Untermauerung mit einer Schicht neuer Ziegel in Romanzementmörtel wiederherstellen und die alten Randsteine versetzen, samt aller Arbeit und allen Erfordernissen .... „ 5,40

b) **Bei bestehenden Gehsteigen,** wo der Randstein beiderseits mit Granitsteinen eingepflastert ist, samt Aufreißen und provisorischer Wiederherstellung des Pflasters, sonst wie Post a) .... S 5,95

c) **Bei bestehenden Gehsteigen,** wo der Randstein beiderseits von Holz- oder Asphaltpflaster umgeben ist, mit Aufbruch des Pflasters, der Betonunterlage und provisorischer Ausebnung der aufgebrochenen Stellen mit Schuttmaterial .... „ 7,30

Anmerkung. Bei gemischten Pflasterungen ist das Mittel dieser Preise zu nehmen.

Pflasterungen mit Platten

a) Neupflasterungen

144. 1 m² **Plattenpflaster** aus 47/47 cm großen Granitplatten ohne Beigabe der Platten und ohne deren Zufuhr, sowie ohne Erdbewegung, aber einschließlich der Beigabe des qualitätsmäßigen Donausandes für die Unterlage in der Höhe von 8 cm, einschließlich des Überstoßens des Pflasters und des Ausgießens der Fugen mit dünnflüssigem Portlandzementmörtel im Mischungsverhältnisse von 1 Teil Portlandzement zu 4 Teilen reschem Donausand, wobei aber das Ausgießen nur mit der Pfanne erfolgen darf, samt Beigabe der Materialien, aller Handarbeit und der Requisiten .... S 4,75

145. 1 m² **Plattenpflaster** aus 32/32 cm großen Granitplatten auf einer 6 cm hohen Unterlage von Donausand, sonst genau wie Post 144.. „ 3,95

146. 1 m² **Plattenpflaster** aus 47/47 cm großen Granitplatten umpflastern, samt Aufbrechen und Reinigen der Platten, Herrichten des Untergrundes, Abfuhr des überschüssigen und verunreinigten Materials der alten Unterlage und der Fugenausfüllung, Beigabe des qualitätsmäßigen Donausandes für die Unterlage in der verglichenen Höhe von 3 cm, im übrigen genau wie Post 144 .... „ 5,00

147. 1 m² **Plattenpflaster** aus 32/32 cm großen Granitplatten umpflastern, sonst wie Post 145 .... „ 4,50

148. Wird bei den Pflasterungen der Post 144 bis 147 zum Fugenausguß Portlandzementmörtel im Mischungsverhältnisse von 1 Teil Portlandzement zu 3 Teilen Sand verwendet, so ist wegen Mehrverbrauches von 2,5 kg Zement je m² zuzuschlagen .... „ 0,23

Pflasterungen mit 24/24 cm großen Gehsteigsteinen (Halbgutsteinen)

a) Neupflasterungen

149. 1 m² **Pflaster** aus 24/24 cm großen Gehsteigsteinen (Halbgutsteinen), ohne Beigabe der Steine und ohne deren Zufuhr, sowie ohne Erdbewegung, jedoch mit Beigabe des qualitätsmäßigen Donausandes zur Unterlage in der Höhe von 5 cm und zur Fugenausfüllung, samt aller Handarbeit und Requisiten .... S 2,75

b) Umpflasterungen

150. 1 m² **Pflaster** aus 24/24 cm großen Gehsteigsteinen (Halbgutsteinen) umpflastern, samt Aufbrechen des bestehenden Pflasters, Her-

richten des Untergrundes, Abfuhr des überschüssigen und verunreinigten Materials der alten Unterlage und der Fugenausfüllung, Beigabe von qualitätsmäßigem Donausande für die Unterlage in der Höhe von 2 cm und für die Fugenausfüllung, Überstoßen des Pflasters und Ausfüllen der Fugen, samt aller Handarbeit und Requisiten .... S 3,10

151. **Bei Fugenausfüllung** mit dünnflüssigem Portlandzementmörtel, der aber nur mit der Pfanne eingegossen werden darf, wird zu den Preisen Post 149 und 150 je m² zugeschlagen:

a) bei einer Mischung von 1 Teil Portlandzement zu 4 Teilen reschem Donausande .... ,, 0,93

b) bei einer Mischung von 1 Teil Portlandzement zu 3 Teilen reschem Donausande .... ,, 1,15

152. a) **Pflaster jeder Gattung** einklauben, Ausfüllen der Fugen mit vorhandenem Material, ohne Aufbruch, jedoch mit Steinzufuhr bis 10 m je m² .... ,, 0,68

153. b) **Zuschlag zur vorstehenden Post** bei der Instandsetzung von Säumen und Rinnsalen in Makadamstraßen (sogenannte Walzschäden), für provisorische Pflasterung, Bodenbereitung und Schuttabfuhr je m² .... ,, 4,40

Pflasterungen mit Kleinsteinen

154. a) 1 m² **Pflasterung mit Kleinsteinen,** 3 bis 5 cm Kantenlänge der Kopffläche (sogenanntes Mosaikpflaster), wo bisher noch kein Pflaster bestand oder wo Niveauänderungen über 10 cm Höhe vorgenommen werden, mit vorhandenem alten oder neuen Steinmateriale, ohne Erdbewegung und ohne Zu- und Abfuhr der Steine, sowie ohne Aufbrechen des etwa bestehenden Pflasters, jedoch mit Beigabe des qualitätsmäßigen Sandes zur Unterlage in der Höhe von 0,10 m und zur Fugenfüllung, samt aller Handarbeit und Requisiten, also einschließlich des vorschriftsmäßigen Rammens und Fugenfüllens ... S 14,20

b) 1 m² **Kleinsteinpflaster** wie vor, jedoch Steingröße 5 bis 8 cm Kantenlänge der Kopffläche .... ,, 6,40

c) 1 m² **Kleinsteinpflaster** wie vor, jedoch Steingröße 7 bis 10 cm Kantenlänge der Kopffläche .... ,, 5,20

d) 1 m² **Kleinsteinpflaster** wie vor, jedoch Steingröße 10 bis 12 cm Kantenlänge der Kopffläche .... ,, 4,50

e) bei Verwendung von mehrfarbigen Steinen und bei Pflaster nach Zeichnung (Teppichmuster) erfolgt auf den Preis für Arbeitslohn der Posten a) bis d) ein Zuschlag von 50%.

f) Wird die Höhe der Sandunterlage vergrößert oder verringert, so ändert sich der Preis derselben analog der Analyse.

Anmerkung. Die Herstellung des Unterbaues (Beton, Makadam o. dgl.) ist in den vorstehenden Ansätzen nicht inbegriffen und ist der Preis hierfür noch zuzuschlagen.

g) Werden die vorstehenden Kleinsteinpflasterungen auf Mörtelunterlage mit Fugenverguß aus Portlandzementmörtel 1:3 ausgeführt, so entfallen in diesen Posten die Sandwerte und vom Arbeitslohn ein Betrag von S 0,15. Als Zuschlag wird dann geleistet je m² ..... S 4,20

Steinwurf- und Taluspflasterungen

155. 1 m^3 **Steinwurf** mit Wurfsteinen, Arbeit, Werkzeug, Requisiten, allfällig nötige Gerüstung mit teilweiser oder vollständiger Herstellung im Wasser, samt Steinzufuhr bis 20 m .... S 7,50

156. 1 m^2 **ordinäre Taluspflasterung** mit Wurfsteinen (Material der Post 114) in Form einer trockenen, liegenden, gut verzwickten Mauer, nebst Beigabe einer 0,10 bis 0,16 m hohen Sand- und Schotterunterlage, Ausfüllen und Auszwicken der Fugen, samt allem Material, Arbeit, Werkzeug usw. .... „ 7,80
wie vor, jedoch mit Verwendung alter Pflastersteine .... „ 6,05

157. 1 m^2 **Taluspflasterung** oder Böschungspflaster mit den aufzureißenden und wiederzuverwendenden alten Steinen, samt allen Erfordernissen
a) bei Wurfsteinen .... „ 8,40
b) bei alten Pflastersteinen .... „ 7,15

158. 1 m^2 **Taluspflaster** oder Böschungspflaster jeder Gattung aufreißen, das Material über die Böschung heraufschaffen und deponieren ..... „ 2,75

159. Bei 1 m^2 **Taluspflaster oder Böschungspflaster** jeder Gattung die Fugen mit Portlandzementmörtel voll ausgießen .... „ 1,50

Anmerkung. Wenn bei Steinwurf- und Taluspflasterungen Erdarbeiten im Wasser vorkommen, so werden dieselben nach den Preissätzen des Baumeistertarifes unter Anwendung der Erstehungsprozente für die Pflastererarbeiten berechnet.

160. Die angesetzten Einheitspreise der Posten gelten bis zur Höhe von 1,50 m über dem Niveau. Bei Taluspflasterungen über 1,50 m Höhe wird für Gerüstung und schwierigere Arbeitsleistung je m^2 ein Zuschlag vergütet, für jeden Meter Höhe über 1,50 m .... S 1,00

E. Steinpflasterungen mit Kunststeinen

(Klinker, Keramit, Schlackensteine usw.)

I. Materiallieferungen

a) **Klinkerstraßenbaumaterial** franko Wien Bahnstation (Schattauer Tonwarenfabrik A. G.).

161. 1 m^2 **Trottoirklinkerplatten,** 15 cm lang, 15 cm breit, 4 cm stark, mit vierteilig gekuppter oder glatter Oberfläche, je 1 m^2 42 Stück S 21,00

162. 1 m^2 **Straßenpflasterklinker** an den Kanten abgefast:
α) 20 cm lang, 9 cm breit und 8 cm stark, 50 Stück je 1 m^2 .... „ 20,00
β) 21 „ „ 10 „ „ 8 „ „ 43 „ „ 1 „ .... „ 20,00

b) **Keramitstraßenbaumaterial** franko Wien Bahnstation:

163. 1 m^2 Keramitfahrbahnsteine 21/10/8 cm, abgefast, 43 Stück je 1 m^2 „ 16,00

c) **Mansfelder Schlackensteine** franko Wien Bahnstation:

164. 1 m^2 Mansfelder Schlackensteine, 16/16/15 bis 17 cm (36 Stück je 1 m^2, das Stück 93 bis 94 g) .... „ 33,84

II. Aufbrechungen

165. 1 m² **Trottoirklinkerpflaster** von der Sandunterlage abheben, die Platten reinigen und neben die Pflasterfläche lagern .... S 0,30

166. 1 m² **Klinkerfahrbahnpflaster** oder Keramitpflaster:
 a) in Sand verlegt .... „ 0,20
 b) in Portlandzementmörtel verlegt........................... „ 0,60
 c) mit Asphalt vergossen .... „ 1,00

167. 1 m² **Schlackensteinpflaster**, Preise wie Post 166.

III. Ausführungen (Einheitspreise für Wien)

168. 1 m² **Trottoirklinkerpflaster** auf bereits vorhandener Betonunterlage in Portlandzementmörtel verlegen, aber ohne Klinkerwert, jedoch mit Portlandzementverguß, sonst auch alle Handarbeiten und Materialien .... „ 6,40

169. 1 m² **Straßenfahrbahnklinker** auf vorhandener Betonunterlage oder auf vorhandenem Makadam in einem 2 cm hohen Sandbett verlegen, einschließlich Sandfugenfüllung, jedoch ohne Klinkerwert, auch alle Handarbeiten und Materialien .... „ 4,40

170. 1 m² wie Post 169, aber mit Asphaltfugenverguß .... „ 9,80

171. 1 m² wie Post 169, aber mit Portlandzementfugenverguß .... „ 5,70

172. 1 m² **Keramitstraßenpflaster** auf vorhandenem Beton oder Makadamunterlage auf 3 cm Sandschicht verlegen und die Fugen mit Portlandzementmörtel vergießen, ohne Keramitsteinwert............. „ 6,00

173. 1 m² **Mansfelder Schlackensteinpflaster** auf vorhandener Unterlage verlegen unter Beigabe des Sandes (3 cm) zur Unterbettung und zur Fugenfüllung, aber ohne Steine .... „ 4,00

174. 1 m² **Keramitstraßenpflaster** wie Post 172, aber mit Asphaltfugenverguß.. „ 10,00

Beim Verlegen der Platten ist zu beachten:

Als Unterlage für Mosaik- und Klinkerplattenpflasterungen wird gewöhnlich eine Betonschicht, je nach der Beschaffenheit des Untergrundes, 5 bis 10 cm stark, oder ein liegendes Ziegelpflaster verwendet; im Freien und in Räumlichkeiten, welche der Feuchtigkeit ausgesetzt sind, ist Zementbeton zu empfehlen.

Direkt auf Holz darf weder betoniert noch gelegt werden, sondern es muß vorerst eine hinreichend starke Schuttunterlage hergestellt werden. Das Legen der Mosaik- und Klinkerplatten in inneren Hausräumlichkeiten erfolgt wie bei Pflasterungen im Freien in Portlandzementmörtel; auch die Fugen werden mit diesem Mörtel ausgegossen. Die Austeilung der Platten erfolgt vom Mittel des Raumes aus, ebenso die Legung; die Fugen werden regelmäßig 2 mm groß gemacht. Der fertige Bodenbelag ist zu reinigen und durch Auflegen von Sägespänen und Brettern vor dem Betreten durch einige Tage (bis der Mörtel erhärtet ist) zu schützen.

Die Reinigung des Plattenpflasters erfolgt gewöhnlich durch Abwaschen mit lauem Wasser und Fetzen, sowie Auftrocknung mittels Sägespänen. Etwaige beim Legen entstandene Zementflecke, ebenso auch Fett- oder Farbenflecke werden am besten durch Abwaschen mit verdünnter Salzsäure (1 Teil Salzsäure, 10 Teile Wasser) entfernt. Anwendung von purer Salzsäure soll nicht stattfinden.

F. Holzstöckelpflasterungen

I. Materiallieferungen

175. Sand- und Schotterlieferungen wie in Post 1 bis 8.
176. 1 m² **Holzstöckel,** 10 cm hoch, 8 cm breit und 13 bis 22 cm lang, aus Fichten- oder Föhrenholz, imprägniert .... S 22,00
177. 1 m² **Holzstöckel** wie Post 176 aus steirischem Lärchenholz .... „ 27,50
178. **Holzstöckel,** 13 cm hoch, 8 cm breit und 13 bis 22 cm lang, sonst wie Post 177, für Brückenfahrbahnen .... „ 28,00

II. Aufbrechungen

179. 1 m² **Holzstöckelpflaster** jeder Art aufbrechen, die Stöckel seitlich legen .... „ 0,20
180. 1 m² **Betonunterlage** aufbrechen und das Material verführen,
a) bis 10 cm Stärke .... „ 2,00
b) über 10 cm bis 15 cm Stärke .... „ 3,00
c) „ 15 „ „ 20 „ „ .... „ 4,00
181. 1 m² **aufgebrochene Holzstöckel** reinigen .... „ 3,20
182. 1 m² **Holzpflaster** aus 0,13 m hohen, 0,08 m breiten, 0,13 bis 0,22 m langen, laut besonderen Bedingnissen imprägnierten, weichen Holzstöckeln aus Fichten- oder Föhrenholz, wobei jedoch eine Vermengung dieser Holzgattungen auf demselben Objekte nicht zulässig ist, auf einer insgesamt 0,18 bis 0,20 m hohen Betonunterlage, diese letztere aus Portlandzement (inländischer Provenienz) oder Schlackenzement bester Qualität, reinem, geworfenem, reschem, lehm- und erdfreiem Fluß- oder Gstättensand und reinem Rieselschotter im Mischungsverhältnisse von 1:3:5, wobei je 1 m² 40 kg Portlandzement oder 30 kg Schlackenzement gerechnet werden, einschließlich der Herstellung des Überzuges (Mischung 1:3) in der Stärke von rund 1,5 cm, auch aller Handarbeiten, Requisiten und Materialien .... „ 48,30
183. 1 m² **Holzpflaster** aus 0,10 m hohen, 0,08 m breiten, 0,13 bis 0,22 m langen Holzstöckeln, auch alle Handarbeiten, Requisiten und Materialien .... „ 42,40
184. 1 m² **Holzpflaster** aus 0,08 m hohen, 0,08 m breiten, 0,13 bis 0,22 m langen Holzstöckeln auf einer insgesamt 15 cm hohen Betonunterlage, wobei je 1 m² 32 kg Portlandzement oder 24 kg Schlackenzement gerechnet werden, einschließlich der Herstellung des Überzuges, Mischung 1:3, in der Stärke von rund 1,5 cm, sonst wie Post 182, auch alle Handarbeiten, Requisiten und Materialien .... „ 35,60
185. 1 m² **Holzpflaster** aus 0,13 m hohen, 0,08 m breiten, 0,13 bis 0,22 m langen, imprägnierten Holzstöckeln aus Fichten- oder Föhrenholz, wobei jedoch eine Vermengung dieser Holzgattungen auf demselben Objekte nicht zulässig ist, auf bereits ausgebreiteter Mauerschuttunterlage bzw. auf 2 cm starker, bereits hergestellter Schalung über der Bruckstreu, eventuell auf vorhandener Betonunterlage, auch alle Handarbeiten, Requisiten und Materialien .... „ 38,00

186. Bei Verwendung von laut besonderen Bedingnissen imprägnierten Klötzen aus Gebirgslärchenholz erhöhen sich die Preise der Posten je m² wie folgt für:

a) 13 cm hohe Stöckel um	S	5,30
b) 10 „ „ „ „	„	4,00
c) 8 „ „ „ „	„	3,20

187. 1 m³ **Beton für Unterlagen** von 15 bis 20 cm Stärke, einschließlich der Feinschicht (1:3 Portlandzement) von rund 1½ cm herstellen im Mischungsverhältnisse von 1 Teil Portlandzement zu 3 Teilen Sand und 5 Teilen Rieselschotter, wobei je 1 m³ 210 kg Portland gerechnet werden:

1. bis einschließlich 2 m³	„	77,00
2. bei mehr als 2 m³	„	65,00

188. 1 m³ **Beton für Unterlagen** von 15 bis 20 cm Stärke einschließlich der Feinschicht (1:3 Portlandzement) von rund 1½ cm im Mischungsverhältnisse von 1 Teil Portlandzement zu 2 Teilen Sand und 4 Teilen Rieselschotter, wobei je 1 m³ 300 kg Portlandzement gerechnet werden, samt allem Material und aller Arbeit .... „ 71,80

189. 1 m³ Beton aus 1 Teil Portlandzement und 4 Teilen reinem Flußsand, wobei je 1 m³ 430 kg Portlandzement gerechnet werden, samt allem Material und aller Arbeit .... „ 90,00

190. 1 m³ Beton aus 1 Teil Portlandzement und 3 Teilen reinem Flußsand, wobei je 1 m³ 560 kg Portlandzement gerechnet werden, samt allem Material und aller Arbeit .... „ 103,00

191. 1 m² **neue oder alte Holzstöckelpflasterung** mit einer Mischung von heißem Teer und Pech übergießen und mit Sand überstreuen.... „ 3,00

G. Betonstraßen

Nach Angaben der Karl Korn Baugellschaft m. b. H. und der Basaltwerke Radebeule in Wien

I. Materiallieferungen

Die Materialpreise ergeben sich zum Teile aus den Posten 1 bis 8. Überdies gelten:

Hartgestein (Basalt, Granit), für 10 t	S	252,00
Quarzsand, für 10 t	„	81,00
Betonschotter, für 1 m³	„	11,50
Frühhochfester Zement, für 100 kg	„	10,00
Gewöhnlicher Portlandzement, für 100 kg	„	8,70

II. Aufbrechungen

192. 1 m² **Betonstraßendecke** wie Post 194 bei 25 cm Stärke mittels Kompressors aufbrechen und das Material neben der Aufbruchfläche lagern .... S 4,00

193. 1 m² **Betonstraße** aus Spezialzement (Soliditit) wie Post 195, sonst wie Post 195 .... „ 2,50

III. Ausführungen

194. 1 m² **zweischichtige Betonstraße** unter Verwendung von gewöhnlichem oder frühhochfestem Zement, bestehend aus einer 20 cm Unterbetonschicht aus Rundschotter und 180 kg Zement je 1 m³, sowie einer oberen 5 cm starken Hartbetonschicht aus Hartgesteinsplitt und reinem Flußsand und 400 kg Zement je 1 m³, auch alle Handarbeiten und Materialien .... S 19,00
Materialbedarf je 1 m²: 0,30 m³ Betonsand; 0,09 m³ Hartsplitt und Sand; 56 kg Zement.

195. 1 m² **einschichtige Betonstraße** ohne Unterbau auf einer alten, jedoch neu profilierten Makadamdecke, aber ohne diese Vorprofilierung, aufgebracht, rund 10 cm stark, in durchgehendem Edelbeton aus Hartsplitt und Edelzement (Solidititzement) mit durchschnittlich 450 kg Zement je 1 m³, auch alle Handarbeiten, Requisiten und Materialien .... ,, 16,50
Materialbedarf je 1 m²: 0,17 m³ Hartsplitt und Sand; 54 kg Zement.

196. 1 m³ **Basaltoidbetonstraßendecke** herstellen, und zwar:
a) die Tragschicht aus gewöhnlichem Betonschotter (Grubenschotter) bei einer

Stärke von	8	10	15 cm
je 1 m² S	4,95	5,80	7,85;

b) die Basaltoid-Abnutzungsschicht aus Hartgestein (Basalt oder Granit) bei einer

Stärke von	3	4	5 cm
je 1m² S	6,75	7,95	9,15.

H. Silikatstraßen

Nach Angaben des Oberbaurates Dr. Ing. A. Preslicka

I. Materiallieferungen

197. Schotter- und Sandlieferungen siehe Posten 1 bis 9.

Anmerkung. Als Schotter kann jedes Gestein mit einer Korngröße von 30 bis 50 mm, das rein und lehmfrei ist, gebraucht werden. Als Grobsand, der alle Korngrößen von 0 bis 5 mm enthalten soll, muß aber unbedingt nur Kalksteinmaterial verwendet werden, weil das Silikat nur mit diesem zu einem wasserunlöslichen Mörtel abbindet, der geeignet ist, die Hohlräume des Schottergerüstes mit einem fest erhärtenden Kitt dicht zu füllen und die Decke unempfindlich gegen Frost und Nässe zu machen.

198. 100 kg Wasserglas, Marke „Strassil" ab Bahnhof Wien und in einem Umkreise von 50 km .... S 26,50

Anmerkung. Das Wasserglas (Strassil) soll einen Lösungsgrad von 35⁰ Beaumée haben, möglichst den 3,4- bis 3,5fachen Gehalt an Kieselsäure (SiO_2) gegenüber dem Alkali aufweisen. 1 Liter Strassil wiegt 1,3 kg.

II. Aufbrechungen

199. Diese berechnen sich wie bei wassergebundenem Makadam, Posten 12 bis 14.

III. Ausführungen

200. 1 m² **Silikatstraßendecke,** im komprimierten Zustande rund 12 cm stark, bei einer Schotterauflage von rund 17 cm herstellen, wobei auf 1 m³ Gesteinsmenge (etwa 1 m³ Hartgesteinschotter und 360 l Kalkgrobsand bzw. 1 m³ Kalksteinschotter und 320 l Kalkgrobsand) 50 bis 58 l Wasserglas verwendet werden, auch alle Materialien, Handarbeiten und Requisiten, ohne Oberflächenbehandlung, in Eigenregie hergestellt, je nach Lohn und Mischung rund ... S 5,00 bis 6,00

J. Kitonstraßendecken

Nach Angaben der „Gestra", Gesellschaft für Straßenbaubedarf m. b. H., Wien

I. Materiallieferungen

Schotter- und Sandlieferungen wie Post 1 bis 8.

100 kg **Kiton** ab Fabrik, ausschließlich Emballage .... S 38,00

100 kg **Kiton** loko Baustelle, samt Emballage und Faßrücktransport „ 43,00

II. Aufbrechungen

Aufbrechungen werden wie für wassergebundene Makadamstraßen laut Posten 12 bis 14 berechnet.

III. Ausführungen

1 m² **Kitonmakadamdecke** mit einer Schotterschüttung von 8 bis 10 cm, bei einer Kitontränkung mit rund 3,5 kg Kiton je 1 m², einschließlich Fugenschluß mit „Grundit" rund 0,5 kg je 1 m² herstellen, auch alle Materialien, Handarbeiten, Maschinen und Requisiten (bei Ausführung in Eigenregie), rund .... S 5,00

K. Riesenschotterdecken

Nach Angabe der Karl Korn Baugesellschaft A. G. in Wien

201. 1 m² **leichte Riesenschotterdecke** auf vorbereiteter wassergebundener Makadamdecke, jedoch ohne diese Vorbereitung, bestehend aus 70/90 cm Granitriesenschotter (siehe ÖNORM B 3106), in ein rund 6 cm hohes Hartgesteinsplittbett verlegt, samt Walzung, Tränkung und Fugenverguß hergestellt, auch alle Materialien, Maschinen, Handarbeiten und Requisiten .... S 13,00
Materialbedarf: 0,15 t/m² Granitriesenschotter, 0,15 t/m² verschiedene Sorten Hartgesteinsplitt und Sand.

202. 1 m² **schwere Riesenschotterdecke** wie Post 201 aus 80/100 mm Riesenschotter in ein 7 cm hohes Hartgesteinsplittbett von Hand aus gesetzt, samt Walzung, Tränkung und Fugenverguß herstellen, auch alle Maschinen, Materialien, Handarbeiten und Requisiten . „ 15,50
Materialbedarf: 0,20 t/m² Riesenschotter, 0,18 t/m² Sand und Splitt.

203. **Aufbruch** einer Decke laut Post 201 je m² .... „ 1,00

204. „ „ „ „ „ 202 „ „ .... „ 1,50

L. Pflasterfugenverguß (Vollverguß)

205. 1 m² **Pflaster aus Würfelsteinen,** 0,132/0,184/0,237 m großen Parallelepipedsteinen, Formsteinen und Zwickelsteinen, in den Fugen mit Asphalt ausgießen, samt allem Material und aller Arbeit:
a) bei neuen Steinen . . . . S 6,00
b) bei Verwendung alter Steine . . . . „ 7,00

206. 1 m² **Pflaster** aus 0,132/0,184/0,184 m großen Steinen, sonst wie vor:
a) bei neuen Steinen . . . . „ 7,00
b) bei Verwendung alter Steine . . . . „ 8,00

207. 1 m² **Pflaster** mit den unter Post 96 angeführten Steinen flach gelegt, sonst wie vor:
a) bei neuen Steinen . . . . „ 5,30
b) bei Verwendung alter Steine . . . . „ 6,20

208. 1 m² **Asphaltfugenverguß** für Reihensteinpflaster . . . . „ 7,00

209. 1 m² **Asphaltfugenverguß** für Kleinsteinpflaster:

bei einer Steingröße von	3 bis 5	5 bis 7	7 bis 10	12 bis 14 cm
S	5,50	5,75	6,00	6,50

210. 1 m² **ordinäres Granitsteinpflaster** in den Fugen ausgießen, samt allem Material und aller Arbeit . . . . „ 8,40

211. 1 kg **alte Asphaltmasse** vom Fugenverguß bei Steinpflasterungen wird vom Unternehmer übernommen mit . . . . „ 0,01

212. 1 m² **Fugenverguß** von Würfelpflaster mit Kaltasphalt . . . . „ 4,50

213. 1 m² **Fugenverguß** von Kleinsteinpflaster und Kaltasphalt . . . . „ 2,80

Anmerkung. Bei Arbeiten laut Post 212 und 213 wird die fertige Pflasterfläche gereinigt, die Fugen rund 2 cm tief ausgekratzt, erforderlichenfalles auch ausgespritzt, die Fugen mit Feingrus gefüllt und dann mit Kaltasphalt ausgegossen.

M. Pflasterungsarbeiten im Hochbau

Alle im Straßenbau gebräuchlichen Fahrbahn- und Gehwegherstellungen können auch im Hochbau Anwendung finden.

Die Tabellen basieren auf folgenden durchschnittlichen Grundpreisen:

1000 Stück Mauerziegel, österreichisches Format, auf die Arbeitsstelle geliefert . . . . S 70,00
1 m³ durchgegitterter oder gesiebter Mauerschutt . . . . „ 5,00
1 m³ Weißkalkmörtel 1:3 (0,9 m³ Sand, 0,3 m³ gelöschter Weißkalk) „ 25,00
1 m³ verlängerter Portlandzementmörtel (1 Teil Portlandzement, 0,5 Teile gelöschter Weißkalk, 5 Teile Sand) . . . . „ 42,00
1 m³ Portlandzementmörtel 1:5 (290 kg Portlandzement, 1,15 m³ Sand) . . . . „ 48,00
1 Maurerarbeitsstunde . . . . „ 1,80
1 Handlangerarbeitsstunde . . . . „ 1,15

Hierzu kommen noch die Zuschläge für Aufsicht, Requisiten, soziale Abgaben und sonstige Regiekosten.

Liegendes Ziegelpflaster aus gewöhnlichen Mauerziegeln, österreichisches Format, im Erdgeschoß[1]):

Ausführungsart		Kosten je m²	Kostenzergliederung													
			Mauerziegel, österr. Format		Mauerschutt		Weißkalkmörtel		Verlängerter Portlandzementmörtel		Portlandzementmörtel 1:5		Maurerarbeitsstunde		Handlangerarbeitsstunde	
		S	St.	S	m³	S	m³	S	m³	S	m³	S	St.	S	St.	S
Trocken in Mauerschutt verlegt	Fugen mit feinem Mauerschutt ausgefüllt	3,89	24	1,68	0,03	0,15	—	—	—	—	—	—	0,70	1,26	0,70	0,80
	mit Weißkalkmörtel vergossen	4,24	24	1,68	0,02	0,10	0,01	0,25	—	—	—	—	0,75	1,35	0,75	0,86
	mit verlängertem Portlandzementmörtel vergossen	4,42	24	1,68	0,02	0,10	—	—	0,01	0,42	—	—	0,75	1,35	0,75	0,86
	mit Portlandzementmörtel vergossen	4,62	24	1,68	0,02	0,10	—	—	—	—	0,01	0,48	0,80	1,44	0,80	0,92
In Weißkalkmörtel verlegt und vergossen		4,64	24	1,68	—	—	0,03	0,75	—	—	—	—	0,75	1,35	0,75	0,86
In verlängertem Portlandzementmörtel verlegt und vergossen		5,25	24	1,68	—	—	—	—	0,03	1,26	—	—	0,75	1,35	0,75	0,86
In Portlandzementmörtel verlegt und vergossen		5,48	24	1,68	—	—	—	—	—	—	0,03	1,44	0,80	1,44	0,80	0,92

Für höhere Geschosse je Stockwerk auf obige Preise ein Aufschlag von je m² .... S 0,35

Für **stehendes Ziegelpflaster** auf obige Preise ein Aufschlag von 75%.

Bei Verwendung von **Mauerziegeln deutschen Formates** (25 × 12 × × 6 ½ cm), die, auf die Arbeitsstelle geliefert, je 1000 Stück S 60,00 kosten und von welchen zur Herstellung 1 m² liegenden Ziegelpflasters rund 34 Stück erforderlich sind, erhöhen sich die in der ersten Vertikalkolonne erscheinenden Kosten solcher Pflasterungen je m² um .... S 0,36

Pflasterung mit Kehlheimer-, Zement-, Steinzeug und gefälzten oder ungefälzten Werksteinplatten jeder Stärke und Größe in orthogonaler oder diagonaler Scharenordnung im Erdgeschosse, exklusive des Wertes der Platten:

Ausführungsart	Kosten je m²	Kostenzergliederung									
		Weißkalkmörtel		Verläng. Portlandzementmörtel		Portlandzementmörtel		Maurerarbeitsstunden		Handlangerarbeitsstunden	
	S	m³	S	m³	S	m³	S	St.	S	St.	S
In Weißkalkmörtel verlegt und vergossen ..	6,69	0,03	0,75	—	—	—	—	2,5	4,50	1,25	1,44
In verlängertem Portlandzementmörtel verlegt und vergossen	7,20	—	—	0,03	1,26	—	—	2,5	4,50	1,25	1,44
In Portlandzementmörtel verlegt und vergossen	7,38	—	—	—	—	0,03	1,44	2,5	4,50	1,25	1,44

[1]) Siehe auch: „Baumeisterarbeiten" S. 177 und 178.

Für höhere Geschosse je Stockwerk auf obige Preise ein Aufschlag je m² von .... S 0,30
Für Pflasterung (Verkleidung) vertikaler Flächen auf obige Preise ein Aufschlag je m² Pflaster- (Verkleidungs-) Fläche von .... „ 2,00

Asphaltierungen für Fußböden im Parterre auf festliegendem, ebenem Ziegelpflaster oder auf entsprechender Betonunterlage.

Stärke in cm	2	2	4	4	1½	3
Anzahl der Lagen ..	1	1	2 à 2 cm	2 à 2 cm	1	2 à 1½ cm
Beschaffenheit	glatt	kariert	glatt	oben karriert	glatt	glatt
Preise in S je m² ...	9,00	10,00	16,00	18,00	7,00	15,00

Anmerkung. Die Preise gelten für ein Ausmaß von mindestens 10 bis 20 m².

10 cm **starker Unterlagsbeton** im Parterre für Asphaltpflasterungen 1:8, je m² .... S 7,00
Aufschläge für Arbeiten je Stockwerk 10%.

Umlegung alten Asphaltpflasters gegen kostenlose Rücknahme des alten Asphaltmaterials, falls letzteres verwendbar und im vollen Ausmaß vorhanden, je m² .... „ 7,50

N. Verzeichnis einiger der wichtigsten Begriffe des modernen Straßenbaues

Aeberli-Makadam. Teermisch- oder kurz Teermakadam, kalt eingebaut.
Arzit. Teer-Asphalt-Emulsion.
Assalit. Eine Teeremulsion.
Asphalt. Siehe genaue Begriffsbestimmung ÖNORM.
Asphaltbeton. Straßenbelag, bestehend aus Splitt, Grus, Sand, Filler und Trinidad-Epuré oder Erdölasphalt, wobei das Gesteinsgemenge auf Hohlraumminimum gemischt wird. Einbau erfolgt im heißen Zustand. Besteht das Gesteinsgemenge bloß aus Grus bis 7 mm Korngröße, Sand, Filler und Asphalt, so spricht man von Feinasphaltbeton oder Topeka.
Asphaltblockpflaster. Asphaltpflaster, bestehend aus hydraulisch gepreßtem Stampfasphaltsteinen oder -platten.
Asphaltkalkstein. In der Natur (Val de Travers, Sizilien, San Valentino, Seyssel, Limmer, usw.) vorkommende Kalke, getränkt mit Asphaltbitumen (Stampfasphaltstein genannt).
Asphaltmakadam. Eine mit Trinidad-Epuré oder Erdölasphalt getränkte Makadamdecke, die überdies als Deckensch uß eine Oberflächenbehandlung erhält.
Asphaltmörtel. Gemenge aus Sand, Filler und Asphalt.
Asphaltzement. Fertig gemengtes Bindemittel für Walzasphalte.
Aufreißer. Pflugartiger Apparat zum Aufbrechen alter Makadamdecken.
Binder. Grob-Asphaltbeton als Zwischenlage zwischen Makadam und eigentlicher Verschlußschicht, z. B. Topeka.
Bitas. Eine kolloidale Asphalt-Öl-Lösung.
Bitufalt. Asphaltemulsion.
Bitumen. Sammelbegriff der Chemie für Kohlenwasserstoffe. Ist im Straßenbau tunlichst als Bezeichnung für Bindemittel zu verwenden.
Bitumuls. Asphaltemulsion für Oberflächenbehandlungen und Teerungen.
Bituroad. Asphaltemulsion für Oberflächenbehandlungen und Teerungen.
Colas. Asphaltemulsion für Oberflächenbehandlungen und Teerungen.
Colaston. Ein mit Colas erzeugter Asphaltbeton im Kaltmischverfahren.
Domann- oder **Essener Asphalt.** Feine Schlacke oder Sand mit Teer vermengt. Kalteinbau.
Elektroschmelzzement. Hochwertiger Schnellbinderzement.
Emas. Asphaltemulsion.
Emulsion. Erdölasphalt im feinst verteilten Zustand in Wasser, dem sogenannte Emulgatoren (Seifen, Laugen, Sulfofettsäuren usw.) zugesetzt sind. Das Gemenge zerfällt, an die Luft gebracht, und scheidet den Asphalt als dünne Haut auf dem Gestein als Bindemittel ab.
Epuré. Durch längeres Erhitzen gereinigter Trinidadasphalt.
Erdölasphalt. Rückstand der leichten Destillation des Roherdöles, kommt als Marke „Mexphalt“ „Spramex“, Mexpetebano, Petmexebano“ in den Handel.
Euphalt. Kaltasphalt (Erdölasphaltemulsion) für Oberflächenbehandlungen und Tränkungen.
Filler. Füllmaterial, wie Portlandzement oder Kalksteinmehl.
Fitte. Straßenpflaster aus Kunststeinplatten.
Flickwalzung. Schadhafte Stellen der Makadamstraßen werden ausgehackt, mit neuem Schottermaterial ausgefüllt und unter Zusatz von Splitt, Grus und Sand festgewalzt.
Goudron. Eigentlich französische Bezeichnung für „Teer“. Wird aber auch für ein Gemenge aus Trinidad-Epuré mit Bergteer oder Rückständen der Roherdöldestillation verwendet.
Gummiblockpflaster. Blöcke aus Beton, auf dem eine Gummilage als Verschleißschichte aufgepreßt wird.

Gußasphalt. Ein Gemenge aus Asphaltsteinpulver und Goudron (Mastix) und Kies.

Halbtränkung. Asphaltmakadam unter Verwendung von Kaltasphalt (Emulsion), 8 cm stark, wobei das untere Drittel mit Sand abgedichtet ist.

Heißmischverfahren. Teer- oder Asphaltmaterial, das durch Mischung in Maschinen heiß erzeugt wird.

Impregnol. Mineralisches Stauböl zur Staubbekämpfung auf Makadam.

Innenteerung. Damit werden alle Baumethoden bezeichnet, bei denen das Gestein mit Teer entweder durch Tränkung oder Mischung umhüllt werden.

Kalteinbauverfahren. Herstellung von Teerdecken, bei denen das Gestein wohl heiß mit Teer vermengt, aber im erkalteten Zustand auf der Straße eingebaut wird.

Kiton. Gemenge aus Ton, Teer und Wasser (Teeremulsion).

Kitondecken. Makadam das mit Kiton als Bindemittel hergestellt ist.

Makadam. Eine aus Gebirgsschlägelschotter, Splitt, Grus und Sand auf Bruchsteinpacklage oder auf tragfähigem Untergrund durch Walzung unter gleichzeitiger Besprengung mit Wasser hergestellte Straßendecke.

Mastix. Geformte Brote, mit Originalmarke versehen, aus Asphaltsteinpulver und Goudron, zur Erzeugung von Gußasphalt.

Mexikobitumen. Aus Mexiko importierter Erdölasphalt.

Mexphalt. Siehe Erdölasphalt.

Mikroasbest[1]) aus dem Burgenland (Österreich) wird als Filler zu bituminösen Stoffen wie Asphalt oder Teer usw. im Straßenbau bei Herstellung von Straßenbelägen und für Vergußmassen (Ausdehnungsfugen) verwendet. Er erhöht die Festigkeit und Elastizität. Zusatz von 30 bis 50 Gewichtsprozent zum Teer oder Asphalt steigert die Biegefestigkeit (Suida und Schmölzer). Durch Beigabe zum Zement (1 kg Mikroasbest zu 10 kg Zement) wird der Beton dichter, rißsicherer und gegen Säureangriffe widerstandsfähiger.

Oberflächenbehandlung. Auf Makadam aufgebrachter destillierter Teer, Erdölasphalt (Spramex, Petmexebano) oder Emulsionen dieser Stoffe und darauffolgende Absplittung und Walzung. Für Fahrbahnen und Gehwege verwendbar.

Packlage. Bruchsteinunterbau in Form eines gut verzwickten liegenden Trockenmauerwerkes.

Pech. Endrückstand der Steinkohlenteerdestillation. Man unterscheidet Weich-, Mittel- und Hartpech, je nach Schmelzpunkt.

Pechölmischungen. Aus Hartpech und Anthrazenöl hergestellter sogenannter präparierter ,regenerierter oder aufgestellter Teer.

Pixroad. Teerpräparat für Tränkungen.

Quarrite. Teermisch- bzw. Teermakadam bestimmte Ausführungsart.

Rustomit. Staubbekämpfungsmittel.

Sandasphalt. Asphaltbeton, dessen Steingerüste höchstens 2 mm Korngröße aufweist.

Sheetasphalt. Siehe Sandasphalt.

Silifer. Straßenpflasterungsmaterial.

Silikatstraßen. Makadam, wobei Wasserglas verschiedener Provenienz, „Strassil", „Silnizit", „Sosso" als Bindemittel dient.

Soliditittbeton. Spezialbauweise für Betonstraßen unter Verwendung von Solidititzement.

Spramex. Erdölasphalt.

Sprengelith. Staubbekämpfungsmittel.

Stampfasphaltpflaster. Aus pulverisiertem, erhitztem Asphaltkalkstein durch Feststampfen auf Betonunterlage hergestellter Belag.

Steinschlagasphalt. Decke aus gebundenem Schlägelschotter und Splitt die in der Mischmaschine mit Asphalt vermengt und heiß eingebaut werden. Darauffolgende Oberflächenbehandlung mit Asphalt.

Straßenölungen. Staubbekämpfung auf wassergebundenen Makadamstraßen.

Superzement. Spezialzement.

Tarbit. Eine Teerölkomposition zur Staubbekämpfung auf Makadamstraßen.

Teer. Produkt der Steinkohlendestillation in Gaswerken oder Kokereien.

Teerbeton. Ein auf Hohlraumminimum gemischtes Gesteinsgemenge aus Splitt, Grus, Sand, Filler das mit Teer in Mischmaschinen versetzt und heiß eingebaut wird.

Teermakadam. Straßendecke, bestehend aus zwei oder mehreren Schichten geteerten Schotters, Splitt, Grus und Sand. Die einzelnen Gesteinsgattungen werden, voneinander getrennt, mit Teer im Heißmischverfahren umhüllt und gelangen heiß oder auch kalt zum Einbau.

Teermak (Tarmak). Teermakadam, wozu Hochofenschlacken verwendet werden.

Teermischmakadam. Identisch mit Teermakadam.

Teeröle. Produkt der Steinkohlenteerdestillation.

Teertränkmakadam. Ein trocken vorgewalztes Gebirgsschlägelschotterbett, dessen größte Hohlräume durch Grobsplitt ausgefüllt werden, und das mit Teer getränkt und mit einer Oberflächenteerung versehen wird.

Teersand. Ein Teerbeton, dessen Gesteinsgerüst nur aus Sand (2 mm) und Filler besteht.

Topeka. Siehe Asphaltbeton.

Trinidadasphalt. Auf der Insel Trinidad als See- oder Sandasphalt gewonnener Naturasphalt.

Vialit. Asphaltemulsion.

Vollwalzung. Instandsetzung einer Makadamstraße, indem über die ganze Breite eine gleich hohe Schotterlage neu aufgewalzt wird.

Walzasphalt. Sammelbegriff für alle unter Walzung hergestellten Asphaltbeläge, wie „Steinschlagasphalt", „Asphaltbeton", „Topeka", „Sandasphalt".

Westrumit. Asphaltemulsion.

---

[1]) Der Beton wird durch Beimischung von Mikroasbest spritzfähiger, plastischer und damit zum Torkretieren besonders geeignet. Weitere Anwendungsgebiete: Wasserbehälter, Planschbecken aus Eisenbeton; Steinholzfußböden (rißsicherheit), feuersichere Anstriche, Erzeugung von Fugenausgußmassen usw.

Tischlerarbeiten

nach Angaben des Zentralverbandes der holzverarbeitenden Gewerbe und deren verwandten Berufe Österreichs

Vorbemerkung

Alle Tischlerarbeiten verstehen sich samt Material und am Bauobjekt loko Wien eingepaßt.

Die Türen und Fenster, und zwar sowohl einzelne Bestandteile als auch vollständige Stücke, werden nach dem Lichtmaße der betreffenden Stöcke, dieselben mögen aus Holz, Eisen oder Stein bestehen, bzw. nach der Futterlichte verrechnet. Bei ins Futter aufgehenden Türen ist die größere Futterlichte bzw. der Türstock mit den größeren Dimensionen für die Stocklichte in Rechnung zu bringen. Glastüren werden mit den Preisen der vollen Türen berechnet.

Mehrarbeiten bei Türfuttern über ein Vielfaches von 15 cm, die sich durch den stärkeren Verputz der Mauern ergeben, werden nicht vergütet.

Türfutter von 30 cm Breite aufwärts sind durch Quermittelstücke, gleich den Türen, zu teilen; desgleichen müssen Blindspaletten in der Höhe der Kämpfer geteilt sein. Türfutter und Blindspaletten über 60 cm haben außerdem ein aufrechtes Mittelstück zu erhalten.

Bei neuen Fenstern dürfen Kämpfer und senkrechte Mittelteile des Fensterstockes nicht besonders verrechnet werden.

Fußböden werden in ihrem Ausmaß — in der Regel — nur innerhalb der rein geputzten Mauerflächen gemessen; für den Fall des Untergriffes unter dem Putz (z. B. bei Neubauten) werden bei den Längen- und Breitendimensionen an jeder Mauerfläche 2 cm zugeschlagen. Bei harten Böden und Sockeln sowie bei Sesselleisten ist das einmalige Einlassen mit Wachs samt Aufbürsten oder das Einlassen mit Ölfirnis im Herstellungspreise inbegriffen. Bei verschiedenen Ausmaßen des Blind- und Brettelbodens in einem Raume (z. B. bei Vorhandensein von Schultreppen, Estraden, Hohlkehlsockeln u. dgl.) wird das Übermaß des Blindbodens besonders vergütet.

Bei gehobelten Arbeiten wird für jede gehobelte Fläche eine Verminderung der vorgeschriebenen Holzstärke um höchstens 2½ mm zugestanden.

Für auswärtige Arbeiten sind die Kosten für Packung, Zu- und Abfuhr sowie Fracht zuzuschlagen und beim Arbeitslohn die Erhöhung laut Kollektivvertrag zuzüglich Reisespesen, Reisezeitvergütung und Nächtigungsauslagen, zu vergüten.

Wenn die Holzgattung nicht speziell angeführt erscheint, gelten die Preise für alle Arbeiten aus weichem Holze. Im übrigen wird auf: „Die Kostenberechnung der Bautischlerarbeiten"[1]) von Ing. Ferd. Schrom und Ing. Franz Thiel verwiesen, worin als Grundlage für die Kostenermittlung erstmalig der Begriff der Werteinheit (WE) eingeführt wird. Wird 1 Tischlerstunde = 1 WE gesetzt, so entsprechen 1 m³ Tischlerholz = 100 WE.

A. Einzelne Bestandteile von Türen und Toren

Alle Türen werden nach der lichten Futterdimension gerechnet.

---

[1]) Verlag Julius Springer, Wien. 1930.

Türstöcke

Die Preise der Türstöcke aus rauhem Kantholz und Pfosten sind im Kapitel „Zimmermannsarbeiten" enthalten.

Gehobelter und gefalzter Parapetstock

aus Staffelholz	8/8	8/10	10/10 cm
Preis per Lfm	S 2,75	3,30	4,15

Für segmentförmige Stöcke wird ein Zuschlag von 35%, für halbkreis- oder ellipsenförmige ein solcher von 75% vergütet.

Türfutter

je m², und zwar ohne Unterschied der Dimensionen:

Glatte Türfutter .... S 12,00
Gestemmte und gekehlte Türfutter .... „ 22,00

Falz- und Zierverkleidungen für Türen:

Glatte Verkleidung bis zu einer Breite von 0,1 m, je m .... S 1,50
Gekehlte Verkleidung je m

a) bis 0,1 m breit .... S 2,30
b) über 0,1 bis 0,13 m breit .... „ 2,50

Gehobelte Türfußtritte (glatt, etwa 24 mm stark)

a) gewöhnliche .... je m² S 15,00
b) aus Föhrenholz .... „ „ „ 16,00
c) „ Lärchenholz .... „ „ „ 18,00
d) „ Eichenholz, 16 cm breit, glatt .... „ „ „ 25,00
e) „ „ gestemmt von 32 cm breit aufwärts .... „ „ „ 30,00

Bei Fußtritten über 24 mm Stärke wird ein entsprechender Zuschlag gerechnet.

Türflügel

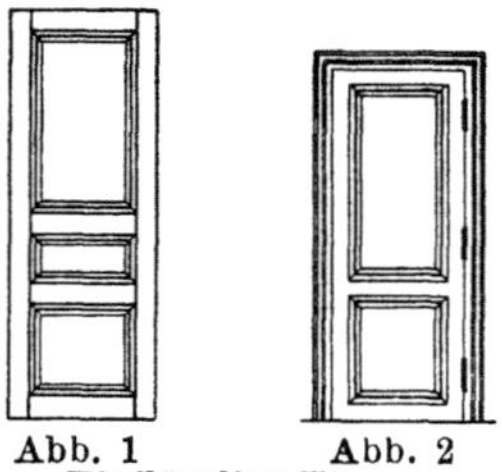
Abb. 1 Abb. 2
Einflügelige Türen

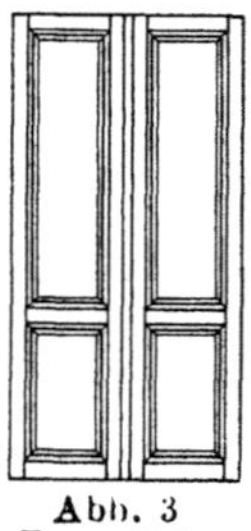
Abb. 3
Doppeltür

Einflügelige Türe (Abb. 1), auf einer Seite mit gekehltem Fries und Füllungen, auf der anderen Seite glatt. Fries aus 4 cm starken Pfosten, Füllung 2 cm stark, je m² .... S 24,00

Einflügelige Türe (Abb. 2), jedoch beiderseits gekehlte Friese und Füllungen, aus 4½ cm starkem Friesholz, je m² .... S 28,00

Zusammengestemmte ein- oder zweiflügelige Türen

ganz wie die vorige, jedoch beiderseits glatt, mit Schlagleiste, je m² .... S 26,00

Jalousieartige, verschalte ein- oder zweiflügelige Türen, sonst wie vor, je m² .... „ 35,00

Doppeltüre (Abb. 3), aus 5 cm starken Pfosten, mit beiderseits gekehltem Fries und Füllungen samt beiderseitiger Schlagleiste, sauber und rein gearbeitet, ohne Unterschied der Türdimensionen, je m² .... S 26,00

B. Vollständige Türen und Tore mit allen Bestandteilen

Vorbemerkung. Oberlichten und Anhängfenster werden zu dem Flächenpreis der zugehörigen Tür gerechnet. Oberlichte mit ungeradem Sturze werden mit einem entsprechenden Aufschlag (wie bei den Fenstern) behandelt.

a) Einflügelige Türen

Einflügelige Türe (Abb. 4 und 5), mit beiderseits gekehlten Friesen und Füllungen, mit gehobeltem, 0,15 m breitem Stock, samt Falz- und Zierverkleidungen, je m² .... S 44,00

mit 0,3 m breitem Stocke, je m² .... „ 50,00

Dieselbe, jedoch mit rauhem, 15 cm breitem Stock aus Halbpfosten und gekehltem, 18 cm breitem Futter, je m² ...... S 52,00

Dieselbe mit gestemmtem Futter und Verkleidungen, in 2 rauhen Stöcken aus Halbpfosten, je m²:

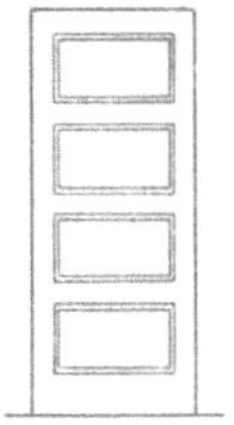

Abb. 4

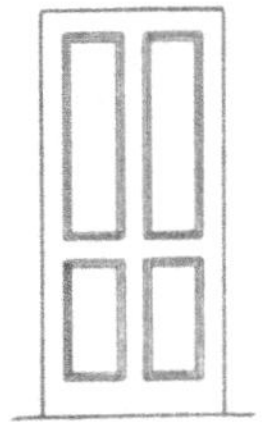

Abb. 5

Einflügelige Türen

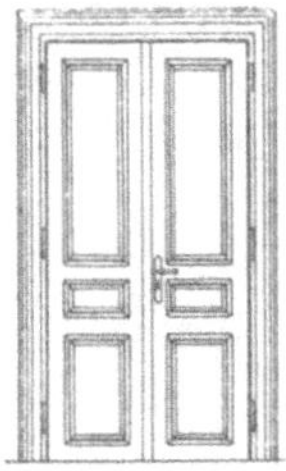

Abb. 6
Zweiflügelige Tür

a) mit 0,35 m tiefem Futter....	S 62,00	e) mit 0,90 m tiefem Futter....	S 80,00
b) „ 0,45 „ „ „	„ 65,00	f) „ 1,05 „ „ „	„ 85,00
c) „ 0,60 „ „ „	„ 73,00	g) „ 1,20 „ „ „	„ 90,00
d) „ 0,75 „ „ „	„ 76,00		

Werden Spaliertüren verwendet, so ist von den Preisen dieser Posten je m² der Betrag von S 4,00 in Abzug zu bringen.

b) Zweiflügelige Türen

Zweiflügelige Türen aus 5 cm starken, weichen Pfosten mit beiderseitigem Fries und Füllungen samt Schlagleisten, mit 5 cm starkem; 0,15 m breitem gehobeltem Stocke mit Falz- und Zierverkleidung samt Einrichten ohne Unterschied der Türdimension (Abb. 6), je m² .... S 42,00

Dieselben, jedoch mit rauhem Stock und gekehltem, 18 cm breitem Futter, je m² .... S 46,00

Zweiflügelige Türe aus 5 cm starken, weichen Pfosten und beiderseitigem Fries und Füllungen samt Schlagleisten, in 2 rauhen Stöcken, je 0,15 m breit, 5 cm stark, mit Futter und beiderseitigen Verkleidungen, mit gekehlten Friesen und Füllungen samt Einpassen

a) mit 0,35 m tiefem Futter, je m²	S 54,00
b) „ 0,45 „ „ „ „ „	„ 57,00
c) „ 0,60 „ „ „ „ „	„ 65,00
d) „ 0,75 „ „ „ „ „	„ 74,00
e) „ 0,90 „ „ „ „ „	„ 78,00
f) „ 1,05 „ „ „ „ „	„ 83,00
g) „ 1,20 „ „ „ „ „	„ 88,00

Anmerkung. Futter über 60 cm Breite müssen ein aufrechtes Mittelstück erhalten.

c) Sonstige ein- oder zweiflügelige Türen

Bei Türen, die sich ins Futter öffnen, werden zu den Preisen 10% zugeschlagen. Bei **zweiflügeligen Türen** (Abb. 7), mit ungleicher Flügelbreite und doppelten Schlagleisten, wird auf die Preise der gewöhnlichen Flügeltüren ein Aufschlag von *S 10,00* für das Stück berechnet.

Windfang von mindestens 2,50 m Breite mit Lisenen, gestemmtem Parapet mit Brustleiste und Sockel, vierteilig, mit zweiflügeliger Spieltür und Glaslichten mit Verkröpfungen, je m² .... S 45,00 bis 60,00

Spieltür (Windfang) mit Parapetstock, zweiflügelig, mit Kämpfergesims und Oberlichte, gestäbten Füllungen mit Glaslichten, je m² ..... S 45,00 bis 50,00

Türoberlichte und Anhängefenster werden in das Flächenmaß der zugehörenden Türe mit eingerechnet.

Für das Anbringen von **separaten Glasflügeln** und Gitterfalz erfolgt je Flügel eine Aufzahlung von *S 6,00* bis *7,00*.

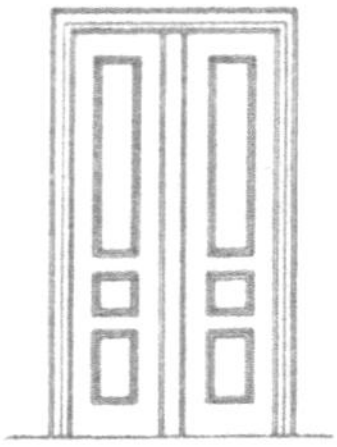

Abb. 7

Abb. 8 Haustüre

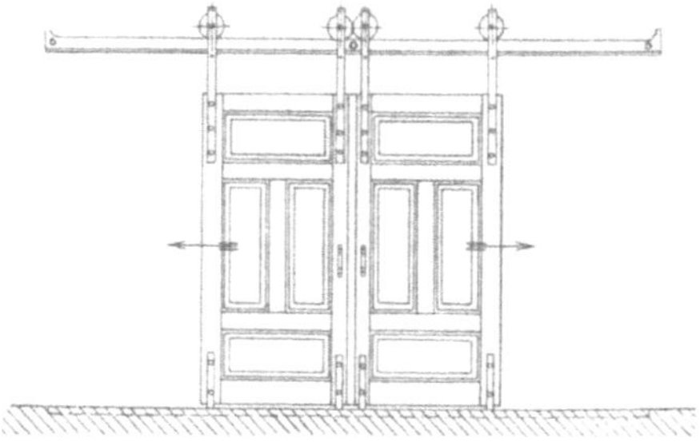

Abb. 9. Schubtor

d) Hauseingangstüren und -tore ohne Stock

Vorbemerkung: Die Türe wird im vollen Ausmaße berechnet. Parapetstöcke werden laut Tarif separat vergütet.

Zweiflügelige Türe aus 5 cm starken, kienföhrenen Pfosten, gestemmt und einfach gekehlt, ohne Unterschied der Dimension, samt Einrichten, je m² ...... S 30,00

Dieselbe, jedoch jalousieartig ausgebildet, je m² .... ,, 40,00

Haustüre bis 2 m breit, Abb. 8, mit Parapetstock, ohne Unterschied der Stöcke, mit zwei gleich- oder verschieden breiten Flügeln aus 5 cm starken, föhrenen Pfosten mit Sockel, verstemmten Friesen und doppelten Schlagleisten, jeder Flügel mit 3 bis 8 eingesetzten, abgekröpften Füllungen oder auf Jalousieart entweder ganz zum Aufgehen oder mit durchlaufendem Kämpfergesims und festem Oberteil oder Glaslichte mit Sprossen, ohne jede Bildhauerarbeit, je nach der Teilung, je m² .... S 55,00 bis 65,00

Haustor, wie vor, jedoch von mehr als 2 m Breite, aus 8 cm starken, kienföhrenen Pfosten, je nach der Zeichnung, je m² .... S 75,00 bis 85,00

Haustüre wie vor, jedoch aus Eichenholz hergestellt, stellt sich, je nach Entwurf, um 140 bis 180% höher.

Wagenschuppentor aus 8 cm starken, föhrenen Pfosten, mit harten Einschubleisten, außen verschalt, je m² .... S 65,00 bis 85,00

Schubtore aus Holz mit 1 oder 2 Flügeln aus 8 cm starken Pfosten, mit gestäbten Füllungen nach Abb. 9, je m² .... S 65,00

C. Abteilungswände und Windfänge

Vorbemerkung. Oberlichten mit ungeradem Sturze werden nach dem umschriebenen Rechteck berechnet und erhalten außerdem einen entsprechenden Zuschlag auf den ganzen Preis (wie bei den Fenstern)

a) bei äußerem, segmentförmigem Sturz von 20%,
b) ,, ,, halbkreisförmigem ,, ,, 35%,
c) ,, ,, korbbogenförmigem ,, ,, 50%.

Abteilungswand aus 4 cm starken Laden, genutet und gefedert oder stumpf aneinandergepaßt, mit Deckleisten samt Gesims und Sockel, an allen Materialien, Arbeit und Aufstellung,

a) einerseits gehobelt, je m² .... S 18,00
b) beiderseits ,, ,, ,, ... ,, 20,00

Abteilungswände, beiderseits gehobelt, aus 4½ cm starken Laden, entweder bloß mit Sockel oder mit Parapet samt Sockel, oben mit einem Deckstück mit Gesims, die Wand und das Parapet mit Fries und Füllungen, nach Erfordernis auch mit Türen, je m² .... S 28,00

Dieselben, jedoch mit Glaslichten und Sprossen mit Kittfalz, samt Kämpfer mit Oberlichte, je m² .... S 25,00

Dieselben, jedoch mit Schub- oder gewöhnlichen Fensterflügeln, je m² ,, 30,00

Holzwand wie vor, jedoch aus 5 cm starkem Holze, samt Kämpfer und Oberlichte, Lisenen mit Deckleiste,

a) voll, mit Füllungen, je m² .... S 30,00
b) mit Glaslichten, je m² .... ,, 27,00

D. Lamberien (Wandverkleidungen[1])

Lamberie aus weichem Holz, 2½ cm stark, mit Gesims, Brustleiste und Sockel, einschließlich der Beigabe und Befestigung der Dübel im Ziegelmauerwerk,

a) die Laden gefedert, je m² .... S 18,00
b) mit Fries und Füllung, je m² .... ,, 26,00
c) wie vor, jedoch mit diagonaler Stäbung, je m² .... ,, 30,00
d) in reicherer Ausführung, mit Konsolen und Verzierungen, je nach Zeichnung, per m² .... von S 40,00 bis 60,00

E. Holzplafonds

Balkenplafond mit gestäbten Feldern und imitierten Trämen, je m² von S 35,00 bis 50,00

Kassettenplafond, in einfacher Ausführung, sonst wie vor, je m² von S 40,00 bis 60,00

Kassettenplafond mit geschnitzten Feldern, Konsolen und Rosette, je m² von S 62,00 bis 100,00

Sämtliche vorgenannten Plafonds aus reinem Fichtenholz hergestellt. Dieselben aus Föhrenholz 20% teurer. Bei den aus Eichenholz hergestellten Plafonds erhöht sich der Preis um 150 bis 300%.

---

[1]) Für Belag von Innen- und Außenwänden, dann als Zwischenwände werden auch zweckmäßig Eternittafeln verwendet. Normalgrößen: 1200×1200 mm, 2500×1200 mm und 3700×1200 mm in Stärken zwischen 4 und 25 mm, über Bestellung auch darüber. Preis der Tafeln bei 4 mm Stärke je 1 m² ab Werk etwa *S 6,00* bis *7,00*,

F. Stiegen mit geraden Armen

Preis je Stufe in S für Holzstiegen	mit geraden Stufen	mit Spitzstufen
aus weichem Holz, Föhrenstufen, in beiderseitigen Wangen mit einfachem Geländer, bei 1 m Lichtbreite	30,00	40,00—50,00
mit gestützter Wange und Geländer, je nach Zeichnung und Ausführung	40,00—60,00	
ganz aus Lärchenholz, gekröpfte Säulen, gedrehte Baluster, Handgriffe	50,00—60,00	70,00—90,00
ganz aus Eichenholz, sonst wie vorher	60,00—100,00	100,00—150,00

Stiegenanhaltstangen und Stiegengriffe aus Eichenholz, naturpolitiert, anfertigen und befestigen.

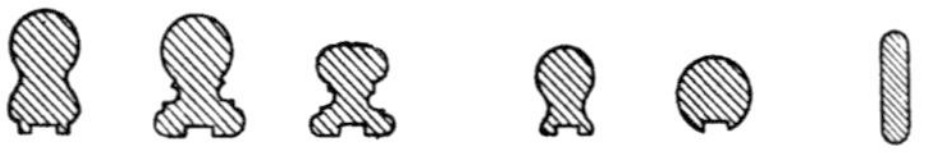

	I	II	III	IV	V	VI
			Schilling je m′			
a) Griffe mit Schienenfalz nach jeder Schweifung, spindel- oder mauerseitig	33,00	28,00	24,00	18,00	16,00	15,00
b) Griffe ohne Schienenfalz, nach jeder Schweifung, mauerseitig	32,00	27,00	23,00	16,00	15,00	14,00
c) Griffe mit Schienenfalz bei geradearmigen Stiegen, sonst wie a)	27,00	23,00	17,00	12,00	9,00	9,00
d) Griffe ohne Schienenfalz bei geradearmigen Stiegen, sonst wie b)	26,00	22,00	16,00	10,00	9,00	8,00
e) für geschweifte Ecken bei geradearmigen Stiegen	52,00	51,00	35,00	30,00	20,00	18,00

Stiegenstangen wie vor, jedoch aus gedämpftem Buchenholz, 20% billiger.

Krümmlinge werden mitgemessen und außerdem hierfür eine Aufzahlung von *S 10,00* bis *30,00* je Stück gerechnet.

Knöpfe für Stiegengriffe zur Unterbrechung des Laufes (um das Gleiten zu verhindern), je Stück .... S 1,10 bis 1,50

G. Reparaturen an Türen und Toren

Vorbemerkung. Werden Reparaturen mit Holzbeigabe an Objekten mit Föhren-, Lärchen- oder Eichenholz vorgenommen, so werden die eingesetzten Reparaturpreise (sofern nicht Reparaturpreise für diese Holzgattungen festgesetzt worden sind) um 25% bzw. um 50 und 100% erhöht.

Das Aus- und Einhängen der Türflügel ist in den Einheitspreisen inbegriffen.

Reparaturen an Zimmertüren

Schlagleiste abnehmen und eine neue, bis 0,1 m breite Schlagleiste wieder anmachen, je m .... S 2,00

Neues aufrechtes Friesstück in eine alte Tür einsetzen, samt Auslösen des schadhaften Stückes, Einrichten und Befestigen des neuen, je m S 11,00 bis 12,00

Querfriesstück wie vor behandeln, je m .... „ 14,00 „ 15,00

Neue Füllungen in eine alte Türe einsetzen, nebst Auslösen der alten Friesstücke und Wiederfestmachen, je m² .... S 14,00 bis 16,00

Gekehlte Türverkleidung abnehmen, ausbessern und wieder festmachen, je m S 2,00 bis 3,00

Alte, glatte oder gekehlte **Türverkleidung** abnehmen und dafür eine neue anmachen, je m, und zwar:

a) ein neues gekehltes Stück, bis 0,1 m breit .... S 2,50

b) „ „ „ „ über 0,1 „ „ .... „ 3,00

Gekehltes Futter losnehmen, ausbessern und wieder festmachen, je m² S 9,00 bis 10,00

Altes Futter abnehmen und hierfür ein neues Futter einsetzen,

a) wenn das neue Futter glatt ist, je m² .... S 15,00 bis 20,00

b) „ „ „ „ gekehlt „ „ „ .... S 25,00 „ 30,00

Alte Füllung herausnehmen und einen Kittfalz für die Verglasung herstellen, je m Falz .... S 2,50 bis 3,00

Türe samt Verkleidung unten abschneiden, je m .... „ 5,00 „ 6,00

Reparaturen an Toren, Hauseingangstüren und Windfängen

Gegenstand	Aus Tannen- oder Fichtenholz	Aus kienföhrenem Holz	Aus Eichenholz	Anmerkung
	Schilling			
Sockel abnehmen und hierfür einen neuen anfertigen, anpassen und festmachen je m²	11,00	13,00	25,00	
Schlagleiste abnehmen, eine neue, bis 15 cm breite je nach Zeichnung anfertigen und festmachen, je m	4,00—5,00	5,00—6,00	10,00—20,00	
Kämpfergesims abnehmen, das neue, bis 15 cm breite und 25 cm hohe anpassen und je nach der Zeichnung befestigen, je m	18,00—20,00	20,00—23,00	35,00—50,00	alles ohne Bildhauerarbeit berechnet
Neue Füllung einsetzen, die alte herausnehmen, die durch allfällige Beschädigung beim Auseinandernehmen der Friese nötig gewordenen Reparaturen bewerkstelligen, je m²	17,00—19,00	20,00—25,00	40,00—50,00	die Füllungen einfach abgeplattet, ohne jede Bildhauerarbeit
Neues Fries herstellen, nebst Abnehmen des alten und der hierdurch erforderlichen übrigen Reparaturen, je m	20,00—24,00	26,00—30,00	40,00—50,00	
Haustor nach der ganzen Breite unten abschneiden und den Sockel wieder gleichrichten, samt Aus- und Einhängen des Tores, je m	11,00—12,00	13,00—15,00	17,00—20,00	

Alten Fußtritt wegnehmen und dafür einen neuen einsetzen, je m²

a) aus weichem Holze ...	S 16,00	c) aus Lärchenholz	S 30,00
b) ,, Föhrenholz	,, 20,00	d) ,, Eichenholz	,, 40,00

H. Fenster und deren Bestandteile

Vorbemerkung. Die Fensterflügel sind bei den großen Fenstern aus 50 × 50 mm, bei den kleinen aus 46 × 46 mm starkem Holze herzustellen. Die Mehrbreiten der Fensterbretter über 20 cm werden separat vergütet. (Neue Normenstärke 46 × 50 mm.)

Ganz neue Fensterstöcke samt Flügeln

Innere oder äußere, vom Tischler fix und fertig hergestellte Fenster, 5 × 8 cm Rahmenstock, in solidester Konstruktion angefertigt und eingepaßt, je nach ihrer Größe, und zwar bei einer im Lichten gemessenen Querschnittsfläche, **je m²**

a) von 0,25 m²,	einflügelig	S 50,00,	zweiflügelig S 55,00
b) ,, 0,50 ,,	,,	,, 32,00,	,, ,, 40,00
c) ,, 0,75 ,,	,,	,, 25,00	,, ,, 30,00
d) ,, 1,00 ,,	,,	,, 22,00,	,, ,, 27,00
e) ,, 1,25 ,,	,,	,, 20,00,	,, ,, 24,00
f) ,, 1,50 ,,	,,	,, 19,00,	,, ,, 22,00

Innere oder äußere, vom Tischler fertig hergestellte **Fenster samt 15 cm tiefem Pfostenstock und Kämpfer** in den zur Fenstergröße entsprechend gehaltenen Holzstärken, bei solidester Konstruktion angefertigt und eingepaßt, wobei die inneren Flügel nach innen bzw. die äußeren nach außen aufgehen, je nach ihrer Größe und Form, und zwar entweder für ein inneres oder ein äußeres Fenster, **je m²**

Bei einer im Lichten gemessenen Querschnittsfläche	mit geradem Sturz
a) von 1,00 m²	S 30,00
b) ,, 1,25 ,,	,, 28,00
c) ,, 1,50 ,,	,, 27,00
d) ,, 1,75 ,,	,, 26,00
e) ,, 2,00 ,,	,, 25,00
f) ,, 2,25 ,,	,, 24,00
g) ,, 2,50 ,,	,, 23,00
h) ,, 2,75 ,,	,, 22,00
i) ,, 3,00 ,, und mehr	,, 20,00

Fenster anderer Querschnittsabmessungen werden proportional den in vorstehenden Fenstergattungen angesetzten Preisen berechnet.

Fenster mit inneren und äußeren Flügeln, mit 5 × 15 cm Pfostenstock, inneren und äußeren weichen Falzleisten, Flügel, Kämpfer und Wetterleisten aus Föhrenholz, mit Fensterbrett bis 20 cm Breite, bei einer im Lichten gemessenen Querschnittsfläche von:

m²:	1,00	1,25	1,50	1,75	2,00	2,25	2,50	2,75	3,00 u. mehr
Preis je m² in S:	45,00	43,00	42,00	40,00	38,00	36,50	35,50	33,00	32,00

Fenster wie vor beschrieben, jedoch mit äußerer, föhrener Rahmenaufdopplung, bei einer im Lichten gemessenen Querschnittsfläche von:

m^2	1,00	1,25	1,50	1,75	2,00	2,25	2,50	2,75	3,00 u. mehr
Preis je m^2 in S:	52,00	51,00	50,00	48,00	45,00	43,00	41,00	38,00	36,00

Für sechsflügelige Fenster samt Stock wird auf die Preise der vierflügeligen Fenster ein Zuschlag von 50%, für achtflügelige Fenster samt Stock ein Zuschlag von 100% vergütet.

Zuschlag zu den bezüglichen Tarifposten für Fenster auf den Gesamtfensterpreis

a) mit äußeren segmentförmigen Oberflügeln, der Stock und die inneren Oberflügel gerade 20%
b) mit segmentförmigen inneren und äußeren Oberflügeln und segmentförmigem Stock 40%
c) mit äußeren halbkreisförmigen Oberflügeln, der Stock und die inneren Flügel gerade 40%
d) mit halbkreisförmigen inneren und äußeren Oberflügeln und ebensolchem Stocke 60%
e) mit äußeren korbbogenförmigen Oberflügeln, der Stock und die inneren Oberflügel gerade 50%
f) mit inneren und äußeren korbbogenförmigen Oberflügeln und ebensolchem Stocke 80%

Jalousiekastel bei nach innen aufgehenden Fenstern, je Stück von S 6,00 bis 7,00

Kreisrunde innere und äußere **Rahmenfenster,** je m^2 des umschriebenen Quadrates . . . . S 60,00 bis 100,00

Ellipsenförmige innere und äußere **Rahmenfenster,** je m^2 des umschriebenen Rechteckes . . . . S 60,00 bis 100,00

Gangfenster wie in zweiter Post beschrieben (vollständig fertig hergestellte Fenster), mit vier inneren Flügeln, außen mit 13 cm breiten, eingefaßten und gekehlten Chambranen (Verkleidungen), je m^2 . . . . S 35,00

Für Fenster mit inneren und äußeren Rahmenstöcken (Zusammenhängstöcke) samt weichem, bis 20 cm tiefem Steinfutter, muß auf die bezüglichen Preise der Fenster mit Pfostenstöcken eine Aufzahlung von 35% geleistet werden.

Einfache Schubfenster werden mit 30% Zuschlag berechnet.

Für Schubfenster mit Gewichtskasten wird ein Zuschlag von 50 bis 100% vergütet.

Anmerkung. Wird eine andere Holzgattung als Fichtenholz verwendet, so erhöhen sich vorstehende Fensterpreise um 10% bei Föhren-, 40% bei Lärchen- und 120 bis 180% bei Eichenholz.

Mistbeetfenster aus 5/7 cm starkem Rahmenholz, mit Falz für Verglasung, herstellen je m^2

a) aus Kienföhrenholz . . . . S 17,00
b) „ Lärchenholz . . . . „ 20,00

Stockbestandteile, Steinfutter und Fensterbrett

Gehobelte Blindrahmen oder Rahmen eines Verdopplungsstockes oder eines gewöhnlichen inneren oder äußeren Fensterstockes, je m . . . . S 2,50

Verkleidungsrahmen für einen Pfostenstock, je m,

a) wenn dieselben glatt .... S 1,50
b) „ „ gekehlt .... S 2,30

Bei 25 cm breitem, geradem **Futter** an einem Steinstock, nach dem lichten Stockumfang gemessen, je m .... S 3,00

Senkrechter Mittelteil eines Fensterstockes, je m .... S 3,00 bis 5,00

Kämpfer für einen inneren oder äußeren Fensterstock, je m ...... S 5,50

Wetterschenkel für einen äußeren Kämpfer, je m .... „ 3,00

Für segmentförmige Teile eines Fensterstockes, nach dem Umfange für sich gemessen, werden 100%, für halbkreis- oder ellipsenförmige Teile 200% zur Länge zugeschlagen.

Für Stockbestandteile gewöhnlicher Schubfenster gelten die Preise für einfache Stöcke, während für Schubfenster mit Gewichtskästen die Seitenteile des Stockes doppelt zu rechnen sind.

Fensterbretter, je m²

a) aus Fichtenholz .... S 11,00 c) aus Lärchenholz .... S 15,00
b) „ Föhrenholz .... „ 12,00 d) „ Eichenholz......... „ 30,00

Fensterflügel und deren Bestandteile

Einzelne **Fensterflügel** ganz neu herstellen, je m², aus:

		Fichten- od. Tannenholz	Kienföhren-	Lärchen-holz	Eichen-
a) mit geradlinigem Sturze	S	15,50	17,50	20,00	31,00
b) „ segmentartigem Sturze	„	18,50	21,00	23,50	36,00
c) „ ellipsen- oder halbkreisförmigem Sturze	„	22,00	23,50	27,00	39,00

Fensterflügelrahmen oder Sprossen, je m .... S 2,25
Schlagleiste, je m .... „ 1,75
Wetterschenkel, je m .... „ 2,50

Für jede **Verzapfung der Rahmenstücke** oder Sprossen eines Fensterflügels wird ein Zuschlag von *S 0,35* geleistet.

Reparaturen an Fenstern

Vorbemerkung. Das Herausnehmen der alten, das eventuelle Verzapfen der neuen Teile sowie das Einpassen ist in den Preisen inbegriffen. Auf Handarbeit entfallen in den vorstehenden, die Reparaturen betreffenden Tarifposten 60%.

Einen **Fensterflügel** ohne Unterschied der Größe einpassen......S 1,40 bis 1,80
Neue Sprossen einsetzen je m.. S 3,25
Seitenteile bei einem Fensterflügel erneuern, je m .... „ 4,00
Fensterkämpfer einsetzen je m.. „ 5,50
Schlagleiste bis 6 cm Breite liefern und anbringen, die alte ausstemmen je m „ 2,50

Wetterschenkel für Fensterflügel liefern, die alten ausstemmen und die neuen anbringen, je m .... S 3,50
Neue **Stockteile** liefern und einsetzen, die alten ausstemmen, je m ..... „ 4,00
Neue **Steinfutter** liefern und anbringen, die alten ausstemmen, je m ... „ 6,50

Fensterbalken

Gegenstand	Aus Tannen- oder Fichtenholz	Aus Kienföhrenholz	Aus Lärchenholz
	Schilling	Zuschläge	
Volle äußere oder innere Fensterladen mit harten Einschiebleisten, ohne Unterschied der Fensterdimension, gemessen in der Holzlichte des Verdopplungsrahmens, je m²	20,00	20%	40%
Ein- oder mehrfach geteilte Fensterbalken mit Friesen und Füllungen, je m²	30,00—40,00	20%	40%
Verdopplung hierzu, je m gerade	2,50	20%	40%
Jalousiebrettel neu anfertigen, die Seitenteile auseinandernehmen und in den alten Flügel wieder einsetzen, je Stück	2,00—5,00	2,50—6,00	3,00—8,00

Spalettkasten

Spalettkasten (Abb. 10) mit Lamberien (Brustwand), Plafondstücken samt Verkleidung, verstemmter Hinterwand, ein- oder mehrfach geteilten Balken, alles verstemmt, mit Füllungen und Friesen, aus Tannen- oder Fichtenholz hergestellt, und zwar für Fenster bis 0,6 m Spalettiefe, gemessen in der Lichtöffnung des Spalettkastens an der inneren Zimmerfläche,

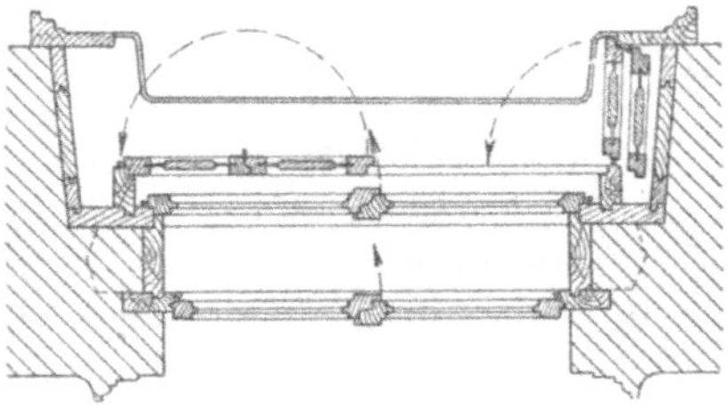

Abb. 10. Spalettkasten

a) bis 1 m Breite und 3 m Höhe, je Stück .... S 200,00
b) „ 1,3 „ „ „ 3,6 „ „ „ „ .... „ 320,00
c) „ 1,5 „ „ „ 4 „ „ „ „ .... „ 425,00

Spalettkasten aus Lärchenholz sind um 50%, aus Eichenholz um 180% höher zu veranschlagen.

Blindspaletten in	0,35	0,45	0,60 m tiefer Fensterleibung,
je m²	S 30,00	35,00	40,00

Jalousien

Jalousiefenster mit Fensterstock, zum Aufmachen und Ausstecken gerichtet, je m²

a) aus Tannen- oder Fichtenholz .... S 60,00
b) „ Kienföhrenholz .... „ 80,00
c) „ Eichenholz .... „ 120,00

Jalousiefensterflügel ohne Stock, je m²

a) aus Tannen- oder Fichtenholz .... S 42,00
b) „ Kienföhrenholz .... „ 56,00
c) „ Eichenholz .... „ 85,00

Hilfstoffe

Leim, je 1 kg .... S 5,00
Glaspapier je Bogen .... „ 0,30

Holz-Fußböden

Bearbeitet von Kommerzialrat A. v. Engel, Chef der Firma Brüder Engel, Wien

A. Fußbodenbestandteile

Zu den angegebenen Preisen kommt ein Aufschlag von 10%.

Polsterhölzer 5 × 8 cm stark, auf 1 m Entfernung von Mittel auf Mittel gelegt, samt Eingraben in den Mauerschutt und Ausplanieren des letzteren, je m² ... S 0,70

Polsterhölzer 5 cm dick, 15 cm breit, auf 56 cm Entfernung von Mittel auf Mittel gelegt, sonst wie vor, je m² .... S 1,60

Blindboden aus rauhen, weichen Laden auf Polsterhölzern, die auf 0,8 m von Mittel auf Mittel verlegt sind, samt allen Materialien und aller Arbeit, je m²

a) bei 20 mm starken Brettern .... S 3,50
b) „ 25 „ „ „ .... „ 4,00
c) „ 30 „ „ „ .... „ 4,50

Sockel mit Kehlstoß samt Anmachen, je m, und zwar bei einer Höhe von

	cm 10	15	20	25
a) aus Tannen- oder Fichtenholz	S 2,50	3,50	4,00	4,50
b) „ Kienföhrenholz	„ 3,00	4,25	5,00	5,50
c) „ Lärchenholz	„ 3,50	5,00	6,00	7,00
d) „ Eichenholz	„ 6,00	8,00	9,00	11,00

Anmerkung. Diese Preise gelten auch für die Herstellung von Sockeln bei Stiegen und Gängen. Für das Ausschneiden nach den Stufenprofilen bei Stiegen werden 100% Aufzahlung geleistet.

Sesselleisten samt Anbringen, je m in Schilling

Holzart	Dreiecks- Querschnitt	Fünfecks- Querschnitt
Weich	0,55	0,80
Rotbuche	0,65	0,95
Eiche	0,80	1,20

Mauerfriese samt Legen, je m²

a) weiche aus Tannen- oder Fichtenholz .... S 14,00
b) harte aus gedämpftem Rotbuchenholz .... „ 18,00
c) Eichenholz II. Klasse .... „ 20,00
d) „ I. „ .... „ 22,00

B. Neue vollständige Fußböden

Zu den angegebenen Preisen kommt ein Aufschlag von 10%.

Gewöhnliche Fußböden aus möglichst astfreien **Fußtafeln** mit Polsterhölzern samt dem Legen und den Nägeln, je m²:

Bretterstärke 25 mm .... S 10,00
„ 30 „ .... „ 12,00
„ 35 „ .... „ 14,00

Schiffböden aus in rohem Zustande 26 mm starken Brettern mit Nut und Feder hergestellt samt Polsterhölzern und Stiften, je m² .... S 8,00

Brettelboden aus weichem, 26 mm starkem Rohholz hergestellt. Brettelbreite mindestens 6 cm, Länge mindestens 80 cm, mit Nut und Feder, fischgrätenartig gelegt, samt Polsterholz, weichen Mauerfriesen und Stiften, je m² ..... S 12,00

Dieselben, jedoch 30 mm stark .... „ 14,00

„ „ 35 „ „ .... „ 16,00

Fußböden aus hartem Holz

Schiffböden aus gedämpfter Rotbuche, 23 bis 24 mm stark, in fertig gehobeltem Zustand hergestellt, von 1 m Länge und darüber, an den Längs- und Stirnseiten mit Nut und Feder versehen, sonst wie die weichen Schiffböden auf Polsterhölzern verlegt, samt dreieckigen Sesselleisten, fix und fertig, mit Wasserwachs eingelassen und aufgebürstet, je nach der Größe des Raumes, je m² .... S 14,00 bis 15,00

Kleine Räume werden mit Rücksicht auf den Verschnitt und langsameren Arbeitsfortschritt zu höherem Preise berechnet.

Dieselben, jedoch einmal mit Leinölfirnis eingelassen, je m² S 14,50 bis 15,50

Schiffböden aus Eichenholz hergestellt, sonst wie vor beschrieben, je m²

a) in Primaqualität .... S 16,00 bis 18,00

b) „ Sekundaqualität .... „ 15,00 „ 16,00

Abb. 1

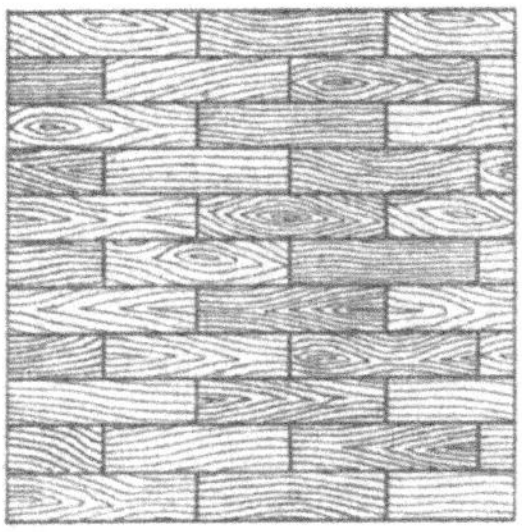

Abb. 2

Brettelböden auf vorhandenem ebenen Blindboden verlegt, 23 bis 24 mm, in fertig gehobeltem Zustand, die Brettel je an einer Längs- und einer Querseite mit Nut und Feder versehen, fischgrätenartig (Abb. 1), oder schiffbodenartig (Abb. 2) verlegt, samt Mauerfriesen und dreieckigen Sesselleisten, Abputzen und Einlassen mit Wasserwachs und Aufbürsten, fix und fertig, je m² verlegte Flächen gemessen,

	Brettelbreite, Reinmaß 32 bis 38 mm	40 bis 55 mm	über 60, jedoch unter 100 mm
a) in Eichenholz I. Qualität	S 15,50 bis 17,00	16,00 bis 17,50	16,50 bis 18,50
b) „ „ II. „	„ 14,00 „ 15,50	14,50 „ 16,00	15,00 „ 17,00
c) „ gedämpfter Rotbuche ..	„ 11,00 „ 12,00	12,00 „ 13,00	12,50 „ 13,50

Anmerkung. Der in Lehrzimmern unter der Schultreppe nicht mit Bretteln belegte Fußbodenteil wird bloß als Blindboden vergütet; die Abspreizung des Bodens unter der Treppe gegen die Wand ist ohne Vergütung herzustellen.

Brettelböden in Asphalt gelegt (Abb. 3)

In nicht unterkellerten oder sehr starker Abnützung ausgesetzten Räumen werden häufig Brettel in heißen, dickflüssigen Asphalt verlegt.

Bei Decken in Eisenbeton wird diese Art der Verlegung besonders bevorzugt, weil ein Werfen bzw. Aufstehen der Brettel nahezu ausgeschlossen ist. Verwendung wirtschaftlich, da bei jedem Geschoß mindestens 5 bis 6 cm Konstruktionshöhe erspart werden. Nachteil: Der Boden geht sich kalt und hart.

Der Preis für die Lieferung, Legung, Putzen und Einlassen dieser Bretteln in vorgestrichenem, heißen Asphalt beträgt je m² *S 20,—* (ohne Asphaltbeistellung).

Brettelböden auf alten, ausgetretenen Parketten verlegt

Hierbei wird eine Lage von 10 bis 12 mm starken Brettel- oder Plattenböden aufgeleimt und aufgestiftelt; diese Verdopplungsböden haben sich gut bewährt. Besonders bevorzugt bei Räumen, die nicht zu lange der Benützung entzogen werden sollen. Billige Herstellung, da das Aufreißen des alten Bodens und die Legung normaler 24 bis 25 mm starker Brettel fast doppelt so teuer ist wie die Verlegung von Verdopplungsbretteln.

Tafelparketten liefern und legen

in massivem Holz

Auf vorhandenem Blindboden fix und fertig legen, an aller Arbeit und allem Material, sonst wie bei den Brettelböden beschrieben, mit Beigabe der Verbindungsfeder und der Stifte nach untenstehenden Mustern, je m²:

1. Aus gedämpftem und ungedämpftem Rotbuchenholz, massiv (Abb. 4 bis 5).

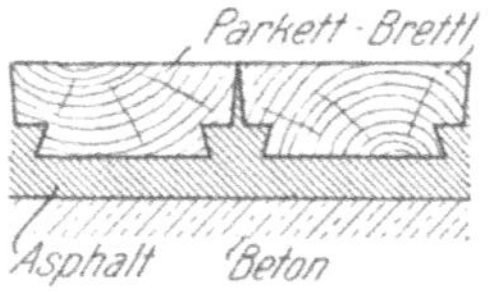

Abb. 3

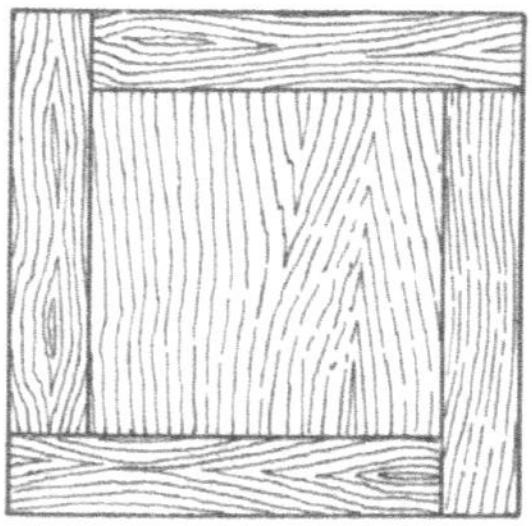

Abb. 4. *S 18,00* bis *20,00*

Abb. 5. *S 19,00* bis *21,00*

Abb. 6. *S 24,00* bis *26,00*

Abb. 7. *S 25,00* bis *28,00*

2. Aus Eichenholz einfärbig, massiv, je m² um *S 4,00* teurer.
3. Aus Eichenholz, geadert, mit Ahorn-, Nuß- und Mahagoniholz (Abb. 6 bis 7).

Furnierte einfarbige Tafeln. Das Blindholz aus 26 mm starken Brettern, der Furnierbelag aus in rohem Zustand 7 mm starken Dickten, solidest hergestellt. Die Tafeln sind ringsherum genutet, mit aus Hartholz (Buche, Birn usw.) bestehenden Verbindungsfedern versehen, solidest genagelt, samt Mauerfriesen, dreieckigen Sesselleisten, fix und fertig verlegt, samt Abputzen, einmaligem Einlassen mit Wachs, samt Aufbürsten, alles Material und Arbeit beigegeben, je m^2 laut den Abb. 8 bis 17.

Abb. 8. *S 23,00 bis 24,00*

Abb. 9. *S 24,00 bis 26,00*

Abb. 10. *S 23,00 bis 24,00*

Abb. 11. *S 25,00 bis 27,00*

Abb. 12. *S 26,00 bis 28,00*

Abb. 13. *S 27,00 bis 29,00*

Abb. 14. *S 27,00 bis 29,00*

Abb. 15. *S 36,00 bis 38,00*

Abb. 16. *S 33,00 bis 35,00*

Geaderte Friese und Bordüren. Die geaderten massiven Friese werden in einer Breite von 10 bis 15 cm verwendet.

Die **Bordüren** werden teils aus massivem Eichenholz ein- und mehrfärbig zirka 24 mm stark, teils aus fournierten Teilen 30 mm stark hergestellt. Erstere besitzen eine Breite von 25 bis 30 cm, letztere werden in einer Breite von 30 bis 40 cm, mitunter auch noch breiter, angefertigt;

Abb. 17. S *46,00* bis *49,00*

Abb. 18. S *2,00* bis *3,00*

a) geaderte Friese, 10 bis 15 cm breit, je m (Abb. 18);

b) massive Bordüren, je m (Abb. 19 bis 21);

Furnierte Bordüren, je m (Abb. 22 bis 24).

Vorhandene weiche Treppe hart belegen wird mit dem Preise für harte Brettelböden ohne Blindboden vergütet, wobei die Vorder- und Seitenwände in das Flächenmaß einbezogen werden.

Abb. 19. S *8,00* bis *9,00*

Abb. 20. S *10,00* bis *12,00*

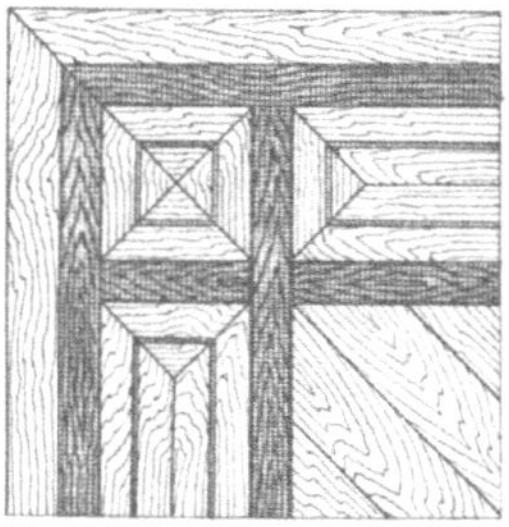

Abb. 21. S *11,00* bis *13,00*

Abb. 22. S *18,00* bis *20,00*

Abb. 23. S *22,00* bis *24,00*

Abb. 24. S *26,00* bis *28,00*

Schultreppen (Podien)

Schultreppen aus 25 mm starken, weichen Fußtafeln, bis 20 cm hoch, samt Unterlagen und Vorderwand, mit weichen Sesselleisten an den Mauerseiten, je m² S 15,00

Schultreppe wie vor, jedoch aus weichen Schiffbodenbrettern mit Nut und Feder versehen, je m² . . . . S 14,00

Schultreppe aus 2 ½ cm starken Eichenbrettern, schiffbodenartig gelegt, mit Randfriesen, samt weichem Untergestell, ebensolchem Blindboden, eichenen Sesselleisten an der Mauerseite, samt einmaligem Einlassen mit Ölfarbe, je m²

a) Klasse I . . . . S 30,00 b) Klasse II . . . . S 29,00

Schultreppe wie vor, jedoch die Eichenbrettel fischgrätenartig gelegt, je m²

a) Klasse I . . . . ,, 31,00 b) Klasse II . . . . ,, 30,00

Vorhandene weiche Treppe hart belegen wird mit dem Preise für harte Brettelböden ohne Blindboden vergütet, wobei die Vorder- und Seitenwände in das Flächenmaß einbezogen werden.

C. Fußbodenreparaturen

Zu den angegebenen Preisen kommt ein Aufschlag von 10%.

Gesunden, weichen **Fußboden aufreißen,** herrichten und als Blindboden wieder legen,

a) samt Polsterhölzern, je m² S 2,00 b) ohne Polsterhölzer, je m² S 1,80

Neue Teile in alten, weichen Fußboden einsetzen, wobei die einzelnen Teile das Flächenmaß von zehn Quadratmetern nicht übersteigen dürfen, und zwar:

a) wenn die Polsterhölzer liegen bleiben, je m² .... S 11,00

b) „ auch die Polsterhölzer erneuert werden, je m² .... „ 12,00

Übersteigen die einzelnen Teile das Ausmaß von 10 m², so werden diese als neue Fußböden berechnet.

Bei einem **weichen Brettelboden** 1 Stück Brettel auslösen, durch ein neues ersetzen, wobei in jedem auszubessernden Teile nur bis 10 Brettel vorkommen dürfen, per Stück, je nach der Größe .... S 0,50 bis 2,00

Das Einsetzen neuer Brettel oder Mauerfriese in alte harte Brettelböden, wobei die einzelnen Teile das Ausmaß von 10 m² nicht übersteigen dürfen, sowie das Ausstemmen der alten Teile wird nach Löhnungen (Regielohn) verrechnet; für die Materialbeigabe wird für 1 m² neuer Teile eine Vergütung von *S 15,00* bis *20,00* geleistet. Übersteigen die einzelnen zusammenhängenden Flächen das Ausmaß von 10 m², so werden diese wie neue Fußböden vergütet.

Alten Fußboden aufheben, und zwar:

a) bei weichen Tafeln oder weichen Schiffböden, je m² ... S 0,60 bis 0,70

b) „ Friesboden (Parkett-, Brettel- oder hartem Schiffboden samt Blindboden), je m² .... S 2,00 bis 3,00

Anmerkung. Das Aufheben von harten Bretteln hat mit solcher Sorgfalt zu geschehen, daß deren Wiederverwendung möglich ist. Das Aufreißen von nicht mehr verwendbaren harten Böden wird mit *S 0,80* bis *S 1,0* vergütet.

Harten Brettelboden aus vorhandenen Bretteln, welche zur Wiederverwendung an Ort und Stelle herzurichten sind, legen samt Beigabe der Nägel, Abziehen und einmaligem Einlassen mit Wachs und Aufbürsten, je m² ...... S 5,00 bis 6,00

Span in alte Fußböden einleimen, je m .... „ 0,50 „ 1,00

Neues Polsterholz samt Legen, je m, je nach der Stärke .. „ 0,80 „ 1,20

Fußboden ausstemmen, je m², und zwar:

a) bei Teilen bis 1 m² Größe .... S 6,00 bis 8,00

b) „ „ von 1 bis 10 m² Größe.................. „ 5,00 „ 7,00

Alte eichene Parkettafeln aufheben, je m² .... „ 2,50 „ 3,50

In hartem **Parkettboden** einzelne schadhafte Teile von Parkettafeln ausstemmen und durch neue Teile ersetzen wird je 1 m² um 50% höher als für die neuen, entsprechend gleichen Parkettböden berechnet, wenn solche Tafeln lagernd sind.

Eine **gesunkene Parkettafel** heben, reparieren und unterlegen, je Tafel und je nach Größe .... S 8,00 bis 10,00

Fries reparieren, heben und unterlegen, je m .... „ 3,00 „ 4,00

Harten Span einleimen, bei Brettel- oder Parkettboden, je m „ 0,50 „ 0,80

Alten Fußboden hobeln, abziehen, einlassen und aufbürsten, je m²,

a) Brettelboden . . S 4,00 bis 5,00 b) Parkettboden . . S 5,00 bis 6,00

Bei neuen harten Böden ist das Abziehen im Preis inbegriffen.

Alten Fußboden bloß einlassen, je m²

a) mit Ölfirnis . . . . S 0,80 bis 1,00
b) ,, Wachs samt Aufbürsten . . . . ,, 1,00 ,, 1,50

Sockel

a) abnehmen, je m . . . . S 0,35 bis 0,50
b) ,, und wieder befestigen, je m . . . . . . ,, 1,00 ,, 3,00

D. Verschiedene Arbeiten

a) Neuer **Abortspiegel,** gehobelt, samt hartem Deckel, je m² S 18,00 bis 20,00
b) harter **Abortspiegeldeckel** (Extraspiegel) samt harter Aufstelleiste, je Stück S 15,00
c) Abort-**Vorwände,** je m² . . . . S 17,00 bis 20,00

Abortschlauchverkleidung aus gehobelten, 2 ½ cm starken Laden samt Abschlußleiste am Plafond, je m² . . . . S 14,00

Dieselbe, jedoch aus 5 cm starken Pfosten samt Plafondabschlußleiste, je m² S 20,00

Fußabstreifgitter, je m²

a) aus Buchenholz . . . . . S 24,00 b) aus Eichenholz . . . . . . S 32,00

Geschäftsportale mit Rollbalkenkasten, per m², je nach der Ausführung,

a) mit Eingangstür ohne Schaukasten, } ohne Absperrung S 45,00 bis 60,00
b) ,, ,, mit ,, } und ohne innere Ausstattung . . . . ,, 70,00 ,, 90,00
c) wie vor, jedoch aus Eichenholz, 100 bis 180% teurer.

Anmerkung. Die vorstehenden Preise gelten für einfache, glatte Ausführung, ohne Bildhauerarbeit und ohne geschweifte Sprossen.

Hölzernes Gitter mit gedrehten Stäben, oben und unten mit einem mit Gesimsen versehenen Längenholz verbunden, je m²

a) aus weichem Holz . . . . S 22,00 bis 30,00
b) ,, Rotbuchenholz . . . . ,, 30,00 ,, 40,00
c) ,, Eichenholz . . . . ,, 40,00 ,, 60,00

1 Lfm **Stiegengriff abziehen,** beizen und politieren,

a) rund . . . . S 3,00 bis 4,00
b) profiliert . . . . ,, 5,00 ,, 8,00

Stufen, ohne Unterschied der Höhe und Breite, samt Vorderwand und Seitenteilen, aus 4 cm starken, gehobelten Laden, je m

a) aus weichem Holz . . . S 15,00 b) aus Eichenholz . . S 25,00 bis 40,00

Rollschutzwände aus überzogenen Holzstäbchen zur inneren Abteilung von Zimmern u. dgl., 1,75 m hoch, 3,00 m lang, je Stück . . . . S 150,00 bis 200,00

Trillagen aus 1 und 2 cm starkem, weichem Holze, mit Glühdraht gebunden und angestrichen, je m²

bis 5 cm Karierung . . . . S 13,00
,, 10 ,, ,, ... ,, 8,00
,, 15 ,, ,, ... ,, 7,00

Schlosserarbeiten (neue vollständige Beschläge)

I. Fensterbeschläge

Bestimmungszweck	Flügelanzahl	Nähere Beschreibung	Scheinhaken	Nußbänder[1]	Eiserner Zungenreiber mit Knopf	Zungengarnitur mit Messing-Halbolive samt Spitz- oder Plattelrosette, glattgeschliffen	Spreizstange mit Kloben	Patentschnapper	Wetterschenkel	Falzspreizel mit Messingknopf	Messingschutzknopf	Reiber mit Messingknopf	Schubriegel mit Messingknopf	Messingtriebe, glattgeschliffen	Triebstangen mit Mittelhaken	Hakengesperre mit Messingknopf	Verreibungen	Preis in Schilling
			Stück	Stück	Stück	Anzahl	Stück	Stück	Stück	Stück	Stück	Stück	Paar	Stück	Paar	Stück	Stück	
Gang, Klosett	einflügelig	Äußerer Fensterflügel, aufgehend nach **außen**	4	2	1	—	1	—	—	—	—	—	—	—	—	—	—	4—5
		,, ,, **innen**	4	2	—	1 (Spitzr.)	—	1	1	—	—	—	—	—	—	—	—	6—8
		Äußerer und innerer Fensterflügel, aufgehend nach **außen**	8	4	1	1 ,,	1	—	—	1	—	—	—	—	—	—	—	10—13
		,, ,, **innen**	8	2	—	2 (Plattlr.)	—	1	1	—	1	—	—	—	—	—	—	13—17
Wohnungen, Stiegenhaus	zweiflügelig	Äußere, nach **außen** aufgehende Flügel	8	6	—	—	2	—	—	—	—	2	1	—	—	—	—	11—14
		Äußere und innere, nach **außen** aufgehende Flügel	16	12	—	—	2	—	—	2	—	2	2	—	—	—	—	16—18
		Äußere und innere, nach **innen** aufgehende Flügel	16	12	—	—	—	2	2	—	1	—	2	—	—	—	—	18—23
		Äußeres Fenster mit Kämpfer, aufgehend nach **außen**	8	5	3	—	1	—	—	—	—	—	—	—	—	—	—	9—14
		,, ,, **innen**	8	5	—	3 (Spitzr.)	—	1	2	—	—	—	—	—	—	—	—	13—16
Wohnung, Stiegenhaus	dreiflügelig	Äußere und innere Flügel, aufgehend nach **außen**	24	16	1	1 (Spitzr.)	2	—	—	2	—	2	2	—	—	—	—	22—25
		,, ,, **innen**	24	14	—	3 ,,	—	2	3	—	1	—	—	2	2	—	—	32—38
Wohnungen, Gang	vierflügelig	Äußeres Fenster mit Kämpfer, mit nach **außen** aufgehenden Flügeln	16	16	—	—	2	—	—	—	—	4	1	—	—	—	—	15—18
		Äußerer und innerer Flügel, aufgehend nach **außen**	32	20	—	—	2	—	—	2	—	4	2	—	—	1	—	29—35
		,, ,, **innen**	32	20	—	—	—	2	4	—	1	—	—	2	2	—	2	35—40
Wohnungen, Stiegenhaus	sechsflügelig	Äußere, nach **außen** aufgehende Flügel, mit einem Mittelstück und Kämpfer	24	15	—	—	3	—	—	—	—	7	1	—	—	—	—	25—30
		Äußere, nach **innen** aufgehende Flügel	24	15	—	3 (Spitzr.)	—	3	6	—	—	—	1	—	—	1	—	30—40
		Äußere und innere, nach **innen** aufgehende Flügel	48	30	—	6 ,,	—	3	6	—	2	—	—	2	2	—	2	60—64

[1]) Die Anzahl der Nußbänder richtet sich nach der Höhe der Flügel; bis 80 cm Höhe zwei, darüber drei Nußbänder.

II. Türenbeschläge

Aborttüre: 3 Nußbänder, 1 Abstellfalle, 1 Messinggarnitur (1 Paar Drücker, 1 Fallenschild mit und ohne Halbolive) ... S 14,00 bis 16,00

Zimmertüre: Einflügelig, 3 Nußbänder, 1 Einstemmschloß „Pader", schwer, 1 Paar Messingdrücker samt 2 Langschildern, glatt geschliffen .... „ 14,00 „ 16,00

Spaliertüre: 1 Paar Zapfenbänder, 1 Einstemmschloß „Pader", schwer, 1 Garnitur Messingdrücker samt Langschildern, glatt geschliffen, 5 m Schlagleisten samt Schrauben .... „ 15,00 „ 17,00

Doppeltüre: 6 Nußbänder (10 cm), 1 Einstemmschloß „Pader", schwer, 1 Paar Kapselriegel, 1 Garnitur Messingdrücker samt Langschildern, glatt geschliffen .... „ 18,00 „ 20,00

Eingangs- Doppeltüre: 6 Nußbänder (10 cm), 1 Einstemm-Wechselschloß „Pader", 1 Dosesches Einstemm-Riegelschloß „Pader" (8 cm), 1 Messing-Drückerweibl mit Langschild, glatt geschliffen, 1 Messinglangschild mit Knopf, glatt geschliffen, 2 Messing-Hangerlschilder, 1 Paar Wechselriegel, 1 Messing-Federschließblech .... „ 28,00 „ 35,00

Einflügelige Aufzugstüre: 2 Bommerbänder 150 mm hoch, einseitig wirkend, 1 Einstemm-Wechselschloß „Pader", 1 Messing-Drückerweibl samt Langschild, 1 Messinglangschild mit Knopf, glatt geschliffen .... „ 21,00 „ 25,00

Großes Haustor (aus weichem Holz): 6 Nußbänder 14 cm, 1 Haustorschloß, 12 cm breit, 1 Garnitur Messingdrücker samt Langschildern, glatt geschliffen, 1 Paar Wechselriegel, 120 cm lang, 2 Schnapper .... „ 100,00 „ 120,00

Pendeltürbänder, Türschließer, Dreh- und Schiebetürbeschläge, Türkupplungen, Oberlichtöffner, Türschoner usw.

Nach Mitteilungen von Woltär & Molnár (W.M.) bzw. Wunsch & Vogel (W.V.), Wien

Pendeltür- und Federbänder (Abb. 1) (W. M. u. W. V.); Marken: Bommer und Zeus.

Türgröße			Einseitig wirkend					Doppelseitig wirkend					Gewerbelänge in mm
Holzstärke	Breite	Höhe	Stahl, blank	galvanisch vernickelt, vermessingt	Messing, massiv	Bronze	Gewicht je Paar in kg	Stahl, blank	galvanisch, vernickelt, vermessingt	Messing, massiv	Bronze	Gewicht je Paar in kg	
cm			Preis je Paar in Schilling					Preis je Paar in Schilling					
1,8—2,5	60	180	3,60	5,80	14,60	16,30	0,5	4,80	10,50	20,30	22,40	0,95	75
2,5—3,5	70	200	4,20	6,60	16,20	18,00	0,7	6,50	14,00	22,60	24,80	1,30	100
3,0—4,0	75	220	5,20	8,00	20,00	22,00	1,0	8,50	16,00	30,00	32,80	2,00	125
3,5—4,5	80	250	6,80	10,40	26,00	29,80	1,5	12,50	22,00	38,00	42,00	3,00	150
4,0—5,0	85	260	9,00	13,20	33,00	36,50	2,25	16,00	24,00	48,00	53,00	4,20	175
4,5—5,5	100	270	12,00	17,50	44,00	49,00	3,50	23,00	32,00	63,00	70,00	6,70	200
5,5—6,5	110	280	19,00	27,00	66,00	73,00	5,70	42,00	60,00	102,00	112,00	10,50	250

Türschließer, Marken Yale (W. M.) und Zeus und B. K. S. (W. V.), geeignet für:

leichte Zimmertüren, Klosette	Preis je Stück	S 20,00
leichtere Laden- und Korridortüren	,, ,, ,,	,, 25,00
größere Laden- und leichte Haustüren	,, ,, ,,	,, 31,00
,, Haustüren, Eisentüren	,, ,, ,,	,, 38,00

Türfeststeller Johann und Rhenania (W. M.) und Zeus (W. V.) für Pendel-, Balken-, Glasabschluß- und Haustüren; die Arretierung der Türe in jedem beliebigen Punkt erfolgt mittels eines Fußtrittes; schont den Fußboden, da Löcher entfallen.

		Größe I	Größe II
Gewicht in kg je Stück		0,3	0,4
Eisen, roh	S	5,00	6,50
,, geschliffen, poliert und vernickelt oder vermessingt	,,	8,50	9,50
Messing, poliert	,,	13,00	16,00

Einlaßapparat „Stop[a]" (W. M.) und Zeus (W. V.), Ersatz für Pendeltürbänder; kein Hin- und Herschlagen der Flügel; falls der untere Apparat in Stein- oder Zementboden eingebaut wird, ist ein Zementkasten erforderlich.

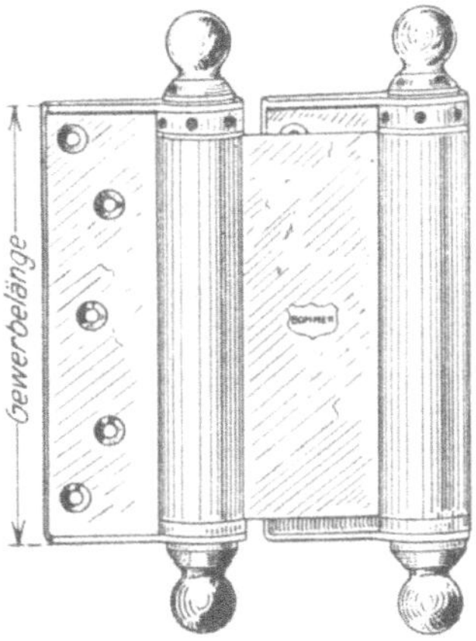

Abb. 1. Pendeltürband

Abb. 2 Im Betrieb

Abb. 3 Zusammengeklappt

Abb. 4 Zur Seite geschoben

Preise und Gewichte

einschließlich Zapfenband mit Kugellager und Deckplatte je Stück für einen Türflügel

Geeignet für Türen bis	Höhe der Stopkasten	Gewicht	Mit polierter Messing-Deckplatte: eisernes Zapfenband mit Kugellager	Mit polierter Messing-Deckplatte: poliertes Messing-Zapfenband mit Kugellager	Zementkasten je Stück: Gewicht	Zementkasten je Stück: Preis
	mm	kg	Schilling	Schilling	kg	S
70 cm breit, 210 cm hoch, 38 mm dick	60	4,8	100,00	120,00	0,7	9,00
80 ,, ,, 230 ,, ,, 40 ,, ,,	85	8,5	130,00	145,00	1,3	10,00
90 ,, ,, 240 ,, ,, 45 ,, ,,	85	9,0	150,00	165,00	1,4	11,00
110 ,, ,, 260 ,, ,, 50 ,, ,,	100	13,0	170,00	180,00	2,3	12,00
130 ,, ,, 300 ,, ,, 60 ,, ,,	130	17,8	190,00	210,00	2,8	13,50
160 ,, ,, 350 ,, ,, 65 ,, ,,	130	22,5	210,00	230,00	3,5	14,50

Drehtürbeschläge für normale Türen (W. M.)

Bestandteile:

1 Drehkopf mit doppeltem Stahlkugellager-Rollwagen, auf einer Stahlschiene laufend, mit 2 Lagerböcken, mit Schienenstoppern und Höhenregulierung,
1 Basküleverschluß zum sofortigen Auslösen durch einen Griff und zu seitlichem Fortrollen der Türen (siehe Abb. 2 bis 4), mit 2 Messing-Basküledrückern,
1 untere Pfanne mit Schlitzführung, Ausführung poliert,
2 Drehtürbügel, welche durch einfaches Anheben das An-die-Seite-Schieben der Flügel gestatten (einschließlich 4 Bügelblechen),
4 Stoßzangen mit Rosettenverschraubungen,
4 Sockelbleche, poliert,
2 Espagnolette-Riegel zum Verriegeln der Tür während der Nacht,
4 seitliche Gummidichtungen mit Filzbesatz,
4 obere und untere Gummidichtungen mit Filzbesatz.

Richtpreis *S 1200,00*

Schiebetürbeschläge

1. Fortschritt (W. M.).

Größen	I	II		III		
Verwendbar für die Breite eines Flügels von .... cm	63—75	76—95		96—130		
Gewicht des zweiflügel. Beschlages mit Laufschiene .... rund kg	20,5	22,5	24,0	28,0	29,5	31,0
Preis für eine Doppelgarnitur in S	96,00	120,00		150,00		

Größen	IV					V				
Verwendbar für die Breite eines · Flügels von .... cm	131—185					186—246				
Gewicht des zweiflügel. Beschlages mit Laufschiene .... rund kg	37,5	39,0	40,0	41,5	42,5	49,5	50,5	52,5	54,0	55,0
Preis für eine Doppelgarnitur in S	180,00					210,00				

2. Kosmos-Kugellauf (W. V.).

Einflügelige Garnitur .... S 18,00 bis 70,00
Zweiflügelige ,, ... ,, 32,00 ,, 150,00
Die Preise verschieden, je nach Qualität, Konstruktion und Türgröße.

Oberlichtöffner

1. Marke Zeus (W. V.); eine Garnitur mit Gestänge, blank, Hebel vernickelt, ohne Montage, für normale Fenster .... S 13,00

Für mehrteilige bzw. hohe Fenster, ebenso für Doppelflügel Preise entsprechend höher.

2. Marke Augusta (W. M.) mit Feder und einer Schnur.

Preis je Garnitur mit	2 m Schnur	3 m Schnur
Stahl, lackiert	S 5,00	6,50
Messing, fein poliert	,, 9,00	10,00
Für eiserne Fenster	,, 5,50	7,00

Klappschiebe- (Harmonika-) Türen (W. M.) zum Abteilen von Lokalen. Preis für die Beschläge, je nach Größe und Ausführung .... S 120,00 bis 250,00

Türkupplungen (Abb. 5) (W. M.) für gleichzeitig zu öffnende Türen, aus Messing, teilweise Temperguß vermessingt; Preis für eine Doppeltür, ohne Drücker S 18,00 bis 24,00

Türschoner aus Zelluloid, leicht zu schneiden, zu bohren, auszusägen und zu nageln; in jedem Profil lieferbar.

Breite in cm	4	5	6	8	10	12	14
Für 20 cm Länge, Preis je Stück in Groschen	32	40	48	64	80	96	112

Für eine andere Länge l in cm erhält man den Preis für eine bestimmte Breite durch Multiplikation mit $\frac{l}{20}$; z. B. Breite 12 cm, Länge $l = 60$ cm, daher Preis je Stück:

$$P = 96 \cdot \frac{60}{20} = 288 \text{ g}.$$

Zelluloid-Schoner für Schlagleisten, die in jeder Form ausgeführt werden können, kosten um ⅓ mehr als die gewöhnlichen Schoner.

Zelluloid-Sockelschoner. Preis über Anfrage.

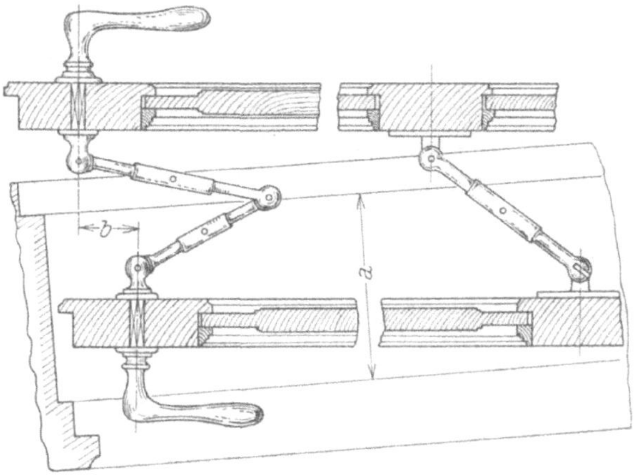

Abb. 5. Türkupplung

Luftzugsabdichtung aus Gummi, Marke Prowess, für Fenster, Türen, Schaufenster; Preis je m, ohne Montage .... S 1,80
Montage für die Stunde .... ,, 2,00

Glaserarbeiten[1])

Laut Mitteilung von Arch. G. Spielmann der Firma H. Denés, Wien

Im Bauwesen unterscheidet man gegenwärtig folgende Glasgattungen: Spiegel-, Spezial-, Fensterglas (handgeblasen und maschinell erzeugt nach Verfahren Fourcault & Libbey Owens), Ornamentglas (weiß und färbig), Kathedralglas (weiß und färbig), Rohglas, glatt, gerieft und färbig (Oparit-, Colorit-, Albaglas usw., in Österreich: Marmorglas), Matt-, Musselin-, Rippen-, Schuppen-, Farben- und Drahtglas.

A. Spiegelglas

Normale Stärke für Verglasungszwecke 5½ bis 8 mm; das Ausmaß geht nach der Falzlichte; die Berechnung erfolgt aufgerundet in Dimensionen, die durch 3 teilbar sind.

Richtpreise je m² inklusive Einschneiden in Holzrahmen und für Parterrelokale. Bei Eisenrahmen 5% Zuschlag.

1) Glas für Bauzwecke ist genormt mit ÖNORM, B 3610, vom 1. Dezember 1929.

Flächeninhalt bis m²	0,45	0,66	0,93	1,41	2,31	4,65	6,96	9,30	11,16
Preis je m² in S	50,00	56,00	60,00	63,00	70,00	73,00	78,00	87,00	96,00

Verhältnis von Material und Lohn M:L = 93:7.

Bei Vorschreibung bestimmter Stärken 10% Zuschlag. Hierbei ist ein Spielraum von ½ mm nach auf- oder abwärts zu gewähren. Schwächere Sorten, und zwar 3 bis 5 mm und stärkere von 8 bis 12 mm werden mit einem Aufschlag von 10% je mm der Stärkedifferenz berechnet.

B. Spezialmaschinenglas,

d. i. Maschinenglas von mehr als 4 mm Stärke, wird in drei Stärken von etwa 4 mm, 5 und 6 mm geliefert. Berechnung wie folgt:

Verhältnis von Material : Lohn = 90 : 10

Gattung	Stärke rund mm	Breite + Höhe in cm (addiert)	Maximale Breite in cm	Fläche bis m²	Preis je m² in Schilling	Anmerkung
Fensterglas	4	200	—	—	15,00	**Aufschläge:** In Kitt gelegt 10%
		240	—	—	17,00	Verglasung in
		300	—	—	22,00	Stahlfenster . . 25%
Spezialglas	5	—	180	0,45	21,00	Preise gleichbleibend für Holz- und Stahlfenster
		—	180	0,93	25,00	
		—	180	2,31	28,50	
	6	—	180	0,93	29,00	
		—	180	2,31	33,00	
		—	180	4,65	35,00	
		—	über 180	über 4,65	40,00	

C. Fensterglas, maschinell gezogen

Richtpreise für Verglasungen mit Fensterglas III. Sorte (Wahl)[1])

Stärke etwa 1,8 mm (4/4) bis 150 addiert, Höhe 80 cm, S/m²: 5,60, M:L = 75:25
„ „ 2,0 „ „ 160 „ — „ : 6,50, „ = 77:23
„ „ 2,0 „ „ 220 „ — „ : 7,00, „ = 77:23
„ „ 3,0 „ „ 200 „ — „ : 11,50, „ = 80:20
„ „ 3,0 „ „ 240 „ — „ : 13,00, „ = 80:20
„ „ 3,0 „ „ 300 „ — „ : 18,00, „ = 80:20

Aufschläge: 10% für In-Kitt-legen; 25% für Verglasung in Stahlfenster.

Mattglas, 2 mm stark, bis 220 addiert . . . . S 9,00 77:23
„ 3 „ „ „ 240 „ . . . . „ 17,00 77:23
Mußlinglas, 2 mm stark, bis 220 addiert . . . . „ 11,00 77:23
Eisblumenglas, 2 mm stark, bis 220 addiert . . . . „ 14,00 77:23
Rippen- und Schuppenglas . . . . „ 14,00 80:20
Beinglas, 2 mm stark . . . . „ 18,00 80:20
Farbenglas, 2 mm stark (rot, grün, blau, gelb) . . . . „ 20,00 80:20

[1]) Sorte I (Wahl I) kommt für besondere Zwecke, Sorte IV (Wahl IV) für Stallungen, Magazine usw. in Verwendung, Ausschußglas für Mistbeetfenster und sonstige untergeordnete Verglasungen.

D. Rohglas

Ornament- und Kathedralglas, 3 bis 4 mm stark, in Holz-Stocklichte	je m² S	12,00,	M:L = 77:23
Ornament- und Kathedralglas, färbig, in Holz-Stocklichte	,, ,, ,,	17,00,	,, = 77:23
Aufschlag im Holz-Falzmaß 20%, im Eisen- und Falzmaß 25%.			
Roh- und Schnürlgußglas für Fenster	je m² S	13,00,	M:L = 77:23
,, ,, ,, ,, Dachverglasung (Miniumkitt)	,, ,, ,,	16,00,	,, = 77:23
Roh- und Schnürlgußglas für Dachverglasung (unter Beigabe eines Bitumens, z. B. Xeroton)	,, ,, ,,	20,00,	,, = 77:23
Färbiges Rohgußglas (Marmorglas), weiß und schwarz	,, ,, ,,	22,00,	,, = 77:23
,, ,, creme, grau, grün, violett, taubenblau, malachitgrün und rosenquarz einfärbig, grau, grün, violett und lachsfarben marmoriert	,, ,, ,,	25,00,	,, = 77:23
Färbiges Rohgußglas, gelb und dunkelblau	,, ,, ,,	30,00,	,, = 77:23
,, ,, tango und korallenrot	,, ,, ,,	50,00,	,, = 77:23
Bearbeiten der Kanten und Verlegen samt Verschrauben, rund	,, ,, ,,	22,00,	
Bearbeiten, jedoch in Spezialkitt verlegt, rund	,, ,, ,,	28,00,	
Drahtglas, 6 bis 7 mm stark, für Fenster	,, ,, ,,	20,00,	M:L = 83:17
,, 6 ,, 7 ,, ,, ,, Dachverglasung (Miniumkitt)	,, ,, ,,	23,00,	,, = 83:17
Drahtglas, 6 bis 7 mm stark, für Dachverglasung (unter Beigabe eines Bitumens, z. B. Xeroton)	,, ,, ,,	27,00,	,, = 83:17
Rohgußglas, 12 bis 14 mm stark, in Zement verlegt	,, ,, ,,	53,00,	,, = 90:10
,, 20 ,, ,, ,, ,, ,,	,, ,, ,,	72,00,	,, = 90:10
,, 25 ,, ,, ,, ,, ,,	,, ,, ,,	83,00,	,, = 90:10

Anmerkung: Bei Panzer- und Gilarverglasung Zuschlag von 10%; bei Vermessung von Türen und Wänden in der Glasfalzlichte Aufschlag von 20%.

Reparaturen werden in der Falzlichte gemessen und mit 60% Aufschlag berechnet.

E. Glaserkitt

Glaserkitt, grau, je kg	S 0,60
Minium-Glaserkitt, je kg	,, 1,80

F. Antike- und Kunstglasarbeiten

Glasmalerei und Bleiverglasungen

a) Für Wohn- und Monumentalgebäude:

1. Verbleiungen aus durchsichtigem Solin-, Ton- oder Kathedralglas ohne Bordürestreifen, einfache Muster, je m² .... von S 60,00 bis 100,00

2. Verbleiungen mit Streifen, je nach Reichhaltigkeit der Zeichnung, je m² .... von S 100,00 bis 150,00

3. Butzenscheiben, je nach Durchmesser derselben, je m² .... von S 130,00 bis 150,00

4. Kathedralglas oder Butzenscheiben mit gemalter Bordüre, je nach Reichhaltigkeit, je m² .... von S 170,00 bis 200,00

5. Gemalte und eingebrannte Bilder als Einsätze, und zwar Wappen, Figuren, Spruchtafeln, Embleme usw., je Stück .... von S 40,00 bis 200,00

b) Für Kirchen, je m²:

6. Verbleiungen mit gemalter Bordüre .... von S 100,00 bis 200,00

7. Teppichmuster .... „ „ 120,00 „ 300,00

8. Figurale Bilder im Teppich (Einzelfiguren) .... „ „ 200,00 „ 400,00

9. Reiche Darstellung in Architektur .... „ „ 300,00 „ 500,00

M:L = 95:5.

Glasätzereien

Kurante Masse für Fenster und Türen inklusive Solinglas

1. Ätzung mit blanken Konturen auf mattem Grunde, einfache Zeichnungen, je m² .... S 35,00

2. Ätzung von einfachen ornamentalen Tafeln in einem Tone, matt auf matt, abgepaßte Zeichnungen, je m² .... aufwärts von S 45,00

3. Ätzung nach reicheren Zeichnungen in zwei Tönen, je m² .... „ „ „ 50,00

4. Reiche Ätzung, figural und ornamental, je m² ... „ „ „ 65,00

5. Ätzung von Spiegel-Entreetafeln in reicher Zeichnung und in mehreren Tönen, je m² .... von S 100,00 bis 150,00

Für Doppelsolinglas erhöhen sich die Preise um *S 8,00* je m², für Überfanggläser um *S 12,00* bis *16,00* je m².

Post 1 bis 4...M:L = 90:10, Post 5....M:L = 95:5.

G. Luxferglas oder Luxferprismen

sind Tafeln aus weißem Kristallglas von 100/100 mm Größe aufwärts und 6 mm Stärke, die auf der Außenseite glatt bzw. flach gemustert, auf der Innenseite jedoch mit Rauten in Prismenform besetzt sind. Nach dem Gesetze der Brechung der Lichtstrahlen durch prismatische Körper sind sie befähigt, alle schräg einfallenden Lichtstrahlen, je nach Form der Rauten, mehr oder weniger horizontal nach innen weiterzuleiten. Die gesamte Lichtfülle, die ein Fenster einzulassen vermag, wird also dem Raume bis in seine entlegensten Winkel zugeführt, ohne, wie sonst, zum größten Teile vom Fußboden absorbiert zu werden.

Preis je 1 m² (M:L = 93:7) .... S 65,00

Glasfliesen und prismatische Glasziegel (Multiprismen) für Oberlichte aller Art und besonders für Lichtschachtabdeckungen in den Trottoirs, für Bahnhofunterführungen, in normaler Größe 200/200/20 mm, je Stück samt Versetzen S 4,40

Die Glasfliesen in Oberlichten werden für den Fußgängerverkehr in starke Schmiedeeisenrahmen, für den Wagenverkehr in starke Gußeisenrahmen verlegt.

Preis je 1 m² inklusive Eisen (M:L = 95:5) .... S 120,00 bis 180,00

Mit besonders geformten Glasfliesen werden Glas-Eisenbeton-Konstruktionen ausgeführt, welche besonders tragfähig und feuersicher sind.

Preis je 1 m², fertig verlegt (M:L = 95:5) .... S 120,00 bis 170,00

Luxuriöse Ausführungen ergeben sich durch die „plastischen Kristallglasdecken" in den verschiedensten Anordnungen und Formen.

Elektroglas ist der Namen für jedes beliebige Glas, das in Abschnitten von 0,01 m² aufwärts durch dünne Kupferstreifen auf elektrolytischem Wege gefaßt wird. Elektroglas ist als feuersicher anerkannt; es kann stundenlang dem direkten Feuer ausgesetzt werden, bekommt dann kleine Risse und wird undurchsichtig, fällt aber aus den Kupferfassungen nicht eher heraus als bis letztere schmelzen und läßt weder Rauch noch Wasser durch. Elektrogläser können durch- oder undurchsichtig hergestellt werden und kommen besonders für Theater-, Kinobauten sowie auch für Treppenhausfenster, feuersichere Abschlüsse von Schaufenstern usw. in Verwendung.

Die Preise des Elektroglases je m² stellen sich für Scheiben in Brandmauern aus 4 mm Doppelsolin je m² (M:L = 95:5) .... S 105,00

H. Glasbausteine

Unter der Bezeichnung „Glasbausteine" werden Hohlziegel aus Glas mit vollkommen geschlossener Oberfläche verstanden, die zur Herstellung lichtdurchlässiger Flächen in Mauern und Bedachungen Anwendung finden.

Dieselben werden, je nach ihrer Verwendungsart, in verschiedenen Formen und Größen erzeugt und so konstruiert, daß sie in jede Öffnung passend eingesetzt werden können.

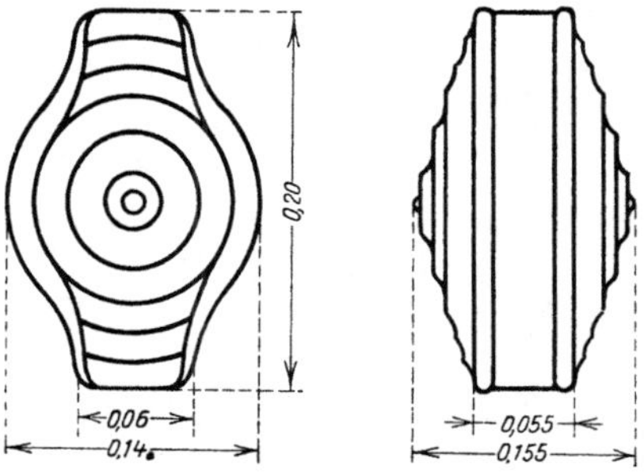

Nr. 8

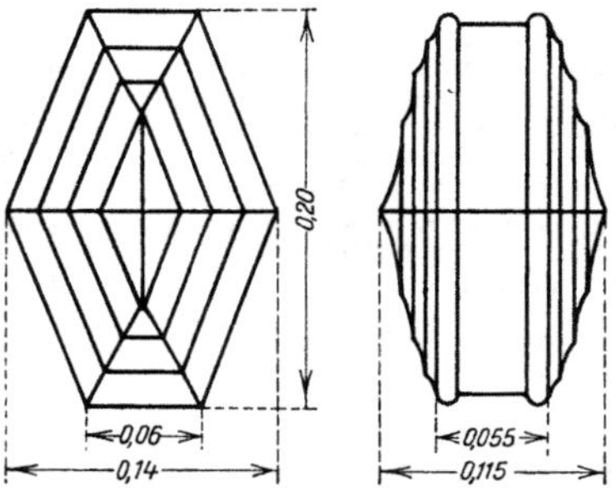

Nr. 9

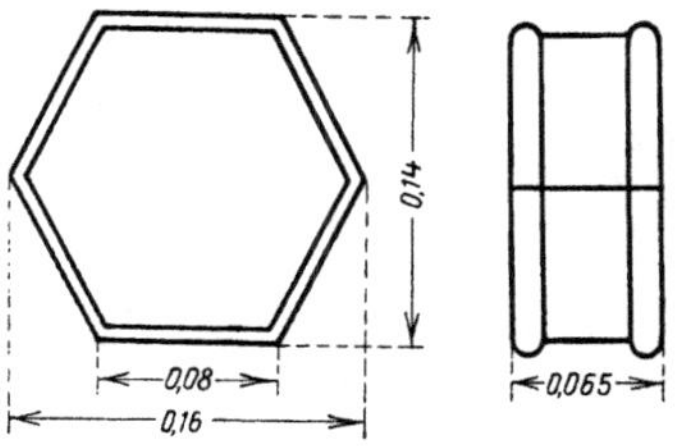

Nr. 12

In Verwendung stehende Typen		Type 8¹)	Type 9¹)	Type 12²)
Gewicht je Stück	kg	0,850	0,850	0,900
Erfordernis	je m²	50 St.	50 St.	58 St.
Preis je m² inkl. Versetzen	S	60,00	60,00	68,00

¹) Geeignet für Fenster und Wände. ²) Auch für Decken.

Im allgemeinen werden die Steine für Lokale von besonderer Helligkeit aus lichtem, gehärtetem, halbweißem Glas, für Luxusbauten aus weißem (farblosem) und für Dekorationszwecke auch aus verschiedenfarbigem Glas hergestellt.

Die Wände der Glasbausteine sind im allgemeinen derart geformt, daß sie das direkte Sonnenlicht brechen und nach allen Seiten zerstreuen; es wird dadurch der Gesamtraum eines Lokals gleichmäßig und nicht, wie bei gewöhnlichen Fenstern, nur die vordere Partie beleuchtet.

Durch die beiderseitig konvexe und gemusterte Oberfläche sind die Steine bloß durchscheinend, so daß ein Einblick von außen nach innen oder umgekehrt ganz unmöglich ist, was für gewisse Zwecke, z. B. in den Fabriksräumen, bei Bade- und Klosettanlagen, von besonderem Werte ist. Ebenso lassen sich Glasbausteine dort verwenden, wo man der Nachbarschaft wegen gewöhnliche Fenster nicht anbringen darf.

Das Versetzen der Glasbausteine erfolgt auf ähnliche Weise wie jenes gewöhnlicher Mauerziegel in Portlandzementmörtel; derselbe soll bestehen aus: 4 Teilen feinem, reschem Flußsand, 2 Teilen nicht treibendem Zement, 1 Teil gesiebten Sägespänen.

Zur besseren Verbindung und Versteifung, speziell bei größeren Flächen, werden Leisten verschiedener Art in den Mauerseiten versetzt.

Anstreicher-, Maler- und Vergolderarbeiten

Maßberechnung [1])

Holzanstrich

Die Messung der Anstrichflächen erfolgt sowohl bei Türen und Fenstern wie auch bei Holzverkleidungen, Blindspaletten, Spalettläden, Holzwänden usw. stets nur in einer Projektion, und werden daher größere oder kleinere Gesimsausladungen, Kehlungen und Vorsprünge nicht berücksichtigt; nur wenn deren Höhe plus Ausladung mehr als 15 cm beträgt, werden sie in ihrer Abwicklung gemessen.

Die Maße des Anstriches ergeben sich nach folgendem:

1. Türen. Futter bzw. Stock und Verkleidungen werden in Futter- (Stock-) Lichtenumfang multipliziert mit ihren Projektionen berechnet. Zur Feststellung dieser Projektionen wird die reine Futterbreite (Stockbreite) samt den durch die Falzverkleidung gebildeten Falzbreiten und von jeder Verkleidung einmal die Breite (Projektion) und einmal die Stärke derselben gemessen, soweit alle diese Flächen gestrichen sind. Die Türflügel werden bei beiderseitigem Anstrich mit dem 2,10fachen der Stocklichthöhe gemessen; die durch diesen Berechnungsvorgang nicht unmittelbar gemessenen Teile erscheinen dadurch mit einem 5%igen Zuschlag bereits berücksichtigt. Bei Toren werden vorhandene Kämpfer gesondert gemessen.

2. Glastüren und Windfänge sind nach vorstehendem Punkt und Glaswände mit der doppelten Ansichtsfläche ohne Zuschlag zu verrechnen. Die Glasflächen samt Sprossenteilung werden, gemessen vom äußersten Kittfalz zum äußersten Kittfalz, in Abzug gebracht, und zwar bei Sprossenteilungen über 30/30 cm oder 60 cm addiert einmal, bei einer Teilung über 20/20 cm oder 40 cm addiert einhalbmal; bei Sprossenteilungen unter 20/20 cm oder 40 cm addiert kommt kein Abzug.

3. Fenster. Der Anstrich der Fenster- und Lüftungsflügel samt Kämpfern und Mittelstücken, beiderseits gestrichen, wird bei einfachen Fenstern mit dem 1,2fachen der vollen Stocklichtfläche, bei Doppelfenstern, beiderseits gestrichen, mit dem 2,4fachen der vollen Stocklichtfläche vergütet. Kämpfer und Mittelstücke dürfen daher nicht mehr gesondert verrechnet werden, ebenso wie auch die erschwerte Arbeitsleistung durch die vorstehend festgesetzte Verrechnungsweise bereits mit einem 20%igen Zuschlag berücksichtigt erscheint; die Stellvorrichtungen für die Lüftungsflügel werden gesondert verrechnet.

Für Fensterflügel mit Sprossenteilungen unter 30/30 cm oder 60 cm addiert, erfolgt außerdem ein Zuschlag im Ausmaße von 50% des einfachen Flügelausmaßes, bei Sprossenteilungen unter 20/20 cm oder 40 cm addiert, ein Zuschlag von 100% des Flügelausmaßes.

Die Verkleidungen, der Stock bzw. das Futter werden in ihren Projektionen (unter sinngemäßer Anwendung der vorstehenden Bestimmungen für Türstöcke) verrechnet, wobei als Längenmaße die Stocklichtmaße gelten. Bei ungeradem Sturz gilt die größte Höhe als Lichthöhe. Die Fensterbretter werden in der Spalettlänge voll abgewickelt gemessen. Bei Blindspaletten, Eck- und Erkerverkleidungen, Jalousiekasten usw. werden alle sichtbaren, gestrichenen Flächen, und zwar stets in ihrer Projektion, voll berechnet.

Volle Fensterladen werden wie Türen verrechnet. Fensterflügel mit jalousieartiger Füllung werden bei beiderseitigem Anstrich in ihrer Höhe und Breite zweieinhalbmal und Fensterflügel mit festen oder beweglichen Jalousiebrettchen dreimal voll gemessen.

4. Schaufenster und Portale. Bei Schaufenstern und Portalen wird der beiderseitige Anstrich der verglasten Fensterflügel mit der Breite und Höhe der letzteren einmal voll gerechnet, wenn die

[1]) Auszug aus dem städtischen Preistarif der Bundeshauptstadt Wien, 1929.

Glasfläche des betreffenden Flügels — einseitig gemessen — nicht größer als 4 m^2 ist; bei größeren Glasflächen erfolgt für die Verrechnung ein 25%iger Abzug von dem mit Breite und Höhe ermittelten Ausmaße. Der Anstrich von Sprossen und sonstigen Konstruktionsteilen, welche die Glasflächen der Fensterflügel unterteilen, erscheint durch vorstehende Verrechnungsweise bereits berücksichtigt und darf daher nicht gesondert in Rechnung gestellt werden.

Die Verrechnung der Türflügel erfolgt nach den Punkten 1 und 2.

Die Messung der gestrichenen Flächen an den übrigen Teilen der Portale und Schaufenster erfolgt in ihrer Projektion, und werden daher größere oder kleinere Gesimsausladungen, Kehlungen und Vorsprünge nicht berücksichtigt.

5. Balustraden werden in ihrer Höhe und Länge viermal voll gerechnet, wobei die Fuß- und Deckplatte mit inbegriffen sind.

6. Holzvertäfelungen und Holzbalkendecken werden unter Abzug der nicht gestrichenen Flächen und der Öffnungen gemessen, gestrichene Leibungen werden mitgerechnet. Gesimse, deren Höhe plus Ausladung über 15 cm betragen, sind in ihrer Abwicklung zu messen. Die beiderseitigen Höhen der Balken, multipliziert mit den Längen, sind einzurechnen.

7. Fußböden. Öfen, Herde u. dgl. bis 100 m^2 Einzelgrundfläche werden nicht abgezogen, dafür aber Tür- und Fensternischen u. ä. nicht mitberechnet.

8. Sockelbretter werden mit dem Ausmaße der Abwicklung ihrer gestrichenen Flächen verrechnet. Die bei den Türen und anderen Öffnungen, Ofennischen usw. fortfallenden Teile werden abgezogen.

9. Offene Fachwerkskonstruktionen, Pergolas usw. sind mit dem Ausmaße der Abwicklung der gestrichenen Flächen zu verrechnen.

10. Dachuntersichten und Dachkasten (Kastengesimse) werden nach dem tatsächlichen Ausmaße brechnet.

11. Stakettenzäune werden nach der Ansichtsfläche dreimal voll gemessen, Geländer, Gitter u. dgl. aus Holz unter Berücksichtigung ihrer Höhen und der Stärken und Abstände der einzelnen Teile nach dem Längenmaß berechnet; einfache Schranken und ähnliche Abfriedungen werden in ihrer Abwicklung gemessen.

12. Anstriche in zwei verschiedenen Farbtönen erfahren einen Zuschlag von 20% auf jenen Seiten der gestrichenen Gegenstände, auf welchen beide Farbtöne erscheinen.

Werden bei Fensterflügeln die beiden Seiten nicht gleichfarbig gestrichen oder wird nur eine Fensterflügelseite gestrichen, so tritt gleichfalls eine Erhöhung der Preise um 20% für die Fensterflügel ein.

Metallanstrich

13. Eisenkonstruktionen und eiserne Träger. Der Anstrich von Eisenkonstruktionen und eisernen Trägern wird nach den auf Grund von Plänen oder Naturmaßen berechneten, tatsächlichen Anstrichflächen berechnet.

14. Eiserne Fenster und Türen. Eiserne Fensterflügel werden einmal, eiserne Türflügel zweimal in der Rahmenlichte voll gemessen; die gestrichenen Flächen des Rahmens werden dem Ausmaß zugeschlagen. Sprossenteilungen unter 30/30 cm bzw. unter 20/20 cm werden nach Punkt 3 bzw. 2 berücksichtigt.

15. Glasdächer und Zierlichten werden bei beiderseitigem Anstrich einmal voll gerechnet. Bei Tafelgrößen unter 30/30 cm oder 60 cm addiert, bzw. unter 20/20 cm oder 40 cm addiert, erfolgt ein 50- bzw. 100%iger Zuschlag auf die einmal voll gemessene Fläche.

16. Gitter, Stiegengeländer, Tür-, Fenster- und Balkongitter aus Flach-, Quadrat- oder Rundeisen, allseits gestrichen, werden bei Stablichtabständen bis durchschnittlich 8 cm und darüber einerseits voll gemessen; Verzierungen geringen Umfanges werden nicht berücksichtigt. Bei Stablichtabständen unter 8 cm werden solche Gitter beiderseits voll gemessen. Andere Gitter, Geländer usw. werden gleichfalls bei einfacher Ausstattung einerseits, bei reicherer Verzierung beiderseits voll verrechnet. Für besonders reich ausgestattete Gitter ist die Verrechnungsweise zu vereinbaren; kommt eine solche Vereinbarung nicht zustande, so verliert der Kurrentersteher den Anspruch auf die betreffende Arbeit.

17. Liegende Gitter, Fußabstreif- und Stufengitter mit bis zu 4 cm breiten Lichtöffnungen sowie Jalousien werden mit dem dreifachen Ausmaß einer Fläche gemessen, mit Lichtöffnungen über 4 cm mit dem zweifachen Ausmaße.

18. Drahtgitter werden beiderseits voll gerechnet.

19. Rollbalken, Wellblech, Scherengitter u. dgl. werden bei einseitigem Anstrich eineinhalbmal, bei beiderseitigem Anstrich dreimal gerechnet.

20. Wendeltreppen werden nach dem tatsächlichen, gestrichenen Ausmaß berechnet; das Geländer wird sinngemäß wie Punkt 16 und 18 behandelt.

21. Rohrleitungen, Abfallrohre und Dachrinnen sind nach ihren äußeren Querschnittsabmessungen und nach ihren Längen zu berechnen. Der Anstrich von Rohrhaltern, Rohrschellen, Rinneneisen u. dgl. ist hierbei eingeschlossen, wenn er denselben Farbton hat.

22. Wasserkasten, Ausgüsse, Eckschutzschienen, Kaminputztürln, Ofenkapseln und sonstiges Eisenzeug werden nach Stückzahl berechnet.

23. Heizkörper sind nach den Heizflächen zu berechnen.

1. Holzanstriche

(1—4 laut Mitteilung der Fa. R. Wakler, Wien)

Materialpreise in Schilling je 1 kg

Leinölfirnis ...... 1,50—1,70	Bleiweiß, chem. rein 1,60	Emaillack, prima ... 4,50
Neustädter Terpentin .. 2,20	Ocker, franz. 0,48	Japanlack, holl. (Veluvine) 5,50
Russischer „ 1,35	Zinkgrün 2,00	Kopallack, prima .. 3,60
Zinkweiß 1,60	Emaillack, sekunda. 3,50	

Mindest-Stundenlohnbasis *S 1,90*

Art des Anstriches[1])	Mit dünnflüssiger Leinölfirnisfarbe grundieren	Alle Unebenheiten mit Knödelkitt gut auskitten	Mit Schleifkitt einmal ganz überziehen und schleifen	Mit Schleifkitt zweimal ganz überziehen u. fein schleifen	glatt streichen		schleifen		Emaillack, sekunda, glanz oder matt lackieren	Emaillack, prima, glanz oder matt lackieren	Original holländ. Japanlack lackieren	in Öl lasieren	in Öl überlasieren	Kopallack, glanz oder matt lackieren	Preis je 1 m² in Schilling	Perzentuelles Verhältnis Lohn zu Material
					zweimal	dreimal	fein	in der Farbe naß								
Glatter **brauner** bis **schwarzer Tonfarbenanstrich,** sekunda	1	1			1										2,95	50:50
Glatter **brauner** bis **schwarzer Tonfarbenanstrich,** prima	1	1	1		1										3,70	50:50
Glatter **brauner** bis **schwarzer Tonfarbenlackanstrich,** sek.	1	1	1		1									1	5,00	50:50
Glatter **brauner** bis **schwarzer Tonfarbenlackanstrich,** prima	1	1		1	1									1	6,00	60:40
Grüner Tonfarbenanstrich, sek.	1	1	1		1										4,40	50:50
Grüner Tonfarbenanstrich, pr.	1	1		1	1										5,40	50:50
Grün. Tonfarbenlackanstr., sek.	1	1	1		1									1	5,20	50:50
Grün. Tonfarbenlackanstr., pr.	1	1		1	1									1	6,50	60:40
Heller Tonfarbenanstrich, sek.	1	1	1		1										4,60	50:50
Heller Tonfarbenanstrich, pr.	1	1		1		1									6,60	50:50
Weißer **Emaillackanstrich,** glanz oder matt, sekunda	1	1	1		1		1		1						5,70	50:50
Weißer **Emaillackanstrich,** glanz oder matt, prima	1	1		1	1			1		1					7,80	60:40
Weißer **Japanlackanstrich**	1	1		1		1		1			1				8,50	65:35
Eichenartiger Anstrich, sekunda	1	1	1		1							1		1	6,20	50:50
Eichenartiger Anstrich, prima	1	1		1	1							1		1	7,50	60:40
Nußartiger Anstrich, sekunda	1	1	1		1							1	1	1	6,80	50:50
Nußartiger Anstrich, prima	1	1		1	1			1				1	1	1	8,00	60:40

[1]) Die angegebenen Preise gelten unter der Annahme einer Lohnregie von rund 40%.

Alten Anstrich mit Lauge bis auf das Holz gründlich abbeizen, je 1 m² .... S 3,00

Alten, sehr verdickten und von Witterungseinflüssen zerrissenen **Anstrich** mit der Lötlampe bis aufs Holz abbrennen, je 1 m² .... S 3,50

2. Maueranstriche

Art des Anstriches¹)	Die Mauer gut abbimsen, mit heißem Leinöl zweimal tränken	Alle Unebenheiten gut auskitten	Mit Spachtelkitt zweimal überziehen	glatt streichen Zweimal	glatt streichen Dreimal	Den dritten Strich matt aufstupfen	Mit prima Emaillack hochglanz lackieren	Mit originalholl. Japanlack hochglanz lackieren	Preis je m² in Schilling	Perzentuelles Verhältnis von Lohn zu Material	Bemerkung
Glatter getönter Maueranstrich, sekunda	1	1	1	1	—	—	—	—	5,60	50:50	Die üblichen Töne nach Wahl
Glatter getönter Maueranstrich, prima	1	1	1	—	1	1	—	—	7,40	50:50	
Mauerlackanstrich	1	1	1	1	—	—	1	—	8,90	50:50	
Mauer-Japanlackanstrich	1	1	1	—	1	—	—	1	10,00	60:40	

¹) Die angegebenen Preise gelten für eine Lohnregie von rund 40%.

3. Malerarbeiten

Materialpreise in Schilling je 1 kg:

Alabastergips	0,14	Ocker	0,60	Malerleim	2,15
Chromgrün	1,00	Orange	0,66	Schmierseife	1,00
Dekorationsrot	1,80	Satinober	0,44	Ton	0,07
Elfenbeinschwarz	0,60	Wandblau	0,70	Wachs	1,10
Glanzton	0,12	Wandgrün	0,58	Kalk, gelöscht	0,10
Italienischrot	0,60			Kreide	0,22

Stundenlohnbasis *S 1,90*

Verhältnis von Lohn zu Material 70:30

1. Ein Zimmer, einfachste Ausführung. Decke und Wände abwaschen, Kalkmilch schlämmen, alle Risse und Löcher mit Alabastergips vergipsen, die Wände in hellem Ton streichen, spritzen, ziehen, mit Walzen oder Schwammrolle techniken oder mit einfachem Muster dessinieren und mit Abschlußstrich oder schmaler Bordüre versehen, für ein beiläufiges Ausmaß von 4,00/5,00/3,80 m. Pauschale *S 72,80.*

1a). Decke, rein weiß, wie vorher beschrieben, ausführen, je m² *S 0,75.*

1b). Wände wie vor beschrieben ausführen, je m² *S 0,85.*

2. Ein Zimmer, bessere Ausführung. Decke wie vorher beschrieben, Wände in mittleren bis halbsatten Tönen und 2- oder 3fachem Muster und Abschlußlinie oder Bordüre versehen. Maße wie vorher. Pauschale *S 90,00.*

3. Ein Zimmer, Decke und Wände in sattem Ton streichen, in Felder teilen, damast- oder stoffartig ausführen und mit einer plastischen oder einfachen Leiste einfassen. Maße wie vorher. Pauschale *S 130,00.*

4. Ein Kabinett, einfach, wie unter 1. beschrieben, ausführen, beiläufiges Maß 4,0/2,6/3,8 m. Pauschale *S 55,00.*

5. Küche, Bad oder Dienerzimmer im üblichen Ausmaß, nach gründlichen Vorarbeiten mit Kalkfarbe bis zur völligen Deckung rein weiß streichen und mit Abschlußbordüre versehen. Pauschale *S 45,00.*

6. Küche, Bad oder Dienerzimmer, jedoch in Leimfarbe. Pauschale *S 40,00.*

7. Stiegenhäuser: Bei glatten Wänden bis zur Lambrie einfach hell tönen und spritzen, letztere halbsatt bis dunkel streichen, spritzen oder einfach behandeln, mit einfachem Fries versehen, einschließlich Stiegenhauszulage und Mehraufwand an Zeit, je m² *S 1,35.*

Bei mit Wachs behandelten Malereien in Stiegenhäusern, einschließlich Bürsten, erhöhen sich die Preise um 30 bis 40%. Für die mit reicheren Stuckornamenten versehenen Zimmer, Stiegenhäuser, Vestibüle usw. empfiehlt es sich, Spezialofferte einzuholen. Stil- und Freihandmalereien sowie das Patinieren von Plastiken können nur fallweise veranschlagt werden.

4. Vergolderarbeiten

Man unterscheidet: 1. echte Vergoldung (Blattgold) bzw. Versilberung; 2. französische Polierbronze; 3. Metallvergoldung.

Preise fallweise bei Vergoldern einholen.

Eisenanstriche[1])

Laut Mitteilung des Ing. Otto Reymann, Wien

Materialpreise in Schilling per 1 kg

Bleiminimum	1,80	Emaillack	3,50
Bleiweißfarbe	2,20	Firnis	1,80
Bleifreie Farbe	1,75	Russischer Terpentin	1,30
Eisenoxydrot, säurefreies	1,60		

Mindeststundenlohn *S 1,90*

Art der Herstellung[2])	Preis je m² S	Verhältnis Lohn zu Material
Reinigung und Entrostung mittels Drahtbürsten	1,00	100 : 1
„ „ „ bis auf das blanke Eisen mittels Hämmern, Schabern und Drahtbürsten	4,00	100 : 1
Einmaliger Bleiminium-Anstrich	0,90	65 : 35
Zweimaliger „ „	1,75	60 : 40
Einmaliger Eisenoyxd-Anstrich	0,70	70 : 30
Zweimaliger „ „	1,35	65 : 35
Einmaliger Anstrich mit Bleiweißfarbe	0,90	60 : 40
Zweimaliger „ „ „	1,70	60 : 40
Einmaliger Anstrich mit bleifreier Farbe	0,80	60 : 40
Zweimaliger „ „ „ „	1,55	60 : 40
Einmalige Lackierung mit Emaillack	1,10	60 : 40

Zu Kostenvergleichen von Anstrichen mit Spezialfarben (Ferromin, Redferrid, Dr. Liebreich, Subox, Ferrool, Bessemer, Rostinit, Durant, Danboline, Panther, Platin-

[1]) Siehe auch Anstreicherarbeiten, ÖNORM (Entwurf), Prot-Nr. 496/1.
[2]) Die angegebenen Preise gelten für eine Regie von 40% auf den Lohn.

farbe, Inertol Perlgrund, Adlergrund, Sodafarbe usw.) wird die Anwendung der von Herzka aufgestellten Formel

$$\left(\frac{g\,k}{e}+k'\right)\frac{a}{n}$$

empfohlen. Es bedeuten:

g : das spezifische Gewicht der Farbe,
k : die Kosten von 1 kg Farbe,
daher $g\,k$: die Kosten von 1 Liter Farbe.

Werden mit 1 Liter e Quadratmeter gestrichen, dann bedeutet: $\frac{kg}{e}$ die Farbkosten für 1 m^2 Anstrich,

k': die Lohnkosten für 1 m^2 Anstrich,
a : die zur vollständigen Deckung von 1 m^2 Fläche erforderliche Anzahl von Anstrichen,
n : die Haltbarkeit der Farbe in Jahren.

Zu dieser Formel wird man in den meisten Fällen noch einen additiven Wert für die Kosten der Entrostung beifügen müssen. Der Aufwand für die Entrostung, welche für die Haltbarkeit eines Anstriches von wesentlicher Bedeutung ist, ist ein sehr beträchtlicher.

Für die Entrostung stark angerosteter, größerer Eisenkonstruktionen oder in Fällen, wo auf eine Entrostung bis auf das metallisch blanke Eisen Wert gelegt wird, empfiehlt sich die Anwendung der maschinellen Entrostungsmethode mittels Sandstrahlgebläse. Diese Methode ist wirtschaftlicher als die manuelle Entrostung mit Handwerkzeugen, sofern — was ausdrücklichst erwähnt sei — eine wirklich metallisch reine Eisenoberfläche erzielt werden soll. Die maschinelle Entrostung eines Quadratmeter Fläche stellt sich je nach dem Grade der Verrostung auf *S 1,80* bis *S 6,00*, während eine metallische reine Fläche mittels Handwerkzeugen kaum in 2- bis 3stündiger Arbeitszeit je 1 m^2 zu erzielen ist, sonach an reinen Lohnkosten *S 3.60* bis *S 5,40* erfordert.

Eisenanstrich nach Gewicht: Falls nicht eine Flächenberechnung vorliegt, gilt folgender angenäherter Umrechnungsschlüssel für 1 q = 100 kg:

Eisenbahnbrücken mit Schnellzugsverkehr:	1,5 m^2
„ ohne „	1,8 „
„ für Sekundärbahnen	2,2 „
Dachkonstruktionen, ganz schwere	1,8 „
„ schwere	2,2 „
„ mittelschwere	2,8 „
„ leichte	3,2 „
Glashäuser mit einfacher Verglasung	4,0 „
„ „ doppelter „	5,0 „
Eiserne Fenster mit Oberlichtkonstruktion	6,5 „
Traversen, je nach Profil je 100 kg	0,68—2,1 „

Spezialanstrichfarben

Arco-Top, Original amerikanischer Schutzanstrich für Dächer und Konstruktionen, bestehend aus Mexiko-Bitumen und langfaserigem Asbest, wird streichfertig geliefert, kalt aufgetragen; kein Miniumunterstrich; bleibt elastisch, verhindert das Weiterrosten. Preis je 1 kg *S 3,20.*

Verbrauch:

		neu	alt	schadhaft
bei Dachpappe rund je m²	kg:	0,5	0,6	0,75
„ Metallflächen, rund		0,2 bis 0,33 kg je m²		
„ Preßkies, „			1,2 „ „ „	
„ Holzzement, „			0,6 „ „ „	

Arco-Sealit (Zusammensetzung wie Arco-Top). Strengflüssiges Material zum Auskitten von Rissen bei Beton, Preßkies-, Dachpappen- und Metalldächern, zum Auskitten von Oberlichten, Eisenbeton-Flachdächern. Preis je 1 kg *S 2,60*, Verbrauchsmengen in 1 bis 3 kg je m².

Arco 700-hitzebeständige Emailfarbe, die bis 380 °C widerstandsfähig ist. Als Schutzanstrich von Eisenkonstruktionen, die großen Temperaturschwankungen ausgesetzt sind. Miniumgrundanstrich nicht erforderlich. Preis je 1 kg *S 8,00*.

Verbrauch: 1 kg für 10 bis 12 m².

Bitumasbest, zur Herstellung von Neu-Isolierungen jeder Art und zur Abdichtung von schadhaften Dächern aus Beton, Dachpappe, Holzzement, Asphalt, Blech, Glas usw. Das Material wird kalt mittels Bürste, Pinsel bzw. Maurerkelle oder Spachtel aufgetragen.

Bitumasbest „L“ (leichtflüssig) als Vorstrich auf poröser oder schadhafter Unterlage: 0,3 kg je m²; Preis je kg .... S 2,60

Bitumasbest „M“ (mittelflüssig) als Vorstrich oder auch als Deckstrich auf geflickter Dachpappe, Beton usw. 0,75 kg je m²; Preis je kg ...... „ 2,60

Bitumasbest „D“ (dickflüssig) als Deckstrich bei Neuherstellung und Reparaturen, auf jeder Art von Baumaterial 1 bis 2 kg je m²; Preis je kg „ 2,30

Inertol-Rostschutzanstrich (R. Avenarius, Wien), schwarzglänzend, streichfertig, ohne Grundanstrich kalt auftragen. Lose Rostteile vorher entfernen und nur auf trockenem Eisen streichen. Der Überzug ist elastisch, schützt gegen säure- und salzhaltige Wässer, Chlor, Kanalgase, Säuredämpfe, Essigdünste. Anwendung: Trinkwasserbehälter und -leitungen, Turbinenanlagen, Schleusentore, chemische Industriebauten, Eisenbahnbauten; nach dem Durchtrocknen geruch- und geschmacklos. Für 100 m² Eisenfläche bei zweimaligem Anstrich 22 kg Inertol erforderlich. Preis *S 1,45* je kg.

Duresco (Wasserfarbe) für Mauerwerk, Stucco, Holz, Tapeten; hitze- und dampfbeständig, nicht brennbar, waschbar; wird ohne Vorbereitung der Putzfläche — durch bloßes Überstreichen — aufgetragen. Zu 100 kg Farbe gehören 15 l Verdünnungsmittel. Für einmaligen Anstrich von 100 m² erforderlich 12 kg Farbe. Preis der Farbe *S 3,85* je kg, des Verdünnungsmittels *S 2,50* je Liter.

Tropic, ölfreie Rostschutzfarbe, ist eine dünnflüssige Substanz, jederzeit gebrauchsfertig und in etwa 24 Stunden handtrocken. Die Trocknung erfolgt von innen nach außen. Großes Deckvermögen, Streichfähigkeit 25 bis 35 m² je kg. Preis rund *S 6,00* je 1 kg· giftfrei, hitze- und säurebeständig; Farbentöne: rotbraun, grau, schwarz, weiß, farblos.

Paratect (deutsches) chemisches Erzeugnis aus Original-Mexikobitumen, kanadischem, langfasrigem Asbest, Leicht- und Schwerölen. Wird streichfertig geliefert und kalt aufgetragen. Trocknet innerhalb 24 Stunden ab und wird bei Kälte nicht spröde.

Preis für Sorte I (kittartig) und II (mitteldick) je kg .... S 2,50
„ „ „ III (dünnflüssig, lackartig) als Rostschutz und
Grundierung je kg .... „ 3,50

Verwendung für alle Arten von Schwarzdeckungen, Isolierungen gegen Feuchtigkeit (siehe Tabelle Betonschutzmittel), Rostschutz usw.

Verbrauchsmengen:

		neu	alt	schadhaft
bei Dachpappe rund je m²	kg:	0,60	0,75	1,00
„ Metallflächen rund je m²	„	0,30		
„ Preßkies und Holzzement je m²	„		1,2 bis 1,5	

Winiwal-A, Bitumen-Lackfarbe, als Anstrich für Rohrleitungen unter und über der Erde; Materialverbrauch: 1 kg je 10 m². Empfehlenswert: doppelter Anstrich. Preis *S 1,50* je kg.

Winiwal-RS, hochgradig säurefester Bitumen-Lack, dauernd widerstandsfähig gegen Alkalien, Salzlösungen, verdünnte anorganische und organische Säuren; Materialverbrauch: 1 kg je 5 m². Erforderlich: Zweimaliger Anstrich. Preis *S 5,00* je kg.

Winiwal-HB, rauchgasfester Asphalt-Lack, dauernd hitzebeständig bis 390° C; Materialverbrauch: 1 kg je 7 m². Erforderlich: Ein- bis zweimaliger Anstrich. Preis *S 5,50* je kg.

Holzschutzmittel

a) gegen Hausschwamm, Fäulnis usw.

Antinonnin. (R. Avenarius, Wien.) Schutzmittel gegen Hausschwamm, Schleim- und Schimmelpilze, Trockenfäule, Mauerfraß, Moder. Geruchlos, nicht flüchtig, kann mit Farbe überstrichen werden. Sämtliches Holz 2- bis 3mal mit 2- bis 3%iger Antinonninlösung imprägnieren, Balken, Lager- und Kreuzhölzer auf den Längsseiten und am Hirnholz, Deckenschalungen nur oberseits — einschließlich Hirnholz und Fugung — gründlich bestreichen. Schwammbefallene Hölzer durch neue ersetzen, angefressene von den morschen Teilen bis aufs gesunde Holz befreien, sodann wie oben den Anstrich vornehmen. Unterhalb der schwammbefallenen Fußböden die Schüttung erneuern und mit Antinonninlösung überbrausen.

Bedarf: 1 l Lösung für 10 m² Holzfläche. Preis *S 22,00* je 1 kg.

Carbolineum. (R. Avenarius, Wien.) Rotbrauner Anstrich, wird heiß aufgetragen; möglichst satt, besonders die Hirnflächen; Pfosten und Bretter unter Wasser oder Erde wenigstens zweimal imprägnieren; ist widerstandsfähig gegen Witterungseinflüsse und Hausschwamm. Mit 1 kg werden 4 bis 5 m² Fläche gestrichen. Preis *S 0,6* je 1 kg.

Mikrosol. (Eduard Lutz & Cie., Wien.) Spezifikum gegen Hausschwamm usw. Anwendungsgebiet wie bei Antinonnin. Mit Kalk in jedem Verhältnis mischbar.

Vollkommen geruchlos, daher besonders geeignet zur Assanierung bewohnter Gebäude. Preis *S 16,00* je 1 kg.

b) gegen Entflammung (Feuerschutzanstriche)

Antifiammite. (Boxer & Schwarz, Wien.)

Antifiammit-Anstrichfarben in allen Tönen für flammsichere Holzanstriche in feuergefährlichen Räumen und Holzbauten je kg streichfertige Farbe. . S 1,25

Antifiammit-Imprägnierungen für Holz, Papier, Stroh, Seegras und alle Arten von Stoffen und Geweben zum Flammschutz derselben (Theaterdekoration, Bühneneinrichtungen, Ausstellungen, Schaufenster usw.). Schutz gegen Fäulnis, Hausschwamm und sonstige Holzkrankheiten. Frei von Wasserglas; Gewebefasern und Farben werden nicht angegriffen, geruchlos nicht giftig. 1 Liter Flüssigkeit S 0.45.

Antipyrofabrikate. (Gesellschaft für Bauarbeiten, Wien.)

Antipyrolack, matt (Antipyrogenfarbe), Flammschutz- und Imprägnierungsanstrich. Erdfarbe mit Antipyrogen, pulverförmig; in nicht zu kaltem Wasser 1:1 anrühren und wie gewöhnliche Farbe verwenden.

Verbrauch bei doppeltem Anstrich für gehobelte Flächen 0,25 bis 0,3 kg, für rauhe Flächen 0,5 bis 0,7 kg je m^2
Preis für 1 kg Farbpulver *S 3,00*, daher für 1 kg streichfertig . . . . S 1,50

Antipyrogen-Pulver 1:10 in Wasser lösen. Wetterfeste Fixierung für Antipyrolackanstriche nach Trocknen des doppelten Anstriches. Imprägnierung für Holz, Papier, gegen Feuer, Fäulnis und Hausschwamm. Verbrauch: 1 kg für 12 bis 14 m^2. Preis für 1 kg Antipyrogenpulver *S 4,00* daher für 1 kg Imprägnierungsflüssigkeit . . . . S 0,40

Antipyrogen-Speziallack, glänzend, farblos oder färbig; politurähnlicher Anstrich, Verbrauch: 1 kg für 10 bis 14 m^2 einfachen bzw. für 5 bis 7 m^2 doppelten Anstrich; Preis je kg . . . . S 6,00

Feuersilikat. (Ortlieb, Wien.) Dient zum äußeren Anstrich von Holzkonstruktionen; Zusammensetzung der Lösung: 2 T. Feuersilikat + 1 T. Wienerweiß + 2 T. Wasser. Mit Mauerpinsel 2- bis 3mal streichen, keine Weißkalke oder Zemente als Beimischung verwenden. Für einen Anstrich und 1 m^2 erforderlich 1 kg; Kosten für zweimaligen Anstrich *S 0,4* je m^2.

Kiesin. (W. Meurer & Co., Wien.) Silikatprodukt bestimmter Zusammensetzung, mit und ohne Zusatz verwendbar. Waschbar, wetter-, flamm-, temperaturbeständig, geruchlos. Das Holz erhält 2 Anstriche mit Kiesinverdünnung 1:1 in Wasser mit beliebigem Farb- oder Kreidezusatz. Alkalibeständige Farben gebrauchen. Der Anstrich umschließt das Holz mit einer steinharten Schicht. Für 2maligen Anstrich von 100 m^2 rund 30 bis 35 kg erforderlich. Preis *S 2,00* je kg.

Scherers flammenfeste Imprägnierung besitzt die Eigenschaft einer streichfertigen Malerfarbe. Für 2 m^2 Fläche erforderlich 1 kg. Preis *S 0,80* je 1 kg.

Subox, feuerschützender Anstrich für gehobelte und ungehobelte Holzkonstruktionen. Materialverbrauch: 1 kg je 4 bis 8 m^2. Erforderlich: Einmaliger Anstrich. Preis *S 3,90* je kg.

Feuerschutz durch Ummantelung. Hierzu eignen sich: 1. Das Betonspritzverfahren, namentlich unter Verwendung von Glutoment (Magnesiazement und andere Füllstoffe). Die Aufbringung geschieht unter Verwendung eines Drahtgewebes. 2. Staußziegelgewebe (siehe S. 406). 3. Tekton[1]), d. i. ein Steinholz, bestehend aus Magnesit und Chlormagnesium mit Füllstoffen (Sägemehl, Kork, Schlacken, Steinmehl usw.); die fertigen Platten werden auf das Holzwerk leicht aufgenagelt; geringes spez. Gewicht (200—230 kg/m³).

Raumtapezierung

Von Dr. Wilhelm Kaiser, † Seniorchef der „Dr. Wilhelm Kaiser" elektromechanischen Tapetendruckerei und Tapetenniederlage, Wien

Die Tapete gehört zu jenen Wandbekleidungen, deren Anbringung rasch und ohne wesentliche Verunreinigung der Räume möglich ist. Für die Tapeten sind giftfreie Farben gesetzlich vorgeschrieben, die auch billiger sind als beispielsweise das früher benützte giftige „Schweinfurtergrün". Die Ungeziefergefahr ist bei gut geklebten Tapeten so gut wie beseitigt. Auch gibt es Tapetensorten, die lichtecht, und solche, die waschbar sind; Holzlambrien lassen sich mitunter durch entsprechende Holztapeten ersetzen, Linkrusta und Linkrusta-Imitation sind oft dauerhafter als nicht ganz trockene Holzverkleidungen.

Preisliste

			S
Naturellglanz, gestrichen Uni, Unisplafond aufziehen	je	Rolle	1,25
Dieser Preis versteht sich bis zu 3 Bahnen; bei weiteren Bahnen 50% Zuschlag.			
Bei Räumen über 4 m bis 4,50 m Höhe wird 25%, darüber hinaus 50% mehr verrechnet.			
Vorarbeit (Abscheren ohne Leimen)	„	„	0,65
Leimen	„	„	0,60
Ingraintapeten, gestoßen	„	„	2,50
Schwere Leder- und schwere Soirettetapeten	„	„	5,30
Leichte Leder-, Soirette- und Linkrusta-Imitation, überlegt	„	„	2,40
„ „ „ „ „ „ gestoßen	„	„	3,38
Makulieren zum Tapezieren, ohne Papier	„	„	0,87
Japan oder Tekko	„	m′	1,26
Linkrusta, 50 cm breit	„	„	1,06
Makulieren für den Maler, ohne Papier	„	Rolle	1,03
„ mit Isolierpapier, ohne Papier	„	m²	0,42
Tapetentür neu spannen, ohne Leinwand	„	Stück	5,83
„ „ „ für den Maler	„	„	6,80
Kranz um die Tür, ohne Leinwand	„	„	3,50
Tapetentür allein, nur spannen, ohne Leinwand	„	„	2,40
Für einzelne Tapetentüren, bei denen keine Tapeziererarbeiten ausgeführt werden, erfolgt Verrechnung in Regie.			
Leinwandspannen auf Plafonds	„	m²	0,85
„ „ „ der Wand	„	„	0,63
Borten oder Faschen	„	m′	0,09
Bandstreifenlegen samt Leinwand	„	„	0,20
Leisten aufmontieren bis 3½ cm breit	„	„	0,28
„ „ über 3½ „ „	„	„	0,30

[1]) Tekton- und Sägewerk Siglingen, Württemberg.

Leisten überziehen bis 10 cm	je	m′	0,43
Befestigen einer Rosette, rund oder oval	„	Stück	1,25
„ „ „ durchbrochen	„	„	2,10
„ „ plastischen Ecke	„	„	0,75
Tapetenschutzglas montieren, ohne Haftpflicht			2,10
Fahrtvergütung je Mann und Stunde			2,50
Ausbesserungen an Schaufenstern, Regalen und Kästen werden in Regie verrechnet. Je Mann und Stunde			2,50

Arbeitsdauer je m² Fläche beträgt für Entfernen alter Tapeten, für Abreiben, Waschen, Leimen, Gipsen, Makulieren der Wand, für Schneiden und Kleben der Tapeten im Gesamten rund 20 Minuten.

Bemerkungen. Aufzahlung zu den vorerwähnten Preisen bei Nachtarbeiten: ab 7 Uhr abends bis 7 Uhr früh 100%. Bei Sonn- und Feiertagsarbeiten: ab Samstag mittags 100% Aufschlag. Bei Landarbeiten ist Kost und Quartier von der Kunde beizustellen, anderseits erfolgt die Feststellung der Zulage nach Übereinkommen. Alle Fahrten, Transport- und Postspesen sind vom Arbeitgeber zu bestreiten. Das Ausräumen der zu tapezierenden Räume oder sonstige Arbeiten werden in Regie per Mann und Stunde verrechnet. Der Werkzeugtransport wird derzeit mit *S 2,00* entlohnt.

Ausgewählte Kapitel aus dem Bauwesen

Untersuchung und Belastung des Baugrundes

Von Ministerialrat Ing. Max Singer, Wien

Untersuchung des Baugrundes — Tragfähigkeit des Baugrundes — Flachgründungen auf homogenen Sand- bzw. Tonböden — Flachgründungen auf zusammengesetzten Böden — Zulässige Inanspruchnahme des Baugrundes bei Flachgründungen — Erdbaumechanische Einteilung der Tiefgründungen — Pfahlgründungen — Gebäudesetzungen

Vermessung und Absteckung im Hochbau

Von Dr. Ing. Karl Lederberger, beh. aut. Zivilingenieur f. d. Bauwesen, beh. aut. Zivilgeometer, Stadtbaumeister

Baugeländeaufnahme, Gebäudeabsteckung

Gründungen

Einteilung der Gründungen — Gründungsverfahren — Flachgründungen — Tiefgründungen

Tiefbohrungen und Brunnenanlagen

Von Zivilingenieur Wilhelm Kutscha

Bohrwesen — Brunnenbau — Brunnenanlagen

Brunnengraben und -mauern mit Ziegeln

Probebelastungen von Eisenbetontragwerken im Hochbau

Von Zivilingenieur Dr. Ing. Viktor Mautner

Siedlungswesen

Von Oberstadtbaurat Ing. Rudolf Münster

Größenangaben für Nebengebäude und landwirtschaftliche Anlagen

Größenangaben für sparsamen Wohnhausbau

Holzkonservierung

Von Ing. Robert Nowotny

Holzschutz geben Fäulnis und tierische Holzzerstörer — Die wichtigsten Verwendungsgebiete des konservierten Holzes — Holzschutz gegen leichte Entflammung

Baulich vorbeugender Feuerschutz

Von Oberbrandrat Ing. Rudolf König der Feuerwehr der Stadt Wien

Kläranlagen für Hausabwässer — Kühlanlagen

Von Ing. Emil Maritschek, Wien

Wasserkraftanlagen

Von Ing. Franz Kuhn, beh. aut. Zivilingenieur f. d. Bauwesen, Wien

Wesen und Leistung der Wasserkraftanlagen — Einteilung der Wasserkräfte — Rentabilitätsberechnung von Wasserkraftanlagen — Kosten und Einzelheiten von Wasserkraftanlagen

Garagen und Tankanlagen

Von Ing. Karl Fischer, Direktor der Wayss & Freytag A.-G. und Meinong G. m. b. H., Teplitz-Schönau

Transportmittel

Transportmittel für Bauarbeiten — Transportmittel (Wagenbau) — Werkzeuge für Legen und Erhalten des Oberbaues

Untersuchung und Belastung des Baugrundes

Von Ministerialrat i. R. Ing. Max Singer, Zivilingenieur-Konsulent, Wien

I. Untersuchung des Baugrundes

1. Abhängigkeit der Bauwerke vom Baugelände. Bei Verkehrsbauten (Eisenbahnen, Straßen, Wasserstraßen) und Wasserkraftanlagen ist die Abhängigkeit des Bauerfolges von der Geländebeschaffenheit bekannt. Im geschlossen verbauten Gebiet wird der Zusammenhang weniger deutlich, offenbart sich aber von Zeit zu Zeit in aufsehenerregenden Fehlausführungen. Beim Vordringen der städtischen Verbauung über Sumpfgelände, Rutschgebiete, Bergbausenkungsgebiete und der Einzelbauten bis ins Hochgebirge macht sich die Abhängigkeit der Bauführung von den geologischen Verhältnissen immer stärker geltend. Durch rechtzeitige und vollkommene Untersuchung des Baugrundes und erdbaumechanisch richtiges Entwerfen läßt sich das Risiko der Gründung ausschalten.

2. Vorarbeiten. Schon der allgemeine Typus des Baugeländes gibt wertvolle Anhaltspunkte über die Aussichten der Gründung und Baustoffgewinnung. Die technisch-geologischen Eigenschaften einer Baustelle werden durch vier Lagegrößen (Koordinaten) bestimmt:

a) Die klimatische Lage. Im großen bestimmen Temperatur, Wind und Niederschlag die Frosttiefe und die Durchfeuchtung und beeinflussen das mechanische Verhalten der Bodenschichten, besonders weitgehend bei tonreichem Baugrund. Im Kleinen erlangen Besonnung und Windlage der Baustelle ähnliche Bedeutung.

b) die topographische Lage; sie zeigt den Einfluß der durch menschliche Tätigkeit geschaffenen Veränderungen des Baugeländes (Verlegung von Gewässern, Festungswerken; ehemalige Gewinnungsstellen von Baustoffen, aufgelassene Brunnen; Schuttanhäufung durch Brände und Kriegsereignisse, Aufhöhungen tiefliegender Geländeabschnitte usw.).

c) die morphologische (formenkundliche) Lage; sie kennzeichnet die Zugehörigkeit der Baustelle zu reifen (bestandsicheren) oder unreifen (veränderlichen) Formen des Geländes.

Morphologische Großformen: Flach- oder Steilküsten der Meere und Seen; Deltas an der Meeresküste und in Seen; Talböden, Gehänge, Hochfluren (Plateaus), Kämme, Gipfel; Strandlinien und Brandungsplatten ehemaliger Meeres- und Seebecken; Bauformen der diluvialen Inlandvereisung. Innerhalb jeder Großform hängt die einzelne Baustelle von den Kleinformen des Geländes (Terrassen, Hangschutt, Verrutschungen usw.) und von der Morphologie des Untergrundes ab. Zur morphologischen Lage gehören schließlich die Beziehungen zu den offenen Gewässern und zum Grundwasser.

d) die geologische Lage; sie kennzeichnet die Beziehungen zum älteren, anstehenden Gebirge (Festlandstafeln, Kettengebirge, Urgebirge, vulkanisches Gebirge, Sedimentgebirge), zu seinen Gesteinen (Baustein lieferndes Granit- oder Sandsteingebirge, den Untergrund beeinflussendes Kohlen-, Kalk-, Steinsalz- und Gipsgebirge), zur örtlichen Lagerung und Klüftung (statische Verhältnisse), zu den Massenkräften im Boden (dynamische Verhältnisse, Senkungs-, Erdbeben- und Rutschgebiete), zur Mächtigkeit der Überlagerung (nicht verfestigte Bildungen, Schutthülle).

Das Ergebnis der rasch durchführbaren Untersuchungen a) bis d) besteht in der Umgrenzung der zu erwartenden Schwierigkeiten und in der Wahl der für den besonderen Fall geeigneten Untersuchungsmethode.

3. Verfahren und Hilfsmittel.

a) Verwertung von Bauerfahrungen. Die Beurteilung einer neuen Bauaufgabe nach den bereits gelösten liefert nur unter vergleichbaren geologischen und erdbaumechanischen Verhältnissen brauchbare Ergebnisse. In großen Städten stehen dem Fachmann zum Vergleich der Baustellen geologische Karten (vereinzelt auch Baugrundkarten und Untergrundpläne), ferner alte Stadtpläne und Grundwasserbeobachtungen zur Verfügung. Die Störungen im Baugrund und die erdbaumechanischen Verhältnisse wurden bis vor wenigen Jahren nicht ausreichend beachtet.

b) Bautechnische Untersuchung durch Schürfung und Probebelastung. Dieses Verfahren kann ungenügende oder irreführende Ergebnisse liefern, wenn sich die Untersuchung — ohne Beachtung des geologischen Zusammenhanges — auf die eigentliche Baustelle beschränkt, oder wenn aus den Belastungsproben (Modellversuch), nicht sachgemäß auf die Verhältnisse unter dem Bauwerk geschlossen wird. Zur Schürfung werden meist Probegruben im Ausmaß von $1{,}0 \times 1{,}0$ m, bei größerer Tiefe Schächte von $1{,}2 \times 1{,}2$ m Grundriß ausgeführt, an Lehnen selbstentwässernde Schlitze von 0,8 bis 1,0 m Breite. Die Aufschlüsse an den Wänden der Grabungen müssen während der Arbeit aufgenommen und durch Bodenproben belegt werden. Unterhalb des Grundwasserspiegels, sonst bei Tiefen von mehr als 8 m werden Bohrungen ausgeführt. Soferne es sich nicht bloß um die Bestimmung der Oberfläche des tragfähigen Untergrundes handelt, müssen die Bohrprofile sorgfältig aufgenommen, durch besonders ausgestochene Proben (bzw. Kerne) und durch genaue Angaben des Zeit- und Arbeitsaufwandes ergänzt werden. Wenn die durch die Schürfung erschlossenen Schichten nicht annähernd waagrecht liegen oder besondere Erscheinungen, wie Geländebewegungen, Schwimmsand o. dgl. wahrgenommen wurden, sind die Ergebnisse der bautechnischen Untersuchung geologisch zu beurteilen. Probebelastungen sind nach den Abschnitten II, III und IV durchzuführen und auszuwerten.

c) Geologische Untersuchung. Sie ist im bautechnischen Neuland unter allen Umständen ratsam. Für die meisten Aufgaben im Gebirge reicht eine geologische Untersuchung ohne Schürfungen aus. Im verbauten Gebiet und im Flachland muß sich die geologische Untersuchung auf Schürfungen stützen. Die Ergebnisse genügen für die überwiegende Zahl der Bauaufgaben, mit Ausnahme der Gründungen in bzw. auf Schlammablagerungen und weichplastischen Tonen, die eine bodenphysikalische Untersuchung erfordern.

Die geologische Untersuchung gibt ein Wirklichkeitsbild des Baugrundes (Lageplan und Schnitte, erforderlichenfalls auch einen Untergrundplan), das für die Wahl der Gründungsart entscheidend ist. Die zulässige Inanspruchnahme des Baugrundes läßt sich zumeist auf Grund geologisch vergleichbarer Bauerfahrungen bestimmen.

d) Bodenphysikalische Untersuchungen liefern bei gleichmäßigen, annähernd waagrecht gelagerten Feinsand-, Mehlsand-, Schluff- (Schließ-), Schlamm-

oder Tonböden ziffermäßige Anhaltspunkte für die Wahl der Gründungsweise, die zulässige Belastung des Baugrundes und das zu erwartende Maß der Setzungen. Die bodenphysikalischen Methoden sind von Terzaghi zur „Erdbaumechanik" ausgebaut worden. Für hohe Bauwerke (Türme, Hochhäuser, Schornsteine usw.) auf nachgiebigem Grund ist stets eine bodenphysikalische Untersuchung notwendig.

In den Abschnitten II bis V und im Abschnitt VIII sind die für den Bauplatz wichtigsten Nutzanwendungen, meist in der von Terzaghi gegebenen Fassung gekennzeichnet.

e) Chemische Untersuchungen sind wegen des möglichen Angriffes auf Mörtel und Beton bei städtischen und industriellen Anschüttungen, bei Moorboden und im gipsführenden Gelände stets einzuleiten, im übrigen dann, wenn auffällige Ausblühungen des Bodens oder Färbungen und Absätze des Grundwassers beobachtet werden.

f) Geophysikalische Untersuchungen werden ausgeführt, wenn ein sehr tiefliegender Felsuntergrund oder das Auftreten von Erzen, Kohle, Steinsalz unter dem Baugrund zu bestimmen ist.

Die erprobten physikalischen Verfahren sind: Seismische und akustische Messung, Schweremessung, magnetische Schürfung, Radioaktivitätsmessung, elektrische Schürfung.

4. Bodenarten. Bei der Gründung der Gebäude im Flachland und auf einem nicht zu unruhigen Untergrundrelief sind Standfestigkeitsfragen selten; es genügt daher die folgende einfache Unterscheidung: 1. Hartgesteine, deren Festigkeit im natürlichen Verband und im Bruchstück größer ist als die des Mauerwerks (z. B. Granit, Gneis, Porphyr, fester Kalkstein, fester Sandstein, harte Schiefer und Konglomerate).

2. Halbfeste Gesteine. Sie lösen sich schwer aus dem natürlichen Verband und brechen in Stücken mit Eigengestalt, deren Festigkeit gering ist (z. B. stark zerdrückte Hartgesteine; wenig verfestigte Kalksteine, Sandsteine, Tonschiefer, Konglomerate und Breccien).

3. Lockere oder lose Bildungen. Ihre hauptsächlichsten Untergruppen sind a) die röllig-sandigen und b) die tonreichen, bindigen bis schlammartigen Ablagerungen; die Scheidung wird mit Hilfe der Sieb- und Schlämmanalyse nach der Korngröße vorgenommen.

Je nach dem Wassergehalt erscheinen die tonigen und schlammigen Ablagerungen in folgenden Konsistenzformen: Fest (ganz fest, halbfest), plastisch (steif-, weich-, sehr weich und flüssig plastisch) und flüssig (zäh-, dick-, dünnflüssig). Für Flachgründungen kommen nur die festeren Konsistenzformen bis zur weichplastischen in Betracht, die anderen sind nur als Überlagerung oder als Rammgrund zu betrachten.

Tragfähigkeit und Zusammendrückbarkeit der losen Ablagerungen hängen von verschiedenen geometrischen Größen (Korngröße, Kornform, Struktur und Porenvolumen) und physikalischen Größen (Feuchtigkeit, Kohäsion, innere Reibung, Durchlässigkeit, Oberflächenspannung, Kapillarität und Belastungsdruck) ab.

Der Einfluß des Wassergehaltes auf die Tragfähigkeit ist bei groben Sanden gering, wächst aber mit der Feinheit des Kornes. Die Feinsande gestatten noch die Wasserhaltung durch Grundwasserabsenkung; Mehlsand und Schluff neigen besonders zur Schwimmsandbildung; Schluffe mit organischen Beimengungen sind stark zusammendrückbar. Die mageren Tone (Schlufftone) bilden den Übergang zum Tegel und fetten Ton; das mechanische Verhalten der Tone wird vollständig vom Wassergehalt bestimmt.

5. Regelfälle des Baugrundes (Untergrundtypen).

1. Überlagerung und tragfähige Schichte in scharfer Abgrenzung. Dieser Fall ist der häufigste der Praxis; es empfiehlt sich, selbst beim Anfahren von Fels, den tieferen Untergrund durch Bohrung zu bestimmen. Besteht die tragfähige Schichte nicht aus Fels, so bedarf sie einer Mindestmächtigkeit, die vom geologischen Profil und den Abmessungen des Bauwerkes abhängt, und bei Schotter- und Sandschichten in gewöhnlichen Fällen 4 bis 6 m beträgt. Gründung abhängig von der Mächtigkeit und Wasserführung der Überlagerung.

2. Lockerer Baugrund, nach der Tiefe fester werdend, z. B. alluvialer Schlick (Schluff) über diluvialem oder tertiärem Ton, alluviale lockere Sande (Schotter) über diluvialem dichten oder verkitteten Sand (Schotter); zumeist Flachgründung.

3. Regelmäßige Wechselfolge von nicht preßbarem Sand und preßbarem Ton, z. B. in Strandnähe und in Talweitungen; zumeist Flachgründung.

4. Unregelmäßige Ablagerungen von Sand und Ton mit Einschluß von Torf, Dünen (Schwimmsand, Wasserkissen). Vorkommen: mit vorwaltend grobem Korn in ehemals vergletscherten Gebieten; mit vorwaltend feinem Korn an Flachküsten und im Deltagebiet der großen Ströme. Gründung abhängig vom örtlichen geologischen Profil und den Grundwasserverhältnissen.

5. Gleichmäßig nachgiebiger Baugrund, nach der Tiefe weniger fest werdend: a) Schlamm- und Tonböden mit Austrocknungskruste in Meeresbuchten und im Gebiet der vormaligen Inlandvereisung; für leichte Bauwerke Flachgründung, für schwere Bauwerke Tiefgründung. b) Schlamm- und Tonböden mit Schuttdecke in den ehemaligen Seebecken innerhalb der Gebirge; zumeist Tiefgründung.

6. Gestörte oder durchbewegte Böden. Sie kommen in allen Gebirgsarten vom Hartgestein bis zum Ton vor und sind als ungünstige Sonderfälle der Baugrundtypen 1 bis 5 zu behandeln.

7. Anschüttungen. Mit organischen Abfällen (Kehricht u. dgl.) vermengte Anschüttungen in Stadt- und Industriegebieten gehören zur Überlagerung nach Type 1. Mit Aushub oder Baggergut planmäßig hergestellte Anschüttungen bilden einen preßbaren aber brauchbaren Baugrund; zumeist Plattengründung über Verdichtungspfählen.

II. Tragfähigkeit des Baugrundes

Die Ausführungen der Abschnitte II bis V und Abschnitt VIII gelten, wo nicht anders bemerkt, nur für homogene, annähernd waagrecht gelagerte, nicht verfestigte und nicht gestörte tiefgründige Sand-, Schlamm- und Tonböden.

1. Kritische Tiefe. Störungsraum. Jeder preßbare Baugrund wird unter der Lastfläche verdichtet; er weicht merkbar zuerst nach der Tiefe und nach der Seite (Bodenverdrängung durch Verdichtung) und schließlich auch nach der Höhe aus (Bodenverdrängung durch Auftrieb [Abb. 1]). Von der kritischen Tiefe (t_{krit}) angefangen, verhindert der Gegendruck der Überlagerung das Aufsteigen des Bodens. Die Fundamentsohle der Flachgründungen liegt meist oberhalb der kritischen Tiefe ($t<t_{krit}$). Wird die Grenzbelastung überschritten, so wirkt der Widerstand gegen Auftrieb bei einer

völlig freistehenden Kreisplatte (Durchmesser $= 2\,r$) am ganzen Umfang, bei streifenförmigem Grundriß (Breite $= 2$ b) hauptsächlich an den Langseiten; bei gleicher Fläche und $2\,r = 2\,b$ ist die Grenzbelastung für die einzelne Säule, nicht aber für Säulengruppen, je nach der Bodenbeschaffenheit um 15% (bei Fels) bis 100% (bei lockeren Böden) größer als für eine Mauer. Unter örtlich belasteten Beton- und Eisenbetonplatten sind die Gegendrücke des Bodens ungleichmäßig verteilt, es ist daher durch die Standberechnung oder die Ausführung Vorsorge gegen Schrägstellung des Bauwerkes zu treffen.

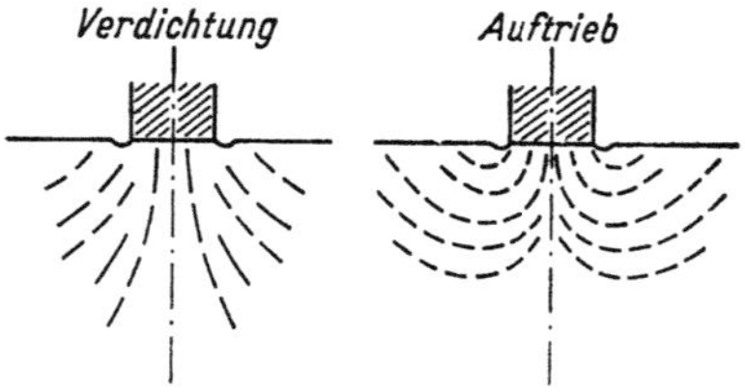

Abb. 1. Schema der Bodenverdrängung

Die Tiefe der durch Überlastung entstehenden Störungszone reicht im Schlamm etwa bis $0{,}5\,r$, im Sand bis etwa $2\,r$ unter die Fundamentsohle.

2. Kennzahlen für die Tragfähigkeit. Trägt man die Belastung q je Flächeneinheit in kg/cm² im waagrechten und die zugehörigen Lastsenkungen s in cm im lotrechten Sinn auf, so erhält man das Lastsetzungsdiagramm, dem man drei Kennziffern für die Tragfähigkeit entnehmen kann: Die Bettungsziffer ($cotg\ \alpha$), die Proportionalitätsgrenze (q_p bei P) und die Grenzbelastung (q_g bei G); siehe Abb. 2 und 3 für Sand und Abb. 4 und 5 für Ton.

Die Bettungsziffer (kg/cm³) ist numerisch gleich jener Belastung je Flächeneinheit (kg/cm²), unter der sich die Last um 1 cm senkt. Bei kleinen Belastungen ist die Senkungslinie nahezu geradlinig; es besteht Proportionalität zwischen Last und Setzung, die Bettungsziffer $\frac{q}{s} = cotg\ \alpha$. Von der Proportionalitätsgrenze P angefangen nimmt die Setzung verhältnismäßig rascher zu als die Belastung. Die Grenzbelastung q_g bei G wird erreicht, wenn schon eine kleine Steigerung der Belastung eine sehr starke Setzung herbeiführt.

3. Probebelastungen. Die Setzungen der Probeplatte stimmen mit den Setzungen des Bauwerkes nur dann überein, wenn alle bodenphysikalischen Verhältnisse berücksichtigt wurden. Im Sand überträgt sich die Belastung augenblicklich von Korn zu Korn. Im Tonboden wird ein Teil der Last anfangs von Spannungssteigerungen des Porenwassers aufgenommen; der Spannungsausgleich mit der Umgebung erfordert infolge der Undurchlässigkeit des Tones längere Zeit.

Die Belastung ist stufenweise und langsam aufzubringen, bei Tonböden darf die Steigerung in der Stunde nicht mehr als 1 kg/cm² betragen. Belastet wird in der Regel eine Fläche von 30×30 cm $= 900$ cm² bzw. ein Pfahl von rund 30 cm Durchmesser. Bei Belastungsproben in Gruben soll die Grubenbreite größer sein als der fünffache Durchmesser der Lastfläche. Das Verhalten des Laststempels ist während der Laststeigerung, die bis zur Grenzlast reichen soll, bei gleichbleibender Last (im Sand während 1 Tages, im Ton durch 2 bis 3 Tage) und bei der stufenweisen Entlastung zu beobachten. Hierbei sind auch Aufwölbungen bzw. Einsackungen des Baugrundes einzumessen. Die zulässige Inanspruchnahme wird immer innerhalb der Proportionalitätsgrenze gewählt.

Wegen der Umständlichkeit vollständiger Belastungsproben werden größere Grundflächen auch mit mechanischen „Baugrundprüfern" abgetastet. Sehr kleine Lastflächen (Nadeln) prüfen eher die Bodenhärte (Krustenhärte) als die Tragfähigkeit. Ein Vergleich mit der wirklichen Tragfähigkeit läßt sich nur auf Grund besonderer Versuche, behelfsweise auch nach dem „Flächengesetz", ziehen, das für die Haupttypen „Sandboden" und „Tonboden" verschieden ist (vgl. III. 2 und IV. 3).

III. Flachgründungen auf homogenem Sandboden

Für Belastungen von trockenem Sandboden auf oder nahe der Geländeoberfläche, d. h. für $t < t_{krit}$, bestehen folgende Beziehungen:

1. Einfluß der Struktur auf die Tragfähigkeit. Die Sandböden besitzen Einzelkornstruktur in lockerer Lagerung (Typus Dünensand, Alluvialsand) oder dichter Lagerung (Typus scharfer Diluvialsand). Der Laboratoriumsversuch (Abb. 2) bestätigt die Erfahrung, daß locker gelagerte Sande bei gleich großer Lastfläche eine weit geringere Tragfähigkeit besitzen als fest gelagerte.

2. Einfluß der Größe der Lastfläche auf die Tragfähigkeit. Besitzen die Belastungsflächen die Halbmesser r und R (Abb. 3), so sind die der gleichen Bodenpressung entsprechenden Setzungen s_1 und s_3 im elastischen Bereich I annähernd gleich groß, d. h. die Setzung ist unabhängig von der Größe der belasteten Fläche. Es können daher mechanische Bodenprüfer verwendet werden und die Setzung des Bauwerkes ist gleich der Setzung bei der Belastungsprobe.

Im Bereich II ist die Setzung unter der kleinen Lastfläche ein Vielfaches der Setzung unter der großen Fläche, d. h. der kleine Belastungsstempel übt eine Art Stichwirkung aus und die Setzung unter dem Bauwerk kann nicht größer werden als die bei der Probe erzielte. Die Grenzbelastungen q_g, bei denen das mechanische Fließen des Bodens eintritt, verhalten sich wie die Halbmesser r und R bzw. wie die Quadratwurzeln aus den belasteten Flächen.

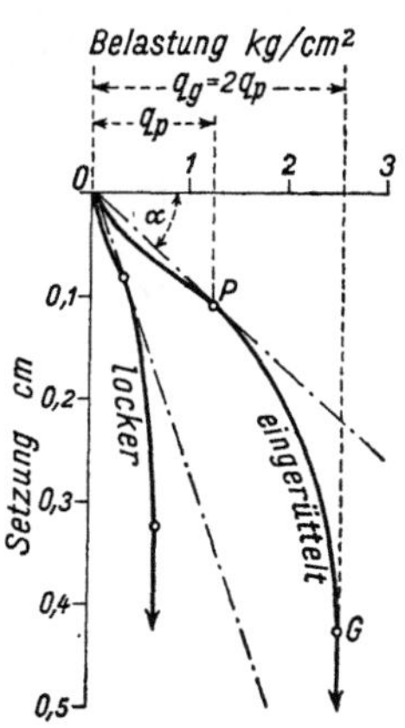

Abb. 2 Einfluß der Struktur auf die Setzung des Sandes (nach K. v. Terzaghi, 1929)

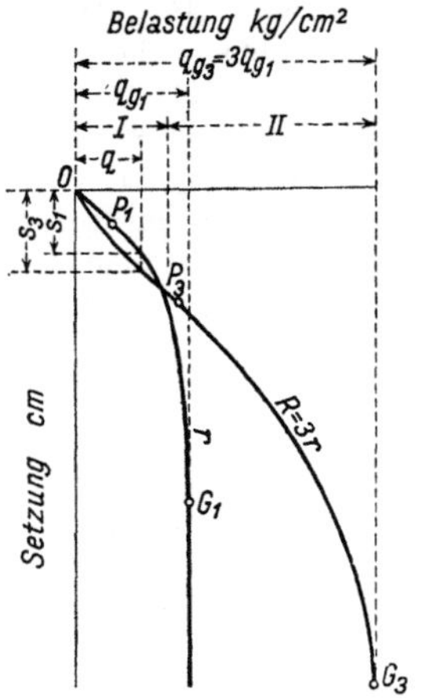

Abb. 3. Einfluß der Größe der belasteten Fläche auf die Setzung des Sandes (Beispiel für kreisförmige Lastflächen vom Halbmesser r und $3r$ (nach K. v. Terzaghi, 1929)

3. Einfluß der Gründungstiefe auf die Tragfähigkeit. Bei Zunahme der Gründungstiefe von Null bis t ist die Zunahme der Grenzbelastung für breite Fundamente annähernd dem Verhältnis $\frac{t}{r}$, die Zunahme der Bettungsziffer dem Verhältnis $0{,}5\,\frac{t}{r}$ proportional.

4. Einfluß des Grundwasserstandes. Wenn der Grundwasserspiegel bis zur Oberfläche des Sandes reicht, vermindert sich die Tragfähigkeit proportional zur scheinbaren Abnahme des spezifischen Gewichtes, d. i. ungefähr 1,5 : 1. Im locker gelagerten Sand kann die Grundwasserbewegung plötzliche Versackungen herbeiführen.

5. Vorausbestimmung der Setzungen. Die Ergebnisse des erdbaumechanischen Verdichtungsversuches stimmen bei reinen Sanden mit den am Bauwerk beobachteten Setzungen überein.

Für seichte Flachgründungen liefern die folgenden Erfahrungszahlen einige Anhaltspunkte:

Bodenart	Lagerung	Lastplatte cm²	Belastung kg/cm²	Setzung cm
Trockener Sand (Grenzwerte)	nicht zu locker	—	1,0	0,05 bis 0,5
Glazialer Feinsand	äußerst locker	900	1,0	0,7 „ 2,4
Feinsand, höhere Lagen	ziemlich dicht	900	1,0	0,23
Feinsand, tiefere Lagen	dicht	—	1,0	0,13

Die Setzungen im Sand erreichen rasch ihren Endbetrag. Sande mit gerundetem Korn sind beweglicher als Sande mit kantigen Körnern. Erschütterungen vergrößern die Setzung im lockeren Sand beträchtlich, im dicht gelagerten kaum merklich.

IV. Flachgründungen auf homogenem Tonboden

1. Einfluß des Wassergehaltes (Plastizitätsgrades). Dem weichplastischen Ton entspricht eine steile, dem steifplastischen eine flachere Last-Setzungskurve. Eine geradlinige Anfangsstrecke deutet auf eine elastische Austrockungskruste (Abb. 4).

2. Einfluß der Belastungszeit. Bei unverändertem Plastizitätsgrad verläuft die Setzungskurve steil, wenn die Last langsam aufgebracht wird, und flacher, wenn dies rasch erfolgt, da ein Teil der Last anfangs nur eine örtliche Spannungserhöhung im Porenwasser hervorruft. Um den Einfluß der Zeit auf den Spannungsausgleich zu bestimmen, beobachtet man in mehreren Belastungspausen die Setzung unter konstanter Belastung. In Abb. 4 ist (nahe der Grenzbelastung) eine Zeit-Setzungskurve gezeichnet.

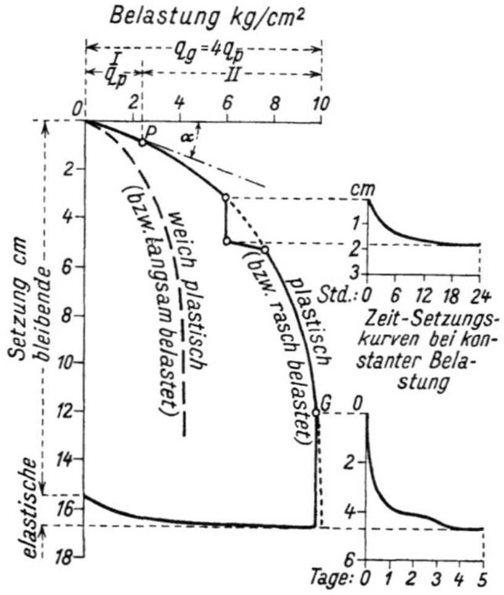

Abb. 4. Schematisches Schaubild für die Belastung eines tonreichen Bodens (nach K. v. Terzaghi, 1929)

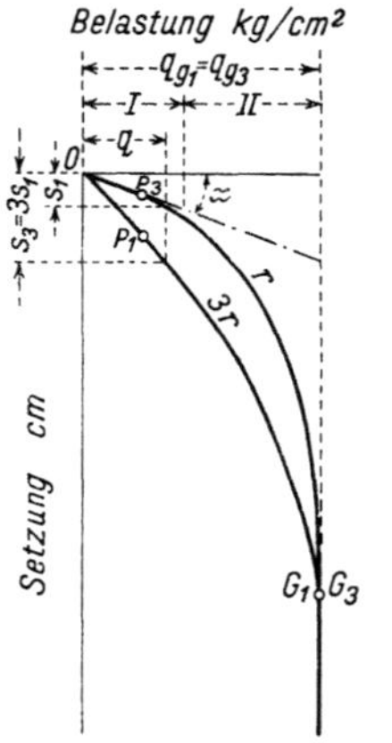

Abb. 5. Einfluß der Größe der belasteten Fläche auf die Setzung toniger Böden (Beispiel für kreisförmige Lastflächen vom Halbmesser r und $3r$ (nach K. v. Terzaghi, 1929)

Diese Kurve wird annähernd horizontal, sobald die der dauernden Belastung entsprechende Verdichtung erreicht ist. Mit Hilfe der Zeit-Setzungskurven läßt sich die Last-Setzungskurve auf die Belastungsgeschwindigkeit Null zurückführen. Die derart umgeformte Setzungskurve liefert dann die Gesamtsetzung, die sich bei Tonböden erst nach längerer Zeit einstellt. *Je rascher ein Bau aufgeführt wird, desto größer sind demnach die erst nach der Bauvollendung eintretenden allmählichen Setzungen.*

3. Einfluß der Größe der Lastfläche. Für kolloidreiche (fette) Tone bestehen folgende Beziehungen (Abb. 5): Bei mäßigen Belastungen (Bereich I) verhalten sich die Setzungen wie die Halbmesser (bzw. die Quadratwurzeln) der Belastungsflächen. Bei höheren Belastungen (Bereich II) verringert sich der Einfluß des Halbmessers der belasteten Fläche, und nach Ablauf einer vom Plastizitätsgrad abhängigen Zeit wird die Grenzbelastung unabhängig von der Größe der Lastfläche. Die Setzung unter dem Bauwerk ist stets größer als die (noch nicht vom Einfluß der Zeit befreite) Setzung unter dem Probestempel.

Je sandiger der Tonboden wird, desto geringer wird der Einfluß der Größe der Lastfläche auf die Setzung und desto mehr nähert sich das Verhältnis $s_1 : s_3$ der in der Praxis vorausgesetzten Proportionalität. Welches Verhältnis tatsächlich besteht, kann nur durch Parallelversuche mit verschieden großen Lastflächen festgestellt werden.

4. Einfluß der Gründungstiefe. Die Belastungsprobe gibt nur über die Tragfähigkeit der obersten Bodenschichte Aufschluß, ist daher an und für sich noch nicht entscheidend. Aus den Bohrprofilen läßt sich feststellen, ob die Baugrundtype 2 oder 5 (Abschnitt I 4) vorliegt. Je tiefer die Baugrube ist, desto sicherer erkennt man, ob eine Austrocknungskruste vorliegt, und desto stärker ist bei plastischem Ton auch der Auftrieb in der Sohle der Baugrube. Dieser Auftrieb wirkt der Setzung entgegen, in welchem Ausmaß läßt sich allgemein nicht angeben.

5. Vorausbestimmung der Setzung. Der Verdichtungsversuch im Laboratorium (Auspressung des Porenwassers bei verhinderter Seitenausdehnung) liefert den theoretischen Endwert der Gesamtsetzung. Nach einem Näherungsverfahren Terzaghis kann man daraus für jeden beliebigen Zeitpunkt, z. B. für die voraussichtliche Lebensdauer des Bauwerkes, den wahrscheinlichen Betrag der Setzung ableiten.

Erfahrungsgemäß beziffern sich die Setzungen (die mit der Zeit zunehmen), selbst im steifen Ton ungefähr auf das Zehnfache der Setzungen im Sand unter der gleichen Belastung. An Bauten auf weich-plastischem Ton werden selbst bei Belastungen von 1 kg/cm^2 jahrelang fortdauernde Setzungen beobachtet.

V. Flachgründungen auf zusammengesetzten Böden

In der Natur treten homogene Tonböden (Abschnitt IV) selten auf. Entweder wechselt die Konsistenz oder es sind Sandschichten eingeschaltet. In letzterem Falle besteht die Gesamtsetzung aus der geringfügigen Setzung der summierten Sandschichten, vermehrt um die Setzung der summierten Tonschichten; die Zusammendrückung vollzieht sich in der Weise, als ob sich der volle Belastungsdruck in eine Tiefe gleich dem 1,2fachen Durchmesser der Lastfläche fortpflanzen würde (Terzaghi). In den Sandschichten kann das aus dem Ton ausgepreßte Porenwasser in den meisten Fällen rasch abfließen; man hat daher unter Umständen schon für die nächste Zukunft mit der vollen theoretischen Setzung der summierten Tonschichten zu rechnen. Enthält der Sand gespanntes Wasser, so treten anfänglich nur geringe Setzungen auf. Dafür besteht andauernd die Gefahr des Ausfließens und der ruckweisen Setzung, falls die abschließenden Schichten verletzt werden. Stark zusammendrückbare Schichten (wie Faulschlamm und Torf) verursachen, auch wenn sie in großer Tiefe unter dem Bauwerk liegen, bedeutende Setzungen.

VI. Zulässige Inanspruchnahme des Baugrundes bei Flachgründungen

Die in Handbüchern und Normenblättern angegebenen Werte liegen innerhalb der Elastizitäts- bzw. Proportionalitätsgrenze der Anschüttungen, Sande und steifen Tone. Im einzelnen Fall ist die Belastung mit Rücksicht auf die Geländeneigung, die Lagerungsverhältnisse, das geologische Alter, die Mächtigkeit, Struktur und Einheitlichkeit der Bodenarten und die Beschaffenheit des tieferen Untergrundes zwischen den Grenzwerten einzuschalten.

Von der Gegenwart bis zum Tertiär zurück gilt im allgemeinen für ungestörte, flachgelagerte Ablagerungen mit Ausschluß der Verwitterungszone die Regel: Je älter die Ablagerung unter sonst gleichen Verhältnissen ist, desto tragfähiger ist sie. Eine Ausnahme machen mitunter die Dünensande, die ihr lockeres Gefüge beibehalten können, und die für Flachgründungen nicht geeigneten wasserreichen Mehlsande und tonigen Schluffe. Die Verminderung der Tragfähigkeit durch Störungen ist um so größer, je jünger die Störung (Stauchung, Verrutschung usw.) ist. Über die angeführten Erscheinungen hat die geologische Untersuchung Aufschluß zu geben. Wenn ausnahmsweise Flachgründungen auf weichplastischen bis schlammartigen Tonböden ausgeführt werden sollen, ist die zulässige Inanspruchnahme durch bodenpyhsikalische Untersuchung zu bestimmen.

Auf den physikalischen und chemischen Einfluß des Grundwassers ist entsprechend Rücksicht zu nehmen. An der Lehne gelegene Baustellen sind dauernd zu entwässern, die Inanspruchnahme des Bodens soll auch dann noch kleiner sein als in der Ebene.

Baubehördlich zugelassene Inanspruchnahme der häufigsten Bodenarten in trockener Lage

(für eine beiläufige Setzung im Sand von 0 bis 1 cm, im Ton von bis 2 bis 3 cm).

	kg/cm²
Planmäßig hergestellte Anschüttungen	0,5—1,0
Jungalluvialer Ton	0,5—1,0
,, Lehm	1,0
,, Feinsand (Silt)	1,0—1,5
,, scharfer Sand	2—3
,, Kies und Schotter	3—4
Altalluvialer Feinsand	2
,, scharfer Sand	3
,, Kies und Schotter	4—5
Dünensand	2
Löß	3
Diluvialer Ton, steifplastisch	2
,, Bänderton, glimmerreich, steifplastisch	2
,, Bänderton, kalkreich, steifplastisch	4
,, Mehlsand, leicht verkittet	3
,, scharfer Sand	4—5
,, Kies und Schotter	5—6
Tonreiche Grundmoräne aus kristallinen Gesteinen oder tonreichen Sedimentgesteinen	2—3,5
Grundmoräne mit höherem Kalkgehalt (Geschiebemergel)	4—6
Grundmoränenüberzug des Felsreliefs (hardpan)	5—8
Jungtertiäre (pliozäne und miozäne) Süßwasser-, Brackwasser- und Meerestone, weich- bis steifplastisch	3—4
Jungtertiäre Feinsande	3—4
,, Sande und Schotter bzw. Gerölle	4—8
Alttertiäre (oligozäne und eozäne) Brackwasser- oder Meerestone, (Septarientone), steifplastisch bis hackfest	4—6
Alttertiäre Sande und Gerölle	4—8
Halbfeste Gesteine	8—12
Hartgesteine	15—40

VII. Erdbaumechanische Einteilung der Tiefgründungen

Falls der volle Grundriß wegen Wasserandrang oder großer Mächtigkeit der Überlagerung nicht bis auf die tragfähige Schichte geführt werden kann und eine Flachgründung mit lastverteilender Platte nicht in Frage kommt, erfolgt Tiefgründung:

1. Durch offen oder unter Druckluft abgesenkte Brunnen, Senkkästen, Caissons, die die Last auf eine tragfähige Schichte übertragen (Tragsäulen von großem

Querschnitt auf zugänglicher Gründungssohle). Die Überlagerung wird ausgehoben und ein Teil der Baulast zwecks Überwindung der Mantelreibung aufgebracht, manchmal muß auch die Druckluft ausgeblasen werden. Es ist üblich, die Mantelreibung nicht in Rechnung zu ziehen, sondern die Gründungssohle wie bei Flachgründungen zu beurteilen und zu belasten.

2. Durch spitzenfeste Pfähle (Standpfähle), die bis an oder bis in die tragfähige Schichte reichen (Tragsäulen von kleinem Querschnitt auf unzugänglicher Gründungssohle). Spitzenfeste Pfähle aus Holz, Eisen (Spundpfähle) oder Eisenbeton werden eingerammt oder eingespült und nachgerammt. Bei Spülpfählen, die hauptsächlich im Sandboden angewendet werden, beschränkt sich die Verdrängung und Verdichtung des Bodens auf die durchrammten Strecken. Die Lastübertragung erfolgt hauptsächlich an der Pfahlspitze.

3. Durch „schwebende Pfähle", die die Baulast am ganzen Pfahlmantel übertragen sollen (verteilte Abbürdung). Zur Ausführung kommen lange Rammpfähle (Bodenverdrängung und -verdichtung) und im Boden hergestellte Ortbetonpfähle. Wird der Beton in vorgebohrte Löcher eingestampft bzw. mit Druckluft eingepreßt (Straußpfahl, Preßbetonpfahl), so erfolgt keine Bodenverdrängung, jedoch Anpressung des Betons an den Baugrund bzw. Einpressung in nachgiebige Schichten (Knotenbildung). Werden konische Löcher mit einem Vorschlagpfahl oder Fallgewicht hergestellt (Mast-, Simplex-, Stern-, Kompressolpfähle), so entsteht Verdrängung und Verdichtung des Bodens. Der Beton wird im durchlässigen Boden während des Ziehens der Form eingepreßt, um die elastische Entspannung des Hohlraumes zu verhindern. Ausschließlich „schwebende" Pfähle setzen einen Untergrund voraus, der nach der Tiefe nicht fester wird (Type 5, Abschnitt I, 4); andernfalls besteht ein bedeutender Spitzenwiderstand.

VIII. Pfahlgründungen

1. Einfluß der Pfahllänge auf die Lastübertragung.

a) Spitzenfeste Pfähle. Bei den üblichen Abständen von 0,7 bis 1,2 m verteilt sich die Last schon in Tiefen von 2,5 bis 4,5 m annähernd gleichförmig über die mittlere Ebene der Spitzen; daher Inanspruchnahme des Baugrundes und Setzung wie bei einer Flachgründung in dieser Ebene. Die Mantelreibung kann entsprechend der Herstellungsart der Pfähle in Rechnung gezogen werden.

b) „Schwebende Pfähle". Bei gerammten Pfählen ist die Mantelreibung je Flächeneinheit unabhängig von der Pfahllänge, die Tragkraft eines Einzelpfahles daher proportional der im Boden steckenden Pfahllänge. Pfahlgruppen besitzen infolge Überschneidung der Druckzwiebeln nur einen Bruchteil der den Einzelpfählen entsprechenden Tragkraft. Ist die Rammtiefe wesentlich kleiner als die Breite der Fundamentplatte, so wirkt die Pfahlgründung wie eine Flachgründung in der mittleren Ebene der Spitzen. Wenn die Pfahllänge wesentlich größer ist als die Bauwerksbreite, so wird die Last wirksam auf tiefere und breitere Zonen des Untergrundes übertragen.

c) In allen Fällen nimmt der einrüttelnde und verdichtende Einfluß der Pfähle, der sich besonders im lockeren Sand geltend macht, mit der Pfahllänge zu.

2. Einfluß der Einbringung auf die Tragkraft. Im Abschnitt VII ist die Veränderung des Bodens durch die Einbringung der Pfähle gekennzeichnet. Nach H. Dörr (1922) sollen im Bohrloch hergestellte oder durch Spülung eingebrachte Pfähle dieselbe Tragfähigkeit besitzen wie eingerammte Pfähle. Gegen diese Auffassung erhebt Terzaghi (1925, S. 264 und 365) begründete Einwendungen. Tatsächlich hängt die Tragkraft immer vom geologischen Profil des Baugrundes und dem mechanischen Verhalten der durchrammten Schichten ab. Im lockeren Sandboden können Spülpfähle die dem aktiven Erddruck entsprechende Mantelreibung erreichen. Ortbetonpfähle erzielen in ungleichmäßigen Bodenarten infolge der bis zur Knotenbildung gesteigerten Unebenheiten des Mantels eine hohe Tragkraft des Einzelpfahles. Bei spitzenfesten Pfählen

ist der Einfluß der Einbringungsart geringer als bei „schwebenden". Für die Tragkraft der Pfahlgruppen gelten die unter 1. a) und 1. b) angeführten Gesichtspunkte.

3. Einfluß der Bodenart auf die Rammwirkung. Jene langsam gesteigerte Auflast, durch die ein Pfahl allmählich in den Boden eingepreßt wird, gibt seinen „statischen Eindringungswiderstand" an. Wird ein Pfahl durch Rammschläge rasch in den Boden getrieben, so ist sein „dynamischer Eindringungswiderstand" zu überwinden. Im locker gelagerten trockenen bis feuchten Feinsand und im Grobsand ist der Spitzenwiderstand wesentlich kleiner als die Mantelreibung, statischer und dynamischer Eindringungswiderstand sind daher nur wenig verschieden. Nach Ruhepausen zeigt sich ein erhöhter dynamischer Eindringungswiderstand.

Das Auspressen des Porenwassers sehr feiner Sande verursacht einen vergrößerten Spitzenwiderstand und gleichzeitig einen verringerten Gleitwiderstand am Pfahlmantel. Im durchlässigen, festgelagerten Sandboden ist der Eindringungswiderstand so groß, daß man die Pfähle nur etwa 5 m tief einrammen kann und dann einspülen muß.

Künstliche Anschüttungen aus klumpenbildenden Erdarten verhalten sich ähnlich wie die Sande, lassen sich aber weitgehend verdichten; hierzu sowie zur Unschädlichmachung der Ungleichförmigkeiten eignen sich am besten konische Pfähle.

Im Tonboden erzeugt der Rammstoß zunächst eine örtliche Spannungserhöhung im Porenwasser ohne merkliche Verdichtung des Tones. Dieser hydrodynamische Widerstand täuscht eine erhöhte Tragkraft vor, die abnimmt, wenn nach längerer Unterbrechung Spannungsausgleich im Umkreis der Spitze eintritt; der Pfahl kann dann nachgerammt werden. Im weichplastischen Ton schmiert das von der Spitze ausgepreßte Porenwasser den Pfahlmantel. Wird die schmierende Wasserschichte während der Arbeitspausen aufgesaugt, so leistet der Pfahlmantel beim Weiterrammen anfangs erhöhten Widerstand. Es hängt vom Ausmaß der Arbeitspausen und des Wassergehaltes ab, ob Entspannung oder erhöhte Mantelreibung fühlbar wird.

Im weichen Tonboden ist der statische Eindringungswiderstand proportional der Eindringungstiefe des Pfahles. Für Schlammböden liegen die Widerstände je nach dem Sandgehalt zwischen den Werten für sehr locker gelagerten Sand und für weichplastischen Ton. Ein größerer Gehalt an organischen Substanzen erhöht die Zusammendrückbarkeit des Schlammgrundes. Verläßliche Werte lassen sich nur durch Probebelastung und Zugversuch bestimmen.

4. Anwendbarkeit der Rammformeln. Die durch den Fall des Rammbären geleistete Arbeit ist gleich der Summe aus der Nutzarbeit des Eintreibens, des beim Stoß auftretenden Energieverlustes und der Formänderungsarbeit am Pfahl. Aus dieser Beziehung ergibt sich unter Annahme eines vollkommen unelastischen Stoßes die Formel von Redtenbacher, für vollkommen elastischen Stoß jene von Kreuter. Aus der Kreuterschen Formel läßt sich durch Vereinfachungen die sogenannte Engineering News-Formel, oder durch Einführung eines den Bodeneigenschaften entsprechenden Beiwertes die Formel von Krapf ableiten.

Alle Rammformeln liefern nur den dynamischen Eindringungswiderstand. Im Sandboden ist der die Tragkraft bestimmende statische Eindringungswiderstand annähernd gleich dem dynamischen, bei klumpigen Erdanschüttungen ist der Unterschied gering. Die Tragkraft der Pfähle kann daher für beide Bodenarten mit genügender Annäherung aus Rammformeln berechnet werden. Im Tonboden ist der dynamische Eindringungswiderstand (Rammwiderstand) in der Regel viel größer als der statische Eindringungswiderstand, die Tragkraft kann daher nicht aus Rammformeln, sondern nur durch Belastungsprobe und Zugversuch ermittelt werden.

In Gebieten mit einheitlichem Sanduntergrund, wie in einzelnen Teilen von Berlin und Hamburg, sind Erfahrungsregeln für die zulässige Pfahlbelastung in Gebrauch (z. B. in Berlin: Wenn der Pfahl durch einen Bär von 1 t und 1 m Hub beim letzten Rammschlag weniger als 1 cm eingetrieben wird, darf er mit 20 bis 25 Tonnen belastet werden). Solche Regeln dürfen selbstverständlich auf geologisch anders geartete Gebiete nicht übertragen werden.

5. Probebelastung und Tragfähigkeit. Die Belastung von Einzelpfählen oder Pfahlgruppen erfolgt mittels Belastungstisch, das Lastsetzungsdiagramm wird in analoger Weise aufgenommen wie bei Flachgründungen, ist aber gestreckter als in Abb. 4, da ein verdichteter Boden belastet wird (vgl. die Belastungsdiagramme bei H. Dörr, 1922). Aus der Lastsetzungskurve läßt sich die Senkungsziffer, die der Bettungsziffer entspricht, die Proportionalitätsgrenze und die Grenzbelastung wie bei der Flachgründung ableiten. Die Belastungsprobe soll bei sandigem Rammgrund nicht früher als zwei Tage und bei tonreichem Rammgrund nicht früher als sieben Tage nach dem Einrammen des Pfahles beginnen. Zu beachten bzw. zu bestimmen sind: Das Verhalten des Bodens rund um den Pfahl, die Senkung bei gesteigerter und bei gleichbleibender Last, bei teilweiser und bei völliger Entlastung; die Mantelreibung (Zugversuch).

Wegen der Umständlichkeit der Belastungsproben behilft man sich häufig mit Proberammungen. Zur Anschätzung der Tragfähigkeit müssen genaue Angaben über den Pfahl, die Ramme, die kontinuierliche Rammarbeit, die Rammarbeit nach mindestens 48stündigen Pausen, die Zunahme der Eindringungstiefe bei Zunahme der Fallhöhe sowie das geologische Bodenprofil und die Kennziffern der Bodenarten vorliegen. Zu Probepfählen eignen sich am besten Holzpfähle, bei denen keine Schlaghaube verwendet wird.

Die zulässige Belastung eines Einzelpfahles muß entsprechend niedriger als die Proportionalitätsgrenze des Lastsetzungsdiagrammes gewählt werden. Sicherheitsgrad und zulässige Setzung richten sich nach der Bauaufgabe. Spitzenfeste Pfähle erfahren keine fühlbare Setzung. Mantelreibung und Spitzenwiderstand übertragen die Last auf den Baugrund. Bei Pfahlgruppen überschneiden sich die Gebiete der Druckübertragung in einem Ausmaß, das vom Abstand und von der Länge der Pfähle und von der Bodenbeschaffenheit abhängt. Die Tragfähigkeit einer schwebenden Pfahlgruppe ist stets nur ein Bruchteil der Tragfähigkeit des Einzelpfahles. Es ist ratsam, die Tragfähigkeit schwebender Pfähle nur nach der Mantelreibung je Flächeneinheit zu bemessen, die bei tonreichen weichen Böden von der Rammtiefe unabhängig ist.

Größenordnung der Mantelreibung gerammter Pfähle nach Zugversuchen

	Mittelwerte in t/m²		Mittelwerte in t/m²
Moor	0,7	Weicher Lehm	3,0—4,0
Lauffletten	1,5	lose gelagerter Sand	3,5
sandiger Meeresschlamm	1,8—2,0	steifer Ton	6,0—9,0
feinster lehmiger Silt	1,8—2,0	festgelagerte Anschüttung aus Lehm, Mergel und Sand	8,0
weichplastischer Ton	1,8—2,0	reiner Sand	9,0—12
sandig-toniger Flußschlamm	3,0		

IX. Gebäudesetzungen

1. Setzungen im Mauerwerk erfolgen durch das Schwinden und das Zusammendrücken des Mörtels oder Betons vor der völligen Erhärtung. Die Höhe der summierten Mörtelbänder von Ziegelmauerwerk beträgt für je 10 m Mauerhöhe, bei einer Ziegelstärke von 0,065 m: Fugendicke 0,005, 0,010, 0,015, 0,020 m
Mörtelhöhe 0,71, 1,33, 1,88, 2,36 m

Das Ausmaß des Schwindens bzw. Zusammendrückens hängt von der Zusammensetzung des Mörtels und der Raschheit der Ausführung des Baues ab.

2. **Setzungen durch Nachgeben des Baugrundes unter Neubauten.** Die Setzung infolge Auflockerung der Fundamentsohle durch den Arbeitsvorgang beträgt meist nur einige Millimeter.

Der dem Eigengewicht entsprechende Teil der Zusammendrückung des Baugrundes tritt schon während der Hochführung des Neubaues ein und ist bei gleichmäßiger Setzung unschädlich. Letzteres gilt auch für die Nachsetzungen infolge gleichmäßig verteilter Nutzlast in Lagerhäusern, Silos, Fabriken usw. Eine ungleichmäßige Verteilung der Nutzlast, waagrechte Belastung durch Erd- oder Winddruck können einseitige Nachsetzungen hervorbringen.

Das zulässige Maß der Setzung wird je nach Zweck und Ausführungsart des Baues und nach der Bodenbeschaffenheit vorgeschrieben, die zugehörige Inanspruchnahme des Baugrundes auf Grund von Erfahrungswerten (Abschnitt VI) oder durch Probebelastungen (Abschnitte III/5, IV/5 und VIII/5) ermittelt. In sandigen Schichten der Untergrundtypen 1 bis 3 erreichen die Setzungen rasch ihr Endmaß, bei den Untergrundtypen 4 und besonders 5 hingegen erst nach 10, 15 oder mehr Jahren. Liegt unter der vermeintlich tragfähigen Schichte Torf oder Faulschlamm, so stellen sich während des Baues oder bald darnach unerwartet starke Setzungen ein. Die Setzungserscheinungen treten sowohl bei Flachgründungen wie bei Pfahlgründungen auf.

Gleichmäßige Setzungen werden erzielt: 1. auf gleichmäßigem Baugrund bei gleichmäßiger Belastung je Flächeneinheit, 2. bei ungleichmäßigem Baugrund, wenn die Belastungen abschnittsweise so geregelt werden, daß sie gleiche Setzungsbeträge ergeben, 3. wenn der ungleichmäßige Baugrund durch Zementeinpressung, Verdichtungspfähle usw. gleichmäßig preßbar gemacht wird, 4. bei geringen Ungleichförmigkeiten durch Ausgleich der Belastung mit Hilfe von Holzrosten, Eisenbetonrosten, Beton- oder Eisenbetonplatten.

Ungleichmäßige Setzungen sind vorauszusehen und unschädlich zu machen: 1. wenn ein gleichmäßiger Baugrund ungleichmäßig belastet wird, durch Trennungsfugen zwischen den Gebäudeteilen mit verschiedener Bodenpressung; 2. auf ungleichmäßigem Baugrund unter gleichmäßiger oder nicht eingeregelter ungleichmäßiger Belastung durch Anordnung von Trennungsfugen zwischen den Gebäudeteilen, die jeweils auf gleichartigen Abschnitten des Baugrundes stehen.

Fehlausführungen sind zumeist auf Unkenntnis der geologischen Zusammensetzung des Untergrundes und der erdbaumechanischen Eigenschaften der Bodenarten (Abschnitt II) zurückzuführen.

3. Setzungen bestehender Gebäude. Nach längerem Bestand eintretende Setzungen haben ihre Ursachen in Veränderungen des Grundbaues oder des Baugrundes. Das Grundwerk kann seine Festigkeit einbüßen: durch mörtelzerstörende Grundwässer oder Abwässer, durch Vermorschen von Holzpfählen infolge dauernder Senkung des Grundwasserspiegels, durch Anschneiden der unter Spannung stehenden Bodenschichten oder von Schwimmsandschichten bei benachbarten Bauführungen.

Die natürlichen Nachsetzungen auf Ton- und Schlammgrund werden manchmal infolge des Wechsels von trockenen und nassen Jahren erst nach längerer Zeit fühlbar. Im Tongelände von mehr als 3% Oberflächenneigung setzen sich die Hochbauten an der Talseite stärker als an der Bergseite (Hangsetzungen). Einzelbauten auf Austrocknungskrusten über Schlammböden sinken allmählich, wenn sich die ganze Kruste unter dem Gewicht der rundum fortschreitenden Verbauung durchbiegt.

Literatur

Singer, M.: Die Bodenuntersuchung für Bauzwecke (Fortschr. d. Ingenieurwissenschaften, II. Gruppe, H. 25), Leipzig: W. Engelmann. 1911.
Dörr, H.: Die Tragfähigkeit der Pfähle, Berlin, W. Ernst & Sohn. 1922.
Terzaghi, K.: Erdbaumechanik auf bodenphysikalischer Grundlage, Wien: F. Deuticke. 1925.
Krey, H.: Erddruck, Erdwiderstand und Tragfähigkeit des Baugrundes, 3. Aufl., Berlin: W. Ernst & Sohn. 1926.
Bierbaumer, A.: Vorschläge für die Beurteilung von Flach- und Pfahlgründungen, Zeitschr. d. Österr. Ing. u. Arch. Ver. H. 19/20, 27/28, 29/30. 1929.
Terzaghi, K. in Redlich, Terzaghi, Kampe: Ingenieurgeologie, Wien: J. Springer. 1929.

Vermessung und Absteckung im Hochbau

Von Dr. Ing. Karl Lederberger
Beh. aut. Zivilingenieur für das Bauwesen, beh. aut. Zivilgeometer, Stadtbaumeister

A. Baugeländeaufnahme

I. Allgemeines

Der auf Grund einer örtlichen Vermessung verfaßte Lage- und Höhenplan des Baugrundstückes bildet eine unerläßliche Grundlage:

1. für die richtige, dem Grundriß des Bauplatzes und den Höhenverhältnissen des Geländes entsprechende Planung des Bauwerkes,

2. für die zur Kostenermittlung benötigte, rechnerische Erfassung der auszuhebenden und anzuschüttenden Erdmassen (Kellergruben- und Gründungsaushub, Hof- und Gartenausgestaltung u. dgl.) und

3. für die Abrechnung der Erdarbeiten.

Dieser in einem entsprechend großen Maßstabe angefertigte Plan muß einerseits die Form und die Abmessungen der Grundrißfiguren, anderseits die am besten durch Schichtenlinien dargestellten Höhenverhältnisse nicht nur der Baustelle selbst, sondern auch der angrenzenden Verkehrsflächen und womöglich auch der unmittelbar benachbarten Grundstücke darstellen. Außerdem sind auch die von der Baubehörde über Ansuchen bekanntgegebenen Fluchtlinien und Höhenlagen einzutragen.

Es empfiehlt sich, die Vermessung und Plananfertigung durch einen Fachmann durchführen zu lassen. (In Österreich und in der Tschechoslowakei der von der Regierung in Eid und Pflicht genommene Zivilgeometer.) Ein solcher ist auch in der Lage, eine Übersichtsskizze anzufertigen, aus der die Lage des zu bebauenden Grundes zu den umliegenden Grundstücken, Bauwerken und Verkehrsflächen ersehen werden kann.

II. Vermessung einfach gestalteter Bauplätze

Ist der Bauplatz nicht allzu ausgedehnt, so kann er in folgender Weise vermessen werden.

1. Lageaufnahme

Zweck: Festlegung der gegenseitigen Lage der einzelnen Eck- (Bruch-) Punkte des Grundrisses der Baustellenbegrenzung. Steht außer einem Stahl- und einem Leinenmeßband, sowie einigen Fluchtstäben auch ein Instrument zum Abstecken rechter Winkel, also ein Winkelspiegel oder ein Winkelprisma zur Verfügung, so bedient man sich der Koordinatenmethode; andernfalls kommt die Dreiecksmethode zur Anwendung.

Das Stahlmeßband (Abb. 1) soll 30 m lang sein und eine beiderseitige Zentimeterteilung besitzen. Die zum Abstecken benutzten Fluchtstäbe sind 2 bis 3 m lange, 2,5 bis 3 cm starke, runde Stäbe, die an ihrem unteren Ende mit einem eisernen Schuh versehen sind und in 20 cm lange, weiß und rot gestrichene Felder geteilt sind.

Der Winkelspiegel (Abb. 2), dessen Verwendung zum Abstecken rechter Winkel auf dem Gesetz der Reflexion des Lichtes beruht, besteht aus einem vorne offenen Gehäuse. Die beiden Seitenwände schließen miteinander einen Winkel von 45° ein und besitzen fensterartige Öffnungen, unter welchen Spiegel angeschraubt sind. Beim Gebrauch wird das Winkelinstrument an der Handhabe gehalten, die mit einer Öffnung zur Aufnahme einer Senkelschnur versehen ist.

Soll im Punkt der durch Fluchtstäbe bezeichneten Geraden *a b* (Abb. 3) auf diese eine Senkrechte errichtet werden, so hält man den Winkelspiegel derart über

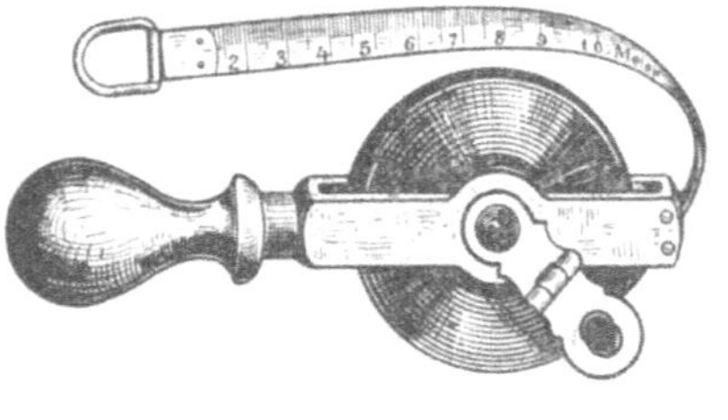

Abb. 1
Stahlmeßband

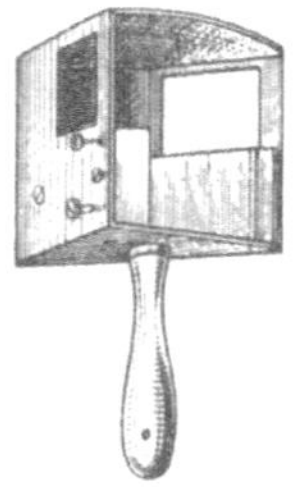

Abb. 2
Winkelspiegel

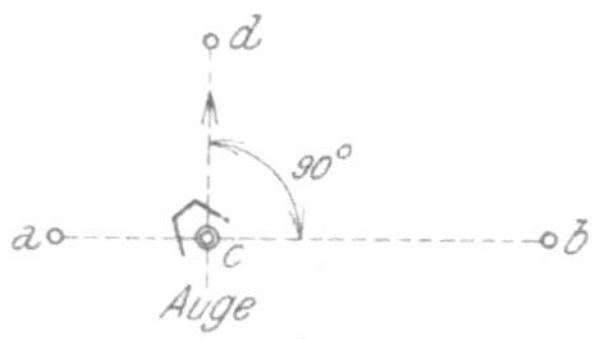

Abb. 3
Errichtung einer Senkrechten

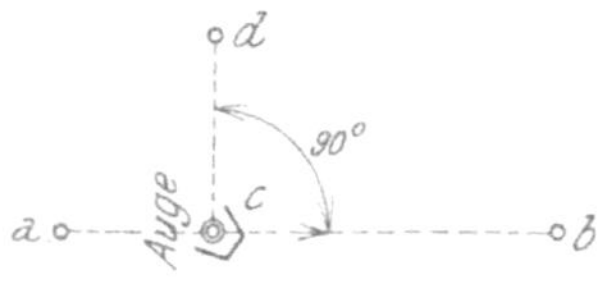

Abb. 4
Fällen einer Senkrechten

Abb. 5
Winkelprisma

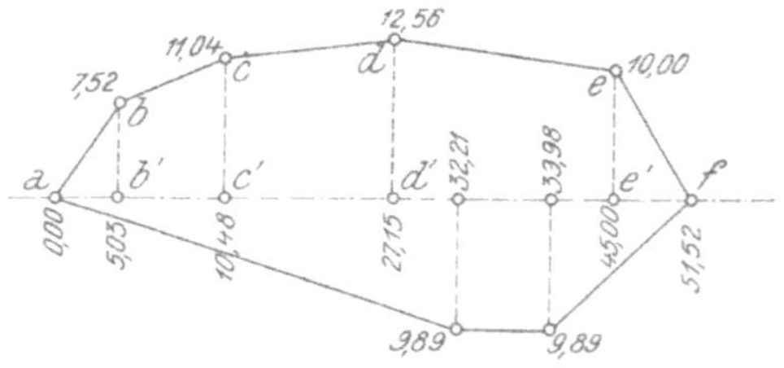

Abb. 6
Aufnahme nach der Koordinatenmethode

den durch einen (Nagel- oder Kreuz-) Pflock bezeichneten Punkt *c*, daß das Senkel über diesem Punkt einspielt und der offene Teil des Gehäuses nach dem Fluchtstab in *b* gerichtet ist. Der durch die Fensteröffnung über dem Spiegel betrachtete Fluchtstab *d* ist so einzurichten, daß er sich mit dem Spiegelbild des Fluchtstabes *b* deckt.

Ist vom Punkt *d* auf die Gerade *a b* eine Senkrechte zu fällen (Abb. 4), so wendet man die offene Seite des Winkelspiegels nach *d*, während das Auge nach *b* gerichtet ist. Man bewegt sich nun so lange in der Geraden *a b* hin und her, bis das Spiegelbild des Fluchtstabes *d* sich mit dem in *b* deckt. Durch Absenkeln wird der Fußpunkt *c* der Senkrechten von *d* auf *a b* bestimmt und durch einen Nagel- oder Kreuzpflock festgelegt.

Zum Abstecken rechter Winkel dient auch das Winkelprisma (Abb. 5), dessen Anwendung auf den Gesetzen der Brechung und der totalen Reflexion des Lichtes beruht. Es besteht aus einem Glasprisma, dessen Grundfläche ein gleichschenkeligrechtwinkeliges Dreieck bildet. Das Prisma ist in einem Gehäuse befestigt, das unten eine Handhabe besitzt, an die eine Senkelschnur eingehängt werden kann. Die Verwendung des Winkelprismas ist ähnlich der des Winkelspiegels.

Die Koordinatenmethode. Jeder Punkt wird durch rechtwinkelige Koordinaten festgelegt. Die Abszissenachse ist womöglich so zu wählen, daß sie durch zwei Punkte der aufzunehmenden Figur geht (*a f*, Abb. 6) und die Ordinaten möglichst kurz ausfallen. Von den festzulegenden Punkten *b*, *c*, *d* ... fällt man Senkrechte auf *a f* und bezeichnet die Fußpunkte durch Nagel- oder Kreuzpflöcke. Die Abszissen, also die Entfernungen *Ab'*, *Ac'*, *Ad'*... dieser Fußpunkte vom Nullpunkt *a*, werden an dem angelegten Stahlmeßband abgelesen und in eine vorher angefertigte Handskizze eingetragen; ebenso auch die mit einem Leinenmeßband gemessenen Ordinaten *bb'*, *cc'*, *dd'* .....

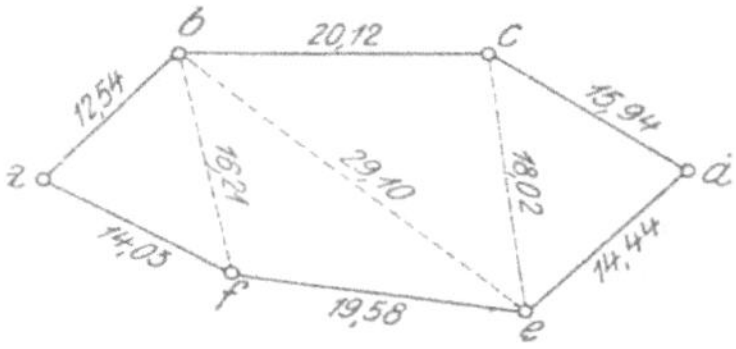

Abb. 7. Aufnahme nach der Dreieckmethode

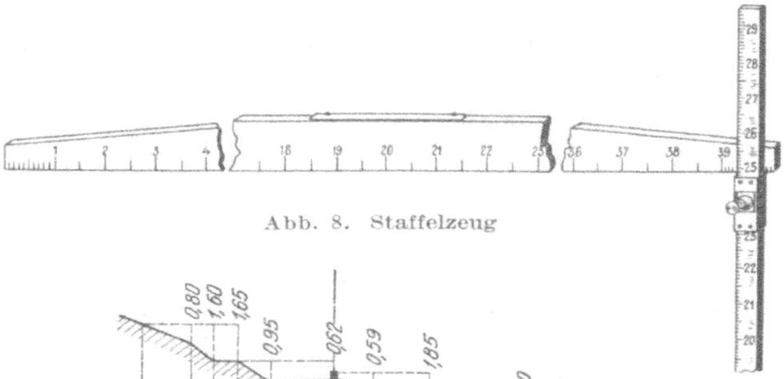

Abb. 8. Staffelzeug

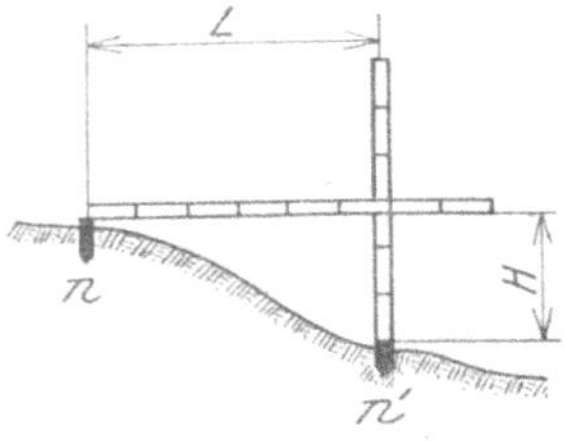

Abb. 9. Messen mit dem Staffelzug

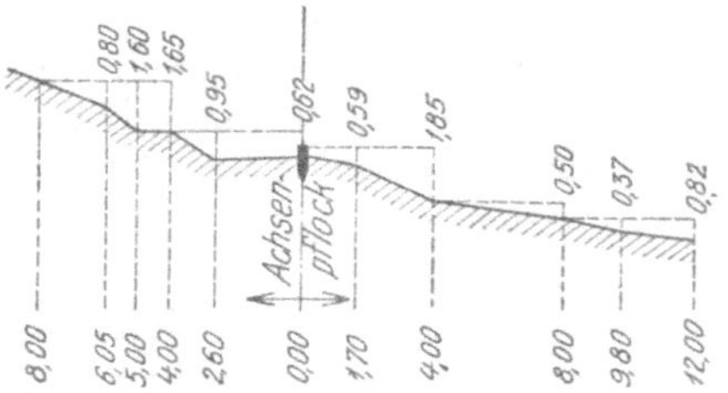

Abb. 10. Handskizze für das Höhenmessen mit dem Staffelzug

Abb. 9. Messen mit dem Staffelzug

Abb. 10. Handskizze für das Höhenmessen mit dem Staffelzug

Die Dreiecksmethode. Für die Aufnahme ist außer Fluchtstäben und Pflöcken nur ein Stahlmeßband erforderlich. Der Vermessungsvorgang ist aus der Abb. 7 ersichtlich; er besteht darin, daß jeder Punkt (z. B. *c*) durch Messung zweier Dreiecksseiten (z. B. $\overline{bc}$ und $\overline{ec}$ gegen zwei vorher bestimmte Punkte (z. B. *b* und *e*) festgelegt wird. Die abgelesenen Maße werden in eine Handskizze eingetragen. Spitze Winkel sind wegen des schiefen (ungenauen) Schnittes tunlichst zu vermeiden. Die Dreiecksmethode findet Anwendung, wenn das Gelände nicht zu uneben und zu unübersichtlich ist und kein Winkelinstrument zur Verfügung steht.

2. Höhenaufnahme

Liegt ein mehr oder weniger genauer Lageplan vor, dann handelt es sich nur mehr um die Höhenaufnahme des Bauplatzes, die entweder auf Grund eines abgesteckten Rostes mit Hilfe eines Fernrohrnivellierinstrumentes oder durch Einmessung von Längen- und Querprofilen mit Hilfe eines Staffelzeuges erfolgt. Die letztere Art eignet sich besonders für stark geneigtes Gelände.

Das Staffelzeug (Abb. 8) besteht 1. aus einer 4 m langen, hölzernen, an den Enden mit Metallbeschlägen versehenen Abwäg- oder Waaglatte von rechteckigem Querschnitt, an der oben eine Wasserwaage angebracht ist, um die — hochkantig gehaltene — Latte in eine waagrechte Lage bringen zu können, und 2. aus einer 3 m langen Setz-, Aufsetz- oder Ableselatte, die einen Schieber zum Einlegen der Waaglatte trägt.

Zur Bestimmung des Höhenunterschiedes zweier Punkte n und n' (Abb. 9), legt man den Nullpunkt der Waaglatte über den höher gelegenen Punkt n und hebt oder senkt das andere Ende der Latte so lange, bis die Libelle einspielt; über dem Punkt n' wird die Setzlatte lotrecht aufgestellt und auf ihr an der Unterkante der Waaglatte der zu ermittelnde Höhenunterschied H abgelesen.

Die Aufnahme eines Profils mittels des Staffelzeuges geschieht unter Verwendung einer Handskizze (Abb. 10), in welche die an der Setzlatte abgelesenen Höhenunterschiede und die an der Waagplatte abgelesenen Entfernungen eingetragen werden.

Für den in der Abb. 6 dargestellten Bauplatz empfiehlt sich die Aufnahme des Längenprofils $a\,f$ und einiger Querprofile cc', dd' usw. Die waagrechten Entfernungen bei den Querprofilen sind von dem in der Abszissenachse befindlichen Pflock nach beiden Seiten hin zu messen (Abb. 10) und ebenso wie die Höhenunterschiede in die Handskizze einzutragen. Die Höhe des Achsenpflockes wird dem längs der Abszissenachse gelegten Längenprofile entnommen, in dem diese Höhen enthalten sind.

Sind die Längen- und Querprofile aufgenommen, so trägt man im Lageplan die auf eine gemeinsame waagrechte Ebene bezogenen und auf Grund der ermittelten Höhenunterschiede berechneten Höhenmaßzahlen ein. Wenn es der Zweck erfordert, können sodann aus den Höhenpunkten die Schichtenlinien konstruiert werden.

B. Gebäudeabsteckung

Aussteckung der Baulinien und der Höhenlagen. Vor Beginn der Bauarbeiten ist um die Aussteckung der bekanntgegebenen Baulinien und Höhenlagen anzusuchen. Über die erfolgte Aussteckung wird eine Niederschrift verfaßt, in der auch die gewöhnlich in der Nähe befindlichen Festpunkte angeführt sind, auf die sich die angegebenen Höhen beziehen.

Absteckung des Gebäudegrundrisses. Sie erfolgt an der Hand eines für diesen Zweck angefertigten, genauen Absteckplanes, der alle erforderlichen Abmessungen zu enthalten hat. Es empfiehlt sich, von der behördlich ausgesteckten Baulinie auszugehen und zuerst die beiden in ihr liegenden Eckpunkte des Gebäudes festzulegen. In diesen Punkten werden dann die dem Absteckplan zu entnehmenden (zumeist rechten) Winkel und auf die so bestimmten Richtungen die Längen aufgetragen (Abb. 11), wobei die richtige Lage der in dieser Weise erhaltenen weiteren Gebäudeeckpunkte durch Strebenmessungen (Diagonalen $\overline{1,3}$ und $\overline{2,4}$) zu überprüfen ist. Bei größeren Bauwerken oder schwierigen Grundrissen werden die wichtigeren Gebäudedecken mittels Abszissen und Ordinaten auf Achsen bezogen. Die Ersichtlichmachung der abgesteckten Punkte in der Natur erfolgt durch Pflöcke, die je nach der Bodengattung etwa 40 bis 70 cm lang, ungefähr 10 cm stark sind und 5 bis 10 cm aus dem Boden hervorragen (Abb. 12). Durch einen in den Pflock eingeschlagenen Nagel (Nagelpflock) oder durch ein in den Pflock eingeschnittenes Kreuz (Kreuzpflock) werden die Punkte im Gelände genau bezeichnet. Wichtige Pflöcke, die man längere Zeit braucht, können durch aus Latten hergestellte Erdkreuze (Abb. 13) und auch noch in folgender Weise versichert werden: man schlägt um den zu versichernden Pflock (Abb. 14) vier „Versicherungspflöcke“ derart ein, daß die Streben (Diagonalen) des durch diese vier Nagel- oder Kreuzpflöcke gebildeten Viereckes einander genau in der Lotrechten über dem Nagel- oder Kreuzpunkte des zu versichernden Pflockes kreuzen, mißt die Entfernungen *a*, *b*, *c* und *d* und trägt sie samt einer geeigneten Skizze in ein Vormerkbuch ein. Gehen der versicherte Pflock und auch noch zwei Versicherungspflöcke verloren, so kann

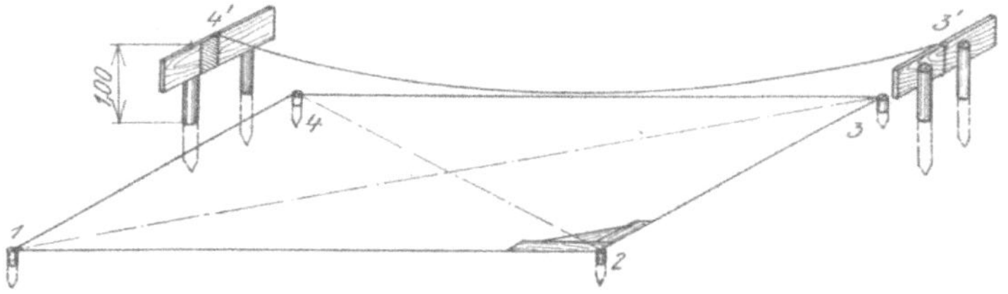

Abb. 11. Absteckung des Gebäudegrundrisses

aus den beiden erhalten gebliebenen Pflöcken und der Eintragung im Vormerkbuche die richtige Lage des Geländepunktes wieder bestimmt werden.

Sind die Eckpunkte des Gebäudegrundrisses ausgesteckt und hinsichtlich ihrer Richtigkeit überprüft, so schreitet man an die Festlegung der Fluchten für den Kellergrubenaushub.

Absteckung der Fluchten für den Kellergrubenaushub. Ist in der unmittelbaren Nachbarschaft des Bauplatzes alles unverbaut, so bedient man

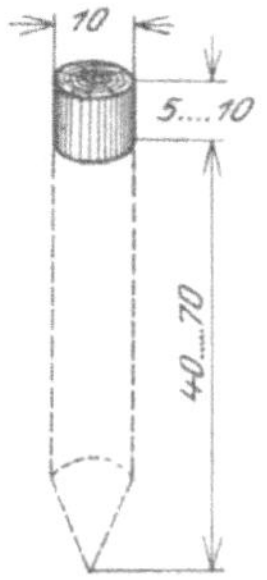

Abb. 12
Absteckpflock

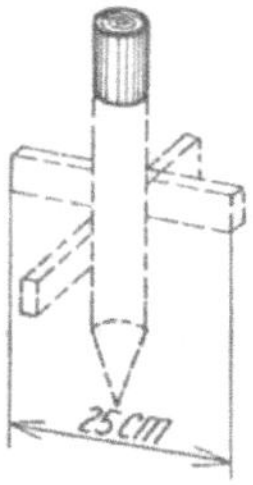

Abb. 13
Block mit Erdkreuz

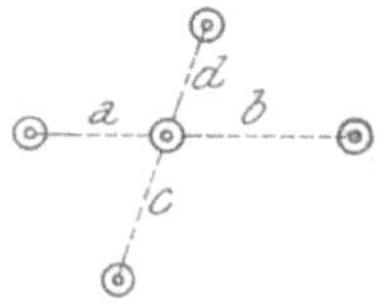

Abb. 14
Versicherung eines Pflockes

sich zur Absteckung eines sogenannten Schnurgerüstes. In der Nähe der Ecken des Gebäudegrundrisses — jedoch außerhalb desselben — werden (Abb. 15) je zwei 10 bis 15 cm starke Pfähle so weit in die Erde eingeschlagen (eingegraben), daß sie etwa 0,5 bis 1,5 m herausragen. An diese Pfähle werden gesäumte, hochkantig gestellte Bretter waagrecht und überall in derselben Höhenlage angenagelt. Bei stark wechselnden Geländehöhen teilt man die Schnurgerüste in Gruppen mit verschiedenen, dem Gelände angepaßten Höhenlagen ein. Auf die Bretter der Schnurgerüste werden vor allem unter Verwendung eines Nivellierinstrumentes, am besten einer Schlauchwaage, die vom Bauamte ausgesteckten Höhenpunkte übertragen und mit langen, waagrechten Bleistiftstrichen $m - n$, die durch weiße und rote Farbe hervorgehoben werden, bezeichnet.

Die Schlauchwaage (Abb. 16) ist ein hydrostatisches Nivellierinstrument, das auf dem Grundsatze der kommunizierenden Gefäße beruht. Sie besteht aus einem Paar starker Glaszylinder, die durch einen aufsteckbaren Gummischlauch zu kommunizierenden Röhren verbunden sind. Die Glaszylinder sind in Messing montiert und zum Zwecke eines bequemen Transportes des gefüllten Gerätes mit Absperrhähnen versehen, die beim Gebrauch zu öffnen sind.

Bemerkt sei, daß man die Bretter anstatt auf Pfählen auch auf Nachbarmauern befestigen und statt des Brettes auch eine in die Nachbarmauer eingeschlagene Klammer verwenden kann.

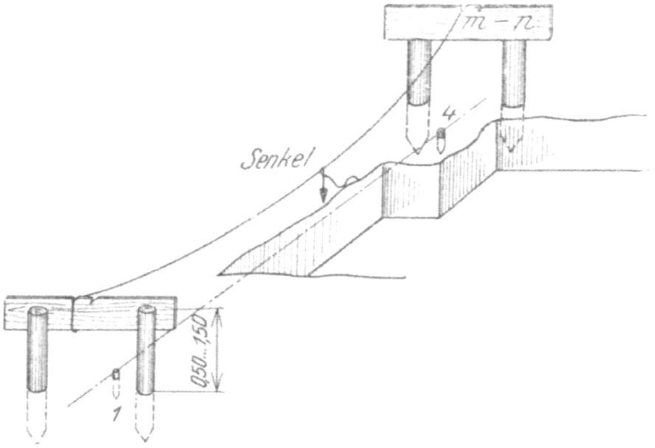

Abb. 15. Schnurgerüst

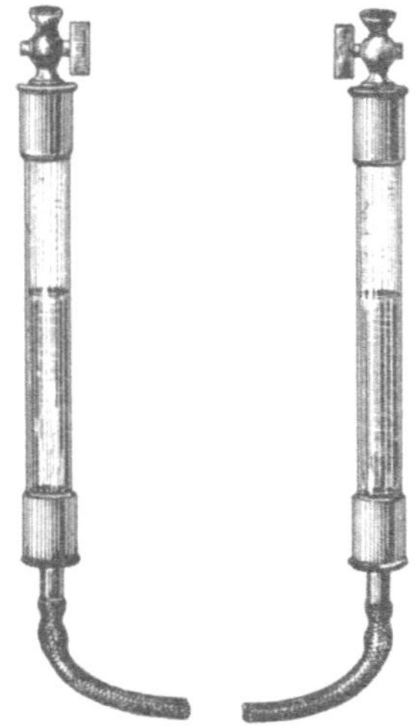

Abb. 16. Schlauchwaage

Nun spannt man zwischen den Schnurgerüsten, z. B. nächst den zwei Pflöcken 3 und 4 (Abb. 11), eine Mauerschnur in einer der beiden möglichen Fluchtebenen und lotet mit Hilfe eines Senkels die Richtung dieser Umfangsseite des Gebäudegrundrisses auf die Bretter des Schnurgerüstes (bzw. auf die eingeschlagenen Klammern) hinauf. Die Punkte 3′ und 4′ hält man durch einen lotrechten Strich mit einem Tintenstift oder durch eine Kerbe fest. Auf den Brettern reißt man auch gleich die vorderen und rückwärtigen Fluchten der Mauern mit Tintenstift vor und legt die Fläche zwischen den beiden Bleistiftmarken mit roter Farbe an (in Abb. 11 schraffiert). Ebenso bezeichnet man auf den Brettern die Punkte, durch welche die Fluchten für den Kellergrubenaushub gehen, spannt zwischen sie eine Mauerschnur und lotet einzelne Punkte auf den Erdboden hinunter (Abb. 15). Längs dieser Punkte legt man, nach außen gerichtet, Pfosten (Abb. 17), durch welche die Begrenzung für den Aushub angegeben und die Kanten der Grube gegen Beschädigungen geschützt werden. Die Pfosten sind durch Latten und Pflöcke im Gelände zu befestigen und mit Steinen zu beschweren.

Absteckung der Fluchten für den Gründungsaushub. Nach Vollendung des Kellergrubenaushubes werden, wieder mit Benützung der Mauerschnur und des Senkels, die Grundkörperfluchten festgelegt, die Fundamente „angelegt“ und der Gründungsaushub zwischen den angelegten Pfosten durchgeführt. Die jeweiligen Tiefen der Gründungssohlen werden durch Einmessung von den Höhenmarken aus festgestellt; die Messungsergebnisse sind in das Baubuch einzutragen. Dann werden die Grundkörper (das Gründungsmauerwerk, der Gründungsbeton) hergestellt und auf einer Höhe von 15 cm unter dem Kellerfußboden waagrecht abgeglichen.

Anlegen der Kellermauern. Auf der so erhaltenen Fundamentgleiche werden nun die Kellermauern angelegt. Man spannt zwischen den oben erwähnten, den Kellermauerfluchten entsprechende Kerben der Schnurgerüstbretter Mauerschnüre und senkelt diese Fluchten (und zwar immer nur die eine der beiden) auf die Fundamentgleiche hinunter, reißt sie unter Verwendung einer Richtlatte mit einem Tintenstift an und versetzt sogleich an einzelnen Stellen, insbesondere an den Mauerecken, einzelne Mauerziegel in einem Mörtelbett (Abb. 18). Sodann werden mittels der Meßlatten oder Maßlatten, d. s. 4 m lange, gehobelte Dachlatten, auf welchen die aufzutragenden Längen mit Bleistift vorgerissen sind, alle Öffnungen, Mauerkreuzungen, Scheidemauern usw. eingemessen und an den betreffenden Stellen ebenfalls Ziegel in einem Mörtelbett versetzt (Abb. 18).

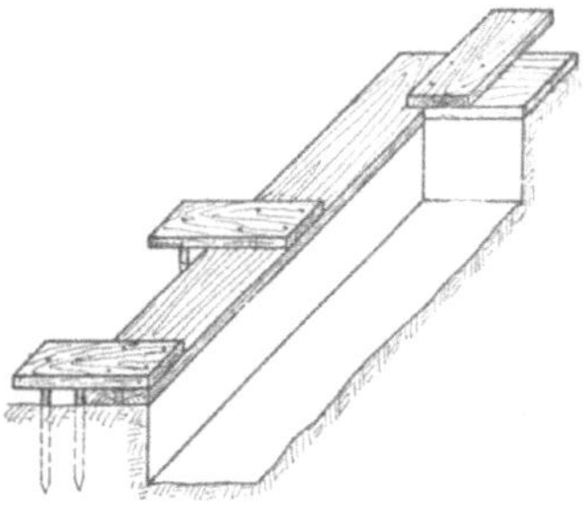

Abb. 17
Anlegen des Grubenaushubes

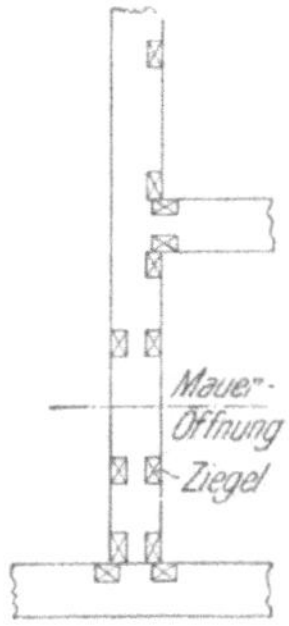

Abb. 18. Anlegen der Kellermauern

Sind die Kellermauern bis auf etwas mehr als einen Meter hoch aufgeführt, dann reißt der Polier oder der Anlegmaurer auf einem Kalkstreifen einen Meter über dem Kellerfußboden eine waagrechte Linie, den „Waagriß“ an, welcher die Abszissenachse darstellt, von der aus alle Höhenkoten für die wichtigeren Konstruktionsteile, also für die Träger, Deckenauflager, Bogenanläufe, Gewölbescheitel, Stiegen, Fenster, Türen, Entlüftungs- und Rauchschlotöffnungen u. dgl. m. abgesteckt werden. Die einzelnen Punkte, durch deren Verbindung mittels einer Latte man den Waagriß erhält, werden durch Nivellieren mit einer Schlauchwaage von einem der Höhenlage nach bekannten festen Punkt aus bestimmt.

Die Absteckung der Höhenkoten geschieht unter Verwendung der Stichlatte oder des Aufstiches, einer Latte, auf welcher diese Höhenmasse aufgetragen sind. Wird die Stichlatte mit einer auf ihr vorgerissenen Marke an den Waagriß angelegt und auf einen in eine Stoßfuge des Mauerwerks unterhalb des Waagrisses eingetriebenen Holzkeil aufgestellt, so können nunmehr alle gewünschten Höhenpunkte übertragen werden. Auch für die richtige Austeilung der Lagerfugen des Ziegelmauerwerks wird die Stichlatte verwendet, indem man auf ihr die Lage der Ziegelscharen vorzeichnet.

Sobald die Kellermauern bis auf eine Höhe von 15 cm unter dem Erdgeschoßfußboden aufgeführt sind, muß man sich überzeugen, ob die so erhaltene „Kellergleiche“ eine waagrechte Ebene bildet. Man bedient sich hierzu wieder der Schlauchwaage oder — bei größeren Bauwerken — eines Nivellierinstrumentes mit Fernrohr. Etwaige Höhenunterschiede werden durch schwächere oder stärkere Lagerfugen ausgeglichen.

Anlegen der Erdgeschoß- und Obergeschoßmauern. Sodann werden die Fluchten der Erdgeschoßmauern mit Hilfe der neuerlich gespannten Mauerschnüre auf der Kellergleiche abgesteckt und hierauf das Erdgeschoßmauerwerk aufgeführt. In derselben Weise werden die Mauern der übrigen Geschosse angelegt.

Krummlinige Mauern, Mauerhäupter, Ziegelrohbauten. Zum Abstecken von krummlinigen Mauern bedient man sich eigener Lehren, welche aus Brettern und Latten angefertigt werden.

Um die Mauerhäupter lotrecht herstellen zu können, benützt man Senkel und Latte. Bei Mauern, die nur ½ oder 1 Stein stark sind, kann natürlich nur das eine Mauerhaupt vollkommen lotrecht ausgerichtet sein; die Unebenheiten des zweiten Mauerhauptes müssen dann durch den Verputz ausgeglichen werden.

Das Anlegen von Ziegelrohbauten muß besonders sorgfältig geschehen; es werden zunächst die Mauerpfeiler und Mauerecken mit der Schlauchwaage waagrecht angelegt und sodann jede Schichte mit Verwendung der Mauerschnüre, die man vor das Mauerhaupt spannt, und der Stichlatten ausgeführt.

Gründungen[1])

I. Einteilung der Gründungen

Das Fundamentmauerwerk wird, wenn möglich, auf freigelegtem, tragfähigem Untergrund aufgebaut: Natürliche Gründung, offene Gründung oder Flachgründung. Läßt sich der tragfähige Grund wegen Tieflage oder Grundwasser in offener Grube nicht erreichen, so wird das Grundwerk abgesenkt: Künstliche Gründung, Tiefgründung. Statt Betonierungen unter Wasser oder Absenkarbeiten auszuführen, senkt man im durchlässigen Boden das Grundwasser mittels Rohrbrunnen und arbeitet bis 20 m Tiefe in offener Baugrube (Grundwasserabsenkung).

II. Gründungsverfahren

Zwischen jenen Gründungsarten, die der Beschaffenheit des Baugrundes und der verfügbaren Bauzeit entsprechen, entscheidet der Kostenvergleich.

Bei allen Bauweisen ist das Aufsteigen der Bodenfeuchte durch Isolierung zu verhindern[2]). Betriebsanlagen mit schweren Maschinen bedürfen meist einer besonderen Gründungsweise, die die Übertragung von Schwingungen auf Nachbarbauten hintanhält.

Arbeiten an Gewässern und Rammarbeiten größeren Umfanges, ferner die ausnahmsweise vorkommenden zeitweiligen Bodenverhärtungen durch das Gefrierverfahren, endlich die dauernde Bodenversteinung durch Zementeinpressung werden in der Regel an Sonderfirmen übertragen.

III. Flachgründungen

1. Baugruben. Die natürliche Gründung des Hochbaues ist die offene Baugrube mit oder ohne Pölzung. Bei starkem Grundwasserandrang wird die Baugrube mit einer Spundwand umschlossen. Liegt die tragfähige Schicht auf nachgiebiger Unterlage (z. B. Sand über Moorboden), so muß sie womöglich in einer Stärke von 4 bis 6 m erhalten bleiben. Anderseits soll sich die Fundamentsohle nicht über Frostgrenze befinden, die im Flachland 1,0 bis 1,20 m und im Gebirge bis 1,50 m unter Straßenhöhe bzw. 0,2 bis 0,3 m unter Kellersohle liegt.

Wo Vorflut vorhanden, sind die Grundwässer dauernd abzuleiten; andernfalls Abhilfe durch Sammelbrunnen mit Pumpe. Vereinzelt sind Versitzbrunnen möglich.

---

[1]) Bearbeitet nach Mitteilungen von Hofrat i. R. Ing. Richard Pelikan und Ministerialrat i. R. Ing. Max Singer.

[2]) Siehe Isolierungen S. 210.

Auf eingebauten Baustellen sind die Anrainerbauten gegen Senkung zu sichern, bevor die ganze Baugrube ausgehoben wird. Allfälligem Sohlenauftrieb ist durch Belastung zu begegnen.

2. Baustoffe. Mindestens bis 0,5 m über dem höchsten Grundwasserstand, besser bis zur Geländehöhe, wird mit hydraulischem Kalk, mit verlängertem oder mit reinem Portlandzementmörtel gemauert. Bevorzugt werden im trockenen Baugrund Ziegel, im feuchten leicht bearbeitbare Bruchsteine; wo Schotter zur Verfügung steht, führt man die Grundmauern teilweise oder ganz in Beton aus (meist 1:10).

Für Bohlen- und Schwellenroste eignen sich der Reihe nach Eiche, Lärche, Ulme und allenfalls auch Kiefer.

3. Baugrundbelastung. Bei Bauten geringerer Bedeutung hält man die größten Fundamentpressungen innerhalb der erfahrungsgemäßen Tragfähigkeit der betreffenden Bodengattung, wobei auch der Einfluß der tieferen Schichten und der Durchfeuchtung zu berücksichtigen ist. Für wichtigere Bauwerke werden Probebelastungen vorgenommen[1]).

Kleinere Unregelmäßigkeiten der Tragfähigkeit lassen sich durch durchlaufende Grundmauern und gute Verankerung im Mauerwerk unschädlich machen. Unmittelbar über dem Baugrund werden, falls billig erhältlich, 2 bis 3 Scharen Steinplatten in Mörtel verlegt, andernfalls Betonbankette ausgeführt.

4. Verringerung der Pressung auf den Baugrund.

a) Verbreiterung der Fundamente aus Ziegel-, Bruchsteinmauerwerk oder Stampfbeton, mittels treppenförmiger Absätze, Breite zur Höhe 1:2, höchstens 1:1. Größere Ausladungen werden konsolenartig in Eisenbeton hergestellt.

b) Liegende Roste, entweder unter einzelnen Bauteilen zur Vergrößerung der Auflagerfläche oder unter dem ganzen Grundriß zum elastischen Druckausgleich; Oberkante dauernd unter dem tiefsten Grundwasserstand.

Bohlen- und Schwellenroste, meist in durch Spundwand umschlossener Baugrube mit Wasserhaltung; je nach Belastung und Baugrund entweder nur zwei kreuzweise Lagen von Bohlen, oder Langschwellen und Querschwellen (mit Vorkopf), die Felder ausgepackt mit Ton, Sand, Schotter und von Bohlen überdeckt oder einfach ausbetoniert. Bohlenstärken 5 bis 12 cm, Langschwellen 20 bis 30 cm und Querschwellen 18 bis 24 cm, in Abständen von 1,0 bis 1,50 m; gute Holzverbindungen und Nagelung erforderlich.

Eisenbetonroste, unempfindlich gegen Grundwasserschwankung, entweder aus einbetonierten längs- und querliegenden Walzträgern oder aus Eisenbeton.

c) Erdgurten und Erdgewölbe. Bei tiefliegender Fundamentsohle werden die Mauern in Pfeiler aufgelöst, zwischen denen der Gegendruck des Baugrundes durch Erdgurten oder Erdgewölbe aufgenommen wird (durch den Eisenbetonbau überholte Bauweise).

d) Durchlaufende elastische Platten.

Betonplatten, Stärke abhängig von der Lastverteilung, häufig 1,0 m, aus Stampfbeton oder Gußbeton im Trockenen hergestellt, da die Betonierung unter Wasser unzuverlässig ist.

---

[1]) Siehe Untersuchung und Belastung des Baugrundes, Kapitel II/3 u. VI, S. 490 u. 493.

Eisenbetonplatten, in der Regel mit Rundeisenbewehrung, ausnahmsweise mit kreuzweise verlegten Walzträgern; Stärke durch Standberechnung bestimmen!

Bei sehr ungleichmäßigem Baugrund sind die Platten (z. B. durch Betonpfähle) gegen Schrägstellung zu sichern.

5. Erhöhung der Tragfähigkeit des Baugrundes.

Verdichtung

a) durch Rammen oder Walzen des Bodens oder

b) durch Einrammen hochkantig gestellter Steine (Packlagen, 0,3 m stark):

a) und b) sind nur für sehr leichte Bauten (Holzbauten) anwendbar.

c) Sandschüttungen über Moor- und Schlammboden werden wegen der im Laufe der Zeit eintretenden ungleichförmigen Setzungen schwerer Gebäude nur mehr für weniger wichtige Bauwerke angewendet, wenn scharfer (rescher) Sand von Aushüben oder Baggerungen zur Verfügung steht. Ausführungsregeln: Mindeststärke 0,75 m, Höchststärke 3,0 m, aufgebracht in 0,2 bis 0,3 m starken Lagen, die genäßt und gewalzt oder gestampft werden. Die Unterfläche muß um die Stärke der Sandschüttung über die Grundmauern hinausreichen.

IV. Tiefgründungen [1]

1. Brunnengründung. Angewendet für pfeilerartige (aufgelöste) Gründungen, bei geringem Grundwasserandrang bis 15 m Tiefe und darüber. Mantel, Kranz und Absenkung ähnlich wie für die Wassergewinnung[2]). Querschnitt kreisförmig, Lichtweite dem Pfeilergrundriß umschrieben, selten unter 0,8 m. Das Mantelmauerwerk wird der künftigen Belastung entsprechend ausgeführt, der Innenraum oberhalb der tragfähigen Schicht nach Bedarf kegelartig erweitert und stets mit setzungsfreier Packung, Mauerwerk oder Beton ausgefüllt. Brunnenabstände abhängig vom Überbau; Eck- und Kreuzungspunkte verlangen besondere Ausbildung.

2. Senkkasten (Caissons). Zur gleichmäßigen (flächenhaften) Gründung größerer Teile des Bauwerkes werden dem Grundriß umschriebene Senkkasten offen oder, bei starkem Wasserandrang, unter Druckluft abgesenkt. Ausführung in Holz, Eisen oder Eisenbeton. Seit Einführung der Eisenbetonpfähle wird im Hochbau von der Senkkastengründung wenig Gebrauch gemacht.

3. Pfahlgründung. Sie ist die anpassungsfähigste Gründung auf nicht unmittelbar tragfähigem Baugrund. Holzpfähle dürfen nicht über Grundwasser reichen. Für auswechselbare Langpfähle von Jochen o. dgl., die zum Teil über Wasser stehen, ist Eichen- oder Lärchenholz zu verwenden.

a) Verdichtungspfähle (Spickpfähle). Zur Verdichtung von ungleichmäßigem Schwemmlandboden werden 1,5 bis 2,0 m lange Holzpfähle in Abständen von 0,6 bis 1,0 m eingerammt, die Zwischenräume mit Steinen ausgepackt; verwendet werden Eichen-, Ulmen-, Lärchen-, Kiefern- oder Fichtenholz.

b) Pfahlroste. Die Pfahlköpfe werden durch Schwellroste, Eisenbetonroste, Betonplatten oder Eisenbetonplatten verbunden. Pfähle bis 18 m lang aus Lärchen- oder sonstigem gradwüchsigen, harzreichen Nadelholz; Pfahlspitze meist wipfelseitig, Pfahlform daher schwach verjüngt. Wurzelende mit Schlagring, Spitze, nach Bedarf mit Eisenschuh; Verlängerung durch Aufpfropfen möglich.

---

[1]) Einteilung siehe Untersuchung und Belastung des Baugrundes, Kapitel VII, S. 494.

[2]) Siehe Brunnenbau, S. 510.

In sandigen Böden werden die Pfähle mit schnell aufeinanderfolgenden Rammschlägen mittels Zugramme (20 bis 30 Schläge/min, Bärgewicht 100 bis 300 kg, Hubhöhe 1,0 m) oder mit Dampframme (30 bis 50 Schläge/min, Bärgewicht 350 bis 6000 kg, Hubhöhe 0,8 bis 1,7 m) eingetrieben. Nachhilfe durch Einspülen nur zulässig, falls nicht Nachbargebäude gefährdet werden.

Im schweren Tonboden sind kräftige Rammschläge mit längeren Pausen anzuwenden; hierzu eignen sich Kunstrammen (3 bis 12 Schläge/min, 350 bis 3500 kg Bärgewicht, Hubhöhe bis 8 m).

Ist das Rammen wegen der Erschütterung bestehender Gebäude unzulässig, so werden Brunnen, Senkkasten oder Bohrpfähle angewendet (vgl. Kapitel 1, Betonpfahlgründungen).

c) Tragfähigkeit der Pfähle. Im Sandboden bildet der Rammwiderstand ein Maß für die Tragfähigkeit der Pfähle unter ruhender Last; man kann daher Rammformeln verwenden, soll sich jedoch durch Belasten von Probepfählen über die Zuverlässigkeit der Rechnung vergewissern. Erfahrungsgemäß dürfen Pfähle, die in der letzten Hitze weniger als 1 cm eindringen, mit 20 bis 25 t belastet werden.

In tonigen Böden ist die dauernde Tragkraft wesentlich kleiner als der Rammwiderstand und kann verläßlich nur durch Probebelastung bestimmt werden. Annähernd läßt sich die Tragkraft nach der Mantelreibung einschätzen (vgl. Tabelle S. 497).

Im schichtweise wechselnden Boden kann eine Rammformel durch Beiwerte, die aus Belastungsversuchen bestimmt wurden, den vorliegenden Verhältnissen angepaßt werden. Hierfür wird wegen ihrer Einfachheit die Formel von Brix bevorzugt:

Bedeutet G das Gewicht des Pfahles in kg,
Q „ „ „ Rammbären in kg,
h die Hubhöhe (Fallhöhe) in mm,
e „ Eindringung des Pfahles beim letzten Schlag in mm,
K den durch Versuch bestimmten Boden-Beiwert,
n „ Sicherheitsgrad (z. B. $n = 3$ bis 6),

so ist die Tragkraft des Pfahles $P = K \cdot \frac{G \cdot Q^2}{(G+Q)^2} \cdot \frac{h}{e}$ und die zulässige Belastung $P_z = \frac{P}{n}$; ergibt sich K aus verschiedenen Versuchen mit annähernd demselben Wert, so setzt man $K_1 = \frac{K}{n}$ und findet die zulässige Pfahlbelastung unmittelbar aus der Formel:

$$P_1 = K_1 \cdot \frac{G \cdot Q^2}{(G+Q)^2} \cdot \frac{h}{e}.$$

Im Hochbau sind für Pfahlroste von höchstens 1 m Pfahlabstand und mindestens 5 m Pfahllänge folgende Höchstbelastungen der Rostfläche zulässig:

Moorboden	0,8 bis 1,5 kg/cm²
wenig nachgiebiger, weicher Boden	3 bis 5 „
Lehm-, Ton- und Sandboden	5 „ 7 „

Bei Pfahllängen (l) bis 5 m nimmt man den mittleren Pfahldurchmesser konstant mit $d = 25$ cm an, für Längen von 5 bis 10 m ist $d = 12 + 2\,l$ bis $12 + 2{,}5\,l$ zu setzen (d in cm, l in m); z. B. für $l = 10$ m wird $d = 34$ bis 37 cm. Weiteres siehe Kap. VII und VIII, S. 495.

Handelt es sich um eine Schätzung der Tragfähigkeit ohne Vornahme eines Rammversuches, so ist diese bei einer im Boden steckenden Pfahllänge l (in Metern) und dem mittleren Pfahldurchmesser d (in Metern) mit $P = \pi\, d\, l \cdot R$ anzunehmen, wobei R einen Bruchteil der Reibung per 1 m² Pfahlmantel bedeutet (vergl. die Tabelle auf S. 497).

Bei Holzpfählen	$R = 1{,}0$ t/m²
„ Betonpfählen................................	$= 1{,}2$ „
„ eingestampften Betonpfählen (Strauß)	$= 2{,}0$ „

Tiefbohrungen und Brunnenanlagen

Von Ziv.-Ing. Wilhelm Kutscha, Wien

Bohrwesen

Das Niederbringen einer Bohrung (Tiefbohrung) erfolgt mittels eigener Apparate und Werkzeuge unter Anwendung von Eisenrohren und Gestängen und hat den Zweck, die geologische Beschaffenheit der Gebirgsschichten kennen zu lernen, sowie das Vorhandensein nutzbarer, fester Materialien wie Kohle, Salz und Erz festzustellen oder solche flüssiger oder gasförmiger Art, wie Rohöl (Petroleum), Wasser, Heilquellen, Sole, Kohlensäure, Erdgase usw. aufzuschließen und zu gewinnen.

A. Gestängebohren

I. Trockenbohren

a) Drehbohren (mit Schappe, Spiralbohrer, Schneckenbohrer usw.).
b) Stoßbohren mit steifem Gestänge.
c) Freifallbohren.
d) Bohren mit Rutschschere (= kanadisches Bohren).

Bei a) wird das Bohrgut direkt mit dem Bohrer, bei b) bis d) mittels geeigneter Werkzeuge (Schlammbüchsen) zutage gefördert.

II. Spülbohren

Durch das Gestänge und die Bohrgeräte wird ein ununterbrochener Spülstrom zur Sohle geschickt (direktes Spülen), der das Bohrgut zwischen Gestänge und Bohrlochwand zutage fördert. Beim indirekten Spülen nimmt der Spülstrom seinen Weg zwischen Bohrlochwand und Gestänge zur Sohle. Das Bohrgut tritt mit demselben durch das Gestänge zutage.

Man unterscheidet:

a) Stoßbohren mit steifem Gestänge,
b) Freifallbohren,
c) Schnellschlagbohren mit federnd gelagertem Schwengel,
d) Bohren mit Schlagseil statt Schwengel,
e) Rotationsbohren (Kernbohren) mit Stahlzahn-, Diamant-, Schrot- oder Spezialkronen, Rotarybohren. Die Spezialkronen, neuerdings als Ersatz für Diamanten, sind mit Hartmetallspitzen (Volomit, Thoran) besetzt.

B. Seilbohren

Beim Seilbohren wird das bei dem Stoßbohren übliche Gestänge durch ein bis zum Bohrzeug reichendes Manila- oder Drahtseil ersetzt. Während der Bohrarbeit wird das Seil abwechselnd nach rechts und nach links gedreht. Das Ausschöpfen des Bohrschmandes erfolgt durch Hohlgefäße (Schlammbüchsen) am Seil.

Bei beiden Arten werden verschiedene Methoden und Werkzeuge angewendet. Für die Auswahl eines geeigneten Bohrwerkzeuges ist außer dem Bohrzweck die Bohrfähigkeit der Gebirgsschichten sowie die Tiefe und der gewünschte Enddurchmesser bestimmend. Lockere Schichten, wie Kiese und Sande, werden mit der Schlammbüchse, auch Ventilbohrer genannt, durchbohrt. Bei weichen Schichten, wie Lehm, Tegel, Ton, Löß, lehmigem Sand, wird die Schappe oder der Spiralbohrer verwendet, während feste Schichten, wie Letten, fester Mergel und Ton, Schiefer, Kalkstein, Sandstein, Konglomerat usw., mit dem Meißel (Freifallbohren) oder der Krone (Rotationsbohren) bearbeitet werden müssen. Das Nehmen der Bohrproben bei Bohrungen für Aufschlußzwecke ist sehr wichtig für die sichere Bestimmung des geologischen Charakters und Alters der einzelnen Schicht bzw. der ganzen Schichtenfolge und des Gebirgsbaues im Bereiche des Bohrprofils. Um eine Vermengung der Bohrproben durch Nachfall zu vermeiden, ist für möglichst gleichzeitiges Niederbringen der Verrohrung zu sorgen. Bohrungen bis zu einer Tiefe von rund 150 m werden meist mittels Handbohrgarnituren niedergebracht, während bei größeren Tiefen maschineller Antrieb (Dampfmaschinen, Explosions- oder Elektromotoren) in Frage kommt, und dienen entweder stabile Apparate mit feststehenden Gerüsten aus Holz oder Eisen (Bohrgerüste oder Bohrtürme), oder mobile Bohrapparate mit Auslegern zum Fördern, zur Durchführung der Arbeiten.

Die Kosten einer Bohrung hängen wesentlich von der Art des zu durchbohrenden Gebirges, dem Zweck, dem diese dienen soll, dem Enddurchmesser und auch von der Tiefe ab; auch spielt die Zugänglichkeit der Bohrstelle eine große Rolle.

Für approximative Veranschlagung gelten die in der folgenden Tabelle enthaltenen Durchschnittspreise für 1,0 m Bohrung einschließlich Beistellung der Bohrgeräte und der gesamten Arbeitsmannschaft sowie der Betriebsmaterialien bei maschinellen Bohrungen, jedoch ausschließlich Transporte und Rohre für den Ausbau und ausschließlich der eventuellen Rohrverluste. Angenommen rund 5″ Enddurchmesser.

Das zu durchbohrende Gebirge besteht aus																			
Material mittlerer Härte (wie Sand, Lehm, Tegel, grober und feiner Kies, loser Schotter). Es kann noch drehend oder stoßend, aber ohne Freifallbohreinrichtung gearbeitet werden										Material größerer Härte (wie Mergel, Sandstein, grober, festgelagerter Schotter, Konglomerat usw.). Es muß mittels Schnellschlages, Freifallbohrung gearbeitet werden									
Bohrlöcher auf eine Tiefe von m																			
20	30	50	100	150	200	250	300	350	400	20	30	50	100	150	200	250	300	350	400
Kosten in Schilling per m																			
20	25	45	70	90	110	130	150	165	180	60	70	100	120	150	180	220	240	260	280

Die Preise stellen Mittelwerte dar. Im besonderen wird es sich empfehlen, unter genauer Schilderung der betreffenden Verhältnisse bei Spezialfirmen die zutreffendsten Preise einzuholen.

Preise diverser Bohrapparate und Bohrer für Sondierungszwecke:

Bezeichnung	Kosten in Schilling für einen Werkzeugdurchmesser von	
	48 mm	82 mm
Handbohrapparate für 5,0 m Tiefe, bestehend aus 3 Stück Gestänge, zusammen 5,0 m lang, nebst Zubehör, Tellerbohrer, Schappe, Schwertmeißel und Schlammbüchse	210,0	325,0
Mehrpreis für Gestänge . . . . je m	11,5	13,0
Spiralbohrer	23,0	37,0
Schappe	31,5	48,0
Flachmeißel	25,0	48,0
Kolbenmeißel	25,0	—
Schneckenbohrer	35,0	68,0
Dreheisen	23,0	55,0

Handbohrgarnituren für Trockenbohrung zur Herstellung von Bohrungen im leichten und mittleren Gebirge für 30,0 m Tiefe, mit 5″ Werkzeugdurchmesser, bestehend aus der obertägigen Einrichtung ohne Bohrgerüst, 32,0 m Gestänge, 5/4″ Durchmesser, nebst Zubehör, Spiralbohrer, Schlammbüchse, einem Meißel mit leichter Schwerstange zum Durchbohren härterer Einlagen, komplett ohne Rohre und Rohrzubehör . . . . S 2300,00
Eine Ergänzung dazu für Freifallbohrung . . . . ,, 1200,00

C. Brunnenbau

Für die Baupraxis wichtigste Brunnenanlagen:

Rohrbrunnen (Abb. 1) mit kleinerem Durchmesser von 60 bis 1000 mm lichte Weite, hergestellt durch Bohrung (Tiefbohrung) oder in besonders günstigen, oberen Schotterlagen, in welchen das Wasser nicht tiefer als 4 m unter Terrain liegt, durch Einrammen von 1½ bis 2″ Rohren (sogenannte Schlagbrunnen).

Rohrbrunnen eignen sich insbesondere für Gegenden, deren Untergrund aus rolligem Schotter besteht, in dem das Grundwasser sich mit größerer Geschwindigkeit bewegen kann, so daß der Eintritt einer genügend großen Menge Wasser in das Brunneninnere erfolgt, ohne daß große Flächen dafür geschaffen werden müssen; weiters dort, wo das Wasser tief unter Terrain liegt, so daß mehrere Wasserstockwerke zusammengefaßt werden müssen, um das nötige Wasserquantum zu erreichen; endlich in Gegenden, wo den obersten, grundwasserführenden Schichten wegen mangelhafter Qualität ausgewichen, bzw. dieselben abgesperrt werden müssen und untere, tiefer liegende Schichten ein zweckentsprechendes Wasser liefern; schließlich auch für stark wasserverbrauchende Industrien. Rohrbrunnen von 60 mm Durchmesser können 50 bis 100 l/sek. entnommen werden, in abnormalen Fällen noch mehr.

Die definitive Verrohrung, die zur Ausgestaltung des Rohrbrunnens dient, wird innerhalb des Grundwasserträgers in einer dem Schotterkorn entsprechenden Weise gelocht oder geschlitzt, um den Eintritt des Wassers zu ermöglichen. In Fällen, wo der Boden feinsandig ist, muß diese Lochung noch durch Kupfer- oder Bronzegewebe überdeckt werden. Da manche Wässer infolge ihrer chemischen Zusammensetzung zerstörend oder verlegend auf Metallgewebe wirken, kommen Filter besonderer Konstruktionen zur Verwendung, über deren Ausführung und Anwendungsmöglichkeit nur der Fachmann entscheiden kann.

Schachtbrunnen, auch Kesselbrunnen genannt. Diese werden in Durchmessern von 1,00 bis 8 m und mehr ausgeführt, und zwar mit Ziegel- oder mit Betonwandungen.

Schachtbrunnen sind besonders anzuwenden bei Bodengattungen, die Wasser schwer durchlassen, so daß zur Erreichung der gewünschten Ergiebigkeit eine möglichst große Eintrittsfläche durch eine große, offene Sohle und eine eventuell mit Schlitzen versehene Seitenwandfläche geschaffen werden muß.

Die Schachtbrunnen sind bezüglich ihrer Tiefe beschränkt, haben jedoch den Vorteil, daß sie bei entsprechendem Durchmesser einen größeren Vorrat in ihrem Innenraum aufgespeichert haben, der bei ungleichmäßigem Wasserbedarf — Feuersgefahr — ausgleichend zur Geltung kommt.

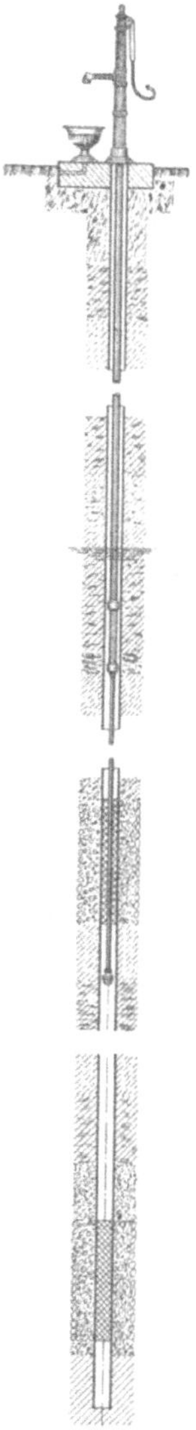

Abb. 1
Rohrbrunnen

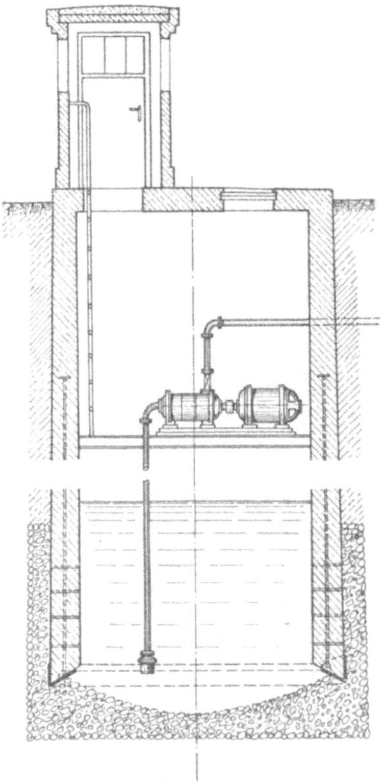

Abb. 2
Senkbrunnen

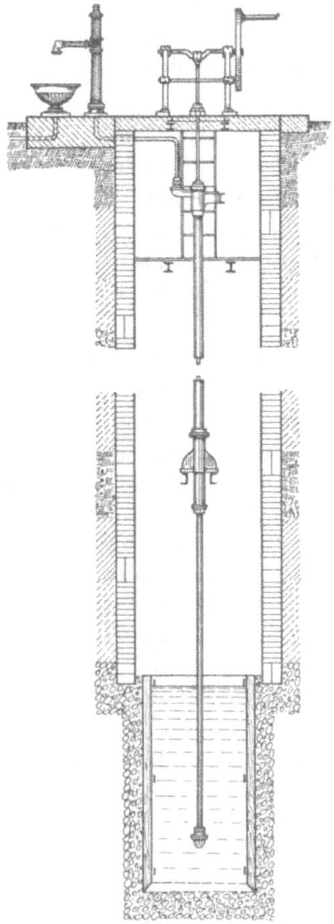

Abb. 3
Büchsenbrunnen

Nach der Herstellungsweise unterscheidet man:

a) Schachtbrunnen (Abb. 2), deren Mauerwerkskörper auf dem Terrain oder in einem trockenen Schacht hergestellt und mit einer Senkschneide aus Eisen oder Holz armiert wird und von da an — bei geringem Wasserandrang — mit Wasserhaltung und Untergraben, bei starkem Wasserandrang mit Baggerung weiter versenkt wird.

b) Schachtbrunnen mit ins Grundwasser eingebauten Büchsen (Büchsenbrunnen, [Abb. 3]).

Bei diesen wird der Schacht bis zum Grundwasser — meist in Ziegeln und Zementmörtel — zum Teil mit stehenden Gurten mit einseitiger Lichtmauerung ausgeführt. Die Ausmauerung kann unter günstigen Bodenverhältnissen auch mit Bruchsteinen oder Beton erfolgen, doch ist immer als Bindemittel Portlandzement zu empfehlen. Nach Erreichen des Grundwassers wird eine Büchse entweder aus wasserbeständigen Holzdauben mit inneren Spannreifen, aus armiertem Beton oder aus gußeisernen Teilen zusammengesetzt und in das Grundwasser vorgetrieben. Die erreichbare Wassertiefe ist besonders bei Holzbüchsen eine beschränkte.

Bei allen Brunnen, aus welchen Wasser zu menschlichem Genuß entnommen wird, ist darauf zu achten, daß die Örtlichkeit für den Brunnen so gewählt wird, daß keinerlei Senk- oder Abfallgruben in der Nähe sind, weiters, daß Wasser von Obertag, sei es Regenwasser oder vorbeifließendes Bachwasser usw., nicht in den Brunnen gelangen kann, ohne eine entsprechende Bodenfiltration durchzumachen, ebensowenig aber einmal aus dem Schacht gepumptes Wasser wieder in denselben zurückfließen kann.

D. Brunnenanlagen

1. Brunnen, vollständig im gewöhnlichen, mittleren Erdreich auf 7,0 m Tiefe bis zum daselbst angenommenen Grundwasserstand ausgraben, mit hartgebrannten Ziegeln auf 1,2 m Lichtweite in Portlandzement ausmauern, Mauerwerk 15 cm stark. Ab Sohle des Schachtes Niederbringen einer Brunnenbüchse aus Lärchenholz von 1,0 m Durchmesser bis zu einer Gesamttiefe von 10,0 m ab Terrain .... S 1860,00

2. Pumpe hierzu:

a) Brunnenrohr aus Gußeisen mit darauf befestigtem Ständer und Pumpenhebel für 10,0 m Tiefe, Leistung 30 l/Min., montiert .... S 430,00
je Meter Mehrtiefe .... „ 25,00

b) Statt der Gußrohre und Gußständer, Holzrohre und Holzständer mit gewöhnlichem Stiefelschöpfwerk bis 10,0 m Tiefe .... S 390,00
je Meter Mehrtiefe .... „ 30,00

c) Wasserauslaufständer .... „ 70,00

Bei obgenannten Posten a) bis c) sind einfache Ausführungen angenommen.

3. Brunnenpumpenanlagen (lt. Abb. 3) bis 5,0 m Tiefe mit Handbetrieb, ganz aus Stahl konstruiert, mit Schwungrad, auch zum Spritzen geeignet, Leistung 20 bis 30 l/Min. .... S 380,00 bis S 450,00

4. Brunnenpumpenanlagen (lt. Abb. 3) mit Handbetrieb für Brunnentiefen bis 10,0 m, ganz aus Stahl konstruiert, mit Schwungrad, Saug- und Druckzylinder 4″, mit Auslaufständer, Betrieb durch einen Mann bei kurzfristiger Arbeitsdauer, Leistung 40 l/Min. .... S 860,00

5. a) Versenkbrunnenherstellung für Trink- und Nutzwasserzwecke bei einer Tiefe von 10,0 m im mittleren Erdreich, einem Wasserstand von 3,0 m Tiefe, aus Beton, ausgestattet mit einer stählernen Senkschneide und 30 cm Betonmantelstärke oben und 40 cm unten. Sand und Schotter an der Baustelle durch Ausgraben gewonnen:

bei 1,5 m lichtem Durchmesser	S	3000,00
„ 2,0 „ „ „	„	6500,00
„ 3,0 „ „ „	„	9500,00
„ 4,0 „ „ „	„	12000,00

Bei Durchmessern ab 3,0 m ist eine Betonmantelstärke von oben 40 cm, unten 60 cm angenommen.

b) Versenkbrunnenherstellung für Fundierungen im nassen Terrain für eine Tiefe von 10,0 m und einem lichten Durchmesser von 1,4 m, Betonmantelstärke oben 30 cm, unten 45 cm, samt Ausmauern oder Betonierung des Schachtes nach erreichter Tiefe .... S 4500,00

Brunnengraben und -mauern mit Ziegeln Ö. F.[1]

Innerer Brunnendurchmesser	m	1,1	1,5	2,0	2,5	3,0	3,5	4,0	3,5	5,0
Wandstärke	cm	15	15—30		30	30—45		45—60		60
Je Tiefenmeter	Erdaushub ..... m^3	1,6	2,6	5,3	7,5	10	15	19	26	21
	Mauerwerk ..... „	0,6	0,8	2,2	2,5	3,1	5,6	6,3	9,7	10,6
	Ziegel Ö. F. .... St.	160	225	590	720	880	1520	1750	2720	2975
	Portlandzement . kg	100	150	300	350	450	550	750	1200	1400
Arbeitsstunden je Tiefenmeter in einer Tiefe von	0—5 .... m	20	27	58	72	90	140	170	245	270
	5—10 .... „	22,5	30,5	65	81	100	154	186	263	290
	10—15 .... „	25	34	72	90	110	168	202	281	310
	15—20 .... „	27,5	37,5	79	99	120	182	218	299	330
	20—25 .... „	30	41	86	108	130	196	234	307	350
	25—30 .... „	32,5	44,5	93	117	140	210	250	325	370
	30—35 .... „	35	48	100	126	150	224	266	343	390
	35—40 .... „	37,5	51,5	107	135	160	238	282	361	410
	40—45 .... „	40	55	114	144	170	252	298	379	430
	45—50 .... „	42,5	58,5	121	153	180	266	314	397	450

Zuschläge: Bei Stein und Konglomerat 60%, bei schwerem Boden 100%, bei Wasser 100%

Beispiel: Ungefähre Arbeitszeit für einen Brunnen von 5 m lichtem Durchmesser, bis 12,0 m normalem Boden, von 12—15 m Konglomeratschichten von zusammen 1,5 m Mächtigkeit. Gesamttiefe 25,0 m, ab 18,0 m Wasser.

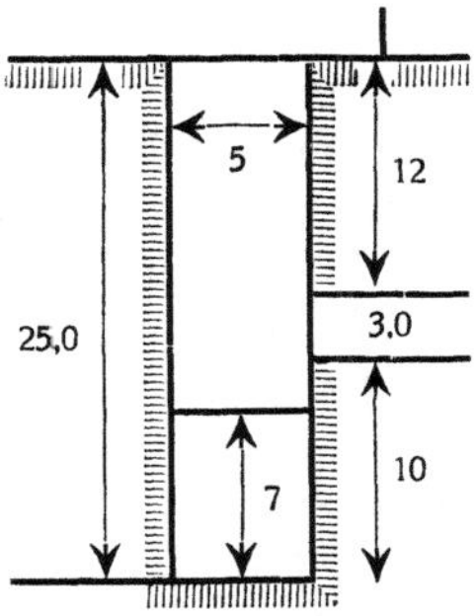

Von 0—5 $5 \times 270 = 1{,}350$
5—10 $5 \times 290 = 1{,}450$
10—15 $5 \times 310 = 1{,}550$
15—20 $5 \times 330 = 1{,}650$
20—25 $5 \times 350 = 1{,}750$
Wasser 18—20 m $2 \times 330 = 660$
20—25 $5 \times 350 = 1{,}750$
Konglomerat
$0{,}6 \times 1{,}5 \times 310 = 279$

10,439 Stunden = bei 8 Mann etwa 27 Wochen.

Probebelastungen von Eisenbetontragwerken im Hochbau

Von Zivilingenieur Dr. Ing. Viktor Mautner

Wenn nach ÖNORM B 2302, § 13, Absatz 1 bis 3, die Prüfung des Betons durch Probewürfel bzw. Probebalken (ÖNORM B 2303) vor Beginn und während der Ausführung des Tragwerkes die geforderte Druckfestigkeit ergeben hat, die Verarbeitung der Betonmasse im Sinne des § 7 der ÖNORM B 2302 durchgeführt wurde, die Zugfestigkeit der Bewehrung der ÖNORM entspricht und die Ein-

[1]) Aus Ilkow, A.: „Material- und Zeitaufwand", 3. Aufl., Verlag Julius Springer, Wien 1927.

lagen in planmäßiger Form und Lage eingebracht wurden, kann im allgemeinen von Probebelastungen bei Hochbauten Abstand genommen werden.

Wird die Durchführung von Probebelastungen aus besonderen Gründen, z. B. bei neuartigen Konstruktionen, für einzelne Bauteile verlangt, so soll sie, um das Auftreten von Zugrissen im Tragwerk zu vermeiden, auf den unbedingt notwendigen Umfang beschränkt werden.

Die Probebelastung darf bei Verwendung von Portland- oder gleichwertigem Zement ohne besondere Genehmigung nicht vor Ablauf von sechs Wochen, bei frühhochfestem Zement nicht vor Ablauf von drei Wochen nach Beendigung der Betonierung erfolgen.

Die Kosten der Probebelastungen dürfen dort, wo sie voraussichtlich durchzuführen sein werden, beim Veranschlagen nicht übersehen werden.

Berechnung der Durchbiegung unter Einwirkung der Probelast

Die Probelast hat in der Regel der der Standberechnung zugrunde gelegten Last zu entsprechen.

Die Durchbiegung eines Trägers ist allgemein: $\delta_1 = \frac{m}{EJ}$, wobei „m" das Moment des mit der Momentenfläche „F" belasteten Trägers, „J" dessen Trägheitsmoment und „E" die Formänderungszahl des Betons bedeuten.

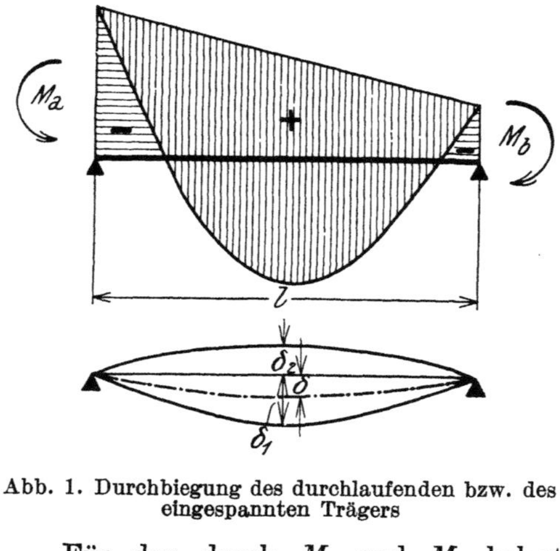

Abb. 1. Durchbiegung des durchlaufenden bzw. des eingespannten Trägers

In folgender Tabelle sind für die im Hochbau am häufigsten vorkommenden Belastungsfälle für die **Feldmitte** des frei aufliegenden Trägers die Werte „F" und „m" zusammengestellt.

Für durchlaufende bzw. eingespannte Träger läßt sich die Durchbiegung „δ" in Feldmitte aus der Differenz der Durchbiegungen des frei aufliegenden Trägers δ_1 und jener bestimmen (δ_2), die sich für den nur mit den Stützmomenten M_a und M_b belasteten Trägerteil in Feldmitte ergibt (siehe Abb. 1).

Die Stützmomente sind nach den Gleichungen Seite 54 zu ermitteln.

Für den durch M_a und M_b belasteten Freiträger ist für Feldmitte das Moment der Momentenfläche: $\mu = \frac{l^2}{16}(M_a + M_b)$ und die Durchbiegung: $\delta_2 = \frac{1}{EJ} \cdot \mu$, die Gesamtdurchbiegung somit: $\delta = (\delta_1 - \delta_2) = \frac{1}{EJ}(m - \mu)$.

Für das Endfeld durchlaufender Träger ist M_a bzw. $M_b = 0$.

Beispiel: Beiderseits eingespannter Träger mit einer Einzellast „P" in Feldmitte.

Für diesen Belastungsfall laut Tabelle Seite 517 ist: $m = \frac{1}{48} P l^3$, ferner nach Seite 52

$M_a = M_b = -\frac{Pl}{8}$; daher $\mu = \frac{P l^3}{64}$, somit: $\delta = \frac{1}{192} \cdot \frac{P l^3}{EJ}$.

Die Formänderungszahl des Betons ist nach ÖNORM B 2302, § 17, Punkt 1, mit 210000 kg/cm² anzunehmen. Solange der volle Betonquerschnitt auch in der Zugzone wirkt, also vor dem Auftreten der ersten Risse, welcher Fall bei normalen Probebelastungen in Betracht kommt, kann mit „E" = 250000 bis 400000 kg/cm² gerechnet werden.

Belastungsfall	Momentenfläche F	Moment der Momentenfläche in Feldmitte m
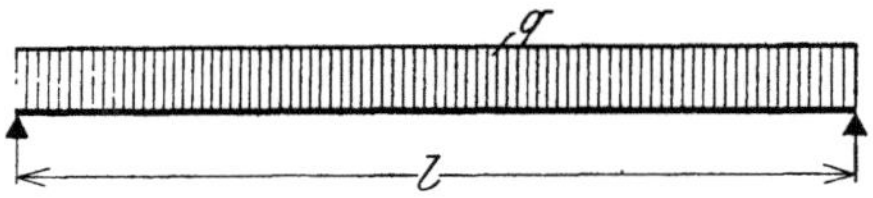	$\frac{1}{12} q l^3$	$\frac{5}{384} q l^4$
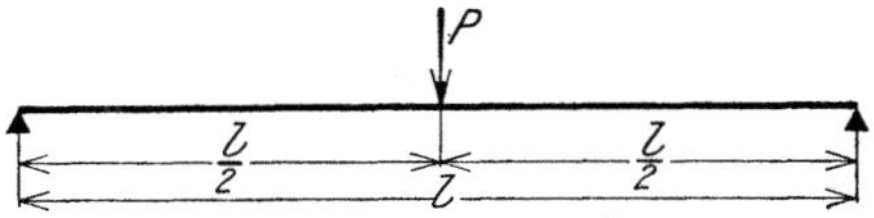	$\frac{P l^2}{8}$	$\frac{1}{48} P l^3$
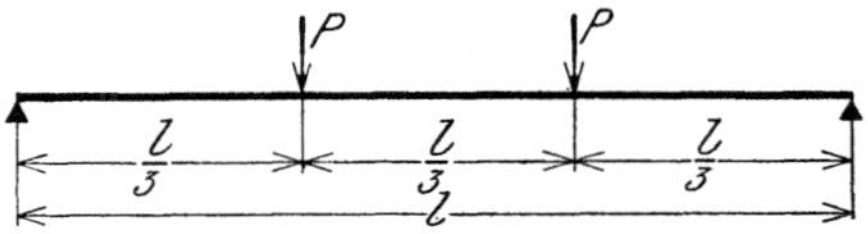	$\frac{2}{9} P l^2$	$\frac{23}{648} P l^3$
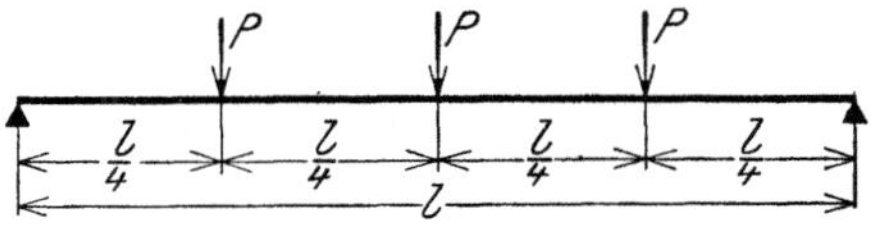	$\frac{5}{16} P l^2$	$\frac{19}{384} P l^3$
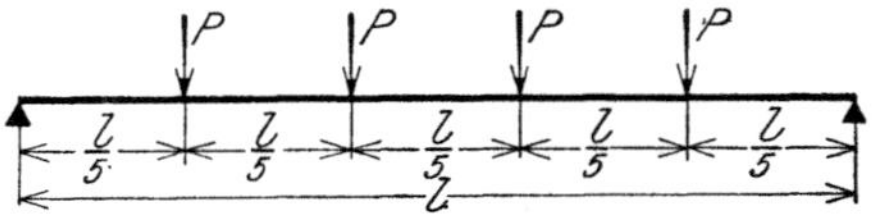	$\frac{21}{50} P l^2$	$\frac{63}{1000} P l^3$
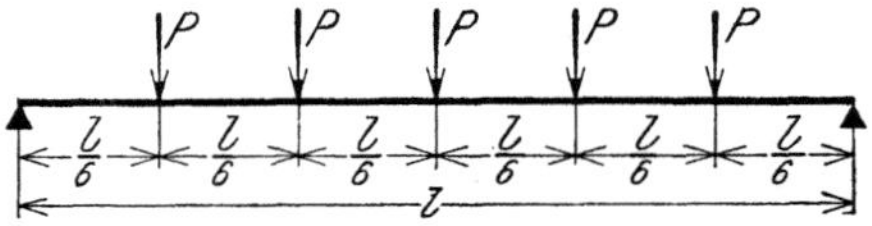	$\frac{35}{72} P l^2$	$\frac{11}{144} P l^3$
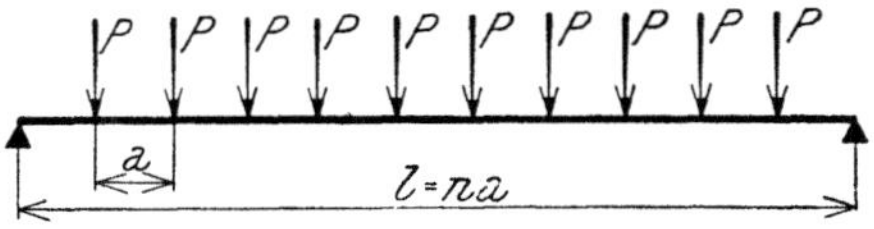	$\frac{1}{12} q_1 l^3$	$\frac{5}{384} q_1 l^4$

Für eine Lastanzahl $n > 6$ können mit genügender Genauigkeit folgende Belastungsgleichwerte eingeführt werden:

Wenn „n" eine gerade Zahl: $q_1 = \frac{P n}{l}$,

„ „ „ ungerade „ $q_1 = \frac{P}{l} \frac{n^2 - 1}{n}$.

Instrumente für die Messung der Durchbiegung

Biegungsmesser von Griot (Abb. 2)

Teilung $^1/_{10}$ Millimeter, ablesbar $^1/_{50}$ Millimeter. Der Meßdraht wird an der Unterfläche des zu untersuchenden Konstruktionsteiles einbetoniert und an seinem unteren Ende mit einem Gewicht von 1 bis 2 kg belastet. Dann wird das Instrument auf einer feststehenden Unterlage in gewünschter Beobachtungshöhe so mit dem Spanndraht in Berührung gebracht, daß letzterer zwischen die beiden Rollen „r“ zu liegen kommt und diese tangiert; hierauf wird der Apparat befestigt. Um Einzustellen, drückt man die Rollenfeder zurück und stellt den Zeiger auf Null.

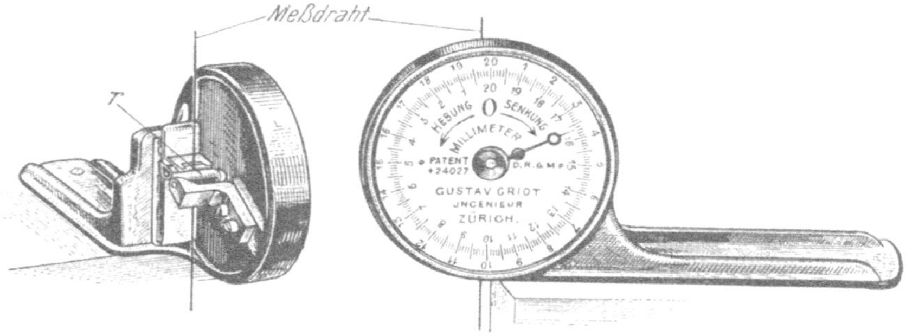

Abb. 2. Biegungsmesser von Griot

Biegungsmesser von Michaelis (Abb. 3).

Ablesbar $^1/_{20}$ Millimeter. Der Spanndraht wird an der Klemmschraube einer Hülse befestigt, die zum Zwecke der Anbringung des Drahtes aus dem Gehäuse herausgezogen werden kann, in welchem sie federnd angeordnet ist. Durch Freilassen der Hülse wird der Draht straff gespannt und der Zeiger stellt sich auf einen gewissen Teilstrich ein, der als Anfangsablesung zu vermerken ist.

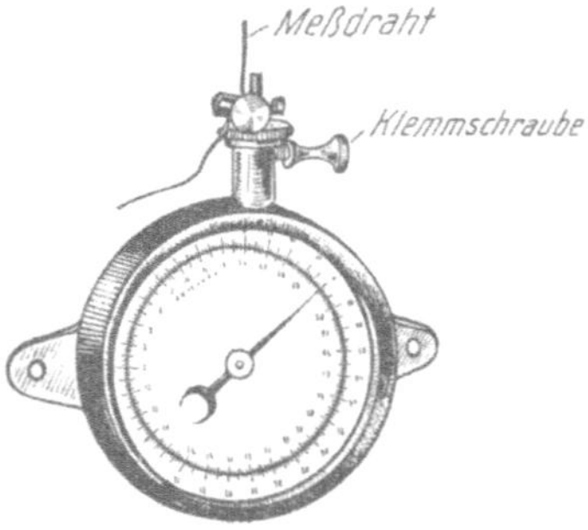

Abb. 3. Biegungsmesser von Michaelis

Anbringung der Biegungsmesser

Bei der Anbringung der Durchbiegungsmesser ist darauf zu achten, daß die Durchbiegung der Bauteile, auf welchen der zu untersuchende Tragwerksteil aufruht, bzw. daß die Zusammenpressung des Baugrundes unter Säulen und Mauern ohne Einfluß auf das Meßresultat bleiben.

Ist z. B. die Durchbiegung eines Nebenträgers „N“ zu messen (Abb. 4), so wird zweckmäßigerweise unter demselben zwischen den beiderseitigen Hauptträgern „H“ ein Pfosten befestigt und an diesen der Durchbiegungsmesser angebracht. Bei dieser Anordnung wird also die relative Einsenkung des Nebenträgers gegenüber den Hauptträgern gemessen.

Behelfsmäßig hergestellter Biegungsmesser

Dort wo die vorgenannten Durchbiegungsmesser nicht beschafft werden können bzw. in der erforderlichen Anzahl nicht vorhanden sind, können auf der Baustelle einfache hölzerne Vorrichtungen hergestellt werden, welche die Messung der Durchbiegung mit $^1/_{10}$ Millimeter Genauigkeit ermöglichen, Abb. 5. Auf einem Untergestell „U“, das

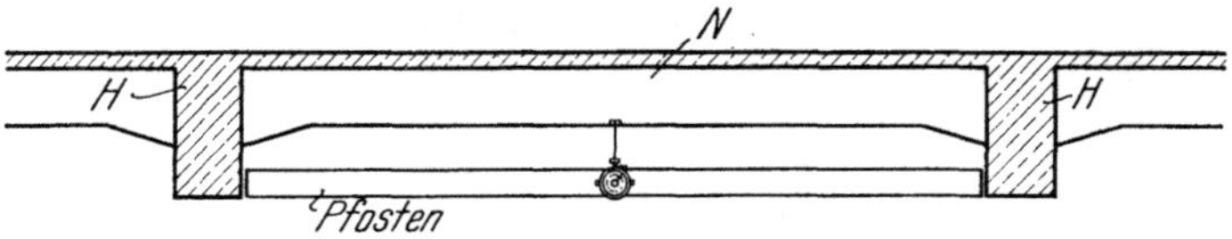

Abb. 4. Anbringung der Biegungsmesser

zur Sicherung gegen Verschiebungen mit Ziegeln usw. belastet werden kann, werden senkrecht zwei Staffelhölzer „St“ gut versteift aufgestellt. An dem einen derselben wird mittels eines Bolzens „B“, der in einer Blechhülse leicht drehbar gelagert ist, ein Hebel „H“ angebracht. An dessen anderem Ende ist ein Zeiger aufgesetzt, der sich längs einer in Millimeter geteilten Skala bewegt, die auf dem zweiten Staffel befestigt ist. Die Länge des Hebelarmes ist „l“. An der Stelle, an welcher die Durchbiegung eines Konstruktionsteiles gemessen werden soll, wird an diesem genau vertikal eine Latte „L“ befestigt, die von dem Punkt B des Hebels H um $l/10$ absteht, und an diesen durch einen Bolzen B_1 gelenkig angeschlossen ist. Durch diese Anordnung kann die Durchbiegung auf der Skala in zehnfacher Vergrößerung abgelesen werden.

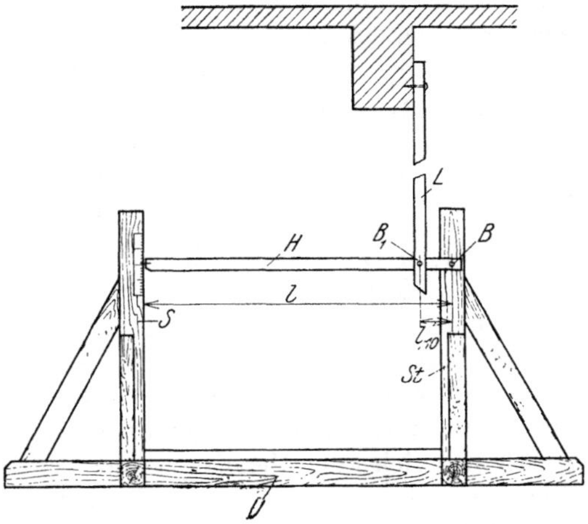

Abb. 5. Behelfsmäßig hergestellter Biegungsmesser

An Stelle der Latte „L“ kann auch ein Meßdraht verwendet werden, der um einen in der Entfernung von $l/10$ vom Drehpunkt des Hebels an diesem fest angebrachten Bolzen geschlungen und mit einem Gewicht belastet wird.

Ein solcher Meßdraht kann dann verwendet werden, wenn Temperaturschwankungen während der Durchführung der Probebelastung keine meßbaren Längenänderungen desselben veranlassen.

Aufbringung der Probelast

Die Probelast ist derart aufzubringen, daß sie in sich beweglich ist, also zwanglos den Durchbiegungen folgen kann. Dieser Forderung wird durch lose aufgebrachtes Schottermaterial weitgehendst entsprochen. Wird als Probelast Schotter oder Zement in Säcken verwendet, so müssen diese in Zwischenräumen aufgelegt werden. Soll die Belastung durch Ziegel erfolgen, so sind diese in voneinander getrennten, einzelnen Stapeln zu schlichten.

Das Belastungsmaterial ist lagenweise aufzubringen. Nach jeder Lage ist eine Pause von 3 bis 5 Minuten einzuschalten, nach deren Ablauf die Ablesung am Durchbiegungsmesser vorgenommen wird.

Ist die Probelast voll aufgebracht, so soll sie mindestens drei Stunden liegen bleiben, worauf dann die Endablesung erfolgt.

Die bleibende Durchbiegung ist frühestens drei Stunden nach Beseitigung der Probelast festzustellen. Sie darf z. B. bei Balken auf zwei Stützen höchstens ein Viertel der gemessenen Gesamtdurchbiegung, bei Ausschaltung des Einflusses etwaiger Auflagersenkungen, betragen.

Siedlungswesen

Von Oberstadtbaurat Ing. Rudolf Münster

Grundaufwand. Für die erste Ermittlung der für die Siedlung erforderlichen Grundfläche sind zu den Flächen der geplanten Siedlerstellen etwa 25% für Straßen- und Wirtschaftswege zuzuschlagen; dabei sind sparsame Aufschließung, eine Größe der einzelnen Siedlerstellen (umfassend Vorgarten, Haus, Hof und Garten) von 150 bis 300 m² und die Errichtung der Einfamilienhäuser in Reihen oder Gruppen vorausgesetzt. Bei größeren Siedlerstellen wird der perzentuelle Zuschlag etwas geringer, bei Einzel- oder Doppelhäusern erhöht er sich wesentlich. Die für etwaige Gemeinschaften (Spielplätze, Genossenschaftshaus u. dgl.) erforderlichen Grundflächen sind besonders zu ermitteln.

Lageplan. Die wirtschaftlichste Aufschließung ergibt einen Lageplan mit möglichst kurzen Straßen und beiderseitiger Verbauung in Reihen oder Gruppen. Auf ein Siedlerhaus entfallen dann bei obigen Parzellengrößen und einer verbauten Fläche von etwa 40 m² per Haus rund 5 bis 6 m Straßenlänge. Bei kurzen Gruppen und besonders bei Doppel- und Einzelhäusern tritt nicht nur eine namhafte Verteuerung der Baukosten durch die Mehrkosten der Eckhäuser ein (siehe unten), sondern es erhöhen sich auch die Kosten der Aufschließung ganz wesentlich durch die Verlängerung der erforderlichen Straßen. (Bei Doppelhäusern gegenüber langen Gruppen um etwa 20%.)

Bei der Linienführung der Straßen ist die rein westöstliche Richtung zur Vermeidung reiner Nordfronten der Häuser nach Möglichkeit einzuschränken. Kurze Wohnstraßen können mit etwa 3 m Fahrbahnbreite und beiderseitigen Gehwegen von 1 m Breite (oder auf der einen Seite 1,5 m Gehweg, auf der anderen Seite 0,5 m Schutzstreifen), zusammen also mit einer Breite von 5,0 m zwischen den Vorgartenabfriedungen ausgeführt werden; längere Wohnstraßen sollen zweispurig mit mindestens 5,0 m Fahrbahnbreite und beiderseitigem Gehweg von 1,5 m Breite, zusammen mit 8 m Breite angelegt werden. Der Hausabstand soll in allen Fällen wenigstens 12 bis 14 m betragen. Sackgassen haben einen Wendeplatz von 8 m Durchmesser zu erhalten. Sehr vorteilhaft kann die Anordnung großer Baublöcke mit Randverbauung der umschließenden Straßen und Erschließung der verbleibenden Kernflächen der Baublöcke durch Wohnhöfe sein. Wirtschaftswege haben eine Breite von 2,0 m zu erhalten. Bei ganz kleinen Siedlerstellen (etwa bis 150 m²) oder bei Anordnung von Einzel- oder Doppelhäusern können die Wirtschaftswege entfallen.

Grundrißeinteilung. Für die Haustypen der Siedlerhäuser (Familienhäuser) lassen sich naturgemäß keine bestimmte Regeln aufstellen. Als zweckmäßig, wirtschaftlich und auch für größere Familien ausreichend haben sich zweigeschossige Siedlerhäuser von etwa 40 m² verbauter Fläche erwiesen, die im Erdgeschoß einen Vorraum, eine Wohnküche und eine Spüle oder einen Vorraum, ein Wohnzimmer und eine Küche nebst kleiner Waschküche oder Bad, im Obergeschoß ein Schlafzimmer und eine bis zwei kleine Schlafkammern enthalten.

Bauausführung und Bauerleichterungen. Die möglichst billige Bauausführung der Siedlerhäuser setzt eine Reihe von Bauerleichterungen voraus, die zum Teil für Wien mit Verordnung der Landesregierung vom 6. Mai 1930 generell zugestanden wurden. Die wichtigsten dieser Bauerleichterungen sind: eine Lichthöhe der Räume von 2,30 m, Kellerlichthöhe 1,90 m; Verwendung von Hohlmauern an Stelle von Massivwänden, Ausführung der Kellermauern in gleicher Stärke wie die Erdgeschoßmauern (wenn statisch zulässig!); Anordnung von hölzernen Tramdecken mit versenkter Sturzschalung und Rohrputz oder von offenen hölzernen Decken ohne Beschüttung (im letzteren Falle muß der obere Stock mit einem ausreichenden Wärmeschutz sicherstellenden Belag versehen sein und muß die Deckenuntersicht in Küchen, Kochnischen, Wasch- und Spülküchen, Baderäumen und Aborten mit einem Rohrputz versehen werden); Verwendung der Träme des oberen Stockwerkes als Bundtramlage des Daches (bei Sicherung der Verbindungsstellen mit dem Dachgehölz gegen Flammenangriff); Einbau der Weichholzstiegen ohne Rohrputz der Unterseite mit steilem Steigungsverhältnis (gewöhnlich 20 cm Stufenhöhe und 24 cm Stufenbreite); Verwendung von Torfstreuklosetten und Kompostierung der Fäkalien in Düngergruben (an Stelle der Anordnung von Senkgruben), wenn die dauernde Verwertung der Abfallstoffe für die Düngung der Gärten gegeben ist (intensive Bewirtschaftung und Gartengröße von mindestens 400 m^2). Bei Genossenschaftssiedlungen, deren Häuser im Eigentum der Genossenschaft verbleiben, werden überdies die Trennungswände der Siedlerhäuser halbsteinstark als Wohnungstrennungswände ausgeführt, wobei die Dachschalung oder Lattung an der Trennungswand unterbrochen und die Dacheindeckung in Mörtel gelegt wird.

Als Hohlmauern empfehlen sich besonders Ziegelhohlmauern, bestehend aus zwei je 12 cm starken, aus liegenden Scharen gebildeten Wänden, die in jeder vierten Schar durch 1 m voneinander entfernte, schachbrettartig verteilte Ankersteine verbunden sind. Solche Wände sind Wänden aus Betonhohlsteinen und ausgefachten oder verkleideten Fachwerkswänden wirtschaftlich ebenbürtig, hinsichtlich Dauerhaftigkeit und Schutz gegen Kälte und Schlagregen jedoch weit überlegen. Zur Druckverteilung des Deckengewichtes auf die Hohlmauern ordnet man am besten unter der Tramlage einen Gürtel aus Vollmauerwerk in der Höhe von vier Ziegelscharen an, der mit zwei Rundeisen von 7 bis 10 mm Durchmesser bewehrt wird. Eisenbetonroste sind weniger zweckmäßig und bedürfen einer Verkleidung (Wärmeisolierung, Verhütung von Schwitzwasser).

Siedlungszonen. Für das Wiener Stadtgebiet wurden mit Gemeinderatsbeschluß vom 4. Mai 1921, Pr. Z. 4980, für bestimmte abgegrenzte Siedlungsgebiete besondere Verbauungsbestimmungen beschlossen, die im wesentlichen folgendes beinhalten: Gewerbliche Betriebe und Anlagen werden in den Siedlungsgebieten nur fallweise zugelassen, wenn sie den Interessen der Siedlung oder der Siedler dienen und wenn damit keine Belästigungen durch Rauch, Ruß, Staub, Lärm oder widrige Gerüche sowie keine Verunreinigung der Abwässer verbunden sind. In den Siedlungsgebieten sollen hauptsächlich Einfamilienhäuser errichtet werden; Mehrfamilienhäuser können zugelassen werden, wenn an jeder Stiege und in jedem Geschoß nicht mehr als zwei Wohnungen liegen. Die Häuser können ebenerdig mit ausgebauten Dachgeschossen oder einstockhoch erbaut werden. Die Wohnungen sollen in der Regel nicht mehr als 65 m² Wohnfläche (das sind die Wohn- und Schlafräume und die Wohnküchen nach Abzug der Kochnische) und nicht mehr als 55 m² sonstige Nutzfläche aufweisen. Die verbaute Fläche darf bei Einfamilienhäusern und bei Zweifamilienhäusern mit zwei Wohngeschossen nicht mehr als 120 m², bei ebenerdigen Zweifamilienhäusern und bei Drei- und Vierfamilienhäusern nicht mehr als 240 m² betragen. Bei Mehrfamilienhäusern sind überdies ebenerdige Anbauten für Wirtschaftszwecke bis zu 30 m² verbauter Fläche für jede Wohnung zulässig. Die Größe der Parzellen hat in der Regel bei Einfamilienhäusern 400 m², bei Mehrfamilienhäusern 400 m² für jede Wohnung zu betragen, wobei Vorgärten von weniger als 4 m Breite und weniger als 30 m² Fläche außer Betracht bleiben können.

Baukosten. Die Baukosten eines einstöckigen Siedlerhauses von etwa 40 m² verbauter Fläche, etwa ein Drittel unterkellert, Hauptmauern aus Ziegelhohlmauerwerk, Decken mit Rohrputz und Beschüttung auf versenkter Sturzschalung, weichen Fußböden, Strangfalzziegeldach, Installation der Wasser- und Gasleitung, des Abortes und des elektrischen Lichtes samt Herstellung der Anschlüsse betragen bei einem Reihenhaus (Mittelhaus) und bei Zugrundelegung der obenangeführten Raumeinteilung und aller Bauerleichterungen je nach Lage etwa *S 320* bis *370* per Quadratmeter. Eckhäuser sind um etwa 10% teurer. Zur ersten Orientierung über die gesamten Kosten einer genossenschaftlichen Siedlungsanlage mit obigen Haustypen mit sparsamer Aufschließung mögen die folgenden Zahlen dienen, wobei vorausgesetzt ist, daß die erforderlichen Leitungen an der Grenze der Siedlung vorhanden sind, also keine Zuleitungen notwendig werden: Für die Verteilung des Trinkwassers rund 1,5 bis 2%, für die des Leuchtgases rund 1,5 bis 2,0%, für die Stromverteilung (Freileitungen und Transformator) rund 1,0 bis 1,5%, für die Herstellung der Wohnstraßen (ein- oder zweispurige Makadamstraße oder Betonstraße und berieselte Gehwege) rund 4,0 bis 5,0%, für die Entwässerung und die Fäkalienableitung bei Senkgruben und Sickergruben samt Leitungen rund 4,0 bis 5,0%, bei Kanalisierung rund 6,0 bis 7,0% der Baukosten der Siedlungshäuser.

Größenangaben für Nebengebäude und landwirtschaftliche Anlagen

1. Gewächshäuser (Glashäuser). Ihre Hauptfront ist womöglich gegen Südost zu legen. Die erforderliche Temperatur für

kalte Häuser oder Konservatorien beträgt	1	bis	6° C
laue „ „ Tepidarien „	6	„	12° „
warme „ „ Kalidarien „	10	„	18° „

Die Vorderwand mache man 0,95 bis 1,25 m hoch und setze sie auf ein mindestens 0,3 m über die Erde ragendes Fundament. Die Stellagen werden in der Mitte, von der Vorderfront zirka 1,2 bis 2 m entfernt, aufgestellt, so daß der Vordergang 0,6 bis 1 m breit wird. Fensterregale werden 0,5 bis 0,6 m breit gemacht. Lohbeete mache man 1 bis 1,25 m tief, an der Hinterwand 0,15 bis 0,2 m höher.

2. Wagenschuppen erhalten ihre Größe nach den zu unterbringenden Wagen und Gerätschaften; nachstehend sind einige maßgebende Abmessungen angegeben:

1 Kutsche 1,6 bis 1,9 m breit, 2,8 m hoch, ohne Deichsel 3 bis 4 m lang, mit Deichsel 6,3 m lang;

1 Erntewagen 1,6 bis 2,2 m breit, ohne Deichsel 3 bis 5 m, mit Deichsel 6 bis 7,7 m lang;
1 Ackerwagen 2,5 bis 3,2 m breit, 6,5 m lang;
1 Schlitten 1,9 bis 2,5 m lang, 1 bis 1,25 m breit;
1 Feuerspritze 1,6 m breit, ohne Deichsel 3 m, mit Deichsel 5,4 m lang;
1 Pflug 2,2 bis 3,2 m lang, 0,95 bis 1,6 m breit;
1 Egge 1,25 bis 1,9 m lang, 1,25 bis 1,4 m breit.

Die Tore sollen wenigstens 2,5 m breit, für Fracht- und Ackerwagen 4,4 m breit und 3,5 m hoch sein.

3. Heuschuppen erfordern für je 100 kg Heu 1,5 m³ Lagerraum.

4. Holzschuppen. Holz wird etwa 3,0 m hoch geschlichtet. Für Zerkleinern des Holzes werden 5 bis 10 m² Grundfläche benötigt.

5. Pferdeställe. Die Hauptfront derselben wird am besten gegen Norden oder Osten gestellt; der Standraum ohne Krippe ist:

für 1 gewöhnliches Ackerpferd 2,2 bis 2,5 m lang, 1,25 m breit;
„ 1 starkes Ackerpferd, Kutschen- oder Wagenpferd 2,5 bis 2,8 m lang, einschließlich Streichbaum 1,4 bis 1,5 m breit;
„ 1 solches Pferd im Kastenstande 2,5 bis 2,8 m lang, 1,9 m breit;
„ 1 sehr schweres Pferd 3,1 m lang, 1,75 m breit;
„ 1 „ „ „ im Kastenstande 3,1 m lang, 1,9 bis 2,2 m breit;
„ 1 Hengst „ „ 3,1 m lang, 2,2 bis 2,5 m breit;
„ 1 Mutterstute mit Fohlen 3,8 m lang, 3,8 bis 5,1 m breit;
„ 1 Fohlen in eigenen Ställen 4 m².

Gangbreite: in gewöhnlichen Ställen 1,25 bis 3 m, in Marställen bei einer Reihe Pferde 1,6 bis 2,2 m, bei zwei Reihen 2,5 bis 4 m.

Luftzüge bringe man in den Umfangsmauern in Entfernungen von 2 bis 3 m an; dieselben sind 0,05 m im Quadrat mit 0,2 bis 0,3 m Steigung anzulegen.

Stallhöhe:	für eine geringe Anzahl Pferde	3,0 bis 3,5 m
	„ 10 bis 30 Pferde	3,5 „ 4,0 „
	„ Kavallerieställe, Gestüte	4,0 „ 6,0 „

Türen:	einflügelige	1,1	bis 1,25	m breit,	2,2	bis 2,5	m hoch
	zweiflügelige	1,25	„ 1,6	„ „	2,2	„ 2,5	„ „
	zum Hineinreiten	2	„ 2,5	„ „	2,7	„ 3,15	„ „
	„ Hineinfahren	2,75	„ 3	„ „	3	„ 3,5	„ „

Fenster: 1,25 bis 1,6 m breit, 0,8 bis 1 m hoch; Fensterparapethöhe 2 bis 2,5 m.

Streichbäume: 1 m über dem Fußboden.

Die Oberkante der Krippen (Futtermuscheln, Futtertische) soll in Ställen für kleine Pferde 0,95 bis 1,1 m, für große und Luxuspferde 1,2 bis 1,5 m über dem Fußboden liegen.

Raufen werden 0,3 bis 0,4 m hoch über den Krippen angebracht.

Die Futterkammer erfordert für jedes Pferd etwa 0,5 m² Grundfläche.

6. Rindviehställe. Die Lage der Hauptfront ist am besten gegen Norden oder Westen.

Standraum ohne Krippe:

für	1 Ochsen	2,2	bis 2,5 m	lang,	1,25	bis	1,4 m	breit
„	1 große Kuh	2,0	„ 2,3 „	„	1,25	„	1,4 „	„
„	1 kleinere „	2,0	„ 2,2 „	„	1,0	„	1,2 „	„
„	1 Jungvieh		1,9 „	„	0,9	„	1,0 „	„

„ 1 Kalb in eigenen Ställen 1,4 bis 1,6 m².

Gangbreite: für Gänge hinter dem Vieh 1,25 bis 2 m, für Futtergänge mit doppelten Krippen und Schwellen 1,9 bis 2,2 m, mit einfacher Krippe und Schwelle 1,25 bis 1,5 m.

Stalltiefe bei Langstellung in 2 Reihen mit mittlerem Futtergang und 2 Düngergängen 7,2 bis 9 m, bei Querstellung für 12 Stück 13 bis 17 m.

Stallhöhe bei geringerer Anzahl 2,8 bis 3,1 m, für 12 bis 30 Stück 3,1 bis 3,8 m, für 100 Stück 4 bis 5 m.

Krippen 0,8 m hoch über dem Fußboden, Breite derselben, wenn aus Stein, 0,4 bis 0,5 m, aus Holz 0,45 bis 0,5 m; Tiefe 0,23 bis 0,31 m.

Fensterparapethöhe 1,6 bis 2 m; auf 1 m² Stallgrundfläche nehme man $^1/_{20}$ m² Fensteröffnung.

Futterboden. Raumbedarf für eine Kuh 14 m³.

Futterkammer, per Stück Vieh 0,4 bis 0,6 m² Grundfläche.

7. Schafställe. Lage derselben am besten gegen Süden. Raumbedarf für je 1 Schaf bei kleineren Herden 0,7 m², bei größeren Herden 0,6 m², für Mutterschafe 0,7 bis 0,8 m², für 1 Widder in besonderer Sprungkammer 1 bis 1,8 m².

Stalltiefe 9,5 bis 12,5 m; bei Raufenstallungen benötigt 1 Schaf 1 m Länge und 0,4 m Breite; die Doppelraufen werden in Entfernungen von 2,8 m von Mitte zu Mitte und 1,9 m von der Hauptfront entfernt gestellt.

Der Fußboden ist 0,15 bis 0,3 m über das natürliche Gelände zu legen.

Tore 3 m breit, mindestens 3 m hoch, an jeder freien Seite eines; Eingangstüren: für je 15 bis 18 m Stallänge 1 Tür.

Die Mauern sind im Innern bis auf 1,25 m Höhe glatt zu verputzen. — Futterbodenraum für 1 Schaf 0,5 m³.

8. Schweineställe. Lage am besten nach Süden.

Raumbedarf, und zwar:

für Ferkel	per Stück	0,5	bis	0,6 m²	Grundfläche
„ kleine Jungschweine	„ „			0,8 „	„
„ große „	„ „			1,0 „	„
„ Mastschweine	„ „	1,2	„	2,0 „	„
„ Zuchtsäue	„ „	3,5	„	4,0 „	„
„ Eber	„ „	3,0	„	5,5 „	„

Stallhöhe 2,5 m.

Fußboden aus hochkantigen Klinkern oder 0,08 m starken, hohlliegenden Pfosten. — Futterraum die Hälfte des Stallraumes.

9. Getreidescheuern. Lage derselben am besten gegen Osten oder Westen.

Den notwendigen Rauminhalt derselben bestimmt man nach dem Ertrage, der bei mittelgutem Boden folgendermaßen anzunehmen ist:

Wintergetreide, Weizen oder Korn, für je 1 ha 500 bis 700 Garben; 100 Garben = 12,4 m³.

Sommergetreide, und zwar Gerste, für je 1 ha 800 Garben, 100 Garben = 10,8 m³.

Hafer, für je 1 ha 360 Garben, 100 Garben = 10,8 m³.

Hülsenfrüchte, für je 1 ha 50 m³.

Wiesenklee, für je 1 ha 75 m³. Wiesenheu ebenso.

Scheuertiefe 11 bis 14 m. Scheuerhöhe 4,5 bis 7 m. Scheuerlänge höchstens 63 m; es sollen höchstens drei Quertennen angebracht werden.

Tennenbreite bei einfacher Bahn 3,15 bis 3,8 m, bei doppelter 4,4 bis 5 m.

Bansen zwischen zwei Tennen 13 bis 15 m breit, zwischen Tenne und Abschlußmauer 9 bis 11,5 m breit.

Tennwände 1,1 bis 1,6 m hoch. Tennhöhe mindestens 0,4 m über dem natürlichen Gelände.

Lehmschlagtennen mache man 0,3 m, hölzerne Tennen mindestens 0,08 m stark.

10. Tabakscheuern verlangen für 5000 kg Tabak, welcher auf Schnüre gezogen und zum Trocknen aufgehängt wird, einen Raum von 19 m Länge, 9,4 m Breite und 6,3 m Höhe.

11. Schüttböden. Lage derselben am besten gegen Osten oder Westen. Die Größe wird ebenfalls nach dem Ertrag bestimmt; Aussaat und Ertrag stehen in folgendem Verhältnisse:

Erforderliche Aussaat für je 1 ha		Ertrag
bei Weizen oder Roggen	2,2 hl	6- bis 8fache Aussaat
Gerste	2,7 „	
Hafer	2,7 „	
Erbsen oder Bohnen	2,2 „	8- bis 10 „ „
Wicken oder Linsen	1,6 „	
Buchweizen	1,1 „	20 „ „
Raps	1,1 „	24 „ „
Leinsamen	0,3 „	24 „ „
Kartoffeln	19,4 „	12- bis 15 „ „

Die Schütthöhe beträgt für altes Getreide 0,65 m, für neues 0,4 bis 0,5 m, für Hafer 1 m, woraus man den Fassungsraum für Schüttböden leicht bestimmen kann.

So viele Dezimeter die Schüttung hoch ist, so viele Hektoliter liegen auf 1 m² Grundfläche; Gänge und Umschaufelplätze erfordern einen 25%igen Zuschlag zu der derart berechneten Grundfläche.

Geschoßhöhe 2,2 bis 2,5 m vollkommen hinreichend, Fensterparapethöhe am besten 0,65 m.

Die Tiefe des Schüttbodens ist am vorteilhaftesten zwischen 9,5 und 13 m anzuordnen.

Der Fußboden des untersten Geschosses soll mindestens 0,5 m über dem Terrain liegen.

12. Wirtschaftshöfe. Dieselben werden am besten so angelegt, daß man im Norden die Viehställe, im Osten die Scheuern, im Süden die Wagenschuppen, Mastviehställe und sonstige Nebengebäude und im Westen die Wohngebäude anordnet.

Größenangaben für sparsamen Wohnhausbau

Vorschläge des d.-ö. Arbeitsausschusses für Vereinheitlichung im Hochbau

(Veröffentlicht in „Der Architekt“, XXII. Jahrgang, 9. Heft)

Vorschläge für	Bezeichnung		I. Kleinhaus Landhaus	II. Kleinwohnungshaus in ländl. Umgebung	II. Kleinwohnungshaus in städt. Umgebung	III. städt. Zinshaus	Anmerkung
Mindest-Raumgrößen	Schlafzimmer m^2		16,0	19,75	19,50	21,0	Die Begriffsbestimmungen für Kleinhaus und Kleinwohnungshaus sind in der Bauordnung für Wien festgelegt Die unter II und III angegebenen Geschoßhöhen sind auch nach der Bauordnung zulässig; hingegen sind die unter I angegebenen Höhen etwas unter dem nach der niederösterreichischen Bauordnung zulässigen Maß, das nach § 103 für Wohnräume mindestens 2,50 m und nach § 101 für Dachbodenzimmer 2,25 m beträgt
	Wohnküche oder Wohnstube m^2		12,0	14,0	15,0	16,0	
	Kochküche m^2		8,0	9,0	9,5	10,0	
	Schlafzimmer für 3 Betten m^2		11,5	13,0	14,0	15,0	
	Schlafkammer für 2 Betten m^2		8,0	9,0	9,5	10,0	
	Schlafkammer für 1 Bett m^2		5,0	—	—	—	
Zimmertiefe m			4,0—4,5 (3,0–3,5)[1]	4,5	5,0	5,0—5,5	
Verhältnis der Fensterfläche zur Raumfläche	Wohngeschosse		$^{1}/_{12}$	$^{2}/_{10}$	$^{1}/_{8}$	$^{1}/_{8}$—$^{1}/_{6}$	
	Dachgeschoß		$^{1}/_{14}$	$^{1}/_{12}$	$^{1}/_{10}$	$^{1}/_{10}$	
lichte Geschoßhöhen	Wohngeschoß m		2,40	2,60	2,80	3,0	
	Dachgeschoß m		2,20	2,40	2,60	2,80	
	Kellergeschoß m		1,90	2,20	2,20	2,40	
Stiegen	Wohngeschoß	Breite m	0,85	1,0—1,10	1,20	1,20	
		Steigungsverhältnis	$^{18,5}/_{26}$	$^{17}/_{28}$	$^{16,5}/_{29}$	$^{16}/_{30}$	
	Dachgeschoß	Breite m	0,65	0,90	1,00	1,00	
		Steigungsverhältnis	$^{22}/_{18}$	$^{20}/_{25}$	$^{20}/_{25}$	$^{20}/_{25}$	
	Kellergeschoß	Breite m	0,75	0,90	1,00	1,00	
		Steigungsverhältnis	$^{20}/_{25}$	$^{20}/_{25}$	$^{20}/_{25}$	$^{20}/_{25}$	

[1]) Für Kammern und Küchen.

Holzkonservierung[1])

Von Ing. Robert Nowotny, Wien

Holzschutz gegen Fäulnis und tierische Holzzerstörer

Holzfäule wird durch den Angriff verschiedener holzzerstörender Pilze (Hausschwamm, Kellerschwamm usw.) verursacht. Weitgehende Zerstörungen des Holzes können auch durch verschiedene Tiere (Bockkäfer, Holzwespen, Ameisen, Termiten, Bohrmuscheln) hervorgerufen werden. Derartige Zerstörungen des Holzes lassen sich durch Anwendung stark antiseptischer Stoffe, die als Pilz- und Tiergifte wirken, hintanhalten. Werden solche Mittel dem Holze in flüssiger Form einverleibt, so bezeichnet man diese Art des Holzschutzes als Imprägnierung.

I. Konservierung des Holzes durch Imprägnierung

Die antiseptisch wirkenden Imprägniermittel lassen sich in zwei Hauptgruppen einteilen; a) in ölige Mittel: hierher gehört vor allem das Steinkohlenteeröl (Kreosotöl), Karbolineum, Braunkohlenteeröl, Roherdöl, versetzt mit stark pilzwidrigen Stoffen; b) in wasserlösliche Stoffe: Kupfervitriol, Chlorzink, Quecksilberchlorid (Ätzsublimat), Fluornatrium, Gemische des letzteren mit organischen Pilzgiften, wie nitrierten Phenolen (z. B. Dinitrophenol, Dinitrokresol). Der älteste Vertreter dieser Gruppe ist das Basilit (Bellit); ähnliche Gemische sind Malenit, Fluoran, Triolith, Fluoxith. Kieselfluoridhaltige Mittel sind: Murolineum, Kronol. Andere antiseptisch wirkende Stoffe: Antipolypin, Raco, Dinitrophenolnatrium, Dinitro-ortho-Kresolnatrium, Mykantin. Aczol und Viczsal sind ammoniakalische Lösungen von Kupfer- und Zinksalzen, letzteres mit Zusatz von Phenolen. Gegen tierische Holzfeinde werden arsenhaltige Mittel verwendet (Tanalith, metarsenigsaures Natrium).

Imprägnierverfahren

Kesseltränkung. Einpressen der öligen oder wässerigen Imprägnierlösung in die völlig lufttrockenen Hölzer, die in große eiserne Kessel eingeführt werden, unter Verwendung von Vakuum und Überdruck. Statt der früher verwendeten Volltränkung mit Kreosotöl wird neuerer Zeit das Sparverfahren von Rüping für Teeröl mit einer Aufnahme von 50 bis 60 kg Öl per m³ Holz benützt. Das Splintholz der Kiefer läßt sich hierbei leicht durchtränken, Fichte ist schwieriger zu imprägnieren. Bei Buchenschwellen wird das Doppel-Rüping-Verfahren angewendet. Zur Kesseltränkung eignen sich auch wasserlösliche Mittel wie Chlorzink, Fluornatrium, Basilit und ähnliche Gemische. Bei Fichten und Buchen wird manchmal auch die Doppeltränkung angewendet: Volltränkung mit einem wässerigen Imprägnierstoff und Nachdrücken von Teeröl oder umgekehrt.

Trogtränkung (Einlaugen, Einlagerung, Einlegverfahren). Lufttrockene Hölzer werden in großen Holztrögen oder Betonbassins mehrere Tage lang in wässerige Imprägnierlösungen eingelegt. Beim Verfahren von Kyan benützt man $^2/_3$%ige Sublimatlösung als Tränkflüssigkeit (Kyanisieren). Kiefernhölzer bleiben 7 bis 8 Tage, Fichten und Tannen 10 Tage in der Flüssigkeit. Zum Tränken kann man auch Lösungen von Fluornatrium (3,5%), Chlorzink (5%), Basilit (Malenit usw.) (4%) benützen. Bei der verbesserten Kyanisierung wird ein Gemisch von Sublimat ($^2/_3$%) und Fluornatrium (1%) angewendet. Tieferes Eindringen der Sublimatlösung wird durch vorheriges Dämpfen und Erhitzen der Hölzer bei der Diakyanisation und dem Tiefkyanverfahren erreicht.

[1]) Siehe auch: Holzschutzmittel, S. 481.

Saftverdrängungsverfahren (Verfahren von Dr. Boucherie). In frisch geschlagenen, nicht entrindeten Stämmen von Nadelhölzern wird der Pflanzensaft mittels hydrostatischen Druckes durch eine Lösung von Kupfervitriol (0,8 bis 1,5%) verdrängt. Das Verfahren eignet sich vornehmlich für Leitungsmaste und war vor Jahrzehnten außerordentlich verbreitet. Das Fußende kann durch Teerölimprägnierung besser geschützt werden. Statt Kupfervitriol lassen sich auch andere wasserlösliche Stoffe (Fluornatrium, Chlorzink, Basilit) einpressen.

Bei dem amerikanischen **Tankverfahren** wird nur der im Boden stehende Teil von Holzmasten imprägniert, indem man das Fußende derselben in heißes Teeröl stellt und darin erkalten läßt (einfaches Tankverfahren); bessere Stoffaufnahmen werden mit dem Doppeltankverfahren erzielt, wobei die Stangen aus dem heißen Öl in ein zweites Gefäß mit kaltem Teeröl gebracht werden.

Die **Eintauchverfahren** ergeben eine mehr oberflächliche Tränkung. Man taucht die Hölzer auf kurze Zeit (10 Minuten bis 1 Stunde) in heißes Teeröl (Kruskopfverfahren).

Um die Fichte tiefer und gleichmäßiger zu imprägnieren, bringt man mit Hilfe besonderer **Anstechmaschinen** (von Haltenberger-Berdenich, Wolmann, Rüping, A. Becker, Breslau), in der gefährdeten Grenzzone von Holzmasten eine größere Zahl von 20 bis 25 mm tiefen Löchern, Bohrungen oder Einschnitten an, von wo aus sich die Imprägnierflüssigkeit bei der Kesseltränkung leichter verbreiten kann.

Bei der **Cobraimprägnierung** wird eine breiige, stark antiseptische Paste mittels einer kräftigen Hohlnadel in 3 bis 8 cm tiefe Anstichlöcher im Holze der Grenzzone von Holzmasten eingeführt. Die wasserlöslichen Bestandteile der Paste lösen sich im feuchten Holze und diffundieren im Laufe der Zeit in die äußeren Holzschichten. Der obere Teil des Mastes wird durch teilweise Stichimprägnierung und antiseptische Anstriche ebenfalls geschützt. Die Cobraimprägnierung kann auch zur Nachimprägnierung stehender, teilweise schon angefaulter Maste angewendet werden. Sie ermöglicht auch eine Kernimprägnierung.

II. Andere Konservierungsverfahren

Anstriche. Durch mehrmaliges Anstreichen mit stark antiseptisch wirkenden Stoffen lassen sich Bauhölzer gegen Verfall schützen, falls nicht die Auslaugung zu befürchten ist. Der Auftrag des Anstriches erfolgt von Hand aus mit Pinseln oder Bürsten oder mit besonderen Sprühvorrichtungen. Im Freien stehende Hölzer werden mit Teeröl oder Karbolineum mindestens zweimal gestrichen, wodurch die Lebensdauer bei Masten, Stangen und Pfählen um 1 bis 3 Jahre verlängert wird. Das früher oft angewandte Ankohlen von Pfählen und Stangen trägt zur Erhöhung der Dauerhaftigkeit der Hölzer nur wenig bei, oft wirkt es sogar schädlich. Auch durch das Auslaugen (Flößen oder Einlagern der Hölzer in Wasser) wird keine nennenswerte Erhöhung ihrer Widerstandfähigkeit erzielt. Trocknung: Bauholz, im Innern von Gebäuden verwendet, muß gut ausgetrocknet sein.

Die wichtigeren Verwendungsgebiete des konservierten Holzes

Hochbauhölzer. Um die Entwicklung des Hausschwammes und anderer holzzerstörender Pilze möglichst hintanzuhalten, soll nur trockenes, nicht durch Pilzkeime infiziertes Holz eingebaut werden; die Bodenschüttung soll pilzfrei sein. Dauernder Schutz gegen Pilzangriffe kann nur durch Konservierung mit pilzwidrigen Stoffen erreicht werden. Wichtige Bauhölzer sind durch Kessel- oder Trogtränkung zu schützen. Teeröl, Karbolineum, Ätzsublimat, Chlorzink sind für Bauholz in bewohnten Räumen nicht geeignet. Fluornatrium und Gemische desselben mit organischen antiseptischen Stoffen sind gut verwendbar. Es empfiehlt sich, die fertig bearbeiteten Hölzer zu imprägnieren. Für feuchte Teile von Trämen kann man nach Prof. Dr. Falck die Bohrlochimpfung anwenden, wobei blind endigende Bohrungen von 2 cm Durchmesser in 30 bis 40 cm Entfernung hergestellt und mit wasserlöslichen Imprägnierungsmitteln gefüllt werden. Auch die Cobraimprägnierung kann hierfür Verwendung finden. Schwächeren Schutz erreicht man durch mehrmaligen Anstrich mit wirksamen, wasserlöslichen Holzschutzmitteln; hierzu eignen sich die im Abschnitte über Imprägniermittel angegebenen Stoffe von Basilit bis Mykantin. Türen, Fensterrahmen u. dgl. werden im ausgetrockneten Zustande mit Ölfarben und Firnissen geschützt.

Brückenbauhölzer. Zur Konservierung der Konstruktionsteile kleinerer Holzbrücken, von Gehsteigen, Fahrbahnen, Brückenrampen ist vor allem die ölige Imprägnierung geeignet. Derartig gut imprägnierte Hölzer haben eine Liegedauer von 20 bis 25 Jahren bei Nadelhölzern, 30 bis 35 Jahren bei Eichen.

Wasserbauhölzer. Solche Hölzer werden durch tierische Holzfeinde zerstört (Teredo, Limnoria). Wasserlösliche Mittel versagen hier wegen der raschen Auslaugung; guten Schutz gewährt nur tiefgehende Teerölimprägnierung im Kesseldruckverfahren. Man wendet das Rüpingverfahren mit einer Zufuhr von 60 bis 70 kg Öl per m^3 an. Durch bloßes Anstreichen mit Teeröl oder Karbolineum wird die Lebensdauer solcher Hölzer nur um 1 bis 2 Jahre verlängert.

Holzstöckelpflaster. Die besten Erfolge erzielt man hier durch Teerölimprägnierung. Weichholzpflaster muß immer imprägniert werden, bei Stöckeln aus Hartholz verzichtet man manchmal darauf. Wo das Pflaster vor Auslaugung durch Wasser geschützt ist, kann man auch wasserlösliche Imprägnierstoffe (Chlorzinklauge) benutzen. Durch bloßes Eintauchen der Stöckel in ein warmes Teerölbad während etwa 20 Minuten wird nur oberflächliche Imprägnierung erzielt. Besser geschützt wird das Holzpflaster durch die Kesseltränkung, wobei eine Aufnahme von 130 bis 200 kg Öl per m^3 erreicht wird. Holzpflaster, das kräftig konserviert wurde, bleibt 12 bis 15 Jahre gebrauchsfähig, während unimprägniertes Weichholzpflaster eine Lebensdauer von nur 3 bis 8 Jahren besitzt. Beachtenswert ist, daß das Schwindmaß der kreosotierten Holzstöckel nur den zehnten Teil von dem der Stöckel aus Rohholz beträgt.

Eisenbahnschwellen. Die Imprägnierung der Schwellen erfolgt zumeist im Kessel; statt der früher verwendeten Volltränkung mit Teeröl (bei Kiefern 250 kg per m^3, bei Fichten 150 kg per m^3) wird jetzt das Sparverfahren von Rüping mit einer Mindestaufnahme von 60 kg per m^3 benutzt, bei Buchenschwellen das Doppel-Rüping-Verfahren mit 145 kg per m^3. Muß an Teeröl gespart werden, so wendet man die Doppeltränkung an, wobei zuerst Volltränkung mit Chlorzinklösung erfolgt und dann mit Kreosotöl nachgedrückt wird, allenfalls wird die umgekehrte Reihenfolge eingehalten. Neuerer Zeit werden Schwellen auch mit Basilit und ähnlichen Mitteln im Kessel durchtränkt. Die mittlere Lebensdauer der Schwellen aus rohen Kiefern beträgt etwa 6 bis 8 Jahre, aus Buchen 2 bis 4, Lärchen 8 bis 10, Eichen 12 bis 15 Jahre. Mit Chlorzink imprägnierte Kiefernschwellen erhalten sich 10 bis 16 Jahre, kyanisierte 16 bis 18,4, mit Teeröl vollgetränkte Kiefern- und Lärchenschwellen 20, Kiefernschwellen nach Rüping getränkt 18, Eichenschwellen 25, Buchenschwellen 30 Jahre. Die Lebensdauer der Schwellen wird durch die starke mechanische Abnutzung begrenzt.

Leitungsmaste, Telegraphenstangen. Die in der Erde stehenden Hölzer werden in einer Zone knapp unterhalb der Erdoberfläche durch Fäulnis am stärksten angegriffen. Imprägnierverfahren: Kesseltränkung mit Teeröl, früher Volltränkung bei Kiefern 250 kg per m^3 Aufnahme, jetzt Rüpingsparverfahren mit 50 bis 60 kg Teeröl für Kiefern. Für Fichte Teerölimprägnierung und Doppeltränkung mit Öl und wasserlöslichen Imprägnierstoffen. Neuerer Zeit benutzt man auch Kesseltränkung mit wasserlöslichen Imprägniermitteln allein; Fluornatrium (6 kg per m^3), Basilit (3 kg per m^3) und ähnliche Mittel. Auch die Kyanisierung in der älteren Ausführung (Aufnahme 0,6 bis 1 kg Sublimat per m^3) und als verbesserte Kyanisierung finden Anwendung. Das Boucherieverfahren ist ebenfalls noch in Verwendung.

Mittlere Lebensdauer von Telegraphenstangen:

Rohe Fichten und Tannen 3 bis 4, Kiefern 4 bis 8, alpine Rotlärche 9, Eiche 6 bis 7 Jahre; Stangen nach Boucherie zubereitet 14,1, kyanisiert 16,5, mit Zinkchlorid im Kessel getränkt 12,2, Kiefern mit Teeröl vollgetränkt 30 bis 35 Jahre, nach Rüping imprägniert vermutlich über 20 Jahre, mit Basilit, geschätzt auf 18 Jahre. Bei kyanisierten Stangen wird die Grenzzone manchmal mit schützenden Packungen (Stangenstockschutz) versehen.

Grubenholz. Unimprägniertes Weichholz geht in warmen und feuchten Gruben sehr rasch, oft schon nach einigen Monaten durch Fäulnis zugrunde. In Strecken, die unter starkem Gebirgsdruck leiden oder bald aufgelassen werden, kann Rohholz eingebaut werden. Mit Teeröl imprägnierte Grubenstempel haben eine hohe Gebrauchsdauer, doch werden derart konservierte Hölzer wegen der anfänglich erhöhten Feuergefährlichkeit, wegen des starken Geruches und der Reizwirkung des Öldampfes auf die Haut der Grubenarbeiter nicht allgemein eingebaut. Auch kyanisierte Hölzer werden nur stellenweise benutzt. Die größte Verbreitung haben wasserlösliche Imprägniermittel, neuerer Zeit namentlich das Fluornatrium und Gemische desselben mit anderen antiseptisch wirkenden, wasserlöslichen Mitteln. Bei Vergleichsversuchen in deutschen Gruben hat sich Basilit am besten bewährt. Bei starkem Pilzangriff, namentlich im warmen ausziehenden Wetterstrom, muß tiefergehende Imprägnierung im Kessel oder länger dauernde Tränkung im Troge benutzt werden. Bei schwächeren Pilzangriffen genügt die Zubereitung durch Eintauchen in antiseptische Flüssigkeiten. Durch kräftige Imprägnierung läßt sich auch unter ungünstigen Verhältnissen die Lebensdauer von Grubenholz bis auf 11 Jahre verlängern.

Kleinere Verwendungsgebiete. Zäune, Pfähle (Weinbergpfähle, Hopfenstangen, Baumpfähle). Gute Erfolge erreicht man durch die tiefer gehende Tränkung mit Metallsalzen (Kupfervitriol, Ätzsublimat, Fluornatrium). Mittlere Lebensdauer 15 Jahre. Anstriche mit Karbolineum verlängern die Standdauer nur um einige Jahre. Zur Konservierung von Holzbestandteilen im Gärtnereibetrieb dienen mit Vorteil schwer auslaugbare Salzlösungen. (Sublimat, Fluornatrium und Gemische des letzteren mit organischen Präparaten.) Feucht bleibende Holzteile von Kühltürmen werden am vorteilhaftesten mit Teeröl imprägniert.

Holzschutz gegen leichte Entflammung

Als Mittel gegen die leichte Entflammung werden stärkere wässerige Lösungen verschiedener Salze benutzt: Wasserglas (10- bis 15%ige Lösung), Ammoniumphosphat, Ammoniumchlorid, Magnesiumsulfat, borsaure Salze (Ammoniumborat),

Natriumwolframat. Der Holzschutz von Gautsch enthält borsaures und schwefelsaures Ammonium, jener von Nickelmann (Hülsberg) Ammonium-Magnesiumsulfat und Borsäure.

Bereits eingebaute Hölzer werden mit Flammschutzmitteln angestrichen, die man möglichst dick aufträgt und öfters erneuert. Zumeist wird Wasserglaslösung mit schwer verbrennlichen Zusätzen benutzt (Schwerspat, Kalk, Alaun, Asbest [Silikatfarbe]). Handelt es sich um besonders kräftigen Schutz für Bühnenausstattungen, Ausstellungshallen, Dachgebälke in Monumentalbauten, Kirchtürme usw., so müssen die bereits bearbeiteten Holzbestandteile durch das Kesseldruckverfahren mit Flammschutzlösungen tiefgehend imprägniert werden.

Neuere Werke über Holzkonservierung

Malenković, B.: Die Holzkonservierung im Hochbau. Wien und Leipzig: A. Hartleben. 1907.
Mahlke-Troschel, E.: Handbuch der Holzkonservierung. 2. Aufl. Berlin: Julius Springer. 1928.
Bub-Bodmar, Dr. Ing. F. und Tilger: Die Konservierung des Holzes in Theorie und Praxis. Berlin: Parey. 1922.

Baulich vorbeugender Feuerschutz

Von Oberbrandrat Ingenieur Rudolf König der Feuerwehr der Stadt Wien

Vor allem ist für das zu Löschzwecken erforderliche Wasser vorzusorgen (Anlage von Wasserleitungen, Feuerteichen, Bachstauungen u. dgl.); ferner muß die Anlage jedes Bauwerkes die Löschtätigkeit und die Rettungsarbeiten der Feuerwehr ermöglichen; das Bauwerk ist daher durch feuerbeständige und feuerhemmende Brandmauern in vertikale und horizontale Brandabschnitte aufzuteilen, die ihrer Größe nach der jeweiligen Angriffskraft der Feuerwehr entsprechen. Im verbauten Wohngebiet müssen Gebäudekomplexe durch Straßen, Plätze, Gärten voneinander geschieden werden, ebenso einzelne Häuser durch Feuermauern, feuerbeständige oder feuerhemmende Dacheindeckungen.

Als feuerbeständig gelten Baustoffe[1]), wenn sie unverbrennlich sind, unter dem Einfluß des Brandes und des Löschwassers ihre Tragfähigkeit und ihr Gefüge nicht wesentlich ändern und den Durchgang des Feuers geraume Zeit verhindern. Als feuerhemmend gelten solche Bauteile, die, ohne sofort in Brand zu geraten, wenigstens eine Viertelstunde dem Feuer erfolgreich Widerstand leisten und den Durchgang des Feuers verhindern.

Je nach den in einem Gebäude untergebrachten brennbaren Stoffen und deren Brandintensität wird festzustellen sein, welche Bauteile aus feuerbeständigen bzw. feuerhemmenden Stoffen ausgeführt werden müssen. Die bei einem Brande vorkommenden Temperaturen liegen bei etwa 1200^0 C. Die Wärmeübertragung auf die Baustoffe erfolgt teils durch Strahlung, teils durch die erhitzten Brandgase. Stahlkonstruktionen, obwohl unbrennbar, verlieren bei 500^0 C ihre halbe, bei 600^0 C schon drei Viertel ihrer Tragfähigkeit. Nicht zu übersehen ist die Ausdehnung von Baustoffen im Feuer, durch welche Gefügelockerungen entstehen, die die Standsicherheit von Bauteilen gefährden können.

Wärmeleitfähigkeit: Schlecht wärmeleitende Stoffe werden je nach ihrer Stärke den Wärmedurchgang verschieden lange Zeit verhindern, so daß im Innern meist tiefere Temperaturen bestehen bleiben. Die so entstehenden Temperaturunterschiede wecken innere Spannungen, als deren Folge Sprünge und Risse auftreten, die einerseits die Tragfähigkeit herabmindern, bei Verkleidungen aber den Durchgang erhitzter Verbrennungsgase begünstigen und die ummantelten Konstruktionen zerstören

[1]) Siehe auch: Verordnung der Landesregierung vom 6. Mai 1930 über die Anforderungen an feuerbeständige und feuerhemmende Baustoffe. (Landesgesetzbl. f. Wien, 16. Stück, vom 14. Mai 1930.)

können. Den geringsten Widerstand leisten dem Feuer die brennbaren Stoffe, wie z. B. Holz, Dachpappe, Torf, Sägemehl usw. Das Holz entzündet sich in der Regel bei 300° C, vielfach bei weit niedrigeren Temperaturen; im Brande verliert es nur langsam — im Gegensatz zum Stahl — seine Tragfähigkeit. Am leichtesten entzündbar sind Nadelhölzer, dann folgen Laubhölzer; am schwersten entzündbar sind die Tropenharthölzer (Eisenholz, Teakholz, Eukalyptus, Jarra). Kalkstein verhält sich im Feuer — im Gegensatz zu Granit, der leicht springt — ziemlich gut. Als feuerbeständig sind auch Tonschiefer und natürliche Sandsteine zu bezeichnen. Ziegel, poröse Ziegelsteine, Schwemmsteine, Kunstsandsteine, Beton sind je nach ihrer Stärke als mehr oder weniger feuerbeständig anzusehen. Zementbeton verhält sich dem Feuer gegenüber weitaus günstiger als natürliche Steine; Quarz-, Sandstein-Granitbetonmischungen unterliegen der Spaltung und Bröselung. Nicht zur Spaltung neigen Betonmischungen mit Schlacke und Kalkstein, Bimsbeton und Gasbeton. Beschädigte Bauwerke können durch das Betonspritzverfahren (Torkretieren) leicht und gut wieder instand gesetzt werden.

Eisenbeton aus geeigneten Zuschlagstoffen besitzt, wenn das Eisen mindestens 2,5 bis 5,0 cm überdeckt ist, außerordentlich hohe Feuersicherheit.

Die Dachhaut soll aus unbrennbarem Material hergestellt werden; geeignet sind Ziegel- und Schieferdächer, Dächer mit Eternit- oder Betonplatteneindeckung, Eisenbeton-, Torkret- und Metalldächer. Schiefer- und Betonplattendächer haben den Nachteil, daß sie bei starker strahlender Hitze leicht springen; Eisenbeton- und Metalldächer wieder den Nachteil, daß Brände im Innern des Dachstuhles — infolge starker Rauchentwicklung — schwer zu bekämpfen sind. Teerpappedächer, gut gesandelt, geraten durch Flugfeuer schwer in Brand, bieten hingegen der strahlenden Hitze fast gar keinen Widerstand.

Stählerne Dachtragwerke sind gegen Feuereinwirkung mit leichten Isoliermassen, Asbest- oder Mikroasbestzement, Torkretbeton und anderem zu ummanteln oder durch eine unterhalb aufgehängte Monierdecke zu schützen.

Feuermauern, Brandmauern und Wände können als feuerbeständig angesehen werden, wenn sie mindestens eine Ziegelstärke betragen oder in Beton ausgeführt sind, bei bewehrtem Kiesbeton eine Mindeststärke von 6 cm, bei unbewehrtem eine solche von 10 cm besitzen. Für Decken erweisen sich Eisenbetonkonstruktionen von mindestens 15 cm Stärke am zweckmäßigsten.

Brandmauern sollen bei langgestreckten Gebäuden in Abständen von mindestens 30 m angelegt werden, die aber bei feuergefährlichen Betrieben entsprechend vermindert werden müssen. Brandmauern sind, falls sie nicht in feuerbeständigen Dachkonstruktionen enden, 0,20 m über Dach zu führen. Bei feuergefährlichen Betrieben müssen die Brandmauern entsprechend erhöht werden, gegebenenfalls bis zu 1,0 m. Holzbestandteile der Dachkonstruktion sind durch die Brandmauer zu trennen. Hölzerne Träger und Balken dürfen in Brandmauern nur eingelegt werden, wenn die Mauern noch mindestens einen halben Stein stark bleiben und auf der anderen Seite verputzt werden. In besonderen Fällen (architektonische Rücksichten usw.) kann die Brandmauer nur bis zur Dachhaut geführt werden, muß aber dann beiderseits verputzt sein. Der an die Brandmauer anschließende Teil des Daches muß aber bis auf 50 cm feuerbeständig hergestellt und mit Zement oder Mörtel an die Brandmauer satt angeschlossen sein.

Als verläßlich gut feuerbeständig haben sich Pfeiler aus Eisenbeton von 25 × 25 cm und solche aus Ziegelsteinen von 38 × 38 cm erwiesen.

Eine Ummantelung von walzeisernen Trägern, Unterzügen und Stützen mit etwa 6 cm starkem Kiesbeton- oder Ziegelmauerwerk darf insofern als feuerbeständig angesehen werden, als sie dem Feuer durch Stunden Widerstand leistet. Die Stahlprofile müssen ausgemauert oder ausbetoniert werden, wobei die Flanschfläche eine wenigstens 3 bis 5 cm starke Umhüllung von Beton auf Drahtnetz oder eines gleichwertig erprobten Baustoffes erhalten muß. Ummantelungen aus feuerbeständigen Terrakottasteinen haben den Nachteil, infolge ungleicher Erhitzung und beim Anfall des kalten Löschstrahles leicht zu springen. Die Ummantelung mit Hohlsteinen, porösen Steinen, Schwemmsteinen, Gasbetonsteinen besitzen wohl geringeres Gewicht, verhalten sich aber beim Löschangriff nicht günstig, weil sie leicht platzen.

Zu den feuerhemmenden Ausführungen gehören Ummantelungen mit Monier- bzw. Rabitzverputz und solche mit Kalk- oder Mörtelputz auf Rohrunterlage in Stärken von 2 bis 3 cm. Die Haltbarkeit des Kalkmörtels kann durch Hinzugabe von Zement erhöht werden. Im Torkretverfahren hergestellte Ummantelungen haben sich besonders gut bewährt.

Treppen sind feuerbeständig, wenn sie aus Ziegelsteinen, Eisenbeton, erprobtem Kunst- oder Werkstein hergestellt sind. Freitragende Treppen aus Marmor oder Granit zählen nicht hierzu, sondern werden wie Treppen aus Holz oder Stahl, wenn diese an der Unterseite mindestens 15 cm stark gerohrt und geputzt sind, als nur feuerhemmend angesehen.

Feuerbeständige Türen müssen einer Feuereinwirkung von 1000° C mindestens eine halbe Stunde Widerstand leisten, selbsttätig zufallen und in Rahmen aus feuerbeständigen Stoffen mit mindestens 15 cm starkem Falz schlagen und rauchsicher schließen. Diesen Ansprüchen genügen die üblichen Türen aus Stahlblech in Winkeleisenrahmen nicht. Eine gute Ausführung ist: Kreuzverspannte U- oder L-Eisenrahmen mit allseitiger Bekleidung aus verzinktem Stahlblech mit mindestens 0,7 mm Stärke, Einlage von Asbest von wenigstens 5 mm Stärke oder aus anderen unverbrennlichen Stoffen von wenigstens 10 mm Stärke. Türen aus glattgehobelten, dicht gefugten Hartholzbrettern oder aus mindestens 25 mm starken, glatten, gespundeten Brettern mit allseitig aufgeschraubter oder aufgenieteter Bekleidung von mindestens 0,5 mm starkem Stahlblech auf einer Asbestunterlage von 2 bis 3 mm gelten als feuerhemmend. Bänder über dem Blechbeschlag! Türhaken stets einmauern! Zur Hakenbefestigung keine Holzdübel verwenden! Zweiflügelige Türen bilden keinen feuerbeständigen oder feuerhemmenden Abschluß. Eine feuerhemmende Schiebetür muß in geschlossenem Zustand allseitig gut schließen und die Türöffnung gut überdecken.

Fenster, die im Notfalle die Rettung bedrohter Menschen ermöglichen sollen, müssen Öffnungsflächen von mindestens 0,50 m Breite und 1,0 m Höhe besitzen. Feuerbeständige Verglasungen sollen den Einwirkungen des Feuers und des Löschwassers so viel Widerstand bieten, daß die Scheiben innerhalb einer einhalbstündigen Dauer von Temperaturen bis zu 1000° C nicht ausbrechen. Siemens-Drahtglas von mindestens 8 mm Stärke, Elektrolyt- und Prismenglas, besonders aber Drahtspiegelglas haben sich als feuerbeständig erwiesen. Glasbausteine, hohle, prismatische oder flaschenförmig gestaltete, allseits geschlossene Glaskörper im Verbande als fensterartiger Wandabschluß, haben sich bei Bränden nicht gut bewährt. Fensteröffnungen können auch durch feuerhemmende Läden oder durch Regenvorrichtungen, Fensterbrausen u. dgl. geschützt werden.

Als Baustoff für Schornsteine eignet sich am besten Ziegelmauerwerk, dessen Fugen gut mit Mörtel ausgefüllt sind. Kalk- und zementhaltige Baustoffe werden durch Rauchgase und Wasserdämpfe angegriffen. Rauchfänge nicht zu eng bauen, weil sie durch starke Verrußung die Feuersgefahr erhöhen! An der Außenseite die Rauchfänge gut verputzen! In das Rauchfangmauerwerk keine Nägel und Haken einschlagen! Brennbare Bauteile dürfen in Rauchfänge nicht hineinragen und müssen mindestens 10 cm vom Schornsteinmauerwerk entfernt und gegen den Rauchfang durch eine doppelte, in Verband gelegte Dachziegelschicht getrennt sein. Eiserne Schornsteine von brennbaren Bauteilen gut isolieren! Eiserne Öfen und Rauchrohre sowie Rauchfangputzöffnungen vom freien Holzwerk 80 cm, von feuerhemmend verkleidetem 40 cm entfernt halten!

Ein für alle Fälle geeignetes zuverlässiges gutes Schutzanstrichmittel gegen Entflammung des Holzes gibt es bis heute nicht. Farben mit Wasserglaszusatz haben sich nicht gut bewährt, Cellon hingegen gut bei Innenanstrichen wegen der Entwicklung von Schutzgasen im Feuer. Für Außenanstriche ist Cellon gegen Witterungseinflüsse zu empfindlich. Eine ausreichende Entflammungssicherheit kann dem Holz nur durch eine vollständige Durchtränkung mit geeigneten Mitteln unter Hochdruck gegeben werden, wenn vorher alle Feuchtigkeit und Luft entzogen worden ist.

Für die Errichtung von Kraftwagenunterständen, Kinos, Theatern, Versammlungsräumen usw. und für die Lagerung von feuer- und explosionsgefährlichen Stoffen bestehen besondere feuerpolizeiliche Vorschriften.

Kläranlagen für Hausabwässer

Von Ing. Emil Maritschek, Wien

Sie dienen zur Abscheidung der Sink- und Schwimmstoffe aus Abwässern aller Art, insbesondere der Fäkalien und Spülwässer aus Wohngebäuden, Abfallwässer aus Fabriken u. dgl. Maßgebend für den Kläreffekt ist reichliche Bemessung des Absitzraumes, welcher den angesammelten Abwässern genügende Zeit zur Ausscheidung der Beimengungen läßt. Ebenso müssen die Sammelräume für die Sinkstoffe und Schwimmstoffe reichlich groß gehalten sein. Für Hauskläranlagen wird gerechnet: Abwassermenge 75 bis 100 Liter je Kopf und Tag. Hiervon $^1/_{10}$ je Stunde. Schlammanfall 0,15 Liter je Kopf und Tag. Klärzeit im Mittel 60 Minuten. Größe des Schlammraumes für die Sinkstoffe entsprechend einer Entleerungsfrist von 150 Tagen im Mittel.

Für Fabriksabwässer ist die Bestimmung der Klär- und Sammelräume abhängig von der Menge der abzuscheidenden Beimengungen. Zur Klärung kommen Abwässer aus Brauereien, Brennereien, Molkereien, Zucker- und Stärkefabriken, Schlachthöfen, Holzstoff- und Papierfabriken, Kohlenbergwerken, Erzaufbereitungen, chemischen Fabriken, Gerbereien, Farbwerken, Färbereien und Kokereien. Die Berechnung der Raumverhältnisse macht örtliche Erhebungen erforderlich, daher allgemeine Grundlagen nicht angegeben. Das gleiche gilt von Kläranlagen für die Abführung der Abwässer aus Ortsgemeinden und größeren Siedlungen. In nicht kanalisierten Orten Anwendung von Kläranlagen an Stelle von Senkgruben vorteilhaft. Vorteile: Keine Geruchsbelästigung, Entleerung in halbjährigen Fristen, ständiger Ablauf der geklärten Abwässer, geringer Raumbedarf.

Für Hausabwässer werden verschiedene Bauarten von Klärgruben angeboten. Günstige Ergebnisse durch Frischwasserkläranlagen, Bauart „Sado“. Schwimm- und Sinkschlammräume übereinander angeordnet. Infektion des geklärten Wassers durch Faulschlamm wird wirksam verhindert, daher kommt nur frisches, nicht angefaultes Abwasser in den Ablauf. Einbaufertige Lieferung in Eisenbetonkörpern. Ausführung mit natürlicher Schlammzehrung für halbjährige Entleerungsfristen oder künstliche Schlammzehrung für mehrjährige Entleerungsfrist. Die künstlich beschleunigte Schlammzehrung wird durch Mikroorganismen unter Licht- und Luftabschluß bewirkt.

Die Bestimmung der Größe der Kläranlage ist abhängig von der Häufigkeit der Benützung (Wohnhäuser, Gastwirtschaften, Amtshäuser, Schulen, Fabriken), Anzahl der Personen, Art der Abführung der Abwässer (Sickergruben, trockene oder wasserführende Gräben, Wasserläufe), Möglichkeit der Verwendung des Schlammes für Dungzwecke, Einlauftiefe.

Versickerung der Abwässer nur bei gut durchlässigem Untergrund (Schotter, Sandboden u. dgl.; Lehmboden ist undurchlässig). Sickergruben müssen bei vorhandenen Brunnen in einem Abstand von mindestens 10 m vom Brunnenschacht angeordnet werden. Die ablaufenden Abwässer enthalten noch organische Stoffe, welche faulfähig sind.

Die Gesundheitsbehörden schreiben für Abführung der Abwässer in der Regel biologische Nachreinigung vor. Diese ist besonders erforderlich in der Nähe von Trinkwasserbrunnen, bei Abführung in trockene Gräben, Fischwässer, Badewässer, Teiche und Flüsse. Die biologische Nachreinigung der Abwässer erfolgt in biologischen Tropfkörpern, d. s. Betonbehälter mit geschichteter Füllung von Schlacke oder Schotter. Oberste Schichte Körnung 1 bis 3 mm ansteigend bis unterste Schichte Körnung 50 bis 60 mm. Die Abwässer werden über die Oberfläche der Tropfkörper verteilt und die organischen Beimengungen unter Mitwirkung von Mikroorganismen aufgezehrt. Gute Belüftung erforderlich. Die Ablaufwässer sind nach Verlassen des Tropfkörpers frei von organischen Stoffen, daher nicht faulfähig.

Klärbrunnen aus Eisenbeton

Personen bis	Durchmesser des Klärbrunnens in m	Gesamthöhe des Klärbrunnens in m	Gewicht rund kg	Preis S
25	1	1,90	1500	700,00
50	1,20	2,15	2700	1000,00
80	1,50	2,55	4500	1400,00
100	1,50	2,80	4600	1500,00
150	1,50	3,80	5200	1800,00

Bei Anschluß biologischer Tropfkörper tritt annähernd eine Verdopplung der Preise ein.

Kühlanlagen

Von Ing. Emil Maritschek, Wien

Wichtigste Kühlgüter: Fleisch, Bier, Milch, Fette, Butter, Fische, Wild und andere verderbliche Lebensmittel. Man unterscheidet: Eiskühlung und maschinelle Kühlung.

Eiskühlung: Freistehende Eishäuser in Holzkonstruktion oder gemauerte Eiskeller. Holzkonstruktion aus Fichtenpfosten mit Lärchenholzschalung gebräuchlich. In allen Fällen sorgfältige Isolierung wichtig. Kühlraumtüren müssen dicht schließen und isoliert sein. Eislagerung entweder oberhalb des Kühlraumes (Obereiskühlung) oder seitlich (Seiteneiskühlung). Ausführung abhängig von örtlichen Verhältnissen. Herstellung nur durch Spezialisten zu empfehlen. Gute Ventilation, leichte Entwässerung für das Tauwasser höchst wichtig. Bestimmung der Eisraumgröße abhängig von Größe des Kühlraumes und Füllungsfristen (Jahresfüllung aus Eisteichen und Flüssen). Bei Bezug aus der Eisfabrik meistens ein- oder mehrmonatliche, auch wöchentliche Füllung. Gewicht der Eisblöcke aus größeren Eisfabriken meist 25 kg, aus kleineren Fabriken rund 13 kg. Durchschnittpreis der 25-kg-Eisblöcke in Wien *S 0,80* frei Verbrauchsstelle bei laufender Abnahme.

Maschinelle Kühlung: Meist gebräuchlich sind Kompressions-Kältemaschinen. Ein Verdichter (Gaspumpe) saugt das Kältemittel aus dem Verdampfer an und verdichtet es auf einen bestimmten Druck. Das Gas gelangt dann in den Verflüssiger, der als Gegenstrom-Röhrenapparat ausgebildet ist. Durch im Gegenstrom fließendes Wasser wird die Verdichtungswärme abgeführt und das Kältemittel verflüssigt. Durch ein in die Verbindungsrohrleitung eingeschaltetes Regelventil wird das verflüssigte Gas in den Verdampfer überführt, wo es verdampft. Beim Verdampfen nimmt das Gas Wärme auf und kühlt damit die Umgebung. Das verdampfte Gas wird wieder vom Verdichter abgesaugt und der Kreislauf beginnt vom neuen. Gebräuchlichste Kältemittel sind Ammoniak und Kohlensäure.

Die Raumkühlung erfolgt durch an der Decke der mit Korksteinplatten gut isolierten Kühlräume angebrachte Kühlrohrsysteme. Man verwendet verschiedene Rohrsysteme, welche den Kühlzwecken angepaßt sind. Rippenrohre für Kühlräume, welche rasch auf tiefe Temperaturen abgekühlt werden sollen, wie Gefrierräume, Bierkühlräume, Solespeicherrohre, bei welchen eine Verdampferschlange in einem mit Salzwasser gefüllten Blechrohr liegt. Diese werden besonders für Fleisch- und Lebensmittelkühlung verwendet, da sie eine gleichmäßige Raumtemperatur auch nach Abstellen der Kühlmaschine sichern. Große Räume erhalten meist Umlauf-Luftkühlung, bei welcher die Raumluft über eine außerhalb des Kühlraumes befindliche Verdampferschlange durch einen Ventilator gesaugt und durch gemauerte oder hölzerne Luftkanäle in den Raum gedrückt wird.

Gebräuchliche, günstigste Raumtemperaturen: Vorräume + 6 bis 8° C, Kühlräume für Fleisch + 2 bis 4° C, Bier + 4 bis 6° C, Milch + 2 bis 4° C, Geflügel — 2° C, Wild — 4° C.

Größe der Kühlräume knapp bemessen, um Kälteverschwendung zu vermeiden. Man rechnet auf 1 m² Bodenfläche rund 150 kg Fleisch, 8 bis 9 Kannen Milch, 4 Faß Bier, Raum zum Begehen inbegriffen. Höhe der Kühlräume nicht über 2,80 m, möglichst niedriger.

Kühlrohrsysteme werden in der Regel an der Decke auf U-Eisen aufgehängt, die beiderseits in die Mauer verlegt werden. Bei Räumen unter 2,20 m Höhe seitlich an der Wand. Durchmesser der Kühlrohre 200 oder 300 mm. Unter jedes Rohr eine Tropfrinne zur Abführung des Tauwassers, das beim Erwärmen der Sole über 0° C durch Abtauen des Schneebelages an den Rohren entsteht. Die Tropfrinnen münden in eine gemeinsame Sammelrinne.

Kältebedarf von Kühlräumen: Um den Kältebedarf eines Kühlraumes annähernd zu bestimmen, rechnet man überschlägig für 24 Stunden: Vorräume 400 bis 500, Fleischkühlräume 800 bis 900, Milchkühlräume 700 bis 800, Bierkühlräume 600 bis 700, Gefrierräume für Wild und Geflügel 1000 bis 1200 Wärmeeinheiten für je 1 m³ Rauminhalt des Kühlraumes. Die stündliche Leistung der erforderlichen Kältemaschine ergibt sich aus der gewünschten Betriebsdauer (meist 6 bis 8 Stunden täglich).

Isolierung von Kühlräumen: Gebräuchlichstes Isoliermittel für Kühlräume gegen Wärmeeinstrahlung ist Kork. Dieser wird in kleinen Stücken im Vakuum mit geruchlosem Asphaltkitt getränkt und zu Platten von 1000 × 1500 mm Größe gepreßt. Andere Isoliermittel sind Torfoleum (Preßtorf), Heraklith (Holzspäne mit einem Magnesitbindemittel zu Platten gepreßt) und Insulite (Holzfaser-Isolierplatte); siehe auch Abschnitt: Kunststeinindustrie.

Isolierung der Wände: Die Korksteinplatten werden auf die verputzten und mit heißem Asphaltkitt gestrichenen Wände angelegt und mit Stiften befestigt. Die Fugen zwischen den Platten mit heißem Asphaltkitt sauber vergießen.

Glatte Decken in gleicher Weise isolieren. Platzelgewölbe, Tonnengewölbe usw. erfordern Hilfsschalung. Auf die Isolierplatten kommt ein Verputz mit 1½ bis 2 cm verlängertem Zementmörtel. Bei Isolierung mit Torfoleumplatten ist Rabitznetz erforderlich. Bodenisolierung durch Asphaltkittuntergrund, darauf die Isolierplatten, dann diese mit Asphaltkitt vergießen. Unterbeton rund 6 cm, Betonfußboden 10 cm, eventuell 2 cm Estrich (Feinstrich). In Fleischkühlräumen Klinkerpflaster empfehlenswert. In Bierkühlräumen Hartholzrost am Boden zur Schonung gegen Faßreifen.

Stärke der Korksteinplattenisolierung für oberirdische Kühlräume 10 bis 12 cm, für Kellerräume 8 bis 12 cm, für Gefrierräume 12 bis 16 cm. Torfoleum etwa um die Hälfte stärker nehmen; Insulite nach Angabe der Erzeuger verlegen.

Die Isolierung darf durch Scheidewände nicht unterbrochen sein, daher Zwischenmauern nach der Isolierung der Umfassungsmauern einziehen.

Annähernde Preise für Korksteinisolierung: 8 cm stark *S 23,00*, 10 cm *S 27,00*, 12 cm *S 32,00* je 1 m² fertig verlegt, ohne Verputz (siehe auch Kühlraumtüren).

Kühlraumtüren: Ausführung in Lärchenholz. Türstock aus trockenen Fichtenpfosten. Isolierung der Türe mit 8 cm Korksteinplatten, die sorgfältig verfugt und vergossen sein müssen. Dichter Abschluß der Türen höchst wichtig, daher breiter Anschlag und konische Paßflächen vorsehen. Trittschwelle mit Winkeleisen beschlagen. Die Türen werden gewöhnlich gefirnißt, können aber auch weiß oder andersfärbig lackiert werden. Wird wegen Lichteinlaß Verglasung der oberen Füllung erforderlich, müssen mindestens drei gegeneinander sorgfältig abgedichtete Gläser verwendet werden. Das dichte Abschließen der Türe wird durch kräftige Anpreßvorrichtung erzielt. Dieselbe besteht entweder aus oben und unten angebrachten, starken Reibern oder aus der sogenannten Schneckenanpreßvorrichtung. Letztere besteht aus einem langen und starken Hebel mit im Türrahmen eingepaßter Schnecke, welche gegen einen im Türstock eingesetzten Daumen drückt und ein Anpressen der Türe an den Türstock bewerkstelligt. Öffnen der Türe von außen oder innen. Türverschluß durch Riegelschloß oder Dosesches Schloß. Normale lichte Höhe der Türe 1,80 m, auf Verlangen auch 1,90 und 2 m. Lichte Breite der Türe 0,70 m für kleine Räume, sonst 0,80, 0,85, 0,90 und 1,0 m. Türen über 1 m müssen zweiflügelig ausgeführt sein.

Preise für Kühlraumtüren:	1,80 × 0,70 m	S 200,00
,, ,, ,,	1,80 × 0,80 ,, ...	,, 230,00
,, ,, ,,	1,80 × 0,85 ,, ...	,, 260,00
,, ,, ,,	1,90 × 1,00 ,, ...	,, 300,00

Wasserkraftanlagen

Von Ing. Franz Kuhn, beh. aut. Zivilingenieur für das Bauwesen, Wien

A. Wesen und Leistung von Wasserkraftanlagen

Wasserkraftanlagen haben den Zweck, die kinetische Energie des fließenden Wassers oder die einer hochgelegenen Wassermenge innewohnende potentielle Energie in rotierende umzuwandeln und diese entweder für den unmittelbaren Antrieb von Arbeitsmaschinen, also an der Kraftgewinnungsstätte selbst, zu verwerten oder durch weitere Umwandlung in elektrische Energie die gewonnene

Kraft mittels Fernleitungen einem Absatzgebiete zuzuführen, das von der Kraftgewinnungsstätte mehr oder weniger weit entfernt liegt.

Jede Wasserkraft setzt sich zusammen aus Wassermenge und Gefälle. Da die Wassermenge in m^3/sek ausgedrückt wird, tritt als dritter Faktor noch die Zeit hinzu.

Eine Wassermenge Q m^3/sek, die H m tief herabfällt, gibt eine Arbeitsleistung $N = 1000\,Q \cdot H$ kgm/sek, oder ausgedrückt in Pferdestärken $N = \frac{1000 \cdot Q \cdot H}{75}$ PS.

Diese als Rohkraft bezeichnete Leistung muß zufolge des in der Krafterzeugungsmaschine entstehenden Energieverlustes noch mit dem Wirkungsgrad η der Maschine, womit man das Verhältnis der erreichten zu der aufgewendeten Leistung bezeichnet, multipliziert werden.

Diese Wirkungsgrade betragen

bei modernen Turbinen $\eta_T = 0{,}85$ bis 0,90 bei Motoren ...... $\eta_M = 0{,}90$ bis 0,96
,, Generatoren $\eta_G = 0{,}91$,, 0,96 ,, Transformatorn $\eta_{Tr} = 0{,}98$
,, Schiffsmühlrädern .... $\eta = 0{,}25$ bis 0,30
,, unterschlächtigen und mittelschlächtigen Rädern .... $\eta = 0{,}40$,, 0,60
,, oberschlächtigen Rädern .... $\eta = 0{,}60$,, 0,90

Sind mehrere Maschinen aneinandergekoppelt, so ergibt sich der Endwirkungsgrad durch Multiplikation der einzelnen Wirkungsgrade, z. B.: $\eta_{tot} = \eta_T \cdot \eta_G \cdot \eta_M \cdot \eta_{Tr}$ ......

Bei einer Wasserkraftanlage wird die Leistung in PS ab Turbinenwelle angegeben und beträgt: $N = \frac{1000\,Q \cdot H \cdot \eta_T}{75}$.

Für überschlägige Berechnungen setzt man $\eta_T = 0{,}75$ und erhält $N = 10\,Q \cdot H$. Wird die Energie in elektrische umgewandelt, so berechnet sich die Leistung ab Generatorwelle in kW (Kilowatt) aus:

$$N = 0{,}736 \cdot \frac{1000 \cdot Q \cdot H}{75} \cdot \eta_T \cdot \eta_G$$

und überschlägig aus: N in kW $= \frac{2}{3} N$ in PS. Bei Drehstromgeneratoren mit induktiver Belastung, ausgedrückt in kVA (Kilovoltampere), ergibt sich die Leistung ab Generatorwelle zufolge der Phasenverschiebung durch $\cos\varphi$ aus:

$$N = 0{,}736 \frac{1000\,Q \cdot H}{75 \cos\varphi} \cdot \eta_T \cdot \eta_G.$$

Die gesamte Jahresarbeit eines Kraftwerkes wird ausgedrückt in kWh (Kilowattstunden) und rechnet sich durch Multiplikation der mittleren Jahresleistung in kW mit 8760 (Stundenzahl des Jahres).

Mit Rücksicht auf den schwankenden Konsum wird das Werk meistens nicht voll ausgenützt sein und muß die errechnete erzeugbare Jahresarbeit noch mit dem Ausnutzungsfaktor a, d. i. das Verhältnis der tatsächlich ausgenutzten Stunden zu 8760, multipliziert werden, um die verwertbare Jahresarbeit zu erhalten.

$a = 1{,}00$, 0,685, 0,35, 0,171 bei einer Benützungsdauer von Stunden: 8760, 6000, 3070, 1500. Je kleiner der Ausnutzungsfaktor, desto teurer ist die abgegebene kWh, da die restlichen erzeugbaren Energiemengen nur mehr minderwertige Abfallkraft darstellen.

Auf dem Wege von der Krafterzeugungsstätte bis zum Absatzgebiet entstehen weitere Energieverluste. Bei größeren Längen der Fernleitungen müssen die Maschinenspannungen hinauf- und am Ende der Leitung auf die Spannung der Hauptverteilleitung des Absatzgebietes wieder heruntertransformiert werden; daher müssen die Wirkungsgrade der Transformatoren berücksichtigt werden. In der Fernleitung geht Energie durch Reibung und Strahlung verloren.

Der Fernleitungsverlust einer Drehstromleitung errechnet sich aus:

$$p = \frac{N \cdot l \cdot 100}{\lambda \cdot q \cdot E^2 \cdot \cos^2 \varphi}.$$

Hierin bedeuten:

p .... den Leitungsverlust in %,
N .... die zu übertragende Leistung in kW,
q .... Leitungsquerschnitt in mm^2,
λ .... spezifische Leitfähigkeit des Leitermaterials (siehe Tabelle S. 559),
l .... die Leitungslänge in km,
φ .... Phasenverschiebungswinkel,
E .... die mittlere Spannung in kV (Kilovolt), verkettet.

Bei Wasserkraftmaschinen, die nur die Geschwindigkeit des zuströmenden Wassers ausnützen, rechnet sich die Leistung in PS nach

$$N = \frac{1000\, Q \cdot v^2}{75 \cdot 2 \cdot g} \cdot \eta = 0{,}68\, \eta\, Q\, v^2,$$

hierbei bedeuten: Q = Wassermenge in m^3/sek,
v = Geschwindigkeit des Wassers in m/sek,
g = Erdbeschleunigung = 9,81 m/sek^2.

Der Wasserverbrauch einer Turbine beträgt per 1 PS ... $Q = \frac{0{,}075}{H \cdot \eta_T}$ m^3/sek,
„ 1 kWh ... $Q = \frac{366{,}84}{H \cdot \eta_T \cdot \eta_g}\ m^3 \doteq \frac{500}{H}\ m^3$.

B. Einteilung der Wasserkräfte und Ermittlung der Grundwerte *Q* und *H*

Je nach der Größe von Q und H unterscheidet man: Niederdruckwerke (Abb. 1) mit großen Wassermengen und kleinem Gefälle und Hochdruckwerke (Abb. 2) mit kleiner Wassermenge und großem Gefälle.

Erstere ergeben sich an Flüssen, wo das Gefälle entweder durch Aufstau des normalen Flußwasserspiegels mittels Einbau eines Wehres oder durch Abschneiden einer Flußschleife bzw. Ausnützung einer größeren Flußstrecke mit starkem Gefälle und Anordnung eines Zulaufkanals (Oberwasserleitung) mit ganz geringem Gefälle erzeugt wird (Abb. 1). Hochdruckwerke ergeben sich im Gebirge, wo kleine Bäche aus großen Höhen zu Tale stürzen. Die Oberwasserführung ist hierbei mit Rücksicht auf die Erzielung eines möglichst kurzen Zuleitungsweges meist als Stollen ausgebildet (Abb. 2), an dessen Ende ein Wasserschloß (Pufferschacht) angeordnet ist, das den Zweck hat, plötzliche Änderungen in der Wasserzufuhr, verursacht durch Schwankungen in der Belastung der Maschinen, möglichst auszugleichen. Von dem Wasserschloß wird das Betriebswasser durch Druckrohrleitungen aus Eisen, Eisenbeton oder Holz den Turbinen zugeführt. Bildet der ausgenützte Bach den Abfluß eines Hochsees, dann kann dieser als Wasservorratsraum (Speicher) verwendet werden und das Werk als Spitzendeckungs- oder Speicherwerk arbeiten. Der Stollen steht dann ständig unter Innendruck (Druckstollen). Auf künstlichem Wege kann ein Wasservorratsraum durch Erbauung von Talsperren gewonnen werden. Speicherwerke stellen den idealsten Fall einer Wasserkraftanlage vor, da hierbei die Stromerzeugung dem Bedarf angepaßt werden kann und kein Wasser verloren geht.

Um den Ausnützungsfaktor nicht speicherfähiger Werke günstiger zu gestalten, greift man mitunter zur Pumpenspeicherung (hydraulische Akkumulierung). Ihr Wesen besteht darin, daß man mit Hilfe des aus dem nicht speicherfähigen Laufwerk zu Zeiten geringer Stromabnahme, also besonders in der Nacht und an Sonntagen, erzeugten Stromes (Abfallstrom) Pumpen betreibt, die Wasser in ein Hochbecken befördern, von wo es zu Zeiten großen Strombedarfes, also während des Tages, durch dieselbe Rohrleitung wieder den Turbinen zugeführt wird und willkommenen Zusatzstrom erzeugt. Zufolge der wiederholten Umwandlung der Energie ist der Wirkungsgrad derartiger Pumpenwerke natürlich ein niedriger; trotzdem sind sie in besonderen Fällen wirtschaftlich und bilden oft ein Mittel, die Wirtschaftlichkeit einer kalorischen Krafterzeugungsanlage,

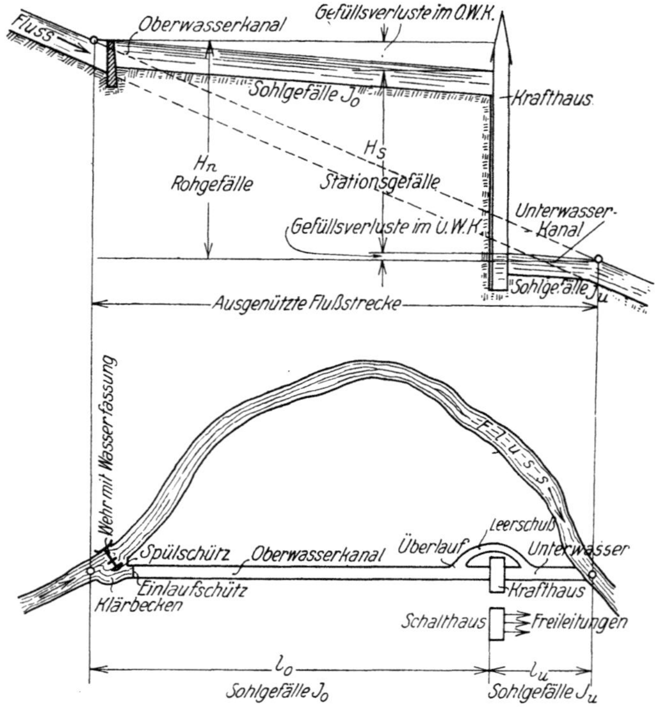

Abb. 1. Schema einer Niederdruckanlage

die an Stelle eines Laufwerkes den Pumpenstrom liefert, zu verbessern. Der Gesamtwirkungsgrad eines derartigen Pumpenkraftwerkes ergibt sich aus dem Wirkungsgrad

des Antriebsmotors für die Pumpen .... $\eta_M = 0{,}95$	der Rohrleitung beim Abarbeiten .... $\eta_R^{\downarrow} = 0{,}95$
der Pumpen .... $\eta_P = 0{,}80$	der Turbinen .... $\eta_T = 0{,}85$
der Rohrleitung beim Pumpen $\eta_R^{\uparrow} = 0{,}98$	der Generatoren .... $\eta_G = 0{,}95$

mit $\eta_{tot} \doteq \eta_M \cdot \eta_P \cdot \eta_R^{\uparrow} \cdot \eta_R^{\downarrow} \cdot \eta_T \cdot \eta_G \doteq 0{,}572$,

so daß loko Pumpenkraftwerk rund 57,2% von Abfallenergie in Edelenergie umgewandelt werden können.

Die Wassermenge Q. Sie ist innerhalb eines Jahres bzw. eines Zeitraumes von mehreren Jahren beträchtlichen Schwankungen unterworfen. Dem Entwurf einer Wasserkraftanlage müssen daher genaue wasserwirtschaftliche Untersuchungen vorausgehen, um die Wasserführung des auszunützenden Gewässers oberhalb der Entnahmestrecken innerhalb eines Zeitraumes von mehreren Jahren (10 bis 15) klarzustellen. Jene Wassermenge, für welche die gesamten Wasserzuführungsanlagen des Werkes bemessen werden, wird als **Ausbauwassermenge** Q_B bezeichnet; sie steht gewöhnlich an der Entnahmestelle während 5 bis 6 Monaten im Jahre zur Verfügung. Q_B wird in den im Zuge des wasserrechtlichen Verfahrens erteilten Konsens aufgenommen. Wird in den früher angegebenen Gleichungen Q durch Q_B ersetzt, so erhält man die Ausbauleistung oder Ausbaugröße des Werkes. Für die Ermittlung der Jahresmittelleistung ist statt Q das Jahresmittel des Betriebswassers Q_M einzusetzen, das so errechnet wird, daß die in den einzelnen Jahresabschnitten verschieden großen Betriebswassermengen auf das ganze Jahr gleichmäßig verteilt gedacht werden. Unter **installierter Leistung** des Werkes wird schließlich die Höchstleistung aller in der Anlage eingebauten Wasserkraftmaschinen verstanden. Diese wird unter Bedachtnahme auf eine zur Verfügung stehende Reserve meistens entsprechend größer sein als die Ausbauleistung.

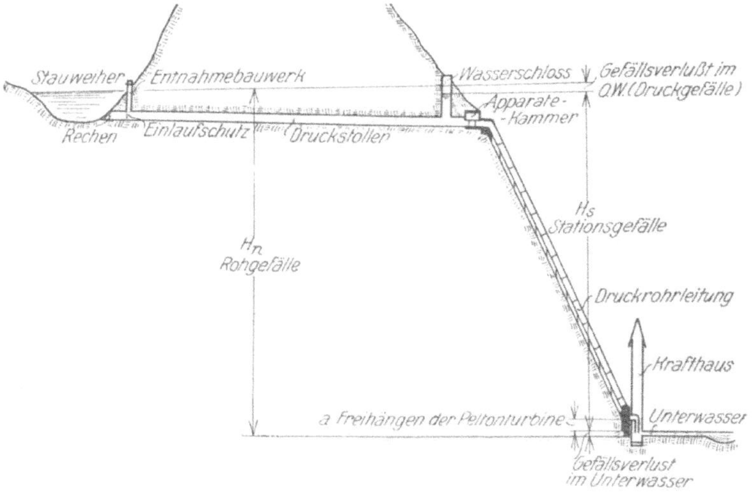

Abb. 2. Schema einer Hochdruckanlage

Das Gefälle *H*. Nach Abb. 1 und 2 bezeichnet man mit:

H_n .... Rohgefälle, das ist der Unterschied zwischen den Spiegelhöhen am Beginn und am Ende der Entnahmestrecke,

H_S .... Stationsgefälle, das ist der Unterschied zwischen den Spiegelhöhen am Ende der Oberwasserführung (Wasserschloß) und des Unterwassers, unmittelbar hinter der Kraftmaschine,

H ..... Netto- oder Nutzgefälle, gleich dem Stationsgefälle, vermindert um die Gefällsverluste in der Zuleitung vom Ende der Oberwasserführung (Wasserschloß) bis zur Kraftmaschine.

Mit den Bezeichnungen in den Abb. 1 und 2 ergibt sich das Stationsgefälle mit:

$$H_S = H_n - \underbrace{(h_o + J_o\, l_o}_{\text{Oberwasserleitung}} \quad - \quad \underbrace{(h_u + J_u\, l_u)}_{\text{Unterwasserleitung}}$$

h bedeutet die Summe der beim Durchströmen der Rechen, der Schützenöffnungen oder sonstiger lokaler Einbauten und schließlich bei Geschwindigkeitsänderungen entstehenden Verluste,

l ..... die Länge der Leitungen,

J ..... bei offenen Gerinnen und Freispiegelstollen das Sohlengefälle, bei Druckstollen das für die Überwindung der beim Durchströmen an den Wänden des Gerinnes entstehenden Reibung erforderliche Druckgefälle.

Das Sohlengefälle wird möglichst klein gewählt, etwa $J_{min} = 0,5\,{}^0/_{00}$. Bei Druckstollen darf das Sohlengefälle beliebig angeordnet werden (auch sägeförmig), doch muß der höchste Punkt der Leitung noch unter der Piezometerlinie liegen.

Für die Bemessung der Zulaufgerinne in offenen Kanälen oder Druckstollen gelten die Formeln der Hydraulik:

$$Q = v \cdot F \qquad v = c\sqrt{R\,J} \qquad R = \frac{F}{U} \qquad c = \frac{23 + \frac{1}{n} + \frac{0,00155}{J}}{1 + \left(23 + \frac{0,00155}{J}\right) \cdot \frac{n}{\sqrt{R}}}$$

hierbei bedeuten: Q Wassermenge in m³/sek,
v Wassergeschwindigkeit in m/sek,
F benetzte Profilfläche in m²,
R Profilradius in m,
U benetzter Umfang in m,
J bei Freispiegelstollen: Sohlengefälle, bei Druckstollen: Rinngefälle,
n Rauhigkeitskoeffizient, u. zw. für neue, mit Ausmauerung und geschliffenem Zementverputz (Glattschliff) versehene Stollen .... $n = 0,0115$
für längere Zeit im Betrieb befindliche Stollen (Ausführung wie früher) .... $n = 0,013$ bis $0,014$
für Stollen, die nicht ausgemauert werden, bei denen das freistehende Gebirge mit einer Torkretschichte überzogen wird und lediglich die Sohle betoniert und verputzt ist .... $n = 0,023$ bis $0,03$
für gutes Bruchsteinmauerwerk .... $n = 0,0170$
für Erdkanäle .... $n = 0,025$ bis $0,03$

Für die Berechnung der Wassergeschwindigkeit in Stollen und Kanälen wird mit großem Vorteil auch die folgende Formel (nach Forchheimer) verwendet:

$$v = \frac{1}{n} R^{0,7} \cdot J^{0,5}$$

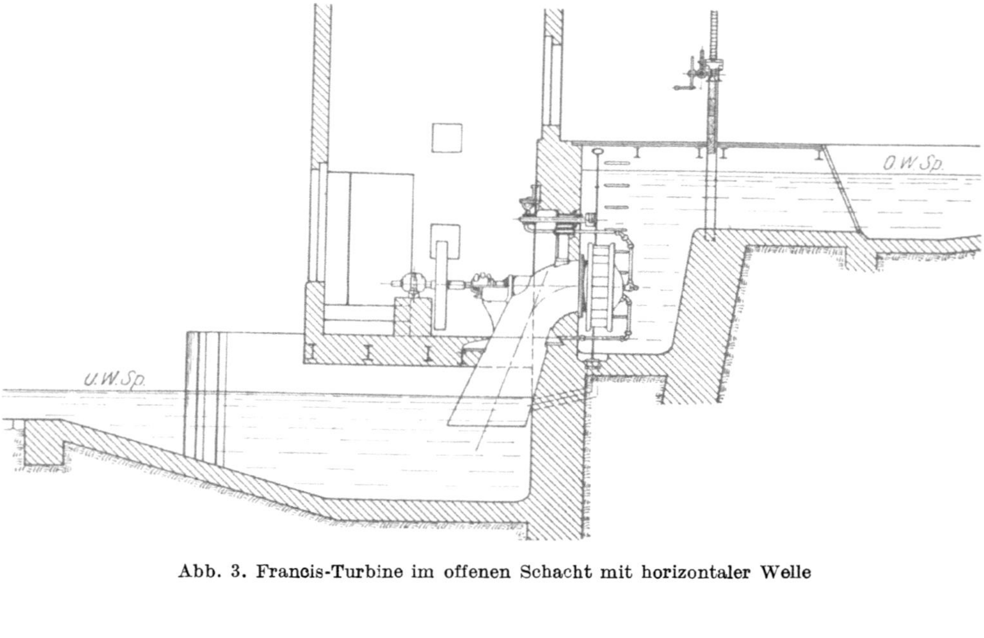

Abb. 3. Francis-Turbine im offenen Schacht mit horizontaler Welle

Die Ermittlung des Nettogefälles richtet sich nach der Art der zur Verwendung kommenden Turbinen. In den Abb. 3 bis 6 sind die am meisten verwendeten Typen schematisch dargestellt. Z. B. ergibt sich bei Anordnung von Francis-Turbinen im offenen Schacht (auch Schachtturbinen) (Abb. 3 und 4):

$$H = H_s - h,$$

wobei h die Summe der durch das Durchströmen der Turbinenrechen, Schützenöffnungen usw. und der durch Geschwindigkeitsänderungen entstehenden Druckhöhenverluste bedeutet.

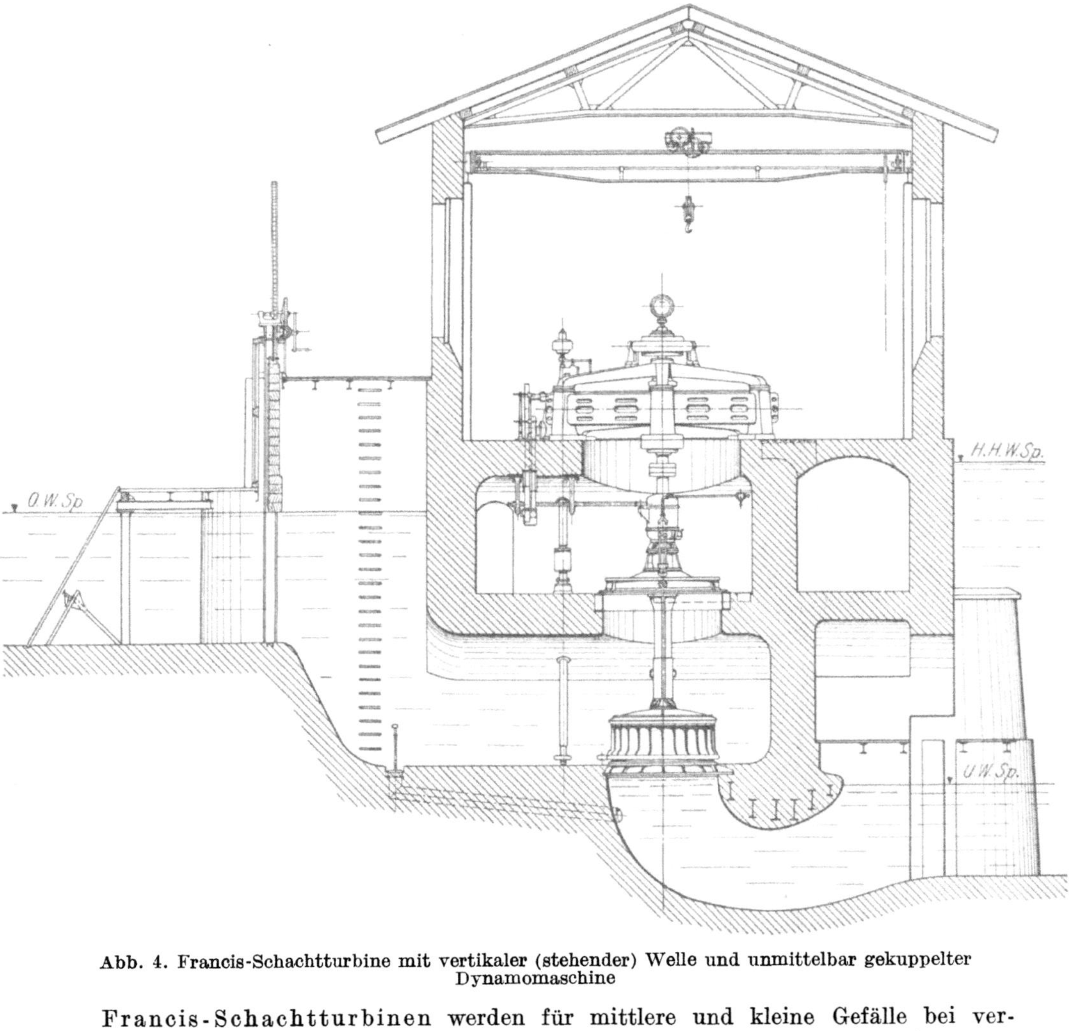

Abb. 4. Francis-Schachtturbine mit vertikaler (stehender) Welle und unmittelbar gekuppelter Dynamomaschine

Francis-Schachtturbinen werden für mittlere und kleine Gefälle bei verhältnismäßig großen Wassermengen und mittleren Drehzahlen gebaut (Turbinen von Niederdruckwerken) und mit liegender (Abb. 3) oder stehender Welle (Abb. 4) ausgeführt. Der Vorteil der ersteren Bauart liegt in der Anordnungsmöglichkeit mehrerer Laufräder auf gemeinsamer Welle (Zwillings-, Zweifach- und Mehrfachturbinen); sie läßt sich jedoch nur dann ausführen, wenn genügend Gefälle vorhanden ist, um bei allen Schwankungen des Unterwassers den Maschinenhausboden noch hochwasserfrei anzulegen. Francis-Schachtturbinen eignen sich auch für Kleinanlagen und für direkten

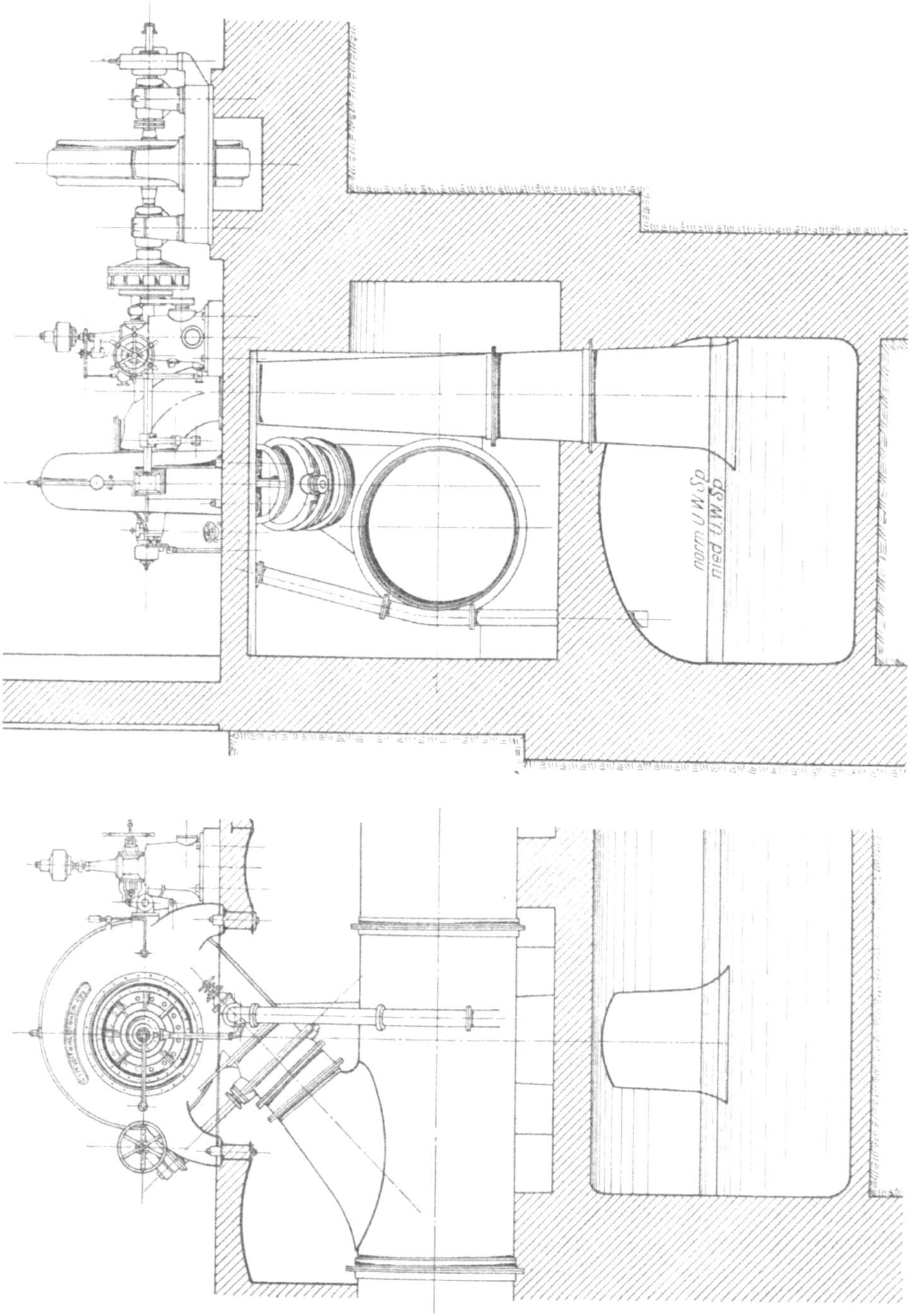

Abb. 5. Francis-Spiralturbine mit liegender Welle

Antrieb an Arbeitsmaschinen (Abb. 3). Für Niederdruck-Großkraftanlagen mit Gefällen bis zu etwa 10,0 m werden heute, falls es sich um Erreichung hoher Drehzahlen handelt, ohne daß der Wirkungsgrad darunter leidet, Kaplan-Turbinen verwendet. Durch Veränderung der Stellung der Laufradflügel wie der Leitschaufeln während des Betriebes läßt sich bei diesen eine günstige Anpassung an die verschiedenen Beaufschlagungsverhältnisse erzielen, so daß der hohe Wirkungsgrad auch bei Wassermengen, die Schwankungen bis zum Verhältnis 1:5 aufweisen, noch erhalten bleibt. Wo die Turbine sich keinen wesentlichen Wassermengenschwankungen anzupassen hat, wird auf die Verdrehbarkeit der Laufradflügel verzichtet. Kaplan-Turbinen mit festen Flügeln bezeichnet man als Propellerturbinen. Sie kommen besonders für Stromkraftanlagen größten Ausmaßes in Betracht. Einbau ähnlich jenem in Abb. 4, jedoch unter Umständen auch mit horizontaler Welle. Für Francis-Turbinen im geschlossenen Gehäuse, auch Spiralturbinen genannt (Abb. 5), denen das Betriebswasser durch eine Druckrohrleitung zugeführt wird, errechnet sich das Nettogefälle aus:

$$H = H_s - h - \Delta h.$$

Hierbei hat h die frühere Bedeutung; Δh drückt den zufolge der Reibung an den Rohrwänden entstehenden Druckhöhenverlust aus. Näherungsweise ist (siehe Quellenangabe unter 1)

$$\Delta h = \frac{v^2}{d},$$

wobei v die Wassergeschwindigkeit im Rohr in m/sek, d den Rohrdurchmesser in m und Δh den Druckhöhenverlust in mm per Lfm. bedeuten. Der genaue Wert für Δh lautet:

$$\Delta h = \lambda \cdot \frac{v^2}{2g \cdot d}, \text{ wobei } g = \text{Erdbeschleunigung},$$

$$\lambda = 0{,}0136 + \frac{0{,}0015}{\sqrt{v}} \text{ für eiserne geschweißte Rohrleitungen}$$

$$\text{und } \lambda = 0{,}0193 + \frac{0{,}0015}{\sqrt{v}} \text{ für eiserne genietete Rohrleitungen.}$$

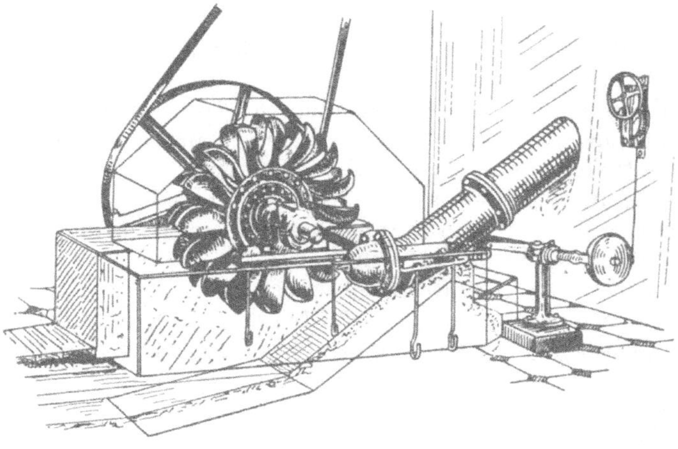

Abb. 6. Peltonrad für Kleinkraftanlagen

Für Holz- und Eisenbetonrohre liefert die Näherungsformel für den Druckhöhenverlust sehr zutreffende Werte.

Francis-Spiralturbinen werden normalerweise für Gefälle bis etwa 250 m in allen jenen Fällen gebaut, wo eine im Verhältnis zur Druckhöhe größere Wassermenge verarbeitet werden soll. Die Welle wird meist liegend angeordnet; nur in besonderen Fällen stehende Welle.

Freistrahlturbinen oder Peltonräder: Anwendung ausschließlich bei großen Gefällen und kleinen Wassermengen (Turbinen der Hochdruckwerke) (Abb. 6).

Hier ergibt sich das Nettogefälle aus:

$$H = H_g - h - \Delta h - a;$$

über h und Δh siehe weiter oben; a bedeutet das Maß des sogenannten Freihängens des Peltonrades, das ist der Abstand zwischen Düsenmitte und Unterwasser.

Die in den obigen Gleichungen eingeführten Werte für h sind im Vergleich zu jenen von Δh klein und können für überschlägige Berechnungen vernachlässigt werden. Rechnerisch ergeben sich die durch Kniestücke bedingten Verluste in Metern mit:

$$h_0 = \frac{\Sigma a^0}{1000}$$

wobei Σa^0 die Summe aller Ablenkungswinkel bezeichnet. Die beim Passieren von Schiebern und Drosselklappen entstehenden Verluste werden gewöhnlich nach Erfahrungswerten eingesetzt, u. zw. für das Durchströmen einer Drosselklappe $h_1 = 0{,}15$ m,
„ „ „ eines Schiebers $h_1 = 0{,}10$ m.

C. Rentabilitätsberechnung von Wasserkraftanlagen

Neben der Kenntnis der vorberechneten Leistungen ist die möglichst genaue Erfassung der eigentlichen Baukosten auf Grund eines gut durchgearbeiteten Projektes notwendig. Sie umfaßt die Kosten:

der Wasserfassung (Wehr, Einlaufbauwerk, Entsandungsanlagen),

der Wasserzuleitung (Stollen, offene Gerinne, Drücker, Aquädukte, Wasserschloß, Druckrohrleitung, Leerlauf, Unterwassergraben),

der Hochbauten (Krafthaus, Schalthäuser oder Freiluftstationen, Wohnhäuser für Bedienstete),

der maschinellen und elektrischen Einrichtungen (Turbinen, Generatoren, Transformatoren, Ölschalter, Schaltanlagen, Krane, Transportwagen),

der Kraftübertragungsanlagen (Fernleitungen, Schalt- und Transformatorenstationen).

Die sonst auflaufenden Kosten, wie Grundeinlösung, Vorarbeiten, Vermessungen, Projektierung, Erwirkung des wasserrechtlichen Konsenses, Bauleitung, Zentralregie, Unvorhergesehenes und Interkalarzinsen, das sind die bis zur Inbetriebsetzung auflaufenden Zinsen des verbauten Kapitals, werden gewöhnlich in Prozenten der genau ermittelten eigentlichen Baukosten B, etwa mit 15 bis 25%, eingeführt. Das sogenannte Anlagekapital ist daher: $A = 1{,}15$ bis $1{,}25 \cdot B$. Die Jahreskosten einer durch eine Wasserkraft erzeugten Kilowattstunde (kWh) zerfallen in:

1. mittelbare oder Kapitalskosten,
2. unmittelbare oder eigentliche Betriebskosten.

Ad 1. Die mittelbaren oder Kapitalskosten entstehen durch:

a) Verzinsung des Anlagekapitals. Der fallweise festzulegende Zinssatz des für den Bau der Anlage aufgenommenen Leihkapitals (Obligationen) kann mit 5 bis 8% angenommen werden.

b) Tilgung des Anlagekapitals (Amortisation). Das entliehene Kapital muß nicht nur verzinst, sondern auch getilgt werden. Die Tilgung kann sofort oder nach einer bestimmten Reihe von Jahren einsetzen. Ein für die Verzinsung und Tilgung zusammen vereinbarter fester jährlicher Satz wird als Annuität bezeichnet; z. B. bedeutet eine Annuität von 8%, daß hiervon beispielsweise 7% für Verzinsung des jeweils geschuldeten und durch die Tilgung von Jahr zu Jahr kleiner werdenden Geldbetrages aufgewendet werden, während der gesamte Restbetrag der Annuität eine von Jahr zu Jahr größer werdende Tilgungsquote ergibt.

Ermittlung der jährlichen Tilgungsquote. Bedeuten p den Zinsfuß in %, $q = 1 + \frac{p}{100}$ den jährlichen Diskontfaktor und n die Anzahl der Jahre, nach denen das Kapital getilgt sein soll, so beträgt die jährliche Tilgungsquote in % des Anlagekapitals

$$a = 100 \frac{q-1}{q^n-1}, \text{ die Annuität } a_1 = 100 \cdot \frac{q^n \cdot (q-1)}{q^n-1}.$$

c) Abschreibungen oder Erneuerungsrücklagen. Durch Ansammlung eines entsprechenden Barbetrages (Erneuerungsfonds) wird erzielt, daß im Augenblick der völligen Abnützung einzelner Teile der Anlage die nötigen Mittel zur Neubeschaffung vorhanden sind. Die jährliche Abschreibungsquote in Prozenten des Anschaffungswertes ergibt sich aus der Gleichung für die Tilgungsquote, wobei n die Lebensdauer der der Abnützung unterliegenden Teile und p den Zinsfuß bedeuten, zu dem der anwachsende Erneuerungsfonds bis zur Inanspruchnahme angelegt werden kann. Außerdem ist noch der Altwert der betreffenden Bauten oder Maschinen zu berücksichtigen. Es empfiehlt sich, die Abschreibungen den Betriebsergebnissen anzupassen und sie in den ersten Jahren niedriger, später höher zu halten.

Die Lebensdauer in Jahren für die einzelnen Teile einer Wasserkraftanlage kann angenommen werden für:

Erd- und Wasserbauten	50 bis 100 Jahre	Schaltanlagen	15 Jahre
Gebäude	50 „	Eiserne Maste	30 „
Turbinen	20 „	„ „ Anstrich	3 bis 5 „
Generatoren	20 „	Holzmaste, nicht imprägniert	5 „
Transformatoren	20 „	„ imprägniert	12 bis 15 „

Tabelle für die jährlichen Tilgungs- bzw. Abschreibungsquoten (a-Werte)

n Tilgungs- bzw. Lebensdauer in Jahren	Zinsfuß in p %							
	1	2	3	4	5	6	7	8
2	49,8	49,5	49,2	49,0	48,78	48,3	48,2	48,1
3	33,0	32,6	32,3	32,0	31,7	31,5	31,1	30,8
4	24,6	24,3	23,99	23,55	23,2	22,86	22,5	22,2
5	19,6	19,2	18,84	18,46	18,1	17,73	17,35	17,0
6	16,3	15,8	15,5	15,1	14,7	14,30	13,95	13,6
7	13,9	13,4	13,1	12,7	12,3	11,9	11,62	11,2
8	12,1	11,7	11,2	10,9	10,5	10,1	9,75	9,39
9	10,7	10,2	9,8	9,4	9,1	8,7	8,35	8,01
10	9,56	9,14	8,72	8,33	7,95	7,59	7,25	6,92
11	8,64	8,24	7,81	7,43	7,05	6,68	6,34	6,00
12	7,89	7,46	7,05	6,66	6,28	5,93	5,60	5,27
13	7,25	6,80	6,39	6,01	5,64	5,29	4,98	4,65
14	6,69	6,25	5,85	5,47	5,10	4,75	4,44	4,14
15	6,20	5,78	5,37	4,99	4,63	4,30	3,98	3,68
16	5,76	5,36	4,96	4,58	4,22	3,90	3,68	3,30
17	5,42	5,00	4,60	4,22	3,87	3,54	3,25	2,96
18	5,10	4,68	4,27	3,90	3,56	3,23	2,93	2,68
19	4,81	4,37	3,98	3,60	3,28	2,96	2,68	2,41
20	4,54	4,12	3,72	3,36	3,02	2,72	2,44	2,18
30	2,88	2,46	2,10	1,78	1,51	1,26	1,06	0,88
40	2,04	1,66	1,33	1,05	0,83	0,65	0,50	0,386
50	1,55	1,18	0,89	0,66	0,48	0,34	0,246	0,174
60	1,22	0,88	0,61	0,42	0,28	0,19	0,123	0,08
70	0,99	0,67	0,43	0,27	0,17	0,10	0,062	0,037
80	0,82	0,52	0,31	0,18	0,10	0,057	0,031	0,017
90	0,69	0,405	0,23	0,12	0,063	0,032	0,016	0,008
100	0,59	0,320	0,165	0,08	0,038	0,018	0,008	0,004

d) Sicherungs- oder Risikorücklagen. Sie werden nicht bei jedem Werke berücksichtigt. Sie sollen besonders bei Maschinen, u. zw. noch vor ihrer völligen Abnützung, einen Ersatz ermöglichen, z. B. wenn hierdurch infolge besonderer Erfindungen oder Verbesserungen an Maschinen die Gesamtwirtschaftlichkeit des Werkes gehoben werden kann.

Ad 2. Die unmittelbaren oder eigentlichen Betriebskosten entstehen durch:

a) Unterhaltung und Ausbesserung. Hierher gehören die Kosten für Behebung von Hochwasserschäden, ständige Baggerungen, Dichtungsarbeiten, Auswechseln der Turbinenleitschaufeln usw. Man setzt diese Kosten mit 0,5 bis 1% von A in Rechnung;

b) Personalkosten, also die Gehälter und Löhne für das Betriebspersonal; sie sind in jedem Fall überschlägig zu errechnen und in Prozenten von A auszudrücken;

c) Betriebsmittel. Umfassen die Kosten für Putz- und Schmiermittel. Diese werden etwa gleich den Personalkosten einzusetzen sein;

d) allgemeine Geschäftsunkosten. Für jährliche Entschädigungen (Flurschäden), Steuern, Personal- und Sachversicherungsprämien.

Die so ermittelten Jahreskosten, geteilt durch die Anzahl der im Jahre abgegebenen kWh (Jahresmittelleistung des Werkes), geben die Kosten für die kWh, die zur Beurteilung der Wirtschaftlichkeit des Werkes vom rein kaufmännischen Standpunkte aus, ohne Berücksichtigung sonstiger volkswirtschaftlicher Vorteile von Wasserkraftanlagen für kohlenarme Länder, in Vergleich gestellt werden mit den Kosten einer kWh, die aus anderen Energiequellen gewonnen wird.

Für überschlägige Wirtschaftlichkeitsberechnungen von Wasserkraftanlagen werden die Jahreskosten mitunter einfach berechnet aus

$$\frac{1}{100}(p+3)\cdot A,$$

wobei p den Zinsfuß bedeutet, die Tilgung mit 0,5% und alle übrigen Jahreskosten mit 2,5% des Anlagekapitals eingesetzt sind. Also betragen z. B. für 7% Verzinsung die Jahreskosten 10% der Anlagekosten.

Beispiel. Eine Wasserkraftanlage nützt das Gefälle eines Flusses aus, indem eine große Schleife desselben durch eine geradlinige, 10 km lange Oberwasserleitung mit 0,8‰ Sohlengefälle (Freispiegelstollen) abgeschnitten wird. Der Wasserspiegel an der Entnahmestelle liege auf Kote 500,00, jener an der Einmündungsstelle des Unterwassers in den Mutterfluß auf 150,00. Der Unterwassergraben habe eine Länge von 10 m und 0,8‰ Sohlgefälle. Die konsentierte Ausbauwassermenge beträgt $Q_B = 12{,}0\ \mathrm{m^3/sek}$, das Jahresmittel des Betriebswassers $Q_M = 8{,}5\ \mathrm{m^3/sek}$. Es werden Francis-Spiralturbinen mit 85% Wirkungsgrad und Drehstromgeneratoren mit 96% Wirkungsgrad und $\cos\varphi = 1$ verwendet. Die Kraftanlage ist mit einer 150 km langen Fernleitung mit dem Absatzgebiet verbunden. Der Ausnützungsfaktor beträgt 90%. Die reinen Baukosten werden auf Grund eines Projektes mit *S 38000000* errechnet und zergliedern sich diese Gesamtbaukosten im Sinne der untenstehenden Tabelle. Es ist die Wirtschaftlichkeit der Anlage nachzuweisen.

1. Ermittlung der Leistung des Kraftwerkes. Rohgefälle $H = 500{,}00 - 350{,}00 = 150{,}00$ m. Stationsgefälle $H_S = 150 - (h + 0{,}0008\cdot 10000) - (0{,}0008\cdot 10)$. Die Verluste h (Schützen, Rechen, Einbauten usw.) werden mit 0,80 m angenommen, sonach $H_S = 141{,}192$ m, Nettogefälle $H = 141{,}192 - h - \Delta h$; für $h = 0{,}60$ m und $\Delta h = 1{,}20$ m ergibt sich $H = 139{,}392$ m.

Ausbauleistung ab Turbinenwelle $N = \frac{1000\cdot 12\cdot 139{,}392\cdot 0{,}85}{75} = 19\,000$ PS.

Mittlere Leistung ab Turbinenwelle $N = \frac{1000 \cdot 8{,}5 \cdot 139{,}392 \cdot 0{,}85}{75} = 13{,}420$ PS

„ „ „ Generator $N = 0{,}736 \cdot 13\,420 \cdot 0{,}96 = 9500$ kW

Jahresmittelleistung loko Werk $N = 9500 \cdot 8760 = 83\,200\,000$ kWh.

Der Wirkungsgrad der Kraftübertragung ergibt sich aus

dem Wirkungsgrad bei der Transformierung im Werk $\eta_{Tr} = 0{,}98$

„ „ „ „ „ am Verbrauchsort $\eta_{Tr} = 0{,}98$

„ „ der Fernleitung $\eta_F = 0{,}94$

mit $\eta = 0{,}98 \cdot 0{,}98 \cdot 0{,}94 = 90{,}2\%$,

sonach kommen per Jahr am Verbrauchsorte an:

$$N = 0{,}902 \cdot 83\,200\,000 = 75\,000\,000 \text{ kWh},$$

wovon bei dem Ausnützungsfaktor $a = 0{,}90$ nutzbar abgegeben werden können:

$$N = 0{,}9 \cdot 75\,000\,000 = 67\,500\,000 \text{ kWh}.$$

2. Ermittlung der jährlichen Betriebskosten. Für Interkalarien, Bauleitung usw. werden 15% der reinen Baukosten angenommen, so daß sich das Anlagekapital mit

$$A = 1{,}15 \cdot 38\,000\,000 = 43\,700\,000 \text{ S}$$

ergibt. Dieses Anlagekapital soll mit 6% verzinst und in 50 Jahren getilgt werden.

Die weitere Berechnung der Jahreskosten in Prozent des Anlagekapitals ist unter Benützung der früher gegebenen Amortisationstabelle der folgenden Zusammenstellung zu entnehmen.

Tabelle für die Berechnung der jährlichen Betriebskosten

Gegenstand		Reine Baukosten B: Hochbau	Wasserbau: Wehr	Wasserbau: Sonstiges, Stollen usw.	Einrichtung: masch.	Einrichtung: elektr.	Summe Kolonne 1 bis 5	Anteilige Kosten an der Fernleitung	Gesamtsumme 6 + 7	Interkalarien usw. 15%	Anlagekapital A
Kolonne		1	2	3	4	5	6	7	8	9	10
Kosten in Millionen Schilling		1,3	0,7	23,8	1,5	3,4	30,7	7,3	38,0	5,7	43,7
Jährliche Betriebskosten, mittelbar: a) Verzinsung	in % der Baukost.	—	—	—	—	—	—	—	—	—	6,0
b) Tilgung $n = 50$ Jahre, $p = 6\%$	in % der Baukost.	—	—	—	—	—	—	—	—	—	0,34
c) Abschreibung: Lebensalter in Jahren		50	30	70	20	20	—	25	—	—	—
Altwert in %		10	—	—	5	5	—	—	—	—	—
Abschreibungsquote bei 4% Zinsfuß: ohne Rücksicht auf Altwert	in % der darüberstehenden Baukosten	0,655	1,783	0,27	3,358	3,358	—	2,406	—	—	—
Abschreibungsquote bei 4% Zinsfuß: mit Rücksicht auf Altwert	in % der darüberstehenden Baukosten	0,58	1,783	0,27	3,19	3,19	0,595	2,406	0,94	—	0,82
d) Risikorücklagen	in % der darüberstehenden Baukosten	—	—	—	—	—	—	—	—	—	—
unmittelbar: a) Unterhaltung	in % der darüberstehenden Baukosten	—	—	—	—	—	—	—	—	—	0,75
b) Personalkosten	in % der darüberstehenden Baukosten	—	—	—	—	—	—	—	—	—	0,50
c) Betriebsmittel	in % der darüberstehenden Baukosten	—	—	—	—	—	—	—	—	—	0,30
d) Allg. Unkosten	in % der darüberstehenden Baukosten	—	—	—	—	—	—	—	—	—	0,40

Summe der jährlichen Betriebskosten in % des Anlagekapitals 9,11

Summe der jährlichen Betriebskosten in S .... $0{,}0911 \cdot 43\,700\,000 = 3\,981\,070$ S

Die Kosten der durch die vorliegende Wasserkraftanlage erzeugten und nutzbar abgegebenen kWh ergeben sich sonach loko Verbrauchsort mit

$$k = \frac{3\,981\,070}{67\,500\,000} = 0{,}059\ \mathrm{S} = 5{,}90\ \text{Groschen.}$$

Man sieht, daß die Kosten der aus Wasserkraft gewonnenen Energie am stärksten durch die Höhe des für das Leihkapital ausbedungenen Zinsfußes beeinflußt werden.

D. Kosten und Einzelheiten von Wasserkraftanlagen

Kostenvergleiche mit ausgeführten Werken liefern kein richtiges Bild; die Einführung eines Umrechnungs- oder Teuerungsfaktors erfaßt nicht alle geänderten Verhältnisse. Die Kosten müssen also für jeden Fall an Hand der dem Projekte entnommenen Ausmaße und der jeweils geltenden Einheitspreise errechnet werden.

Schönberg-Glunk (siehe Quellenverzeichnis unter 2) geben die Kosten ganzer Wasserkraftanlagen ohne Kosten für Kapitalbeschaffung und Bauzinsen und ohne Transformatoranlagen an, aufgebaut auf den in Deutschland im Frühjahr 1925 geltenden Verhältnissen per Kilowatt Ausbauleistung.

Für Niederdruckanlagen mit	....	650 bis 940 Mark
,, Hochdruckanlagen ,,	....	300 ,, 470 ,,
,, Talsperrenanlagen ,,	....	620 ,, 940 ,,

Hinsichtlich der Ausbauwürdigkeit einer Wasserkraftanlage wird dort bemerkt: Bei einem Zinsfuß von 8% und einer jährlichen Benützungsdauer von 6000 Stunden für die Ausbauleistung ist unter Voraussetzung eines Kohlenpreises von 25 bis 30 Mark per Tonne eine Wasserkraft mit 1800 Mark per kW Ausbauleistung noch als ausbauwürdig zu bezeichnen.

Wehranlagen. Man unterscheidet feste und bewegliche Wehre. Bei ersteren wird der Staukörper als feste Mauer aus Beton, Mauerwerk oder in aufgelöster Bauweise aus Eisenbeton hergestellt. Der Aufstau bleibt immer gleich, die Hochwasser- und Geschiebeabfuhr erfolgt über die Wehrkrone.

Bei den beweglichen Wehren besteht der Staukörper aus einem oder mehreren beweglichen Teilen, die nicht nur eine Veränderung des Staues, sondern auch eine regulierbare Abfuhr von Hochwässern, Geschiebe und Eis gestatten. Die vollkommenste Art von beweglichen Wehren stellen die selbsttätigen (automatischen) Wehre dar, die unabhängig von der Wachsamkeit des Wärters bei Überschreitung einer bestimmten Stauhöhe sich teilweise oder ganz niederlegen und so das Durchflußprofil teilweise oder ganz für die unschädliche Abfuhr des Hochwassers freigeben.

Die am meisten verwendeten beweglichen Wehre sind die Schützenwehre, die für kleinere Öffnungen als Gleitschützen aus Holz oder Eisen, für größere Öffnungen als Rollschützen (Stoneyschützen) ausgebildet sind. Für große Wehranlagen in Strömen werden die Schützen mehrteilig ausgebildet.

Walzenwehre bestehen aus einer eisernen Walze, die durch Aufwalzen das Durchflußprofil freigibt. Sie werden für den Abschluß großer Öffnungen ausgeführt.

Klappen- und Segmentwehre werden meistens als beweglicher Aufbau auf eine feste Wehrschwelle verwendet.

Die wichtigsten selbsttätigen Wehre sind die hydraulischen Dachwehre und die Stauklappen. Bei ersteren erfolgt sowohl die Einhaltung der Ruhestellung im aufgestellten Zustand als auch die selbsttätige sowie zwangsweise herbeigeführte Bewegung, das ist das Niederlegen und Aufstellen durch den Wasserdruck ohne jede weitere Antriebskraft; bei letzteren ist die Ruhestellung durch Ausbalancierung des Wasserdruckes durch ein Gegengewicht erreicht. Das Niederlegen erfolgt bei Überschreitung des normalen Staues durch den das Gegengewicht überwiegenden Wasserdruck, das selbsttätige Aufstellen bei Unterschreitung des Staues. Die selbsttätige Bewegung erfolgt also auch hier auf rein hydraulischem Wege, während die zwangsweise herbeigeführte Bewegung bei den sogenannten Untergewichtsklappen auf hydraulischem Wege, bei den Obergewichtsstauklappen auf mechanischem Weg erfolgt.

Die Hauptabmessungen eines Wehres sind durch die Menge des abzuführenden Hochwassers sowie die Stauhöhe bedingt, welch letztere unter Bedachtnahme auf den sich flußaufwärts auf eine gewisse Strecke (Stauweite) bemerkbar machenden Aufstau konsensmäßig festgelegt wird.

Die wesentlichen Bestandteile einer normalen Wehr- oder Wasserfassungsanlage gehen aus der Abb. 7 hervor. Unterhalb des Staukörpers wird das Flußbett zur Verhinderung von Auskolkungen durch ein Sturzbett geschützt.

Neben den eigentlichen Wehröffnungen ist der Grundablaß angeordnet, der zur Abfuhr der im Stauweiher sich bildenden Ablagerungen bestimmt ist und gewöhnlich vor dem Einlauf liegt. Der Einlauf ist durch die Einlaufschwelle mit Grobrechen und darüber angeordnete Hochwasserschutzwand gebildet. Im Einlaufbecken setzt sich der über die Einlaufschwelle noch hereingelangte grobe Schotter ab und wird durch die Kiesschleuse zeitweilig in den Fluß zurückgespült. Soll das Betriebswasser von dem feinkörnigen Sande befreit werden (größere Lebensdauer der Turbinenbestandteile), dann muß das Einlaufbecken zu einem Klärbecken ausgestaltet werden, welches das Wasser mit einer so geringen Geschwindigkeit durchfließt, daß der schwere Sand Zeit hat, sich zu Boden zu setzen. Eine weitaus vollkommenere Entsandung des Betriebswassers wird durch die Entsandungsanlagen (Patente Ing. Büchi und Ing. Dufour) erzielt, die entweder an Stelle des Einlaufbeckens oder an anderer passender Stelle des Oberwasserkanals eingebaut werden. Der eigentliche Kanaleinlauf ist durch die Einlaufschützen abgeschlossen, zuweilen durch einen zweiten, etwas engeren Grobrechen. Um zu verhindern, daß eine größere Wassermenge, als konsensmäßig gestattet ist, in den Oberwasserkanal eintritt, wird meistens ein Streichwehr angeordnet, über welches das überschüssige Wasser in den Fluß zurückfließt.

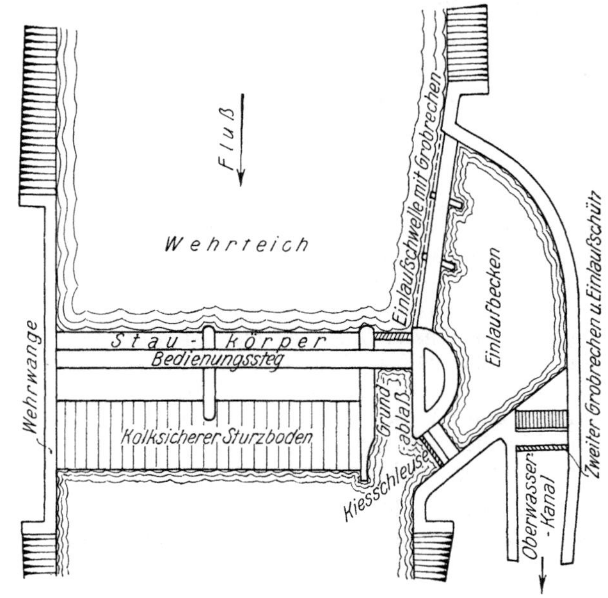

Abb. 7. Schema einer Wehranlage

Die Kosten von Wehranlagen setzen sich zusammen aus den Kosten der einzelnen Verschlußarten und aus jenen der Pfeiler und der sorgfältigst durchzubildenden Fundierung, die jedoch, als von den jeweiligen Verhältnissen abhängig, fallweise zu ermitteln sind. Ludin (siehe Quellenverzeichnis unter 3) gibt für einige ausgeführte Wehre sowohl die Gesamtkosten als auch die auf den Quadratmeter Abschlußwand, das ist die nutzbare Höhe h mal lichter Breite b, und schließlich die auf die Einheit $b h^{1,5}$ entfallenden Gesamtkosten an. Es betragen bei G Gesamtkosten:

für Schützenwehre bei $b = 2 \times 15$ m und $h = 3,75$ m die Kosten $\frac{G}{b\,h} = 1170$ Mark,

$\frac{G}{b\,h^{1,5}} = 605$ Mark;

für Losständerwehren bei $b = 15,8$ m und $h = 2,20$ m die Kosten $\frac{G}{b\,h} = 834$ Mark,

$\frac{G}{b\,h^{1,5}} = 561$ Mark;

für Stoneyschützen bei $b = 10 \times 17{,}5$ m und $h = 9{,}0$ m die Kosten $\frac{G}{b\,h} = 658$ Mark, $\frac{G}{b\,h^{1,5}} = 214$ Mark;

für kleine Gleitschützen bei $b = 5 \times 11{,}27$ m und $h = 2{,}13$ m die Kosten $\frac{G}{b\,h} = 346$ Mark, $\frac{G}{b\,h^{1,5}} = 239$ Mark;

für Klappenwehre bei $b = 8{,}4$ m und $h = 0{,}8$ m die Kosten $\frac{G}{b\,h} = 542$ Mark, $\frac{G}{b\,h^{1,5}} = 610$ Mark.

Stollen. Bei größeren Stollenlängen bilden die hierfür auflaufenden Kosten einen Hauptteil der gesamten Anlagekosten; die gesammelten Erfahrungszahlen lassen sich aber am schwersten für einen bestimmten Fall anwenden, da hier die angetroffenen Verhältnisse, vor allem die Beschaffenheit des angefahrenen Gebirges, der Wasserzudrang in Stollen, die Kosten wesentlich beeinflussen.

So beträgt der bei dreischichtigem Betrieb (24 Stunden) erreichte Tagesfortschritt beim Vortrieb bis zu 7 m und darüber, bei gleicher Belegschaft, jedoch bei einem anderen Mundloch desselben Stollens, oft nur Bruchteile eines Meters. Ebenso schwankt der Dynamitverbrauch per Kubikmeter Ausbruch von 0,3 bis zu 6 bis 7 kg. Nach Schönberg-Glunk (siehe Quellenangabe unter 2) betragen die Kosten fix und fertig ausgemauerter Wasserstollen *52 bis 133 Mark* per Laufendmeter und per Quadratmeter lichter Stollenfläche. (Für offene Kanäle werden daselbst diese Kosten mit *4 bis 11 Mark* per Laufendmeter und per Quadratmeter benetztem Querschnitt angegeben.[1]) Die Kosten eines Wasserstollens setzen sich zusammen aus den Kosten für den Vortrieb einschließlich allfällig notwendiger Zimmerung und jenen für die Mauerung und die Aufbringung des Verputzes (Glattschliff).

Für überschlägige Kalkulationen kann man für mittlere Verhältnisse die Stollenkosten ausschließlich Unternehmergewinn und Außeninstallation wie folgt berechnen.

1. Ausbruch per Kubikmeter voll ausgebrochenes Profil, das ist Vortrieb und Ausweitung:

a) Löhne:

Aufseher	1,5 Stunden
Mineure und sonstige Professionisten	9,0 ,,
Schlepper	7,5 ,,

Bei starkem Wasserzudrang 20 bis 30% Zuschlag zu den Löhnen.

b) Material:

Dynamit	2 kg
Kapseln	5 Stück
Zündschnur	6 m

Sonstiges Material, wie Karbid, Kohle, Bohrstahl, rund 25% der Kosten für Dynamit.

Bei Ausbau: Rundholz ...... $0{,}15\ m^3$
Schnittholz .... 0,08 ,,

Der Vortrieb der Stollen erfolgt gewöhnlich dreischichtig. Für die Bohrarbeit werden hauptsächlich Preßluftbohrhämmer mit einem Gewichte von 12 bis 18 kg verwendet, so daß ein Bohrer von einem Mann gehalten werden kann. Als Sprengstoffe werden in den verschiedensten Zusammenstellungen und unter den verschiedensten Namen Gemische von Nitroglyzerin, Ammonsalpeter und Zumischstoffen verwendet, die Dynamite bzw. als wirksamster Sprengstoff Nitroglyzerin und Kollodium — die

[1]) Die Kosten sind aufgebaut auf einem Richtlohn für Facharbeiter von 80 *Pfennig* per Stunde und den Zementkosten von *50 Mark* per Tonne.

Sprenggelatine —, für leichtere Schüsse Ammonsalpetersprengstoffe. Der durchschnittliche Tagesfortschritt kann für den Vortrieb mit 3 bis 3,5 m angenommen werden.

2. Die Ausmauerung erfolgt in Stampfbeton bei Freispiegelstollen etwa mit einem Mischungsverhältnis von 1:5 bis 1:6 für die Gewölbe und 1:8 bis 1:9 für die Widerlager, bei Druckstollen allenfalls auch Bewehrung und Anordnung einer dichtenden Schichte auf der Innenseite (Torkret, Blechverkleidung). Die Betonierleistungen schwanken je nach den örtlichen Verhältnissen (zur Verfügung stehender Stollenquerschnitt) zwischen 21 und 36 m³ per 24 Stunden.

Stollenmauerwerk per Kubikmeter:

a) Löhne:		b) Material:	
Aufseher	1,1 Stunden	Zement, durchschnittlich	250 kg
Maurer	8,0 „	Sand und Schotter, durchschn.	1,3 m³
Handlanger	10,0 „	Schalung, durchschnittlich	3,00 m²
Schlepper	6,0 „		

Bei starkem Wasserzudrang Zuschläge von 10 bis 15% zu den Löhnen.

3. Der Glattschliff per Quadratmeter:

a) Löhne:		b) Material:	
Aufseher	0,15 Stunden	Zement	16 kg
Maurer	2,00 „	Sand	0,03 m³
Schlepper	0,30 „		

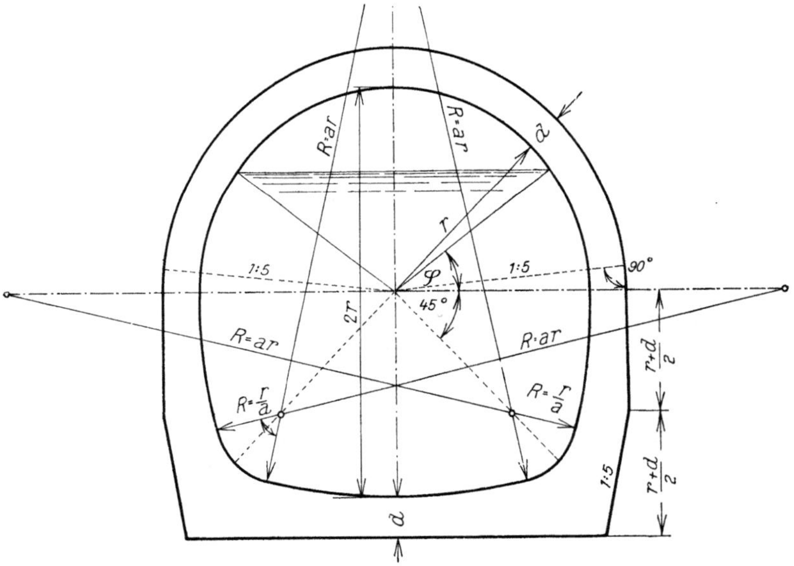

Abb. 8. Profil für einen Freispiegelstollen

Als Profilform für die Wasserstollen wird in allen jenen Fällen, wo es sich um inneren Überdruck (Druckstollen) oder um von außen rings um das Profil wirkenden Gebirgsdruck (Freispiegelstollen in blähendem Gebirge) handelt, mit Vorteil die Kreisform gewählt (statisch günstigste Form). Für unter normalen Verhältnissen zu bauende Freispiegelstollen ist Profil Abb. 8 besonders geeignet, da es bei günstigster hydraulischer Leistungsfähigkeit sich dem trapezförmig ausgebauten Ausbruchprofil sehr gut anpaßt (Minimum an Ausbruchsfläche, siehe Quellenverzeichnis unter 4). Mit den in der Abbildung eingetragenen Bezeichnungen bestehen für a = 3 folgende Beziehungen:

volle lichte Profilfläche .... $F_{voll} = 3{,}3759\ r^2$
voller innerer Umfang .... $U_{voll} = 6{,}6038\ r$
voller hydraulischer Radius .... $R_{voll} = 0{,}5112\ r$
volle Ausbruchsfläche .... $A_{voll} = 3{,}55\ (r + d)^2$
Mauerungsfläche .... $M = A_{voll} - F_{voll}$

Für die durch den Winkel φ gekennzeichnete Füllung ist

$$F\varphi = 1{,}805\ r^2 + \frac{r^2}{2} \cdot (2\ \varphi + \sin 2\ \varphi)$$

$$U\varphi = 3{,}4622\ r + 2\ r\ \varphi.$$

Ist die Wassermenge Q in m³/sek gegeben, so rechnet sich das erforderliche Stollenprofil (r) mit den früher gegebenen Gleichungen, wobei als Wassergeschwindigkeit $v = 1{,}0$ bis 2,5 m/sek bei Freispiegelstollen und $v = 2{,}0$ bis 3,5 m/sek bei Druckstollen einzuführen ist.

Für Erdkanäle wird die Geschwindigkeit etwas kleiner gewählt, etwa $v = 0{,}5$ bis 1,25 m/sek.

Bei kleinen Wassermengen wird für die Bemessung der Stollenfläche oft der Umstand maßgebend sein, daß für die Ermöglichung des Vortriebes, der Ausmauerung und der bequemen Begehungsmöglichkeit während des Betriebes ein gewisses Mindestprofil eingehalten werden muß. Unter eine lichte Stollenhöhe von 1,80 m wird man selten gehen. Die Breite kann bis auf etwa 1,30 m im Lichten verringert werden. Die Stärke der Stollenausmauerung d richtet sich nach der Beschaffenheit des Gebirges. Für Verkleidungsmauerwerk, also bei standfestem Gebirge, wird $d = 15$ bis 20 cm, für druckhaftes Gebirge $d = 25$ bis 50 cm ausgeführt.

Für die Kostenberechnung von Stollen werden die obenangegebenen Formeln gute Dienste leisten. Beim Ausbruch ist zu beachten, daß der wirkliche Ausbruch etwa 10 bis 20% größer ist als der durch die Formel ausgedrückte rein theoretische Ausbruch.

W a s s e r s c h l o ß. Das Wasserschloß ist an der Übergangsstelle des Stollens zu der steil abfallenden Druckrohrleitung angeordnet. Bei Druckstollen hat es den Zweck, bei plötzlichem Schließen der Turbinen die Energie, die dem in Bewegung befindlichen Stolleninhalt innewohnt, abzubremsen, bei plötzlicher Inbetriebsetzung der Turbinen so lange Betriebswasser zuzuschießen, bis sich im Stollen die entsprechende Wassergeschwindigkeit einstellt. Die eigentlichen Abschlußorgane der Rohrleitung (Drosselklappen, Rohrbruchventile) sind hierbei gewöhnlich in einer eigenen Apparatenkammer untergebracht (siehe Abb. 2).

Bei Freispiegelstollen hat das Wasserschloß den Zweck, den Wasserzulauf für verschiedene Schwankungen in der Stromabnahme auszugleichen, indem für die Erzeugung von Spitzenleistungen aus seinem Wasservorrat Betriebswasser abgegeben, bei verminderter Stromabnahme das zufließende Wasser in seinem Becken gesammelt wird.

Zur Vermeidung einer unzulässigen Füllung des Beckens ist ein Überfall oder ein Heber eingebaut, der bei Erreichung und Überschreitung der maximalen Fülltiefe in Tätigkeit tritt und das überschüssige Betriebswasser durch den Leerlauf zu Tale führt. Der Leerlauf wird meist als Schußtenne ausgeführt, das ist ein steiles Gerinne aus Beton (allenfalls mit Holzverkleidung), in dem das Wasser zu Tale schießt, um entweder unmittelbar in den Mutterfluß einzumünden oder durch eine Energievernichtungsanlage — seiner Kraft beraubt und beruhigt — in denselben zu gelangen. Sonstige Einrichtungen eines Wasserschlosses: Rohrabschlußorgane, Schützen, Turbinenfeinrechen, schließlich Einrichtungen zur Abfuhr von Schlamm und Eis. Bei Freispiegelstollen für Werke mit gleichmäßiger Stromabnahme entfällt für das Wasserschloß die Aufgabe der Wasseraufspeicherung. Es hat hier lediglich die bereits erwähnten Ausrüstungen aufzunehmen und erhält daher wesentlich kleinere Abmessungen.

Rohrleitungen. Den Francis-Spiralturbinen sowie den Peltonrädern wird das Betriebswasser vom Wasserschloß aus durch eine Rohrleitung zugeführt. Als Rohrmaterial kommen Flußeisen, Gußeisen, Beton, Eisenbeton und Holz in Betracht; mitunter kommt an Stelle der Druckrohrleitung ein Druckschacht zur Ausführung, bei dem das Gebirge ganz oder teilweise die Aufgabe der Rohrwand übernimmt.

Als wichtigstes Rohrmaterial wird Siemens-Martin-Flußeisen mit einer Festigkeit von 34 bis 40 kg/mm² und einer Mindestdehnung von 25% verwendet. Die Längsnähte der einzelnen Rohre werden entweder geschweißt oder genietet; als Stoßverbindung der Rohre werden Nietmuffen oder Flanschen angeordnet. Genietete Rohre werden bis zu Innendrücken von 25 bis 30 Atm. hergestellt; sie haben gegenüber geschweißten Leitungen den Nachteil eines größeren Druckhöhenverlustes und eines um 25 bis 30% größeren Gewichtes, hingegen muß als Vorteil die eindeutige statische Berechnungsmöglichkeit der Nietverbindung hervorgehoben werden, während man die Festigkeit der Schweißnaht nicht rechnerisch ermitteln, sondern nur auf Grund von Versuchswerten einführen kann. Die Blechstärke eines unter Innendruck stehenden Rohres rechnet sich aus der Kesselformel mit

$$\delta = \frac{d \cdot p}{2 \cdot \sigma_{zul}} \text{ und } \sigma_{zul} = \frac{K_z \cdot \varphi}{n} \begin{pmatrix} \sigma_{zul} \text{ für Flußeisen} = 800 \text{ kg/cm}^2 \\ \sigma_{zul} \text{ für Gußeisen} = 200 \text{ kg/cm}^2 \end{pmatrix},$$

wobei bedeuten

δ = Wandstärke in cm,
d = Rohrdurchmesser in cm,
p = Innendruck in Atm. (kg/cm²),
K_z = Zerreißfestigkeit des Blechmaterials in kg/cm²,
φ = bei geschweißten Rohren das Güteverhältnis der Schweißnaht ($\mathbf{k} = 0{,}85 - 0{,}95$),
φ = bei genieteten Rohren das Güteverhältnis, d. i. das Verhältnis der Festigkeit des durch die Nietlöcher geschwächten Bleches zur Zerreißfestigkeit des vollen Bleches. Für den Nietdurchmesser d und die Nietteilung t ist

$$\varphi = \frac{t - d}{t},$$

n = Sicherheitsgrad.

Das Gewicht eines eisernen Rohres per Laufendmeter rechnet sich mit genügender Genauigkeit aus (siehe Quellenverzeichnis unter 1)

$$g = \frac{d\,\delta}{4},$$

hierbei ist g das Gewicht in kg/Lfm, d der Rohrdurchmesser in cm, δ die Rohrwandstärke in mm.

Die genauen Gewichte und zulässigen inneren Betriebsdrücke für gerade, glatte, geschweißte Rohre aus Flußeisen sind in der folgenden Tabelle (siehe Quellenverzeichnis unter 5) zusammengestellt.

Tabelle
für die Gewichte und zulässigen Innendrücke geschweißter, gerader, glatter Rohre

Lichter Durchmesser in mm	Wandstärken in mm														
	6	7	8	9	10	11	12	13	14	15	16	17	18	19	20
300	46,1	53,8	61,9	69,7	77,7	85,5	93,4	102,3	110,5	118,8	127,3	135,7	144	—	—
	30,5	35,5	41	46	51	56	61	65,5	71,5	76,5	81,5	87	92	—	—
350	53,6	62,7	72	81	90,2	99,4	108,9	118,6	128,3	137,7	147,2	156,9	166,7	176,5	186
	26	30,5	35	39,5	43,5	48	52,5	57	61	65,5	70	74	78,5	83	87
400	61,2	71,4	81,8	92,3	102,9	113,4	124,1	135	145,5	156,6	167,1	178,4	189	200	211
	23	27	30,5	34,5	38	42	46	50	53,5	57	61	65	69	72,5	76,5
450	68,7	80,2	92,1	103,3	115,2	127	139	151,3	163,5	175,3	187,3	199,6	211,7	224	236,5
	20,5	24	27	30,5	34	37,5	41	44	47,5	51	54,5	58	61	64,5	68
500	76,2	89,1	102,1	114,5	127,9	140,8	154,4	167,4	180,7	194	207,4	220,8	234,2	247,9	261,2
	18,5	21,5	24,5	27,5	30,5	33,5	36,5	39,5	43	46	49	52	55	58	61
600	91,4	106,7	122,2	137,7	152,8	168,2	184,3	200,5	215,5	232	247,8	263,5	278,8	295,2	312
	15	18	20,5	23	25,5	28	30,5	33	35,5	38	41	43,5	46	48,5	51
700	106,4	124,2	142	160,1	178,4	196	214	231,5	251	269,5	288	306	324,5	343,2	362,4
	13	15	17,5	19,5	22	24	26,5	28,5	30,5	32,5	35	37	39,5	41,5	43,5
800	121,8	142,2	162,5	182,2	203,6	224,1	244,5	265,5	286	307,5	328	348,8	371	390,5	412,3
	11,5	13,5	15,5	17	19	21	23	25	26,5	28,5	30,5	32,5	34,5	36,5	38
900	136,7	159,5	182,6	205,5	228,7	251,8	274,8	298,5	321,5	345	368,1	392	415	438,5	462,3
	10	12	13,5	15	17	18,5	20,5	22	23,5	25,5	27	29	30,5	32,5	34
1000	—	177,5	202,5	228,1	254	279,3	305,9	332	357,2	382,8	409	434,5	461	487,4	514
	—	10,5	12	14	15	17	18,5	20	21,5	23	24,5	26	27,5	29	30,5
1100	—	—	223	251	279	307,2	336	364,5	392,5	420,5	449	478	505,8	534,8	564
	—	—	11	12,5	14	15,5	16,5	18	19,5	21	22,5	23,5	25	26,5	28
1200	—	—	243,3	273,3	304,2	335	365,3	396,5	427,5	459	489,5	521	552	582,4	613,5
	—	—	10	11,5	13	14	15	16,5	18	19	20,5	21,5	23	24,5	25,5
1300	—	—	263	296,2	329,3	363	395,5	430	463	497	529,8	563,2	597	630	664
	—	—	9	10,5	11,5	13	14	15	16,5	17,5	19	20	21,5	22,5	23,5
1400	—	—	—	318,5	354,5	390	426,4	462	498,5	533	569,9	607	642	677,7	715
	—	—	—	9,8	11	12	13	14	15	16,5	17,5	18,5	19,5	20,5	22
1500	—	—	—	342	380	418,2	457	495	534	572	610,1	649	687,5	726,5	765
	—	—	—	9	10	11	12	13	14	15	16,5	17,5	18,5	19,5	20,5

Die oberen Zahlen geben das Gewicht in kg/Lfm (für ein spezifisches Gewicht von 8,0), die unteren Zahlen die zulässigen Innendrücke in Atm. (kg/cm²) an, berechnet auf Grund einer 4- bis 4,7fachen Sicherheit und einer Materialfestigkeit von 34 bis 40 kg/mm².

Die Kosten für geschweißte Rohrleitungen können einschließlich Montage mit etwa 500 Mark per Tonne in Rechnung gestellt werden. Für den Unterbau offen verlegter Rohrleitungen kann man etwa 30% der Rohrkosten annehmen. Gußeiserne Druckrohrleitungen kommen nur für Kleinkraftanlagen mit niedrigen Innendrücken in Frage. Druckrohre aus Beton werden bis etwa 1 m Durchmesser erzeugt und vermögen nur ganz kleinen Innendrücken standzuhalten.

Eisenbetondruckrohre sind für größere Durchmesser und Innendrücke bis etwa 5 Atm. überall dort am Platze, wo zufolge horizontaler Lage des Rohres oder ungleichmäßig verteilter Außendrücke (Überschüttung, Verkehrslast) in den Rohrwänden Momentenwirkungen auftreten, für deren Aufnahme zufolge der großen Wandstärken bei diesem Rohre wesentlich größere Widerstandsmomente zur Verfügung stehen als bei eisernen Rohren. Sie werden gewöhnlich mit doppelter Ringbewehrung (außen und innen gleich) versehen und erhalten eine Längsbewehrung von etwa 0,2%. Eisenbetonrohre kommen besonders für Unterdrückerungen als die wirtschaftlichste Anordnung in Frage.

Fabrikationsmäßig werden Eisenbetonrohre auch nach dem Schleuderverfahren hergestellt und sind als Vianini-Röhren im Handel. Die Rohre haben eine einfache oder doppelte spiralförmige Armierung und eine Längsarmierung. Die Verbindung der einzelnen Rohre erfolgt wie bei Gußrohren durch Muffen, die gleichzeitig mit dem Rohrschaft geschleudert werden. Da die Rohre Innendrücke bis zu 6 Atm. aufnehmen können, eignen sie sich auch als Druckrohrleitungen für Wasserkraftanlagen.

Die Abmessungen und Gewichte können der folgenden Tabelle entnommen werden.

D	Lichtweite in cm	10	15	20	25	30	35	40	45	50	60	70	80	90	100	125	200
L	Baulänge in cm	200	183	200	360	360	360	360	365	365	365	360	365	250	245	245	240
δ	Wandstärke in mm	20	25	30	40	40	45	45	50	50	55	60	60	65	65	70	150
G	Gewicht per m′ in kg	13	40	60	100	115	140	175	190	250	280	370	460	520	590	850	2500

Druckschächte werden an Stelle von Druckrohrleitungen dort verwendet, wo sehr gutes Gebirge vorhanden ist.

Der durch das Gebirge seiger vorgetriebene Schacht erhält eine Auskleidung aus Beton und einen inneren Eisenmantel. Die durch den Innendruck hervorgerufenen Kräfte werden durch Zusammenwirken der drei Stoffe Eisen, Beton und Gebirge aufgenommen (genaue Berechnung schwierig). Der Blechmantel wird zuweilen auch so bemessen, daß er bei alleiniger Aufnahme des gesamten Innendruckes nach der Kesselformel errechnete Spannungen erhält, die bis an die Elastizitätsgrenze heranreichen. Die Sicherheit liegt dann in der unbedingt stattfindenden Mitwirkung des Betons und Gebirges.

Als Kriterium (siehe Quellenverzeichnis unter 6) für die Wirtschaftlichkeit von Druckschächten gegenüber Druckrohrleitungen gilt die Faustformel:

$$K_a \leq \frac{(1{,}0725\,G - 1{,}32\,G_1) \cdot E}{1{,}1\,(A + 2\,M)};$$

hierbei bedeuten:
G das Eisengewicht der frei verlegten Rohrleitung in kg,
G_1 das Eisengewicht des Blechmantels im Druckschacht in kg,
A den Felsausbruch im Schachte in m³,
M die Ausmauerung im Schachte in m³,
E Preis je kg Eisen in Schilling,
K_a Preis für 1 m³ Ausbruch in Schilling.
Wenn der Ausbruchspreis K_a der obenangegebenen Bedingung entspricht, wird die Anordnung eines Druckschachtes an Stelle einer eisernen Rohrleitung in Erwägung zu ziehen sein.

Druckrohrleitungen aus Holz können bis zu Druckhöhen von 150 m, bei kleinem Durchmesser bis zu 200 m ausgeführt werden. Vorteil: Große Leichtigkeit und Elastizität, geringe Empfindlichkeit gegen Frost und geringer Druckhöhenverlust zufolge der Reibung an den Rohrwänden.

Die Rohrwände bestehen nach der Art von Fässern aus einzelnen, sorgfältig nach Radius und Umfang bearbeiteten Holzstäben, Dauben, die durch Flacheisen- oder Rundeisenbügel oder Spiralumschnürung zusammengehalten werden. Nach der Art der Herstellung unterscheidet man:

a) maschinengewickelte Rohre für Durchmesser von 100 bis 600 mm, abgestuft von 50 zu 50 mm; diese Rohre werden von der Fabrik fix und fertig in Längen von 4 und 5 m geliefert und besitzen Muffen;

b) kontinuierliche Daubenrohre in den Abmessungen von 0,5 bis 5 m Durchmesser, die, mit allem Zubehör geliefert, erst an Ort und Stelle durch fortgesetztes Ansetzen von Dauben mit um 0,80 bis 1,20 m versetzten Enden zusammengebaut werden.

Anwendungsgebiet hölzerner Turbinenleitungen:

Lichter Rohrdurchmesser in m:	5,0	4,0	3,0	2,0	1,5	1,0	0,75	0,5	kleiner als 0,5,
Innendruck bis Atm.:	4,0	4,5	6,0	8,5	11,0	14,0	15,5	17,5	20,0.

Bei Anordnung von Flacheisen- und Rundeisenbügeln ergibt sich die statische Wandstärke δ in cm aus

$$\delta = 0{,}076\, a \sqrt{p},$$

wobei a den Abstand der Bügel in cm, p den Innendruck in Atm. (kg/cm²) bedeuten (siehe Quellenverzeichnis unter 7).

Der erforderliche Bügelquerschnitt f in cm² berechnet sich aus: $f = \frac{a \cdot d \cdot p}{2\, K_z}$, wobei außer den bereits angeführten Bezeichnungen d = Rohrdurchmesser in cm, K_z = Inanspruchnahme des Eisens (800 kg/cm²) bedeuten.

Für die Bemessung der Holzwandstärke sind meist praktische Gründe maßgebend (Steifigkeit des Querschnittes, Frostschutz, Zuschlag wegen Dichtigkeit der Stöße usw.).

Krafthaus. Es ist der wichtigste Bestandteil einer Wasserkraftanlage (Krafterzeugungsstätte). Hier gelangen die Maschinen zur Aufstellung, die die Umwandlung der potentiellen Energie des Wassers in rotierende (Turbinen) und die weitere in elektrische (Stromerzeuger, Generatoren, Dynamos) vornehmen (siehe Quellenverzeichnis unter 8).

Anlage und Abmessungen des Krafthauses richten sich in erster Linie nach der Anzahl der Aggregate, die in dem Maschinensaal zur Aufstellung gelangen. Der ganze Saal wird von einem Laufkran bestrichen. Unterhalb des Fußbodens sind Kanäle für die Wasserzuleitung zu den Turbinen, deren Abführung in das Unterwasser, weiters Kanäle für die Zufuhr frischer Luft zu den Generatoren und Ableitung der Generatorabluft, schließlich solche für die Führung elektrischer Kabel- und Rohrleitungen für die Kühlung angeordnet. Meist ist anschließend an den Maschinensaal an einer Stelle mit möglichster Übersicht über den ganzen Saal der Kommandoraum errichtet, der Schaltpult und Schalttafel enthält. Die Schaltanlagen werden entweder in eigenen Gebäuden, den Schalthäusern, untergebracht oder ganz oder teilweise im Freien aufgestellt (Freiluftanlagen).

Bei dem Krafthaus müssen noch Räume vorgesehen werden für Kanzlei, Aufenthalt des Betriebspersonals, Sanität, Werkstätte, Schmiede, Magazine, Batterie, Telephon- und Signalanlagen. Für das Betriebspersonal werden in der Nähe des Krafthauses Wohnhäuser gebaut. An Hilfseinrichtungen sind jene für die Beschaffung des notwendigen Kühlwassers, Aufbewahrung des erforderlichen Öles, Überprüfung der Wasserzuleitung durch Wasserstandfernmelder, Signalapparate und Telephone, Transport der Maschinen und Apparate (Geleiseanlagen und Transportwagen) zu nennen. Größere Werke erhalten womöglich direkten Bahnanschluß.

Kosten von Krafthäusern nach Schönberg-Glunk (siehe Quellenverzeichnis unter 2). Sie betragen, aufgebaut auf den Verhältnissen in Deutschland im Frühjahr 1925, per 1 m³ umbauten Raumes: für Maschinenhäuser (ohne Maschinenfundamente) mit einem umbauten Raume

von 10000 bis 25000 m³	22 bis 21 Mark
„ 25000 „ 50000 „	21 „ 20 „
über 50000 m³	19 „ 18 „

für Transformatorenhäuser

von 5000 bis 10000 m³	26 bis 25 Mark
„ 10000 „ 25000 „	25 „ 24 „
über 25000 m³	23 „ 22 „

für Betriebs- und Verwaltungsgebäude, Werkstätten

bis 5000 m³	28 bis 26 Mark
über 5000 „	26 „ 24 „

Der umbaute Raum wird gemessen von Außenwand zu Außenwand und von Fundamentsohle, bei Maschinenhäusern vom Fußboden des Maschinensaales, bis zur mittleren Dachfläche.

Für die Ermittlung der Kosten der unterhalb des Maschinensaalfußbodens gelegenen Bauherstellungen empfiehlt es sich, die Kubator des ganzen Klotzes, ohne Beachtung der Ausnehmungen für die verschiedenen Kanäle, zu errechnen und hierfür den geltenden Einheitspreis für Stampfbeton, etwa 1:5 gemischt, einzusetzen.

Fernleitungen. Der elektrische Teil des Freileitungsbaues umfaßt die Auswahl, Anordnung und Bemessung der Leiter, der mechanische jene des Leitungsgestänges, also der Maste und deren Fundamente.

Als Leiter (Drähte, Seile) kommt in erster Linie Kupfer in Frage, das bei großer Festigkeit die größte Leitungsfähigkeit besitzt. Außer Kupfer kommen seine Legierungen als verschiedene Arten von Bronze überall dort zur Verwendung, wo es sich um Einhaltung besonderer Sicherheiten handelt, wie bei Weitspannfeldern oder Kreuzungen. Aluminium hat nur sehr geringe Festigkeit und wird, verstärkt durch eine Stahlseele als Stahlaluminium, auch für große Spannweiten und Höchstspannungen verwendet. Stahl allein kommt nur für nicht stromführende Leitungen als Erd- oder Blitzseil in Betracht.

Tabelle über einige Materialkonstanten für die wichtigsten Leiter

Gegenstand	Elektrolytkupfer		Bronze	Aluminium (99% Feingehalt)	Stahlaluminium	Stahl
	halbhart	hart				
Spez. Leitfähigkeit bei 15 °C	57	57	35	35	28	7
„ Gewicht in kg/dm³ ..	8,9	8,9	8,8	2,75	3,6	7,8
Zerreißfestigkeit für Drähte kleinen Durchmessers in kg/mm²	40	46	60	18	28	70
Spez. Wärmedehnung a, bezogen auf 1° C	$17 \cdot 10^{-6}$	$17 \cdot 10^{-6}$	$16 \cdot 10^{-6}$	$23 \cdot 10^{-6}$	—	$11 \cdot 10^{-6}$
Elastizitätsmodul in kg/cm²	$1{,}3 \cdot 10^{6}$	—	$1{,}3 \cdot 10^{6}$	$0{,}715 \cdot 10^{6}$	—	$2{,}2 \cdot 10^{6}$
Preis[1]) für Seile in Mark/kg	1,60	1,60	2,30	2,90	2,10	0,30

[1]) Siehe Quellenverzeichnis.

Tabelle für die Ermittlung der Leitergewichte

Querschnitt	Kupfer			Aluminium			Eisen		
	Anzahl und Durchmesser der einzelnen Drähte	Gesamtaußendurchmesser	Gewicht per 1000 m	Anzahl und Durchmesser der einzelnen Drähte	Gesamtaußendurchmesser	Gewicht per 1000 m	Anzahl und Durchmesser der einzelnen Drähte	Gesamtaußendurchmesser	Gewicht per 1000 m
mm²	mm	mm	kg	mm	mm	kg	mm	mm	kg
1	—	1,23	9	—	—	—	—	—	—
1,5	—	1,38	13,5	—	—	—	—	—	—
2,5	—	1,78	22,5	—	—	—	—	—	—
4	—	2,26	36	—	—	—	—	—	—
6	—	2,76	54	—	2,76	16,0	—	2,8	50
10	—	3,5	89	—	3,5	27,0	—	3,6	80
16	—	4,5	143	—	4,5	43	—	4,5	130
16	7×1,7	5,2	150	7×1,7	5,2	46	19×1,1	5,5	150
25	—	5,65	223	—	5,65	68	—	5,7	205
25	7×2,1	6,5	234	7×2,1	6,5	71	19×1,3	6,5	210
35	7×2,5	7,7	328	7×2,5	7,7	100	19×1,6	8,0	320
50	14×2,1	9,2	468	14×2,1	9,2	143	19×1,8	9,0	400
70	19×2,1	10,9	655	19×2,1	10,9	200	37×1,6	11,2	625
95	19×2,5	12,7	889	19×2,5	12,7	271	37×1,8	12,6	785
120	19×2,8	14,2	1123	19×2,8	14,2	342	49×1,8	16,2	1070
150	30×2,5	15,9	1404	30×2,5	15,9	428	49×2,0	18,0	1320

Die Bemessung der Leitungen erfolgt in statischer Beziehung auf die entsprechende Festigkeit gegen die angreifenden Kräfte (Eigengewicht, Eislast und Temperatur) und in elektrischer Beziehung auf Erwärmung, Spannungsabfall und Energieverlust.

Als Stützpunkte der Leiter (Leitungsgestänge) kommen Maste aus Holz, Eisen und Eisenbeton in Betracht. Die Entfernung der Maste (Spannweite) wird so groß als möglich gewählt, um die Anzahl der Stützpunkte möglichst zu verringern. Die Masthöhe über Terrain ergibt sich aus Sicherheitsmaß plus größter Durchhang plus Abstand der Leiter. Die normengemäßen Sicherheitshöhen betragen in Österreich (Deutschland) auf freier Strecke 5 m (6), bei Wegekreuzungen 6,0 m (7,0), bei Bahnen über Schiene 7 m (7).

Der größte Durchgang ist für $+ 40^0$ C oder $- 5^0$C plus Eisbelastung rechnerisch zu ermitteln oder Tabellenwerken (Jäger) zu entnehmen. Die Abstände der Leiter sind durch Vorschriften festgelegt.

Hinsichtlich der Art der Beanspruchung unterscheidet man:

Tragmaste, welche nur als Stützpunkte dienen und keinen Leitungszug aufzunehmen haben.

Abspannmaste werden in den Geraden alle 3 km angeordnet und so bemessen, daß sie zwei Drittel des gesamten einseitigen Leitungszuges aufzunehmen imstande sind.

Winkelmaste werden in allen horizontalen Winkeln der Leitung angeordnet und meist als Abspannmaste ausgebildet.

Kreuzungsmaste werden nach besonderen Vorschriften bei Überquerungen von Kommunikationen ausgeführt.

Endmaste, ausgeführt am Beginn und Ende der Leitung, bemessen auf vollen einseitigen Zug.

Holzmaste. Die wirtschaftlichste Spannweite muß fallweise ermittelt und kann für Linien mit einem Gesamtquerschnitt der Leitungs- und Schutzdrähte

bis	110	210	300	über 300 mm²
mit	80	60	50	40 m

angenommen werden.

Die Zopfstärke (mittlerer Durchmesser am Mastzopfe) beträgt für Betriebsspannungen über 300 V Wechselstrom oder 600 V Gleichstrom mindestens 15 cm, für Spannungen über 1000 V mindestens 17 cm; bei Richtungsänderungen mindestens 18 cm.

Unter Einhaltung der obenangegebenen Höchstwerte der Mastentfernungen berechnet sich für gerade Strecken und einfache Holzmaste die Zopfstärke Z aus:

$$Z = 1{,}2\sqrt{H \cdot D},$$

wobei D die Summe der Durchmesser aller an dem Mast verlegten Leitungen in Millimetern und H die mittlere Höhe der Leitungen am Mast in Metern bedeuten.

Alle 500 m ist ein verankerter oder gekuppelter Mast anzuordnen. Holzmaste sollen in mittlerem Boden auf eine Tiefe von 1,50 bis 2,50 m, mindestens jedoch auf ein Siebentel ihrer Länge eingegraben und gut verrammt werden.

Für die Lebensdauer von Holzmasten ist eine wirksame Imprägnierung sowie ein guter Schutz des Mastfußes von größter Bedeutung (siehe S. 530). Die Lebensdauer von Masten beträgt:

	nicht imprägniert	kyanisiert	kreosotiert
Fichte und Tanne	2 bis 4 Jahre	12 Jahre	im Mittel 15 Jahre
Lärche	6 „ 10 „		
Eiche	6 „ 7 „		

Tabelle für Hochspannungsleitungen mit eisernen Masten

(Nach Quelle unter 2)

Betriebsspannung	25 000 Volt						60 000 Volt						100 000 Volt					
Mittlere Spannweite	160 m						200 m						250 m					
Art der Leitung	Einfachleitung			Doppelleitung			Einfachleitung			Doppelleitung			Einfachleitung			Doppelleitung		
Kupferleiterquerschnitt in mm^2	1×3×25	1×3×50	1×3×70	2×3×25	2×3×50	2×3×70	1×3×50	1×3×70	1×3×95	2×3×50	2×3×70	2×3×95	1×3×70	1×3×120	1×3×185	2×3×70	2×3×120	2×3×185
Stahl-Blitzseilquerschnitt in mm^2	1×35						1×35		1×50				1×50		1×70	1×50		1×70
Übertragbare maximale Leistung in kW bei cos φ=1	2700	5400	7600	5400	10 800	15 200	13 000	18 000	25 000	26 000	36 000	50 000	30 000	50 000	80 000	60 000	100 000	160 000
Gesamthöhe eines Tragmastes in m [1])	17	15,5	15,5	18,5	17,0	17,0	18	18	17,5	20,5	20,5	20	23	22,5	22,0	26	25,5	25
Gewicht eines Tragmastes in kg, bei Schwellenfundierung	660	680	720	970	1000	1050	920	970	1010	1370	1450	1520	1300	1350	1400	2100	2250	2500
Gewicht eines Abspannmastes in kg	1200	1250	1400	1650	1850	2300	1450	1600	1950	2450	2900	3300	2350	2700	3000	4500	5000	5800
Gewicht der Kupferleitungsseile per 10 km in Tonnen	7,5	14,5	20,0	15	29	40	14,5	20,0	27,5	29,0	40,0	55,0	20,0	35,0	54,0	40,0	70,0	108,0
Eisengewicht für Trag- und Abspannmaste, Erdseil, Erdungen per 10 km in Tonnen	50	52	55,5	70	74	80	57	60	66	84	91	97	70	80	97	114	139	167
Gesamtpreis per 10 km in Mark [2])	62 000	76 000	88 000	93 000	120 000	143 000	85 000	98 000	113 000	138 000	163 000	192 000	110 000	140 000	180 000	183 000	242 000	320 000

[1]) Als Gesamthöhe gilt die Höhe vom Mastfuß bis zur Mastspitze, jedoch ohne Blitzseilträger.

[2]) Auf Grund der Preisverhältnisse in Deutschland im Frühjahr 1925.

Das Konservieren der Masteinspannstelle erfolgt durch Teerölanstriche, durch Aufschieben einer Hülse oder durch Aufsetzen des Mastes auf einen Fuß aus Eisen oder Eisenbeton.

Eiserne Maste kommen fast ausschließlich für Höchstspannungsleitungen und Spannweiten über 150 m zur Verwendung; für untergeordnete Zwecke werden sie aus [- und I-Profilen (Streckmaste) oder aus Mannesmannröhren hergestellt, für Hochspannungsleitungen als Gittertürme ausgebildet.

Anordnung und Gewichte siehe die vorhergehende Zusammenstellung, die auch die Leistungsfähigkeit der einzelnen Leitungen, die Querschnitte der Leiter- und Blitzseile, das Gewicht des Kupfers und der gesamten Eisenteile per 10 km Leitungslänge und schließlich für überschlägige Kostenberechnungen die Preise per 10 km Länge, aufgebaut auf den Verhältnissen in Deutschland im Frühjahr 1925, enthält.

Die Fundamente der eisernen Maste bestehen aus Beton (Blockfundamente), jene der Tragmaste zuweilen auch aus einem aus vier oder sechs Eisenbahnschwellen gebildeten Rost (Schwellenfundamente). Die Lebensdauer eiserner Maste kann mit 30 Jahren angenommen werden, vorausgesetzt, daß der Rostschutzanstrich etwa alle drei bis vier Jahre erneuert wird. Bei leichten Masten (Tragmasten) entfallen per 100 kg Eisenkonstruktion etwa 4,3 m² Anstrichfläche, bei schweren Abspann-Eck- und Kreuzungsmasten etwa 2,6 m².

Eisenbetonmaste werden nach dem Schleuder- oder dem Formverfahren hergestellt.

Bei der ersten Herstellungsart (Schleuderbetonmaste) wird der besonders vorbereitete flüssige Beton in einer Schleuderformmaschine durch die Zentrifugalkraft um ein Metallgerippe herumgepreßt. Dieses Gerippe besteht gewöhnlich aus starken gewalzten Stahl- oder Eisenstäben, die durch Spiralwindungen aus Eisendraht oder besondere Armaturen gehalten werden.

Preise für runde Schleudermaste einschließlich normaler, kegelförmiger Abschlußkappe (für dreifache Sicherheit)[1]

Spitzenzug in kg	Länge in m gesamte	Länge in m freie	oberer / unterer Durchmesser in mm	ungefähres Gewicht in kg	Preis per Stück in Mark	Spitzenzug in kg	Länge in m gesamte	Länge in m freie	oberer / unterer Durchmesser in mm	ungefähres Gewicht in kg	Preis per Stück in Mark
300	8,0	6,5	160/280	570	104,40	500	10,0	8,0	180/330	1070	155,40
400	8,0	6,5	160/280	710	112,30	300	11,0	9,0	180/400	1080	151,50
500	8,0	6,5	180/300	730	119,00	400	11,0	9,0	180/400	1150	162,60
300	9,0	7,5	160/295	685	120,20	500	11,0	9,0	180/400	1230	171,30
400	9,0	7,5	160/295	800	127,20	300	12,0	10,0	180/420	1250	169,50
500	9,0	7,5	180/315	870	136,20	400	12,0	10,0	180/420	1310	178,20
300	10,0	8,0	180/330	820	137,00	500	12,0	10,0	180/420	1410	191,50
400	10,0	8,0	180/330	1050	145,80						

Zu diesen Preisen kommt (frei Bahnwagen Versandstation Meißen [Sachsen]) je nach Größe ein Zuschlag von 5 bis 8%.

Beim Formverfahren (Porrmaste, Saxoniamaste) erfolgt die Herstellung durch Einstampfen des Betons um das Eisengerippe in besonderen Formen oder Formmaschinen. Diese Art der Herstellung kann auch an dem Mastaufstellungsorte selbst erfolgen, wodurch wesentlich an Transportkosten gespart werden kann. Die Vorteile

[1]) Laut Mitteilung der deutschen Schleuderröhrenwerke Otto und Schlosser, Meißen.

der Eisenbetonmaste, die heute bereits zu Höchstspannungsleitungen mit großen Spannweiten verwendet werden, bestehen in der großen Dauerhaftigkeit und dem Entfall jeglicher Erhaltungsarbeit.

Die Auswahl des Baustoffes für Maste von Freileitungen wird im allgemeinen unter Bedachtnahme auf die Betriebsspannung, Bedeutung der Leitung, Gelände- und Bodenbeschaffenheit, klimatischen Verhältnisse und natürlich auf die Kosten erfolgen. Bei dem Vergleich der Kosten von Masten aus Holz, Eisen und Eisenbeton müssen neben den Anlagekosten, das sind die Kosten für den fix und fertig gelieferten, aufgestellten und gestrichenen Mast, auch die Betriebskosten berücksichtigt werden, welche durch Auswechseln und Anstreichen der Maste und die durch diese Arbeiten bedingten Grundentschädigungen und Stromlieferungsverluste entstehen.

Quellenverzeichnis

1. Kuhn, Ing. F.: Praktische Winke für das Entwerfen eiserner Druckrohrleitungen. Die Wasserwirtschaft. Heft 1. 1927.
2. Schönberg-Glunk: Landeselektrizitätswerke. München und Berlin. 1926.
3. Ludin: Die Wasserkräfte.
4. Pernt, Dr. Ing. M.: Über das günstige Stollenprofil. Die Wasserwirtschaft. Heft 2 bis 6. 1925.
5. Heck, Obering.: Turbinenrohrleitungen.
6. Kuhn, Ing. F.: Über die Wirtschaftlichkeit von Druckschächten. Zeitschr. d. österr. Ing.- u. Arch.-Vereines. Heft 1/2. 1922.
7. Schmitt, Ing. F.: Berechnung von hölzernen, aus Lamellen zusammengesetzten Druckrohrleitungen. Zeitschr. d. österr. Ing.- u. Arch.-Vereines. 1923. Heft 9/10.
8. Kuhn, Ing. F.: Der neuzeitliche Krafthausbau. Die Wasserwirtschaft. Heft 18/19. 1930.

Garagenbau und Tankanlagen

Von Ing. Karl Fischer, Direktor der Wayss & Freytag A.-G. und Meinong G. m. b. H., Teplitz-Schönau

A. Garagen

Zweck: Unterbringung von Kraftfahrzeugen, um sie gegen die Unbilden der Witterung oder Diebstahl zu schützen und um kleinere Reparaturen und Reinigung vornehmen zu können.

Einteilung der Kraftwagen:

Motorräder und Motorräder mit Beiwagen;

Kleinautos (für Personenbeförderung) und Lieferwagen (Zyklonetten). Länge bis 3,00 m, Breite bis 1,40 m (bei Zyklonetten bis 1,70 m);

Viersitzige Gebrauchswagen (Normalautos). Länge 3,00 bis 4,80 m, Breite rund 1,50 m;

Sechssitzige Wagen (Luxusautos). Länge über 4,80 bis 6,00 m, Breite 1,40 bis 1,70 m;

Lastwagen, klein, ohne Anhänger, für Schnellbetrieb (bis 1000 kg Ladefähigkeit);

Große Lastwagen mit Anhängerwagen. Länge 6,00 bis 7,00 m, Breite 2,00 bis 2,20 m;

Autoomnibusse in verschiedenen Größen.

Einteilung der Garagen:

a) nach dem Fassungsvermögen:

Einzelgaragen, für Unterbringung von 1 bis 2 Kraftwagen;

Kleingaragen, für die Unterbringung bis zu 15 Kraftwagen;

Mittelgaragen, für die Unterbringung von 16 bis 100 Kraftwagen;

Großgaragen, für die Einstellung von mehr als 100 Kraftwagen;

b) nach der Lage im Terrain (vertikale Gliederung):

Untergrund- und Kellergaragen unter der Straßenoberfläche bzw. im Souterrain von Hochbauten;

Flachgaragen, deren Fußboden ungefähr im Terrain bzw. im Straßenniveau liegt und die nur ein Geschoß enthalten;

Stockwerksgaragen mit 2 bis 6 und mehr Stockwerken, mit Rampenanlagen zur Erreichung der Stockwerkshöhen bzw. mit Aufzügen und Schiebebühnen;

c) nach Ausbau der Kraftwagenstände (Boxen):

Garagen mit Einzelboxen, wo jeder Wagenstand für sich durch Drahtgitter oder volle Zwischenwände abgeschlossen ist;

Garagen mit Sammelboxen bei denen eine Gruppe von Wagenständen durch Drahtgitter oder Scheidewände abgeschlossen ist;

Garagen mit Saalgemeinschaft für alle Wagen, also ohne Zwischenwände zwischen den Wagenständen.

Vorschriften über den Bau von Garagen: Der Magistrat Wien gibt nachfolgende Vorschriften für den Bau von Garagen:

Türen und Fenster der Garage sind feuersicher auszugestalten, der Fußboden ist undurchlässig, feuersicher und mit Gefälle gegen eine Sammelgrube herzustellen, in den Kanal mündende Wasserabläufe in der Garage und im Waschraum sind mit sicher wirkenden Benzinfängern zu versehen, eine Beheizung darf nur von außen stattfinden, die Beleuchtung darf nur durch elektrische Glühlampen mit auch deren Fassung umschließenden Glasschutzhüllen erfolgen, Schalter, Sicherungen und Steckkontakte sind außerhalb anzuordnen oder funkensicher auszugestalten. Leitungsdrähte dürfen nicht frei geführt werden. In der Nähe der Decke und des Fußbodens sind mit engmaschigen Drahtnetzen verschlossene Entlüftungen herzustellen.

In der Garage dürfen keine möglicherweise funkenbildende Arbeiten vorgenommen werden und ist eine Lagerung von Benzin in derselben verboten.

Der für die Lagerung von Benzin vorgesehene Raum ist vollständig feuersicher herzustellen, der Fußboden desselben derart zu vertiefen, daß der ganze Vorrat von Benzin in der Vertiefung Platz findet, in der Türe sind durch engmaschige Drahtnetze versehene Lüftungsöffnungen anzuordnen. Die Lagerung hat in explosionssicheren Gefäßen zu erfolgen, der Benzinvorrat richtet sich nach den örtlichen Verhältnissen, darf jedoch in der Regel 150 kg nicht überschreiten.

Beim Eingang der Garage und bei dem Benzinlager ist das Verbot des Rauchens und Hantierens mit offenem Licht deutlich anzuschlagen, und ist an diesen Stellen ein Vorrat von Sand mit Wurfschaufel bereitzuhalten.

Bauliche Vorkehrungen in den Garagen: Fußboden. Derselbe muß wasserdicht und feuersicher sein. Es kommen daher in Betracht:

Stampfbetonfußboden mit 2 cm gutem, feingeschliffenem Zementestrich oder

Klinkerpflaster auf Betonunterlage. Klinker ist dauerhafter (besonders mit Rücksicht der Einwirkung von Ölen und Fetten), aber bedeutend teurer als geschliffener Estrich.

Fußboden werden in Gefälle verlegt; beste Gefällsneigung etwa $1\frac{1}{2}\%$.

Auf rund 60 bis 70 m² Fußbodenfläche und vor Ableitung der Abwässer in die Kanalisation sind Benzinfänger (S. 273) zur Abscheidung der Öle und Fette aus den Abwässern anzuordnen.

Zur explosions- und feuersicheren Lagerung von Benzin werden bei Mittel- und Großgaragen, meist außerhalb des Gebäudes, Tankanlagen errichtet (siehe Tankanlagen S. 568).

Waschanlagen zur Reinigung der Autos von Staub und Schmutz. Hierzu entsprechende Schlauchanschlüsse vorsehen. Eigene Räume für das Waschen kommen wohl nur bei Groß- und Stockwerksgaragen in Betracht (Waschanstalten); sonst erfolgt das Waschen meist auf den 6 bis 8 m breiten Zufahrtswegen in den Garagen.

Heizung. Die Temperatur in der Garage soll auch während der kältesten Jahreszeit nicht unter 3 bis 4° C sinken. Aus Sicherheitsgründen kommt vor allem Zentralheizung, bei Kleingaragen eventuell von außen zu betätigende Kaminfeuerung, in Einzel- oder Doppelboxen unter Umständen elektrische Heizung in Frage.

Werkstättenanlagen, Bureaus, Aufenthalts- und Wohnräume für Chauffeure, eventuell Verkaufsladen usw. werden außerhalb der eigentlichen Garage angeordnet und sind in den nachfolgenden Preisermittlungen, falls nicht besonders erwähnt, nicht enthalten.

Räumliche Anordnung. Für einen jeden Kraftwagen ist ein Streifen von rund 75 cm rings um den Wagen vorzusehen. Für einen normalen Wagen von 4,50 m Länge und 1,40 m Breite sind also erforderlich: in einer Einzelbox mit Zwischenwänden: $(4{,}50+2\cdot 0{,}75)\times(1{,}40+2\cdot 0{,}75)=18\ m^2$, in einer Sammelgarage ohne Zwischenräume: $(4{,}50+0{,}75)\times(1{,}40+0{,}75)=11{,}5\ m^2$ bis $12\ m^2$.

Zufahrtswege zu den Wagenständen haben dort, wo auf zwei Seiten in die Wagenstände ein- bzw. aus denselben herausgefahren werden muß, eine Breite von 8,0 m, wo nur auf einer Seite Boxen angeordnet sind, eine solche von 7,0 m und wo keine Aus- und Einfahrt in Wagenstände stattfindet, eine Breite von 6,0 m zu erhalten.

In Stockwerksgaragen, falls die Rampen für die Zufahrt und für die Ausfahrt getrennt angeordnet sind, ist eine Rampenbreite von mindestens 5 m und eine Neigung von 8 bis 12% vorzusehen bzw. Wagenaufzüge und Schiebebühnen anzulegen. Für je 25 bis 30 Wagenstandplätze kann ein Aufzug gerechnet werden.

Nebenräume für Werkstätte, Bureaus, Portier usw. werden meist außerhalb der eigentlichen Garage untergebracht.

Flächenbedarf für einen Wagenstandplatz in einer Mittelgarage richtet sich nach der räumlichen Einteilung, Bequemlichkeit, Größe der Gesamtfläche usw. und kann mit angenähert 30 bis 40 m² (einschließlich der Zufahrtswege) angenommen werden, ausschließlich eventuell notwendiger Rampenanlagen bei Stockwerksgaragen.

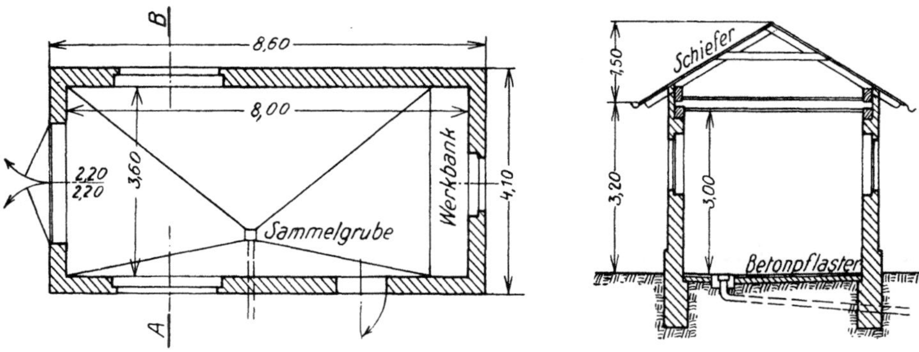

Abb. 1. Flachgarage für ein Auto

Kosten von Flachgaragen ohne Heizung und Beleuchtung

Fassungs-raum	Verbaute Fläche m²	Bauliche Details	Gesamt-preis S	Preis für 1 m² Fläche S	Fläche f. einen Wagen-stand m²	Preis f. einen Wagen-stand S	Anmerkung
1 Luxus-auto [1]) Abb. 1	35	Massivwände, Tramdecken, Holzdachstuhl, Schieferdeckung	5400	155	35	5400	
2 Autos Abb. 2	57	wie vor	8300	145	28,5	4150	
2 Autos Abb. 3	57	Zerlegbar aus Stahlkonstruktion mit Wellblech-verkleidung	10550	185	28,5	5250	
14 Autos mit separaten Boxen Abb. 4	567	Eisenbetondach auf Eisenbeton-stützen, Füll-mauerwerk, Glasoberlichte, Preßkies-eindeckung	48000	85	40,5	3400	Vorübergehend, besonders während der Nacht, können auch auf den Zufahrten weitere Autos noch aufgestellt werden
50 Autos mit separaten Boxen	1850		155000	84	37	3100	
50 Autos ohne Boxen	1547		115000	75	31	2300	
80 Autos mit Boxen	2816		230000	82	35	2900	
80 Autos ohne Boxen	2490		182000	73	31	2300	

Für Zentralheizung und Beleuchtung können *S 14,00* bis *16,00* je 1 m² berechnet werden.

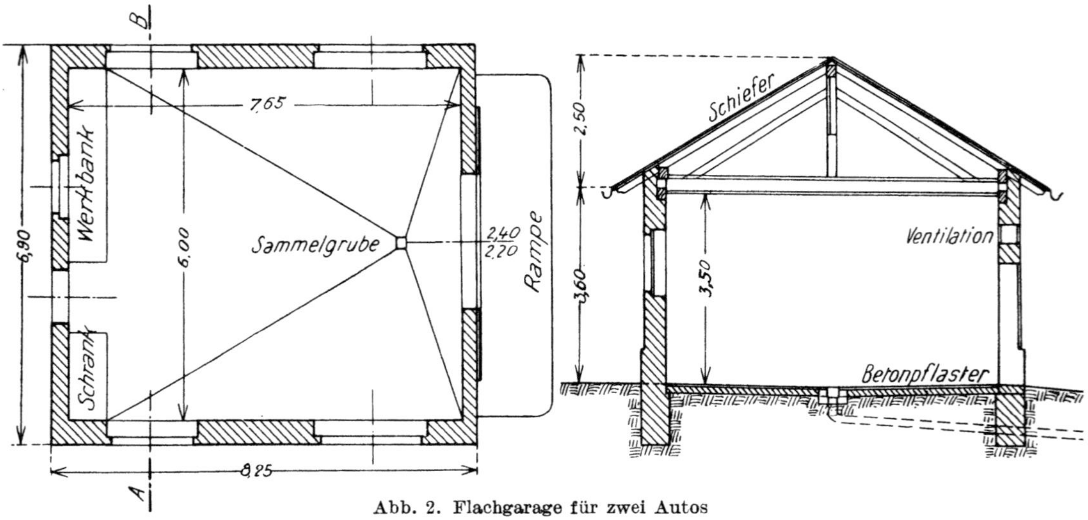

Abb. 2. Flachgarage für zwei Autos

[1]) Siehe auch: Kosten für Einzelgaragen aus Wellblech, Seite 296.

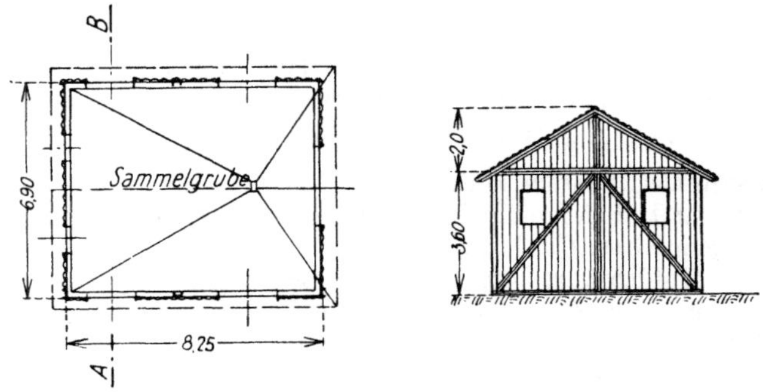

Abb. 3. Flachgarage (zerlegbar für zwei Autos

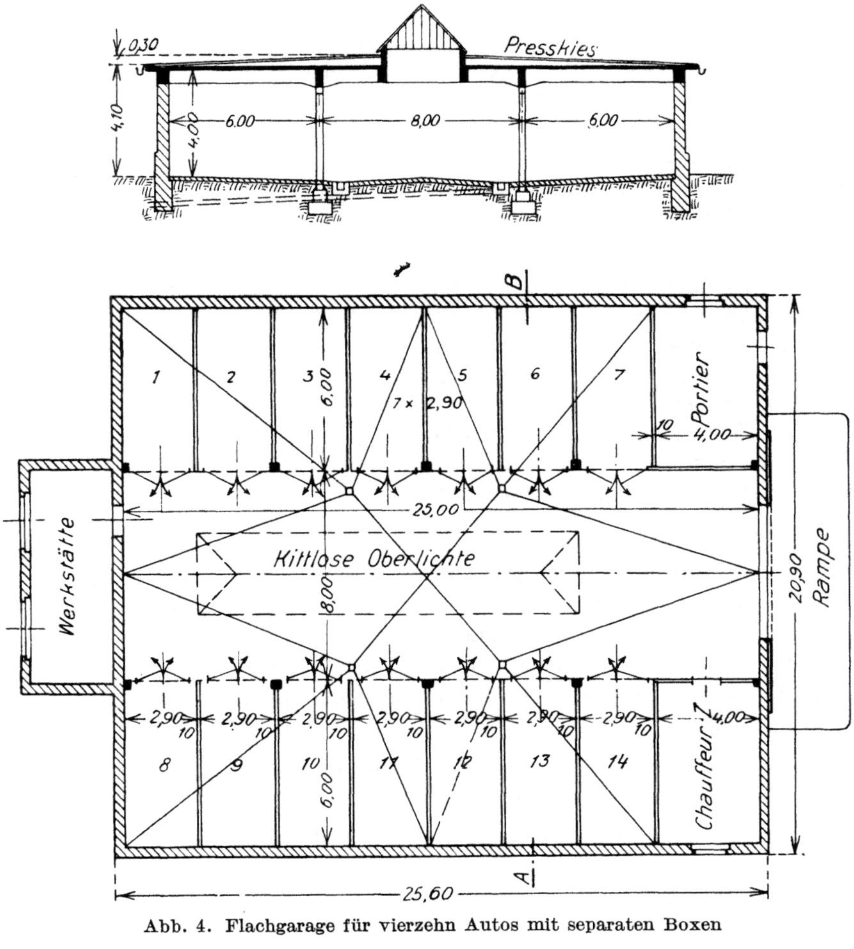

Abb. 4. Flachgarage für vierzehn Autos mit separaten Boxen

B. Tankanlagen

Zweck: Explosions- und feuersichere Lagerung von feuergefährlichen Flüssigkeiten, wie Benzin, Benzol, Alkohol usw. Wirtschaftliche und bequeme Betriebsführung. Zuverlässige und einfache Meßkontrolle.

Schutzgassysteme (System Dabeg bzw. Martini und Hünecke). Die Lagerung der explosions- und feuergefährlichen Flüssigkeit erfolgt unter Schutzgas, das ist ein nicht brennbares Gas, wie Stickstoff, Kohlensäure, oder Verbrennungsgas, Stickstoff oder Kohlensäure werden in Flaschen geliefert und an die Anlage angeschlossen; für Verbrennungsgas gibt es eigene Schutzgaserzeugungsanlagen, wobei die Gase nach entsprechender Reinigung und Abkühlung als Schutzgas Verwendung finden. Diese Systeme zählen zu den ältesten und werden heute fast nicht mehr gebaut.

Sättigungssystem (nach Patent Dabeg oder Securitas). Hier erfolgt die Sicherung durch die Flüssigkeit selbst, indem durch Bildung eines Vakuums der Hohlraum des Lagerbehälters oberhalb der gelagerten Flüssigkeit zwangläufig mit einem infolge Sättigung mit Benzindämpfen unexplosiv gewordenen Benzindampf-Luftgemisches ausgefüllt wird. Ein solches Gemisch ist nicht entzündbar und deshalb auch nicht explosionsfähig. Weiters werden durch Verwendung von entsprechenden Sicherungen und Entladungsvorrichtungen alle Zündungsmöglichkeiten an und für sich im Inneren des Lagerbehälters beseitigt, so daß eine gesicherte Lagerung auch dann noch besteht, wenn das gesättigte Benzindampf-Luftgemisch im Lagerbehälter nicht vorhanden wäre.

Hydraulische Systeme. Hier wird der Hohlraum im Behälter durch Wasser ausgefüllt, was möglich ist, da das Benzin auf dem Wasser schwimmt. Dieses System kommt aber für hiesige Verhältnisse weniger in Betracht.

Größe: Die Einrichtung wird für die Lagerung von 500 Liter Inhalt und mehr, und zwar bis über 1000000 Liter, geliefert. Größe also unbegrenzt. Maßgebend für die Größe ist außer dem Bedarf noch folgender Umstand: Da die Straßentankwagen fast durchschnittlich 3000 bis 4000 Liter Inhalt haben, sollen die normalen Verkaufsanlagen für Garagen, öffentliche Plätze einen Fassungsraum von 5000 Liter haben; damit ist auf eine gewisse Reserve Rücksicht genommen. Werden die Betriebsstoffe in Eisenbahnzisternen bezogen, empfiehlt sich die Anschaffung einer Anlage von mindestens 20000 Liter. (Zisternen haben einen Fassungsraum von durchschnittlich 10000 bis 13000 Liter.)

Die **Anlagekosten** umfassen:

1. Bauarbeiten. Ausheben und Wiederzuschütten der Lagergrube, Herstellung der Betonsockel und des Betonbodens sowie (innerhalb Wiens) Ummauerung der Lagergefäße in der Erde (Betonwanne), ferner Herstellung von Nischen und Postamenten und Wänden oberhalb des Terrains zur Unterbringung der Stickstoff- bzw. Kohlensäureflaschen, der Meßapparate und Befestigung der Armaturen usw.;

2. die Anlage selbst, bestehend aus den Kesseln, Armaturen und Rohrleitungen sowie den Meßapparaten; zu unterscheiden sind:

Anlagen für Eigenbetrieb mit nicht eichfähigen Meßapparaten;

Anlagen für Verkaufzwecke mit Apparaten zu eichfähigen, registrierbaren Genaumessungen.

Kosten einer Tankanlage

Gegenstand	Für einen Inhalt in Litern					
	500	1000	3000	5000	10000	20000
Kessel, Armaturen, Rohrleitungen, nicht eichfähige Meßapparate....S	1500,00	1800,00	2000,00	2800,00	3800,00	5100,00

Zuschlag für eichfähigen Meßapparat-Monobloc je Anlage *S 800,00*
Zuschlag für eichfähigen Meßapparat in Säule je Anlage *S 1200,00*

Straßenzapfstellen. Dieselben werden meist für 3000 bis 5000 Liter Füllinhalt angelegt und entweder in einem Blechturm oder in einem gemauerten Kiosk untergebracht.

Zu den obigen Preisen für die Tankanlage kommen noch die Kosten:

für Blechturm und Armaturen, rund *S 2500,00*;

für Armaturen in einem gemauerten Kiosk, rund *S 2200,00*;

für Bauarbeiten am Kiosk selbst, je nach Größe und Ausstattung, rund *S 2000,00* bis *S 4000,00* und mehr.

Transportmittel für Bauarbeiten

Laut Mitteilung der „Railway" Kleinbahn-Industrie-A.-G., Wien

1. Für kleinere Transportmengen und bei Verführungsdistanzen von höchstens 50 m[1]) kommen in Betracht:

Schiebekarren für Sand-, Schotter- und Erdtransport, je Stück:

für einen Inhalt von	75	100	125 l
hölzerne.....S	15,5	20,0	—
eiserne......S	39,0	45,0	47,0

Ziegelkarren, 180 cm lang, 65 cm breit, 45 cm Lehnenhöhe:

a) mit hölzernem Gestell, je Stück .... S 28,00
b) ganz aus Eisen, „ „ .... „ 36,00

Gegenstand	Raddurchmesser	Inhalt in Litern	Mulde in cm			Preis in Schilling je Stück
			Länge	Breite	Höhe	
Betonkippkarren	100 cm	200	87	70	39	175,0
		250	95	70	48	185,0
		300	95	85	48	215,0
		350	95	100	48	220,0
Betonrundkipper Abb. 1		200	80	65	55	190,0
		250	80	75	55	205,0
		300	85	75	60	220,0
		350	85	85	60	240,0

[1]) Siehe auch Wagenbau, S. 573.

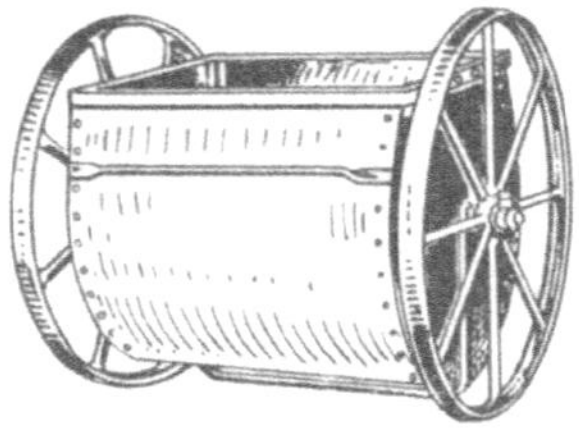

Abb. 1. Betonrundkipper

2. Bei größeren Entfernungen:

a) Für rasch wechselnde, oft umzulegende Transporte und für Lasten bis rund 700 kg je Achse werden Hakenjoche aus 65 mm hohen, 7 kg je Lfm schweren Schienen, in Längen von 1,5 bis 2 m, auf Stahlschwellen montiert, verwendet.

b) Für ständige Transporte, und zwar bei kürzerer Dauer und kleineren Lasten, ist ein Gleis auf Stahlschwellen (Schienen von 65 mm Höhe und 7 kg Gewicht je Lfm), bei längerer Dauer und schwererer Belastung ein solches auf Holzschwellen zu verwenden.

Gebräuchlichste Schienenprofile

Schienenhöhe mm	Gewicht je Lfm kg	Widerstandsmoment cm³	Tragfähigkeit in kg bei Schwellenentfernung von mm					
			500	600	700	800	900	1000
60	5	9,60	1010	840	720	630	560	500
65	7	15,36	1620	1350	1160	1010	900	810
65	9	18,85	1990	1660	1420	1240	1100	900
70	10	22,35	2360	1970	1680	1470	1310	1180
70	12	26,20	2770	2310	1990	1730	1540	1380
80	12,2	31,20	3300	2750	2350	2000	1830	1650
80	13,8	43,60	4610	3840	3390	2880	2560	2300

Bei Kostenberechnungen stets eine Gewichtstoleranz von 3% berücksichtigen. Preis je 100 kg *S 33,50* bis *S 35,00*.

Für Kleinmaterial ist zum Schienenpreis ein Zuschlag von mindestens 25% zu machen.

Gleis auf Stahlschwellen aus Schienen 65/7 wiegt rund 17,5 bis 18 kg/m.

3. Hilfsmittel für Gleise:

Weichen, transportable, auf Eisenschwellen, üblich aus Schienen:

Profil 60/5,	Länge 2,5 m,	Gewicht rund	90 kg	je Stück *S 90,00* bis *S 180,00*
„ 65/7,	„ 2,5 „	„ „	100 „	
„ 65/7,	„ 5,0 „	„ „	200 „	

Fixe Weichen auf Holzschwellen. Verwendung sämtlicher üblichen Schienenprofile, je nach der erforderlichen Tragfähigkeit. Je Stück *S 150,00* bis *S 500,00*.

Kreuzungswinkel	8°	9°	9°	11°	11°	15 bis 16°
Krümmungsradius in m	50	30	50	15	30	15
Spurweite in mm	600	600	760	600	760	760
Baulänge in m	9,0	7,0	9,0	6,5	8,0	6,5

Zungen aus Schienen oder Blockschienen, das Herzstück aus Schienen, oder Stahlguß. Preis je 100 kg *S 80,00* bis *S 100,00*.

Drehscheiben aus Schmiedeeisen (Abb. 2).

Tabelle der üblichen Dimensionen von Drehscheiben

Durchmesser mm	Stärke mm Oberplatte	Stärke mm Unterplatte	Tragkraft kg	Gewicht in kg mit Rollen	Gewicht in kg mit Kugeln	Zulässiger Radstand bei Rädern von 250 mm Durchm. und Spurweite von mm 500	250 mm Durchm. 600	250 mm Durchm. 760	300 mm Durchm. 500	300 mm Durchm. 600	300 mm Durchm. 760	350 mm Durchm. 500	350 mm Durchm. 600	350 mm Durchm. 760
940	6	5	750	100	110	600	550	360	575	525	—	570	525	—
940	7	5	1200	110	120	600	550	360	575	525	—	570	525	—
940	8	6	1500	125	130	600	550	360	575	525	—	570	525	—
940	10	8	2000	147	150	600	550	360	575	525	—	570	525	—
1000	6	5	750	110	120	670	610	460	650	580	430	645	575	425
1000	7	5	1200	120	130	670	610	460	650	580	430	645	575	425
1000	8	6	1500	136	160	670	610	460	650	580	430	645	575	425
1000	10	8	2500	162	240	670	610	460	650	580	430	645	575	425
1200	8	6	1500	180	230	900	840	735	870	810	700	860	800	690
1200	10	8	2500	220	240	900	840	735	870	810	700	860	800	690
1200	12	10	3000	340	360	900	840	735	870	810	700	860	800	690
1500	10	8	2500	360	380	1230	1200	1120	1200	1170	1090	1190	1160	1080
1500	12	10	3000	460	480	1230	1200	1120	1200	1170	1090	1190	1160	1080
1500	14	10	3500	490	510	1230	1200	1120	1200	1170	1090	1190	1160	1080
1500	16	13	5000	575	610	1230	1200	1120	1200	1170	1090	1190	1160	1080

Preis *S 80,00* bis *S 90,00* je 100 kg

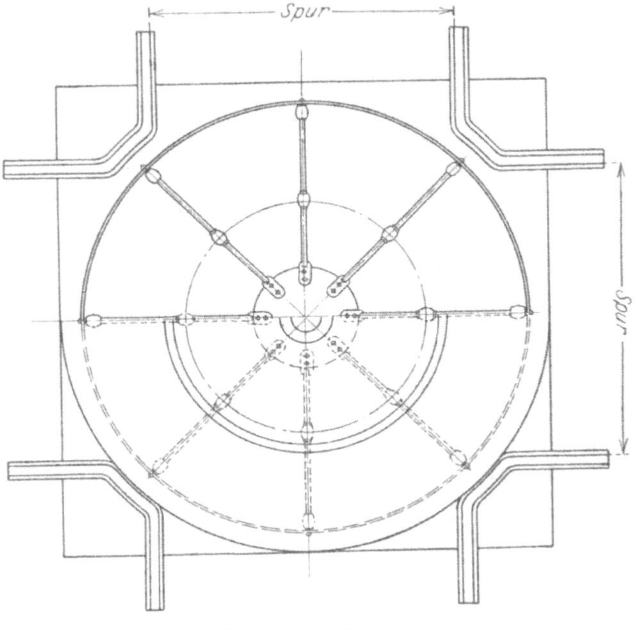

Abb. 2. Drehscheibe

Gußeiserne Drehscheiben für Bauzwecke nicht üblich.

Schiebebühnen werden nur bei stabilen Anlagen entweder für einen oder für zwei Wagen angewendet; Tragfähigkeit 2 oder 4 Tonnen. Je Stück *S 170,00* bis *350,00.*

Kletterteile kommen zur Anwendung, wenn bei Reparatur oder Vergrößerung von Anlagen ein Gleis vorhanden ist, und dasselbe ohne Unterbrechung des Betriebes und ohne Umbau benützt werden soll;

a) Kletterrahmen bei Abzweigung nach einer Richtung, ohne weitere Verwendung eines Teiles der bestehenden Anlage.

b) Kletterweichen bei Abzweigung nach einer Richtung und Verwendung der ganzen bestehenden Anlage.

c) Kletterdrehscheiben bei Abzweigung nach zwei Richtungen und Verwendung der ganzen bestehenden Anlage.

d) Fliegende Kletterdrehscheiben, ohne Gleisunterbrechung, mit Abzweigung nach jeder Richtung, je Stück *S 190,00* bis *S 250,00.*

4. Transportmittel für Spurweiten von: 500, 600 und 760 mm.

Inhalt, gestrichen, gerechnet im m³	⅓	½	¾	1
Muldenkippwagen, Gewicht in kg	—	260 bis 300	300 bis 350	400 bis 520
Vorder- oder Rundkipper, Gewicht in kg	200 bis 250	250 bis 350	350 bis 450	—
Preis in S		90,00 je 100 kg		

Feste Kastenwagen, normal für ½ bis ¾ m³ Inhalt.

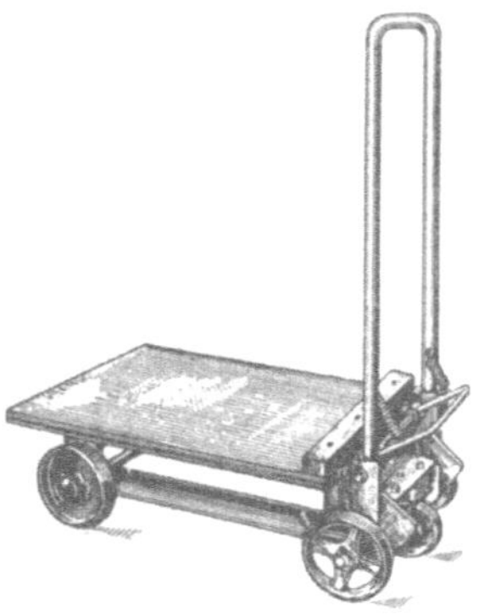

Abb. 3. Hubwagen

Kastenkippwagen, ein- oder zweiseitig kippend, Inhalt 1 bis 2 m³, für Baggerbetrieb von 3 m³ aufwärts.

Plateauwagen; eisernes Untergestell und Holzplateau in den Größen von 0,8 × 1,0, 1,0 × 1,5, und 1,5 × 2,0 m. Preise über Anfrage.

Hubwagen zur Überwindung kleinerer Höhenunterschiede, Abb. 3; Kugellager.

Normale Type:			
Tragkraft in kg	500	750	1000
Plattform in cm²	46 × 68	55 × 84	68 × 100
Hubhöhe in mm	50	50	50
Preis in S	285,00	325,00	360,00

Abnormale Typen für 2000 bis 3000 kg Tragkraft.

Kleine Lastaufzüge für 250 bis 1000 kg Tragkraft, bis 3 m Hubhöhe fix, darüber ausziehbar, um vorhandene Tore zu passieren. Antrieb mit Hand- oder Elektrowinde.

Motortriebwagen für Bauzwecke geeignet; gebräuchliche Typen: 4·5, 6/8 und 12 PS.

Ein Wagen zieht, ohne Gewicht des Triebwagens, eine Bruttolast in Tonnen von:

Type	Geschwindigkeit km/Std.	Steigung ‰									Preis per Stück S	
		0	5	10	15	20	30	40	50	60	neu	gebraucht
6/8 PS . .	3	23	18	13	9,5	7,5	5,3	3,8	2,6	2,1	5800,00	2500,00
	9	12	7	4,5	3	2	1	—	—	—		
12 PS . . .	3,5	64	46	30	24	18	12	9	6,5	—	7000,00	4500,00
	7,5	30	20	12	9	6,5	3,5	2	—	—		
	13	16	10,5	5	3,5	2	—	—	—	—		

5. Tabelle von Schienenprofilen:

Werden eingelegt in	Form	Trägheitsmoment cm⁴	Widerstandsmoment cm³	Gewicht in kg je 1 m	Preis je kg S
Hauptbahnen	Xa	925	144,6	35,65	0,36 — 0,38
„	A	1442	205,3	44,35	
Lokalbahnen	XXIVa	532	97	26,15	
Schmalspurbahnen	XXX	240	52	17,90	

Transportmittel (Wagenbau)

Laut Mitteilung der Klosterneuburger Wagenfabrik A. G.

Der gewerbsmäßig betriebene städtische und ländliche Wagenbau hat der fabriksmäßigen Erzeugung den Platz geräumt. Ihr wirtschaftlicher Erfolg liegt in der Normung einzelner Wagenbestandteile, wodurch sich gewisse Vorteile ergeben. Abgenützte oder beschädigte Bestandteile können leicht nachgeschafft bzw. ausgewechselt werden, ohne das Fahrzeug in die Fabrik zurückstellen zu müssen. Die fabriksmäßige Erzeugung hat auch die bisher bestehenden Wagenbauarten den Erfordernissen der Neuzeit angepaßt. So kann ein genormter Wagen als Truhen-, Einführ-, Langholz-, Schwebe- und Faßwagen verwendet werden. Die bisher beim Rad verwendete Holznabe ist durch eine eiserne Flanschennabe mit Staufferfettschmierung oder Ölpackung ersetzt worden. (Höhere Festigkeit und Lebensdauer des Rades, herabgeminderter Reibungswiderstand.)

Normwagen mit Hinterradbremse, mit separat gelieferten Leitern, 4,50 m lang.

Type	I	II	III	IV	V
Tragkraft in kg	1000	2000	3000	4000	5000
Räderbreite in mm	50	60	80	80	100
Preis in S	1270,00	1470,00	1600,00	1790,00	1930,00

Wagengattung und Konstruktionsart	Plateau- bzw. Bodengröße (Länge × Breite in mm)	Felgenbreite in mm	Raddurchmesser in mm	Achsenpaargewicht in kg	Tragfähigkeit in kg	Preis in S
Schotterwagen mit Vorderradbremse mit rund 1,5 bzw. 2,25 m³ Inhalt	— —	60 100	— —	70 90	3000 4000	1100,00 1350,00
Blochwagen mit Vorderradbremse	—	100	—	84	3500–4000	1300,00
Streifwagen, gefedert mit Aufsatzbrettern	3,0 × 1,2 4,5 × 1,6	45 80	— —	37 80	1200 3000	750,00 1450,00
Plateauhandwagen, steif	1,0 × 0,6 1,4 × 0,7 1,6 × 0,85	40 40 40	400 u. 440 440 u. 480 480 u. 540	— — —	300 400 500	100,00 165,00 250,00
Plateauhandwagen mit Querfedern mit Scherfedern mit Telegraphenfedern	 1,7 × 0,86 1,7 × 0,86 1,7 × 0,86	 40 40 40	 480 u. 540 480 u. 540 480 u. 540	 — — —	 500 500 500	 250,00 360,00 480,00
Tischlerhandwagen mit Werkzeugkasten mit Querfedern mit Telegraphenfedern	 2,4 × 1,0 2,4 × 1,0	 40 40	 480 u. 540 480 u. 540	 — —	 500 500	 250,00 480,00
Maurerhandwagen (Greislerwagen) mit Kipf, Schweben, Seitenbrettern und Ketten	1,6 × 0,85 1,9 × 0,7 2,2 × 0,7	40 40 40	550 u. 600 580 u. 600 580 u. 600	— — —	400 500 600	210,00 270,00 310,00

Wagengattung und Konstruktionsart	Plateau- bzw. Bodengröße (Länge × Breite in mm)	Felgenbreite in mm	Raddurchmesser in mm	Achsenpaargewicht in kg	Tragfähigkeit in kg	Preis in S
Plateaukarren (zweirädrig)						
steif	1,2 × 0,7	45	800	—	500—600	180,00
gefedert	1,2 × 0,7	45	1000	—	400—500	240,00
mit Scherfedern	1,2 × 0,7	30	800	—	rund 300	300,00
Zusammenschiebbarer zweirädriger Karren						
mit Aufsatzbrettern, gefedert	1,2 × 0,7	30	900	—	300	270,00
mit Kasten, gefedert	1,2 × 0,7	30	900	—	300	430,00
Kastengröße 1,2×0,7×0,7 m						
Rüstwagen (Werkzeugkastenwagen), Dach einseitig aufklappbar, innen Fach für kleine Werkzeuge. Kastengröße 2,3×1,6×1,2 m	—	50	400	—	2000	gefedert 1100,00 ungefedert 800,00
Pflastererkarren (Karriolen, Kippkarren), Seitenwände fest, 40 cm hoch	1,2 × 0,68	45	800	—	rund 400	230,00
Dachdeckerkarren mit festen Aufsätzen, 30 cm hoch, Deichsel 1,3 m lang	1,2 × 0,75	45	1000	—	—	220,00
Leiterhandwagen (Leiterlänge 1,0 m)	—	25	340 u. 420	—	rund 300	36,00

Fahrbare Bau- (Kanzlei-) Hütten. Kasten 2,8 × 1,8 × 1,8 m, Dachpappedeckung, Felgenbreite der Räder 60 mm, Deichsel, Halbwaage. Inneneinrichtung: Offene Stellage, 1 Kasten, 1 Tisch mit 2 Schubladen, 1 Bücherschrank mit 2 Schubtüren, 2 Schubfenster. Einfach verschalt *S 1200,00*, doppelt verschalt *S 1300,00*.

Schiebtruhe, normal (Wiener Type), mit Aufsatz und Füßen, Fassungsraum rund 70 Liter. Preis *S 19,00*.

Patent Schiebtruhe aus dampfgebogenem Hartholz, Fassungsraum rund 70 Liter. Preis *S 19,00*.

Steinkarren, äußerst massiv, stark beschlagen. Preis *S 48,00*.

Leiterkarren (Radlbock) 1800 kg, Preis *S 32,00*.

Ziegelkarren, massiv, stark beschlagen, Preis *S 32,00*.

Krampenstiele aus Esche oder Weißbuche, 70 × 50 mm, je Stück *S 0,80*
„ „ Rotbuche, 70 × 50 „ „ „ *0,60*

Schaufelstiele aus Rotbuche, 1100 mm lang, je Stück *S 0,48*
„ „ „ 1250 „ „ „ „ „ *0,57*
„ „ Esche 1100 „ „ „ „ „ *0,72*
„ „ „ 1250 „ „ „ „ „ *0,84*

Werkzeuge für Legen und Erhalten des Oberbaues

Mitgeteilt von der Fa. Ing. Vogel & Stern

Verwendungszweck der Geräte	Bezeichnung der Geräte	rund Gewicht in kg	Preis in S
Zum Tragen der Schienen	Schienentraggabeln bzw.	11	16
	Schienentragzangen ganz in Stahl	13	18
	Schienentragheber	15	26
Zum Befördern der Oberbauteile auf der Strecke	Schwellentraggabeln bzw.	—	5
	Schwellentragzangen	12	17
	Maderon (Einschienenkarren) Abb. 1	150	250
	Bahnwagen	300	450
	Schubkarren aus Stahl	23	24
Anarbeiten und Zurichten der Holzschwellen	Dexellehre samt Körner	6	15
	Gratsäge	1	16
	Schwellenbohrer bzw.	0,1—0,3	0,6—3,8
	Schwellenbohrmaschinen, einspindelig, umlegbar[1]), Abb. 2	10	85
	Drehbohrer	0,1—0,2	3,1
	Schwellenbindzeug (Zwinge und Hebel)	21	70
Anarbeiten und Zurichten der Schienen	Bohrratsche bzw.	2,5	11
	Schienenbohrapparat[2]) mit Kugellagerung und Ratschenantrieb, Abb. 3	25	160
	Schrotmeißel	1,6	2,5
	Schlaghammer	5	4,8
	Feile	0,4	2,4
	Schienenkaltsäge[3]), Abb. 4	75	435
	Schienenbiegepresse[4]), Abb. 5	100	200
	Schienenhobel	32	42
Für den Bettungsstoff[5])	Steinschlägel 4 (4), Steinhammer 5 (5), Wurfgitter 12 (25), Schottergabel 1,3 (6), Stich- u. Faßschaufel 1,5 (1,6), eiserne Rechen 2 (3,2), Schlag und Spitzkrampen 4—5 (3,6), Sp tzkrampen 4—5 (3,2), Kreuzhacke 3 (3,9), Stopfstange 7—17 (5,6—13,6)	44—56	61—69

Verwendungszweck der Geräte	Bezeichnung der Geräte	rund Gewicht in kg	Preis in S
Zum Heben des Gleises	Hebebaum	25	27
	Hebewinde	40	190
	Gleisheber	40	100
Für Ein-, Aus- und Durchschlagen von Nägeln	Schlaghammer	5	4
	Setzhammer	4	3,2
	Durchschlaghammer	2	3,2
	Geißfuß	7—17	5,6—13,6
	Nagelzange	14	25
Für Schwellen und Laschenschrauben	Aufsteckschlüssel	5	8,5
	Schraubenschlüssel mit verschiedenen Maulweiten	5	9
Zum Zurücktreiben gewand. Schienen	Schienenrücker, 650 mm Spindellänge, Abb. 6	60	165
Zum Prüfen der Gleishöhe und Lage	Absehkreuze (eine Garnitur)	3	12
	Abwäglatten mit Wasserwaage	2	27
	Hölzerne Winkel	0,6	6
Zum Messen der Spurweite und Überhöhung	Spurlehren (fest, verschiebbar, beweglich)	4—7	13—17
	Überhöhungsmaß	8	27
	Richtscheit mit Wasserwaage	6	16
Sonstige Geräte	Werkzeugkisten (je nach Ausführung)	14—40	26—90
	Stoßlückenplättchen	0,2	0,4
	Klinkprobenstifte	0,2	0,3
	Thermometer	0,2	7,0
	Haspel mit Schnur	1,1	9,5

[1]) Für zwei- und mehrspindelige, einfach oder gekuppelte Maschinen mit festen oder verstellbaren Spindeln schwanken die Preise je nach Ausführung: *S 200,00* bis *S 840,00*.
[2]) Umlegbar, Gewicht 40 kg, Preis *S 235,00*.
[3]) Sägeblätter hierzu je Stück *S 1,60*.
[4]) Schienenbiegemaschinen für Normalbahnschienen, 200 kg schwer, Preis *S 440,00*.
[5]) Die erste Zahl gibt das Gewicht an, die Zahl in Klammern den Preis in Schilling.

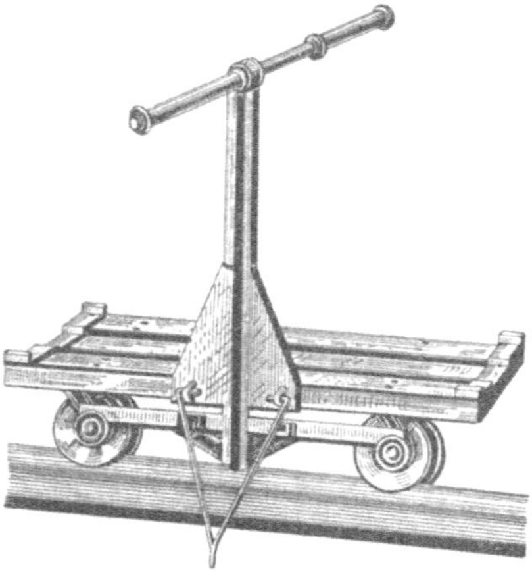

Abb. 1. Maderon

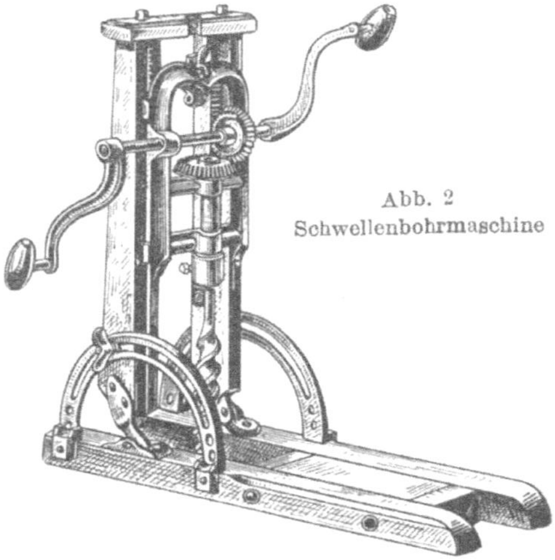

Abb. 2 Schwellenbohrmaschine

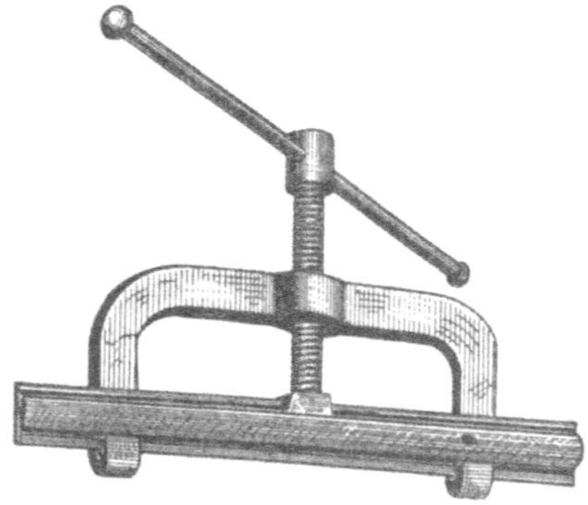

Abb. 5. Schienenbiegepresse

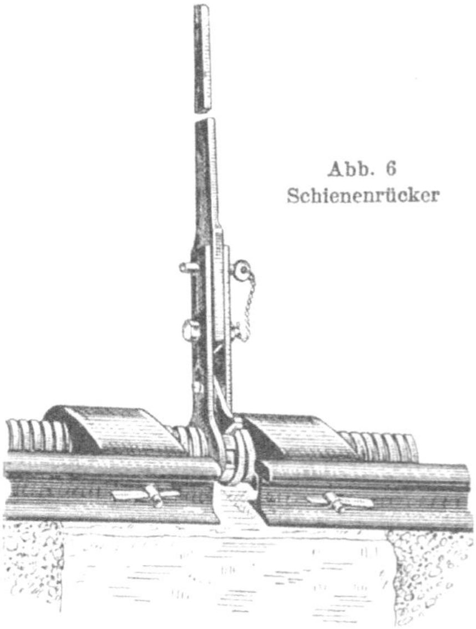

Abb. 6 Schienenrücker

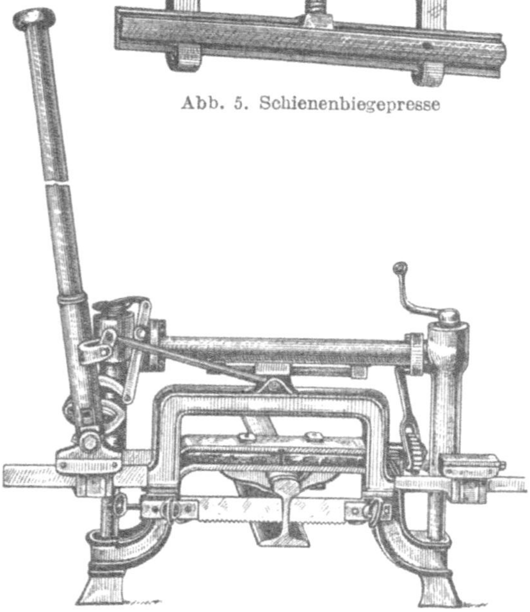

Abb. 4. Schienenkaltsäge

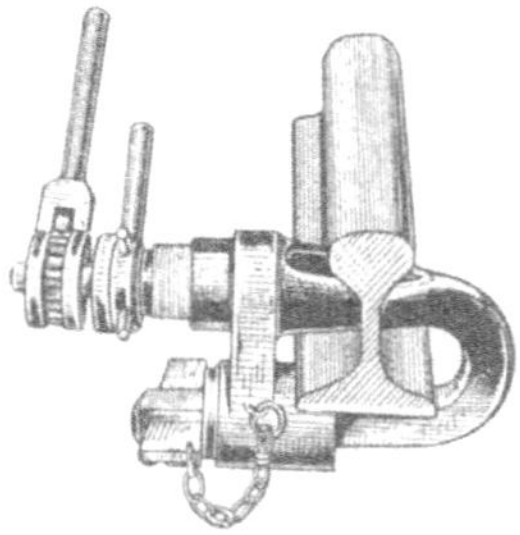

Abb. 3. Schienenbohrapparat

Maschinen und Werkzeuge der Baustelle

Von Prof. Ing. Julius Brenner, Mödling, und Prof. Ing. Dominik Wiesner, Wien

Betriebsstoffe — Kraftmaschinen — Geräte zum Lösen, Fördern und Laden des Bodens — Werkzeuge für Abbrucharbeiten — Vorrichtungen für den Materialvertikaltransport — Steinbrecher — Beton- und Mörtelmischmaschinen — Betoneisenbieger- und -schneider — Pumpen — Rammen — Rammbären — Transmissionen — Drahtseile — Aufzüge

Maschinen und Werkzeuge der Baustelle

Von Professor Ing. Julius Brenner, Mödling und Professor Ing. Dominik Wiesner, Wien

Vorbemerkung

Im wirtschaftlichen Betrieb der neuzeitlichen Baustelle, auch jener von kleinerem Umfang, rückt die Verwendung von Maschinen und maschinellen Einrichtungen immer mehr in den Vordergrund. Es soll deshalb eine Zusammenstellung und kurze Beschreibung derselben in einem Ausmaß gegeben werden, das eine brauchbare Handhabe für eine geeignete Auswahl im Bedarfsfalle bietet. Die angeführten Preise haben als möglichst angenäherte Richtpreise zu gelten.

Ein Betrieb wird um so wirtschaftlicher, je geringer die für eine bestimmte Arbeit aufgewendete Anzahl von Lohnstunden ist; daher ist nach Möglichkeit die wesentlich zur Kürzung der Bauzeit und zur Lohnersparnis beitragende Maschinenarbeit anzustreben. Nur dann kann bei einwandfreier Güte höchste Leistung mit geringsten Kosten erzielt werden.

Der Baumaschinenindustrie ist es in den letzten Jahren gelungen, auch für Arbeiten kleineren Umfanges geeignete Erzeugnisse auf den Markt zu bringen, die infolge geringen Gewichtes und leichter Beweglichkeit rasch aufstellbar sind und sich zufolge ihrer niedrigen Preise in kurzer Zeit amortisieren. Auch die Baustellenwerkstätte läßt sich heute leicht maschinell so einrichten, daß darin nicht nur Werkzeuge ausgebessert oder zum Teil neu hergestellt werden können, sondern auch die Behebung von Mängeln oder die Herstellung von Ergänzungen bei angelieferten Werkstücken ohne großen Zeitverlust in wirtschaftlicher Art erfolgen kann.

A. Betriebsstoffe

Laut Mitteilung der Shell-Floridsdorfer Mineralölfabrik, Wien

Für Krafterzeugung

γ = spez. Gewicht, H = Heizwert je 1 kg, E = Entzündungstemperatur

Preise in Schilling je 100 kg

Benzin: Die Güte einer Benzinsorte hängt in erster Linie ab von der Art der Vergasung bei einer bestimmten Temperatur und von ihrer Kompressionsfähigkeit.

				Preis
Leichtbenzin:	$\gamma=0{,}66$ bis 0,70		$E=415^0$ bis 460^0 C	S 57,00 bis 100,00
Mittelbenzin:	$\gamma=0{,}70$ „ 0,72			
Schwerbenzin:	$\gamma=0{,}72$ „ 0,74;	$H=10000$ Kal.		
Benzol:	$\gamma=0{,}865$ „ 0,880;	$H=10100$ „	$E=520^0$ C	
Petroleum, wasserhell:	$\gamma=0{,}820$	$H=10000$ „	$E=380^0$ C	S 30,00 bis 35,00
Rohöl (Dieselmotortreiböl):	$\gamma=0{,}85$ „ 0,88;	$H=10000$ Kal., Viskosität $1{,}5^0$ bis $2{,}5^0$,	$E=350^0$ bis 430^0 C	S 19,00 bis 24,00

Schmiermittel

Es empfiehlt sich, stets nur Schmiermittel bester Qualität zu verwenden, da deren Kosten im Vergleich zu den Verlusten durch Betriebsstörungen infolge unsachgemäßer Schmierung nicht in Frage kommen. Hochwertige Schmiermittel machen sich durch weitgehende Schonung der Maschinen und hohe Betriebssicherheit bezahlt. Für die verschiedenen Verwendungszwecke werden heute die jeweils am besten geeigneten Schmiermittel in weitgehender Spezialisierung erzeugt; bei deren Bestellung ist anzugeben: 1. Maschinentype; 2. Art des Lagers; 3. Art der Schmierung; 4. Wellendurchmesser; 5. Drehzahl.

B. Kraftmaschinen

Allgemeines

Für den Antrieb von Arbeitsmaschinen auf Bauplätzen wird in neuerer Zeit immer mehr der Benzin- bzw. Benzolmotor bevorzugt. Die sofortige Betriebsbereitschaft, die geringen Betriebskosten, die einfache Bedienung und der Umstand, daß der Betriebsstoff überall erhältlich ist, sind die wesentlichen Vorteile dieses Motors. Derselbe hat sich besonders bei kompletten, fahrbaren Aggregaten bewährt, weil hier eine Ortsveränderung möglich ist, ohne daß irgendwelche Anschlüsse oder Leitungen, wie dies beim Elektromotor nötig wird, verlegt werden müssen.

Der Elektromotor hat außerdem noch den Nachteil, daß er an eine bestimmte Stromgattung gebunden und daher nur beschränkt verwendbar ist. In Fällen, wo es sich um eine größere Anzahl von Arbeitsmaschinen handelt, die ständig im Betrieb sein sollen (z. B. in einer Werkstätte), oder wenn der Antrieb von Baumaschinen in Betracht kommt, die während der ganzen Bauzeit an Ort und Stelle verbleiben, und wenn der Anschluß an ein vorhandenes Stromnetz möglich ist, wird dem Elektromotor der Vorzug zu geben sein. (Näheres darüber siehe: Elektrotechnik.)

Wenn nur wenige Arbeitsstellen mit Kraft zu versehen sind und größere Leistungen verlangt werden, wird sich gegebenenfalls die Aufstellung von Dampflokomobilen als wirtschaftlich erweisen. Diese haben den Vorteil, daß man die verschiedensten Brennmaterialien verfeuern kann, daß sie sich innerhalb weiter Grenzen überlasten lassen, die Bedienung und Wartung einfach ist und Ortsveränderungen leicht bewerkstelligt werden können. Allerdings beanspruchen diese Maschinen zur Inbetriebsetzung wegen des Anheizens immerhin eine gewisse Zeit.

Dieselmotoren und Sauggasmotoren stehen für Bauzwecke nur vereinzelt in Verwendung.

In allen Fällen vorher den Rat einer Spezialfirma einholen!

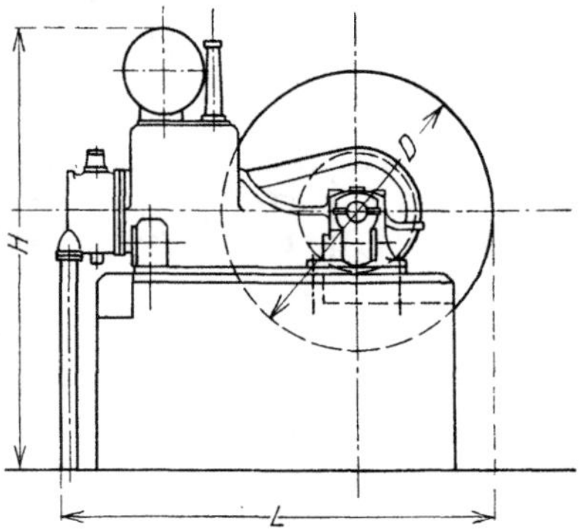

Abb. 1
Viertakt-Benzinmotor, liegende Bauart

1. Viertakt-Benzinmotoren (Abb. 1)

Regelung der Brennstoffzufuhr. Zentrifugalregler, der auf Drosselklappe wirkt.

Zündung. „Bosch"-Zündapparat mit „Bosch"-Kerzen.

Vergaser. Für Benzin und Benzol. Einrichtung für Petroleumbetrieb gegen besondere Berechnung.

Schmierung. Zylinder und Kolben durch Ölpumpe; Haupt- und Steuerwellenlager haben Ringschmierung, das Kurbelzapfenlager Zentrifugalschmierung.

Mitgeliefert werden: Brennstoffbehälter, Auspufftopf, Andrehkurbel, ein Satz Schraubenschlüssel, zwei Ölkannen, eine Reservezündkerze, zwei Reservekolbenringe, zwei Ventilfedern und eine Vierteltafel Klingerit.

Tabellen über Viertakt-Benzinmotoren

Liegende Bauart (Abb. 1)

Nenn- Leistung	Vorübergehende Höchst- Leistung	Riemenscheibe			Riemenbreite	Raumbedarf			Gewicht rund	Preis
		Drehzahl je Minute	Durchmesser *D*	Breite		Länge *L*	Breite	Höhe *H*		
PS	PS		mm	mm	mm	mm	mm	mm	kg	S
3,0	4,0	400	450	175	70	1200	860	1400	590	1700,00
4,0	5,0	400	450	175	80	1200	860	1400	600	1750,00
6,0	6,6	500	360	215	100	1300	950	1450	680	2250,00
8,0	9,0	500	360	265	120	1500	1100	1500	840	3200,00
10,0	11,0	450	400	305	140	1700	1220	1550	1040	3650,00
12,0	14,0	400	450	345	160	1950	1420	1600	1550	4300,00
15,0	17,0	360	500	395	180	2100	1650	1600	1900	4500,00
20,0	22,0	330	550	435	200	2250	1800	1650	2400	5600,00

Bei Betrieb mit Petroleum geht die angegebene Höchstleistung um etwa 10% zurück.

Stehende Bauart

Dort anzuwenden, wo es auf geringsten Raumbedarf ankommt. Konstruktion und Ausstattung ähnlich wie bei Motoren liegender Bauart.

Nenn- Leistung	Vorübergehende Höchst- Leistung	Riemenscheibe			Riemenbreite	Raumbedarf			Gewicht rund	Preis
		Drehzahl je Minute	Durchmesser *D*	Breite		Länge	Breite	Höhe		
PS	PS		mm	mm	mm	mm	mm	mm	kg	S
7,0	8,2	700	260	215	100	700	850	1400	450	1900,00
9,0	10,0	650	280	265	120	800	900	1550	520	2200,00

2. **Traktoren** (Abb. 2)

Antrieb durch Vierzylinder-Viertaktmotor stehender Bauart.

Vergaser derart, daß nicht nur Benzin, Benzol u. dgl., sondern auch Petroleum verwendet werden können.

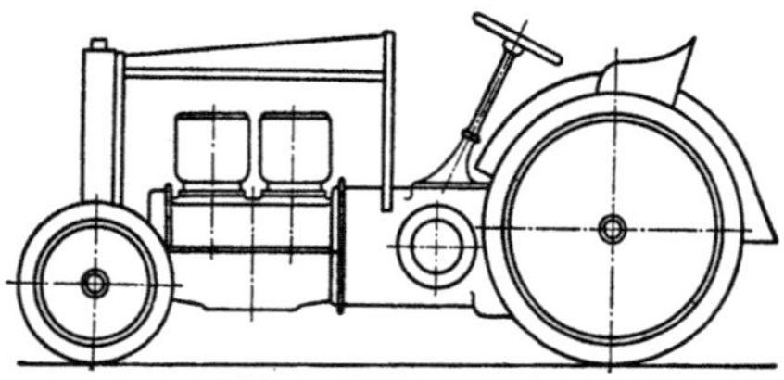

Abb. 2. Petroltraktor

Zündung durch „Bosch"-Zündapparat mit „Bosch"-Kerzen.

Stetige Schmierung mittels Ölumlaufpumpe. Wiederverwendung des von den Schmierstellen abfließenden Öles.

Drei Vorwärts- und eine Rückwärtsgeschwindigkeit. Die in der Tabelle angeführten Geschwindigkeiten gelten für die im allgemeinen vorhandenen Straßenverhältnisse, doch können auch Traktoren mit anderen Geschwindigkeiten ausgeführt werden.

Die Zugleistungen werden nur auf guten Straßen ohne Gefälle erreicht. Bei der Fahrt auf ungebahnten Wegen oder Steigungen nimmt die Leistung entsprechend ab. Sie ist bei Betrieb mit Petroleum um etwa 10% geringer.

Für den Antrieb von Arbeitsmaschinen wird über besondere Bestellung eine Antriebswelle mit Riemenscheibe geliefert.

Dimensionstabelle des Petrolmotortraktors

Maße in Millimetern

Motor	Nennleistung		25 PS		Radstand	2180	Riemenscheibe	Durchmesser	220	Gewicht rund		2010kg
Motor	Höchstleistung		30 PS	Vorderräder	Durchmesser	700	Riemenscheibe	Breite	210	Versandmaße	Länge	3150
Motor	Drehzahl je Minute		1000	Vorderräder	Breite	120	Riemenscheibe	Drehzahl je Minute	1000	Versandmaße	Breite	1650
Fahrgeschwindigkeit km/Std.	4,12	5,25	8,07	Hinterräder	Durchmesser	1200	Riemen	Breite	180	Versandmaße	Höhe	1600
Zugleistung Tonnen	22,00	17,00	11,00	Hinterräder	Breite	300	Riemen	Geschwindigkeit je Sekunde	11,3 m	Versandmaße	Raum	84 m³

Preis rund *S 15 000*

C. Geräte zum Lösen, Fördern und Laden des Bodens

1. Bagger

Für das Lösen und Heben des Bodens, sowie dessen gleichzeitiges Laden kommt heute dort, wo es sich um größere Kubaturen handelt, der Greifbagger (Abb. 1) und der in Amerika zuerst verwendete, moderne Löffelbagger (Abb. 2) in Betracht.

Abb. 1. Greifbagger

Der erstere ist an einen Drehkran angehängt und wird durch diesen betätigt. Der Kran kann auch zum Heben und Laden von anderen Materialien Verwendung finden sowie als Ramme ausgebildet werden.

Löffelbagger (Abb. 2)
Laut Angabe der Firma Ing. Böhm, Wien

Modell Nr.	2	3	4	5	6
Schaufelinhalt in m³	0,38	0,57	0,77	0,96	1,15
Größter Ausschüttungsradius bei 45° Neigung in m	6,47	6,78	7,16	7,16	1,77
Größte Ausschüttungshöhe über der Standfläche in m	3,99	4,18	4,32	4,32	4,72
Größter Grabradius in m	7,42	7,77	8,20	8,20	8,88
Größter Grabradius in der Standfläche in m	5,15	5,39	6,02	6,02	6,48
Spurweite des Raupenschleppers in m	2,515	2,591	2,997	2,997	3,084
Länge der Raupe in m	3,48	3,76	3,81	3,99	4,47
Gesamthöhe bis Schutzhausoberkante in m	3,30	3,30	3,56	3,56	3,61
Leistung des Explosionsmotors in PS	52	61	71	81	86
Gesamtgewicht (ausgerüstet) in t	19,0	22,2	31,8	33,1	36,7
Ungefährer Preis in S	75000	90000	nach Anfrage		

Abb. 2. Löffelbagger

Der Bagger wird auch als Zuglöffelbagger ausgeführt, wobei der Kragarm gelenkig abgebogen und der Löffel, in umgekehrter Stellung zur Maschine wie beim Löffelbagger, von einem Seilzug bewegt wird. Besonders für die Herstellung von Rohrgraben und Kanalisationsarbeiten geeignet.

2. Fahrbare Gurtförderer

Fahrbare Förderbänder sind überall dort am Platze, wo eine ortsfeste Anlage infolge hoher Anschaffungskosten oder geringer Ausnützungsmöglichkeit unwirtschaftlich ist. Sie finden bei Hoch- und Tiefbauten Verwendung für die Erdbewegung aus Baugruben, zur Anhäufung oder Verladung von Schüttgut aller Art, zum Transport des Mischgutes bei Betonarbeiten, zum Aufstapeln von Steinen usw. sowie zum Entladen von Fuhrwerken. Die damit erzielbaren Ersparnisse sind ganz bedeutend.

Üblich sind Ausführungen mit Flachband und mit Muldenband; bei letzterem ist das Band durch seitlich angeordnete, schräggestellte Rollen in Muldenform gebettet, so daß seitliche Führungsleisten, welche beim Flachband für weiche Schüttgüter notwendig sind, entbehrlich werden. Die Bänder werden für Schrägförderung, Horizontalförderung und für Universalförderung gebaut. Bei dieser dritten Art kann der Ausleger, der das obere Trum bildet, durch eine Höhenverstellvorrichtung auf jede beliebige Förderhöhe eingestellt werden, was besonders für Materialien, bei welchen das Herabfallen aus größerer Höhe nachteilig ist, in Anwendung kommt.

Fahrbare Förderbänder (Erzeugnis Stöhr)

Laut Angabe der Firma Otto Anders, Wien

Dieses Förderband besitzt eine Förderbahn in einer weitausladenden Fachwerkskonstruktion, eine Höhenverstellung, die mittels Schraubenspindeln, welche direkt durch Kurbel, Schnecke und Schneckenrad angetrieben werden, betätigt wird, einen im Fahrgestell in geschlossenem Kasten eingebauten Motor (Verbrennungs- oder Elektromotor), von welchem die Kraftübertragung auf die Bandrolle durch Zahnräder erfolgt; alle nicht unbedingt verläßlichen Übertragungsmittel, wie Ketten, Riemen, Seile usw. sind hier vermieden. Die Beschickung des Bandes erfolgt durch Einfüllen des Materials in eine Schurre.

Achsenabstand l in m	10 m			15 m			20 m			Anmerkung
Gurtbreite mm	400	500	600	400	500	600	400	500	600	Es sind auch Förderbänder mit 8 m, 12 m, 18 m Achsenabstand lieferbar. Für größere Entfernungen mehrere Förderelemente hintereinander aufstellbar
Förderhöhe m	1,0 bis 3,5			1,3 bis 5,2			1,6 bis 7,0			
Motorleistung PS	4			4 und 6			6			
Gewicht (ohne Motor) kg	1420	1540	1660	1820	1950	2080	2600	2850	3100	
Preis komplett, betriebsbereit S	6000 bis 7000			7500 bis 8500			9000 bis 11000			
Leistung m^3/st.	bei 400 mm Gurtbreite bis 30 m^3/st. „ 600 „ „ „ 75 „									

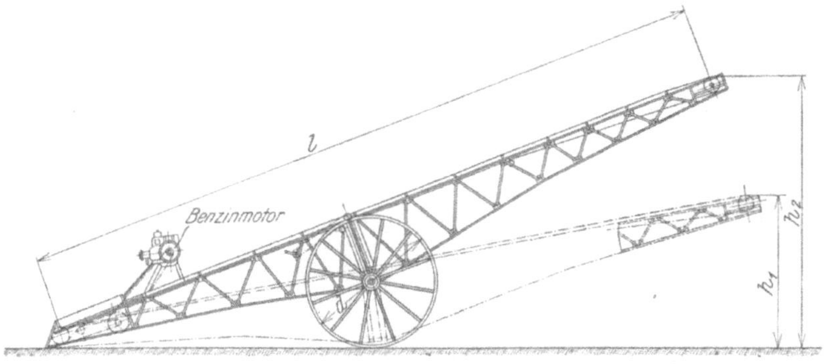

Abb. 3. Fahrbares Förderband

Fahrbare Förderbänder (Abb. 3)

Erzeugnis der Maschinenfabrik Ing. M. Luzzatto, Wien

Wird normal mit den Gurtbreiten 400 und 500 mm und den Achsenabständen $l = 8$, 10, 12, 15 und 20 m gebaut.

Achsenabstand l in m	8		10		12		15		20	
Gurtbreite mm	400	500	400	500	400	500	400	400	400	500
Kleinste Förderhöhe h_1 in m	1,6		1,8		2,0		2,8		3,6	
Größte Förderhöhe h_2 in m	2,9		3,5		4,2		5,2		7,0	
Raddurchmesser in mm	1350		1500		1800		2150		2350	
Gewicht mit Elektromotor kg	1100	1140	1250	1300	1400	1460	1750	1840	2300	2400
Gewicht mit Benzinmotor kg	1160	1200	1310	1360	1460	1520	1810	1900	2380	2480
Leistung m³/st.	30	50	30	50	30	50	30	50	30	50

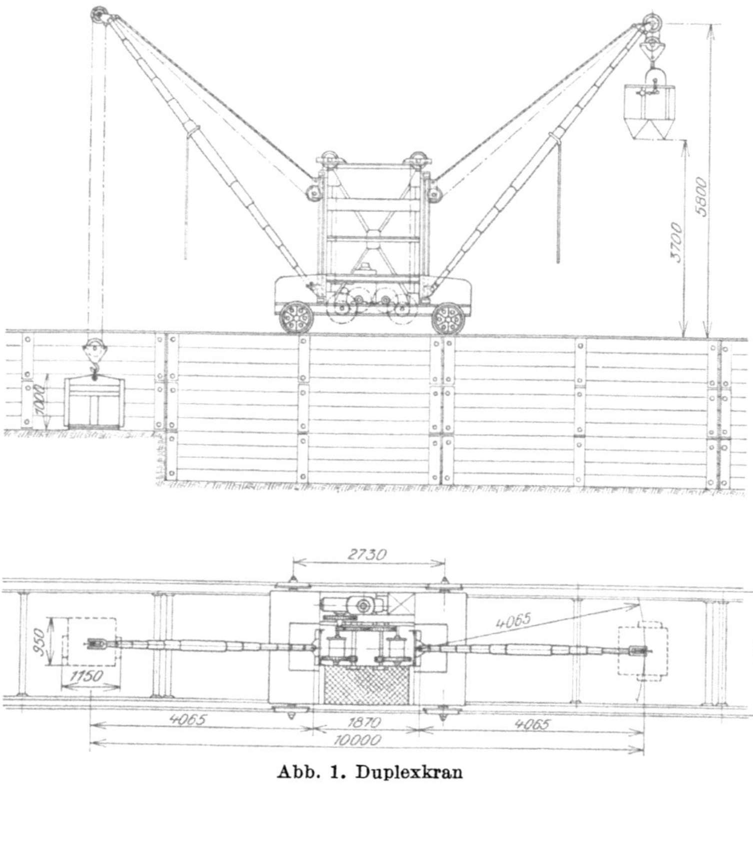

Abb. 1. Duplexkran

3. Krane

Sie werden für das Ausheben von Baugruben, zu Ausschachtungsarbeiten des Tiefbaues usw. verwendet. Besorgen auch gleichzeitig das Verladen des Aushubmaterials oder dienen auch bloß zum Entladen oder Beladen von Transportmitteln.

Duplexkran (Abb. 1)

Laut Angabe der Firma P. Weyermann, Berlin

Besitzt 2 Ausleger in Verbindung mit 2 Windwerken, die durch Handhebel ein- und aursückbar sind; auch das Ausschwenken der Ausleger erfolgt von Hand aus. Antrieb mit Benzol- oder Elektromotor, Kraftbedarf rund 8,5 PS; Fördergefäße sind entweder Kippkübel oder Förderkasten mit Bodenentleerung und selbsttätigem Verschluß; Inhalt 0,5 m³. Fördergeschwindigkeit etwa 20 m/min.

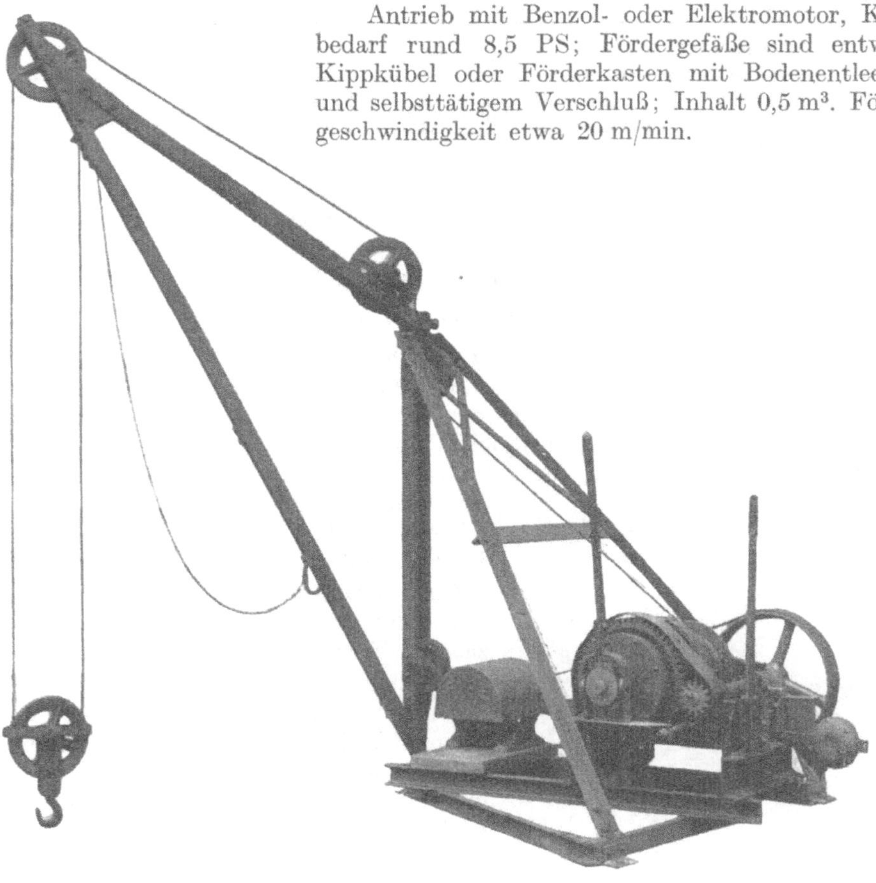

Abb. 2. Derrick-Kran

Gesamtausladung, wenn beide Ausleger in Fahrtrichtung stehen, vom Lasthaken des einen bis zum Lasthaken des andern Auslegers	10,0 m
Höhe der Auslegerrollen über Erdboden ....etwa	5,8 ,,
Spurweite	2,13 ,,
Länge der Lastseile	40,0 ,,
Gewicht ohne Fördergefäße	5000 kg

Die Laufräder haben abnehmbare Spurkränze. Der Kran kann auch mit maschinellem Fahrantrieb vom Motor aus geliefert werden und ist für den Transport auf der Straße abmontierbar.

Derrick-Kran (Abb. 2)

Erzeugnis der Allgem. Baumaschinen-Gesellschaft, Wien

Feststehender Ausleger-Schwenkkran; geringer Raumbedarf, Unabhängigkeit vom Gerüst. Räderwinde und Motor können auch in größerer Entfernung vom Kran aufgestellt werden. Antrieb durch Benzin- oder Elektromotor. Der Kran kann auch fahrbar (z. B. für Kanalaushubarbeiten) geliefert werden.

Tabelle über Derrick-Krane

Ausladung in m	2,0	2,5	3,0	4,0	5,0
Nutzlast in kg	500	500	1000	2000	1000
Hakenhöhe über Standebene in m	2,22	2,40	2,55	3,90	5,00
Hub in m/min	20	20	27	15,5	27
Gewicht mit Winde in kg	380	490	700	1250	1250
Kraftbedarf in PS	3	3	9	11	9
Preis in S	1200,00	1400,00	2000,00	3300,00	3250,00

D. Werkzeuge für Abbrucharbeiten

Preßluftwerkzeuge

Die Preßluft als Betriebsstoff für Maschinen und Werkzeuge gewinnt immer mehr an Bedeutung. Abgesehen davon, daß dieser Betriebsstoff feuersicher ist und nicht einfrieren kann, sind auch die Maschinen zur Erzeugung desselben leicht transportabel, können ohne Schwierigkeit überall aufgestellt werden und gestatten die gleichzeitige Versorgung mehrerer Arbeitsstellen. Der hydraulische Betrieb ist weniger handlich und auch weniger betriebsicher. Hervorragende Dienste leistet die Preßluft unter anderem für den Betrieb der verschiedenartigen Hämmer. Diese finden in Verbindung mit den entsprechenden Werkzeugen Verwendung als Bohrhämmer beim Berg- und Tunnelbau, zum Stoßen von Keillöchern, zum Bossieren und Stocken in der Steinindustrie, als Abbauhämmer, zum Aufreißen von Straßendecken, zum Niederlegen und Durchbrechen von Beton- und Ziegelmauerwerk, ferner als Stampfer zum Stampfen von Beton, Asphalt, Erde usw. Im Eisenhoch-, Brücken- und Behälterbau wird die Preßluft vorwiegend zum Betriebe der Niethämmer sowie von Bohrmaschinen, die letzteren zum Bohren und Aufreiben der Nietlöcher, verwendet.

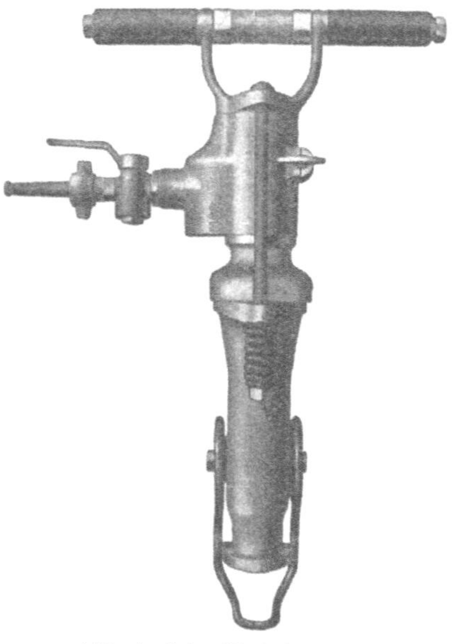

Abb. 1. Schnellbohrhammer

Mit Preßluft betriebene Maschinen dienen ferner zum Schleifen von Fassaden und Steinflächen usw.

1. Schnellbohrhämmer (Marke Böhler) (Abb. 1)

sind mit zentraler Wasserspülung ausgerüstet; sie kommen vorzüglich dort in Frage, wo neben größtmöglicher Leistung aus besonderen Gründen geringste Staubentwicklung gefordert wird.

Bei diesen Hämmern wird das Spülwasser — mittels eines eigenen Absperrventils regelbar — durch eine besondere Leitung zugeführt. Die inneren Teile der Spülvorrichtung sind so durchgebildet, daß kein Wasser in den Arbeitsraum des Zylinders einzudringen vermag.

Die Bohrhämmer mit Wasserspülung können in besonderen Fällen, so z. B. beim Bohren tiefer, senkrechter Löcher, durch Anschluß des Wasserzulasses an die Luftleitung ohneweiters auch als Bohrhämmer mit starker, dauernder Luftkühlung Verwendung finden.

Die Abb. 2 zeigt einige gebräuchliche Schneideformen für Hohl- und Vollbohrer, und zwar eignet sich Abb. 2 a, ein Schlangenbohrer mit Z-Meißelschneide, für horizontale und leicht ansteigende Löcher in weichem bis mittelfestem Gestein, die einfache Meißelschneide (Abb. 2 b) für stärker ansteigende Löcher in hartem Gestein und für den Abbaubetrieb, während der sechsteilige Kronenbohrer (Abb. 2 c) und die Doppelmeißelschneide (Abb. 2 d) für schräg oder senkrecht nach unten gerichtete Löcher in hartem und sehr hartem Gestein verwendet werden. Wenn keine Spülung notwendig ist, entfällt der zentrale Spülkanal im Bohrer. Gebräuchliche Bohrerlängen von 500 bis 4500 mm ohne Einsteckende.

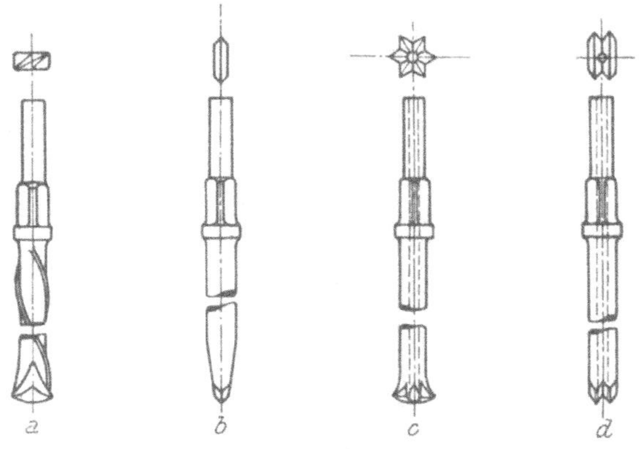

Abb. 2. Schneideformen für Voll- und Hohlbohrer

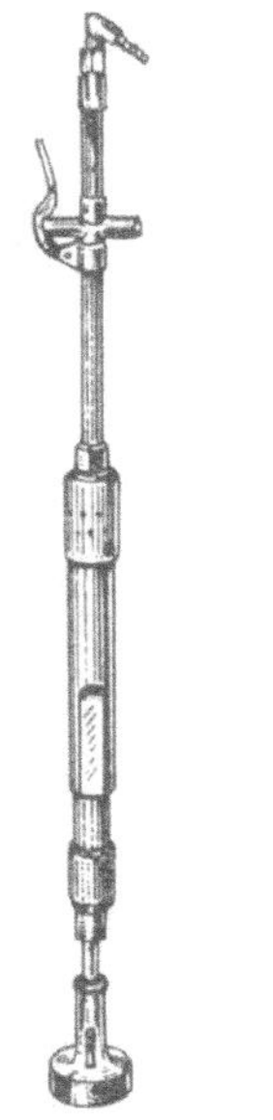

Abb. 3. Preßluftstampfer

Normaler Betriebsdruck: 5 bis 7 Atm. Überdruck. Gewicht rund 18 kg; ungefähr 1900 Schläge je Minute. Preis je Stück zwischen *S 350,00* und *S 460,00.*

2. Preßluftstampfer, Marke Böhler (Abb. 3)

Die maschinelle Stampfarbeit ist nicht nur weitaus billiger als Handstampfung, sondern auch gleichmäßiger und liefert dichteres Stampfgut. Zum Einstampfen von Zementrohren werden Verlängerungen geliefert, welche zwischen Stampfplatte und Kolbenstange befestigt werden.

Der Preßluftstampfer trägt sich infolge seiner Bauart während der Arbeit selbst und bedarf ohne jede Kraftanwendung lediglich der Führung. Die Hohlschiebersteuerung verbürgt eine sichere und gleichmäßige Arbeitsweise. Der Anschluß für die Luftzuführung ist drehbar angeordnet, so daß dem Schlauch bei jeder Arbeitsstellung die passendste Lage gegeben werden kann. Der Lufteinlaß erfolgt bei den größeren Stampfern durch Öffnung eines Dreh-, bei den kleineren eines Hebelventils. Das Drehventil bietet den Vorteil, daß der Stampfer in Tätigkeit bleibt, ohne daß es nötig wäre, die Hand ständig am Einlaß zu halten.

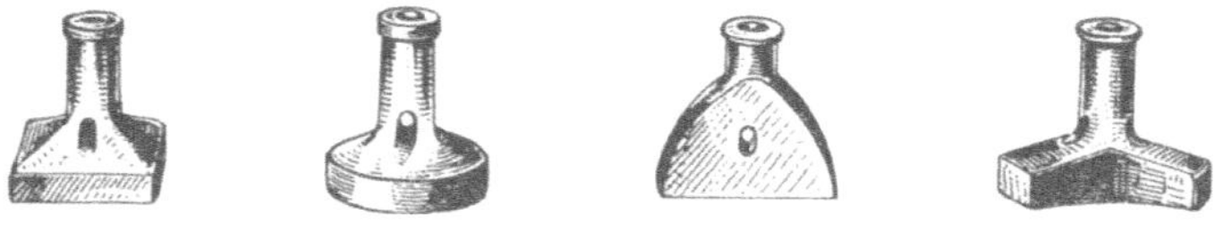

Abb. 4. Stampfplatten

Die Abb. 4 a bis d zeigen einige gebräuchliche Ausbildungen der Stampfplatten.

Preise der Preßluftstampfer je Stück *S 180,00* bis *S 300,00*.

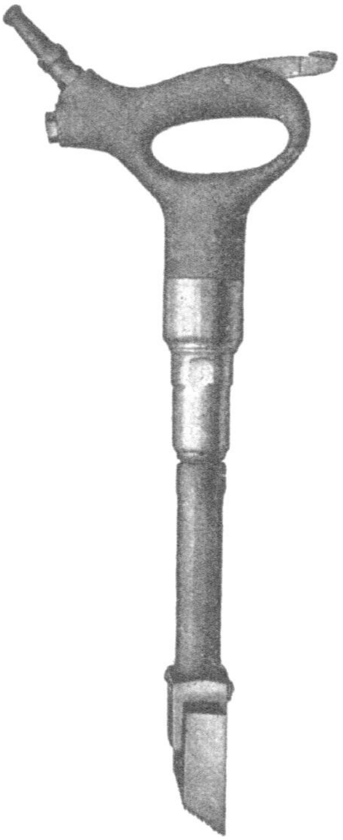

Abb. 5. Stockhammer

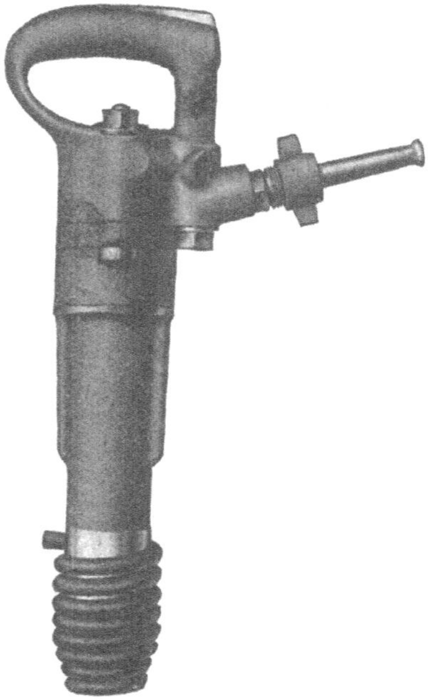

Abb. 6. Abbauhammer

3. Stockhämmer, Patent Böhler (Abb. 5)

Für alle Stockarbeiten, besonders auf Marmor, Sandstein und Kunstsandstein, geeignet. Sie bestehen aus einem Meißelhammer und einem Einsatzhalter, der den für die jeweilige Stockarbeit geeigneten Einsatz, welcher das eigentliche Arbeitswerkzeug bildet, aufzunehmen hat. Verwendet wird der Króneleinsatz, der mittlere und der feine Stockeinsatz. Eine Luftreglerschraube gestattet die genaue Einstellung der Luftzufuhr und damit der Schlagstärke.

Schlagzahl bei 5 bis 7 Atm. Betriebsdruck ungefähr 2500 je Minute. Gewicht rund 4 kg.

4. **Abbauhämmer** (Abb. 6)

sind nicht nur für Abräumarbeiten verwendbar, sondern auch für den Abbau von Stein- und Braunkohle sowie aller Arten von Gestein ähnlicher Härte.

Schlagzahl bei 5 Atm. Betriebsdruck 1100 je Minute. Gewicht rund 7,2 kg.

5. **Elektropneumatisches Schlagwerkzeug,** Patent Berner (Abb. 7)

Laut Angaben der Firma Otto Anders, Wien

Es eignet sich zum Niederlegen und Durchbrechen von Beton- und Ziegelmauerwerk, zum Bohren von Löchern in Beton usw., ferner zum Abstocken von Betonwänden, Stemmen von Mauerritzen für Rohre oder elektrische Leitungen. Dasselbe wird überall dort mit Vorteil verwendet, wo Preßluftanlagen, die immerhin kompliziertere Einrichtungen erfordern, nicht mehr wirtschaftlich sind und nur ein Werkzeug benötigt wird.

Abb. 7. Elektropneumatisches Schlagwerkzeug

Es besteht aus einer durch einen Elektromotor angetriebenen, mit diesem in einem gemeinsamen Gehäuse untergebrachten Luftpumpe, an die, je nach der gewünschten Leistung, ein 2 m bis 5 m langer Schlauch angeschlossen ist; das andere Ende dieses Schlauches ist mit der Meißel-, Abbruch- oder Stemmpistole verbunden, welche das entsprechende Werkzeug tragen.

Das gesamte Aggregat ist auf einem Karren fahrbar montiert. Vorteile dieser Einrichtung: Geringes Gewicht, leichte Transportmöglichkeit, große Leistung und rückschlagloses Arbeiten der Pistolen.

Als Sonderkonstruktion kann das Aggregat statt des Elektromotors auch einen Benzinmotor erhalten.

Der elektropneumatische Hammer wird in zwei Größen gebaut:

Motorleistung in PS	0,33	3,0
Gewicht je nach Ausstattung in kg	30—35	160—170
Preis S	1400,00	2600,00

E. Vorrichtungen zum Materialvertikaltransport

An solchen kommen für die Baustelle hauptsächlich in Betracht:

1. Handkabel-Bauwinde

die mit Handhebelbandbremse und Sperrklinke ausgestattet ist und einfache oder doppelte Stirnradübersetzung besitzt.

Tragkraft kg	1000	2000	5000
Trommellänge mm	560	700	900
Durchmesser der Trommel mm	160	200	300
Nettogewicht rund kg	400	500	1000
Preis rund S	400,00	750,00	1100,00

2. Friktionswinde, Riemenantrieb (Abb. 1)

Tragkraft kg	500	750	1000
Seilgeschwindigkeit je Min. rund m	30	25	20
Kraftbedarf ,, PS	5	7	8
Riemenscheibe, Tourenzahl je Min.	200	200	200
,, Durchmesser mm	600	700	700
,, Breite ,,	100	100	100
Seiltrommel, Durchmesser ,,	250	250	250
,, Länge ,,	300	400	500
Nettogewicht rund kg	240	360	540
Preis ,, S	800,00	1200,00	1800,00

Abb. 1. Friktionswinde

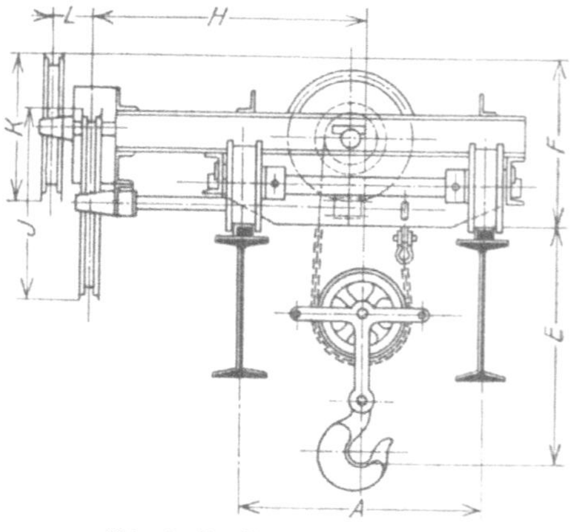

Abb. 2. Zweiträger-Laufwinde

3. Zweiträger-Laufwinde (Abb. 2)

		Tragfähigkeit in Kilogramm						
		2000	3000	4000	5000	6000	7500	10 000
Maße in Millimeter	*A*	480	550	600	600	680	680	750
	E	450	550	550	620	700	700	600
	F	325	340	410	430	430	540	660
	H	550	600	650	700	750	750	1000
	J	375	425	495	495	495	665	665
	K	295	295	375	375	375	495	665
	L	100	100	100	100	100	100	100
	Radstand	500	500	600	550	600	600	750
Gewicht für 3 m Hub kg		180	220	290	320	400	550	750
Gewicht für 1 m Mehrhub kg		8	9½	11	13	14	17	23½
Preis für 3 m Hub S		400,00	465,00	575,00	635,00	740,00	910,00	1210,00
Preis für 1 m Mehrhub S		13,00	16,50	18,50	21,50	23,00	26,00	35,50

4. Dreifuß-Schraubenwinde (Abb. 3)
(Südbahnwerke)

Tragkraft in kg	Spindel-durchmess. *D* in mm	Niedrigste Höhe in mm	Hubhöhe in mm	Gewicht in kg rund	Richtpreis S
2000	30	290	150	4,5	18,00
5000	45	425	225	12	34,00
8000	54	500	285	21	48,00
10000	58	555	330	24	56,00
15000	65	605	325	35	71,00
20000	65	670	320	60	82,00

5. Wagenwinde aus Stahl (Abb. 4)
(Südbahnwerke)

Tragkraft in kg	Geringste Höhe inkl. Horn in mm	Hub in mm	Gewicht in kg rund	Übersetzt	Richtpreis S
1000	740	325	11	einfach	43,00
2000	745	370	13,5	doppelt	61,00
5000	760	380	19,7	doppelt	74,00
7000	760	410	26,5	dreifach	115,00
10000	815	400	36	dreifach	130,00
15000	840	400	53	dreifach	166,00
18000	880	380	67	dreifach	218,00

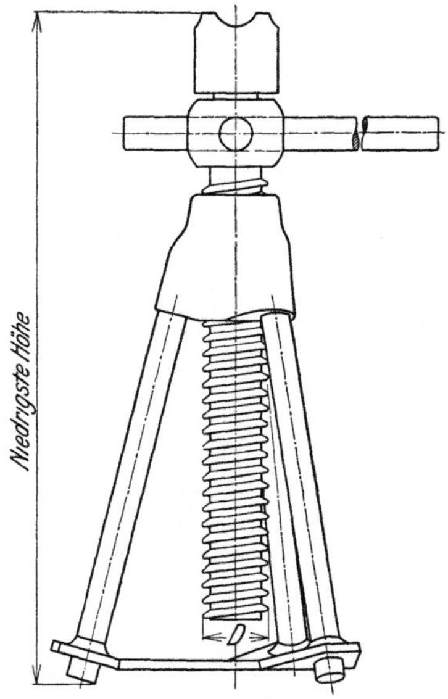

Abb. 3. Dreifuß-Schraubenwinde

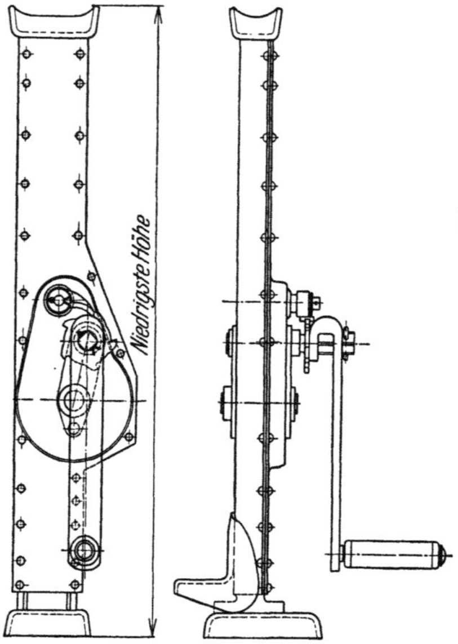

Abb. 4. Wagenwinde aus Stahl

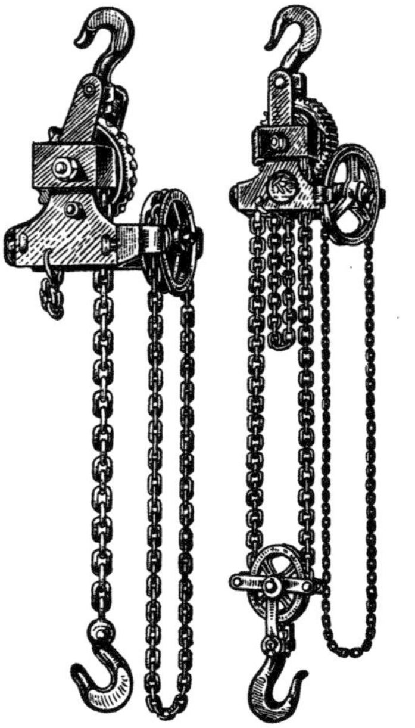

Abb. 5. Schraubenflaschenzüge

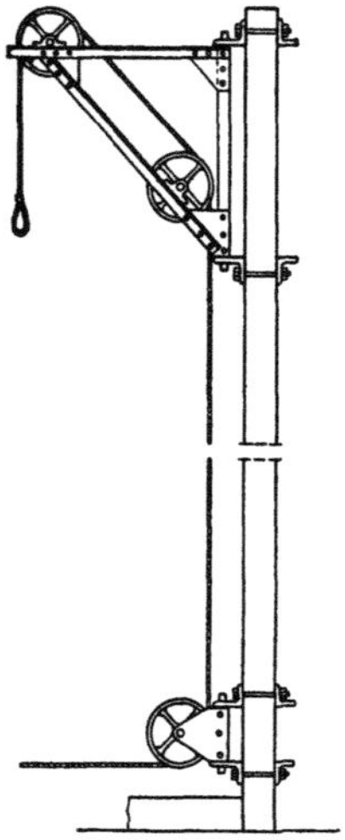

Abb. 6. Schwenkkran

6. **Schraubenflaschenzüge** (Abb. 5)

Tragkraft kg	Preise in Schilling		Gewichte		Bauhöhe im zusammengezogenen Zustand mm
	für 3 m Hub	für 1 m Mehrhub	inkl. Ketten für 3 m Hub kg	der Ketten für 1 m Mehrhub kg	
600	85,00	4,50	26	3,0	420
1000	108,00	6,50	35	4,2	720
1500	118,00	8,50	46	5,5	800
2000	148,00	9,50	65	6,5	920
3000	183,00	14,00	77	8,0	1020
4000	217,00	16,00	102	9,5	1120
5000	249,00	19,00	122	11,5	1230
6000	300,00	20,00	150	12,5	1370
7500	357,00	24,00	164	15,5	1500
10000	640,00	33,00	315	22,0	1350

7. **Schwenkkran** (Abb. 6)

Geeignet zum Hochziehen von sperrigem Gut, wie Balken, Betoneisen usw. Wird durch Winden betrieben.

Tragkraft kg	600	1000	2000
Gewicht kg	100	120	150
Preis rund S	160,00	220,00	300,00

8. **Bauaufzug** (Abb. 7)

Ziegel- und Mörtelaufzug (Paternoster-) für Hand- und Kraftbetrieb. Antrieb von oben oder auch von unten möglich. Bauhöhe bis 20 m. Kraftbedarf 2 Mann,

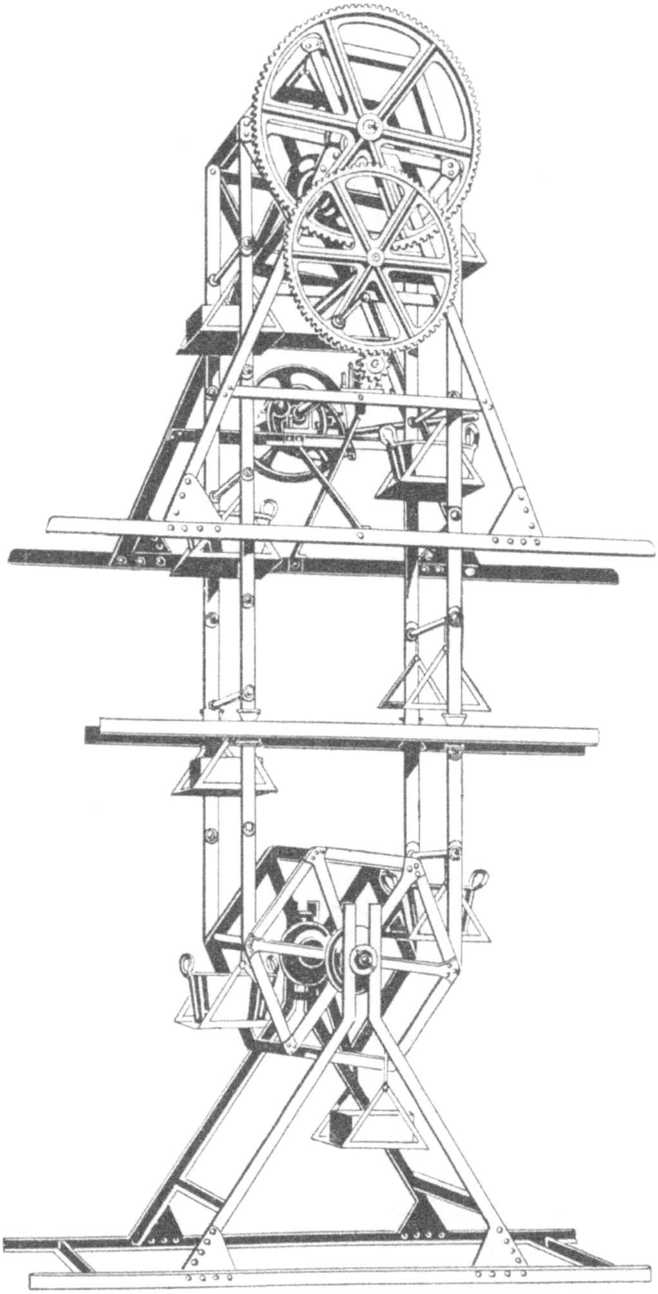

Abb. 7. Paternoster-Bauaufzug

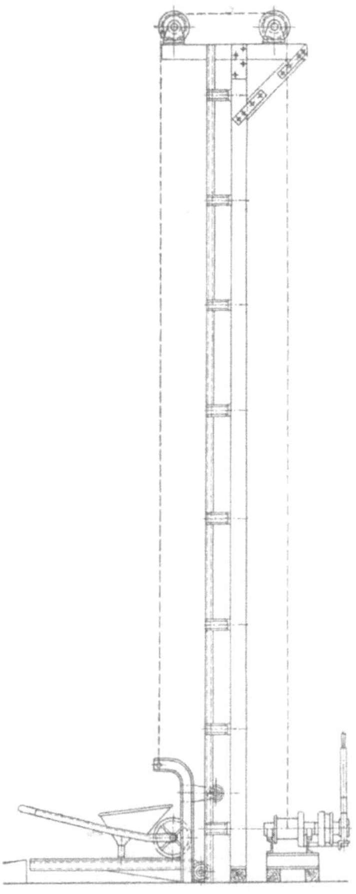

Abb. 8. Schnellbauaufzug „Bob“

bzw. 2 PS; Leistung je Stunde 2500 Ziegel oder 600 Schaffel Mörtel. Preis ohne Antriebsmotor rund *S 1500,00*.

9. **Schnellbauaufzug „Bob"** (Abb. 8)

Die Leistung ist im Vergleiche zum Paternosteraufzuge bedeutend größer. Es werden gegenüber den veralteten Bauaufzügen je Aufzug 4 bis 5 Mann erspart. Bauhöhe normal für 20 m, doch kann durch Aufsetzen von Schienen jede beliebige Höhe erreicht werden.

Tragkraft der Winde an der Trommel 500 kg, Hubgeschwindigkeit der Fahrschale je Minute rund 50 bis 60 m, Kraftbedarf rund 8 PS.

Das Plateau ist so eingerichtet, daß gleichzeitig zwei mit Ziegeln oder Mörtel beladene Scheibtruhen nach oben gezogen werden können.

Die Fläche der Fahrschale ist 140 × 150 cm. Riemenscheibendurchmesser = = 800 mm, Breite 100 mm, Drehzahl 300 in der Minute, Gewicht des Aufzuges

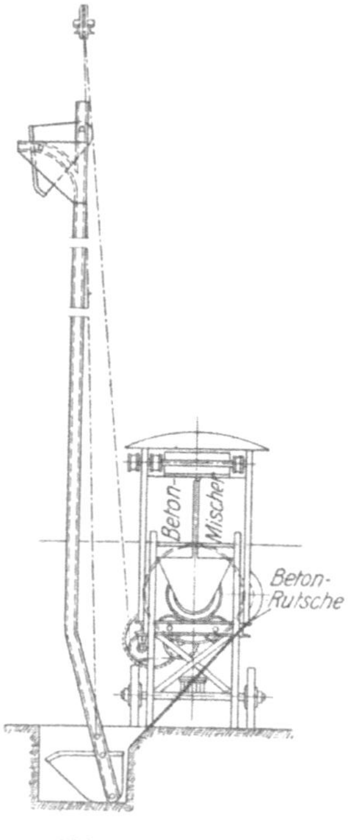

Abb. 9. Betonhochzug

Abb. 10. Baugrubenaufzug

900 kg. Leistung rund 4800 Ziegel je Stunde. Auch geeignet zur Förderung von: Schalungsblechen, Treppenstufen, Fensterstöcken, Türstöcken, Rohren, Gipsdielen usw. Preis *S 3000,00*.

10. **Betonhochzug** (Abb. 9)

Der fertige Beton wird von der Maschine direkt in die einzelnen Stockwerke befördert, ohne noch einmal in die Hand genommen zu werden. Die Entleerung erfolgt automatisch.

Tabelle über Betonhochzüge

Inhalt des Aufzugkastens	Liter	100	150	250	300	500
Normale Aufzughöhe	m			20		
Geschwindigkeit des Aufzugkastens in der Minute	m			25		
Kraftbedarf	rund PS	2	3	5	5	7
Nettogewicht	rund kg	600	700	850	900	1000
Preis	S	750,00	850,00	950,00	1000,00	1300,00

11. **Baugrubenaufzüge** (Abb. 10)

Dienen zum Ausschachten der Baugruben. Der Aufzugskübel wird beliebig tief in die Baugrube gesetzt und schüttet oben automatisch das Erdmaterial auf die schräge Rutsche, von wo es in den bereitgestellten Wagen fällt.

Tabelle über fahrbare Baugrubenaufzüge

Inhalt des Aufzugkastens	500 Liter
Maximale Ausschachttiefe	6 m
Geschwindigkeit des Aufzugkastens	15 m/min.
Kraftbedarf	8 PS
Radstand	1650 mm
Nettogewicht	2260 kg
Preis	S 4500

12. **Turmkran,** J. Wolff & Co., Heilbronn (Abb. 11)

Der Turm ist starr und nicht drehbar; er läßt sich auf dem Boden liegend zusammenschrauben und ist mit der elektrischen Hubwinde rasch und sicher in wenigen Minuten über dem wegen der Durchfahrt sehr geräumigen Portal (2,75/3,0 m) aufstellbar oder niederlegbar. Über dem Portal ist das Windwerk und darüber der Führerstand angeordnet. Für jede der drei Bewegungen: Heben, Schwenken und Fahren, ist separater Motor vorhanden, daher alle drei Bewegungen gleichzeitig ausführbar. Antrieb elektrisch, Kraftbedarf für Hubwerk rund 11 PS; Hubgeschwindigkeit bei 1000 kg Last 35 m/min., Hubgeschwindigkeit bei 2000 kg Last 18 m/min., Schwenken rund 1½ PS, Schwenkgeschwindigkeit 1,1 Umgänge je Minute, Fahrwerk rund 11 PS, Fahrgeschwindigkeit 30 m/min.

Der Ausleger kann für große Belastungen bei großer Ausladung mit Gegengewicht ausgestattet werden.

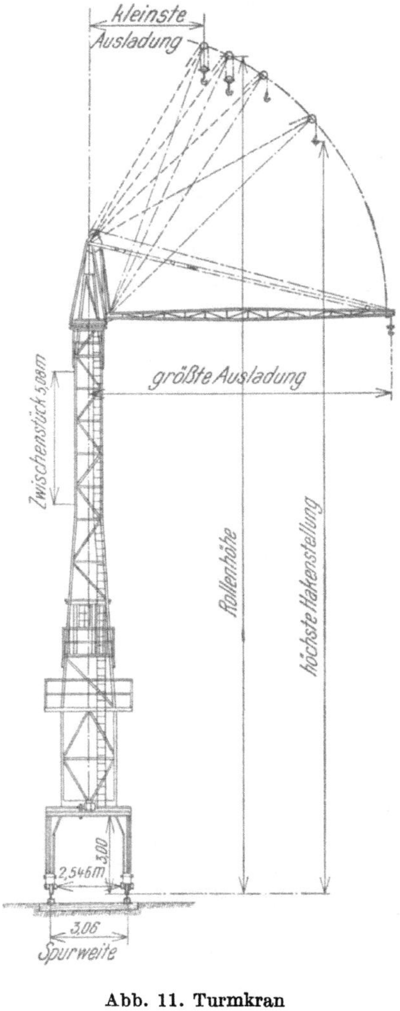

Abb. 11. Turmkran

Dimensionen und Leistung des Wolffschen Turmkranes

Ausleger-länge in m	Tragkraft in kg	Bei Ausladung bis m[1])	Höchste Lasthakenstellung über Erdboden in m[2])	Anmerkung
12	4000	4,5	26,1	[1]) Bei der Ausführung mit Gegengewichtsausleger erhöhen sich die Zahlen um 50 bis 70% [2]) Bei Einschaltung von 1 oder 2 Zwischenstücken zu 5 m Länge in die Turmsäule erhöhen sich die Zahlen um 5 bzw. um 10 m
	2000	7,0	25,0	
	1000	12,0	17,3	
15	4000	4,5	29,1	
	2000	7,0	28,4	
	700	15,0	17,3	
20	3000	10,0	32,1	
	1800	15,0	28,5	
	1200	20,0	17,5	

F. Steinbrecher (Backenbrecher)

Nach Angaben der Maschinenfabrik Ing. M. Luzzatto, Wien

Das Brechmaul, zwischen welches die zu zerkleinernden Steinstücke eingeworfen werden, wird von einer festen und einer auf einer Brechschwinge befestigten beweglichen Brechbacke gebildet. Die Bewegung der Brechschwinge erfolgt durch eine Exzenterwelle. Die Schwinge stützt sich hierbei entweder auf eine Druckplatte, wie beim Einschwingenbrecher (Abb. 1), oder wird durch eine Zugstange

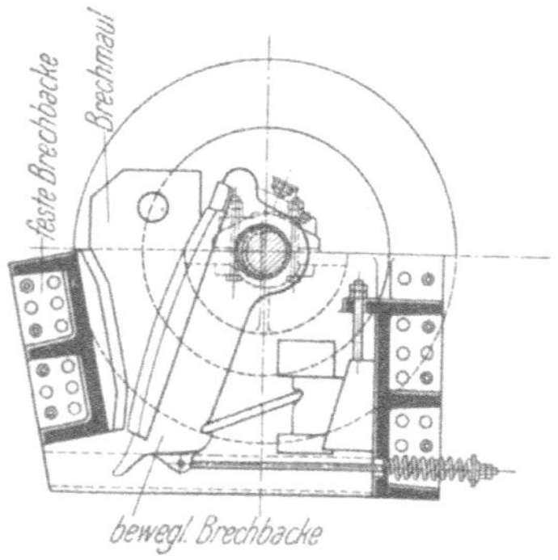

Abb. 1. Einschwinger-Backenbrecher (Schnitt)

Abb. 2. Zweischwingenbrecher

mit Hilfe von zwei kniehebelartig wirkenden Druckplatten bewegt, wie beim Zweischwingenbrecher (Abb. 2). Letzterer empfiehlt sich bei größeren Leistungen (etwa über 12 m³/st.).

Bei beiden Typen ist es durch geeignete Wahl der Exzentrizität der Welle sowie durch verschiedene Einstellung der Kniehebelplatte möglich, verschieden starken Druck auf die bewegliche Brechbacke auszuüben und diesen so zu steigern, daß selbst die härtesten Steine zerkleinert werden können. Um die Ungleichheiten im Gang der Maschine auszugleichen, sind zwei auf der Exzenterwelle sitzende, schwere Schwungräder vorhanden.

Die Maximalgröße der Stücke, welche der Maschine aufgegeben werden können, ist etwas kleiner als die vorhandene Brechmaulöffnung (siehe Tabelle). Die Größe des Brechproduktes kann durch eine besondere Verstellvorrichtung des unteren Brechmaulspaltes nach Bedarf so verändert werden, daß man neben Grieß und Staub Stücke von rund 2 mm bis zu 70 mm im Durchmesser erhält.

Bei besonderen Granulatoren (Feinsteinbrechern) läßt sich jedoch auch eine Zerkleinerung bis zu höchstens 12 mm erreichen.

Tabelle

E = Einschwingenbrecher, *Z* = Zweischwingenbrecher

Größe des Brechers mm		Breite	250	350	450	530	600	800	1000
		Weite	175	225	300	350	400	500	650
Leistung in m³/st. (für Kalkstein bei 60 mm Spaltweite)		*E*	2—4	4—6	7—12	8—16	12—22	—	—
		Z	1,5—3	3—5	5—9	7—13	10—20	30—40	40—50
Kraftverbrauch PS		*E*	4—6	6—8	12—14	16—18	20—26	—	—
		Z	3—4	4—7	7—11	9—15	11—21	40—50	50—60
Gewicht in kg		*E*	950	1800	3500	5200	7000	—	—
		Z	1700	3300	5700	8500	11000	20000	32000
Größte Abmessungen des Brechers in mm	Länge	*E*	950	1100	1350	1800	1850	—	—
		Z	1700	2200	2600	2800	3000	2900	3400
	Breite	*E*	1160	1400	1800	2050	2300	—	—
		Z	1200	1450	1750	1900	2000	2200	2800
	Höhe	*E*	870	1100	1360	1700	2000	—	—
		Z	1100	1450	1700	1850	2050	2400	2600

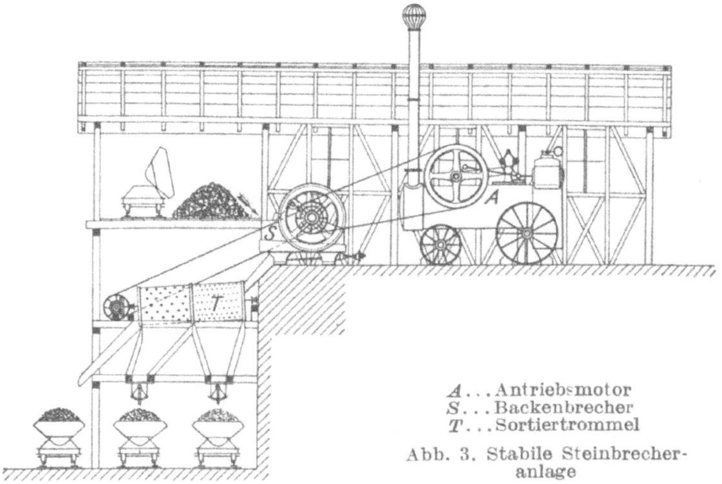

A. . . Antriebsmotor
S. . . Backenbrecher
T. . . Sortiertrommel

Abb. 3. Stabile Steinbrecheranlage

Abb. 4. Fahrbare Steinbrecheranlage

Während die Anlage für den Steinbruchbetrieb stabil ausgeführt wird, meist so, daß das zu brechende Material von oben her dem Steinbrecher zugeliefert und das Brechgut, durch Sortiertrommeln bereits nach verschiedenen Korngrößen gesondert, unten abgeführt wird (siehe Abb. 3), eignen sich für den Straßenbau und für Straßenerhaltungsarbeiten, wo ein häufiger Wechsel des Arbeitsplatzes eintritt, fahrbare Steinbrecheranlagen, bei welchen das Aggregat mit Steinbrecher, Sortiertrommel und Antriebsmotor ausgestattet ist (Abb. 4).

G. Beton- und Mörtelmischmaschinen

1. Maschinen, die kontinuierlich arbeiten

Diese haben gewöhnlich die Form eines langgestreckten, oft schrägliegenden Zylinders. In die Öffnung — an einem Ende desselben — werden Schotter, Sand und Zement eingeworfen; während das Material den Zylinder durchwandert, wird Wasser zugeführt und der fertige Beton verläßt am anderen Ende des Zylinders die Maschine. Die so erzielte Mischung ist jedoch nicht zuverlässig, weshalb diese Art von Mischmaschinen nur wenig verwendet wird.

2. Periodenmischer

Darunter versteht man Mischmaschinen, bei denen außerhalb der Mischtrommel in ein besonderes Meßgefäß (meistens ein Materialaufzugskübel oder ein Klappentrichter) die richtige Menge Schotter, Sand und Zement eingefüllt und dann in die Mischtrommel geschüttet wird. Beim Periodenmischer unterscheidet man drei Arten.

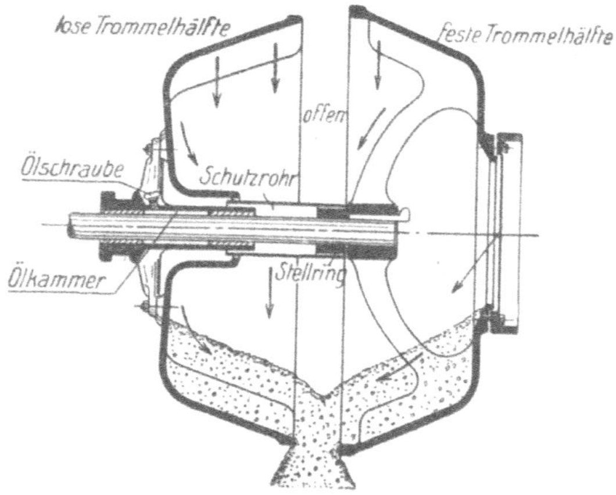

Abb. 1. Trommelquerschnitt

a) Freifallmischer (Abb. 1 und 2)

Bei dieser Bauart erfolgt der Mischprozeß durch Rotation der Mischtrommel nach dem Prinzip des Freifalles. Die innige Mischung wird durch stetes Überkugeln des Mischgutes herbeigeführt. Sehr geeignet als Form der Trommel ist die Kugelform, bei der ein nach allen Richtungen sich vollziehender Mischprozeß, besonders in axialer Richtung, erfolgt. Diese Mischer werden auch mit aufgebautem Benzin- oder Benzolmotor erzeugt. Abb. 1 stellt die Trommel eines Mischers der Allgemeinen Baumaschinen-Gesellschaft, Wien, Abb. 2 den Kleinmischer „Ideal“ für 120 Liter Trommelinhalt mit einer Leistung von 3,6 bis 4,8 m^3 je Stunde und einem Kraftbedarf von 2 PS der Firma Wertheim & Co. A.-G., Wien, dar. Preis *S 3400,00* je Stück.

Tabelle über Freifallmischer

Fahrbar, mit Beschickungshebewerk, Wasserreservoir, Drehgestell, Deichsel und eingebauter zweiter Bauwinde für den Betonhochzug in die Etagen

						Ohne Bauwinde	
Trommelfüllung (Nenninhalt)	l	150	250	330	500	750	1000
Stündliche Leistung	rund m^3	6	7,5—10	10—13	15—20	22,5—30	35—40
Kraftbedarf	PS	6	8	12	12	16	20
Tragkraft 2. Bauwinde	kg	500	750	1000	1200	—	—
Antriebscheibe, ∅	mm	700	685	685	685	1000	1200
„ Breite	mm	80	100	100	100	130	130
„ Tourenzahl je Min.		300	340/380	300	280/310	250	250
Nettogewicht	rund kg	2150	3750	3700	5350	8000	8800
Preis	„ S	8000,00	11 000,00	13 000,00	16 000,00	24 000,00	26 000,00

b) Chargenmischer

Laut Angabe der Firma Otto Anders, Wien

Als Beispiel für diese Mischertype sei der „Jaeger“-Schnellmischer angeführt. Abb. 3 und 4.

Abb. 2. Kleinmischer „Ideal“

Eine schrägliegende, birnenförmige, einseitig offene, mit zwei einander gegenüberstehenden Rührflügeln versehene Trommel ist derart angeordnet, daß sie sich in ihrer schrägen Stellung um ihre Längsachse dreht und gleichzeitig von

Hand aus gekippt werden kann. Im gußeisernen Trommelunterteil sind zwei schrägstehende Abplattungen vorgesehen, welche das Mischgut bei der Drehung der Trommel umlegen und gegen die Flügel werfen, die es wieder nach der Innenseite zurückschleudern. Das Mischgut wird daher bei jeder Trommelumdrehung zweimal durchschnitten und zweimal umgelegt, wodurch sehr rasch eine gründliche Mischung erzielt wird. Die Entleerung der Trommel geschieht durch Kippen derselben und kann entweder auf einmal oder auch nur teilweise erfolgen.

Die Trommel ist auf einem fahrbaren, schmiedeeisernen Trägergerüst montiert und wird von einem auf demselben untergebrachten Motor (Benzin- oder Elektromotor) in ständiger Drehung gehalten. Automatisch regulierbare und einstellbare Wasserzufuhr, mechanische, durch denselben Motor angetriebene Ladevorrichtung; auf Wunsch auch mit Hochzugswinde lieferbar. Infolge des verhältnismäßig geringen Gewichtes der Maschine kann dieselbe längs der Baugrube leicht versetzt und auch hochgestellt werden; zweckentsprechende Aufstellung des Mischers ermöglichen direktes Einschaufeln des zu mischenden Gutes in den Materialkübel und unmittelbare Entleerung aus dem Mischer in die Baugrube. Die Reinigung der Trommel erfolgt in einfachster Weise. Die Bedienung erfordert nur einen Mann. Verwendbar sowohl für Beton als auch für Mörtel. Nach dem gleichen Prinzip ist der Kleinmischer „Perkeo“ (Abb. 4) für 75 Liter Trommelinhalt konstruiert.

Abb. 3. „Jaeger“-Mischer, 150 *L*, mit Benzinmotor

Abb. 4. Kleinmischer „Perkeo“ mit Benzinmotor

Tabelle über Chargenmischer (Bauart Jaeger)

Trommelfüllung in l	75	100	150				250		375		Anmerkung
Type	75 *S* „Perkeo“ *)	100 *L*	150 *S*	150 *SW*	150 *L*	150 *LW*	250 *L* 250 *LE*	250 *LW* 250 *LWE*	375 *L*	375 *LW*	*) „Perkeo“ auch mit Kurbel für Handbetrieb lieferbar *W* = mit Hochzugswinde *E* = erhöht für Kippwagen *S* = ohne Lader und Wassertank *L* = mit Lader und Wassertank Die Typen 250 *LE* und 375 *L* mit Wechselfahrgestell und Gießrinne auch als Straßenbetoniermaschine verwendbar
Stündl. Leistung m³ je Stunde	2	4	4,5	4,5	6	6	10	10	15	15	
Kraftbedarf PS	2	2	2	3—4	3—4	5	3—4	8	8	15	
Gewicht kg rund	390	850	570	790	1200	1420	1640	1940	2650	3200	
Preis inkl. Benzinmotor S	2300	4000	3000	4000	5000	6200	6500	8000	10000	14000	

Außer diesen Typen werden auch solche für 500 l und 750 l Trommelinhalt (Nenninhalt) mit 20 m^3 und 30 m^3 Stundenleistung geliefert.

c) Rührwerk- bzw. Zwangsmischer (Abb. 5)

Zum Mischen von Material mit Kaltasphalt (Straßenbau), Mörtel, Gips, farbigem Verputz, Holzzement u. dgl. eignen sich die Rührwerk- bzw. Zwangsmischer. Diese besitzen einen feststehenden Trog, in dem sich eine Welle mit Schaufeln dreht, wodurch eine innige Vermengung des Mischgutes herbeigeführt wird. Abb. 5 zeigt einen Kleinmischer dieser Type, der, fahrbar oder stabil, für Handbetrieb oder motorischen Antrieb geliefert wird.

Angaben über den Rührwerkmischer

Trommelfüllung (Nenninhalt) rund	150 Liter
Leistung	3,5—4,5 m^3/st.
Kraftbedarf	5 PS
Breite der Mischtrommel	950 mm
Umdrehung der Antriebswelle	40—50 je Minute
Gewicht in kg, wenn fahrbar, mit Benzinmotor	1000 kg
Preis	rund S 2700,00
Preis, fahrbar, mit Benzinmotor	„ „ 4400,00

Eine konische Mörtelmischmaschine, Erzeugnis der Firma Wertheim & Co., Wien, ist in Abb. 6 dargestellt. Diese eignet sich zur Erzeugung von Mörtel aller Art. Dabei ist die Konsistenz des zu verarbeitenden Kalkes auf die Qualität des erzeugten Mörtels ohne Einfluß. Die Mischung erfolgt zwangsweise durch Drehung von Mischflügeln aus geschmiedetem Stahl. Eine Sicherheitsvorrichtung im Antrieb verhütet, daß durch Steine usw., die sich in der Maschine einklemmen, Zahnbrüche eintreten können, da die Maschine dann automatisch stehen bleibt. Der Antrieb ist überdies so ausgebildet, daß er durch wenige Handgriffe in acht verschiedene Stellungen gebracht werden kann, wodurch die Lage der Auslauföffnung von der Lage des Antriebes unabhängig wird.

Abb. 5. Rührwerksmischer

Inhalt	250 Liter
Leistung mit 1 Einwerfer rund	3 m^3/st.
„ „ 2 „ „	6 m^3/st.
Kraftbedarf rund	4 PS
Riemenscheibendurchmesser	450 mm
Tourenzahl der Riemenscheibe	400/min.
Nettogewicht rund	520 kg
Preis	S 1500,00

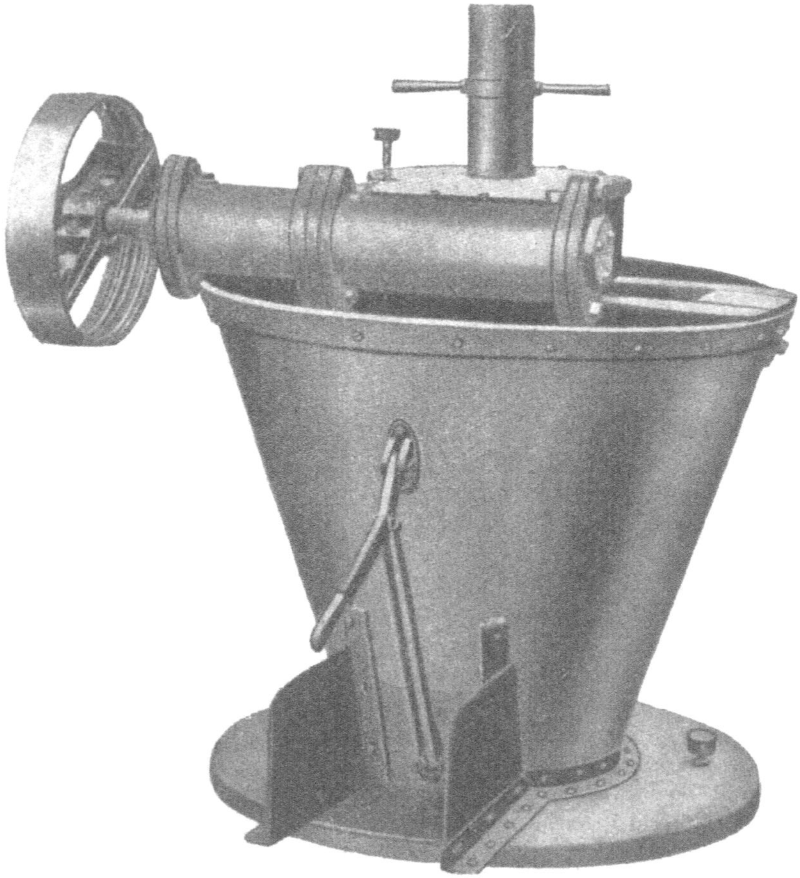

Abb. 6. Mörtelmischmaschine

3. Gußbetonanlagen

Die Wirtschaftlichkeit des Gußbetonverfahrens liegt in der schnellen Fördermöglichkeit des Mischgutes zur Verwendungsstelle mittels Schüttrinnen und im Wegfall der Stampfarbeit. In letzter Zeit ist allerdings dieser Vorteil der Betoneinbringung auch für nicht gießfähige Betonarten durch die Verwendung von Fördertürmen und Gurtband-Förder- und -Verteilungsanlagen teilweise erreicht worden.

Bei den Gußbetonanlagen geht der gefüllte Aufzugskübel, durch eine Schnellwinde gehoben, hoch und kippt an der vorgesehenen Stelle automatisch durch einen Silo in die Schüttrinne. Zur Hochführung des Fördergefäßes dient bei weitläufiger Ausdehnung des Bauwerkes und großen Betonmengen ein Gießturm aus Stahl mit Aufzugsbahn für den Kübel im Inneren desselben; bei mittelgroßen Baustellen kommt an Stelle des Turmes ein Gießmast aus Stahl zur Verwendung; der Förderkübel wird längs desselben außen geführt.

Für kleinere Bauwerke mit nicht zu großen Förderhöhen und einem Arbeitsradius von höchstens 16 m kann die Herstellung eines Holzturmes auf der Baustelle, zu welchem die Gießeinrichtungen erhältlich sind, wirtschaftlich sein.

Bei allen Anordnungen ist die Schüttrinne mit einem durch Seil von einer Winde aus geführten Schlitten in ihrer Höhenlage verstellbar und von einem seitlich schwenkbaren Ausleger getragen. Die Anlage soll derart sein, daß jede Stelle des Bauplatzes leicht mit Material versorgt werden kann, was durch an Fachwerks-„Fliegern" hängende Anschlußrinnen bis auf große Reichweiten erzielt wird.

Die Gesamtanlage ist vom Umfange des Bauwerkes abhängig; demgemäß schwanken auch die Preise in weiten Grenzen.

Abb. 7 zeigt das Schema einer Gießmastanlage der Allgemeinen Baumaschinen-Gesellschaft, Wien.

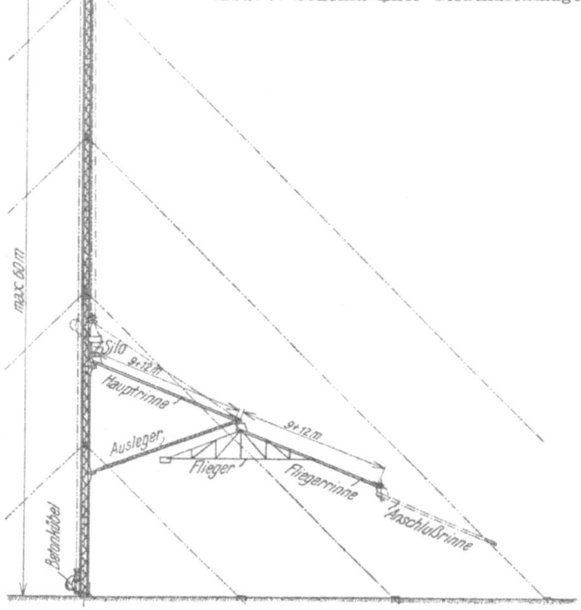

Abb. 7. Schema einer Gießmastanlage

Aufzugskübelinhalt .... 500 Liter
Masthöhe, in Schüssen von 6 m Länge .... 18—60 m
Mastquerschnitt .... 0,6/0,6 m
Gießrinnen, eiförmig, breit 330 mm, tief 230 mm, lang 3, 6, 9, 12—15 m
Neigung der Gießrinnen etwa 22°
Schnellwinde für Betonaufzug, Hubgeschwindigkeit 45—60 m je Minute
Tragkraft.. 2000 kg.

H. Betoneisenbieger und -schneider

Betoneisenbieger (Abb. 1 und Abb. 2)

Gewicht	rund kg	18	22	35	90
Biegt Rundstahl	bis mm	16	22	30	35
Preis	rund S	85,00	117,00	176,00	373,00

Betoneisenschneider (Abb. 3 und Abb. 4)

Gewicht	rund kg	30	110	200
Schneidet Rundstahl	bis mm	20	32	42
Preis	rund S	337,00	1236,00	1640,00

Abb. 1 und 2. Betoneisenbieger

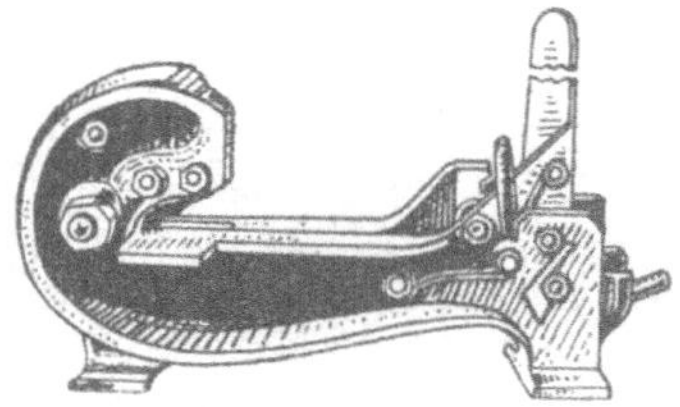

Abb. 3 und 4. Betoneisenschneider

J. Pumpen

Auf der Baustelle ist meist durch Schlamm, Sand usw. stark verunreinigtes Wasser zu fördern. Bei Verwendung von Kolben- (Ventil-) Pumpen sind dabei die Ventile, welche sich dadurch leicht verstopfen, von Nachteil. Deshalb kommt in erster Linie hier die ventillose Zentrifugalpumpe in Betracht. Große Unempfindlichkeit gegen Verunreinigung durch Förderflüssigkeit, rasche und einfache Aufstellung und Bedienung, geringe Reparaturen, stoßfreies Arbeiten und daher leichtes Fundament sowie die Möglichkeit, den Antrieb direkt durch Kupplung mit einem Elektromotor ebenso wie indirekt durch Verwendung von an Dampf- oder Benzinmotoren angeschlossene Riementriebe zu besorgen, sind ihre wesentlichen Vorteile. Die Saughöhe kann bei reinem Wasser bis 7 m betragen, soll aber womöglich niedriger bleiben. Die gesamte Förderhöhe kann bis 20 m erreichen.

Tabelle über „Myria"-Pumpen

Laut Mitteilung der Garvens-Werke

Rohranschluß in mm		normal	40	80	125	150	200	250	250	400	500
		möglich bis	—	—	100, 150	200	250	300	300	—	—
Leistung in m³/min.			0,1—0,3	0,4—1	0,8—2,5	1,6—3,5	3—8	6—8	8—12	15	25—30
Drehzahl *n* =	960	l	—	—	1200	2000	4000	6000	—	15 000	25 000
		m	—	—	2—5	5	10	3—5	—	5	8—10
		PS	—	—	1—2,6	3,6	13	7,5—10	—	24	65—80
	1450	l	100	600	2000	2000	7000	8000	8000	15 000	30 000
		m	2,5	3,5	5—12	10	20	7—10	10—15	10—25	15—25
		PS	0,23	1,0	4,0—9,1	7	43,5	20—26	26—39	26—120	140—225
	1800	l	100	400	1200	3500	7000	—	10 000	—	—
		m	4	3,8	13	17	25	—	12—25	—	—
		PS	0,26	0,8	6,2	19	58	—	45—80	—	—
	2400	l	200	800	—	—	—	—	—	—	—
		m	6	5,0	—	—	—	—	—	—	—
		PS	0,7	2,0	—	—	—	—	—	—	—
	2900	l	200	800	—	—	—	—	—	—	—
		m	10	8,5	—	—	—	—	—	—	—
		PS	1	3,2	—	—	—	—	—	—	—
Ohne	Fundamentplatte für Kupplung mit Elektromotor	Preis S	235,00	555,00	1205,00	1535,00	2410,00	2750,00	3535,00	5080,00	6825,00
		Gewicht kg	20	40	125	175	400	430	580	900	1500
Mit		Preis S	255,00	660,00	1440,00	1911,00	3163,00	3690,00	5035,00	7150,00	9085,00
		Gewicht kg	30	95	250	375	800	930	1380	2000	2700
Für Riemenantrieb		Preis S	332,00	—	1300,00	1695,00	2890,00	3390,00	4900,00	6350,00	—
		Gewicht kg	28	—	160	225	525	600	850	1200	—

Anmerkung: l = Liter/Minute, m = Förderhöhe in Metern.

Eine geeignete Konstruktion dieser Art stellt z. B. die „Myria“-Pumpe (Bauart Garvens, Abb. 1) dar. Für den Antrieb muß heißes Wasser zulaufen. Sie ist so gebaut, daß sich feste Bestandteile der Förderflüssigkeit im Innern nirgends ablagern können, also besonders für verschlammtes, dickflüssiges Fördergut, das bis zu 2 m angesaugt werden kann, geeignet.

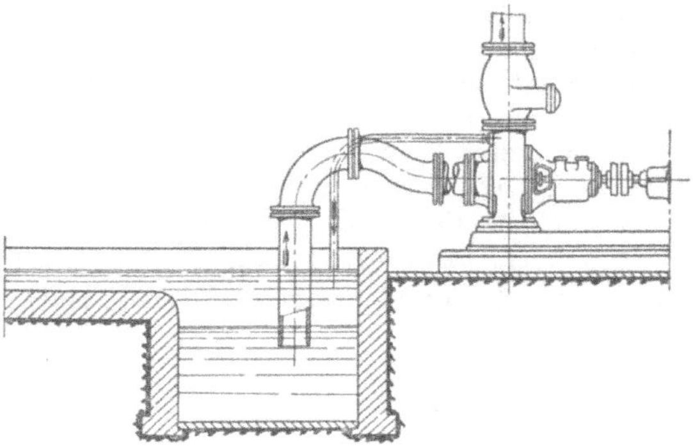

Abb. 1. Pumpenanlage (Garvens-Werke, Wien)

Die Zentrifugalpumpe erfordert wegen der notwendigen raschen Drehung unbedingt motorischen Antrieb. Wo dieser fehlt, und es sich nur um die vorübergehende Verwendung für geringere Wassermengen handelt, z. B. Auspumpen kleinerer Baugruben, Rohrgraben, Keller usw., leistet neben der ebenfalls gegen Verunreinigungen ziemlich unempfindlichen „Diaphragmapumpe“ die als „Baupumpe“ bekannte zweizylindrige Saugpumpe (Abb. 2) mit Handantrieb noch immer gute Dienste. Auch sie ist gegen Verunreinigung nicht empfindlich, kann bis etwa 7 m Saughöhe verwendet werden und weist bei rund 45 Doppelhüben in der Minute eine ganz beachtenswerte Leistung auf.

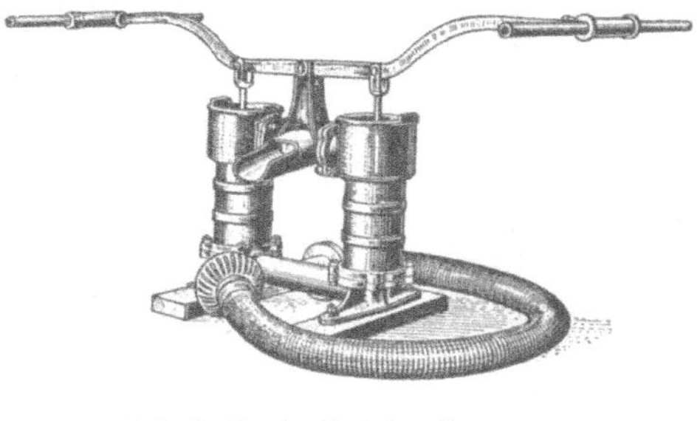

Abb. 2. Zweizylindrige Saugpumpe

Dimensionen und Leistungsfähigkeit der Baupumpe

Zylinderdurchmesser in mm	102	152	200	250
Leistung je Doppelhub in Liter	2,77	8,68	15,7	24,5
Schlauchdurchmesser bzw. lichte Weite des Saugrohres in mm	51	64—76	102	126
Zulässige max. Förderhöhe in m bei Bedienung durch 2 Mann	7	3,5	2	1,3
,, ,, ,, ,, ,, ,, ,, ,, 4 ,,	—	7	4	2,6
,, ,, ,, ,, ,, ,, ,, ,, 6 ,,	—	—	6	3,9
,, ,, ,, ,, ,, ,, ,, ,, 8 ,,	—	—	—	5,2

Uta-Pumpe (Abb. 3)

(Garvens-Werke, Wien)

Die Unterwasserpumpe Uta erweist sich dort, wo elektrischer Strom zur Verfügung steht, als eine allen Forderungen entsprechende Baupumpe.

Ein Drehstrom-Kurzschlußankermotor, mit einer vertikalen Kreiselpumpe zu einem schlanken Pumpensatz vereinigt, wird, am eigenen Druckrohr hängend, in das Wasser hinabgelassen und arbeitet dauernd unter Wasser. Die Stromzuführung erfolgt durch ein am Druckrohr angeschelltes Gummischlauchkabel. Der Pumpensatz muß stets ganz unter Wasser getaucht arbeiten, weil der Motor das Wasser zur Kühlung braucht. Durch Ausgraben eines Pumpensumpfes in der Sohle der Baugrube wird man in den meisten Fällen dieser Forderung entsprechen.

Die Einfachheit des Einbaues einer Uta-Pumpe in einen engen Bauschacht ist aus der Abbildung 3 zu erkennen. Im Druckstutzen der Pumpe sind schmiedeiserne Rohre, sogenannte Gasrohre, eingeschraubt, an welche oben eine Rohrschelle geklemmt wird. Diese Rohrschelle überträgt das Gewicht von Pumpensatz, Druckrohr und Förderwasser auf zwei über die Baugrube gelegte Träger. Die Pumpe kann ohne Schaden auch schief hängen, falls es die örtlichen Verhältnisse erfordern. Bemerkenswert ist die geringe Raumbeanspruchung, was besonders bei Baugruben von über 7 m Tiefe ins Gewicht fallen dürfte. Das lästige Anfüllen bei Inbetriebnahme entfällt. Die Einfachheit der Montage und das geringe Gewicht ermöglichen die Verwendung einer Pumpe für mehrere Arbeitsstellen.

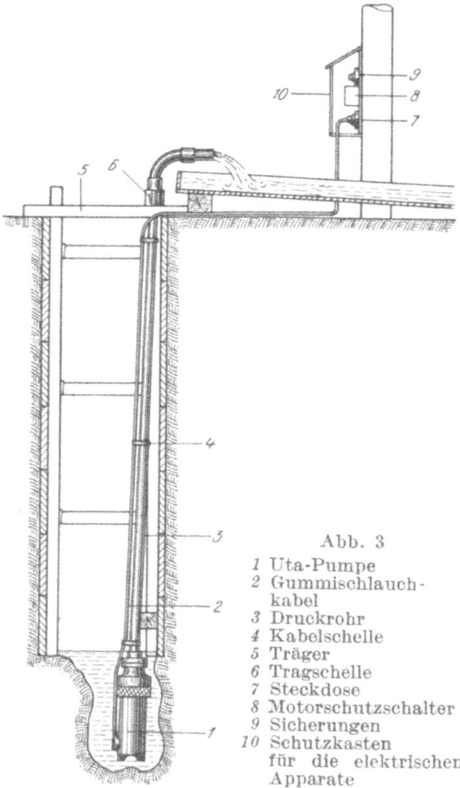

Abb. 3
1 Uta-Pumpe
2 Gummischlauchkabel
3 Druckrohr
4 Kabelschelle
5 Träger
6 Tragschelle
7 Steckdose
8 Motorschutzschalter
9 Sicherungen
10 Schutzkasten für die elektrischen Apparate

Die Uta-Pumpe arbeitet wartungslos; erst nach etwa 5000 Betriebsstunden ist es notwendig, den Pumpensatz zwecks Erneuerung des Schmiermittelvorrates aus dem Schacht zu ziehen.

Bei ausgedehnten Tiefgründungen erfolgt die Grundwasserabsenkung vorteilhaft durch Pumpen, welche das Wasser aus Bohrbrunnen absaugen, die, in entsprechender Tiefe geführt, die Baugrube umgeben. Bei genügend großer Leistung der Pumpe wird die von den Bohrbrunnen eingeschlossene Fläche wasserfrei, das Erdreich kann ohne Störung ausgehoben werden. Die schlanke Form der Uta-Pumpen gestattet nun deren Einführung in die Bohrbrunnen, wodurch dieses Verfahren auch für Absenkungen auf Tiefen, welche die normale Saughöhe einer Pumpe übersteigen, anwendbar wird.

Die Uta-Pumpe kann auch für die Wasserversorgung einzelner Objekte, Industrieanlagen und Ortschaften verwendet werden.

Preise über Anfrage.

Tabelle über Uta-Pumpen

Verwendung	Kleinpumpen für Wasserversorgung	Für Wasserversorgung und Bauarbeiten					
Motorstärke PS	1,5 bis 3	2,5	4	6	8	10	15
Größter Außendurchmesser in mm	232	235 bis 312 je nach Stufenzahl der Pumpe und Kabelquerschnitt					
Erforderliche Brunnenweite in m	0,24	0,25 bis 0,34					
Leistungen in Liter je Minute	30 bis 130	30 bis 250	bis 350	bis 750	bis 1250	bis 1500	bis 2000
Förderhöhe manometrisch in Meter bis	65	50	110	110	80	90	50
Gewicht des Pumpensatzes, ohne Kabel und Druckrohr, je nach Stufenzahl der Pumpe kg ...	47 bis 64	58 bis 68	69 bis 89	77 bis 96	87 bis 107	96 bis 116	122 bis 133

Anmerkung: Die Leistungsangaben verstehen sich für 50 Perioden, bei anderer Frequenz ändern sich auch die Leistungen. Die Motoren werden für Spannungen bis 500 Volt gebaut.

K. Rammen

Rammen moderner Bauart können mit Dampf oder Druckluft betrieben werden. Überall dort, wo das Brennmaterial zum Betrieb eines Dampfkessels (Lokomobilkessels) billig verschafft werden kann, ist Dampfbetrieb vorzuziehen. Auch Kohlenstaub, Torf und Holzabfälle kommen hierbei in Frage. Andernfalls kann die Ramme ohneweiteres an eine etwa bereits vorhandene Druckluftanlage angeschlossen werden.

Rammen Bauart „Baumag“ sind mit einer sparsam arbeitenden Expansionssteuerung ausgestattet, die bei Dampf- oder Druckluftbetrieb, je nach vorhandenem Druck, mit einer beliebigen Füllung oder mit Volldruck arbeitet. Der für die Arbeit erforderliche Druck beträgt bei den kleineren Typen 1,5 bis 5, bei den größeren 3,5 bis 8 Atmosphären Überdruck.

Da diese Rammen auch das Stoßen nach oben gestatten, können sie auch zum Pfahlziehen verwendet werden. Die Schlagwerke gleiten nicht in den Laufruten, sondern laufen auf Rollen, wodurch ein Ecken vermieden wird. Die Schlagwerke sind austauschbar; ein schweres Schlagwerk kann daher im Gerüst einer Kleinramme und umgekehrt verwendet werden. Ohne Verlängerung der Laufruten kann bis ungefähr 3 m unter die Standebene gerammt werden und der Bär um die Hubhöhe ober die Laufruten gehoben werden.

Die Drehramme kann im Notfall durch Abnehmen der Laufruten als leichter Drehkran verwendet werden, mit diesem aber als schwerer Materialaufzug in der Weise, daß an die Stelle des Schlagwerkes ein mit den gleichen Führungsrollen versehener Förderkübel tritt.

Das Drehen, Neigen, Fahren und Einstellen der Laufruten erfolgt bei den großen Typen maschinell.

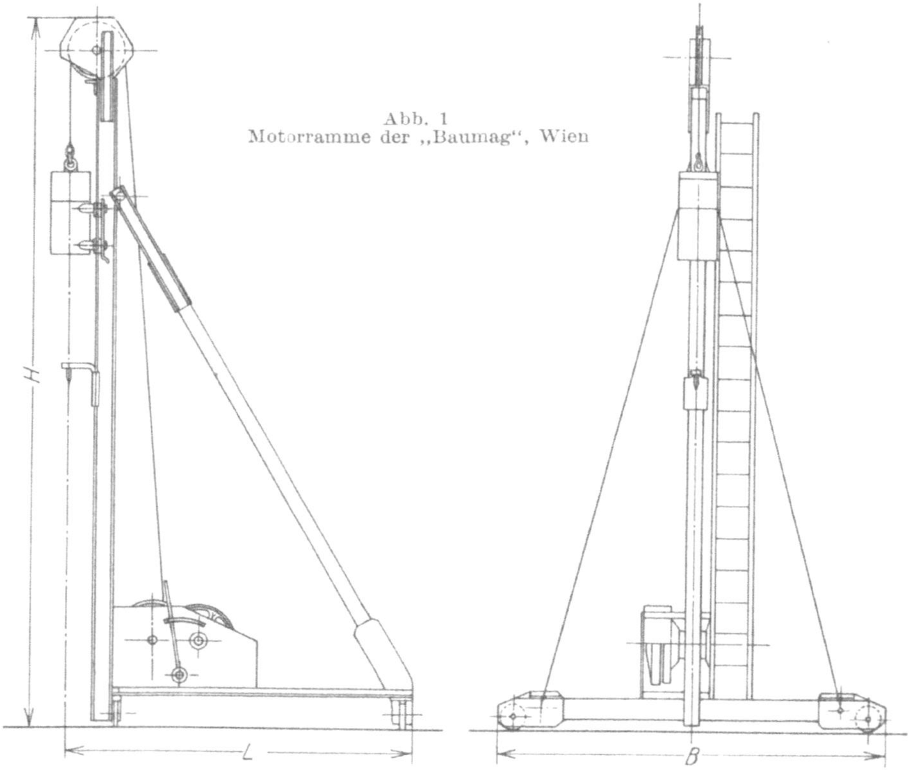

Abb. 1
Motorramme der „Baumag", Wien

Eine brauchbare Type ist die in Abb. 1 dargestellte Hochleistungs-Motorramme. Sie ist mit einer ganz selbsttätig arbeitenden Motorwinde ausgerüstet. Die Steuerung erfolgt bei Handbetrieb ohne Kraftanstrengung durch einen einzigen Hebel. Beim automatischen Schlagen richtet sich der Bärhub nach der Stellung des Handrades, und kann so das automatische Arbeiten des Bären während des Schlagens beliebig beeinflußt werden. Diese Winde ist auch mit einer Festhaltbremse ausgerüstet, so daß sie für alle Förderarten im Baubetrieb (wie Aufzugwinde, Bremsbergwinde usw.) geeignet ist.

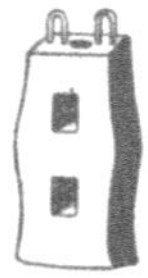

Abb. 2
Rammbär

Abb. 3
Nachlaufkatze

Rammbären

Gewicht von 100 bis 500 kg. Zum Auslösen der Rammbären (Abb. 2) wird eine Nachlaufkatze (Abb. 3) genommen. Preis der Rammbären rund *S 3,00* je 1 kg, einer Nachlaufkatze rund *S 200,00*.

Tabelle über Motorrammen (laut Mitteilung der „Baumag", Wien)

Type			Länge L	Breite B	Höhe H	Nutzbare Höhe ohne Verlängerung der Laufruten ober Standebene	Nutzbare Höhe ohne Verlängerung der Laufruten unter Standebene	Größter Hub	Bärgewicht mit Zusatzgewicht	Bärgewicht ohne Zusatzgewicht	Gesamtgewicht	Gewicht des schwersten Teiles	Schlagleistung	Gewicht der Pfahlziehvorrichtung	Preis mit Pfahlziehvorrichtung	Preis ohne Pfahlziehvorrichtung
			m						kg				mkg/min.	kg	rund S	
Hochleistungs-	Klein-	Rammen	5,1	3,0	6,5	6,5	3	1,5	600	400	3060	600	20 000	500	17 000,00	12 000,00
			5,1	3,0	8,0	8,0	3				3150				17 500,00	12 500,00
	Staffelei-		—	3,0	6,4	6,1	3,25 9,6[1])				2450				16 500,00	11 500,00
			—	3,0	7,9	7,75	3,25 11,10[1])				2540				18 000,00	12 000,00
	Motor-		3,25 bis 4,0	3,60	7,6 bis 8,6	7,20	7,25		400—600	—	1930	—	14 000	—	8000,00	
Universal-	Reihen-		5,0	3,0	12,4	12,08	3,15		1200	800	8100	1000	40 000	625	über Anfrage	
	Dreh-		5,0	3,0	12,6	12,25	3,30				10 000					

[1]) Bei Umstellen der Laufruten für Kanalrammen.

Über „Rammen" siehe auch unter **Bagger**, Seite 581.

L. Transmissionen

Allgemeines

Beim Entwurf von Fabrikbauten ist auf die richtige Anordnung der Transmissionsstränge besonderer Wert zu legen. Die Mauern und die Deckenkonstruktionen, an welche Transmissionen befestigt werden, sind entsprechend den abzugebenden Kräften genügend stark zu halten. Bei Eisenkonstruktionen müssen alle mit Transmissionen zusammenhängenden Teile besonders reichlich bemessen werden, um erhebliche Kraftverluste infolge von Schwingungen zu vermeiden. Beim Entwurf von Decken und Säulen ist schon auf die Art der Lagerbefestigung Rücksicht zu nehmen.

Bei Ausführungen in Eisenbeton muß schon vorher — falls nicht besondere Ankerschienen (siehe S. 284) zur Verwendung gelangen — die gesamte Wellenleitung in allen Teilen genau festgelegt werden, weil nachherige Änderungen kostspielig, vielfach aber unmöglich sind. Auch ist darauf zu achten, daß alle Teile der Transmission wegen Schmierung und Wartung, Reparatur oder Ersatz leicht zugänglich sind.

Bei langen Wellensträngen ist der Antrieb womöglich in die Mitte zu verlegen, um übermäßige Beanspruchungen auf Verdrehung zu vermeiden.

Bei größeren Längen ist es ökonomisch, den Durchmesser entsprechend dem Kraftbedarf gegen das Ende zu abzustufen.

Der erforderliche Wellendurchmesser d kann nach der Formel ermittelt werden:

$$d^{mm} = 120 \sqrt[4]{\frac{N}{n}}.$$

Darin bedeuten: N Anzahl der zu übertragenden PS, n minutliche Drehzahl.

Kupplungen und Lager

Für die Kupplung der normalerweise mit Durchmessern von 25 mm bis 70 mm (von 5 zu 5 mm abgestuft) erhältlichen Wellen kommen 3 Typen in Betracht:

Schalenkupplung (Abb. 1)

Gewicht je nach Wellendurchmesser zwischen 4 kg bis 24 kg.

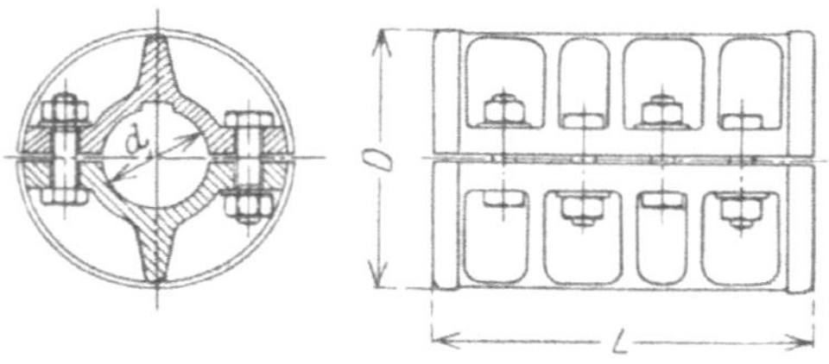

Abb 1. Schalenkupplung

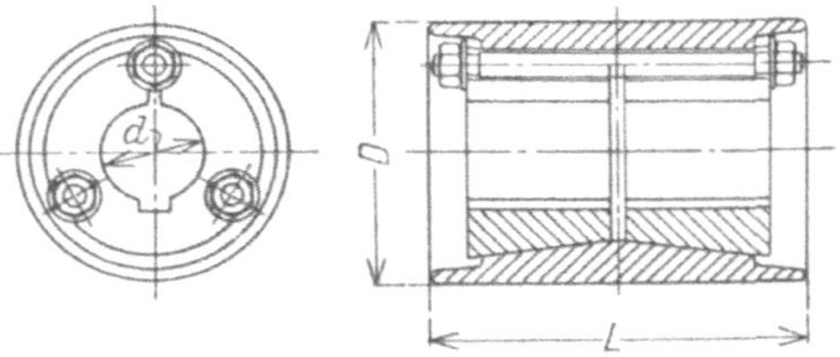

Abb. 2. Sellers-Kupplung

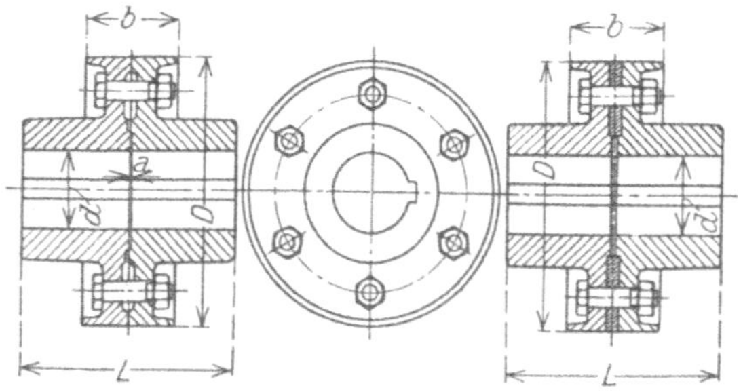

Abb. 3. Scheibenkupplung

Sellers-Kupplung (Abb. 2)

Gewicht 10 bis 35 kg. Es können ohne Anarbeitung der Wellenenden verschieden starke Wellen miteinander verbunden werden.

Scheibenkupplung (Abb. 3)

Gewicht 6 bis 30 kg. Verwendbar bis zu den schwersten Trieben. Wenn ein Teil des Stranges abgekuppelt werden soll, mit Zwischenring zu verwenden.

Die Entfernung der Lager hängt in erster Linie vom Wellendurchmesser und der Belastung ab und beträgt vorteilhaft:

Wellendurchmesser mm	25—45	50—60	70
Lagerentfernung m	1,50—1,75	1,80—2,00	2,00—2,40

Die größeren Entfernungen gelten, wenn die Kraftabgabe in der Nähe der Lager erfolgt, sonst sind die kleineren Entfernungen einzuhalten.

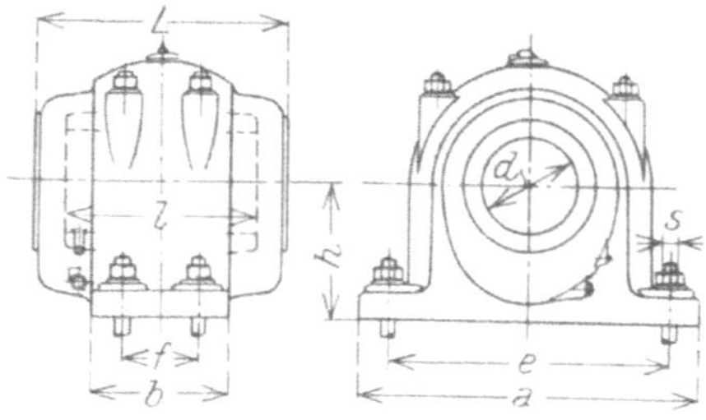

Abb. 4. Gleitlager

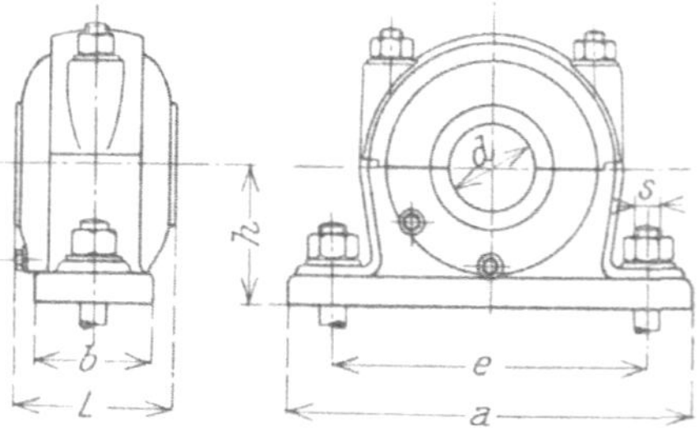

Abb. 5. Kugelstehlager

Die Lagerung der Wellen kann erfolgen in einem Gleitlager (Abb. 4), Gewicht 4 bis 20 kg, wobei die Länge L der Belastung der Transmission angepaßt wird, oder in einem Kugelstehlager (Abb. 5), Gewicht 5 bis 20 kg.

Für Transmissionen, die in kleinerer Entfernung von einer Wand parallel mit dieser gelagert sind, eignet sich zur Unterstützung der Wandarm Abb. 6, Gewicht 5 bis 30 kg, Ausladung $A = 30$ bis 80 cm.

Ist die Transmission über einer horizontalen Fläche zu montieren, so kommt der Stehbock Abb. 7, Gewicht 18 bis 40 kg, zur Verwendung. Bei Wandarm und

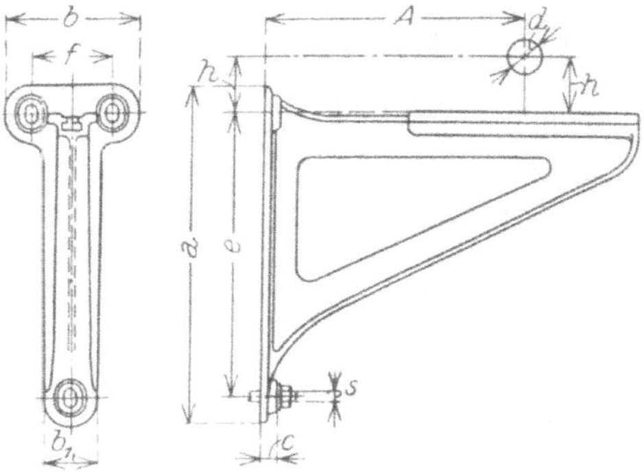

Abb. 6. Wandarm

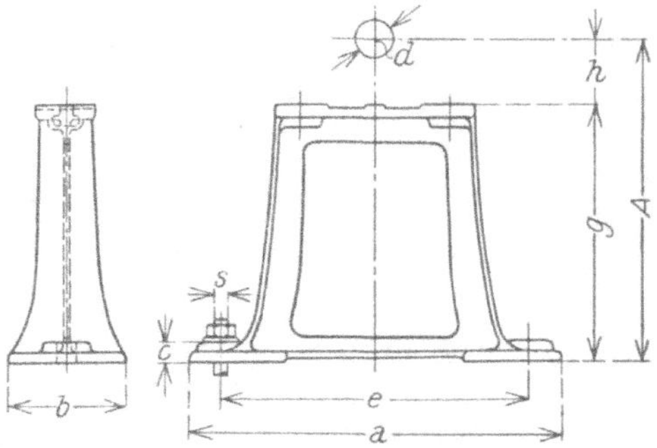

Abb. 7. Stehbock

Stehbock sind die Lagerflächen so bearbeitet, daß sie eine horizontale Verschiebung des Lagers gestatten, was die Montage wesentlich erleichtert.

Für die Aufhängung unterhalb horizontaler Flächen ist das Hängelager Abb. 8, Gewicht 10 bis 55 kg, welches mit eingebauten langen Gleitlagerschalen ausgestattet ist, geeignet.

Zur Kraftübertragung kommen in erster Linie Riemen und Drahtseile in Betracht. Der Riementrieb soll in jedem Falle der Beratung durch eine Spezialfirma überlassen bleiben.

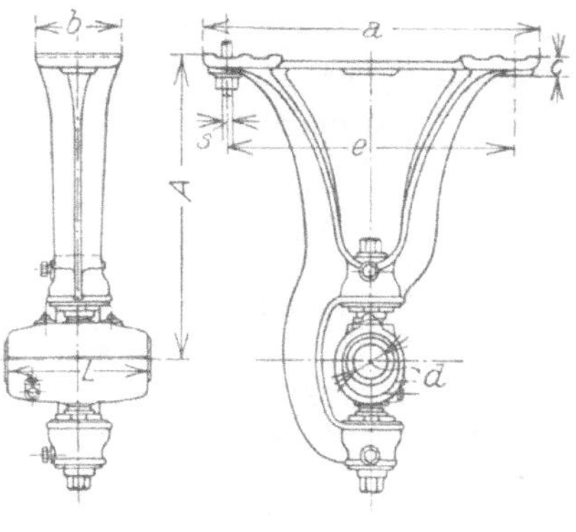

Abb. 8. Hängelager

M. Drahtseile[1])

Nach der Flechtart der Seile unterscheidet man: Längsschlag (Albertschlag), wenn die Drähte in den Litzen und die Litzen im Seil in gleicher, und Kreuzschlag, wenn die Drähte in den Litzen und die Litzen im Seil in entgegengesetzter Richtung geschlagen sind. Laut Normung wird die Schlagrichtung nur noch entsprechend dem Schraubensystem als „rechts- oder linksgängig“ bezeichnet (siehe Abbildung).

Längsschlag ist biegsamer als Kreuzschlag, und die in den kreisförmigen Rillen liegenden Außendrähte passen sich der Rillenform besser an und liefern geringere Pressung

[1]) Seile aus Stahlmaterial werden gewöhnlich nur für untergeordnete Zwecke verwendet, sonst aber Gußstahlseile bevorzugt.

als bei Kreuzschlag. Dagegen hat diese Flechtart die Neigung, sich bei freihängender Last aufzudrehen, während bei Kreuzschlag durch die Gegenwindung die geforderte Drallfreiheit annähernd erreicht wird. Daher bei Hebezeugen (Last nicht geführt) Kreuzschlag, bei Aufzügen und Kraftfahrzeugantrieben (Last geführt) Längsschlag empfehlenswert.

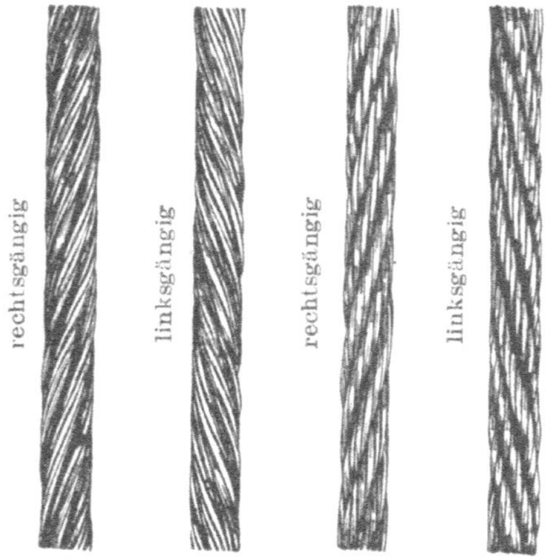

Längsschlag Kreuzschlag
Flechtarten

Mechanische Zerstörungsursachen: Hauptsächlich das Scheuern der Außendrähte, besonders an ungefütterten Rillen, macht die Drähte spröde und führt den Bruch herbei. Daher andauernd gut schmieren. Bei staubigem Betrieb ist öftere Reinigung der Seile mit nachfolgendem Schmieren ratsam.

Die in den Tabellen angegebenen Schillingpreise (der St. Egydyer Eisen- und Stahl-Industrie-Gesellschaft, Wien) gelten für Österreich. Preise für Lieferungen ins Ausland über Anfrage.

Tabelle über Rundlitzenseile

Drahtnummer in $^1/_{10}$ mm	Flußeisen- Seile und -Litzen, Bruchfestigkeit kg/mm² 60—65, Grundpreis je 100 kg S	Gußstahl- Seile und -Litzen, Bruchfestigkeit kg/mm² 120—139, Grundpreis je 100 kg S	Verzinkt, teurer um	Drahtnummer in $^1/_{10}$ mm	Flußeisen- Seile und -Litzen, Bruchfestigkeit kg/mm² 60—65, Grundpreis je 100 kg S	Gußstahl- Seile und -Litzen, Bruchfestigkeit kg/mm² 120—139, Grundpreis je 100 kg S	Verzinkt, teurer um
4	347,00	536,00	100	11	145,00	204,00	41
5	273,00	390,00	72	12	142,00	200,00	40
6	210,00	294,00	59	14	135,00	192,00	34
7	194,00	273,00	55	16	130,00	185,00	33
8	177,00	242,00	52	19	121,00	176,00	32
9	163,00	233,00	48	20	119,00	167,00	31
10	154,00	220,00	45	28	111,00	155,00	29

Die Preise der Seile sind, wenn nicht besonders angegeben, nur abhängig von der Drahtstärke und Bruchfestigkeit. Der Sicherheitsgrad ist, wenn nur Material gefördert wird, mit $s = 6$, wenn auch für Personenförderung geeignet, mit $s = 10$ anzunehmen.

Aufschläge für Drahtseile

1. Für Mindergewichte

Bei Bezug von Seilen unter 1000 m Länge einer Sorte werden auf die Grundpreise folgende Aufschläge berechnet:

20% bis 50 kg Gewicht
15% über 50 bis 100 kg Gewicht
10% „ 100 „ 250 kg „

Bei Bezügen einer Seilsorte über inklusive 250 kg oder bei Längen von inklusive 1000 m auf einmal kein Mindergewichtsaufschlag.

2. Für Minderlängen

10%	Aufschlag	für	Seile	unter	30 bis 20 m
15%	„	„	„	„	20 „ 10 m
30%	„	„	„	„	10 m

Für Seile gleicher Konstruktion a) in mehreren Minderlängenstücken wird der Aufschlag der Gesamtminderlänge, b) wenn deren Gesamtlänge 30 m beträgt, ein Aufschlag von 10% berechnet.

Die Minderlängenaufschläge werden vom Grundpreis zuzüglich aller übrigen Aufschläge plus Mindergewichtszuschlag gemäß Punkt 1 errechnet.

3. Für höhere Bruchfestigkeit

Auf die Preise der Seile mit Bruchfestigkeiten von 120 bis 139 kg/mm² werden folgende Zuschläge berechnet:

Bruchfestigkeit in kg/mm²: 140 bis 149, 150 bis 159, 160 bis 169, 170 bis 179, 180 bis 189, 190 bis 199, 200 bis 229.

Zuschläge der Reihe nach per 100 kg in Schilling 5,00, 10,00, 20,00, 30,00 40,00, 50,00, 70,00.

Beispiel: 6 m Gußstahlseil, Bruchfestigkeit 161 bis 169 kg/mm²

Grundpreis	S 273,00
20% Aufschlag für Mindergewicht	„ 54,60
Aufschlag für höhere Bruchfestigkeit	„ 20,00
	S 347,60
30% Aufschlag für Minderlänge	„ 104,28
	S 451,88 per 100 kg

N. Aufzüge

Laut Mitteilung von F. Wertheim & Co., Wien

I. Personenaufzug für direkten elektrischen Antrieb (Abb. 1)

Anordnung in gemauertem Schacht oder Stiegenhaus

Maschine oberhalb des Fahrschachtes anordnen, wenn infolge Platzmangels, Feuchtigkeit o. dgl. deren Unterbringung unten nicht möglich ist. Steht im Keller ein geeigneter, genügend trockener Raum zur Verfügung, dann Anordnung unterhalb des Fahrschachtes.

Der Elektromotor ist umsteuerbar und mit der Schnecke direkt gekuppelt. Der Fahrstuhl ist allseitig geschlossen, mit Gegengewichten ausbalanciert und mittels elastischer Schleifschuhe in den Führungssäulen geführt. Aufhängung an doppeltem Stahldrahtseil. Fahrgeschwindigkeit gewöhnlich 0,5 m/sek.

Ein Druck auf den entsprechenden Knopf (Druckknopfsteuerung) bewirkt die Beförderung in das gewünschte Stockwerk, worauf der Fahrstuhl zur untersten Haltestelle zurückgesendet wird (Sendsystem).

Die Steuerung kann auch derart ausgebildet werden, daß der Fahrstuhl von außen nach jeder beliebigen Haltestelle herangeholt werden kann (Rufsystem).

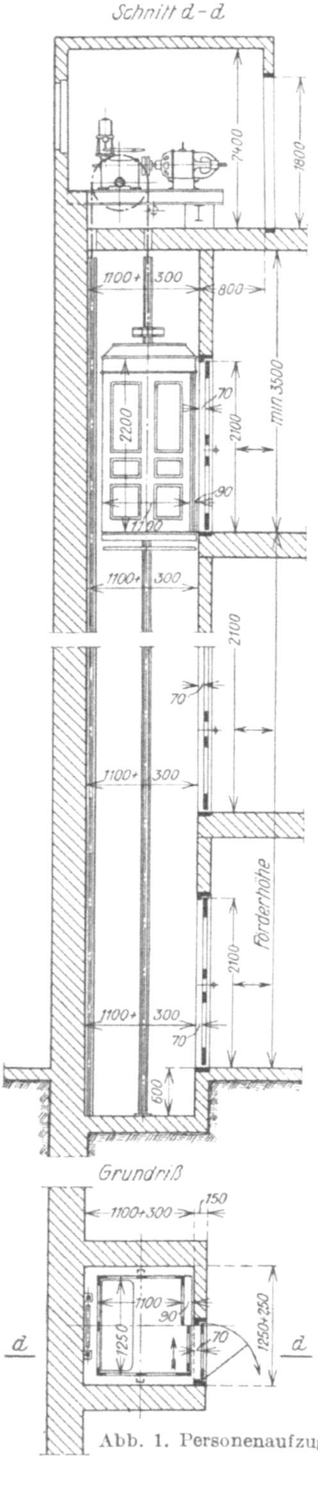

Abb. 1. Personenaufzug

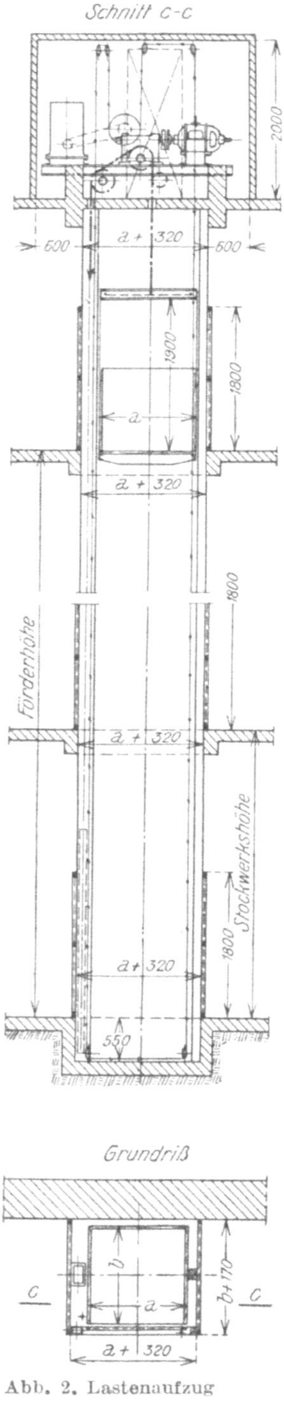

Abb. 2. Lastenaufzug

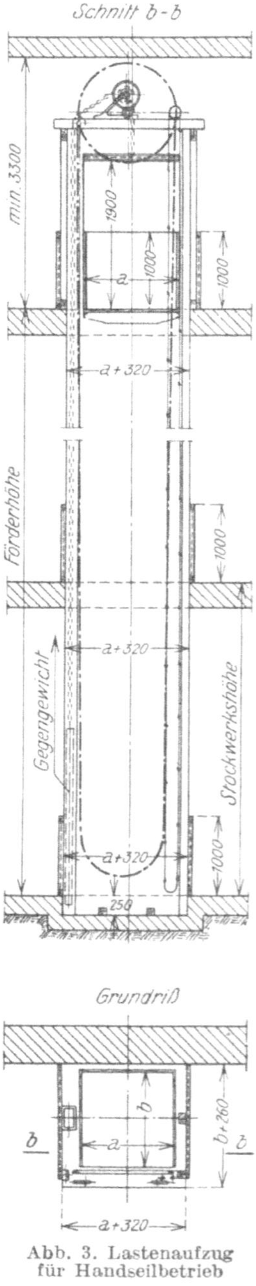

Abb. 3. Lastenaufzug für Handseilbetrieb

Der Fahrstuhl ist gegen Unglücksfälle, die durch Materialbruch, unsachgemäße Bedienung, Stromstörungen usw. entstehen können, durch eine Reihe von Sicherheitseinrichtungen weitestgehend geschützt.

Tragkraft 3 bis 4 Personen, Förderhöhe 20 m. Gebräuchliche Abmessungen in Metern: Höhe 2,20, Breite 1,10, Tiefe 1,25. Gewicht rund 3500 kg. Preis rund *S 10000,00.*

II. Lastenaufzug für direkten elektrischen Antrieb (Abb. 2)

Entweder für Führerbegleitung und Aufhängung an Stahldrahtseilen oder nur für Lastenförderung allein und Aufhängung an kalibrierter Kette.

Der Antrieb kann nicht nur von oben oder von unten erfolgen, sondern von jedem beliebigen Stockwerk aus. Die Fahrgeschwindigkeit bei Drahtseilaufhängung beträgt gewöhnlich rund 0,30 m/sek, bei Kettenaufhängung nicht über 0,20 m/sek.

Der Fahrstuhl ist offen, durch Gegengewichte ausbalanciert und in den Führungssäulen mittels Schleifschuhen geführt. Zum Schutz gegen Absturz bei etwaigem Seil- oder Kettenbruch dient eine Fangvorrichtung.

Die In- und Außerbetriebsetzung erfolgt durch einen kurzen Zug am Steuerseil von jedem Stockwerk oder vom Innern des Fahrstuhles aus. Über Wunsch Druckknopfsteuerung. Die Abstellung an den Endpunkten der Fahrbahn erfolgt selbsttätig; sie kann im Bedarfsfall auch in den Zwischenstockwerken — nach Einstellen einer entsprechenden Marke — ermöglicht werden.

Eine Vorrichtung zur Arretierung des Steuerseiles verhindert die Inbetriebsetzung des Aufzuges während der Benützung an einer Ladestelle.

Gebräuchliche Abmessungen in Metern: Höhe 1,90, Breite 1,50, Tiefe 1,50. Tragkraft 500 bis 1000 kg. Förderhöhe 8 bis 10 m. Gewicht rund 2500 bis 3000 kg. Preis bei Knopfsteuerung rund *S 11000,00.* Preis bei Seilsteuerung rund *S 8000,00.*

III. Lastenaufzug für Handseilbetrieb (Abb. 3)

Offener Fahrstuhl, an kalibrierter Kette aufgehängt, mit Gegengewichten ausbalanciert. Fangvorrichtung bei etwaigem Kettenbruch.

Inbetriebsetzung erfolgt durch Handzug an endlosem Hanfseil von jedem Stockwerk aus. Eine Bremskette, die durch alle Stockwerke führt, ermöglicht durch einfachen Zug ein Festhalten des Fahrstuhles in jeder Stellung und die Regelung der Geschwindigkeit bei der Abwärtsfahrt.

Gebräuchliche Abmessungen des Fahrstuhles in Metern: Höhe 1,90, Breite 1,25, Tiefe 1,25. Förderhöhe 8 bis 10 m. Tragkraft 500 bis 1000 kg. Gewicht rund 1500 bis 2000 kg. Preis rund *S 2500,00.*

Kraftbedarf und Leistung

Tragkraft	kg		20	50	100	250	500	750	1000
Geschwindigkeit je Minute in	m	1 Mann	30	12	6	2,4	1,2	0,8	0,6
		2 Mann	—	—	—	4,8	2,4	1,6	1,2

IV. Lastenaufzug für Handseilbetrieb zur Förderung von Speisen, Paketen, Akten usw. (Abb. 4)

Der Förderkasten besteht aus zwei Fächern, die vorne offen sind. Bodenbelag aus Zinkblech oder Linoleum. Stoßfreies Aufsetzen in der tiefsten Stellung durch Gummipuffer, Betrieb durch direkten Zug am Drahtseil. Einstellvorrichtung zum Arretieren des Förderkastens in den Endstellungen.

Bei Aufzügen mit mehreren Ladestellen Anordnung einer Bremse. Nachspannvorrichtung für das Tragseil.

Gebräuchliche Dimensionen des Förderkastens in Metern: Höhe 0,80, Breite 0,60, Tiefe 0,45. Förderhöhe 4 bis 6 m. Tagkraft rund 15 kg. Gewicht rund 250 kg. Preis rund *S 700,00.*

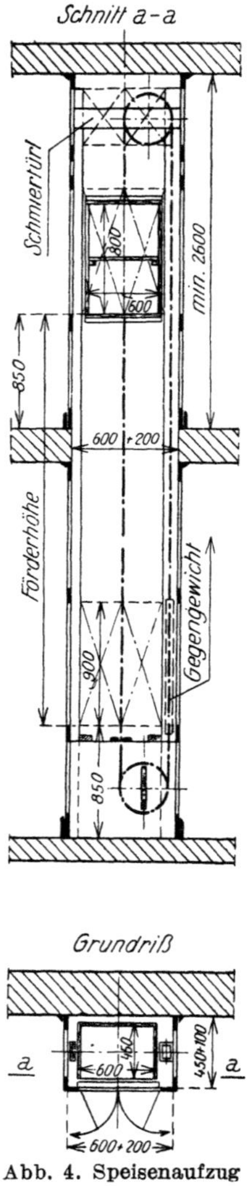

Abb. 4. Speisenaufzug

Elektrotechnik

Von Baurat Ing. Dr. techn. Siegmund Defris, beh. aut. Zivilingenieur für Maschinenbau und Elektrotechnik, Wien

A. Starkstromtechnik

I. Die wichtigsten elektrischen Einheiten — II. Stromarten und Schaltungen — III. Elektrische Maschinen — IV. Akkumulatoren — V. Apparate — VI. Leitungen — VII. Beleuchtung — VIII. Elektrische Heizung — IX. Elektrische Anlagen — X. Installationen in Gebäuden im Anschluß an bestehende Elektrizitätswerke.

B. Schwachstromtechnik

I. Haustelegraphie — II. Fernsprechanlagen — III. Sonstige Schwachstromanlagen — IV. Leitungen für Schwachstrom — V. Darstellung der Schwachstrominstallationen in Plänen — VI. Freiantennen — VII. Gebäudeblitzableiter.

Wärme- und Gesundheitstechnik

Von Ingenieur Leopold Fischer

A. Heizung

I. Die Brennstoffe — II. Verbrennung, Wärmeübertragung — III. Der Wärmebedarf der Räume — IV. Heizungsarten.

B. Lüftung

C. Gasversorgung

D. Versorgung von Häusern mit kaltem und warmem Wasser

E. Sanitäre Einrichtungen

Elektrotechnik

Von Baurat Ing. Dr. techn. Siegmund Defris, beh. aut. Ziv.-Ing. für Maschinenbau und Elektrotechnik, Wien

A. Starkstromtechnik

I. Die wichtigsten elektrischen Einheiten

Jeder Leiter setzt dem elektrischen Strom einen Widerstand, vergleichbar dem Reibungswiderstand einer vom Wasser durchflossenen Rohrleitung, entgegen. Damit ein Strom durch den Leiter fließt, muß eine treibende Kraft, ähnlich dem Druckunterschied an den Rohrenden einer Wasserleitung wirken, die man als elektromotorische Kraft, Spannungsunterschied, oder kurzweg als Spannung bezeichnet. Die Einheit des elektrischen Widerstandes ist das Ohm, jene des Stromes das Ampere, jene der Spannung das Volt.

Der elektrische Strom vermag Arbeit zu leisten; ebenso ist zur Hervorbringung eines elektrischen Stromes Arbeit aufzuwenden. Die Arbeit je Sekunde heißt die Leistung. Deren Einheit, das Watt, ist aufzuwenden, um bei 1 Volt Spannung an den Leiterenden durch einen Leiter (von 1 Ohm Widerstand) einen Strom von 1 Ampere zu drücken. Die elektrische Arbeit ist das Produkt aus der elektrischen Leistung und der Zeit, während welcher sie wirkt. Die Einheit der Arbeit ist die Wattsekunde oder Joule.

Vergleichseinheiten

1 Megohm = 10^6 Ohm,
1 Millivolt = 10^{-3} Volt,
1 Kilovolt = 10^3 Volt,
1 Watt = 1/736 PS = 0,102 mkg/sek,
1 Hektowatt = 1 hW = 100 Watt,
1 Kilowatt = 1 kW = 1000 Watt = 1,36 PS,
1 Kilovoltampere = 1 kVA = 1000 Volt × Ampere = 1000 Voltampere,
1 Wattsekunde = 1 Joule = 0,102 mkg = 0,24 g Cal.,
1 Wattstunde = 1 Wh = 3600 Wattsekunden = 367 mkg,
1 Hektowattstunde = 1 hWh = 100 Wh,
1 Kilowattstunde = 1 kWh = 1000 Wh = 1,36 PS-Stunden = 864 kg Cal.

II. Stromarten und Schaltungen

Fließt ein Strom stets in gleicher Richtung, so wird er als Gleichstrom bezeichnet. An Stromerzeugern wird die Stromaustrittstelle mit + (positiv), die Eintrittstelle mit — (negativ), an Stromverbrauchern hingegen die Eintrittstelle mit + und die Austrittstelle mit — bezeichnet.

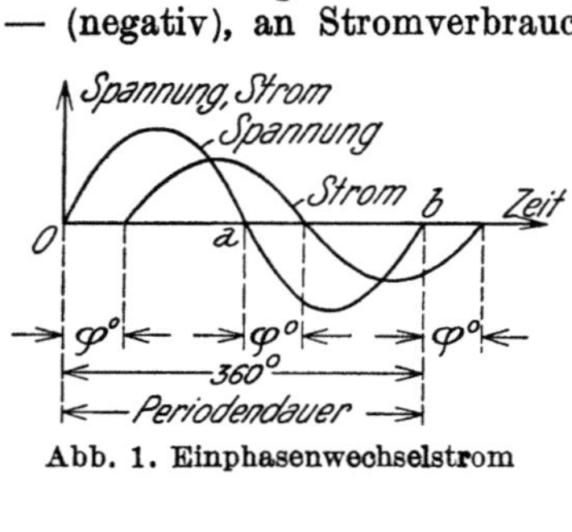

Abb. 1. Einphasenwechselstrom

Im Gegensatz zum Gleichstrom ändern beim Einphasenwechselstrom Spannung und Strom in regelmäßigen Zeiträumen ihre Richtung und Stärke. Abb. 1 stellt den Spannungs- und Stromverlauf in Abhängigkeit von der Zeit dar. Man nennt den von O bis b reichenden, eine positive und eine negative Halbwelle umfassenden Wellenzug eine Periode, die hierfür nötige Zeit die Periodendauer, die Zahl der Perioden je Sekunde die Periodenzahl. Da Spannung und Strom nach Ablauf einer Periode immer wieder die gleichen Werte wie in der vorausgegangenen erreichen, sozusagen also einen Kreislauf vollführen, teilt man eine Periode ähnlich wie einen Kreis in 360°. In Lichtanlagen erreichen Strom und Spannung zu gleichen Zeiten ihre Null- und Höchstwerte. In Kraftanlagen werden diese Werte vom Strom später erreicht als von der Spannung. Man spricht von einer Phasenverschiebung zwischen Spannung und Strom und drückt die Größe derselben durch den ihr entsprechenden Winkel φ aus.

Die Zeiger von Wechselstrommeßinstrumenten folgen nicht den Augenblickswerten der Spannung oder des Stromes, sondern sie stellen sich auf einen Mittelwert E bzw. J ein, der als Effektivwert bezeichnet wird. Wird bei Wechsel- oder Drehstrom (siehe unten) kurzweg von Spannung oder Strom gesprochen, so sind stets deren Effektivwerte zu verstehen.

Die Stromverbraucher können in Reihe oder parallel geschaltet werden.

Bei der **Reihen -oder Serienschaltung** (Abb. 2) werden alle Stromverbraucher vom gleichen Strom durchflossen. Die Spannung des Stromerzeugers ist gleich der Summe der Spannungen aller Stromverbraucher.

Bei der **Parallelschaltung** (Abb. 3) ist die Spannung des Stromerzeugers gleich jener der Verbraucher, dessen Strom gleich dem Summenstrom aller Verbraucher. Vorteil vor der Reihenschaltung: Die Verbrauchsapparate können unabhängig voneinander ein- und ausgeschaltet werden.

Das **Gleichstrom-Dreileitersystem** (Abb. 4) entsteht durch Aneinanderlegen zweier Zweileitersysteme.

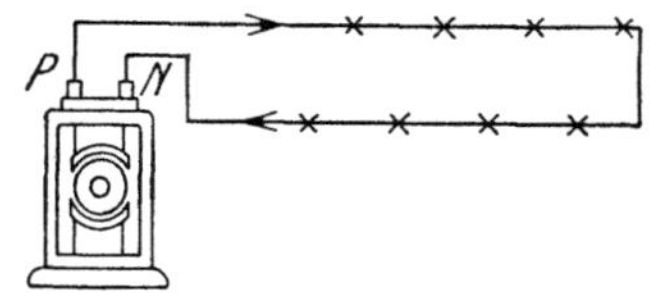

Abb. 2. Reihen- oder Serienschaltung

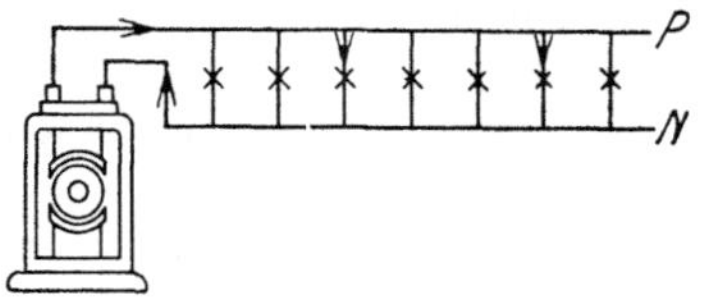

Abb. 3. Parallelschaltung

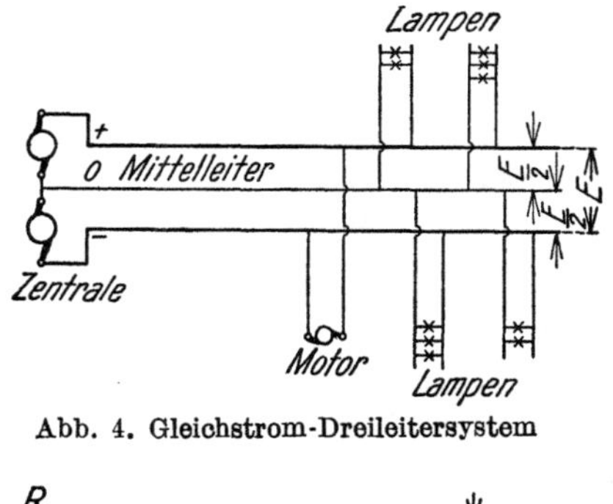

Abb. 4. Gleichstrom-Dreileitersystem

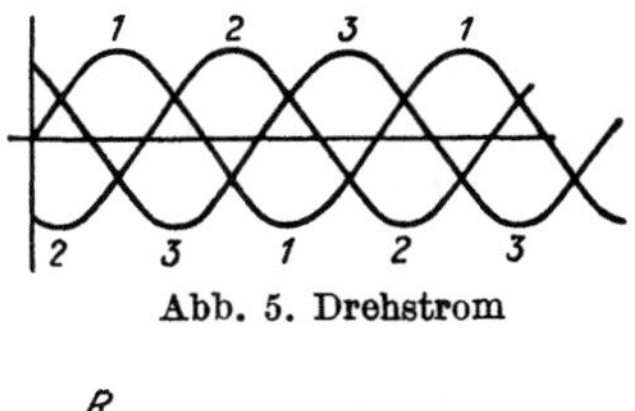

Abb. 5. Drehstrom

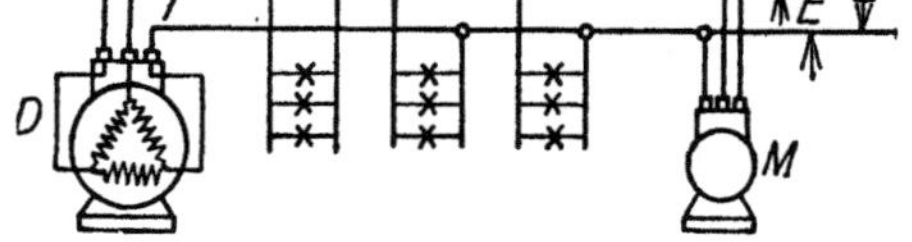

Abb. 6. Dreieckschaltung

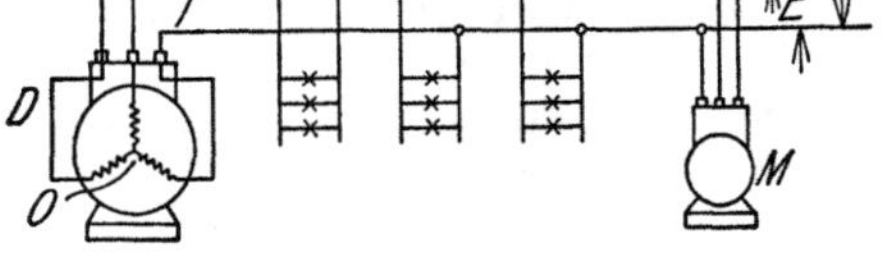

Abb. 7. Sternschaltung

Im **Dreiphasenwechselstrom- oder Drehstromsystem** (Abb. 5) wirken drei um je den dritten Teil einer Periode (120°) gegeneinander in der Phase verschobene elektromotorische Kräfte bzw. die von ihnen hervorgerufenen Ströme, die in einer Maschine mit drei Wicklungen erzeugt werden. Je nach der Schaltung der drei Wicklungen des Drehstromerzeugers *D* unterscheidet man Dreieckschaltung (Abb. 6) und Sternschaltung (Abb. 7). In beiden Schaltungsarten sind die Spannungen *E* zwischen je zweien der drei Außenleiter *R, S, T* einander gleich. Bei Sternschaltung wird die Spannung *E* zwischen den Außenleitern als verkettete Spannung, die Spannung $\frac{E}{\sqrt{3}} = \frac{E}{1{,}73}$ zwischen je einem der drei Außenleiter und dem Sternpunkt *O* als Phasenspannung bezeichnet. Vom Sternpunkt *O* kann auch ein vierter Leiter, der Neutral- oder Nulleiter, abgehen, so daß man ein Vierleitersystem (Abb. 8) erhält, für das stets beide Spannungen, z. B. 110/190 Volt oder 220/380 Volt, angeführt werden.

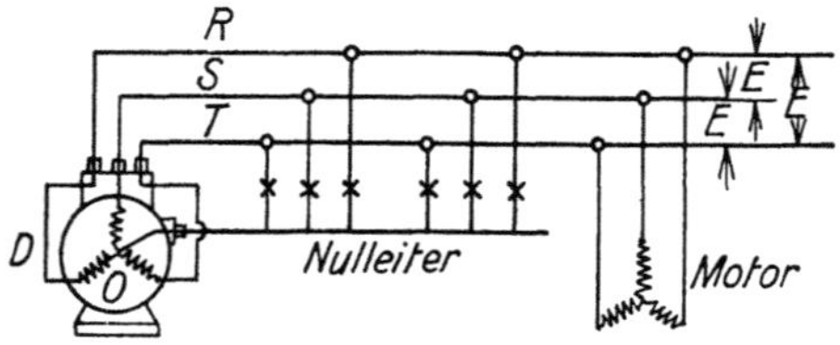

Abb. 8. Drehstrom-Vierleitersystem

Beim Gleichstrom-Dreileiter- und beim Drehstrom-Vierleitersystem werden größere Stromverbraucher an die Außenleiter, kleinere Stromverbraucher, insbesondere Glühlampen, an einen Außenleiter und den Mittel- oder Nulleiter angeschlossen. Letzterer wird in der Regel geerdet, Hierdurch wird eine größere Sicherheit gegen Unfälle erzielt, da z. B. Personen, die einen mangelhaft isolierten Außenleiter berühren, in Dreileiteranlagen nur der halben Netzspannung, in Drehstrom-Vierleiteranlagen nur der Phasenspannung ausgesetzt sind.

III. Elektrische Maschinen

Jede elektrische Maschine besitzt ein Leistungsschild, worauf Leistung, Drehzahl, Stromverbrauch, Betriebsspannung, Periodenzahl usw. angegeben sind.

a) **Generator** (Stromerzeuger) ist eine umlaufende, von einer Kraftquelle angetriebene Maschine, die mechanische in elektrische Energie umwandelt.

b) **Motor** ist eine umlaufende Maschine, die elektrische in mechanische Leistung verwandelt.

Je nach der erzeugten bzw. in mechanische Leistung umgesetzten Stromart unterscheidet man Generatoren bzw. Motoren für Gleich-, Wechsel- und Drehstrom.

c) **Motorbauarten.** Direkte Kupplung. Für direkte Kupplung bestimmte Motoren werden mit freiem Wellenende oder samt zugehöriger Kupplung geliefert.

Riemenantrieb. Der Motor samt Riemenscheibe kann auf Spannschienen so verstellt werden, daß der Riemen stets gespannt bleibt. Für sehr kurze Triebe und kleine Motoren dienen Riemenwippen (Riemenspannung durch Motorgewicht). Bei hohen Übersetzungsverhältnissen, bis etwa 20:1, dann bei sehr steilen oder senkrechten Antrieben werden Spannrollengetriebe (siehe unter Transmissionen) verwendet.

Zahnrad- und Schneckengetriebe dienen zur Herabsetzung der Drehzahl kleiner Motoren.

Feuchtigkeitsschutz. Sonderisolation für die Aufstellung von Maschinen in besonders feuchten oder mit Säuredämpfen erfüllten Räumen.

Offene Motoren in geschützter Bauart. Ein Schutzkorb aus perforiertem Blech schützt gegen zufällige und fahrlässige Berührung stromführender und der im Innern umlaufenden Teile. Besonders für Antriebmotoren in Werkstätten, wo Gefahr besteht, daß Fremdkörper in die Maschine gelangen könnten.

Ventiliert gekapselte Motoren sind bis auf den Zu- und Abluftstutzen geschlossen. An die Stutzen können ins Freie führende Rohrleitungen angeschlossen werden. Anwendung für Betriebsräume mit stauberfüllter oder sehr nasser, säuredampfhältiger Luft. Ohne jeden Rohranschluß, mit nach abwärts gedrehten Anschlußstutzen, werden sie als „tropf- und spritzwasserdicht" bezeichnet.

Ganz gekapselte Motoren sind allseits abgeschlossen. Anwendung für sehr rauhe Betriebe, wie bei Steinbrecheranlagen, Schottermühlen, in Bergwerken.

Schlagwettergeschützte Motoren kommen in Bergwerken innerhalb der Schlagwetterzone sowie in mit explosiblen Dämpfen erfüllten Räumen zur Aufstellung.

Die Motoren werden für bestimmte Leistungen und Drehzahlen gebaut. Zur Inbetriebsetzung bedürfen dieselben eines Hebelschalters (samt Sicherungen) sowie in der Regel eines Anlassers. Durch besonders gebaute Anlasser kann, insbesondere bei Gleichstrommotoren, eine Regelung der Drehzahl bewirkt werden.

Motoren finden außer in Fabrik- und gewerblichen Betrieben vielfache Anwendung zum Antrieb von Baumaschinen, in Wohnhäusern für den Antrieb von Aufzügen, endlich im Haushalte (Ventilatoren, Staubsauger, diverse Küchenmaschinen).

Motorengeneratoren und Umformer dienen zur Spannungsumwandlung von Gleichstrom oder zur Umwandlung einer Stromart in eine andere. Erstere sind Doppelmaschinen, während bei letzteren die Umformung in einer einzigen Maschine stattfindet.

Transformatoren sind ruhende, mit sehr hohem Wirkungsgrad arbeitende Maschinen zur Spannungsumformung von Wechsel- oder Drehstrom.

Die Umformung der von den Stromerzeugern nur mit mäßiger Spannung lieferbaren elektrischen Energie in solche hoher Spannung ist nötig, um diese auf große Entfernungen mit wirtschaftlich noch zulässigen Verlusten fortleiten zu können. Anderseits ist Energie hoher Spannung wegen der durch letztere bedingten Gefahr zur direkten Verwendung ungeeignet, so daß an den Gebrauchsorten die Spannung herabtransformiert werden muß.

Quecksilberdampfgleichrichter beruhen auf der Eigenschaft eines im Vakuum gebildeten Quecksilberdampflichtbogens, einen zugeführten Wechselstrom nur in einer Richtung durchzulassen. Sie zeichnen sich durch guten, von der Belastung nahezu unabhängigen Wirkungsgrad aus. Da sie keine dauernd bewegten Teile besitzen, nur sehr geringer Wartung bedürfen, wenig Platz und keine Fundamente beanspruchen, nimmt ihre Verbreitung rasch zu.

IV. Akkumulatoren

dienen zur Aufspeicherung elektrischer Arbeit in Form von Gleichstrom, wodurch sie günstige Ausnützung der Maschinenanlage ermöglichen. Für stationäre Anlagen kommen zumeist Bleiakkumulatoren, für transportable Anlagen außerdem auch sogenannte Stahl-Akkumulatoren zur Verwendung.

V. Apparate

Stromzeiger oder Amperemeter A (Abb. 9) werden entweder direkt oder parallel mit einem bestimmten Widerstand in die Leitung geschaltet, deren Strom zu messen ist; sie werden somit vom Leitungsstrom oder von einem bestimmten Teile desselben durchflossen.

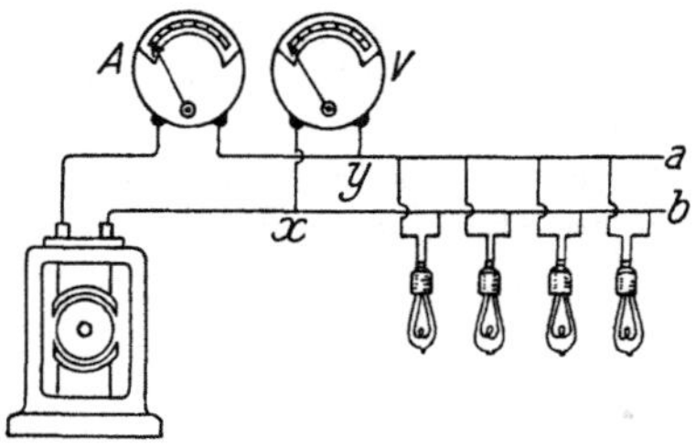

Abb. 9. Strom- und Spannungsmesser

Spannungszeiger oder Voltmeter „V" (Abb. 9) werden zwischen jene Leitungen geschaltet, deren Spannungsunterschied gemessen werden soll.

Bei den **Leistungsmessern** oder **Wattmetern** wirkt eine feste auf eine bewegliche, den Zeiger tragende Spule. Erstere wird vom Hauptstrom, letztere von einem der Spannung proportionalen Strom durchflossen.

Elektrizitätszähler, zur Messung der verbrauchten elektrischen Arbeit, werden meist als Wattstundenzähler ausgeführt. Der Verbrauch in Hektowattstunden oder Kilowattstunden kann an der Zeigervorrichtung oder an springenden Ziffern, die in entsprechenden Ausnehmungen des Zählerblattes erscheinen, abgelesen werden. Manchmal sind die Zählerangaben mit einer bestimmten Zahl, der Zählerkonstanten, zu multiplizieren, um den wahren Verbrauch zu erhalten. Je nach der Tarifart werden Zähler auch in besonderen Ausführungsformen hergestellt, z. B. als Doppeltarifzähler, Spitzenzähler, Höchstverbrauchmesser und Selbstverkäufer.

Für **Isolationsmessungen,** d. i. für die Messung der Übergangswiderstände zwischen einem Teil einer Anlage und Erde oder zwischen verschiedenen Leitungen, dienen Isolationsprüfer, die meist als tragbare Instrumente gebaut werden.

Stromsicherungen und Selbstschalter schützen elektrische Einrichtungen vor Stromüberlastungen. Sie sind dort anzubringen, wo sich der Querschnitt der Leitungen nach der Verbrauchsseite hin vermindert. Wenn davorliegende Sicherungen auch den schwächeren Querschnitt schützen, sind weitere Sicherungen nicht erforderlich.

Schmelzsicherungen. In der Leitung ist ein leicht auswechselbares Stück Draht oder Blech eingefügt, das bei Überschreitung einer bestimmten Stromstärke schmilzt, ehe der zu schützende Gegenstand Schaden leidet.

Abb. 10, *a* bis *c* zeigt eine als Diazedsicherung bezeichnete Ausführungsform. Die leicht auswechselbare Patrone *b* trägt die Schmelzdrähte, welche über Stöpselkopf *a* und Paßschraube *c* mit den Klemmen der Sicherung in Verbindung stehen. Nur für gleiche Stromstärke und gleiche Spannung bestimmte Patronen und Paßschrauben passen zusammen.

Für höhere Stromstärken dienen Streifen- oder Plattensicherungen (Abb. 11).

Rohrpatronensicherungen (Abb. 12) und **Griffsicherungen** (Abb. 13) sind als Trennschalter ausgebildet.

Abb. 10

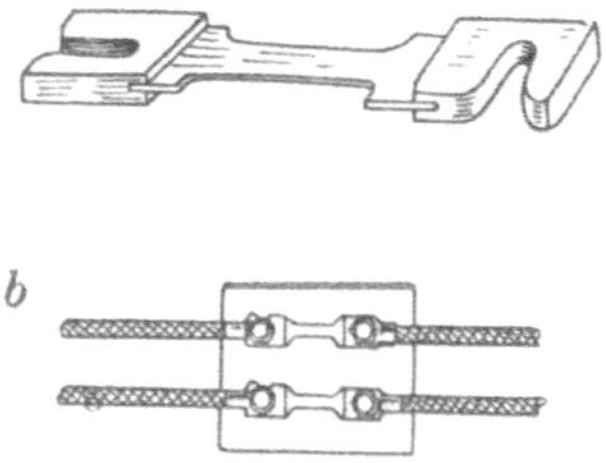

Abb. 11. Streifensicherung

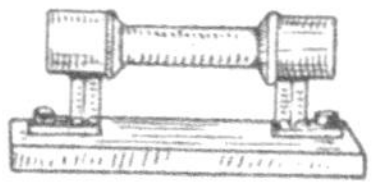

Abb. 12. Rohrpatronensicherung

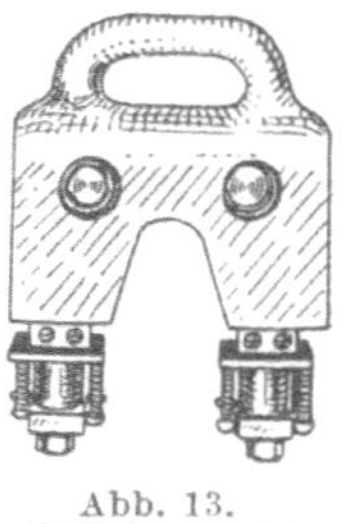

Abb. 13. Griffsicherung

Selbstschalter. Als zweckmäßiger Ersatz für Schmelzsicherungen werden in jüngster Zeit automatisch wirkende Schalter in handlicher Form ausgeführt, die teils auf thermischer, teils auf elektromagnetischer Wirkung beruhen.

Installationsschalter. Die in Häusern montierten, jedermann zugänglichen Glühlichtschalter sind in Dosenform, als Dreh-Ausschalter oder -Umschalter mit herausragendem Griff gebaut (Abb. 14). Um das Stehenbleiben eines Lichtbogens zu verhüten, werden sie als Momentschalter ausgebildet, die sprungweise in die geschlossene oder offene Stellung übergehen. Für besondere Zwecke werden sie als Unterputzschalter (Abb. 15), in wasserdichter Ausführung mit Porzellan- oder Gußeisengehäuse mit Griff, Zugstange oder Kette, als explosionssichere Schalter usw. ausgeführt.

Betriebsschalter sind für größere Leistungen bestimmt und werden als Hebel-Ausschalter oder -Umschalter gebaut. Die Metallteile werden auf feuerfesten Stoffen montiert und erhalten geschlossene Schutzkappen (Abb. 16).

Schalter in Stromverbrauchskreisen müssen, wenn geöffnet, alle Pole des Stromkreises, die unter Spannung gegen Erde stehen, abschalten. In Glühlampenstromkreisen mit Anschlußleistungen bis 1 kW können in dauernd trockenen Räumen einpolige Schalter Verwendung finden.

Steckvorrichtungen bestehen aus einem festen, an die Stromquelle angeschlossenen Teil — der Steckdose (Abb. 17) — und dem Stecker, welcher mit dem Verbrauchsapparat durch eine bewegliche Leitung verbunden ist. Sie werden teils mit eingebauten Sicherungen, teils ohne solche erzeugt. Auch werden sie ähnlich wie die Dosenschalter in Sonderausführungen hergestellt.

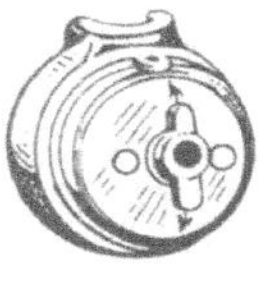

Abb. 14 Dosenschalter

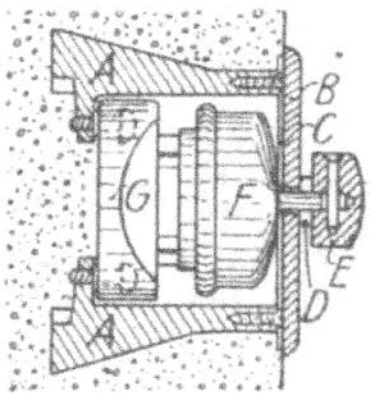

Abb. 15 Unterputzschalter

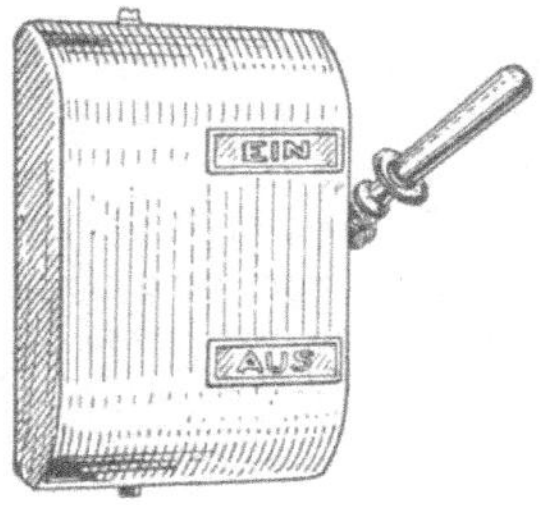

Abb. 16 Hebelausschalter

Abb. 17 Steckdose

Gegenwärtig bürgern sich Dosenschalter und Steckdosen, bei welchen die Bestandteile der verschiedenen Verwendungszwecken dienenden Typen möglichst gleichartig konstruiert sind, immer mehr ein (Einheitsmaterial).

Verteiler und Schalttafeln. Die von den Stromerzeugern oder den Netzanschlußpunkten kommenden Leitungen werden nicht unmittelbar zu den Verbrauchsstellen, sondern vorerst zu Schaltanlagen geführt. Einfache Schaltanlagen werden als Verteiler (Abb. 18) oder als Schalttafeln hergestellt, auf welchen die Sicherungen, Schalter, Meß- und Kontrollapparate so vereinigt und durch Aufschrifttäfelchen bezeichnet sind, daß eine übersichtliche, bequeme Bedienung der Anlage ermöglicht wird.

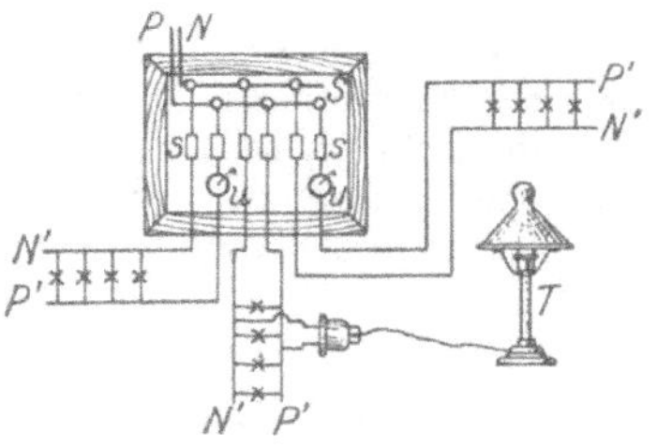

Abb. 18. Verteiler

VI. Leitungen

1. Beschaffenheit und Verwendung

Leitungsmaterialien: Kupfer, Aluminium, Bronze, Eisen und Stahl; die letztangeführten vier Materialien meist nur für Freileitungen.

a) Blanke Leitungen in Draht- oder Seilform. Verwendung für Freileitungen, an Schalttafeln usw.

b) Isolierte Leitungen besitzen eine oder zwei über dem Leiter angebrachte schlauchartige Gummihüllen bestimmter, mit der Spannung wachsender Wandstärke und darüber, als äußeren Schutz, eine in geeigneter Masse getränkte Faserstoffumflechtung.

α) Für feste Verlegung, mit massiven oder steilförmigen Leitern:

Leitung *EJ* für Spannungen bis 250 Volt in dauernd trockenen Räumen.

Leitung *G* für Spannungen bis 750 Volt in allen Räumen.

Leitung *GH* für Spannungen von 2000 bis 15000 Volt.

Die Leitungen *EJ* dürfen nur auf Isolatoren, Klemmen, Rollen u. dgl. verlegt, die Leitungen *G* und *GH* aber auch in Rohre eingezogen werden.

Lusterdraht *LuEJ* und *LuG* für Verwendung in und an Beleuchtungskörpern.

Falzdraht *F* mit enganliegendem Metallmantel über der Faserstoffumhüllung bis 500 Volt.

Kran- oder Schiffskabel *P*, mit äußerer Metalldrahtumflechtung, bis 1000 Volt.

β) Bewegliche Leitungen, nur mit seilförmigen, sehr biegsamen Leitern. Pendelschnüre *EJPL* und *GPL* mit Tragschnur oder Tragseilchen für Beleuchtungskörper.

Weiters für ortsveränderliche Stromverbraucher:

Leitungsschnur *EJL* und *GL* für Spannungen bis 250 bzw. 750 Volt bei geringer mechanischer Beanspruchung.

Werkstättenleitungen *W* und *JW*, bis 250 bzw. 1000 Volt, mit Kordelumflechtung, Eisendrahtspirale, Gummi- oder Metallschlauch als Schutz gegen größere mechanische Beanspruchungen.

c) Bleikabel: Papierkabel mit Papierisolation, luftdicht anschließendem Bleimantel und einer Juteumspinnung oder einer Eisenbewehrung samt Juteumspinnung. Ausführung als Einleiter und als verseilte Mehrleiterkabel.

Gummikabel wie Papierkabel, jedoch mit Gummiisolation an Stelle der Papierisolation.

2. Leitungsbemessung

a) Hinsichtlich Festigkeit

Der kleinstzulässige Kupferquerschnitt beträgt:

für im Freien oder in Gebäuden offen verlegte, blanke Leitungen bei Spannungen bis 300 Volt Wechselstrom oder 600 Volt Gleichstrom 4 mm², bei höheren Spannungen 6 mm²;

für blanke Freileitungen unter den erst angeführten Verhältnissen 6 mm², bei höheren Spannungen 10 mm²;

für isolierte, festverlegte Leitungen in Rohren 0,75 mm², auf Isolierkörpern bei einem Abstand letzterer bis 1 m = 0,75 mm², zwischen 1 und 2 m = 2,5 mm², über 2 m = 4 mm², bei letzterem Abstand und Spannungen über 300 bzw. 600 Volt = 6 mm².

b) Hinsichtlich Feuersicherheit

Blanke und isolierte Kupferleitungen, ferner Bleikabel mit Kupferleitern dürfen mit den aus Tabelle 1 ersichtlichen Stromstärken belastet werden.

Tabelle 1

Querschnitt in	Kupferleitungen		Bleikabel mit Kupferleitern						
			Dauernd zulässige Stromstärke in Ampere bei Verlegung im Erdboden						
	Dauernd zulässige Stromstärke in	Nennstromstärke des Sicherungseinsatzes in	Einleiterkabel bis	Verseilte Zweileiterkabel bis		Verseilte Dreileiterkabel bis		Verseilte Vierleiterkabel bis	
mm²	A	A[1])	1000 V	3000 V	10 000 V	3000 V	10 000 V	3000 V	10 000 V
0,5	7,5	6	—	—	—	—	—	—	—
0,75	9	6	—	—	—	—	—	—	—
1	11	6	24	19	—	17	—	16	—
1,5	14	10	31	25	—	22	—	20	—
2,5	20	15	41	33	—	29	—	26	—
4	25	20	55	42	—	37	—	34	—
6	35	25	70	53	48	47	42	43	41
10	50	35	95	70	65	65	60	57	55
16	70	60	130	95	90	85	80	75	70
25	100	80	170	125	115	110	105	100	95
35	125	100	210	150	140	135	125	120	115
50	160	125	260	190	175	165	155	150	145

[1]) Die Abschmelzstromstärke der Sicherung liegt höher als die Nennstromstärke. Sie ist so bemessen, daß eine Sicherung von der angeführten Nennstromstärke der größten, für den zugehörigen Leiterquerschnitt dauernd zulässigen Stromstärke standhält.

c) Hinsichtlich Spannungsabfall

Der Spannungsabfall, gemessen ab Stromquelle, in Häusern ohne Eigenanlage ab Hausanschluß bis zum entferntesten Stromverbraucher, soll im allgemeinen für Licht etwa 3 bis 3,5%, für Kraft etwa 6% der Betriebsspannung nicht überschreiten. In Häusern ohne Eigenanlage lassen die Elektrizitätswerke vom Hausanschluß bis zum entferntesten Licht- bzw. Kraftzähler nur einen Spannungsverlust bis 2% zu.

3. Leitungsverlegung

Stark- und Schwachstromleitungen müssen voneinander getrennt und so geführt werden, daß eine gegenseitige Vertauschung und Berührung, sowie gleichzeitige Beschädigung beider Leitungen durch Einschlagen von Nägeln usw. ausgeschlossen ist. Die gemeinsame Verlegung in ein Rohr ist unstatthaft. Auch sind getrennte Verbindungskästchen anzuordnen.

Bei Parallelführung von elektrischen Leitungen mit Wasser- und Gasrohren, Lüftungsrohren usw. ist ein Mindestabstand von 10 cm einzuhalten. Die Parallelführung mit Heizrohren ist nur dann gestattet, wenn keine unzulässige Erwärmung der Leitungen zu befürchten ist.

Rollenverlegung. Verwendung für Verlegung isolierter Leitungen in untergeordneten Räumen, wie in Kellern, Magazinen usw. Die Leitungen werden auf etwa $3/4$ m voneinander entfernten Porzellanrollen (Abb. 19) geführt, welche direkt an der Wand, auf

Abb. 19 Porzellanrolle

Abb. 20. Rollendübel

Abb. 21 Flacheisenschiene für Rollen

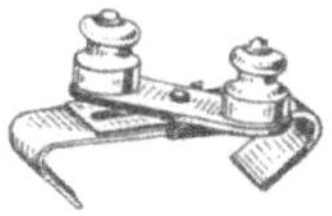

Abb. 22 Rollenschelle

Abb. 23. Rolle für feuchte Räume

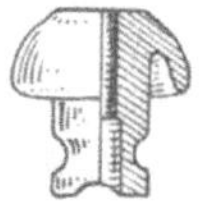

Abb. 24 Mantelrolle

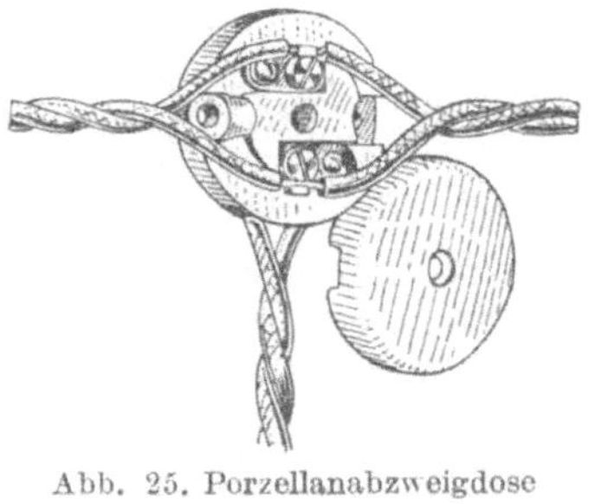

Abb. 25. Porzellanabzweigdose

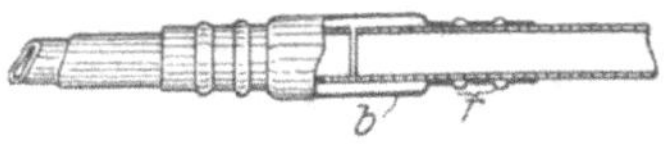

Abb. 26. Rohrverbindungsmuffe

Abb. 27. Porzellantülle

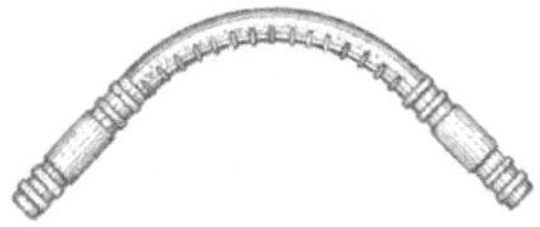

Abb. 28. Normalbogen

eisernen, in die Wand versetzten Dübeln (Abb. 20) oder auf Flacheisenschienen (Abb. 21) befestigt werden. Unter eisernen Trägern werden zur Rollenbefestigung schmiedeeiserne Schellen (Abb. 22) festgeklemmt. In feuchten Räumen treten an Stelle der gewöhnlichen Isolierrollen solche wie Abb. 23 oder Abb. 24. Letztere, deren äußerer Mantel die Befestigungsstellen der Leitungen vor Tropfwasser schützt, werden als Mantel- oder Kellerrollen bezeichnet. In sehr feuchten oder mit ätzenden Dünsten erfüllten Räumen werden sogenannte Hacketalleitungen verlegt, deren Isolierhülle mit einer wetter- und säurefesten Masse getränkt ist.

Schnurverlegung, eine Variante der Rollenverlegung, bei welcher an Stelle der Porzellanrollen meist Glasrollen verwendet werden. Hin- und Rückleitungsschnur sind zusammengedreht und werden gemeinsam über die Rollen geführt. Abzweigungen werden mit Hilfe von Porzellanabzweigdosen (Abb. 25), welche mit Klemmen ausgestattet sind, hergestellt.

Verlegung auf Isolatoren. In sehr feuchten Räumen werden isolierte oder blanke Leitungen — letztere nur, wenn sie einer zufälligen Berührung verläßlich entzogen werden können — auf Glockenisolatoren oder auf Abspannisolatoren (Schäkel) verlegt. Zur Erde abfließende Kriechströme können sich wegen der geringen Zahl der Leitungsstützpunkte und des langen Kriechweges über die Isolatoren nur in geringem Maß ausbilden.

Rohrverlegung. Gebräuchlichste Installationsart. Leitungen Isolation *G* oder *GH* werden in Rohre aus Papier, Papier mit Metallmantel oder aus Metall eingezogen. Die Rohre werden in Längen von 3 m geliefert. Ihre Verbindung untereinander erfolgt durch Muffen (Abb. 26). Freie Rohrenden werden zum Schutz der Leitungen mit Porzellantüllen (Abb. 27) versehen. An Biegungen werden fertige Normalbögen (Abb. 28) verwendet. Zur Aufnahme der Leitungsverbindungen und Abzweigungen sind Dosen (Abb. 29) oder Kästchen aus Isoliermaterial, Holz, Blech- oder Gußeisen zu setzen. Die Zahl der in Rohre einziehbaren Leitungen zeigt Tabelle 4. Zwecks leichter Auswechselbarkeit der Leitungen sollen die Rohre mit möglichst wenig Krümmungen verlegt werden. Die Rohrstrecken zwischen zwei Abzweigdosen oder einer Dose und einem offenen Ende dürfen nicht zu lang werden. Eventuell sind Durchgangsdosen vorzusehen, um die Leitungen zugänglich zu machen. Für die Leitungseinführung in Gebäude und in feuchte

Tabelle 4

Lichter Rohrdurchmesser in mm	Zahl der in Rohre einziehbaren Leitungen bis mm²			
13,5	1×6,	2×2,5	3×1,5,	
16	1×16,	2×4,	3×2,5,	4×1,5
23	1×35,	2×16,	3×10,	4×6
29	1×70,	2×25,	4×16	
36	1×120,	2×50,	4×35	

Räume dienen nach unten gekrümmte, gegen das Eindringen von Feuchtigkeit schützende Porzellaneinführungspfeifen (Abb. 30) oder Porzellaneinführungsbogen (Abb. 31). Die Befestigung der Rohre erfolgt bei Verlegung über Putz in Abständen von 50 bis 80 cm durch Rohrschellen (Abb. 32) aus verzinktem Eisen, welche mittels Schrauben an Holz- oder Stahldübeln, an von der Wand abstehenden Flacheisenbügeln oder auf Spanndrähten befestigt werden. Bei Unterputzverlegung wird das Rohr im Mauerschlitz durch Gips stellenweise befestigt (geheftet). Um zu vermeiden, daß bei Neubauten die Leitungen durch Feuchtigkeit leiden, empfiehlt es sich, die Dosen nach der Rohrverlegung möglichst lange offen zu halten und die Leitungen erst nach Austrocknung der Mauern in die Rohre einzuziehen. Aber auch in trockenen Räumen soll mit dem Einziehen der Leitungen erst nach vollkommen beendeter Rohrmontage begonnen werden, weil nur dadurch eine sichere Gewähr für die Auswechselbarkeit der Leitungen geboten wird. Es dürfen nur Leitungen desselben Stromkreises in einem Rohre verlegt werden. Bei Verwendung von geschlossenen Eisen- oder eisenbewehrten Rohren für Wechsel- und Drehstromleitungen müssen alle Leitungen eines Stromkreises in demselben Rohre geführt werden.

Papierrohre ohne metallischen Überzug, sogenannte schwarze Rohre, bieten den in ihnen eingezogenen Leitungen nur geringen mechanischen Schutz, weshalb sie für Starkstrominstallationen nur selten und dann nur für Unterputzverlegung in trockenen Räumen verwendet werden.

Papierrohre mit verbleitem Stahlblechmantel. Wegen ihres gegenüber Peschel- und Stahlpanzerrohren niedrigen Preises, ihrer leichten Bearbeitbarkeit und geringen Montagekosten, sowie wegen ihrer vielfachen Verwendbarkeit verbreitetstes Rohrsystem. Der dünne Stahlblechmantel bietet gegen mechanische Beschädigungen in den meisten Fällen noch ausreichenden Schutz, besitzt aber eine geringe Wärmekapazität, so daß nur wenig Neigung zur Bildung von Kondenswasser an und in den Rohren besteht. Sie sind daher nicht nur zur Verlegung unter und auf Putz in trockenen Räumen, sondern auch zur Verwendung in mäßig feuchten Räumen geeignet. Doch müssen in letzteren möglichst weite Rohre mit entsprechendem Wandabstand (Abb. 33) verlegt und die

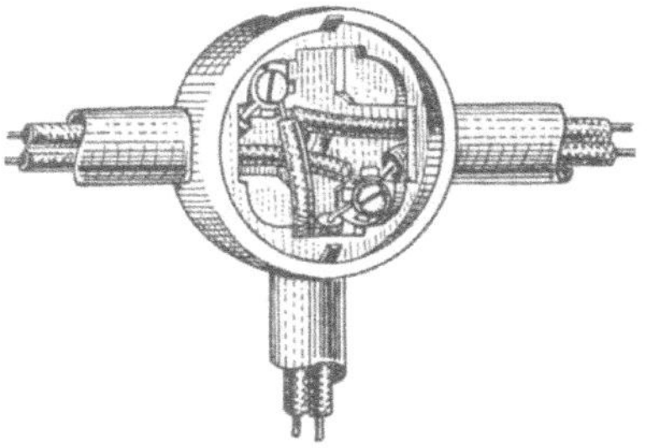

Abb. 29. Abzweigdose

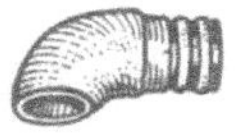

Abb. 30. Porzellaneinführungspfeife

Abb. 31. Porzellaneinführungsbogen

Abb. 32. Rohrschellen

Drähte an den End- und Verbindungsstellen mittels Paraband, Isolierband und einem Asphaltanstrich verläßlich vor der Einwirkung der Feuchtigkeit geschützt werden. Je luftiger die Verlegung aller Teile der Installation erfolgt, desto weniger sind Erdschlüsse zu befürchten. Die Montage mit Wandabstand ist auch deshalb zu empfehlen, weil bei direkter Verlegung von Rohren auf feuchten, noch nicht ausgetrockneten Wänden die Neigung zur Verrostung des an der Wand anliegenden Rohrmantels besteht.

Rohre mit starkem Stahlmantel und Papiereinlage, sogenannte Stahlpanzerrohre, bieten den Leitungen vorzüglichen mechanischen Schutz. Anwendung, wo mechanische Beschädigung schwächerer Rohre zu befürchten wäre. Die Verbindung der einzelnen Installationsteile erfolgt durch Gewindemuffen, wodurch sich eine relativ gute Abdichtung derselben untereinander ergibt. Es wird dieses System deshalb vielfach für die Verwendung in explosionsgefährlichen Räumen in Vorschlag gebracht. Ein vollkommen dichter Abschluß ist jedoch nicht erzielbar. Für explosionsgefährliche Räume empfiehlt es sich daher, die gesamten Installationen in von diesen abgedichteten Nebenräumen, eventuell im Freien, enden zu lassen oder, wenn unvermeidlich, in die gefährdeten Räume nur kurze Rohrstücke zu führen.

Metallrohre ohne isolierende Einlage, sogenannte Peschelrohre. Verwendung des überlappten Peschelrohres (Abb. 35) gleich dem Isolierrohr mit verbleitem Stahlblechmantel. Insoweit Rohre von den Elektrizitätswerken als Rückleiter zugelassen werden, kann das geschlitzte Peschelrohr (Abb. 34) wegen seiner guten Federung an den Stoßstellen als Rückleiter oder Nulleiter ausgenützt werden, wodurch in Gleichstromdreileiter- und in Drehstromnetzen mit geerdetem Nulleiter eine Leitung erspart wird.

Spanndrahtmontage. Anwendung, wenn die Befestigung der Leitungen an den Wänden oder Decken von Räumen auf Schwierigkeiten stößt, namentlich in Betonbauten, wo ein Anstemmen der Betoneisenkonstruktion aus Festigkeitsgründen ausgeschlossen erscheint, weiters in Räumen mit feuchten Wänden. Der Spanndraht, ein verzinkter Eisen- oder Stahldraht, wird an Mauerhaken ähnlich Abb. 36 oder an Keilschrauben abgespannt und durch Draht- oder Seilspanner (Abb. 37) auf die nötige Spannung gebracht, um die Leitungen samt Zubehör, eventuell auch die Beleuchtungskörper ohne zu großen Durchhang tragen zu können. Wenn nötig, müssen auch Zwischenaufhängungen vorgesehen werden. Am Spanndraht können zwei Leitungen mittels Rollenschellen (Abb. 38) oder ein bis zwei Rohre mittels Rohrschellen befestigt werden.

Sind mehr Leitungen oder Rohre zu montieren, so werden zwei Spanndrähte parallel ausgespannt und auf diesen die aus Flacheisen hergestellten Rollen- oder Rohrträger (Abb. 39) befestigt.

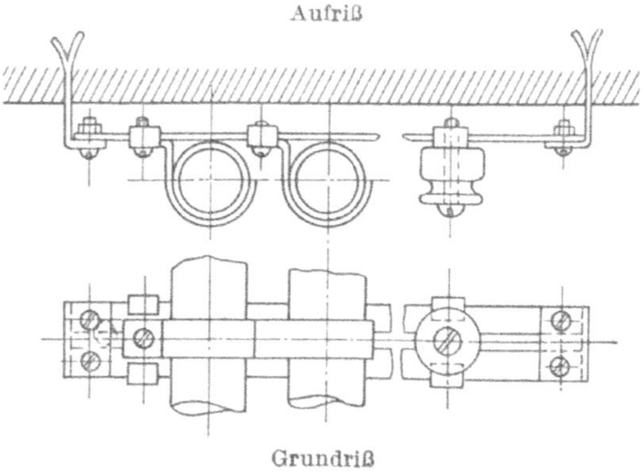

Abb. 33. Leitungsverlegung mit Wandabstand

Abb. 34 Abb. 35

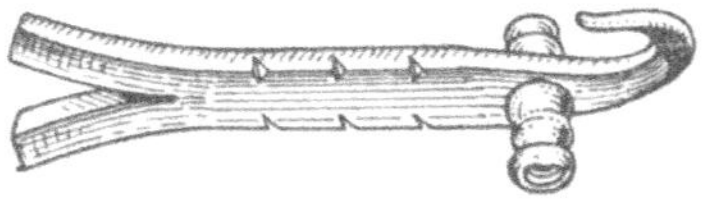
Abb. 36. Mauerhaken

Abb. 37. Drahtspanner

Rohrdrähte dürfen nur auf Putz verlegt werden. Die Befestigung derselben an der Wand kann durch Befestigungsschellen oder durch Befestigungsgabeln erfolgen. Bei der Führung durch Mauern werden sie in gesonderte Durchführungsrohre verlegt. Die Rohrdrähte lassen sich, ähnlich wie Leitungsschnüre, den gegebenen Wand- und Deckenlinien gut anpassen.

Abb. 38 Rollenschelle

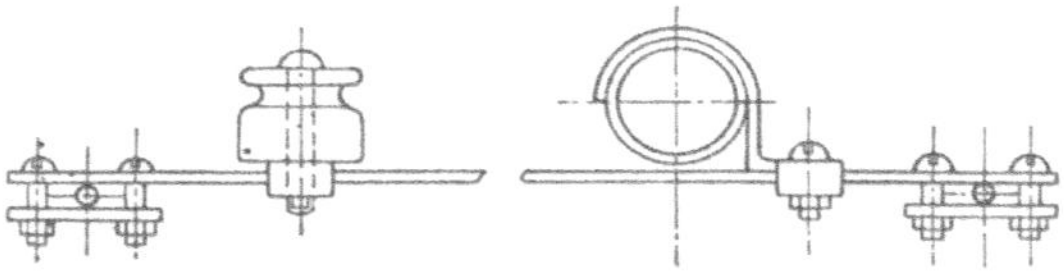
Abb. 39 a) Rollenträger b) Rohrträger für Spanndrahtmontage

Bleikabelverlegung. Bleikabel ohne besondere Bewehrung dürfen nur so verlegt werden, daß sie gegen mechanische und chemische Beschädigungen geschützt sind. Es ist darauf zu achten, daß an den Befestigungsstellen der Bleimantel nicht eingedrückt oder verletzt wird; Rohrhaken sind unzulässig. Bleikabel jeder Art, mit Ausnahme von Gummikabeln bis 750 Volt, dürfen nur mit Endverschlüssen, Muffen oder gleichwertigen Vorkehrungen, die das Eindringen von Feuchtigkeit verhindern und gleichzeitig einen guten elektrischen Anschluß gestatten, verwendet werden. In Gebäuden werden für die Kabelverlegung gemauerte Kanäle entweder im Fußboden oder an den Wänden vorgesehen, in welchen die Kabel entweder frei verlegt oder durch Schellen befestigt werden. Bodenkanäle werden durch Eisen- oder Betonplatten, Wandkanäle durch Blech abgedeckt. Zuweilen werden die Kabel auch direkt auf den Wänden oder den Decken verlegt und an diesen durch Schellen, Haken oder besondere Eisenkonstruktionen gehalten. Im Freien erfolgt die Verlegung der Kabel in Gräben von etwa 70 cm Tiefe. Die Kabel werden in Sand gebettet und gegen zufällige Beschädigung bei späteren Grabungen durch eine Schichte Ziegel, durch Tonrohre usw. geschützt.

Leitungen in besonders zu behandelnden Räumen. Für Schaufenster, Warenhäuser, Dachböden, Scheunen und andere Räume, in welchen sich leicht entzündliche Gegenstände befinden, für feuer- und explosionsgefährliche, für feuchte und erdschlußgefährliche Räume bestehen besondere Installationsvorschriften. Es empfiehlt sich, dort weder

Sicherungen, noch Schalter oder Steckdosen anzubringen. Die Verlegung von Leitungen (insbesondere in explosionsgefährlichen Räumen) ist auf ein Minimum zu beschränken. Ist die Anbringung von Schaltern und Steckdosen nicht zu vermeiden, so müssen sie als Spezialkonstruktionen ausgeführt werden. Ortsveränderliche Leitungen müssen eine gute Isolation aufweisen und mit gutem Schutz gegen Beschädigung versehen sein. Ist besondere Vorsicht geboten und die Wahl der Betriebsspannung frei, so ist diese so niedrig wie möglich anzusetzen; in Wechsel- (Drehstrom-) Anlagen kann sie durch Transformatoren auf das wünschenswerte Maß (für ganz niedrige Spannungen sind 42 und 24 Volt normiert) herabgesetzt werden.

Für die Ausführung von Starkstrominstallationen in Theatern, Rauch- und Saaltheatern, Singspielhallen, Zirkussen u. dgl., dann in Bergwerken bestehen ebenfalls Sondervorschriften.

VII. Beleuchtung

1. Lichtquellen

Als Lichtquellen dienen heute fast ausschließlich Glühlampen, deren Leuchtkörper aus gezogenem Wolframdraht hergestellt ist. Der glatte, zickzackförmig ausgespannte oder spiralförmig angeordnete Draht der luftleeren Lampen (Vakuumlampen) ist in einem birn- oder kugelförmigen, luftleeren Glaskörper untergebracht. Sie werden für Spannungen von 110 bis 250 Volt mit 15 bzw. 25 und 40 Watt, für 110 Volt auch mit 10 Watt Verbrauch hergestellt. Die gasgefüllten Lampen (unzutreffend oft Halbwattlampen genannt) haben stets einen spiralförmig aufgewickelten Leuchtdraht. Der kugelförmige Glaskörper ist mit Stickstoff oder Edelgasen gefüllt. Sie werden von 25 Watt bei 110 Volt bzw. von 40 Watt bei 220 Volt bis hinauf zu 2000 Watt Verbrauch hergestellt. Die luftleeren Lampen mit gestrecktem Draht werden durch die Spiraldrahtlampen und durch die kleinsten Typen der gasgefüllten Lampen verdrängt, da die beiden letzteren Lampenarten bei gleichem Verbrauch und Preise kleinere Form und günstigere Lichtverteilung, die gasgefüllten Lampen überdies eine weißere Lichtfarbe aufweisen. Spiraldrahtlampen zeichnen sich gegenüber Gasfüllungslampen durch größere Widerstandsfähigkeit gegen Erschütterungen aus. Die kleineren Lampentypen werden zwecks Vermeidung von Blendung auch teilweise oder ganz mattiert geliefert. Innenmattierte Lampen haben den Vorzug glatter Außenfläche (geringe Verstaubung, leichtere Reinigung).

Die Sockel passen in entsprechende Fassungen. Letztere vermitteln den Anschluß an die Leitungen und sind manchmal, z. B. bei Tischlampen, auch mit einem Schalter ausgestattet. Die übliche Schraubfassung, „Edisonfassung", eignet sich für Lampen bis 200 Watt, für Lampen mit höherem Verbrauch dient die „Goliathfassung".

Bogenlampen werden heute fast nur noch für photographische und Projektionszwecke, dann für Scheinwerfer verwendet.

2. Beleuchtungskörper (Leuchten)

Leuchten nehmen die Fassungen samt den Glühlampen, sowie die stromzuführenden Leitungen auf und beeinflussen die Lichtverteilung der Glühlampen im gewünschten Sinne.

Beleuchtungskörper für direktes oder vorwiegend direktes Licht strahlen das ganze bzw. den größten Teil des von ihrer Lampe ausgehenden Lichtes abwärts. Bei direktem Licht bleiben die Decken unbeleuchtet; es entstehen oft störende, unschöne Schatten. Armaturen für vorwiegend direktes Licht werden benützt zur Beleuchtung von Wohnräumen, tiefstrahlende Armaturen in Bauten aus Eisenkonstruktion, wo weder reflexionsfähige Decken noch Wände vorhanden sind, breitstrahlende Armaturen zur Außenbeleuchtung.

Halbindirektes Licht wird vom Beleuchtungskörper größtenteils in den oberen Halbraum geworfen und von den Wänden und Decken rückgestrahlt. Gekennzeichnet durch das Fehlen von Blendung, sowie durch milde Schatten. Verwendung zur Beleuchtung von Bureaux, Schul- und Zeichensälen, Werkstätten für feine Arbeiten, Operationssälen usw.

Ganz indirektes Licht gelangt aus dem Beleuchtungskörper zur Gänze nach oben. Hygienisch vollkommenste Beleuchtungsart, ohne Blendung und Schlagschatten. Anwendung ähnlich wie vor, wenn es auf besonders hohe Beleuchtung nicht ankommt, oder die Kosten der Beleuchtung gegenüber der gewünschten Hygiene eine untergeordnete Rolle spielen.

In feuchten und erdschlußgefährlichen oder mit ätzenden Gasen und Dämpfen gefüllten Räumen, sowie in feuer- und explosionsgefährlichen Räumen müssen die Beleuchtungskörper mit entsprechenden Schutzglocken versehen sein, welche die Glühlampen und deren Fassungen einschließen. In feuchten und erdschlußgefährlichen Räumen müssen die Beleuchtungskörper aus isolierendem Baustoff bestehen, bzw. alle der Berührung zugänglichen Metallteile zuverlässig geerdet werden.

3. Lampenschaltungen

Glühlampenstromkreise werden in der Regel durch einpolige Dreh- (Dosen-) Schalter geschaltet. Einpolige Schalter sind nur für Anschlußleistungen bis 1 kW in dauernd trockenen Räumen — in feuchten Räumen nur dann, wenn der zweite nicht abschaltbare Leitungspol geerdet ist — gestattet. Außer den normalen ein- und mehrpoligen Schaltern gelangen zur Verwendung:

Gruppenschalter (Hotelschalter) zur Umschaltung von 2 Stromkreisen mit 2 Unterbrechungen (Abb. 40).

Serienschalter (Kronenschalter) zur stufenweisen Einschaltung von 2 Stromkreisen mit einer Unterbrechung (Abb. 41). Serienschalter lassen sich durch 2 Einzelschalter ersetzen.

Wechselschalter zur Ein- und Ausschaltung eines Stromkreises von 2 Stellen aus (Abb. 42). Soll die Schaltung von 3, 4... Stellen aus möglich sein, so sind außer 2 Wechselschaltern w noch 1, 2... Kreuzschalter *k* erforderlich (Abb. 43).

4. Vorteile einer guten, zweckmäßigen Beleuchtung

Sie erhöht die Sehschärfe und die Sehgeschwindigkeit und verhindert rasche Ermüdung des Auges. In Fabriken und Werkstätten erzielt gute Beleuchtung nachweisbar eine Steigerung der Produktion um 10 bis 15% — wobei die täglichen Mehrkosten einer verbesserten Beleuchtungsanlage nur etwa dem Preise von fünf Minuten Arbeit entsprechen —, ferner eine genauere und sorgfältige Arbeit, weniger Unfälle und Ausschuß, Hebung der Arbeitsfreudigkeit, reinlichere und leichter in Ordnung zu haltende Arbeitsräume, leichtere Übersicht über diese.

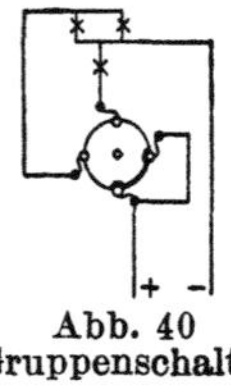

Abb. 40
Gruppenschalter

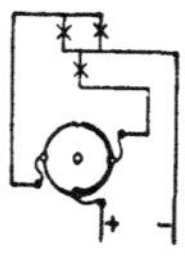

Abb. 41
Serienschalter

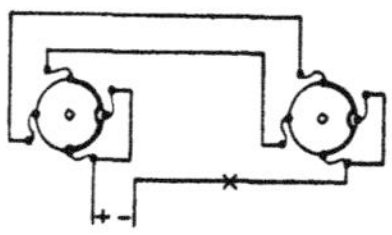

Abb. 42
Wechselschalter

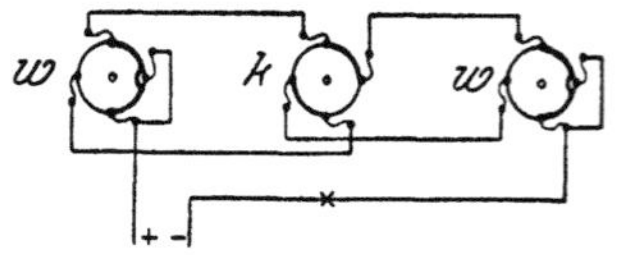

Abb. 43
Wechsel- und Kreuzschalter

5. Beleuchtungstechnische Grundsätze

Die Hauptforderungen an eine zweckmäßige Beleuchtungsanlage sind: a) ausreichende Beleuchtung, b) Blendungsfreiheit, c) möglichst gleichförmige Lichtverteilung.

a) **Die Beleuchtung ist ausreichend,** wenn auf der Arbeitsfläche die aus Tabelle 5 ersichtliche Zahl von Beleuchtungseinheiten vorhanden ist. Die Einheit der Beleuchtung, das Lux, ergibt sich auf einem Flächenelement, das durch die Einheit der Lichtstärke, d. i. durch eine Hefnerkerze, aus 1 m Entfernung senkrecht beleuchtet wird.

b) **Blendung** tritt stets dann auf, wenn das Auge von einem konzentrierten Lichtbündel getroffen und infolge der Kontrastwirkung gegenüber der Umgebung zur raschen Anpassung an die wechselnde Lichtstärke gezwungen wird. Man umgibt daher die Glühlampen mit lichtstreuenden Gläsern, mit Reflektoren aus Metall, Glas oder sonstigen Stoffen, das heißt, man verwendet sie in Beleuchtungskörpern, um so ihre Lichtverteilung im gewünschten Sinne zu beeinflussen. Glühlampen, welche dem direkten Anblicke nicht gänzlich entzogen sind, sollten aus Opalglas oder aus mattiertem Glas hergestellt werden. Wenn tunlich, bringt man die Beleuchtungskörper durch hohe Aufhängung aus dem normalen Gesichtsfelde.

c) **Die Beleuchtung muß genügend gleichförmig sein.** Örtlich stark wechselnde Beleuchtung, zu tiefe oder störende Schatten sind zu vermeiden. Man entspricht dieser Forderung durch örtlich richtige Anordnung der Beleuchtungskörper, entsprechende Wahl ihrer Lichtverteilung und Glühlampenleistung, durch Ausnützung der Reflexionsfähigkeit heller Decken und Wände. Die Beleuchtungsunterschiede benachbarter Räume sollen nicht zu kraß sein.

Tabelle 5

Bezeichnung des Raumes		Beleuchtung in Lux
Keller		5—10
Gänge, Lagerräume		10—20
Wohnräume		30
Schulen, Bureaux		50—80
Zeichensäle		80—150
Fabriken und Werkstätten	bei Grobarbeit	30—50
	„ mittlerer Arbeit	50—80
	„ feiner Arbeit	80—120
	„ feinster Arbeit	120 und mehr

6. Projektierung von Beleuchtungsanlagen

a) Allgemeinbeleuchtung

Es empfiehlt sich aus wirtschaftlichen Gründen, die Zahl der Beleuchtungskörper nur so hoch zu wählen, als sie mit Rücksicht auf Gleichmäßigkeit der Beleuchtung und Anpassung an die räumlichen Verhältnisse nötig ist. Als Lampenabstand wird die 1,5- bis höchstens 2,5fache Lichtpunkthöhe, d. i. die Entfernung der Glühlampe von der zu beleuchtenden Arbeitsfläche, gewählt. Im unteren Grenzfall ist die Beleuchtung der Arbeitsfläche zwischen den Lampen annähernd ebensogroß, im oberen etwa halb so groß als jene unter den Lampen. In Räumen mit hellen, beleuchteten Decken und Wänden ist die mittlere Beleuchtung von der Lichtpunkthöhe fast unabhängig, so daß letztere nach praktischen und ästhetischen Erwägungen gewählt werden kann.

Tabelle 6 enthält ungefähre Angaben zur Berechnung der Glühlampenleistung in Watt, welche bei Verwendung gebräuchlicher Beleuchtungskörper zur Erzielung einer bestimmten mittleren Horizontalbeleuchtung für eine gegebene Fläche aufzuwenden ist. Die Tabelle ist für Lampen bei 220 Volt Spannung[1]) sowie für einen mittleren Lichtwirkungsgrad von 40% berechnet. Dieser entspricht dem Verhältnis der ausgenützten zur aufgewandten Lichtmenge (Lichtstrom). Er steigt bei direkter und halbindirekter Beleuchtung in Räumen mit weißer, glatter Decke und weißen Wänden bis auf 50%, sinkt aber in Räumen, in welchen die Reflexion der Wände und Decken durch dunklen Anstrich, durch Verschmutzung oder durch Transmissionen gestört wird, bis auf etwa 30%. Für ganz indirekte Beleuchtung kann er zwischen 40 und 10% angesetzt werden. Weicht der Wirkungsgrad erheblich von 40% ab, so sind die aus der Tabelle 6

[1]) Lampen für niedrigere Spannungen ergeben eine etwas günstigere Lichtausbeute.

entnommenen Werte im Verhältnis der Wirkungsgrade umzurechnen. Da die benötigte Beleuchtung nicht immer von vornherein genau bekannt ist, weiters bei Berechnung der Beleuchtung auch minder zutreffende Schätzungen des Wirkungsgrades nicht zu vermeiden sind, empfiehlt es sich, Beleuchtungskörper zu wählen, die noch die Verwendung von Glühlampen etwas höherer als der ermittelten Wattzahl gestatten.

Tabelle 6

Verbrauch für eine Lampe in Watt	Mittlere Beleuchtung in Lux													
	2	5	10	15	20	25	30	40	50	60	70	80	90	100
	Bodenfläche in m² bei 40% Wirkungsgrad und 220 Volt Spannung													
15	22	9,1	4,5	3,0	2,3	1,8	1,5	1,1	—	—	—	—	—	—
25	44	17	8,8	5,9	4,4	3,5	2,9	2,2	1,7	1,4	1,2	1,1	—	—
40	77	31	15	10	7,7	6,1	5,1	3,8	3,1	2,6	2,2	1,9	1,7	1,5
60	112	45	22	15	11	9	7,5	5,5	4,5	3,7	3,2	2,8	2,5	2,2
75	170	68	34	22	17	13,5	11	8,5	6,8	5,5	4,8	4,2	3,8	3,0
100	250	100	50	33	25	20	16,5	12,5	10	8,5	7,1	6,3	5,6	5,0
150	425	170	85	56	42	34	28	21	17	14	12	10,5	9,5	8,5
200	625	250	125	83	62	50	41	31	25	21	18	15,5	14	12,5
300	1000	400	200	133	100	80	66	50	40	33	29	25	22	20
500	1870	750	375	250	187	150	125	93	75	62	54	47	42	37

Beispiel. Ein Schulzimmer von 16 m Länge, 8 m Breite und 4,5 m Höhe, mit weißer Decke und hellen Wänden, soll möglichst schattenfrei beleuchtet werden. Vorhandene Netzspannung 110 Volt.

Erforderliche Beleuchtung laut Tabelle 5 etwa 60 Lux. Der Wirkungsgrad wird auf 45% geschätzt. Mit Rücksicht auf die gewünschte schattenfreie Beleuchtung und die hellen Flächen wird man sich für halbindirektes Licht entscheiden. Um den freien Blick auf die Tafel nicht zu behindern, darf die Lichtpunkthöhe nicht zu niedrig angenommen werden, anderseits sollen die Lampen zwecks Vermeidung einer zu stark wechselnden Beleuchtung der reflektierenden Decke nicht zu nahe an dieser hängen. Wird daher der Abstand des Lichtpunktes von der Decke mit 0,75 m gewählt und der Abstand der Tischfläche vom Fußboden (wie üblich) mit 1 m angenommen, so berechnet sich die Lichtpunkthöhe mit $4{,}50 - 0{,}75 - 1{,}00 = 2{,}75$ m. Der Lampenabstand bei annähernd gleichmäßiger Beleuchtung ergibt sich daher mit $1{,}5 \times 2{,}75 = 4{,}12$ m. Man wird sonach in Richtung der Raumlänge $16 : 4{,}12 \backsim 4$ und in Richtung der Raumbreite $8 : 4{,}12 \backsim 2$, insgesamt daher $4 \times 2 = 8$ Leuchten anordnen. Es entfällt somit je Lampe eine Bodenfläche von $(16 \times 8) : 8 = 16$ m². Laut Tabelle 6 ist zur Erzielung einer Beleuchtung von 60 Lux bei 40% Wirkungsgrad und 14 m² Bodenfläche je Leuchte eine Glühlampe von 150 Watt erforderlich. Bei 45% Wirkungsgrad und 16 m² Bodenfläche ergibt sich demnach eine mittlere Beleuchtung von $\frac{14}{16} \cdot \frac{45}{40} \cdot 60 \backsim 59$ Lux, d. h. man wird mit einer 150 Watt-Glühlampe umso eher das Auslangen finden, als statt der Spannung von 220 Volt, für welche Tabelle 6 gerechnet ist, die Spannung von 110 Volt zur Verfügung steht.

b) Arbeitsplatzbeleuchtung

Jeder Arbeitsplatz oder jede Gruppe von Arbeitsplätzen erhält einen eigenen Beleuchtungskörper. Dieser wird meist als Tiefstrahler ausgeführt, d. h. mit tiefem Reflektor ausgerüstet, der das ganze Licht auf den zu beleuchtenden Gegenstand bzw. auf dessen jeweils zu beleuchtende Fläche wirft und die Glühlampe vollständig verdeckt, daher eine Blendung des Auges verhindert. Obwohl das Licht zumeist von links kommen soll, ergeben sich doch häufig Fälle, für welche diese Regel nicht zutrifft. Platzbeleuchtungskörper müssen daher eine leichte Lenk- und Fixierbarkeit ihres Lichtkegels gestatten; oftmals wird man überdies fordern, daß sie selbst örtlich leicht verstellt werden können. Da das Licht auf einer relativ kleinen Fläche konzentriert wird, findet man für die Platzbeleuchtung fast immer mit niederwattigen Glühlampen das Auslangen. — Die erforderliche Lichtleistung ist jeweils am besten durch Versuch zu ermitteln.

Neben der Arbeitsplatzbeleuchtung soll als Verkehrsbeleuchtung stets noch eine wenn auch mäßige Allgemeinbeleuchtung vorhanden sein. Platzbeleuchtung ist nötig in Räumen für sehr feine Arbeiten, ferner bei Arbeiten mit dunklen Stoffen usw., bei welchen es auf mäßige Kontrastwirkung ankommt. Sie wird häufig auch verwendet, um an Allgemeinbeleuchtung zu sparen.

7. Treppenbeleuchtung

Zweckmäßig ist, eine besondere Leitung für die Treppenhausbeleuchtung, die von jedem Stockwerke ein- und ausschaltbar sein muß, vorzusehen. Bei der halbautomatischen Treppenbeleuchtung (Abb. 44), sind die Lampen *L* bei Stellung des von Hand zu betätigenden Umschalters *U* auf „Tag“ ausgeschaltet, bei dessen Stellung auf „Abend“ ständig eingeschaltet. Bei Stellung des Umschalters auf „Nacht“ werden nach Drücken eines Druckknopfes *D* durch einen Automaten alle Lampen ein- und nach etwa 1 bis 3 Minuten wieder abgeschaltet. Automat, Umschalter und Stiegenhauszähler werden zumeist in der Portierloge oder Hausbesorgerwohnung montiert.

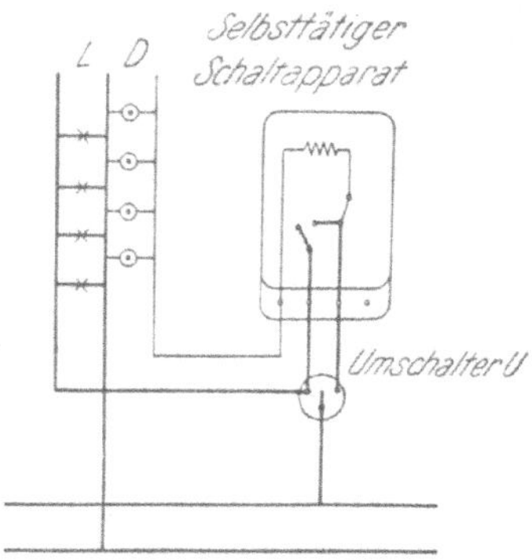

Abb. 44
Treppenbeleuchtung

Abb. 45

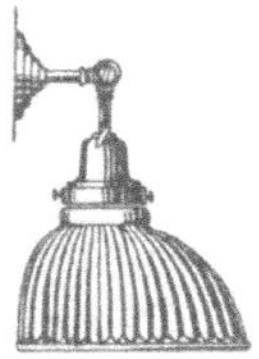

Abb. 46

Schaufensterleuchten

8. Reklamebeleuchtung

Die Lichtwirkung wird durch geeignete Anordnung von Glühlampen oder Leuchtröhren erzielt.

Die Glühlichtreklame erfolgt durch direkt oder indirekt wirkende Lampen, dann in Form der Transparentbeleuchtung. Bei der direkt wirkenden Glühlampenreklame sind die Lampen in Leuchtzeichen aus Blech, die meist Buchstabenform aufweisen, eingesetzt. Hierher gehören weiters die Blinkreklame und die Wanderschriftanlagen. Bei der Blinkreklame werden durch automatisch wirkende Schalter oder Schaltwerke einzelne Buchstaben oder Bilder nacheinander eingeschaltet.

Die indirekt wirkende Lichtreklame verwendet verdeckt angeordnete Lichtquellen (Glühlampen oder Scheinwerfer), zur Beleuchtung von Reklameschildern und Flächen oder ganzen Häuserfassaden.

Bei der Transparentbeleuchtung werden lichtdurchlässige, streuende, mit Reklameschrift oder Figuren versehene Medien (Milchglas, Leinwand usw.) durch hinter denselben angebrachte Lichtquellen so beleuchtet, daß sich die Reklame von der durchscheinenden Fläche wirkungsvoll abhebt.

Leuchtröhrenreklame. Die Röhren, mit Neongas gefüllt, werden mit Wechselstrom von 3000 bis 8000 Volt Spannung betrieben und leuchten auch bei trübem Wetter weithin sichtbar in roter, bei Quecksilberzusatz in blauer Farbe. Der Energieverbrauch ist gering und beträgt rund 30 Watt je 1 m Röhrenlänge. Sie erfordert hohe Kosten und eine hohe Betriebsspannung. Wegen letzterer sind Neonanlagen genehmigungspflichtig; sie dürfen nur von Elektrotechnikern, welche die Hochspannungskonzession besitzen, hergestellt werden. Die Gemeinde Wien (Mag. Abt. 27a) hat Richtlinien für den Bau und den Betrieb solcher Anlagen herausgegeben.

Elektrizitätswerke gewähren für Reklame- und Schaufensterbeleuchtung oft bedeutende Rabatte auf den normalen Lichtstrompreis.

9. Schaufensterbeleuchtung

Grundsätzlich sollen die Lichtquellen von außen nicht sichtbar sein, weil sonst der Passant geblendet wird. Die hierfür speziell konstruierten Beleuchtungskörper (Abb. 45 und 46) werden im Fenster nächst dem Abschlußglase oben, wenn nötig auch unten, angeordnet und gegen außen durch eine Verschalung abgedeckt.

Es ist vorteilhaft, die Beleuchtungskörper in mehrere für sich schaltbare Gruppen zu legen, damit die mittlere Beleuchtung, dann die Licht- und Farbenverteilung nach Bedarf geändert werden kann. Für jedes Schaufenster soll ein Generalausschalter vorgesehen werden, der auch als automatischer Zeitschalter ausgebildet sein kann.

VIII. Elektrische Heizung[1]

Die meisten elektrischen Heiz- und Kochapparate besitzen Widerstandsdrähte, -bänder oder -glühstäbe, welche die durch den elektrischen Strom in ihnen erzeugte Wärme an den zu erwärmenden Körper abgeben. Die Drähte oder Bänder werden in geeignetes Isoliermaterial, wie Glimmer, Mikanit, Zement, Schamotte u. dgl., gebettet oder frei über Isolierkörper gespannt.

---

[1] Siehe auch Abschnitt: „Gesundheitstechnik“.

Die flexiblen Anschlußleitungen kleinerer Apparate (Abb. 47) für Leistungen bis etwa 2 kW besitzen an einem Ende einen zweipoligen Stecker für den Anschluß an eine Steckdose der Licht- oder Kraftleitung, am anderen Ende zwei oder drei Steckhülsen für den Anschluß des Apparates, welcher mit der gleichen Zahl Steckstifte ausgestattet ist. Die Heizwiderstände der dreistiftigen Apparate sind in zwei Gruppen geteilt, wodurch, wie Abb. 48 zeigt, eine Regelung ihrer Heizwirkung in drei Stufen ermöglicht wird. Derartige Apparate werden für die mannigfachsten Zwecke ausgeführt. Bei ihrer Bestellung ist die Spannung, eventuell auch die gewünschte Leistung anzugeben; hingegen sind sie von der Stromart unabhängig.

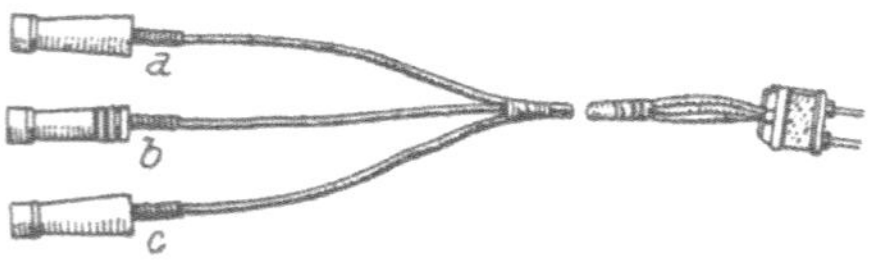

Abb. 47
Anschlußleitung für Heizapparate

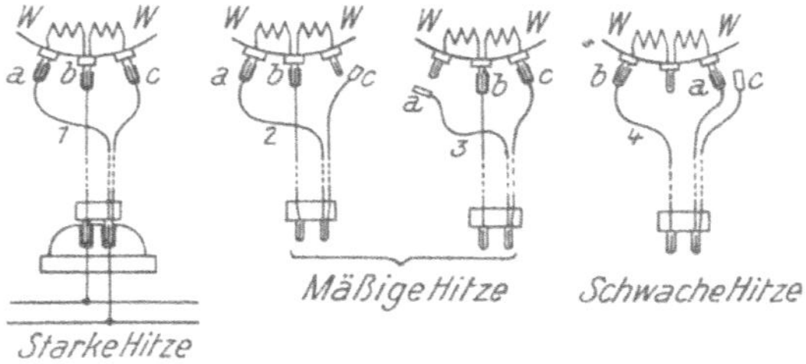

Abb. 48. Schaltung der Anschlußleitung zur Erzielung verschiedener Wärmegrade

Heizkörper mit Leistungen von mehr als 1,5 bis 2 kW unterliegen hinsichtlich ihres Anschlusses und ihrer Bauart zumeist Sonderbestimmungen der Elektrizitätswerke.

Die Raumheizung mittels elektrischer Öfen findet wegen des relativ hohen Preises der erzeugten Wärmeeinheit oft nur als Aushilfsheizung, z. B. als Übergangsheizung, Anwendung. Doch bürgern sich in jüngster Zeit auch die Dauerheizung, ferner Elektroheißwasserspeicher, welche bei Verwendung von Abfall- oder Nachtstrom das Prinzip der Wärmespeicherung ausnützen, immer mehr ein, zumal die Elektrizitätswerke bemüht sind, der Kundschaft durch billige Tarife entgegenzukommen. Außer der Widerstandsheizung finden für technische Zwecke auch die Induktionsheizung (auf dem Transformatorprinzip beruhend), die Lichtbogenheizung und die Elektrodenheizung Anwendung.

Der Energiebedarf ist bei Aushilfsheizung per 1 m³ Raum mit 35 Watt, für Dauerheizung mit 50 bis 60 Watt, in ungünstigen Fällen bis 80 Watt anzusetzen.

IX. Elektrische Anlagen

1. Allgemeines

Jede zur Errichtung gelangende Starkstromanlage muß in Österreich den „Sicherheitsvorschriften für elektrische Starkstromanlagen", herausgegeben vom Elektrotechnischen Verein in Wien, in Deutschland den „Normalien, Vorschriften und Leitsätzen des Verbandes deutscher Elektrotechniker" entsprechen. Zu diesen Vorschriften treten noch etwaige staatliche Sondervorschriften, sowie die Anschlußbedingungen der Elektrizitätswerke für ihren Versorgungsbereich.

Starkstromanlagen sind dadurch gekennzeichnet, daß in ihnen entweder Spannungen über 40 Volt oder Leistungen über 100 Watt vorkommen. Die Vorschriften machen auch einen Unterschied zwischen Nieder- und Hochspannung, indem für letztere strengere Bestimmungen bestehen. In Österreich ist eine einheitliche Spannungsgrenze nicht festgesetzt, doch gelten die strengeren Bestimmungen im allgemeinen für Anlagen mit Betriebsspannungen über 300 Volt Wechselstrom oder 600 Volt Gleichstrom, bei Drehstromanlagen mit geerdetem Sternpunkt erst bei einer verketteten Spannung über 380 Volt. Nach den deutschen Vorschriften sind Niederspannungsanlagen solche Starkstromanlagen, bei welchen die effektive Gebrauchsspannung zwischen irgendeiner Leitung und Erde 250 Volt nicht überschreitet.

2. Projektierung elektrischer Anlagen

Ist eine Anschlußmöglichkeit an ein öffentliches Elektrizitätswerk nicht vorhanden oder die Errichtung einer Eigenanlage etwa aus Rentabilitäts- oder aus sonstigen Gründen wünschenswert, so sind noch vor Inangriffnahme des Baues sowohl die finanziellen wie auch die technischen Grundlagen, weiters aber auch die technischen Details, wie Betriebskraft, Stromart und Spannung, Zahl, Leistung, Drehzahl, Ungleichförmigkeitsgrad der Kraftmaschinen, Disposition dieser und aller sonstigen elektrischen Einrichtungen der Zentrale, Ausgestaltung des Leitungsnetzes, Wahl der zu beschaffenden Elektromotoren und Beleuchtungskörper usw. im Einvernehmen mit Fachkräften festzustellen.

Nach der **Betriebskraft** unterscheidet man Dampfkraftanlagen, Wasserkraftanlagen (siehe auch den bezüglichen Abschnitt über Wasserkraftanlagen), Anlagen mit Explosionsmotoren, Windkraftanlagen usw.

Stromarten. Gleichstrom eignet sich hauptsächlich für kleinere oder örtlich beschränkte Licht- und Kraftanlagen. Die Anordnung von Akkumulatorenbatterien ermöglicht die wirtschaftliche Deckung von Spitzenbelastungen und des während der Nachtzeit eintretenden geringeren Stromkonsums. Soll die Strombelieferung größerer Versorgungsgebiete durchgeführt werden, dann ist Drehstrom zu wählen, welcher infolge seiner leichten Transformierbarkeit die Fortleitung großer Energien auf weite Strecken unter geringen Verlusten gestattet. Einphasenwechselstrom kommt in modernen Anlagen, ausgenommen für elektrische Bahnen, nicht mehr zur Anwendung. Die Periodenzahl des Drehstromes ist in Österreich und Deutschland mit 50 per Sekunde festgesetzt.

An normalen Spannungen sind für Gleichstrom 110, 220 und 440 Volt, für Drehstrom 125, 220, 380, 500 Volt usw. bis hinauf zu 200000 Volt normiert.

Für die Wahl des Bauplatzes sind die etwaige Ausnützungsmöglichkeit von Wasserkräften, Kohlenlagern, Gicht- oder sonstigen Abgasen, die leichte Beschaffbarkeit von Speise- oder Kühlwasser, die Entfernung vom Konsumgebiet, Preis und Beschaffenheit des Baugrundes usw. maßgebend.

Als Grundlage der Raumdisposition dienen die von den einzelnen Lieferfirmen herrührenden Pläne, welche im Einvernehmen mit diesen zum Gesamtplan der Anlage zusammengestellt werden. Hierbei ist auf möglichste Übersichtlichkeit aller Teile der Anlage und leichte Zugänglichkeit der eine ständige Bedienung erfordernden Einrichtungen zu achten. Weiters ist auf Erweiterungsmöglichkeit der einzelnen Teile (Kessel-, Maschinen-, Schaltanlage usw.) Rücksicht zu nehmen. Der Baumeister soll über die Abmessungen und Gewichte der Maschinen sowie ihrer größten unzerlegbaren Teile, ferner über die erforderlichen Mengen an Kühl- und Speisewasser informiert sein.

Der Maschinenraum schließt unmittelbar an das Kesselhaus oder den zur Kraftgaserzeugung bestimmten Raum, so daß die Dampf- oder Gasleitungen möglichst kurz ausfallen und ein direkter Verkehr zwischen diesen Räumen möglich ist. Er soll trocken, staubfrei, hell, hoch und luftig sein. Die Fenster sind reichlich zu bemessen, eventuell sind Oberlichter, wenn nötig auch künstliche Ventilation vorzusehen. Die Wände sind licht zu halten und bis auf etwa 2 m Höhe mit Kacheln zu verkleiden oder mit einem Ölanstrich zu versehen.

Alle bewegten Maschinen müssen ein verläßliches Fundament, am besten aus Beton, sowie eine kräftige Verankerung erhalten. Die Fundamente sind mindestens 20 cm über den Fußboden hoch zu ziehen; sie dürfen nicht mit den Gebäudemauern verbunden werden, um von diesen Erschütterungen und Geräusche fernzuhalten. Müssen bewegte Maschinen unter oder neben bewohnten Räumen aufgestellt werden, so ist für Schalldämpfung vorzusorgen. Der Fußboden erhält einen Belag von Klinker- oder Mettlacher Platten. Ziegel- oder Zementfußboden ist wegen Staubbildung unzweckmäßig. Zur Verhütung von Unfällen sind bei Verzahnungen, Schwungrädern, Treibriemen und Hochspannungsleitungen Geländer, Schutzgitter oder Verkleidungen vorzusehen. In größeren Anlagen ist stets ein Laufkran vorhanden, mit dem die Maschinen bequem aufgestellt und bei Reparaturen leicht auseinandergenommen werden können.

Die Schaltanlage wird in kleinen Anlagen als einfache Schalttafel oder Schaltwand ausgeführt, welche in etwa zwei Meter Abstand von der Wand des Maschinenraumes aufgestellt wird. Bei Hochspannungsanlagen wird im Maschinenraum in der Regel nur die Maschinenschalttafel, meist auf erhöhtem Podium, vorgesehen, während die Schaltapparate für die Netzschaltung, dann die Transformatoren und der Überspannungsschutz in besondere, an den Maschinenraum angrenzende Räume verlegt werden. In großen Anlagen mit sehr hoher Spannung wird der Schaltraum oft in einem eigenen Schalthaus angeordnet. Die Schalträume sollen licht und reichlich bemessen sein.

Akkumulatorenräume müssen gegen Verunreinigung durch Staub, Schmutz u. dgl. sowie gegen das Eindringen schädlicher Gase gesichert sein und wegen der auftretenden Gasentwicklung eine ausreichende Lüftung besitzen. Der Fußboden der Akkumulatorenräume ist gegen auslaufende Säure durch einen entsprechenden Belag, z. B. Asphalt, zu schützen, der so hoch über den Boden reicht, daß das Eindringen von Säure in Konstruktionsteile des Gebäudes ausgeschlossen ist. Alle Anlageteile aus Metall oder Holz sind mit einem Schutz gegen den schädlichen Einfluß der Säure und Säuredämpfe zu versehen. Zur Beleuchtung der Akkumulatorenräume dürfen nur Glühlampen mit gasdichten Schutzglocken verwendet werden. Der Akkumulatorenraum soll in größter Nähe des Maschinen- bzw. Schaltraumes, von diesem aus leicht zugänglich, jedoch so situiert werden, daß die Säuredämpfe nicht in den Maschinenraum gelangen. Druckschriften über Akkumulatorenräume werden von den Akkumulatorenfabriken unentgeltlich abgegeben.

Zu größeren Anlagen gehören auch ein Versuchsraum, eine Werkstätte und Bureauräume. Häufig wird auch ein kleines Magazin für Installationsmaterial vorgesehen.

In Städten kommt in den meisten Fällen die Stromlieferung durch ein öffentliches Elektrizitätswerk in Frage. Aber auch auf dem Lande nimmt die Anschlußmöglichkeit an solche Werke infolge des stets fortschreitenden Baues neuer Überlandzentralen mit umfangreichem Versorgungsnetz rasch zu. Der Anschluß an öffentliche Werke wird sich in Städten fast immer, sehr häufig aber auch auf dem Land, insbesondere für kleinere Anlagen, billiger stellen als die Errichtung einer Eigenanlage.

X. Installationen in Gebäuden im Anschluß an bestehende Elektrizitätswerke[1])

1. Allgemeines

In jedem Haus sollen wenigstens der Hausanschluß und die Hauptleitungen sowie die Zuleitungen bis zu den einzelnen Wohnungen schon beim Bau verlegt werden. Zumindest sind die für die Verlegung dieser Leitungen nötigen Kanäle auszusparen und die erforderlichen Isolierrohre zu installieren, so daß die Möglichkeit einer späteren Leitungsmontage gegeben ist.

Diese Maßnahmen sind besonders bei Beton oder Eisenbetonbauten wichtig, da das nachträgliche Ausstemmen von Schächten und Kanälen und damit auch die verdeckte Führung der Leitungen dann vielfach unmöglich ist.

Aus der Ausschreibung und den dieser beizugebenden Plänen sollen ersichtlich sein: Zur Verfügung stehende Stromart und Spannung, Lage der Transformatorstation oder des Hausanschlusses, Führung der Haupt-Steig- und Zuleitungen für Licht und Kraft, Lage der Zähler- und Verteilstellen, Verwendungszweck eventuell auch Möblierung der einzelnen Räume, Lage der Decken-, Wand- und Steckdosenauslässe für Licht, die gewünschte Schaltbarkeit ersterer, Lage der Kraftauslässe und der Kraftsteckdosen, Verlegungsart der Haupt-, Zu- und Verteilleitungen, eventuell ergänzt durch Angaben über die Ausführung der Deckenkonstruktionen, Haupt- und Zwischen-

[1]) Unter besonderer Berücksichtigung der Leitsätze des Verbandes deutscher Elektrotechniker, sowie der Vorschriften der Gemeinde Wien-Städt. Elektrizitätswerke.

mauern, sowie über die bauseits beabsichtigten Aussparungen zwecks Erleichterung der Leitungsverlegung, Verlegungsart der Schalter und Steckdosen (auf oder unter Putz) usw. Hierbei können folgende Zeichen benützt werden:

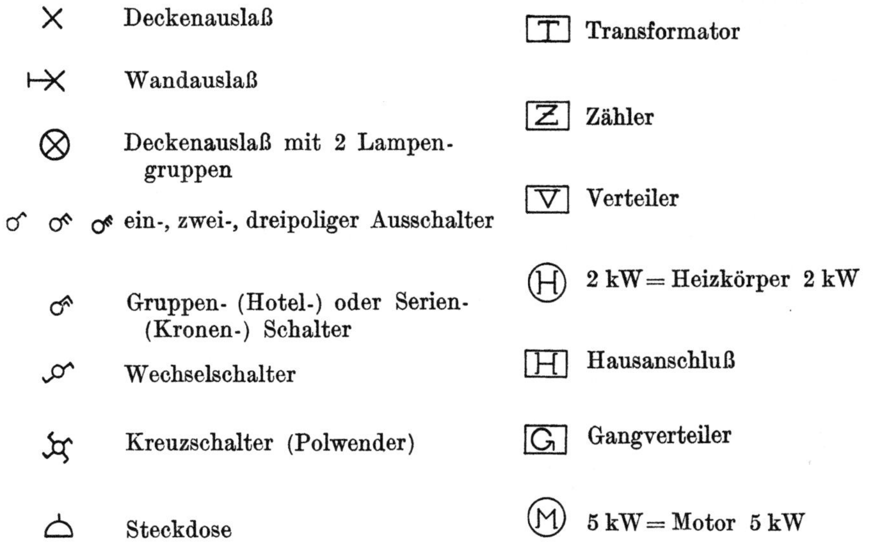

Die Schalter sind mit den von ihnen zu schaltenden Auslässen durch beliebige gerade oder krumme Linien zu verbinden. Zur Darstellung der Zeichen für Licht und Kraft (sowie auch jener für Schwachstrom, Seite 644) sind zweckmäßig verschiedene Farben zu wählen. Den Zeichen für Elektromotoren, dann von sonstigen größeren Stromverbrauchern ist deren Leistung in kW beizufügen; bei den Lichtauslässen kann eventuell der Wattbedarf der Glühlampen angegeben werden.

Der Kostenanschlag bzw. Schlußbrief soll, soweit nötig, enthalten: Eine kurze Beschreibung der Anlage, die Einheitsfestpreise des Materials loko Baustelle, die Stundenlöhne der Monteure und Hilfsmonteure, den Preis von Über- und Nachtstunden (einschließlich gesetzlicher Abgaben, Werkzeugabnützung, Wegzeit, Fahrspesen), Zeitpunkt des Arbeitsbeginnes, tägliche Arbeitszeit, voraussichtliche oder verbindliche Montagedauer, bei auswärtigen Montagen Vereinbarungen über Unterkunft für die Monteure einschließlich Beheizung und Beleuchtung, Verpflegung, Vergütung der Reise- und Transportspesen, der Vorbereitungs- und Reisezeit der Monteure, Bezahlung der Sonn- und Feiertage, dann weiters Abnahmevorschriften, Zahlungsbedingungen, Deckungsrücklässe, Vereinbarungen über Gewährleistung usw.

Bei größeren Bauten sind vom Unternehmer detaillierte Ausführungspläne, nach welchen die Monteure zu arbeiten haben, schon vor Arbeitsbeginn fertigzustellen und nach Baubeendigung dem Bauherrn nach etwaiger Berichtigung zu übergeben.

2. Hausanschluß

Für große Abnehmer wird derselbe als Primär- (Hochspannungs-) Anschluß ausgeführt, d. h. es führt von der Straße eine Hochspannungszuleitung zu einem Transformator, der die Elektrizität auf die Gebrauchsspannung umformt. Die Transformatorstation wird in der Regel in einem geeigneten Raum, den der Abnehmer zur Verfügung zu stellen hat, untergebracht. Dieser Raum muß mit einer feuerfesten Türe versehen, entsprechend lüftbar und trocken sein. Es dürfen durch ihn keinerlei Rohrleitungen führen. Transformatorräume sind zumeist in den Hochspannungsraum, in dem der Transformator zur Aufstellung gelangt und in einen Niederspannungsraum unterteilt, von dem die Hauptleitungen abgehen und in dem die Sicherungen für diese wie auch für den Transformator untergebracht sind.

Meist erfolgt die Zufuhr der Elektrizität mittels Niederspannungserdkabel. Die Einführung endet mit einem Stationsendverschluß; auf diesen folgt ein Hausanschlußkasten, der die Hausanschlußsicherung aufnimmt. Der Raum für den Hausanschluß soll möglichst nahe der Straßenfront liegen; er muß trocken und jederzeit zugänglich sein und darf nicht vermietet werden; leicht entzündliche Stoffe sowie Gasmesser dürfen sich darin nicht befinden.

3. Hauptleitungen

führen vom Hausanschluß zu mehr als einem Stromabnehmer. Sie sollen unter Berücksichtigung später auftretender Bedürfnisse reichlich bemessen werden. Mindestquerschnitte: Für den Anschluß an Netze mit 220 Volt oder einer höheren Gebrauchsspannung 4 mm² Kupfer, an Netze mit einer Gebrauchsspannung unter 220 Volt 6 mm² Kupfer, wenn durch die höchstzulässige Belastung und den Spannungsabfall (siehe S. 624 und 625) nicht größere Querschnitte bedingt werden.

Jede Hauptleitung ist unmittelbar beim Anschluß mit Sicherungen zu versehen. Die Sicherungen aller abgehenden Hauptleitungen sind in einem gemeinsamen versperrbaren Schutzkasten unterzubringen.

Es empfiehlt sich, die Hauptleitungen, soweit sie in Kellern verlegt werden, als eisenbandarmierte Erdkabelleitungen auszuführen. Obzwar bei dieser Verlegungsart eine unbefugte Stromentnahme kaum zu befürchten ist, sollen dennoch die Leitungen, soweit als möglich, nur durch allgemein zugängliche Räume, also nicht durch versperrte Magazine, Keller, Klosette usw. geführt werden.

Außerhalb eines Kellers sind Hauptleitungen in der Regel in eisenarmierten, verbleiten Isolierrohren unter Putz derart zu verlegen, daß sie gegen Leitungen des nächst höheren Querschnittes leicht ausgewechselt werden können. Die in die Stockwerke hochgehenden Hauptleitungen (Steigleitungen) werden gewöhnlich in den Stiegenhäusern verlegt.

4. Zuleitungen und Gangverteiler

Zuleitungen führen vom Hausanschluß oder von einer Hauptleitung abzweigend, zu einem einzigen Stromabnehmer. Mindestquerschnitt für Zuleitungen 2,5 mm² Kupfer.

Für die Führung von Zuleitungen, welche vom Hausanschluß abgehen, sowie für die Unterbringung der Anschlußsicherungen gelten im allgemeinen die gleichen Grundsätze wie für Hauptleitungen.

Von Hauptleitungen abzweigende Zuleitungen weisen meist einen kleineren Querschnitt auf als erstere, daher sie in der Regel an der Abzweigstelle zu sichern sind. Die die Sicherungen aufnehmenden Gangverteiler sind so zu bemessen, daß für sämtliche im gleichen Geschoß befindlichen Wohnparteien die Abzweigsicherungen untergebracht werden können, gleichgültig, ob zur Zeit der Herstellung der Hauptleitung für alle Wohnparteien die elektrischen Anlagen ausgeführt werden oder nicht. Die Gangverteiler sollen in den Mauern versenkt und so angebracht werden, daß sie sich in einer Höhe von 2 bis 2,5 m über dem Fußboden befinden. Die Gangverteilernische ist durch eine eiserne, in Scharnier bewegliche und durch einen Vierkantschlüssel sperrbare Türe abzuschließen.

5. Zähler

Für jeden aufzustellenden Zähler ist an geeigneter Stelle ein Zählerauslaß vorzusehen, der in einer Höhe von 0,5 m bis höchstens 1,6 m vom Fußboden anzuordnen ist.

Die Wahl des Zählerplatzes ist so zu treffen, daß jede Beschädigung des Zählers (durch mechanische Einwirkung, Feuchtigkeit, ätzende Dämpfe, chemische oder atmosphärische Einflüsse) ausgeschlossen ist. Es dürfen daher Zählerplätze nicht im Freien, in Badezimmern, Waschküchen, Klosetten, Kellern, Ställen, feuchten Souterrainlokalen, Fabrikräumen in denen sich Wasser-, Säure- oder sonstige ätzende Dünste bilden können und nur an erschütterungsfreien festen Wänden vorgesehen werden. In allgemein zugänglichen Räumen, wie Hauseingängen, Stiegenhäusern u. dgl., sind Zähler nur in versperrbaren Nischen anzubringen.

In der Regel werden die Zähler von den Elektrizitätswerken beigestellt und montiert.

6. Verteiler

Die vom Zähler kommende Zuleitung führt zu den Wohnungssicherungen, die, möglichst in einem Verteiler vereint, derart anzubringen sind, daß sie leicht und gefahrlos bedient werden können. Die Verteiler werden meist innerhalb der Wohnungen so situiert, daß die von ihnen strahlenförmig abgehenden Verteilleitungen auf tunlichst kurzen Wegen zu den zugehörigen Auslässen geführt werden können.

Die Aufteilung der Lichtauslässe auf die einzelnen Stromkreise erfolgt in Wohnungen derart, daß sie durch Sicherungen von höchstens 6 Ampere Nennstromstärke geschützt werden können. In der Regel werden nicht mehr als 6 bis 8 Auslässe an einen Stromkreis angeschlossen.

7. Verteilleitungen

In Wohnungen findet man fast ausnahmslos mit Verteilleitungen von 1,5 mm² Kupferquerschnitt das Auslangen. Der häufig verwendete Querschnitt von 1 mm² ist besser zu vermeiden.

Die Verlegung der Verteilleitungen erfolgt in Wohnräumen fast stets in armierten verbleiten Isolierrohren unter Putz. In vornehmeren Wohnungen werden auch die Schalter und Steckdosen unter Putz angeordnet. Obzwar auch die Verlegung in Papierrohre (sogenannte schwarze Rohre) unter Putz, sowie das direkte Eingipsen der Leitungen in trockenes Mauerwerk gestattet ist, sollten diese Verlegungsarten, ferner die Schnurverlegung nur ausnahmsweise Anwendung finden.

In den Kellern empfiehlt sich, besonders bei Vorhandensein von Feuchtigkeit, die Verlegung der Rohre über Putz mit 2 bis 3 cm Wandabstand. Die Rohrverlegung unmittelbar auf Putz findet für untergeordnete trockene Räume Anwendung.

Wo mechanische oder sonstige Rücksichten dies bedingen, treten Peschel- oder Stahlrohre an Stelle der armierten eisenverbleiten Rohre.

In Badezimmern sind Steckdosen verboten. Werden ausnahmsweise Lichtschalter innerhalb von Badezimmern vorgesehen, so sind sie so anzuordnen, daß sie von den Badewannen und Waschtischen aus nicht erreicht werden können. Heizapparate in Badezimmern müssen ortsfest aufgestellt und angeschlossen werden. Die Anschlußklemmen derselben müssen verdeckt und isoliert sein, die Schalter sind außerhalb anzubringen.

Beleuchtungsanlagen für allgemein benützbare Räume (Waschküchen, Trockenböden u. dgl.) müssen an die vorhandenen Stiegenhauszähler angeschlossen werden.

8. Preise

1 Glühlicht-Einfachauslaß, ab Wohnungsverteiler, einschließlich dieses, ohne Beleuchtungskörper, kostet einschließlich Montage, samt Hilfsarbeit, ausschließlich Verputzarbeit in Ausführung:

G-Draht 1 bis 1,5 mm² ohne Rohr unter Putz eingegipst, mit Porzellanschalter oder Steckdose .... S 16,00 bis S 18,00

Wie vor, jedoch mit Unterputzschalter oder Dose mit Glasplattendeckung .... „ 18,00 „ „ 20,00

G-Draht 1 bis 1,5 mm² in schwarzem Rohr 11 bis 13,5 mm unter Putz, mit Porzellanschalter oder Steckdose .... „ 20,00 „ „ 22,00

Wie vor, jedoch mit Unterputzschalter oder Dose mit Glasplattenabdeckung	S 22,00	bis	S 24,00
G-Draht 1 bis 1,5 mm² in verbleitem Isolierrohr 11 bis 13,5 mm ober oder unter Putz, mit Porzellanschalter oder Dose	„ 24,00	„	„ 26,00
Wie vor, jedoch Schalter bzw. Dose wasserdicht oder in Unterputzausführung mit Glasplattenabdeckung	„ 26,00	„	„ 28,00
Wie vor, jedoch die Rohre von der Wand abstehend, Schalter oder Dose wasserdicht	„ 27,00	„	„ 29,00
Glühlichtschnur EJ mit Eisengarnumflechtung 2 × 1 bzw. 2 × 1,5 mm² auf Glasrollen, mit Porzellanschalter oder Steckdose	„ 14,00	„	„ 16,00
Säure- und wetterfest imprägnierter Draht Isolation G 1,5 mm², auf Kellerrollen, mit wasserdichtem Schalter oder Dose	„ 25,00	„	„ 35,00

Es sind zu rechnen:

1 Decken- oder Wandauslaß ohne oder mit 1 Schalter ... = 1 Einfachauslaß

1 Auslaß, dessen Lampen in 2 getrennten Gruppen schaltbar sind ... = $1\frac{1}{2}$ Einfachauslässe

n-Auslässe, von mehreren Stellen wechselseitig schaltbar = $(n-1)$ Einfachauslässe + soviel Einfachauslässe als Schaltstellen

1 Steckdosenauslaß ... = 1 Einfachauslaß

B. Schwachstromtechnik

I. Haustelegraphie

1. Stromquellen

Gleichstromquellen. Nasse (Leclanché- oder Beutel-Elemente, zumeist letztere), selten trockene Zink-Kohlenelemente.

Klingelanlagen ganz geringen Umfanges, in verläßlich trockenen Räumen, werden zuweilen direkt an die Lichtspannung von Gleichstromnetzen angeschlossen. Es müssen dann aber sogenannte Starkstromglocken Verwendung finden und für alle Teile der Anlage die Sicherheitsvorschriften für Starkstrom eingehalten werden.

In Wechselstrom- oder Drehstromanlagen finden ausschließlich Klingeltransformatoren als Stromquelle Verwendung. Sie werden oberspannungsseitig an die Lichtleitung angeschlossen. Von der Unterspannungsseite können in der Regel drei Spannungen, z. B. 3, 5, 8 Volt oder 5, 10, 15 Volt, bei einer maximalen Stromstärke von 1 oder 3 Ampere abgenommen werden. Die Primärleitung ist gemäß den Sicherheitsvorschriften für Starkstromanlagen auszuführen. Die Unterspannungsinstallation kann aus Schwachstrommaterial bestehen, wenn die Sekundärwicklung des Transformators geerdet wird.

Bei den „Elivox"-Glocken und -Summern sind Klingeltransformator und Läutewerk in einem Apparat vereinigt.

2. Stromschlußvorrichtungen

verschiedenster Ausführung: Einfacher Druckknopf für Wandbefestigung, Birnkontakt für den Anschluß an bewegliche Leitungen, meist über Tischen, Fußbodenkontakt unter Tisch für Fußbetätigung, Sicherheitskontakt, dessen Betätigung durch das Öffnen und Schließen einer Türe, eines Rollbalkens o. dgl. erfolgt.

3. Zeichengeber

Rasselwecker mit Selbstunterbrechung (Abb. 49). Gebräuchlichste Type. Der über die Magnetwicklungen, den Eisenrahmen und den ruhenden Anker fließende Strom magnetisiert die Eisenkerne, welche den Anker samt Klöppel gegen die Glocke ziehen und hierdurch den Strom unterbrechen. Die Magnete lassen sodann den Anker wieder los, worauf sich das Spiel wiederholt. Die Glocke läutet so lange, als der Strom eingeschaltet bleibt.

Wecker mit Nebenschluß (Abb. 50). Will man mehrere Wecker in Reihe schalten, so verwendet man Wecker mit Nebenschluß. Der Strom fließt hier anfangs nicht über den Anker, sondern nur durch die Magnetwicklungen, bis der Anker angezogen wird. Nunmehr ist für den Strom der Weg über den Anker frei, so daß die Magnetwicklungen wegen ihres hohen Widerstandes fast stromlos werden und die Magnete den Anker wieder loslassen.

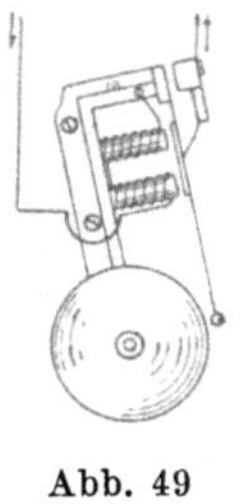

Abb. 49 Rasselwecker

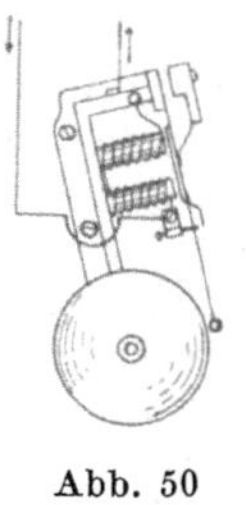

Abb. 50 Wecker mit Nebenschluß

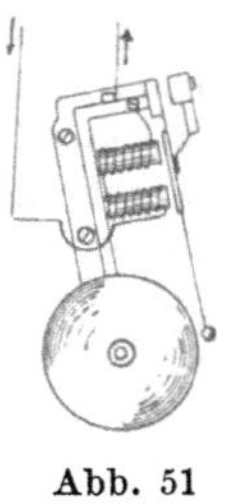

Abb. 51 Einschlagglocke

Die Einschlagglocke (Abb. 52) wird bei Stromschluß dauernd vom Strom durchflossen und schlägt nur einmal an. Damit die Glocke forttönt, muß der Stromschließer abwechselnd geschlossen und geöffnet werden. Man verwendet Einschlagglocken in Reihenschaltung mit einem Rasselwecker; dieser unterbricht und schließt den Strom für sämtliche Glocken der Serie.

Nummernschränke oder Indikatoren finden Verwendung in größeren Wohnungen oder in Hotels usw. und haben den Zweck, das Zimmer anzuzeigen, in welchem der Druckknopf betätigt wurde. Sie sind mit einer mechanischen oder elektrischen Rückstellvorrichtung ausgestattet.

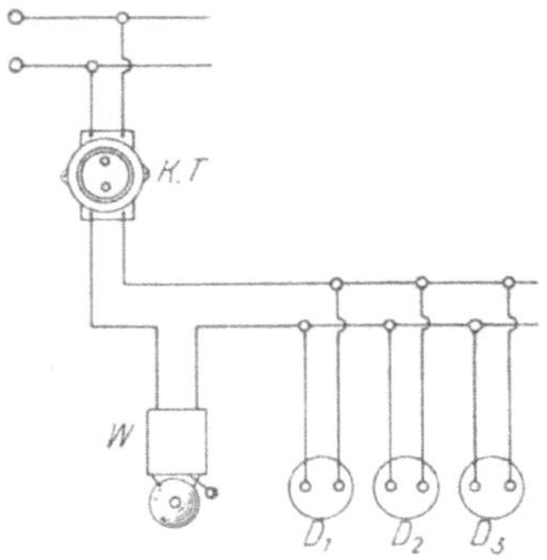

Abb. 52
Klingelanlage mit Klingeltransformator

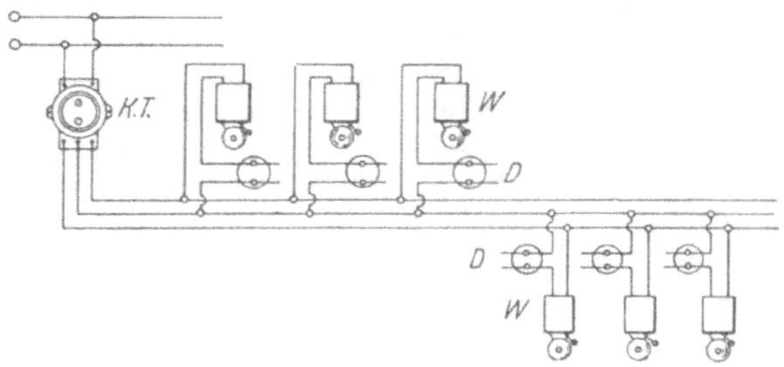

Abb. 53
Klingelschaltung für zwei Spannungen

Weiters werden in Hotels und Krankenhäusern zur Vermeidung der störenden Glocken- oder Rasselsignale auch Haustelegraphen mit Glühlampen für meist 12 Volt Spannung verwendet.

4. Schaltungen

Die obenstehenden Abbildungen 52 bis 54 zeigen einfache Schaltungen. Im Schaltbild 53 sind die dem Transformator näherliegenden Glocken an 3 Volt, die entferntliegenden an 5 Volt angeschlossen.

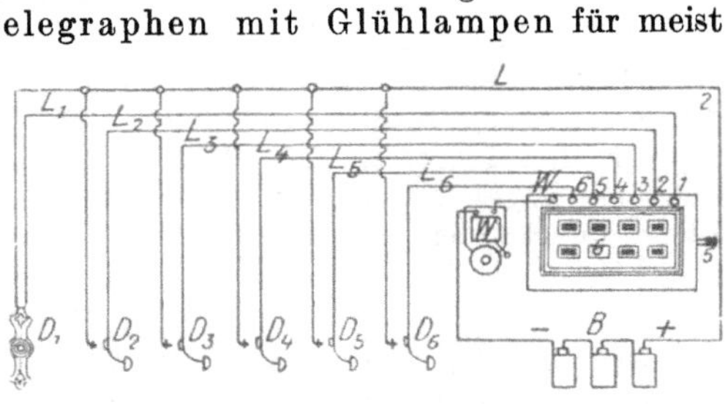

Abb. 54. Klingelanlage mit Indikator

II. Fernsprechanlagen

1. Telephon

Über das eine Ende eines permanenten zylindrischen Stahlmagnetes *SN* (Abb. 55) ist ein Polschuh aus Weicheisen geschraubt, welcher eine Spule mit vielen Windungen feinen, isolierten Kupferdrahtes trägt. Vor dem Magnet ist eine dünne Eisenplatte *E* befestigt. Spricht man gegen die Membrane *E*, so wird bei jeder Annäherung derselben an den Magnet eine Zunahme und bei jeder Entfernung eine Abnahme der die Spule durchsetzenden magnetischen Kraftlinien stattfinden. Hierdurch entstehen in der Spulenwicklung Ströme von wechselnder Richtung, welche aus der Geber- in die gleich eingerichtete Empfangsstation fließen und den Magnetismus des dortigen Magneten abwechselnd verstärken und schwächen. Hierdurch wird die Membrane abwechselnd angezogen und wieder losgelassen. Sie gerät also in Schwingungen, gleich jener der Membrane in der Geberstation, wodurch sie die gesprochenen Worte mit verminderter Stärke wiedergibt. Die heutige Ausführung der Telephone erfolgt in der bekannten Form als Dosentelephon mit prinzipiell gleicher Einrichtung wie vorbeschrieben.

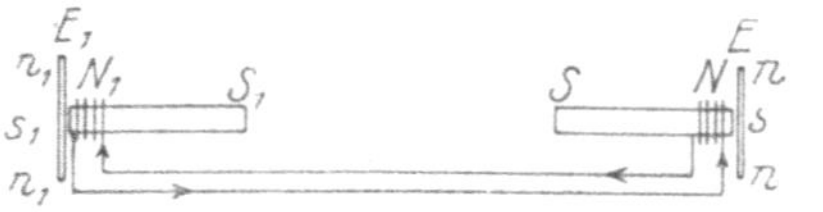

Abb. 55. Telephon

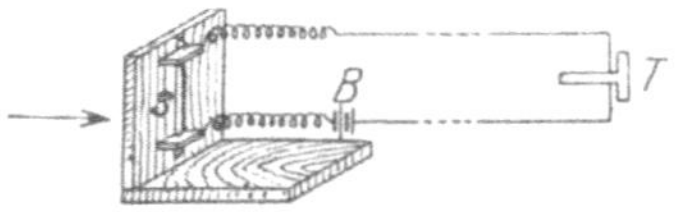

Abb. 56. Mikrophon

Um Laute auf größere Entfernungen und deutlicher, als es mit Telephonen allein möglich ist, zu übertragen, bedient man sich des Mikrophons (Abb. 56). Ein an beiden Enden zugespitztes Kohlenstäbchen ist in zwei Kohlenklötzchen gelagert, welche an einem dünnen Brettchen, der Sprechplatte, befestigt sind. Die Kohlenklötzchen sind über eine Batterie mit dem Telephon der Empfangsstation verbunden. Spricht man gegen das Brettchen, so gerät dieses samt den Kohlenklötzchen in Schwingungen, wobei sich der Übergangswiderstand zwischen letzteren und dem Kohlenstäbchen und damit zugleich der die ganze Vorrichtung durchfließende Strom rhythmisch ändern. Im Telephon wird also der Magnetismus des Stahlmagnetes abwechselnd verstärkt und geschwächt, wodurch dessen Membrane in ähnliche Schwingungen wie die Sprechplatte gerät und die gesprochenen Worte wiedergibt. Heute werden nur Körnermikrophone in der bekannten Dosenform mit aufgesetztem Sprechtrichter verwendet, deren Funktion jedoch die gleiche ist, wie eben beschrieben

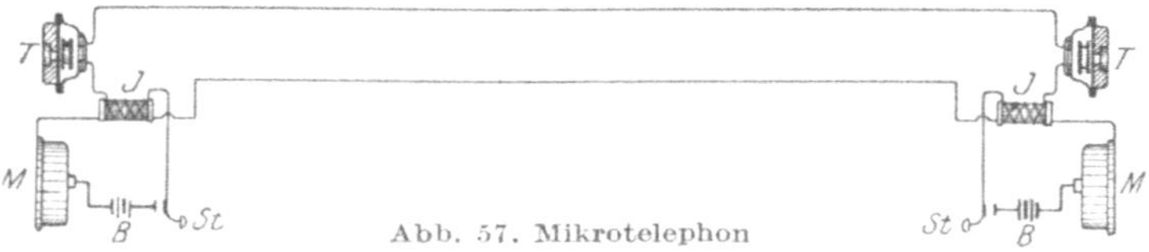

Abb. 57. Mikrotelephon

Soll auf sehr große Entfernungen gesprochen werden, so schaltet man Mikrophon und Batterie zu einem in sich geschlossenen Stromkreise über die aus wenigen Windungen dicken Drahtes bestehende Primärspule eines kleinen Induktionsapparates (Sprechrolle, Transformator) *J* (Abb. 57), an dessen vielwindige Sekundärspule das Telephon angeschlossen wird. Da sich das Mikrophon zum Hören nicht eignet, sind beide Sprechstellen mit Telephon und Mikrophon ausgestattet.

3. Als Anrufvorrichtung

werden Batterien mit Wecker (Summer) oder Magnetinduktoren mit polarisiertem Wecker benützt. Der Magnetinduktor ist eine zur Erzeugung von Wechselstrom dienende kleine Dynamo mit permanenten Magneten und Handkurbelantrieb des Ankers. Zur Wiedergabe der Signale wird ein polarisierter Wecker benützt. Dieser besitzt einen Elektromagnet, gegenüber dessen Polen ein um seine Achse drehbarer Stahlmagnet angeordnet ist. Fließt der Wechselstrom des Induktors durch die Magnetwicklung, so erhalten die Magnetkerne rasch wechselnde Polaritäten, wodurch der polarisierte Anker (Stahlmagnet) rasch aufeinanderfolgende Anziehungen und Abstoßungen erfährt. Anker und Klöppel geraten somit in schwingende Bewegung, wobei der Klöppel zwischen zwei Glocken pendelt und diese zum Läuten bringt.

4. Verbindung der Sprechstellen untereinander

Die Verbindung mehrerer Apparate untereinander ist in verschiedenster Weise durchführbar, je nach den Anforderungen, die an die Sprechmöglichkeit gestellt werden.

Nebeneinanderschaltung (Abb. 58). Der Weckstrom durchfließt alle Apparate, daher Zeichen vereinbart werden müssen, um nur die gewünschte Station zur Aufnahme

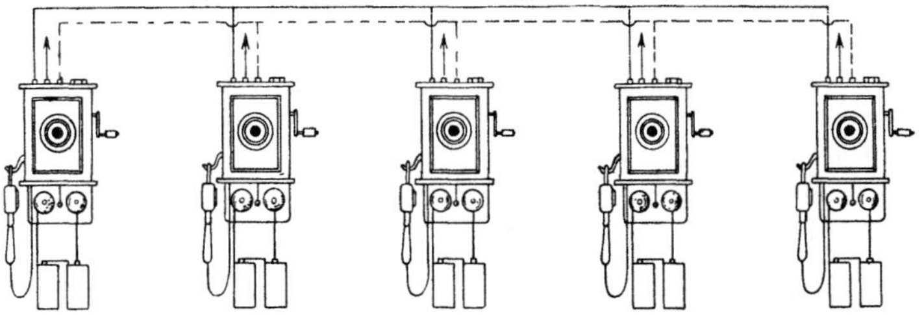

Abb. 58. Nebeneinanderschaltung von Telephonapparaten

des Gespräches zu veranlassen. Hingegen gehen die Sprechströme fast ungeteilt zur Stelle, mit welcher gesprochen wird, weil im Apparat dieser Stelle nach Abheben des Telephons von seinem Aufhängehaken nur der Fernhörer und die Sekundärspule der Sprechrolle, in den übrigen Apparaten aber die Wecker eingeschaltet sind, die einen viel höheren Widerstand als die Fernhörer aufweisen. Es können nur zwei Stationen miteinander verkehren; das Gespräch kann von Unbeteiligten mitgehört werden.

Linienwähler (Abb. 59). Die Nachteile vorbeschriebener Schaltung entfallen bei Verwendung von Linienwählern. Hierfür müssen aber sämtliche Leitungen nach allen Sprechstellen geführt werden. Die Apparate werden meist als automatische Druckknopf- oder als Hebel-Linienwähler ausgeführt. Durch Betätigung des der gewählten Linie zugehörigen Knopfes oder Hebels wird die Verbindung hergestellt und beim Auflegen des Sprechapparates wieder selbsttätig gelöst. Die Schaltung findet in Hausanlagen, Geschäften und Fabriken Verwendung.

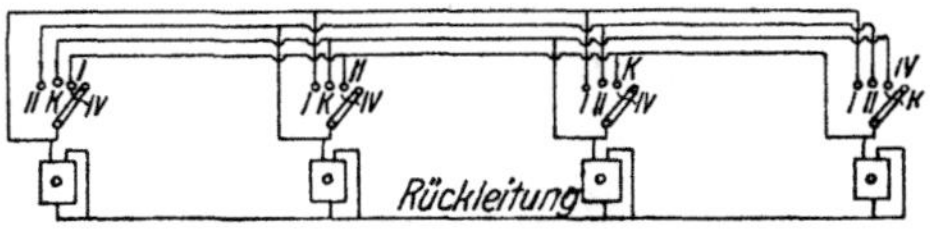

Abb. 59. Linienwähleranlage

Für Telephonanlagen in größeren Betrieben und in Städten ist zur Verbindung der einzelnen Stationen untereinander eine Zentrale erforderlich, in welche die einzelnen Leitungen einmünden. In der Zentrale finden sogenannte Zentralumschalter oder Klappenschränke Verwendung, an welchen die gewünschten Verbindungen durch Bedienungspersonal oder automatisch hergestellt werden.

III. Sonstige Schwachstromanlagen

1. Feuermeldeanlagen. Die Alarmmeldung kann von Personen durch Betätigung eines Druckknopfes, eines Zugkontaktes usw. oder vom Feuer selbst ausgelöst werden, wodurch in der Zentrale eine Glocke zum Läuten gebracht oder eine sonstige Anzeigevorrichtung betätigt wird. In umfangreicheren Anlagen dienen Indikatoren zur Anzeige des Ortes der Feuermeldung. Automatische Feuermelder bewirken den Feueralarm bei Erreichung einer bestimmten, einstellbaren Temperatur. Sie finden vorteilhaft Anwendung in Fabriken, Waren- und Lagerhäusern, Speichern, Archiven, Krankenhäusern, Theatern usw.

2. Fernthermometer beruhen auf der Temperaturabhängigkeit des elektrischen Widerstandes von Metallen. Die Anzeigeapparate sind ähnlich den elektrischen Meßinstrumenten, manchmal auch als Registrierapparate gebaut. Einfachere Anlagen für mäßige Temperaturen können auch mit sogenannten Kontaktthermometern ausgerüstet werden, deren Quecksilbersäule bei Erreichung einer bestimmten Temperatur den Stromschluß herstellt und so eine Glocke zum Tönen bringt.

3. Wächterkontrollapparate. In den zu kontrollierenden Räumen sind Druckknöpfe oder sonstige Kontaktapparate verteilt, welche vom Wächter in bestimmter Reihenfolge und zu bestimmten Zeiten betätigt werden müssen. Zur Kontrolle dient ein in der Zentrale, z. B. im Fabriksbureau, aufgestellter, dem Wächter unzugänglicher Apparat, welcher die jeweiligen Kontaktgebungen nach Ort und Zeit registriert.

4. Wasserstandsfernmeldeanlagen. Die Kontaktgebung wird durch einen Schwimmer eingeleitet. Je nach Einrichtung werden nur der höchste und tiefste Wasserstand oder überdies auch der jeweilige Wasserstand angezeigt. Für die Zeichenabgabe „voll" und „leer" benützt man zwei verschieden tönende Signalapparate, deren Glocken bis zur Abstellung bzw. Inbetriebsetzung der Pumpen fortläuten. Der jeweilige Wasserstand kann an einem Zeigerwerk abgelesen werden.

5. Weitere Anwendungsgebiete der Schwachstromtechnik sind: Elektrische Uhrenanlagen, Anlagen zur Verhütung von Einbrüchen, elektrische Türöffner mit Fernbetätigung, elektrische Kommandoapparate, usw.

IV. Leitungen für Schwachstrom

1. Wachsdrähte und 2. T-Drähte für dauernd trockene Räume zur Verlegung auf Putz, letztere auch in Rohr unter Putz. 3. Gummiisolierte G-Drähte für Verlegung in allen Räumen auf oder unter Putz. 4. Tasterschnüre für den Anschluß beweglicher Kontakte in dauernd trockenen Räumen. 5. Kabel ohne Bleimantel zur Verlegung wie die Drähte ad 1 bis 3, aus welchen sie zusammengesetzt sind. 6. Kabel mit Bleimantel. 7. Blanke Freileitungen.

Für Haustelegraphen stets metallische Hin- und Rückleitung, für andere Anlagen manchmal Erdrückleitung.

V. Darstellung der Schwachstrominstallationen in Plänen

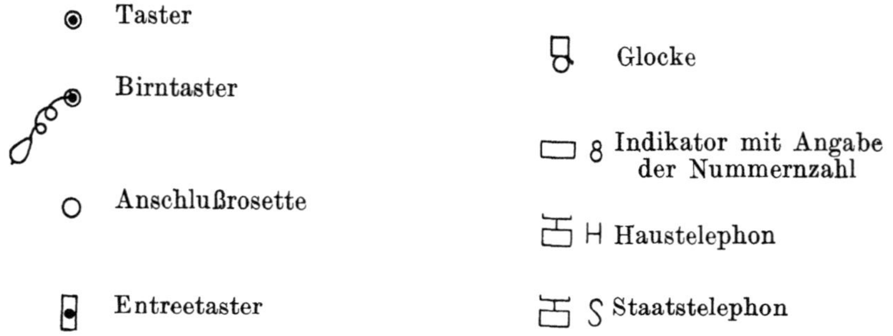

VI. Freiantennen

Die Höhe der Freiantenne (für Fernempfang) über dem Erdboden soll zwischen 10 und 20 m, die Entfernung der Isolationsstellen von Gebäuden ungefähr 2 m betragen. Die horizontale Länge der Antenne soll ungefähr gleich der doppelten Höhe der Antenne vom Erdboden sein, jedoch zweckmäßig nicht größer als 50 m. Wenn diese Maße eingehalten werden, baue man die Antenne eindrähtig (Abb. 59). Das Spannen eines zweiten Paralleldrahtes (Abb. 60) empfiehlt sich nur bei geringen Längen. Der Abstand der Paralleldrähte soll etwa $^1/_8$ der Höhe der Antenne über dem Erdboden betragen. Die Rahe aus Bambus oder dünnwandigem Metallrohr kann mit den wirksamen Antennendrähten in leitender Verbindung stehen.

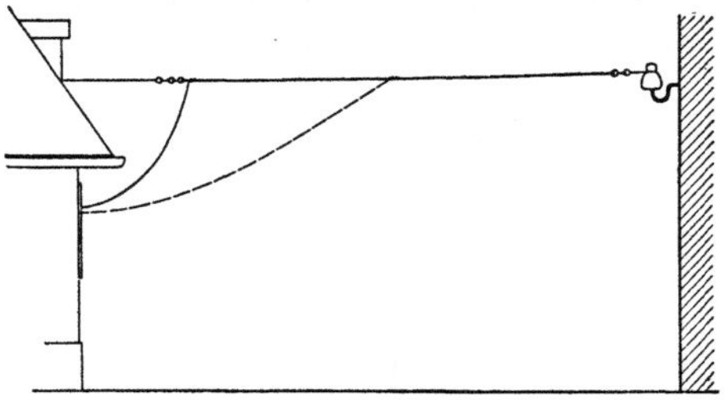

Abb. 59. Eindrahtige Antenne

Das geeignetste Leitungsmaterial ist massiver hartgezogener Kupfer- oder Bronzedraht von 1 bis 2 mm Durchmesser und mindest 40 kg/mm² Zugfestigkeit; für die Verbindungen an den Isolationsstellen (Eierisolatoren, Abb. 61) und für die Abspannungen ist gleichfalls die Verwendung des vorangeführten Materials empfehlenswert. Bei Führung über Dächer ist der Antennendraht mindest 2 m über dem Dache, bei Überquerung eines Schornsteines mindest 1 m oberhalb dieses zu spannen.

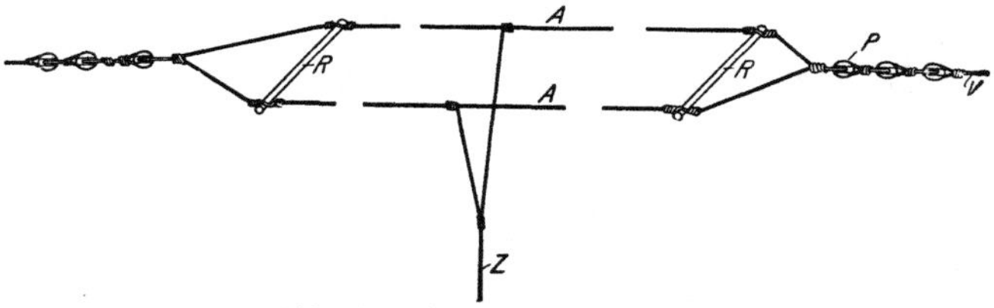

Abb. 60. Zweidrahtige Antenne

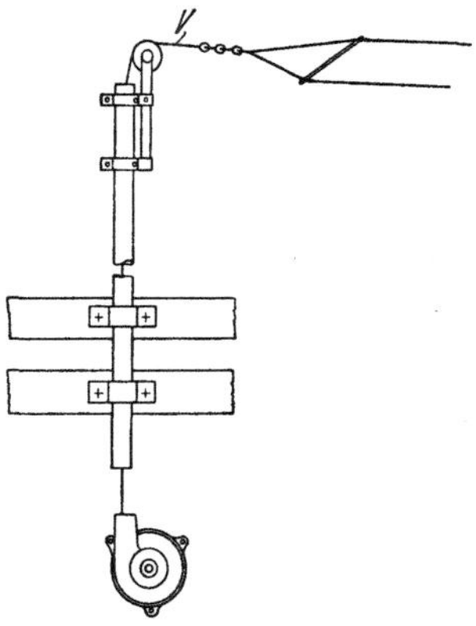

Abb. 62. Abspannstelle

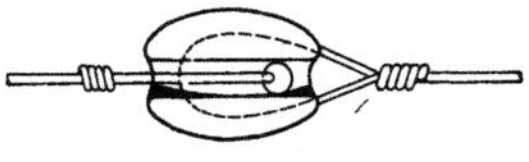

Abb. 61. Eierisolator

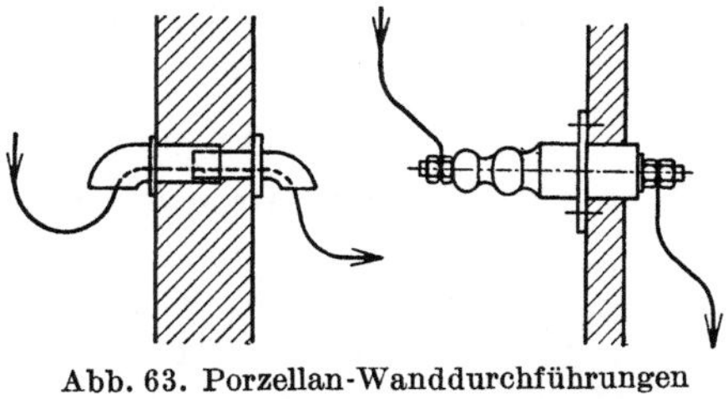

Abb. 63. Porzellan-Wanddurchführungen

Drei in Reihe geschaltete Eierisolatoren oder eine gleichwertige Isolation genügen für jeden Abspannpunkt. Die Aufhänge- und Abspannstellen sollen möglichst zugänglich sein, oder es sollen die Abspann- und Halteseile über Rollen laufen und vom Fußpunkte der Stütze bedient werden können (Abb. 62). Antennenstützpunkte in Form von eisernen Stangen oder Rohrständern sind zu erden.

Die Leitung zwischen Antenne und Empfangsgerät soll tunlichst kurz sein und in einer Entfernung von 0,5 bis 1 m von Gebäudeteilen und benachbarten Gegenständen geführt werden. Große Annäherung auf kurze Strecken (z. B. beim Erdungsschalter, beim Blitzschutz, bei Wanddurchführungen, Abb. 63, usw.) ist unbedenklich; keinesfalls darf die Leitung in der Mauer, in armierten Rohren u. dgl. verlegt werden. Zur Verbindung von Freiantennen mit der Ableitung sind fabriksmäßig hergestellte Klemmen,

Kerbverbinder usw. zu benützen. Klemmen, bei denen eine Schraube auf den Draht drückt, sind unzulässig. In der Ableitung ist nahe der Einführung eine Blitzschutzvorrichtung nach Abb. 64 oder 65 vorzusehen. Der Querschnitt der Zuleitung zur Schutzerde muß bei Verwendung von Kupferdraht mindest 4 mm² betragen. Dieselbe ist an eine vorschriftsmäßige Blitzableitererdung (siehe unter VII, Gebäudeblitzableiter) anzuschließen. Als solche gelten auch die Wasserleitung, Gasleitung oder Heizrohre, wenn diese an die Wasserleitung angeschlossen sind.

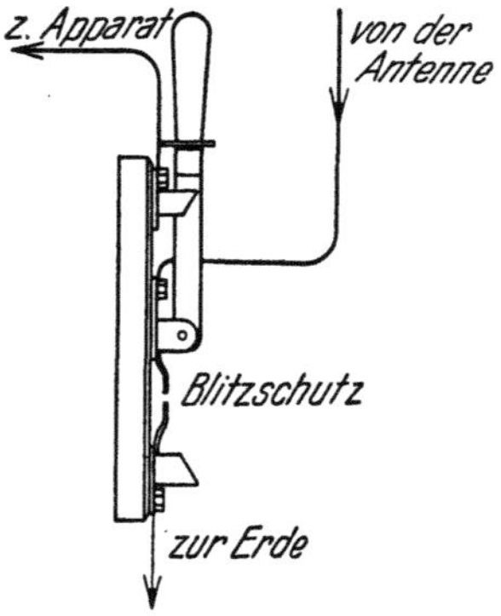

Abb. 64

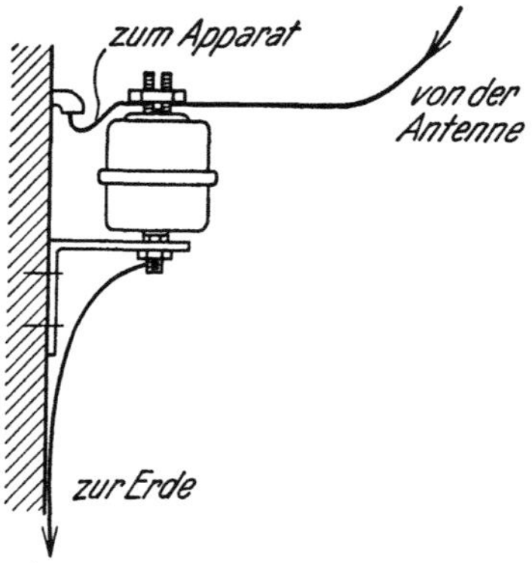

Abb. 65

Blitzschutzvorrichtungen

Parallele oder nahezu parallele Führung zweier Antennen bewirkt starke Kopplung. Daher ist bei T- und L-Antennen ein Mindestabstand der parallel geführten Teile von 5 m vorzusehen. Stehen die Drähte zweier Antennen senkrecht oder im Winkel zu einander, oder kreuzen sie sich, so soll ihr Abstand an der Stelle der größten Annäherung nicht unter 2 m sein.

Bei Neubauten sind zweckmäßig Antennenabspannhaken so vorzusehen, daß das Einhängen der Antenne in diese möglichst ohne Zuhilfenahme von Gerüsten oder Strickleitern erfolgen kann.

Magistratsabteilung 25a in Wien hat ein Merkblatt für die Anbringung von Freiantennen herausgegeben, in welches auch die in Österreich geltenden gesetzlichen Bestimmungen aufgenommen sind.

VII. Gebäudeblitzableiter

Auszug aus den Leitsätzen des Elektrotechnischen Vereines in Wien

Auffangvorrichtungen sind emporragende Metallkörper- Flächen oder Leitungen. Die erfahrungsgemäßen Einschlagstellen wie Turm- oder Giebelspitzen, Firstkanten, hochgelegene Schornsteinköpfe, Fahnen- und Antennenstangen, werden am besten selbst als Auffangvorrichtungen ausgebildet, oder mit solchen versehen. So sind metallene Zierknöpfe, Wetterfahnen, Turmkreuze, Blechaufsätze, Fahnen- und Antennenstangen gute Auffangvorrichtungen. Sind solche Metallteile nicht vorhanden, so führt man Leitungsstücke zur mutmaßlichen Einschlagstelle hoch und läßt sie 10 bis 15 cm vorragen. Gewöhnlich werden die emporragenden Leitungsenden in mehrere Saugbüschel gespleißt. Längere Auffangstangen kommen nur bei Stroh-, Rohr-, Schilf- oder Schindeldächern, sowie bei Gebäuden mit gefährlichem Inhalte zur Verwendung. Die gegenseitige Entfernung der Auffangvorrichtungen soll nicht mehr als 15 bis 20 m betragen.

Die Gebäudeleitungen (Dachleitungen und Ableitungen) sollen das Gebäude, namentlich das Dach möglichst allseitig umschließen und von den Auffangvorrichtungen auf den zulässig kürzesten Wegen unter tunlichster Vermeidung stärkerer Krümmungen zur Erde führen. An die Gebäudeleitungen sind alle größeren Metallmassen innerhalb und außerhalb des Gebäudes (First-, Grat- und Kehlbleche, Kiesleisten, Schneefanggitter, Giebelsäume, Ortgänge, Saumrinnen u. dgl., dann Wasser-, Gas- und Heizleitungen, Wasserbehälter usw.) anzuschließen. An jedem Gebäude sind mindestens zwei Ableitungen bis zu den Erdleitungen zu führen. Alle senkrecht verlaufenden Metallteile, insbesondere Regenabfallrohre können als Ableitungen benützt werden. Sie sollen voneinander nicht mehr als 20 m entfernt sein und sind in ihrem unteren Teile bis auf eine Höhe von 2,20 m durch Verkleidungen, welche 20 bis 30 cm tief in die Erde reichen, zu schützen. Wenn Eisenrohre als Schutz verwendet werden, so sind sie oben und unten leitend mit der Leitung zu verbinden. Über der Schutzverkleidung ist eine Trennstelle in Form einer lösbaren Verbindung für Prüfzwecke vorzusehen. Zur Befestigung der Gebäudeleitungen dienen eiserne Dachleitungsstützen, die auch als Winkelstützen ausgebildet sein können, weiters Mauer- und Kaminstützen. Der Leitungsabstand vom Dach und der Mauer beträgt bis zu 10 cm. Bei Stroh-, Rohr-, Schilf- und Schindeldächern ist die Leitung jedoch mindest 40 cm über dem First und im Abstand von mindest 20 cm von den Dachflächen zu verlegen.

Die Erdleitungen schließen an die Gebäudeleitungen an und sollen sich im Erdboden unter Bevorzugung feuchter Stellen möglichst weit ausbreiten. Zur Erdung empfehlen sich bei hochliegendem Grundwasser in dasselbe versenkte flächen-, netz- oder rohrförmige Metallkörper von mindest 0,5 m² einseitiger Oberfläche. Die Plattendicke ist bei Kupfer verzinnt nicht unter 1 mm, bei Eisen verzinkt nicht unter 2 mm zu wählen. Bei tiefliegendem und schwer erreichbarem Grundwasser sind an Stelle dieser Metallkörper möglichst lange und tunlichst verzweigte Oberflächenleitungen zu verwenden. Befinden sich innerhalb oder nächst des Gebäudes Gas- oder Wasserleitungsrohre, so sind diese unbedingt mit der Erdleitung zu verbinden, bzw. selbst als solche zu benutzen.

Unverzweigte Gebäude- und Erdleitungen aus verzinktem Eisen/Kupfer verzinnt, sollen nicht unter 100/50 mm², verzweigte nicht unter 50/25 mm² stark sein. Sie werden meist in Band- oder Seilform hergestellt. Die Leitsätze empfehlen für verzweigte Eisenleitungen Band 2 × 25 mm, Seil 7 Drähte je 3,3 mm Durchmesser. Die Leitungsanschlüsse und -Verbindungen sind dauerhaft, fest, dicht und mit mindestens 10 cm² Berührungsfläche herzustellen. In der Erde liegende Anschlüsse sollen mit einem Teeranstrich versehen werden.

Um den Blitzableiter dauernd in gutem Zustande zu erhalten, sind wiederholt sachverständige Untersuchungen und Instandsetzungen erforderlich.

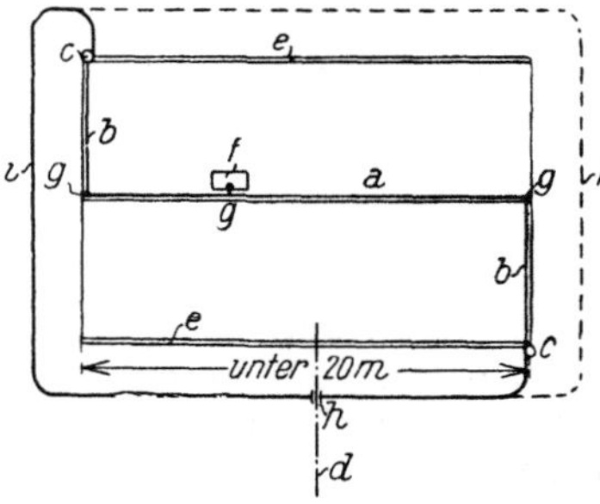

Entwurf einer Blitzableiteranlage für ein einfaches Gebäude

a Firstleitung
b Giebelableitung oder Ortssaum
c Abfallrohr
d Wasserleitung oder Gasleitung
e Saumrinne
f Kamin
g 15 cm Hochführung
h Wasserleitungsanschluß
i Halbringleitung, wenn unter 30 bis 40 m lang, sonst
+ *k* Ringleitung

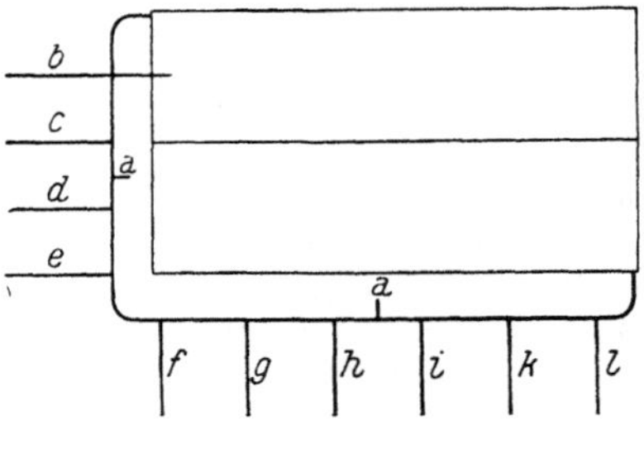

Anzustrebende Erdungen

a Halbring- oder Ringleitung
b Wasser- oder Gasleitung
c Brunnen oder Pumpen
d Bis unter Grundwasseroberfläche eingetriebene Rohre
e Erdplatten oder Drahtnetze bis unter Grundwasseroberfläche verlegt
f Wassergräben, Flüsse, Bäche
g Teiche, Tümpel, Sümpfe
h Jauche- und Düngergruben
i Eisenbahngleise
k Eisengitter
l Ausläufer in Humusschichten

Preise für Blitzableitermaterial

	Österr. Schilling
Liefern und Verlegen von Eisenkabel 50 mm^2 einschl. Setzen der Stützen je Meter rund	4,—
Liefern und Verlegen von Kupferkabel 50 mm^2 einschl. Setzen der Stützen je Meter rund	5,50
Liefern und Verlegen von Abzweig-T-Stücken, Klemmen oder sonstigen Verbindungen je Stück rund	6,—
Herstellung einer Erdung bestehend aus einer Kupferplatte 50 × 100 × 1 mm, 7,5 m Kupferseil, Gasschutzrohr 3/4″ samt Stützen und Prüfmuffe, einschl. Grabarbeit, etwa	100,—
wie vor, jedoch mit Kupferplatte 100 × 100 × 1 mm	135,—

Wärme- und Gesundheitstechnik

Von Ing. Leopold Fischer

A. Heizung

I. Die Brennstoffe

Zur Wärmeerzeugung werden feste Brennstoffe, wie Holz, Torf, Braun- und Steinkohle, Anthrazit — die man als natürliche Brennstoffe bezeichnet —, ferner Briketts, Koks und Grude sowie gasförmige Brennstoffe, wie Leuchtgas — die sogenannten künstlichen Brennstoffe — und in geringerem Maße auch Elektrizität verwendet.

Unter Heizwert eines Brennstoffes versteht man jene Wärmemenge in Wärmeeinheiten (WE), die bei vollkommener Verbrennung von 1 kg eines festen oder 1 m^3 eines gasförmigen Brennstoffes entsteht.

Brennmaterial	Gewicht in kg/m^3	Mittlerer Heizwert in kcal/kg	Brennmaterial	Gewicht in kg/m^3	Mittlerer Heizwert in kcal/kg
Anthrazit	750—900	7500	Braunkohlenbriketts	600—1000	4900
Steinkohle	750—870	7000	Trockener Torf	150—500	3000
Zechenkohle	380—530	7000	Lufttrockenes Scheitholz:		
Gewöhnl. Gaskoks	350—500	6500	Hartholz	460	3000
Gute Braunkohle	600—800	4500	Weichholz	270—370	
			Leuchtgas	je m^3	4500

II. Verbrennung, Wärmeübertragung und -verbreitung

Unter Verbrennung (Nutzbarmachung der im Brennstoff enthaltenen Wärme) versteht man die Verbindung der im Brennstoff enthaltenen brennbaren Teile mit dem Sauerstoff der Luft. Sie wird nur dann vollkommen, wenn Luft in genügender Menge und Verteilung zugeführt wird und vollzieht sich auf der Feuerung. Zweck der sonstigen Einrichtung eines Heizapparates ist, die entwickelte Wärme nutzbar zu machen. Das Feuer bzw. der heiße Gegenstand strahlen Wärme aus, wodurch ein Teil dieser Wärme in den Raum übergeht. Die durch Strahlung erfolgte Wärmeabgabe wächst mit der Oberflächentemperatur des Wärmeerzeugers. Die nicht durch Strahlung an den Raum abgegebene Wärme wird in der Hauptsache durch Strömung derart übertragen, daß sich (die Heizvorrichtung an der Innenwand gedacht, Abb. 1) die erwähnten Luftschichten zur Decke bewegen und an der Außenwand (die besonders an den Fenstern große Abkühlungsflächen aufweist) herabfallen, um mit der häufig durch die Fenster eindringenden kalten Außenluft gemischt und weiterhin abgekühlt über den Fußboden zur Heizvorrichtung zurückzuströmen. Aus diesem Grunde zieht man es vor, besonders bei Zentralheizungsanlagen, die Heizkörper in die Fensterparapete zu stellen, wobei dann die Luftbewegung sich in umgekehrter Weise vollzieht (Abb. 2).

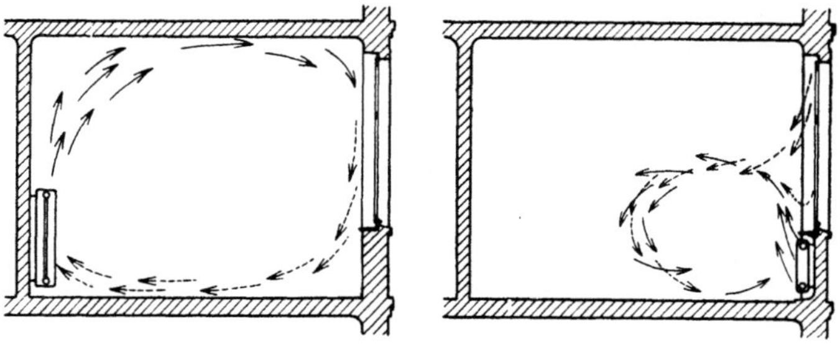

Abb. 1 Abb. 2
Luftströmung, wenn der Heizkörper an der
Innenwand Außenwand

III. Der Wärmebedarf der Räume

Durch Heizung eines Raumes sind die Wärmeverluste zu decken, die durch die Wärmeabgabe der Wände des Fußbodens und der Decke an die Umgebung sowie durch den Luftwechsel in dem zu beheizenden Raum entstehen. Der Berechnung zugrunde zu legende Annahmen:

a) Tiefste Außentemperaturen

Südtirol, Küstenland, Istrien, Dalmatien — 10° C; Niederösterreich, Oberösterreich, Salzburg, Steiermark, Krain, Mähren, Südböhmen, Ungarn, Kroatien, Slawonien — 20° C; Nordtirol, Kärnten, Nordböhmen, Schlesien, Galizien, Bukowina, Siebenbürgen — 25° C.

Für besonders günstige und windgeschützte Lagen können höhere Außentemperaturen angenommen werden; für besonders hochgelegene oder dem Winde ausgesetzte Orte empfiehlt sich die Annahme tieferer Außentemperaturen.

b) Einzuhaltende Raumtemperaturen (in Kopfhöhe gemessen)

Räume für sitzende Lebensweise (Wohnzimmer, Bureaus, Schul- und Sitzungssäle) 18 bis 20° C; Räume für starke Körperbewegung (Turnsäle, Werkstätten usw.) 12 bis 15° C; Räume für vorübergehende Benützung oder Aufenthalt in Straßenkleidung (Treppenhäuser, Gänge, Vorräume, Aborte) 10 bis 12° C; Baderäume, Krankensäle 20 bis 25° C.

c) Anzunehmende Temperaturen für unbeheizte Räume

Unbeheizter, geschlossener Raum, aber zwischen erwärmten Räumen liegend, + 5° C; einseitig, neben erwärmten Räumen liegender, geschlossener Raum 0° C; Keller 0° C; unbeheizter, öfters mit der Außenluft in Verbindung stehender Raum (Einfahrten, Vorhallen) — 5° C; Fußboden nichtunterkellerter Räume 0° C; Dachräume unter Metall- oder Schieferdach — 10° C; Dachräume unter Ziegel-, Zement- oder Pappedächern — 5° C.

d) Für 1 m² Fläche und 1° C Temperaturunterschied sind die in den folgenden Tabellen enthaltenen *K*-Werte in Wärmeeinheiten je Stunde (W. E.) für die Wärmedurchlässigkeit von Baustoffen und Baubestandteilen anzunehmen:

1. *K*-Werte für Außenwände

α) aus Ziegelmauerwerk

Mauerstärke in m	0,15	0,30	0,45	0,60	0,75	0,90	1,05	1,20
Ziegelmauer mit Außen- und Innenputz	2,36	1,56	1,19	0,95	0,79	0,68	0,60	0,56
Rohziegelbau und Innenputz	2,59	1,70	1,28	1,01	0,84	0,71	0,62	0,57
Ziegelmauer mit 5 cm Luftschichte	—	1,35	0,97	0,82	0,70	0,59	0,52	0,46
„ „ 3 „ Gipsdiele und 5 cm Luftschichte	1,22	0,97	0,80	—	—	—	—	—

β) aus Stampfbeton

Mauerstärke	Beton, massig	Beton mit Luftschichte	Mauerstärke	Beton, massig	Beton mit Luftschichte
m	*K*		m	*K*	
0,2	2,45	1,51	0,8	1,24	0,94
0,3	2,11	1,37	0,9	1,14	0,88
0,4	1,85	1,25	1,0	1,06	0,84
0,5	1,64	1,16	1,1	—	0,79
0,6	1,48	1,07	1,2	—	0,75
0,7	1,35	1,00	1,3	—	0,72

2. *K*-Werte für Innenwände

Ziegelmauer mit Putz	Stärke in m	0,15	0,30	0,45	0,60	0,75	0,90	—	—
	K =	2,1	1,4	1,1	0,88	0,71	0,60	—	—
Rabitzwand	Stärke in m	0,04	0,06	0,08	0,10	—	—	—	—
	K =	3,1	2,8	2,5	2,3	—	—	—	—
Holzwand ohne Putz	Stärke in m	0,015	0,020	0,025	—	—	—	—	—
	K =	2,4	2,1	2,0	—	—	—	—	—
Holzwand, beiderseits Putz	Stärke in m	0,020	0,025	0,030	0,040	—	—	—	—
	K =	1,3	1,2	1,1	1,0	—	—	—	—
Korksteinwand	Stärke in m	0,07	0,12	0,25	0,38	—	—	—	—
	K =	0,99	0,57	0,29	0,20	—	—	—	—
Gipsdielenwand	Stärke in m	0,03	0,04	0,05	0,06	0,07	0,08	0,09	0,10
	K =	3,2	3,01	2,90	2,80	2,64	2,53	2,42	2,33

3. *K*-Werte für Fußböden und Decken

Bohlendecke .... $K = 0,27$ Tramdecke ...... $K = 0,49$; $K_1 = 0,24$
Einfache Holzdecke .... $K = 1,6$ Eisenbetondecke ... $K = 1,16$; $K_1 = 0,91$
K gilt für kältere Luft über Fußboden, K_1 für kältere Luft unter Fußboden.

4. *K*-Werte für Dächer

Eisenbetonblech mit Luftschichte .... $K = 0,98$
„ ohne „ .... $K = 2,81$
Teerpappedach auf Schalung, 25 mm stark .... $K = 2,13$
Zinkdach „ „ 25 „ „ .... $K = 2,17$
Kupferdach „ „ 25 „ „ .... $K = 2,17$
Schieferdach „ „ 25 „ „ .... $K = 2,10$
Ziegeldach ohne Schalung .... $K = 4,85$
Holzzementdach..................................... $K = 1,32$
Wellblechdach ohne Schalung .... $K = 10,40$

5. *K*-Werte für Fenster und Oberlichten

Einfache Fenster	$K = 5{,}2$	Drahtglas	$K = 5{,}1$
Doppelfenster	$K = 2{,}3$	Einfach verglaste Oberlichte	$K = 5{,}6$
Hohlglasbausteine	$K = 2{,}6$	Doppelt „ „	$K = 2{,}35$

6. *K*-Werte für Türen

Dicke des Holzes in mm		20	30	40	50	60
Weiches Holz	Innentür, $K =$	2,15	1,74	1,47	1,27	1,12
	Außentür, $K =$	2,38	1,89	1,58	1,35	1,17
Hartes Holz	Innentür, $K =$	2,90	2,51	2,28	2,05	1,86
	Außentür, $K =$	3,34	2,87	2,53	2,26	2,05

e) Zuschläge zu den unter Zugrundelegung obiger Angaben und Einheitswerte *K* berechneten Wärmemengen:

Für Lage: Die Nordlage soll mit einem Zuschlag von 20%, die Ost- und Westlage mit einem solchen von 15%, die Südlage ohne Zuschlag von den für diese Flächen berechneten Wärmemengen bedacht werden. Für zwischenliegende Lagen sind die Zuschläge durch Zwischenschaltung zu berechnen.

Für Windanfall: 10%.

Für Räume über 4 m lichte Höhe ist an Stelle der Temperatur T in Kopfhöhe eine Innentemperatur $\frac{T'+T}{2}$ anzunehmen, wenn $T' = T + 0{,}1\ T\ (h-3)$ und h die lichte Raumhöhe ist.

Für Anheizen: 15 bis 20% (entfällt für Räume, in welchen Heizkörper aufgestellt werden, die außer der Raumerwärmung auch noch die Frischlufterwärmung zu leisten haben [z. B. Fensterheizkörper mit Frischluftzuführung]).

f) Beispiel:

Berechnung des Wärmebedarfes eines Raumes (Transmissionsberechnung)

(Abb. 3)

Raum	Himmelsrichtung	Temperaturdifferenz	Mauerstärke m	Bezeichnung der Abkühlungsfläche		Fläche m²	Koeffizient	Wärmeabgabe[1] WE	Zuschläge %	Zuschläge WE
5	N	40°	0,45	AW	4,40×4,70—DF	17,7	1,19	845	20	170
	N	40°		DF	1,50×2,00	3	2,3	275	20	55
	W	40°	0,45	AW	5,10×4,70—DF	21	1,19	1000	15	150
	W	40°		DF	1,50×2,00	3	2,3	275	15	40
		5°	0,30	IW	5,10×4,70—IT	21,9	1,4	155		
		5°		IT	0,95×2,20	2,1	1,74	20		
		25°		D	4,50×5,10	22,4	1,16	650		
					Summe....			3220		415[2]
					10% Zuschlag für Windanfall......			320		
					15% „ „ Anheizen........			480		
								[2]) 415		

Der Berechnung der Heizfläche des Ofens sind 4435 WE zugrunde zu legen.

In obiger Transmissionsberechnung bedeuten:

AW.......... Außenwand

IW.......... Innenwand

F.......... Doppelfenster

IT................ Innentüre

D................ Decke

[1]) Wärmeabgabe = Fläche × Koeffizient × Temperaturdifferenz.

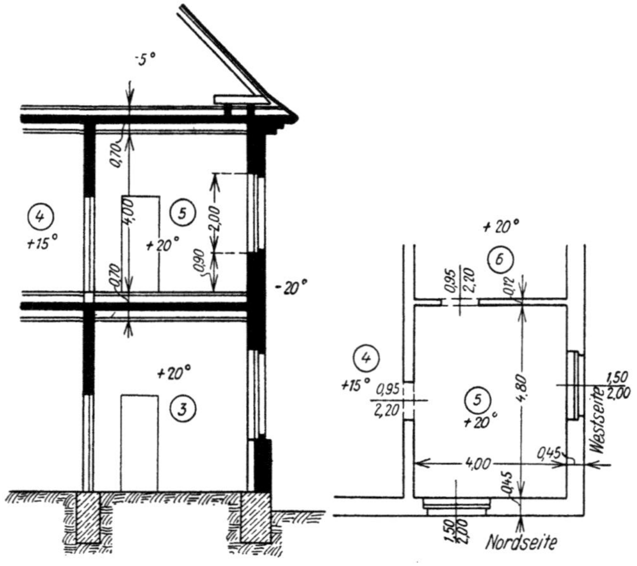

Abb. 3

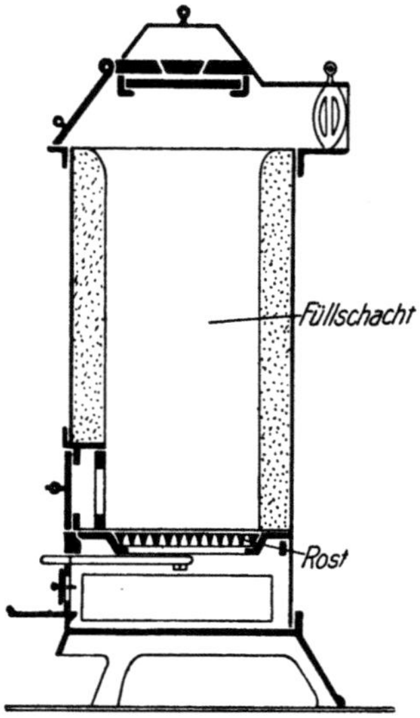

Abb. 4 Irischer Dauerbrandofen

IV. Heizungsarten

a) Jeder Raum erhält seine eigene Feuerstelle: Ofenheizung.

b) Eine Gruppe von Räumen oder ganze Gebäude werden von einer Feuerstelle aus versorgt: Zentralheizung.

c) Gruppen von Gebäuden werden von einer Kesselhausanlage aus geheizt: Fernheizung.

Eine richtig angelegte Heizung muß folgenden Anforderungen entsprechen: Erhaltung eines gleichmäßigen Wärmegrades; Erhaltung der Luftreinheit; gleichmäßige Temperaturverteilung; Erhaltung der Innenflächen aller Umfassungen auf einem der Lufttemperatur ungefähr gleichen Wärmegrad; gute Regulierbarkeit.

a) Ofenheizung

1. Eiserne Öfen

Die am meisten angewendete Art eiserner Öfen ist der sogenannte „irische Dauerbrandofen“ (Abb. 4).

Sein Hauptmerkmal ist der mit einer Schamotteausfütterung versehene Füllschacht, der so groß ist, daß er den Brennstoffbedarf eines ganzen Tages aufnehmen kann. Am unteren Ende des Füllschachtes ist ein Schüttelrost eingebaut, der eine besonders leichte Reinigung von Asche und Schlacke ermöglicht. Am oberen Ende befindet sich der Rauchabzug, in dem meist eine Drosselklappe montiert ist, durch die der größte Teil des Rauchrohrquerschnittes abgeschlossen werden kann; dadurch wird verhindert, daß bei abgestelltem Ofen Wärmemengen unausgenützt durch den Schornstein abziehen.

Den oberen Abschluß des Füllschachtes bildet die Einfüllöffnung.

Eine zweite, sehr verbreitete Konstruktion eiserner Füllöfen ist der „amerikanische Dauerbrandofen“ (Abb. 5).

Tabelle und Preise der gangbarsten Typen irischer Dauerbrandöfen (Ign. Reich, Wien)

Heizkraft, maximal rund m³	Ganze Höhe cm	Bodenraum Breite cm	Bodenraum Tiefe cm	Rohrstutzen-durchmesser mm	Höhe bis Unterkante Rohrstutzen cm	Gewicht ohne Verpackung kg	Preis, schwarz gewichst S
100	92	33	28	92	70	62	120
150	105	38	31	105	79	70	150
250	120	41,5	34,5	112	90	90	100
350	130	45,5	39,5	118	100	120	250

Das typische Merkmal ist der korbähnlich ausgebildete Rost. In diesem gelangt *nicht das ganze*, in einem über den Rost befindlichen Fülltrichter aufgegebene Brennmaterial *auf einmal* zur Verbrennung, sondern immer nur ein kleiner Teil desselben, der dann, soweit er abgebrannt ist, selbsttätig aus dem Fülltrichter ersetzt wird. Der Korbrost wird unten durch einen Schüttelrost abgeschlossen, der Fülltrichter am oberen Ende durch die Einfüllplatte.

Der amerikanische Dauerbrandofen eignet sich für die Verbrennung von Anthrazit und ebenfalls für gasarme Brennmaterialien.

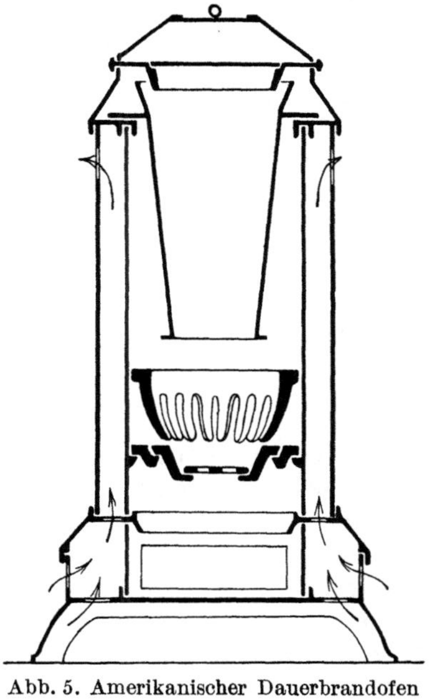

Abb. 5. Amerikanischer Dauerbrandofen

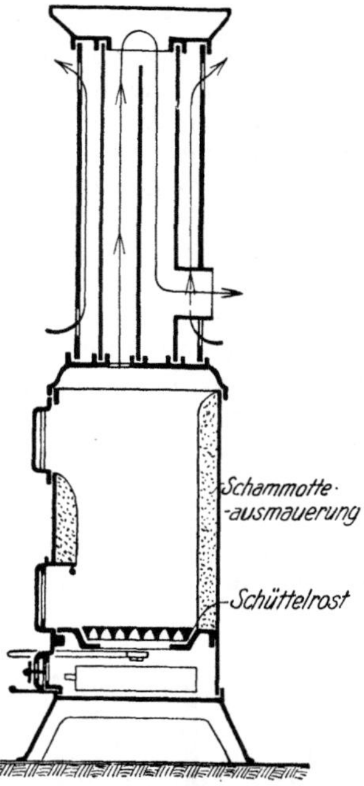

Abb. 6. Großraumofen

Tabelle und Preise der gangbarsten Typen der amerikanischen Dauerbrandöfen (Ign. Reich, Wien)

Heizkraft, maximal rund m³	Ganze Höhe cm	Bodenraum Breite cm	Bodenraum Tiefe cm	Rohrstutzen-durchmesser mm	Höhe bis Unterkante Rohrstutzen cm	Gewicht ohne Verpackung kg	Preis, schwarz gewichst S
140	120	39	37	118	58	122	350
180	127	43	42	125	70	135	400

Großraumöfen für die Beheizung von Werkstätten, Sälen usw. (Abb. 6).

Bei diesen tritt die Strahlungswirkung wegen der großen Entfernung zwischen dem Ort des Wärmebedürfnisses und dem Ofen zurück und ist es nötig, die Oberfläche der Öfen möglichst zu vergrößern, um Heizflächen für die zu erwärmende Luft zu schaffen.

Der Preis eines Ofens für die Erwärmung von rund 1000 m³, in schwarzgewichster Ausführung, stellt sich auf ungefähr *S 300,00.*

Winke für die Wahl eiserner Öfen

α) Nach dem Zweck: Dauerbrand oder vorübergehende Heizung. Für Dauerbrand eignen sich amerikanische und irische Öfen. Für vorübergehende Heizung irische Öfen, da auch geringe Brennstoffmengen mit gutem Wirkungsgrad verfeuert werden und die Inbetriebsetzung einfach ist.

β) Nach den vorhandenen Brennstoffen: Es sind geeignet:

für Anthrazitkohlen: Amerikanische Dauerbrandöfen

für Steinkohlen, „ Koks, „ Gaskoks, „ Briketts	irische Öfen	für Holz, „ Torf, „ Braunkohle	Spezialöfen

γ) Man wähle den Ofen groß genug, um die verlangte Wärme bequem erreichen zu können. Die Angaben, die über die Heizfähigkeit seitens der Fabriken gemacht werden, können nicht in allen Fällen als Maßstab dienen, da die besonderen Verhältnisse (Lage des Zimmers, Anzahl der Fenster und Türen usw.) in Betracht zu ziehen sind. An einem zu kleinen Ofen sind infolge der größeren Anspannung durch starkes Feuer und wegen seiner kleinen Heizfläche viel mehr Reparaturen nötig als an einem größeren Ofen. Außerdem ist die Wärmeabgabe eines größeren Ofens eine zuträglichere, da die Eisenwände nicht überheizt werden und dadurch die Erzeugung schlechter Luft vermieden wird.

Für die Bestimmung der Größe eiserner Öfen kann bei günstigen Lageverhältnissen 1 m² luftberührte Ofenheizfläche als ausreichend für rund 90 m³ Rauminhalt angenommen werden.

δ) Schließlich wähle man den Ofen nach der Konstruktion und der Qualität, nicht nach dem Aussehen.

2. Kachelöfen

Während die Speicherung der Wärme bei eisernen Öfen in den Brennstoff verlegt wird, liegt sie bei Kachelöfen in der Masse des Ofens. Sie eignen sich nur für langsames Anheizen, da die große Masse des Mauerwerkes und der Kacheln sich nur allmählich erwärmt; nach dem Erlöschen des Feuers geben sie noch lange Zeit die aufgespeicherte Wärme in den zu heizenden Raum ab. Kachelöfen bestehen aus zwei Teilen: dem Feuerraum und den Rauchgaszügen (Abb. 7).

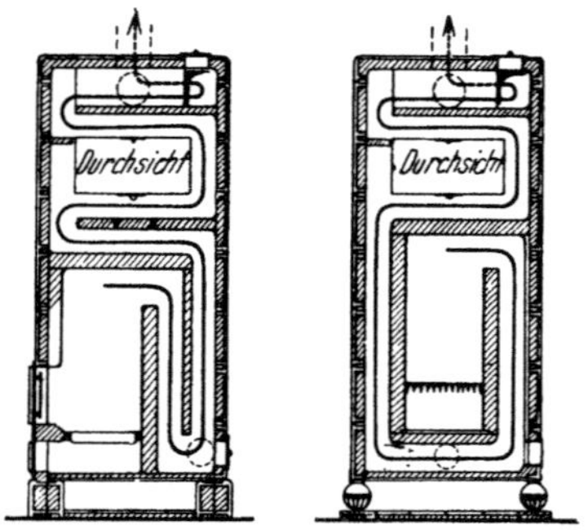

Abb. 7. Feuerung und Rauchgaszüge bei Kachelöfen

Die Wärmemenge, die ein Ofen zu speichern vermag, hängt ab: von der spezifischen Wärme, dem Gewicht der speichernden Masse und von der Temperatur der Kachelwand. Die von 1 m² Heizfläche gespeicherte Wärmemenge ergibt sich durch Multiplikation vorgenannter drei Faktoren.

Die stündliche Wärmeabgabe eines Kachelofens kann durch Verwendung eiserner Heizflächen, von Dauerbrand und schließlich durch zwangläufige Luftführung erhöht werden.

Für die Wärmeabgabe der Kachelofenheizflächen gelten je m² Kachelheizfläche nachstehende Werte:

bei nur vormittägigem Hochheizen 500 WE stündlich, bei vor- und nachmittägigem Hochheizen 600 WE stündlich.

1 m² Kachelheizfläche des Oberbaues eines Kachelofens mit Dauerbrandeinsatz gibt je nach der Ausnützung der Heizgaswärme im Einsatz selbst 500 bis 700 WE stündlich; die Kachelummantelung des Einsatzes wird nicht in Rechnung gesetzt.

1 m² Kachelfläche gibt je Stunde bei zwangsläufiger Luftführung 800 WE, 1 m² Blechfläche 1000 WE, 1 m² Eisenfläche eines Dauerbrandeinsatzes 3000 WE.

Eiserne Öfen und Kachelöfen können nach der Formel $F = \frac{W}{k}$ berechnet werden, in der W wieder den Wärmeverlust des Raumes, k die Wärmeleitung von 1 m² Ofenfläche und F die Heizfläche des Ofens in Quadratmetern bedeuten.

3. Gasheizöfen

Örtliche Heizung mit Leuchtgas, das von vorhandenen Zentralen geliefert wird. (Näheres siehe Abschnitt C, „Gasversorgung".)

4. Elektrische Öfen

Sie bestehen aus Heizwiderständen, wozu Drähte oder Bänder, meist in Spiralen auf Isoliermaterial gewickelt, dienen. Die Widerstände sind, um die Wärmeentwicklung regulieren zu können, meist in Gruppen schaltbar (Widerstandsöfen). Speicheröfen nehmen die Wärme mit Nachtstrom auf (zwecks gleichmäßiger Belastung geben viele Elektrizitätswerke billigeren Nachtstrom ab), um sie dann am Tage an den zu heizenden Raum wieder abzugeben.

Elektrische Öfen werden wegen ihrer steten Betriebsbereitschaft, der bequemen Regulierung und des geringen Raumbedarfes, sowie infolge Vermeidung von Rauch und Ruß anderen Heizungsarten vorgezogen. Sie dienen, wenn Strom sehr billig ist (im Hochgebirge mit großen Wasserkräften), zur vollständigen Durchheizung der Räume, meist aber während der Übergangszeit, in welcher die Hauptheizung noch nicht in Betrieb ist, als Zusatzheizung.

Für überschlägige Ermittlung der jeweils für einen Raum erforderlichen Anschlußwerte bzw. der Größe der zu verwendenden Öfen gelten die ungefähren Angaben der nachfolgenden Tabelle:

Raumgröße	Leistungsbedarf in Watt bei einem Temperaturunterschied von				Raumgröße	Leistungsbedarf in Watt bei einem Temperaturunterschied von			
m³	5° C	10° C	15° C	20° C	m³	5° C	10° C	15° C	20° C
20	300	600	900	1200	100	850	1700	2500	3500
40	450	900	1250	1700	120	1000	2000	3000	4000
60	600	1200	1800	2400	150	1250	2500	3500	4500
80	750	1500	2200	3000					

Als Beispiel für Zimmeröfen seien die Elektro-Kaminöfen erwähnt (Abb. 8), die derart konstruiert sind, daß der Luftdurchgang unbehindert (ohne Abschlußgitter) erfolgt. Die Heizluft erreicht daher nicht zu hohe Temperaturen; sie tritt horizontal in den Raum aus, wodurch eine rasche Aufwärmung desselben erfolgt.

Abmessungen: 600 mm breit, 180 mm tief, 700 mm hoch.

Gewicht: netto rund 24 kg je Stück. Preis für 2 kW *S 200,00*, für 3 kW *S 210,00*, für 4 kW *S 220,00*.

Für die Beheizung von feuer- und explosionsgefährlichen Räumen kommen Elektro-Röhrenöfen (Abb. 9) zur Anwendung, die aus schmiedeisernen, vollkommen geschlossenen Konstruktionen bestehen.

Abb. 8. Elektro-Kaminofen

Abb. 9. Elektro-Röhrenofen

Tabelle über Elektro-Röhrenöfen, Abb. 9

kW	Heizfläche	Abmessungen mm			Gewicht	Preis	Anmerkung
	m²	Länge	Tiefe	Höhe	rd. kg	S	
1	0,45	2000	100	150	15	120,00	Die ersten zwei Typen werden auch als Fußbankheizkörper in beliebigen Längen für Kirchenheizungen verwendet
1	0,45	1100	120	250	18	130,00	
2	0,90	2100	120	250	33	260,00	
1,5	0,66	1100	120	350	27	200,00	
3	1,35	2100	120	350	50	360,00	
4	1,70	2600	120	350	60	430,00	
3	1,35	1100	120	650	65	400,00	
5	2,20	1750	120	650	80	620,00	
6	2,70	2100	120	650	95	700,00	
7,5	3,40	2600	120	650	115	800,00	

b) Zentralheizungsanlagen

Sie dienen für Gruppen von Räumen oder für ganze Gebäude, die von einer zentralen Feuerstelle versorgt werden und bei welchen Dampf, warmes Wasser oder warme Luft als Wärmeträger dienen.

1. Dampfheizungen

α) Niederdruckdampfheizungen, *β*) Hochdruckdampfheizungen und *γ*) Abdampfheizungen.

α) Niederdruckdampfheizungen

Das Wesen derselben besteht in der Verwendung von niedrig gespanntem Dampf von meist 0,15 Atmosphärenüberdruck (atü) als Wärmeträger.

Der Dampf wird in eigenen Kesseln erzeugt, die im Keller des zu beheizenden Hauses zur Aufstellung gelangen. Vom Kessel wird der Dampf durch schmiedeeiserne Röhren, die meist an der Kellerdecke verlegt werden, zu den Steigsträngen geführt, an welche in den Stockwerken die einzelnen Heizkörper angeschlossen sind. In diesen gibt der Dampf seine Wärme ab. Von den Heizkörpern führt die Kondenswasserleitung parallel mit der Dampfleitung wieder in den Kessel zurück.

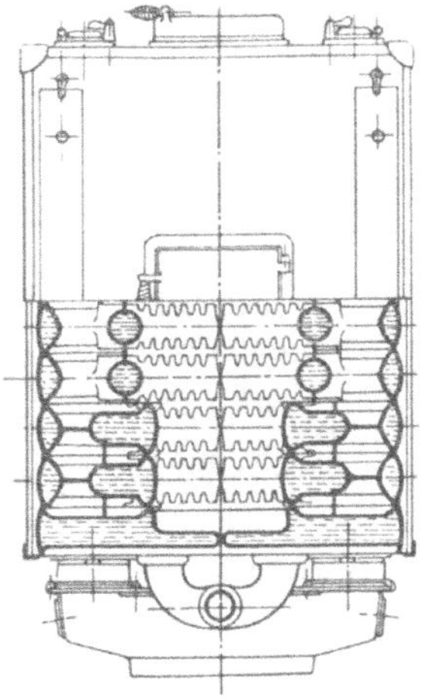

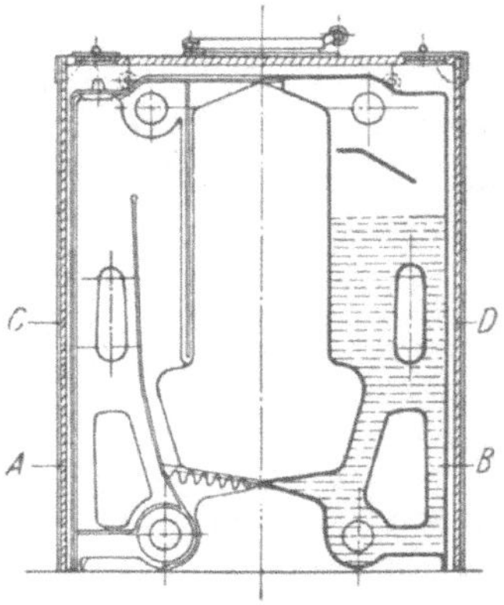

Abb. 10a Abb. 10b
Niederdruckdampfkessel Type „Nationale Radiator Ges.“

Die Niederdruckdampfkessel werden aus Schmiedeeisen oder aus Gußeisen (Abb. 10, a—c) hergestellt. Erstere werden nur für große Anlagen verwendet, während sonst fast durchwegs gußeiserne Kessel zur Aufstellung gelangen, welche aus einzelnen Gliedern bestehen, die zusammengeschraubt oder gepreßt werden. Bei diesen viel weniger Platz in Anspruch nehmenden Kesseln werden vor allem die Kosten der Einmauerung erspart; sie sind gegen Rostbildung viel widerstandsfähiger als schmiedeeiserne Kessel. Hauptmerkmale eines guten Kessels: gerade aufsteigende Heizflächen, große Kontaktheizfläche, volle Ausnützung der Rauchgase, kurzer, wassergekühlter Rost, der an den Gliedern angegossen ist, leichte Reinigung der Heizflächen und solide Nippelverbindung.

Bei allen Kesseln ist ein größerer Füllschacht angeordnet, der so viel Brennmaterial (Nußkoks) aufzunehmen vermag, daß eine neuerliche Beschickung erst nach rund 6 Stunden wieder erforderlich ist.

Als Heizfläche eines Kessels wird die gesamte von den Feuergasen bespülte Fläche des Wassers und Dampfraumes (auf der Feuerseite gemessen) gerechnet.

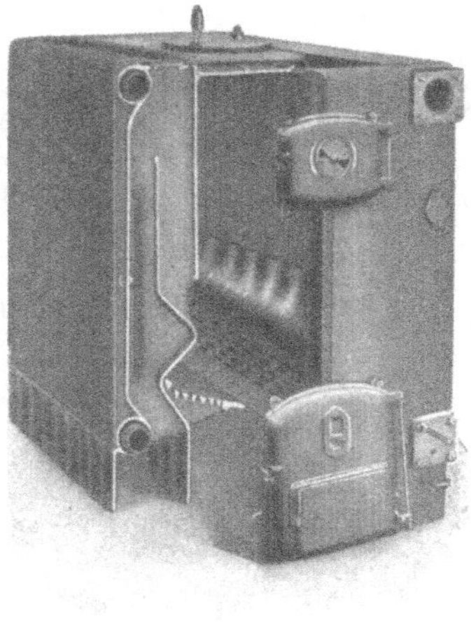

Abb. 10c. Type: Strebel-Werke

Die beiläufigen Kosten von 1 m² gußeiserner Niederdruckdampfkessel-Heizfläche betragen rund *S 300,00*, in welchem Preis die Kosten für die komplette grobe und feine Armatur mitinbegriffen sind.

Die Niederdruckdampfkessel sind konzessionsfrei, müssen jedoch mit der gesetzlich vorgeschriebenen Sicherheitsstandrohreinrichtung versehen werden, die so beschaffen sein muß, daß ein Sinken des Wasserspiegels unter die Feuerlinie selbst bei längerem Überschreiten des zulässigen Druckes verhütet wird. Gewöhnlich besteht die Standrohreinrichtung (Abb. 11) aus einem Wasserverschluß in Form einer U-förmigen Röhre, die, dem Höchstdruck von 0,5 at entsprechend, eine größte Höhe von 5 m erhalten darf. Das Ausblaserohr mündet in ein Standrohrgefäß, von dem das ausgeworfene Wasser wieder in den Kessel zurückfließen kann.

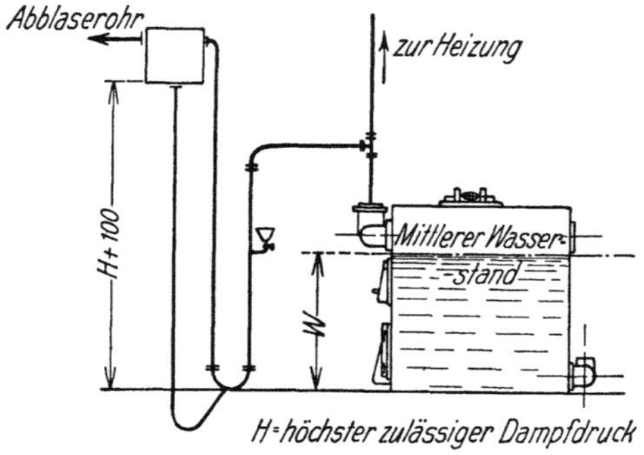

Abb. 11. Standrohreinrichtung

Außer dem Standrohr erhält jeder Kessel noch ein Manometer zur Ablesung des Druckes, einen Wasserstandsanzeiger und einen selbsttätigen Zugregulator zur Beeinflussung der Verbrennung, welcher derart empfindlich ausgeführt sein muß, daß bei eintretendem Überdruck ein sicherer Abschluß der Luftzufuhr gewährleistet ist.

Für die Ausführung der Dampf- und Kondensleitungen werden bis 2″ Durchmesser schmiedeeiserne, schwarze, nahtlose Gasrohre verwendet, über 2″ Durchmesser Siederohre.

Schmiedeeiserne Gasrohre

mit Gewinden und Muffen in normaler Wandstärke für Gas- und Wasserleitungen usw.

Bis einschließlich 2″ stumpfgeschweißt oder nahtlos, über 2″ nahtlos.

			1/8	1/4	3/8	1/2	3/4	1	1 1/4	1 1/2	2
Innendurchm. engl. Zoll			1/8	1/4	3/8	1/2	3/4	1	1 1/4	1 1/2	2
Außendurchm. ca. mm			10	13 1/4	16 3/4	21 1/4	26 3/4	33 1/2	42 1/4	48 1/4	60
Preis je Lfm in normalen Fabrikationslängen	schwarz,	geschweißt	185	125	144	177	230	310	414	547	754
		nahtlos		185	210	263	312	381	470	624	856
	verzinkt,	geschweißt		221	193	241	313	425	568	755	1037
		nahtlos		330	263	327	397	500	626	830	1143

Siederohre mit normaler Wand

in normalen Fabrikationslängen, für Lokomotiven, Dampfkessel, Dampfleitungen, Saft- und Säureleitungen usw.

Äußerer Durchmesser...	engl. Zoll	2 1/2	3	3 1/2	4	4 1/2	5	5 1/2	6	6 1/2
	mm	63,5	76	89	102	114	127	140	152	165
Wandstärke	mm	3	3	3 1/4	3 3/4	3 3/4	4	4 1/2	4 1/2	4 1/2
Gewicht je Meter	rd. kg	4,48	5,40	6,87	9,09	10,20	12,13	15,04	16,37	17,81
Preis je Lfm.	Groschen	663	779	1008	1300	1372	1759	2206	2537	2705

Die Verbindung obiger Röhren erfolgt bei Gasröhren durch schmiedeeiserne Fittings, bei Siederöhren durch Flanschenverbindungen oder durch autogenes Schweißen.

Die Dampfleitungen werden in der Regel mit Gefälle in der Strömungsrichtung des Dampfes montiert und vor dem Aufsteigen durch Schleifen entwässert, die so lang gemacht werden, daß sie selbst durch den höchsten Dampfdruck, der bei der betreffenden Anlage erreichbar ist, nicht entleert werden können.

Die Dampfleitungen werden, soweit sie durch unbeheizte Räume führen (mit Kieselgurmasse, Magnesia, Glasseide oder Korkschalen), isoliert.

Die Kondenswasserleitungen werden je Lfm mit 5 bis 10 mm Gefälle in der Stromrichtung des Wassers verlegt.

Die Entlüftung erfolgt zentral durch die Kondenswasserleitung oder durch Entlüftungsventile (lokale Entlüftung).

Die Heizkörper aus glatten Röhren werden waagrecht, besser jedoch senkrecht (wegen geringerer Staubablagerungsmöglichkeit) oder auch als Rohrregister angeordnet.

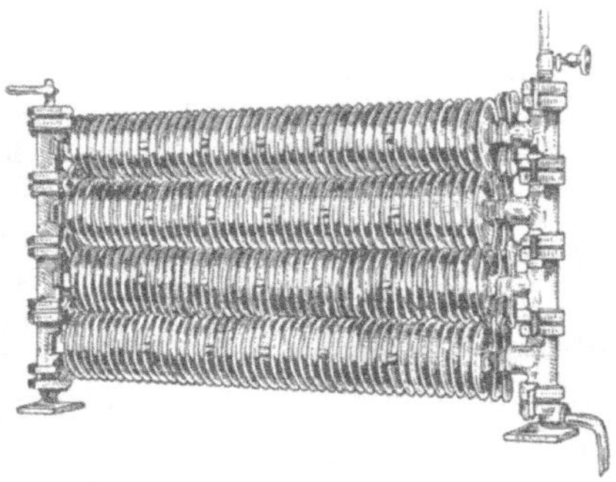

Abb. 12. Ofen aus Rippenrohrelementen

Rippenrohrheizkörper (in Ofenform, Abb. 12), aus Elementen zusammengebaut, oder Stränge, aus Rippenrohren (Abb. 13) gebildet, werden für Fabriksräume, Garagen u. dgl. verwendet und haben insbesondere den Nachteil, daß die engen Lücken zwischen den Rippen nur schwer zu reinigen sind, so daß die allmählich anhaftenden Staubmengen langsam geröstet werden. Dieser verbrannte Staub erregt ein Trockenheitsgefühl im Hals und hat oft eine Reizung und Entzündung der Schleimhäute zur Folge.

Liste fertiger Öfen aus Doppel-T-Rippenrohrelementen (Körting A. G.)

Anzahl der Elemente	Höhe des Ofens	Öfen aus 1060-mm-Elementen		
		Heizfläche m^2	Gewicht rund kg	Preis rund S
2	400	4	100	125,00
3	525	6	147	165,00
4	650	8	194	210,00
5	775	10	240	260,00
6	900	12	288	310,00

Abb. 13. Normales Rippenrohr

Die Kosten für 1 m^2 Rippenrohrheizfläche betragen ungefähr *S 10,00.*

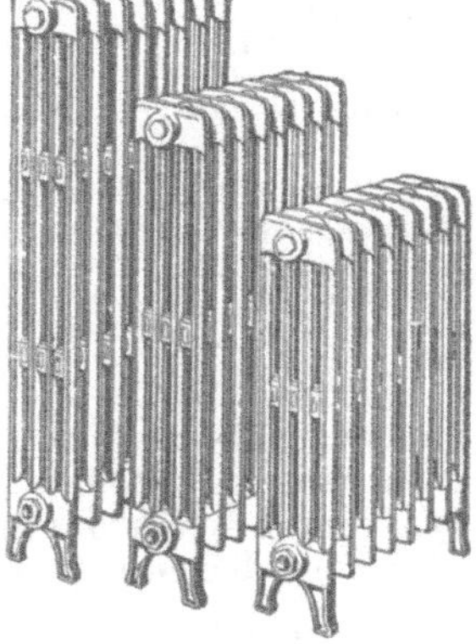

Abb. 14
Radiatoren

Der vollkommenste Heizkörper ist der Radiator mit seinen vorwiegend senkrechten und glatten Oberflächen. Die Radiatoren werden in ein- bis neunsäuliger Ausführung (Abb. 14) meist aus Gußeisen, jedoch in neuerer Zeit auch aus Schmiedeeisen erzeugt. Die einzelnen Glieder sind oben und unten durch Rechts- und Linksgewindenippel miteinander verbunden, wodurch eine dauernde zuverlässige Metallverbindung gewährleistet ist.

1 m^2 Radiatorheizfläche stellt sich durchschnittlich auf *S 25,00.*

Maße und Heizflächen von Radiatoren. Abb. 14a

Modell	A	B	C	D	E	F	G	Heizfläche je Glied in m^2
Ideal-Hospital 1säulig*)	920	847	146	67	777	102	15	0,28
	760	694	146	67	624	102	15	0,23
	610	542	146	67	472	102	15	0,18
Strebel 2säulig	750	674	110	60	600	115	20	0,19
	650	574	110	60	500	115	20	0,16
Strebel 3säulig	1050	974	155	60	900	115	20	0,38
	650	574	155	60	500	115	20	0,22
Classic 4säulig*)........	920	848	143	50	777	102	20	0,29
	760	695	143	50	624	102	20	0,24
	610	543	143	50	472	102	20	0,19
Strebel 5säulig	1050	974	245	60	900	115	20	0,58
	850	774	245	60	700	115	20	0,46
	750	674	245	60	600	115	20	0,40
	650	574	245	60	500	115	20	0,34
Classic 6säulig*)........	920	848	218	50	777	102	20	0,44
	760	695	218	50	624	102	20	0,36
	610	543	218	50	472	102	20	0,28
Classic 9säulig*)..........	330	289	333	50	218	76	20	0,23

*) Fabrikat „Nationale Radiator Ges. m. b. H."

Während man bei Einzelheizungen gezwungen ist, die Öfen fast ausnahmslos an die Innenwände in die Nähe der Schornsteine zu verlegen, wird der Radiator meist in die Fensternische eingebaut, beherrscht in seiner ganzen Ausdehnung die Hauptabkühlungsfläche, beansprucht keinen nutzbaren Raum und erhält auf diese Weise eine Umrahmung (Abb. 15). Die von außen durch die Fenster einströmende kalte Luft wird unmittelbar von der Heizung aufgefangen und in erwärmtem Zustand an die Raumluft übertragen.

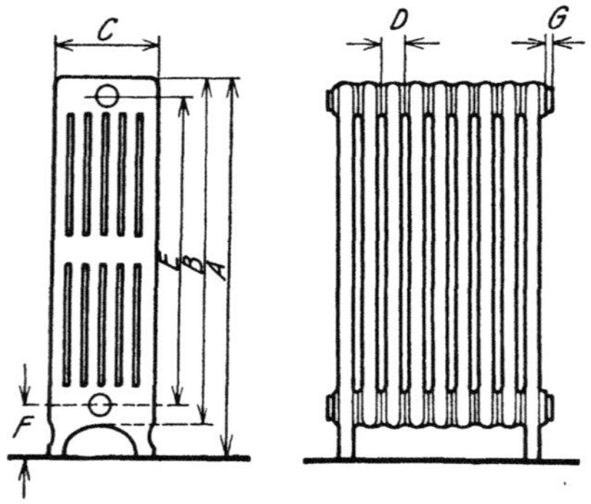

Abb. 14a. Maßbezeichnung von Radiatoren
A = Fußgliedhöhe E = Nabenabstand
B = Mittelgliedhöhe F = Untere Nabenhöhe
C = Tiefe G = Baulänge der Übergangswinde bzw. Stopfen
D = Baulänge

Verkleidungen der Heizkörper aus architektonischen Gründen sind nicht zu empfehlen, da durch dieselben die Wärmeabgabe des Ofens beeinträchtigt und auch oft die Reinigung der Heizkörper unter der Verkleidung vernachlässigt wird.

Jeder Heizkörper erhält in der Dampfzuleitung ein metallenes, doppelt einstellbares Regulierventil zur Regelung der Wärmeabgabe bzw. zur vollständigen Ausschaltung derselben. Dieses wird vielfach und mit Vorteil durch ein einfaches Absperrventil in der Dampfzuleitung und durch einen einstellbaren oder automatisch wirkenden Kondenswasserableiter ersetzt.

Anhaltspunkte für die Berechnung einer Niederdruckdampfheizungsanlage:

Die Ermittlung der Kesselheizfläche erfolgt aus der Summe der berechneten Transmissionswärmeeinheiten aller zu beheizenden Räume, auf die noch rund 10% für den Verlust durch die Kesselwände und Dampfrohre zuzuschlagen sind.

Man bewertet schmiedeeiserne Kessel mit rund 10000 WE, gußeiserne Kessel mit 7000 bis 8000 WE je m².

Die für einen Raum erforderliche Heizkörpergröße (m² Heizfläche) wird aus den Transmissionswärmeeinheiten des betreffenden Raumes (siehe Beispiel, S. 651) ermittelt, indem man dieselben durch die Wärmeabgabe von 1 m² der betreffenden Heizkörpergattung dividiert.

Bei Raumtemperaturen von + 20° C kann man ungefähr annehmen, daß

1 m² Rippenrohrheizfläche 450 WE
1 „ Radiatorheizfläche . . 650 „
1 „ glatte Rohrheizfläche 900 „

abgeben.

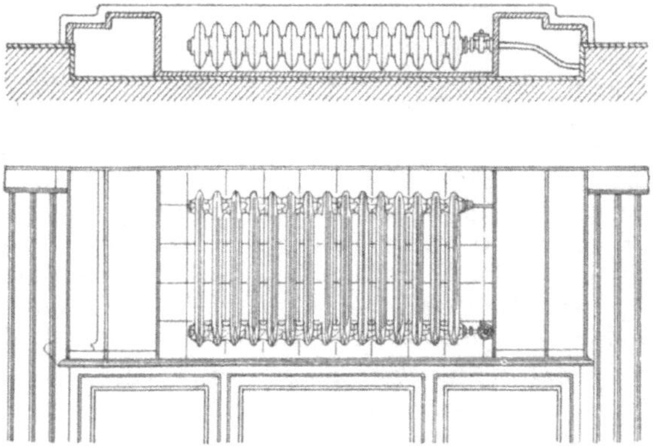

Abb. 15. Einbau eines Radiators in einer Fensternische

Schätzungsweise rechne man auf:

12 bis 15 m³ Rauminhalt	1 m²	gerippte Heizfläche,
15 „ 20 „ „	1 „	Radiatorheizfläche,
20 „ 30 „ „	1 „	glatte Rohrheizfläche.

Die Dampfleitung wird nach Spannungsabfall berechnet, wozu Hilfstabellen dienen; den Durchmesser der Kondenswasserleitung wählt man im Verhältnis 0,5 bis 0,7 des Durchmessers der zugehörenden Dampfleitung.

Das Schema für die prinzipielle Anordnung einer Niederdruckdampfheizung ist aus Abb. 16 zu ersehen.

Niederdruckdampfheizungen eignen sich besonders für Anlagen mit Unterbrechung der Heizung, also für Wohn- und Geschäftshäuser, Schulen, Fabriksgebäude usw.

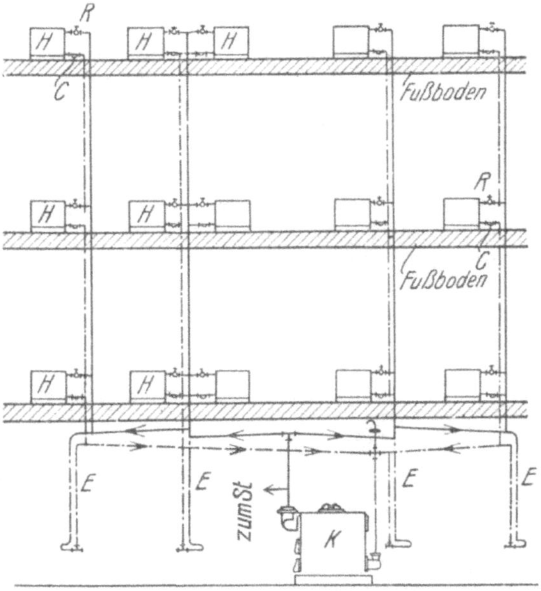

Abb. 16. Schema einer Niederdruckdampfheizung
K = Kessel, St = Standrohr, L = Entlüftung, E = Entwässerung, R = Regulierventil, H = Heizkörper, C = Kondenswasserableiter

Erwähnt sei noch die Niederdruckdampfheizung mit reduziertem Hochdruckdampf, bei der die Dampfentnahme aus einem Hochdruckdampfkessel erfolgt und mittels eines Reduzierventils auf die gewünschte Niederdruckdampfspannung gebracht wird.

Bei solchen Heizungsanlagen ist der Betriebsdruck meist höher gewählt; dieselben werden vorwiegend für Fabriksheizungen verwendet.

β) Hochdruckdampfheizungen

Bei Hochdruckdampfheizungen wird Dampf von 1 bis 3 atü Spannung verwendet, der meist vorhandenen Betriebskesseln entnommen wird. Hochdruckdampfkessel unterstehen dem Dampfkesselgesetze.

Vom Kesselhaus führt die Dampfleitung meist mit voller Kesselspannung bis in die zu beheizenden Gebäude; in diesen befindet sich die sogenannte Reduzierstation, bestehend aus Absperr-, Reduzier- und Sicherheitsventil. Hier wird der Dampf auf jene Spannung reduziert, mit welcher er dann in die Heizkörper geleitet wird. Nur in seltensten Fällen läßt man das Kondenswasser abfließen; gewöhnlich leitet man es in eine im Kesselhaus befindliche Zisterne zurück, um die Kessel wieder damit zu speisen. Als Heizkörper werden meist glatte Rohrheizstränge, Rohrregister und Rippenrohre verwendet, Radiatoren höchstens bis zu einem Betriebsdruck von 2 atü.

Man kann überschlägig erwärmen:

30 bis 40	m^3	Rauminhalt	mit	1	m^2	gerippter Heizfläche,
40 „ 50	„	„	„	1	„	Radiatorheizfläche,
45 „ 60	„	„	„	1	„	glatter Rohrheizfläche.

Die Hochdruckdampfheizung wird hauptsächlich für Fabrikräume, Werkstätten, Magazine und auch für Trockenanlagen verwendet.

Die Vorteile der Hochdruckdampfheizung sind rasche Wärmeentwicklung, billige Anlagekosten, die hauptsächlichsten Nachteile die erforderliche Bedienung durch geprüfte Heizer und der immerhin nicht gefahrlose Betrieb.

γ) Abdampfheizungen

Als Wärmeträger dient hier der von Dampfmaschinen abgehende Dampf (Abdampf).

Die Dampfentnahme zu Heizzwecken erfolgt von der Auspuffleitung der Maschine vor Eintritt in den etwa vorhandenen Vorwärmer. Hinter dem Abzweiger der Heizleitung wird in die Auspuffleitung eine Drosselklappe eingebaut, um den Abdampf in die Heizleitung oder aber ins Freie führen zu können.

Das mitgerissene Zylinderöl macht meist eine Reinigung des Dampfes erforderlich (Abdampfentöler), ohne welche es zur Kesselspeisung keinesfalls wieder verwendet werden darf.

2. Wasserheizungen

Unter einer Zentralwasserheizung versteht man die Übertragung der Wärme aus einem Ofen (Warmwasserkessel) durch Rohrleitungen nach den Orten des Wärmebedarfes und Rückführung des Wassers von dort zum Kessel.

Man unterscheidet drei Systeme der Wasserumlaufanlage (Abb. 17*a*—*c*).

Durchleitung des ganzen Heizwassers aufeinanderfolgend durch alle Wärmeabgabestellen (Abb. 17*a*). (Verwendung bei Heißwasserheizung.)

Verteilung des Heizwassers auf die einzelnen Heizkörper durch die Vorlaufleitung und Ableitung des in den Heizkörpern abgekühlten Wassers in die Rücklaufleitung, welche dasselbe in den Kessel zurückführt (Abb. 17*b*). (Meist angewendete Form der Warmwasserheizung.)

Das Heizwasser wird an allen Heizkörpern vorbeigeführt und letztere oben und unten an diese Leitung angeschlossen (Abb. 17*c*). (Einrohrsystem.)

Bei jedem dieser Systeme muß ein Ausdehnungsgefäß *E* (Expansionsgefäß) vorgesehen sein, welches ermöglicht, daß das Wasser je nach seiner Wärmeaufnahme sich ausdehnen und bei Wärmeverminderung, ohne Verursachen eines leeren Raumes, sich wieder zusammenziehen kann.

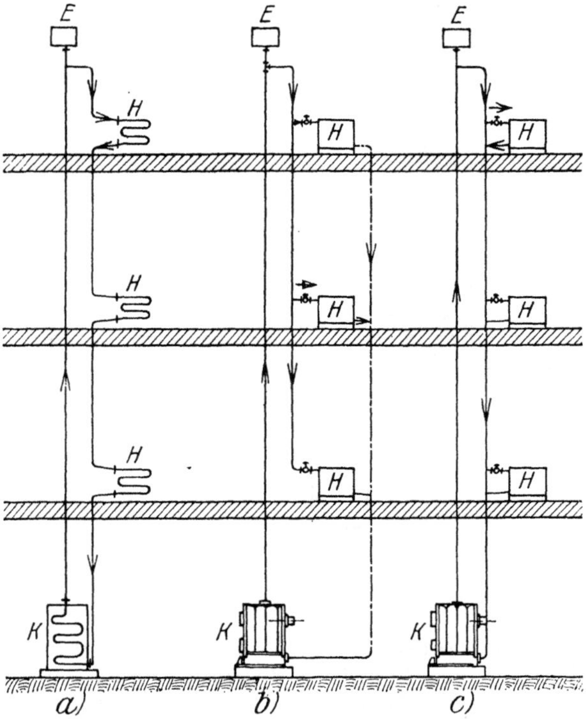

Abb. 17 *a*)—*c*). Schema einer Wasserumlaufanlage
K = Kessel, *H* = Heizkörper, *E* = Expansionsgefäß

Die Ursache der Umlaufbewegung des Wassers in dem betreffenden Heizsystem ist der Überdruck der abgekühlten Wassersäule in der Rücklaufleitung über die erhitzte Wassersäule in der Vorlaufleitung, also der Gewichtsunterschied zwischen dem kälteren und wärmeren Wasser. Die hierauf beruhenden Wasserheizungen nennt man Schwerkraft-Warmwasserheizungen, welche, wenn sie in Verbindung mit der Atmosphäre stehen, als Niederdruck-Warmwasserheizungen bezeichnet werden, deren höchste Wassertemperatur 100° C beträgt und in welchen eine Druckbildung ausgeschlossen ist. — Werden Schwerkraft-Warmwasserheizungen in geschlossener Ausführung mit einer Wassertemperatur von 120° C, entsprechend einem Überdruck von 1 atü, betrieben, so spricht man von Mitteldruck-Warmwasserheizungen. Wasserheizungen, deren höchste Wassertemperatur rund 150° C beträgt, entsprechend einem Überdruck von mindestens 4 atü, nennt man Heißwasserheizungen (Perkins-Heizungen).

Werden als Mittel zur Beschaffung eines künstlichen Überdruckes Dampf oder auch Luft in die Steigrohrleitung eingeführt, um derart die aufsteigende Wassersäule leichter zu machen als die abwärtsführende, so spricht man von Schnellumlauf-Warmwasserheizungen, falls zur Umlaufbeschleunigung eine Pumpe herangezogen wird, von Pumpenheizungen.

a) Niederdruck-Warmwasserheizungen. Die Einrichtung dieser Anlagen kann mit unterer oder oberer Rohrverteilung erfolgen.

In Abb. 18 ist eine Verteilung von unten her dargestellt. Vom Kessel führt die Vorlaufleitung unterhalb der tiefststehenden Heizkörper durch das ganze Gebäude zu den Steigsträngen.

Die Rückleitung des in den Heizkörpern abgekühlten Wassers erfolgt durch Fallrohrleitungen, welche in die Rücklauf- (Sammel-) Leitung münden, die unten an den Kessel anschließt.

Durch diese Verteilung erspart man eine Steigleitung, die das gesamte Heizwasser zunächst unverteilt emporführt. Aber es ergibt sich eine Verschlechterung des Heizungsbetriebes; denn in den vertikalen Verteilungssträngen wird sich das Wasser immer etwas abkühlen und bei oberer Verteilung, wie sie Abb. 19 andeutet, hat diese Abkühlung eine Beschleunigung des Wasserumlaufes zur Folge, weil der Überdruck des abwärts bewegten Wassers gegenüber der in der Steigrohrleitung befindlichen Wassersäule größer wird.

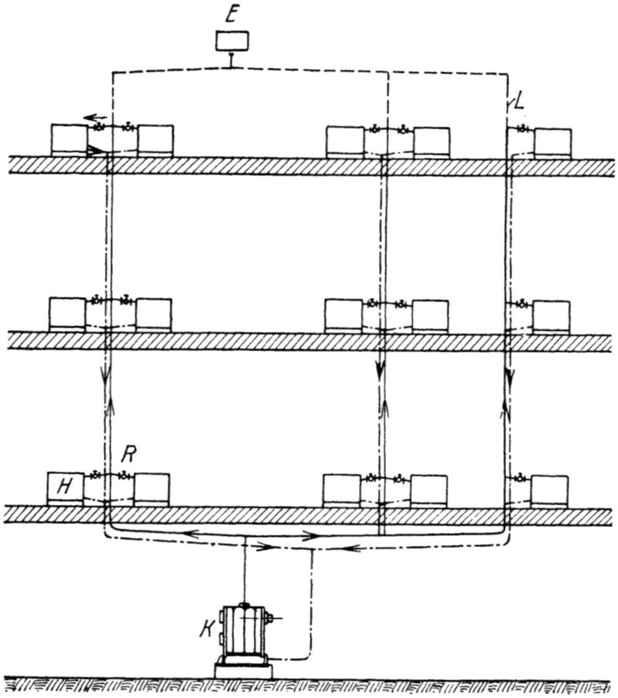

Abb. 18. Niederdruck-Warmwasserheizung, Verteilung von unten
K = Kessel, H = Heizkörper, R = Regulierhahn, E = Expansionsgefäß

Man zieht untere Verteilung bei kleinen und mittleren, obere Verteilung bei waagrecht ausgedehnten Anlagen vor.

Die Warmwasserkessel werden ebenso wie jene für Niederdruckdampfheizungen aus Schmiedeeisen hergestellt, oder es kommen gußeiserne Gliederkessel zur Verwendung.

Jeder Kessel erhält einen Füllraum und wird mit einem Wasserhöhenanzeiger, Thermometer und Zugregler ausgestattet.

Als Heizfläche gilt bei gußeisernen Kesseln die gesamte von den Feuergasen bespülte Begrenzungsfläche (auf der Feuerseite gemessen).

1 m² gußeiserne Kesselheizfläche stellt sich einschließlich allen groben und feinen Armaturen auf rund *S 260,00.*

Die Ausführung der Vorlauf-Steig- und Rücklaufleitungen erfolgt aus nahtlosen, schwarzen Gasrohren bzw. patentgeschweißten Siederrohren.

Alle im Keller und auf dem Dachboden in ungeheizten Räumen liegenden Heiz- oder auch Luftrohre sind gegen Wärmeverluste zu isolieren.

Die aus Radiatoren oder glatten Rohren bestehenden Heizkörper erhalten in der Warmwasserzuleitung Regulierhähne, die es ermöglichen, den Zufluß von Wasser zu den einzelnen Heizkörpern zu regulieren oder gänzlich abzustellen.

Der Inhalt des zur Aufnahme der Volumenvergrößerung des erwärmten Wassers an höchster Stelle angeordneten Expansionsgefäßes in Litern soll gleich sein 1 bis 1,2 Radiatorheizfläche in Quadratmetern.

Die Anordnung der als Sicherheitsleitungen bezeichneten Anschlußrohre an das Ausdehnungsgefäß ist in Preußen durch Ministerialerlaß vom 5. Juni 1925 wie folgt festgelegt:

Mit Rücksicht auf mehrfache explosionsartige Zerstörungen von Niederdruck-Warmwasserheizkesseln mit offenen Ausdehnungsgefäßen muß die Ausführung der Anlagen so erfolgen, daß die offene Verbindung mit der Atmosphäre unter allen Umständen gewährleistet wird, daß also nicht einzelne Teile der Rohrleitungen, die dem Zweck der offenen Verbindung mit der Atmosphäre dienen, verengt oder sogar vollständig abgesperrt werden können. Es muß daher, abgesehen von der Forderung hinreichenden Wärmeschutzes der Ausdehnungsgefäße, dafür gesorgt werden, daß die Steigleitungen bis zum Ausdehnungsgefäß überall genügend weit bemessen und daß — sofern in die Vor- oder Rücklaufleitung oder in beide, zwecks Ausschaltung der Heizkessel von gemeinsam mit ihnen betriebenen Kesseln, Absperrvorrichtungen eingebaut werden — Umgehungsleitungen von hinreichender Weite vorgesehen werden. Werden in diesen wiederum Absperrvorrichtungen angebracht, um die Ausschaltung der einzelnen Kessel zu ermöglichen, so müssen diese Absperrventile als Wechselventile in der Weise ausgebildet werden, daß bei ihrem Abschluß eine offene Verbindung mit der Atmosphäre hergestellt wird.

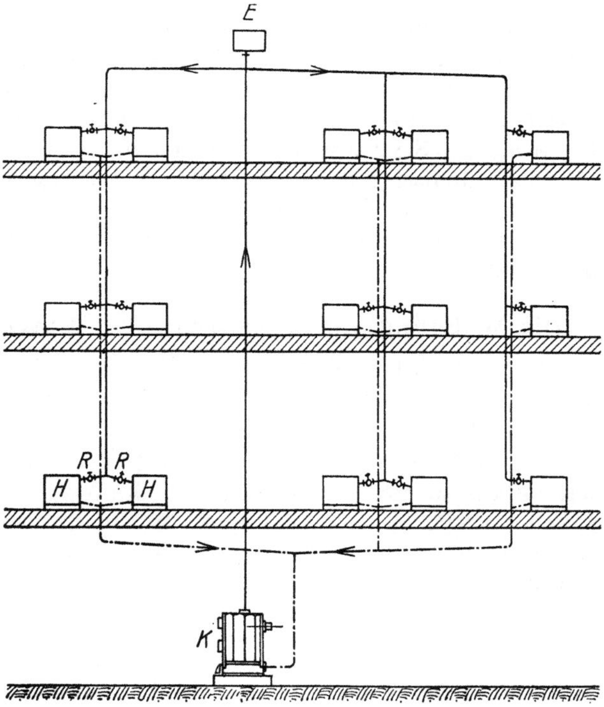

Abb. 19
Niederdruck-Warmwasserheizung, Verteilung von oben

Man unterscheidet zwei Ausführungsformen hinsichtlich der Anordnung der Sicherheitsleitungen, und zwar:

Ausführung A mit einer Sicherheitsausdehnungsleitung, die im unteren Teil des Expansionsgefäßes mündet;

Ausführung B mit zwei Sicherheitsleitungen; die Sicherheitsausdehnungsleitung mündet über dem Wasserspiegel in das Expansionsgefäß, die Sicherheitsrücklaufleitung führt vom tiefsten Punkt des Expansionsgefäßes in den Rücklauf.

Für die Berechnung einer Warmwasserheizungsanlage kann man ungefähr annehmen, daß:

1 m² schmiedeeiserner Kessel	rund			10000 WE
1 „ gußeiserner „	„	7000	bis	8000 „
1 „ Radiatorheizfläche	„	420	„	500 „
1 „ glatte Rohrheizfläche	„	650	„	700 „

abgeben.

Bei Warmwasserheizungen für Wohnhäuser rechnet man überschlägig:

für 10 bis 12 m³ Rauminhalt 1 m² Radiatorheizfläche
„ 12 „ 15 „ „ 1 „ glatte Rohrheizfläche.

Für die Berechnung der Rohrleitungen ist der tiefstliegende und in weitester Entfernung vom Kesselhaus befindliche Heizkörper maßgebend, für den die wirksame Druckhöhe bestimmt wird. Von derselben ist der Anteil der Einzelwiderstände abzuziehen und der Rest durch die Gesamtlänge dieses ungünstigsten Stromkreises zu dividieren, wodurch der Druckabfall für das laufende Meter erhalten wird. Hilfstabellen (siehe Dr. techn. Karl Brabbee, „Rohrnetzberechnungen") wird sodann der Rohrdurchmesser entnommen.

Niederdruck-Warmwasserheizungen finden für Wohnhäuser, Schulen, Krankenhäuser und öffentliche Gebäude, ferner auch für Gewächshäuser (Gewächshausheizungen) Anwendung und sind in gesundheitlicher und wirtschaftlicher Beziehung die besten und im Dauerbetriebe die sparsamsten Zentralheizungen. Sie verbreiten eine milde Wärme, sind generell schon am Kessel in weiten Grenzen regulierbar (durch Einstellung der Temperatur des Heizwassers) und einfach in der Bedienung. Diesen Vorteilen stehen die höheren Anlagekosten, die beschränkte Ausbreitung in waagrechter Richtung und die Einfriergefahr gegenüber.

Die Wohnungs- (Stockwerks- oder Etagen-) Warmwasserheizung

Gewöhnlich handelt es sich um Heizungen, bei welchen Kessel und Heizkörper auf dem Wohnungsfußboden, also in gleicher Höhe, aufgestellt werden.

Vom Kessel (der auch in Verbindung mit dem Küchenherd gebracht werden kann, Abb. 20 a u. b) steigt die Vorlaufleitung bis ungefähr zur Decke und verteilt sich mit Gefälle zu den Heizkörpern. Die Rücklaufleitung von den Heizkörpern wird soweit als möglich über und dann am Wohnungsfußboden (eventuell auch an der Decke des darunterliegenden Stockwerkes) zum Kessel zurückgeführt. (Schematische Anordnung Abb. 21.)

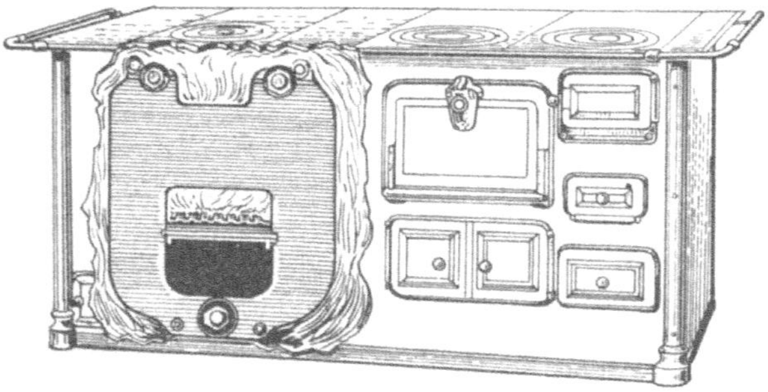

Abb. 20 a

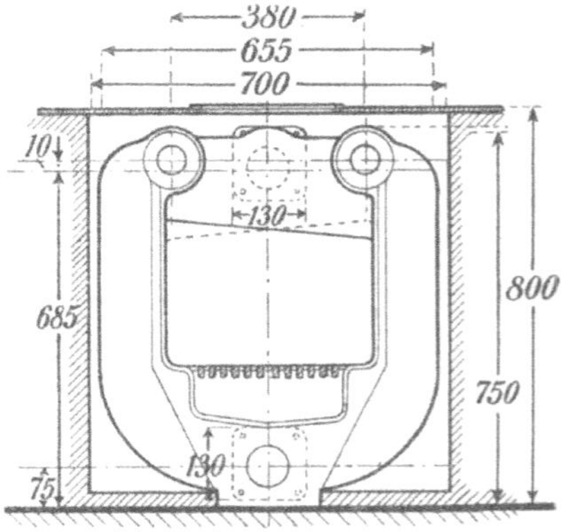

Abb. 20 b (Schnitt)

Warmwasserkessel in Verbindung mit dem Küchenherd

Das Ausdehnungsgefäß wird am höchsten Punkte der Vorlaufleitung angeschlossen, muß jedoch, um es nachsehen zu können, in einer gewissen Entfernung von der Decke montiert werden. Falls dadurch bei niedrigen Wohnungen die Vorlaufleitung so tief zu liegen käme, daß sie nicht mehr über den Türen montiert werden könnte, muß das Ausdehnungsgefäß in einem untergeordneten Raume der darüberliegenden Wohnung (Bade-, Dienstbotenzimmer oder Klosett) angeordnet werden. Je höher die Vorlaufleitung verlegt werden kann, um so größer ist die Druckhöhe, die den Wasserumlauf hervorbringt, desto besser die Wirkung der Heizungsanlage und desto geringer die Anlagekosten (da schwächere Rohrdimensionierung möglich).

Der Betrieb und die Einrichtung der Etagenheizung sind genau die gleichen wie bei gewöhnlichen Niederdruck-Warmwasserheizungen; die ofenförmige Form des Kessels (Abb. 22) ermöglicht es, letzteren in einem der Wohnräume aufzustellen; dort dient er gleichzeitig als Heizkörper.

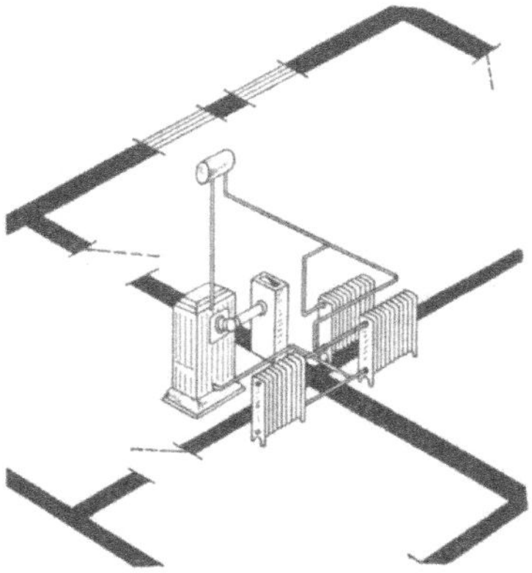

Abb. 21. Anordnung einer Etagenheizung

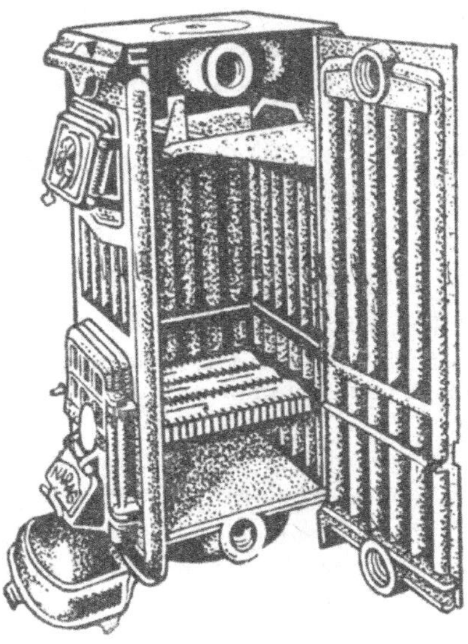

Abb. 22. Ofenförmiger Warmwasserkessel

Im Wesen ebenfalls gleich jenen der Niederdruck-Warmwasserheizung, nur mit dem Unterschied, daß die Anlage ein geschlossenes System bildet, ist die Mitteldruck-Warmwasserheizung, bei der das Wasser bis auf rund 120° C erwärmt wird. Sie findet heute nur noch ausnahmsweise Anwendung.

Auch die Heißwasser- (Perkins-) Heizung wird nur mehr selten angewendet. (Schematische Abb., vgl. S. 663.) Wärmeerzeuger (Feuerschlange), Verbindungsrohre und Heizkörper (Heizschlange) werden aus denselben Rohren (Perkins-Rohren) hergestellt, die entsprechend den hohen Drücken, welche bei Heißwasserheizungen vorkommen können, dimensioniert sind (siehe nachfolgende Tabelle).

Innerer Durchmesser	engl. Zoll	$^{7}/_{8}$	$^{5}/_{8}$
	mm	23	16
Äußerer Durchmesser	engl. Zoll	$1^{5}/_{16}$	$1^{1}/_{16}$
	mm	34	27

Die Temperatur des Heizwassers beträgt rund 150 bis 180° C, entsprechend einem Betriebsdruck von 5 bis 10 atü.

Die maximale Länge eines Systems, also Feuerschlange, Verbindungsrohre und Heizschlangen, beträgt 200 m; jede Anlage wird, je nach ihrer Ausdehnung, in eine Anzahl Systeme geteilt. Das Ausdehnungsgefäß erhält ein entsprechend belastetes Überdruckventil.

Die Anlage muß infolge der auftretenden hohen Drücke, die sich insbesondere beim Anheizen ergeben, auf 100 bis 150 at geprüft werden.

Eine Regelung der Wärmeabgabe erfolgt durch Änderung der Heizwassertemperatur.

Unter Pumpen-Warmwasserheizungen versteht man Anlagen, deren Ausführung die gleiche ist wie jene der Niederdruck-Warmwasserheizung, jedoch erfolgt die Umwälzung des Wassers durch mechanische Mittel, meist mit Zentrifugalpumpen. Letztere werden in den Rücklauf der Anlage, vor Eintritt desselben in die Kessel, eingeschaltet. Der Pumpendruck wird der horizontalen Ausdehnung der Anlage angepaßt. Vorteile gegenüber Niederdruck-Warmwasserheizungen: Möglichkeit großer horizontaler Ausdehnung, Anschluß von Heizkörpern, die tiefer stehen als der Kessel; kürzere Anheizdauer infolge der größeren Wassergeschwindigkeit, ferner kleinere Rohrleitungsdimensionen.

Nachteile: Einbau und Betriebskosten der Pumpe.

3. Kombinierte Zentralheizungen

a) Dampf-Warmwasserheizungen, bei welchen der Kessel nicht durch Feuer, sondern mittels Dampfs geheizt wird.

Diese sogenannten Mischheizungen werden überall dort zur Anwendung gelangen, wo Gebrauchsdampf erforderlich ist, dennoch aber Warmwasserheizungen vorgezogen werden.

b) Dampf-Wasserheizungen verbinden die Vorteile der Dampfheizungen mit jenen der Warmwasserheizungen.

Hierbei wird die Wärme durch den Dampf zu den Heizkörpern befördert und in diesen zunächst an das Wasser abgegeben, mit dem die Heizkörper gefüllt sind, die dann ebenso wie Warmwasserheizkörper wirken. Zu diesem Zweck erhält jeder Heizkörper einen sogenannten Umformer, in welchem die Abgabe der Wärme des Dampfes an das Wasser stattfindet.

4. Die Luftheizung als Zentralheizung

Bei derselben erfolgt die Erwärmung der Räume durch Einführung warmer Luft, die sich mit der Raumluft mischt. Luftheizung wird mit Vorteil als Großraumheizung (z. B. zur Erwärmung großer Fabrikräume, Turnhallen, Kinos, Kirchen usw.) angewendet. Bei Anordnung von Luftheizungen für Wohnhäuser erzielt man, insbesondere bei exponierter Lage derselben, keine gute Wirkung.

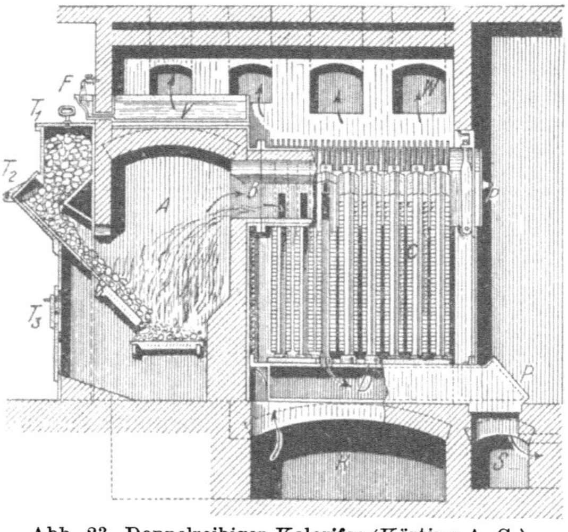

Abb. 23. Doppelreihiger Kalorifer (Körting A. G.)
A = Feuerraum, T_1, T_2, T_3 = Füllöffnungen, B = oberes Verteilungsrohr, C = Rippenheizelemente, D = Rauchsammelrohre, S = Schornsteinfuchs, P = Reinigungstüren, K = Kaltluftkanal, W = Warmluftkanal

Man spricht von Frischluft- und Umluftheizungen, je nachdem die abgekühlte Luft ins Freie geleitet oder zur nochmaligen Erwärmung wieder in den Heizapparat zurückgeführt wird. Das Anheizen erfolgt meist durch Umluftheizung und ist bei demselben noch diejenige Wärmemenge zu decken, die erforderlich ist, um den Rauminhalt von der niederen Anfangstemperatur auf die vorgeschriebene Raumtemperatur zu erwärmen. Ferner kann man Luftheizungen noch in solche mit natürlichem Auftrieb der Luft und solche mit Ventilatorenbetrieb einteilen.

Die Erwärmung der Luft erfolgt durch Feuerluftöfen, Dampf- und Wasserheizkörper, Gas- und elektrische Heizapparate. Bei Feuerluftheizungen durch die Rauchgase; sie wird in der Regel nur als Auftriebsheizung (ohne Ventilator) ausgeführt. Vom Heizapparat (Kalorifer, Abb. 23) führen gemauerte Kanäle oder Blechschläuche in die zu beheizenden Räume. Verwendung fast nur noch für Kirchenheizung.

Abb. 24. Prof. Junkers Lamellenheizkörper

Wärmeabgabe: 2000 WE/m²/Stunde für glatte Heizflächen.
1200—1500 WE/m²/Stunde für gerippte Heizflächen.

Abb. 25a. Prof. Junkers Zentralaggregat

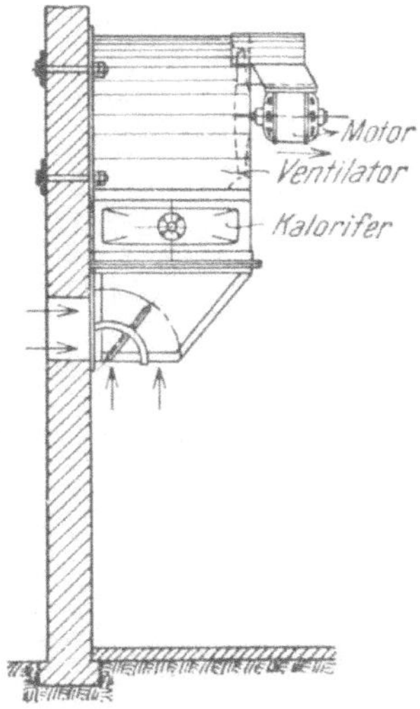

Abb. 25b. Prof. Junkers Einzelaggregat mit Frischluftklappe

Für die Erwärmung der Heizluft bei Dampf- und Wasserluftheizungen kommen Heizkörper verschiedenster Ausführung wie: schräg und senkrecht gestellte Radiatoren, Röhrenkessel (Sturtevant-Heizkörper) oder Lamellenheizkörper zur Verwendung. Letztere finden immer größere Verbreitung; sie bestehen aus einer Anzahl Röhren, die mit Lamellen besetzt sind (Abb. 24). Durch die Röhren strömt das Heizmittel, während die Lamellen von Luft umspült werden. Lamellenheizkörper ergeben bei kleinster Raumbeanspruchung die größte Heizwirkung und werden sowohl für Zentralanlagen (bei Luftheizung von Theatern, Sälen usw.) als auch für Einzelaggregate (zur Beheizung von Werkstätten, Garagen und dgl.) verwendet.

Zentralaggregate (Abb. 25a) bestehen aus einem Zentrifugalventilator und einem Kalorifer, die in einer Heizkammer untergebracht sind, von der die erzeugte Warmluft durch Kanäle in den zu beheizenden Raum gedrückt wird.

Einzelaggregate (Abb. 25b) werden im Raum selbst derart montiert, daß Mitte Ventilator etwa 3 bis 3,50 m über Fußboden liegt; Wirkungsbereich in der Tiefe 30 bis 35 m, in der Breite 6 bis 8 m nach beiden Seiten.

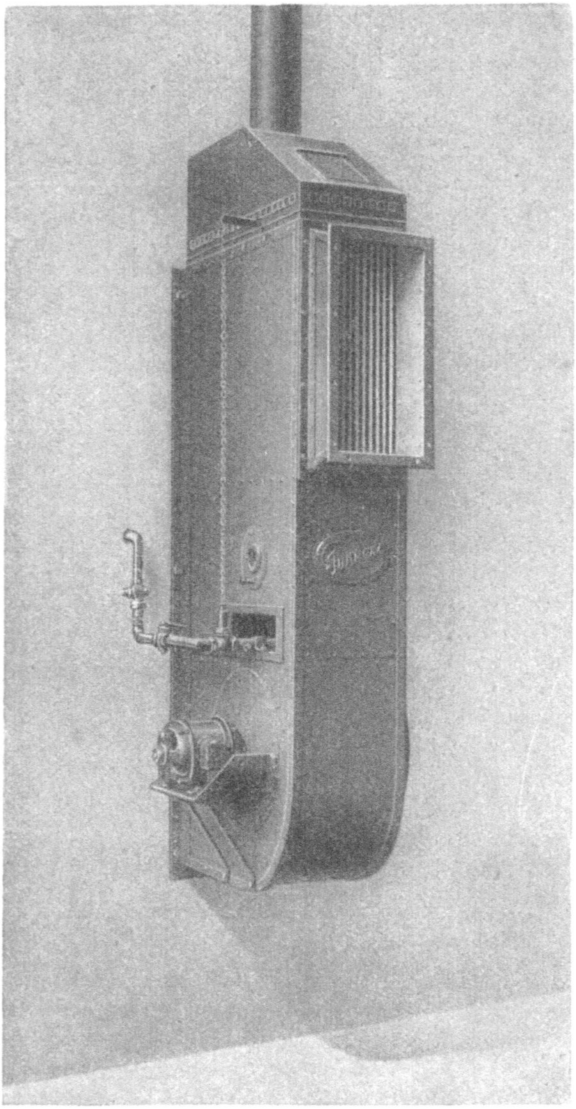

Abb. 26. Prof. Junkers Gasluftheizer

Bei Gasluftheizer (Abbildung 26) übertragen die Verbrennungsgase ihre Wärme durch Wandungen an die durch den Apparat strömende Luft. Sie haben den Vorteil guter Regulierbarkeit und sofortiger Betriebsbereitschaft.

Bei Elektro-Lufterhitzern streicht die Luft direkt über Widerstands-Heizkörper. Lufterhitzer mit elektrischen Speicherheizkörpern werden mit verbilligtem Nachtstrom aufgeheizt und geben während der folgenden Heizzeit die gespeicherte Wärme an die durchstreichende Luft ab.

5. Fernheizungen

Fernheizungen finden für Häusergruppen Anwendung, die unter derselben Verwaltung stehen, z. B. für Fabriksbauten, Spitalanlagen u. dgl. Die größten Fernheizungen sind die sogenannten Stadtheizungen, bei welchen Stadtgebiete von einer Ausdehnung bis zu mehreren Quadratkilometern zu einer einzigen Anlage zusammengefaßt werden. Die Wärme wird hierbei in Form von Hoch- bzw. Niederdruckdampf oder Warmwasser verteilt.

Vorteile der Zentralisation: Vereinfachung des Betriebes, Übersichtlichkeit und leichtere Kontrolle der Anlage.

Die Unterbringung der Fernleitungen erfolgt meist in begehbaren Kanälen, die den Vorteil bieten, daß die Montage und die laufenden Instandhaltungsarbeiten leicht durchgeführt und die Leitungen infolge der Kanalhöhe in horizontalem und sogar schwach ansteigendem Terrain mit Gefälle verlegt werden können. Kanäle derart dimensionieren, daß man aufrecht in denselben gehen kann und ein Durchgang von mindestens 70 bis 80 cm freibleibt (Abb. 27).

Auf gute Ausdehnbarkeit (besonders bei Dampfleitungen) der Leitungen muß geachtet werden; falls dieselben nicht in Bogen- oder Zickzackführung verlegt werden können, sind ein- oder zweischenkelige Kompensatoren oder teleskopartige Vorrichtungen einzuschalten (Abb. 28 a, b). Die Leitungen werden an den Kanalwänden beweglich gelagert und in gewissen Abständen durch Fixpunkte festgehalten.

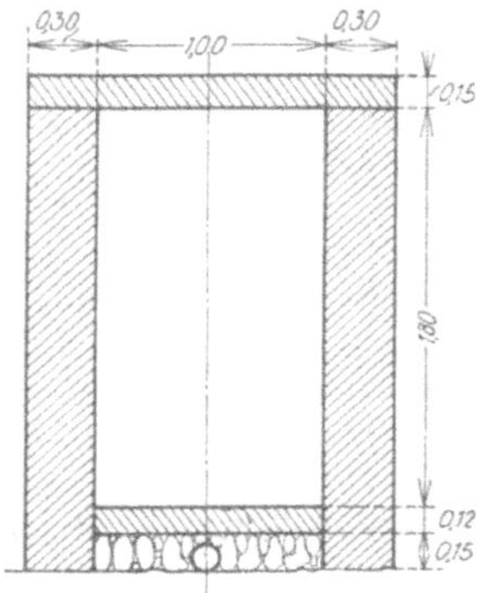

Abb. 27. Mindestabmessungen eines begehbaren Fernleitungskanals in m

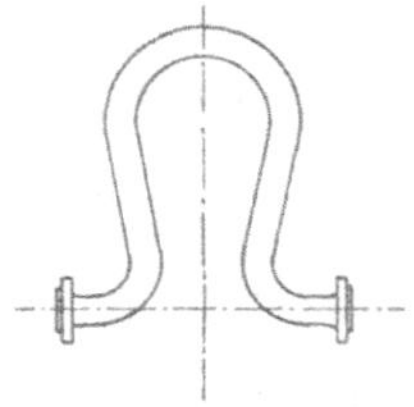

Abb. 28 a. Zweischenkeliger Kompensator

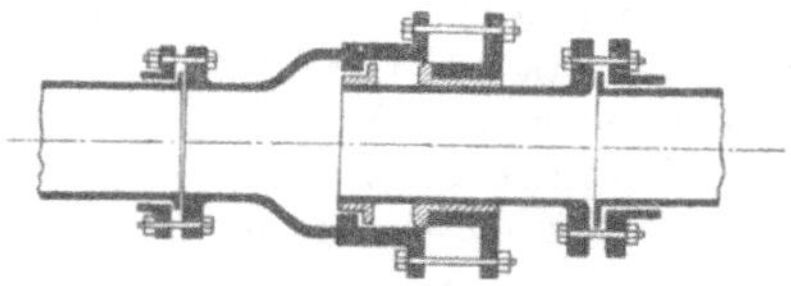

Abb. 28 b Teleskopartige Ausdehnungsvorrichtung

Sehr ausgedehnte Heizungen womöglich mit einer Fernthermometeranlage ausstatten, damit der Heizer die Temperaturen vom Kesselhaus aus konstatieren kann.

Grundlagen für den Entwurf, die Vergebung, Montage und Übernahme von Zentralheizungsanlagen.

Der ausführenden Firma sind genaue Baupläne zu übergeben; außerdem sind noch folgende Fragen zu beantworten:

1. Für welche niedrigste Außentemperatur ist die Anlage zu berechnen?
2. Welche Räume sind zu beheizen und auf welche Temperatur? (In den Plänen einzutragen.)
3. Für welche Räume ist ein bestimmter Luftwechsel zu berücksichtigen?
4. Wie ist das Gebäude nach den Himmelsrichtungen gelegen? (Auf den Plänen angeben.)
5. Ist das Gebäude freistehend oder ein- bzw. mehrseitig an beheizte Gebäude angebaut? (Temperatur der anstoßenden Räume nach Möglichkeit angeben.)
6. Welche Teile des Gebäudes sind dem Windfall besonders ausgesetzt?
7. Woraus bestehen die Außenmauern?
8. Erhalten die Außenmauern Mörtelverputz oder bleiben sie unverputzt?
9. Erhalten die Außenwände eine innere Verschalung?
10. Welche Räume erhalten doppelte und welche einfache Fenster?
11. Wie hoch sind die Fenster im Lichten?
12. Wie groß ist die Höhe vom Fußboden bis Unterkante Fensterbrett?
13. Sind die Oberlichten einfach oder doppelt verglast?
14. Wie ist die Konstruktion der Zwischendecken?

15. Wie ist die Bedachung ausgeführt?
16. Welches sind die verschiedenen Geschoßhöhen (einschließlich Bodendicke)?
17. Welche Räume kommen für Kessel- und Kohlenraum in Frage?
18. Kann der Kesselraum vertieft werden und um wieviel?
19. Wie groß ist der für den Heizkessel vorgesehene Rauchfang?
20. An welchen Stellen in den Zimmern sollen die Heizkörper montiert werden?
21. Welche Heizkörper werden verkleidet und wie ist die Verkleidung beschaffen?
22. Werden die Leitungen frei oder in Mauerschlitzen verlegt?
23. Welche verfügbare Stromart (Gleich- oder Wechselstrom, Spannung in Volt, Periodenzahl bei Wechselstrom) ist vorhanden?

Den Firmen soll die Möglichkeit geboten werden, auf Grund ihrer Erfahrungen eventuell Alternativvorschläge zu machen.

Die Ausführung erfolgt auf Grund von Montageplänen (Grundrisse und Strangschemen), die dem Bauherrn vor Beginn der Arbeit mindestens im Maßstabe 1 : 100 vorgelegt werden sollen.

Nach Beendigung der Montage hat eine Erprobung stattzufinden, und zwar bei Warmwasserheizungen auf einen Druck, der den höchsten Betriebsdruck der Anlage um 1 atü übersteigt; bei Dampfheizungen sind Kessel, Rohrleitungen und Heizkörper durch Inbetriebsetzung auf Dichtigkeit zu prüfen. Diese probeweise Inbetriebsetzung dient nicht zum Nachweise der vorgeschriebenen Heizwirkung, sondern nur zur Festlegung der ordnungsgemäßen Funktion der Anlage. Die Probeheizung hat bei der vorgeschriebenen niedrigsten Außentemperatur, andernfalls bei möglichst niederer Temperatur stattzufinden, und müssen die Thermometer mitten im Raum rund 1,50 m über dem Fußboden angebracht werden.

Die Haftung erstreckt sich in der Regel auf die Dauer von zwei Heizperioden vom Tage der probeweisen Inbetriebsetzung an gerechnet.

Die Betriebskosten einer Heizungsanlage setzen sich aus den Kosten für Brennmaterial, Instandhaltung der Anlage und Bedienungskosten zusammen.

Die Brennmaterialkosten können auf Grund des maximalen stündlichen Wärmebedarfes W nach folgender Formel berechnet werden:

$$K \text{ in kg} = \frac{W}{1000} \times n \times z$$

wobei n eine Erfahrungszahl ist, die für Wohnhäuser mit 1,2, für Schulen und Krankenhäuser mit 1,3 und für Fabriken mit 1,4 einzusetzen ist; z bedeutet die Zahl der Heiztage, die für Wohnhäuser und Schulen 180, für Krankenhäuser 220 und für Fabriken 150 beträgt.

Die Instandhaltungskosten werden sich bei guten Anlagen hauptsächlich auf das Reinigen der Kessel, Rauchzüge und Kamine sowie auf kleine Dichtungsarbeiten beschränken.

Die Bedienungskosten sind je nach der Größe der Anlagen verschieden. Etagen- und kleine Zentralheizungen werden von dem Hauspersonal besorgt, in Geschäften, Hotels, Schulen u. dgl. bedienen die Heizungsanlagen meist Portiere, ausgedehnte Zentralheizungen eigene Heizer.

6. Vorzusehende bauliche Anordnungen beim Kesselhaus, dem Kamin und dem Brennmaterialraum

Vor dem Kessel ist zur Bedienung genügend Platz freizulassen, bei Kleinkesseln ungefähr 1,50 m, bei Großkesseln 2 bis 3 m. Für kleinere Bauten genügt ein Kesselraum von rund 2×3 m, für größere Gebäude, in welchen zwei Kessel aufgestellt werden, ein solcher von rund 4×5 m.

Der einwandfreie Betrieb einer Anlage ist von der guten Funktion der Kamine abhängig. Die lichte Weite — f — gemauerter Kamine wird nach der Formel:

$$f = \frac{W}{30 \times \sqrt{h}} \text{ cm}^2$$

berechnet. W bedeutet die maximale stündliche Wärmeleistung des Kessels in WE, h die Kaminhöhe in m. Die Werte dieser Formel sind in nachstehender Tabelle enthalten.

Tabelle über freie Kaminquerschnitte in cm³

Kaminhöhe H	bei einer Kesselheizfläche (F) in m² von:															
	2	3	4	5	6	7	8	9	10	12	14	16	18	20	25	30
	bzw. einer maximalen Wärmeleistung (W) in kcal/h von rund															
	16 000	24 000	32 000	40 000	48 000	56 000	64 000	72 000	80 000	96 000	120 000	128 000	144 000	160 000	200 000	240 000
	bzw. einem maximalen stündlichen Koksverbrauch (K) in kg/h von rund															
m	4	6	8	10	12	14	16	18	20	24	28	32	36	40	50	60
5	240	360	470	590	710	830	950	1070	1190	1420	1660	1900	2130	2370	2970	3570
10	170	260	340	420	510	590	680	760	840	1020	1190	1350	1520	1690	2110	2540
15	140	210	280	350	410	480	550	620	690	830	970	1100	1240	1380	1720	2070
20	120	180	240	300	360	420	480	540	600	720	840	950	1070	1190	1490	1790
25	110	165	220	275	330	380	430	480	540	640	750	860	960	1060	1330	1600
30	100	150	200	250	300	345	390	440	490	590	685	780	880	980	1220	1460

Kaminquerschnitte unter 18 × 18 oder 20 × 20 cm werden gewöhnlich nicht ausgeführt, selbst wenn die Tabelle kleinere Abmessungen ergibt. (Tabellenwerte links vom starken Linienzug.)

Bevor mit der Installation einer Zentralheizung begonnen wird, muß in allen Räumen der richtige Waagriß angezeichnet und dort, wo die Heizkörper aufgestellt werden, die Fußbodenoberfläche hergestellt sein. Falls die Steig- und Fallstränge frei verlegt werden, müssen die Wandflächen, entlang welchen die Rohre liegen, verputzt sein. Mauerschlitze und Durchbrüche dürfen erst nach erfolgter Prüfung der Anlage oder zumindest der betreffenden Stränge verputzt werden.

B. Lüftung

Allgemeines

Die Lufterneuerung auf natürlichem Wege durch Poren der Umfassungswände, undicht schließende Fenster, die zeitweise auch geöffnet werden, genügt in den meisten Fällen zur ausreichenden Ventilation der Räume. (Natürliche Lüftung.) Der Druckunterschied des wärmeren oder kälteren Raumes gegen die Außenluft bewirkt den natürlichen Luftwechsel. Dieser Druckunterschied (und mit diesem der Luftwechsel) nimmt mit der Höhe des Raumes, der Undichtheit der Umfassungswände und dem Temperaturunterschied zwischen innen und außen zu. Im Winter kann man unter normalen Verhältnissen bei geheizten Räumen einen einmaligen Luftwechsel in der Stunde annehmen. Durch in Fenster eingesetzte Jalousieklappen, Verwendung von Dachreitern u. dgl., besonders aber durch die Anordnung eines Abluftkanals kann die Ventilationswirkung gesteigert werden.

Die Wirkung dieser Abluftkanäle kann infolge des Auftriebes mit jener von Kaminen verglichen werden, ist jedoch sehr ungleich, weil sie von der Witterung abhängt. Der Auftrieb kann durch Erwärmung der Luft am unteren Ende des Kanals erhöht werden (z. B. durch Gasflammen). Am wirksamsten ist jedoch die Anbringung eines Ventilators, welcher hauptsächlich für Bäder, Pissoirs, Aborte u. dgl., empfohlen werden kann.

Um Versammlungsräume, Restaurationssäle, Bureaux usw. zugfrei zu lüften, darf die Luft nicht nur abgesaugt, sondern muß auch gleichzeitig zugeführt werden. Diese muß aber, um keine Zugerscheinung hervorzurufen, wenigstens auf die Raumtemperatur erwärmt werden. Nur wenn die Anlage auch zur Kühlung des Raumes dienen soll, kann die Temperatur der einströmenden Luft um höchstens 5° C unter jener der Raumluft liegen, die Austrittsgeschwindigkeit derselben aber 0,3 m in der Sekunde nicht überschreiten.

Lüftungsarten mit Ventilatorenbetrieb

1. Druck- oder Pulsionslüftung: Die Luft wird vom Ventilator in den Raum hineingeblasen, also Überdruck erzeugt; Anwendung für Räume, in die aus der Umgebung keine Luft eindringen kann.

2. Saug- oder Aspirationslüftung: In die angrenzenden Räume soll keine Luft austreten. Anwendung für Bäder, Garderoben, Restaurationsküchen, Pissoirs und Aborte.

Oft werden auch Zu- und Abluftventilatoren aufgestellt.

Die Größe des Luftwechsels richtet sich nach der Art des Raumes und nach dem Zwecke der Anlage.

Man muß unterscheiden, ob es sich in Räumen bloß um die Erneuerung verdorbener Luft oder auch gleichzeitig um die Beheizung handelt, ferner ob die Anlage zur Befeuchtung oder Trocknung der Raumluft dienen soll.

Rietschel gibt auf Grund von Erfahrungen die in der Tabelle folgenden Angaben; hierbei ist jedoch jederzeit der größte Luftwechsel anzustreben, und nur falls Zugerscheinungen eintreten, soll der geringere Luftwechsel Platz greifen.

Gegenstand	Geringster	Größter
	stündlicher Luftwechsel	
	m³ je Kopf	
Krankenräume für Erwachsene	75	75—120
Krankenräume für Kinder	35	35
Schulräume:		
für Schüler im Alter bis zu 10 Jahren	10	17
für Schüler im Alter von über 10 Jahren	15	25
Aufenthaltsräume für Erwachsene:		
bei bestimmter Anzahl der Anwesenden	20	35
bei unbestimmter Anzahl der Anwesenden	1faches d. Rauminh.	2faches d. Rauminh.
Küchen und Aborte	3 „ „ „	5 „ „ „

Man rechnet ferner für Versammlungslokale, Kinos und Theater bei Temperaturen bis — 10° C bis 25 m² je Stunde und Kopf; bei Räumen, in welchen stark geraucht wird, ferner bei Bädern, Pissoirs und Aborten nimmt man 5- bis 10fachen, bei Küchen 10- bis 25fachen Luftwechsel an.

Abb. 29 zeigt die schematische Anordnung einer Luftkammer, bei welcher die Luftwege aus Blechkanälen bestehen.

Die Luftentnahme soll an Orten vorgenommen werden, an welchen dieselbe möglichst rein ist. Da staub- und rußfreie Luft von außen nur schwer zu bekommen ist, wird dieselbe gereinigt. Dies erfolgt beim Eintritt in das Gebäude, indem man die Luft durch eine Staubkammer *A* leitet (ein großer Kellerraum), in welcher deren Geschwindigkeit so gering gehalten wird, daß mitgerissene Verunreinigungen sich absetzen. Eine weitere Reinigung erfolgt sodann durch das Filter *B*. Ferner ist ein Heizapparat *C* erforderlich, in welchem die Luft für Lüftungsanlagen auf 20 bis 22° C, für Luftheizungen auf 40 bis 50° C erwärmt werden kann; an diesen schließt sich oft noch eine Luftbefeuchtungseinrichtung *D* sowie ein Nachwärme-Heizkörper *E* und hierauf der Ventilator *F* an.

Als Ventilatoren sind, wenn möglich, Zentrifugalventilatoren anzuwenden; Schraubenventilatoren nur dort, wo es sich um Ausblasen der Luft ins Freie handelt.

Vom Ventilator führt sodann die Zuluft durch Kanäle nach den Räumen. Man unterscheidet horizontale Verteilungskanäle, die aus verzinktem Eisenblech hergestellt werden und für mehrere Räume dienen, und vertikale Kanäle für jeden einzelnen Raum, die gewöhnlich in den Mauern hochsteigen. Bei Ausführung der Kanäle ist auf geringsten Widerstand und gute Reinigungsmöglichkeit zu achten. Die Luftgeschwindigkeit in den Kanälen soll 3 bis 4 m je Sekunde nicht übersteigen. Bei Einströmöffnungen, die oben in den Seitenwänden liegen, kann die Luftaustrittsgeschwindigkeit bis zu 3 m betragen.

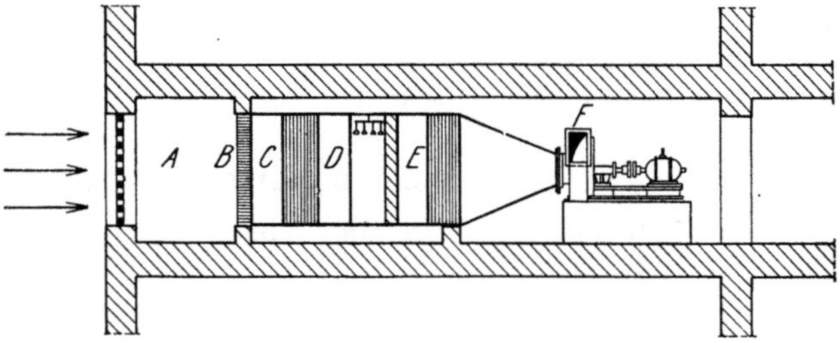

Abb. 29. Schematische Darstellung einer Luftkammer

Bei Anordnung der Lufteintrittsgitter im unteren Teile der Seitenwände oder im Fußboden darf jedoch die Geschwindigkeit 0,3 m in der Sekunde nicht überschreiten. Die Ein- und Austrittsgitter sind derart anzuordnen, daß die frische Luft den ganzen Raum durchstreicht; sie liegen daher meist an sich gegenüberliegenden Wänden.

Die Abluftkanäle liegen ebenso wie die Zuluftkanäle in den Mauern und münden entweder in den Dachboden, von wo die Abluft durch die mit Jalousien versehenen Dachlücken oder durch Aufsätze entweicht (z. B. bei Sälen).

Abluftkanäle von Räumen, in welchen geraucht wird, ferner von Küchen, Bädern, Pissoirs und Aborten müssen direkt über Dach geleitet werden.

C. Gasversorgung

I. Verbrennung des Gases

Gas, wie es von Gaswerken geliefert wird, besteht entweder aus reinem Steinkohlengas oder aus einer Mischung von Steinkohlen- und Wassergas.

Steinkohlengas besteht aus Wasserstoff, Methan, Kohlenoxyd, schweren Kohlenwasserstoffen, Kohlensäure und Stickstoff; von diesen Bestandteilen ist das Kohlenoxyd giftig.

Steinkohlengas bedarf zu seiner vollkommenen Verbrennung auf einen Raumteil Gas etwa 0,9 Raumteile Sauerstoff oder 4,5 Raumteile Luft, Mischgas mit einem Wassergasgehalt von rund 30% auf einen Raumteil Gas rund 3,9 Raumteile Luft.

Entzündet man Gas, so verbrennt es aus einer kreisförmigen Öffnung mit einer langen, spitzen, aus einer schlitzförmigen Öffnung mit einer breiten, leuchtenden

Flamme zu Kohlensäure und Wasserdampf. Die zur Verbrennung erforderliche Luftmenge wird teils durch die Ausströmungsenergie des Gases, teils durch den Auftrieb der heißen Flamme angesaugt. Das Leuchten der Gasflamme wird dadurch hervorgerufen, daß einzelne Kohlenwasserstoffe, sobald sie sich der Verbrennungszone nähern, infolge der Wärme zerfallen und die freigewordenen Kohlenstoffteilchen, ehe sie verbrennen, glühend werden.

Wird irgendein kalter Körper in eine leuchtende Flamme gebracht, so tritt zwar der Zerfall der Kohlenwasserstoffe ebenfalls ein, aber die Kohlenstoffteilchen verbrennen nicht mehr, sondern schlagen sich als Ruß an dem kalten Körper nieder. Deshalb ist eine leuchtende Flamme z. B. beim Kochen nicht zu verwenden, da dort an Gefäße, die mit kalter Flüssigkeit gefüllt sind, Wärme abgegeben wird, wobei die Flammen die Gefäßwände berühren müssen. Soll eine Berußung vermieden werden, dann ist es erforderlich, die Flamme zu entleuchten, was durch Zumischung von Luft zum Gas erfolgt, bevor dieses verbrennt. Der in der Flamme enthaltene Kohlenstoff wird durch den Sauerstoff der beigemischten Luft sofort aufgespeichert und das Gas verbrennt mit blauer Flamme.

II. Gasleitungsanlagen in den Gebäuden

Die Zuleitungen, das sind jene Leitungen, welche das Gas vom Hauptrohr bis zu dem zu versorgenden Gebäude führen, werden von den Gaswerken verlegt. Jene Gasleitungen, welche sich innerhalb des Gebäudes befinden, nennt man Privatgasleitungen; sie werden von Installateuren ausgeführt. Die Anordnung dieser Leitungen richtet sich vielfach nach den Ausführungsbestimmungen, welche in den betreffenden Orten vom Gaswerk vorgeschrieben sind.

Die Gasleitungen im Innern von Gebäuden werden aus schmiedeeisernen Rohren hergestellt, welche mit Weichgußformstücken verbunden werden.

Bei Dimensionierung der Gasleitungen sind folgende stündliche Gasverbrauchsziffern zu berücksichtigen, und zwar:

Glühlichtbrenner 150 l, Kocherbrenner 400 l, Brat- und Backöfen 800 l, Heizöfen je nach Größe 1 bis 4 m³, Badeöfen je nach Größe 4 bis 6 m³, Heißwasser-Stromautomaten 4 bis 10 m³, Gasmotoren je PS 0,75 m³.

Nach Bestimmung der beiläufigen Länge kann die lichte Weite der betreffenden Gasleitung der folgenden Tabelle entnommen werden.

Durchflußmenge in m³

bei verschiedenen Leitungslängen und Durchmessern

Lichte Weite		Länge der Leitung in Metern							
Zoll	mm	3	5	10	20	30	50	100	150
3/8	10	0,5	0,4	0,225	0,14	—	—	—	—
1/2	13	1,3	1,0	0,600	0,36	0,25	0,13	—	—
3/4	20	3,7	2,8	1,800	1,10	0,70	0,30	0,15	—
1	25	7,0	5,3	3,400	2,10	1,50	1,00	0,40	0,3
1 1/4	32	14,0	10,0	7,000	4,20	3,40	2,30	1,50	1,1
1 1/2	40	24,0	18,0	12,000	7,50	5,80	4,00	2,50	2,0
2	50	49,0	38,0	25,000	17,00	14,00	10,00	7,00	6,0
2 1/2	63	93,0	71,0	49,000	33,00	26,00	20,00	14,00	11,0
3	75	156,0	121,0	83,000	57,00	46,00	39,00	23,00	19,0
4	100	366,0	282,0	196,000	136,00	116,00	83,00	58,00	47,0

Bei Bestimmung der Rohrweiten soll stets auf eine etwaige Vergrößerung der Anlage und auf eine Vermehrung der Gasabgabe in dem betreffenden Hause Rücksicht genommen werden.

Unter Putz liegende Leitungen sollen mindestens 13 mm lichte Weite erhalten.

Die Gasleitungen sollen möglichst zugänglich sein und vor Frost geschützt werden. **Die Führung von Rohrleitungen durch Schornsteine und Kanäle ist strenge verboten.**

Um die Ansammlung von Wasser in den Leitungen zu verhindern, sind diese bei nassen Gasmessern mit Gefälle zu denselben, bei trockenen Gasmessern mit Gefälle von denselben zu verlegen. Sind an einzelnen Stellen größere Wasseransammlungen zu erwarten, so werden daselbst Wassersäcke angeordnet, die mit einer Wassersackschraube verschlossen werden. Tritt eine Leitung von einem warmen in einen kalten Raum, so ist das Gefälle nach dem wärmeren Raum hin zu verlegen und dort ein Wassersack anzuordnen.

Die Prüfung der Gasleitungen auf absolute Dichtigkeit erfolgt durch Abpressen derselben mit Luft und Bestreichen der Verbindungsstellen mit Seifenwasser.

Das Gaswerk nimmt vor Anschluß der Privatgasleitungen an die Zuleitung und vor Aufstellung der Gasmesser noch eine amtliche Prüfung der Verteilungs-, Steig- und Wohnungsleitungen vor, die daher auch nicht früher verputzt werden dürfen.

Absperrhähne, welche in jeder Steigleitung und in der Zuleitung zu jeder Wohnung außerhalb derselben, meist hinter Hahntürchen, zu versetzen sind, müssen derart angeordnet werden, daß sie jederzeit leicht zugänglich sind.

Die Bestimmung der Größe des Gasmessers erfolgt durch das Gaswerk. Wie erwähnt, gibt es trockene und nasse Gasmesser. Bei letzteren wird das Gas durch eine in eine Flüssigkeit eintauchende Trommel gemessen, die in mehrere Felder eingeteilt ist und sich bei Gasentnahme dreht. Bei den trockenen Messern geschieht die Messung durch ein System von Kammern in der Form von Lederbälgen, die sich abwechselnd füllen und entleeren. Folgende Tabelle gibt Aufschluß über Flammenzahl, Leistung und Rohranschluß sowie über Abmessungen der Gasmesser, wie sie von den städtischen Gaswerken der Gemeinde Wien zur Aufstellung gelangen.

Tabelle nasser Gasmesser

„Gemeinde Wien — städtische Gaswerke“

Beigestellt werden Gasmesser für Flammen		5	10	20	30	45	50	60	80	100	150	200
Der Gasmesser liefert stündlich eine Gasmenge von m³		0,8	1,5	2,8	4,3	6,6	7,2	8,5	11,4	14,3	22,5	28,5
Höhe mit Holländer	Maße in mm	440	515	650	700	785	800	850	940	990	1130	1150
Breite		350	425	520	556	620	668	705	730	810	900	955
Höhe		290	347	450	530	575	610	680	790	825	990	1160
Nötige Stärke der Zuleitung in mm		19	25	38	38	38 oder 51	38 oder 51	51	51	51	63	63

Der Gasmesser soll an einem kühlen, aber frostfreien und trocken gelegenen Ort eines gut lüftbaren Raumes derart aufgestellt werden, daß er bequem zugänglich ist und leicht abgelesen werden kann.

Bei innerhalb der Wohnung liegenden Leitungen ist dringend zu beachten, daß in jede zu einem Gasgerät führende Abzweigleitung, gleichgültig, ob letztere fest oder mittels Schlauchs angeschlossen ist, ein Absperrhahn eingebaut wird, dessen Stellung „auf“ oder „zu“ leicht erkennbar ist. Der Hahn ist geschlossen, wenn der Griff oder die Kerbe quer zur Gasleitung steht, offen, wenn er in die Richtung der Gasleitung fällt; eventuell sind Aufschrifttafeln vorzusehen. Die Hähne müssen auch derart angebracht sein, daß sie zunächst bequem erreichbar, aber auch gegen ein ungewolltes Verstellen, z. B. durch Anstreifen mit Kleidern, gesichert sind.

III. Gasbeleuchtung

a) Beleuchtungskörper

Man unterscheidet: Wandlampen, Hängelampen und transportable Stehlampen. Wandlampen sind entweder beweglich oder fest, Hängelampen bestehen aus einem herabhängenden Rohr mit daran befindlichem Unterteil, transportable Stehlampen werden mittels eines Schlauches mit einem an der Wand befindlichen Schlauchhahn in Verbindung gesetzt. Die Schläuche, welche aus Gummi oder Metall bestehen, dürfen nur zur Überleitung des Gases für kurze Strecken verwendet werden.

b) Das Gasglühlicht

Das Gasglühlicht (Auerlicht) besteht aus einem Bunsenbrenner und einem Glühkörper. Das Leuchtgas wird nicht direkt als Lichtquelle benutzt, sondern dient, mit Luft gemischt, dazu, einen aus Gewebe hergestellten und mit einer Lösung getränkten Glühkörper zu erhitzen und zum Leuchten zu bringen.

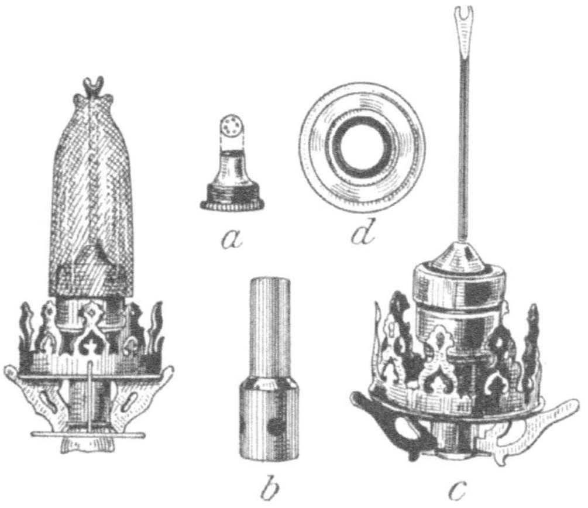

Abb. 30. Glühlichtbrenner mit Glühkörper

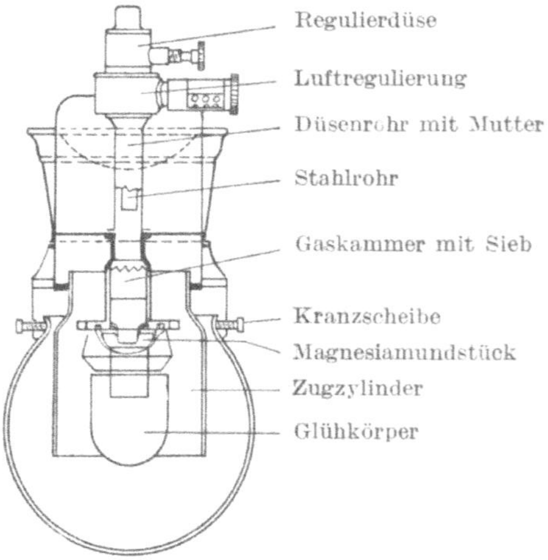

Abb. 31. Grätzinbrenner

Der Brenner besteht (Abb. 30 *a* bis *d*) aus einer Düse mit fünf kleinen Löchern *a*, aus einem Brennerrohr mit vier Luftröhrchen *b*, der Brennerkrone mit dem Glühkörperträger *c* und der Durchschlagsplatte *d*).

Je nach der Größe unterscheidet man drei Arten von Glühlichtbrennern, und zwar:

1. Den Juwel- oder Liliputbrenner für Treppen-, Flur- und Küchenbeleuchtung, welcher einen Gasverbrauch von rund 60 l in der Stunde und eine Lichtstärke von 35 bis 40 Hefnerkerzen hat;

2. den Normalbrenner mit einem Gasverbrauch von 100 bis 110 l je Stunde und einer Lichtstärke von 70 bis 90 Hefnerkerzen,

3. den Starklichtbrenner mit einem Gasverbrauch von 200 bis 220 l je Stunde und einer Lichtstärke von 200 Hefnerkerzen.

Beim hängenden Gasglühlicht (Invertlicht) wird die Hauptmenge des Lichtes unmittelbar nach unten gestrahlt. Die Hängelichtbrenner haben eine sicher wirkende Luftregulierung, mit denselben können Lichtstärken erzielt werden, welche mit stehenden Glühkörpern nicht erreichbar sind. Die Einrichtung des am meisten angewendeten Grätzinbrenners ist aus Abb. 31 zu ersehen.

Gasbeleuchtung ist befähigt, den gesteigerten modernen Anforderungen voll gerecht zu werden und wird besonders in letzter Zeit zur indirekten Beleuchtung mittels Reflektorlampen verwendet. (Diffuses Licht.)

IV. Gasheizung

Sie hat sich dort als zweckmäßig erwiesen, wo es sich um vorübergehende rasche Erwärmung zeitweise benützter Räume handelt. Vorzüge: Große Sauberkeit im Betriebe, einfache Bedienung, stete Betriebsbereitschaft, schnelles Anheizen mit sofortiger Wärmeabgabe, leichte Regelung derselben, Möglichkeit des sofortigen Abstellens. Nachteile: Höhere Brennstoffkosten, Gefahr von Gasausströmungen und Explosionen.

Zur Ermittlung des Wärmebedarfes dienen die folgenden Spaleckschen Tabellen; die Zahlentafel für zeitweise Heizung dient jedoch nur für übliche Raumgrößen in Wohn- und Geschäftshäusern; für größere Hallen, wie Kirchen, Bethäuser usw., muß der stündliche Wärmeverlust besonders berechnet werden.

Beispiel über die Benützung der Tabelle.

Ein ungeschützt liegender Raum von 100 m³ soll bei einer Außentemperatur von — 10° C auf eine Innentemperatur von + 15° C durch zeitweise Heizung erwärmt werden.

Aus der Tabelle 1 ergibt sich die Wärmeklasse 13, der nach der Tabelle 2 bei einer Raumgröße von 100 m³ ein Wärmebedarf von 10725 WE entspricht. Bei Annahme eines unteren Heizwertes des Gases von 3800 WE je m³ und einem Wirkungsgrad des Ofens von 85% werden aus 1 m³ Gas $3800 \times 85 = 3230$ WE nutzbar erhalten. Der stündliche Gasverbrauch des Ofens beträgt daher 10725 : 3230 = rund 3,3 m³. Für denselben Raum und bei gleicher Annahme der Außen- und Innentemperatur würde sich bei Dauerheizung (Wärmeklasse 6, Wärmebedarf 4950 WE) ein Gasverbrauch des Ofens von rund 1,5 m³ ergeben.

Der besonders bei zeitweiser Heizung hohe Gasverbrauch ist jedoch nur während der Anheizdauer erforderlich; nach Erreichung der verlangten Innentemperatur ist die Gaszufuhr zu drosseln (Anwendung selbsttätiger Temperaturregler).

Die Gasheizung trägt durch Entnahme von Verbrennungsluft aus dem zu heizenden Raum auch zu dessen Entlüftung bei, da 1 m³ zur Verbrennung rund 5 bis 6 m³ Luft benötigt.

Tabellen zur Ermittlung des Wärmebedarfes und der Ofengröße

Tabelle 1

Ermittlung der **Wärmeklasse** auf Grund nachstehender Vorbedingungen

Art der Heizung	Dauerheizung																							
Lage des Raumes	ungeschützt												geschützt											
Außentemperatur	—20° C				—10° C				± 0° C				—20° C				—10° C				± 0° C			
Verlangte Innentemperatur ° C	12	15	18	20	12	15	18	20	12	15	18	20	12	15	18	20	12	15	18	20	12	15	18	20
Wärmeklasse	7	8	8a	9	5	6	6a	7	3	4	4a	5	5	6	6a	7	4	5	5a	6	2	3	3a	4

Art der Heizung	Zeitweise Heizung																							
Lage des Raumes	ungeschützt												geschützt											
Außentemperatur	—20° C				—10° C				± 0° C				—20° C				—10° C				± 0° C			
Verlangte Innentemperatur ° C	12	15	18	20	12	15	18	20	12	15	18	20	12	15	18	20	12	15	18	20	12	15	18	20
Wärmeklasse	12	15	18	20	10	13	16	18	6	9	12	14	7	10	13	15	6	9	12	14	4	7	10	12

Für Temperaturdifferenzen, die zwischen obigen Tabellenwerten liegen, ist der entsprechende Wert der Wärmeklasse durch geradlinige Zwischenschaltung zu berechnen.

Tabelle 2

zeigt den der Raumgröße entsprechenden **Wärmebedarf** auf Grund der nach Tabelle 1 gefundenen Wärmeklassen

Raumgröße m³	Wärmeklasse																							
	2	3	3a	4	4a	5	5a	6	6a	7	8	8a	9	10	11	12	13	14	15	16	17	18	19	20
	Wärmeeinheiten-Stunden																							
20	700	1050	1225	1400	1575	1750	1925	2100	2275	2450	2 800	2 975	3 050	3 500	3 850	4 200	4 550	4 900	5 250	5 600	5 950	6 300	6 650	7 000
30	850	1275	1480	1700	1900	2125	2300	2550	2760	2975	3 400	3 600	3 825	4 250	4 675	5 100	5 525	5 950	6 375	6 800	7 225	7 650	8 075	8 500
40	1000	1500	1750	2000	2250	2500	2750	3000	3250	3500	4 000	4 250	4 500	5 000	5 500	6 000	6 500	7 000	7 500	8 000	8 500	9 000	9 500	10 000
50	1100	1650	1925	2200	2475	2750	3025	3300	3575	3850	4 400	4 675	4 950	5 500	6 050	6 600	7 150	7 700	8 250	8 800	9 350	9 900	10 450	11 000
60	1200	1800	2100	2400	2700	3000	3300	3600	3900	4200	4 800	5 100	5 400	6 000	6 600	7 200	7 800	8 400	9 000	9 600	10 200	10 800	11 400	12 000
70	1300	1950	2275	2600	2925	3250	3575	3900	4225	4550	5 200	5 525	5 850	6 500	7 150	7 800	8 450	9 100	9 750	10 400	11 050	11 700	12 350	13 000
80	1400	2100	2450	2800	3150	3500	3850	4200	4550	4900	5 600	5 950	6 300	7 000	7 700	8 400	9 100	9 800	10 500	11 200	11 900	12 600	13 300	14 000
90	1530	2300	2680	3060	3440	3825	4210	4590	4975	5355	6 120	6 500	6 895	7 650	8 415	9 180	9 945	10 710	11 475	12 240	13 000	13 760	14 500	15 250
100	1650	2475	2890	3300	3710	4125	4540	4950	5365	5775	6 600	7 010	7 425	8 250	9 075	9 900	10 725	11 550	12 375	13 200	14 025	14 850	15 675	16 500
110	1780	2670	3115	3560	4000	4450	4895	5340	5770	6200	7 120	7 565	8 010	8 900	9 790	10 680	11 370	12 260	13 350	14 240	15 100	16 000	16 860	17 750
120	1900	2850	3325	3800	4275	4750	5225	5700	6175	6650	7 600	8 075	8 550	9 500	10 450	11 400	12 350	13 300	14 250	15 200	16 150	17 100	18 050	19 000
140	2070	3100	3620	4135	4655	5175	5690	6210	6725	7245	8 280	8 790	9 315	10 350	11 385	12 400	13 465	14 490	15 525	16 550	17 575	18 600	19 650	20 650
160	2240	3360	3920	4480	5040	5600	6160	6720	7280	7840	8 960	9 520	10 080	11 200	12 320	13 440	14 560	15 680	16 800	17 920	19 040	20 130	21 240	22 300
180	2400	3600	4200	4800	5400	6000	6600	7200	7800	8400	9 600	10 200	10 800	12 000	13 200	14 400	15 600	16 800	18 000	19 200	20 400	21 600	22 800	24 000
200	2600	3900	4550	5200	5850	6500	7150	7800	8450	9100	10 400	11 050	11 700	13 000	14 300	15 600	16 900	18 200	19 500	20 800	22 100	23 400	24 700	26 000

Gebräuchlichste Typen von Gasheizöfen

a) Der Reflektorofen (Abb. 32)

Die Heizung erfolgt durch Leuchtflammenbrenner, hinter denen sich ein Reflektor aus blankpoliertem Kupferblech befindet, der einen Teil der erzeugten Wärme in den Raum ausstrahlt. Die Verbrennungsgase ziehen nach Umstreichen der im oberen Teile des Ofens eingebauten Luftwärmungskanäle in den Abzugsschacht.

Eine besondere Art dieser Öfen sind die Wandheizöfen (Abb. 33), die, an der Wand montiert, die Möglichkeit einer guten Raumausnützung bieten.

Bei diesen Öfen ist das Heizregister in einem kaminartigen Umbau eingeschlossen, in dem die erwärmte Luft wie in einem Schornstein hochsteigt, wodurch eine besonders starke Luftumwälzung stattfindet.

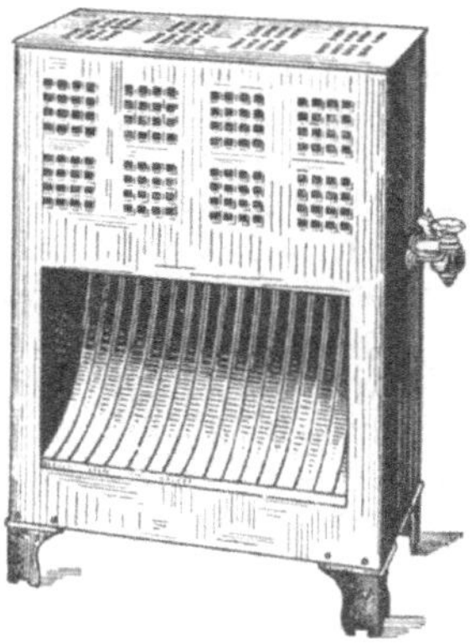

Abb. 32. Reflektorofen

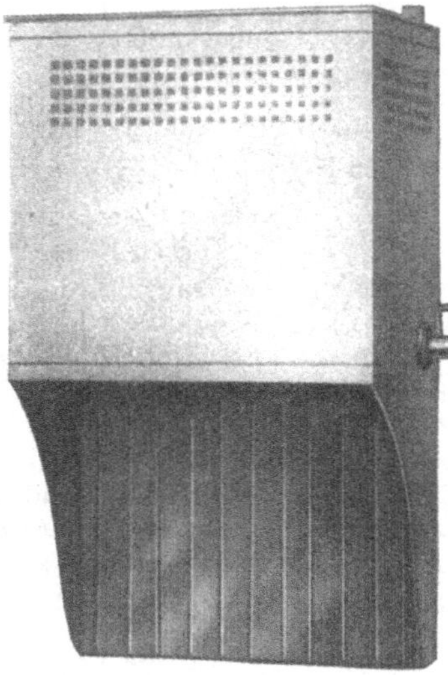

Abb. 33. Wandheizofen

Tabelle über Reflektoröfen

(Fabrikat Friedr. Siemens)

Größen, Gasverbrauch, Heizkraft und Gewicht

Modell	Höhe	Breite bis Mitte Hahn	Tiefe	Reflektorbreite	Gasverbrauch je Stunde bei 3200 WE[1]) beim Anheizen	Gasverbrauch je Stunde bei 3200 WE[1]) beim Fortheizen	Gasverbrauch je Stunde bei 4000 WE[1]) beim Anheizen	Gasverbrauch je Stunde bei 4000 WE[1]) beim Fortheizen	Erwärmt einen Raum auf +18° C bei —20° C Außentemperatur von	Rohrweite der Gaszuleitung	Höhe vom Fußboden bis Mitte Gaseinströmung	Höhe vom Fußboden bis Mitte Abzugrohr	Durchmesser d. Abzugrohres	Nettogewicht	Preis, lackiert
	mm	mm	mm	mm	m^3	m^3	m^3	m^3	m^3	″	mm	mm	mm	kg	S
4 B	610	360	320	260	0,90	0,20	0,72	0,16	40	1/2	330	550	50	15	121,00
4 C	810	490	330	330	1,40	0,46	1,12	0,37	60	1/2	440	720	60	25	159,00
4 D	810	560	330	400	1,80	0,60	1,44	0,48	90	1/2	440	720	67	28	181,00
4 E	860	660	330	500	2,50	0,83	2,00	0,60	128	3/4	490	750	76	33	201,00
4 F	860	760	330	600	2,80	0,90	2,24	0,74	146	3/4	490	750	87	37	225,00
4 G	880	930	350	770	3,50	1,10	2,80	0,95	180	3/4	490	750	92	43	262,00
4 H	1010	1060	370	900	3,80	1,30	3,00	1,00	220	3/4	590	850	99	51	298,00

[1]) Heizwert des Gases je m^3.

Tabelle über Wandheizöfen
(Fabrikat Friedr. Siemens)

Modell	Höhe	Breite bis Mitte Hahn	Tiefe	Reflektorbreite	Gasverbrauch je Stunde bei 3200 WE[1]) beim Anheizen	Gasverbrauch je Stunde bei 3200 WE[1]) beim Fortheizen	Gasverbrauch je Stunde bei 4000 WE[1]) beim Anheizen	Gasverbrauch je Stunde bei 4000 WE[1]) beim Fortheizen	Erwärmt einen Raum auf + 18° C bei — 20° C Außentemperatur von	Gasanschluß	Höhe von Unterkante des Ofens bis Mitte Gaseinströmung	Durchmesser des Abzugrohres	Nettogewicht	Preis, lackiert
	mm	mm	mm	mm	m³	m³	m³	m³	m³	″	mm	mm	kg	S
H	320	270	150	185	0,35	0,07	0,30	0,06	13	3/8	180	—	2,00	38,00
H 1	580	340	240	280	0,63	0,14	0,50	0,10	24	1/2	280	50	6,80	73,00
H 2	580	390	240	340	0,70	0,18	0,56	0,14	27	1/2	280	50	7,20	85,00
H 3	580	440	240	380	0,91	0,25	0,73	0,20	36	1/2	280	60	8,00	95,00
H 4	580	490	240	430	0,95	0,30	0,76	0,24	46	1/2	280	60	9,50	101,00

[1]) Heizwert des Gases je m³.

b) Der Radiatorofen

Abb. 34. Radiatorofen

Die bekannteste Form des Gasheizofens ist der den Zentralheizungsradiatoren nachgebildete, aus gußeisernen oder schmiedeeisernen Elementen zusammengesetzte Radiatorofen (Abb. 34), welcher für die Beheizung kleiner als auch größerer Räume benützt wird.

Der Radiatorofen besitzt Leuchtflammenbrenner (Schnittbrenner), hinter dem sich meist ein Reflektor befindet. Die Abgase steigen in den flachgedrückten Röhren der Radiatorelemente hoch, werden in einer gemeinsamen Kopfverbindung gesammelt und mittels eines Abzugrohres in den Schornstein geführt. Am Abzugende der Kopfverbindung haben die meisten Öfen einen Wassersack zur Aufnahme von Niederschlagswasser, das durch eine Ablaßschraube entfernt werden kann.

Tabelle über Radiatoröfen (Abb. 34)
(Fabrikat Prometheus)

Anzahl der Elemente	Höhe	Ofenlänge mit Hahn und Griff	Tiefe	Gasverbrauch je Stunde bei zirka 4000 WE	Gibt ab in der Stunde bis zu WE	Erwärmt einen Raum auf + 18° C bei — 20° C Außentemperatur von	Rohrweite der Gaszuleitung	Durchmesser des Abzugrohres	Höhe vom Fußboden bis Mitte Gaseinströmung	Höhe vom Fußboden bis Mitte Abzugrohr	Nettogewicht	Preis, gestrichen
	mm	mm	mm	m³		m³	engl. ″	mm	mm	mm	kg	S
4	1010	435	335	0,64	2100	20	1/2	60	150	950	34	154
5	1010	500	335	0,80	2600	30	1/2	60	150	950	41	178
6	1010	565	335	0,96	3300	45	1/2	60	150	950	47	202
7	1010	625	335	1,12	3700	60	1/2	70	150	950	54	226
8	1010	690	335	1,28	4200	80	1/2	70	150	950	60	250
9	1010	750	335	1,44	4800	95	1/3	70	150	950	67	274
10	1010	815	335	1,60	5300	110	1/2	70	150	950	73	298

c) Glühkörperöfen

Sie haben besonders in neuester Zeit größere Verbreitung gefunden. Sie arbeiten mit entleuchteten Flammen (Bunsenbrenner).

Über jeder einzelnen Flamme ist ein aus rippenförmig durchbrochenen, länglichen Magnesiaröhrchen bestehender Glühkörper angeordnet, der durch die Flammen auf Rotglut erwärmt wird und derart die erzeugte Wärme durch Strahlung aussendet.

Über dem Glühkörper ist entweder ein Heizregister oder ein radiatorähnlicher Heizgliederaufbau angeordnet, in welchem die restliche Wärme weiterverwertet wird.

Gasheizöfen müssen an die Gasleitung ausnahmslos durch eine feste Verbindung angeschlossen werden. Die Benützung von Schläuchen ist verboten.

Vor jedem Ofen ist ein bequem zugänglicher Absperrhahn in die Gaszuleitung einzubauen, an dessen Stellung leicht zu erkennen sein muß, ob er geöffnet oder geschlossen ist.

Die Zuleitung zu den Öfen ist derart zu dimensionieren, daß die der Höchstleistung der Öfen entsprechende Gasmenge zugeführt werden kann. (Vgl. Tabelle S. 676.)

Jeder Ofen soll derart im Raum aufgestellt werden, daß er gleichmäßig nach allen Seiten ausstrahlen und eine lebhafte Luftumwälzung hervorrufen kann.

Mit Gas geheizte Kessel von Warmwasser- oder Niederdruckdampfheizungen dienen als Ersatz bei Großkesselanlagen und haben sich besonders in Übergangszeiten (Frühjahr und Herbst) als zweckmäßig erwiesen. (Geringere Zahl der Betriebsstunden, leichte Betriebsunterbrechung.)

Über die Abführung der Abgase siehe S. 687.

V. Warmwasserversorgung durch Gas

(siehe auch den Abschnitt über Warmwasserbereitung, S. 693)

Die Leistung der Gaswarmwasserbereiter wird von den Fabriken in Liter Wasser je Minute angegeben, welche den Bereiter bei normalem Gasdruck und Heizwert des Gases um eine bestimmte Anzahl von Temperaturgraden erwärmt. Bei der Verbrennung des Gases wird nicht die ganze Wärmemenge auf das Wasser übertragen, da die Abgase mit ungefähr 150° C abziehen müssen, damit der Schornstein den erforderlichen Zug erhält. Der Wirkungsgrad guter Warmwasserbereiter (Verhältnis der nutzbar gemachten zur aufgewendeten Wärmemenge) kann mit 85 bis 90% angenommen werden.

Die Gaswarmwasserbereiter werden als Durchfluß- oder als Vorratserwärmer erzeugt. Das kalte Wasser wird in den aus verzinntem Kupfer hergestellten Heizflächen, die, entweder als Rohrschlange, als ebene oder zylindrische Flächen ausgebildet sind erwärmt.

Im allgemeinen werden sie mit leuchtenden Flammen ausgestattet, die sich unbegrenzt kleinstellen lassen, jedoch den Nachteil haben, daß sie bei Berührung mit kalten Flächen Ruß absetzen, der ein schlechter Leiter ist und den Wärmeübergang der Heizgase an das Wasser verhindert. Die Berührung der leuchtenden Flammen mit den Heizflächen ist daher durch richtige Einstellung der Gaszufuhr zu vermeiden.

Durch die starke Abkühlung der Heizgase an den wasserführenden Wandungen (insbesondere bei Inbetriebsetzung) bildet sich Kondenswasser, das durch eine eigene Leitung abgeführt werden muß.

Bei den Gaswarmwasserbereitungsapparaten befinden sich auf der einen Seite der Heizfläche Wasser, auf der anderen die Heizgase; beide Seiten sind gleich groß. Wenn die Fläche der wasserberührten Wandungen (Heizfläche) klein bleibt, aber ein möglichst großer Wärmeübergang erzielt werden soll, muß jene Fläche, an welche die Heizgase die Wärme abgeben, vergrößert werden; diese erfolgt meist durch Anordnung von Lamellen. In den großen Flächen derselben geben die Heizgase ihre Wärme ab, die von dort an die eigentliche Heizfläche und von dieser an das Wasser weitergeleitet wird.

α) Gasbadeöfen für Einzelversorgung. Man unterscheidet offene und geschlossene Gasbadeöfen. Bei ersteren fällt das Wasser aus Brausen in sehr feiner Verteilung herab und wird hierbei von den in entgegengesetzter Richtung streichenden, heißen Verbrennungsgasen erwärmt. Durch diese unmittelbare Berührung erhält aber das Wasser den Geruch des Gases und nimmt die durch die Verbrennung entstehenden Verunreinigungen auf, weshalb es nur für Badezwecke geeignet ist.

Die offenen Gasbadeöfen sind infolge ihrer einfachen Bauart viel billiger als die geschlossenen; bei denselben kommen Defekte weder durch Frostgefahr noch solche infolge Durchbrennens vor.

Bei geschlossenen Gasbadeöfen tritt das Wasser mit den Heizgasen nicht in unmittelbare Berührung. Am häufigsten werden sogenannte Durchflußerwärmer verwendet, bei denen das Wasser während des Durchfließens erwärmt wird.

Der Wasserinhalt soll hierbei möglichst gering sein, weshalb der Ofen, wenn das Gas ohne Wasserdurchfluß brennt, sehr rasch defekt werden würde. Der Apparat muß deshalb mit einer Armatur versehen sein, bei welcher der Gashahn erst dann geöffnet werden kann, wenn Zündflamme und Wasserhahn bereits offen sind; diese Konstruktion sichert gegen falsche Bedienung. Es kann aber durch irgendeinen Umstand das Wasser plötzlich ausbleiben, wodurch eine Zerstörung des Apparats schnell herbeigeführt werden könnte; um dieser Gefahr vorzubeugen, schützt man den Apparat durch Vorsehen einer Wassermangelsicherung.

Preise der Junkers-Wand-Gasbadeöfen

Erwärmt von 10 auf 35° C Liter	Preis in Schilling Apparat vernickelt
13—16	385
18—22	610

Die Abb. 35 erläutert das Wesentlichste des Gasbadeofens (System Junkers), der hauptsächlich als Wandofen Verwendung findet.

Am Apparat ist zu unterscheiden der Innenkörper, die Armatur mit dem Gaszuführungsrohr und der äußere Ziermantel. Der Innenkörper besteht aus einer rohrgekühlten Verbrennungskammer, die zur Aufnahme und freien Entwicklung der Flammen und zur Erzeugung des Heizgasauftriebs dient und oben durch den Lamellenheizkörper abgeschlossen wird. Hier erfolgt die eigentliche Erwärmung des Wassers.

Die Heizgase werden durch die Lamellen in viele dünne Schichten aufgeteilt, wodurch ein lebhafter Wärmeübergang aus den Heizgasen an die Lamellen stattfindet, die wiederum die Wärme durch die Lamellenrohre an das Wasser weiterleiten. Zur Bedienung des Ofens dient eine Hahnsicherung, bestehend aus Gas-, Wasser- und Zündflammenhahn. Diese sind so angeordnet, daß vor Gebrauch stets erst der Wasser- und Zündflammenhahn und zuletzt der Gashahn geöffnet und umgekehrt nach Gebrauch erst der Gashahn und dann der Wasser- und Zündflammenhahn geschlossen werden muß. Hierdurch wird jede falsche Handhabung und damit jede Gefahr für den Benützer oder den Ofen ausgeschaltet.

Die Installation des Ofens Abb. 36 erfolgt durch Aufhängung an die von oben herabgeführte Gasleitung und Verbindung mit der Wasser- und Abgasleitung. Jede weitere Befestigung ist unnötig.

β) Vorratserwärmer (Speicher). Wenn das Wasser nicht während des Durchlaufens, sondern auf Vorrat erwärmt wird, so spricht man von Vorratserwärmern (Speichern), die stets eine gewisse Menge heißen Wassers vorrätig haben.

Das Gas muß schon einige Zeit vor der beabsichtigten Wasserentnahme angezündet werden. Die Wassertemperatur wird dann selbsttätig durch einen Temperaturregler

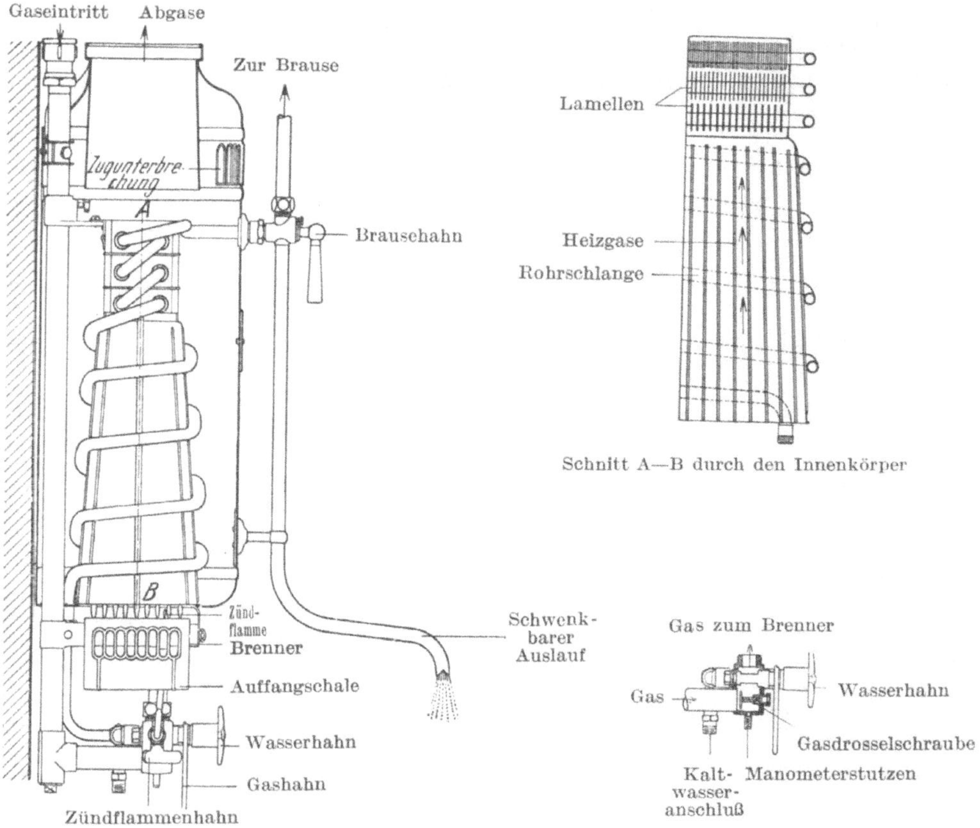

Abb. 35. Prof. Junkers Wandgasbadeofen

derart geregelt, daß bei Erreichung einer Höchsttemperatur (rund 80° C) die Brennerflammen derart kleingestellt werden, daß nur so viel Gas zugeführt wird, als zur dauernden Erhaltung dieser Höchsttemperatur erforderlich ist. Das kalte Wasser wird im unteren Teile des Ofens zugeführt, damit es sich nicht sofort mischt und die Temperatur des Wasservorrates herabgesetzt, das warme Wasser oben entnommen.

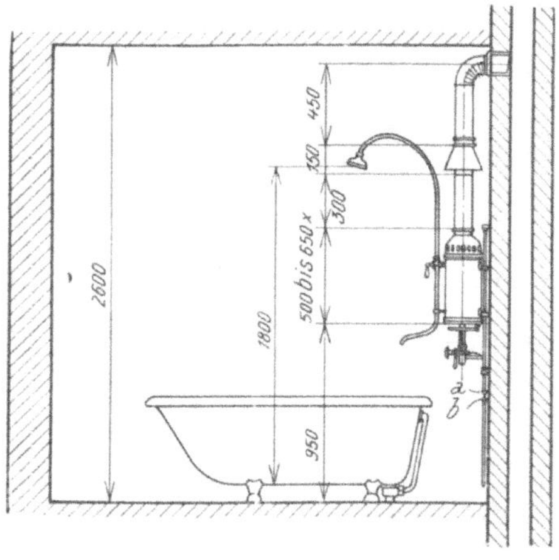

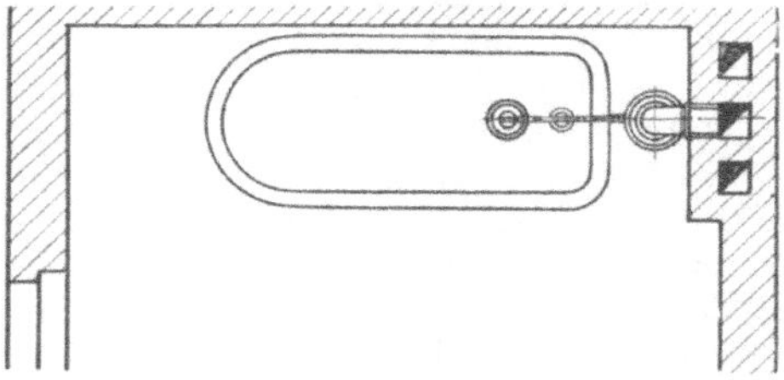

a Gasabsperrhahn, *b* Wasserabsperrhahn
Ansicht

Draufsicht

Abb. 36. Installation des Gasbadeofens

γ) Stromautomaten für zentrale Wasserversorgung. Das Wasser wird während des Durchfließens erwärmt. Solange die Flammen brennen, kann der mit dem Apparat verbundenen Warmwasserleitung durch bloßes Öffnen

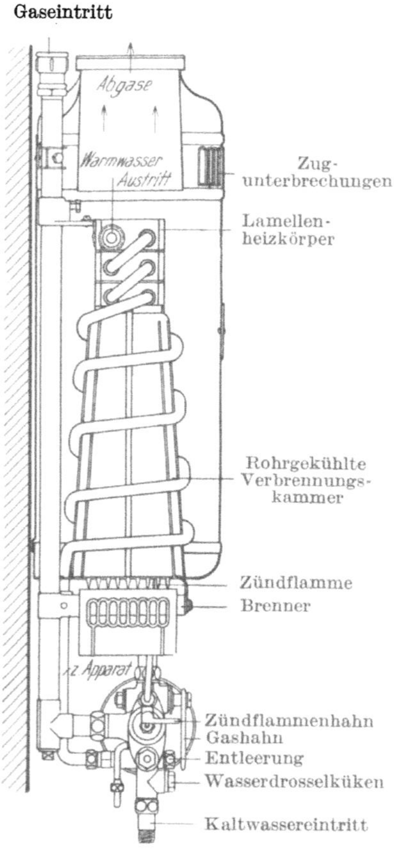

Abb. 37a. Prof. Junkers Stromautomat

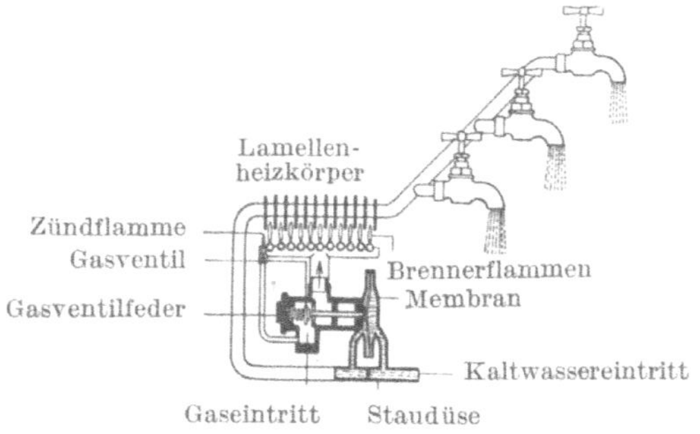

37b. Zapfhahn geöffnet, Gasventil geöffnet. Bei strömendem Wasser erzeugt die Staudüse Überdruck an der Membran; diese öffnet das Gasventil

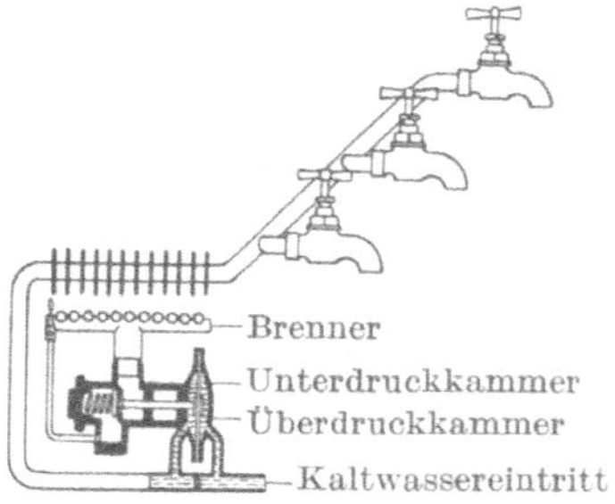

37c. Zapfhahn geschlossen, Gasventil geschlossen. Bei Stillstehen des Wassers ist Membrandruck auf beiden Seiten gleich. Gasventil durch Federdruck geschlossen

Abb. 37b—c. Schematische Darstellung der Wirkungsweise

eines Zapfhahnes an beliebigen Stellen heißes Wasser entnommen werden. Die Armatur ist derart ausgebildet, daß bei Öffnen irgendeiner Zapfstelle Gas aus dem Brenner austritt und sich selbsttätig an der stets brennenden Zündflamme entzündet.

Der Regelung der Gaszufuhr des Junkersschen Stromautomaten (Abb. 37a) liegt folgendes Prinzip zugrunde:

Ein kreisförmiger Wasserraum wird durch eine Membran in zwei einzelne Kammern geteilt (Abb. 37b—c); jede ist durch einen besonderen Kanal mit der Kaltwasserzuleitung verbunden. Zwischen den Mündungen beider Kanäle ist in die Kaltwasserleitung eine Staudüse eingesetzt. Hier tritt bei Wasserdurchfluß eine Stauung ein, so daß der Wasserdruck vor der Verengung größer ist als der hinter derselben. Dieser Druckunterschied wird durch die beiden Kanäle auf die Membrankammer übertragen und die Membran durch den von einer Seite erzeugten Überdruck durchgebogen. Diese Bewegung wird auf das geschlossene Gasventil übertragen und dieses geöffnet, so daß Gas zum Brenner treten und sich an der ständig brennenden Zündflamme entzünden kann.

Hört der Wasserdurchfluß auf, so stellt sich auf beiden Seiten der Membran wieder gleicher Druck ein und das Gasventil geht unter Einwirkung der Spannfeder wieder in seine geschlossene Stellung zurück; der Brenner verlöscht.

Die Automaten werden für eine Leistung von 6 bis 30 l in der Minute erzeugt.

Das Gas zur Speisebereitung

Vorzüge des Kochens mit Gas gegenüber jenem mit Kohle: Außerordentlich bequeme und einfache Bedienung, stete Gebrauchsbereitschaft und Reinlichkeit, schnelle und leichte Regelung der Wärme und Wirtschaftlichkeit bei verständiger Bedienung.

Preise der Junkers-Stromautomaten

Erwärmt von 10 auf 35° C	Apparat, vernickelt
6— 7,5 l	S 410,00
13—16 l	„ 500,00
18—22 l	„ 650,00
26—32 l	„ 895,00

Bei allen Gaskochern kommt zur Vermeidung der Rußbildung die entleuchtete Flamme (Bunsenflamme) zur Verwendung. Man unterscheidet der Konstruktion nach offene und geschlossene Kochplatten und bezeichnet dieselben je nach der Anzahl der Brenner als Ein-, Zwei-, Drei- und Vierlochbrenner.

Der wichtigste Teil eines Kochapparates ist der Brenner, der mit einem Hahn versehen ist, der derart gestellt werden kann, daß sowohl starkes (Gasverbrauch 400 l in der Minute) als auch schwächeres Feuer entsteht. Die Kochgeschirre werden meist unmittelbar über den Brenner gestellt, so daß die offene Flamme den ganzen Boden des Topfes heizt und die aufsteigende Wärme auch seine Seitenwände bestreicht. Sobald der Inhalt kocht, kann durch Drehen des Hahnes nach links die volle Flamme durch die kleine Sparflamme (die nur noch 35 bis 40 l stündlichen Gasverbrauch hat) ersetzt werden.

Brat- und Backrohre sind mit leuchtender Flamme ausgestattet, die länglich und spitz aus kleinen Öffnungen, die in geringen Abständen in den eisernen Gasverteilungsrohren angeordnet sind, brennt. Die kastenförmigen Brat- und Backöfen weisen meist geschlossene Bauart auf, wodurch sie vom Verbrennungsraum vollkommen abgeschlossen sind.

Bei Gasherden sind Kocher sowie Bratrohre in einem Apparat vereinigt, welcher auch noch mit einem zweiten Bratraum oder einem Tellerwärmer ausgestattet werden kann. Kocher und Bratröhren können durch Schläuche an die Gasleitung angeschlossen werden, während Gasherde in fester Verbindung mit derselben stehen müssen.

Gasapparate werden auch für technische und gewerbliche Zwecke verwendet.

VI. Die Abführung der Abgase

Die hauptsächlichen Verbrennungsprodukte des Gases sind Kohlensäure und Wasserdampf, die beide bei stärkerer Ansammlung in einem Raume gesundheitsschädlich wirken. Von einer bestimmten Größe der Gasgeräte an muß daher für die Abführung der Abgase gesorgt werden.

In Küchen ist ein stündlicher Gasverbrauch von 2,4 m³ auf 50 m³ Luftraum zulässig. In Großgasküchen sind die Abgase von Brat- und Backschränken durch Anschluß an einen Schornstein abzuführen. Die Abführung der Abgase der Gasherde erfolgt zweckmäßig durch eine künstliche Entlüftung der Großgasküche.

Badeöfen und Heißwasserautomaten sind ausnahmslos an einen Schornstein anzuschließen, ebenso Gasheizöfen.

Das Gasregulativ enthält für die Ableitung der Abgase von Gasgeräten folgende Bestimmungen, und zwar:

Die Abströmöffnung des Apparates für die Verbrennungsgase muß mit einem gut ziehenden, direkt ins Freie führenden Schornstein, welcher den Vorschriften der Bauordnung zu entsprechen hat, dichtschließend und fest verbunden sein. Der Schornstein darf nicht gleichzeitig für verschiedene Stockwerke dienen; der Anschluß anderer Feuerstellen aus dem gleichen Stockwerk ist jedoch zulässig.

Ist in bestehenden Gebäuden ein gemauerter Abzugschlauch nicht zu erreichen, so können zur Ableitung der Verbrennungsprodukte ausnahmsweise auch dichtschließende, feuersichere Rohre mit genügender Zugwirkung verwendet werden, welche ins Freie münden und dort mindestens zwei Meter hoch geführt sein müssen.

Es ist zweckmäßig, bei der Ermittlung des erforderlichen Rohrdurchmessers sich an die nachstehende Zahlentafel zu halten:

Bei einem stündlichen Gasverbrauch des Gerätes von m^3:	2	5	7	10	15
erforderlicher Durchmesser des Abzugrohres in cm:	10	12	15	17	20

Als Grundsatz hat aber zu gelten, daß die Abgaseableitung in ihrem Durchmesser niemals kleiner bemessen sein darf als der Abgasestutzen an dem zur Verwendung kommenden Gasgerät. Soll die Abgaseableitung für die Abfuhr der Abgase mehrerer Gasgeräte dienen, so muß der Querschnitt der Abgaseleitung in den einzelnen Abschnitten jeweils die Summe der Abzugquerschnitte der anzuschließenden Gasgeräte betragen. Mehr als **drei** Gasgeräte sollen aber nicht an eine gemeinsame Abgaseableitung angeschlossen werden.

Die Abgaseableitung vom Gasgerät zum Schornstein muß stets so verlegt sein, daß unnütze Wege vermieden werden, die Leitung aber zur Schornsteinmündung stetig ansteigt. Ebenso sind alle unnützen Richtungsänderungen in der Abgaseableitung zu vermeiden. Sehr nachteilig ist die vielfach geübte Gepflogenheit, die Richtung der Abgaseableitung unmittelbar oberhalb des Gerätes durch Aufsetzen eines Rohrknies zu ändern. Dies führt in den meisten Fällen zu Stauungen, die die Wirkungsweise des Gasgerätes ungünstig beeinflussen. Ein etwa notwendiger Bogen (Knie) soll erst in einer mindest dem dreifachen Rohrdurchmesser entsprechenden Entfernung vom Gasgerät angebracht werden.

Das gleichzeitige Einmünden von Abgaseableitungen von Gasgeräten und Heizeinrichtungen für feste Brennstoffe in einen gemeinsamen Schornstein ist gestattet, wenn die Geräte im gleichen Stockwerk verwendet werden. Es dürfen jedoch nur höchstens vier Feuerstellen an einen Schornstein angeschlossen sein.

Bei der Einmündung der Abgaseableitung eines Gasgerätes in einen Schornstein, an den auch Feuerstätten für feste Brennstoffe angeschlossen sind, ist darauf zu achten, daß die Einmündung des Gasgeräteabzuges stets oberhalb der Einmündung des Rauchrohres des Kohlenofens angeordnet ist.

Es ist weiters darauf zu achten, daß die Abgase im Schornstein ungehindert hochziehen können. Das Abgaseableitungsrohr darf daher **nicht** in den freien Querschnitt des Schornsteins hineinragen.

Der wechselnde Zug des Schornsteins darf auf den Heizraum des Gasheiz- oder -badeofens nicht einwirken. Zu diesem Zweck ordnet man Zugunterbrecher an, mit welchen fast alle guten Gasheiz- und Gaswarmwasserbereitungsapparate ausgestattet sind. Ist zu befürchten, daß sich Windstöße durch den Schornstein bis zu den Flammen fortsetzen und das Brennen derselben stören könnten, so sind Rückstausicherungen einzuschalten, als welche vielfach schon die Zugunterbrecher ausgebildet sind.

In der Abb. 38 sind die Wirkungen des Zugunterbrechers und der Rückstausicherung bildlich gekennzeichnet.

Schornsteine, die an kalten Außenmauern hochgehen (freiliegende Feuermauern), sind meist für die Ableitung der Abgase von Gasgeräten ungeeignet. Der in den Abgasen enthaltene Wasserdampf verdichtet sich während des Hochsteigens der Abgase im Schornstein infolge der vorzeitigen Abkühlung der Abgase zu feinen Wassertröpfchen. Die anfangs leichter als die sie umgebende Luft gewesenen Abgase werden dadurch schwerer als die Luft, die Wirkung des Schornsteins hört daher auf und es tritt eine Stauung der Abgase ein. Aus den im Schornstein nur langsam oder gar nicht mehr hochsteigenden Abgasen schlagen sich die Wassertröpfchen an den den Schornstein begrenzenden kalten Wandflächen nieder und es kommt zur Bildung von feuchten Flecken im Schornsteinmauerwerk. Die nicht mehr abziehbaren Abgase treten in den Raum aus und verursachen Störungen. Es ist daher in Fällen, wo nur örtlich ungünstig liegende Schornsteine zur Verfügung stehen, die Ableitung der Abgase unmittelbar ins Freie vorzuziehen.

Die einzig richtige Anordnung solcher Abgaseableitungen zeigt die Abbildung 39.

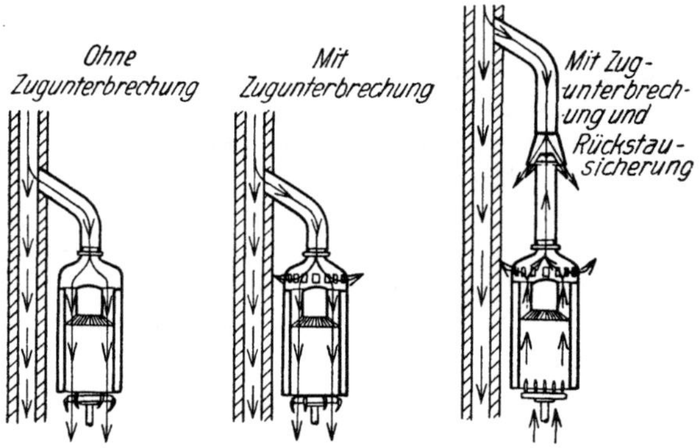

Abb. 38
Zugunterbrecher und Rückstausicherung (Wirkungsweise)

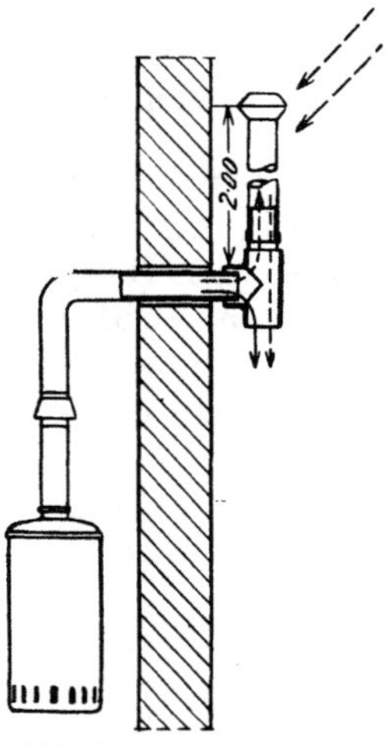

Abb. 39. Abgasableitung

Nach dem Gerät ist in richtiger Entfernung in die aufsteigende Abgaseableitung eine Rückstausicherung einzubauen; dann ist für die Verbindung des aus dem Raume austretenden Rohres mit dem außen zwei Meter hochzuführenden ein T-Stück zu verwenden, dessen freierAst nach unten vollständig offen sein muß. Hierdurch kann das sich bildende Niederschlagswasser frei abfließen. Aber auch im hochgehenden Rohrstück auftretende Sturzwinde können den Austritt der Abgase nicht behindern, da diese dann nach unten abströmen können.

Zweckmäßig ist es, das obere Ende des außen hochsteigenden Rohres mit einer Windschutzhaube zu versehen. Besonders ist hier darauf zu achten, daß nur Windschutzhauben verwendet werden, die tatsächlich die Sturzwinde von der Schornsteinmündung ablenken.

Vollständig ungeeignet sind drehbare Windschutzhauben für Schornsteine und Abgaseableitungen von Gasgeräten. Da die Abgase Wasserdampf mitführen, können im Winter diese drehbaren Windschutzhauben leicht festfrieren. Bei einer Änderung der Windrichtung kann dann eine so festgefrorene Windschutzhaube geradezu als Windfänger wirken.

D. Versorgung von Häusern mit kaltem und warmem Wasser

I. Kaltwasserbedarf und dessen Versorgung

Trinkwasser muß frei von Krankheitserregern, klar, farb- und geruchlos sein, darf keinen fremdartigen Geschmack haben und soll die Temperatur von 7 bis 13° C weder unter- noch überschreiten. Der Wohlgeschmack wird hauptsächlich durch Kohlensäure erzielt; nach Reichardt & Kubel ist Trinkwasser noch gut zu nennen, wenn es unter 100000 Teilen nicht mehr enthält als:

10	bis 50	Teile	festen Rückstand,	0,2	bis 3	Teile	Chlor,
0,4	„ 1,5	„	Salpetersäure,	6,3	„ 10	„	Schwefelsäure,
3	„ 5	„	organische Stoffe,	18	„ 20		deutsche Härtegrade,

wobei man unter deutschen Härtegraden das Vorhandensein von 1 Teil Kalziumoxyd auf 100 Teile Wasser versteht.

Städte haben im allgemeinen eine zentrale Wasserversorgung, während in ländlichen Gegenden die Einzelversorgung vorherrschend ist. Der Verbrauch an Wasser richtet sich nach der Zahl der Einwohner, den örtlichen Verhältnissen, der Zahl der Gewerbetreibenden u. dgl. (siehe Wasserbedarf, S. 15).

II. Anschluß des Einzelhauses an die Zentralwasserversorgung (Abb. 40)

Der Anschluß des Einzelhauses an das Straßenhauptrohr erfolgt durch Anbohren der Hauptleitung oder durch in diese eingesetzte Abzweigstücke. Vom Straßenhauptrohr führt die Zuleitung (Hausanschlußleitung genannt) ins Hausinnere zum Wassermesser. Hinter der Anbohrung befindet sich der Straßenwechsel und wird sowohl dieser als auch die Zuleitung bis zum Wassermesser durch das Wasserleitungswerk montiert. Vor den Wassermesser wird noch der Hauswechsel eingebaut.

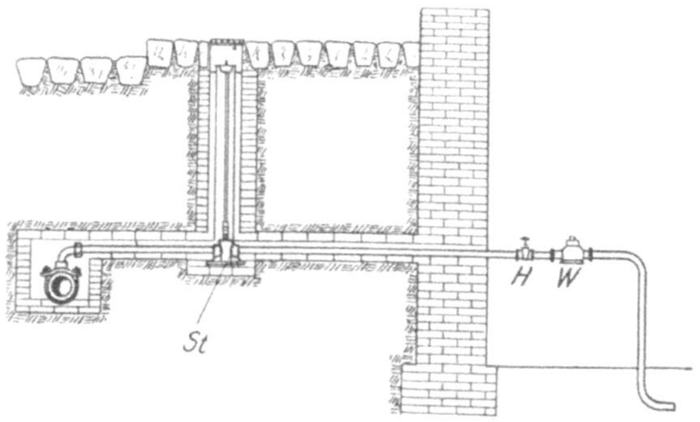

Abb. 40. Schematische Darstellung der Installation der Hausanschlußleitung
St = Straßenwechsel, H = Hauswechsel, W = Wassermesser

Um Frostgefahr auszuschließen, muß die Zuleitung rund 1,50 m unter dem Straßenniveau verlegt werden.

Die Dimensionierung der Zuleitungen unter 30 m Länge kann entsprechend den nachstehenden Angaben erfolgen:

Für 1 Zapfstelle mit 10 bis 20 mm Durchflußöffnung mindestens 15 mm lichter Durchmesser.

Für 2 bis 20 Zapfstellen mit 10 bis 20 mm Durchflußöffnung mindestens 25 mm lichter Durchmesser.

Für 20 bis 40 Zapfstellen mit 10 bis 20 mm Durchflußöffnung mindestens 30 mm lichter Durchmesser.

Für 40 bis 60 Zapfstellen mit 10 bis 20 mm Durchflußöffnung mindestens 40 mm lichter Durchmesser.

Über 60 Zapfstellen mit 10 bis 20 mm Durchflußöffnung mindestens 50 mm lichter Durchmesser.

Zuleitungen über 30 m sollen nicht unter 40 mm lichte Weite erhalten.

Der Raum, in welchem der Wassermesser aufgestellt wird, muß gegen Frost und Beschädigungen geschützt und jederzeit zugänglich sein.

Von hier ab beginnt das Hausrohrnetz. Die Hauptverteilung erfolgt in der Regel im Keller, wo sie am einfachsten durchgeführt und auch durch Verlegen in einer Tiefe von rund 0,6 m unter Kellersohle gegen Frost geschützt werden kann. Um Setzungen und Beschädigungen der Rohrleitungen vorzubeugen, werden diese in einen geschlichteten Ziegelkanal eingebettet. Von der Kellerleitung zweigen die Steigleitungen ab, die man derart anordnet, daß möglichst viele Auslaufstellen in den einzelnen Stockwerken durch kurze Verbindungen angeschlossen werden können. Die Absperrventile der Steigstränge werden unter einem Abdeckrahmen leicht zugänglich verlegt und erhalten Entleerungshähnchen, um bei Außerbetriebsetzung oder Reparatur eines Stranges diesen leicht entleeren zu können.

Am tiefsten Punkt der Kellerleitung liegt, ebenfalls unter einem Abdeckrahmen, der Hauptabsperrhahn mit Entleerungshähnchen, der die gesamte Hauswasserleitung, mit Ausnahme des allgemeinen Auslasses, absperrt. Letzterer soll möglichst im Erdgeschoß des Hauses montiert werden und stellt jenen Auslauf dar, welcher die Abgabe von Wasser wenigstens an einer Stelle des Hauses ermöglichen soll, falls die sonstige Hausleitung aus irgendeinem Grunde abgesperrt werden muß.

Sind die Kellerleitungen und Steigstränge verlegt, so wird eine Dichtigkeitsprobe für das ganze Rohrnetz vorgenommen. Bei großen Objekten kann diese Druckprobe auch abschnittsweise erfolgen. Zu diesem Zwecke werden sämtliche Auslässe bis auf den höchstgelegenen verpfropft; zwecks Entweichen der Luft bleibt dieser höchstgelegene Auslaß so lange offen, bis eingepumptes Wasser daselbst austritt. Hierauf wird derselbe abgedichtet. Erst nach durchgeführter Druckprobe werden die Rohrgraben im Keller zugeschüttet und die Mauerschlitze verputzt.

Materialien für die Herstellung der Wasserleitungen:

Für Leitungen über 40 mm Durchmesser gußeiserne Muffendruckrohre und deren Formstücke.

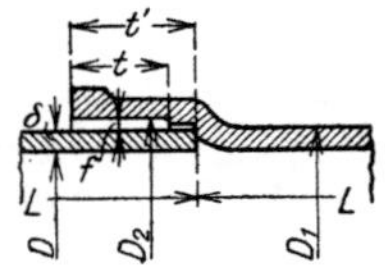

Normale gerade Muffenröhren

nach deutschem Normale

Lichte Weite D	Wandstärke δ	Muffenweite D_2	Muffentiefe t'	Baulänge L	Normalgewicht der Muffe	je 1 Kurrentmeter Rohr ausschl. der Muffe	je 1 Kurrentmeter Rohr einschl. der Muffe	eines Rohres von vorstehender Baulänge
mm				m	kg			
40	8,0	70	74	2,0	2,7	8,8	10,1	20,2
40	8,0	70	74	2,5	2,7	8,8	9,9	24,7
50	8,0	81	77	2,0	3,1	10,6	12,1	24,3
50	8,0	81	77	2,5	3,1	10,6	11,8	29,6
60	8,5	92	80	3,0	3,9	13,3	14,6	43,7
70	8,5	102	82	3,0	4,4	15,2	16,7	50,0
70	8,5	102	82	4,0	4,4	15,2	16,3	65,2
80	9,0	113	84	3,0	5,1	18,2	19,9	59,8
80	9,0	113	84	4,0	5,1	18,2	19,5	79,0
90	9,0	123	86	3,0	5,7	20,3	22,2	66,6
90	9,0	123	86	4,0	5,7	20,3	21,7	86,9

Lichte Weite D	Wand- stärke δ	Muffen- weite D_2	Muffen- tiefe t'	Bau- länge L	Normalgewicht der Muffe	je 1 Kurrent- meter Rohr ausschl. der Muffe	je 1 Kurrent- meter Rohr einschl. der Muffe	eines Rohres von vor- stehender Baulänge
mm				m	kg			
100	9,0	133	88	3,0	6,2	22,3	24,4	73,2
100	9,0	133	88	4,0	6,2	22,3	23,8	95,5
100	9,0	133	88	5,0	6,2	22,3	23,6	118,0
125	9,5	159	91	3,0	7,6	29,1	31,7	95,0
125	9,5	159	91	4,0	7,6	29,1	31,0	124,0
125	9,5	159	91	5,0	7,6	29,1	30,6	153,1
150	10,0	185	94	3,0	9,	36,4	39,7	119,2
150	10,0	185	94	4,0	9,9	36,4	38,9	155,6
150	10,0	185	94	5,0	9,9	36,4	38,4	191,9
175	10,5	211	97	3,0	12,0	44,4	48,4	145,1
175	10,5	211	97	4,0	12,0	44,4	47,4	189,5
175	10,5	211	97	5,0	12,0	44,4	46,8	234,0
200	11,0	238	100	3,0	14,4	52,9	57,7	173,0
200	11,0	238	100	4,0	14,4	52,9	56,5	226,0
200	11,0	238	100	5,0	14 4	52,9	55,8	279,0

Der Preis für 100 kg Rohre beträgt durchschnittlich *S 52,00.*

Die Zuleitungen von der Straße in das Gebäude sowie die Hausleitungen werden aus schmiedeisernen, verzinkten, verstärkten Wasserleitungsrohren nach dem Lemberger Normale hergestellt.

Tabelle nahtloser Lemberger Rohre

und Rohre nach dem Normale der Gemeinde Wien mit Gewinden und Muffen

Innendurchmesser	engl. Zoll	½	¾	1	1¼	1½	2
Außendurchmesser des Rohres und Gewindes	mm	21¼	26¾	33½	42¼	48¼	60
Wandstärke	rund mm	3¾	4	4½	4½	5	5
Preis je Lfm, in normalen Fabrikationslängen, in **Groschen**	schwarz	381	453	555	682	906	1242
	verzinkt	475	576	727	908	1204	1660

Die Verbindung vorstehender Rohre erfolgt durch verzinkte Verbindungs- und Formstücke.

Bis zu 1″ verwendet man ferner Bleidruckrohre, welche durch Lötung miteinander verbunden werden.

Gewichtstabelle der Bleidruckrohre

					kg je m
$^2/_8$ Zoll	= 10 × 18	mm	Drucksicherheit	20 Atm.	1,87
$^1/_2$ „	= 12,5 × 21,9	„	„	18 „	2,80
$^3/_4$ „	= 19 × 29,5	„	„	13,5 „	4,55
1 „	= 23 × 37	„	„	15 „	7,56

Der Preis je Kilogramm Bleirohr stellt sich ungefähr auf *S 1,50.*

III. Wasserbeschaffung durch Pumpen

Die Zentralwasserversorgung wird aus technischen, mehr noch aus wirtschaftlichen Gründen meist nur für ein begrenztes Gebiet eingerichtet, so daß Häuser und Gebäude außerhalb dieses Gebietes von den Vorteilen derselben ausgeschlossen sind. Die Wasserversorgung solcher Anwesen erfolgt mittels Pumpen, das sind Maschinen, die der Ortsänderung und Förderung von Wasser dienen, und zwar in der Weise, daß sie das Wasser ansaugen und an eine gewünschte Stelle auf einem genau vorgeschriebenen Wege fördern.

Hierzu werden verwendet: Kolben-, Kreisel-, Rotations-, Hand- sowie Dampfstrahlpumpen.

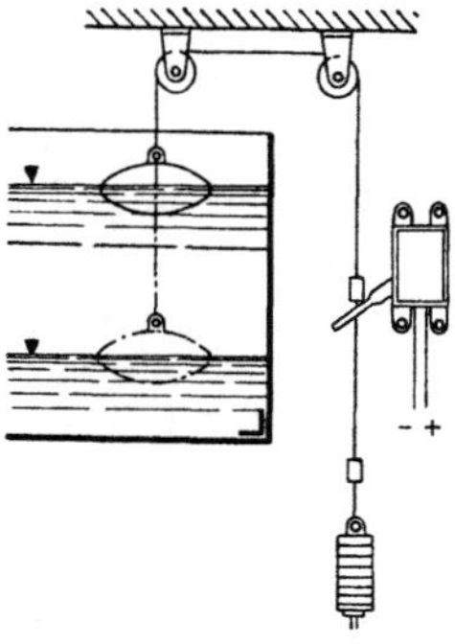

Abb. 41. Schwimmer-Anlaßvorrichtung

Bei der Wasserversorgung eines Wohnhauses durch Pumpen handelt es sich darum, die Förderung des Wassers automatisch dem jeweiligen Wasserkonsum anzupassen, um von der Aufmerksamkeit der Bedienungspersonen unabhängig zu sein. Dies wird durch die Wasserversorgung unter Verwendung eines Hochbehälters erreicht, bei welcher die Pumpe das Wasser so lange in den Hochbehälter fördert, bis der Wasserspiegel in demselben eine obere Grenze erreicht hat. Erst wenn der Wasserspiegel durch Entnahme so weit gesunken ist, daß er bis zu einer unteren Grenze gefallen ist, wird die Pumpe automatisch wieder in Betrieb gesetzt und fördert hierauf so lange, bis der Wasserspiegel wieder bis zur oberen Grenze gestiegen ist.

Wenn das betreffende Elektrizitätswerk es zuläßt, kann der Motor auch durch einen Anstoßhalter (Abb. 41) direkt eingeschaltet werden; anderenfalls müßte eine besondere Vorrichtung vorgeschaltet werden.

IV. Warmwasserbereitung

a) Warmwasserbereitungsanlagen für örtliche Entnahme: Warmwasserbereitung und -versorgung sind vereinigt.

b) Zentral-Warmwasserbereitungsanlagen: Ein Warmwassererzeuger versorgt eine größere Anzahl Auslaufstellen.

Der Wärmebedarf wird aus $WE = Q\ (t_1 — t_0)$ berechnet, wobei Q die Wassermenge in kg bedeutet, die von t_0 auf t_1 Grad erwärmt wird. Auf den derart ermittelten Wärmebedarf kommt noch ein Zuschlag von 10 bis 20%.

Praktische Angaben über die Größe des Warmwasserbedarfes (siehe auch S. 15):

Es werden benötigt:

Für	Badewannen	200 l Warmwasser
,,	Fußbadewannen	20 bis 25 ,, ,,
,,	Sitzbadewannen....................................	40 ,, ,,
,,	Waschtische je nach Größe je Kopf und Tag	25 ,, 35 ,, ,,
,,	Bidets	12 ,, ,,
,,	Küchenspültische je nach Größe je Becken...........	40 ,, 80 ,, ,,

Von den für den Haushalt erforderlichen Wassermengen (50 bis 70 l je Kopf und Tag) entfallen durchschnittlich etwa zwei Drittel für Koch- und Reinigungszwecke.

a) Warmwasserbereitungsanlagen für örtliche Entnahme

1. Mit Hilfe von festem Brennstoff. Hierher gehören die Kohlenbadeöfen.

Sie bestehen aus einem zylindrischen Kupferblechkessel, der in einem gußeisernen Unterteil, welcher die Feuerbüchse enthält, ruht. Die Feuergase steigen in einem eingebauten Kupferrohr hoch, geben die Wärme an die Wand des Wasserbehälters ab und münden sodann in den Schornstein.

Größen von Kohlenbadeöfen

Durchmesser des Zylinders in englischen Zoll	12	13	14	15
Durchmesser des Zylinders in Millimetern	316	341	369	395
Zylinderhöhe 1,27 m; Wasserinhalt ungefähr Liter ..	95	115	135	155
Preis je Stück	S 200,00	210,00	230,00	240,00

2. Mit Hilfe von Gas (siehe S. 683).

3. Mit Hilfe von Elektrizität. Die elektrischen Warmwassererzeuger werden als Durchlauferhitzer und Speicher hergestellt.

Durchlauferhitzer dienen meist zur Erwärmung kleiner Wassermengen, da sie verhältnismäßig große Strommengen innerhalb kurzer Zeit erfordern.

Warmwasserspeicher kommen hauptsächlich für größere Anlagen in Betracht, wenn billiger Strom (Nachtstrom) zur Verfügung steht, werden jedoch in letzter Zeit auch für kleinere Einzelversorgungsanlagen verwendet.

Im wesentlichen besteht ein Speicher aus einem Wasserbehälter mit Zu- und Ablaufrohr. In dem Behälter ist die elektrische Heizung und ein automatischer Temperaturregler eingebaut. Umgeben ist der Innenbehälter von einer starken Wärmeisolationsschicht, die durch eine Blechummantelung abgeschlossen wird. Durch die Speicherfähigkeit des Wasserinhaltes ist eine zeitliche Trennung von Wassererwärmung und Wasserentnahme möglich und ferner eine große Ergiebigkeit im Augenblick der Warmwasserentnahme gewährleistet. Die Zeit der Stromaufnahme des Heißwasserspeichers ist auf diese Weise ebenfalls von der Zeit der Warmwasserentnahme unabhängig gemacht; ist das Wasser im Speicher auf eine Temperatur von etwa 85° C erwärmt, so tritt der automatische Temperaturregler in Tätigkeit, der den Heizstrom selbsttätig abschaltet.

Bei voller Ausnützung des Speicherwassers sind auf 1 l Wasser etwa 0,1 bis 0,11 kWh zur Wassererwärmung und Deckung der Wärmeverluste erforderlich.

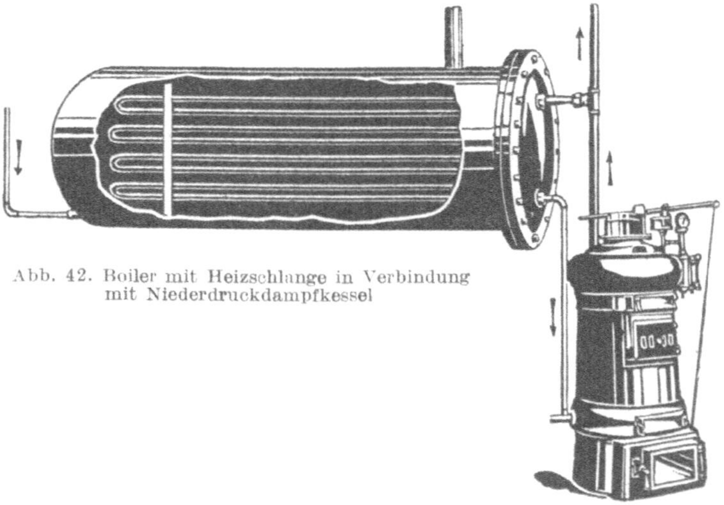

Abb. 42. Boiler mit Heizschlange in Verbindung mit Niederdruckdampfkessel

4. Einzelerwärmung mit Dampf (Abb. 42). Die Erwärmung erfolgt in einem Vorratsbehälter, in dem eine mit Dampf geheizte Rohrschlange ein-

gebaut ist. 1 m^2 Heizschlange kann mit 5000 bis 6000 WE in der Stunde bewertet werden. Das Kondenswasser wird zum Dampfkessel zurückgeführt.

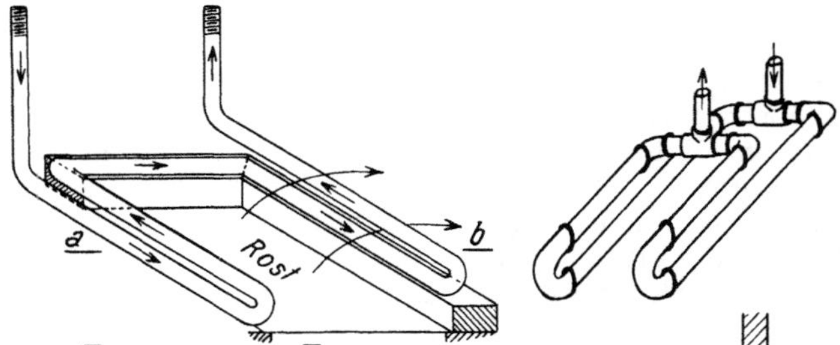

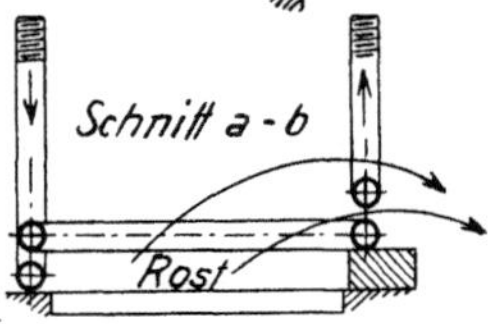

Abb. 43a
Heizschlange zum Einbau um den Feuerraum eines Küchenherdes

Ferner kann die Warmwasserbereitung durch unmittelbares Einblasen von Dampf in das Vorratsreservoir mit Hilfe eines Dampfstrahlanwärmers erfolgen. In beiden vorerwähnten Fällen fließt das erzeugte Warmwasser vom Behälter durch eine Rohrleitung zur Entnahmestelle.

Die bequemste Warmwasserbereitung mittels Dampf ist die direkte Mischung von Dampf und Kaltwasser in einem Mischhahn vor Austritt aus demselben.

5. Einzelerwärmung mit Hilfe von Warmwasser. Anwendung seltener; statt der vorerwähnten Dampfheizschlange kann eine solche für Warmwasser verwendet werden, deren Rückleitung wieder zum Wärmeerzeuger führt.

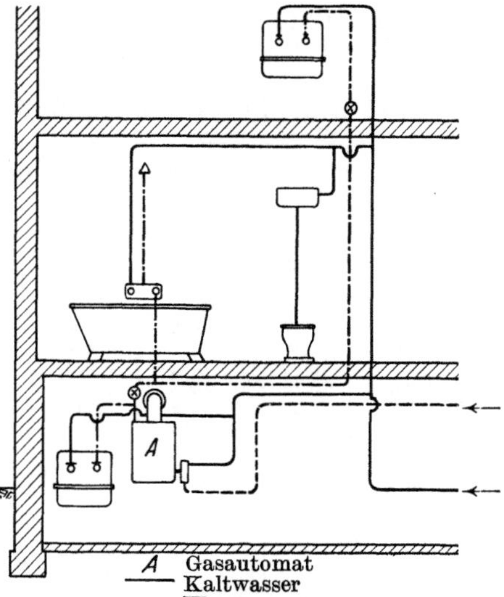

A Gasautomat
—— Kaltwasser
-·-·- Warmwasser
----- Gasleitung
⊗ Rückschlagventil

Abb. 43b. Zentrale Warmwasserversorgungsanlagen mit Hilfe eines Gasautomaten

b) Zentral-Warmwasserbereitungsanlagen

1. Gemeinsame Warmwasserbereitung vom Küchenherd aus.

Die Anlage besteht aus dem Herdeinsatz (Heizschlange oder Heizflaschen, Abb. 43a), dem Warmwasserreservoir (Boiler), der Verbindungsleitung zwischen Heizschlange und Behälter, der Verteilungsleitung sowie dem Füll- und Expansionsreservoir.

Das Verbrauchswasser wird entweder selbst durch die Heizschlange in den Küchenherd geleitet, dort erwärmt und sodann nach dem Speicherbehälter hochgeführt (direkte Erwärmung) oder es erwärmt sich nur das in einer Zirkulationsleitung befindliche Heizwasser im Herd und gibt, in Rohrschlangen durch den Behälter hindurchgeführt, seine Wärme an das dort aufgespeicherte Gebrauchswasser ab. Da das Gebrauchswasser oft kalkhaltig ist, daher bei den hohen Temperaturen der Herdfeuerung in den Heizschlangen Verlegungen durch Kalkniederschläge bald eintreten würden, empfiehlt sich die indirekte Erwärmung.

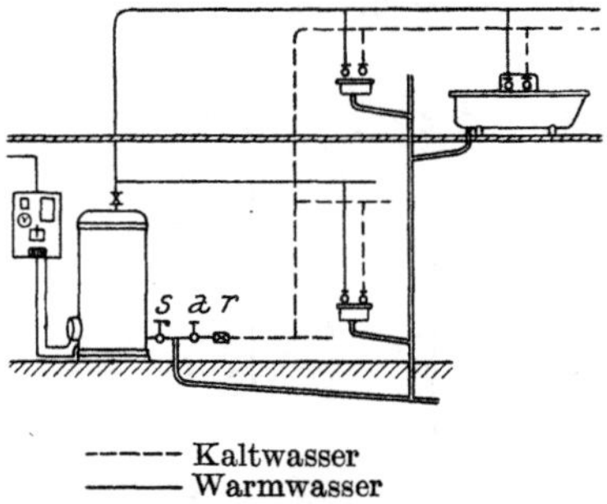

----- Kaltwasser
—— Warmwasser
━━ Abflußleitung
a Absperrventil
r Rückschlagventil
s Sicherheitsventil

Abb. 44. Hochdruck-Heißwasserspeicheranlage mit mehreren Zapfstellen

2. Durch Gas (siehe auch S. 686). Die Anordnung einer zentralen Warmwasserversorgung mit Hilfe eines Gasautomaten zeigt Abb. 43b.

3. Durch Elektrizität. Hier kommt hauptsächlich die Erwärmung in Speichern, allerdings nur bei geringen Stromkosten (vornehmlich durch Nachtstrom), in Frage. (Schematische Anordnung Abb. 44.)

4. Durch Dampf oder Warmwasser. Als Wärmequelle benützt man vielfach Dampf- oder Warmwasserheizungen. Rohrschlangen, die von Dampf oder Warmwasser der Zentralheizungsanlagen durchströmt werden, werden in einem Boiler eingebaut, der entweder unmittelbar an die Kaltwasserleitung angeschlossen oder durch ein Füllreservoir mit eingebautem Schwimmkugelhahn gespeist wird.

Die Warmwasser führenden Rohrleitungen werden aus schmiedeisernem verzinkten Leitungsrohr (siehe Tabelle S. 658) hergestellt und müssen mit stetigem Gefälle verlegt und isoliert werden.

Tabelle über Durchflußmengen für Warmwasserleitungen in l/sek

$\frac{p}{l}$	d = lichter Durchmesser in Millimetern						Anmerkung
	13	20	25	32	38	51	
1,00	0,39	1,00	2,00	3,74	5,74	11,9	p = die zur Verfügung stehende Druckhöhe in Metern
0,50	0,28	0,70	1,40	2,64	4,12	8,4	l = Länge der Leitung in Metern
0,33	0,22	0,58	1,16	2,15	3,31	6,9	$\frac{p}{l}$ = Reibungsgefälle
0,20	0,17	0,45	0,90	1,67	2,57	5,3	
0,14	0,15	0,39	0,78	1,41	2,23	4,5	
0,10	0,12	0,32	0,64	1,18	1,81	3,7	
0,067	0,10	0,26	0,52	0,97	1,48	3,0	
0,050	0,09	0,22	0,44	0,85	1,28	2,7	
0,033	0,07	0,18	0,36	0,69	1,04	2,2	
0,020	0,055	0,14	0,28	0,53	0,81	1,7	
0,014	0,047	0,12	0,24	0,45	0,75	1,4	
0,010	0,039	0,10	0,20	0,37	0,57	1,2	

E. Sanitäre Einrichtungen

1. Wandbrunnen, Küchenausgüsse und Spültische (Abwäsche). Unter jedem Auslauf wird ein Wandbrunnen oder Ausguß angeordnet.

Die Wandbrunnen (aus Gußeisen) bestehen aus dem in einem Stück gegossenen Becken mit Rückwand, dem Geruchverschluß (Sieb und Glocke oder nur Sieb) und dem Ablaufstutzen, der durch die Ablaufmaske verdeckt wird (Abb. 45).

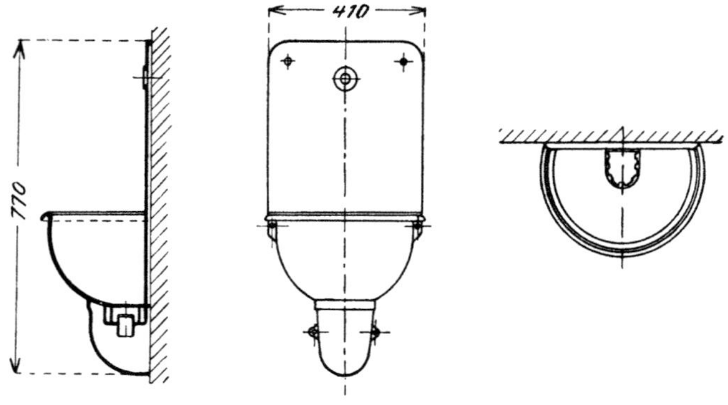

Abb. 45. Wandbrunnen

Ausgüsse dort verwenden, wo größere oder breiartige Mengen entfernt werden sollen (Abb. 46).

Die Küchenspültische (Abwäsche) bestehen aus einem Holzgestell (oder einem Schmiedeeisenrahmen), in dem ein oder mehrere Becken aus Zink-, verzinktem Eisen- oder Kupferblech eingebaut sind; auch Spültische mit gußeisernen, innen emaillierten oder mit Fayence- und auch Feuertonbecken, die auf Wandkonsolen oder in einem Fußgestell montiert werden, stehen in Verwendung.

Unter den Abwäschen ist in der Ablaufleitung ein Fettfänger mit großer Reinigungsschraube vorzusehen.

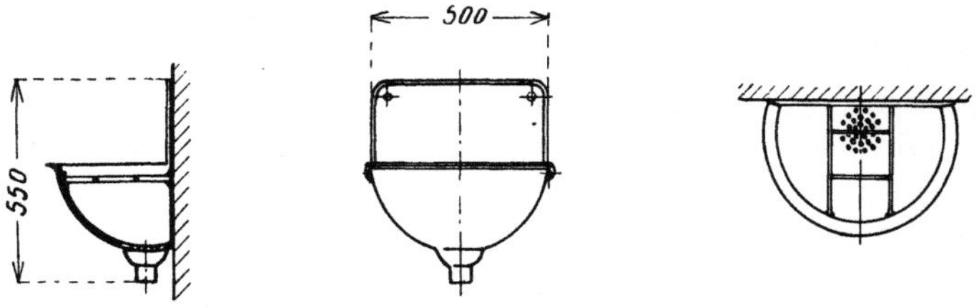

Abb. 46. Ausguß

2. Klosettanlagen. In Objekten, die keine Wasserleitung haben, werden Klosettypen verwendet, bei denen die Abfuhr der Fäkalien durch bloßes Eingießen von Wasser in die Schale erfolgt (Trichter- und Klappenklosetts ohne Spülwasserbehälter) oder das Reinigungswasser in einen mit der Schale in Verbindung stehenden Wasserbehälter (Rückenreservoir) gegossen wird (Klappenklosetts mit Rückenreservoir).

Letztere werden auch mit Wasserbehälter mit selbsttätiger Füllung (Schwimmkugelventil) ausgeführt und direkt an die Wasserleitung angeschlossen.

Spülklosetts mit Hochreservoir (einwandfreieste Klosettbauart) gelangen dort zur Aufstellung, wo eine Hauswasserleitung vorhanden ist.

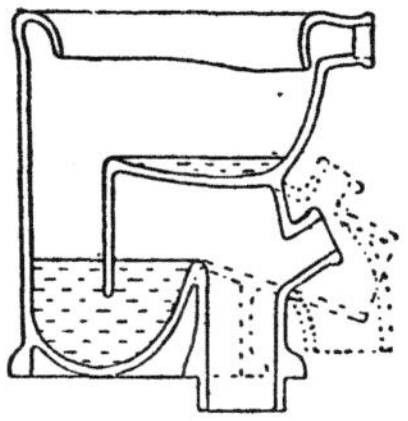

Abb. 47
Auswaschbecken
(Panamaschale)

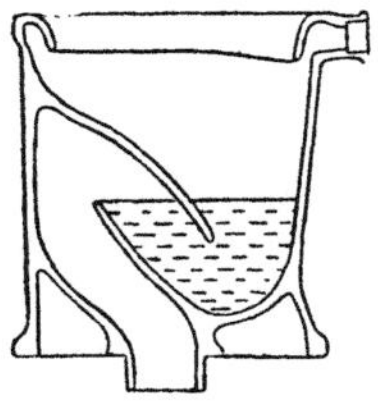

Abb. 48
Tiefspülbecken
(Balticschale)

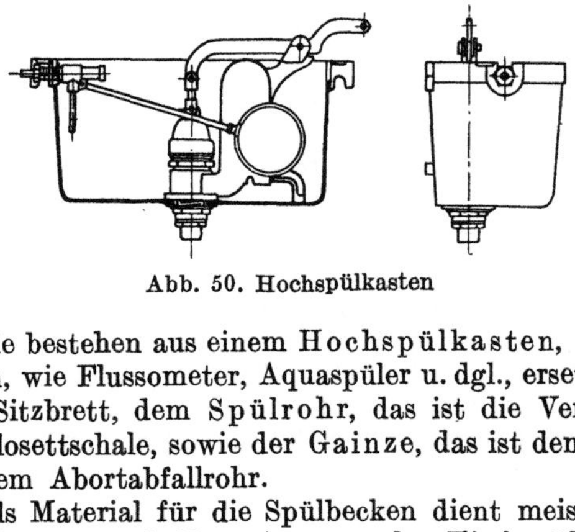

Abb. 50. Hochspülkasten

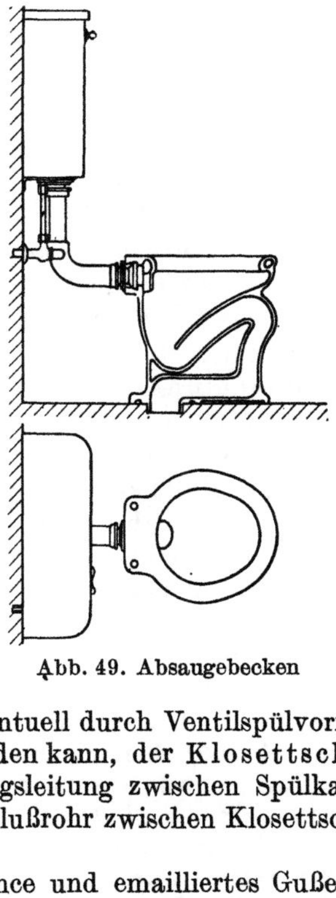

Abb. 49. Absaugebecken

Sie bestehen aus einem Hochspülkasten, der eventuell durch Ventilspülvorrichtungen, wie Flussometer, Aquaspüler u. dgl., ersetzt werden kann, der Klosettschale samt Sitzbrett, dem Spülrohr, das ist die Verbindungsleitung zwischen Spülkasten und Klosettschale, sowie der Gainze, das ist dem Anschlußrohr zwischen Klosettschale und dem Abortabfallrohr.

Als Material für die Spülbecken dient meist Fayence und emailliertes Gußeisen. Man unterscheidet: Auswasch-, Tiefspül- und Absaugebecken.

Die Auswaschbecken bestehen aus einem flachen, schalenförmig ausgebildeten Becken und dem darunterliegenden Geruchverschluß (Abb. 47).

Die Tiefspülbecken haben die Form eines Trichters, der unten in den Geruchverschluß übergeht (Abb. 48).

Die Absaugebecken haben ebenfalls trichterförmige Becken mit anschließendem Geruchverschluß, jedoch hohem Wasserstand; sie arbeiten mittels Heberwirkung (Abb. 49).

Die Spülkasten haben die Aufgabe, eine gewisse Wassermenge in Vorrat anzusammeln, durch die nach Betätigung des Zuges, durch sofortige heftige Spülung, die Klosettschale gereinigt wird.

Die meisten Spülkasten arbeiten mit Heberwirkung, wodurch der Wasserinhalt in kürzester Zeit zum Abfluß gebracht wird; hierauf füllt sich der Spülkasten durch einen Schwimmkugelhahn von neuem aus der Leitung. Die Spülkasten werden aus Gußeisen, emailliertem Eisenblech und Fayence hergestellt. Eine der gebräuchlichsten Konstruktionen ist in Abb. 50 dargestellt.

Die Spülrohre werden meist aus Bleirohren 32 mm l. W., die Gainzen aus Gußeisen oder Blei hergestellt. Bei Abdichtung der Gainzeneinmündung in den Abzweiger des Abortabfallrohres besondere Sorgfalt verwenden!

Dimensionen und Gewichte von Bleigainzen

Durchmesser in englischen Zoll	4	$4^1/_2$	5
„ äußerer in mm	108	124	136
„ innerer „ „	104	120	132
Gewicht in kg je m	7,63	8,80	9,70

Preis je 1 kg ...... S 1,50

3. Pissoiranlagen. Pißbecken (Urinoirs) werden in Bureaugebäuden, Gasthäusern u. dgl., seltener in Wohnhäusern, aufgestellt. Oft werden an Stelle mehrerer Urinoirs Pißwände angeordnet. Meistens werden Pißbecken mit Wasserspülung, die entweder ständig oder von Zeit zu Zeit (intermittierend) in Tätigkeit ist, versehen und mittels Geruchverschluß direkt an die Ablaufleitung angeschlossen (Abb. 51).

Die Pissoirschalen werden aus Fayence sowohl für flache Wand als auch in Eckform, Pißwände meist aus geglättetem Beton oder Schieferplatten hergestellt. Für Ölpissoire werden auch Schalen aus emailliertem Stahlblech verwendet (Abb. 52).

Unter den Pissoirschalen ist ein meist aus verzinktem Eisen oder Messing hergestellter Fußbodensiphon anzuordnen (Abb. 53). Vor Inbetriebsetzung ist der Siphon mit Wasser zu füllen und hierauf so lange Öl in denselben einzugießen, bis die Ölschichte eine Höhe von ungefähr 10 mm hat.

4. Badeeinrichtungen. Für Wohnungen kommen hauptsächlich Wannenbäder in Betracht; Badekabinen mit Brausebadeinrichtungen (für Kleinwohnungen) haben, obwohl sie vollauf genügen und in Anlage und Betrieb viel billiger sind, erst in letzter Zeit Eingang gefunden (Abb. 54). Die Badewannen werden meist freistehend, seltener versenkt montiert, oft auch an Wänden an- oder in Nischen eingebaut und mit Umkleidungen versehen.

Freistehende Badewannen werden aus Holz (heute nur mehr für Moor-, elektrische und medizinische Bäder) oder aus Zinkblech (wegen ihrer Billigkeit *[Preis S 150]* bei Kleinwohnungsbauten) hergestellt. Teurer, jedoch beständiger sind Badewannen aus Stahlblech, die innen und außen emailliert ausgeführt werden *(Preis S 250)* und den Vorteil der leichten Reinigungsmöglichkeit bieten. Am häufigsten im Gebrauch sind die gußeisernen, innen emaillierten, außen grundierten Badewannen (Abb. 55). Die üblichen Ausführungsgrößen sind aus nachfolgender Tabelle zu entnehmen.

Tabelle über gußeiserne, innen emaillierte Badewannen

Nummer	1	2	3	Normalwannen	4	5
Außere obere Länge ... cm	152,5	164,5	167	171	182	183
,, ,, Breite ... ,,	73	71	73,5	76	73,5	78,5
Innere Tiefe .... ,,	43,5	43,5	43,5	46,5	43,5	50
Gewicht ohne Füße ... kg	79	90	92	102	112	122

Preis einer Normalwanne *S 180,00*

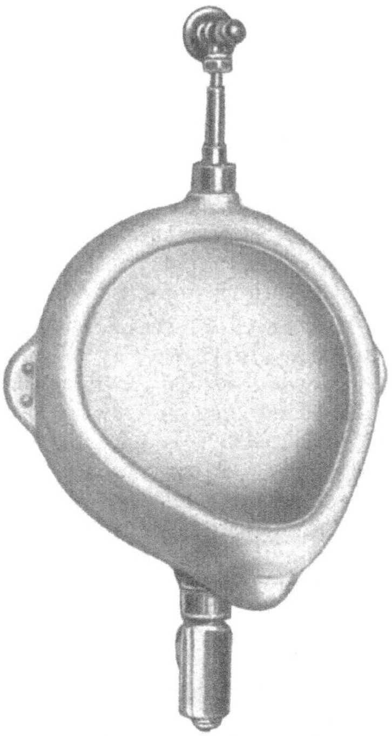

Abb. 51. Pissoir mit Wasserspülung

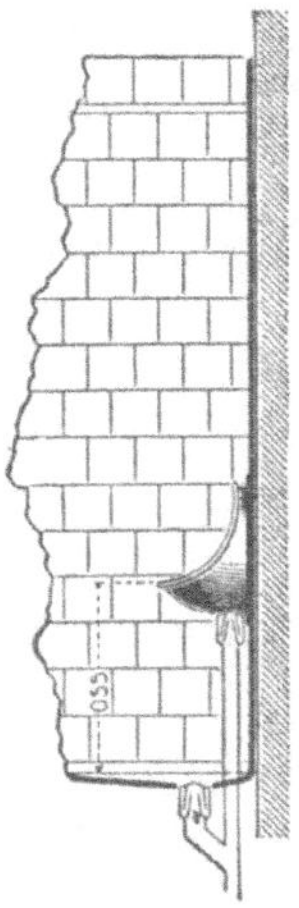

Abb. 52. Ölpißanlage

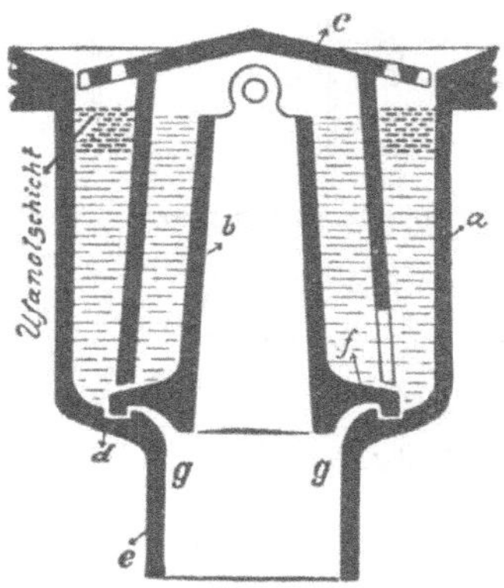

Abb. 53. Teller-Ölsyphon

Gußeiserne Badewannen werden auf vier gußeiserne Füße gestellt, in Luxusbädern oft auf einen durchgehenden Sockel. Bei Anbau an Wände oder Einbau in Nischen werden die freistehenden Seiten mit Kacheln verkleidet. Hierbei ist auf dichten Anschluß der Wand bzw. der Wandverkleidung besonders zu achten!

W a n n e n a u s F e u e r t o n kommen nur in sehr luxuriösen Badezimmern zur Aufstellung. Gewicht rund 250 bis 400 kg.

Versenkte Badewannen sind zur Gänze oder nur teilweise in den Fußboden eingelassen, daher beim Bau entsprechende Vorkehrungen treffen! Der Körper einer versenkten Wanne wird aus Beton hergestellt, die Wände mit Fliesen verkleidet.

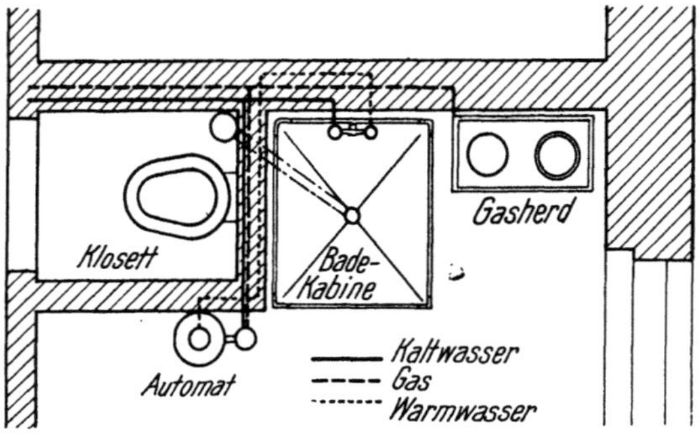

Abb. 54. Badekabine

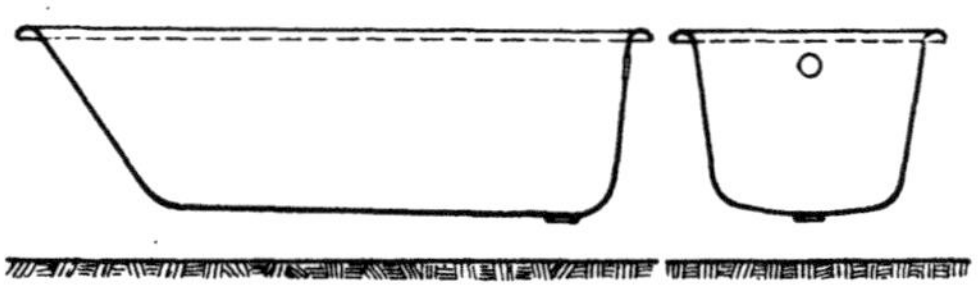

Abb. 55. Badewanne

Neben den Badewannen werden in besser ausgestatteten Badezimmern auch Sitzbadewannen aufgestellt, die aus den gleichen Materialien hergestellt und mit Standbatterien für Kalt- und Warmwasserleitungen versehen werden.

Alle Wannen sind mit einer Überlaufvorrichtung auszustatten, die in die Abflußleitung der Wannen mündet, in der eine Geruchsperre vorzusehen ist.

5. Bidets. Sie bestehen aus Fayence oder Feuerton, werden mit einem Spülrand ausgestattet und erhalten Ablaufventile (ähnlich den Waschtischabläufen). Bei einfachen Ausführungen führt die Kalt- und Warmwasserzuleitung zu einem gemeinsamen Einlaufstutzen, vor welchem in beiden Leitungen Absperrventile eingebaut sind. Bei feineren Ausführungen wird noch eine Bodenbrause angeordnet, zu der von der Standbatterie Kalt- und Warmwasser zugeführt werden (Abb. 56).

6. Waschbecken (Waschtische). Material: emailliertes Gußeisen, Fayence oder Feuerton. Normale Ausführungen (Abb. 57) 60 bis 70 cm lang und 40 bis 50 cm breit, Handwaschbecken bedeutend kleiner. Die Waschtische werden entweder an die Rückwand angebaut oder freistehend montiert. Auslaufventile: Schwenk- oder Stehhähne. Ablaufventil: Kegel- oder Hebelventil, letzteres in Form eines Standrohrventils.

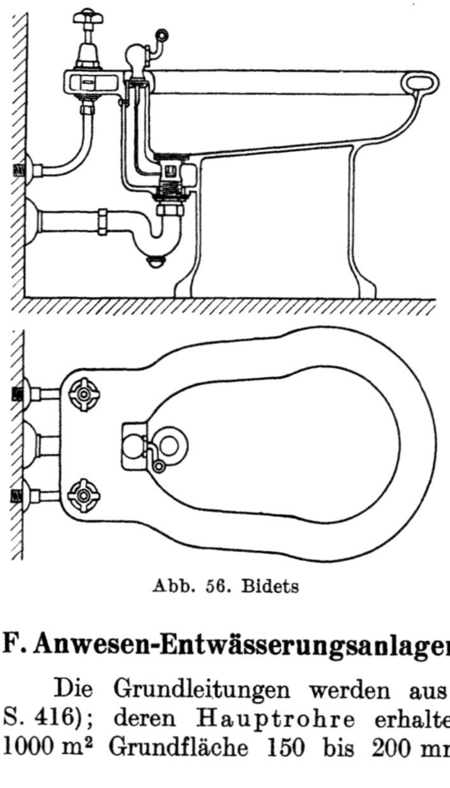

Abb. 56. Bidets

Abb. 57. Waschbecken

F. Anwesen-Entwässerungsanlagen im Anschluß an ein Kanalisationsnetz

Die Grundleitungen werden aus Steinzeugrohren hergestellt (vgl. Tabelle S. 416); deren Hauptrohre erhalten für ein Gebäude mit nicht mehr als 1000 m² Grundfläche 150 bis 200 mm Durchmesser, die Nebenkanäle einen solchen von 100 bis 125 mm. In einer derart dimensionierten Kanalisation können 15 Sekundenliter leicht abgeführt werden.

Hauptleitungen sollen mit einem Gefälle von 1:20 bis 1:50 verlegt werden, da sonst eine regelmäßige Durchspülung der Leitung erforderlich ist. Grundsätzlich sollen alle Kanäle auf kürzestem Weg aus dem Gebäude geführt werden. Sowohl bei jeder Richtungsänderung als auch beim Austritt aus dem Hausinnern ist in der Kanalisation ein Revisionsschacht mit darunterliegendem Putzrohr anzuordnen.

Niederschlagswässer aus den Höfen sind im Anschluß an das Hauskanalisationsnetz abzuleiten; hierzu dienen Bodenentwässerungen, die behufs leichter Reinigung mit einem aushebbaren Schlammtopf, in dem die gröberen Verunreinigungen zurückgehalten werden, versehen sind. Die auf das Dach von Gebäuden auffallenden Niederschlagswässer werden mittels Abfallrohren, die aus gußeisernen, schottischen Röhren, ferner aus Kupferblech-, meist jedoch aus Zinkblechrohren hergestellt sind, abgeleitet; die Einmündung in die Grundleitung kann ohne Einschaltung einer Geruchsperre erfolgen. Die Entwässerungsleitungen von Höfen und Dächern werden mit einem Mindestdurchmesser von 100 mm ausgeführt.

Brauchwässer, das sind alle dem Wasserleitungsnetz entnommenen Wässer (wie Bäder-, Spül- und Waschwässer), werden in senkrecht geführten, gußeisernen schottischen Abfallsträngen in das Hauskanalisationsnetz geleitet, über deren Abmessungen nachfolgende Tabelle Aufschluß gibt.

Gewichte der schottischen Rohre in kg

Gegenstand	Durchmesser in mm (″)					
	48 (2″)	57 (2½″)	70 (3″)	98 (4″)	123 (5″)	148 (6″)
Gerades Rohr, Längen 6′ = 1800 mm	9,0	12	14	21	26	32
Gerades Rohr, Längen 5′ = 1500 „	7,0	8	11	17,5	21	28
Gerades Rohr, Längen 4′ = 1200 „	5,8	7	9,7	14	18	21
Gerades Rohr, Längen 3′ = 900 „	4,0	6	7	10	14	15
Gerades Rohr, Längen 2′ = 600 „	2,6	3	5,5	7	9	11
Gerades Rohr, Längen 1′ = 300 „	1,8	2	3	4	5	6
Bogen, 22½°, 45°, 67° und 90°	1,4	2	2,8	5	7	8
„ 90°, mit Fußplatte	2,5	5	6	8	10	12
Etagebogen	2	2,6	3	6,5	8	10
Einfache Abzweige	2,4	3	4,4	7	8	12
Deckel mit schmiedeeisernem Bügel und Schraube für Abzweige	1,7	2,2	2,8	3,5	4,8	6
Doppelte Abzweige	3	3,3	5,5	9	13	19
Reduktionsrohr von 57 auf	1,9	—	—	—	—	—
Reduktionsrohr von 70 auf	2,2	2,4	—	—	—	—
Reduktionsrohr von 98 auf	3,8	4	4,2	—	—	—
Reduktionsrohr von 123 auf	5	5,5	6	6,2	—	—
Reduktionsrohr von 148 auf	5,5	6	6,5	7	7,3	—
Überschubmuffe	0,7	0,8	1	1,5	1,8	2,5
Siphon mit Deckel	3	4	6	9	14	20
Birnsiphon	5	7	11	20	25	30
Putzrohr mit ovalem Putzloch und Bügelverschluß	2	2,4	3,6	6	8	10

Die Abfallstränge müssen eine Entlüftung über Dach erhalten, durch welche gesundheitsschädliche Gase ins Freie geführt werden und das Ansaugen der

Wasserverschlüsse der Geruchsperren verhindert wird. Wenn möglich ist jede Geruchsperre von ihrem höchsten Punkte aus zu entlüften.

Niederschlagswasser-Falleitungen (Regenrohre) werden meist senkrecht an den Außenwänden geführt. Bis zirka 2 m über dem Boden werden sie aus gußeisernen Röhren hergestellt, bis zur Einmündung in diese aus Röhren aus Zink- oder Kupferblech.

Die Einrichtung von Anwesen-Entwässerungsanlagen sind genehmigungspflichtig und werden nach Fertigstellung durch die zuständige Behörde überprüft.

Literatur

Bestimmungen für die Aufstellung des Wärmeerfordernisses, empfohlen vom Österr. Ingenieur- und Architektenverein. Wien. 1906.

Der eiserne Zimmerofen, herausgegeben von der Vereinigung deutscher Eisenofenfabriken. R. Oldenburg, Berlin und München. 1923.

Reichs-Grundsätze für Kachelofen- und Kachelherdbau. Albert Lüdke. Berlin.

Brabée, K. H.: Rietschels Leitfaden der Heiz- und Lüftungstechnik. Julius Springer, Berlin.

Wieprecht (J. Ritter): Entwerfen und Berechnen von Heizungs- und Lüftungsanlagen. C. Marhold, Halle a. d. S.

Hottinger, Ing. M.: Heizung und Lüftung. R. Oldenburg. 1926.

Schachner, Richard: Gesundheitstechnik im Hausbau. R. Oldenburg. 1926.

Hepke, W.: Die Warmwasserbereitungs- und Versorgungsanlagen. R. Oldenburg. 1921.

Albrecht-Berlin: Hilfstabellen für die Gasverkäufer. Herausgegeben von „Der Gasverbrauch", G. m. b. H., Berlin W 35. 1925.

Prof. Junkers: Lehrmittel für das Installationsfach. Junkers & Co., Dessau.

Weil, Ing. Ed.: Lehrbuch für die Installation der Gas- und Wasserleitungen. Alfred Hölder. Wien. 1920.

Schacht, Alfred: Die Einzelhaus-Wasserversorgung. Julius Springer, Berlin. 1914.

Arbeitsrecht und soziale Gesetze in Österreich

Von Ing. Rudolf Schmahl, beh. aut. Zivilingenieur f. d. Bauwesen u. Stadtbaumeister

Arbeitsrecht — Soziale Gesetze

Grundzüge zeitgemäßer Liegenschaftsbewertungen

Von Oberbaurat Ing. Paul Hoppe, Zivilingenieur für Architektur und Hochbau, Architekt und Baumeister

Bewertung von Liegenschaften — Schätzung von Gebäuden zum Zwecke der Feuerversicherung

Bewertungstabelle für annähernde Schätzungskosten von Gebäuden

Von Ing. Rudolf Schmahl und Baurat Ing. Wilhelm Kempler, beh. aut. Zivilingenieure, Wien

Grundzüge der Feuerversicherung

Von Ing. Oskar Taglicht, Versicherungskonsulent

Einleitung — Feuerversicherung — Sonstige für das Baugewerbe wesentliche Versicherungszweige

Die Gebäude-Vorschätzung für Feuerversicherungen

Von Zivilingenieur Dr. Paul Abeles, Stadtbaumeister, Experte des Fabriken-Rückversicherungs-Verbandes, Wien

Über Wesen und Erwirkung gewerblicher Schutzrechte

Von Patentanwalt Ing. J. Knöpfelmacher

Das Patentrecht (Patentwesen) — Gebrauchsmusterschutz — Muster- und Markenschutz

Der Bahn- und Flußtransport

Von Emil Tutsch

Arbeitsrecht und soziale Gesetzgebung

Unter besonderer Berücksichtigung der in Österreich geltenden Vorschriften

Von Ing. Rudolf Schmahl, Zivilingenieur für das Bauwesen und Stadtbaumeister

Beabsichtigt wird lediglich die Darlegung der Grundgedanken dieses Teiles der Gesetzgebung und die Darstellung des Rahmens derartiger Verordnungen, um die Erwerbung notwendiger Kenntnisse auf diesem Gebiete zu ermöglichen.

Obwohl die Materien der beiden Gebiete vielfach ineinander übergreifen, wurde der Übersichtlichkeit halber eine Trennung in zwei gesonderte Abschnitte vorgenommen und zur beispielsweisen Darstellung die in Österreich geltenden Vorschriften herangezogen.

A. Arbeitsrecht

Das Verhältnis zwischen Arbeitnehmer und Arbeitgeber ist allgemein begründet:

1. in der Gesetzgebung,
2. in Kollektivverträgen, die sich größtenteils auf die Gesetzgebung stützen,
3. in Einzelvereinbarungen, mangels kollektivvertraglicher Vereinbarungen,
4. in Gesetzen und Vorschriften über Arbeitsvermittlung und Schlichtung von Streitigkeiten aus dem Dienstverhältnis.

In Österreich, wo vor dem Kriege bereits Ansätze für diese Art der Gesetzgebung vorhanden waren, kommen durch ihren Ausbau hierfür folgende Gesetze, Verordnungen und Vorschriften in Betracht:

Zu Punkt 1: Das Bundesverfassungsgesetz vom Jahre 1920 erklärt im Art. 10 und 12 das Arbeiterrecht, den Arbeiter- und Angestelltenschutz, das soziale und Vertragsversicherungswesen als Bundessache, wodurch die diesbezüglich zu erlassenden Gesetze Geltung für das ganze Bundesgebiet erlangen, die Gesetze über Errichtung und Wirkungskreis des Bundesministeriums für soziale Verwaltung vom Jahre 1917 bzw. der Verordnung vom Jahre 1923, das allgemeine bürgerliche Gesetzbuch, insbesondere die §§ 1151 bis 1164, welche den Dienstvertrag, Anspruch auf Entgelt, im speziellen auch bei Krankheit und unverschuldeter Dienstverhinderung, Kündigung, vorzeitige Auflösung usw. behandeln, sowie das Angestelltengesetz aus dem Jahre 1921, das genau die Pflichten und Rechte des Arbeitgebers und Arbeitnehmers abgrenzt, und endlich das VI. Hauptstück der Gewerbeordnung (§§ 73 bis 86), das sich mit der privatrechtlichen Seite des Arbeitsverhältnisses der gewerblichen Arbeiter und den damit zusammenhängenden Lehrverhältnissen (Lehrvertrag) beschäftigt.

Anschließend wäre noch zu erwähnen das Koalitionsgesetz vom Jahre 1870 und das Gesetz zum Schutze der Arbeits- und Versammlungsfreiheit vom Jahre 1930, welch ersteres sozusagen den Grundstock für den Aufbau des gesamten Arbeitsrechtes bildete, indem es die Möglichkeit der Gewerkschaftbildung schuf, während letzteres dem Arbeitnehmer die Zugehörigkeit zu der von ihm gewählten (beruflichen) Organisationen sichern soll.

Zu Punkt 2: Das Wesen der Kollektivverträge (§ 11 des Gesetzes über die Errichtung von Einigungsämtern und Kollektivarbeitsverträgen vom Jahre 1919) besteht in schriftlichen Vereinbarungen der Arbeiter und Angestellten und einem oder mehrerer Arbeitgeber oder Berufsvereinigungen der letzteren, welche die gegenseitigen, aus dem Arbeitsverhältnis entspringenden Rechte und Pflichten oder sonstige Angelegenheiten regeln. Im besonderen enthält ein derartiger Kollektivvertrag an hauptsächlichen Punkten: Arbeitszeit, Arbeitslöhne, Überstunden, Nacht-, Feiertags- und Sonntagsarbeit, Lösung des Arbeitsverhältnisses, Kranken- und Unfallsentgelt, Urlaub, Regelung von Streitigkeiten, Arbeitsvermittlung und Arbeitsordnung[1]). § 16 des angezogenen Gesetzes gibt dem Einigungsamt die Möglichkeit und das Recht, einen Kollektivvertrag, der eine überwiegende Bedeutung erlangt hat, zur Satzung zu erklären, d. h. seinen Wirkungsbereich auch außerhalb seines Geltungsbereiches für gleiche Arbeiten und Verhältnisse zu erstrecken.

Zu Punkt 3: Nur für den Fall, daß keine kollektivvertragliche Vereinbarung besteht, können unter Wahrung der unter Punkt 1 angeführten, für den Dienstvertrag maßgebenden Gesetze Einzelvereinbarungen getroffen werden, die aber die im Gesetz enthaltenen zwingenden Rechte des Arbeitnehmers (§ 1164 allgemeines bürgerliches Gesetzbuch und § 40 des Angestelltengesetzes)[2]) nicht beeinträchtigen oder aufheben dürfen, beispielsweise: Anspruch auf Entgelt bei Krankheit oder Dienstverhinderung, Zahlungsfristen des Gehaltes, Urlaubsanspruch, Fürsorgepflicht des Arbeitgebers, Endigung des Dienstverhältnisses, Kündigung, Abfertigung usw.

Zu Punkt 4: Die Arbeitsvermittlung, die auch in den Kollektivverträgen festgelegt ist, ist zwingend vorher durch die Errichtung des paritätischen Arbeitsnachweises für das Baugewerbe in den Verordnungen vom Jahre 1918 und 1922 ausgesprochen. Hiernach darf kein Bauunternehmer irgendwelche Arbeiter in freiem Verkehr aufnehmen, sondern muß ihre Zuweisung durch den Arbeitsnachweis verlangen. Es steht ihm jedoch das Recht zu, in gewissen Fällen namentliche Anforderungen durchzuführen.

Diese zwingenden Vorschriften gelten lediglich für die Aufnahme von Arbeitern, während bei Angestellten es dem freien Ermessen des Unternehmers anheimgestellt ist, auf welche Weise Angestellte aufgenommen werden.

Bei der Arbeitsvermittlung sind auch die Bestimmungen über die Einstellung und Beschäftigung von Kriegsbeschädigten zu erwähnen und maßgebend (Invalidenbeschäftigungsgesetz vom Jahre 1920). Dieses Gesetz legt fest, daß alle gewerblichen und sonstigen, auf Gewinn oder Erwerb ausgehenden Betriebe im Verhältnis zu ihrer Arbeitnehmerzahl eine gewisse Anzahl von Kriegsbeschädigten zu beschäftigen haben. Die Art der Durchführung hierfür ist in Verordnungen festgelegt.

Zur Beilegung von Streitigkeiten, Auslegung der Kollektivverträge sowie zur Austragung von Meinungsverschiedenheiten sehen die Kollektivverträge eine Schlichtungskommission vor, die eventuell gemeinsam mit den Einigungsämtern, die gesetzlich zu derartigen Regelungen berufen sind, zu entscheiden hat. Hingegen sind durch das Gewerbegerichtsgesetz vom Jahre 1922 die Gewerbegerichte zur Entscheidung von Rechtsstreitigkeiten aus dem Arbeits- oder Dienstverhältnis zwischen Arbeitgeber und Arbeitnehmer sowie zwischen Arbeitnehmern desselben Betriebes zuständig. In allen großen Industriezentren sind derartige Gewerbegerichte errichtet bzw. in Errichtung begriffen.

---

[1]) Bauarbeiter-, Angestellten- und Polierkollektivverträge, die für die einzelnen Bundesländer abgeschlossen wurden.

[2]) Angestelltengesetz vom Jahre 1921.

B. Soziale Gesetze

Für die soziale Gesetzgebung kommen in Betracht Gesetze und Vorschriften über:

1. Arbeitszeit,
2. Arbeitspausen,
3. Sonntags-, Feiertags- und Nachtruhe,
4. Urlaube,
5. Beschränkung in der Verwendung von Frauen, Kindern und Jugendlichen zur Arbeit,
6. Vorsorge zum Schutze des Lebens und der Gesundheit der Arbeiter,
7. Arbeitsbeaufsichtigung und Unfallsverhütung[1]),
8. Arbeitslosenfürsorge,
9. Kranken- und Unfallsversicherungspflicht bei Arbeitern und Angestelltenversicherung bei Angestellten,
10. gesetzliche Vertretung der Arbeiter und Angestellten und Koalitionsrecht,
11. internationalen und Inlandsarbeiterschutz.

Die für Österreich maßgebenden Gesetze, Verordnungen und Vorschriften:

Zu Punkt 1: Die Arbeitszeit ist durch das Grundgesetz über den achtstündigen Arbeitstag vom Jahre 1919 festgelegt. Nach diesem darf sie, ohne Einrechnung der Arbeitspausen, binnen 24 Stunden nicht mehr als acht Stunden betragen. Für weibliche Arbeiter und Angestellte und für Jugendliche bis zum vollendeten 18. Lebensjahr darf die Arbeitszeit 44 Stunden innerhalb einer Woche nicht überschreiten und hat Samstag um 12 Uhr mittags zu enden. Die starre Vorschrift ist jedoch durch eine Anzahl von Ausnahmsverordnungen durchbrochen, welche für das Baugewerbe dahin gehen, daß die Normalarbeitszeit gemäß der Bauarbeiter-Kollektivverträge für alle männlichen und weiblichen Arbeiter, einschließlich der Jugendlichen, normalerweise wöchentlich 48 Stunden zu betragen hat. Für die Angestellten beträgt sie gemäß Kollektivvertrag allgemein 45 Stunden, und schließt die Woche sowohl für Angestellte als auch für Arbeiter am Samstag um 1 Uhr mittags. Das eingangs zitierte Gesetz regelt auch die Höhe der allwöchentlich im Bedarfsfall zu leistenden Überstunden, und zwar für das Baugewerbe (Saisonindustrie) täglich bis höchstens zehn Stunden, jedoch nur an höchstens 60 Tagen innerhalb eines Kalenderjahres mit Bewilligung der politischen Behörde, welche (gegebenenfalls) die Äußerung des Gewerbeinspektorates und der in Betracht kommenden Berufsorganisationen der Arbeiter und Angestellten einzuholen hat (§ 11 der ersten Ausnahmenverordnung). Insbesondere sei auf die erste Ausnahmenverordnung vom Jahre 1920 hingewiesen, welche für Portiere, Feuer- und Nachtwächter sowie für Kutscher usw. weitgehende Änderungen des achtstündigen Arbeitstages zuläßt, insofern diese Mehrleistungen als Überstunden vergütet werden (§ 1, Abs. 3 und 4). Die genaue Festlegung dieser Änderungen erfolgt durch die Kollektivverträge.

Zu Punkt 2: Grundlegend für Anordnung und Dauer der Arbeitspausen ist der § 74 e der Gewerbeordnung in der Fassung des Gesetzes vom Jahre 1885, in dem die Mittagspause und eventuelle sonstige andere Ruhepausen angeordnet werden. Die genaue Festlegung der Arbeitspausen erfolgt jedoch durch die Kollektivverträge, da der § 74 e noch auf der elfstündigen Arbeitszeit aufgebaut ist. Die Pausen sind im wesentlichen bei 48stündiger wöchentlicher Arbeitszeit täglich eine halbstündige Frühstückspause und von Montag bis Freitag eine einstündige Mittagspause. Es entfällt jedoch häufig im Wege des Übereinkommens die halbstündige Frühstückspause, wofür der Arbeitsbeginn um eine halbe Stunde später angesetzt wird.

---

[1]) Siehe auch Unfallversicherung im Abschnitt: „Grundzüge der Feuerversicherung“.

Zu Punkt 3: Bezüglich der Nachtruhe wäre nur auf das Gesetz vom Jahre 1919 über das Verbot der Nachtarbeit für Frauen und Jugendliche in gewerblichen Betrieben hinzuweisen, während für die Sonn- und Feiertagsruhe der durch verschiedene Gesetze geänderte § 75 der Gewerbeordnung maßgebend ist. Für das Baugewerbe selbst hat das Gesetz jedoch geringere Bedeutung, da die Feiertagsarbeitsbeschränkungen kollektivvertraglich festgelegt sind.

Zu Punkt 4: Die Urlaubsfrage regelt bei den Arbeitern das Arbeiterurlaubsgesetz vom Jahre 1919, bei den Angestellten das Angestelltengesetz vom Jahre 1921 (§ 17). Für Arbeiter gilt bei ununterbrochener Dauer des Dienstverhältnisses von einem Jahr ein einwöchiger Urlaub, für welche Zeit der Beurlaubte Anspruch auf seine gesamten Geldbezüge hat. Als Arbeiter im Sinne des Gesetzes sind alle Dienstnehmer, einschließlich der Lehrlinge, ohne Unterschied des Geschlechtes anzusehen. Wenn das Dienstverhältnis ununterbrochen fünf Jahre gedauert hat, so gebührt dem Arbeiter ein Urlaub von zwei Wochen, welches Ausmaß sich auch auf jugendliche Arbeiter vor dem vollendeten 16. Lebensjahr erstreckt. Da im Baugewerbe häufig Arbeiter nicht ununterbrochen ein Jahr bei ein und demselben Unternehmer tätig sind, sie somit dieses gesetzlichen Vorteiles verlustig gehen würden, sind wegen Gewährung der Urlaube in den verschiedenen Kollektivverträgen diesbezügliche Bestimmungen aufgenommen, die beim Wiener Baugewerbe dahin lauten, daß die Bezahlung des Urlaubsentgeltes nicht durch den Unternehmer, sondern durch die Arbeiter-Urlaubs- und -Fürsorgekommission erfolgt, bei welcher die Unternehmungen die auf die betreffende Arbeiterkategorie entfallenden Urlaubsmarken zu kaufen, am Schlusse jeder Arbeitswoche in das dem Arbeiter gehörige Urlaubsbuch einzukleben haben. Der Anspruch auf Urlaub ist dann fällig, wenn der Arbeiter — auch bei verschiedenen Arbeitgebern — 52 Arbeitswochen mit mindestens 35 Arbeitsstunden in den Monaten März bis Oktober bzw. 28 Arbeitsstunden in den Monaten Oktober bis Februar, gleichgültig, ob mit oder ohne Unterbrechung, innerhalb 24 Monaten nachweisen kann. Bei mehr als fünfjähriger ununterbrochener Dauer des Dienstverhältnisses bei ein und demselben Arbeitgeber erfolgt die Bezahlung des Urlaubsgeldes für die erste Woche durch die Arbeiter-Urlaubs- und -Fürsorgekommission, die der zweiten Woche durch den Dienstgeber [1]). Der Arbeiter muß den ihm gebotenen Urlaub annehmen, ansonsten er seines Anspruches darauf verlustig geht.

Angestellten ist nach mindestens ununterbrochener sechsmonatiger Dauer des Dienstverhältnisses in jedem Jahr ein Urlaub von zwei Wochen zu gewähren, welches Ausmaß sich nach fünf Jahren auf drei, nach zehn Jahren auf vier und nach 25 Jahren auf fünf Wochen erhöht. Hat das Dienstverhältnis bei einem und demselben Unternehmer bereits zwei Jahre ununterbrochen gedauert, so ist die bei anderen Dienstgebern im Inlande zugebrachte Dienstzeit als Angestellter oder Arbeiter, sofern sie mindestens je sechs Monate gewährt hat, für die Bemessung der Urlaubsdauer bis zum Höchstausmaß von fünf Jahren einzurechnen. Bei zurückgelegtem Hochschulstudium ist für die Bemessung der Urlaubsdauer eine der gewöhnlichen Dauer dieser Studien entsprechende Zeit, soweit sie fünf Jahre nicht übersteigt, einzurechnen, falls das Dienstverhältnis ununterbrochen sechs Monate gedauert hat. Sowohl für Arbeiter als auch für Angestellte ist der Urlaub unter Berücksichtigung der Betriebsverhältnisse im Einvernehmen zu bestimmen. Er kann bei weniger als fünf Arbeitern und nicht mehr als drei Angestellten in zwei annähernd gleichen Teilen gewährt werden. Krankheit oder sonstige begründete Dienstverhinderungen dürfen in die Urlaubsdauer nicht eingerechnet werden.

Zu Punkt 5: Hiefür sind die Bestimmungen der Gewerbeordnung maßgebend, im besonderen §§ 94 bis 96, nach welchen Kinder bis zum vollendeten 14. Lebensjahr zur regelmäßigen gewerblichen Beschäftigung in fabriksmäßig betriebenen Gewerbe-

[1]) Während verkürzter Arbeitszeit ist nach ergangener Gewerbegerichtsentscheidung nur der dieser Arbeitszeit entsprechende Wochenlohn als Urlaubsgeld zu bezahlen.

unternehmungen nicht verwendet und ebenso Wöchnerinnen erst nach Ablauf von sechs Wochen nach ihrer Niederkunft wieder in Dienst gestellt werden dürfen. Diese letztere Bestimmung ist auch in das Angestelltengesetz (§ 8, Abs. 3) aufgenommen.

Zu erwähnen wäre noch das Gesetz über die Kinderarbeit vom Jahre 1918 samt Vollzugsanweisungen, das aber für das Baugewerbe keinerlei Bedeutung hat, da Kinderarbeit nicht vorkommt.

Zu Punkt 6: Als Rahmen für den Arbeiterschutz gilt der § 74 der Gewerbeordnung, welcher durch verschiedene Verordnungen ausgebaut wurde. Diese sind: die allgemeine Verordnung vom Jahre 1905 und die für das Baugewerbe besonderen Schutzvorschriften für Hochbauten vom Jahre 1907, für Steinbrüche, Lehm-, Sand- und Schottergruben vom Jahre 1908. Die allgemeinen Bestimmungen des § 74 der Gewerbeordnung gehen dahin, daß der Gewerbeinhaber verpflichtet ist, auf seine Kosten alle jene sanitären Vorkehrungen und Einrichtungen zu treffen, die zum Schutze des Lebens und der Gesundheit der Arbeiter erforderlich sind. Ebenso ist er verpflichtet, bei Unterbringung von Hilfsarbeitern bis zum vollendeten 18. Lebensjahr und von weiblichen Arbeitern Rücksicht auf die Sittlichkeit zu nehmen. Für die Ausführung von Hochbauten gibt die früher erwähnte Verordnung genaue Vorschriften zur Verhütung von Unfällen bei Fundamenten, Brunnenschächten, Kanälen, Senkgruben, Gerüsten, Leitern und Treppen, Laufbrücken, Aufzügen usw. zum Schutze für die Gesundheit der Arbeiter und bringt noch als Schlußvorschrift Verhaltungsmaßregeln für die Arbeiter, welche an einer allgemein zugänglichen Stelle des Bauplatzes leserlich ersichtlich zu machen sind, wobei insbesondere darauf hinzuweisen ist, daß bei jedem Betriebsunfall unverzüglich dem Aufsichtsorgan hiervon Mitteilung zu machen ist. Für den Betrieb von Steinbrüchen, Lehm-, Sand- und Schottergruben gibt die eingangs angezogene Verordnung genaue Verhaltungsmaßregeln, welche sich im Detail mit den hierzu notwendigen Arbeiten beschäftigen.

Zu Punkt 7: Zum Zwecke der Überprüfung der Durchführung der unter Punkt 6 angeführten Arbeiterschutzverordnungen bestehen die Gewerbeinspektorate, die sich auf das Gesetz vom Jahre 1921 gründen und den Gewerbeinspektoren Vorschriften über Aufgabe und Wirkungskreis geben. Den berechtigten Wünschen und Forderungen der Gewerbeinspektoren kann von der zuständigen Behörde (Gewerbebehörde) durch Strafe Nachdruck verliehen werden. Im Zusammenhang damit muß die Unfallsverhütungskommission genannt werden, die als beratendes und begutachtendes Organ der Regierung (gemäß Gesetz vom Jahre 1920) in allen Angelegenheiten, die auf den Schutz des Lebens und der Gesundheit der Arbeiter in allen Betrieben Bezug haben, zu funktionieren hat.

Zu Punkt 8: Die Arbeitslosenfürsorge besteht im wesentlichen darin, daß nach dem Gesetz vom Jahre 1920 bzw. der Textverordnung vom Jahre 1922 jeder nach dem Kranken- bzw. Angestelltenversicherungsgesetz versicherungspflichtige Arbeiter und Angestellte im Sinne des Gesetzes arbeitslosenversichert werden muß. Es sind auch hier gewisse Ausnahmen geschaffen, jedoch erstrecken sich diese nicht auf das Baugewerbe (§ 1 a des Gesetzes), so daß in allen Zweigen desselben Arbeiter und Angestellte der Versicherungspflicht unterliegen. Das Ausmaß der Unterstützung wurde im Laufe der Jahre mehrfach geändert und lehnt sich hauptsächlich an die Höhe des Krankengeldansatzes an, während die Beiträge zur Versicherung sehr niedrig gehalten und perzentuell vom Arbeitnehmer und Arbeitgeber zu tragen sind. Sozusagen als Träger der Versicherung gelten die Arbeitslosenämter bei den Arbeitsnachweisstellen, deren Überwachung die industrielle Bezirkskommission inne hat, wobei als oberste Behörde das Bundesministerium für soziale Verwaltung fungiert.

Für Arbeiter und Angestellte, welche Angehörige eines fremden Staates sind, besteht die Arbeitslosenversicherungspflicht bzw. -unterstützung nur dann, wenn durch Staatsverträge die Gegenseitigkeit garantiert ist.

Im Zusammenhang mit den Beiträgen zur Arbeitslosenfürsorge muß auch die Fürsorgeabgabe der einzelnen Bundesländer erwähnt werden, deren Höhe durch Landesgesetze bestimmt ist, z. B. in Wien 4% der Bemessungsgrundlage, das ist die gesamte Lohnsumme, in die alles einzurechnen ist, was der Arbeitnehmer für seine Arbeitsleistung auf Grund seines Arbeitsvertrages oder an rechtlichem Anspruch infolge besonderer Zuwendungen von seinem Arbeitgeber erhält.

Zu Punkt 9: Die Krankenversicherungspflicht geht zurück auf das alte Stammgesetz vom Jahre 1888, welches zwar seinem Inhalt nach im Laufe der Jahre mehrfach geändert werden mußte, doch ist der Grundgedanke desselben — vorübergehende Störung oder gänzliche Arbeitsunfähigkeit des Familienerhalters durch Krankheit, Betriebsunfall oder Invalidität, wenn auch durch eigenes Verschulden, jedoch nicht absichtlich oder vorsätzlich hervorgerufen — gewahrt geblieben. Bereits durch die im Jahre 1917 erfolgte umfangreiche Novellierung ist eine Erweiterung der Versicherungsleistungen eingetreten: Einführung des Mutterschutzes, Ermöglichung der Angehörigenversicherung und vorbeugende Heilfürsorge. In der weiteren Folge mußten, im besonderen durch die fortschreitende Geldentwertung, Änderungen getroffen werden, die sich in den Novellen zum Krankenversicherungsgesetz ausdrücken. Die hauptsächlichste davon ist die Textverordnung vom Jahre 1922, welche den bis dahin ergangenen Novellen Rechnung trägt. Die nach dieser Zeit erflossenen Novellen beschäftigen sich größtenteils mit der Höhe der Beiträge, der Lohnklasseneinteilung sowie der Höhe der Leistungen und geben den Zusammenhang zwischen der Arbeitslosenversicherung und der Krankenkassenversicherung.

Charakterisiert ist die Krankenversicherung durch den Versicherungszwang und den Rechtsanspruch auf bestimmte Leistungen (Geld- oder Naturalleistungen) und durch das Prinzip der Gemeinsamkeit, d. h., die Arbeitgeber und Arbeitnehmer sind die Erhalter der Krankenkassen, mithin der Versicherungsträger. Der Umfang des Versicherungszwanges wird im § 1 des Stammgesetzes festgelegt, nach dem „jeder berufsmäßig als Arbeiter, Angestellter, Lehrling oder Hausgehilfe Beschäftigte nach den gesetzlichen Bestimmungen über Krankenversicherung der Arbeiter für den Krankheitsfall zu versichern ist“. Die Ausnahmen dieser starren Bestimmung haben für das Baugewerbe keinen Bezug. Die Beiträge werden vom Arbeitgeber und Arbeitnehmer perzentuell getragen und richten sich nach der Einteilung in zehn Lohnklassen. Der Rechtsanspruch auf die Leistung beginnt mit Eintritt des Krankheitsfalles durch Anmeldung bei der Krankenkasse; die Höhe dieser Leistung hängt für den Fall der Bargeldzahlung von der Lohnklasse ab. Die Naturalleistungen sind für alle Versicherungsnehmer im Bedarfsfall gleich, jedoch ist für die Dauer der Inanspruchnahme, sowohl der Natural- als auch Geldleistungen, die Dauer der Versicherung maßgebend.

Noch älter als die Krankenversicherung ist die Unfallversicherung für Arbeiter aus dem Jahre 1887, welche die Versicherungspflicht aller in einem unfallversicherungspflichtigen Betrieb Beschäftigten festlegt. Diese Betriebe sind im Gesetz taxativ aufgezählt und gehört auch das Baugewerbe dazu. Eine Anzahl von Gesetzesnovellen, deren letzte aus dem Jahre 1925 stammt, befaßt sich mit der Anpassung des Stammgesetzes an die geänderten Verhältnisse. Analog wie beim Krankenversicherungsgesetz sind auch bei der Unfallversicherung die hauptsächlichsten Merkmale der Versicherungszwang, der Rechtsanspruch auf bestimmte Leistungen und das Prinzip der Gemeinsamkeit. Es erübrigt sich daher, dies näher auszuführen, nur zu den Leistungen muß hinzugefügt werden, daß im Falle der Invalidität eine bestimmte, bleibende geldliche Entschädigung festgesetzt ist, deren Ausmaß sich nach der Lohnklasse und der Dauer der Versicherung richtet.

Auf vollständig neuer Basis ist die Angestelltenversicherung aufgebaut, deren genaue Bestimmungen im Angestelltenversicherungsgesetz vom Jahre 1927 niedergelegt sind. Das Prinzip besteht darin, daß sämtliche versicherungspflichtigen Angestellten — der Umfang der Versicherungspflicht ist im § 1 genau festgelegt — gegen Krankheit, Stellenlosigkeit, Unfall, Invalidität und Altersversorgung versichert sein müssen, so zwar, daß bereits mit vollendetem 14. Lebensjahr die Versicherungspflicht eintritt, jedoch die Stellenlosenversicherung erst mit vollendetem 16. und die Pensionsversicherung (das ist die Invaliditäts- und Altersrente) erst mit vollendetem 17. Lebensjahre wirksam wird. Es ist durch dieses Gesetz eine strenge Trennung zwischen den Versicherungsträgern der Kranken- und Unfallsversicherung für Arbeiter und der für Angestellte eingetreten, und sind die Versicherungsleistungen für Angestellte bedeutend erweitert. Ihr Gegenstand ist, kurz gesagt (§ 5 des Gesetzes): Krankenversicherung, Stellenlosenversicherung, Unfallsversicherung mit Hinterbliebenenrente, Pensionsversicherung, das ist Invaliditäts-, Alters- und Hinterbliebenenrente, welche sich neben den Witwen- und Waisenrenten in die Begräbnisgelder teilt, und ein Ausstattungsbeitrag für weibliche Versicherte, die nach Eingehen der Ehe aus der Versicherung ausscheiden. Die Leistungen von seiten des Versicherungsträgers sind nach den Prinzipien der Kranken- und Unfallsversicherung für Arbeiter aufgebaut. Die Beiträge sind bis zum vollendeten 17. Lebensjahr zur Gänze von seiten des Unternehmers, darüber hinaus, und zwar bis zu einem Höchstgehalt von S 400,00 monatlich, zur Hälfte vom Unternehmer, zur Hälfte vom Angestellten zu tragen. Ein höheres Gehalt als S 400,00 kommt nur bis zum Betrage von S 400,00 zur Anrechnung.

Zu Punkt 10: Die gesetzliche Vertretung der Arbeiter und Angestellten ist nach zwei Richtungen hin gewährleistet, und zwar: die Interessenvertretung der Arbeiter und Angestellten in ihrem Betrieb durch das Betriebsrätegesetz vom Jahre 1919 und die Vertretung der wirtschaftlichen Interessen der in Industrie, Handel, Verkehr und Bergbau tätigen Arbeiter und Angestellten durch das Gesetz über die Errichtung von Kammern für Arbeiter und Angestellte (Arbeiterkammern) vom Jahre 1920.

Das Betriebsrätegesetz bestimmt im allgemeinen, daß nicht nur in fabriksmäßigen, sondern auch in allen anderen Betrieben, wo mindestens 20 Arbeiter oder Angestellte dauernd gegen Entgelt beschäftigt sind, die Institution der Betriebsräte geschaffen wird. Diese Betriebe werden in den erwähnten Grenzen taxativ aufgezählt und fällt auch das Baugewerbe darunter. In jenen obenangeführten Betrieben, in denen die vom Gesetz festgelegte Minimalzahl von Arbeitern und Angestellten nicht erreicht wird, sind an Stelle der Betriebsräte Vertrauensmänner zu wählen, die „mit der Besorgung einzelner Aufgaben der Betriebsräte im Sinne dieses Gesetzes, soweit dies dem Umfang und der Art des Betriebes entspricht, betraut sind“ (§ 4). Die Institution beruht auf dem Prinzip des freien, geheimen Wahlrechtes. Die Modalitäten hierfür, soweit sie nicht durch das Gesetz bestimmt werden, sind in Durchführungsverordnungen festgelegt. In diesen Verordnungen ist auch die Zahl der zu wählenden Betriebsräte nach der Anzahl der in den Betrieben beschäftigten Personen bestimmt, während die Anzahl der Vertrauensmänner direkt im Gesetz selbst geregelt ist. Inwieweit die Wahrnehmung der Interessen der Arbeitnehmer durch die Betriebsräte zu gehen hat, spricht der § 3 des Gesetzes durch Aufzählung sämtlicher Aufgaben der Betriebsräte aus, wie da hauptsächlich sind: Wahrung der bestehenden Kollektivverträge; eventuelle Anbahnung für die Abschließung derartiger Verträge; Festsetzung von Akkord-, Stück- und Gedinglöhnen, mitunter auch von Durchschnitts- und Mindestverdiensten, soweit sie nicht durch Kollektivverträge festgelegt sind; Erlassung und Änderung von Arbeitsordnungen; Durchführung und Einhaltung der Gesetze und Vorschriften über Arbeiterschutz; Betriebshygiene, Unfallverhütung und Arbeiterversicherung; Hintanhaltung unbegründeter Kündigungen oder Entlassungen von Arbeitern oder Angestellten.

Für die Vertrauensmänner gelten diese Befugnisse gleichfalls mit gewissen Beschränkungen. Hervorzuheben wäre noch, daß eine Kündigung der Betriebsräte während der Laufzeit ihres Mandates nur im Einvernehmen und mit Zustimmung des Einigungsamtes erfolgen kann.

Nach den erläuternden Bemerkungen zur Regierungsvorlage über den Zweck der Arbeiterkammern handelt es sich: „bei der Errichtung derselben für die im Gewerbe, in der Industrie, im Handel und Verkehr beschäftigten Arbeiter und Angestellten, Kammern zu schaffen, die den entsprechenden Kammern der gewerblichen Unternehmungen nicht nur völlig gleichwertig, sondern auch in ihrem Wirkungskreise und in ihrer Organisation ähnlich gestellt sind, daß ein Zusammenwirken der beiderseitigen Körperschaften bei Lösung von wichtigen Aufgaben der wirtschaftlichen Verwaltung ohne Schwierigkeiten möglich ist". Damit ist das Arbeiterkammergesetz genügend charakterisiert und sein in den §§ 1 und 2 beschriebener Wirkungskreis präzisiert. Das Gesetz beschäftigt sich selbstredend noch mit dem Verhältnis zu den anderen Behörden, mit dem Begriff des Arbeiters und des Angestellten, mit der internen Einteilung und Organisation der Kammer und mit der Wahl.

Bei der Besprechung der Interessenvertretung der Arbeitnehmer muß unbedingt des Koalitionsgesetzes aus dem Jahre 1870 Erwähnung getan werden, nach welchem betreffs der Verabredung von Arbeitgebern und Arbeitnehmern zur Erzielung von Arbeitsbedingungen besondere Bestimmungen erlassen wurden. Inwieweit dieses Gesetz nach dem heutigen Stande der Gesetzgebung, insbesondere mit Rücksicht auf das Betriebsrätegesetz, zu Recht besteht, kann hier nicht erörtert werden. Es sei nur auf dieses Gesetz und im besonderen auf seinen § 2 hingewiesen, der festlegt, daß Verabredungen von Arbeitgebern und Arbeitnehmern zur Erzwingung von Arbeitsbedingungen (Lohnerhöhungen, Lohnerniedrigungen usw.) keine rechtliche Wirkung haben, d. h., durch Aufhebung der bezüglichen Paragraphen des allgemeinen Strafgesetzes ist das Verbot der Koalition aufgehoben, diese demnach straffrei, aber dem Grunde nach ohne effektiven gesetzlichen Rechtsschutz.

Zu Punkt 11: Der derzeitige internationale Arbeiterschutz fußt in der durch die Friedensverträge geschaffenen internationalen Arbeitsorganisation, insbesondere im internationalen Arbeitsamte, mit dem Sitz in Genf. In den verschiedenen Hauptversammlungen dieser internationalen Arbeitsorganisation, deren erste im Jahre 1919 in Washington abgehalten wurde, sind Übereinkommen über die Arbeitslosigkeit, die Nachtarbeit der Frauen, gewerbliche Nachtarbeit der Jugendlichen und das Übereinkommen über die Festsetzung der Arbeitszeit in gewerblichen Betrieben auf Achtstundentage und 48 Stunden wöchentlich festgelegt worden. Dieses letzte Übereinkommen wurde von Österreich bereits im Jahre 1924, wenn auch mit dem Vorbehalt, ratifiziert, daß es erst wirksam werden solle, bis es von den europäischen Mitgliederstaaten der internationalen Arbeitsorganisation, einschließlich der Nachfolgestaaten, ratifiziert werde. Immerhin bildet dieses Übereinkommen die Grundlage für die unter Punkt 1 ausgeführte Arbeitszeit. Die sonstigen Übereinkommen haben auf das Baugewerbe selbst keinen besonderen Einfluß, weshalb auf sie nicht näher eingegangen wird.

Hingegen ist dem Inlandsarbeiterschutzgesetz vom Jahre 1925 eine besondere Bedeutung mit Rücksicht auf die Behebung der Arbeitslosigkeit zuzumessen; nach § 2 dieses Gesetzes darf kein Arbeitgeber ohne behördliche Bewilligung einen Arbeiter, Angestellten oder Lehrling beschäftigen, der nicht österreichischer Staatsbürger ist oder sich nicht seit mindestens 1. Jänner 1923 im Bundesgebiet ständig aufhält. Sollte dennoch ein ausländischer Arbeitnehmer beschäftigt werden müssen, so ist die zuständige industrielle Bezirkskommission ermächtigt, in jenen Fällen, wo es die Lage des Arbeitsmarktes zuläßt, wichtige Interessen der Volkswirtschaft es erfordern oder sonstige triftige Gründe dafür sprechen, diese Bewilligung zu erteilen.

Literatur:

„Arbeitsrecht und Arbeiterschutz", nach dem Stande der österreichischen Gesetzgebung vom 31. Mai 1925, von Dr. Max Lederer und Dr. Viktor Suchanek, Verlag der österreichischen Staatsdruckerei in Wien.

„Grundzüge des österreichischen Arbeitsrechtes", von Dr. Siegfried Camuzzi, Verlag der Zeitschrift „Die Industrie" in Wien.

„Die österreichische Gewerbeordnung", 2. Aufl., von Dr. Egon Praunegger, Verlag Leykam in Graz.

„Gesetze und Verordnungen betreffend die Krankenversicherung der Arbeiter", von Dr. Armin Schneider, Verlag Moritz Perles, Wien.

„Die Krankenversicherung in Österreich", von Dr. Josef Resch, Verlag der Typographischen Anstalt in Wien.

„Die Arbeiterunfall-Versicherung in Österreich", von Dr. Josef Resch, Verlag der Typographischen Anstalt in Wien.

„Die Arbeitslosenversicherung in Österreich", von Dr. Josef Resch, Verlag der Typographischen Anstalt in Wien.

„Kommentar zum Pensionsversicherungsgesetz", von Dr. Hubert Kokisch, Verlag Manz, Wien.

„Das Lehrlings-, Arbeiter- und Angestelltenrecht im Wiener Baugewerbe", von Dr. Viktor Panek, Selbstverlag der Genossenschaft der Bau- und Steinmetzmeister, Uralte Haupthütte, Wien.

Grundzüge zeitgemäßer Liegenschaftsbewertungen

Von Oberbaurat Ing. Paul Hoppe, Ziv.-Ing. für Architektur und Hochbau, Architekt und Baumeister

A. Bewertung von Liegenschaften

Das Wirtschaftsleben erfordert jederzeit, sowohl während der Entwicklung, der Blüte als auch des Niederganges eines Volkes aus Gründen nationalökonomischer, allgemein- und privatrechtlicher Natur die Kenntnis der Werte der beweglichen und unbeweglichen Güter. Insbesondere sind es die bleibenden, also unbeweglichen Güter, die für den Volkswohlstand von ausschlaggebender Bedeutung sind, so daß der richtigen Erkenntnis und Bestimmung der Werte von Liegenschaften die größte Wichtigkeit innewohnt.

Demgemäß sind Bewertungen von Liegenschaften mit größter Vorsicht und genauester Berücksichtigung aller beeinflussenden Momente vorzunehmen, die je nach Zweck, Nutzen und Beschaffenheit einer solchen Liegenschaft verschiedenartiger Natur sein können. Daraus ergibt sich, daß der Wert von Liegenschaften nicht das Ergebnis einfacher Berechnung sein, sondern nur durch Schätzung erhoben werden kann, weil jeder Wertermittlung immer Ziffern zugrunde gelegt werden müssen, welche nur auf Erfahrung, Gefühl und Berücksichtigung örtlicher und zeitlicher Umstände beruhen. Dieser so ermittelte Wert einer Liegenschaft wird als wahrer Wert, gemeiner Wert oder Verkehrswert bezeichnet.

Bei der Ermittlung des Wertes einer Liegenschaft waren seit jeher verschiedene Bewertungsarten in Übung, die, je nach ihrer richtigen Wahl, ein mehr oder weniger richtiges Ergebnis zeitigten. Diese verschiedenen Wertermittlungen beruhten auf der Anwendung eines Vielfachen des Ertrages oder sonstiger, allgemein feststehender Unterlagen und werden hauptsächlich von solchen Personen angewendet, welchen eine allgemeine, oberflächliche Wertprüfung genügt. Diese Annäherungsbewertungen wurden von nichtsachverständigen Fachleuten, insbesondere von Vermittlern, Haus- und Grundeigentümern verwendet, und beruhten beispielsweise darauf, daß bei Bewertung von städtischen Zinshäusern ein Vielfaches entweder des Bruttozinses, der Hausklassen- oder der Hauszinssteuer bei der Bewertung von Grundstücken ein Vielfaches des Katastralreinertrages, der Grundsteuer, angewendet wurde. Diese Annäherungsbewertungen wurden in der Art vorgenommen, daß beispielsweise Wiener Zinshäuser mit dem 9- bis 16fachen Bruttozins bewertet wurden, wobei Zinshäuser in den entlegeneren Vororten und ungünstigen Zinslagen mit unsicheren Zinseingängen und größeren Leerstehungen mit dem 9fachen Bruttozins, hingegen Zinshäuser in bester Lage hervorragender Geschäftsviertel, in zeitgemäßer Ausführung, gutem Bauzustand und sicheren Zinseingängen mit dem 14- bis 16fachen Bruttozins bewertet wurden. Als Durchschnittsbewertung wurde in normalen guten Wohnanlagen der 12- bis 13fache Bruttozins als Wert angenommen. Zu diesem so errechneten Annäherungswert wurde sodann noch der Wert einer etwa vorhandenen Steuerfreiheit hinzugeschlagen. Die verschiedene Höhe der vorangeführten Vielfachen erschien begründet als Funktion der größeren oder kleineren Gefahrenmomente, welche der Hausherr beim Besitz seines Hauses anzurechnen genötigt war. Sie war aber auch weiters begründet als Ergebnis verschieden hoher Verzinsung des im Hause angelegten Kapitals, welches bei Annahme einer zirka 40- bis 50%igen Abgabe für Steuern und Erhaltungskosten vom Bruttozins, bei minder günstigen Zinshäusern eine 5- bis 6%ige, bei erstklassigen Gebäuden eine 3%ige Verzinsung des Anlagekapitals bedeutete. Derartige Annäherungsschätzungen waren nicht nur für den Privatverkehr in Anwendung, sondern sogar von Staatsämtern für die Überprüfung von angegebenen Werten vorgeschrieben und durch Kundmachungen des Finanzministeriums vom 23. Dezember 1897, R.G.Bl. 301, Verordnungen des Justizministeriums vom 10. Juli 1897, R.G.Bl. 174, und durch Verordnungen des Finanzministeriums vom 14. Juli 1900, R.G.Bl. 120, festgelegt. Aus diesen Verordnungen ist zu entnehmen, daß als der mindeste Betrag, mit welchem der Wert einer der Grundsteuer unterliegenden unbeweglichen Sache nach § 50 des Gesetzes vom 9. Februar 1850, R.G.Bl. 50, angenommen werden darf, das 70fache der 22,7%igen Grundsteuer ohne Nachlaß anzusehen ist. Ferner, daß bei den der Grundsteuer unterliegenden Liegenschaften das 25fache des Katastralreinertrages, bei den der Hauszinssteuer unterliegenden Gebäuden das 16fache des nach Abzug der Erhaltungs- und Amortisationskosten erübrigenden steuerpflichtigen Nettozinses und bei den der Hausklassensteuer unterliegenden Wohngebäuden das 300fache, bei den dieser Steuer unterliegenden Bauernhöfen oder Wohn- und Wirtschaftsgebäuden das 700fache der für ein Jahr bemessenen Hausklassensteuer als Steuerschätzwert anzusehen ist. Weiters ist in diesen Vorschriften vorgesehen, daß von einer genauen Schätzung einer Liegenschaft Abstand genommen werden konnte, wenn der vom Eigentümer angegebene Wert mindestens das 108fache der 22,7%igen Grundsteuer ohne Nachlaß oder das 100fache der Hausklassensteuer ohne Nachlaß der vier letzten Tarifklassen bzw. das 150fache der Hausklassensteuer ohne Nachlaß der höheren Tarifklassen oder das 16fache des der Hauszinssteuer unterliegenden Nettozinses (steuerpflichtigen Zinses), das ist das 60fache der $26^2/_3$%igen bzw. das 80fache der 20%igen Hauszinssteuer ohne Nachlaß, zuzüglich des Wertes einer allfälligen zeitlichen Steuerbefreiung betrug.

Die Bestimmung solcher Annäherungswerte kann und konnte schon deshalb auf volle Richtigkeit keinen Anspruch erheben, weil es sich hier um Ergebnisse handelte, die auf mechanisch-rechnerische Art ermittelt waren, ohne daß die jeder Liegenschaft anhaftenden örtlichen und besonderen Eigentümlichkeiten eine Berücksichtigung erfuhren. Es kann für den Wert einer Liegenschaft nicht ohne Belang sein, ob das darauf errichtete Gebäude in einfacher, guter und zweckmäßiger Ausführung erbaut wurde und eine möglichst vorteilhafte Ausnützung des Grundstückes darstellt oder nicht; ob die Verbauung des Grundstückes durch ein bloß erdgeschossiges oder mehrstöckiges Gebäude erfolgt ist und ob dieses Gebäude für mehr oder weniger erträgnisreiche Zwecke benützt werden kann.

Es ergibt sich daraus, daß eine wirklich verläßliche, allen Eigenheiten einer Liegenschaft gerecht werdende und dem wahren Werte möglichst nahekommende Wertermittlung nur auf Grund einer Schätzung ermittelt werden kann, die von sachverständigen Fachleuten vorgenommen wird. Die Veranlassung zur Vornahme einer Schätzung kann verschiedenster Natur sein: Der Kauf, die Schenkung, die Übertragung durch Erbschaft, der Zwang zur Auszahlung von Pflichtteilen in Ausführung letztwilliger Verfügungen, die Wahrung von Rechten unmündiger Erben, die Gewährung von Darlehen an den Hausbesitzer durch Privatpersonen oder Geldinstitute, die Versicherung gegen Feuersgefahr und schließlich die zwangsweise Entäußerung (Exekution), kurz, alle mit dem Besitzwechsel oder mit der Befriedigung finanzieller Interessen des Besitzers verbundenen Geschäfte.

Aus der Vielseitigkeit dieser Veranlassung geht die Wichtigkeit und große Verantwortung hervor, welche der Wertermittlung anhaftet, so daß die Gesetzgebung in den §§ 220, 303, 304, 305 und 306 des allgemeinen bürgerlichen Gesetzbuches und in der Exekutionsordnung vom 25. Juli 1897, R.G.Bl. 175, jene Bestimmungen niedergelegt hat, welche für die Bewertung von Liegenschaften maßgebend sind. Aus diesen gesetzlichen Bestimmungen geht klar hervor, daß bei der Bewertung von Liegenschaften nur jener Wert in Betracht gezogen werden darf, welcher als wahrer Wert oder gemeiner Wert bezeichnet ist und der im öffentlichen Leben auch als Verkehrswert richtig gekennzeichnet ist. Die Verschiedenartigkeit der Interessen, welche im Verkehr mit Liegenschaften zutage treten, haben es mit sich gebracht, daß eine Reihe von Wertbezeichnungen entstand, die nur dazu dienen sollten, Zweckwerte zu schaffen, welche jedoch dem wahren Werte nicht oder nicht immer gleichkommen; also eine Verschleierung des wahren Wertes zum Zwecke der Vertretung persönlicher Interessen sind. Derartige Benennungen, wie Liebhaberwert, Urwert, Bilanz- oder Buchwert, Versicherungswert, Belehnungs- oder Hypothekarwert usw., werden irrtümlicherweise als „Werte" bezeichnet, sind aber in Wirklichkeit nur Zweckziffern, die mit dem wahren Verkehrswert einer Liegenschaft nie verwechselt werden dürfen. Als etwa noch zulässige Wertbezeichnungen können nur zwei Zweckziffern angesprochen werden, welche gesetzlich als Unterlagen für die Ermittlung des wahren Wertes dienen und als Substanzwert bzw. Ertragswert bezeichnet werden.

Der wahre Wert oder Verkehrswert im gesetzlichen oder volkswirtschaftlichen Sinn wird in erster Linie durch Angebot und Nachfrage gebildet und ist beeinflußt einerseits von dem Wert des Grundes und etwaiger Baulichkeiten (Substanzwert), der als unterste Wertgrenze anzusehen ist. Der Verkehrswert ist aber auch anderseits beeinflußt durch den Nutzen, den eine Liegenschaft dem Besitzer abwirft (Ertragswert), der als oberste Wertgrenze bezeichnet werden kann. Bei jeder Liegenschaft muß, um den Besitz einer solchen erstrebenswert erscheinen zu lassen, der Ertragswert höher als der Substanzwert sein, wodurch der Anreiz zur Bewirtschaftung eines Grundstückes bzw. zur Erbauung eines Zinshauses erst gegeben erscheint. Der hauptsächlichste Grundsatz für die Bewertung von Liegenschaften findet sich in dem Werke F. W. Roß: Leitfaden für die Ermittlung des Bauwertes von Gebäuden, welcher lautet: „Bei einer Schätzung sind lediglich die dauernden Eigenschaften des zu schätzenden Gegenstandes und nur der durchschnittliche für die gewöhnliche Bewirtschaftung in den Händen jedes Besitzers erreichbare Wert festzustellen."

Die gesetzlich niedergelegten Grundsätze für die Bewertung von Liegenschaften finden sich im allgemeinen bürgerlichen Gesetzbuch, dessen § 303 sagt: „Schätzbare Sachen sind diejenigen, deren Wert durch Vergleichung mit anderen im Verkehr befindlichen bestimmt werden kann", der § 304 besagt: „Der bestimmte Wert einer Sache heißt ihr Preis", und der § 305 lautet: „Wird eine Sache nach dem Nutzen geschätzt, den sie mit Rücksicht auf Zeit und Ort gewöhnlich und allgemein leistet, so entsteht der ordentliche oder gemeine Preis. Nimmt man aber auf besondere Verhältnisse und auf die in zufälligen Eigenschaften der Sache gegründete besondere Vorliebe desjenigen, dem der Wert ersetzt werden muß, Rücksicht, so entsteht der außerordentliche Preis", und § 306 besagt: „in allen Fällen, wo nichts anderes entweder bedungen oder von dem Gesetz verordnet wird, muß bei der Schätzung einer Sache der gemeine Preis zur Richtschnur genommen werden."

Die Realschätzungsordnung (Verordnung der Minister der Justiz, des Innern und des Ackerbaues vom 25. Juli 1897, R.G.Bl. Nr. 175) gibt unter III. bei der Schätzung zu beobachtende Grundsätze, schon verschiedene Vorschriften bekannt, welche bei exekutiven Schätzungen zu beachten sind. Insbesondere der § 15 legt fest, daß die Wertermittlung regelmäßig zu erfolgen hat, entweder durch Feststellung des Verkaufswertes (Verkehrs-, Handels-, Marktwert), nach Flächenmaßeinheiten (bei Gebäuden nach Objekten) oder durch Kapitalisierung des jährlichen Reinertrages. Weiters besagt der § 16, daß Gebäude, welche der Hauszinssteuer unterliegen, samt den dazugehörigen, unverbauten Flächen stets zweifachen Bewertungen zu unterziehen sind, nämlich jener nach dem kapitalisierten Zinsertrag und jener nach dem Grund- und Bauwert. Der Durchschnitt aus beiden Bewertungen ist als Schätzwert anzunehmen.

Aus allen vorangeführten Überlegungen geht hervor, daß jener Wert, welcher allgemein die Öffentlichkeit interessiert bzw. interessieren muß, nur der Verkehrswert sein kann, daß heißt jener Betrag, welcher im Fall eines freihändigen, nicht erzwungenen Verkaufes mit Sicherheit als Erlös für die käufliche Sache zu erwarten ist. Dieser Verkehrswert kann mit den vorerwähnten Zweckwerten, wie Urwert, Belehnungswert, Hypothekarwert, Grund- und Bauwert oder Ertragswert annähernd zusammenfallen und wird auch in Zeiten normalen Wirtschaftslebens derart übereinstimmen, daß der Verkehrswert sich zwischen den Gestehungskosten und dem Ertragswert bewegen wird.

In Zeiten abnormalen Wirtschaftslebens hingegen, wie wir sie jetzt zu durchleben gezwungen sind und die durch die Erschütterungen des Weltkrieges hervorgerufen wurden, hat der Begriff des Verkehrswertes einer Liegenschaft immer ungeahnte Veränderungen erfahren. Die Erlassung von Zwangsvorschriften, welche, der allgemeinen Verarmung Rechnung tragend, das Emporschnellen der Mietzinse als unerträgliche Belastung der Mieter erscheinen lassen, hat das Erträgnis der Miethäuser derartig herabgemindert, daß von einem Ertrag im Sinne der Vorkriegszeit auf längere Zeit hinaus nicht gesprochen werden kann. Zu diesen Kriegserscheinungen treten noch jene Verordnungen hinzu, welche die Demolierung und den Umbau von alten, nicht mehr den heutigen Wohnungsanforderungen entsprechenden Gebäuden ungemein erschweren, weil die Rücksichtnahme auf die überall vorhandene Wohnungsnot die Erhaltung der vorhandenen Wohnungen als unerläßlich notwendig erscheinen läßt.

Im Falle des Verkaufes eines in der Vorkriegszeit einen Reinertrag abwerfenden Gebäudes kann somit der Käufer nur mit einer Besserung des Ertrages einer solchen Liegenschaft in Zukunft rechnen, er kann also nur einen eskomptierten, in absehbarer Zeit zu erhoffenden Ertragswert bezahlen, welcher naturgemäß, je nach der Verschiedenheit der bestehenden Mieterschutzgesetze, ein vollkommen ungleicher sein muß. Es ergibt sich hieraus, daß jene Beträge, welche als Erlös bei heutigen Liegenschaftsverkäufen erzielt werden, wohl als Verkehrswerte anzusprechen sind, weil sie dem Verkehr in solchen Wertsachen entsprechen, diese Erlöse jedoch von den bisherigen Vorstellungen über den Wert solcher Liegenschaften vollkommen losgelöst erscheinen, da in solchen heutigen Verkaufsergebnissen auch nicht mehr annähernd die Entschädigung für die Herstellungskosten solcher Liegenschaften zu erblicken ist.

Tatsächlich haben sich in den Nachkriegsjahren bei Hausverkäufen nur solche Beträge erreichen lassen, welche vorsichtig rechnende Kaufleute nur dann jahrelang ertraglos festlegen konnten, wenn ertragreiche Zeiten bald zu erwarten sind.

Diese von solchen Gesichtspunkten ausgehenden Verkehrswerte haben auch tatsächlich eine gewisse Übereinstimmung in der Auffassung des kauflustigen Publikums gezeigt, welche einen Überblick über die Bestimmung des Verkehrswertes ermöglichen. Es hat sich weiters gezeigt, daß die Einreihung der Liegenschaften in höhere oder niedere Wertgruppen sich, von verschiedenen Gesichtspunkten ausgehend, vollzogen hat. Es war naheliegend, daß Liegenschaften, durch deren Besitz vorkriegsähnliche Erträge zu erwarten waren oder deren Vorkriegsertrag rasch und in absehbarer Zeit erreichbar scheint, wesentlich höher verwertet werden konnten als solche Liegenschaften, welche mit unvalorisierten Vorkriegserträgnissen noch auf längere Zeit hinaus zu rechnen haben werden.

In die erste Gruppe, das ist jene der derzeit höher bewerteten Liegenschaften, gehören alle, welche für Nahrungsmittelerzeugung und zur Herstellung jener Artikel dienen, welche zur Befriedigung der Bedürfnisse des täglichen Lebens der Bevölkerung verwendbar sind.

In die zweite Gruppe, das ist jene der niedriger zu bewertenden Liegenschaften, gehören alle Baulichkeiten, insbesondere in den großen Städten, welche Mietwohnungen enthalten, deren Erträgnis durch die erlassenen Mieterschutzgesetze auf ein derartig geringes Ausmaß herabgedrückt wurde, daß der Begriff eines Ertragswertes bei solchen Gebäuden derzeit nicht mehr vorhanden ist.

Während die Liegenschaften der ersten Gruppe, also rein landwirtschaftliche Liegenschaften, auf Grund derselben Gesichtspunkte bewertet werden, wie es in der Vorkriegszeit üblich war, nämlich auf Grund des kapitalisierten Ertrages, kann diese Bewertungsart bei Fabriken nicht mehr beibehalten werden. Die Industrie Österreichs, die vor dem Krieg auf das ganze Absatzgebiet der alten österreichisch-ungarischen Monarchie und auf Export, hauptsächlich in die Balkanländer, aufgebaut war, ist durch den Zusammenbruch der Monarchie und durch die Aufrichtung von Industrieschutz-Zollgrenzen gegen die Nachbarländer auf ein wesentlich geringeres und verarmtes Absatzgebiet beschränkt.

Insbesondere wurden jene Industrien durch den Zusammenbruch schwer betroffen, welche als reine Kriegsindustrieanlagen während des Krieges erbaut oder vergrößert wurden und heute ihrer Existenzberechtigung beraubt sind. Der Umstand, daß ein Großteil von Fabriksanlagen aus kleinen Anfängen heraus, durch fortwährende, oft nicht sehr glückliche Vergrößerungen räumlich zwar ausgedehnt, betriebstechnisch jedoch ungünstig gestaltet wurde, somit die Erzeugung eine ungleich kostspieligere sein muß als bei Fabriken, welche nach neuesten und zweckdienlichsten Grundsätzen erbaut sind, ergibt, daß das Alter, die Beschaffenheit, die betriebstechnisch zweckdienlichste Bauart und weitere, die Herstellungskosten beeinflussende Momente, wie Anschluß an bestehende Eisenbahnlinien, Vorhandensein eigener Kraftzentralen, allgemein günstige Lage der Liegenschaft, Vergrößerungsmöglichkeit bzw. Unterteilungsmöglichkeit für verschiedenartige Betriebe und Verwendbarkeit für verschiedene Industriezweige, auf den Verkehrswert einer solchen Liegenschaft derzeit einen ungleich stärkeren Einfluß ausüben, als dies schon in der Vorkriegszeit der Fall war.

Es wird sich somit bei der Bewertung von Fabriksliegenschaften in erster Linie darum handeln, jene Momente richtig einzuschätzen, welche unter den heutigen, besonders erschwerten Verhältnissen noch eine Bestandfähigkeit und Verwendbarkeit für industrielle Zwecke gerechtfertigt erscheinen lassen. Es kann daher bei der Bewertung von Fabrikliegenschaften nicht der Grund- und Bauwert allein in Betracht gezogen werden, sondern es muß dieser unter voller Berücksichtigung der vorerwähnten Gesichtspunkte einer Abminderung unterworfen werden. Immerhin kann aber bei einigen wenigen Industrieunternehmungen, die zur Deckung wirklich vorhandenen und gesicherten Industriebedarfes oder zur Erzeugung gesicherter, hochwertiger Exportqualitätsware dienen, der Liegenschaftswert ein derart hoher sein, daß nicht nur valorisierte Friedensverkehrswerte gerechtfertigt erscheinen, sondern daß sogar ein Umbau oder Neubau solcher Fabriksanlagen gerechtfertigt ist, wenn hierdurch eine wesentlich rationellere Erzeugungsmöglichkeit gesichert erscheint.

Alle übrigen Industriebaulichkeiten jedoch werden, entsprechend der wesentlich verringerten Nachfrage, auch einen wesentlich verringerten Verkehrswert besitzen. Dieser Verkehrswert kann als äußerste unterste Grenze unter ungünstigsten Umständen sogar bis auf den Altmaterial- oder Demolierungswert der Baulichkeiten zuzüglich des Grundwertes herabsinken, wenn veraltete Bauart, schlechter Bauzustand, Mangel moderner Industrienotwendigkeiten, allgemein ungünstige, abseitige Lage einen Betrieb als derzeit unmöglich und aussichtslos erscheinen lassen und eine Verwendung der Gebäude zu Wohn- und Lagerzwecken ausgeschlossen erscheint.

Bei der Schätzung von Fabriksanlagen ist in erster Linie zu bedenken, daß Fabriksanlagen Sonderzweckbauten sind, die keine derart allgemein verwertbare Marktware darstellen wie Zinshäuser, also einem wesentlich eingeschränkteren Interessentenkreis gegenüberstehen. Es ist somit mangels verwendbarer Vergleichsresultate die richtige Bewertung von Fabriksanlagen ungemein erschwert. Weitere Erschwernisse für die Bewertung bilden die oft abseitige Lage, die zu großzügig oder zu engherzig dimensionierten oder betriebstechnisch ungünstig situierten Gebäude, die schwere Verwertungsmöglichkeit für andere Industriezwecke und geringe Anpassungsfähigkeit an geänderte Betriebsnotwendigkeiten, wie Vergrößerung oder Verkleinerung des Betriebes.

Hierbei ist jedoch nicht zu übersehen, daß unter Umständen eine abseitige isolierte Lage vollauf berechtigt sein kann, wenn z. B. das Vorhandensein günstiger, billiger Kraftquellen (Wasserkräfte), unmittelbar benachbarte Fundstellen von Ur- oder Rohstoffen, günstige billige Arbeiterlöhne usw. große betriebstechnische Vorteile und Ersparnisse gewährleisten. Derartige Verhältnisse können unter Umständen von so weittragender Bedeutung sein, daß die Verlegung solcher Betriebe in verkehrsreiche Industriegegenden oft nur mit schweren Opfern, in manchen Fällen überhaupt nicht durchführbar ist oder eine gänzliche Umstellung auf andere Produktion bedingt. Weiters erschwerend für die richtige Werterkenntnis ist der Umstand, daß Verkäufe von Fabriksanlagen häufig wegen Veralterung der Betriebsstätten oder wegen gänzlicher Einstellung des Betriebes, also zwangsweise, erfolgen. Unter diesen Verhältnissen kann der Wert solcher Fabriksanlagen auf den Wert der Grundstücke mehr dem Altmaterialwert der Gebäude, also auf die unterste Wertgrenze, herabsinken.

Handelt es sich aber um den Verkauf einer im vollen lebensfähigen Betrieb stehenden Fabriksanlage, so sind bei der Bewertung im allgemeinen die heutigen Herstellungskosten (Grund- und Bauwert) zugrunde zu legen, hierbei aber folgende wertvermindernde Faktoren entsprechend zu berücksichtigen:

1. Vorhandene Wertabminderung an Gebäuden, verursacht durch Alter und Abnützung (Amortisation);
2. allgemeine ungünstige Lage der gesamten Industrie, hervorgerufen durch allgemeine Verarmung als Auswirkung des Weltkrieges (Arbeitslosigkeit);
3. verminderte Ertragsmöglichkeit industrieller Unternehmungen durch erhöhte Verpflichtungen sozialer Natur (Zwangsarbeitereinstellungen, Fürsorgeabgabe, erhöhte Steuern usw.);
4. unbegründete, ungünstige, abseitige Lage der ganzen Anlage;
5. Mangel einer notwendigen eigenen Kraftzentrale;
6. Mangel oder Unmöglichkeit der Herstellung eines notwendigen Geleiseanschlusses;
7. Mangel an notwendigen Arbeiterwohnungen;
8. ungünstige, veraltete Bauart der Betriebsgebäude;
9. fehlende Vergrößerungsmöglichkeit;
10. schwere Verwertungsmöglichkeit für andere Industriezwecke;
    a) wegen übermäßiger Größe der Gesamtanlage (Kriegsindustrieanlagen);
    b) wegen übermäßiger Umbaukosten.

Zu diesen Abminderungsfaktoren wäre folgendes zu erwähnen:

Die Wertabminderung 1. durch Alter und Abnutzung (Amortisation) ist nach denselben Gesichtspunkten zu beurteilen wie in Formel (7) abgegeben.

Nachdem die Wertabminderungsfaktoren 2. und 3. derzeit wohl ausnahmslos allen Industrie- und Fabriksanlagen anhaften und auch in Zukunft noch so lange anhaften werden, als die Auswirkung des Weltkrieges störend empfunden wird und die heutige Unmöglichkeit der vollen Ausnutzung vorhandener Betriebseinrichtungen besteht, so bilden diese Faktoren wertvermindernde Momente, die derzeit bei jeder, auch der modernst erbauten Industrieanlage Berücksichtigung finden müssen.

Die Höhe dieser zwei Faktoren richtig anzunehmen, muß wohl dem Empfinden und den bei der Besichtigung erhaltenen Eindrücken des Schätzmeisters vorbehalten bleiben. Sie kann richtigerweise nicht im vollen, derzeit sich fühlbar machenden Umfang veranschlagt werden, sondern es muß die Hoffnung auf eine in absehbarer Zeit zu erwartende Besserung der Produktionsverhältnisse mildernd zum Ausdruck gelangen, ähnlich wie bei der Wertermittlung der Miethäuser. Von diesem Gesichtspunkte aus, der Eskomptierung einer besseren Zukunft, erscheint eine Berücksichtigung dieser zwei Wertabminderungsfaktoren in einer Höhe von annähernd 35% der heutigen, um die Amortisation verminderten Bauherstellungskosten als entsprechend.

Die übrigen Wertabminderungsfaktoren 4. bis 10. sind nur in jenen Fällen als Abzugsposten anzuwenden, wo sie wertvermindernd in Erscheinung treten und können per zutreffendem Faktor, je nach seiner Wichtigkeit, annähernd mit je 10% Berücksichtigung finden.

Auf keinen Fall aber dürfen alle anzunehmenden Abminderungsfaktoren zusammen 95% der heutigen Bauherstellungskosten übersteigen, weil logischerweise der Wert des Bau-Altmateriales im Ausmaße von rund 5% vorhanden bleiben muß.

Es mag vielleicht auf den ersten Blick befremdend erscheinen, von tatsächlich vorhandenen Bauwerten zugunsten nicht vorhandener Bauteile Abzüge zu machen. Diese Maßregel erscheint jedoch durch die heutige Geldknappheit vollauf begründet, weil besonders Industrieunternehmungen in den seltensten Fällen imstande sind, große Investitionen vorzunehmen, selbst dann nicht, wenn es gilt, notwendige Wertobjekte zu schaffen, weil die verfügbaren Geldmittel oft knapp zur Aufrechthaltung der eingeschränkten Betriebe ausreichen. Es steht daher außer allem Zweifel, daß fehlende Betriebsnotwendigkeiten, in der Art der in den Posten 4. bis 10. angeführten, derzeit eine starke Wertverminderung der gesamten Anlage bedeuten und im vorerwähnten Sinne bei der Bewertung Berücksichtigung finden müssen.

Äußerst ungünstig ist derzeit der Verkehrswert von Miethäusern durch die bestehenden Mieterschutzverordnungen beeinflußt, da, wie bereits erwähnt, derartige Liegenschaften nur als Zukunftsanlagewerte gesucht werden. Die heutige fast vollständige Erträgnislosigkeit dieser Baulichkeiten einerseits, die Ungewißheit der Zukunft und die Unsicherheit des anzunehmenden Kapitalisierungszinsfußes anderseits erschweren die Beurteilung des Verkehrswertes außerordentlich. Aber auch bei Miethäusern ist, ähnlich wie bei Fabrikgebäuden, eine Anzahl von Kennzeichen vorhanden, welche eine höhere Bewertung gegenüber anderen rechtfertigen. In erster Linie ist es die allgemein günstige Lage, die moderne Grundrißbildung und die solide Bauart und schließlich die Qualität der Bewohner, welche eine wesentlich höhere Bewertung gerechtfertigt erscheinen lassen. Anderseits haben jene Miethäuser, welche in minder guter Lage sich befinden, derzeit nicht mehr jene schweren Mängel anhaften, welche in der Vorkriegszeit in der Bewohnung durch kapitalsschwache Mieter, durch häufigen Wechsel der Parteien und durch starke Leerstehungen gekennzeichnet waren, nachdem die großen Umwälzungen sozialpolitischer Natur diese seinerzeitigen Mängel stark abgeschwächt haben. Trotzdem haftet jedoch letzteren Miethäusern immer noch die ungünstige Lage und fast ausnahmslos die wenig solide Bauart an, welche auch heute noch eine verhältnismäßig stärkere Verminderung des Verkehrswertes bedingen. Demnach erscheint eine Differenzierung des Verkehrswertes nach Lage, Beschaffenheit und Bauart auch heute unbedingt gerechtfertigt. Es ergibt sich hieraus, daß reine Miethäuser von diesem Gesichtspunkte aus in folgende vier Hauptgruppen zu teilen sind:

1. Eigenwohnhäuser in entsprechend guter Lage und vollendetster zeitgemäßer Bauausführung;

2. Eigenwohnhäuser in minder guter Lage und nicht mehr zeitgemäßer Bauausführung;

3. reine Miet- und Geschäftshäuser in hervorragend guter Lage mit zeitgemäßer Wohnkultur, gutem Bauzustand und guter Bauausführung;

4. reine Miethäuser in minder guter Lage, veralteter Wohnungsausstattung, Massenmiethäuser und Arbeiterwohnhäuser in minder guter Bauausführung bei mangelhafter Instandhaltung.

In diese vier Gruppen wären noch bezüglich der Lage zu dem jeweiligen Stadtzentrum gewisse Untergruppen einzureihen.

Eine Ausnahme in der Bewertung bilden jene Gruppen von Liegenschaften, welche nicht auf Grund des valorisierten Friedensertragswertes bewertet werden können, insbesondere Neubauten von Miethäusern und Eigenwohnhäusern, welche auf Grund bestehender Steuererleichterungen nach dem Zusammenbruch neu erbaut wurden und außerhalb der Mieterschutzgesetze gestellt wurden und daher in der Lage sind, derart hohe Zinserträge abzuwerfen, daß eine Bewertung auf Grund des Ertrages ermöglicht wird.

Alle Liegenschaften jedoch, ohne Ausnahme, müssen heute der Wertverminderung unterworfen werden, welche durch die allgemeine Verarmung, durch die Geldknappheit und das Darniederliegen aller Erwerbsunternehmungen berechtigt erscheint.

Aus diesen Betrachtungen ergibt sich, daß übereinstimmend mit den bestehenden Gepflogenheiten auf dem Realitätenmarkt als Ausgangspunkt für die Bewertung von Miethäusern auch heute noch im allgemeinen der Vorkriegswert zur Grundlage genommen werden muß, weil sonstige Anhaltspunkte, welche rechnerisch durch die derzeitigen Verhältnisse begründet erscheinen, tatsächlich nicht zur Verfügung stehen. Es erscheint daher notwendig, derzeit noch den heutigen Verkehrswert als ein Vielfaches des Vorkriegswertes aufzustellen und hierzu die folgenden Formeln zu verwenden:

$$W = V \times F \tag{1}$$

worin W den heutigen Verkehrswert,
V das Vielfache und
F den Vorkriegswert

bedeuten.

Nun wurde aber der Vorkriegswert einer normalen zinsentragenden Liegenschaft berechnet nach der Formel:

$$F = \frac{S + E}{2} + Stf, \tag{2}$$

worin F den Vorkriegswert,
S ,, Substanzwert,
E ,, Ertragswert und
Stf ,, Wert etwa vorhandener Steuerfreiheit

bedeuten.

Der Substanzwert S setzt sich wieder zusammen laut folgender Formel:

$$\text{aus } S = G + B, \tag{3}$$

worin G den Wert des Grundstückes (Grundwert) und
B ,, ,, ,, Gebäudes (Bauwert)

vorstellen.

Der Ertragswert hingegen ergibt sich aus der Formel:

$$E = \frac{Bz - St}{P} \times 100, \tag{4}$$

wobei Bz den Jahresbruttozins des Jahres 1914,
St die im Jahre 1914 bestandenen Steuern, Erhaltungskosten und sonstige Abzugsposten und Abgaben und
P den im Jahre 1914 üblichen Prozentfuß (Zinsfuß)

bedeuten.

Der Wert der Steuerfreiheit Stf für jene Steuererleichterungen, welche im Jahre 1914 in Geltung waren, spielt für die heutige Verkehrswertermittlung keine Rolle mehr, weil alle Arten von Steuerfreiheiten, die vor dem Kriege gesetzlich gewährt wurden, um einen Anreiz zu gesteigerter Bautätigkeit zu bieten, derzeit schon abgelaufen sind. Es ist somit der Wert der Steuerfreiheit für die heutige Verkehrswertermittlung von Gebäuden, die aus der Vorkriegszeit stammen, ohne jeden Belang. Da jedoch den verhältnismäßig wenigen aus privaten Mitteln errichteten, zinstragenden Gebäuden, die **nach dem Krieg** in Wien nach dem 29. November 1921 erbaut wurden, eine 20jährige, bzw. 30jährige Steuerfreiheit gewährt wurde, soll der Vollständigkeit halber hier auch die Formel für den Zeitwert der Steuerfreiheit *Stf* angeführt werden, welche lautet:

$$Stf = M \times \frac{q^n - 1}{q^n (q - 1)}, \qquad (5)^{1)}$$

wobei M die terminliche (semestrale oder jährliche) Minderleistung an Steuern infolge Steuerersparnis,

$q = (1 + 0{,}01 p)$ den Kapitalisierungszinsfuß bei $p\%$ Verzinsung und

n die Anzahl der Termine (Semester oder Jahre) bedeuten, während welcher die Steuerersparnis bis zu ihrem Ende noch andauert.

Bezüglich Bestimmung des Wertes der Gebäude (Bauwert) B sind noch folgende Formeln von Wichtigkeit:

$$B = H - A, \qquad (6)$$

wobei H die Vorkriegsbauherstellungskosten bedeuten, welche heute zu erwarten gewesen wären, wenn an Stelle des Krieges eine normale Wirtschaftsentwicklung bis auf den heutigen Tag möglich gewesen wäre, und

A die durch zunehmendes Alter und Abnutzung an der Substanz verursachte Wertabminderung (Amortisation, Altersentwertung) bedeutet.

Diese Wertabminderung ist um so größer, je größer das Alter des Gebäudes ist und wird im allgemeinen besonders bei Wohnhausbauten um so rascher zunehmen, je größere Fortschritte jene technischen Errungenschaften und sanitären Wohnungseinrichtungen aufweisen, welche die zunehmende Wohnkultur der letzten Jahrzehnte kennzeichnet. Alle jene technischen Errungenschaften, welche die letzten modernen, vornehmen Wohnhausbauten als selbstverständliche Notwendigkeit aufweisen, wie Personenaufzug, Zentralheizung, zentrale Warmwasserversorgung, Staubsaugeanlage, Klopfbalkons, Baderäume, entsprechende Diener-, Vor- und Nebenräume, Dienertreppen usw. oder bei Kleinwohnungshäusern: wie Wohnküchen, Gemeinschaftsküchen, zentrale Waschküchen, Kindertagesräume usw. und welche die unaufhaltsam fortschreitende Wohnkultur sich dienstbar macht, entwerten unsere älteren Wohnhausbauten weitaus rascher und unbarmherziger, als es durch die natürliche Abnutzung der Substanz durch den täglichen Gebrauch der Bewohner begründet erscheint.

Diese **kulturelle Entwertung** verursacht besonders bei städtischen Wohnhausbauten die Notwendigkeit eines Umbaues zu einer Zeit, in der das Gebäude aus statischen Gründen noch für viele Jahre als vollkommen bestandfähig zu bezeichnen wäre und oft kaum das „Jünglingsalter“ überschritten hat.

Ganz ähnlich liegen die Entwertungsverhältnisse auch bei Fabrikbauten. Auch hier ist der ungeheure Fortschritt aller technischen Wissenschaften das treibende Element, welches bei statisch noch sehr bestandfähigen Gebäuden, deren Umbau

1) Zur Auswertung der Formel (5) dient Tabelle S. 726.

als unbedingte Notwendigkeit erscheinen läßt. Die durchgreifende Mechanisierung und Rationalisierung in allen Fabrikbetrieben, die Ökonomisierung der Kraftzentralen, die Vereinfachung, Verbilligung und Modernisierung der Herstellungsmethoden sowie die gründliche Erfüllung sozialer Forderungen der Arbeiter lassen die durchgreifende Umgestaltung, ja selbst den Umbau von ganzen Fabriktrakten, oft nach verhältnismäßig kurzer Lebensdauer als unaufschiebbar erscheinen.

Nachdem diese gewaltsamen Entwertungen in keiner, auch nur annähernd praktisch verwendbaren Art feststellbar sind, trotzdem die einschlägige Literatur hierüber sehr interessante, aber naturgemäß nur auf persönlichen Ansichten beruhende, stark divergierende Angaben aufweist, ist eine wirklich verläßliche, rechnerische Erfassung dieser Entwertung kaum anzugeben. Trotzdem die einschlägige Literatur zumeist eine progressive Steigerung der Wertabminderung vorschlägt und zur Berechnung der zutreffenden Wertabminderungsfaktoren umfangreiche Tabellen aufstellt, die auf rein theoretischen Lebensdauerannahmen beruhen, erscheint es mit Rücksicht auf die vorerwähnten, viel schwerwiegenderen, gewaltsamen kulturellen Entwertungsmomente für den praktischen Schätzungsgebrauch richtiger, die theoretische Lebensdauer, als eine in den meisten Fällen unerreichbare Ziffer, unberücksichtigt zu lassen und zur Bestimmung der Größe der vorhandenen Wertabminderung nur das derzeitige Alter in Vergleich zu ziehen zu der voraussichtlich noch zu erwartenden vollwertigen Lebensdauer eines Bauwerkes. Bei dieser Beurteilung wird nicht so sehr das absolute, als vielmehr das relative Alter und insbesondere die hochwertige Bauausführung und Instandhaltung eine ausschlaggebende Rolle spielen, ebenso der Standort des Gebäudes in verhältnismäßig geschützter Lage in geschlossenen Städten oder in einer den Witterungseinflüssen stark ausgesetzten isolierten Lage am flachen Lande. Für diese Art der Berechnung der Wertabminderung genügt aber vollständig die Annahme, daß die Wertabminderung sich nicht progressiv, sondern proportional vollzieht, so daß zur Berechnung der Wertabminderung sich folgende Formel anwenden läßt:

$$A = K \times \frac{l}{l+L}, \qquad (7)$$

worin K die heutigen Bauherstellungskosten,
l das derzeitige Alter des Bauwerkes,
L die vorraussichtlich noch zu erwartende vollwertige Lebensdauer des Bauwerkes

bedeuten.

Für die allgemeine Beurteilung der normalen Bestanddauer von Gebäuden ohne Berücksichtigung der kulturellen Entwertung dürften nachstehende Angaben ausreichen:

a) Bestanddauer für Wohnhäuser:

1. In vollendetster hochwertiger Ausführung, in Städten rund	250	Jahre
,, ,, ,, ,, am flachen Land rund	150 bis 200	,,
2. ,, guter Ausführung, in Städten rund	150 ,, 200	,,
,, ,, ,, am flachen Land rund	120 ,, 150	,,
3. ,, minder guter einfacher Ausführung, in Städten rund	120	,,
,, ,, ,, ,, ,, am flachen Land rund	70 bis 100	,,

b) Bauernhäuser und landwirtschaftliche Bauten:

1. In guter Ausführung, als Massivbauten rund .... 100 Jahre
2. „ „ „ teils als Massiv-, teils als Holzbauten rund ...... 70 „
3. „ „ „ reine Holzbauten rund .... 50 „

c) Industriebauten:

1. Ältere Konstruktion als Massivbauten rund .... 100 Jahre
2. Neuere „ in Eisenbetonbauweise rund .... 150 bis 200 „
3. Nebengebäude hierzu, wie Speicher usw., als Massivbauten rund....... 100 „
„ teils als Massiv-, teils als Holzbauten rund .... 60 bis 80 „
„ reine Holzbauten rund .... 30 „ 40 „

Unter Berücksichtigung der bisherigen Ausführungen ergibt sich die volle erschöpefnde Formel für die Berechnung des heutigen Verkehrswertes einer aus der Vorkriegszeit stammenden, zinstragenden Liegenschaft:

$$W = V \times \left\{ \frac{G + \frac{H \times L}{l + L} + \frac{Bz - St}{P} \times 100}{2} \right\} \tag{8}$$

In dieser Formel (8) sind bereits alle Faktoren erläuternd besprochen, bis auf den Faktor:

V, das Vielfache des Vorkriegswertes:

Wie schon erwähnt, bildet dieses Vielfache einen rechnerisch nicht feststellbaren Wert, der nur auf Grund reichlicher Erfahrung, als das Ergebnis aus freihändigen Verkäufen, vergleichs- und gefühlsmäßig angenommen werden kann.

Tatsächlich haben die zahlreichen Verkäufe von Wiener Zinshäusern in der letzten Zeit ergeben, daß die Preise von Wiener Durchschnitts-Zinshäusern, aus der Vorkriegszeit stammend, sich um den 2 bis $2\frac{1}{2}$fachen Friedensbruttozins in Gold bewegt haben. Das heißt, daß ein solches Zinshaus, welches im Jahre 1914 z. B. *K* 10000,00 Bruttozins getragen hat, einen Verkehrswert besitzt von:

$$K\ 10000{,}00 \times 14{,}400 \times 2 = K\ 228000000{,}00 = S\ 28800{,}00 \text{ bis } 36000{,}00$$

oder umgerechnet auf ein Vielfaches des Vorkriegswertes ergäbe sich für Zinshäuser, aus der Vorkriegszeit stammend, durchschnittlich:

$$V = 2400 \text{ bis } 3600.$$

Hierzu ist zu erwähnen, daß solche Zinshäuser in unausgebauten Stadtteilen, von der ärmsten Bevölkerungsschichte bewohnt, in billigster Ausführung und starker, das natürliche Maß übersteigender Abnutzung, selbst unter den 2000fachen Vorkriegswert herabsinken können, während umgekehrt solche Zinshäuser in hervorragend guter Geschäftsgegend, in besonders guter Bauausführung, Verkehrswerte bis zum 5000fachen Vorkriegswert erreichen können.

Obwohl die Vorkriegswerte von Wiener Zinshausbauten, die vor dem Krieg erbaut wurden, heute den Bausachverständigen noch vollkommen geläufig und in Erinnerung sind, so scheint es doch interessant, die heutigen Verkehrswerte nicht nur mit den seinerzeitigen Vorkriegswerten, sondern auch mit den heutigen Herstellungskosten in Beziehung zu bringen, weil sich bei dieser Gegenüberstellung die wertvernichtende Auswirkung des Mietengesetzes in erschreckender Deutlichkeit zeigt. Von diesem Standpunkt aus betrachtet, ergibt sich, daß die heutigen Verkehrswerte, die am Realitätenmarkt erreichbar sind, bei Vorkriegshäusern betragen:

1. bei einfachst ausgestatteten Zinshäusern in minder guter Lage rund 10%
2. bei einfach ausgestatteten Zinshäusern in Normalwohnlagen rund 15%
3. bei gut und modern ausgestatteten Zinshäusern in Haupt- und Verkehrsstraßen rund 25%
4. bei hervorragend gut ausgestatteten Wohn- und Geschäftshäusern in sehr guter zentraler Lage von Geschäftsvierteln, Villen und Eigenwohnhäusern in ausgesprochenen Villenvierteln rund 35%
5. ausgesprochene Großgeschäftshäuser im Kern des geschäftlichen Hauptverkehres und Eigenwohnpaläste in besonders bevorzugten, vornehmen Wohnvierteln rund 50%

der heutigen Herstellungskosten.

Selbstverständlich müssen auch hier das Lebensalter und die etwa mangelhafte Instandhaltung dieser Gebäude vollauf berücksichtigt werden.

Diese normalen Verkehrswerte erfahren eine wesentliche Erhöhung, wenn in einem Wohnhaus Wohnungen oder Geschäftslokale vorhanden sind, die dem Mietengesetz nicht unterliegen, sondern im Sinne der Mietennovellen vom 30. Juli 1925 und vom 14. Juni 1929 an den Stichtagen (31. Juli 1925, bzw. 1. Juni 1929) weder vermietet noch angefordert waren. Die Möglichkeit, solche vom Hauseigentümer an den Stichtagen in Eigenbenutzung gehabten Räume freihändig um einen Zins vermieten zu können, dessen Höhe keiner Einschränkung unterliegt, ist gleichbedeutend mit einem teilweisen Wiederaufleben eines Zinsertrages im Sinne der Vorkriegszeit. Diese Zinsertragsmöglichkeit hat eine ganz erhebliche Wertsteigerung verursacht, wenn die der freien Zinsvereinbarung vorbehaltenen Räume sich in Objekten befinden, die in guten Wohn- bzw. Geschäftsgegenden liegen. Diese Werterhöhungen sind auf Grund erreichbarer Zinse nach Abzug gesetzlich feststehender Abgaben, Verwaltungs- und Erhaltungskosten, als kapitalisierter Ertragswert in entsprechender Weise dem normalen Verkehrswert des dem Mietengesetz unterliegenden Hausteiles zuzuschlagen. Hierbei ist genau zu prüfen, ob der Hauseigentümer mit dem Wohnungs- oder Geschäftsinhaber auch wirklich identisch ist.

B. Schätzung von Gebäuden zum Zwecke der Feuerversicherung

Der Zweck solcher Schätzungen besteht in der Ermittlung und Festlegung jener Einzelziffern und Beträge, welche aufgewendet werden müssen, um Schäden, die durch Feuer und Löschungsarbeiten entstanden sind, durch Versicherungsgesellschaften vergütet zu erhalten. Um derartige Schadensziffern in einwandfreier Weise ermitteln zu können, ist es unerläßlich, über derartige Unterlagen zu verfügen, welche es ermöglichen, den vor einem Brand vorhanden gewesenen Zustand eines Gebäudes festzustellen und die durch den Brand vernichteten Werte errechnen zu können.

Diese Brandschäden werden nur als reine Materialschäden vergütet, und zwar nicht in der Höhe der Kosten der Neuherstellung, sondern nur in jener Höhe, der dem Zustand des verbrannten Gutes knapp vor dem Brande entspricht, also unter Berücksichtigung der Neuherstellungskosten, abzüglich einer entsprechenden Abschreibung für Alters- und Gebrauchsabnutzung.

Demnach entfallen die für Feuerversicherungszwecke vorzunehmenden Schätzungen ihrer Hauptsache nach in zwei Gruppen, nämlich:

I. Schätzungen von Baulichkeiten zum Zwecke der Versicherung gegen Brandschäden (Bestandwertschätzungen) und

II. Schätzungen jener Bauwerte, die durch Brände vernichtet oder beschädigt wurden (Brandschadenschätzungen).

I. Bestandwertschätzungen:

Um diesen Bestandwertschätzungen jene Eigenschaften zu verleihen, deren sie als verläßliche Unterlage zur Beurteilung von erlittenen Brandschäden bedürfen, müssen sie derart verfaßt sein, daß sie jederzeit genaue Aufschlüsse sowohl über den Wert als auch über den Baubestand eines Objektes geben können. Zu diesem Zweck müssen sie folgende vier Angaben enthalten:

a) Massen des zu versichernden Wertgegenstandes;
b) Neuwert oder Herstellungskosten dieser Massen;
c) Alter und Entwertung am Tage der Schätzung;
d) Zeit- oder Versicherungswert am Tage der Schätzung.

Ad a). Bei Gebäuden werden die Massen in Form einer genauen, detaillierten Massenaufstellung unter Beilage von Skizzen in Form von Bauvorausmaßen oder Kostenanschlägen mit kurzer Beschreibung angeführt.

Ad b). Der Neuwert oder die Herstellungskosten sind für jede Massenpost unter genauer Berücksichtigung der örtlichen Verhältnisse, wie Zubringungs-, Lohn- und Materialkosten, einzusetzen.

Ad c). Das Alter ist festzustellen und sodann unter Berücksichtigung der Bauart, des jeweiligen Bauzustandes, der Verwendung, Instandhaltung und der voraussichtlich noch zu erwartenden zukünftigen Lebensdauer, der Grad der Abnutzung und Entwertung am Schätzungstag im Verhältnis zur Gesamtlebensdauer zu berechnen (siehe Formel (7).

Für die Berechnung des Grades der Abnutzung dürften die im Anschluß an Formel (7) angeführten Angaben über Bestanddauer von Gebäuden genügend Anhaltspunkte geben. Jedenfalls aber muß bei der Berechnung des Zeitwertes darauf Bedacht genommen werden, daß auch bei den ältesten Gebäuden der Zeitwert nie unter den Altmaterialwert sinken kann, das ist jener Betrag, der durch Verkauf von Bestandteilen (Ziegel, Holz, Eisen usw.) des abzubrechenden Hauses erlöst werden kann, nach Abzug der Kosten der Demolierung.

Ad d). Durch Gegenüberstellung des Neuwertes zur vorhandenen Entwertung ergibt sich der Zeitwert am Tage der Schätzung.

II. Brandschadenschätzungen:

Zwecks Ermittlung der Höhe der von den Versicherungsgesellschaften an den Versicherten zu leistenden Schadensvergütungen wird der Zeitwert der vernichteten oder beschädigten Teile eines Bauwerkes ermittelt. Hierbei wird in analoger Weise wie bei den Bestandwertschätzungen vorgegangen, indem der Zeitwert am Tage des Brandes rechnerisch ermittelt und als Vergütungsbetrag angenommen wird. (Siehe auch: Grundzüge der Feuerversicherung.)

Tabelle der Faktoren $\frac{q^n-1}{q^n(q-1)}$,

mit welchen die terminliche Steuerersparnis multipliziert werden muß, um den Barwert der Steuerfreiheit zu erhalten

Anzahl der noch steuerfreien Termine	1¾%	2%	2¼%	2½%	3%	3½%	4%	4½%	5%	5½%	6%
1	0,98280	0,98039	0,97800	0,97561	0,97087	0,96618	0,96154	0,95694	0,95238	0,94787	0,94340
2	1,94870	1,94156	1,93447	1,92742	1,91347	1,89969	1,88609	1,87267	1,85941	1,84632	1,83339
3	2,89798	2,88388	2,86990	2,85602	2,82861	2,80164	2,77509	2,74896	2,72325	2,69793	2,67301
4	3,83094	3,80773	3,78474	3,76197	3,71710	3,67308	3,62990	3,58753	3,54595	3,50515	3,46511
5	4,74786	4,71346	4,67945	4,64583	4,57971	4,51505	4,45182	4,38998	4,32948	4,27028	4,21236
6	5,64900	5,60143	5,55448	5,50813	5,41719	5,32855	5,24214	5,15787	5,07569	4,99553	4,91732
7	6,53464	6,47199	6,41025	6,34939	6,23028	6,11454	6,00205	5,89270	5,78637	5,68297	5,58238
8	7,40505	7,32548	7,24718	7,17014	7,01969	6,87396	6,73274	6,59589	6,46321	6,33457	6,20979
9	8,26049	8,16224	8,06571	7,97087	7,78611	7,60769	7,43533	7,26879	7,10782	6,95220	6,80169
10	9,10122	8,98259	8,86622	8,75206	8,53020	8,31661	8,11090	7,91272	7,72173	7,53763	7,36009
11	9,92749	9,78685	9,64911	9,51421	9,25262	9,00155	8,76048	8,52892	8,30641	8,09254	7,88687
12	10,73955	10,57534	10,41478	10,25776	9,95400	9,66333	9,38507	9,11858	8,86325	8,61852	8,38384
13	11,53764	11,34837	11,16360	10,98318	10,63500	10,30274	9,98565	9,68285	9,39357	9,11708	8,85268
14	12,32201	12,10625	11,89594	11,69091	11,29607	10,92052	10,56312	10,22283	9,89864	9,58965	9,29498
15	13,09288	12,84926	12,61217	12,38138	11,93794	11,51741	11,11839	10,73955	10,37966	10,03758	9,71225
16	13,85050	13,57771	13,31263	13,05500	12,56110	12,09412	11,65230	11,23402	10,83777	10,46216	10,10590
17	14,59508	14,29187	13,99768	13,71220	13,16612	12,65132	12,16567	11,70719	11,27407	10,86461	10,47726
18	15,32686	14,99203	14,66766	14,35336	13,75351	13,18968	12,65930	12,15999	11,68959	11,24607	10,82760
19	16,04606	15,67846	15,32290	14,97889	14,32380	13,70984	13,13394	12,59329	12,08532	11,60765	11,15812
20	16,75288	16,35143	15,96371	15,58916	14,87747	14,21240	13,59033	13,00794	12,46221	11,95038	11,46992
21	17,44755	17,01121	16,59043	16,18455	15,41502	14,69797	14,02916	13,40472	12,82115	12,27524	11,76408
22	18,13027	17,65805	17,20335	16,76541	15,93692	15,16712	14,45112	13,78442	13,16300	12,58317	12,04158
23	18,80125	18,29220	17,80279	17,33211	16,44361	15,62041	14,85684	14,14777	13,48857	12,87504	12,30338
24	19,46069	18,91393	18,38904	17,88499	16,93554	16,05837	15,24696	14,49548	13,79864	13,15170	12,55036
25	20,10878	19,52346	18,96238	18,42438	17,41315	16,48151	15,62208	14,82821	14,09394	13,41393	12,78336
26	20,74573	20,12104	19,52311	18,95061	17,87684	16,89035	15,98277	15,14661	14,37519	13,66250	13,00317
27	21,37173	20,70690	20,07150	19,46401	18,32703	17,28536	16,32959	15,45130	14,64303	13,89810	13,21053
28	21,98695	21,28127	20,60783	19,96489	18,76411	17,66702	16,66306	15,74287	14,89813	14,12142	13,40616
29	22,59160	21,84438	21,13235	20,45355	19,18845	18,03577	16,98371	16,02189	15,14107	14,33310	13,59072
30	23,18585	22,39646	21,64533	20,93029	19,60044	18,39205	17,29203	16,28889	15,37245	14,53375	13,76483
31	23,76988	22,93770	22,14702	21,39541	20,00043	18,73628	17,58849	16,54439	15,59281	14,72393	13,92909
32	24,34386	23,46833	22,63767	21,84918	20,38877	19,06887	17,87355	16,78889	15,80268	14,90420	14,08404
33	24,90797	23,98856	23,11753	22,29188	20,76579	19,39021	18,14765	17,02286	16,00255	15,07507	14,23023
34	25,46238	24,49859	23,58683	22,72379	21,13184	19,70068	18,41120	17,24676	16,19290	15,23703	14,36814
35	26,00725	24,99862	24,04580	23,14516	21,48722	20,00066	18,66461	17,46101	16,37419	15,39055	14,49825
36	26,54275	25,48884	24,49467	23,55625	21,83225	20,29049	18,90828	17,66604	16,54685	15,53607	14,62099
37	27,06904	25,96945	24,93366	23,95732	22,16724	20,57053	19,14258	17,86224	16,71129	15,67400	14,73678
38	27,58628	26,44064	25,36299	24,34860	22,49246	20,84109	19,36786	18,04999	16,86789	15,80474	14,84602

Bewertungstabelle für annähernde Schätzungskosten von Gebäuden[1]

Von Ing. Rudolf Schmahl und Baurat Ing. Wilhelm Kempler, beh. aut. Zivilingenieure, Wien

Benennung	Bauart: Unterbau[3]	Bauart: Dachdeckung[4]	Neubaukosten in Schilling: je m³ umbauten Raum	Neubaukosten in Schilling: je m² und Geschoß verbauter Fläche[2]	Bestanddauer in Jahren	Anmerkung
A. Wohngebäude in geschlossener Bauweise:						
normale Ausstattung (einfach)....	massiv	hart	50,00	185,00	150	
bessere Ausstattung	„	„	60,00	220,00	150	
besonders gediegene Ausstattung (Palaisartig)	„	„	70,00 bis 80,00	240,00 bis 270,00	150	
B. Wohngebäude in offener Bauweise (Villen):						
Zins-Villen	massiv	hart	55,00	160,00	150	
Mehrfamilien-Villen	„	„	65,00	180,00	150	
Einfamilien-Villen..	„	„	75,00	200,00	150	
C. Industriegebäude:						
mit Holz-, Stahl- oder Eisenbetonsäulen, Holz-, Ziegel- oder Eisenbetondecken. Gemischte Fußböden. Geschoßhöhe bis 4 m..........	massiv	hart	30,00	130,00	150	
Wie oben, Geschoßhöhe über 4 m...	„	„	35,00	150,00	150	
Leichtere Bauweisen (Holz- oder Riegelbau usw.)........	gemischt	weich	20,00 bis 25,00	80,00 bis 90,00	75 bis 100	
D. Landwirtschaftliche Gebäude	massiv	hart	25,00 bis 30,00	90,00 bis 100,00	150	
	gemischt	weich	20,00 bis 25,00	80,00 bis 90,00	75 bis 100	
	ganz aus Holz	„	10,00 bis 15,00	40,00 bis 50,00	50	

[1]) Bei Schätzungen von bestehenden Gebäuden sind die angegebenen Neubaukosten um die abgelaufene Bestanddauer des Gebäudes zu vermindern.

[2]) Keller und Dachboden wird zusammen als ein Geschoß berechnet. Ist der Keller oder Dachboden als vollständiges Geschoß ausgebildet, so wird es als solches bewertet. Der Dachbodenraum wird als ein halbes Geschoß bewertet.

[3]) Unterbau massiv: Stein-, Ziegel- und Betonbau.
„ gemischt: Teilweise Verwendung von Holz.

[4]) Dachdeckung weich: Dachpappe, Preßkies, Holzzement, Schindeln, Stroh oder Rohr.
„ hart: alle anderen feuersicheren Deckungsmaterialien.

Grundzüge der Feuerversicherung

(Anhang: Sonstige für das Baugewerbe wesentliche Versicherungszweige)

Von Ingenieur Oskar Taglicht, Wien

A. Einleitung

a) Grundbegriff der Versicherung

Dem gesamten Versicherungswesen liegt das Bedürfnis zugrunde, Schäden, die dem einzelnen durch materielle Verluste erwachsen und seine wirtschaftliche Lage gefährden, auf eine Mehrheit von Individuen, die der Möglichkeit gleichartiger Schadensereignisse ausgesetzt sind, zu überwälzen und zu verteilen. Um dies zu ermöglichen, wird jedem einzelnen der in Betracht kommenden Individuen eine Beitragsleistung, die sogenannte „Prämie", zur Zahlung auferlegt. Bei Eintritt des Schadensereignisses wird dann der Gesamtbetrag der Prämien zur Deckung des Verlustes der Betroffenen herangezogen.

b) Betriebsformen der Versicherung

Die in Österreich zum Betriebe des Versicherungsgewerbes zugelassenen Unternehmungen (Versicherer) gliedern sich im wesentlichen in zwei voneinander prinzipiell verschiedene Hauptgruppen:

1. Versicherungs-Aktiengesellschaften, deren Betrieb auf industrieller Grundlage aufgebaut ist und unter Zugrundelegung des eingezahlten Aktienkapitals (als Rückhalt) für Rechnung und Gefahr der Gesamtheit der Aktionäre erfolgt, denen die Gesamtheit der Versicherungsnehmer (Versicherten) gegenübersteht. Die von letzteren zu leistenden Prämienzahlungen werden für die ganze Vertragsdauer (eventuell bis zur Beendigung des Geschäftsbetriebes durch den Konkurs) im vorhinein festgelegt. Die Festsetzung der Prämientarife ist auf die durch die Statistik gegebenen Erfahrungen basiert, so zwar, daß mit der Gesamtprämie sowohl für die Deckung vorgekommener Schäden als auch der Regie, des Sachaufwandes usw. zumindest das Auslangen gefunden werden soll. Gewinn und Verlust aus dem Geschäftsbetrieb betreffen in gleicher Weise lediglich die Aktionäre, deren Interessen der Verwaltungsrat der Gesellschaft vertritt.

2. Wechselseitige Versicherungsanstalten, bei denen Versicherungsnehmer und Versicherer ein untrennbares Ganzes darstellen. Bei dieser Betriebsform haben zunächst die Versicherungsnehmer einen vorschußweisen Beitrag in der Höhe des vermutlichen Bedarfes für die bevorstehende Geschäftsperiode zu leisten. Je nachdem sich dann am Ende der Geschäftsperiode ein Gewinn oder Verlust (Mehrbedarf) ergibt, gelangt an die Versicherungsnehmer ein Bonus (Dividende) zur Ausschüttung oder Gutschrift auf die nächstfolgende Prämienschuldigkeit oder wird das sich ergebende Defizit in Gestalt eines zu leistenden Nachschusses von den Versicherungsnehmern getragen. Dem Verwaltungsrate der Aktiengesellschaft entspricht bei der wechselseitigen Anstalt das von den Versicherten gewählte Kuratorium.

In jedem Falle unterliegt der Betrieb staatlicher Aufsicht und können etwaige Beschwerden gegen den Geschäftsbetrieb beim Versicherungsdepartement des Innenministeriums (Aufsichtsamt) eingebracht werden.

c) Rechtsgrundlagen der Versicherung

Die rechtliche Basis des Versicherungsgeschäftes bilden:

1. das Gesetz über den Versicherungsvertrag vom 23. Dezember 1917, R.G.Bl. Nr. 501,
2. die allgemeinen Versicherungsbedingungen,
3. der Versicherungsantrag (Polizze).

Ad 1. Das Gesetz über den Versicherungsvertrag erstreckt sich auf das gesamte Gebiet des privaten Versicherungsrechtes und unterscheidet zwischen Schadens- und Personenversicherung. Das erste Hauptstück des Gesetzes bildet einen Rahmen für die sämtlichen Versicherungszweigen gemeinsamen allgemeinen Vorschriften. Das zweite enthält daran anschließend die für die Schadensversicherung gültigen allgemeinen und besonderen Bestimmungen (Feuer-, Hagel-, Vieh-, Transport- und Haftpflichtversicherung). Den Abschluß bilden das dritte und vierte Hauptstück (Lebens- und Unfallversicherung) sowie die im fünften Hauptstück enthaltenen Schluß- und Übergangsbestimmungen.

Ad 2. Die allgemeinen Versicherungsbedingungen (amtlichen Musterbedingungen) geben einen kurzen, teilweise zugunsten des Versicherungsnehmers vom Gesetze abweichenden Auszug aus diesem, der, für jeden Versicherungszweig entsprechend adaptiert, die praktisch wichtigsten Bestimmungen zur Aufklärung der Partei enthält. Die Versicherungsbedingungen sind der Partei vor Antragsfertigung bei sonstiger Unverbindlichkeit des Antrages zu behändigen und diese Tatsache durch gesonderte Bestätigung der Partei auf dem Antragsformular ersichtlich zu machen. Sie sind auch der vom Versicherer ordnungsmäßig unterfertigten Polizze anzuschließen.

Es ist jedem Versicherungswerber zu empfehlen, sich vor Vertragsabschluß durch Einsichtnahme in diese Bedingungen über die aus dem abzuschließenden Vertrag ihm erwachsenden Rechte und Pflichten eingehend zu informieren.

Ad 3. Der Versicherungsantrag bildet die Hauptgrundlage des zwischen dem Versicherer (nachfolgend auch Gesellschaft oder Anstalt genannt) und Versicherungsnehmer (Partei) abzuschließenden Vertrages. Die von den Gesellschaften ausgegebenen gedruckten Antragsformulare enthalten eine Reihe von Fragen (Rubriken), deren Beantwortung (Ausfüllung) durch die Partei dem Versicherer von dem Umfange der zu übernehmenden Gefahren durch Beschreibung des Risikos und seiner Nachbarschaft Kenntnis gibt und ihm so die Bestimmung der Prämie ermöglicht. Hierbei bedeutet Risiko im engeren Sinne die Haftung für die durch Annahme des gestellten Antrages von der Gesellschaft zur Tragung übernommenen Gefahren, im weiteren Sinne den Inbegriff der versicherten Sachen selbst. Die Fragenbeantwortung hat durch den Versicherungswerber selbst oder nach seinen Angaben zu erfolgen, worauf der Antrag von ihm zu unterfertigen und der Gesellschaft einzureichen ist. Diese entscheidet sich dann für Annahme oder Ablehnung des Antrages.

Soll die Versicherung ihrer Bestimmung, dem Versicherungsnehmer im Schadensfalle vollen Ersatz zu bieten, entsprechen, so ist es nötig, die Antragsfragen, wenn auch kurz, so doch in einer jeden Zweifel ausschließenden Weise sachlich richtig und vollständig zu beantworten, da erfahrungsgemäß jede Unrichtigkeit, Zweideutigkeit oder Mangelhaftigkeit in der Textierung der Fragenbeantwortung im Falle des Schadens zu unangenehmen Weiterungen zwischen beiden Vertragsteilen, eventuell auch zur Schmälerung oder zum Verlust des erhobenen Ersatzanspruches führen kann.

Auf Grund des angenommenen Antrages fertigt nunmehr die Gesellschaft das Vertragsinstrument selbst, die „Polizze", aus, die kurz und übersichtlich die wesentlichsten Angaben des Antrages über das zu versichernde Risiko wiederholt, soweit dieselben zur Beurteilung der Versicherung selbst und zur Prüfung der berechneten Prämie nötig sind.

Der Versicherungsnehmer wird gut daran tun, bei Übernahme der Polizze dieselbe einer genauen Durchsicht zu unterziehen und, falls darin Abweichungen vom Antrag ersichtlich sind, binnen Monatsfrist bei der Gesellschaft zu reklamieren, da sonst diese Abweichungen als von ihm genehmigt gelten. Ebenso müssen besondere Vereinbarungen, die über den Rahmen der allgemeinen Versicherungsbedingungen hinausgehen, von der Gesellschaft der Polizze schriftlich beigefügt sein, um deren Verbindlichkeit festzulegen, wie denn das Gesetz auch für alle Anzeigen und Erklärungen der Gesellschaft gegenüber die schriftliche Form bedingt.

Es ist demnach für die Partei auch während des weiteren Verlaufes der Versicherungsdauer unumgänglich nötig, alle wesentlichen Veränderungen des Risikos (Wert, Besitzverhältnisse, Versicherungsort, Gefahrenumfang usw.) zur Vermeidung späterer Weiterungen der Gesellschaft ungesäumt bekanntzugeben und deren schriftliche Kenntnisnahme zu verlangen.

Nachfolgend gelangt zunächst die Feuerversicherung als für das Bauwesen wichtigster Versicherungszweig eingehender und daran anschließend sonstige in Betracht kommende Sparten kurz und schematisch zur Erörterung.

B. Feuerversicherung

a) Grundbegriff der Feuerversicherung

Die Feuerversicherung bietet Deckung für alle Schäden, die durch Brand, Blitzschlag, Leuchtgasexplosion, Explosion von Heizeinrichtungen und Beleuchtungskörpern in Wohngebäuden und Explosion von Dampfkesseln infolge Dampfdruckes an den versicherten Gegenständen verursacht werden.

Den Feuerschäden gleichzuhalten sind die durch mittelbare Einwirkung des Feuers (Rauch-, Ruß- und Hitzeschäden) sowie durch Präventivmaßregeln (Löschen, Niederreißen, Ausräumen im gebotenen Umfange und atmosphärische Niederschläge) oder durch Abhandenkommen beim Brande hervorgerufenen Wertminderungen oder Verluste.

Explosionen anderer Art als die vorangeführten sowie die durch den Brandschaden sich ergebenden Abfuhr- und Aufräumungskosten können auf Grund besonderer Vereinbarung in den Haftungsbereich der Versicherung einbezogen werden.

Von der Ersatzpflicht ausgeschlossen sind Sprengstoffexplosionen und die durch unsachgemäße Verwendung des Feuers im Wirtschafts- oder Gewerbebetriebe verursachten „Betriebsschäden" (z. B. Ausbeulung ungenügend gespeister Kessel, Induktions- und Influenzschäden an elektrischen Einrichtungen gelegentlich von Blitzschäden, Kurzschlußschäden, Schäden am Trockengut infolge von Heizungsmängeln, Zylinderrisse an Motoren, Sengschäden u. a. m.), falls kein Weitergreifen des Brandes erfolgt.

b) Polizzenerfordernisse

Die Polizze muß über nachfolgende Punkte Aufschluß geben:

1. Versicherer und Versicherungsnehmer,
2. Gegenstand der Versicherung,
3. Versicherungssumme,
4. Versicherungsort,
5. Versicherungsdauer und
6. Prämie.

Ad 1. Versicherer und Versicherungsnehmer (Versicherter), Besitzverhältnisse

Eingangs der Polizze muß sowohl der volle Firmenwortlaut des Versicherers als auch der Namen oder die Firma des Versicherungsnehmers und, falls für fremde Rechnung versichert wurde, auch des Versicherten, d. h. desjenigen, in dessen Interesse die Versicherung genommen wurde, ersichtlich sein.

Im allgemeinen gelten nur die dem Versicherungsnehmer gehörigen Sachen als durch die Versicherung gedeckt, fremdes Eigentum dagegen nur dann, wenn dies durch einen entsprechenden Zusatz in der Polizze ausdrücklich bekundet ist.

Änderungen in den Eigentumsverhältnissen bedürfen, damit die Versicherung ihre Wirkung nicht verliere, der schriftlichen Bestätigung seitens der Gesellschaft.

Bei Wechsel immobilen Eigentums gehen Rechte und Pflichten aus dem Versicherungsvertrage auf den Erwerber über, doch steht beiden Vertragsteilen einen Monat nach erfolgter Besitzänderung das Kündigungsrecht zu. Im Falle der Veräußerung beweglicher Sachen erlischt bei deren Übergabe an den Käufer die Versicherung. Erbschaft berührt das Versicherungsverhältnis nicht.

Wird eine Versicherung für fremde Rechnung genommen, so scheidet sich die Person des Versicherungsnehmers von der des Versicherten. Ersterer tritt in die Rechte des letzteren gegenüber der Gesellschaft ein.

Ad 2. Gegenstand der Versicherung

Jene Werte, für die der Versicherungsnehmer im Schadensfalle Ersatz seitens der Gesellschaft wünscht, bilden den Gegenstand der Versicherung. Dieselben sind möglichst kurz, deutlich und sachkundig aufzuzählen (Risikobeschreibung). Was in dieser Beschreibung nicht enthalten ist oder keinen Bestandteil der im Polizzentexte angeführten versicherten Sachen bildet, fällt nicht unter die Versicherung.

Gegenstand der Versicherung können sowohl unbewegliche (Gebäude) als auch bewegliche Sachen (Fahrnisse) sein.

α) Gebäudeversicherung. Mangels besonderer Vereinbarung gilt bei Gebäuden der Bauwert, d. h. alle Bestandteile des Gebäudes mit Ausnahme der Grund- und Kellermauern als versichert. Dieser Modus stellt für den Versicherungsnehmer zufolge seiner einfachen Konstruktion und der Billigkeit der Prämie die zweckentsprechendste Art der Versicherung dar.

Es ist jedoch auch möglich, das Dachwerk, den Unterbau ohne Mauern, endlich die Mauern selbst gesondert zu versichern.

Hierbei begreift die Versicherung des Dachwerkes den Dachstuhl samt Eindeckung, Giebelverschalung, Dachfußboden und alle Gebäudeteile oberhalb desselben mit Ausnahme der gemauerten Rauchfänge und der Feuer- und Giebelmauern in sich.

Unter der Versicherung aller Unterbauteile ohne Mauern sind sämtliche Gebäudeteile vom Dachfußboden abwärts zu verstehen, die einen integrierenden baulichen Bestandteil des Gebäudes bilden, ausgenommen Mauern und Steinstiegen. Öfen, Herde, Badezimmereinrichtungen, Aufzüge u. dgl., die das Eigentum des Hausbesitzers bilden, fallen gleichfalls unter diese Versicherung.

Die Versicherung der Mauern endlich umfaßt sämtliche Mauern des Gebäudes mit Einschluß der Schornsteine und steinernen Stiegen, jedoch mit Ausschluß der Grund- und Kellermauern.

Die beiden wesentlichsten Kriterien für die Prämienbemessung sind Bauart und Bedachung des Gebäudes.

Die Bauart eines Gebäudes wird durch das Material bestimmt, aus dem dessen Umfassungs- und Giebelmauern bestehen, und wird bezeichnet als

a) massiv, wenn diese Wände aus Stein, gebrannten Ziegeln oder Beton bestehen;

b) als Riegelwand oder Holz, falls sie aus ausgemauerten Riegeln oder Holz hergestellt sind;

c) als gemischt, wenn sie teils aus massivem Material, teils aus Riegelwand oder Holz bestehen.

Für die Bezeichnung der Bedachung eines Gebäudes ist das Eindeckungsmaterial ausschlaggebend, und zwar gilt es als

a) harte Dachung, wenn die Eindeckung aus Ziegeln, Schiefer, Metall usw.,

b) weiche Dachung, wenn sie aus Holz, Stroh, Schindeln, Brettern oder Rohr, und

c) gemischte Dachung, wenn sie ohne Trennung durch Feuermauern teils aus hartem, teils weichem Material besteht.

Hierbei gelten als Feuermauern solche Mauern ohne Öffnungen, die, zur Gänze aus massivem Material hergestellt, mindestens 30 cm stark sind und wenigstens 45 cm über das Dach hinausreichen.

Zusammenhängende Gebäude verschiedener Bauart und Bedachung werden bei mangelnder Trennung durch Feuermauern als zum gleichen Risiko gehörig betrachtet und nach Bauart und Bedachung des feuergefährlichsten von ihnen prämiiert.

Zweckmäßig ist die Beifügung einer Situationsskizze zum Antrag, die sowohl über das zu versichernde Risiko selbst als auch über die Nachbarschaftsverhältnisse Auskunft gibt.

β) Fahrnisversicherung. Von Fahrnissen sind im allgemeinen versicherbar: Handels-, Gewerbe- und land- und forstwirtschaftliche Betriebe aller Art (totes und lebendes Inventar), dann Einrichtungen (auch maschineller Natur) und Vorräte an Waren, Roh- und Hilfsmaterialien jeder Art, auch Kraftfahrzeuge.

Zivil- und Fabrikenfeuerversicherung. Die Versicherung von Gebäuden und Fahrnissen, die keinem industriellen Zwecke (Fabriksbetriebe) dienen, wird zusammenfassend als Zivilfeuerversicherung bezeichnet.

Dagegen bilden Fabriksgebäude, deren maschinelle und sonstige Einrichtung sowie darin befindliche industrielle Erzeugnisse jeder Art und in jedem Arbeitsstadium, endlich die zur Erzeugung derselben nötigen Materialien den Gegenstand der Fabrikenfeuerversicherung. Hierbei werden Modelle, Schnitte, Stanzen u. dgl., über deren Bestand fortlaufend Aufzeichnungen zu führen sind, nur mit 75% ihres Wertes zur Versicherung übernommen. Für solche, die nicht wiederhergestellt werden, wird im Schadensfalle lediglich der Materialwert ersetzt.

Für die Fabrikenversicherung bestehen, den Besonderheiten und Gefahren der einzelnen Industrien angepaßt, spezielle Sicherheitsvorschriften, deren Einhaltung der gesellschaftlichen Kontrolle unterliegt und eine unbedingte Voraussetzung der Ersatzpflicht der Gesellschaft bildet. Für Fabriken gelangen naturgemäß wesentlich höhere Prämiensätze als in der Zivilfeuerversicherung zur Anrechnung.

Auch für die Dauer des Baues oder der Montage, also zeitlich begrenzt durch den Tag der Gebrauchsnahme des Risikos, können Bauten und Einrichtungen versichert werden, und zwar nach Wahl der Partei entweder gleich mit dem voraussichtlichen Endwert oder unter etappenweiser Steigerung des entsprechend gewählten Anfangswertes auf die Höhe des Endwertes (Bau- und Montageversicherung).

Es ist, namentlich bei größerem Umfang des Risikos, notwendig, die einzelnen Objekte systematisch geordnet aufzuzählen und dann eine postenweise Aufzählung des zu versichernden Inhaltes, nach Objekten geordnet, folgen zu lassen, wobei zweckmäßigerweise gleichartige Gegenstände unter einer Post vereinigt werden.

Wesentliche Veränderungen im Bestand der versicherten Gegenstände bedürfen, um des Versicherungsschutzes teilhaftig zu werden, der ausdrücklichen Kenntnisnahme und Bestätigung seitens der Gesellschaft.

Ad. 3. Versicherungswert und Versicherungssumme (Vollwert- und Premier-risque-Versicherung)

Bei Festsetzung der zu versichernden Summen ist stets an dem Grundsatz festzuhalten, daß die Versicherung im Schadensfalle zu keinem Gewinn für den Versicherungsnehmer führen, sondern nur den ihm tatsächlich erwachsenen Schaden ersetzen soll. Die Versicherungssumme soll also dem vollen Werte der versicherten Sachen möglichst nahekommen. Man spricht in diesem Falle von

a) Vollwertversicherung. Hierbei ist als Versicherungswert der Kostenbetrag der Neubeschaffung (die Gestehungskosten) der zu versichernden Sachen, der sogenannte Neuwert, anzunehmen, von welchem im Falle vorangegangener Benützung die durch Alter, Abnützung, Gebrauch, Systemänderung, Betriebsstillstand oder andere Ursachen herbeigeführte Wertminderung, die Amortisationsquote, in Abzug zu bringen ist. Die Differenz zwischen dem Neuwert und der Amortisationsquote führt zum Zeitwert, das ist dem Werte der versicherten Sachen zur Zeit der Wertfeststellung, der auch im Schadensfalle die Basis für die Ermittlung der Schadenshöhe liefert. Falls bei Errechnung eines Neuwertes die Kosten der Neubeschaffung den Verkehrswert (Marktwert) übersteigen, ist letzterer als Versicherungswert anzunehmen. Verkaufspreise sollen nur bei bereits verkauften Waren versichert werden, während Liebhaberwerte überhaupt nicht versicherbar sind.

Überversicherung. Die in der Polizze angegebene Versicherungssumme hat die Bestimmung, die Ersatzpflicht des Versicherers nach oben abzugrenzen, so daß derselbe in jedem Falle nur bis zur Höhe dieser Summe haftet. Überschreitet also die Versicherungssumme den Versicherungswert (Überversicherung), so wird nur der ermittelte Schaden ersetzt. Die Prämie für den den tatsächlichen Wert der versicherten Sachen übersteigenden Teil der Versicherungssumme ist unnütz verausgabt worden.

Unterversicherung. Ist dagegen die für eine Post versicherte Summe niedriger als der Wert der in dieser Post versicherten Sachen (Unterversicherung), so gelangt im Schadensfalle nur derjenige Teil des ermittelten Schadens zum Ersatz, der dem Verhältnis dieser Summe zum Versicherungswert entspricht. Die Partei wird nicht voll, sondern nur „im Verhältnis (pro rata)“ entschädigt.

Mehrfache Versicherung. Größere Risken werden vielfach nicht von einem Versicherer allein übernommen, sondern nach Wahl der Partei unter mehrere Gesellschaften als Mitversicherer verteilt, die dann auch im Verhältnis der Höhe der übernommenen Anteile gemeinsam haften (mehrfache Versicherung). Jedem Mitversicherer müssen die anderen Mitversicherer und die Höhe ihrer Anteile bekannt sein.

Doppelversicherung. Übersteigt bei mehrfacher Versicherung die Versicherungssumme den wahren Wert der versicherten Sachen, so entsteht Doppelversicherung. Falls hierbei der Partei die Absicht, sich einen rechtswidrigen Vermögensvorteil zu verschaffen (dolus), nachweisbar zur Last fällt, ist Nichtigkeit des Vertrages die Folge.

Die Festsetzung der Versicherungssumme erfolgt am besten auf Grund von Fakturen, Kostenvoranschlägen oder Inventuren. Unklug ist es, durch zu niedriges Ansetzen der Versicherungssumme Prämie sparen zu wollen, was sich im Schadensfalle stets bitter rächt. Wer richtig versichert sein will, dem ist vielmehr zu empfehlen, die Versicherungssumme mit Rücksicht auf die möglichen Höchstwerte zu wählen. Bei Versicherung von Warenlagern, Fabriken usw. besteht übrigens für den Versicherungsnehmer die gesetzliche Vorschrift zur Führung von geschützt aufzubewahrenden Aufzeichnungen (Büchern) und zur periodischen Errichtung von Inventuren, die im Schadensfalle Behelfe für die Ermittlung der Schadenshöhe abzugeben bestimmt sind.

Schätzung. Zur richtigen Bezifferung der Versicherungssumme ist eine Schätzung der versicherten Sachen nötig. Dieselbe kann in kurzer Form durch die Partei selbst oder ihren Beauftragten erfolgen (z. B. bei Gebäuden nach dem Quadratmeter verbauter Fläche oder Kubikmeter umbauten Raumes), liefert jedoch bei Eintritt des Schadens (Versicherungsfalles) der Gesellschaft gegenüber kein Beweismittel für die Existenz der geschätzten Sachen am Schadenstage.

Vorschätzung. Eine solidere Grundlage für den Schadensfall, die am häufigsten in der Industrie Anwendung findet, gibt die Vorschätzung (Taxe), welche, von autorisierten Experten (meist auf Parteikosten) durchgeführt, eine genaue postenweise nach Gebäuden und Inhalt geordnete Aufzählung und Beschreibung der versicherten Werte darstellt. Solche Vorschätzungen sind auch für den Versicherer verbindlich, müssen jedoch mindestens alle fünf Jahre zwecks Festlegung der zwischenzeitig eingetretenen Wertänderungen einer Revision unterzogen werden. (Siehe „Liegenschaftsbewertungen“.)

Der Vollwertversicherung haftet bei Risken, die der Gefahr eines Totalschadens nicht ausgesetzt sind, der Mangel an, daß die bei sonstiger Gefahr der Unterversicherung und ihrer ruinösen Folgen nötige Deckungnahme für den Gesamtwert des Risikos unverhältnismäßig große Kosten erfordert. Der Umstand nun, daß der starken Prämienbelastung der Partei die Unmöglichkeit eines totalen Schadens gegenübersteht, schafft eine ungleiche Belastung beider Vertragsteile. Infolgedessen wurde in Kreisen der Versicherungsnehmer der Wunsch rege, die Versicherungssumme in solchen Fällen nicht mit dem vollen Werte, sondern nur mit einem dem Bedarfe entsprechenden Teile desselben anzusetzen und so ohne allzuhohen Prämienaufwand dem eigenen Bedürfnisse anzupassen. Diesem Wunsche trägt die

b) Premier-risque-Versicherung (Versicherung auf erstes Risiko) bzw. die Bruchteilversicherung Rechnung.

Die Premier-risque-Versicherung leistet für den entstandenen Schaden ohne Rücksicht auf den Gesamtwert der versicherten Gegenstände vollen Ersatz bis zur Höhe der Versicherungssumme, wird jedoch zur Zeit bei uns nur in relativ geringem Ausmaße getätigt.

Dagegen schränkt die in weit größerem Umfang geübte Bruchteilversicherung, eine Abschwächung der Premier-risque-Versicherung, den Begriff des „ersten Risikos" durch Festsetzung eines Höchstwertes ein, so zwar, daß Versicherungssumme und Höchstwert in einem bestimmten Verhältnis (z. B. 1:10) stehen müssen. Falls der Gesamtwert der versicherten Gegenstände am Schadenstage den in der Polizze angegebenen Höchstwert nicht übersteigt, erfolgt volle Entschädigung bis zur Höhe der Versicherungssumme, andernfalls tritt Unterversicherung (Pro-rata-Entschädigung im Verhältnis des angegebenen Höchstwertes zum tatsächlichen Vollwerte) ein.

Der durch die (aus obigen Erwägungen folgende) Verringerung der Versicherungssumme für die Gesellschaft resultierende Prämienausfall wird, zum Teile wenigstens, durch Berechnung erhöhter Prämien ausgeglichen. Doch ergibt sich noch immer für die Partei eine Prämienersparnis, also finanzielle Entlastung, von der in verschiedenen Versicherungszweigen, besonders in der Industrieversicherung, gern und ausgiebig Gebrauch gemacht wird.

Ad 4. Versicherungsort

Da die Versicherung nur innerhalb der im Vertrage bezeichneten Örtlichkeit gilt, ist diese durch zweifelfreie Angabe von Land, Bezirk, Ort, Straße, Hausnummer usw. festzulegen und die Polizze dahin nachzuprüfen, ob die örtliche Wertverteilung darin richtig zum Ausdruck gebracht wurde.

Außerhalb ihres räumlichen Geltungsbereiches gewährt die Versicherung, falls keine besonderen Vereinbarungen über die Ausdehnung desselben bestehen, keinerlei Deckung.

Veränderungen in der räumlichen Anordnung der versicherten Gegenstände sind daher der Gesellschaft zur Kenntnis zu bringen und von ihr zu bestätigen.

Bei größerer Ausdehnung des Risikos, namentlich in der Fabrikenversicherung, wird vielfach von der Freizügigkeitsklausel Gebrauch gemacht, die dem Versicherungsnehmer ausgleichend die Möglichkeit bietet, ohne besondere Anzeige an die Gesellschaft örtliche Verschiebungen der Inhaltsposten aus einem Objekt des Risikos in ein anderes gleich oder niedriger tarifiertes desselben Risikos vorzunehmen.

Ad 5. Versicherungsdauer

Die Festlegung jenes Zeitraumes, für welchen die Versicherung Geltung haben soll, der Versicherungsdauer, ist in das Belieben der Partei gestellt. Die übliche kürzeste Versicherungsdauer, im Gesetze auch als „Versicherungsperiode" bezeichnet, ist ein Jahr. Doch kann die Versicherung auch für kürzere Dauer als ein Jahr (unterjährig) oder mehrjährig getätigt werden.

Naturgemäß bevorzugen die Gesellschaften den Abschluß langfristiger Verträge, also mehrjährige Versicherungen, die ihnen ohne wesentliche Regieerhöhung ein Vielfaches an Einnahmen gewährleisten. Als Entgelt bieten sie der Partei einen Vorteil in Gestalt des sogenannten Dauer- oder Mehrjährigkeitsrabattes, der eine erhebliche Ermäßigung der Prämie beinhaltet.

Die vorzeitige Lösung mehrjähriger Verträge ist, wo nicht besondere Vereinbarungen in Gestalt einer der Polizze beigefügten Kündigungsklausel bestehen, für die Partei nur möglich, wenn der Gesellschaft bei einem Schaden Verweigerung oder Verzögerung in der Anerkennung begründeter Entschädigungsansprüche zur Last fällt. Die Gesellschaft anderseits besitzt das Kündigungsrecht in den Fällen nicht rechtzeitiger Prämienzahlung, erheblicher Gefahrerhöhung, bei Verletzung vereinbarter Sicherheitsvorschriften, im Schadensfalle nach geleisteter Entschädigung oder bei nachweisbar dolosen Ansprüchen der Partei. Kündigt die Gesellschaft, so muß sie der Partei den nicht verdienten Teil der Prämie rückerstatten. Hört das Risiko zu existieren auf, so erlischt die Versicherung und mit ihr die weitere Prämienzahlungsverpflichtung. Ebenso verpflichtet die Anzeige einer erfolgten Reduktion der versicherten Werte die Gesellschaft zu entsprechender Prämienreduktion vom Zeitpunkt der nächstfolgenden Prämienfälligkeit ab.

Vielfach wird, besonders bei Gegenseitigkeitsanstalten, die Versicherung unter der Bedingung geschlossen, daß, falls nicht bis zu einem bestimmten Termin der letzten Versicherungsperiode Kündigung des Vertrages durch die Partei erfolgt, der ungekündigte Vertrag sich stillschweigend jeweils um die Dauer eines Jahres verlängert.

Ad. 6. Prämie und Gerichtsstand

Die Prämie stellt das Entgelt dar, welches die Partei der Gesellschaft für den von dieser gewährten Versicherungsschutz zu entrichten hat. Die Prämiensätze werden in eigene statistisch begründete Prämientarife zusammengefaßt, die, gewöhnlich in Prozenten oder Promille ausgedrückt, entsprechend den Änderungen im Wirtschaftsleben Schwankungen unterliegen.

Maßgebend für die Höhe der Prämie ist der Gefahrenumfang des Risikos, also Bauart und Bedachung der Versicherungsgebäude selbst, deren Inhalt mit den daran haftenden Gefahren, Beheizung und Beleuchtung, aber auch die Gefahren der Nachbarschaft und oft auch subjektive Momente, die aus den besonderen Verhältnissen der Risikobesitzer und -benützer oder aus der allgemeinen Wirtschaftslage hervorgehen.

Der Abstufung des Gefahrenumfanges entspricht auch eine Abstufung der Prämiensätze nach Orts- und Gefahrenklassen. Bei günstigen Verhältnissen gelangen von den Grundprämien entsprechende Nachlässe oder Rabatte mit den verschiedensten Begründungen und Bezeichnungen in Abschlag, während die Einbeziehung besonderer Gefahren (z. B. Explosionsgefahr) in den Versicherungsschutz Prämienzuschläge erfordert.

Die ungeklärte Wirtschaftslage nach dem Zusammenbruch zwang die Gesellschaften, vom Staate die Erlaubnis zur Einhebung besonderer Gebührenzuschläge zu erbitten, die außer zur Deckung der staatlichen und Landes- bzw. Gemeindeabgaben (Stempel, Feuerwehrbeitrag) noch zur Bestreitung des erhöhten Verwaltungsaufwandes dienen. Diese als Nebengebühren prozentual jeder Prämienzahlung zugerechneten Zuschläge beinhalten derzeit eine nicht unerhebliche Verteuerung der Prämie, dürften jedoch allmählich abgebaut werden.

Die Verpflichtung der Gesellschaft erscheint erst dann gegeben, wenn nach dem Abschluß einer Versicherung die erste Prämie bei Präsentation der Polizze von der Partei zur Gänze bezahlt wurde. Doch kann die Partei auch schon vor Erhalt der Polizze und ohne sofortige Prämienzahlung durch Ausstellung eines Deckungsbriefes seitens der Gesellschaft vollen Versicherungsschutz erhalten. Allerdings erlischt die Wirksamkeit dieses Briefes mit dem Momente der Präsentierung der Polizze. Nicht rechtzeitige Prämienzahlung enthebt die Gesellschaft jeder Zahlungsverpflichtung im Schadensfalle, ausgenommen den Fall, daß der Prämienanspruch gerichtlich geltend gemacht wird.

Ist die Zahlung einer Folgeprämie bei Fälligkeit nicht erfolgt, so tritt ein Mahnverfahren in Erscheinung. Die Gesellschaft muß der Partei unter Bekanntgabe der Konsequenzen weiteren Zahlungsverzuges schriftlich eine einmonatliche Nachfrist setzen, nach deren Ablauf die Versicherung mangels Prämienzahlung ruht. Selbstredend steht der Gesellschaft das Recht der gerichtlichen Eintreibung der offenen Prämienforderung, aber auch das der Kündigung des Vertrages in diesem Falle frei. Mit Einreichung der gerichtlichen Klage lebt die Haftung der Gesellschaft wieder auf.

Unterläßt es die Gesellschaft, binnen drei Monaten nach dem Fälligkeitstag einer Erstprämie bzw. nach dem Ablaufe der gestellten Nachfrist bei Folgeprämien die Prämie einzuklagen, so gilt dies als Rücktritt vom Vertrag. Die Prämie ist also nach diesem Zeitraum nicht mehr klagbar.

Der Gerichtsstand, d. h. der Standort des Gerichtshofes, bei welchem die Einbringung von Klagen aus dem Vertragsverhältnis zu erfolgen hat, ist in den Endbestimmungen der allgemeinen Versicherungsbedingungen präzisiert.

c) Der Schaden

Maßnahmen bei Eintritt des Schadens. Bei Eintritt des Versicherungsfalles, also des Schadens, obliegt der Partei zunächst die Pflicht, auf die rascheste Unterdrückung des Brandes und Minderung seiner Folgen hinzuwirken. Im Interesse beider Teile ist geeignete Löschhilfe anzurufen und der Inhalt des gefährdeten Risikos, soweit als nötig und möglich, zu bergen. Die der Partei aus den Rettungsmaßnahmen erwachsenden Kosten, der sogenannte Rettungsaufwand, sind von der Gesellschaft außerhalb des Entschädigungsbetrages zu ersetzen. Um die geretteten Werte vor weiterem Verderben zu schützen, sind sie in zweckdienlicher Weise zu deponieren. Im übrigen aber sind die vom Brande betroffenen Objekte, abgesehen von den durch etwaige Rettungsmaßnahmen bedingten Veränderungen, bis zum Eintreffen des Gesellschaftsdelegierten unverändert zu belassen. Um einem weitverbreiteten Irrtum zu begegnen, sei hier bemerkt, daß den aus öffentlichen Mitteln erhaltenen oder unterstützten Feuerwehren für ihre Hilfeleistung kein besonderes Entgelt gebührt.

Die Schadensanzeige. Längstens innerhalb dreier Tage nach erlangter Kenntnis von dem stattgehabten Schaden sind Gesellschaft und Ortspolizei durch den Beschädigten auf dem kürzesten Wege von dem Geschehenen zu verständigen. Die Gesellschaft läßt nun, insbesondere bei größeren Schäden, durch ihre Organe eine Vorbesichtigung der Schadensstätte vornehmen und ordnet bei diesem Anlasse eventuell notwendige Aufräumungsarbeiten, z. B. Abtransport des Schuttes, Freilegen, Ordnen und Reinigen der beschädigten Gegenstände usw. an.

Die Schadensrechnung. Der Beschädigte hat sodann dem Versicherer über dessen Aufforderung, innerhalb einer ihm von demselben gestellten angemessenen Frist, ein nach Polizzenposten geordnetes Verzeichnis der in den versicherten Räumen am Schadenstage vorhanden gewesenen, beschädigten und unbeschädigten Gegenstände samt Wertangabe, die Schadensrechnung, vorzulegen.

Vorbehaltlose Abgabe unbedingt vertrauenswürdiger Daten erscheint hierbei wie auch im späteren Verlaufe der Schadensabwicklung für den Beschädigten dringend geboten, um so mehr, als ein gegenteiliges Vorgehen leicht zur Minderung oder gar zum Verlust der gestellten Ansprüche führen kann.

Die Schadenserhebung. Nunmehr tritt der gesellschaftliche Erhebungsbeamte oder Liquidator in Funktion. Vermag derselbe bezüglich der Schadenshöhe zu keinem Übereinkommen mit dem Versicherten zu gelangen, so steht nach den Versicherungsbedingungen beiden Vertragsteilen das Recht zu, zu fordern, daß der Betrag des Schadens an den versicherten Gegenständen durch ein schiedsgerichtliches Sachverständigenverfahren festgestellt werde. Auf dieses Verfahren finden die Bestimmungen der Zivilprozeßordnung Anwendung.

Der Schiedsspruch. Von beiden Teilen werden, und zwar gesondert für Gebäude und Inhalt (Einrichtung und Vorräte), schriftlich Sachverständige als Schiedsrichter bestellt. Diese wählen zunächst für den Fall, daß sie über die ihnen zur Beurteilung vorliegenden Fragen nicht zu einer Einigung zu gelangen vermögen, einen dritten Schiedsrichter als Obmann, der innerhalb der Grenzen der beiden Schiedssprüche unanfechtbar entscheidet. Befangene Schiedsrichter können abgelehnt werden. Die Bestellungsprotokolle sind vor Beginn der Verhandlungen von beiden Parteien und von den Schiedsrichtern zu fertigen. Letztere übernehmen protokollarisch die Verpflichtung, ihr Mandat ungesäumt und unbeeinflußt, bei persönlicher Haftung im Falle aus schuldbarer Säumnis erwachsenen Schadens, bis ans Ende durchzuführen. Während der Verhandlungen vor Fällung des Schiedsspruches sind die Parteien von ihnen anzuhören. Ein solcher Schiedsspruch ist, abgesehen von Formfehlern bei der Abfassung der Protokolle, nur dann anfechtbar, wenn er auf nachweisbar falschen oder dolosen Grundlagen aufgebaut ist.

Der Schiedsspruch hat sich nur auf die Wertfeststellung hinsichtlich der versicherten Gegenstände bzw. auf die Höhe des an ihnen verursachten Schadens, jedoch in keiner Weise auf die Entscheidung sonstiger mit dem Schadensfalle zusammenhängenden Fragen, namentlich nicht solcher zu erstrecken, die das Vorhandensein oder den Umfang der gesellschaftlichen Ersatzpflicht selbst betreffen. Er muß, für jede Post gesondert, den Neu- und Zeitwert der darin versicherten Sachen sowie die ziffernmäßige Höhe des daran stattgehabten Schadens enthalten.

Jeder Teil trägt die Kosten seines Schiedsrichters, sonstige Erhebungskosten gehen zu Lasten der Gesellschaft.

Der Liquidationsvorgang. Bei Gebäudeschäden sind natürlich die Schadensdaten am leichtesten feststellbar, da, abgesehen von vorhandenen oder im Wege der Baubehörde leicht beschaffbaren Plänen, der Lokalaugenschein meist die nötigen Unterlagen für die Wertberechnung bietet.

Kleinere Inhaltsschäden werden meist im kurzen Wege durch Barvergütung (Ersatz der Reparaturkosten) oder Naturalersatz entschädigt. Hier sei bemerkt, daß die Gesellschaft wohl das Recht, aber nicht die Pflicht des Ersatzes in natura hat. Zumeist wird sie aber die Ersatzleistung in Form einer Barentschädigung zur Anwendung bringen.

Bei größeren Inhaltsschäden wird zunächst der Bestand am Schadenstage inventiert. Diese Bestandaufnahme gibt im Verein mit den vorhergegangenen Inventuren, den von der Partei beizubringenden bücherlichen und sonstigen Daten und Behelfen über den zwischenzeitigen Zuwachs und Abgang an versicherten Werten, endlich der Schadensrechnung und Expertise einen hinreichenden Maßstab für die Höhe des Schadens. Hierbei sind grundsätzlich nur Gestehungskosten bis zur Höhe des Marktwertes am Schadenstage bzw. nur Zeitwerte in Anschlag zu bringen, doch sind natürlich auch vorgekommene Auslagen des Versicherungsnehmers für die betroffenen Inhaltsposten, die mit der Ersatzbeschaffung zusammenhängen, wie Fracht, Zoll, Versicherung, Steuer, Montage usw., einzubeziehen.

Die Entschädigung. Aus dem fertigen Schiedsspruch scheidet der Liquidator die nicht ersatzpflichtigen oder solche Posten aus, hinsichtlich derer Zweifel an der Ersatzpflicht bestehen, und berechnet sodann unter Berücksichtigung einer etwa vorhandenen Unterversicherung die Entschädigung. Die Ablehnung erhobener Ansprüche muß der Partei in jedem Falle mittels eingeschriebenen Briefes mitgeteilt werden und erlangt Rechtskraft, wenn die Partei nicht binnen sechs Monaten die gerichtliche Klage einbringt.

Vor Zahlung der Entschädigung ist die Gesellschaft berechtigt, von dem Beschädigten die Beibringung eines behördlichen Schuldlosigkeitszeugnisses, desgleichen im Falle vorhandener Zahlungshindernisse (z. B. Pfandrechte) die Beibringung der bezüglichen Freilassungserklärungen oder Zahlungszustimmungen zu fordern, nach Gebäudeschäden auch den Nachweis der Verwendung der Entschädigung zum Wiederaufbau des betroffenen Risikos, ansonsten nur dessen Verkehrswert ersetzt wird.

Die Entschädigung wird einen Monat nach erfolgter Schadensanzeige fällig, es sei denn, daß die Schadenserhebung ohne Verschulden der Gesellschaft bis zu diesem Zeitpunkte nicht durchführbar war. Im letzteren Falle wird die Entschädigung 14 Tage nach Beendigung der Erhebungen fällig. Doch kann die Partei nach Ablauf eines Monates vom Anzeigedatum eine Abschlagszahlung in der Höhe des voraussichtlichen Entschädigungsbetrages verlangen.

Nach dem Schaden kürzt sich die Versicherungssumme für den Rest des Versicherungsjahres um den Betrag der Entschädigung, kann jedoch durch entsprechende Nachversicherungsaufgabe für dieses Zeitintervall wieder auf den vollen Stand gebracht werden. (Kündigung nach dem Schaden, siehe Versicherungsdauer.) Die Brandreste (Rimanenzen oder Rudera) gehen nach erfolgter Schadenszahlung in das Eigentum der Gesellschaft über.

Verjährung der Ansprüche aus dem Versicherungsvertrage tritt drei Jahre nach Schluß desjenigen Jahres ein, in dem der Schaden stattfand.

C. Anhang

(Sonstige für das Baugewerbe wesentliche Versicherungszweige

a) Betriebsstillstand- (Chomage-) Versicherung

Sie ersetzt die Verluste, die dem Versicherungsnehmer zufolge etwaiger in seinem Betriebe durch einen ersatzpflichtigen Brandschaden (Explosionsschaden) eintretenden Störungen erwachsen.

Sie stellt einen Zusatz zu der für das gleiche Risiko laufenden Feuerversicherung dar, haftet und erlischt mit dieser gemeinsam.

Versicherungsfähig sind industrielle und gewerbliche Betriebe, aber auch Handels- und sonstige auf kaufmännischer Basis aufgebaute Erwerbsunternehmungen. Die Ersatzleistung im Schadensfalle kann umfassen:

1. die Verluste, die dem Versicherungsnehmer durch den Entgang von Reingewinn aus dem Betriebe, und (oder)

2. diejenigen, die ihm durch den notwendigen Aufwand an fortlaufenden Betriebsauslagen, z. B. Gehälter, Löhne, Steuern, Miete, Versicherungsprämien u. dgl. während der Dauer des Betriebsstillstandes bis zum Ende der Haftzeit erwachsen.

Die Haftzeit läuft vom Schadenstage ab durch längstens zwölf Monate.

Als Grundlage für die Aufstellung des Versicherungswertes dient das Ausmaß eines vollen Betriebsjahres des versicherten Unternehmens, und zwar sowohl hinsichtlich des Reingewinnes, den der Versicherungsnehmer in seinem Gesamtbetriebe ohne Eintreten des Versicherungsfalles erzielt hätte, als auch bezüglich der Summe aller versicherten Betriebsauslagen, die er für das Risiko hätte aufwenden müssen.

Besonderer Vereinbarung bedarf die Ausdehnung der gesellschaftlichen Haftung auf Warenschäden (ausgenommen Kaufläden), auf Wertminderungen durch Verderben oder verringerte Verwendbarkeit, auf solche bewegliche und unbewegliche Gegenstände, die sich außerhalb der Versicherungsräumlichkeit befinden, und auf die Rückwirkung des Betriebsstillstandes des versicherten Risikos auf andere Betriebsstätten.

Von der Haftung unter allen Umständen ausgeschlossen sind Pönalien oder Entschädigungen zufolge nichteingehaltener Verbindlichkeiten oder Fristen, endlich Schäden an Geld, Wertpapieren und Schriften.

Vor dem Abschluß von Chomage-Versicherungen im Auslande, namentlich England, ist mit Rücksicht auf den ausländischen Gerichtsstand, der im Streitfalle zu großen Unzukömmlichkeiten führt, wie auch auf den von dem unsrigen stark abweichenden Aufbau des dortigen Versicherungswesens zu warnen.

b) Glasversicherung

Die Glasversicherung ersetzt Glasbruchschäden, d. h. Schäden, die dem Versicherungsnehmer durch Zerbrechen oder Springen der versicherten Gläser erwachsen. Doch kann die Haftung der Gesellschaft durch besonderes Abkommen auch auf die Fassung oder Umrahmung dieser Gläser oder die darauf angebrachten Schriften, Ornamente u. dgl. erstreckt werden.

Nicht ersatzpflichtig sind:

Schäden an den versicherten Gläsern, hervorgerufen durch Brand, Blitz- oder Hagelschlag, dann Schäden gelegentlich von Einbruchsdiebstählen oder Gewalttätigkeiten bei Unruhen und Kundgebungen;

Schäden, die sich während des Einsetzens der Gläser selbst, bei Arbeiten an denselben oder ihren Fassungen, bei Adaptierungen oder Bauarbeiten in den versicherten Räumen oder an dem gleichen Hause ergeben;

endlich Schäden infolge Pulver- oder Sprengstoffexplosionen in öffentlichen Depots oder Fabriken und solche, die auf Elementarereignisse bzw. vis major zurückzuführen sind.

Die Gesellschaft kann im Schadensfalle außer bei bestehender Unterversicherung nach Wahl Naturalersatz oder Barentschädigung leisten. Der Naturalersatz erfolgt durch Beschaffung von Gläsern gleicher Art, wie sie zur Zeit des Versicherungsfalles bestanden haben. Bei Unterversicherung gelangt die aus dieser resultierende Barentschädigung zur Auszahlung.

Der Wert der in das Eigentum der Gesellschaft übergehenden Glasbruchreste darf von der Entschädigung nicht in Abzug gebracht werden. Notverglasung geht zu Parteilasten.

c) Maschinenbruchversicherung

Aufgabe der Maschinenbruchversicherung ist der Ersatz von Schäden, die durch innere oder äußere Ursachen an Maschinen und maschinellen Vorrichtungen hervorgerufen werden.

Als innere Ursachen gelten Guß-, Konstruktions- und Materialfehler und bei elektrischen Maschinen Kurzschluß, als äußere dagegen Betriebsunfälle, auch wenn solche durch ungeschickte, fahrlässige oder böswillige Manipulationen nicht in leitender Stellung befindlicher Betriebsangehöriger oder betriebsfremder Personen verschuldet wurden, dann Sturm, Wolkenbruch und Eisgang, endlich Schäden bei Montage oder Demontage innerhalb des Betriebsgrundstückes. Über besondere Vereinbarung kann die Haftung der Gesellschaft auch auf Fundamentschäden, die mit vorangegangenem Maschinenbruch in ursächlichem Zusammenhang stehen, oder auf solche Schäden ausgedehnt werden, die durch Rohrbruch oder Defekte an hydraulischen Anlagen infolge Wasseraustrittes verursacht wurden.

Dagegen ist eine Reihe von Fällen von der Ersatzpflicht ausgenommen, als deren wichtigste genannt seien:

Schäden, die auf Abnutzung (darunter auch solche durch Ansatz von Rost oder Kesselstein einschließlich ihrer Folgeerscheinungen) zurückzuführen sind;

Schäden an noch unter Garantie stehenden Maschinen;

Defekte, die notorisch bei Vertragsabschluß bereits bestanden;

Schäden, die auswechselbare Werkzeuge, Formen, Transmissionsmittel u. dgl. betreffen;

Feuer-, Blitz-, Explosions-, Elementarschäden (mit Ausschluß der im ersten Absatze angeführten) und Aufruhrschäden.

Die Prämienberechnung erfolgt, auch bei älteren Maschinen, stets auf Basis des Neuwertes. Trotzdem werden nur bei reparabler Beschädigung die Reparaturkosten voll ersetzt, während bei Totalschäden oder Nachschaffung neuer Ersatzteile die entfallende Amortisationsquote dem Beschädigten zur Tragung auferlegt wird.

d) Wasserleitungsschaden-Versicherung

Sie bietet Deckung gegen die Folgen von Schäden, die an den versicherten Sachen durch Ausströmen von Wasser aus den innerhalb der Versicherungsräumlichkeiten oder deren Nachbarobjekten verlaufenden, das häusliche Verbrauchswasser zu- oder ableitenden Wasserleitungsanlagen verursacht wurden, sofern die unmittelbare Einwirkung des Leitungswassers die Beschädigung herbeigeführt hat. Hierbei ist es gleichgültig, ob der Schaden durch Zufall (z. B. Rohrbruch), durch unsachgemäße oder böswillige Behandlung der Anlage (z. B. Offenlassen von Hähnen, Verstopfung der Abflüsse) entstanden ist.

Versicherbar sind Gebäude, Mobiliar und Waren. Vorbedingung ist dauernde, gute Erhaltung der Anlage durch den Besitzer.

Mitgedeckt ist weiter die Haftpflicht des Versicherungsnehmers für Wasserschäden an fremden Gebäuden oder Mobilien (nicht an Waren!), für die er auf Grund gesetzlicher (aber nicht vertraglicher!) Bestimmungen zu haften hat.

Nicht gedeckt sind Schäden, die auf das Eindringen von Hoch-, Grund-, Regen-, Löschwasser und ähnliche Anlässe zurückzuführen sind, Schäden an den Leitungsanlagen selbst sowie an Dampfheizungs-, Warmwasserbereitungs- oder hydraulischen Aufzugsanlagen infolge Bruchs, Undichtwerdens, Frost oder natürlicher Abnützung, Wasserleitungsschäden gelegentlich von Bränden, Schäden nach Elementarkatastrophen oder infolge höherer Gewalt, endlich solche, die in der Zeit vor Vertragsschluß entstanden sind oder später als sechs Monate nach ihrem Zutagetreten gemeldet wurden.

Über besondere Vereinbarung können jedoch auch Schäden, die durch ausströmendes Wasser an maschinellen (besonders elektrischen) Anlagen, sowie solche, die durch das aus Heizungs-, Warmwasserbereitungs-, hydraulischen Aufzugs-, Sprinkler- und öffentlichen Leitungsanlagen austretende Wasser herbeigeführt wurden, in den Haftungsbereich der Versicherung einbezogen werden.

Basis der Prämienberechnung liefert bei Gebäuden der Bauwert, bei Fahrnissen der Versicherungswert.

e) Unfallversicherung

Sie bietet Deckung gegen die Folgen körperlicher Unfälle des privaten und beruflichen Lebens. Als solche gelten Ereignisse, die, unabhängig von jeder Beeinflussung durch den Versicherungsnehmer, plötzlich und unmittelbar eine mechanische Schädigung seines Körpers bewirken (auch Verbrennung, Gasaustritt und elektrischer Schlag).

Die Versicherung deckt also keinesfalls Strahlenwirkung (z. B. Röntgenbestrahlung), Infektionen, Vergiftungen und Überanstrengungen. Wohl aber sind Blutvergiftungen, Zerrungen u. dgl. in direkter Folge eines gleichzeitigen Unfalles mitgedeckt. Erkrankungen jeder Art (Schlaganfälle, Eingeweidebrüche usw.) und Krankheitsübertragung durch Insektenstich gelten nicht als Unfall oder Unfallsfolge.

Ausgeschlossen von der Haftung sind weiters:

Unfälle nach Eintritt von Bewußtseinsstörungen, Lähmungen und ähnlichen Krankheitszuständen, bei chirurgischen Operationen jedes Umfangs (auch Hühneraugenoperationen), nach Zuwiderhandeln gegen behördliche Vorschriften (z. B. Alkohol- und Raufexzesse, Duell und Auf- und Abspringen während der Fahrt im Bahnverkehr), zufolge höherer Gewalt, während der Kriegsdienstleistung, bei Preis- und Wettübungen und bei gefährlichen Wagnissen (außer bei Lebensrettung).

Besonderer Vereinbarung bedarf der Einschluß der Haftung für Unfälle bei Ausübung von Sporten. Personen, die mit schweren körperlichen Defekten oder chronischen Leiden behaftet sind, dann solche, die jünger als 18 oder älter als 70 Jahre sind, sind nicht versicherbar.

Der lokale Geltungsbereich der Unfallversicherung erstreckt sich auf Europa und Fahrten auf regulären Passagierdampferlinien zwischen europäischen Häfen oder von solchen nach außereuropäischen Häfen des Mittel- und Schwarzen Meeres.

Die Versicherung kann genommen werden für: 1. Tod, 2. bleibende und 3. vorübergehende Erwerbsunfähigkeit (Invalidität).

Ad 1. wird nach Eintritt des Vericherungsfalles die versicherte Summe voll ausbezahlt.

Ad 2. die bleibende Invalidität ist entweder

α) eine totale (Verlust zweier Extremitäten, gänzliche Erblindung oder Geistesstörung) oder

β) eine partielle (Verlust einzelner Gliedmaßen u. ä.).

Im Falle α) gelangt die volle Versicherungssumme, im Falle β) nach Abschluß des Heilverfahrens als Ersatz für den durch die dauernd verringerte Arbeitsfähigkeit bedingten Erwerbsausfall je nach dem festgestellten Umfange der Invalidität ein Betrag bis zu 60% der vereinbarten Kapitalsabfindung zur Auszahlung, bei geistigen oder Nervenstörungen jedoch eine Rente, die der vereinbarten Versicherungssumme entsprechend auf Grund einer der Polizze beigedruckten Rententafel berechnet wird.

Ad 3. Bis zu höchstens 200 Tagen wird die vereinbarte Tageskursquote, solange gänzliche Berufsstörung vorliegt, in voller, sonst in entsprechend geminderter Höhe ausbezahlt.

Ein Berufsverzeichnis teilt die Versicherungsnehmer in Gefahrenklassen ein, die entsprechende Prämienabstufung ermöglichen. Damit ist auch die Verpflichtung des Versicherungsnehmers gegeben, die Gesellschaft von etwa eingetretenen Berufsänderungen (Gefahrenänderung) unverweilt zu verständigen. Auch erhebliche Verschlechterungen im Gesundheitszustande des Versicherten unterliegen der Anzeigepflicht.

Nach eingetretenem Schadensfalle ist der Gesellschaft durch den Versicherungsnehmer auf eigene Kosten ein ärztliches Attest über den Umfang des erlittenen Unfalles und den Verlauf der Behandlung vorzulegen. Sonstige Erhebungskosten fallen der Gesellschaft zur Last.

Das Schiedsrichteramt in Streitfällen wird durch Ärzte ausgeübt.

Die lebenslängliche Eisenbahn- und Dampfschiff-Unfallversicherung deckt die Folgen von Verletzungen, die durch einen dem benutzten Transportmittel (öffentliche Bahnen in allen Ländern der Welt und Dampfschiffe auf den europäischen Wasserstraßen und Seewegen) zustoßenden Unfall herbeigeführt wurden.

Über Arbeiter-Unfallversicherung siehe Abschnitt: „Arbeitsrecht usw.“

f) Haftpflichtversicherung

Das allgemeine bürgerliche Gesetzbuch statuiert in den Paragraphen 1293 bis 1341 die Verpflichtung zum Ersatz von Schäden, die gegenüber dritten Personen direkt oder indirekt verschuldet wurden, wobei Versehen, schuldbare Unwissenheit, Mangel an gehöriger Aufmerksamkeit oder gehörigem Fleiß dem Begriffe des Verschuldens gleichzuhalten sind (Schuldhaftpflicht).

Von dieser gesetzlichen Haftpflicht ist die vertragliche zu scheiden, die erst auf Grund besonderer vertraglicher Vereinbarung übernommen wird, also vom Willen der Vertragspartner abhängig ist.

Die Haftpflichtversicherung ersetzt demnach jene Vermögensverluste, die dem Versicherungsnehmer erwachsen, wenn gegen ihn wegen Personen- oder Sachbeschädigung auf Grund gesetzlicher (nach besonderer Vereinbarung auch vertraglicher) Bestimmungen Ansprüche erhoben werden, außerdem im Zivilprozeßfalle die Prozeßkosten, im Strafverfahren die Verteidigungskosten (letztere beide außerhalb der Versicherungssumme).

Demgemäß begrenzt die Polizze die Leistung der Gesellschaft durch Festsetzung gesonderter Maximalgrenzen für Personen- und Sachschaden. Gedeckt sind auch Schäden, die durch Vertreter des Versicherungsnehmers verschuldet wurden, soweit letzterer für deren Schadenshandlungen zu haften hat.

Nicht gedeckt dagegen sind Ansprüche naher Angehöriger oder Firmengesellschafter des Versicherungsnehmers, Schäden, die durch Mängel der vom Versicherungsnehmer gelieferten Sachen verursacht wurden. Schäden an Sachen, die vom Versicherungsnehmer erzeugt oder ihm zur Benützung, Aufbewahrung, Bearbeitung u. dgl. übergeben wurden, Schäden infolge Feuers, Explosion, Gase, Dämpfe, Rauch, Ruß, Temperatur- und Feuchtigkeitseinflüsse, Erschütterungen und Senkungen, Geräusch und Geruch, endlich Wild- und Flurschäden.

Die wichtigsten Gefahrenquellen der Haftpflichtversicherung sind:

1. Unfallversicherungspflichtige Industrie- und Gewerbebetriebe;
2. Kaufmännische und Handelsgeschäfte und nicht unfallversicherungspflichtige Gewerbebetriebe;
3. Land- und Forstwirtschaftsbetriebe;
4. Haus- und Grundbesitz;
5. Bade- und Heilanstalten, Personen der Gesundheitspflege, Laboratorien, Apotheken und Drogerien;
6. Gastwirtschaftsbetriebe, Theater, Vergnügungseinrichtungen;
7. Privatpersonen, Sportausübung und Vereine;
8. Gemeinden und Schulen;
9. Transportbetriebe, Bahn- und Schiffahrtsbetriebe, Schleppbahngleise und Straßen;
10. Kraftfahrzeuge.

g) Autoversicherung

Die Autoversicherung umfaßt:

1. Die Fahrzeugversicherung (auch Kasko- oder Havarieversicherung genannt);
2. die Autohaftpflichtversicherung (nach dem Kraftfahrgesetz vom 20. Dezember 1929, R.G.Bl. Nr. 437 für Kraftfahrzeuge obligatorisch);
3. die Autounfallversicherung für:
   α) Insassen von Kraftfahrzeugen (ohne Namensnennung);
   β) für namentlich angeführte Personen;
   γ) für Chauffeure.

Ad 1. Die Fahrzeugversicherung deckt in erweiterter Anlehnung an die Maschinenbruchversicherung Schäden, die an dem versicherten Fahrzeug durch einen von außen wirkenden Unfall verursacht wurden, nach besonderer Vereinbarung auch Feuer, Explosion, Raub und Diebstahl des ganzen Wagens oder mit ihm fest verbundener Bestandteile und mutwillige Beschädigung.

Für die Prämienberechnung bildet der Neuwert des Fahrzeuges analog der Maschinenbruchversicherung die Grundlage; auch die Modalitäten des Schadenersatzes sind mit sinngemäßen Änderungen von dort übernommen.

Ad 2. Finden die Bestimmungen der im Abschnitt IIIf behandelten Haftpflichtversicherung sinngemäße Anwendung.

Ad 3. Desgleichen die Normen der sub III e besprochenen Unfallversicherung mit der Einschränkung, daß nur Unfälle, die die versicherten Personen zufolge eines dem Kraftfahrzeug selbst zustoßenden Schadenereignisses erleiden, der Ersatzpflicht unterliegen.

Die Gebäude-Vorschätzung für Feuerversicherungen[1])

Von Ingenieur-Konsulent Dr. Paul Abeles, Stadtbaumeister, Experte des Fabriken-Rückversicherungs-Verbandes, Wien

Sie hat den Zweck, als Grundlage für die Höhe der Versicherung und als Basis für den Schadensfall zu dienen. Hierbei soll der wirkliche Wert der Objekte im Zeitpunkte der Schätzung (Zeitwert) festgestellt werden. Als Grundlage hierfür dient der Neuwert, d. i. der Herstellungswert zum Zeitpunkte der Schätzung.

[1]) Derartige Schätzungen dürfen nur von durch Versicherungsgesellschaften anerkannte Sachverständige für das Baufach durchgeführt werden.

Dieser wird bei Fabriken und gewerblichen Anlagen durch Aufstellung einer detaillierten Kostenberechnung auf Grund der tatsächlichen Massen und der zum Zeitpunkt der Schätzung für eine Neuherstellung maßgebenden Einheitspreise ermittelt. Für Premier-risque-Versicherungen kann der Neuwert vereinfacht geschätzt werden, und zwar auf Grund der verbauten Fläche; das gleiche gilt für Zivilgebäude bei Vollwertversicherungen, ebenso für kleinere gewerbliche Nebenbetriebe.

Zur Bestimmung des Zeitwertes ist die Entwertung festzustellen; hierbei ist auf Alter, Bauzustand, vorgenommene Instandhaltungsarbeiten und sonstige in Betracht kommende Umstände zu achten. Bei alten massiven Bauten, bei welchen eine gleichwertige Neuausführung billiger wäre, ist bei Festsetzung der Entwertung zu berücksichtigen, daß für den Zeitwert nur die Wiederherstellungskosten in Betracht kommen.

Als allgemeiner Maßstab für die Größe der Entwertung E dient das Verhältnis von Alter A der Gebäude zur angenommenen Bestandsdauer B; E nimmt nicht geradlinig mit steigendem Alter zu, sondern parabelförmig. Für E (in %) kann man folgende Beziehung annehmen:

$$E = 50 \frac{A}{B}\left(1 + \frac{A}{B}\right).$$

$$\left(\text{Bei geradlinigem Verlauf wäre } E_1 = 100 \frac{A}{B}\right).$$

Einem bestimmten Verhältnis $\frac{A}{B}$ entspricht laut Tafel 1 ein bestimmter Wert E, der als Anhaltspunkt für die endgültige Festsetzung dienen kann; diese hängt in erster Linie von dem tatsächlichen Bauzustand ab. Es bleibt dem freien Ermessen des Schätzmeisters überlassen, auf Grund seiner Fachkenntnisse und Erfahrungen den für angemessen erachteten Entwertungskoeffizienten jeweils zu bestimmen. Insbesondere ist zu berücksichtigen, daß sehr alte und fast entwertete, aber neuerlich gründlich renovierte Gebäude nahezu den Neuwert besitzen.

In der Tafel 2 sind für einzelne Bauweisen und Gebäudearten Werte für die Bestandsdauer B angegeben.

Zwecks Berücksichtigung etwaiger baulicher Änderungen und der im Laufe der Zeit sich ändernden Neu- und Zeitwerte, erstere abhängig von der momentanen Wirtschaftslage, letztere vom Bauzustand, ist nach gewissen Intervallen (zumeist nach 5 Jahren) eine Neuaufnahme bzw. Revision der Schätzung durchzuführen.

Tafel 1. Entwertung E (in %) für verschiedene Verhältnisse $\frac{A}{B}$

$\frac{A}{B}$	0	0,05	0,10	0,15	0,20	0,25	0,30	0,35	0,40	0,45	0,50	0,55	0,60	0,65	0,70	0,75	0,80	0,85	0,90	0,95	1,00
E	0	2,6	5,5	8,6	12,0	15,6	19,5	23,6	28,0	32,6	37,5	42,6	48,0	53,6	59,5	65,6	72,0	78,6	85,5	92,6	100

Tafel 2. Bestanddauer B in Jahren

Gebäudeart	Bauweise				
	Unterbau [1])	Holz		gemischt [2])	massiv
	Dacheindeckung [1])	weich	hart	hart	hart
Wohngebäude (Ein- und Mehrfamilien- und Mietwohnhäuser, Gasthöfe u. dgl.) Geschäftshäuser und öffentliche Gebäude (Schulen, Ausstellungsgebäude, Theater, Gotteshäuser usw.)	einfache Ausführung	25—75	50—100	75—150	100—250
	mittlere Ausführung	—	75—125	100—200	150—300
	sehr gute Ausführung	—	—	125—250	200—400
Lagerräume, Wagenremisen, Scheunen, Stallgebäude	einfache Ausführung	25—50	30—75	40—100	50—125
	bessere Ausführung	40—100	50—125	75—175	100—250
Fabriken und gewerbliche Betriebe [3])	mit besonderer Abnützung	10—30		20—50	25—75
	mit mittlerer Abnützung	20—45		30—75	50—100
	mit geringer Abnützung	30—60		45—100	75—125

[1]) Unter Unterbau versteht man die Umfassungsmauern bis zum Dach; es kommt in Betracht Holz, gemischt (teils Holz, teils Mauerwerk) und massiv (Stein, Ziegel, Beton, Eisenbeton oder ummantelter Stahl). Nicht genügend massiv ummantelte Stahlkonstruktionen sind hinsichtlich der Lebensdauer — dauernde Erhaltung vorausgesetzt — ungefähr der gemischten Bauweise gleichzustellen. Weiche Dacheindeckung bedeutet eine solche mit Schindeln, Brettern oder Stroh; harte Dacheindeckung jede andere feuersichere Eindeckung. Dazu wäre auch Dachpappe zu zählen, wenn der Anstrich regelmäßig erneuert wird.

[2]) Die Lebensdauer bei gemischter Bauweise wurde nicht nach derjenigen der Holzbestandteile angenommen, sondern stellt einen Mittelwert zwischen Massiv- und Holzbauten dar.

[3]) Nach Art der Erzeugung und den bei derselben verwendeten Materialien sind industrielle Gebäude in ganz verschiedener Weise der Abnützung ausgesetzt, z. B. durch Einwirkung von Rauchgasen und Dämpfen, durch chemische Einflüsse u. dgl. m.

Über Wesen und Erwirkung gewerblicher Schutzrechte

Von Patentanwalt Ing. J. Knöpfelmacher, Wien

Unter gewerblichen Schutzrechten wird im allgemeinen verstanden: Das Patentrecht, das Recht des Gebrauchsmusterschutzes (in Österreich noch nicht geschaffen), das Muster- und Markenrecht.

A. Das Patentrecht (Patentwesen)

a) Österreich. Durch Patente werden neue (d. h. noch nicht veröffentlichte oder offenkundig benutzte) Erfindungen geschützt, die sich auf Verarbeitung von Rohstoffen oder Halbfabrikaten beziehen und nicht nur Maschinen und Maschinenbestandteile, chemische und Arbeitsverfahren, sondern auch Fabrikate umfassen können, letztere allerdings meist nur, wenn sie auf besondere chemische Verfahren zurückzuführen und neu sind.

Die Anmeldung und Erteilung eines Patentes kann auf den Namen des Erfinders oder seines Rechtsnachfolgers erfolgen.

Auf Patente von Diensterfindungen hat (vorausgesetzt, daß dem Erfinder Verdienstanteil zugesichert wird) das Unternehmen, auf sonstige Erfindungen eines Dienstnehmers aber nur dieser Anspruch, letzteren auch dann, wenn gegenteilige Verträge bestehen.

Die Erteilung des Patentes erfolgt an den ersten Anmelder oder seinen Rechtsnachfolger, doch erwirbt ein früherer Erfinder, wenn er vor der Anmeldung dieses Patentes an der Erfindung gearbeitet und sie nachweislich anzuwenden begonnen hat, für sich ein unveräußerliches Vorbenutzerrecht. Auch kann der Vorerfinder, sofern er nachweisen kann, daß der Anmelder die Erfindung seinen Zeichnungen oder Modellen widerrechtlich entnommen hat, bewirken, daß das zu erwerbende Patent dem Anmelder aberkannt und auf ihn übertragen wird. Diese Anfechtung kann auch nach Erteilung des Patentes durchgeführt werden.

In allen Fällen ist der Erfinder berechtigt, die Aufnahme seines Namens in Urkunden und Patentregister zu fordern.

Enteignung von Patenten durch Staats- und Militärbehörden ist gegen Entschädigung zulässig.

Auf Erfindungen, die eine weitere Entwicklung bestehender, durch Patent geschützter Erfindungen darstellen und ohne Benutzung dieser älteren Erfindung nicht anwendbar sind, können, wenn sie von dem Besitzer des älteren Patentes angemeldet werden, Zusatzpatente erteilt werden; ansonsten werden die darauf erteilten Patente von den älteren Patenten abhängig und auch von Amts wegen abhängig erklärt, wenn der Inhaber des älteren Patentes rechtzeitig einen diesbezüglichen Antrag stellt.

Der Besitzer des abhängigen Patentes hat das Recht, nach drei Jahren seit dem Bestand des älteren Patentes, von dem Besitzer desselben eine Benützungslizenz zu verlangen, sofern die jüngere Erfindung erhebliche gewerbliche Bedeutung hat. Der Inhaber des jüngeren Patentes ist aber dann auch seinerseits verpflichtet, dem Besitzer des älteren Patentes eine Lizenz auf das jüngere Patent zu erteilen.

Erfindungen können auch schon im Stadium der Patentanmeldung verkauft, übertragen und vererbt, jedoch lizenzweise vergeben und gepfändet nur nach Erteilung des Patentes werden, soweit die Wirksamkeit Dritten gegenüber in Frage kommt, was durch die Eintragung in das (grundbuchähnliche) Patentregister eintritt.

Das Patent kann wegen Nichtzahlung der Jahresgebühren oder durch Verzicht erlöschen, durch Entscheidung wegen Nichtausübung nach Ablauf von drei Jahren zurückgenommen, wegen Nichtneuheit der Erfindung vernichtet, wegen ungerechtfertigter Entnahme aberkannt oder schließlich wegen der Benutzung einer vorher patentierten Erfindung abhängig erklärt werden.

Die Anmeldung eines Patentes erfolgt beim Patentamt in Wien: 1. durch Zahlung der Anmeldegebühr (*S 25,00* nur mit Erlagschein), 2. Einreichung der erforderlichen Unterlagen (zwei Beschreibungen mit Patentansprüchen und drei Zeichnungen, zwei auf Leinwand und eine auf Karton im Ausmaße von $21 \times 29{,}7$ cm, von welchen jede aus mehreren Blättern bestehen kann) und 3. durch Einreichung eines Gesuches, in welchem die Daten des Anmelders, der Titel der Erfindung und die Art und Zahl der Beilagen anzuführen sind. Zweckmäßig wird ein mit gleichen Daten wie das Gesuch versehenes Rubrum mit eingereicht, auf welchem der Zeitpunkt der Anmeldung vom Patentamte bestätigt wird. Durch diese Einreichung wird die Priorität der Anmeldung gesichert.

Stempelung: Gesuch *S 6,00*, Beilagen je *S 0,20* pro Blatt oder einseitig maschinenbeschriebenen Bogen.

Gesuch und Beilagen werden einem Fachreferenten der Anmeldeabteilung zur Vorprüfung auf Form der Anmeldung und Neuheit der Erfindung zugewiesen. Dieser erläßt einen befristeten Vorbescheid, wenn die Form nicht gewahrt oder die Erfindung ganz oder teilweise bekannt ist, oder aber er anerkennt die Patentfähigkeit und beschließt, die Erfindung bekanntzumachen. (Bekanntmachungsbeschluß.) Der Empfang eines Vorbescheides verpflichtet den Anmelder, die beanständeten Mängel innerhalb der gegebenen Frist (die auf Antrag und gegen eine Gebühr von *S 2,50* verlängert werden kann) durch Äußerung zu widerlegen oder durch Verbesserung der Unterlagen (Einschränkung der Erfindung o. dgl.) zu beheben. Gelingt ihm dies, dann wird die Anmeldung bekanntgemacht, andernfalls abgewiesen, wogegen innerhalb eines Monates (Gebühr *S 10,00*) Beschwerde erhoben werden kann. Wird die Erledigungsfrist nicht ausgenützt oder überschritten, dann gilt die Anmeldung als zurückgenommen, kann aber innerhalb vier Monaten durch Zahlung der vollen Anmeldegebühr und Erledigung des Vorbescheides wieder aufgerichtet werden. Die Bekanntmachung kann über Antrag durch drei bzw. durch Zahlung einer Gebühr von *S 25,00* bis *75,00* durch zwölf Monate verhindert werden.

Die Bekanntmachung der Anmeldung erfolgt im Patentblatte und gleichzeitig die Auslegung der Unterlagen im Patentamt zur öffentlichen Einsicht während zweier Monate.

Vor Ablauf dieser zwei Monate kann gegen die Erteilung eines Patentes von jedermann Einspruch erhoben werden, mit der auf Beweise gestützten Begründung: 1. daß die Erfindung nicht neu und patentfähig sei, 2. daß sie ganz oder teilweise durch ein älteres österreichisches Patent geschützt ist, 3. daß der Anmelder nicht der Erfinder und zur Anmeldung nicht berechtigt war, vielmehr die Erfindung unberechtigt den Unterlagen des wirklichen Erfinders entnommen und ohne dessen Einwilligung angemeldet hat, und 4. daß die Erfindung von einer früher patentierten Erfindung abhängig ist. Der Einspruch ist doppelt einzureichen und mit Quittung über Zahlung von *S 10,00* als Einspruchsgebühr zu versehen. Stempelung *S 1,00* per Bogen.

Mit der Bekanntmachung beginnt der provisorische Patentschutz auf die Erfindung. Innerhalb der zwei Monate der Bekanntmachung ist die erste Jahresgebühr (*S 30,00*) einzuzahlen. Ist kein Einspruch erhoben, dann wird das Patent erteilt.

Der Einspruch kann ganz oder teilweise zurückgewiesen, das Patent versagt oder aber beschränkt oder im vollen Umfang erteilt werden; Kostenanspruch ist zulässig. Gegen die Entscheidung des Fachreferenten über Zurückweisung der Anmeldung, Versagung des Patentes oder Zurückweisung des Einspruches (ganz oder teilweise) kann Beschwerde erhoben werden; diese ist doppelt einzureichen, zu begründen und mit Bestätigung über Zahlung von *S 30,00* zu versehen; Stempelung per ersten Bogen *S 2,00*, sonst *S 1,00*.

Im Falle der Erteilung, durch die der definitive Patentschutz beginnt, wird dem Anmelder die Nummer des Patentes bekanntgegeben, nachher Beschreibung und Zeichnung in Druck veröffentlicht und der Urkunde beigeheftet.

Durch den Patentschutz wird dem Patentinhaber das ausschließliche Recht erteilt, den Gegenstand des Patentes im Hoheitsgebiet des Staates zu erzeugen und zu verkaufen. Eingriffe in dieses Recht können zivilrechtlich durch Unterlassungs- und Entschädigungsklage oder, wenn der Eingriff wissentlich begangen wurde, auch strafrechtlich verfolgt werden.

Der Lauf des Patentes beginnt am Tage der Bekanntmachung, von welchem an jährlich die Jahresgebühren zu zahlen sind, durch welche das Patent aufrechterhalten wird. Dies kann bis zum Ablauf des 18. Jahres geschehen. Der Fälligkeitstag ist stets der Tag der Bekanntmachung, doch können die Gebühren noch bis zum Ablauf des dritten Monates nach diesem Tage mit einem Zuschlag von 20% bezahlt werden. Nach Ablauf dieser Frist erlischt das Patent, doch kann es innerhalb weiterer sechs Monate gegen Zahlung eines 100%igen Zuschlages wieder aufgerichtet werden, wenn triftige Gründe für die Versäumnis nachgewiesen werden. Die Gebühren betragen für die Jahre: I und II: *S 30,00*, III: *35,00*, IV: *45,00*, V: *55,00*, VI: *70,00*, VII: *90,00*, VIII: *120,00*, IX: *150,00*, X: *180,00*, XI: *230,00*, XII: *300,00*, XIII: *380,00*, XIV: *480,00*, XV: *600,00*, XVI: *800,00*, XVII: *1100,00*, XVIII: *1500,00*.

Ausländer können nur durch berufsmäßige Vertreter (Patentanwälte o. dgl.) Patente anmelden und Rechte aus diesen Patenten geltend machen.

b) Ausland: In den meisten Auslandsstaaten sind die formellen Erfordernisse für Patentanmeldungen die gleichen wie in Österreich. Dem Erteilungsverfahren nach hingegen unterscheiden sie sich in solche, welche: 1. Neuheitsprüfung, 2. einspruchsberechtigte Bekanntmachung oder 3. nur formelles Prüfungs- bzw. reines Erteilungsverfahren haben.

Zu 1. gehören: Deutschland, Tschechoslowakei, Polen, Schweden, Norwegen, Dänemark, Finnland, Rußland, Holland und die Vereinigten Staaten von Amerika und in beschränkter Form: Großbritannien, Irland, Kanada, Britisch Indien und Australien, zu 2: Ungarn und Jugoslawien (S. H. S.) und zu 3: alle anderen europäischen und überseeischen Staaten.

Die Patentgesetze der Tschechoslowakei und Deutschlands sind den österreichischen Bestimmungen am nächsten. Bezüglich der Gebührenfälligkeiten stimmen die Patentgesetze in Österreich und der Tschechoslowakei miteinander überein. Die meisten anderen Staaten einschließlich Deutschland, Ungarn, Schweiz, Frankreich usw. haben die Gebührenfälligkeit auf den Anmeldetag, einige auch auf den Erteilungstag verlegt. Die Vereinigten Staaten von Amerika und Kanada schreiben nur eine einmalige Gebühr (*Dollar 25,00*) für alle 17 bzw. 18 Jahre vor, welche sechs Monate nach Datierung des Annahmebeschlusses zu zahlen ist.

Durch die erste Anmeldung in Österreich (oder in einem der Patentunion angehörenden Staate) sichert sich der Anmelder den Prioritätsschutz von einem Jahr in sämtlichen Staaten der Patentunion, zu welchen derzeit gehören: Österreich, Deutschland, Belgien, Brasilien, Bulgarien, Kanada, Kuba, Dänemark, Danzig, Dominikanische Republik, Spanien, Estland, Vereinigte Staaten von Amerika, Australien, Finnland, Frankreich, Großbritannien, Ceylon, Neuseeland, Trinidad, Griechenland, Ungarn, Irland, Japan, Lettland, Luxemburg, Marokko, Mexiko, Norwegen, Niederlande, Polen, Portugal, Rumänien, S. H. S., Schweden, Schweiz, Syrien, Tschechoslowakei, Tunis, Türkei. Die Anmeldungskosten betragen (die Inanspruchnahme eines Patentanwaltes vorausgesetzt) für einen einfachen Erfindungsgegenstand im größten Teile der europäischen Staaten im Durchschnitt ungefähr je *S 250,00* bis *350,00*, für die nordischen

Staaten, Großbritannien, Holland und Spanien *S 400,00* bis *500,00*, für Rußland und die überseeischen Staaten *S 600,00* bis *1500,00*.

c) Allgemeines. Für die Anmeldung eines Patentes (sofern diese unter Beanspruchung eines Patentanwaltes erfolgt) ist erforderlich: 1. Eine Skizze oder Zeichnung der Erfindung oder ein Modell, 2. eine Erläuterung unter Bezugnahme auf das auf diesem Gebiete bisher Bestehende und unter Hervorhebung des Neuen und der neuen Wirkung und Vorteile, welche durch die Erfindung gegenüber dem Bestehenden erzielt werden, 3. eine entsprechende Vollmacht, für welche Formulare vom Patentanwalt über Wunsch und nach Angabe der Staaten beigestellt werden.

B. Gebrauchsmusterschutz

Dieser hat nahezu die gleiche Wirkung wie der Patentschutz, wird aber (da ohne Neuheitsprüfung) rascher und gegen geringere Gebühr, jedoch für kürzere Dauer (sechs bis zehn Jahre) erteilt. Er eignet sich hauptsächlich für einfache Gebrauchsgegenstände und ist für Verfahren (chemische oder Arbeitsverfahren) nicht zulässig. Derzeit haben Gebrauchsmusterschutz: Deutschland, Polen und Japan (Jugoslawien annähernd).

C. Musterschutz

Umfaßt die äußere Form (ornamentale Ausgestaltung) eines Gegenstandes. Daher in Deutschland auch der Name „Geschmackmusterschutz". Wird in Österreich auf drei Jahre erteilt. In anderen Staaten für längere Dauer. — Es können auch viele (Sammel-) Muster unter einem Umschlage geschützt werden. Die Eintragung erfolgt durch die zuständige Handels- und Gewerbekammer. Gebühr in Österreich pro Jahr und Muster *S 2,00*.

D. Markenschutz

Österreich. Umfaßt die namentliche oder bildliche Bezeichnung der Ware eines Unternehmens; wird demnach nur einem Unternehmen erteilt, das durch Vorlage eines Gewerbescheines oder handelsgerichtlichen Auszuges ausgewiesen werden muß; er ist darum nur mit dem Unternehmen übertragbar. — Mindestdauer zehn Jahre und unbeschränkt verlängerbar. Wortmarken, die nur aus Angaben über Bestimmung, Mengen oder Gewichtsverhältnisse, Eigenheiten oder Ort der Herstellung der Ware bestehen, sind nicht registrierbar. Die Anmeldung erfolgt durch die zuständige Kammer für Handel, Gewerbe und Industrie. Gebühr *S 19,00* und Stempel für das Zertifikat *S 1,00*.

Ausland.

Die Erlangung des Markenschutzes im Ausland setzt meist vorherige Eintragung im Ursprungsland (Österreich) voraus.

Internationale Marken.

Auf Grund der Heimatsmarke kann eine internationale Eintragung in den Marken-Unionstaaten erfolgen. Die Kosten sind ungefähr so hoch wie jene der Eintragung in zwei Auslandstaaten. Zur Union gehören die Staaten: Österreich, Deutschland, Belgien, Brasilien, Kuba, Danzig, Spanien, Frankreich, Ungarn, Italien, Luxemburg, Marokko, Mexiko, Niederlande, Portugal, Rumänien, S. H. S., Schweiz, Tschechoslowakei, Tunis, Türkei. Die Anmeldung erfolgt durch die inländische Behörde (Handels- und Gewerbekammer). Gebühren: *Schw. Fr. 100,00* und Inlandsgebühr (rund *S 30,00*).

Der Bahn- und Flußtransport

Von Emil Tutsch

A. Der Bahntransport

I. Reglementarische Bestimmungen

Die Beförderung auf der Eisenbahn setzt den Abschluß eines Frachtvertrages voraus. Der Frachtvertrag wird durch die zum Zwecke der Beförderung nach einem anderen Bahnhof erfolgte Übergabe des Gutes und des Frachtbriefes an die Eisenbahn abgeschlossen. Voraussetzung für die Beförderung mit durchgehendem Frachtbrief von der Versand- bis zur Bestimmungsstation ist das Vorhandensein einer die ganze Beförderungsstrecke umfassenden gesetzlichen Regelung. Andernfalls ist die Beförderung bis zu der beabsichtigten Bestimmungsstation mit einem Frachtbrief nicht möglich. Die gesetzlichen Bestimmungen, auf Grund welcher der Vertrag zum Abschluß gelangt, die Beförderung durch die Bahn besorgt und das Gut am Bestimmungsbahnhof dem Empfänger ausgefolgt wird, finden sich für den internen Verkehr der Staaten in der Eisenbahn-Verkehrsordnung (E. V. O.)[1].

Die gesetzlichen Bestimmungen für internationale Transporte, d. i. für Transporte über zwei oder mehrere Staaten, finden sich im Internationalen Übereinkommen über den Eisenbahnfrachtverkehr (I. Ü. G.), sofern die am Transport beteiligten Staaten dem I. Ü. G. beigetreten sind[2].

Die Vorschriften der E. V. O. decken sich in der Hauptsache mit denen des I. Ü. G., obschon die E. V. O. in mancher Hinsicht erleichternde Bestimmungen enthält.

Die Urkunde über den Frachtvertrag ist der Frachtbrief. Er ist verschieden ausgestattet, je nachdem es sich um interne oder internationale Transporte handelt bzw. um Eil- oder Frachtgüter. Die Ausstellung des Frachtbriefes obliegt dem Verfrächter. In den Frachtbriefen sind Rubriken enthalten, von denen einzelne vom Absender ausgefüllt werden müssen, und auch solche, deren Ausfüllung ihm freigestellt ist. Jede einzelne Rubrik des Frachtbriefes muß mit der größten Sorgfalt ausgefüllt werden. Zunächst hat der Absender Namen und genaue Adresse des Empfängers in den Frachtbrief einzusetzen (obligatorisch). Eine ungenaue Angabe würde eventuell zur Folge haben, daß die Bahn entweder das Gut nicht abliefern kann oder unter Umständen einem Nichtberechtigten ausfolgt. Da der Absender der Eisenbahn für die Richtigkeit und die Vollständigkeit der in den Frachtbrief aufgenommenen Angaben und Erklärungen haftet und alle Folgen trägt, die aus unrichtigen, ungenauen oder ungenügenden Eintragungen entspringen, welche Bestimmungen von der Rechtsprechung auch für den vorerwähnten Fall herangezogen werden, so würden diese mangelhaften Eintragungen zur Folge haben, daß die Bahn die Kosten, die durch das Ablieferungshindernis entstehen, bzw. den Schaden, der durch die Fehlausfolgung entstehen könnte, nicht ersetzt. Aus den gleichen Gründen muß die Bestimmungsstation mit der im Stationsverzeichnis der Bahn angeführten Bezeichnung angegeben werden (obligatorisch), weil andernfalls eine mit erheblichen Mehrkosten verbundene Verschleppung möglich wäre, und die Bahn in diesem Fall auch die Fracht von der Station, nach welcher das Gut verschleppt wurde, bis zur nachträglich festgestellten richtigen Bestimmungsstation anrechnen würde.

[1] In einzelnen Staaten auch Eisenbahnbetriebsreglement genannt (E. B. R.).
[2] Dies ist bei den meisten Staaten Europas der Fall.

Eine weitere Rubrik ist für die Angaben des beantragten Beförderungsweges bzw. für die Angabe der anzuwendenden Tarife vorgesehen (fakultativ).

Im internen österreichischen oder deutschen Verkehr darf nur bei Beförderung von Eilgütern ein Beförderungsweg vorgeschrieben werden, in welchem Falle die Fracht nach Maßgabe der Vorschreibung berechnet wird. Bei Beförderung von Frachtgütern darf ein Beförderungsweg oder eine Tarifvorschreibung nicht gemacht werden; die Bahn ist aber verpflichtet, die billigste Fracht zu berechnen. Nur wenn es sich um ermäßigte Tarife handelt, deren Anwendung an die Bedingung der Vorschreibung geknüpft ist, muß eine Tarifvorschreibung gemacht werden, um sich solcherart die billigste Fracht zu sichern.

Im internationalen Verkehr werden, wenn der Absender auf dem Frachtbrief den Beförderungsweg vorgeschrieben hat, die Beförderungskosten nach diesem Wege berechnet, wobei, wenn auf diesem Wege ein internationaler Tarif besteht, dieser Anwendung findet. Falls der Absender im Frachtbriefe nur die anzuwendenden Tarife vorgeschrieben hat, erfolgt die Ermittlung der Beförderungskosten nach diesen Tarifen, wobei es der Bahn frei steht, jenen für diese Tarife in Betracht kommenden Beförderungsweg zu wählen, der ihr für den Absender am vorteilhaftesten erscheint. Endlich berechnet die Bahn die Beförderungskosten bei unzureichenden Angaben über Beförderungsweg oder anzuwendende Tarife oder bei widersprechenden Angaben für jenen Weg oder nach jenen Tarifen, die ihr für den Absender am vorteilhaftesten erscheinen. Da die Bahn in allen Fällen, wo es ihr anheimgestellt ist, die Wahl zu treffen, nur bei Vorsatz oder grober Fahrlässigkeit für einen etwa entstehenden Schaden verantwortlich ist, ein solches grobes Verschulden aber nur in Ausnahmsfällen nachgewiesen werden kann und vom Gericht anerkannt wird, ist der Ausfüllung dieser Rubrik besondere Sorgfalt zuzuwenden. Hierbei muß auch beachtet werden, daß, trotz Bestehens internationaler Tarife, die Vorschreibung derselben nicht immer die vorteilhafteste sein muß, daß vielmehr unter Umständen die Abfertigung nach den Binnentarifen der Bahnen und demgemäße Vorschreibungen im Frachtbriefe häufig eine billigere Gesamtfracht ermöglichen.

Weitere Rubriken betreffen die Angabe von Zeichen und Nummern, des Inhaltes (obligatorisch) und des Gewichtes (fakultativ). Zeichen und Nummer müssen mit jenen auf den Kolli übereinstimmen. Der Inhalt muß derart genau angegeben werden, daß Ungenauigkeiten und insbesondere unrichtige Bezeichnungen vermieden werden. Als ungenau wird eine Inhaltsbezeichnung dann angesehen, wenn nach der gewählten Angabe verschiedene Tarifierungen möglich wären. Die Bahn ist alsdann berechtigt, die höchste nach diesen Angaben in Betracht kommende Tarifierung anzuwenden. Als unrichtig ist die gewählte Bezeichnung anzusehen, wenn das Gut nach seiner Beschaffenheit in eine höhere Tarifklasse einzureihen wäre als auf Grund der gewählten Bezeichnung. In allen Fällen unrichtiger, ungenauer oder unvollständiger Bezeichnung einer Sendung ist die Bahn berechtigt, einen Frachtzuschlag zu erheben, der das Doppelte des Unterschiedes zwischen der Fracht beträgt, die für das unrichtige, ungenaue oder unvollständig bezeichnete Gut von der Versandstation bis zur Bestimmungsstation zu erheben wäre, und der Fracht, die hätte erhoben werden müssen, wenn die Bezeichnung richtig, genau und vollständig erfolgt wäre[1]). Selbst wenn kein Frachtunterschied besteht, beträgt

[1]) Siehe Beispiel 1., S. 762.

der Zuschlag im internationalen Verkehre mindestens einen Franken. In den internen Verkehren der Staaten wird nach den internen Reglements (E. V. O. oder E. B. R.) bei nur ungenauer Angabe der Inhaltsbezeichnung gewöhnlich ein Frachtzuschlag nicht berechnet.

Der Absender ist nicht verpflichtet, eine Gewichtsangabe zu machen. Fehlt sie, so nimmt die Bahn die Abwage vor und haftet auch für das von ihr festgestellte Gewicht. Hat aber der Absender das Gewicht in den Frachtbrief eingesetzt, so ist in bezug auf die Haftung und auf die Anrechnung eines Frachtzuschlages zu unterscheiden, ob es sich um Stückgut handelt oder um eine Wagenladung[1]).

Bei Stückgütern haftet die Bahn auch dann für das Gewicht, wenn sie die Sendung nicht nachgewogen hat. Sie darf, soferne sie das Gewicht prüft, keinen Frachtzuschlag rechnen, wenn sie hierbei ein höheres Gewicht feststellt als das vom Absender im Frachtbrief angegebene. Bei Wagenladungen hingegen ist die Bahn nicht verpflichtet, eine Gewichtsüberprüfung vorzunehmen, wenn der Absender das Gewicht im Frachtbrief angegeben hat. Tut sie es aber, so muß der Absender, falls ein Mehrgewicht festgestellt würde, einen Frachtzuschlag zahlen, der das Doppelte des Unterschiedes zwischen der infolge der unrichtigen Angabe entstandenen und der richtig berechneten Fracht von der Aufgabe- bis zur Bestimmungsstation beträgt. Abgesehen davon hat selbstverständlich die Frachtzahlung für das von der Bahn ermittelte Gewicht zu erfolgen.

Gegen die Anrechnung des Frachtzuschlages kann sich der Absender — abgesehen von dem Falle, daß er ein Gewicht nicht einsetzt und es also der Bahn überläßt, die Verwiegung vorzunehmen — nur schützen, wenn er auch in jenen Fällen bei Wagenladungen einen Antrag auf bahnamtliche Verwiegung stellt, in denen er selbst schon ein Gewicht angegeben hat. In einem solchen Falle darf die Bahn selbst dann keinen Frachtzuschlag erheben, wenn sie dem gestellten Antrag aus irgendwelchen Gründen nicht zu entsprechen vermochte.

Auch in Hinsicht auf die Haftung der Bahn ist es erforderlich, die Wagenladung bahnamtlich verwiegen zu lassen. Die E. V. O. und auch das I. Ü. G. bestimmen nämlich, daß bei den vom Absender verladenen Gütern[2]) die Angaben des Frachtbriefes über das Gewicht nur dann als Beweis gegen die Eisenbahn dienen, wenn sie die Sendung nachgewogen und dies im Frachtbrief beurkundet hat. Wird also ein Antrag auf Gewichtsfeststellung im Frachtbrief nicht gestellt, so hat dieser Umstand zur Folge, daß der Reklamant im Schadensfalle den Beweis der vollgewichtigen Verladung zu erbringen hat, während im anderen Falle das von der Bahn festgestellte Gewicht gegen sie sprechen würde.

Eine weitere Rubrik gibt dem Absender die Möglichkeit, unter Einhaltung des im I. Ü. G. oder in der E. V. O. vorgesehenen Wortlautes den Antrag zu stellen: 1. die Frachtgebühren selbst zu entrichten, 2. sie auf den Empfänger zu überweisen oder 3. sie zum Teile selbst zu zahlen. Macht der Absender von keiner dieser Möglichkeiten Gebrauch, so gilt die Fracht als auf den Empfänger überwiesen. Auch darf er andere Gebühren in den Freivermerk mit aufnehmen (z. B. Zoll). Eine folgende Rubrik dient der Angabe der Höhe eines etwaigen Barvorschusses oder einer Nachnahme. Endlich ist an entsprechender Stelle die Unterschrift mit Namen oder Firma, unter Angabe der Wohnung, einzusetzen (obligatorisch). Auch hier

[1]) Als Wagenladung gilt im allgemeinen eine Sendung, für die ein besonderer Wagen zur Beladung verlangt wird, oder eine Sendung, für welche die Fracht für mindestens 5000 kg bezahlt wird.
[2]) Das sind in der Hauptsache Wagenladungen.

ist die deutliche Aufnahme der Adresse ein Gebot der Vorsicht, weil die Sendung aus irgendwelchen Gründen auf einer Unterwegsstation angehalten oder in der Bestimmungsstation vom Empfänger nicht übernommen werden könnte und die Bahn ihrer Pflicht, den Absender vom Ablieferungshindernisse im Wege der Versandstation zu verständigen, nur dann zu entsprechen vermag, wenn sie die Adresse des Absenders kennt.

Sobald die Abfertigungsstelle das Gut mit dem Frachtbrief zur Beförderung angenommen hat, ist der Frachtvertrag abgeschlossen. Als Zeichen der Annahme ist dem Frachtbrief der Tagesstempel aufzudrücken, und zwar auf Verlangen des Absenders in seiner Gegenwart, was dann von besonderer Wichtigkeit ist, wenn ein bestimmter Termin der Auflieferung vom Absender nachgewiesen werden muß. Die Eisenbahn bescheinigt die Annahme des Gutes unter Angabe des Tages, an dem es zur Beförderung angenommen ist, auf einem Frachtbriefduplikat. Sie befördert das Gut, nachdem sie die Frachtgebühren ermittelt und sie, je nach der Vorschreibung, vom Absender eingehoben[1]) oder auf den Empfänger überwiesen hat, nach der Bestimmungsstation. Sobald der Frachtvertrag abgeschlossen ist, hat die Bahn die Verpflichtung, den Transport nach Maßgabe des frachtbrieflichen Inhaltes auszuführen, es wäre denn, daß der Absender von dem ihm zustehenden Rechte Gebrauch macht, mittels bei der Versandstation unter Vorlage des Frachtbriefduplikates getroffener nachträglicher Verfügung eine Änderung des ursprünglichen Frachtvertrages herbeizuführen. Der zulässige Inhalt einer solchen Verfügung sieht in der Hauptsache die Möglichkeit vor, ein Gut an den Absender rückbefördern oder an einen anderen Empfänger in der gleichen oder einer anderen Bestimmungsstation frankiert oder unfrankiert mit oder ohne Nachnahme ausfolgen zu lassen. Die Bahn ist verpflichtet, innerhalb bestimmter in der E. V. O. bzw. im I. Ü. G. vorgesehenen Fristen die Bereitstellung in der Bestimmungsstation zu besorgen. Diese Frist (Lieferfrist) setzt sich zusammen aus der Abfertigungsfrist, die im I. Ü. G. für Frachtgüter mit zwei Tagen festgesetzt ist, und aus der Beförderungsfrist, die für je 250 km zwei Tage beträgt[2]). Außerdem darf die Bahn mit Genehmigung der Aufsichtsbehörde unter gewissen Bedingungen Zuschlagsfristen festsetzen. Wenn solche bestehen, ist die Lieferfrist gewahrt, wenn vor ihrem Ablauf (unter Berücksichtigung der oben erwähnten und der Zuschlagfristen) das Gut in der Bestimmungsstation bereitgestellt ist. Allerdings ist noch zu beachten, daß während der zollämtlichen Abfertigung und anderer nicht im Willen der Eisenbahn liegenden Aufenthalte der Lauf der Lieferfristen ruht.

Wenn die Lieferfrist überschritten ist, vergütet die Bahn im internationalen Verkehr für jedes Zehntel der Lieferfrist ein Zehntel höchstens aber fünf Zehntel der Fracht. Wird der Nachweis erbracht, daß ein Schaden aus der Überschreitung entstanden ist, so ist für diesen Schaden eine Entschädigung bis zur Höhe der ganzen Fracht zu entrichten.

Wird das Interesse an der Lieferung im Frachtbriefe angegeben, was nur in der Währung des Versandstaates, in Goldfranken oder in einer anderen durch die Tarife festgesetzten Währung zulässig ist, so kann bei Überschreitung der Lieferfrist, wenn nicht nachgewiesen wird, daß ein Schaden aus der Überschreitung entstanden ist, das Doppelte der Quote gefordert werden, die beim

[1]) In diesem Falle ist der Frachtvertrag erst nach Bezahlung der Gebühren abgeschlossen.

[2]) In den internationalen Verkehren sind nach den Bestimmungen der betreffenden E.V.O. meist kürzere Beförderungsfristen vorgesehen, während die Abfertigungsfrist stets 2 Tage beträgt.

Fehlen des deklarierten Interesses zu zahlen ist, höchstens die ganze Fracht; wenn ein Schadensnachweis erbracht wird, eine Entschädigung bis zur Höhe des angegebenen Interesses. Ist der Betrag des angegebenen Interesses geringer als die Entschädigung, die die Bahn bei Fehlen der Angabe des Interesses zu leisten hätte, kann diese gefordert werden[1]).

Im internen österreichischen und deutschen Verkehr kommt eine nach den gleichen Grundsätzen zu berechnende Lieferfristentschädigung nur dann in Betracht, wenn das Interesse an der Lieferung angegeben ist, oder wenn ein Schaden nachgewiesen wird.

Die Bahn muß, wenn sie offensichtliche Mängel (Teilverlust, Beschädigung) wahrnimmt, protokollarische Feststellungen machen (Tatbestandsaufnahme). Sie ist hierzu auch verpflichtet, wenn der Empfänger solche Mängel behauptet. In der Tatbestandsaufnahme ist insbesondere festzuhalten die Art der Verpackung, das Gewicht, eventuell die bestimmt erkennbaren Ursachen, die Art und der Umfang des Schadens und der Wert des beschädigt bzw. gemindert vorgefundenen Gutes, der gewöhnlich auf Grund der vom Empfänger vorgelegten Originalrechnung bestimmt wird.

Wird beim Bezug, sei es, weil die Gewichtsprüfung scheinbar keinen Anhaltspunkt für einen Teilverlust bietet, sei es, daß der Zustand der Verpackung auf einen Teilverlust oder Beschädigung nicht schließen läßt, ein Protokoll nicht aufgenommen, so besteht für den Empfänger noch immer die Möglichkeit einer protokollarischen Feststellung von Mängeln, soferne er diese äußerlich nicht erkennbaren Mängel unverzüglich nach der Entdeckung und spätestens eine Woche nach der Abnahme des Gutes von der Bahn meldet und eine Untersuchung verlangt (Hausprotokoll) oder eine gerichtliche Feststellung in derselben Frist beantragt.

Für den protokollarisch festgestellten, in der Zeit von der Annahme zur Beförderung bis zur Ablieferung entstandenen Schaden (Verlust, Teilverlust, Beschädigung) haftet die Bahn, es sei denn, daß er durch ein Verschulden der Partei, durch höhere Gewalt, oder durch die natürliche Beschaffenheit des Gutes verursacht wurde. Daß ihre Haftung nicht gegeben ist, muß die Bahn beweisen[2]). Jedoch trägt die Beweislast der Verfrächter in besonderen in der E. V. O. bzw. I. Ü. G. angegebenen Fällen. Sie liegen z. B. vor bei Verladung in offenen Wagen, wenn der Schaden aus dieser Verladungsart entstanden sein konnte, bei Gütern, die der Bruchgefahr, der Austrocknung, dem inneren Verderb ausgesetzt sind, bei Schäden, die durch natürliche Beschaffenheit des Gutes hervorgerufen sein konnten, und bei Schäden, die bei vom Absender verladenen Gütern infolge mangelhafter Verladung entstehen konnten. In allen diesen Fällen ist es Sache des Reklamanten, zu beweisen, daß diese Umstände den Schaden nicht herbeigeführt haben konnten oder daß der Schaden durch Verschulden der Bahn entstanden ist.

Auf Grund der Feststellung im Protokoll kann der Empfänger oder ein Dritter, wenn er eine Legitimation des Empfängers vorweist, die Reklamation bei der zuständigen Bahnverwaltung erheben. Als zuständig für die Rückerstattung von Zahlungen gilt jene Bahn die den Betrag erhoben hat. Ansprüche wegen Nachnahme sind bei der Versandbahn geltend zu machen. Sonstige

---

[1]) Siehe Beispiele 2 und 3, S. 762 und 763.

[2]) In jenen Fällen, in denen ein Hausprotokoll aufgenommen wurde, muß die Partei beweisen, daß der Schaden in der Zeit zwischen der Annahme und der Ablieferung entstanden ist.

Ansprüche auf Grund des Frachtvertrages können nur bei der Versandbahn, der Empfangsbahn oder bei jener Bahn geltend gemacht werden, auf deren Strecken sich die den Anspruch begründende Tatsache ereignet hat.

Zur Geltendmachung von Ansprüchen auf Rückerstattung von Zahlungen ist befugt, wer die Zahlung geleistet hat; sonstige Ansprüche gegen die Eisenbahn auf Grund des Frachtvertrages sind vom Empfänger zu stellen, von dem Zeitpunkt an, zu dem ihm der Frachtbrief übergeben worden ist.

Zur Geltendmachung von Ansprüchen auf Zahlungen hat der Absender das Frachtbriefduplikat, der Empfänger den Frachtbrief vorzulegen.

Die Ansprüche gegen die Bahn verjähren in einem Jahre. Die Verjährung beginnt bei Beschädigung oder Teilverlust mit dem Ablauf des Tages, an dem abgeliefert wurde, bei Verlust mit dem Ablauf der Lieferzeit[1]). Handelt es sich um einen Anspruch wegen Lieferfristüberschreitung, so gelten die gleichen Bestimmungen mit der Einschränkung, daß der erste Anspruch im internationalen Verkehr spätestens am 14. Tage, im Geltungsbereich der österreichischen und der deutschen E. V. O. innerhalb eines Monats, den Tag der Abnahme nicht mitgerechnet, eingebracht werden muß.

Wenn von der Eisenbahn im internationalen Verkehr Entschädigung für gänzlichen oder teilweisen Verlust des Gutes zu leisten ist, so wird die Entschädigung berechnet nach dem Börsenpreis, in Ermanglung eines solchen nach dem Marktpreis, in Ermanglung beider nach dem gemeinen Wert, den Güter derselben Art und Beschaffenheit am Versandorte zu der Zeit hatten, zu der das Gut zur Beförderung angenommen worden ist. Jedoch darf die Entschädigung 50 Franken für jedes fehlende Kilogramm des Rohgewichtes nicht übersteigen[2]). Ferner ist zu ersetzen, was an Fracht, Zöllen und sonstigen Kosten für das Gut bezahlt worden ist. Sind die als Grundlage für die Berechnung der Entschädigung dienenden Beträge nicht in der Währung des Staates ausgedrückt, in dem die Zahlung verlangt wird, so erfolgt die Umrechnung nach dem Kurs zur Zeit und am Ort der Zahlung. Bei Beschädigung hat die Eisenbahn den Betrag des Minderwertes des Gutes zu zahlen, aber nicht mehr, als für den beschädigten Teil zu zahlen wäre, wenn er in Verlust geraten wäre.

Wird aber das Interesse an der Lieferung deklariert und der Nachweis erbracht, daß aus dem gänzlichen oder teilweisen Verlust oder aus der Beschädigung des Gutes ein Schaden entstanden ist, so kann Schadenersatz bis zur Höhe der angegebenen Summe beansprucht werden.

Bei Vorsatz oder grober Fahrlässigkeit hat die Bahn, wenn der gänzliche oder teilweise Verlust oder die Beschädigung oder endlich die Überschreitung der Lieferfrist auf diese Umstände zurückzuführen ist und diese vom Reklamanten nachgewiesen werden, den Schaden bis zum Doppelten der angegebenen Höchstbeträge zu ersetzen.

---

[1]) Durch die schriftliche Anmeldung des Anspruches bei der Bahn wird die Verjährung gehemmt. Erfolgt auf die Reklamation ein abschlägiger Bescheid, so läuft die Verjährung von dem Tage an weiter, an dem die Eisenbahn den Einschreiter hiervon verständigt und die seinerzeit beigegebenen Belege rückschließt. Ein Rekurs vermag eine verjährungshemmende Wirkung nicht auszuüben.

[2]) In Österreich beträgt die Höchstentschädigung für Verlust, Minderung oder Beschädigung S 150,— für ein Kilogramm Rohgewicht, in Deutschland RM 150,—, in der Tschechoslowakischen Republik Kč 325,—, in Polen Zl. 90,—. Diese Höchstentschädigungen kommen selbstverständlich nur dann in Betracht, wenn es sich um Transporte innerhalb eines jeden der genannten Staaten handelt und nach den vorzulegenden Beweisstücken der Anspruch auf die Höchstentschädigung nachgewiesen wird.

II. Tarifarische Bestimmungen

Die Eisenbahn ist laut der E. V. O. und dem I. Ü. G. verpflichtet, Tarife aufzustellen, die über alle Bestimmungen Auskunft geben, die den Beförderungsvertrag und die Gebühren betreffen. Die Tarife müssen gehörig veröffentlicht sein und jedermann gegenüber in der gleichen Weise angewendet werden. Eine Preisermäßigung darf nur allgemein gewährt und muß gehörig veröffentlicht werden. Wo die Veröffentlichung zu erfolgen hat, ist stets im Vorwort des betreffenden Tarifes angegeben. Tariferhöhungen oder Erschwerungen werden in der Regel nicht sofort wirksam, sondern erst nach einer in den gesetzlichen Bestimmungen der einzelnen Länder angegebenen Frist.

Die Tarife gliedern sich in einen Teil, der die bereits besprochenen reglementarischen Bestimmungen, und in einen Teil, der die tarifarischen Bestimmungen aller Bahnen eines Staates enthält, und endlich in einen Teil, der für jede Bahn gesondert erstellt wird und den besonderen Verhältnissen der betreffenden Bahn Rechnung trägt. Dazu kommt ein Kilometerzeiger für jede Bahn, der die tarifkilometrischen Entfernungen zwischen den einzelnen Stationen aufzeigt.

Allgemeines

Die Eisenbahn teilt die Güter in verschiedene Klassen ein. Entscheidend hiefür ist im allgemeinen der Handelswert, das Gewicht des Gutes und der Raum, den es einnimmt. Da sich der Wert einer Sendung nach dem Grad der Verarbeitung richtet, ist es selbstverständlich, daß Rohprodukte billiger tarifieren als Halbfabrikate, diese wieder billiger als Ganzfabrikate. Man kann also sagen, je geringer der Wert eines Gutes, desto niedriger die Klasse, in die es eingereiht ist. Dabei schafft die Bahn noch weitere Unterscheidungen derart, daß sie auch die Klassifizierung von Gütern gleicher Art nach Mengen abstuft, so daß Stückgüter teurer sind als Wagenladungen. Hierbei wird noch ein weiterer Unterschied zwischen Ladungen von 5 Tonnen, solchen von 10 Tonnen, in vielen Staaten auch von 15 und 20 Tonnen gemacht. Daher: Je größer die zur Auflieferung gebrachte Menge von Gütern gleicher Art, desto niedriger die Klasse, oder bei gleichbleibender Klassifizierung, desto billiger der Frachtsatz.

Ein weiteres Merkmal der Tarifbildung ist, daß die Güter per 100 kg und 1 km um so billiger befördert werden, je länger die zu durchfahrende Strecke innerhalb eines Tarifgebietes ist[1]). Es wird also die gleiche Menge auf einer Strecke von 300 km zu einem billigeren Einheitssatz befördert als auf einer Strecke von 10 km (fallende Staffel).

Der allgemeine Tarif (Teil I) bezweckt, den Eisenbahnen des betreffenden Staatsgebietes durch nach den vorerwähnten Grundsätzen erfolgte Einreihung der Güter in bestimmte Klassen möglichst große Einnahmen zu sichern. Hierbei können volkswirtschaftliche Erfordernisse nicht immer in wünschenswertem Maße berücksichtigt werden; diese Bestrebung kommt erst in dem von jeder einzelnen Bahn ausgegebenen Tarif (Lokaltarif) zum Ausdruck, indem Rohprodukte bei der Verfrachtung zum Verarbeitungsort, ferner Fabrikate, sei es nur in der Ausfuhr, sei es auch bei Verfrachtungen im Inlande, dadurch begünstigt werden, daß die betreffenden Güter billigeren Klassen zugewiesen werden. Dem auf Erhöhung der

[1]) Hiermit ist gemeint, daß für die ganze Strecke ein Kilometer- und ein Frachtsatzzeiger gilt.

Frachtmengen und damit auf Hebung der Einnahmen gerichteten Bestreben der Bahn dienen endlich Durchfuhrtarife (Transittarife) oder von Fall zu Fall für bestimmte Waren und bestimmte Verkehrsgebiete veröffentlichte Frachtsätze in den in den Tarifen genannten Amtsblättern.

Tarif, Teil I

Die tarifarischen Bestimmungen für alle Bahnen eines Landes sind in einem Heft zusammengefaßt, das allgemein als Teil I bezeichnet wird, wobei gewöhnlich noch der Zusatz B gemacht wird, zum Unterschied von jenem Teil, der die reglementarischen Bestimmungen enthält und den Zusatz A trägt. Im wesentlichen ist der Inhalt jenes Tarifes in allen Staaten gleichartig aufgebaut.

Er enthält zunächst die besonderen Bestimmungen für bestimmte Güter; als solche sind jene anzusehen, die vermöge ihrer Beschaffenheit oder ihres Umfanges einer besonderen Regelung im Hinblick auf die vorerwähnten Grundsätze für die tarifarische Einreihung bedürfen. Es sind dies in der Hauptsache lebende Tiere, Fahrzeuge und solche Gegenstände, die infolge ihrer Länge einen besonders großen Raum eines oder mehrerer Wagen einnehmen. Während nun bei den in den Gütereinteilungen genannten Gütern das tatsächliche Gewicht maßgebend ist, wird in allen diesen Fällen ein bestimmtes Einheitsgewicht der Frachtberechnung zugrunde gelegt, und zwar auch dann, wenn das tatsächliche Gewicht geringer ist.

Ein weiterer Abschnitt enthält dann sämtliche Güter, für die eine Klassifikation vorgesehen ist, und zwar in der buchstabenmäßigen Reihenfolge. Für jene Güter, die keine Erwähnung finden, gilt, daß sie zur höchsten im Tarif vorgesehenen Klasse befördert werden.

Die Einteilung der Güter in Klassen ist in den einzelnen Ländern verschieden durchgeführt[1]). In Österreich z. B. sind die Frachtstückgüter den Klassen 7 bis 12 zugewiesen, die Wagenladungen für Frachtgüter den Klassen 14 bis 31; in der Tschechoslowakischen Republik für Frachtstückgüter und Wagenladungen den Klassen I bis XX; in Deutschland wird die Fracht für Stückgutsendungen im Gewicht bis zu 1000 kg nach einer besonderen Frachtentafel berechnet, die ausgerechnete Frachtsätze enthält, für Stückgutsendungen im Gewicht von mehr als 1000 kg nach den im Tarif enthaltenen Frachtsätzen für Stückgut und für Wagenladungsklassen endlich nach den Klassen A bis G; in Jugoslawien besteht eine Klasse für sperrige Güter, ferner die Klassen I und II, A bis C und die Spezialtarife 1 bis 3. In welcher Weise die Klassifikation im Tarif durchgeführt erscheint, zeigen folgende Beispiele (siehe S. 759 und 760).

In den verschiedenen Staaten werden die gleichen Güter tarifarisch verschieden benannt und müssen demgemäß im Frachtbrief bezeichnet werden. Die Sammelbezeichnung allein, z. B. Geräte oder Baugeräte, ist nicht zulässig. Eine solche Bezeichnung würde zur Folge haben, daß die höchste Tarifklasse zur Anwendung gelangt. In Österreich allerdings kann die Sammelbezeichnung gewählt werden, wenn neben derselben ein Hinweis auf die Post der Güterklassifikation erfolgt, z. B. Baugeräte der Post 330.

Die Bahn hebt außer den Frachtgebühren noch für bestimmte Leistungen andere Gebühren ein. Die wichtigsten dieser Gebühren sind die Lager- und Wagenstandgelder, von welchen die letzteren zur Einhebung gelangen, wenn

[1]) Nach dem Stande vom 1. August 1930.

Post	Güter	Für Mengen von		
		unter 5000 kg für den Frachtbrief	mindestens 5000 kg	mindestens 10000 kg
			Für den Frachtbrief und Wagen	
	In Österreich			
330	Baugeräte, Bauwerkzeuge für Erd- und Bauarbeiten, z. B.: Bauwerkzeuge zu Asphaltierungszwecken (eiserne Öfen, Eimer, Rührstangen, Besen, Drahtbürsten, Walzen u. dgl.), Butten, Eisenblechformen, Gerüstklammern, Gießkannen, Hauen, Holzformen, Holzrollen, Kalkfässer, Kalkkasten, Kalktiegel, Kalktröge, Keile, Klammern, Krampen, Leitern, Malterkasten, Mörtelbretter, Mörtelkasten, Picken, Rührer, Rüstböcke, Sandgitter, Schaffeln, Schaufeln, Schiebkarren (Schiebtruhen), Schöpfer, Schurfgitter, Siebe, Spaten, Stößel und Wurfgitter	12	22	23
	Nicht hierunter fallen Aufzüge, Motoren, Pumpen, Quetschen, Rammbären, Schmieden und Steinbrecher sowie maschinelle Einrichtungen aller Art.			
	Bauholz und Gerüstholz fällt unter Post 394, 396, 397 und 402; Rollbahnwagen siehe Post 836; Tiefbohrgeräte und Tiefbohrwerkzeuge, gebrauchte, siehe Post 894.			
927	Steinkitt (Steinmörtel), Kittmehl	10	20	21
	Steinkitt (Steinmörtel) ist ein Gemisch von Kittmehl mit Steinabfällen (in trockenem Zustand).			
	In der Tschechoslowakischen Republik			
S-26	Baugeräte und Bauwerkzeuge für Erd- und Bauarbeiten, sämtliche gebraucht, zusammengesetzt oder zerlegt	II	VIII	XVII
	Hierher gehören z. B. Bauwerkzeuge zu Asphaltierungszwecken (eiserne Öfen, Eimer, Rührstangen, Besen, Drahtbürsten, Walzen u. dgl.), Eisenblechformen, Kalkkasten, Kalktröge, Holzformen, Kalktiegel, Mörtelkübel, Holzrollen, Keile, Rüstböcke, Gießkannen, Schaufeln, Rührer, Hauen, Schöpfer, Stößel, Krampen, Mörtelbretter, Wurfgitter, Schurfgitter, Sandgitter, Butten, Spaten, Siebe, Klammern, Gerüstklammern, Kalkfässer, Schaffeln, Picken, Schiebkarren (Schiebtruhen), Mörtelkasten, Leitern.			

Post	Güter	Für Mengen von		
		unter 5000 kg für den Frachtbrief	mindestens	
			5000 kg	10000 kg
			für den Frachtbrief und Wagen	
	Hierher gehören nicht: Rammbären, Pumpen, Steinbrecher, Schmieden, Quetschen, Motoren, Aufzüge sowie maschinelle Einrichtungen aller Art. Bauholz und Gerüstholz werden wie Holz tarifiert; Rollbahnwagen, siehe diese; Tiefbohrgeräte und Tiefbohrwerkzeuge, gebrauchte, siehe diese.			
	Für Steinkitt ist in der Güterklassifikation nichts vorgesehen, weshalb in der Tschechoslowakischen Republik die teuerste Klasse zu rechnen ist, sofern nicht in den Lokaltarifen der Bahnen besondere Bestimmungen hinsichtlich der Klassifikation enthalten sind.			
	In Jugoslawien			
G-15	Baugeräte und Werkzeuge für Erd- und Bauarbeiten, sämtliche gebraucht, zusammengesetzt oder zerlegt	II	A	C
	Hierher gehören nicht: Aufzüge, Motoren, Pumpen, Quetschen, Hämmer, Steinbrecher sowie maschinelle Einrichtungen aller Art. Als Bauwerkzeuge werden angesehen, z. B. Werkzeuge zu Asphaltierungszwecken (Öfen, Eimer, Rührstangen, Drahtbürsten, Walzen u. dgl.), Butten, Eisenblechformen, Gerüstklammern, Gießkannen, Hauen, Holzformen, Holzwalzen, Fässer, Bretter, Tröge und Kisten für Kalk und Malter, Keile, Klammern, Leitern, Krampen, Rührer, Sandgitter, Schaffeln, Spaten, Schiebkarren, Siebe u. dgl.			
K-18	Kitt:			
	a) Glaserkitt	I	II	A
	b) Steinkitt und Kittmehl	I	A	A
	Steinkitt ist ein Gemisch von Kittmehl mit Steinabfällen im trockenen Zustande.			

Wagen über eine bestimmte Frist hinaus (gewöhnlich 24 Stunden, doch kann die Frist durch Veröffentlichung verkürzt werden) unentladen stehen bleiben[1]). Das Lagergeld wird eingehoben, wenn eine Sendung in den Magazinsräumen oder auf der Rampe eines Magazins lagert. Diese Gebühren werden auch dann eingehoben, wenn das Verschulden an dem Verzug nicht die Partei (Absender oder Empfänger)

[1]) In den meisten Staaten hat die Ver- und Entladung von Wagenladungen tarifgemäß die Partei zu besorgen.

trifft. Die Anrechnung solcher Gebühren hat nur dann zu unterbleiben, wenn die Bahn selbst die Verzögerung schuldhaft herbeigeführt hat.

Tarif, Teil II

Dieser Tarif, der von jeder Bahn gesondert erstellt wird und den besonderen Verhältnissen derselben angepaßt ist, gliedert sich in mehrere Teile. Er enthält in der Hauptsache Vorschriften hinsichtlich der Frachtberechnung auf Schleppbahnen, Bestimmungen hinsichtlich der Berechnung besonderer Gebühren in bestimmten, namentlich angeführten Stationen und endlich die Deklassifikationen, d. h. die in billigeren Klassen aufgenommenen Gegenstände in der Art, daß diese Artikel in Ausnahme- oder Ausfuhrtarife aufgenommen sind, von denen jene entweder ganz allgemein auf der betreffenden Bahn zur Anwendung gelangen oder nur von oder nach bestimmten Stationen gewährt werden. Die Ausfuhrtarife hingegen beziehen sich, wie schon der Begriff ausdrückt, auf namentlich angeführte Güter, die zur Ausfuhr gelangen. Im letzten Abschnitt oder in einem besonderen Heft sind sodann die Frachtsätze für die aus den Kilometerzeigern zu entnehmenden Entfernungen enthalten, und zwar sowohl für die normalen Klassen nach dem Gütertarif, Teil I B, als auch für die Ausnahme- und Ausfuhrtarife der Gütertarife, Teil II.

Internationale Tarife

Wenn zwei oder mehrere Bahnen eines oder mehrerer Staaten die Beförderung auf Grund einer einheitlichen Güterklassifikation[1]) und zu Frachtsätzen vornehmen, die in einer Währung (dieser Grundsatz ist allerdings in manchen Verbandstarifen durchbrochen) ausgedrückt sind, so spricht man von internationalen oder Verbandstarifen. Die Frachtsätze sind in der Regel in Schnittform erstellt[2]), derart, daß die Frachtsätze für die eine Bahn bis zum Übergang auf die andere Bahn bzw. bis zu den verschiedenen Landesgrenzen in dem einen Schnitt ausgewiesen sind, ab diesem Punkt in einem zweiten Schnitt. Um die Beförderung im Verband vorteilhafter zu gestalten als die Abfertigung von Bahn zu Bahn, verzichten die beteiligten Bahnen auf einen geringfügigen Teil ihrer Anteile und nehmen bei der Umrechnung der Frachtsätze in die vereinbarte Einheitswährung des Verbandes einen günstigen Umrechnungskurs an.

Beispiele[3])

Die nachfolgenden Beispiele geben einen allgemeinen Überblick über die Tarifarten und Frachtberechnungsmöglichkeiten. Die Berechnungsgrundlagen unterliegen allerdings — abgesehen von den Berechnungen der Frachtzuschläge und der Lieferfristen — gewissen Änderungen, weil die Tarifbildung stets im Flusse ist; man kann daher, wenn es sich um die Abfertigung eines Transportes handelt, der fachmännischen Beihilfe eines mit dem Tarifmaterial versehenen Spediteurs nicht entraten. Gleichwohl zeigen die Beispiele, in welcher Weise bei der Ermittlung eines Frachtsatzes vorgegangen werden muß. Grundsätzlich muß bei Abfertigung von Bahn zu Bahn (lokaltarifmäßige Abfertigung) ein Frachtsatz in folgender Weise aufgesucht werden: 1. Feststellung

[1]) Da sich die Güterklassifikationen der einzelnen Staaten, wie aus den bereits vorgeführten Beispielen zu ersehen ist, nicht decken, ist für die Erstellung eines Verbandtarifes die Aufstellung einer besonderen Gütereinteilung erforderlich, welche eine Kombination der Gütereinteilungen sämtlicher an dem betreffenden Verband beteiligten Länder darstellt.

[2]) Siehe Beispiele 4a) bis f), S. 763 bis 765.

[3]) Nach dem Stande vom 1. August 1930.

der Entfernung, 2. Güterklassifikation nach dem Tarif, Teil IB, 3. Prüfung auf Detarifierung durch Einsichtnahme in die Binnentarife eventuell Durchfuhrtarife und Verordnungsblätter. Bei Berechnungen in Verbandverkehren richtet sich das Verfahren bei Ermittlung des Frachtsatzes, je nach der Anlage des Tarifes, nach ähnlichen Gesichtspunkten.

1. Beispiel: **Berechnung des Frachtzuschlages.**

Annahme: Zum Versand gelangen 1000 kg neue eiserne Öfen, eiserne Eimer und eiserne Walzen von Wien Westbahnhof nach Linz. Die gewählte Deklaration lautete: Gebrauchte Bauwerkzeuge zu Asphaltierungszwecken. Es liegt also eine unrichtige Deklaration vor. Es ergibt sich folgende Berechnung:

a) Neue eiserne Öfen usw.	laut Gütertarif,	Teil	I,	Abteilung	B,	Klasse 10
b) Gebrauchte Bauwerkzeuge	,,	,,	I,	,,	B,	,, 12

183 km zu a), Frachtsatz 507 g per 100 kg Fracht	*S 50,70*
183 ,, ,, b), ,, 426 ,, ,, 100 ,, ,,	,, *42,60*
	S 8,10

Eingehoben laut Deklaration *S 42,60*

Nachträglich eingehoben laut Feststellung	*S 50,70*
mehr dem doppelten Unterschied zwischen a) und b) als Frachtzuschlag	,, *16,20*
	S 66,90

2. Beispiel: **Lieferfristberechnung im internationalen Verkehr.**

Annahme: Eine Frachtgutsendung, bestehend aus 1000 kg Gütern aller Art, wurde am 5. Mai 1930 in Wien Westbahnhof aufgeliefert und am 20. Mai 1930 in der 16. Stunde in der Bestimmungsstation Passau bereitgestellt.
Frachtgebühren laut Frachtbrief *S 107,20*, Entfernung: 295 km.

Abfertigungsfrist	2 Tage
Beförderungsfrist	2 ,,
Zuschlagsfrist	0 ,, [1])
Ruhen der Lieferfrist	2 ,, [2])
	6 Tage
verbraucht wurden	14 Tage 16 Stunden
überschritten	8 Tage 16 Stunden

Zu vergüten ist: bei einer Überschreitung bis $^1/_{10}$ der Lieferfrist: $^1/_{10}$ der Fracht, bis $^2/_{10}$ der Lieferfrist: $^2/_{10}$ der Fracht, usw.; bei mehr als $^4/_{10}$ iger Überschreitung $^5/_{10}$ der Fracht. $^1/_{10}$ der Lieferfrist ist (4 Tage = 96 Stunden): 9,6 Stunden. Daher zu vergüten $^5/_{10}$ der Fracht = *S 53,60*.

Bei deklariertem Interesse an der Lieferung mit:

a) *S 50,00* Vergütung: das Doppelte der Vergütung, die bei unterbliebener Deklaration zu leisten ist, d. s. *S 107,20*, jedoch ist, wenn das angegebene Interesse geringer ist, die gleiche Vergütung zu leisten wie bei unterbliebener Deklaration, daher *S 53,60*.

b) *S 200,00*; Vergütung bei Überschreitung von mehr als $^4/_{10}$ der Lieferfrist die ganze Fracht, d. s. *S 107,20*.

3. Beispiel: **Lieferfristberechnung im internationalen Verkehr.**

Annahme: 10000 kg Eisenbahnschwellen: Wien—Hamburg; Entfernung 1114 km; aufgeliefert 2. April 1930; bereitgestellt 18. April, 10 Uhr:

---

[1]) Man unterscheidet zwischen ständigen Zuschlagfristen, die in den bezüglichen Tarifen hinsichtlich des Ortes und des Ausmaßes Erwähnung finden, und den temporären, die für die Zeit außerordentlicher Verhältnisse erlassen, erhöht, vermindert oder aufgelassen werden können. In diesem Falle kommt ein Lieferfristzuschlag nicht in Betracht.

[2]) Bei Frachtgütern ruht der Lauf der Lieferfrist an Sonntagen und gesetzlichen Feiertagen.

a) Expeditionsfrist	48	Stunden
b) Transportfrist	240	„
c) Zuschlagsfristen in Österreich	0	„
„ „ Deutschland	0	„
Zollamtshandlung in der Grenzstation Passau	12	„
Ruhen der Lieferfrist	48	„
zusammen	348	Stunden
verbraucht	370	„
überschritten	22	Stunden

Reine Lieferfrist a) und b) = 288 Stunden; $^1/_{10}$ der Lieferfrist 28,8 Stunden; Überschreitung $^1/_{10}$ der Lieferfrist; Vergütung für je $^1/_{10}$ der Lieferfrist $^1/_{10}$ der reinen Frachtgebühren; daher im ganzen $^1/_{10}$ der reinen Frachtgebühren.

4. **Beispiele für die Berechnung von Frachtgebühren.**

a) **Schotter** 12000 kg, Ladegewicht 12000 kg. Biedermannsdorf—St. Pölten.
Tarifierung laut Gütertarif, Teil IB, Klasse 29[1]).
Anzuwenden: Österreichischer Eisenbahnverband[1]).

Berechnung:

zu a) 17 km bis Klein Schwechat:
Klasse: Artikeltarif 44, Klasse 77, Frachtsatz *25 g*, Fracht . . . . *S 16,80*
zu b) 88 km bis St. Pölten:
Klasse: Artikeltarif 44, Klasse 77, Frachtsatz *64 g*, Fracht . . . . „ *43,20*
Summe . . . . *S 60,00*

b) **Schamottziegel,** lose in Stroh verladen, 10000 kg, Podmokly Č.S.D.[2])—Wien F.J.B., Frachtberechnung im Tschechoslowakisch-Österreichischen Eisenbahnverband.

Tarifierung laut Heft I des Verbandes XXVII—21, Ausnahmetarif 219.

Berechnung: Tschechischer Schnitt laut Tabelle, österreichischer Schnitt S.T. 21.

Von oder nach		bis und ab Schnittpunkt						
		A	B	C	D	E	F	G
Podmokly	č. h.	800	744	786	814	814	856	934
Wien Nordwestbahnhof	„ „	1265	940	651	698	795	600	474
	č. h.	2065	1684	1437	1512	1609	1456	1408

Der Frachtberechnung sind die Teilfrachtsätze jenes Schnittes zugrunde zu legen, über den sich der billigste Gesamtfrachtsatz ergibt. Im vorliegenden Falle gilt Schnitt G, Frachtsatz *č. h. 1408* per 100 kg; Gesamtfracht *Kč 1408.*

c) **Tonfliesen, glasiert, unverpackt,** 10000 kg.
Inzersdorf Ort—Bern Hauptbahnhof.

Tarifierung laut Gütertarif, Teil IB:

a) Österreich . . . . Klasse 17
b) Schweiz, Spezialtarif . . . . II—b

Tarifierung laut Lokaltarif:

1. der Österreichischen Bundesbahnen, Artikeltarif 39, Klasse 21
2. „ Schweizerischen „ „ 0

[1]) In diesem Fall ist die Einsichtnahme in den Gütertarif, Teil I B, nicht erforderlich. Das Heft „Österreichischer Eisenbahnverband“ gibt nämlich die Möglichkeit, von bestimmten oder nach bestimmten namentlich angeführten Verbandbahnhöfen bestimmte, gleichfalls besonders angegebene, in Artikel-(Ausnahme-) oder Ausfuhrtarife eingereihte Güter zur gleichen Tarifklasse, für jede Bahn gesondert, zu berechnen. Schotter ist in einem Artikeltarif Nr. 44 genannt. Die Abrechnung erfolgt daher für die Eisenbahn Wien—Aspang und die Österreichischen Bundesbahnen zu den sich nach Artikeltarif Nr. 44 ergebenden Frachtsätzen.

[2]) Das ist Bodenbach; die tarifmäßige Benennung lautet wie oben angegeben.

Berechnung:

zu 1. 763 km bis Buchs (St. Gallen):
Klasse: Artikeltarif 39, Klasse 121, Frachtsatz....... *S 4,88*
Fracht .... „ *488,00*

zu 2. 235 km Buchs (St. Gallen)—Bern Hauptbahnhof:
Klasse: Spezialtarif IIb, Frachtsatz......... *Schw. Fr. 3,30*
Fracht .... „ „ *330,00*

d) **Granitsteine, poliert, ohne Bildhauerarbeiten, in Schutzleisten,** 10000 kg.

A. Berechnung nach den Binnentarifen.

Frydberk—Cernăuţi.

Tarifierung laut Gütertarif, Teil IB:
a) in der Tschechoslowakischen Republik ....Klasse XIII
b) „ Polen .... „ 14
c) „ Rumänien .... „ E

Tarifierung laut Lokaltarif:
1. der Tschechoslowakischen Staatsbahnen, Ausnahmetarif 25
2. „ Polnischen „ „ 0
3. „ Rumänischen „ „ 0

Berechnung:

zu a) 172 km bis Petrovice u Bohumina statní hranice:
Klasse XIII: Frachtsatz .... *Kč 8,80,* Fracht *Kč 880,00*

zu b) 698 km bis Śniatyn-Załucze:
Klasse 14: Frachtsatz .... *zł. 4,36,* „ *zł. 436,00*

zu c) 27 km bis Cerănuţi:
Klasse E: Frachtsatz .... *Lei 16,00,* „ *Lei 1600,00*

B. a) Berechnung nach dem Binnentarif der Tschechoslowakischen Staatsbahnen bis Petrovice und Bohumina statní hranice wie oben....*Kč 880,00* und b) im polnisch-rumänischen Eisenbahnverbandtarif, Tarifierung laut Gütertarif, Teil II, Heft 1.

α) für den Durchlauf auf der polnischen Strecke Klasse 17,
β) „ „ „ „ „ rumänischen „ „ b.

Berechnung zu *α*) *zł. 3,50*.............*zł. 350,00*
zu β) *Lei 22,00*...........*Lei 2200,00*

Die unter B ausgewiesene Berechnung stellt sich billiger, weshalb diese Abfertigungsart im Frachtbrief beantragt werden muß.

e) **Friesen, gehobelt, genutet, gefedert (Friesbrettchen),** 15000 kg.

Vinkovce—Wien-Matzleinsdorf.

Tarifierung laut Gütertarif, Teil I—B:
a) in Jugoslawien: Klasse B,
b) „ Österreich: „ 19.

Tarifierung laut Lokaltarif:
1. der Jugoslawischen Staatsbahnen: Klasse B.
2. der Österreichischen Bundesbahnen: Klasse 19.

Berechnung:

zu 1. 444 km bis Staatsgrenze bei Spielfeld-Straß:
Klasse B, Frachtsatz *Dinar 29,40,* Fracht *Dinar 4410,00,*

zu 2. 299 km ab Spielfeld bis Wien:
Klasse 19, Frachtsatz *S 4,00,* Fracht *S 600,00.*

f) **Ziegel, verpackt** (**Gipsbaudielen**), 15000 kg.

A. Berechnung nach den Binnentarifen.
Mödling—Stettin.

Tarifierung laut Gütertarif, Teil I—B.

a) in Österreich	Klasse	23
b) „ der Tschechoslowakischen Republik	„	XVII
c) „ Deutschland	„	F

Tarifierung laut Tarif:

1. der Österreichischen Bundesbahnen	Klasse	0
2. „ Tschechoslowakischen Staatsbahnen	„	0
3. „ Deutschen Reichsbahnen	„	0

Berechnung:

zu a) 144 km bis Staatsgrenze bei Unterretzbach:
Klasse 23 .... Frachtsatz *126 g*, Fracht *S* *189,00*

zu b) 354 km bis Děčín dolní nádr.:
Klasse XVII .... „ *9,35 Kč* „ *Kč* *1402,50*

zu c) 365 km bis Stettin:
Klasse F .... „ *143 Pf.* „ *M* *214,50*

B. Frachtberechnung im Tschechoslowakisch-Österreichischen Eisenbahnverband bis Děčín dolní nádr. (ab dort unverändert), Tarifierung laut Gütertarif, Teil I, des Verbandes XXVI—23.

Berechnung:

Von		bis zum Schnittpunkt						
		A	B	C	D	E	F	G
Mödling	*č. h.*	842	749	586	535	586	535	437
Děčín dolní nádr.	„ „	910	842	893	927	927	978	1080
	č. h.	1752	1591	1479	1462	1513	1513	1517

Anzuwendender Frachtsatz *Kč 14,62*, Fracht bis Děčín dolní nádr. *Kč 2193,00.*

Fracht zu A: *S 189,00 + S 294,50* (*Kč 1402,50* à 21 *g*) = *S 483,50.*

„ „ B: *Kč 2193,00 × 21 g = S 460,00,*

daher Abfertigung im Verband vorteilhafter; hierbei bleiben die Sätze ab Děčín dolní nádr. unbeachtet, weil sie unverändert bestehen.

B. Der Flußtransport

I. Allgemeines

Der wichtigste schiffbare Fluß Mitteleuropas ist die Donau[1]). Den Schiffsverkehr auf derselben besorgt eine Reihe von Schiffahrtsgesellschaften, von denen die bedeutendsten in einem Kartell vereinigt sind und dementsprechend die Beförderung von Gütern wohl auf Grund gesondert herausgegebener, aber auf gleicher Grundlage erstellter Tarife besorgen. Aber auch die Tarife der außer Kartell stehenden Schiffahrtsgesellschaften zeigen keinen wesentlichen Unterschied gegenüber den der anderen. Die Gesellschaften übernehmen die Beförderung auf Grund des Tarifes,

[1]) Von der Besprechung der Bestimmungen der Schiffahrtsgesellschaften anderer Flüsse wird mit Rücksicht darauf, daß sich die Beförderungsvorschriften in den grundlegenden Bestimmungen mit den reglementarischen der Donauschiffahrten decken, abgesehen. Allerdings wird bei der Erstellung der Frachtsätze vielfach nach anderen Grundsätzen vorgegangen.

Teil I, bestehend aus der Abteilung A (reglementarische Bestimmungen) und aus der Abteilung B (tarifarische Bestimmungen), sowie auf Grund besonderer Vorschriften, die im Lokalgütertarif, Teil II, usw. enthalten sind. Die im Teil I A enthaltenen reglementarischen Bestimmungen sind als eine Ergänzung des seit dem Jahre 1876 geltenden Betriebsreglements anzusehen.

II. Reglementarische Bestimmungen

Wie beim Bahntransport, bildet auch beim Schiffstransport der Frachtbrief die Grundlage des mit der Schiffahrtsgesellschaft abgeschlossenen Frachtvertrages. Im allgemeinen kann die Auflieferung nur von einer Schiffsstation nach einer anderen der gleichen Schiffahrtsgesellschaft erfolgen. Ausnahmsweise kann auch eine Vereinbarung getroffen werden, daß von einer Bahnstation ausgehende Frachtbriefe auch für die Weiterbeförderung von der Umschlagstation auf der Schiffsstrecke verwendet werden. In bezug auf den Inhalt der Schiffsfrachtbriefe und die rechtliche Bedeutung der Eintragungen gilt das über die Bahnfrachtbriefe Gesagte, ebenso hinsichtlich der Frachtzuschläge, der Ansprüche wegen unrichtiger Frachtberechnung und der Verjährung solcher Ansprüche. Eine Lieferzeit für Frachtgüter wird nicht garantiert und für Verzögerung der Lieferung Schadenersatz nicht geleistet. Für Schäden an Gütern (Verlust, Minderung oder Beschädigung) wird, sofern sie in der Zeit von der Auflieferung an der Schiffsversandstation bis zur Ablieferung an der Bestimmungsstation entstanden sind, Ersatz geleistet. Ausgenommen von der Ersatzleistung sind Schäden, entstanden durch:

a) Erdbeben, Krieg, Aufruhr, behördliche Verfügung,

b) durch Witterungseinflüsse (jedoch sind Schäden, entstanden durch Regen, Schnee, Hochwasser, Hagel und Eis, von der Gesellschaft zu tragen),

c) durch unrichtige Angaben im Frachtbrief, ferner

d) Schäden, die durch die Partei selbst, und endlich

e) Schäden, die durch natürliche Beschaffenheit oder mangelhafte Verpackung oder durch vom Absender bewirkte mangelhafte Verladung herbeigeführt wurden.

Als Schadenersatz kommt bei Verlust der Markt- bzw. Börsenwert vom Auflieferungstage an der Schiffsauflieferungsstation in Betracht. Ferner ersetzt die Schiffahrtsgesellschaft die erwachsenen Frachtkosten und sonstigen Gebühren und einen Gewinnentgang bis zu 15% des festgestellten Wertes, bei Minderung den verhältnismäßigen Anteil, bei Beschädigung den Wert dieser Stücke, abzüglich des erlösbaren Wertes nach der Beschädigung.

III. Tarifarische Bestimmungen

Die Frachtgüter werden in die Klassen I bis X eingeteilt. Die Einreihung der Güter in die einzelnen Klassen ist in der Gütereinteilung enthalten. Auch hier sind hinsichtlich der Einreihung der Güter die gleichen Grundsätze maßgebend wie beim Bahntransport. Ebenso ist die Höhe des Frachtsatzes von der zur Auflieferung gelangenden Menge abhängig, derart, daß für Mengen von mindestens 5000 kg oder Frachtzahlung für diese Mengen ein billigerer Satz zur Anwendung kommt als für Stückgüter, ein höherer aber als für Mengen von mindestens 10000 kg oder Frachtzahlung für diese Mengen. Außerdem ist Beförderung in Schleppladungen vorgesehen, das sind Verfrachtungen ein und desselben Gutes oder von Gütern, die der gleichen Post der Gütereinteilung zugewiesen sind, in Mengen von mindestens 300 Tonnen oder aber in geringeren Mengen, falls sie den Laderaum ausfüllen. Zur Beförderung in Schleppladungen werden nur Güter auf Grund fallweiser Vereinbarung angenommen.

Von den Nebengebühren, die beim Schiffstransport in Frage kommen, ist die Umschlagsgebühr die wichtigste. Sie stellt die Entlohnung dar für das Verbringen der Güter von den an die Lände gestellten Eisenbahnwagen in den Schiffsraum oder umgekehrt. Ferner kommen als Nebengebühren in Betracht: Lagergeld und Überwinterungsgebühr, das ist eine Gebühr, die für zufolge Verkehrsbehinderung innerhalb der Winterzeit geborgene oder in angehaltenen Schleppern lagernde Güter erhoben wird.

Als Lokalgütertarif, Teil II, wird jenes Heft bezeichnet, das die tarifarischen Bestimmungen der einzelnen Schiffahrtsgesellschaften und die Frachtsätze enthält. Der Lokaltarif der Donau-Schiffahrtsgesellschaften ist in der Hauptsache als Stationstarif erstellt, das heißt, es sind die Frachtsätze in den einzelnen Stationsverbindungen nicht erst nach Feststellung von kilometrischen Entfernungen zu ermitteln, sondern auf Grund der ausgerechneten Sätze, wie aus dem nachfolgenden Beispiel zu ersehen ist[1]):

Tarifziffern für 100 kg

Nach oder von	Von oder nach Passau, Obernzell												
	Frachtgutklassen für Mengen												
	unter 5000 kg					von mindestens 5000 kg bzw. 10000 kg							
	I ST	II ST	III ST	IV ST	V-X ST	I		II		III		IV	
						5	10	5	10	5	10	5	10
Regensburg	440	400	330	330	230	400	370	370	330	270	200	270	200
Bratislava	1670	1170	1050	720	510	1430	1240	1000	870	900	780	610	530
Budapest, Ujpest	2700	1960	1740	1260	950	2130	1850	1620	1400	1430	1250	1030	890
Beograd, Zemun, Theißmündung	3590	2780	2450	1760	1340	3060	2660	2370	2060	2040	1820	1500	1300

Die Frachtgutklassen sind im Tarife für Mengen von mindestens 5000 bzw. 10000 kg bis zur Klasse X ausgewiesen. Wie aus diesem Beispiel zu ersehen ist, sind die Frachtsätze, um bei deren Erstellung den Währungsverschiedenheiten auszuweichen, in Tarifziffern ausgedrückt. Die Fracht wird sodann auf Grund der Bestimmungen des Tarifes unter Benützung der Tarifeinheit in die in einer besonderen Tabelle angegebene Währung umgerechnet, z. B.:

Von Stationen	nach Stationen			
	in Bayern	in Österreich	in Ungarn	im Königreiche S. H. S.
in Bayern, in Österreich, in Ungarn	in Reichspfennigen	in österr. Groschen	in Pengő	in Para

[1]) Beispiele nach dem Stande vom 1. August 1930.

Die zur Anwendung gelangenden Verhältniszahlen sowie deren Änderungen werden jeweils im Kundmachungswege bekanntgegeben. Sie sind in den wichtigsten Relationen wie folgt festgesetzt:

Zur Umrechnung auf Reichspfennige	0,2
„ „ „ österr. Groschen	0,42
„ „ „ Fillér	0,40
„ „ „ Para	4,00

Demnach würde sich die Frachtberechnung bei Beförderung eines der Klasse IV zugewiesenen Gutes von Passau nach Budapest in Mengen von 10000 kg wie folgt stellen.

1. Tarifziffer: 890; 2. Währung: Pengö; 3. Verhältniszahl: 0,40, daher $890 \times 40 =$ Fillér 356 für 100 kg.

Zur Vereinfachung der Ermittlung der Frachtsätze ist auf Grund der Tarifziffern ein besonderer Gebührenzeiger mit ausgerechneten Gebühren erstellt.

Neben den allgemeinen Tarifen bestehen noch besondere Hefte, die für verschiedene Massengüter schon die ausgerechneten, ermäßigten Frachtsätze enthalten. Überdies werden aus besonderen Anlässen von Fall zu Fall auf bestimmte Fristen erstreckte, ermäßigte Sätze durch Veröffentlichung in den hierfür vorgesehenen Amtsblättern erlassen.

Sachverzeichnis

Ankündigungen der Industrie

ISTEG-STAHL
DER TRIUMPH ALLER BEWEHRUNGS-STÄHLE
ZULÄSSIGE BEANSPRUCHUNG 1700 Kg
MIND. STRECKGRENZE 3400 Kg/cm²
ISTEG WIEN, X.
SONNLEITHNERG. 24.
TELEFON: U·44-5-21
ISTEG
ISTEG-DECKE
PATENTE IN KULTURSTAATEN

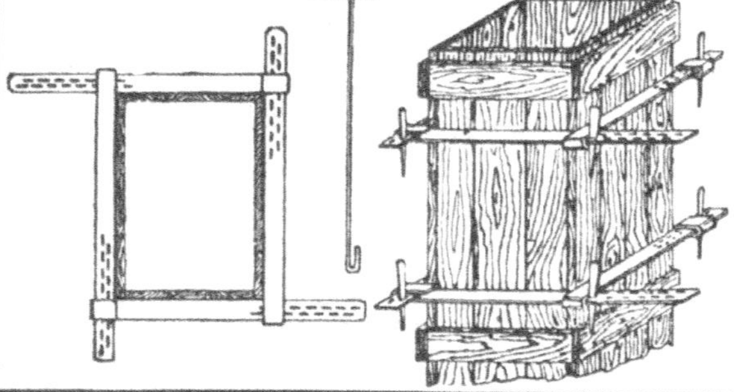

FAHRBARES TRANSPORTBAND

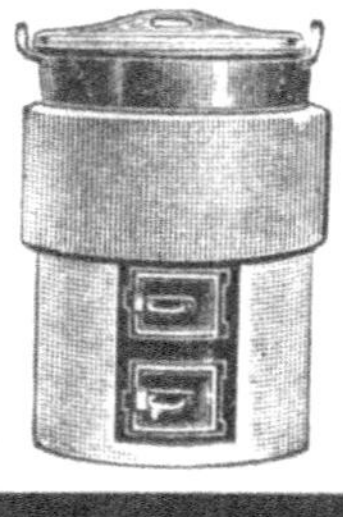

Buch- und Kunstdruckerei Steyrermühl, Wien VI

Berichtigungen

Seite 6,	Zeile 2 von oben, lies:	1930	statt	1929
Seite 50,	Zeile 7 von oben, lies:	Abb. 18	statt	Abb. 17
Seite 647,	Zeile 14 von unten, lies:	$i + k$	statt	$+ k$